머리말

본서는 저자들의 강의 경험을 토대로 2011년도 새로 개정된 산업인력관리공단의
출제기준에 맞춰 기계설계산업 필기를 준비하는 수험생들이 효율적으로 짧은 시간에
대비할 수 있도록 구성하였습니다.

과목당 과락(40점)없이 평균 60점 이상이면 합격하기 때문에
가장 핵심적인 내용을 해설을 붙여 자격시험에 합격할 수 있도록
만전을 기하였습니다.

이 책의 특징 및 공부 방법

- 반드시 암기하여야 할 사항들을 체계적으로 정리하였습니다.
- 단기간에 총정리가 필요한 독자들에게 도움을 주고자 주력하였습니다.
- 지금까지 출제되었던 문제를 분석·파악하여 출제경향에 맞추어 문제를 엄선 수록하였습니다.
- 기출문제는 시험시간(2시간)을 정하여 해설을 가지고 풀어본 후 가채점하여 틀린 부분이나 암기사항을 메모하여 정리합니다.
- 시험 10일 전부터는 기출문제 위주로 시험 대비를 하시기 바랍니다.

열의와 성의를 다해 이 책을 엮었으나 미흡한 부분이 있으리라 생각되는
미흡한 부분은 앞으로 계속 수정·보완해 갈 것을 약속드립니다.
의문스러운 점이나 수정해야하는 사항은
저자메일 hongkirl@naver.com으로 알려주시면 성실히 답하겠습니다.
끝으로 이 책이 나오기까지 처음부터 끝까지 많은 도움을 주신
도서출판 한필 임직원 여러분들과 도와주신 여러분들게 감사드립니다.

저 자 한홍걸

한홍걸
기계설계
산업기사 필기

INDUSTRIAL ENGINEER MACHINERY DESIGN

기계설계 산업기사

주로 기계, 조선, 항공, 전기, 전자, 건설, 환경, 플랜드, 엔지니어링 분야 등으로 진출
기계설계는 컴퓨터를 이용한 설계자동화가 이루어지면서
산업전반에 걸쳐 광범위하게 활용되고 있으며
자동화 산업의 초석이 되고 있다.

도서출판 한필

목 차

[제 1 편] 기계가공 및 안전관리

Chapter 01 측정기

- 기계가공 개요 · · · · · · · 3
- 측정기의 특성 · · · · · · · 4
- 오차(Error) · · · · · · · 5
- 측정기의 종류 및 재료 · · · · · · · 6
- 거칠기 · · · · · · · 11
- 나사측정 · · · · · · · 13
- 연습문제 · · · · · · · 14

Chapter 02 절삭이론

- 절삭의 정리 · · · · · · · 23
- 절삭이론 · · · · · · · 23
- 연습문제 · · · · · · · 30

Chapter 03　선반

- 가공방식 ··· 35
- 선반의 구조와 명칭 ·· 36
- 선반의 종류 ·· 37
- 선반의 부속장치 ··· 37
- 절삭조건 및 선반가공 ·· 39
- 연습문제 ··· 43

Chapter 04　밀링

- 밀링 머신의 개요 ··· 52
- 밀링 머신의 크기 및 구조 ··· 53
- 밀링 커터 및 절삭 가공 ··· 55
- 분할법 ··· 58
- 연습문제 ··· 60

Chapter 05　드릴링·보링

- 드릴 및 보링 작업의 종류 ··· 66
- 드릴링 머신의 종류 ·· 67
- 드릴의 종류 및 각부 명칭 ··· 67
- 절삭속도와 이송 ··· 69
- 드릴의 연삭 ·· 69
- 보링 머신의 종류 및 공구 ··· 70
- 보링 공구 ·· 70
- 연습문제 ··· 71

Chapter 06 셰이퍼, 슬로터, 플레이너

- 셰이퍼 ··· 76
- 슬로터 ··· 77
- 플레이너 ·· 78
- 연습문제 ··· 79

Chapter 07 연 삭

- 연삭가공 일반 ·· 82
- 연삭기의 가공분야 ·· 82
- 연삭기의 종류 ·· 82
- 연삭숫돌 ··· 84
- 연삭작업 및 연삭숫돌의 수정법 ····························· 86
- 연습문제 ··· 89

Chapter 08 정밀입자 및 특수가공

- 정밀입자 가공 ·· 95
- 특수 가공 ··· 97
- 연습문제 ··· 102

Chapter 09　기어 절삭

- 개요 ·· 111
- 제작방법 ·· 111
- 기어절삭기 ··· 112
- 연습문제 ·· 113

Chapter 10　수기가공 및 브로칭

- 금긋기 작업 ··· 115
- 금긋기용 도료 ·· 116
- 줄작업 ··· 117
- 절단 작업 ·· 118
- 스크레이퍼 작업 ··· 119
- 탭 작업 ··· 119
- 리머 작업 ·· 121
- 브로우칭 ·· 121
- 연습문제 ·· 122

Chapter 11　NC의 구성과 CNC 공작기계

- NC의 구성 ··· 125
- CNC 공작기계 ·· 129

Chapter 12　기계안전(機械安全)

- 일반적인 안전사항 ·· 155

- 수공구류의 안전수칙 ·· 157
- 안전 표지와 가스용기의 색채 ································ 163
- 연습문제 ·· 165

[제 2 편] 기계제도

Chapter 01 제도의 기본

- 개요 ·· 195
- 도면의 분류 ·· 196
- 도면의 크기 ·· 197
- 척도 ·· 198
- 문자의 선 ·· 199
- 도면 작성 시 주의사항 ······································ 201
- 스케치 방법 ·· 201
- 연습문제 ·· 202

Chapter 02 기초제도

- 투상법 ·· 206
- 도형의 표시방법 ·· 209
- 단면도의 표시방법 ·· 214
- 치수 기입방법 ·· 222
- KS에 의한 기계재료 표시방법 ······························ 226
- 연습문제 ·· 229

Chapter 03　기계제도의 설계

- 표면 거칠기 ·· 244
- 표면 거칠기 표시방법 ·· 247

Chapter 04　끼워맞춤 공차

- 끼워맞춤 공차 ·· 250
- 기하공차(형상공차 또는 자세공차) ·· 254
  - 연습문제 ·· 258

Chapter 05　기계 요소 제도

- 나사(Screw) ·· 262
- 키(Key) ·· 266
- 핀(Pin) ··· 268
- 베어링(Bearing) ··· 269
- 스프링(Spring) ·· 271
- 벨트와 체인 ··· 273
- 기어(Gear) ·· 274
- 리벳 ·· 280
- 용접 ·· 281
  - 연습문제 ·· 284

[제 3 편] 기계설계

Chapter 01 재료의 강도와 성질

- 하중의 구분 ··· 293
- 응력(Stress) ·· 294
- 변형률(Strain) ··· 294

Chapter 02 결합용 기계 요소

- 나사의 원리 ··· 299
- 연습문제 ··· 312
- 키 ··· 319
- 코터 ·· 324
- 핀 ··· 325
- 연습문제 ··· 327
- 리벳 ·· 335
- 연습문제 ··· 339
- 용접 ·· 344

Chapter 03 축과 축 이음

- 축 ··· 347
- 축 이음(coupling&clutch) ·· 351
- 유니버설 이음 ··· 354
- 연습문제 ··· 355
- 클러치 ··· 362

- 연습문제 ··· 364

Chapter 04 베어링

- 베어링과 저널의 종류 ·· 369
- 베어링의 형식 ·· 369
- 베어링의 구비조건 ·· 370
- 구름 베어링의 장단점 ·· 370
- 베어링의 종류 및 특징 ·· 371
- 베어링의 강도 계산 ·· 373
- 연습문제 ··· 377

Chapter 05 동력 전달 장치

- 마찰차 ··· 387
- 연습문제 ··· 393
- 치차 ··· 401
- 연습문제 ··· 414
- 벨트 ··· 430
- 연습문제 ··· 437
- 체인(chain) ··· 445
- 연습문제 ··· 448

Chapter 06 스프링

- 스프링의 용도 ·· 452
- 스프링의 종류 ·· 452
- 코일 스프링의 각 부 명칭 ·· 453
- 스프링의 강도 계산 ·· 454

◢ 연습문제 ·· 457

Chapter 07　브레이크

- 블록 브레이크의 제동력 ··· 464
- 블록 브레이크의 용량 ··· 465
- 밴드 브레이크 ··· 466
- 브레이크 용량 ··· 468
- 자동 하중 브레이크 ··· 469
- ◢ 연습문제 ·· 470

Chapter 08　파이프와 밸브

- 파이프 이음 ··· 475
- 파이프의 종류 ··· 475
- 배관 이음 ··· 478
- 신축 이음(Expansion Joint) ··· 479
- 밸브 및 배관지지 ··· 480
- ◢ 연습문제 ·· 483

[제 4 편] 기계재료

Chapter 01　금속의 성질

- 재료 분류 및 특성과 결정구조 ··· 493
- 금속 재료의 성질 ··· 505
- 재료 시험 및 검사 ··· 509
- 금속 재료의 기계적 시험 ··· 514

- 평형상태도 ·· 522
- 탄성과 소성, 회복과 재결성, 확산 · 석출 · 소결 · 산화와 부식 ············· 529
- 연습문제 ·· 535

Chapter 02   철과 강

- 철강 재료의 분류 및 제조 ··· 559
- 순철 및 탄소강 ·· 562
- 열처리 및 표면 경화법 ··· 566
- 특수강 ·· 574
- 주철 ·· 580
- 연습문제 ·· 585

Chapter 03   비철금속 재료

- 동 및 그 합금 ·· 632
- 알루미늄과 그 합금 ·· 637
- 마그네슘, 티타늄 및 니켈 ··· 640
- 아연, 납, 주석 및 베어링합금 ·· 642

Chapter 04   비금속 재료

- 비금속 재료 ·· 644
- 연습문제 ·· 649

[제 5 편] 컴퓨터 응용설계

Chapter 01　CAD/CAM/CAE의 개요

- 컴퓨터의 시대별 분류 ··· 667
- CAD, CAE, CAM의 정의 ··· 669
- 컴퓨터의 특성 및 설계 ·· 671
- 컴퓨터 시스템의 선정 요건 ·· 671
- 컴퓨터의 분류 ··· 672
- 컴퓨터의 구성 ··· 673
- 연습문제 ·· 678

Chapter 02　입출력장치

- CAD 시스템의 구성요소 ··· 684
- 입·출력 원리 ··· 684
- 연습문제 ·· 691

Chapter 03　CAD 시스템 활용 방식

- 활용하는 방식에 따른 CAD 시스템의 장점과 단점 ············· 701
- 시스템의 형태에 따른 CAD 시스템의 장점과 단점 ············· 703

Chapter 04　그래픽 소프트웨어의 구성 및 기능

- 그래픽 소프트웨어의 기능 ··· 706
- 기하학적 도형 정의 ·· 707

Chapter 05　수의 체계와 자료의 표현

- 자료의 표현 ·· 710
- 문자 데이터의 표현 ·· 712
- 도형의 좌표변환 ··· 714
- 동차 좌표에 의한 3차원 좌표 변환 행렬 ·· 716
- 연습문제 ··· 718

Chapter 06　곡선 및 곡면의 종류와 특징

- 곡선 및 곡면의 종류 ·· 730
- 퍼거슨(Ferguson) 혹은 쿤스(Coons)곡선과 곡면 ····································· 730
- 스플라인 곡선(Spline Curve) ·· 731
- 베이저(Bezier) 곡선과 곡면 ·· 731
- B-스플라인(B-spline) 곡선과 곡면 ··· 731
- NURBS(Non-Uniform Rational B-Spline Curve) 곡선과 곡면 ············· 732

Chapter 07　형상 모델(geometric modeling)

- 형상 모델링의 종류와 특징 ·· 733
- 모델링 방법에 따른 곡면 ··· 736
- 연습문제 ··· 740

Chapter 08 CAD/CAM 시스템과 NC공작기계

- CAD/CAM 시스템의 소프트웨어 ·· 746
- NC의 구성 ··· 750

[제 6 편] 과년도 출제문제

- 2015년 제 1 회 ··· 757
- 2015년 제 2 회 ··· 781
- 2015년 제 3 회 ··· 804
- 2016년 제 1 회 ··· 827
- 2016년 제 2 회 ··· 850
- 2016년 제 3 회 ··· 873
- 2017년 제 1 회 ··· 896
- 2017년 제 2 회 ··· 919
- 2017년 제 3 회 ··· 944
- 2018년 제 1 회 ··· 972
- 2018년 제 2 회 ··· 996
- 2018년 제 3 회 ··· 1021
- 2019년 제 1 회 ··· 1049
- 2019년 제 2 회 ··· 1076
- 2019년 제 3 회 ··· 1102

(필기) 출제기준

직무분야	기계	중직무분야	기계제작	자격종목	기계설계산업기사	적용기간	2022.1.1. ~ 2024.12.31.

○ 직무내용 : 산업체에서 제품개발, 설계, 생산기술 부문의 기술자들이 치공구를 포함한 기계의 부품도, 조립도 등을 설계하며, 연구, 생산관리, 품질관리 및 설비관리 등을 수행하는 직무이다.

필기검정방법	객관식	문제수	60	시험시간	1시간 30분

필기과목명	문제수	주요항목	세부항목	세세항목
기계제도	20	1. 도면분석	1. 도면 분석	1. 도면(설계) 양식과 규격 2. 설계사양서 3. 표준부품 4. 산업표준(KS, ISO)
			2. 요소부품 투상	1. 투상법 2. 조립도 3. 부품도
		2. 도면검토	1. 주요치수 및 공차 검토	1. 치수기입 2. 치수공차 3. 기하공차 4. 끼워맞춤 5. 표면거칠기 6. 표준부품의 호환성
			2. 도면해독 검토	1. 작업방법 2. 작업설비 3. 재료선정 및 중량 산출 4. 부품별 기능파악
		3. 2D도면작업	1. 작업환경설정	1. 사용자 환경 설정 2. 선의 종류와 용도 3. 도면 출력 양식
			2. 도면작성	1. 좌표계 2. 도면작성 3. 형상 비교·검토

필기과목명	문제수	주요항목	세부항목	세세항목
		4. 형상모델링 작업	1. 모델링 작업 준비	1. 사용자 환경 설정
			2. 모델링 작업	1. 스케치 작업
				2. 모델링 작업
				3. 모델링 편집
				4. 좌표계의 종류 및 특성
		5. 형상모델링검토	1. 모델링 분석	1. 모델링 분석
				2. 모델링 보정
			2. 모델링 데이터 출력	1. 3D-2D 데이터변환
				2. 도면 출력 양식
기계요소설계	20	1. 체결요소설계	1. 요구기능 파악 및 선정	1. 나사
				2. 키
				3. 핀
				4. 리벳
				5. 용접
				6. 볼트·너트
				7. 와셔
				8. 코터
			2. 체결요소 설계	1. 자립조건
				2. 체결요소 풀림방지
				3. 체결요소의 강도, 강성, 피로, 부식방지
				4. 표면처리 방법
		2. 동력전달요소설계	1. 요구기능 파악 및 선정	1. 축
				2. 축이음
				3. 베어링
				4. 마찰차
				5. 기어
				6. 캠
				7. 벨트
				8. 로프
				9. 체인
				10. 브레이크 등
			2. 동력전달요소 설계	1. 동력전달요소 설계
				2. 동력전달 사양설정

필기과목명	문제수	주요항목	세부항목	세세항목
		3. 치공구요소설계	1. 요구기능 파악	3. 동력전달 구현방법
				4. 동력전달력 계산
				1. 치공구의 기능과 특성
				2. 공정별 가공 공정 이해
			2. 치공구요소 선정	1. 치공구의 종류
				2. 치공구의 사용법
				3. 공작물의 위치결정
				4. 공작물 클램핑
				5. 치공구 작업안전
			3. 치공구요소 설계	1. 고정구(Fixture)설계
				2. 지그(Jig)설계
기계재료 및 측정	20	1. 요소부품 재질 선정	1. 요소부품 재료 파악	1. 철강재료
				2. 비철재료
				3. 비금속재료
			2. 최적요소부품 재질 선정	1. 재질의 파악
				2. 재질 적합성 검토
				3. 재료의 특성
				4. 재료의 원가
			3. 요소부품 공정 검토	1. 공작기계의 종류 및 용도
				2. 선반가공
				3. 밀링가공
				4. 기타 절삭가공
				5. 기계가공 관련 안전수칙
			4. 열처리 방법 결정	1. 강의 열처리
				2. 표면처리
		2. 기본측정기사용	1. 작업계획 파악	1. 도면해독
			2. 측정기 선정	1. 측정기 종류
				2. 측정 보조기구 선정
			3. 기본측정기 사용	1. 측정기 사용방법
				2. 측정기 영점조정
				3. 측정 오차
				4. 측정기 측정값 읽기

(실기) 출 제 기 준

직무분야	기계	중직무분야	기계제작	자격종목	기계설계산업기사	적용기간	2022.1.1. ~ 2024.12.31.

○ 직무내용 : 산업체에서 제품개발, 설계, 생산기술 부문의 기술자들이 치공구를 포함한 기계의 부품도, 조립도 등을 설계하며, 연구, 생산관리, 품질관리 및 설비관리 등을 수행하는 직무이다.

○ 수행준거
1. 기 작성된 조립도 및 부품도에서 표준부품을 파악하여 설계 규격을 준비하고, 투상도법으로부터 입체 형상을 구현하여 조립부분의 형상을 분석할 수 있다.
2. 요소부품의 기능에 최적한 형상, 치수 및 주요 공차를 파악하고, 조립도와 부품도에서 설계방법, 재질, 작업설비 및 방법을 결정할 수 있다.
3. CAD 프로그램을 활용하여 제도 규칙에 따른 2D 도면을 작성하고, 확인하여 가공 및 제작에 필요한 2D도면 정보를 도출할 수 있다.
4. 단순형상과 복잡형상의 모델링 데이터를 생성하기 위해 모델링 작업을 수행할 수 있다.
5. 설계도면에 준하여 모델링을 분석하고 모델링 데이터를 출력할 수 있다.
6. 각 기계 구성품의 체결을 목적으로 강도, 강성, 경제성, 수명을 고려하여 체결요소를 설계할 수 있다.
7. 치공구 구성에 필요한 치공구요소의 요구기능을 파악하고 선정하여 설계할 수 있다.
8. 동력전달시스템에서 요구되는 동력전달요소의 구조와 기능을 파악하여 설계할 수 있다.
9. 요소부품의 요구기능과 특성을 고려하여 재질을 검토하고 결정할 수 있다.
10. 기계가공 전후의 결과를 기본측정기를 이용하여 정량적으로 나타낼 수 있다.

실기검정방법	작업형	시험시간	5시간 30분 정도

실기과목명	주요항목	세부항목	세세항목
기계설계실무	1. 도면분석	1. 도면 분석하기	1. 작업 요구사항에 적합한 설계 자료를 수집하고 도면을 준비할 수 있다. 2. 설계사양서 및 관련 도면을 파악하여 전체 기능과 작동원리를 검토할 수 있다. 3. 해당도면의 개정, 설계 변경사항을 확인할 수 있다. 4. 조립도 및 부품도에서 표준부품을 파악하여 설계 규격 및 설계 공식을 준비할 수 있다.

실기과목명	주요항목	세부항목	세세항목
		2. 요소부품 투상하기	1. KS 및 ISO 제도통칙에서 투상도법을 확인할 수 있다.
			2. 조립도 및 부품도를 파악하여 각각의 요소부품의 품명과 재질을 확인할 수 있다.
			3. 조립도 및 부품도를 파악하여 2D 부품도에서 입체 형상을 구현할 수 있다.
			4. 도면에서 표준부품과 호환성을 파악하여 조립부분의 형상을 검토할 수 있다.
	2. 도면검토	1. 주요치수 및 공차 검토하기	1. KS 및 ISO 제도통칙에서 치수기입방법 및 공차를 확인할 수 있다.
			2. 조립도에서 요소부품들의 조립관계를 파악하고 주요 치수 및 공차를 검토할 수 있다.
			3. 요소부품의 가공정밀도를 파악하고 표면 거칠기 및 공차를 검토할 수 있다.
			4. 도면에서 요소부품과 표준부품의 호환성을 파악하고 표준부품의 편람을 참조하여 공차를 결정할 수 있다.
		2. 도면해독 검토하기	1. 조립도에서 요소부품의 주요 기능을 파악하고 특이사항을 정의하여 설계방법을 결정할 수 있다.
			2. 조립도 및 부품도에서 품명, 설계계산, 제작을 고려하여 재질을 결정할 수 있다.
			3. 도면을 파악하여 개략적인 설계시간을 산정하고 예상되는 작업방법을 검토할 수 있다.
			4. 요소부품의 가공정밀도와 열처리를 고려하여 작업 설비 및 방법을 결정할 수 있다.
	3. 2D도면작업	1. 작업환경 설정하기	1. 보조 명령어를 이용하여 CAD 프로그램을 사용자 환경에 맞게 설정할 수 있다.
			2. 도면작도에 필요한 부가 명령을 설정할 수 있다.
			3. 도면영역의 크기를 설정하고 작도를 제한할 수 있다.
			4. 선의 종류와 용도에 따라 도면층을 설정할 수 있다.

실기과목명	주요항목	세부항목	세세항목
		2. 도면작성하기	5. 작업 환경에 적합한 템플릿을 제작하여 도면의 양식을 균일화 시킬 수 있다.
			1. 정확한 치수로 작도하기 위하여 좌표계를 활용할 수 있다.
			2. 도면요소를 선택하여 작도, 지우기, 복구를 수행할 수 있다.
			3. 도형작도 명령을 이용하여 여러 가지 도면 요소들을 작도 및 수정할 수 있다.
			4. 도면요소를 복사, 이동, 스케일, 다중 배열 등 편집하고 변환할 수 있다.
			5. 선분을 분할하고 도면요소를 조회하여 활용할 수 있다.
			6. 자주 사용되는 도면요소를 블록화하여 사용할 수 있다.
			7. 관련 산업표준을 준수하여 도면을 작도할 수 있다.
			8. 요구되는 형상에 대하여 파악하고, 이를 2D CAD 프로그램의 기능을 이용하여 작도할 수 있다.
			9. 요구되는 형상과 비교·검토하여 오류를 확인하고, 발견되는 오류를 즉시 수정할 수 있다.
	4. 형상모델링 작업	1. 모델링 작업 준비하기	1. 모델링 데이터 생성에 필요한 정보를 정의하여 수집할 수 있다.
			2. 모델링 프로그램의 환경을 효율적으로 설정할 수 있다.
			3. 모델트리 구성을 결정하여 모델링 작업 시간을 단축할 수 있다.
			4. 단순형상과 복잡형상을 확인하기 위해 모델링 데이터의 오류여부를 확인할 수 있다.
		2. 모델링 작업하기	1. 모델링 명령어를 사용하여 요구되는 형상을 완벽하게 구현할 수 있다.
			2. 모델링의 수정 및 편집을 용이하게 할 수 있다.
			3. 관련 산업표준을 준수하여 모델링할 수 있다.
			4. 영역, 길이, 각도, 공차, 지시 등 모델링에

실기과목명	주요항목	세부항목	세세항목
			관련된 추가적인 정보를 도출하고 생성할 수 있다.
	5. 형상모델링검토	1. 모델링 분석하기	1. 도면과 모델링을 비교·검토하여 모델링의 오류 발생 정보를 최소화하고, 오류 발생 시 수정할 수 있다.
			2. 제작상의 문제점 및 핵심부를 검토하여 오류 발생 시 관계부서와 협의하여 모델링 데이터를 수정할 수 있다.
			3. 제작성을 고려하여 모델링 작업의 결과물을 수정·보정할 수 있다.
			4. 부품 간 상호 결합상태를 검증할 수 있다.
		2. 모델링 데이터 출력하기	1. 작업 표준서에 의하여 요구되는 2D 데이터 형식의 파일로 저장하거나 출력할 수 있다.
			2. 작업 표준서에 의하여 요구되는 3D 모델링 데이터 형식의 파일로 저장하거나 출력할 수 있다.
			3. 출력된 모델링 데이터에 요구되는 소요 자재목록, 부품목록 등의 정보를 산출할 수 있다.
	6. 체결요소설계	1. 요구기능 파악하기	1. 기계 구성품의 체결 요구 기능을 파악하여 문서로 작성할 수 있다.
			2. 요구 기능의 적합성을 판단할 수 있다.
			3. 요구 기능 미 충족시 대응 방안을 수립할 수 있다.
		2. 체결요소 선정하기	1. 기계 시스템의 운동관계, 설치환경 및 유지보수 조건에 부합하는 방식의 체결요소를 선정할 수 있다.
			2. 선정된 체결 방식에 따른 필요 목록을 작성할 수 있다.
			3. 선정된 체결 방식에 관한 자료를 정리하여 체결요소 설계에 반영하기 위한 준비자료를 작성할 수 있다.
		3. 체결요소 설계하기	1. 자립조건을 만족하는 체결요소의 풀림방지 방안을 고려하여 설계할 수 있다.

실기과목명	주요항목	세부항목	세세항목
			2. 체결요소의 강도를 고려하여 설계할 수 있다.
			3. 체결요소의 강도, 강성, 피로, 부식방지 등을 고려하여 설계할 수 있다.
	7. 치공구요소설계	1. 요구기능 파악하기	1. 사용 기계와 부품의 요구 정밀도를 파악하고 확인할 수 있다.
			2. 부품의 생산수량과 치공구의 요구 수명을 파악하고 확인할 수 있다.
			3. 치공구의 사용법과 기능을 파악할 수 있다.
			4. 요구기능을 파악하여 문서로 작성할 수 있다.
		2. 치공구요소 선정하기	1. 요구되는 가공 정밀도에 적합한 치공구요소를 선정할 수 있다.
			2. 치공구 수명에 적합한 치공구요소의 재질을 선정할 수 있다.
			3. 생산성 향상에 적합한 치공구요소를 선정할 수 있다.
			4. 가공품의 품질 확보와 유지에 적합한 치공구요소를 선정할 수 있다.
			5. 생산량에 적합한 방식의 치공구요소를 선정할 수 있다.
			6. 안전한 작업방식의 치공구요소를 선정할 수 있다.
		3. 치공구요소 설계하기	1. 변형을 고려한 형상과 크기를 설계할 수 있다.
			2. 가공정밀도, 열처리 및 공차 등을 종합적으로 고려하여 설계할 수 있다.
			3. 작업시 안전성을 고려하여 설계할 수 있다.
			4. 설계도면을 종합적으로 검토하여 문제점을 개선할 수 있다.
	8. 동력전달요소설계	1. 요구기능 파악하기	1. 동력전달요소설계에 요구되는 특성 및 기구적 동작에 관한 내용을 분석할 수 있다.
			2. 동력전달시스템에서 요구되는 동력전달요소를 파악하여 사용 용도와 목적을 작성할 수 있다.
			3. 시스템이 사용되는 장소와 요구되는 기구적

실기과목명	주요항목	세부항목	세세항목
			조건을 분석할 수 있다.
		2. 동력전달요소 선정하기	1. 시스템에 포함되는 동력전달요소를 파악하여 기능별로 분류할 수 있다.
			2. 시스템도면을 확인하여 용도에 맞는 동력전달요소의 크기와 형태를 구성할 수 있다.
			3. 기능별 분류와 상호연결을 고려하여 기능별 연결방법과 요소를 선정할 수 있다.
			4. 요소부품에 따라 단면계수, 강도, 강성 등을 고려하여 재질을 선정할 수 있다.
		3. 동력전달요소 설계하기	1. 시스템 기능을 고려하여 동력전달요소를 설계할 수 있다.
			2. 목적과 용도에 따른 동력전달 사양을 설정하고 구현방법을 작성할 수 있다.
			3. 동력의 입출력을 정의하고 동력전달요소를 구성할 수 있다.
			4. 동력전달요소 기능에 맞는 부품의 형상과 크기를 결정할 수 있다.
	9. 요소부품재질선정	1. 요소부품 재료 파악하기	1. 요소부품별 요구기능과 특성을 파악할 수 있다.
			2. 재료 별로 재질의 종류를 검토할 수 있다.
			3. 재료조달의 난이도에 따른 재료의 종류를 파악할 수 있다.
		2. 최적요소부품 재질 선정하기	1. 용도에 따른 재료의 종류 및 재질을 파악할 수 있다.
			2. 설계사양서의 요구사항에 관한 재질 적합성을 검토할 수 있다.
			3. 설계계산서와의 적합성을 검토할 수 있다.
			4. 요구사항에 맞는 요소부품의 재질을 선정할 수 있다.
		3. 요소부품 공정 검토하기	1. 요소부품의 가공공정을 검토할 수 있다.
			2. 재료조달의 방법을 검토할 수 있다.

실기과목명	주요항목	세부항목	세세항목
		4. 열처리 방법 결정하기	3. 요소부품 재료의 제조공정을 검토할 수 있다.
			1. 요구조건에 부합하는 열처리 방법을 확인할 수 있다.
			2. 요구되는 강도와 열처리 방법의 적합성을 검토할 수 있다.
			3. 요소부품의 열처리방법을 결정할 수 있다.

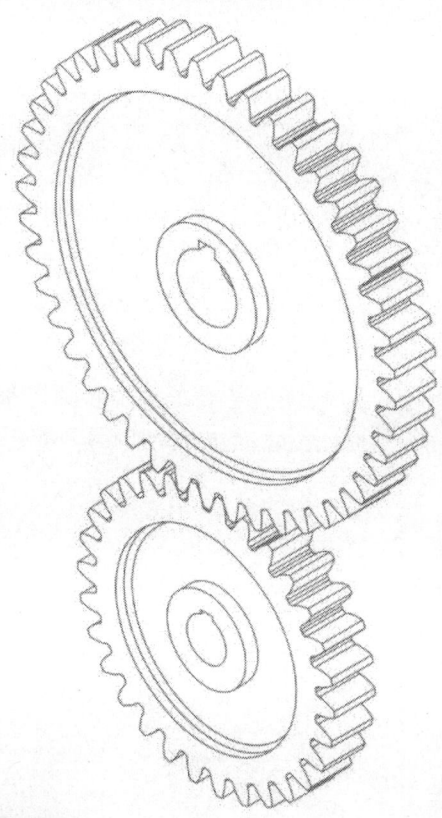

기계가공 및 안전관리

제 1 장	측정기
제 2 장	절삭이론
제 3 장	선반
제 4 장	밀링
제 5 장	드릴링·보링
제 6 장	셰이퍼·슬로터·플레이너
제 7 장	연삭
제 8 장	정밀입자 및 특수가공
제 9 장	기어 절삭
제 10 장	수기가공 및 브로칭
제 11 장	NC의 구성과 CNC 공작기계
제 12 장	기계안전

CHAPTER 01 측 정 기

기계가공 개요

어떤 제품을 제작 시 가공방법은 절삭칩이 없는 가공법, 절삭칩이 있는 가공법과 특수가공으로 분류된다. 절삭칩이 없는 가공법은 주조, 소성, 용접으로 구분되며, 절삭칩이 있는 가공법은 절삭, 연마, 다듬질로 구분된다.
또한 금속재료를 기계제작에 많이 사용하는 것은 금속의 다음과 같은 장점 때문이다.

1. 가융성
금속은 가열하면 용융되어 액체로 되고 유동성이 증가하며 냉각하면 다시 고체로 되고 강성을 가진다. 금속의 이와 같은 성질을 가융성이라 하며, 이 가융성을 이용하여 주조와 용접 가공을 가진다.

2. 전연성
금속을 때리거나 압력을 가하면 금속은 넓어지거나 늘어나는 성질이 있다. 넓어지는 성질을 전성, 길어지는 성질을 연성이라 한다. 전연성을 이용한 가공법에는 단조, 압연, 인발, 프레스, 전조 등이 있으며, 이것을 소성 가공이라 한다. 이 소성 가공법은 절삭 가공법에 비하여 가공 속도가 빠르므로 능률적이며 다량 생산에 적합하다.

3. 절삭성
재료가 잘 깍이는 성질을 절삭성이라 하며, 이 성질이 좋은 것을 이용하는 가공법은 절삭, 연삭 등 칩(chip)을 내면서 가공하는 방법이다. 또한 기계제작 시에는 제작공정이 중요하고 그 전체 제작 공정은 설계에서 소재를 제조하며 완성공정으로 완료된다.
소재 제조는 목형에서 주조, 단조, 판금 및 제관, 용접이 있으며 완성 공정은 필요에 따라 기계가공 및 열처리를 하여 검사 조립 시험 후 제품을 완료된다.

기계제작시 공작물의 치수 및 표면 거칠기를 확인하기 위해서는 가공작업 중이거나 종료 후에 검사 및 측정을 하여야 원하는 치수 또는 모양을 얻을 수 있으며, 정밀도가 높아질수록 측정의 중요성은 증대된다.
측정치는 물체의 온도상승이나 하강에 따라 측정오차가 발생하는데, 정밀측정의 표준온도는 20℃이다. 측정의 종류에는 직접측정, 비교측정과 간접측정이 있다.

① **직접측정** : 눈금이 있는 측정기를 사용하여 측정물의 실제 치수를 재는 것
② **비교측정** : 이미 알고 있는 표준편의 양과의 차를 비교하는 것
③ **간접측정** : 기하학적으로 간단히 측정할 수 없는 경우 피측정물에 Boll, Roller 등을 끼워 측정하는 것

1 측정기의 특성

측정기는 얼마나 정확하게 측정하는 계기인가를 판단해야 하므로 다음과 같은 특성을 살펴봐야 한다.

(1) 감도(sensitivity)와 배율(factor of magnification)

감도란 지시의 변화와 그것을 주는 측정량의 변화와의 관계이며, 길이 측정일 경우 감도 대신에 배율을 사용한다.

(2) 측정력

대다수의 측정기는 필요한 힘만큼을 계산해야 하므로 인자는 기체층, 유막, 지방막 등이 있다.

(3) 기계적인 변형

(4) 열팽창 및 광학적인 오차

2 오차(Error)

오차가 발생하는 원인은 계통적인 것과 우연적인 것이 있다.
계통오차란 동일조건하에서 항상 같은 크기와 같은 부호를 가지는 오차이며,
이러한 오차의 원인은 주로 측정기, 측정 방법, 및 피측정물의 불완전성 등이다.

오차의 종류		원인	실례
우연오차	복잡한 영향에 의한 오차	갖가지 조건이 겹쳐서 일어나므로 원인 불명인 경우가 많다.	외부상황의 미세한 변동
고정오차	측정기의 고유오차	측정기의 구조상 또는 취급상에서 일어난다.	눈금, 나사 피치의 백래시, 측정압의 변화, 귀환오차.
	측정자의 개인오차	측정자의 버릇, 부주의, 숙련도에서 일어난다.	눈금을 읽는 버릇, 시차(視差)취급방법
	환경에 의한 오차	실온, 기압, 채광, 진동 등에서 일어난다.	온도변화, 압력변화, 탄성변형, 조명방법

- 오차 = 측정값 - 참값
- 상대오차 = $\dfrac{오차}{참값(측정값)}$
- 위치수허용차 = 최대허용치수 - 기준치수
- 아래치수허용차 = 최소허용치수 - 기준치수

◉ 아베의 원리(Abbe's principle) : "표준척과 피측정물은 동일 축 선상에 위치하여야 한다." 이며 그렇지 않으면 측정 오차가 생긴다.

◉ 정밀도(Precision) : 우연오차 즉 측정치의 흩어짐의 정도를 의미하며 표준편차로서 나타낸다. 표준편차가 작을수록 우연오차가 적어지므로 정밀도가 좋아진다.

◉ 정확도(Accuracy) : 계통적 오차 즉 참값에 대한 모평균의 치우침의 정도이다.

3 측정기의 종류 및 재료

측정기를 분류하면 길이 측정기, 각도 측정기, 평면 측정기로 구분할 수 있다.

① 길이 측정기 : 강철자, 직각자, 퍼스, 디바이더, 마이크로미터, 버어니어 캘리퍼스, 높이 게이지, 다이얼 게이지, 두께 게이지, 표준 게이지, 리밋 게이지, 광학 측정기 등
② 각도 측정기 : 각도 게이지, 직각자, 분도기, 컴비네이션, 사인바, 테이퍼 게이지, 만능 각도기(bebel protractor), 분할대 등
③ 평면 측정기 : 수준기, 직각자, 서어피스 게이지, 정반, 옵티컬플렛, 조도계 등

(1) 측정기의 재료

측정기의 재료는 특히 중요한 사항으로서 일반적으로 게이지 강을 사용하며 다음 사항을 만족하여야 한다.
- 열팽창 계수가 적고 변화율이 적을 것
- 경도가 커서 내마모성이 클 것
- 정밀 다듬질이 가능하고 가공성이 양호할 것

(2) 측정의 방식

1) 편위법

계측기 지침의 편위를 이용하여 측정하는 방법으로 용수철저울, 다이얼게이지, 가동코일식 전력계, 전류계 등 일반계측기의 대부분으로 정밀도를 높이기 곤란하지만 조작이 간단하여 널리 쓰임

2) 영위법

측정량과 가감할 수 있는 기지량을 균형시키고 그때의 균형향의 크기로 측정량을 구하는 방법으로 천칭에 의한 질량측정, 마이크로미터, 휘트스톤브리지 등이 있다. 0위치로부터의 불균형 검출하여 기준량을 조장함으로써 기준량의 정밀도를 높이므로 편위법보다 정밀도 높은 측정이 가능하다.

3) 치환법

측정하려는 양과 치수를 알고 있는 양과의 지시차를 구하여 측정량을 알아내는 방법으로 다이얼게이지 등이 있다.

$$H = H_0 + (h_2 - h_1)$$

4) 보상법

영위법과 편위법을 혼용한 방식으로 측정량에 가까운 보상량으로 균형시켜, 양자의 차에 해당하는 편위를 발생시키고 보상량에 편위의 지시치를 더하여 측정하는 방법

(3) 길이 측정

1) 버어니어 캘리퍼스(Vernier calipers)

버어니어 캘리퍼스는 두 개의 측정 조오(measuring jaw)를 강재 곧은자와 결합한 측정구이다. 측정방법은 일반적으로 부척의 한눈이 본척의 n-1개의 눈금을 n등분한 것이다. 본척의 한 눈금을 A라하면 읽을 수 있는 최소 치수는 $\frac{A}{n}$ 이다. 종류는 M1(0.05), M2(0.02, 이동장치), CM(0.02)등이 있다.

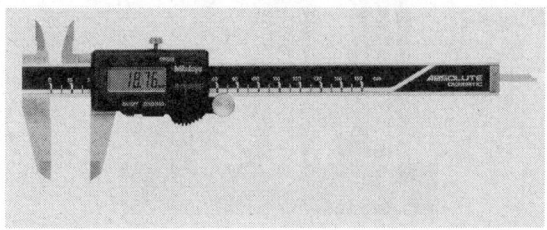

[그림 1.1 캘리퍼스]

2) 마이크로미터(micrometer)

정밀한 피치를 가진 나사 스핀들을 측정수단으로 하는 것으로 측정력을 일정하게 유지하기 위해 래칫 스톱(ratchet stop)으로 회전 모우멘트를 제한하도록 되어 있다. 종류로는 외측용, 지시용, 내측용, 깊이용 마이크로미터가 있다.

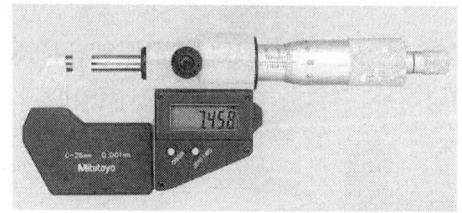

[그림 1.2 마이크로미터]

● 하이트 마이크로미터 : 블록게이지와 마이크로미터를 조합하여 사용하는 측정기로서 μm단위의 높이를 설정하거나 또는 직교측정에서의 기준 게이지로 사용하는 측정기

3) 하이트 게이지(height gague)

정반 위에 설치하여 공작물에 평행선을 긋거나 높이를 측정하는 데 사용

[그림 1.3 하이트 게이지]

4) 다이얼 게이지(dial gauge)

길이의 비교측정에 사용되며 평면이나 원통형의 진직도 또는 축의 흔들림 정도 등의 검사나 측정에 사용한다.

5) 미니미터(minimeter)

지렛대를 이용하여 측정량을 확대시키는 길이 측정기

6) 옵티미터(optimeter)

미니미터가 lever에 의한 측정자의 눈금확대인데 반해 옵티미터는 광학작용에 의해 측정하는 측정기이다. 그 외에 윤곽투상기(optical projector 또는 optical comparator) 전기 마이크로미터, 공기 마이크로미터 등이 있다.

(4) 단면측정

1) 블록 게이지(block guage)

각면을 밀착(wringing)시켜 필요한 치수를 만든 후의 길이를 기준으로 한다.

AA-참조용   A-표준용
B-검사용   C-공장용

[그림 1.4 초경, 세라믹, 스틸블럭 게이즈]

2) 한계 게이지

가공의 치수를 통과측과 제지측을 두어 허용공차 이내에서 측정하는 게이지로서 허용치수에는 최대치수와 최소치수가 있으며, 사용장소에 따라 축용과 구멍용 게이지가 있고 구멍용에는 통과측이 최소치수이며 제지측이 최대치수이다.
또한 통과측은 사용에 따라 마멸을 고려, 마멸여유를 주어야 하며 구멍용에는 원통형 플러그 게이지, 평형 플러그 게이지, 판 플러그 게이지, 봉 게이지가 있고, 축용으로는 링 게이지, 스냅 게이지가 있다.

◉ 테일러의 원리.

"통과측에는 모든 치수 또는 결정량이 동시에 검사되며 정지측에는 각 치수가 따로 따로 검사되지 않으면 안된다"이다.

(5) 각도의 측정

각도의 측정은 worm과 worm gear에 의한 방법과 반사에 의한 방법을 주로 사용하므로 길이측정에 대해 정도가 낮다.

1) 각도 게이지

각도 게이지는 서로 조합하여 임의의 각도를 만드는 것으로 요한슨(johanson)식과 NPL(영국국립물리연구소)식 등이 있다.

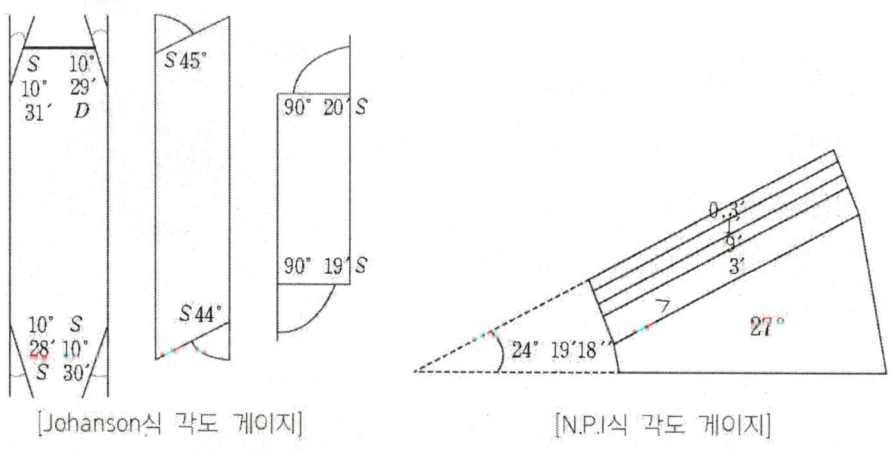

[Johanson식 각도 게이지]   [N.P.I식 각도 게이지]

[그림 1.5 각도 게이지]

① 분도기(protractor)

만능 분도기(universal protractor) : 분도기에 버니어가 붙어 5' 단위로 공작물의 각도를 측정

② 수준기(level)

수평선 또는 수평면을 구하기 위한 기구이며 기포관수준기(봉형(棒形)수준기)와 원형수준기 두 종류가 있다. 정밀한 것은 모두 기포관수준기로 한 눈금은 $2mm$이다. 기포의 중심을 눈금의 중심에 낮추면 수평이 된다.

③ 사인1 바(sine bar)

정밀가공된 바를 2개의 로울러(steel pin) 위에 올려 놓고 측정물의 경사가 일치 되도록 블록 게이지 로울러(steel pin)를 지지하여 계산한다.

$$\sin\alpha = \frac{H-h}{L}$$

④ 탄젠트 바(tangent bar)

$$\tan\alpha = \frac{\Delta h}{L}$$

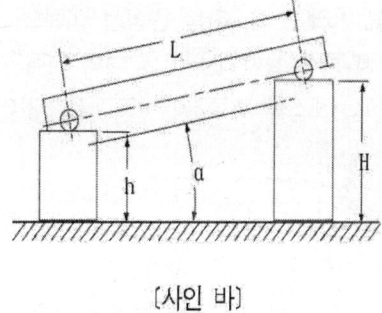

〔사인 바〕

4 거칠기

(1) 평면도와 진직도

평면도란 가공면이 이상적인 평면과 얼마만큼의 차이가 있는가를 나타내는 것이며, 진직도란 가공물의 직선부분이 이상적인 직선과의 차를 나타내는 것으로서 일반적으로 동시에 측정을 한다.
① 직정규(straight edge)
② 긴장강선
③ 광선정반(optical flat)

(2) 표면 거칠기(조도)(surface roughnes)

상대적으로 매우 작은 범위에서 면의 요철부분의 정도를 조도라 하며 높이, 폭, 방향으로 조도의 형상을 정해준다.

1) 조도의 표시방법

① 중심선 평균 조도
② 최대높이 조도
③ 10점 평균 조도

a. 중심선 평균 거칠기=R_a	
중심선으로부터 아래쪽 면적의 합을 S1, S2 중심선으로부터 위쪽의 면적 합을 S2라 할 때, S1=S2가 되도록 그은 선을 중심선이라 한다. 다음 중심선 이하의 부분을 중심선 위로 올리면 파선과 같게 되고 이들의 면적의 합 즉 S1+S2=S를 구하고, 이 S를 측정길이 ℓ로 나눈 값이 R_a가 된다.	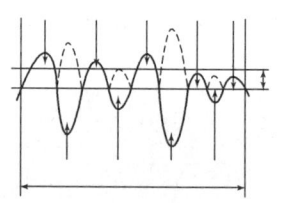
b. 최대높이=R_{max}	
단면 곡선에서 기준 길이만큼 채취한 부분의 가장 높은 봉우리와 가장 깊은 골밑을 통과하는 평행한 두 직선의 간격을 단면곡선의 세로 배율 방향으로 측정하여 이 값을 단위로 표시한 것이다.	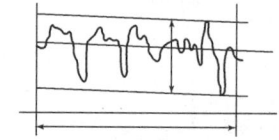
c. 10점 평균 거칠기=R_z	
단면 곡선에서 기준 길이만큼 채취한 부분에 있어서 평균선에 평행한 직선 가운데 측정한 가장 높은 곳으로부터 5번째까지 봉우리의 표고 평균값과 가장 낮은 곳으로부터 5번째까지의 골밑의 표고 평균값과의 차이를 단위로 나타낸 것을 말한다.	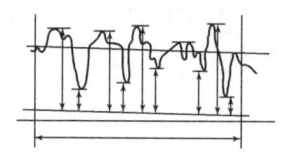

2) 조도의 측정방법

① 촉침법

② 광절단법

③ 광파간섭

5 나사측정

나사의 종류에는 사용목적에 따라 운동용 나사와 체결용 나사로 구분된다.
나사의 오차는 없도록 하여야 하며 체결용 나사에는 약간의 오차가 있더라도 큰 문제가 발생하지 않으나 운동용 나사에는 오차가 발생 시 공작기계 등의 정밀도에 큰 문제를 야기한다. 측정에 중요한 요인은 유효지름, 피치, 나사의 각도이다.

(1) 나사의 측정방법

1) 나사 마이크로미터에 의한 측정

나사용 마이크로미터 선단이 나사의 산과 골에 끼워지도록 되어 나사를 알맞게 끼웠을 때의 지시눈금이 유효지름이다.

2) 삼침법

나사의 골부에 적당한 굵기의 침을 3개 끼워서 침선의 밖에서 마이크로미터를 측정한 치수(M)를 식에 적용 유효지름을 계산하는 방식으로 가장 정확하다.

미터식나사 $d_2 = M - 3d + 0.86603p$

d_2 : 유효지름

d : 침의 지름

p : 나사의 피치

3) 광학적 방법(공구현미경)

4) 암나사 내부 유효지름의 측정

볼과 블록 게이지를 사용하여 측정하며 측정방법은 삼침법과 유사하다.

연/습/문/제

01 S-N 곡선과 관계있는 시험은?

① 인장시험　　　　② 충격시험
③ 피로시험　　　　④ 조직시험

01. Stress Number $10^{7\sim8}$

02 버니어 캘리퍼스는 아들자의 한 눈금은 어미자의 $n-1$개의 눈금을 n 등분한 것이다. 어미자의 한 눈금을 A라고 하면 읽을 수 있는 최소값은?

① $n \cdot A$　　　　② $\dfrac{A}{n}$

③ $\dfrac{nA}{n-1}$　　　　④ $\dfrac{n-1}{nA}$

03 어미자에 새겨진 0.5mm의 눈금 24눈금(12mm)으로 25등분 할 때 어미자와 아들자의 눈금차는 얼마인가?

① $\dfrac{1}{20}$ mm　　　　② $\dfrac{1}{24}$ mm

③ $\dfrac{1}{25}$ mm　　　　④ $\dfrac{1}{50}$ mm

03. $\dfrac{A}{n} = \dfrac{0.5}{25} = \dfrac{1}{50}$

04 다음 측정기 중 아베(Abbe)의 원리에 맞는 구조를 갖고 있는 것은?

① 다이얼 게이지
② 하이트 게이지
③ 컴비네이션세트
④ 외경 마이크로미터

04.
아베의 원리 : 표준척과 피측정물은 동일 축선상에 위치하여야 한다.

정 답　01 ③　02 ②　03 ④　04 ④

05 다이얼 게이지에 의한 측정은 어느 계측법에 속하는가?

① 영위법　　　　　② 편위법
③ 보상법　　　　　④ 치환법

05.
영위법 : 0부터 측정(자)
편위법 : 비교 측정

06 보통 버니어 캘리퍼스로 할 수 없는 측정은?

① 외측 측정
② 유효경 측정
③ 좁은 폭의 외측 측정
④ 내측 측정

06.
유효지름 측정 :
나사 마이크로미터, 삼침법

07 C급 블록 게이지는 주로 어디에 사용되는가?

① 검사용　　　　　② 표준용
③ 참조용　　　　　④ 공장용

07. AA-연구소용(참조용)
　　A-표준용
　　B-검사용

08 한계게이지의 종류에 해당되지 않는 것은?

① 봉 게이지　　　　② 스냅 게이지
③ 다이얼 게이지　　④ 플러그 게이지

8.
다이얼 게이지는
비교측정기이다.

09 블록 게이지를 재질별로 구분할 때 그 종류가 아닌 것은?

① 전시용
② 니켈-크롬강
③ 고탄소니켈강
④ 고속도강

정답　05 ②　06 ②　07 ④　08 ③　09 ①

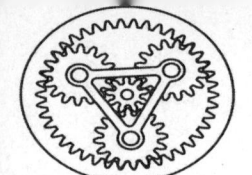

10 마이크로미터의 스핀들의 피치가 0.5mm, 딤블의 원주를 200등분 하였다면 최소 눈금은 얼마가 되겠는가?

① 0.5mm　　② 0.01mm
③ 0.001mm　　④ 0.0025mm

10. $0.5 \div 200 = 0.0025$

11 버니어 켈리퍼스에서 어미자의 눈금이 1mm일 때 아들의 눈금이 39mm를 20등분 할 때 최소 눈금은?

① 0.01　　② 0.05
③ 0.1　　④ 0.2

11. $\dfrac{A}{n} = \dfrac{1}{20}$

12 표면 거칠기를 측정하는 방법 중 틀린 것은?

① 요한슨식　　② 촉침식
③ 현미간섭식　　④ 광절단식

12. 요한슨식 : 각도측정

13 비교 측정에 사용되는 측정기가 아닌 것은?

① 다이얼 게이지　　② 버니어 캘리퍼스
③ 공기 마이크로미터　　④ 전기 마이크로미터

14 외측 마이크로미터 또는 실린더 게이지 등의 2점 측정기로 얻어지는 읽음의 최대값과 최소값의 차를 구하여 측정하는 진원도 측정법은?

① 반지름법　　② 지름법
③ 삼점법　　④ 삼침법

정 답　10 ④　11 ②　12 ①　13 ②　14 ②

15 마이크로미터 측정면의 평면도 검사에 가장 적당한 기기는?

① 블록 게이지
② 옵티컬 플랫
③ 옵티컬 페러렐
④ 다이얼 게이지

15.
블록 게이지 : 단면 측정
다이얼 게이지 : 길이 측정
옵티컬 플랫 : 평면 측정기
평면 측정기 : 수준기,
　　　　　　　직각자,
　　　　　　　서피스 게이지,
　　　　　　　정반, 조도계

16 다음 중 공작물의 라운딩(rounding)부분을 측정하는 게이지는?

① 시그네스 게이지(thickness geuge)
② 반지름 게이지(radius gauge)
③ 드릴 게이지(drill gauge)
④ 와이어 게이지(qire gauge)

17 KS에서 규정된 표면 거칠기 표시법이 아닌 것은?

① 최대높이 거칠기
② 중심선 평균 거칠기
③ 10점 평균 거칠기
④ 제곱 평균 거칠기

18 다음 측정기 중 비교측정에 이용되는 것은?

① 금속제 곧은자
② 오토콜리메이터
③ 다이얼 게이지
④ 버니어 캘리퍼스

| 정 답 | 15 ② | 16 ② | 17 ④ | 18 ③ |

19 전기 마이크로미터에 관한 설명 중 틀린 것은?

① 자동선별, 자동치수, 디지털 표시 등에 이용하기가 쉽다.
② 응답속도가 대단히 빠르다.
③ 고속 측정이 가능하다.
④ 그 치수가 합격인지 불합격인지 등의 신호를 간단히 얻을 수 있다.

20 우연 오차를 없애는 가장 좋은 방법은?

① 측정기 자체의 오차를 없게 한다.
② 온도에 의한 오차를 없게 한다.
③ 반복 측정하여 평균한다.
④ 개인 오차를 없게 한다.

21 다음 그림을 보고 작은 쪽의 지름은 얼마인가?

① 90
② 96
③ 98
④ 94

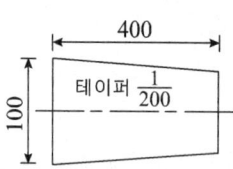

21. $400 \times \dfrac{1}{200} = 2$
$100 - 2 = 98$

정답   19 ④   20 ③   21 ③

22 사인바(sine bar)에 관하여 틀리게 설명한 것은?

① 양로울러는 직각자의 측정면에 평행이고 로울러 중심사이의 거리가 일정하다.
② 직각삼각형의 삼각함수(sine)에 의하여 높이를 각도로 계산하여 직접적으로 높이를 구하는 방법이다.
③ 윗면의 평면도, 로울러의 치수 및 진원도가 정확해야 하며 로울러 중심선이 윗면과 평행해야 한다.
④ 직각자의 양끝을 지지하는 같은 크기의 원통 로울러로 구성되어 있다.

23 0.01mm까지 측정할 수 있는 마이크로미터에서 나사의 피치와 딤블의 눈금에 대하여 옳게 설명한 것은?

① 피치는 0.1mm, 원주는 20등분 되어 있다.
② 피치는 0.5mm, 원주는 50등분 되어 있다.
③ 피치는 1mm, 원주는 25등분 되어 있다.
④ 피치는 0.5mm, 원주는 100등분 되어 있다.

24 비교 측정에 대한 기준이 되는 표중 게이지의 종류에 해당되지 않는 것은?

① 하이트 게이지
② 틈새 게이지
③ 와이어 게이지
④ 드릴 게이지

정답 22 ②   23 ②   24 ①

25 각도 측정에 해당되는 것은?

① 마이크로미터
② 공기 마이크로미터
③ 버니어 캘리퍼스
④ 컴비네이션 세트

26 블록 게이지를 다듬질 가공할 때 가장 적당한 방법은?

① 호우닝
② 래핑
③ 버핑
④ 수퍼피니싱

27 실장 측정기가 아닌 것은?

① 하이트 게이지
② 마이크로미터
③ 버니어 캘리퍼스
④ 컴비네이션 스퀘어

28 고온계로서 가장 높은 온도를 측정할 수 있는 열전대는?

① 동-콘스탄탄
② 철-콘스탄탄
③ 크로멜-알루멜
④ 텅스텐-몰리브덴

28.
800℃이하 : 철-콘스탄탄
　　　　　　 동-콘스탄탄

100~1200℃ :
크로멜-알루멜

1600℃ : Pt-Pt-Rh

정답 25 ④ 26 ② 27 ④ 28 ③

29 다음 길이 측정기 중 레버(lever)를 이용하는 것은?

① 마이크로미터
② 다이얼 게이지
③ 미니미터
④ 옵티미터

29.
옵티미터는 광학장치를 이용한 측정기이다.

30 다음 측정기 중에서 평면도를 측정하는 것은?

① 광선 정반(optical flat)
② 블록 게이지(block gauge)
③ 서피스 게이지(surface gauge)
④ 정밀 수준기(precision level)

31 동일직경 3개의 핀을 이용하여 수나사의 유효지름을 측정하는 방법은?

① 광학법
② 삼침법
③ 지름법
④ 반지름법

31.
삼침법
나사용 마이크로미터 선단이 나사의 산과 골에 끼워지도록 되어 나사를 알맞게 끼웠을 때의 지시눈금이 유효지름이다.

32 비교 측정하는 방식의 측정기는?

① 측장기
② 마이크로미터
③ 다이얼 게이지
④ 버니어 캘리퍼스

32.
측장기, 마이크로미터, 버니어 캘리퍼스는 직접 길이 계측기이다.

| 정 답 | 29 ③ | 30 ① | 31 ② | 32 ③ |

33 그림과 같은 다이얼 게이지를 이용하여 테이퍼를 검사할 때 테이퍼 값이 1/25이 되기 위하여 다이얼 게이지이의 눈금 이동량은 얼마인가?

① 1mm
② 2mm
③ 3mm
④ 4mm

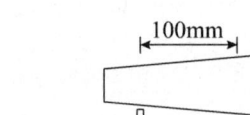

33. $100 \times \dfrac{1}{25} = 4$

$\dfrac{4}{2} = 2\,\text{mm}$

다이얼 게이지는 회전하므로 반만 움직임

34 원형단면 소재의 중심내기 공구와 관련이 없는 것은?

① 짝다리 퍼스
② 서피스 게이지
③ 하이트 게이지
④ 마이크로미터

정답 33 ② 34 ③

CHAPTER 02 절삭이론

절삭이론

1 절삭의 정리

공작물보다 경도가 높은 공구를 사용하여 공작물에서 칩(chip)을 깍아내는 것이 절삭(cutting)이며, 절삭하는 기계를 공작기계라고 할 수 있다. 절삭기계의 종류는 가공방법에 의한 분류 즉 기구학적 운동에 의한 분류로 나눌 수 있으며 다음과 같다.

가공방법에 의한 분류

① 공구가 직선운동을 하며 절삭 : 선반, 세이퍼, 플레이너, 브로칭 머신
② 공구가 회전운동을 하며 절삭 : 밀링, 보링, 호빙
③ 공구가 회전운동과 직선운동을 동시에 하며 절삭 : 드릴링 머신

2 절삭이론

(1) 절삭이론의 개요

절삭이론에서 항상 고려해야 할 중요한 요소는 절삭의 기구, 절삭저항, 절삭온도, 다듬질면, 공구수명, 피삭성, 진동, 공작액 등이며 이들을 고려해야만 능률적이고 합리적으로 절삭이 가능하다.

(2) 절삭공구의 각도 명칭

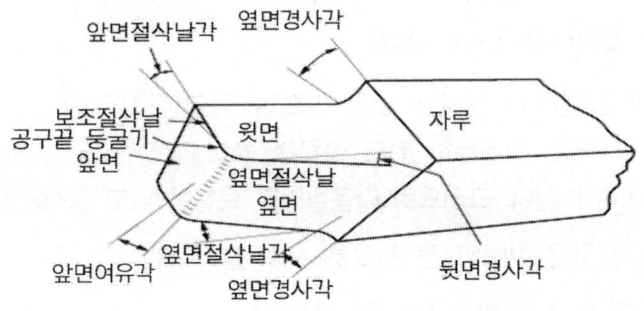

[그림 2.1 공구 각부 명칭]

(3) 칩의 종류와 형태

절삭이 시작되면 공작물은 공구에 의해 칩으로 제거되며, 칩의 모양은 크게 4가지로 구분할 수 있다.

1) 유동형 칩(flow type chip)

재료 내의 소성변형이 연속해서 일어나 균일한 두께의 칩이 흐르는 것처럼 연속하여 나오는 것

① 신축성이 크고 소성 변형하기 쉬운 재료(연강, 동, 알루미늄 등)
② 바이트의 경사각이 클 때
③ 절삭속도가 클 때
④ 절삭량이 적을 때

2) 전단형 칩(shear type chip)

압축을 받은 바이트 윗면의 재료는 칩이 연속적으로 발생하다가 가로방향으로 끊어지는 상태로 나오는 것이다. 칩의 두께가 자주 변하므로 절삭력도 변하며 진동을 일으키게 된다. 그러므로 가공면이 거칠다.

① 비교적 연한 재료를 작은 윗면 경사각으로 절삭시
② 유동형에서보다 뒷면 경사각이 클 때

3) 열단형 칩(tear type chip)

재료가 공구전면에 정착 공구 위를 미끄러지지 않고 아래 방향으로 균열이 발생한다. 그러므로 가공면은 뜯은 흔적이 남는다.

· 점성이 큰 재질을 작은 경사각으로 절삭 시

4) 균열형 칩(crack type chip)

열단형과 균열이 발생하는 것은 같으나 균열방향이 공구의 진행과 함께 절삭각이 작을 때는 비스듬히 위로 향하며 칩이 발생한다. 그러나 절삭각이 커지면 아래로 향하게 된다. 그러므로 다듬질면은 요철이 남고 절삭저항의 변동도 커진다.

① 주철과 같은 취성이 큰 재료를 저속 절삭 시
② 절삭 깊이가 크거나 경사각이 작을시

(4) 구성인선(built up edge)

바이트 등에 의해 절삭작업을 할 때 연강, 스테인레스강, 알루미늄 등과 같은 연질의 재료를 절삭시 절삭된 칩의 일부가 바이트 끝에 부착하여 절삭날과 같은 작용을 하면서 절삭을 하는 것을 구성인선이라 하며
발생 → 성장 → 분열 → 탈락 → 일부잔류 → 성장을 반복한다.
구성 날끝을 방지하려면 다음과 같은 것에 주의하여야 한다.

① 절삭깊이를 적게 하고 경사각의 윗면 경사각을 크게 한다.
② 절삭속도를 빠르게 한다.
③ 날 끝에 경질 크롬도금 등을 하여 윗면 경사각을 매끄럽게 한다.

(5) 절삭저항

바이트 절삭에서 절삭저항의 크기 및 방향은 여러 가지 원인에 의해 변화하나 일반적으로 절삭방향의 분력인 주분력, 이송방향의 분력인 횡분력, 절삭깊이 방향의 분력인 배분력으로 되며 분력의 크기는 주분력, 배분력, 이송분력의 순으로 주분력이 가장 크다.

1) 바이트 형상

바이트의 형상은 작업능률에 관계되며 특히 날부분은 절삭속도, 이송(移送, feed), 절삭 깊이, 바이트의 수명, 절삭저항, 가공면의 정도, 가공재료 등 모든 면에 밀접한 관계가 있어서 가공조건에 맞도록 적절히 선택할 필요가 있다.

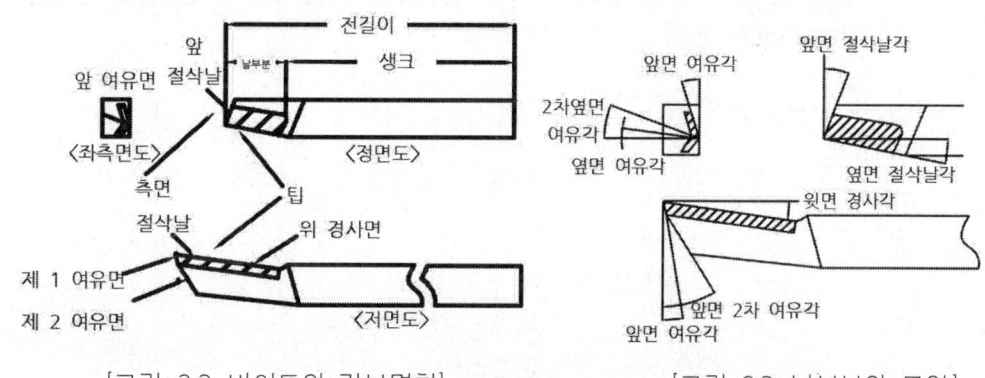

[그림 2.2 바이트의 각부명칭]   [그림 2.3 날부분의 모양]

2) 절삭저항의 크기에 관계되는 인자

- ㉠ 공작물의 재질
- ㉡ 바이트 날끝의 형상
- ㉢ 절삭속도
- ㉣ 절삭면적
- ㉤ 칩의 형상
- ㉥ 절삭각

(6) 공구수명

1)
공구의 수명은 바이트에서는 일정한 조건에서 더 이상 절삭할 수 없을 때까지의 시간(min)이거나 구멍을 뚫을 때는 절삭한 구멍 깊이의 총 절삭시간을 분(min)으로 나타낸 것이다.

2) 바이트에서의 절삭공구 수명 판정

① 백휘대 현상 : 가공면이 둔한 광택(크레이터링)
② 가공치수의 증대 : 플랭크 가공면의 마찰량 0.7mm
③ 절삭 저항 중 배분력과 주분력이 급격히 증가시

3) 절삭속도와 공구수명

테일러는 칩의 생성에 절삭속도가 공구수명의 중요인자라는 것을 실험을 통해 알아내었다.

$$VT^n = C$$

V : 절삭속도[m/min]

T : 공구수명[min]

n : 공구와 일감에 의해 변하는 지수

일반적 : 0.1~0.2
고속도강 : 0.1~0.25
세라믹 : 0.4~0.55

C : 공구수명을 1분으로 할 때의 절삭속도, 공구, 일감, 절삭조건에 의해 변화함

상수 n은 수명선도의 기울기로서

$$n = \tan\theta = \frac{\log V_1 - \log V_2}{\log T_2 - \log T_1}$$

(7) 공구의 마모

공구 마모는 실제적으로 여러 가지 요인이 복합적으로 작용하여 발생하게 된다. 그러나 간단하게 구분하면 마찰이나 충격, 진동 등 기계적 원인에 의한 마모와 열적·화학적 작용에 의한 마모로 구분할 수 있다. 정상 마모의 대표적인 형태는 여유면 마모(Flank Wear)와 크레이터 마모(Crater Wear) 두 가지로 구분할 수 있으며, 일반적으로 여유면 마모는 기계적 원인, 크레이터 마모는 열적, 화학적 작용의 영향을 더 많이 받는다.

① **크레이터 마멸(Crater wear)**

공구 경사면이 칩과의 마찰에 의하여 오목하게 마모되는 것으로 유동형 칩의 고속절삭에서 자주 발생한다.

② **플랭크 마멸(Flank wear)**

가공면과 공구 여유면과의 마찰에 의한 공구 여유면의 마멸현상으로 절삭날에 직각방향으로 측정한 마멸대의 폭으로 표시하고 이 마멸대의 폭이 일정한 값에 도달할 때를 수명으로 한다.

③ **날의 파손**

절삭가공 중 기계적인 충격, 진동 및 열충격 등으로 인하여 날끝부분이 미세한 파손을 일으키는 현상을 치핑(Chipping)이라 하고 주로 초경공구, 세라믹공구 등에서 우발적으로 발생한다.

◉ 공구마모의 종류 및 대책

1) 열적 작용으로 인한 마모의 구분

① 열확산 : 고온으로 인한 열진동에 의해 공구와 피삭재의 구성 성분이 서로 혼합되는 현상

② 용착 : 피삭재가 재결정 온도 이상으로 가열되어 공구면에 응착

③ 압착 : 재결정 온도 이하의 피삭재가 절삭시의 높은 압력으로 공구면에 응착

2) 화학적 작용으로 인한 마모의 구분

① 화학적 반응에 의한 마모 : 고온에서 공구재, 피삭재, 절삭유제
(특히, 극압첨가제)의 화학적 반응에 의한 마멸로서 산화유, 염화유의
부식작용 등으로 마모 증대

② 전기 화학적인 마모 : 고온에서 공구재, 피삭재 중의 불순물로 인해 발생한
기전력으로 화학반응이 촉진되어 마모 속도 증가

3) 기타 열 피로(Thermal Fatigue), 열 균열(Thermal Crack) 등

(8) 절삭제

절삭제란, 칩의 생성부에 붓는 액체이며 3가지 작용을 한다.
① 공구의 절삭면과 칩 사이의 마모감소, 공구수명 연장(윤활작용)
② 온도상승방지(냉각작용)
③ 칩의 용착방지(세척작용)

1) 절삭유의 장점

① 절삭저항 감소
② 공구수명 연장
③ 다듬질면 향상
④ 치수 및 정밀도 유지
⑤ 절삭칩의 흐름을 도움

2) 절삭유의 종류

① 수용성 : 냉각작용이 큰 물에 방청제나 유화제를 첨가, 주로 광물성 기름을 비눗물에 녹인 것으로 유백색의 색깔임

② 불수용성 : 광물유, 동식물유와 두 가지를 혼합한 혼합유 및 절삭공구가 고압상태에서 마찰을 받을 시 사용하는 극압유가 있다. 극압유의 첨가재로는 황, 염소, 납, 인 등의 화합물 첨가

연/습/문/제

01 주철의 절삭제는?

① 광물성 기름　　② 피마자 기름
③ 그리이스　　　　④ 사용하지 않는다.

02 바이트의 수명 방정식(테일러의 공식)은 어느 것인가?

① $T^n = \dfrac{C}{V}$　　② $T^n = \dfrac{V}{C}$

③ $T^n = VC$　　④ $T^n = \dfrac{VC}{2}$

03 Silver White Cutting법과 관계가 가장 깊은 것은?

① 빌트업에지　　② 경작형 칩
③ 유동형 칩　　　④ 2차원 절삭

04 주철을 절삭할 때의 일반적인 칩(chip)의 형태는?

① 유동형　　② 일단형
③ 전단형　　④ 균열형

05 다음 금속 중 구성인선이 발생하지 않는 금속은?

① 연강　　　② 황동
③ 알루미늄　④ 주철

---

02. $VT^n = C$

03.
경작형 칩(열단형 칩) :
가공면 아래쪽으로 균열이
발생해 진행하다가
도달하면 균열이 정지되고
전단면을 따라 차단되어
칩발생
유동형 칩 : 공구선단의
전단면에서부터 슬립형태의
소성형태의 소성변형이
연속적으로 발생

04.
구리, 구리합금, 알루미늄
같은 인성이 있는 것 :
조건에 따라 유동형, 전단형,
열단형의 칩 발생

주철같은 취성재료 :
균열형 칩

05.
연성이 큰 공작물을
절삭할 때 발생

정 답　01 ④　02 ①　03 ①　04 ④　05 ④

06 절삭공구가 가져야 할 기계적인 성질은?

① 내충격성, 내열성, 담금성, 강인성, 질연성
② 고경도성, 내충격성, 자성
③ 내식성, 내열성, 담금성, 내마모성, 취성
④ 내마모성, 강인성, 고온경도성

07 구성인선(built up edge)의 주기를 나타낸 것으로 맞는 것은?

① 발생→성장→탈락→분열
② 발생→분열→탈락→성장
③ 발생→탈락→분열→성장
④ 발생→성장→분열→탈락

08 절삭유의 가장 큰 목적은?

① 냉각 작용   ② 방부 작용
③ 유동 작용   ④ 방청 작용

09 유압 프레스에서 용량 Q가 5ton, 프레스 효율이 0.8, 단조물의 유효 단면적이 $300\,mm^2$일 때 단조 재료의 변형을 구하여라.

① $10.3\,kg/mm^2$
② $13.3\,kg/mm^2$
③ $4\,kg/mm^2$
④ $16.7\,kg/mm^2$

06.
기계적 성질 : 강도 경도, 인성, 메짐성, 피로, 크리이프 연성, 전성, 가단성, 주조성, 연산율, 항복점
구비조건 :
㉠ 고온경도가 높을 것
㉡ 마모 저항이 클 것
㉢ 강인성이 클 것
㉣ 낮은 마찰일 것
㉤ 조형이 용이할 것
㉥ 적당한 가격일 것

07. 칩의 일부가 가공 경화하여 절삭날 끝에 부착되어 날과 같이 절삭하는 현상.
1/100초~1/300초의 주기로 발생→성장→분열→탈락

08.
절삭제 이용시
㉠ 마찰감소
㉡ 절삭부 온도저하
㉢ 칩 제거
㉣ 가공면의 조도 향상
㉤ 구성인선 방지
조건 :
㉠ 냉각성 大
㉡ 윤활성 大
㉢ 부식성이 없어야 한다.
㉣ 화학적 물리적 안정성
㉤ 냄새 독성 無

09.
$$\sigma = \frac{P}{A} \cdot \eta$$
$$= \frac{5000}{300} \cdot 0.8 = 13.3$$

정답   06 ④   07 ④   08 ①   09 ②

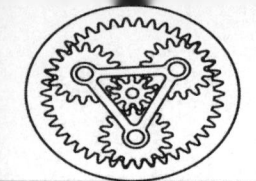

10 일감의 재질이 유연하고 인성이 많은 재료에서 유동형 칩의 발생과 관계 없는 것은?

① 절삭속도가 클 때
② 바이트 윗면 경사각이 클 때
③ 절삭깊이가 작을 때
④ 절삭깊이가 클 때

10.
유동형 칩 발생시 조건은 연성재료일 때, 이송속도가 작을 때, 공구 상면경사각이 클 때,
절삭속도가 빠를 때, 적당한 절삭제에 의해 끝날부분의 온도가 낮을 때

11 금형에서 윤활유의 사용 목적이 틀린 것은?

① 냉각 작용
② 마찰 감소
③ 방청 작용
④ 수명 감소

11.
냉각성, 유동성 - 청정 작용

12 크레이터 마모에 관한 설명 중 틀린 것은?

① 유동형 칩에서 가장 뚜렷이 나타난다.
② 절삭공구의 상면 경사각이 모고하게 파여지는 현상이다.
③ 크레이터 마모를 줄이려면 경사면 위의 마찰계수를 감소시킨다.
④ 처음에 빠른 속도로 성장하다가 어느 정도 크기에 도달하면 느려진다.

12.
크레이터 마모는 절삭공구의 상면 경사각이 오목하게 파여지는 현상이며 처음에 느린 속도로 성장하다가 어느 정도 크기에 도달하면 빨라진다.

13 절삭제의 구비 조건이 아닌 것은?

① 방청, 방식성이 좋을 것
② 인화점, 발화점이 낮을 것
③ 냉각성이 충분할 것
④ 장시간 사용해도 변질하지 말 것

13. 조건
㉠ 냉각성이 클 것
㉡ 윤활성이 클 것
㉢ 부식성이 없어야 함
㉣ 화학적, 물리적 안전성
㉤ 냄새 독성이 없을 것
㉥ 고온에서 쉽게 연기가 나지 않을 것
㉦ 저점도일 것

정답 10 ④ 11 ④ 12 ④ 13 ②

14 구성인선이 발생하여 가공에 영향을 미치는 단점이 아닌 것은?

① 가공의 표면이 거칠게 가공된다.
② 절삭깊이가 커져 동력손실을 가져온다.
③ 표면의 변질층이 얇아진다.
④ 칩핑(chipping)현상으로 공구수명이 단축된다.

15 빌트업에지(built up edge)에 관한 설명으로 옳은 것은?

① 공구 윗면 경사각이 크면 빌트업에지를 크게하는 경향이 있다.
② 칩의 흐름에 대한 저항이 클수록 빌트업에지는 작아진다.
③ 고속으로 절삭할수록 빌트업에지는 감소한다.
④ 칩의 두께를 감소시키면 빌트업에지의 발생이 증가한다.

16 빌트업에지(built up edge)란?

① 절삭공구의 절삭압력을 말한다.
② 조한 구성된 날끝을 나타낸다.
③ 공구날의 마멸 현상을 말한다.
④ 칩의 일부가 공구 끝에 붙는 것이다.

17 다음 중 절삭 공구 수명을 판정하는 기준이 아닌 것은?

① 완성된 치수변화가 일정량 도달했을 때
② 절삭저항의 주분력에는 변화가 없어도 배분력, 이송분력이 급격히 증가될 때
③ 가공면에 광택이 있는 무늬나 반점이 생길 때
④ 가공시 구성인선이 자주 생길 때

정 답 14 ③ 15 ③ 16 ④ 17 ④

18 다음 중 절삭력에 대하여 가장 적은 영향을 미치는 것은?

① 피절삭재의 재질
② 절삭면적의 그 모양
③ 공구의 모양과 공구각
④ 절삭속도

19 다음 중 구성인선을 감소시키는 방법 중 옳은 것은?

① 절삭속도를 고속으로 한다.
② 상면 경사각을 작게한다.
③ 절삭깊이를 깊게한다.
④ 마찰저항이 큰 공구를 사용한다.

CHAPTER 03 선 반

1 가공방식

선반은 공작물에 회전운동을 주고 절삭공구에 직선운동을, 즉 주축에 고정한 일감을 회전시키고 공구대에 설치된 바이트에 절삭깊이와 이송을 주어 일감을 절삭하는 기계로서 공작기계 중 가장 많이 사용한다.

① 바깥지름 절삭 : 바이트를 회전축에 평행하게 보내어 원주 등의 외주를 깎는다.
② 단면절삭 : 환봉의 면을 깎는 것으로 축과 직각방향으로 바이트 날끝을 보내어 깎는다.
③ 절단작업 : 바이트를 축에 직각으로 보내어 재료를 절단한다.
④ 테이퍼절삭 : 바이트를 회전축과 경사시켜 보내면서 외면 또는 내면을 깎는다.
⑤ 곡면절삭 : 바이트에 전후, 좌우의 복합이송을 주어 깎는다.
⑥ 구멍뚫기 : 바이트를 회전축에 평행하게 보내어 구멍을 뚫거나 내면을 깎는다.
⑦ 나사절삭 : 바이트를 좌우방향으로 규칙적으로 보내어 나사의 모양을 만든다.
⑧ 정면 절삭 : 넓은 면을 절삭하는 것으로 바이트의 날끝을 깎는 면과 직각으로 하여 축과 직각방향으로 보내어 깎는다.
⑨ 총형절삭 : 특수형상의 날끝의 바이트를 축과 직각방향으로 보내어 깎는다.
⑩ 롤렛작업 : 롤렛을 원통의 외주에 밀어 넣어 좌우방향으로 보내어 껄끄럽게 만드는 것이다.

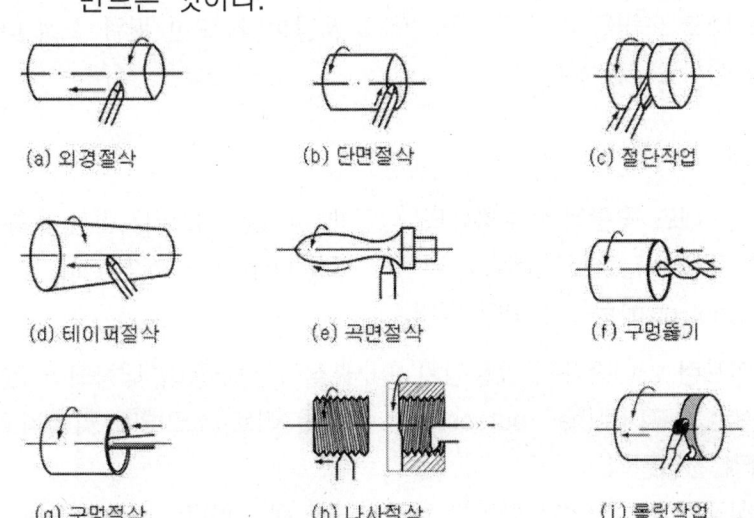

[그림 3.1 선반의 기본작업의 종류]

2 선반의 구조와 명칭

선반은 일반적으로 주요 구성부분을 표시하면 주축대, 심압대, 왕복대 및 베드와 다리로 구성되어 있다.

 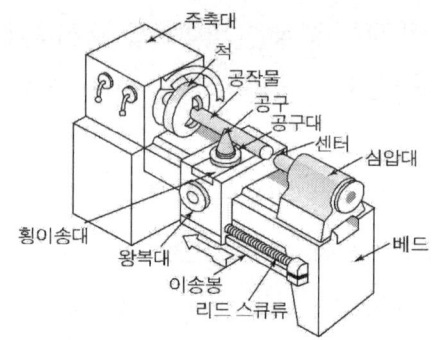

(1) 주축대

베드의 윗면 왼쪽에 위치하며 전동기의 회전을 받아 스핀들을 여러 속도로 회전시키는 변속기어장치를 가진 선반의 주요 부분의 하나이다. 긴 봉재를 스핀들에 물리거나 콜릿척을 장치하도록 주축(main spindle)은 속이 비어 있다.

(2) 심압대

베드의 윗면 오른쪽에 위치하며 오른쪽 끝을 센터로 지지하는 것이 본래의 역할이나 센터를 빼고 드릴을 부착 구멍뚫기에도 사용한다. 또한 편위 조절 나사를 이용 테이퍼 절삭도 가능하다.

(3) 왕복대

왕복대는 베드 윗면에서 주축대와 심압대 사이를 미끄러지면서 운동하는 부분으로 에이프런(apron), 새들(saddle), 복식공구대(compound tool rest) 및 공구대(tool post)로 구성되어 있다.

① **에이프런** : 이송기구, 자동장치, 나사 절삭장치 등이 내장되어 있으며 나사절삭 시 이송은 하프너트(half nut or split nut)를 리드 스크루에 맞물리고 왕복대를 이동시켜 전달한다.
② **복식공구대** : 임의의 각도로 회전시키며 큰 테이퍼 가공이 가능하다.
③ **새들** : 베드면과 접촉하여 이송하는 부분이며 H자로 되어 있다.

(4) 베드(bed) 및 다리(leg)

베드는 공작 정도를 유지하는 선반의 몸체로서 강력한 구조로 하고 안내면은 정도와 내구성을 갖도록 하여야 한다. 다리는 기계전체를 필요한 높이로 지지하기 위한 것으로 소형선반에서는 일체의 박스형으로 한다.

3 선반의 종류

[표 3.1 선반의 종류와 크기 표시법]

종 류	크 기 표 시 법
보 통 선 반	베드 위의 스윙, 양 센터 사이의 최대거리 및 왕복대 위의 스윙
탁 상 선 반	
모방선반(模倣旋盤)	
다 인(多刃) 선 반	
공 구 선 반	
릴 리 빙 선 반	
정 면 선 반	베드 위의 스윙 또는 면판의 지름 및 면판에서 왕복대까지의 최대거리
터 릿 선 반	베드 위의 스윙, 왕복대 위의 스윙, 주축 위 터릿면 사이의 거리
탁 상 터 릿 선 반	터릿대의 최대이동거리 및 봉재공작물의 최대지름
자 동 선 반	공작물의 최대지름 및 최대길이

4 선반의 부속장치

(1) 척(chuck)

공작물을 고정하기 위한 조(jaw)가 있어서 이것으로 공작물을 물어서 고정하는 일종의 바이스

① **단동척** : 4개의 조가 각각 별도로 움직여서 강한 체결력이 있다.
　　　　　단동척의 크기는 척의 외경으로 표시한다.
② **연동척** : 스크롤 척이라고 하며, 3개의 조(jaw)가 동시에 움직여서 체결력이 적다.
③ **콜릿척** : 환봉이나 각봉재를 가공할 때 자동선반이나 터릿선반 등에서 사용하는 척으로 척이 원판 스프링의 힘에 의해 고정된다.
④ **복동척(combination chuck)** : 단동척과 연동척을 겸용할 수 있으며, 불규칙한 현상의 가공물이 많을 때 편리하다.

(2) 면판(face plate)

크기가 다르거나 복잡한 형상의 공작물을 고정할 때 구멍에 볼트 또는 보조 고정구를 사용하여 고정한다.

(3) 센터(center)

주축이나 심압대 축에 끼워 공작물을 고정할 때 사용한다.
① 회전센터 : 주축에 삽입하여 주축과 함께 회전
② 정지센터 : 심압축에 끼워 정지상태로 사용하는 센터
  　　　　　ex) 하프센터 : 센터구멍이 뚫린 부분의 단면을 절삭
③ 센터의 각도는 보통 60°로 하며, 센터자루의 테이퍼는 모스테이퍼(1/20)로 되어 있다.

(4) 회전판과 돌리개(dog of carrier)

회전판은 센터작업시 주축의 회전을 공작물에 전달하기 위해서 주축의 앞끝을 고정하는 원형판이며, 돌리개란 센터작업시 공작물에 고정해서 회전판의 회전이 공작물에 전달되도록 연결시키는 부품이다.

(5) 심봉(mandrel)

기어나 풀리(pulley)와 같이 중앙에 구멍이 있을 시 구멍에 맨드럴을 끼워 고정하고 맨드럴을 센터로 지지한 다음 작업한다.
종류로는 단체 맨드럴, 팽창식 맨드럴, 너트 맨드럴, 테이퍼 자루 맨드럴, 갱 맨드럴 등이 있으며, 갱 맨드럴은 여러 개의 공작물을 맨드럴에 끼우고 다른 끝을 너트로 죄어 고정하는 방식으로 두께가 얇은 공작물을 동시에 많이 가공할 때 사용한다.

(6) 방진구(stedy rest)

공작물이 지름에 비해 길이가 너무 길 때는 굽힘이 발생하여 진동을 수반한다. 이를 방지하기 위해 중간에 지지구를 사용한다.
① 고정식 방진구 : 베드 위에 고정하여 3개의 조로 공작물 고정
② 이동식 방진구 : 왕복대 위의 새들에 방진구를 설치 공구의 좌우이송과 더불어 이송

5 절삭조건 및 선반가공

(1) 절삭조건

1) 절삭속도

$$V = \frac{\pi dn}{1000} \text{m/min}$$

바이트에 대한 일감의 표면속도를 말하며, 경제적 절삭속도는 60~120분 정도이다.

2) 이송

매회전시마다 바이트가 이동되는 거리를 말하며 mm/rev로 표시한다.

3) 절삭깊이

바이트가 일감의 표면에서 깎는 두께를 절삭깊이라고 하며 mm로 표시한다.

(2) 테이퍼 절삭 작업

① 심압대 편위에 의한 방법 : 일감이 길고 테이퍼가 작을시 적합

$$x = \frac{(D-d)L}{2l} \text{ (편위량)}$$

② 복식공구대에 의한 방법 : 일감의 길이가 짧고 경사각이 큰 테이퍼 가공시 적합

$$x = \frac{(D-d)}{2} \text{ (테이퍼량)} \qquad \text{테이퍼} = \frac{D-d}{L}$$

③ 테이퍼 절삭장치에 의한 방법

선반 뒤의 테이퍼 절삭장치에 왕복대를 연결하고 왕복대를 이동시켜 테이퍼 절삭을 하는 장치로서 테이퍼각은 절삭장치 슬라이드의 기울임 각으로 정한다.

(3) 표면 거칠기

표면 거칠기의 최대 높이 H는 다음과 같이 구할 수 있다.

$$H = \frac{S^2}{8r}$$

여기서 r : 바이트의 날끝 반지름
S : 이송

H는 다듬질 표면 거칠기의 이론값이다. 이론적으로 바이트 날 끝 반지름이 크면 거칠기의 값이 작아지나 바이트 날끝 반지름이 너무 크면 절삭 저항이 증가되고, 바이트와 일감에 떨림이 발생되어 가공면을 해치게 된다.

(4) 나사절삭작업

1) 절삭원리

왕복대 에이프런 내의 하프너트(half nut, split nut)를 리드 스쿠루에 연결, 나사를 가공하며 자동반복을 매공정마다 하기 위해서는 체이싱 다이얼을 이용한다.

2) 변환기어

나사를 절삭하기 위해서는 단차가 필요하며, 영국식 선반과 미국식 선반이 있다.

① 영국식 선반 : 잇수가 20개에서 120개까지 5개씩 증가 인치계 나사를 절삭하기 위해 127개 잇수 1개

② 미국식 선반 : 잇수가 20개에서 64개까지 4개씩 증가 이외에 72, 80, 120, 127개 잇수 1개

3) 변환기어 계산

변환기어에는 2단걸기와 4단걸기가 있는데, 속비가 $\frac{1}{6}$보다 적을 때는 4단 걸기로 한다.

2단걸기 $\frac{\text{절삭할 나사의 피치}}{\text{리드 스쿠루 피치}} = \frac{A}{D}$ (단식)

4단걸기 $\frac{\text{절삭할 나사의 피치}}{\text{리드 스쿠루 피치}} = \frac{A \times C}{B \times D}$ (복식)

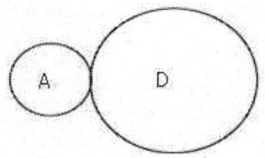 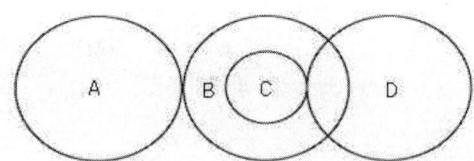

4) 릴리빙(Relieving)

공구를 가로방향으로 간헐 왕복운동시켜 커터의 여유면 등을 절삭하는 방법

5) 나사가공 계산

$$\frac{N}{n} = \frac{p}{P} = \frac{Z_A}{Z_D}$$

여기서 n : 주축 회전수 N : 리드스크루 회전수

p : 공작물 피치 P : 리드스크루 피치

Z_A : 주축변환기어 잇수 Z_D : 리드스크루 변환기어 잇수

- 피치 6mm 리드스크류 선반에서 피치 3mm 나사 가공 시 변환치차를 구하시오.

$$\frac{p}{P} = \frac{3}{6} = \frac{30}{60}$$

- 리드스크류 4산/inch인 선반에서 6산/inch의 나사절삭 시 변환치차를 구하시오.

$$\frac{p}{P} = \frac{\frac{25.4}{6}}{\frac{25.4}{4}} = \frac{4}{6} = \frac{40}{60}$$

연/습/문/제

01 지름 500 mm인 연강봉을 200 m/min의 절삭속도로 선삭할 때 스핀들의 회전수는?

① 100 rpm ② 127 rpm
③ 214 rpm ④ 440 rpm

01. $v = \dfrac{\pi dn}{1000}$ m/min

02 가늘고 긴 공작물의 가공시 자중으로 인한 처짐을 방지하기 위해 사용하는 선반의 보조기구는?

① 돌리개 ② 돌림판
③ 방진구 ④ 클릿척

02.
돌리개 : 센터 작업을 할 때 공작물에 고정해서 회전판의 회전이 돌림판 공작물에 전달되도록 연결시키는 역할
클릿척 : 환봉이나 각봉재를 가공할 때 사용

03 지름이 50 mm인 연강 둥근막대를 선반에서 절삭할 때 주축의 회전수를 100회전/분이라고 하면 절삭 속도는?

① 15.7 m/min ② 20 m/min
③ 20.3 m/min ④ 20.7 m/min

03.
$V = \dfrac{\pi dn}{1000} = \dfrac{\pi \times 50 \times 100}{1000}$
$= 15.7$ m/min

04 선반에서 길이가 지름의 몇 배 이상일 경우에 방진구를 사용하나?

① 6배 ② 12배
③ 16배 ④ 20배

04.
방진구 : 가늘고 긴 공작물을 가공할 때 자중으로 처짐을 방지하기 위해 사용

05 선반작업에서 절삭속도가 60 m/min이고 절삭 저항력이 250 kg일 때 절삭 동력은 몇 마력인가?

① 3.3 ps ② 3.0 ps
③ 2.5 ps ④ 2.0 ps

05.
$H = \dfrac{F \cdot V}{75} = \dfrac{250 \times 60}{75 \times 60}$
$= 3.3$

정답 01 ② 02 ③ 03 ① 04 ④ 05 ①

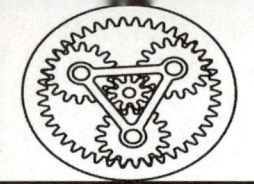

06 지름 20 mm의 재료를 600 r.p.m으로 회전시키며 절삭할 때의 절삭속도는 몇 m/min인가?

① 57.68
② 17.68
③ 47.68
④ 37.68

06.
$$V = \frac{\pi DN}{1000} = \frac{\pi \times 20 \times 600}{1000}$$

07 다음 그림과 같이 테이퍼를 가공하려고 한다. 심압대를 편위시키는 편위량을 얼마로 하면 되는가?

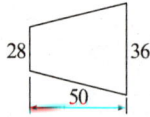

① 1 mm ② 8 mm
③ 6 mm ④ 4 mm

07.
$$\tan\theta = \frac{D-d}{2L}$$

편위량 (x)
$$= \frac{D-d}{2} = \frac{36-28}{2}$$
$$= 4$$

08 선반에서 백 기어를 설치한 목적은 다음 중 어느 것인가?

① 가공시간을 단축하기 위해서
② 주축의 변화 속도의 폭을 넓히기 위해서
③ 가볍게 회전시키기 위해서
④ 소비 전력을 줄이기 위해서

08.
저속강력 절삭을 위해, 회전수가 작게 한다.

정답 06 ④ 07 ④ 08 ②

09 선반에서 테이퍼를 절삭할 때 심압대를 편위시키는 방법이 있다. 심압대의 이동량을 x, 테이퍼의 길이를 l, 공작물의 길이를 L, 테이퍼 양쪽의 지름을 d, D라고 하면 심압대의 편위량을 구하는 공식은 어느 것인가?

① $x = \dfrac{D-d}{2L}$

② $x = \dfrac{2l}{(D-d)L}$

③ $x = \dfrac{(D-dl)}{2L}$

④ $x = \dfrac{(D-d)L}{2l}$

10 다음 절삭저항 중 가장 적은 분력은?

① 주분력 ② 배분력
③ 횡분력 ④ 이송분력

11 절삭속도가 100 m/min이고 절삭깊이가 2 mm 이송량이 0.25 mm/rev로 8 cm 직경의 단면봉을 선삭한다. 300 mm의 길이만큼 절삭하는데 걸리는 시간은?

① 3분 ② 4분
③ 5분 ④ 6분

12 다음 중 대량 생산용 자동 선반에서 많이 사용되는 척은?

① 연동척 ② 단동척
③ 복동척 ④ 콜릿척

정답 09 ④ 10 ④ 11 ① 12 ④

09.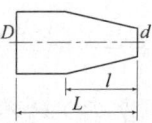

10.
주분력 〉 배분력
〉 이송분력(횡분력)

11.
$N = \dfrac{1000\,V}{\pi d} = \dfrac{1000 \times 100}{\pi \times 80}$

$≒ 398\,\text{rpm}$

1분간 이송길이
$0.25 \times 398 = 99.5\,\text{mm}$

$\dfrac{300}{99.5} ≒ 3$

12.
연동척 : 척의 조는 3개로 되어 있고 동시에 방사상으로 진퇴하게 되며, 공작물의 단면이 원형, 6각형 같은 공작물을 물린다.
단동척 : 나사가 각각 조마다 별개로 되어 있어 조가 단독으로 움직이며 공작물의 단면이 불규칙한 것, 편심가공할 때 쓰인다.
복동척 : 돈동식 또는 여동식으로 겸용. 불규칙한 형상 가공시
콜릿척 : 환봉이나 각봉재를 자동선반이나 터리선반에서 사용한다.

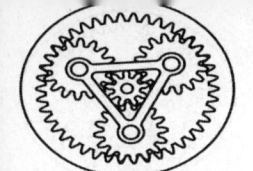

13 절삭력을 3분력으로 나눌 때 주분력(P_1), 배분력(P_2), 횡분력(P_3)으로 부른다. 그 크기 표시가 맞는 것은?

① $P_1 > P_3 > P_2$
② $P_1 > P_2 > P_3$
③ $P_2 > P_1 > P_3$
④ $P_3 > P_1 > P_2$

13.
주분력 > 횡분력 > 배분력
횡분력을 이송분력이라고 포함

14 영식선반으로 인치계나사를 절삭할 경우 기어 중 꼭 필요한 것이 1개 있다. 어느 것인가?

① 117　　　　　　② 125
③ 127　　　　　　④ 130

14.
유니파이 나사 때문에 필요하다.

15 선반에서 심봉(mandrel)을 사용하는 목적은?

① 구멍과 외면이 동심원이 되게하기 위하여
② 구멍 때문에 직접 센터 사용을 할 수 없기 때문에
③ 작업이 용이하기 때문에
④ 정확한 치수를 얻을 수 있기 때문에

16 리드 스크류 피치가 4 mm인 영국식 선반에서 나사의 1 mm인 나사를 가공하려고 할 때 변화기어의 잇수는?

① 20, 40　　　　　② 20, 80
③ 10, 40　　　　　④ 30, 60

16.
5의 배수이며
최소잇수 20개 이상
$$\frac{1}{4} = \frac{20}{80}$$

정답　13 ②　14 ③　15 ②　16 ②

17 고탄소강을 절삭깊이 2.5 mm, 이송량 0.2 mm/rev, 절삭속도 65 m/min로 선삭하는데 필요한 동력은? (단, 기계효율은 85%, 절삭력은 245 kg)

① 약 6.21마력 (PS)
② 약 5.21마력 (PS)
③ 약 4.21마력 (PS)
④ 약 4.16마력 (PS)

17.
$$M = \frac{F \cdot V}{75\eta} = \frac{245 \times 65}{75 \times 60 \times 0.85} = 4.16 \text{ PS}$$

18 선반 베드의 종류 중 미식베드의 장점으로 알맞은 것은?

① 진동이 적고 정밀가공에 적합하다.
② 강력절삭에 적합하다.
③ 구조가 간단하다.
④ 압력받는 면적이 크다.

18.
미국식 장점
㉠ 베드면이 마멸되어도 가공 정밀도에 영향이 적다.
㉡ 절삭칩이 쉽게 떨어져 베드손상이 적다.

영국식 장점
㉠ 베드면적이 넓어 마모가 적다.
㉡ 산형에 비해 얇게 할 수 있다.
㉢ 베드측면 마모에 의해 전후 흔들림이 생긴다.

19 선반작업에서의 안전사항 중 틀린 것은?

① 긴 가공물은 방진구를 써서 흔들리지 않게 한다.
② 기름숫돌로 갈거나 샌드 페이퍼질을 할 때는 장갑을 낀다.
③ 바이트는 가급적 짧게 물린다.
④ 가공물의 무게중심이 한쪽으로 기울어질 때에는 균형추를 단다.

20 3줄 나사에서 피치가 1.5 mm일 때 2회전시키면 몇 mm 이동하는가?

① 2.25 mm   ② 6 mm
③ 6.5 mm   ④ 9 mm

20. $l = n \cdot P = 3 \times 1.5 = 4.5$
    $4.5 \times 2 = 9 \text{ mm}$

| 정 답 | 17 ④ | 18 ① | 19 ② | 20 ④ |

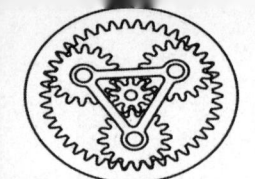

21 가늘고 긴 공작물의 정확한 가공을 위하여 고정방진구와 이동방진구를 사용하게 되는데 이동방진구에 대한 설명 중 틀린 것은?

① 왕복대의 새들에 고정시켜 사용한다.
② 두 개를 조로 일감을 지지한다.
③ 바이트와 함께 이동하면서 일감을 지지한다.
④ 베드의 상단에 고정하여 사용한다.

21.
고정 방진구 : 베드 위에 고정
이동 방진구 : 왕복대에 설치 왕복대와 함께 이동

22 기울기가 작고 가늘며 긴 공작물의 테이퍼 가공시 맞는 것은?

① 심압대 편위
② 총형 바이트
③ 복식 공구대 회전
④ 심압대와 복식 공구대 동시 사용

23 베드상의 스윙(swing)을 크게 하기 위하여 주축대로부터 베드의 일부가 분해될 수 있도록 만들어진 선반은?

① 릴리빙선반 ② 터릿선반
③ 갭선반   ④ 롤선반

23.
릴리빙선반 : 밀링커터, 호브 등에서 공구 여유각을 일정하게 유지
갭선반 : 베드일부를 깊게 하여 지름이 큰 공작물을 가공
터릿선반 : 터릿 공구대를 설치 여러 개의 바이트나 공구를 부착시켜 이것을 순서대로 회전시켜 절삭

24 선반에서 길이가 긴 공작물을 가공할 때 이동 방진구를 설치하는 곳은?

① 주축   ② 베드
③ 새들   ④ 심압대

24.
왕복대와 함께 축대방향으로 이동

정 답   21 ④   22 ①   23 ②   24 ③

25 선반작업에서 절삭조건과 절삭속도의 관계가 옳은 것은?

① 일감이 굳을 때는 절삭속도를 느리게 한다.
② 이송이 클 때는 절삭속도를 빠르게 한다.
③ 절삭유를 사용할 때는 절삭속도를 낮춘다.
④ 절삭깊이를 크게 하면 절삭속도는 빠르게 한다.

26 어미나사의 피치 5 mm, 공작물이 인치당 4산일 때 변환기어의 잇수?

① 20, 127　　　　② 40, 127
③ 127, 60　　　　④ 100, 127

26.
$$P = \frac{25.4}{4} = \frac{127}{20} = \frac{\frac{127}{20}}{5}$$
$$= \frac{127}{20} \times \frac{1}{5} = \frac{127}{100}$$

27 지름 30 mm의 연강을 선반에서 절삭할 때 회전은 매분 몇 회전시키면 좋은가?(단, 절삭속도는 20 m/min이다)

① 132　② 162　③ 212　④ 268

27.
$$V = \frac{\pi DN}{1000} = \frac{\pi \times 30 \times N}{1000}$$
$$N = \frac{1000 \times V}{\pi \times 30} = \frac{1000 \times 20}{\pi \times 30}$$
$$= 212$$

28 공작물 직경이 100 mm, 길이 200 mm, 주축의 회전수 300 rpm이면 절삭속도는?

① 942 m/min　　② 628 m/min
③ 253 m/min　　④ 94.2 m/min

29 가늘고 긴 일감을 선반에서 가공할 때 휜다든지 처지는 현상이 생기는데 이런 현상을 막아서 정확한 치수로 깎을 수 있게 하는 부속장치는?

① 면판　② 맨드릴　③ 돌리개　④ 방진구

29.
면판 : 불규칙한 형상의 공작물 고정
맨드릴 : 속이 빈 공작물 외면을 양쪽끝까지 가공하거나 단면 가공시
돌리개 : 공작물이 양 센터 사이에 설치될 때 주축의 회전력을 공작물로 전달

정답　25 ①　26 ④　27 ③　28 ④　29 ④

30 절삭작업에서 절삭저항 300 kg, 절삭속도가 60m/min이라면 절삭동력은?

① 2 HP ② 2.5 HP ③ 3 HP ④ 4 HP

30.
$H = \dfrac{F \cdot V}{75}$
$60 \, \text{m/min} \div 60 = 1 \, \text{m/sec}$
$H = \dfrac{300 \times 1}{75} = 4$

31 스피닝 선반(spinning lathe)작업용 공구형태로 옳은 것은?

① 보통선반 공구와 같다.
② 가공부분이 무디어 절삭할 수 없는 형태이다.
③ 밀링 커터와 유사한 형태이다.
④ 프레스 공구와 같다.

31.
스피닝 작업은 소성 가공이다.

32 절삭작업에서 빌트업에지가 크게되는 이유는?

① 윗면 경사각을 크게 한다.
② 고속절삭을 한다.
③ 마찰계수가 작은 공구를 사용한다.
④ 칩의 두께를 크게 한다.

33 구성인선 방지 대책 중 틀린 것은?

① 바이트의 윗면 경사각을 크게한다.
② 절삭속도를 크게한다.
③ 절삭깊이를 크게한다.
④ 바이트의 인선에 절삭제를 주입한다.

정 답 30 ④ 31 ② 32 ④ 33 ③

34 선반의 기본작업이 아닌 것은?

① 기어가공 ② 홈
③ 절단 ④ 보오링

35 선반에서 절삭속도 942 m/h로 직경 200 mm의 재료를 깎을 때, 적당한 회전수는 얼마 정도인가?

① 25 rpm
② 50 rpm
③ 1499 rpm
④ 89954 rpm

35.
$$V = \frac{\pi d N}{1000}$$
$$\frac{942}{60} = \frac{\pi \times 200 \times N}{1000}$$
$$N = \frac{942 \times 1000}{200\pi \times 60} = 25 \text{rpm}$$

36 선반 센터(center)에 사용되는 테이퍼(taper)는?

① 브라운 테이퍼(brown & sharpe taper)
② 모스 테이퍼(morse taper)
③ 내셔날 테이퍼(natiomal taper)
④ 자노 테이퍼(jarno taper)

| 정 답 | 34 ① 35 ① 36 ② |

CHAPTER 04 밀 링

1 밀링 머신의 개요

밀링 머신은 회전하는 절삭공구에 가공물을 이송하여 원하는 현상으로 가공하는 공작기계이다.

이때 절삭공구를 밀링 커터라고 한다. 밀링 머신은 가장 만능적인 공작기계로서 평면절삭과 복잡한 면의 절삭 모두에 적합하며 밀링 가공의 작업은 다음과 같다.

① 평면 및 단면 절삭
② 홈파기 및 곡면 절삭
③ 나사 절삭
④ 캠 절삭
⑤ 각종 기어 절삭
⑥ 스플라인 축 절삭

위와 같이 작업 범위가 넓으므로 공장에서 필수 불가결한 공작기계이다.

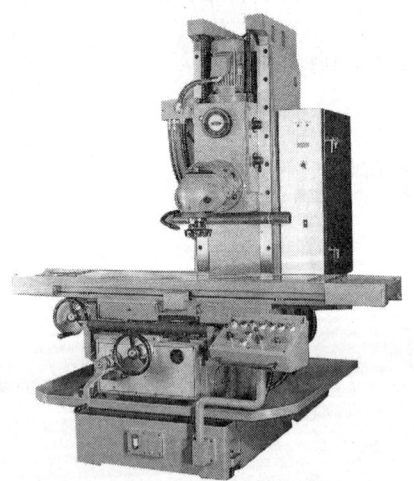

[그림 4.1 밀링 머신]

2 밀링 머신의 크기 및 구조

표준형 밀링 머신의 크기는 테이블의 이동량(좌우×전후×상하)으로 표시하며, 테이블의 크기(길이×폭), 주축 중심선으로부터 테이블면까지 최대거리 등으로 표시한다.

(1) 밀링 머신의 주요부분

1) 칼럼 및 베이스

기계의 본체로 베드와 일체로 되어 있고 전면에는 니, 상부에는 오버암, 내부에는 주축, 주축 변속장치, 주축 구동용 모터 등이 있으며 베이스 내부에는 절삭유 탱크가 있다.

2) 니(Knee)

칼럼 앞부분의 뻗어나온 부분으로 칼럼의 미끄럼면을 상하로 이동하며 새들과 테이블을 지지하고 있다.

3) 오버암(Over arm)

칼럼 상부에 설치되고 스핀들과 평행방향으로 이동할 수 있는 롤의 일부이며 아버 및 여러 부속장치를 바로잡고 절삭력에 의한 아버의 굽힘을 적게 하기 위해 버팀쇠(brace)를 장치한다.

4) 주축(Spindle)

주축은 칼럼 윗면에 직각으로 설치되어 고속 강력 절삭에 적합하도록 테이퍼 롤러 베어링으로 지지되어 있으며 3점지지 방법으로 강성이 크다.

5) 새들(Saddle)

새들은 니 상부에 있으며 테이블의 좌우 이송볼트와 너트 방향 전환장치, 백래시(back lash)제거장치 등이 있다.

6) 테이블(Table)

새들 위에 설치되며 길이 방향으로 이송을 주며 작업면에는 T홈이 파져 있어 T볼트를 사용하여 공작물 또는 고정구를 고정할 수도 있다.

(2) 밀링 머신의 부속장치

1) 아버(arbor)

밀링 머신 스핀들 끝 테이퍼 구멍에 고정하고 다른쪽 단의 지지에 의해 커터의 위치를 조정한다.

2) 어댑터와 콜릿(Adapter and collet)

엔드 밀과 같이 생크(shank)의 크기나 테이퍼가 주축구멍과 다를 때에는 어댑터와 콜릿을 사용하여 주축에 고정 후 가공한다.

3) 밀링 바이스(milling vise)

일감을 고정하는 데 사용하며 평행 바이스, 또는 바이스 밑에 각도 눈금이 있는 회전대가 있어 수평면 내에서 임의 각도 조절이 가능한 회전 바이스와 수평면과 수직면 내에서 임의의 각도로 조정할 수 있는 만능식 바이스가 있다.

4) 회전 테이블(rotary table)

원형으로 밀링 가공할 때 공작물을 회전시키는 장치이며, 분할판이 부착되어 있어 간단한 분할도 가능하다.

5) 기타 부속장치

슬로팅 장치, 랙 밀링장치, 나사 밀링장치, 수직 밀링장치, 만능 밀링장치

(3) 밀링 머신의 종류

1) 니 칼럼형 밀링 머신

가장 일반적인 밀링 머신이며, 그 종류로는 수평 밀링 머신, 만능 밀링 머신, 수직 밀링 머신 등이 있다.

① 수평 밀링 머신(Horizontal milling machine)
주축을 기둥 상부에 수평방향으로 장치하고 회전시킨다.

② 만능 밀링 머신(Universal milling machine)
새들 위에 회전대가 있어 수평면 안에서 필요한 각도로 테이블을 회전시킬 수 있다.

③ 수직 밀링 머신(Vertical milling machine)

주축 헤드가 수직으로 되어 있으며, 주로 정면 밀링 커터와 엔드 밀 등을 사용한다.

2) 생산 밀링 머신(Production milling machine)

대량 생산에 적합하도록 기능을 어느 정도 단순화하였고, 자동화시킨 밀리 머신이다.

3) 플래노밀러(Planomiller)

플레이너의 공구대 대신 밀링 헤드가 장치된 형식으로 다놓형과 쌍주형이 있다. 이것은 대형 일감과 중량물의 절삭이나 강력 절삭에 적합하다.

4) 특수형 밀링 머신

형조각기, 나사 밀링머신, 모방 밀링 머신, 캠 밀링 머신

3 밀링 커터 및 절삭 가공

(1) 밀링 커터의 종류

밀링 커터의 종류는 가공하는 일감의 모양, 치수 재질의 모양에 따라 적당히 선택하여야 한다.

1) 플레인 밀링 커터(plane milling cutter)

원주에 절삭날이 등간격으로 붙어 있어 평행인 평면을 절삭한다. 절삭날은 보통 나선이며 15°정도이다.

2) 엔드밀 커터(end-mill cutter)

엔드밀은 솔리드(solid) 엔드밀과 셸(shell)형 엔드밀이 있으며 주로 홈, 측면, 좁은 평면을 절삭한다.

3) 메탈 소(metal saw)

절단작업 및 홈가공에 사용한다.

4) 그밖의 커터

측면 밀링 커터, T홈 밀링 커터, 총형 밀링 커터 등

(2) 절삭 가공

1) 커터의 절삭방향
밀링 커터의 회전 방향과 공작물의 이송 방향에 따라서 상향 절삭과 하향 절삭으로 나눈다.

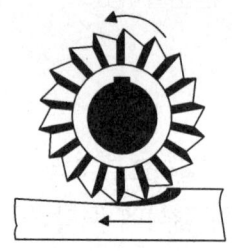 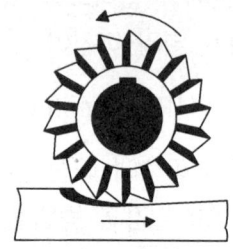

[상향 절삭]   [하향 절삭]

① **상향 절삭** : 절삭공구의 회전 방향과 공작물의 진행 방향이 반대 방향
② **하향 절삭** : 절삭공구의 회전 방향과 공작물의 진행 방향이 같은 방향
③ **상향 절삭의 특징**
   ㉠ 커터와 공작물을 격리시키므로 언더컷을 일으키지 않는다.
   ㉡ 공작물의 표면에 흑피와 모래가 녹아붙는 경향이 없다.
   ㉢ 절삭공구는 고속도강 커터가 유리하다.
   ㉣ 다듬질 표면이 하향 절삭에 비하여 곱지 못하다.
④ **하향 절삭의 특징**
   ㉠ 절인의 수명이 길다.
   ㉡ 밀링 커터의 초경질인 경우 중절삭에 유리하다.
   ㉢ 공작물 설치는 이송 방향의 고정에 주의하면 좋으며, 공작물이 상하로 요동이 적다.
   ㉣ 공작물 이송에 요하는 동력이 상향 절삭에 비하여 적다.
   ㉤ 회전마크 영향이 적다.
   ㉥ 다듬질면이 양호하다.
   ㉦ 뒤틀림(back lash) 제거장치가
   ㉧ 속도가 부적절할 시 날이 부러질 염려가 있다.

(3) 절삭 속도와 피드

1) 절삭 속도

절삭 속도란 밀링 커터의 인선이 공작물을 절삭통과하는 속도이므로 보통 원주 속도로 생각한다. 절삭 속도는 1분간에 대한 길이의 단위로 나타내며

$$V = \frac{\pi d N}{1000}$$

2) 이송

밀링 커터날 1개마다의 이송을 기준한다. (f_z)

$$f = f_Z \times Z \times N \quad \therefore \quad f_Z = \frac{f}{Z \times N}$$

Z : 커터 날의 수,

f_z : 커터의 1날당 이송량(mm)

N : 커터의 회전수

f : 테이블의 이송속도(mm/min)

3) 절삭 속도와 이송의 고려사항

① 커터의 지름과 폭이 작을 경우 고속으로 절삭하며, 거친 절삭에는 이송을 크게 한다.

② 고운 가공면 즉 다듬절삭일 때는 절삭 속도를 크게하고 이송은 적게하며 절삭깊이를 작게하면 날끝이 커지므로 0.3~0.5mm로 한다.

③ 일반적으로 높은 절삭 속도와 낮은 이송을 주면 좋은 가공면을 얻을 수 있으나 경도가 높은 재료는 절삭 속도를 낮춘다.

4 분할법

밀링 작업에는 각도의 분할이 요구되는 작업이 많이 있다. 예를 들면 기어의 잇수를 가공 시 임의의 수로 등분하여 가공하여야 한다.

분할에 사용되는 분할법은 다음과 같다.

- 직접 분할법(direct indexing Method)
- 단식 분할법(simple indexing Method)
- 차등 분할법(differential indexing Method)

(1) 직접 분할법(direct indexing)

주축의 선단이 고정된 직접 분할판을 이용하는 방법으로 24등분의 구멍이 설치되어 있으므로 24의 약수 즉 2, 3, 4, 6, 8, 12, 24등분만이 분할할 수 있다.

(2) 단식 분할법(simple indexing)

직접 분할판으로 분할되지 않는 분할을 할 때 속비가 $\frac{1}{40}$인 웜과 웜휠을 이용하여 분할 크랭크 1회전에 가공물이 $\frac{1}{40}$ 회전하도록 한 분할법이다.

즉 N등분하기 위하여 가공물은 $\frac{1}{N}$ 회전을 하여야 한다.

$$n = \frac{40}{N} \text{(브라운 샤프형, 신시내티형)}$$

N : 분할수

n : N등분에 요하는 분할 크랭크 핸들의 회전수

$$n = \frac{5}{N} \text{(밀워키형)}$$

(3) 각도 분할법

등분으로 분할하지 않고 각도로 분할할 경우 사용하는 방법으로 분할 크랭크가 1회전하면 스핀들은 $\frac{360°}{40} = 9°$ 회전한다.

그러므로 t = $\frac{D°}{9}$ 이다.

(4) 차동 분할법

분할판의 구멍수로 분할할 수 없는 등분에서 분할하는 방법으로 변환기어와 아이들 기어를 사용하여 치차열을 이용 분할하는 방법이다.
변환기어로는 24(2개), 28, 32, 40, 44, 48, 56, 64, 72, 86, 100의 12개가 있다.

다음은 분할판의 구멍수에 대한 표이다.

종 류	분할판	구 멍 의 수
브 라 운	No. 1	15, 16, 17, 18, 19, 20
	No. 2	21, 23, 27, 29, 31, 33
샤 프 형	No. 3	37, 38, 41, 43, 47, 49
신시내티형	표 면	24, 25, 28, 30, 34, 37, 38, 39, 41, 42, 43
	이 면	46, 47, 49, 51, 53, 54, 57, 58, 59, 62, 66
밀워어키형	표 면	100, 96, 92, 84, 72, 66, 60
	이 면	98, 88, 78, 76, 68, 58, 54

예 브라운 샤프형 분할대를 써서 32등분하라

직접 분할대로 분할할 수 없으므로 단식 분할법으로 분할한다.
$$n = \frac{40}{N} = \frac{40}{32} = 1\frac{1}{4}$$
크랭크를 1회전과 1/4회전하면 된다.
여기서 1/4의 분모 4의 배수 구멍수를 가진
분할판을 찾으면 No.1에 16이다.
$$\frac{4}{16}$$ .... (크랭크를 돌린 구멍수)
.... (분할판의 구멍수)

따라서 No.1의 분할판의 16구멍을 써서 크랭크를 1회전과 4구멍씩
돌리면 32등분이 된다.

연/습/문/제

01 다음 밀링 머신 중에서 가장 작은 것은?

① 0번　② 1번　③ 3번　④ 4번

02 밀링 작업에서 주로 절단용 적당한 커터는?

① 총형 커터　　　　② end mill
③ side cutter　　　④ metal saw

03 워엄과 워엄 휠(worm, worm wheel)형 인덱스 크랭크를 1회전 시키면 주축은 몇 회전하는가?

① $\dfrac{1}{5}$　　　　② 5

③ 40　　　　④ $\dfrac{1}{40}$

04 다음 중 밀링 머신으로 할 수 없는 작업은?

① 기어절삭　　　② 키이홈 절삭
③ 나사절삭　　　④ 바깥지름 절삭

05 브라운 샤프형 머신에서 지름 피치 12, 잇수 76의 스퍼어기어의 이를 깎을 때 사용하는 분할 판의 구멍 열은?

① 17구멍　　　② 18구멍
③ 19구멍　　　④ 20구멍

01.
전후 이동량이 50 mm씩 증가함에 따라 번호가 1번씩 증가

02.
총형커터 : 공작물의 윤곽선과 날의 윤곽선이 일치되게한 커터, 커터 회전축과 직각 방향으로만 이송 여러모양, 굴곡
end mill : 키홈, 구멍부분, 좁은 평면 등의 절삭
side cutter : 폭이 좁은 평밀링 커터의 양측면에 날이 있다. 홈, 단면가공

03.
바깥지름 절삭 : 선반
밀링 머신 : 평면, 키이홈, 절단, 각홈, 정면, 곡면, 기어, 총형, 나사 절삭

05. $\dfrac{40}{n} = \dfrac{40}{76} = \dfrac{10}{19}$

정답　01 ①　02 ④　03 ④　04 ④　05 ③

06 밀링 머신의 부속 장치가 아닌 것은?

① 아버　　　　　　　② 에이프런
③ 슬로팅 장치　　　　④ 밀링 바이스

07 원판 주위에 5°의 눈금을 넣으려 할 때 사용하는 분할판은?

① 13구멍　　　　　　② 15구멍
③ 17구멍　　　　　　④ 27구멍

08 고속도강, 밀링 커터의 경사각은?

① +각　　　　　　　② -각
③ 0　　　　　　　　④ 상관없다.

09 터릿 선반의 설명으로 틀린 것은?

① 공구를 교환하는 시간을 단축할 수 있다.
② 가공 실물이나 모형을 따라 윤곽을 깎아낼 수 있다.
③ 숙련되지 않은 사람이라도 좋은 제품을 만들 수 있다.
④ 보통선반의 심압대 대신 터릿대(turret carriage)를 놓는다.

10 밀링 머신에서 사용하지 않은 바이스는?

① 스위블 바이스　　　② 플레인 바이스
③ 만능 바이스　　　　④ 벤치 바이스

06.
에이프런 : 선반의 왕복대에 설치

아버 : 주축단에 고정할 수 있도록 각종 테이퍼를 갖고 있는 환봉재

슬로팅 장치 : 회전운동을 직선운동으로 바꿔주는 장치

밀링 바이스 : 공작물을 고정

07. $\dfrac{D}{9} = \dfrac{5}{9} = \dfrac{15}{27}$

08.
각이 커지면 절삭저항은 감소하나 날은 약해짐.

09.
가공 실물이나 모형을 따라 윤곽을 깎아내는 선반은 모방절삭 선반이다.

10.
수평 바이스(plane vise), 회전 바이스(swivel vise), 만능 바이스 등

정 답　06 ②　07 ④　08 ①　09 ②　10 ④

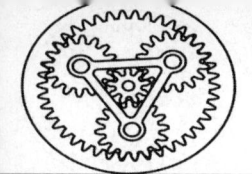

11 다음 중 밀링 커터의 재료로 가장 알맞은 것은?

① 니켈   ② sorbite
③ 초경합금   ④ 산화알루미늄

12 다음 중 주로 수직 밀링 머신에서 하는 작업은?

① 절단   ② 비틀림홈
③ 키홈   ④ 총형홈

13 분할대의 크기를 나타내는 것은?

① 분할할 수 있는 수
② 주축대와 심압대 양 센터 사이의 거리
③ 주축대에 고정할 수 있는 가공물의 중량
④ 테이블 상의 스윙

14 밀링 머신 분할대로 5 1/2°를 분할할 때 분할 크랭크의 회전수는?

① 9/11   ② 11/9
③ 19/11   ④ 11/18

15 브라운 샤프형 분할핀을 사용하여 원주를 35등분하려고 할 때, 적당한 구멍열은?

① 19   ② 20
③ 21   ④ 27

11.
바이트 날의 재질에 따라 탄소강 바이트 고속도강 바이트, 초경 합금 바이트가 있으나 최근에는 절삭가공의 고속화 추세에 따라 초경 합금 위에 알루미나(AlO3), 탄화티탄(TiC), 질화티탄(TiN) 등을 화학 증착시킨 코팅 초경 합금, 서멧(cermet), CBN(cubicboron nitride) 등 고온 경도가 높고 인성이 뛰어난 재질의 바이트가 사용됨으로써 고속 정밀 절삭이 가능하게 되었다.

12. 수직 밀링 머신 :
홈, 평면, 드릴링, 리밍, 보링, 데브테일홈, 경사면, T홈가공 등

수평 밀링 머신 : 총형, 평면, 홈, 평형면, 경사홈, 나사가공

13. $\frac{D°}{9} = \frac{5.5°}{9} = \frac{11}{18}$

14.
$\frac{40}{n} = \frac{40}{35} = \frac{8}{7} = 1\frac{3}{21}$

정답 11 ③ 12 ④ 13 ① 14 ④ 15 ③

16 절삭속도 2 m/sec 밀링 커터의 지름이 3 cm라면 밀링 커터의 회전수는 몇 rpm 정도인가?

① 637　② 1273　③ 1574　④ 1896

16. $V = \dfrac{\pi d n}{1000 \times 60}$

$n = \dfrac{1000 \times 60}{\pi d} \times V$

$= \dfrac{1000 \times 60}{\pi \times 30} \times 2$

$= 1273 \, rpm$

17 다음 중 수평 밀링 머신의 크기를 나타내는 설명이 아닌 것은?

① 테이블의 크기
② 테이블의 이동거리(좌우×전후×상하)
③ 스핀들 해드의 이동거리
④ 스핀들 중심선부터 테이블 면까지의 최대거리

18 밀링 커터나 호브 등의 여유각을 절삭할 때 사용하는 선반은?

① 수직 선반
② 터릿 선반
③ 릴리빙 선반
④ 다인 선반

18.
터릿 선반 : 터릿공구대 설치 여러개의 바이트가 순서대로 회전하며 절삭
수직 선반 : 공작물은 수평에서 회전하는 테이블위에 장치하고, 공구대는 크로스레일을 이송운동한다.
다인 선반 : 여러 개의 바이트가 부착된 동시에 절삭가공

19 밀링 작업의 안전에 관한 사항 중 틀린 것은?

① 상하 이송핸들은 사용후 반드시 빼내 두어야 한다.
② 절삭 도중 가공물의 거칠기를 손으로 검사한다.
③ 커터가 회전할 때 손을 대지 않는다.
④ 절삭하는 도중 측정기구로 측정하지 않는다.

| 정 답 | 16 ②　17 ③　18 ③　19 ② |

20 밀링 작업 중 회전자리가 나타나는 원인이 아닌 것은?

① 아버의 편심
② 날 피치의 불균일성
③ 공작물의 고정불량과 절삭조건
④ 절삭저항에 의한 아버의 변형

21 밀링 머신에서 분할대를 이용하여 분할하는 방법이 아닌 것은?

① 직접 분할법
② 단식 분할법
③ 차동 분할법
④ 등분 분할법

22 보통 머시닝 센터에서 지름이 150 mm인 정면 커터(face cutter)를 사용하여 절삭속도 80 m/min으로 면을 가공하는 경우 주축의 회전수는 얼마이며, 날수를 12개, 날 한 개당 이송율 0.1 mm라 하면 매분당 이송은?

① 170 rpm, 204 mm/min
② 200 rpm, 170 mm/min
③ 340 rpm, 500 mm/min
④ 500 rpm, 120 mm/min

22.
$$n = \frac{1000\,V}{\pi\,d} = \frac{1000 \times 80}{\pi \times 150}$$
$$= 170\,\mathrm{rpm}$$

$$f = f_z Z n = 0.1 \times 12 \times 170$$
$$= 204$$

정답   20 ③   21 ④   22 ①

23 다음 중 밀링 머신의 주요부분에 해당되지 않는 것은?

① 오버 암(over arm)
② 칼럼(column)
③ 에이프런(apron)
④ 니이(knee)

정답 23 ③

CHAPTER 05 드릴링·보링

드릴링 머신은 주로 드릴을 사용하여 구멍을 뚫는 공작기계이다.
이 기계는 드릴에 회전운동과 이송을 주는 스핀들과 공작물을 고정하는 테이블과 프레임으로 구성되며, 보링머신은 보링 바아(boring bar)에 바이트를 고정시켜 주축과 같이 회전시켜 뚫려 있는 구멍을 원하는 치수로 넓히는 기계이다.

(1) 드릴 및 보링 작업의 종류

① 드릴링(구멍뚫기, drilling) : 드릴로 구멍을 뚫는 작업
② 리이머가공(reaming) : 드릴로 뚫은 구멍의 내면을 리이머로 다듬질하는 작업
③ 보링(boring) : 뚫려 있는 구멍의 내면을 넓히는 작업
④ 카운터보링(자리파기, counter boring) : 작은 평나사 등의 머리부를 공작물 내로 끼울 수 있도록 파내는 작업

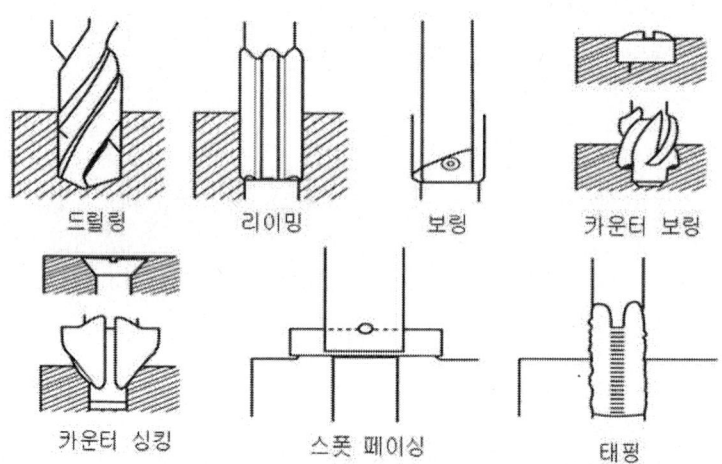

[그림 5.1 드릴링 머신에 의한 작업종류]

(2) 드릴링 머신의 종류

1) 탁상 드릴링 머신
탁상 드릴링 머시인은 작업대에 고정하여 사용하는 소형 드릴링 머신이며 드릴의 직경이 $\frac{1}{2}$ inch(13mm)이하의 드릴을 드릴척에 물려서 사용하는 수동형이다.

2) 래이디얼 드릴링 머신
래이디얼 드릴링 머신은 공작물이 커서 이동이 곤란할때 컬럼의 중심으로부터 멀리 떨어진 곳의 구멍을 뚫을 때 사용한다.

3) 다축 드릴링 머신
다축 드릴링 머신은 동일 평면내에 있는 다수의 구멍을 뚫을 때 사용된다.

4) 다두 드릴링 머신
다두 드릴링 머신은 여러개의 스핀들이 나란히 있어 하나의 공작물에 치수가 다른 구멍을 뚫거나 리이밍, 카운터 보링 등의 기타의 작업을 연속 작업시 공정순서대로 작업하면 능률적 작업이 가능하다.

(3) 드릴의 종류 및 각부 명칭

1) 드릴의 종류

① 트위스트 드릴(twist drill)
가장 널리 사용되며 2개의 비틀림 홈이 있어 절삭성이 좋고 칩의 배출이 좋다.

② 종류

직선자루 - 자루의 직경이 13mm($\frac{1}{2}$ inch) 이하

테이퍼자루 - 자루의 직경이 13mm 이상의 자루에 사용하며 테이퍼 자루가 크고 작아서 맞지 않을 경우에는 슬리브 또는 테이퍼 소켓에 드릴을 끼워서 사용한다.

③ 센터 드릴(center drill)
공작물을 센터로 지지할 때 센터의 테이퍼와 동일한 원추각 같은 구멍을 뚫을 때 사용한다.

④ 평 드릴(flat drill)
트위스트 드릴에 비해 약하며 칩제거가 곤란하므로 황동이나 얇은 판의 구멍 뚫기용이다.

2) 드릴의 각부 명칭

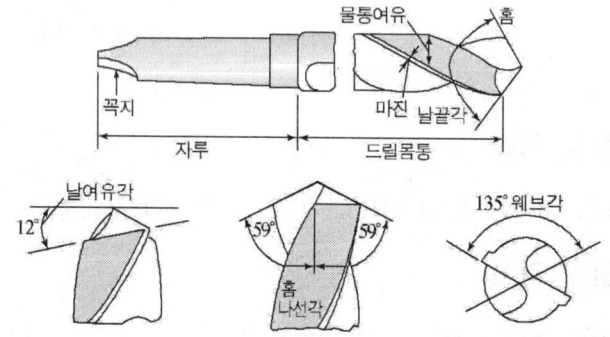

① 드릴끝(drill point) : 원추형으로 드릴의 끝부분이고 절삭날은 이 부분에서 연삭한다.
② 몸통(body) : 드릴의 본체이며 홈이 있다.
③ 홈(flute) : 드릴 본체에 직선 또는 나선으로 짜여진 홈이며 칩을 배출하고 또 절삭유를 공급하는 통로가 된다.
④ 자루(shank) : 드릴 고정구에 맞추어 드릴을 고정하는 부분이며 곧은 것과 테이퍼 진 것이 있다.
⑤ 꼭지(tang) : 테이퍼자루 끝을 납작하게 한 부분이다. 드릴에 회전력을 주며 드릴과 소켓이 맞는 테이퍼를 손상시키지 않고 드릴의 회전을 주는 역할을 한다.
⑥ 사심(dead center) : 드릴끝에서 두 절삭날이 만나는 점이다.
⑦ 마진(margin) : 드릴의 홈을 따라서 나타나 있는 좁은 면으로 드릴의 크기를 정하며 드릴의 위치를 잡아준다.
⑧ 절삭날(lips) : 드릴끝에서 드릴링을 할 때 재료를 깎아내는 날 부분이다.
⑨ 웨브(web) : 홈 사이의 좁은 단면이며 드릴의 척추가 된다. 자루 쪽으로 갈수록 커진다.
⑩ 드릴끝각(point angle) : 드릴끝에서 절삭날이 이루는 각이다.
⑪ 홈 나선각(helix angle) : 드릴의 중심축과 비틀림 사이에 이루는 각이다.

⑫ 몸통여유(body clearence) : 마진보다 지름을 작게한 드릴 몸통부분이며 절삭할 때 공작물에 드릴 몸통이 닿지 않도록 여유를 두기 위한 부분이다.

3) 드릴 날끝각과 공작물의 관계

드릴 날끝각과 공작물과의 관계는 다음과 같다. 일반 재료 118°, 경강 150°, 연강 125°, 스트레인레스강 125~135°, 주철 90~100°, 황동, 동합금 100~118°, 구리 100°, 목재 60°, 경질 고무 60~90°, 알루미늄 합금 140° 등으로 경도가 클수록 날끝각을 크게 한다.

(4) 절삭속도와 이송

1) 절삭속도

$$V = \frac{\pi d n}{1000} \mathrm{m/min}$$

2) 이송

$$T = \frac{t+h}{ns}$$

n : 드릴의 회전수(rpm) d : 드릴의 직경(mm)

t : 공작물 구멍깊이 h : 드릴원불 높이

s : 1회전당 이송

(5) 드릴의 연삭

드릴의 절삭날은 연삭하여야 절삭능률이 저하되지 않으므로 재연삭하여 사용하여야 한다.

① 재연삭시 주의 사항

㉠ 드릴의 날 끝각 및 여유각을 바르게 연삭

㉡ 드릴의 중심선에 대칭으로 연삭

㉢ 치즐포인트(chisel point)의 폭을 좁게 연삭

② 시닝(thinning)

웨브의 끝은 작업중 절삭이 되지 않고 드릴을 이송할 때의 저항으로 된다. 강도를 감소시키지 않고 절삭을 증가시키기 위해 끝의 일부를 연삭하는 작업이다.

(6) 보링 머신의 종류 및 공구

1) 수평식 보링 머신

보링 머신의 크기는 주축 지름의 크기로 표시하며 또한 주축의 이송거리 테이블 전후, 좌우의 이동거리 및 주축헤드의 상하 이동거리로 나타낸다. 수평 보링 머신은 테이블형, 플레이너형, 플로어형, 이동형이 있다.

2) 지그 보링 머신

지그 등으로 다수의 구멍을 매우 정확한 위치에 정밀하게 구멍 뚫기 또는 보링 가공을 하는 보링 머신으로 주축에 대해 공작물을 높은 정밀도로 위치 결정할 수 있는 장치를 비치하고 있다.

3) 정밀 보링 머신

원통 내면을 작게 깎고 적은 이송으로 고속도 보링 가공을 하며 정밀하여 아름다운 다듬면을 얻는다.

(7) 보링 공구

공구에는 보링 바이트(boring bite), 보링 봉(boring bar), 보링 공구대(boring tool head)가 있다.

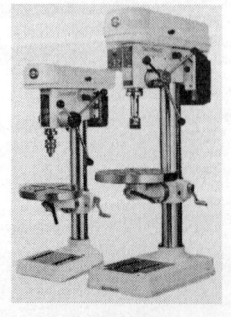

[그림 5.2]
보링머신

[그림 5.3]
래이디얼 보링 머신

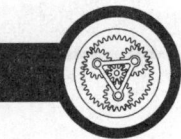

연/습/문/제

01 도면의 표면가공 기호 "3-20 드릴"이란?

① 직경 3 mm의 구멍을 깊이 20 mm로 판다.
② 직경 20 mm의 구멍을 3개 판다.
③ 직경 20 mm의 구멍을 깊이 3 mm로 판다.
④ 직경 3 mm의 구멍을 20개 판다.

02 뚫어져 있는 구멍을 깎아서 넓히는 작업은?

① 드릴링　　　② 보링
③ 밀링　　　　④ 호우닝

03 작은 공작물의 구멍을 뚫기에 가장 편리한 드릴링 머신은?

① 다축 드릴링 머신
② 탁상 드릴링 머신
③ 드릴 유닛
④ 래이디얼 드릴링 머신

04 다음 보링 머신 중에서 매우 빠른 절삭속도를 주어 정밀도가 높은 가공면을 얻는 것은?

① 수평 보링 머신　　② 수직 보링 머신
③ 정밀 보링 머신　　④ 코어 보링 머신

05 표준 드릴의 여유각은?

① 5°~7°　　　　② 7°~10°
③ 12°~15°　　　④ 16°~20°

02.
드릴링 : 구멍을 뚫는 작업
호우닝 : 원통 내면에 혼(hone)이라는 입자 숫돌을 넣고 공작물과의 사이에서 회전운동시켜 원통 내면의 정밀도를 높이는 것

03.
다축 드릴링 : 한번에 많은 구멍을 동시에 뚫거나 공정의 수가 많은 구멍의 가공에 편리
래이디얼 드릴링 : 공작물을 고정시켜 놓고 주축의 위치를 이동시켜 구멍의 중심을 맞춰 작업

04.
수평 : 주축이 수평으로 배치
수직 : 주축이 수직으로 배치
(구멍의 조직도, 원통도가 높다)

05.
표준 드릴
선단 각 : 118°
비틀림 각 : 20~30°
치즐에지 각 : 125~135°

정답　01 ②　02 ②　03 ②　04 ③　05 ③

06 드릴이 1회전할 때 이송의 길이를 s mm, 드릴끝 원뿔 높이를 h mm, 공작물의 구멍 깊이를 t mm, 드릴의 회전수를 n 이라고 할 때 이 구멍을 뚫는데 소요시간 T는?

① $T = \dfrac{ns}{t+h}$

② $T = \dfrac{h+t}{ns}$

③ $T = \dfrac{s(t+h)}{n}$

④ $T = \dfrac{t-h}{n-s}$

07 보링 머신에서 할 수 없는 작업은?

① 구멍 뚫기(drilling)
② 탭가공(tapping)
③ 리머가공
④ 기어가공

07.
기어가공 : 호빙 머신

08 리벳 작업시 리벳의 구멍 크기는?

① 리벳 구멍이 리벳 지름보다 작아야 한다.
② 리벳 구멍과 리벳 지름은 같아야 한다.
③ 리벳 지름은 리벳 구멍보다 1~1.5 mm정도 작게 한다.
④ 리벳 지름은 리벳 구멍보다 3~5 mm정도 크게 한다.

정 답   06 ② 07 ④ 08 ③

09 직립 드릴링 머신의 크기에서 스윙을 나타내는 것은?

① 칼럼의 중심부터 주축 표면까지 거리의 3배
② 주축의 중심부터 칼럼 표면까지 거리의 3배
③ 칼럼의 중심부터 주축 표면까지 거리의 2배
④ 주축의 중심부터 칼럼 표면까지 거리의 2배

10 보링 머신의 대표적인 수평식 보링 머신은 구조에 따라 몇 가지 형으로 분류되는데 이에 맞지 않는 것은?

① 플로어형(floor type)
② 플레이너형(planner type)
③ 베드형(bed type)
④ 테이블형(table type)

11 다음에 열거한 재료로서 태핑(tapping)할 때, 어느 것의 나사면이 가장 깨끗하지 못한가?
(단, 재료두께 10 mm, 탭의 크기 M5인 핸드탭)

① 청동 재료　　　② 연강 재료
③ 황동 재료　　　④ 알루미늄 재료

11.
재질이 무를수록 나사면이 깨끗하지 못하다.

12 뚫린 구멍을 넓히거나 다듬질하는 바이트는?

① 태핑
② 막깎기 바이트
③ 보링 바이트
④ 다듬질 바이트

12.
태핑 : 암나사 작업
막깎기 바이트 :
왼쪽 오른쪽, 둥근끝의 세가지가 있다.
다듬질 바이트 :
끝의 둥글기를 크게 하고 절삭속도를 높이며 이송을 줄인다.

정답　09 ④　10 ③　11 ④　12 ③

13 리머와 드릴의 관계에서 가장 옳은 것은?

① 리머의 절삭 속도가 드릴의 절삭 속도보다 빠르게 한다.
② 리머의 절삭 속도가 드릴의 절삭 속도보다 느리게 한다.
③ 리머의 절삭 속도와 드릴의 절삭 속도를 같게 한다.
④ 리머의 절삭 속도와 드릴의 절삭 속도는 상관없다.

13.
드릴링에서 보다
1/2~1/4 정도 줄이고
이송속도에서는
약 3~4배정도 높여 가공

14 드릴링 머신에서 가장 많이 사용되는 드릴은?

① 트위스트 드릴
② 센터 드릴
③ 펑 드릴
④ 특수용 드릴

14.
트위스트 드릴 : 홈이 2개인
것으로 가장 널리 사용
센터 드릴 : 센터 구멍을
뚫을 때 사용

15 다음 드릴 가공 중 작은 나사머리, 볼트의 머리부를 일감에 묻히게 하기 위한 것은?

① 카운터 보링(counter boring)
② 카운터 싱킹(counter sinking)
③ 스폿 페이싱(spot facing)
④ 보링(boring)

15.
카운터 싱킹 : 센터 드릴,
센터밀 등을 사용하여
구멍입구를 원추형으로
테이퍼 가공한다.

스폿 페이싱 : 너트, 볼트
등의 자리를 만들기 위해 구멍
돌출부를 평탄하게 가공

보링 : 구멍 내면을 확대
가공

16 휘트워드 나사의 외경이 20 mm이고 1″(25.4 mm)당 10산일 때 드릴 직경은?

① 약 17.5
② 약 20.5
③ 약 14.5
④ 약 19.5

16.
$$\frac{25.4}{10} = 2.54$$
$$d = d_0 - P$$
$$= 20 - 2.54 ≒ 17.5$$

정 답   13 ②   14 ①   15 ①   16 ①

17 드릴 작업시 칩의 제거는 다음 중 어떤 방법이 가장 안전한가?

① 회전을 중지시키고 솔로 제거
② 회전을 시키면서 손으로 제거
③ 회전을 시키면서 솔로 제거
④ 회전을 중지 시키고 손으로 제거

18 드릴의 홈을 따라서 나타나 있는 좁은 면으로 드릴의 크기를 정하며, 드릴의 위치를 잡아주는 것은?

① 몸통(body)
② 웨브(web)
③ 생크(shank)
④ 마진(margin)

19 드릴 작업후 내면을 더욱 매끈하고 정밀하게 해주는 작업은?

① 선삭
② 밀링
③ 보링
④ 리밍

20 선반의 주축을 중공축으로 할 때의 특징으로 틀린 것은?

① 굽힘과 비틀림 응력에 강하다.
② 마찰열을 쉽게 발산시켜 준다.
③ 길이가 긴 가공물 고정이 편리하다.
④ 중량이 감소되어 베어링에 작용하는 하중을 줄여준다.

20.
선반의 주축은 중공축으로 하는데 그 이유는 다음과 같다.
① 무게를 감소하여 주축 베어링에 작용하는 줄여준다.
② 중공축은 실축보다 굽힘과 비틀림 응력이 강하다.
③ 긴 공작물을 고정하기 편리하다.
④ 고정된 센터를 쉽게 분리할 수 있으며, 콜릿 척을 사용할 수 있다.

| 정 답 | 17 ① | 18 ④ | 19 ④ | 20 ② |

CHAPTER 06 셰이퍼, 슬로터, 플레이너

1 셰이퍼

세이퍼는 바이트를 직선왕복시키고 공작물을 절삭운동에 수직 방향으로 이송시켜 평면을 가공하는 공작기계이다.

(1) 세이퍼의 구조

1) 세이퍼의 각부 명칭

[그림 6.1 수평형 보통세이퍼]

2) 램의 운동기구

① **급속귀환 운동기구** : 절삭행정 때보다 귀환행정이 빨리 되돌아오는 장치

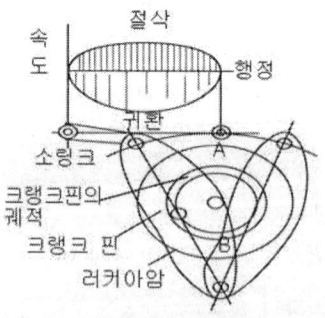

[그림 6.2 급속귀환운동 원리]

② **클래퍼** : 귀환행정시 바이트를 약간 뜨게 하여 충격을 없이 하는 장치

(2) 세이퍼 작업

1) 세이퍼 바이트

선반바이트와 비슷하나 가공면의 치수 정밀도와 바이트의 파손을 적게 하기 위해 생크 부분이 굽은 바이트를 사용한다.

2) 절삭 속도

$$V = \frac{\ell N}{1000a}$$

- V : 절삭속도 m/min
- ℓ : 행정길이 mm
- N : 램의 1분간 왕복횟수 stroke/min
- a : 절삭행정시간과 바이트 1왕복시간과의 비

2 슬로터

세이퍼를 수직형으로 한 것으로 수직 세이퍼(vertical shaper)라고도 한다.

(1) 슬로터의 구조

슬로터의 주요 부분은 베드와 컬럼, 램의 안내면이 있으며, 베드 위에는 2중의 새들과 그 위에 테이블이 있다.

◉ 램의 운동기구

① 크랭크식
② 휘트워어스 급속귀환 운동기구식
③ 랙과 피니언식
④ 유압식

(2) 슬로터의 작업

직립 세이퍼라는 말처럼 구멍을 키홈이나 내접기어 스프라인구멍을 가공한다.

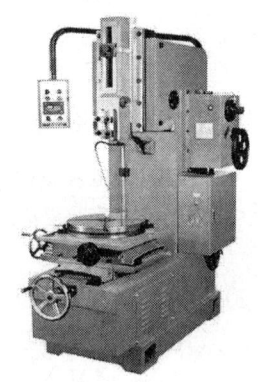

3 플레이너

공작물은 테이블 위에 고정되어 수평 왕복운동을 하고,
바이트는 공작물의 운동방향과 직각 방향으로 이송시켜 절삭하는 공작물이다.

(1) 플레이너의 종류

플레이너는 컬럼의 수에 따라 쌍주형 플레이너와 단주형 플레이너로 구분된다.

1) 쌍주식 플레이너

공작물의 크기는 제한을 받으나 기계 본체의 강성이 높으므로 강력한 절삭을 할 수 있다.

2) 단주식 플레이너

한쪽에만 컬럼이 있으므로 폭의 크기는 제한받지 않으나 절삭력은 약해진다.

(2) 플레이너의 크기 표시

플레이너의 크기는 테이블의 최대행정과 가공할 수 있는 공작물의 최대 폭 및 높이로 나타낸다.

연/습/문/제

01 세이퍼로 공작물을 깎을 때 바이트의 행정 길이를 공작물 길이보다 어느 정도 길게 하는가?

① 10~15 mm
② 20~30 mm
③ 30~40 mm
④ 40~50 mm

02 슬로터의 작동기구에서 귀환행정 중 램의 상승을 돕는 역할을 하는 것이 있다. 다음 중 어느 것인가?

① 밸런싱 웨이트
② 기어 변속 장치
③ 크랭크 샤프트
④ 베어링 안내 장치

03 플레이너 및 세이퍼의 절삭 효율은 몇 % 되는가?

① 20~25%
② 30~35%
③ 40~45%
④ 60~70%

04 램의 행정 길이가 250 mm이며, 행정수 30회/min일 때, 세이퍼의 절삭 속도는? (단, 행정비는 5:3으로 한다)

① 12.5 m/min
② 15.5 m/min
③ 17.5 m/min
④ 18.5 m/min

05 비교적 긴 평면을 절삭하는 기계는?

① 세이퍼
② 슬로터
③ 플레이너
④ 브로우칭 머신

정 답 01 ② 02 ① 03 ① 04 ① 05 ③

02.
슬로터는 램을 올리고 내리는데 큰 힘이 든다. 그러므로 밸런싱 웨이트를 컬럼속에 넣어램의 무게와 평행추의 무게를 같게해서 균형이 잡히도록 한다.

04. $V = \dfrac{ln}{1000\,a}$

$\dfrac{250 \times 30}{1000 \times \dfrac{3}{5}} = 12.5\ m/min$

05.
세이퍼 : 램에 설치된 바이트를 왕복운동시켜 소형 공작물의 평면이나 홈가공

슬로터 : 세이퍼를 수직으로 수직으로 설치. 키홈, 평면, 특수한 형상, 곡면 절삭

브로우칭 : 브로우치라는 직렬평행에 많은 날을 가진 공구를 공작물 내면, 외면에 대고 통과 여러 가지 모양을 절삭

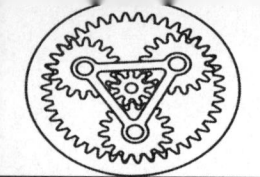

06 행정 길이가 300 mm이고, 절삭 속도를 20 m/min으로 할 때 바이트의 왕복회수를 구하면?(단, a는 바이트의 1왕복시간에 대해 절삭행정의 시간비는 3/5이다)

① 20 ② 25
③ 30 ④ 40

06. $V = \dfrac{l\,n}{1000\,a}$ 에서

$a = \dfrac{3}{5}$

07 폭이 1 m, 길이 2.5 m인 주철 평면을 플레이너에서 가공하려고 할 때 테이블의 행정수는 5회/min 이송량의 2mm/행정으로 절삭하면 절삭 소요시간은?

① 40분 ② 60분
③ 80분 ④ 100분

07.
1분 절삭길이
$2 \times 5 = 10\,mm$
$1000 \div 10 = 100\,min$

08 공작기계를 용도에 따라 분류할 때 전용 공작기계(special purpose machine tool)에 해당하는 것은?

① 플레이너 ② 타이어 보링 머신
③ 트랜스퍼 머신 ④ 밀링 머신

09 공작물의 길이가 $340\,mm$이고, 행정여유가 $25\,mm$, 절삭 평균속도가 15m/min일 때 셰이퍼의 1분간 바이트 왕복 횟수는 약 얼마인가?
(단, 바이트 1왕복 시간에 대한 절삭 행정시간의 비는 3/5이다.)

① 20회 ② 25회
③ 30회 ④ 35회

09.
$N = \dfrac{1000\,a\,V}{l}$

$= \dfrac{1000 \times \dfrac{3}{5} \times 15}{(340 + 25)} = 24.66$

정답 06 ④ 07 ④ 08 ③ 09 ②

10 일반적으로 램(ram)의 최대 행정을 그 기계의 크기로 표시하는 것은?

① 선반
② 세이퍼
③ 밀링 머신
④ 연삭기

11 다음 중 세이퍼의 안전사항이 아닌 것은?

① 세이퍼 정면앞에서 작업을 하지 말 것
② 바이트는 될 수록 짧게 고정한다.
③ 쇳밥(chip)은 맨손으로 제거하지 말 것
④ 시동시 고정핸들을 끼워 놓고 사용한다.

12 급속귀환운동기구를 사용하지 않는 운동기구는?

① 플레이너
② 세이퍼
③ 슬로터
④ 드릴링 머신

| 정 답 | 10 ② 11 ④ 12 ④ |

CHAPTER 07 연삭

(1) 연삭가공

연삭가공은 연삭숫돌에 고속회전을 시켜 가공물에 상대운동을 주어 숫돌 표면의 절삭작용으로 공작물의 표면을 깎아내는 작업이다.

(2) 연삭기의 가공분야

1) 특징

연삭기는 다른 공작기계로 이미 가공된 많은 공작물에 대하여 더욱 표면정밀도를 필요로 하는 다듬질 가공이나 경질재나 담금질 등으로 경화된 공작물의 정밀가공에 사용한다.

① 칩이 대단히 작으므로 가공정도가 높고 가공면이 매끈하다.
② 숫돌 입자의 경도가 커서 경화된 공작물의 가공에 적합하다.
③ 다른 절삭공구와 같이 연삭할 필요가 없다.

2) 가공분야

연삭기의 가공분야는 외경연삭, 내면연삭, 평면연삭으로 구분된다.

(3) 연삭기의 종류

1) 외경 연삭기(cylindrical grinding machine)

원통형 공작물 외주의 연삭가공을 하는 것으로 숫돌의 이송과 절입을 동시에 하는 트래버스 연삭과 절입만을 하는 플런지 컷(plunge cut) 연삭법이 있다. 일반적으로 주축대 심압대 숫돌대로 구성되어 있다.

2) 센터리스 연삭기(centerless grinding machine)

가공물을 다량 생산하기 위해 가공물의 외경을 조정하는 조정숫돌과 지지판을 이용 가공물에 회전운동과 이송운동을 동시에 실시하는 연삭기로서 외경, 나사, 내면, 단면 연삭도 할 수 있다.

· 이송속도

$$V = \frac{\pi d n}{1000} \sin \alpha \, [m/min]$$

3) 내면 연삭기(internal grinding machine)

가공물의 내면을 연삭하기 위하여 연삭숫돌을 내면에 넣고 연삭하는 기계로서 플레인(plain) 형태와 플라네타리 형태가 있다.

① 플레인(plain) 형태
소형의 내면 연삭방식으로 가공물의 축방향 이송 및 연삭숫돌의 왕복운동을 행한다.

② 플라네타리(planetary) 형태
유성형 연삭기라고 하며, 내연기관의 실린더 중에서 대형이며, 균형이 잡히지 않은 원에 적합하다.

[그림 7.1]
Nc Micro 내경 연마기

4) 평면 연삭기(surface grinding machine)

공작물의 평면을 연삭하는 연삭기

5) 기타 연삭기

① 공구 연삭기 ② 스플라인축 연삭기
③ 베드 연삭기 ④ 나사 연삭기

(4) 연삭숫돌

1) 숫돌바퀴의 구성

숫돌 바퀴의 3대 요소는 숫돌입자·기공·결합제이며, 5대요소로 구분하면 숫돌입자·입도·결합도·조직·결합제이다.

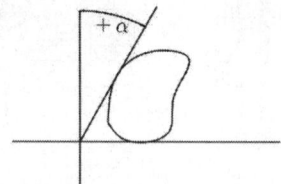 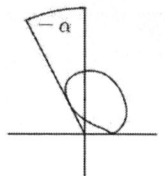

① 숫돌입자(abrasive)

연삭숫돌 재료에는 천연산과 인조산이 있다.

그러나 현재 사용되고 있는 것은 거의가 인조의 것이며 알루미나(Al_2O_3)계와 탄화규소(SiC)계를 사용한다.

㉠ 산화알루미늄계(Al_2O_3)

알루미나를 전기로에서 고온 용융시킨 것으로 알런덤이라고도 함
    ⓐ WA(백색) : 담금질 강의 연삭에 사용
    ⓑ A(암갈색) : 결합력이 강하여 강의 연삭에 적합

㉡ 탄화규소(SiC) : 규소(S_iO_2)와 코우크스 등을 전기로에서 가열하여 만든 것으로
          카버 런덤 이라고 함
    ⓐ GC(녹색) : 초경합금, 칠드주철연삭
    ⓑ C(흑색) : 주철, 비철금속, 유리의 연삭

㉢ 천연산 다이아몬드(D) : 보석, 초경합금, 연삭

㉣ CBN : 입방정 질화붕소의 미결정입자로서 철의 연삭에는 부적합하며 공구강이나 열처리강 연삭

② 입도 : 입도의 크기를 말하며 선별하는 데 사용한 체의 1인치당의 체눈의 수로 표시하며 메시 (mesh)라고 한다(번호가 높을수록 곱다).
③ 결합도 : 결합제의 결합상태의 강약을 표시하는 것이며 입자 자체의 경도와는 무관하다.

[표 7.1 결합도]

결합도 번호	E. F. G	H. I. J. K	L. M. N. O	P.Q.R.S	T.U.V.W.X.Y.Z
결합도 호칭	극 연	연	중	경	극 경

결합도가 큰 숫돌은 거친 연삭이나 연질의 재질을 연삭 시 사용하며 결합도가 작은 숫돌은 치밀한 연삭이나 경질의 재질을 연삭 시 사용한다.

결합도가 높은 숫돌	결합도가 낮은 숫돌
연한 재료를 연삭할 때	단단한 재료를 연삭할 때
숫돌바퀴의 원주 속도가 느릴 때	숫돌바퀴의 원주 속도가 빠를 때
연삭 깊이가 얕을 때	연삭 깊이가 깊을 때
접촉 면적이 작을 때	접촉 면적이 클 때
재료 표면이 거칠 때	재료 표면이 치밀할 때

④ 조직과 지립률

숫돌단위 체적당 입자의 수를 조직이라 하며 일반적으로 공작물의 재질이 연하고 연성이 큰 경우는 조한조직, 여린 경우는 밀한 조직을 사용한다.

🔘 지립률이란, 연삭 지석의 전용적에 대한 인조 연삭재의 지립의 용적 비율을 말한다.

⑤ 결합제

연삭입자를 결합하여 적당한 숫돌 형상을 유지하는 물질로서 무기질 결합제와 유기질 결합제로 구분된다.

결합제가 구비하여야 할 조건은 다음과 같다.

1. 결합력의 조절범위가 넓을 것
2. 열이나 연삭액에 대해 안정할 것
3. 원심력, 충격에 대한 기계적 강도가 있을 것

[결합제의 종류에 따른 용도]

결합제의 종류		기호	재질
비트라파이드		V	점토와 장석
실리케이트		S	규산나트륨
탄성숫돌	고무	R	생고무와 인조고무
	레지노이드	B	합성수지
	셀락	E	천연 셀락
	비닐	PVA	폴리비닐 알콜
금속		M	다이아몬드

2) 연삭숫돌의 표시법

WA   46   H   8   V   1호   405 × 50 × 38
↓   ↓   ↓   ↓   ↓   ↓   ↓   ↓   ↓
입자 입도 결합도 조직 결합제 모양 외경 두께 구멍지름

이 외에도 사용 원주속도범위, 제조자명, 제조번호, 제조년월일 등을 기입한다.

(5) 연삭작업 및 연삭숫돌의 수정법

연삭숫돌의 주 속도는 숫돌의 재질과 공작물의 재질에 따라 적당한 속도를 선정해야 한다.

1) 연삭숫돌의 원주속도

$$V = \frac{\pi DN}{1000}$$

2) 연삭숫돌의 결함

연삭이 진행됨에 따라 적당한 속도와 결합제가 되었다면 입자는 무디어지고 절삭력이 적어져서 결국에는 탈락되고 새로운 입자가 생기는 자생작용이 일어나야 한다. 만일 자생작용이 일어나지 않게되면 눈메꿈 현상이나 글레이징 현상이 일어났다고 보아야 되며, 즉시 연삭을 정지하고 원인을 찾아 해결한 후 드레싱을 하여 새로운 입자가 나오도록 해야 한다.

① 눈메움(로딩) : 숫돌입자의 표면이나 기공에 연삭칩이 꽉차있는 상태

    [원인]

      ㉠ 숫돌입자가 아주 가는 눈일 때

      ㉡ 조직이 너무 치밀할 때

      ㉢ 연삭 깊이가 깊을 때

      ㉣ 숫돌차의 원주속도가 너무 느릴 때

② 무딤(글레이징)
마멸된 입자가 탈락되지 않는 현상으로 공작물이 타거나 크랙(crack)이 발생한다.

    [원인]

      ㉠ 연삭숫돌의 결합도가 클 때

      ㉡ 연삭숫돌의 원주속도가 너무 클 때

      ㉢ 숫돌재료가 공작물의 재료에 부적합 할 때

③ 입자탈락 : 입자가 연삭을 하지 않고 쉽게 탈락하는 현상

3) 수정작업

    ① 드레싱 : 드레서라는 공구를 사용하여 결함부분을 벗겨내어 새로운 입자를 나오게 하는 작업

    ② 트루잉 : 숫돌의 모양을 바로잡아 연삭에 유리한 형태로 만드는 작업으로 드레서 사용

4) 연삭조건 및 공작물에 따른 숫돌의 선정방법

	입도	결합도	조직
연질이고 연성이 큰 재료	거친 입도	높은(단단한) 숫돌	거친 조직
거친 연삭	거친 입도	무관	거친 조직
접촉면적이 클 때	거친 입도	낮은(연한) 숫돌	거친 조직
원주속도가 느릴 때	무관	높은(단단한) 숫돌	무관
재료표면이 거칠 때	무관	높은(단단한) 숫돌	무관
연삭깊이가 클 때	거친 입도	낮은(연한) 숫돌	무관

연/습/문/제

01 고속도강 바이트 연삭에 적당한 숫돌은?

① GC 숫돌 ② AC 숫돌
③ WA 숫돌 ④ A 숫돌

02 숫돌바퀴의 형상을 바르게 수정하는 것을 무엇이라고 하는가?

① Sizing ② Glazing
③ Truing ④ Dressing

03 연삭숫돌의 원주속도 $V = 150\,m/min$ 이고 연산력이 10 kg일 때 연삭기의 소요동력이 6 HP라면 연삭기의 효율은?

① 50%
② 55%
③ 60%
④ 65%

04 연삭숫돌바퀴의 3대 구성요소에 포함되지 않는 것은?

① 숫돌입자 ② 입도
③ 결합제   ④ 기공

05 30메시와 100메시 입자 치수비는?

① 0.9   ② 0.09   ③ 0.3   ④ 0.03

01.
GC숫돌(SiC) : 경연삭용, 특수주철 칠드주철 초경 합금, 유리

WA 숫돌(Al_2O_3) : 경연삭용, 담금질강, 특수강, 고경도강재, 고속도강

A 숫돌(Al_2O_3) : 거친연삭용, 일반강재

02.
glazing(글레이징) : 숫돌입자가 탈락하지 않고 마모에 의해 납작하게 된 그대로 연삭되는 상태
dressing(드레싱) : 불량을 잡기위해 날카롭고 새로운 날끝을 이용 숫돌을 수정하는 작업
loading(로딩) : 눈메움 현상, 숫돌입자의 표면, 기공에 쇳가루에 찬 상태

03.
$$H = \frac{FV}{75\eta}$$
$$\eta = \frac{FV}{75H} = \frac{10 \times 1500}{75 \times 6 \times 60}$$
$$= 0.55$$

05.
정사각형의 면적비이다.
mesh = 1인치 체눈의 수
$30^2 \div 100^2 = 0.09$

정 답   01 ③   02 ③   03 ②   04 ②   05 ②

06 연삭 작업에서 숫돌 결합제의 구비조건으로 틀린 것은?

① 성형성이 우수해야 한다.
② 열이나 연삭액에 대하여 안전성이 있어야 한다.
③ 필요에 따라 결합 능력을 조절할 수 있어야 한다.
④ 충격에 견뎌야 하므로 기공 없이 치밀해야 한다.

06.
숫돌 바퀴의 3대 요소는 숫돌입자·기공·결합제이다.

07 연삭숫돌의 입자가 탈락되지 않고 마모에 의해 납작하게 되는 현상을 무엇이라고 하는가?

① 로우딩
② 드레싱
③ 트루잉
④ 글레이징

07.
로우딩 : 눈메꿈 현상, 숫돌입자 표면, 기공에 쇳가루가 찬 현상

드레싱 : 불량을 수정하기 위해 날을 가는 것

트루잉 : 숫돌바퀴의 현상을 바르게

08 강의 연삭시 다듬질 연삭을 할 때 연삭 깊이는 어느 정도가 좋은가?

① 0.002~0.005 mm
② 0.02~0.05 mm
③ 0.08~0.01 mm
④ 0.01~0.3 mm

09 연삭숫돌의 입자 틈에 칩이 막혀 광택이 나며 잘 깍이지 않는 현상을 무엇이라 하는가?

① 드레싱
② 시이닝
③ 로우딩
④ 트루잉

정 답 06 ④ 07 ④ 08 ① 09 ③

10 연삭비란 다음 중 어느 것인가?

① 연삭비 = $\dfrac{\text{숫돌바퀴의 소모된 부피}}{\text{피연삭재의 연삭된 부피}}$

② 연삭비 = $\dfrac{\text{피연삭재의 연삭된 부피}}{\text{숫돌바퀴의 소모된 부피}}$

③ 연삭비 = $\dfrac{\text{공작물의 이송량}}{\text{숫돌바퀴의 원주속도}}$

④ 연삭비 = $\dfrac{\text{숫돌바퀴의 원주속도}}{\text{공작물의 이송량}}$

11 연삭 작업에서 가공물이 1회전 할 때의 이송량은?

① 숫돌차의 폭과 같게
② 숫돌차의 폭보다 작게
③ 숫돌차의 폭의 2배
④ 숫돌차의 폭의 $1\frac{1}{2}$ 배로

11.
축방향 이송은 공작물이 1회전 하는 동안 숫돌폭의 2/3~3/4, 다듬질 연삭에는 1/4~1/2, 주철에는 다소 크고, 거친 연삭은 3/4~5/6 정도

12 드릴의 연삭에서 좌우의 날이 깊지 않은 경우 생기는 결과로서 해당되는 것은?

① 드릴의 수명이 길어진다.
② 정밀하게 가공된다.
③ 구멍이 휜다.
④ 가공된 구멍이 드릴 지름보다 커진다.

13 연삭 숫돌에서 결합도가 중간인 것은?

① E. F. G　　② H. I. J. K
③ L. M. N. O　　④ P. Q. R. S

정답　10 ②　11 ②　12 ④　13 ③

14 다음과 같이 표시된 연삭숫돌에 대한 설명으로 옳은 것은?

"WA 100 K 5 V"

① 녹색 탄화규소 입자이다.
② 고운눈 입도에 해당된다.
③ 결합도가 극히 경하다.
④ 메탈 결합제를 사용했다.

15 다음 중 용접부에 연삭 다듬질할 때 보조 기호로 옳은 것은?

① GD   ② G   ③ M   ④ F

16 연삭숫돌과 조정숫돌바퀴를 써서 공작물에 회전과 이송을 주어 작은 지름의 공작물을 연삭하는 연삭기는?

① 만능 연삭기
② 공구 연삭기
③ 센터리스 연삭기
④ 캠 연삭기

17 숫돌을 선택하는데 필요한 요소 거리가 먼 것은?

① 입도와 결합도
② 조직과 결합제
③ 연삭입자
④ 회전도

18 다음 중 거친 래핑이나 굳은 일감 래핑에 사용되는 래핑재는?

① 산화크롬이나 산화철
② C, GC
③ A, WA
④ 다이아몬드 미분

정답 14 ② 15 ② 16 ③ 17 ④ 18 ②

7.
WA : 백색 산화 알루미늄 입자
100 : 고운 눈 메시
K : 연한 결합도
5 : 중간 조직
V : 비트리파이드 결합재

16.
만능 연삭기 : 원동연삭, 모서리부 내면을 연삭, 내면 숫돌축 이용
공구 연삭기 : 바이트, 드릴, 리머, 밀링 커터, 호브 등을 정확하게 연삭하는 전용 연삭기

17.
입자의 종류, 입도, 결합도, 조직, 결합제

18.
C, GC계(SiC)는 거친 래핑, 굳은 공작물에 사용되며, A,WA(Al2O3)는 정밀 다듬용으로 쓰인다. 또한 경도가 높은 공작물에 대해서는 탄화붕소가 극히 경도가 큰 것은 다이아몬드 입자를 사용하며, 초경합금이나 보석 등의 래핑에 쓰인다. 연질의 랩제로는 산화크롬(CrO_3), 산화철(Fe_2O_3) 등이 사용된다.

19 센터리스 연삭기에서 조정 연삭숫돌(regulating wheel)의 기능을 가장 바르게 나타낸 것은?

① 일감의 회전과 이송
② 일감의 지지
③ 일감의 회전
④ 일감의 절삭량 조정

20 다음 연삭재 중 천연산인 것은?(단, 숫돌입자에서)

① 코런덤   ② 알록사이트
③ 카버런덤   ④ 39 크리스톤톱

20.
천연연삭재 :
다이아몬드(ND), 에머리, 코런덤, 카네프린트
인조 : Al_2O_3, SiC, Bc, MD

21 연삭숫돌의 결합 조직이 가장 굳은(경질) 것은?

① HIJK   ② LMNO   ③ PQRS   ④ TUVW

21.
EFG | HIJK | LMNO | PQRS | TUVW
→ 갈수록 단단해진다.

22 연삭가공에서 일감표면에 떨림자리가 나타나는 원인은?

① 숫돌바퀴의 로우딩 현상
② 숫돌바퀴의 입자탈락 현상
③ 숫돌바퀴의 형상이 심하게 변할 때
④ 숫돌바퀴의 글레이징 현상

23 센터리스 연삭에서 조정 숫돌차의 바깥지름 400 mm, 회전수가 30 rpm, 경사각이 4°일 때 1분간의 이송속도는?

① 7.45 m/min   ② 37.3 m/min
③ 8.42 m/min   ④ 2.63 m/min

23.
$F = \pi \cdot d \cdot N \cdot \sin\alpha$
$= \pi \times 400 \times 30 \sin 4°$
$= 2629 \text{ mm/min}$

정 답   19 ①   20 ①   21 ④   22 ①   23 ④

24 다음 중 센터리스 연삭기에서 할 수 있는 작업이 아닌 것은?

① 연속작업을 할 수 있어 대량생산이 적합하다.
② 긴축재료의 연삭이 가능하다.
③ 연삭여유가 적어도 된다.
④ 대형중량을 연삭할 수 있다.

25 나사 연삭을 하기 위하여 숫돌을 나사 모양으로 만드는 작업은?

① 루징(loosing)　　　② 글레이징(glazing)
③ 로우딩(loading)　　④ 트루잉(truing)

26 연삭작업에서 눈메꿈(loading)을 일으킨 칩을 제거하여 깎임새를 회복시키는 작업은?

① 드레싱(dressing)　　② 로우딩(loading)
③ 트루잉(truing)　　　④ 세이핑(shaping)

27 연삭가공에서 숫돌입자의 연삭깊이는 어떻게 되는가?

① 숫돌의 원주속도에 비례한다.
② 연삭입자의 간격에 반비례한다.
③ 숫돌의 원주속도에 반비례한다.
④ 공작물의 원주속도에 반비례한다.

정 답　24 ④　25 ④　26 ①　27 ③

CHAPTER 08 정밀입자 및 특수가공

1 정밀입자 가공

(1) 래핑(lapping)

1) 개요

 랩이란 공구와 일감 사이에 랩제를 넣고 운동을 시킴으로서 매끈한 다듬질 면을 얻는 가공방법

 ① 블럭게이지, 각종 측정기의 평면, 광학렌즈 등의 다듬질 등에 쓰인다.

 ② 정밀도가 높은 제품을 만들 수 있으며 다량생산이 가능하다.

 ③ 가공면은 내식성, 내마모성이 좋다.

2) 랩 : 일반적으로 주철을 사용한다.

3) 랩제 : 탄화규소(SiC) 알루미나계(Al_2O_3)

4) 랩 작업

 습식법과 건식법이 있다.

 ① 습식법 : 래핑액을 랩제와 혼합하여 사용하는 방법으로 거친 다듬질에 사용

 ② 건식법 : 랩제만으로 다듬질하며 정밀 다듬질에 사용

(2) 호닝(honing)

1) 개요

 혼(hone)이라는 고운 숫돌 입자를 방사상의 모양으로 만들어 구멍에 넣고 회전운동과 구멍의 내면을 정밀하게 다듬질하는 방법

2) 혼(hone)

 ① 알루미나 : 강

 ② 탄화규소 : 주철, 질화강

 ③ 다이아몬드 : 유리, 초경합금

연습문제 95

(3) 슈퍼 피니싱(super finishing)

원통외면, 평면구면 등의 표면을 정밀가공하는 방법으로 숫돌은 미세한 입자를 결합제로 결합시켜 공작물 표면에 누르고 공작물에 이송운동을 주고 숫돌은 빠른진동을 주면 짧은 시간에 정밀한 다듬질면을 얻을 수 있다.

(4) 액체 호닝(liquid honing)

연삭입자를 액체와 혼합하여 압축공기로 고속도로 분출시켜 표면에 부딪치게하여 표면을 다듬는 정밀 가공방식이다.
① 산화피막 제거용이
② 피이닝 효과로 피로한도 증가
③ 복잡한 모양의 일감도 다듬질 가능

(5) 버핑(buffing)

모, 면, 직물 등으로 원반을 만들고 이것에 윤활제를 섞은 미세한 연삭입자의 연작작용으로 공작물의 표면을 매끈하게 광택이 나게 하는 작업

(6) 텀블링

배럴이라는 통속에 가공물과 미디어, 컴파운드, 공작액 등을 넣고 이것에 회전 또는 진동을 주면 표면의 스케일이 제거되고 피로강도가 높여지는 가공법

(7) 샌드 블라스트

모래를 압축공기에 의해 분사시켜 이것을 공작물 표면에 닿게 하여 주물의 표면을 청소하거나 도장이나 도금의 바탕을 깨끗이 하는 가공법

(8) 숏피닝

숏이라는 강구를 공작물에 분사시켜 표면 강도를 증가시키며 녹이 슨 부분을 없애 버리는 가공법

2 특수 가공

(1) 방전 가공(electric discharge machining)

1) 개요
액 중에서의 방전에 의하여 직접 기계가공을 하는 가공법으로 방전전극의 소모현상을 이용한 것이다.

2) 조건
① 가공재료 : 초경합금, 담금질 열처리강, 내열강 등
② 가공액 : 경유, 변압기유, 유화유 등이 쓰이나 등유를 가장 널리 사용
③ 공작물을 양극 공구를 음극으로 하여 직류전류를 통하여
단속적인 방전을 발생 공작물 재료를 미소량씩 용해시켜 가공
④ 전극은 일반적으로 황동이 쓰이고 있으며, 동·텅스텐·은 등을 사용
⑤ 전극은 공작물 가공모양의 반대 모양으로 만듦

3) 특징
① 열의 영향이 적어 가공변질층이 얇다.
② 내마멸성, 내부식성 높은 표면을 얻을 수 있다.
③ 작은 구멍, 좁고 깊은 홈의 가공에 적합하다.

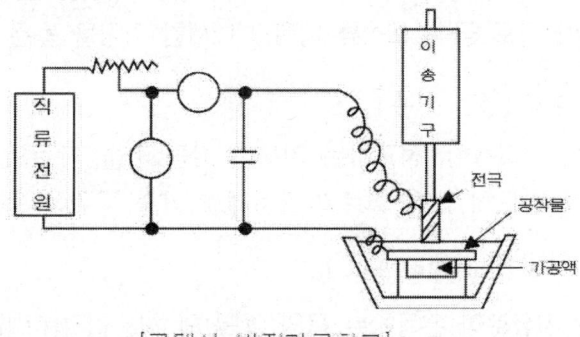

[콘덴서 방전가공회로]

(2) 전해 연마(electrolytic polishing)

호우닝, 슈퍼 피니싱, 래핑은 숫돌이나 숫돌입자 등으로 연삭, 마찰로서 다듬질하는
방법이며, 전기 화학적 방법으로 표면을 다듬질하는 것을 전해 연마라 한다.
가공물을 인산이나 황산 등의 전해액 속에 넣어서 (+)전극을 연결하여 직류 전류를
짧은 시간 동안 세게 흐르게 하여 전기적으로 그 표면을 녹여 매끈하게 하여 광택을
내는 방법으로서 원리적으로는 전기도금의 반대적인 방법이며, 기계적으로
연마하는 방법에 비해서 훨씬 아름답고 매끈한 표면처리를 단시간에 할 수 있다.
드릴의 홈이나 주사침의 구멍 다듬질에 적용한다.

(3) 초음파 가공(Ultra-sonic machining)

1) 개요

봉 또는 판상의 공구에 초음파 주파수의 진동을 주고 공작물과 공구사이에
연삭입자를 두어 공작물을 정밀하게 다듬는 방법이다. 전기 에너지를
기계적 에너지로 변화시키는 가공법이기 때문에 전기의 양도체이거나
부도체거나를 불문하고, 정밀가공에 광범위하게 이용된다.

2) 특징
① 공구재료 : 황동, 연강, 피아노선 모넬메탈 등
② 가공분야 : 보석 귀금속 가공 및 구멍가공

3) 전자빔 가공(電子 beam 加工)

전자총에서 방출되는 전자 빔을 물체에 죄어서 생기는 열에너지로 재료를
가공하는 방법으로 금속, 보석류 따위의 미세한 가공을 높은 정밀도로 할 수 있다.

4) 레이저 가공(Laser 加工)

레이저 광선을 이용한, 정교하는 미세한 가공 기술. 재료의 절단, 용접,
표면 처리와 반도체 집적 회로의 프로세스 기술 따위에 응용된다.

5) 플라스마 가공(Plasma 加工)

플라스마란 자유로이 운동하는 음양(陰陽)의 하전입자(荷電粒子)가 중성 기체와
섞여 전체적으로는 전기적 중성인 상태. 기체 방전으로 인한 기체 분자의 전리
상태에 있는 물질의 상태이므로 매우 높은 온도를 얻을 수 있어 이 온도를
이용하는 가공

6) 전해 가공(E.C.M)

공작물과 전극 사이를 0.1~0.4mm정도 띄우고 그 사이로 전해액을 강제 유동, 공작물이 전극 모양을 따라 가공(용해작용)되며 전기의 용해작용 이용(전기분해법칙 이용)한다. 보통 전기 도금장치와 반대 작용이고 공작물을 (+)극으로 하고 모형이나 공구(-)극과 함께 알칼리성을 전해액 속에 넣어 통전 가공된다.
주로 구멍, 홈, 형조각 등을 가공하며 특징을 다음과 같다.

① 전력을 소모되지 않고 단위 시간당 가공량이 많다.

② 높은 열이 발생하고 않고 기계적인 힘이 작용하지 않는다.

③ 내열강, 고장력강 등을 가공

7) 전해연마

전기도금과 반대적인 작업이며 전해가공의 일종으로 전기 화학적 방법으로 전해현상을 이용. 표면을 다듬질. 공작물을 (+)극으로 하고 구리, 아연, 납 등을 (-)로 하여 전해액(과염소산, 인산, 황산, 질산 등) 속에 넣고 직류전류를 짧은 시간 동안에 강하게 흐르게 하여 전기적으로 그 표면을 매끈하게 다듬질하며, 금속 표면의 미소돌기 부분을 용해하여 거울면 상태로 가공된다.
용도는 드릴의 홈이나 바늘 및 주사침 구멍을 깨끗하게 다듬질하며,
특징은 다음과 같다.

① 가공 변질층이 나타나지 않으므로 평활한 면을 얻을 수 있다.

② 가공면에 방향성이 없다.

③ 내마멸성 및 내부식성이 좋아진다.

④ 복잡한 형상의 공작물 연마도 가능하다.

⑤ 면이 깨끗하고 도금이 잘 된다.

⑥ 연마량이 적어 깊은 홈은 제거가 되지 않으며, 모서리가 라운딩된다.

⑦ 연질의 금속 및 형상이 복잡한 공작물과 얇은 재료도 용이하게 연마할 수 있다.

⑧ 드릴의 홈이나 주사침의 구멍 다듬질에 사용한다.

8) 전해연삭

전해연마에서 나타난 양극(+)의 생성물을 전해작용과 숫돌입자와 공작물이 접촉하여 제거하는 전해작용과 연삭작업을 복합시킨 가공방법으로서 작업속도가 빠르고 숫돌의 소모가 적다.

특징은 다음과 같다.

① 경도가 높은 재료일수록 연삭능률이 기계 연삭보다 높다.
② 박판이나 형상이 복잡한 공작물을 변형 없이 연삭할 수 있다.
③ 연삭저항이 적으므로 연삭열 발생이 적고, 숫돌 수명이 길다.
④ 설비비와 숫돌 가격이 비싸다.
⑤ 기계의 응력과 변질층이 남지 않으므로 전자현미경의 시편 가공과 각종 반도체의 연삭에 사용한다.
⑥ 정밀도는 기계연삭보다 낮다.

9) 전주가공

전해연마에서 석출된 금속 이온이 음극의 공작물 표면에 붙은 전착 층을 이용하여 원형과 반대 형상의 제품을 만드는 가공법을 전주가공이라 한다. 전기분해에 의한 도금의 모형 제품에 전착 층의 밀착성이 절대로 필요로 하는 것이지만, 전주 가공에서는 전착 층을 모형에서 분리하여 전착 층 그 자체를 제품으로 사용하므로 밀착성을 전재로 하지는 않는다. 전주가공은 전착 층 그 자체를 제품으로 하는 특이한 가공법으로 특징은 다음과 같다.

① 첨가제와 전주 조건으로 전착금속의 기계적 성질을 쉽게 조정할 수 있다.
② 가공 정밀도가 높아 모형과의 오차를 $\pm 25 \mu m$ 정도로 할 수 있다.
③ 매우 높은 정밀도의 다듬질 면을 얻을 수 있다.
④ 복잡한 형상, 이음매 없는 관, 중공축 등을 제작할 수 있다.
⑤ 제품의 크기에 제한을 받지 않는다.
⑥ 언더컷 형이 아니면 대량생산이 가능하다.
⑦ 생산하는 시간이 길다.
⑧ 모형 전면에 일정한 두께로 전착하기가 어렵다.
⑨ 금속의 종류에 제한을 받는다.
⑩ 제작 가격이 다른 가공 방법에 비해 비싸다.

10) 포토에칭(Photo etching)

사진의 밀착 원리를 이용한 미소(微小)가공 기술을 말한다.

가공하고자 하는 패턴을 흑색 유제(乳劑) 또는 크롬 처리가 된 유리판 위에 형성하고, 다음에 감광성(感光性) 물질(포토 레지스트)을 덮개에 칠하여 유리판과 덮개를 밀착시킨 다음 자외선에 노광(露光)한다. 즉 합성수지류의 절연판 위에 얇은 구리 박을 접착제로 붙인 후 구리박적층 판에 전기회로를 만드는 방법이다.

11) 신속 조형기술(RP; Rapid Prototyping)

CAD/CAM을 비롯한 각종 가공기술을 이용하여 신속하고 저렴하게 모형의 형태로 부품의 시작품(prototype)을 제조하는 기술

 연/습/문/제

01 래핑(lapping) 방법을 맞게 나타낸 것은?

① 건식, 습식 래핑이 있다.
② 건식 래핑만 있다.
③ 습식 래핑만 있다.
④ 가역 혼합식 래핑이 있다.

🔹 01 해설
래핑 : 숫돌입자의 절삭 작용을 이용해 공작물의 표면을 마모시켜 가장 정밀하고 정밀도가 높은 다듬질면을 얻는 가공
습식 래핑 : 거친 래핑으로 랩제와 래핑유를 거의 같은 양으로 혼합한 것을 공작물과 공구인 랩 사이에 넣고 랩제의 구름과 미끄럼 접촉에 의해 공작물을 깎아내는 방식
건식 래핑 : 래핑유를 사용하지 않고 랩에 랩제를 묻힌 다음 잘 닦아내 건조한 상태에서 랩표면에 박힌 미세한 랩제에 의해 미량의 칩을 깎아낸다. 광택이 뛰어나다.

02 차량, 차축 저어널과 같이 선삭후 연삭 가공이 힘이 들 때 하는 가공법은?

① 래핑
② 로울러 다듬질
③ 호닝
④ 입자밸트 가공

03 기계적 가공과는 다르므로 방향성이 없는 매끈하고 내식성이 높은 면을 얻을 수 있는 가공법은?

① 배럴 가공　　　② 전해 연마
③ 액체 호닝　　　④ 버핑 가공

2.
래핑 : 가공물과 탭공구 사이에 랩제와 윤활유를 넣고 가공
(원통외면, 평면, 기어 등 가공)
호닝 : hone(혼)이라는 숫돌을 공작물에 대고 압력을 가해 가공
(다듬질한 원통의 내면)

3.
배럴 가공 : 용기 속에 가공물과 미디어, 컴파운드를 넣고 회전 or 진동을 줘 매끈한 면을 얻는다.

액체 호닝 : 압축공기로 연마제와 용액이 혼합된 혼합용액을 가공물 표면에 고속으로 분사시켜 매끈한 면을 얻는다. 피로한도와 크리이프를 증가시키고 기계적 성질을 향상시킨다.

| 정답 | 01 ① | 02 ② | 03 ② |

04 다음 중 정밀입자 가공이 아닌 것은?

① lapping ② hobbing
③ super finishing ④ tapping

05 다음 중 다이아몬드, 루비, 사파이어 등의 가공에 알맞은 방법은?

① 배럴 가공 ② 호닝 가공
③ 방전 가공 ④ 화학연마

06 TiC 입자를 Ni 혹은 Ni과 Mo를 결합제로 소결한 것으로 구성인선이 거의 발생하지 않아 공구수명이 긴 절삭공구 재료는?

① 서멧 ② 고속도강
③ 초경합금 ④ 합금공구강

07 블록 게이지는 어떤 공작기계에서 최종 완성되는가?

① honing maching ② grinding maching
③ lapping maching ④ shaper

08 다음에서 표면 정밀도가 낮은 것부터 높은 순서로 맞게 된 것은?

① 래핑→슈퍼 피니싱→연삭→호닝
② 슈퍼 피니싱→래핑→연삭→호닝
③ 호닝→연삭→래핑→슈퍼 피니싱
④ 연삭→호닝→슈퍼 피니싱→래핑

4.
정밀가공 입자 :
호닝(honing), 슈퍼 피니싱(super finishing), 래핑(lapping)
tapping은 탭을 사용해 드릴링 머신 → 암나사 가공

5.
호닝 가공 : 혼이라는 숫돌을 회전, 왕복운동시켜 가공

화학연마 : 화학약품을 침지시켜 열에너지를 주어 화학 반응으로 가공

6.
서멧[cermet]
수소 속이나 진공 또는 기타 적당한 분위기에서 분말 소결하여 만들어진 금속과 세라믹스로 이루어지는 내열재료이며 세라믹스의 특성인 경도·내열성·내산화성·내약품성·내마모성과 금속의 강인성·가소성·기계적 강도 등을 함께 가진다.

7.
honing maching : 구멍 연삭

shaper : 셰이퍼

정답 04 ④ 05 ③ 06 ① 07 ③ 08 ④

09 전기도금과 같은 방법으로 가공물 표면을 전기분해하여 광택이 있고 매끈한 면을 얻는 가공방법은?

① 방전 가공 ② 화공연마
③ 전해 가공 ④ 전해연마

10 슈퍼 피니싱 가공의 설명 중 잘못된 것은?

① 가공시간이 길다.
② 방향성이 없다.
③ 전 가공의 변질층을 제거한다.
④ 내마멸성이 높은 다듬질면을 얻는다.

11 슈퍼 피니싱에서 연삭액으로 사용되지 않는 것은?

① 경유 ② 스핀들유 ③ 동물성유 ④ 기계유

12 다음 중 호닝 가공의 압력은?

① $4\sim8\ kg/cm^2$ ② $5\sim20\ kg/cm^2$
③ $1.5\ kg/cm^2$ ④ $0.5\ kg/cm^2$

13 원통 내면의 정밀도를 더욱 높이기 위하여 막대모양의 가는 입자의 숫돌을 방사상으로 배치한 공구로 다듬질하는 방법은?

① 슈퍼 피니싱 ② 호닝
③ 래핑 ④ 입자벨트 가공

9.
방전 가공 : 가공액속에서 선전극과 공작물 사이의 아크방전에 의한 열작용과 가공액의 기화폭발작용으로 공작물을 용융성형하는 방법
화학연마 : 가공물 표면의 볼록 부분을 화학적으로 용해시켜 평활하게 하는 가공법

10.
가공시간이 짧다.
발열이 적고, 내식성, 내마열성이 높은 다듬질면을 얻는다.

11.
슈퍼 피니싱에서는 석유나 경유가 많이 사용되며 보통 경유에 10~30%의 스핀들유나 기계유를 혼합한 것을 사용한다.

12.
보통 $10\sim30\ kg/cm^2$이나 최종 다듬질에서 $4\sim6\ kg/cm^2$

13.
슈퍼 피니싱 : 입도가 작고 연한 숫돌을 작은 압력으로 가공물의 표면에 가압하면서 숫돌을 진동시키면 가공 (원통내, 외면)
래핑 : 마포현상을 이용, 랩공구 사이에 미세한 랩제와 평면도 윤활유를 넣고 상대운동 시켜 표면을 가공

정 답 09 ④ 10 ① 11 ③ 12 ② 13 ②

14 방전가공에서 전극재질의 구비조건이 아닌 것은?

① 기계가공이 쉬워야 한다.
② 방전이 안정하고 가공속도가 커야한다.
③ 황동이 비교적 좋은 재료이다.
④ 가공전극의 소모가 빨라야 한다.

14.
동, 그래파이트, 을텅스텐,
동텅스텐을 주로 사용
전극의 1% 이하이어야 한다.
가공속도, 면조도,
클리어런스, 전극소모성

15 강철의 래핑 가공에 주로 많이 사용되는 랩(lap)의 재질은?

① 주철 ② 동
③ 황동 ④ 연

15.
담금질강, 경질합금:
주철, 구리, 황동

연질금속:
활자 합금(pb+Sn +Sb) 납,
화이트메탈

비금속재료:
나무, 대나무, 화이버, 목탄

16 와이어컷(wire cut) 방전가공은 다음 중 어느 것을 가공하는데 가장 적절한가?

① 장식품의 절단가공
② 금속 주형 가공
③ 블랭킹 다이의 구멍가공
④ 다이캐스팅 다이가공

17 스프링(spring)과 같이 반복하중을 받는 기계부품의 완성가공에는 무엇이 이용되는가?

① 액체 호닝 ② 쇼트 피이닝
③ 버핑 ④ 전해연마

정답 14 ④ 15 ① 16 ③ 17 ②

18 다음 지그(JIG)에 관한 설명 중 옳은 것은?

① 지그에서 절삭공우의 안내가 되는 곳은 공구보다 무른 재료를 사용한다.
② 보링 지그의 부시 길이는 구멍 지름보다 짧게 할 필요가 있다.
③ 지그용 고정부시는 수축여유를 붙여서 안지름을 다듬는다.
④ 지그를 사용하여 구멍을 뚫을 때 드릴은 센터가 정확하지 않아도 좋다.

19 정밀입자 가공에서 호닝(honing)의 결과에 대한 설명으로 틀린 것은?

① 표면 정밀도를 향상시킨다.
② 크기를 정확히 조절할 수 있다.
③ 최소의 발열과 변형으로 신속하고 경제적인 정밀가공을 할 수 있다.
④ 구멍의 위치를 변경시킬 수 있다.

20 공구에 진동을 주고 공작물과 공구 사이에 연삭입자를 두고 전기적 에너지를 기계적 에너지로 변화함으로써 공작물을 정밀하게 다듬는 방법은?

① 전해연마　　　　② 기어세이빙
③ 초음파 가공　　　④ 방전 가공

21 가공하는 전극과 공작물 사이에 지립의 역할을 겸하는 절연체를 개재시켜 전해 작용으로 생긴 양극의 산화피막을 절연체의 기계적 작용을 제거하는 가공법은?

① 전해연삭　　　　② 전극연마
③ 절연 가공　　　　④ 방전 가공

정 답　18 ③　19 ④　20 ③　21 ①

22 다음 공작기계 중에서 가공정밀도가 가장 높은 것은?

① 정밀선반   ② 연삭기
③ 호닝 머신   ④ 보링 머신

23 드릴 작업에서 JIG를 사용해서 가공한 결과 중 알맞은 것은?

① 정밀도는 좋으나 호환성이 있는 것은 못 얻는다.
② 정밀도가 나빠 호환성이 있는 것을 못 얻는다.
③ 정밀도는 좋아 호환성이 있는 것을 얻을 수 있다.
④ 정밀도는 나쁘나 호환성이 있는 것을 얻을 수 있다.

24 다음 중 가공면의 피로 강도를 상승시키는 효과가 있는 것은?

① buruishing   ② broaching
③ shot peening   ④ lapping

25 래핑에 대한 설명으로 틀린 것은?

① 습식래핑은 주로 거친 래핑에 사용한다.
② 습식래핑은 연마입자를 혼합한 랩액을 공작물에 주입하면서 가공한다.
③ 건식래핑의 사용 용도는 초경질 합금, 보석 및 유리 등 특수재료에 널리 쓰인다.
④ 건식래핑은 랩제를 랩에 고르게 누른 다음 이를 충분히 닦아내고 주로 건조상태에서 래핑을 한다.

25.
랩이란 공구와 일감 사이에 랩제를 넣고 운동을 시킴으로써 매끈한 다듬질 면을 얻는 가공방법으로 다음과같은 특징이있다.

① 블록게이지, 각종 측정기의 평면, 광학렌즈 등의 다듬질 등에 쓰인다.
② 정밀도가 높은 제품을 만들 수 있으며 다량생산이 가능하다.
③ 가공면은 내식성내마모성이 좋다.

정답   22 ③   23 ③   24 ③   25 ③

26 버핑(buffing) 머신은 무엇을 할 때 사용하는 기계인가?

① 밀링 커터를 만들 때
② 녹을 제거하거나 광내기 작업을 할 때
③ 금속에 조각을 할 때
④ 방전 가공을 할 때

27 회전하는 상자에 공작물과 숫돌입자, 공작액, 컴파운드 등을 함께 넣어 공작물이 입자와 충돌하는 동안에 그 표면의 요철을 제거하며, 매끈한 가공면을 얻는 방법을 무엇이라 하는가?

① 버니싱(buruishing)
② 쇼트 피이닝(shot peening)
③ 초음파 가공(ultra-sonic maching)
④ 배럴 다듬질(barrel finishing)

28 다음 특수가공 방법 중 전류의 화학적 성질을 이용한 것은?

① 방전 가공
② 전해연삭
③ 와이어 컷팅 머신
④ 초음파 가공

정답 26 ② 27 ④ 28 ②

29 호닝에 관한 설명으로 틀린 것은?

① 호닝 자국은 피스톤의 운동방향과 어떤 각도를 이루지 않으므로 기계적으로 약하다.
② 입자의 벽개가 활발하여 항상 예리한 날이 숫돌(혼) 표면에 발생한다.
③ 보링, 내면연삭 등을 한 구멍의 진원도, 진직도, 표면거칠기를 개선하는 후가공에 주로 사용한다.
④ 호닝 숫돌이 가공면을 누르는 압력은 절삭능력, 다듬질 정도에 큰 영향이 있다.

30 다음 공작기계 중 가공 표면거칠기를 가장 양호하게 얻을 수 있는 공작기계는?

① 연삭
② 호닝
③ 슈퍼 피니싱
④ 브로우칭

31 강철의 표면 경화법으로 가장 관계가 먼 것은?

① 청화법
② 침탄법
③ 질화법
④ 파텐팅

정 답   29 ①   30 ③   31 ④

32 방전가공이란 무엇인가?

① 기계적 진동을 하는 공구와 공작물 사이에 연삭입자와 물 또는 기름의 혼합액을 주입하여 급격한 타격작용으로 공작물 표면을 가공하는 방법

② 공작물을 양극으로 하여 전해액 안에서 공작물의 표면을 전기분해하는 가공법

③ 공구와 공작물을 사이에서 방전을 시켜 구멍뚫기, 조각, 절단 등의 가공을 하는 방법

④ 전해연삭에서 나타난 양극 생성물을 연삭작업으로 갈아내는 가공법

정 답   32 ③

CHAPTER 09 기어절삭

(1) 개요

기어절삭의 방법에는 주조나 전조의 방법도 있으나 대부분 절삭에 의한 가공을 하며 기어절삭기를 사용하면 효율적이다. 치형가공법에는 형판에 의한 방법, 총형커터에 의한 방법, 창성법과 오돈토그래프에 의한 방법이 있다. 성형법에는 형판에 의한 기어모방절삭과 총형커터에 의한 방법이 있으며, 창성법에는 래크커터, 퍼니언커터에 의한 방법과 호브에 의한 방법이 있다.

(2) 제작방법

1) 성형에 의한 방법

① 형판에 의한 방법

세이퍼 테이블에 소재를 설치하고 형판을 치형과 같은 곡선으로 하여 안내봉을 형판으로 지지하고 테이블을 이송하면서 치형을 만들며 가공되나 정밀한 치형을 가공하기는 어렵다.

② 총형커터에 의한 방법

플레이너나 세이퍼를 이용가공하며 치차이홈의 단면 모양을 가진 총형커터로서 1피치씩 분할기로 회전시키며 가공하는 방법이다.

2) 창성에 의한 방법

랙커터에 의한 기어 세이핑(gear shaping)과 호브를 이용하는 기어 호빙(gear hobbing) 방법이 있으며 치형모양의 공구를 구름접촉에 의해 공구에 축 방향 왕복운동을 시켜 치형을 깍는 방법으로 인볼류트 치형을 정확히 가공할 수 있다.

3) 오돈토그래프

미리 거칠게 가공된 치형을 원호와 같은 간단한 곡선으로 치형을 가공하는 방법이다.

(3) 기어절삭기

1) 호빙 머신(hobbing machine)

호빙 머신은 밀링 머신의 일종으로 호브라는 커터를 소재에 주어 창성법으로 기어의 이를 절삭한다.

대형기어는 수직형으로 하며 작은기어는 수평형으로 하며, 스퍼기어, 헬리컬리어, 웜기어 가공을 한다.

2) 기어 셰이퍼(gear shaper)

기어 모양으로된 커터를 사용하여 주로 스피어 기어와 인터널 기어 등을 깍는 기어이다.

3) 베벨기어 절삭기

베벨기어를 창성법으로 절삭하는 기계이다.

# 연/습/문/제

01 기어 절삭법이 아닌 것은?

① 배럴에 의한 법(barrel system)
② 형판에 의한 법(templet system)
③ 창성에 의한 법(generated tool system)
④ 총형 공구에 의한 법(formed tool system)

01.
배럴에 의한 방법은, 배럴이라는 통 속에 가공물과 미디어, 컴파운드, 공작애 등을 넣고 이것에 회전 또는 진도를 주어 표면의 스케일을 제거하고 피로강도를 높이는 가공법이다.

02 직선 베벨기어를 밀링 가공하기 위한 기어 커터를 선택할 때, 커터 번호는 다음 어느 가상 잇수에 의하여 결정되나? (여기서 β는 피치 원추각이다)

① $Z_0 = \dfrac{Z}{\cos\beta}$
② $Z_0 = \dfrac{Z}{\cos^3\beta}$
③ $Z_0 = \dfrac{Z}{\sin\beta}$
④ $Z_0 = \dfrac{Z}{\sin^2\beta}$

03 다음 중 호브를 사용하여 치형을 깍는 기계는 어느 것인가?

① 호빙 머신
② 브로칭 머신
③ 래핑 머신
④ 슬로터

03.
브로칭 머신 : 뚫린 구멍 내면의 형상가공

슬로터 : 키홈, 스플라인가공, 특수한 형상

래핑 머신 : 정밀도가 높은 다듬질면

04 기어가공 공작기계 중에서 가장 정밀한 작업을 할 수 있고, 커터에는 직선 절삭운동과 직선 이송을 주며, 일감은 회전하여 절삭한다. 커터는 래크형과 피니언형을 모두 사용할 수 있는 기계는 무엇인가?

① 기어 세이퍼
② 호빙 머신
③ 기어 세이빙 머신
④ 마그 기어 절삭기

04.
호빙 머신 : 기어의 이를 절삭
기어 세이퍼 : 커터에 왕복운동을 주어 창성법에 의해 기어를 절삭

기어 세이빙 머신 : 기어를 열처리 전에 이모양이나 피치를 수정해 정밀도가 높은 것으로 완성가공

정답 01 ① 02 ① 03 ① 04 ①

05 잇수 70개, 바깥지름 420 mm인 스퍼기어를 절삭할 때, 기어와 모듀율 m은?

① 7 ② 6
③ 5 ④ 4

06 공작물과 회전하며 가공하는 것은?

① 호빙 ② 밀링
③ 브로칭 ④ 플레이너

07 치차의 $D \cdot P$란?
(단, 치수 : Z, 피치원의 직경 : D, inch 혹은 mm)

① $D(\text{mm}) \times Z$ ② $\dfrac{D(\text{inch})}{Z}$

③ $D\dfrac{(\text{mm})}{Z}$ ④ $\dfrac{Z}{D(\text{inch})}$

08 지름피치 $D \cdot P = 8$, 잇수 $N = 52$인 평치차를 가공하기 위한 각각의 계산 및 설명이다. 올바른 것은?

① 외경 $Do = N/D \cdot P = 25/8 = 6.5$ inch이다
② 치의 깊이 $= 3.14/D \cdot P \text{in} = 3.14/8 = 0.3925$ inch이다.
③ 커터의 번호는 1번이다.
④ 분할대의 변환기어는 분할판 39공을 사용하여 30공씩 돌린다.

09 모듀율 4, 잇수 38, 나선각 30°인 헬리컬 기어의 외경은 약 얼마나 되겠는가?

① 320.5 mm ② 183.5 mm
③ 175.5 mm ④ 271.5 mm

05.
$D_k = m(z+2)$
$m = \dfrac{D_k}{Z+2} = \dfrac{420}{70+2}$
$ = 5.8 ≒ 6$

06.
호빙 : 기어의 치형 절삭
밀링 : 공구회전
브로칭 : 공구이동

09.
$D_k = \dfrac{mZ}{\cos\beta} + 2m$
$ = \dfrac{4 \times 38}{\cos 30} + 2 \times 4 = 183.5$

정답 05 ② 06 ① 07 ④ 08 ④ 09 ②

CHAPTER 10 수기가공 및 브로칭

1 금긋기 작업

금긋기란 도면을 토대로 하여 공정 순서에 따라 공작물에 가공상 기준이 되는 선을 그어주는 것을 말한다.

◎ 작업을 시작하기 전에 주의할 점
① 도면을 완전히 이해할 것
② 공작 순서와 가공 방법을 잘 알고 있을 것
③ 기준면을 어디로 할 것인가를 결정할 것
④ 금긋기용 공구의 정확한 사용 방법을 알고 있을 것

(1) 금긋기 작업용 공구

1) 서어피스 게이지

주로 정반에서의 금긋기 작업 또는 선반에서의 공작물 중심내기, 공작물의 평면 검사에 사용된다. 바늘의 한쪽은 곧게, 다른 한쪽은 90°로 굽혀져 있으며 바늘끝은 열처리가 되어 있다.

2) 직각자

두면의 직각도, 수직도 등의 주로 90°를 필요로 하는 곳에 사용된다.

3) V-블록

금긋기에서 재료를 지지하고 그 중심을 구할 때 사용되는 V자형 블록이다.

4) 곧은 자(Straight edge)

① 종류

　소형 : 단면이 삼각형 또는 판상(板狀)으로 가공

　대형 : 단면이 I형이며 주물로 만듬

② 용도 : 선을 그을 때, 평면을 검사할 때

5) 정반(Surface plate)

가공물의 완성 가공할 형상의 기준선을 그을 때 가공물을 올려놓는 평면대이다.

6) 트로멜

큰 지름의 원을 그릴 때 사용한다.

7) 하이트 게이지

정반 위에 올려서 높이를 측정하거나 공작물에 V평행선을 정밀하게 그을 때 사용한다.

8) 펀치

① 센터펀치 : 가공물의 중심위치 표시, 드릴위치 구멍표시에 쓰인다.
　　　　　　　(펀치 각도 60°)

② 표지펀치 : 금긋기 한 것의 흔적을 표시할 때(펀치각도 50°)

9) 평행대 및 앵글 플레이트

① 평행대 : 복잡한 형상을 한 공작물을 금긋기 할 때 사용

② 앵글 플레이트 : 작은 공작물을 금긋기할 때 선반 플레이너 등에 가공할 가공물의 고정에 사용한다.

(2) 금긋기용 도료

1) 흑피용(黑皮用)

호분(조개 껍질을 태운 분말), 백묵, 백색 페인트

2) 다듬질용

청죽, 알코올 황산동 액, 매직 잉크

(3) 줄작업

1) 줄의 종류

① 단면형에 의한 분류
   평형, 원형, 반원형, 각형, 삼각형 등이 있다.

② 줄날의 종류에 따른 분류와 그 특성

㉠ 홑줄날 : 구리, 알루미늄 등의 유연한 재료나 얇은 판의 가장자리 다듬질에 쓰인다.

㉡ 겹줄날 : 강, 주철 등의 보통 다듬질에 쓰인다.

㉢ 라아스프날 : 목재, 비금속 또는 연한 금속의 거친 깎기에 쓰인다.

㉣ 곡선날 : 알루미늄, 납 등의 절삭에 쓰이며 절삭력도 크다.

2) 줄 작업

① 직진법 : 좁은 곳에 행하는 방법

② 사진법 : 거친 다듬질에 행하는 방법

③ 횡진법 : 좁은 곳에 최후로 행하는 방법

3) 줄 작업할 때 유의할 점

① 새줄 사용시는 연한 재료에서부터 경한 재료의 순으로 사용할 것

② 줄눈 전체를 사용하여 작업할 것

③ 와이어 브러시로 줄눈 방향으로 털어 사용할 것

④ 줄 작업후 서로 겹쳐놓아 줄눈이 상하는 일이 없도록 할 것

(4) 절단 작업

1) 절단 작업용 공구

쇠톱, 바이스, 기계톱, 띠톱, 고속도 숫돌 절단기 등이 있다.

① 쇠톱

프레임에 톱날을 끼워 재료를 절단하는 것으로 피치는 1인치 사이의 잇수로 나타내는데 14, 18, 24, 32의 잇수가 있다.
톱날의 길이는 양단 구멍의 중심 거리로 나타낸다.

② 바이스

작업대에 붙여 공작물을 죄우 부분으로 고정시키는 데 연금속이나 공작물의 다듬질한 면을 고정시킬 때는 구리, 알루미늄판을 공작물에 붙여 고정시킨다.
바이스의 종류로는 수평, 수직, 특수가 있다.

2) 절단 작업 요령

① 각재의 절단
쇠톱을 수평이나 절단 각도를 크게 하지 말고 절단 각도를 작게 하여 절단한다.

② 환봉 및 파이프의 절단
환봉은 적당한 깊이로 절단한 후 방향을 바꾸어 절단하면 능률이 좋다.
파이프는 힘을 가감하면서 약간 파이프를 돌리면서 절단하면 된다.

③ 박판의 절단
얇은 판을 절단할 때 목재 사이에 얇은 판을 끼워 톱을 30° 정도 경사시켜 절단하면 진동도 적고 절단이 쉽다.

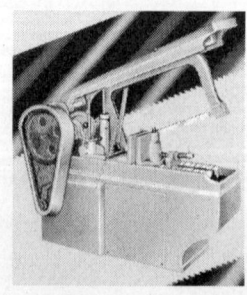

[그림 10.1 hacksawing Machne]

(5) 스크레이퍼 작업

스크레이핑은 세이퍼나 플레이너 등으로 절삭 가공한 평면이나 선반으로 다듬질한 베어링의 내면을 더욱 정밀도가 높은 면으로 다듬질하기 위해서 스크레이퍼 (scraper)를 사용해서 조금씩 절삭하는 정밀 가공법의 하나이다.

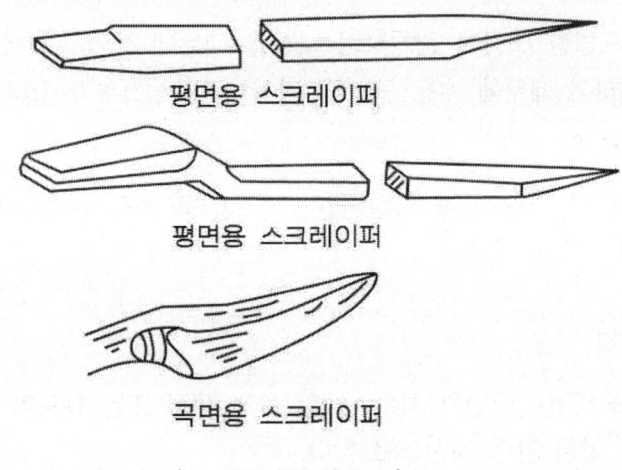

[스크레이퍼의 종류]

스크레이퍼 작업의 가공 정도는 1인치 평방의 면적당 접촉점 수로서 나타내는데 거친 가공은 1~6, 정밀 가공은 6~19, 초정밀 가공은 20 이상이다.

(6) 탭 작업

나사를 만드는 방법은 여러 가지가 있는데, 수나사는 다이스(dies), 암나사는 탭(tap)을 써서 가공한다. 탭으로 나사를 만드는 것을 태핑(tapping)이라 한다.

1) 탭의 각부 명칭

탭은 크게 나사부와 생크부로 되어 있다.

2) 탭의 종류

등경수동 탭, 증경 탭, 기계 탭, 관용 탭이 있다.

[그림 10.3]
Tapping Machine

① 등경수동 탭

나사내기 작업에 가장 많이 쓰인다.

② 증경 탭

강인한 재료 또는 정밀한 나사내기에 쓰인다.

③ 기계 탭

선반, 드릴링 머신에 장치하여 나사를 내는데 쓰인다. 1개의 탭으로 나사를 다듬질하기 때문에 수동 탭보다 나사부 및 생크부가 길다.

④ 관용 탭

가스 탭이라고도 하며 오일 캡이나 가스 파이프, 파이프 이음 등의 나사내기에 쓰인다.

3) 탭 작업

탭이 들어가는 구멍의 치수는 공작물의 재질 또는 용도에 따라 다르나, 다음과 같은 간편 계산으로 된다.

① 미터 나사의 경우 $d = D - p$

② 인치 나사의 경우 $d = 25.4 \times D - \dfrac{25.4}{N}$

d : 나사의 구멍 드릴의 지름(mm)

D : 나사의 바깥지름(호칭지름)

p : 나사의 피치. N=1인치(25.4mm당의 산수)

예) 휘트워드 가는 나사계 $d=15mm$, N=16의 경우
나사 구멍 드릴의 지름을 구하여라.

$d = 15 - 25.4 \times \dfrac{1}{16} = 15 - 1.59 = 13.41(mm)$

예) 미터 가는 나사계 나사 $D=12mm$, $P=1.5mm$의 경우
나사 구멍 드릴의 지름을 구하여라.

$d = 12 - 15 = 10.5(mm)$

(7) 리머 작업

드릴로 뚫은 구멍을 정밀하게 다듬는 작업을 리이밍(reaming)이라 한다.
리이머 작업시 리이머가 들어가는 구멍의 지름이 작으면 절삭저항이 커 날의 수명이 짧고 다듬면도 거칠다. 또 크면 드릴 자국이 남아 좋은 다듬 면이 되지 않는다.

(8) 브로우칭

브로우칭(broaching)은 많은 절삭인선을 가진 브로우치라는 공구로서 형상을 가공하기 위해 인발 또는 압입하여 키홈 등의 내면과 외면을 절삭하는 기계로 다량생산에 적합하다.

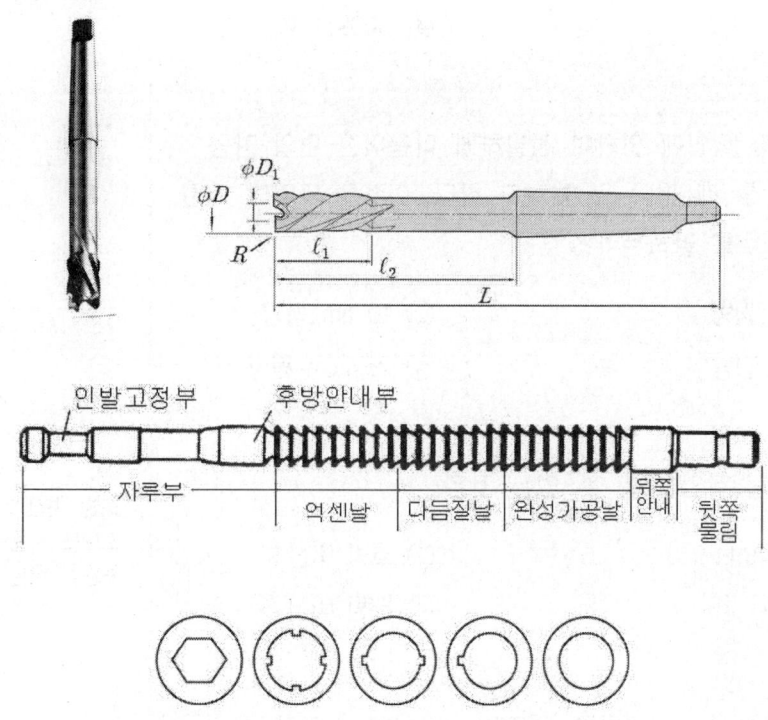

◎ 브로우칭 머신의 종류

① 운동 방향에 의한 분류 : 수평 브로우칭 머신, 수직 브로우칭 머신
② 가공 방식에 의한 분류 : 내면 브로우칭 머신, 외면 브로우칭 머신
③ 구동 방식에 의한 분류 : 인발식 브로우칭 머신, 압출식 브로우칭 머신

연/습/문/제

01 호칭지름이 12 mm이고 피치가 1.5 mm인 나사를 가공하려고 할 때 탭 구멍은 얼마로 하면 될까?

① 12 mm
② 11 mm
③ 10.5 mm
④ 9.5 mm

01.
$d_1 = d - 2h = d - p = 10.5$

02 탭 작업에서 1번탭을 사용했을 때 가공율은?

① 40%
② 50%
③ 55%
④ 60%

02.
1번탭 55%,
2번탭 25%,
3번탭 20%

03 스크레이퍼 작업에 의하여 정밀하게 다듬어진 면의 가공 정도를 말할 때 평당 몇 개라고 한다. 이것은 무엇에 대한 접촉면의 수를 말하는가?

① 10 cm 평방
② 10 mm 평방
③ 1 inch 평방
④ 25.4 cm 평방

04 다음 중 탭 작업을 할 수 없는 것은?

① 드릴 머신
② 호빙 머신
③ 선반
④ 태핑 머신

04.
호빙 머신 :
호브를 사용하여
치형을 깍는 기계

05 브로칭 머신에서 브로치를 움직이는 방식에 속하지 않는 것은?

① 나사식
② 기어식
③ 유압식
④ 밸트식

정 답 01 ③ 02 ③ 03 ③ 04 ② 05 ④

06 풀리(pulley)의 보스(boss)에 키홈을 가공하려 한다. 다음 공작기계 중 가장 적합한 것은?

① 밀링 머신
② 브로칭 머신
③ 보링 머신
④ 드릴링 머신

06.
밀링 머신 :
축에서 키홈을 가공시
(엔드밀)

07 각형 구멍, 키홈, 스프라인의 구멍 등을 다듬는데 사용되고 제품모양과 꼭맞는 단면 모양을 한 공구을 한번 통과시켜 가공 완성하는 기계는?

① 호빙 머신
② 기어 세이퍼
③ 브로칭 머신
④ 보링 머신

07.
기어 세이퍼 : 창성법에 의해
기어를 절삭
보링 머신 : 가공된 구멍을
정밀한 치수, 형태로
확대·가공하는 것

08 핸드 탭(hand tap) 작업에서 3개가 1조로 되어 1번 탭, 2번 탭, 3번 탭으로 작업한다. 2번 탭을 사용했을 때 가공률은 몇 %인가?

① 20
② 25
③ 30
④ 55

09 정반의 크기를 바르게 나타낸 것은?

① 길이와 중량
② 폭과 중량
③ 길이와 폭
④ 전 중량

| 정 답 | 06 ② | 07 ③ | 08 ② | 09 ③ |

10 한쌍의 부품을 조립하려고 한다. 이때 φ20H7g6로 끼워 맞추었다면 끼워맞춤의 종류는?

① 헐거운 끼워맞춤이다.
② 중간 끼워맞춤이다.
③ 억지 끼워맞춤이다.
④ 억지 중간 끼워맞춤이다.

11 평면이나 원통을 정확한 면으로 다듬는데 소량의 금속을 국부적으로 깎아내는 공구를 무엇이라하는가?

① 쇠톱   ② 정
③ 스크레이퍼   ④ 펀치

12 다음 스패너 작업 중 안전사항에 맞지 않는 것은?

① 스패너의 입이 너트의 치수에 맞는 것을 사용한다.
② 경우에 따라 해머대용으로 사용한다.
③ 너트가 스패너의 입에 깊숙이 물리도록 한다.
④ 무리하게 몸을 뒤로 제치고 조이거나 풀지 말 것

13 강 및 강철재로 되었으며 직선 금긋기 및 평면 검사에 사용되는 것은?

① hammer   ② vise
③ straight edge   ④ scriber

14 구멍을 똑바로 뚫는데 사용되는 것은?

① 센터 게이지   ② 플레이트 지그
③ 게이지 블록   ④ 드릴 검사 게이지

정 답   10 ①   11 ③   12 ②   13 ③   14 ②

CHAPTER 11 NC의 구성과 CNC 공작기계

1 NC의 구성

(1) NC의 구성

1) NC시스템

NC시스템은 크게 하드웨어(Hardware) 부분과 소프트웨어(Software) 부분으로 구성되어 있다.
하드웨어 부분은 공작기계 본체와 제어장치, 주변장치 등의 구성부품을 말하며 일반적으로 본체 서보(Servo)기구, 검출기구, 제어용 컴퓨터, 인터페이스(Interface)회로 등이 해당된다.

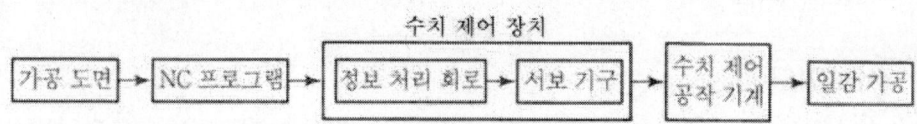

[그림 11.1 NC 공작기계의 정보 처리 과정]

CNC에서는 각 작업물의 지시어를 담은 모든 프로그램이 컴퓨터 기억장치에 저장되어 일괄적으로 시행된다. 그러므로 일반적인 의미에서 CNC는 NC보다 많은 프로그램 저장 능력을 가지며 입력매체로서 NC에서 사용되는 천공 테이프에 반하여 디스켓 등의 저장 매체를 사용한다. 또한 CNC는 프로그래밍의 오류를 현장에서 확인 수정할 수 있으며 기능상의 오류나 고장의 가능성이 탐지된 경우에는 제어장치의 CRT모니터에 보여주는 메시지를 통하여 확인할 수 있다.

2) CNC

CNC(Computerized Numerical Control)는 컴퓨터를 내장한 NC를 말한다.

3) DNC

DNC(Direct Numerical Control)란 여러 대의 CNC공작기계를 한 대의 컴퓨터로 연결하여 전체 시스템의 생산성 향상을 위한 NC이다. 따라서 DNC는 NC공작기계의 작업성 및 생산성을 향상시킴과 동시에 이것을 NC공작기계 군으로 시스템화하여 그 운용을 제어 및 관리하는 시스템으로 군관리 시스템이라고도 한다.

4) FMS

FMS(Flexible Manufacturing System)는 CNC 공작기계를 비롯 모든 시설을 총괄하여 중앙의 컴퓨터로 제어하면서 공장 전체 시스템을 무인화하여 생산관리의 효율을 최대로 하여 다품종 소량생산을 가능케 한 유연성 있는 생산 시스템이다.

(2) 서보기구

1) 서보기구의 구성

서보기구란 인체에서 손과 발에 해당하는 것으로 머리에 비유하는 정보처리회로(CPU)부터 보내진 명령에 의하여 공작기계의 테이블 등을 움직이게 하는 기구를 말한다.

2) 서보의 종류

서보기구의 종류에는
개방회로방식, 반폐쇄회로방식, 폐쇄회로방식, 하이브리드서보방식이 있다.

① 개방회로(Open-Loop) 방식
㉠ 피드백이 없으므로 시스템의 정밀도 모터의 성능에 좌우한다.
㉡ 제어반의 작동은 그것이 생산되는 신호의 결과에 대한 경보를 가지지 않는다.
㉢ 디지털 형이다.
㉣ 이송을 위해 스테핑 모터 (Stepping Motor)를 사용한다.
㉤ 정밀도가 낮아서 NC에는 거의 사용하지 않는다.

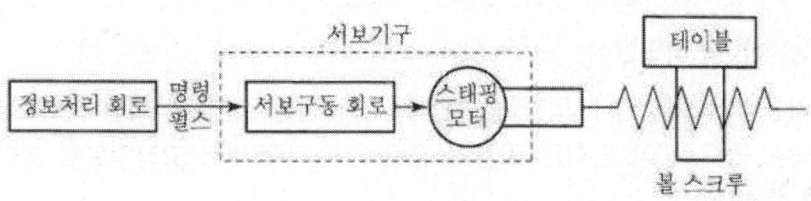

[그림 11.2 개방회로방식]

② **반폐쇄회로방식**

서보모터에서 속도검출과 위치 검출을 행하기 때문에 정밀도는 폐쇄회로방식보다 떨어지나 고정도의 볼 스크루(Ball Screw) 등에 의해 정밀도 문제가 거의 해결되므로 가장 널리 사용하고 있다.

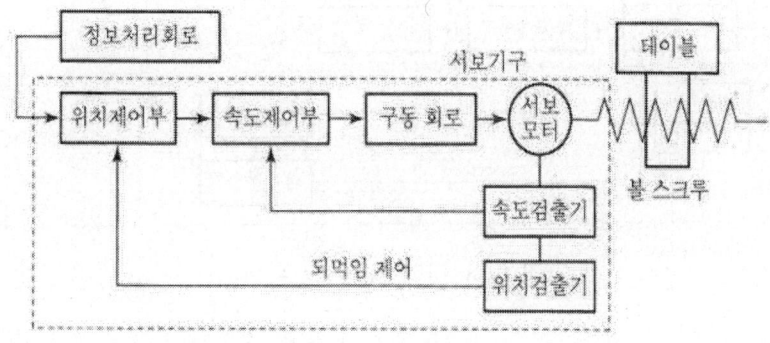

[그림 11.3 반폐쇄회로방식]

③ **폐쇄회로방식**

검출기를 기계 테이블에 직접 부착하여 되먹임제어(Feedback Control)를 행하는 고정 밀도 방식이다.

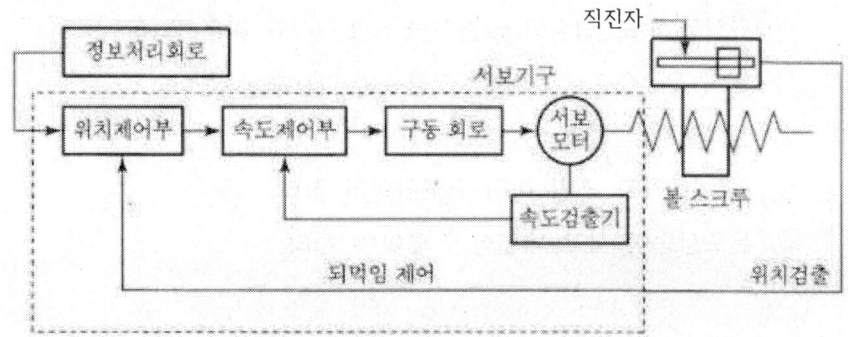

[그림 11.4 폐쇄회로 서보방식]

④ 하이브리드방식

리졸버(Resolver)에 의한 반 폐쇄회로와 검출스케일에 의한 폐쇄회로를 합한 것으로 이 방식은 조건에 좋지 않은 기계에서 고정밀도를 필요로 할 때 사용한다.

리졸버(Resolver) : NC기계의 움직임을 전기적인 신호로 표시하는 회전 피드백 장치

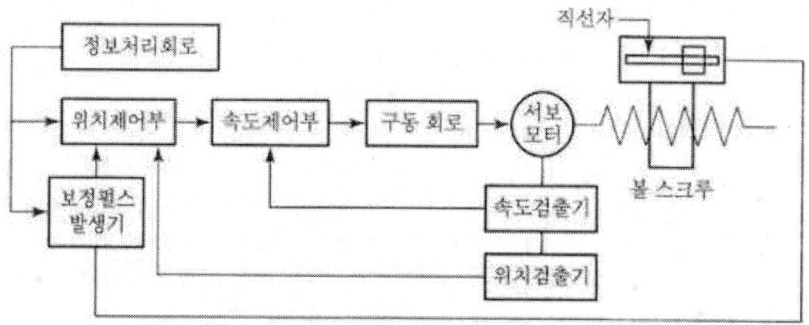

[그림 11.5 하이브리드 서보방식]

3) DC 서보모터

NC에 사용되는 DC 서보모터는 공작기계의 제어를 위하여 특별한 토크(torque), 속도 특성을 가지고 있어야 한다.

① 큰 출력을 낼 수 있어야 한다.
② 가감속이 가능하며 응답성이 우수하여야 한다.
③ 규정된 속도 범위에서 안전한 속도제어가 이루어져야 한다.
④ 연속 운전으로는 빈번한 가감속이 가능해야 한다.
⑤ 신뢰도가 높아야 한다.
⑥ 진동이 적고 소형 이며 견고하여야 한다.
⑦ 온도상승이 적고 내열성이 좋아야 한다.

(3) NC의 제어방법

NC 제어방식에는 위치결정(PTP)제어와 윤곽(Contour)제어가 있다.

1) 위치결정제어

위치결정(Point to Point) 제어는 가장 간단한 제어방식으로 공구의 위치만을 제어하는 방법이다. 드릴링 머신, 스폿용접기 등이 대표적인 예이다.

2) 윤곽제어

윤곽(Contour)제어는 연속적인 이송시스템으로 이동 축(x, y축)들이 각기 다른 속도로 움직일 수 있도록 윤곽을 따라 연속적으로 움직인다. 그러나 실제적으로 x, y 방향으로의 직선운동으로 보간을 통하여 움직이는 것이다. 밀링작업이 대표적인 예이다.

2 CNC 공작기계

(1) 프로그래밍의 기초

1) 좌표축과 운동기호

NC의 좌표축과 운동기호는 다음과 같이 기본적인 개념을 정해 놓고 있다.

① 가공작업의 프로그래밍과 표전좌표계 (오른손 직교좌표계)를 사용한다.
표준좌표계는 공작물에 대하여 공구가 움직이는 것을 기준으로 하여 그림 표준 좌표계와 같이 좌표축 X, Y, Z를 사용하고 이를 축에 평행한 이동치수를 X, Y, 7로 표시하여 좌표축 주위의 회전운동은 각축에 대해 A, B, C를 사용한다.

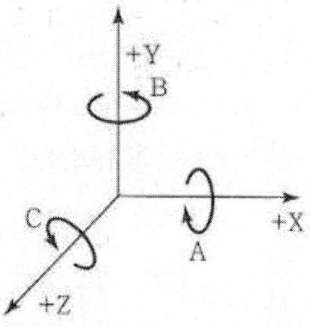

[그림 11.6 표준 좌표계]

② 가공물은 고정되어 있고 공구가 절삭하는 것으로 생각하여 프로그래밍한다. 일반적으로 주축방향을 Z축으로 하고 이것을 기준으로 하여 X, Y축을 잡는다.

(2) CNC 공작기계의 개요

1) CNC 공작기계의 개요

CNC(Computer Numerical Control) 공작기계는 작업자가 가공할 도면을 파악한 후 도면 대로 제품을 가공하기 위하여 공구의 위치를 수치와 기호로서 구성된 정보를 해당 공작 기계에 입력하면 자동으로 가공되는 기계를 말한다. CNC공작기계의 주요구성은 (제어부, 서보부, 작동부, 기계부)로 구성되었으며,
그 구성 도는 그림과 같다.

[그림 11.7 CNC 공작기계의 구성]

① 제어부

제어부에서는 CNC 공작기계 작동을 총괄하며 데이터의 입출력과 공구위치와 이송 및 공구장, 경보정의 연산과 기계 입출력과 인터페이스를 수행하며
아래와 같은 기능을 한다.

  ㉠ 중앙처리장치(CPU)
  ㉡ 기억장치
  ㉢ 정보교환
  ㉣ 이송 모터 위치 및 속도제어
  ㉤ 주축속도제어

② 서보부(Servo Unit)

CNC공작기계에서는 기계의 위치를 제어하는 데 Servo Motor를 이용한다. 위치검출기의 부착위치에 따라 구분한다.

　㉠ Open Loop System

　㉡ Semi Closed Loop System

　㉢ Closed Loop System

　㉣ Hybrid Servo System

위의 네 가지 방식 중 개방회로 시스템은 작은 동력으로 정밀도가 낮은 제품 생산에 사용되며, CNC 공작기계에서는 반폐쇄회로 시스템을 가장 많이 적용하고 있으며, 정밀도는 하이브리드 시스템이 가장 좋다.

③ 작동부 (Actuator)

작동부는 기계부라고도 하며
주축대, 이송장치, 고정장치, 공구대(ATC), 조작반으로 구성되어 있다.

　㉠ 주축대 : 절삭운동을 담당하는 장치

　㉡ 이송장치 : 공작물의 이송을 담당하는 장치

　㉢ 고정장치 : 공작물을 장착하는 장치

　㉣ 공구대 (ATC) : 공구의 장착을 담당하는 장치 (Automatic Tool Change)

　㉤ 조작반 : 제어부와 통신을 담당하는 장치

2) CNC 프로그래밍

CNC 가공프로그램에는 공구의 위치를 따라서 작업자가 그 공작기계 제어부에 맞게 작성하는 수동프로그램과 머시닝센터 등에서 가공되는 복잡한 2차원 윤곽형상 또는 3차원 형상가공 시 공구의 위치를 컴퓨터가 생성하여 해당 공작기계 제어부에 맞게 자동으로 가공프로그램을 완성하는 자동프로그램이 있다.

① 수동 프로그래밍

CNC공작기계에서 제품형상이 간단한 제품의 경우 자동 프로그래밍으로 작성하면 오히려 프로그래밍이 길어지며 경쟁력이 떨어지므로 수동 프로그래밍으로 작성하는 것이 유리하다.

② 자동 프로그래밍

자동 프로그래밍은 작업자가 복잡한 2차원형상 또는 3차원 형상을 자동 프로그램장치 (CAM S/W)를 이용하여 이를 해당 공작기계의 제어형식에 맞게 NC Data를 작성하는 것을 말한다.

예-1   CAD/CAM 시스템을 이용한 자동프로그래밍의 장점을 설명한 것 중 틀린 것은?

㉮ NC테이프 및 데이터를 작성하는 데 필요한 시간과 노력이 절감된다.
㉯ 인간의 능력으로 연산 불가능한 형상의 프로그램도 쉽게 처리할 수 있다.
㉰ NC 데이터의 오류를 확인하기가 어려워 신뢰성이 높지 않다.
㉱ NC 데이터작성에 관련된 여러 가지 계산을 동시에 할 수 있다.

정답 ㉰

예-2 CNC 공작기계에 사용되는 서보(Servo)기구 중 위치검출회로가 없는 방식은?

㉮ 반폐쇄회로 방식
㉯ 폐쇄회로 방식
㉰ 개방회로 방식
㉱ 하이브리드 서보 방식

정답 ㉰

예-3 범용 공작기계에서 사람의 손, 발과 같은 기능이 CNC 공작기계에서는 어느 부분에서 이루어지는가?

㉮ 컨트롤러
㉯ 볼 스크루
㉰ 리졸버
㉱ 서보기구

정답 ㉱

(3) CNC 선반

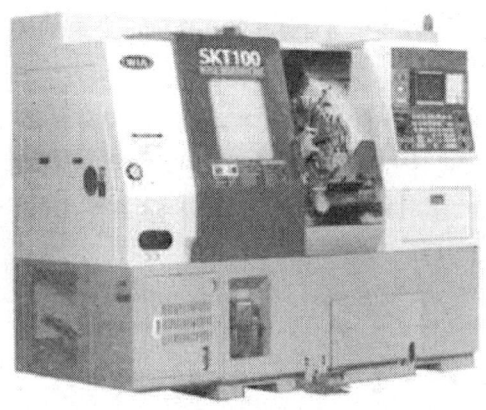

1) 구조

CNC 선반은 일반적으로 많이 사용되는 NC 공작기계 중의 하나다.
CNC 기계는 각 제작회사마다 그 모양이나 구조가 약간씩 다른 특성을 갖고 있지만 CNC 선반의 기본구조는 구동모터, 주축대, 유압척, 공구대, 심압대, 감전제어반, 조작반, X · Z축 서보기구 등으로 나눌 수 있으며 위치검출장치로서는 증분식 엔코더가 많이 사용된다. 또한 CNC 선반의 크기는 베드상의 스윙으로 표시하며 칩배출을 용이하게 하기 위해 베드는 경사져 있다.

- **절대식 엔코더 (Absolute Encoder)** : CNC 기계에 전원을 차단 후 다시 공급하여도 기계 좌표치를 유지하는 엔코더이다.

- **증분식 엔코더(Incremental Encoder)** : CNC 기계에 전원을 차단 후 다시 공급하면 기계좌표치를 잃어버려 매번 기계원점 복귀가 필요한 인코더이다.

① 구동모터

NC 선반에서는 회전 후가 증가함에 따라 출력이 증가하는 토크일정영역 (전압 제어 법)과 일정한 회전수 이상에서는 회전수가 변하여도 출력이 일정한 회전수 일정영역 (계자 제어법)이 있는 직류(DC)모터로 사용한다.

② 주축대

전동기의 회전을 풀리를 이용해 주축대 내의 변속장치로 전달시켜 소정의
회전수로 주축 스핀들을 회전시킨다.

주축의 전면은 척이 부착되고, 공작물은 척에 고정된다. 또 주축의 후단에는
척장치가 부착되어 있어, 유압구동에 의해 척의 조(JAW)를 자동개폐시킬 수 있다.

③ 공구대

공구위 장착 회전분할을 하는 부분으로 X축 서보모터에 의해서 주축 직각방향의
위치결정, 절삭운동을 한다. 공구대는 여러 개의 공구를 한번에 설치하여
가공에 필요한 공구를 자동으로 교환하면서 사용할 수 있으며 공구교환에
있어서도 근접 회전방향을 채택하여 가공시간을 크게 단축할 수 있다.

④ 심압대

절삭저항이 많이 걸리는 저속강력절삭 시나 길이가 긴 공작물의 떨림 방지에
사용한다. 동력원에 따라 유압식과 수동식으로 구분한다.

2) 프로그램

① 주요 어드레스

CNC선반의 프로그램 작성에 사용되는 어드레스는 다음 표와 같고 X, 고는 절대좌표 값 지령에 사용하고 U, 류는 증분좌표값 지령에 사용한다.
또 X, U는 일반적으로 지름지령으로 프로그램한다.

[표 11.8 어드레스의 의미]

기능	ADDRESS	의미
PROGRAM 번호	O	PROGRAM NUMBER
BLOCK 전개번호	N	SEQUENCE NUMBER
준비기능	G	동작의 Mode를 지정
좌표어	X, Y, Z	각 축의 이동 좌표치
	R	원호의 반경
공구기능	T	공구번호지정
보조기능	M	기계축의 ON/OFF 제어
OFFSET 번호	H	OFFSET 번호(공구장 보정)
	H, D	OFFSET 번호(공구경 보정)
DWELL	P, u, X	휴지(일시정지) 시간
PROGRAM 번호지령	P	SUB PROGRAM 호출번
반복횟수	P	SUB PROGRAM 반복횟수
매개변수	P, Q	고정CYCLE의 PARAMETER

② 주요 준비기능

CNC 선반의 G-code의 주요 준비기능은 다음과 같다.
G코드에는 지정된 명령 절에서만 유효한 One Shot G코드(00 그룹)와 동일 그룹 내의 다른 G코드가 나올 때까지 유효한 Modal G코드(00 그룹 이외의 그룹)가 있으며, 동일 명령 절 내에서 다른 그룹의 G코드는 2개 이상 명령이 가능하지만 같은 그룹의 G코드를 2개 이상 명령할 경우
나중에 명령한 G코드가 유효하다.

G Code	Group	의미
G00 *	01	위치결정(비절삭 급속이송)
G01 *		직선 절삭이송
G02		원호 절삭이송(시계방향)
G03		원호 절삭이송(반시계방향)
G04	00	Dwell(일시정지)
G10		데이터 설정
G20	06	inch 입력
G21		mm 입력
G22 *	00	Stored Stroke Check 기능 ON
G23		Stored Stroke Check 기능 OFF
G27		원점복귀 Check
G28		자동원점 복귀
G29		원점으로부터의 복귀
G30		제2원점 복귀
G31		Skip 기능
G32	01	나사 절삭 기능
G40	07	공구 인선 반지름 보정 취소
G41		공구 인선 반지름 보정 좌측
G42		공구 인선 반지름 보정 우측
G50	00	공작물 좌표계 설정, 주축 최고 회전수 설정
G70		정삭 사이클
G71		내·외경 황삭 사이클
G72		단면 황삭 사이클
G73		형상 반복 사이클
G74		단면 홈 가공 사이클(펙 드릴링)
G75		X방향 홈 가공 사이클
G76		나사 가공 사이클
G90	01	내·외경 절삭 사이클
G92		나사 절삭 사이클
G94		단면 절삭 사이클
G96	02	원주 속도 일정 제어
G97		원주 속도 일정 제어 취소, 회전수 일정
G98	05	분당 이송 지정 (mm/min)
G99		회전당 이송 지정 (mm/rev)

③ 주축기능

주축기능은 절삭속도와 밀접한 인자로 S 형식으로 지령한다.
좌표계 설정(G50)지령에서 지령된 값은 최고 주축회전수이며 단위는 (rpm)이다.
또한 절삭속도 일정제어 (G96)에서 제어값의 단위는 $(m/\min)$로 주어지고,
주축속도 일정제어 삭제 (G97)에서의 단위는(rpm)으로 주어진다.

④ 공구기능

공구기능에서는 장동공구교환과 공구보정이 있고 공구보정 및 취소는 절삭 개시 전·후에 하는 것을 원칙으로 한다.
이동지령과 T 기능지령을 동시에 개시한다.

T□□□□○○ : □□□□ 공구 선택번호
　　　　　　　○○　공구보정(Offset) 번호

⑤ 이송기능

(1) G98 G01 Z100, F20 1분당 20mm 이송

(2) G99 G01 Z100, F0.3 1회전당 0.3mm 이송

CNC 선반에서는 기계에 전원공급시 대부분 G99가 유효하게 설정되어 있기 때문에 지령된 이송속도의 단위는 (mm/rev)이고 G98 지령시는 $(mm/\min)$이다.

⑥ 보조기능

코드	기능내용	코드	기능내용
M00	Program Stop	M09	절삭유 OFF
M01	Optional Program Stop	M19	주축 Orientation Stop
M02	Program End(Reset)	M30	Program End(Reset) & Rewind
M03	주축 정회전(CW)	M40	주축 기어 중립
M04	주축 역회전(CCW)	M41	주축 기어 저속
M05	주축 정지	M42	주축 기어 고속
M06	공구교환	M98	보조 프로그램 호출
M08	절삭유 ON	M99	주 프로그램 호출

주축의 시동, 정지, 프로그램의 스톱, 절삭유의 ON/OFF 등의 기계의 동작을 보조해 주는 기능이다.

3) 좌표계

CNC 기계에 사용되는 자표계는 크게 세 종류가 있으며,
공구는 이들 중의 한 좌표계에서 지정된 위치로 이동하게 된다.

① 기계 좌표계(Machine Coordinate System)

기계의 기준점으로 기계 원점이라고도 하며, 기계 제작자가 파라메타에 의해 정하는 점이며, 사용자가 임의로 변경해서는 안 된다. 이 기준점은 공구대가 항상 일정한 위치로 복귀하는 공정점이며, 일감의 프로그램 원점과 거리를 알려 줄 때에 기준이 되는 점이다.

② 공작물 좌표계(Work Coordinate System)

도면을 보고 프로그램을 작성할 때에 절대 좌표계의 기준이 되는 점으로서, 프로그램 원점 또는 공작물 원점이라고도 한다.

③ 상대 좌표계(Relative Coordinate System)

일감을 측정하거나 정확한 거리의 이동 또는 공구 보정을 할 때에 사용하며, 현 위치가 좌표계의 중심이 되고, 필요에 따라 그 위치를 0점(기준점)으로 지정(Setting)할 수 있다. 좌표계 설정공구가 일감을 가공하기 위해서는 기계의 CNC장치에 일감의 위치가 어디 있는지, 즉 기계 원점과 공작물 원점과의 거리를 CNC장치에 알려 주어야 한다. 이 작업을 좌표계 설정이라 하며, CNC선반은 G50 X_ Z_로 밀링 머신이나 머시닝 센터는 G92X_ Y_ Z_로 설정한다. 실제 프로세스 시트는 도면만 보고 작성할 때가 대부분이므로 기계 원점과 공작물 원점의 거리를 알지 못 한 상태이다. 그러므로 좌표계 설정은 불가능하며, 가공 할 일감을 고정한 후 기계 원점과 공작물 원점과의 거리를 측정해 좌표값을 구한 후 설정한다. 왜냐하면, 수치 제어 공작 기계는 측정이 쉬우므로 이렇게 하는 방법이 시간이 절약되며 편리하다.

4) 직선가공(G01)

N1 : G00 X100. Z5;   P0 지점
N2 : G01 Z-60. F0.25;   P1 지점
N3 : X116/;   P2 지점
N4 : X120.Z-62.;   P3 지점
N5 : Z-100.F0.25;   P4 지점

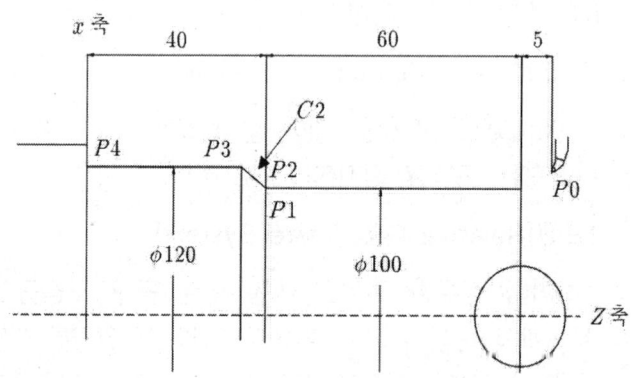

5) 원호가공(G02, G03)

원호가공을 할 때에 사용하는 기능이며, 가공 방향이(CW)이면 G02을 명령한 후 종점의 좌표값을 명령하고, 반지름값 R을 명령하거나원호의
크기로서 I(X축 방향), K(Z축 방향) 값을 명령한다.
이때, I, K값은 원호의 시작점에서 중심까지 거리를 증분값으로 나타낸 반지름값으로서, 원호의 시작점을 기준으로 중심의 위치가 (+)방향이냐 (-)방향이냐에 따라 부호가 결정되고, I, K의 어느 쪽이 0일 경우 그 단어(word)를 생략할 수 있다. CNC선반의 경우 원호의 가공 범위는 $\theta \leq 180°$ 이고, $\theta > 180°$ 일 때에는 명령이 불가능하다.

절대 증분(명령) :   G02(G03) X(U)_ Z(W)_ R_ F_;
                    G02(G03) X(U)_ Z(W)_ I_ K_;

그림은 원호 가공을 나타낸 것이다.

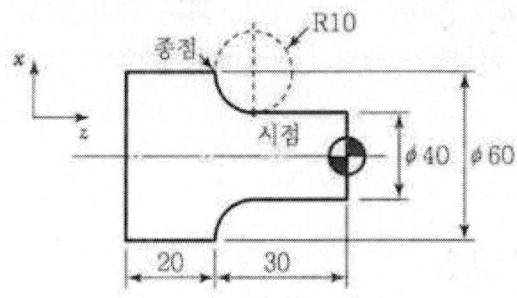

1. G02. X60. Z - 30. I10. F0.2 : 절대 명령
2. G02. U20. W-10. I10. F0.2 : 증분 명령
3. G02. X60. Z-30. R10. F0.2 : 절대 명령

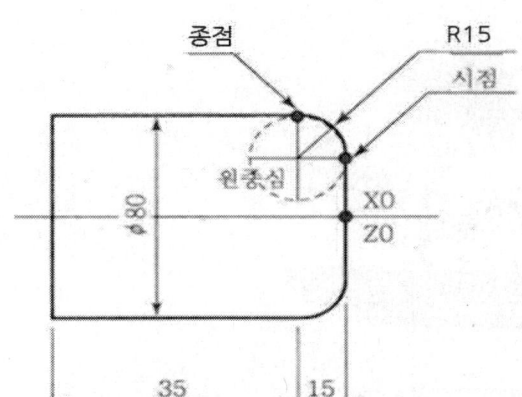

1. G03. X80. Z -15. K -15. F0.2 : 절대 명령
2. G03. U30. W-15. K-15. F0.2 : 증분 명령
3. G03. X80. Z -15. R15. F0.2 : 절대 명령

6) 일시정지(G04)

   1.5초 일시정지

   G04 P1500 : P는 소수점 없음

   G04 X1.5 : 소수점 이하 3자리 유효

   G04 U1.5 : 소수점 이하 3자리 유효

(3) 머시닝센터

1) 구조 및 준비 기능과 보조기능

머시닝센터는 범용 밀링에 제어부를 장착시킨 것으로 주요구조는 주축대, 컬럼, 테이블, 구동 모터, 조작반, 전기장치와 공구와 공작물을 자동으로 교환하는 자동공구 교환장치(ATC : Automatic Tool Changer), 공작물 자동교환장치(APC : Automatic Pallet Changer)와 공구 매거진(Tool Magazine)은 머시닝 센터에서 사용할 공구를 보관하고 공급하는 장치이다.

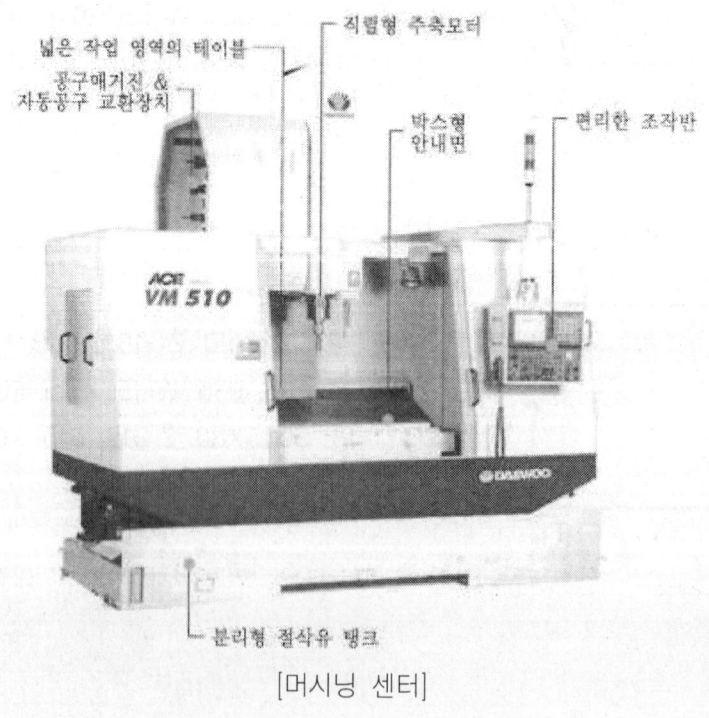

[머시닝 센터]

① 준비기능

머시닝센터 프로그램에 사용되는 준비기능은 다음의 표와 같다. 일부 기능은 CNC 선반과 동일하게 사용된다.

코드	그룹	기 능	코드	그룹	기 능
G00	01	위치결정 (급송이동)	G22	04	Stored stroke limit ON
G01		직선보간(절삭이송)	G23		Stored stroke limit OFF
G02		원호보간 CW	G27	00	원점복귀 check
G03		원호보간 CCW	G28		자동 원점에 복귀
G04	00	드웰 (dwell)	G29		원점으로부터의 복귀
G09		Exact stop	G30		제2, 제3, 제4원점에 복귀
G10		공구원점 오프셋량 설정	G31		Skip 기능
G17	02	XY 평면지점	G33	01	헬리컬 절삭
G18		ZX 평면지점	G40	07	공구지름 보정 취소
G19		YZ 평면지점	G41		공구지름 보정 좌측
G20	06	인치 입력	G42		공구지름 보정 우측
G21		메트릭 입력	G54		공작물 좌표계 1번 선택
G55	12	공작물 좌표계 2번 선택	G74		역 tapping cycle
G56		공작물 좌표계 3번 선택	G76		정밀 보링 사이클
G57		공작물 좌표계 4번 선택	G80	09	고정 사이클 취소
G58		공작물 좌표계 5번 선택	G81		Drilling cycle, stop boring
G59		공작물 좌표계 6번 선택	G82		Counter boring
G60	00	한 방향 위치 결정	G83		Peck drilling cycle
G61	13	Exact stop check mode	G84		Tapping cycle
G64		연속절삭 mode	G85		Boring cycle
G65	00	User macro 단순호출	G86		Boring cycle
G66	14	User macro modal 호출	G87		Back boring cycle
G67		User macro modal 호출 무시	G98		고정사이클 초기점 복귀
G73		Peck drilling cycle	G99		고정사이클 요점에 복귀

② 보조기능

주축의 시동, 정지, 프로그램의 스톱, 절삭유의 ON/OFF 등의 기계의 동작을 보조해 주는 기능이다.

코드	기능 내용	코드	기능 내용
M00	Program Stop	M19	주축Orientation Stop
M01	Optional Program Stop	M28	Magazine 원점복귀
M02	Program End (Reset)	M30	Program End (Reset) & Rewind
M03	주축 정회전(CW)	M48	Spindle Override Cancel OFF
M04	주축 역회전(CCW)	M49	Spindle Override Cancel ON
M05	주축 정지	M60	APC Cycle Start
M06	공구 교환	M80	Index테이블 정회전
M08	절삭유 ON	M81	Index테이블 역회전
M09	절삭유 OFF	M98	Sub - Program 호출
M16	Tool Into Magazine	M99	주프로그램 호출

③ 이송기능

이송기능은 제품의 표면거칠기, 절삭시간, 절삭저항에 영향을 미치고 지령은 다음과 같이 한다.

① G94F_[mm/min]
② G95F_[mm/rev]

2) CNC 프로그램과 좌표계

① CNC 프로그램

CNC 프로그램은 프로그램 번호로 시작하여, 마지막에는 프로그램의 종료를 나타내는 M02나 M30, 또는 보조 프로그램의 경우에는 M99로 끝난다.

어드레스 + 수치 → 워드

(예) G + 01 = G01
X + 33.5 = X33.5

(예) 프로그램은 아래와 같이 구성되어 있다.

프로그램	설명
O1002;	프로그램 번호
N01 G40 G49 G80;	4개의 워드로 구성된 블록
N02 G91 G28 X0. Y0. Z0.;	6개의 워드로 구성된 블록
⋮	
N20 M05 M02	프로그램의 종료

② 좌표계의 입력방법

좌표값을 입력할 때에는 소수점을 사용하는 것이 편리하며, 소수점을 사용하지 않으면 좌표값의 첫째 자리를 소수점 아래 셋째 자리로 인식하게 된다.
그 이유는 좌표값의 입력 형식이 □□□□□.□□□의 8자리 숫자로 되어 있어, 소수점이 없으면 제일 끝자리(1/1000자리)부터 인식하기 때문이다.

(예) X123=X0.123
X123.=X123.000

③ 기계원점과 기계좌표계

머시닝 센터에는 기계적으로 고정되어 좌표의 기준이 되는 기준점(Reference Point)이 있는데, 이 기준점을 기계 원점이라고 한다.

기계좌표계(Machine Coordinate System)는 기계 원점을 좌표계의 원점(X0. Y0. Z0.)으로 사용하는 좌표계이며, 기계에 전원을 넣은 후에 원점 복귀 동작을 실행하면 기계좌표계가 설정된다.

④ 절대좌표방식 (G90)

절대좌표방식은 공구의 이동 종점의 위치를, 공작물 좌표계 원점으로부터의 좌표로 명령하는 방식이다. 즉, 현재의 위치에 관계없이 이동 종점의 위치만 명령하는 것이다.

명령방법은 위의 형식과 같이 필요한 블록에 G90을 명령하면 되고, G90은 연속 유효 G코드(Modal Code)이므로 한번 명령되면 G91이 명령될 때까지 유효하다.

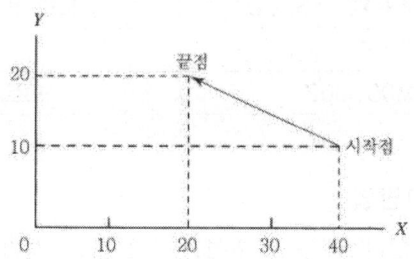

ⓔ 그림 시작점에 있는 공구를 끝점으로 직선 이동시키는 동작이다.
여기서, 공구의 이동 종점의 위치를 절대 좌표로 나타내면
G90 X20. Y20.이 된다.

⑤ 증분좌표방식 (G91)

증분좌표방식은 공구의 이동 시작점에서 종점까지의 증분거리와 방향으로 명령한다.
부호는 이동방향에 따라 각 축의 좌표가 증가하는 방향이면 (+),
감소하는 방향이면 (-)로 명령한다.

ⓔ 위의 그림에서 종점의 위치를 증분 좌표로 나타내면
G91 X-20. Y10.이 된다.

⑥ 원점 복귀

NC 공작기계는 각 이송축마다 고정된 기준점, 즉 기계 원점을 가지고 있는데, 각 축을 현재 위치에서 기계 원점으로 보내는 기능을 원점 복귀라고 한다.
대부분의 NC 기계는 전원을 넣을 때마다 처음 한 번은 원점 복귀를 시켜야 기계 좌표계가 바르게 인식된다.

● 자동 원점 복귀

프로그램의 G28 명령에 의해 각 축을 기계 원점에 복귀시키는 기능을 자동 원점 복귀라고 한다.

$$G28 \begin{Bmatrix} G90 \\ G91 \end{Bmatrix} X\_. \ Y\_. \ Z\_. ;$$

※ X. Y. Z : 원점 복귀할 축과 중간점의 좌표

좌표어가 생략된 축은 원점 복귀를 하지 않고 명령된 축반원점에 복귀한다.
또, G28 명령은 경유해야 할 중간점을 반드시 지정하여야 한다.

⑦ 위치 결정

위치 결정은 일감을 가공하지 않고 공구의 위치만 빠른 속도로 이동시키는 기능으로, G00으로 명령한다.

● 명령 형식

$$G00 \begin{Bmatrix} G90 \\ G91 \end{Bmatrix} X \quad . Y \quad . Z \quad . ;$$

▶ G90 : 절대좌표방식
▶ G91 : 증분좌표방식

위치 결정의 속도는 기계에 설정된 급속 이송 속도이며, 몇 개의 단계로 나뉘어 있어 사용자가 선택할 수 있다.
위치결정은 다음과 같은 경우에 주로 사용한다.
① 가공하기 위해 공구를 일감에 접근시킬 경우
② 한 부분의 가공이 끝난 후, 다른 부분의 가공을 위해 공구를 이동시킬 경우
③ 한 공정을 끝내고 공구를 교환하기 전에 공구를 안전한 위치로 이동시킬 경우
④ 모든 공정을 완전히 끝내고 공구를 안전한 위치로 이동시킬 경우

예 그림과 같은 공구의 위치 결정 경로를 절대좌표방식과 증분좌표방식으로 명령하여 보자.

절대 좌표 방식	증분 좌표 방식
G00 G90 X30. (Y50.Z100.) ; G00 G90 X50. Y50. Z10. ;	G00 G91 X30. (Y0.Z0.) ; (G00 G91) X20. Y0. Z-0. ;

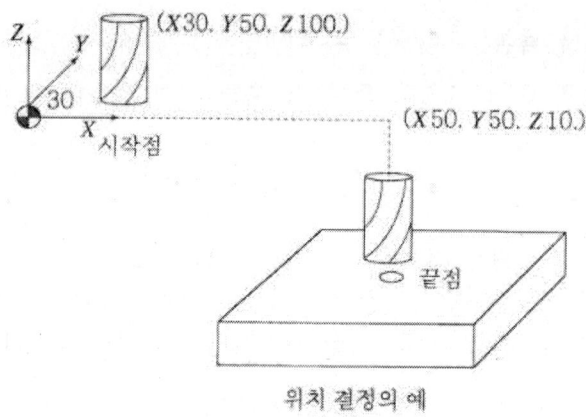

⑧ 직선가공

직선가공은 에로 명령하여, F기능으로 지정한 이송 속도로, 명령한 위치까지 공구를 직선으로 이동시킨다.

🔵 명령 형식

$$G01 \left\langle \begin{matrix} G90 \\ G91 \end{matrix} \right\rangle X\underline{\quad}. \ Y\underline{\quad}. \ Z\underline{\quad}. \ F\underline{\quad}. ;$$

► X, Y, Z : 이동 종점의 좌표
► F : 이동속도

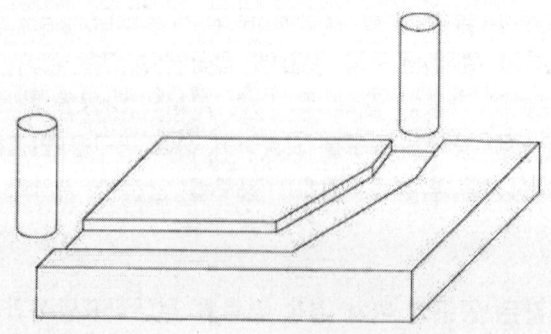

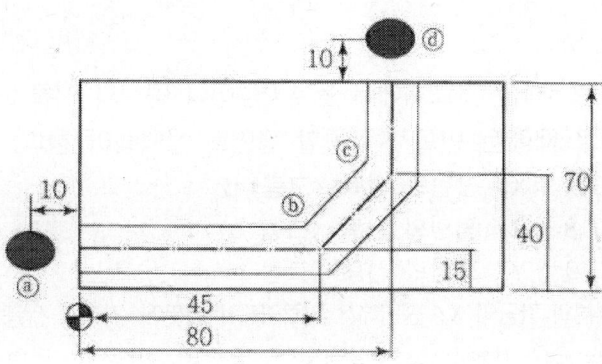

◉ 그림과 같은 직선가공 경로 ⓐ-ⓑ-ⓒ-ⓓ 를 절대좌표방식과 증분좌표방식으로 표현하면 다음과 같다.

절대 좌표 방식	증분 좌표 방식
G01 G90 X45. (Y15.) F90 ;	G01 G91 X55. (Y0.) F90 :
(G01 G90) X80. Y40. (F90) :	(G01 G91) X35. Y25. (F90) ;
(G01 G90 X80.) Y80. (F90) :	(G01 G91 X0.) Y40. (F90) ;

F는 피드(feed)로서 1분당 90mm 이송한다.

⑨ 평면의 선택

X, Y, Z 축이 이루는 3차원 좌표계에서 원호가공이나 공구의 지름보정, 고정사이클을 실행할 때에는 반드시 가공할 평면을 선택해야 한다.

- ► G17 : XY 평면의 선택 〈그림 a〉
- ► G18 : ZX 평면의 선택 〈그림 b〉
- ► G19 : YZ 평면의 선택 〈그림 c〉

※ 대부분의 가공이 XY 평면에서 이루어지기 때문에, 기계의 전원을 켜면 G17이 선택되도록 기본값으로 설정되어 있으며, 가공할 평면이 달라질 경우에는 반드시 해당 평면을 선택하는 명령을 해주어야 한다.

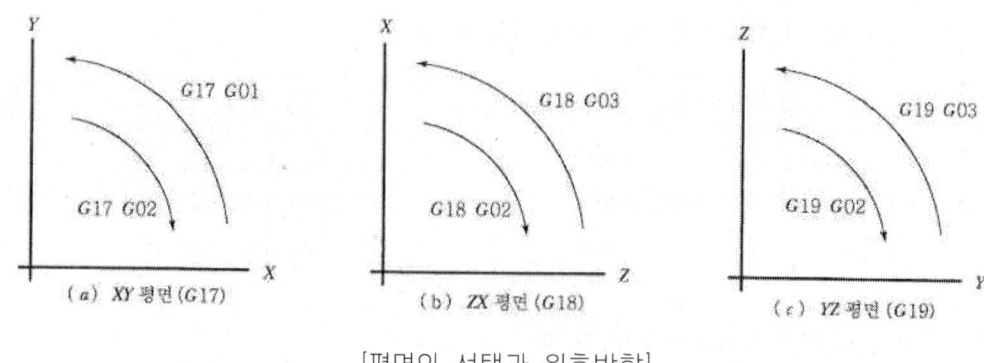

[평면의 선택과 원호방향]

⑩ 원호가공

그림과 같이 원호의 가공방향이 시계방향이면 G02를 명령하고, 반시계방향이면 G03을 명령한다. 시계방향(CW) 반시계 방향(CCW)이라고 하는 회전방향은
선택한 평면에 수직한 축의 (+) 방향에서 평면을 바라볼 때의 회전방향이다.
원호가공은 동시에 2축을 제어하여 원 및 원호를 가공하는 것이므로,
XY, ZX, YZ 평면 중 어느 한 평면에서만 명령할 수 있다.

■ 명령 형식 : X - Y 평면의 원호

G17 ⟨ G02 / G03 ⟩ ⟨ G90 / G91 ⟩ X_ Y_ (R_ / I_ J_) F___ ;

■ 명령 형식 : Z - X 평면의 원호

G18 ⟨ G02 / G03 ⟩ ⟨ G90 / G91 ⟩ X_ Z_ (R_ / I_ K_) F___ ;

■ 명령 형식 : Y - Z 평면의 원호

G19 ⟨ G02 / G03 ⟩ ⟨ G90 / G91 ⟩ Y_ Z_ (R_ / J_ K_) F___ ;

예 - 1 그림의 원호가공을 원호의 반지름 R을 이용하여 명령하여 보자.

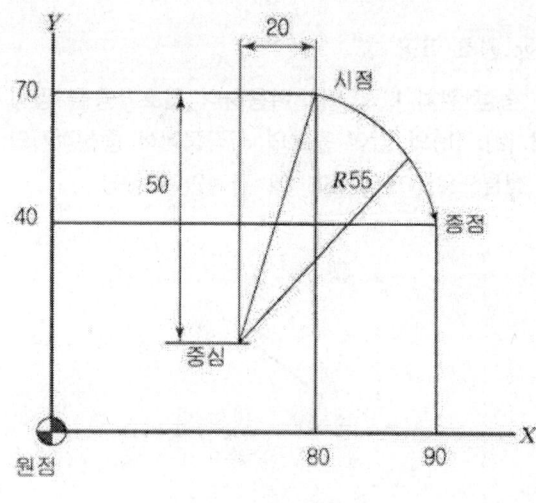

절대좌표방식
G17 G02 G90 X90. Y40. R55. F150 ;

증분좌표방식
G17 G02 G91 X30. Y-30. R55. F150 ;

[원호 가공의 예]

예-2 그림은 지름이 같은 2개의 원이다. 여기서, 원호 A와 B는 원호의 방향, 시점, 종점, 반지름 등 모든 정보가 같지만, 가공 경로는 다르다. 이것을 구별하기 위해 원호의 중심각이 180° 이상인 원호는 반지름에 (−)부호를 붙여서 명령한다.

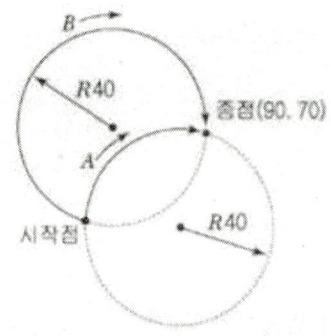

A, B 두 경로의 프로그램으로 가공도면을 작성하면 다음과 같다.

A: G17 G02 G90 X90. Y70. R40. F120;
B: G17 G02 G90 X90. Y70. R-40. F120;

[원호의 중심각에 따른 R의 부호]

예-3 원호의 중심 위치 I, J, K 에 의한 원호 가공

원호의 반지름 R 대신에 원호의 중심 위치 I, J, K를 이용하여 원호가공을 명령할 수 있다. I, J, K는 아래 그림 (a), (b)와 같이 원호의 시작점에서 중심까지의 벡터(Vector)의 X, Y, Z축 방향 성분으로, G90, G91 에 관계없이 항상 증분좌표로 명칭한다.

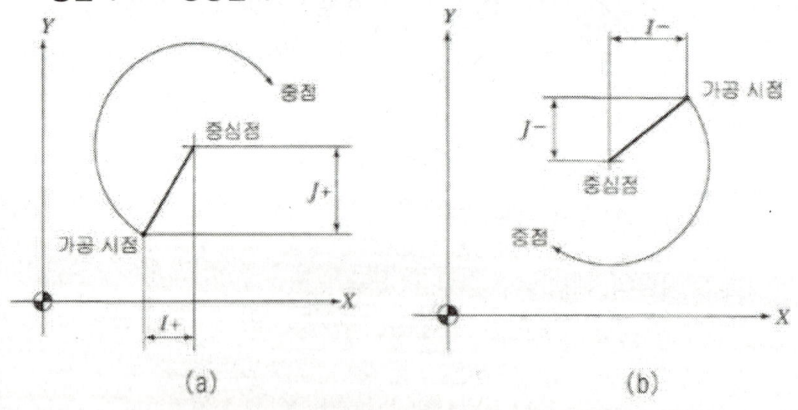

[XY 평면 원호의 I. J]

예-1의 그림을 원호가공을 원호의 중심 위치 I, J, K를 이용한 프로그램
절대좌표방식 : G17 G02 G90 X90. Y40. I-20. J-50. F150 ;
증분좌표방식 : G17 G02 G91 X30. Y-30. I-20. J-50. F150 ;

예-3 원(360°원호)의 가공

원의 가공은 시점과 종점이 같기 때문에, 반지름 정보로는 원호의 경로를 정의할 수 없다. 그러나 원호의 중심 위치 I, J, K를 이용하면 원의 가공을 명령할 수 있다. 원 가공에서 종점의 좌표는 시점과 같으므로 대개 생략하며, I0, J0, 새도 증분좌표의 개념으로 생각할 수 있다.

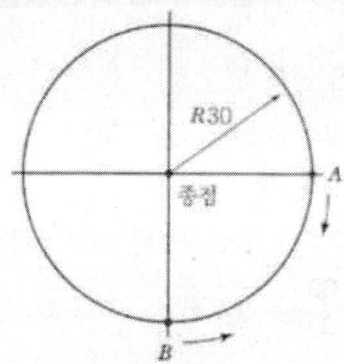

[원 가공]

그림에서 A점과 B점에서 각각 화살표 방향으로 출발하여 원을 가공하는 프로그램
A점이 시점과 종점인 원 : G17 G02 (G90) I - 30. (J0.) F150;
B점이 시점과 종점인 원 : G17 G03 (G90 I0.) J30. F150;

⑪ **공구보정**

프로그램 할 때는 보정 벡터의 방향(즉 G41 : 좌측, G42 : 우측)과 보정
메모리의 번호 (즉, D2 : D 다음에 2자리 숫자 01 32까지)만 프로그램상에 넣어주면 된다. 작업 시 공구의 직경을 정확히 측정하여 반경만큼만 보정
메모리번호, 즉 D_에 입력(MDI 사용) 시키면 된다.

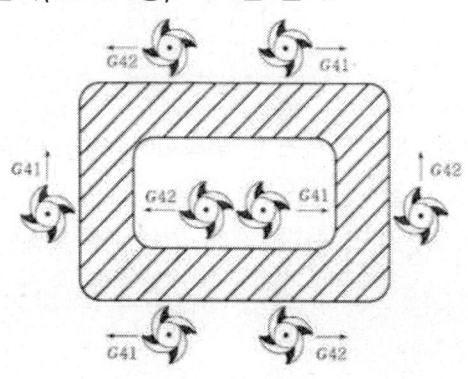

[공구지름 보정방향]

지름 보정의 방향은, 그림과 같이 항상 진행 중인 공구의 입장에서 생각한다.
진행방향의 왼쪽으로 보정하려 면 G41 로 명령하고, 오른쪽으로
보정하려면 G42로 명령한다.

■ 명령 형식 : X-Y 평면에서의 공구 지름 보정

$$G17 \quad \left\{ \begin{array}{c} G00 \\ G01 \end{array} \right\} \left\{ \begin{array}{c} G41 \\ G42 \end{array} \right\} X\_ Y\_ D\_;$$

▶ X. Y : 보정 시작 블록의 중심 좌표
▶ D : 공구 지름 보정 번호

■ 최소 형식 : X-Y 평면에서의 공구 지름 보정 취소

$$G17 \quad \left\{ \begin{array}{c} G00 \\ G01 \end{array} \right\} G40 \quad X\_ Y\_;$$

▶ X. Y : 보정 취소 블록의 종점 좌표

G41, G42는 연속유효 G코드이므로, 한 번 명령하면 취소될 때까지 계속
유효하다. 공구 지름 보정은 경보정이 시작되는 블록(Start-up Block) 바로
다음 블록부터 완벽하게 실행되며, 보정할 구간이 끝나면 반드시 취소해야 한다.

(4) 4축 가공

CNC 밀링 기계는 X, Y, 조라는 3개의 기본축을 가지고 있다.
이 3개의 축이 동시 제어되면 3축 가공이라 한다. 여기서 부가축(=회전축)
A, B, C가 있다.

X	Y	Z
A	B	C

여기서, A축이란 X축 위에 인덱스가 부착되어 회전 운동을 한다. X축이 이동하며
A축이 회전하고 Z축이 절삭을 한다면 원통 형체의 공작물에 나선작업이 가능하다.
이러한 가공을 4축 가공이라 한다. 때에 따라 r축 움직임도 가능하다.

CHAPTER 12 기계안전(機械安全)

1 일반적인 안전사항

(1) 작업 복장
1) 작업복
① 작업복은 신체에 맞고 가벼운 것으로서 상의의 끝이나 바지자락이 말려 들어가지 않는 것이 좋다.
② 실밥이 풀리거나 터진 것은 즉시 수선하도록 한다.
③ 고온 작업시에도 작업복을 벗지 않는다. 작업복을 벗고 작업시에는 재해의 위험성이 크다.
④ 작업복 선정시 스타일을 고려하여 선정한다.

(2) 작업모
① 기계의 주위에서 작업을 할 때는 반드시 모자를 쓰도록 한다.
② 여성 및 장발자의 경우에는 모자나 수건으로 머리카락을 완전히 감싸도록 한다.

(3) 신 발
① 신발은 작업 내용에 잘 맞는 것을 선정하고, 넘어질 우려가 있는 신발은 착용하지 않는다.
② 발의 보호를 위해 신발은 안전화의 착용이 바람직하다.

(4) 보호구
① 보안경 : 철분, 모래 등이 날리는 작업(연삭, 선반, 셰이퍼 등)에 사용한다.
② 차광 보호 안경 : 용접 작업등과 같이 불꽃이나 유해광선이 나오는 작업에 사용한다.
③ 방진 마스크 : 먼지가 많은 장소나 유해가스가 발생되는 작업에 사용, 산소가 16% 이하로 결핍되었을시는 산소 마스크를 사용한다.
④ 장갑 : 선반작업, 드릴, 밀링, 연삭, 해머, 정밀기계 작업 등에는 장갑 착용을 금한다.
⑤ 귀마개 : 소음이 발생하는 작업 등에는 귀마개를 사용한다.

⑥ 안전모

㉮ 물건이 떨어지거나 추락, 충돌에서 머리를 보호할 수 있는 안전모를 착용한다.

㉯ 안전모의 상부와 머리 상부 사이의 간격을 유지하여 충격에 대비한다.

㉰ 턱 조리개는 반드시 졸라맨다.

(2) 통행과 운반

1) 통행시 안전수칙

① 통행로 위의 높이 2m 이하에는 장해물이 없을 것.

② 기계와 다른 시설물과의 사이의 통행로 폭은 80cm 이상으로 할 것.

③ 뛰거나 주머니에 손을 넣고 걷지 말 것.

④ 통로가 아닌 곳을 걷지 말 것.

⑤ 통행규칙을 지킬 것.

⑥ 높은 작업장 밑을 통과할 때는 안전모를 착용할 것.

⑦ 통행 우선 수칙을 숙지할 것.

2) 운반시 안전수칙

① 운반차는 규정속도를 지킬 것.

② 운반시 시야를 가리지 않게 할 것.

③ 긴 물건에는 끝에 표지를 단 후 운반할 것.

3) 작업장에서 작업을 시작하기 전 점검 사항

① 기계 및 공구가 그 기능이 정상적인가 점검한다.

② 가스 사용시 누설이 없는가, 폭발 위험이 없는가 점검한다.

③ 전기 장치에 이상이 없는가 점검한다.

④ 작업장 조명이 정상인가 점검한다.

⑤ 정리 정돈이 잘 되어 있는가 점검한다.

⑥ 주변에 위험물이 있는가 점검한다.

2 수공구류의 안전수칙

(1) 일반적인 안전수칙

1) 일반수칙

① 주위를 정리 정돈할 것.

② 손이나 공구에 기름, 물 등 미끄러운 물질은 제거한다.

③ 수공구는 그 목적에만 사용할 것.

④ 적절한 공구를 사용할 것.

2) 수공구류 안전수칙

① 해머 작업
   ㉮ 보호안경을 착용할 것
   ㉯ 처음과 마지막에는 서서히 칠 것
   ㉰ 장갑을 끼지 말 것
   ㉱ 해머를 자루에 꼭 끼울 것
   ㉲ 적당한 공간을 유지 할 것

② 정, 끌작업
   ㉮ 거스러미가 있는 정은 사용하지 말 것.
   ㉯ 정에 기름이 묻을시 기름을 깨끗이 닦은 후에 사용할 것.
   ㉰ 따내기 작업시는 보호안경을 착용할 것.
   ㉱ 절단시 조각이 비산시 반대편에 차폐막을 설치하여 비산을 방지할 것.
   ㉲ 정을 잡은 손의 힘을 뺄 것.
   ㉳ 날끝이 결손된 것이나 둥글어진 것은 사용하지 말 것.
   ㉴ 정 작업은 처음에는 가볍게 두들기고 차츰 세게 두들기며, 작업이 끝날 때는 타격을 약하게 할 것.
   ㉵ 담금질한 재료는 작업을 하지 않는다.
   ㉶ 절삭면을 손가락으로 만지거나 절삭칩을 손으로 제거하지 않는다.

② 스패너, 렌치 작업
  ㉮ 사용목적 이외로 사용하지 말 것.
  ㉯ 너트에 꼭 맞게 사용할 것.
  ㉰ 조금씩 돌릴 것.
  ㉱ 작업 중 벗겨져도 손을 다치거나 넘어지지 않는 안전한 자세인 몸 앞쪽으로 회전시킬 것.
  ㉲ 스패너와 너트 사이에 물림쇠를 끼우지 말 것.
  ㉳ 스패너에 파이프를 끼우거나 해머로 두들겨서 작업하지 말 것.

② 드라이버 작업
  ㉮ 드라이버는 홈에 맞는 것을 사용할 것.
  ㉯ 드라이버의 이가 상한 것은 사용하지 말 것.
  ㉰ 작업 중 드라이버가 빠지지 않도록 할 것.
  ㉱ 전기 작업에서는 절연된 드라이버를 사용할 것.

(2) 다듬질의 안전작업

1) 바이스 작업

① 바이스는 이가 꼭 맞는 것을 사용할 것.

② 조(jaw)의 기름을 잘 닦아낼 것.

③ 조(jaw)의 중심에 공작물이 오도록 고정할 것.

④ 바이스대에 재료, 공구 등을 올려놓지 말 것.

⑤ 작업 중 헐거울시 바이스를 조인 후 작업할 것.

⑥ 가공물에 체결한 다음에는 반드시 핸들을 밑으로 내릴 것.

⑦ 둥근 가공물은 V-블록 등의 보조구를 이용하여 고정한다.

2) 줄 작업

① 줄을 점검하여 균열이 있는 것은 사용하지 않는다.

② 줄자루는 소정의 크기의 것으로 자루를 확실하게 고정하여 사용한다.

③ 칩은 반드시 브러시로 턴다.

④ 오른손 사용자는 오른 손에 힘을 주고 왼손은 균형을 잡도록 한다.

3) 쇠톱 작업

① 작업 중 톱날이 부러지지 않도록 하며 전체날을 사용한다.

② 쇠톱자루와 테의 선단을 잘 고정시켜 좌우로 흔들리지 않도록 하고 작업한다.

③ 절삭이 끝날 무렵에는 힘을 빼고 가볍게 사용한다.

4) 스크레이핑 작업

① 스크레이퍼의 절삭날은 날카로우므로 다치지 않도록 조심한다.

② 작업을 할 때는 공작물을 확실히 고정시킨다.

③ 허리로 스크레이퍼 작업을 할 때는 배에 스크레이퍼를 대어 작업한다.

(3) 주요 기계 작업시 안전

1) 공작기계의 안전수칙

① 공구나 재료는 반드시 공구대에서 사용하도록 한다.

② 이송 중 기계를 정지시키지 않는다.

③ 기계의 회전을 손이나 공구로 멈추지 않는다.

④ 가공물, 절삭공구의 설치를 확실히 한다.

⑤ 절삭 공구는 짧게 설치하고 절삭성이 나쁘면 공구를 교체한다.

⑥ 칩이 비산하는 작업은 보안경을 사용한다.

⑦ 칩을 제거할 때는 브러시나 칩 클리너를 사용한다.

⑧ 공작물 측정시에는 반드시 정지시킨 후 측정한다.

2) 선반 작업

① 가공물의 설치는 전원 스위치를 끄고 바이트를 충분히 뗀 다음 작업한다.

② 바이트 설치시는 기계를 정지시킨 다음에 설치한다.

③ 공작물의 설치가 끝나면 척, 렌치류는 곧 떼어 공구대에 놓는다.

④ 공작물의 길이가 직경의 12배 이상일 경우 방진구를 설치 할 것.

3) 밀링 작업

① 절삭 공구나 공작물 설치시 전원스위치를 끄고 작업한다.

② 예리한 칩이 비산하므로 보안경을 착용한다.

③ 상하 이송용 핸들은 작동 후 반드시 벗겨 놓는다.

④ 칩이 많이 비산하는 재료는 커터부분에 커버를 한다.

4) 연삭 작업

① 숫돌은 시운전시 지정된 사람이 운전하도록 한다.

② 숫돌을 설치하기 전에 나무망치로 숫돌을 때려 탁한 소리가 나면 숫돌의 균열을 조사한다.

③ 숫돌차의 안지름은 축의 지름보다 0.05~0.15mm 정도의 틈을 준다.

④ 플랜지는 좌우 같은 것을 사용하고 숫돌 바깥지름의 1/3 이상의 것을 사용한다.

⑤ 플랜지와 숫돌 사이에는 플랜지와 같은 크기의 종이와셔를 양쪽에 끼우고 너트를 조인다.

⑥ 숫돌은 시작 전 1분 이상, 숫돌 대체 시 3분 이상 시운전을 하며 작업자는 숫돌의 회전 방향으로부터 몸을 피하여 안전에 유의한다.

⑦ 숫돌과 작업대의 간격은 항상 3mm 이하로 유지한다.

⑧ 공작물과 숫돌은 조용하게 접촉하고, 무리한 압력으로 연삭은 금한다.

⑨ 소형 숫돌은 측압에 약하므로 컵형 숫돌외는 측면사용을 금한다.

⑩ 숫돌의 커버를 반드시 부착하여 사용한다.

⑪ 안전 차폐막을 갖추지 않은 연삭기를 사용할 때는 방진 안경을 사용한다.

5) 플레이너 작업

① 프레임 내의 피트(pit)에는 뚜껑을 설치하여 재해를 방지한다.

② 테이블의 이동 범위를 나타내는 안전 방호울을 세워 놓아 재해를 예방한다.

③ 기계 작동 중에 테이블 위에는 절대로 올라가지 않는다.(탑승 금지)

④ 베드 위에 다른 물건을 올려놓지 않는다.

⑤ 바이트는 되도록 짧게 나오도록 설치한다.

⑥ 일감은 견고하게 징치한다.

⑦ 일감 고정 작업 중에는 반드시 동력 스위치를 꺼 놓는다.

⑧ 절삭 행정 중 일감에 손을 대지 않는다.

6) 용접시 안전수칙

- **산소 용접시안전 수칙**

① 용접 작업시 적당한 차광 안경을 사용한다.

② 점화시 아세틸렌 밸브를 먼저 열고 점화한 뒤 산소 밸브를 연다.

③ 충전된 산소병은 직사광선이 직접 투사하는 곳에 놓지 않도록 한다.

④ 작업 후 산소 밸브를 먼저 닫고 아세틸렌 밸브를 닫는다.

⑤ 점화는 로치 라이터로 한다.

⑥ 역화가 일어났을 때는 즉시 산소 밸브를 잠근다.

⑦ 발생기에서 5m이내, 발생기실에서 3m이내의 장소에서 흡연과 화기의 사용 또는 불꽃이 일어나는 행위를 금한다.

⑧ 아세틸렌 용기밸브를 열 때는 $\frac{1}{4} \sim \frac{1}{2}$ 회전만 시키고 핸들은 끼워놓는다.

⑨ 아세틸렌 누출 검사시는 비눗물을 사용하여 검사한다.

⑩ 호스의 색은 산소용 흑색 아세틸렌용은 적색을 사용한다.

- **전기 용접의 안전수칙**

① 전기용접은 환기장치가 완전한 일정한 장소에서 용접한다.

② 용접시에는 소화기 및 소화수를 준비한다.

③ 우천시 옥외 작업을 금한다.

④ 홀더는 항상 파손되지 않은 것을 사용한다.

⑤ 작업시에는 반드시 보호장비를 착용한다.

⑥ 용접봉을 갈아끼울 때는 홀더의 충전부에 몸이 닿지 않도록 주의한다.

⑦ 작업 중단시는 전원 스위치를 끄고 커넥터를 풀어준다.

⑧ 보호장갑 및 에이프런(앞치마), 발 덮개 등의 보호장구를 착용한다.

7) 드릴 작업

① 드릴을 고정하거나 풀 때는 주축이 완전히 멈춘 후에 한다.
② 드릴은 양호한 것을 사용하고, 생크에 상처나 균열이 있는 것은 교환한다.
③ 가공 중에 드릴의 절삭성이 떨어지면 곧 드릴을 재연삭하여 사용한다.
④ 작은 물건이라도 반드시 바이스나 고정구로 고정한다.
⑤ 얇은 물건을 드릴 작업할 때는 밑에 나무 등을 받치고 작업 한다.
⑥ 드릴 끝이 가공물의 맨 밑에 나올 때는 가공물이 회전하기 쉬우므로 이송을 늦춘다.
⑦ 가공중 드릴이 가공물에 박히면 기계를 정지시키고 안전장치를 한 후 손으로 드릴을 뽑아야 한다.
⑧ 드릴이나 소켓 등을 뽑을 때는 드릴 뽑게를 사용하며, 해머 등으로 두들겨 뽑지 않도록 한다.
⑨ 드릴 및 척을 교환 할 때는 주축과 테이블의 간격을 좁히고 테이블 위에 나무 조각을 놓고 작업한다.

8) 프레스(전단기) 작업

① 기계의 사용방법을 완전히 익힐 때까지는 단독으로 기계를 작동시키지 않는다.
② 작업 전에 운전하여 기계의 움직임 및 작업상태를 점검한다.
③ 형틀(die)을 교정 또는 교환 후에는 시험 작업을 해 본다.
④ 안전 장치의 작동상태를 점검한다.
⑤ 2명 이상이 작업할 때는 신호규정을 정하고 조작에 안전을 기한다.
⑥ 작업이 끝난후엔 반드시 스위치를 내린다.
⑦ 손질, 수리, 조정 및 급유시에는 반드시 전원 스위치를 내린 후 작업한다.
⑧ 이송이나 배출시는 손의 사용보다는 장치를 이용하도록 한다.

(4) 동력 전달 장치의 안전

기계에 동력을 전달하는 원동기, 전동기, 축, 기어, 풀리, 벨트 등에는 항상 위험이 따르므로 적당한 안전 장치를 해야 한다.

1) 벨트의 안전 장치

① 벨트의 이음쇠는 되도록 돌기가 없는 구조로 한다.

② 벨트가 돌아가는 부분에는 커버 등을 한다.

③ 통행 중 접근할 염려가 있는 것은 둘러싸거나 안전 울타리를 한다.

2) 축(shaft)의 안전 장치

① 볼트, 키 등의 머리가 튀어 나온 부품은 컬러로 덮어준다.

② 돌출부가 없어도 지상 2m 이내에서는 의복, 머리카락 등이 감기지 않도록 장치를 한다.

3) 기어 맞물림부의 안전장치

① 기어는 가급적 전부 덮어야 한다.

② 맞물린 부분과 측면 부분은 특히 안전 커버를 한다.

3 안전 표지와 가스용기의 색채

(1) 안전 표지와 색채 사용도

① 적색 : 방향 표시, 규제, 고도의 위험 등
② 오렌지색(주황색) :위험, 일반위험 등에 쓰임.
③ 황색 : 주의 표시 (충돌, 장애물 등)
④ 녹색 : 안전지도, 위생표시, 대피소, 구호소 위치, 진행 등에 쓰임.
⑤ 청색 :주의 구리 등, 송전중 표시
⑥ 진한 보라색 :방사능 위험표시(자주색)
⑦ 백색 : 글씨 및 보조색, 통로, 정리정돈
⑧ 흑색 : 방향 표시, 글씨
⑨ 파랑색 : 출입금지

(2) 가스용기의 색채

산소(녹색), 수소(주황색), 액화 이산화탄소(파랑색), 액화 암모니아(흰색), 액화 염소(갈색), 아세틸렌(노란색), 기타(쥐색)

(3) 화재의 종류
① A급: 일반화재
② B급: 유류
③ C급: 전기
④ D급: 금속분화제

연/습/문/제

01 작업장에서 전기 유해 가스 및 위험한 물건이 있는 곳을 식별하기 위해 다음 어느 색으로 표시해야 하는가?

① 황색　　　　　　　　② 적색
③ 녹색　　　　　　　　④ 청색

02 기중기의 주요 부분이나 작업장의 위험 표시 혹은 위험이 게재된 기둥 지주·난간 및 계단을 표시하는데 사용되는 색은 어느 것인가?

① 황색과 보라색　　　　② 적색
③ 흑색과 백색　　　　　④ 녹색

03 작업장의 벽에는 어느 색이 좋은가?

① 연초록색　　　　　　② 노랑색
③ 파랑색　　　　　　　④ 검정색

04 작업장의 안전 표시 중 주의를 요할 때의 표시색은?

① 적색　　　　　　　　② 노랑
③ 주황　　　　　　　　④ 청색

05 다음 작업 중 보안경이 필요한 것은?

① 리벳팅 작업　　　　　② 선반작업
③ 줄 작업　　　　　　　④ 황산 제조 작업

5.
밀링, 선반, 드릴 작업은 칩 비산에 의하여 눈에 상해를 입을 수 있으므로 보안경을 반드시 착용하여야 한다.

정 답　01 ②　02 ①　03 ①　04 ②　05 ②

06 산업 공장에서 재해의 발생을 적게 하기 위한 방법 중 틀린 것은 어느 것인가?

① 칩은 정해진 용기에 넣는다.
② 공구는 소정의 장소에 보관한다.
③ 소화기 근처에 물건을 쌓아 놓는다.
④ 통로나 창문 등에 물건을 세워 놓지 않는다.

07 다음 중 작업장에서 착용해서는 안 되는 것은?

① 작업모　　　　　　　② 안전모
③ 넥타이나 반지　　　　④ 작업화

08 퓨즈가 끊어져 다시 끼웠을 때 또 끊어 졌다면 그 원인은?

① 다시 한번 끼워본다.
② 좀더 굵은 것으로 끼운다.
③ 굵은 동선으로 바꾸는 것이 좋다.
④ 기계의 합선 여부를 점검한다.

09 공장의 정리정돈에 관하여 적당치 않은 것은?

① 폐품은 정해진 용기 속에 넣는다.
② 공구, 재료 등은 일정한 장소에 넣는다.
③ 사용이 끝난 공구는 즉시 뒷정리를 한다.
④ 통로를 넓히기 위해 통로 한쪽에 물건을 세워 놓는다.

정 답　　06 ③　07 ③　08 ④　09 ④

10 전기 스위치는 오른손으로 개폐해야 한다. 이 때, 왼손의 위치로 가장 좋은 것은?

① 주위의 물체를 잡는다.
② 주위의 기계를 잡는다.
③ 접지 부분을 잡는다.
④ 일체의 것을 잡지 않는다.

11 기계의 안전을 확보하기 위해서는 안전율을 감안하게 되는데 다음 중 적합하지 않은 것은?

① 탄성률, 충격률, 여유율의 곱으로 안전율을 계산하기도 한다.
② 재료의 균질성, 응력 계산의 정확성, 응력의 분포 등 각종 인자를 고려한 경험적 안전율도 쓴다.
③ 안전율 계산에 사용되는 여유율은 연성재에 비하여 취성재를 크게 잡는다.
④ 안전율은 크면 클수록 안전하므로 안전율이 높은 기계는 우수한 기계라 할 수 있다.

12 공장의 출입문은 안전을 위하여 어느 것이 안전한가?

① 안 여닫이문
② 밖 여닫이문
③ 셔터
④ 미닫이문

정 답　　10 ④　11 ④　12 ②

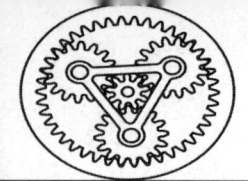

13 플레이너(planer) 작업시 안전상 맞지 않는 것은?

① 비산하는 공구 파편으로부터 작업자를 지키기 위해 가드를 마련한다.
② 이동 테이블에 방호울을 설치한다.
③ 테이블과 고정벽이나 다른 기계와의 최소 거리가 7cm 이하시는 그 사이를 통행할 수 없게 한다.
④ 플레이너 프레임 중앙부에 있는 비트에 덮개를 씌운다.

13.
플레이너의 프레임 중앙부 비트(bit)에는 덮개를 설치하고 공구류, 물건 등을 두지 않아야 하며 테이블과 고정벽 또는 다른 기계와의 최소 거리가 40cm 이하가 될 때는 기계의 양쪽 끝부분에 방책을 설치하여 근로자의 통행을 차단하여야 한다.

14 다음 중 방호울을 설치하여야 할 공작 기계는?

① 선반 ② 밀링
③ 드릴 ④ 셰이퍼

14.
셰이퍼의 안전장치에는 방호울, 칩받이, 칸막이 등이 있다.

15 작업 환경에 속하지 않는 것은?

① 공구 ② 소음
③ 조명 ④ 채광

16 압력 용기에 설치하는 압력 방출 장치의 작동 설정점은?

① 상용 압력 초과시
② 최고 사용 압력 이전
③ 최고 사용 압력 초과시
④ 최고 사용 압력의 110%

16.
압력방출장치는 용기의 최고 압력 이전에 방출하도록 되어야 한다.

17 다음중 가장 재해가 많은 동력전달 장치는?

① 기어 ② 커플링
③ 벨트 ④ 차축

정 답 13 ③ 14 ④ 15 ① 16 ② 17 ③

18 사다리 작업시 사다리의 경사 각도는?

① 0°   ② 15°
③ 30° ④ 45°

19 기계와 기계의 간격은 최소한 얼마 이상으로 해야 하는가?

① 0.5m   ② 0.8m
③ 1.2m   ④ 1.4m

20 운전 중인 평삭기 테이블에 근로자가 탑승할 수 있는 경우는?

① 테이블의 행정 끝에 덮개 또는 울 등을 설치할 때
② 돌출하여 위험한 부위에 덮개 또는 울 등을 설치할 때
③ 탑승한 근로자 또는 배치된 근로자가 즉기 기계를 정지시킬 수 있을 때
④ 탑승석이 지정되어 재해 위험이 없을 때

21 기계 설비의 안전화를 위해서는 기계, 장비 및 배관 등에 안전 색채를 구별하여 칠해야 한다. 다음 중 알맞지 않은 것은?

① 시동 단추식 스위치:녹색
② 정지 단추식 스위치:적색
③ 가스 배관:황색
④ 물 배관:백색

21.
안전 색체
① 시동 단추식 스위치 : 녹색
② 정지 단추식 스위치 : 적색
③ 가스 배관 : 황색
④ 대형 기계 : 밝은 연녹색
⑤ 고열을 내는 기계 : 청녹색, 회청색
⑥ 증기 배관 : 암적색
⑦ 기름 배관 : 황암적색
⑧ 물배관: 청색(냉수) 연적색(온수)
⑨ 고압용공기: 백색

정 답   18 ②   19 ②   20 ③   21 ④

22 취급 운반의 5원칙 중 관계가 먼 것은?

① 연속 운반으로 할 것
② 직선 운반으로 할 것
③ 운반 작업을 집중화 할 것
④ 손이 닿는 운반 방식으로 할 것

23 밀링 작업에서 주의할 점 중 잘못 설명한 것은?

① 보호안경을 사용한다.
② 커터에 옷이 감기지 않도록 한다.
③ 절삭 중 측정기로 측정한다.
④ 일감은 기계가 정지한 상태에서 고정한다.

24 밀링 작업시 안전에 대한 설명이다. 잘못 설명한 것은?

① 절삭 중 표면 거칠기를 손으로 검사한다.
② 측정은 기계를 정지시킨 후 한다.
③ 작업중에는 장갑을 끼지 않도록 한다.
④ 칩은 솔로 제거한다.

25 밀링 작업에 대한 설명 중 틀린 것은?

① 일감의 고정과 제거는 기계 정지 후 실시한다.
② 측정은 기계 정지 후 실시한다.
③ 기계 사용 후 이송 장치 핸들은 풀어 놓는다.
④ 절삭 중 칩 제거는 칩 브레이커로 한다.

22.
취급 운반의 5원칙
① 연속 운반으로 할 것
② 직선 운반으로 할 것
③ 운반 작업을 집중화 할 것
④ 생산을 최고로 할 수 있는 운반일 것
⑤ 시간과 경비를 최대한 절약할 수 있는 운반 작업일 것

취급 운반의 3조건
① 운반 거리를 단축할 것
② 가능한 한 운반 작업은 기계화 할 것
③ 가능한 한 손이 닿지 않는 운반 방식을 택할 것

25.
선반 작업에서는 칩이 길게 연속적으로 나오기 때문에 칩 브레이커가 필요하나, 밀링 작업에서는 칩이 짧게 끊어져 나오기 때문에 칩 브레이커가 필요없다.

정 답   22 ④   23 ③   24 ①   25 ④

26 밀링 커터를 바꿀 때의 주의 사항이다. 옳은 것은?

① 밑에 걸레를 깔고 바꾼다.
② 밑에 종이를 깔고 바꾼다.
③ 그냥 바꾼다.
④ 밑에 목재 받침을 깔고 바꾼다.

27 셰이퍼 작업시 주의할 점 중 틀린 것은?

① 일감을 바이스에 확실히 고정하도록 한다.
② 절삭 중 일감에 손을 대지 않도록 한다.
③ 바이트를 손으로 누르면서 작업을 한다.
④ 램 조정 핸들은 조정 후 빼놓도록 한다.

28 셰이퍼 공구대가 셰이퍼의 컬럼에 부딪칠 위험성이 있는 작업은?

① 평면가공
② T홈가공
③ 더브테일 홈가공
④ 직각 홈 가공

28.
더브테일 홈을 셰이퍼로 가공할 때 공구대를 홈의 각도만큼 경사시켜야 하므로 셰이퍼의 직주에 부딪칠 위험성이 커진다. 따라서 램이 귀환 행정 종료시 칼럼의 앞쪽까지만 오도록 한다.

29 셰이퍼 작업시 공구의 설치에 대한 설명 중 잘못 설명한 것은?

① 셰이퍼 공구대에 바이트 홀더를 확실히 고정한다.
② 바이트는 잘 갈아서 사용한다.
③ 클램프 블록이 잘 작동되도록 한다.
④ 기계가 정지하면 바이트는 절삭 상태 그대로 둔다.

| 정 답 | 26 ④ 27 ③ 28 ③ 29 ③ |

30 사업장 내에서 통행 우선권이 제일 빠른 것은?

① 보행자
② 화물 실러 가는 차량
③ 화물 싣고 가는 차량
④ 기중기

30. ④>③>②>①

31 셰이퍼의 작업 규칙 중 틀린 것은?

① 공작물을 단단하게 고정할 것
② 바이트는 가급적이면 짧게 고정할 것
③ 운전중 바이트가 이동하는 방향에 설 것
④ 보호 안경을 사용할 것

31.
셰이퍼는 작동될 때 램이 앞뒤로 움직이기 때문에 앞이나 뒤는 작업자에게 매우 위험하다.

32 와이어 로프로 중량물을 달아올릴 때 로프에 가장 힘이 적게 걸리는 각도는?

① 120°
② 60°
③ 30°
④ 90°

33 셰이퍼에서 공작물 고정시 주의할 점 중 틀린것은?

① 테이블을 깨끗이 한다.
② 테이블 위의 칩은 완전히 제거한다.
③ 테이블에 바이스를 고정할 때 와셔는 필요 없다.
④ 무거운 물건은 타인의 도움을 청한다.

> 정 답   30 ④   31 ③   32 ③   33 ③

34 셰이퍼 바이스에 일감을 정확히 고정하는 데 느 어느 방법이 좋은가?

① 핸들에 파이프를 넣어 고정한다.
② 바이스 핸들을 해머로 때린다.
③ 바이스 핸들에 충격을 가한다.
④ 바이스 핸들을 손으로 고정한다.

35 기계 설비에서 왕복 운동을 하는 운동부와 고정부 사이에 형성되는 기계의 위험점으로 적합한 것은?

① 끼임점　　　　② 절단점
③ 물림점　　　　④ 협착점

35. 협착점이란 왕복 운동 부분과 고정 부분 사이에 형성된 위험점으로 프레스, 전단기에서 많이 볼 수 있다.
36. 충전용기는 통풍이 잘 되는 곳에 보관한다.

36 고압가스의 충전용기 보관시 유의할 점 중 틀린 것은 어느 것인가?

① 전도하지 않도록 한다.
② 전락하지 않도록 한다.
③ 충격을 방지하도록 한다.
④ 통풍이 안되는 곳에 보관한다.

37 고압가스 용기 운반시 주의할 점 중 틀린 것은 어느 것인가?

① 운반전에 밸브를 닫는다.
② 용기의 온도는 35℃ 이하로 한다.
③ 종류가 다른 가스 용기도 함께 운반한다.
④ 적당한 운반차나 운반도구를 사용한다.

37. 고압가스 용기 운반시에는 같은 종류끼리 운반한다.

| 정 답 | 34 ④ | 35 ④ | 36 ④ | 37 ③ |

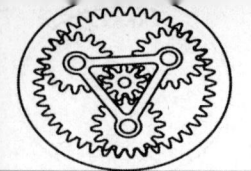

38 기계 설비의 안전 조건 중 외관의 안전화에 해당되는 조치는 어느 것인가?

① 고장 발생을 최소화 하기 위해 정기 점검을 실시하였다.
② 강도의 열화를 생각하여 안전율을 최대로 고려하여 설계하였다.
③ 전압 강하, 정전시의 오동작을 방지하기 위하여 자동 제어 장치를 설치하였다.
④ 작업자가 접촉할 우려가 있는 기계의 회전부를 덮개로 씌우고 안전 색채를 사용하였다.

39 탁상 공구 연삭기 안전 커버의 최대 노출 각도는 얼마인가?

① 180° ② 90°
③ 120° ④ 60°

39.
탁상용 연삭기의 덮개 노출 각도는 최대 노출 각도 90°, 수평면 위 65°, 수평면 이하 작업시 125°까지 노출할 수 있다.

40 와이어 로프로 물품을 달아올릴 때 두 로프가 나란할 때의 장력을 1로 하면, 로프의 간격이 120°가 되었을 때의 장력은 얼마인가?

① 1배 ② 1.5배
③ 2.0배 ④ 1.7배

40.
30° : 1.04배
60° : 1.1배
90° : 1.41배
120° : 2.0배
140° : 4.0배

41 다음 중 작업시 칩이 가장 가늘고 예리한 것은?

① 셰이퍼
② 선반
③ 밀링
④ 플레이너

정 답 38 ④ 39 ② 40 ③ 41 ③

42 중량품을 운반할 때 주의할 점이다. 잘못 설명한 것은?

① 운반 기구를 사용한다.
② 다리와 허리에 힘을 주어 물체를 들어 움직인다.
③ 운반차를 이용한다.
④ 운반차는 바퀴가 3개 이상인 것이 안전하다.

42.
중량물을 운반할 때는 반드시 운반기구로 이동시킨다.

43 와이어 로프로 물건을 달아올릴 때 힘이 가장 적게 걸리는 로프의 각도는?

① 30° ② 45°
③ 60° ④ 75°

44 기중기 운반시 가장 필요 없는 것은?

① 행거 ② 로프
③ 운반 상자 ④ 포크 리프트

44.
포크리프트는 지게차이다.

45 다음 중 안전한 해머는?

① 머리가 깨진 것
② 쐐기가 없는 것
③ 타격면이 평탄한 것
④ 타격면에 홈이 있는 것

46 앞치마를 사용하는 작업은?

① 밀링 작업 ② 용접 작업
③ 형삭 작업 ④ 목공 작업

정 답   42 ②   43 ①   44 ④   45 ③   46 ②

47 드릴 머신에서 얇은 철판이나 동판에 구멍을 뚫을 때에는 다음 어떤 방법이 좋은가?

① 각목을 밑에 깔고 기구로 고정한다.
② 테이블에 고정한다.
③ 클램프로 고정한다.
④ 드릴 바이스에 고정한다.

48 계속 감아올라가 일어나는 사고를 방지하기 위한 안전 장치는?

① 일렉트로닉 아이
② 라체트 휠
③ 전자 클러치
④ 리밋 스위치

49 안전 장치의 기본 목적이 아닌 것은?

① 작업자의 보호
② 인적, 물적 손실의 방지
③ 기계 기능의 향상
④ 기계 위험 부위의 접촉 방지

50 장갑을 끼고 하여도 좋은 작업은 어느 것인가?

① 드릴 작업
② 선반 작업
③ 용접 작업
④ 판금 작업

47.
드릴 작업시 안전 대책
① 드릴 작업시 장갑을 끼고 작업하지 말 것
② 운전중에는 칩을 제거하지 말 것
③ 큰 구멍을 뚫을 때에는 먼저 작은 구멍을 뚫은 뒤에 뚫을 것
④ 얇은 철판이나 동판에 구멍을 뚫을 때에는 각목을 밑에 깔고 기구로 고정할 것
⑤ 자동 이송 작업중에는 기계를 멈추지 않도록 할 것

48.
리밋 스위치
(limit switch) :
과도하게 한계를 벗어나 계속적으로 감아올리거나 하는 일이 없도록 제한하는 기계 설비의 안전 장치로서 권과 방지 장치, 과부하 방지 장치, 과전류 차단 장치, 입력 제한 장치 등이 있다.

정답   47 ①   48 ④   49 ③   50 ③

51 다음 중 정작업시 틀린 것은?

① 정작업할 때 반드시 보안경을 착용한다.
② 정으로 담금질된 재료를 가공하지 말아야 한다.
③ 자르기 시작할 때와 끝날 무렵에는 세게 친다.
④ 철강제를 정으로 절단할 때에는 철편이 날아 튀는 것에 주의한다.

51.
정작업시에 처음과 끝날 무렵에는 가볍게 친다.

52 다음은 드라이버 사용시 주의할 점이다. 틀린 것은 어느 것인가?

① 규격에 맞는 드라이버를 사용한다.
② 드라이버는 지렛대 대신으로 사용하지 않는다.
③ 클립(clip)이 있는 드라이버는 옷에 걸고 다녀도 좋다.
④ 나사를 빼거나 박을 때 잘 풀리지 않으면 플라이어로 꽉 잡고 돌린다.

53 안전 작업이 필요한 이유 중 해당되지 않는 사항은?

① 생산성이 감소된다.
② 인명 피해를 예방할 수 있다.
③ 생산재의 손실을 감소할 수 있다.
④ 산업 설비의 손실을 감소시킬 수 있다.

54 다음 중 보호구를 사용하지 않아도 무방한 작업은 어느 것인가?

① 보일러를 수선하는 작업
② 유해물을 취급하는 작업
③ 유해 방사선에 쬐는 작업
④ 증기를 발산하는 장소에서 행하는 작업

정 답 51 ③ 52 ④ 53 ① 54 ①

55 작업장에서 작업복을 착용하는 이유는?

① 방한을 위해서
② 작업자의 복장 통일을 위해서
③ 작업 비용을 높이기 위해서
④ 작업 중 위험을 적게 하기 위해서

56 다음은 공작 기계 작업시 안전 사항이다. 잘못 설명한 것은?

① 바이트는 약간 길게 설치한다.
② 절삭 중에는 측정하지 않는다.
③ 공구는 확실히 고정한다.
④ 절삭중 절삭면에 손을 대지 않는다.

57 다음 중 안전 커버를 사용하지 않는 곳은?

① 기어
② 풀리
③ 체인
④ 선반의 주축

58 취급 운반 재해의 안전 사항 중 틀린 것은?

① 슈트를 설치하여 중력의 이용을 시도한다.
② 취급 운반작업을 단순화한다.
③ 작은 물건을 손으로 운반한다.
④ 작업장의 조명, 환기를 적절히 한다.

58.
작은 물건은 상자나 용기 속에 넣어 운반한다.

정답   55 ④   56 ①   57 ④   58 ③

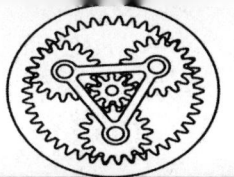

59 선반 작업을 할때 바지가 감기기 쉬운 곳은?

① 주축대
② 텀블러 기어
③ 리드 스크류
④ 바이트

60 프레스에서 클러치나 브레이크가 고장나면 슬라이드가 정지되는 구조의 안전장치인 것은?

① 풀 프루프 방식
② 인터로크 방식
③ 페일 세이프 방식
④ 릴레이 방식

61 선반에서 주축 변속은 언제 하는 것이 좋은가?

① 절삭 중
② 저속 회전중
③ 정지 상태
④ 어느때든 상관없다.

62 산소, 아세틸렌 용접 장치에 사용되는 산소 호스와 아세틸렌 호스의 색깔로 맞는 것은?

① 적색-흑색
② 적색-녹색
③ 흑색-적색
④ 녹색-흑색

62.
산소호스는 녹색 또는 흑색으로 한다.

| 정 답 | 59 ③ | 60 ③ | 61 ③ | 62 ③ |

63 드릴 머신에서 얇은 판에 구멍을 뚫을 때 가장 좋은 방법은?

① 손으로 잡는다.
② 바이스에 고정한다.
③ 판 밑에 나무를 놓는다.
④ 테이블 위에 직접 고정한다.

63.
얇은 판에 구멍을 뚫을 때는 밑에 나무를 놓고 뚫으면 판이 갈라지거나 회전하는 일이 적다.

64 와이어 로프를 절단하여 고리걸이 용구를 제작할 때 절단 방법 중 옳은 것은?

① 가스 용단
② 전기 용단
③ 기계적
④ 부식

65 드릴 작업 중 사고가 날 우려가 있는 것은?

① 드릴 작업 중 바이스가 회전하지 않도록 힘을 주어 잡거나 볼트로 테이블에 고정한다.
② 드릴 작업 중 장갑을 끼지 않는다.
③ 드릴 작업 중 반드시 보호안경을 사용한다.
④ 얇은 판은 테이블에 힘을 주어 누르고 드릴 작업을 한다.

66 드릴 작업의 보안경 착용은?

① 반드시 착용한다.
② 필요할 때만 착용한다.
③ 저속할 때만 착용한다.
④ 고속할 때만 착용한다.

정답 63 ③ 64 ③ 65 ④ 66 ①

67 드릴 작업에서 간단히 구멍이 완전히 관통 되었는지 의 여부를 판정하는 방법 중 좋지 않은 것은?

① 막대기를 넣어 본다.
② 철사를 넣어 본다.
③ 손가락을 넣어 본다.
④ 빛에 비추어 본다.

68 선반 바이트에서 안전장치가 필요한 것은 다음 중 어느 것인가?

① 칩 브레이커
② 경사각
③ 여유각
④ 절삭각

68.
초경합금으로 연강을 고속 절삭할 때는 연속형 칩이 발생하여 칩의 처리가 곤란하다. 그러므로 적당한 길이로 절단하기 위하여 바이트의 경사면에 칩 브레이커를 설치한다.

69 드릴링머신 작업시 안전수칙 중 틀린 것은?

① 공작물을 고정하지 않고 손으로 잡고 가공해서는 안된다.
② 작업할 때 옷 소매가 길거나 찢어진 옷을 입으면 안된다.
③ 테이블 위에서는 공작물에 펀치질을 해서는 안된다.
④ 정확하게 공작물을 고정하고 작업 중 칩을 솔로 닦아서 제거한다.

70 드릴 작업 때 칩의 제거는 다음 중 어떤 방법이 가장 안전한가?

① 회전을 중지시킨 후 손으로 제거
② 회전시키면서 솔로 제거
③ 회전을 중지시킨 후 솔로 제거
④ 회전시키면서 막대로 제거

정 답   67 ③   68 ①   69 ④   70 ③

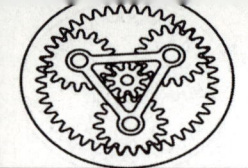

71 기계 작업 중 정전되었을 때 책임자가 꼭 해야 할 일은?

① 작업의 능률을 향상시키기 위해 작업 중 공작물을 제거한다.
② 전원 스위치를 끈다.
③ 공작물의 치수, 공작의 진척 등을 살펴본다.
④ 기계 주위의 청소와 정돈을 한다.

72 기계 작업의 작업복으로서 적당치 않은 것은?

① 계측기 등을 넣기 위해 호주머니가 많을 것
② 소매를 손목까지 가릴 수 있을 것
③ 잠바형으로서 상의 옷자락을 여밀 수있을 것
④ 소매를 오무려 붙이도록 되어 있는 것

72.
호주머니는 없거나 적은 것을 선택한다.

73 반복 응력을 받게 되는 기계 구조 부분의 설계에서 허용 응력을 결정하기 위한 기초 강도로 삼는 것은?

① 항복점
② 극한 강도
③ 크리프 강도
④ 피로 한도

74 드릴 작업에서 드릴링 할 때 공작물과 드릴이 함께 회전하기 쉬운 때는?

① 작업이 처음 시작될 때
② 구멍이 거의 뚫릴 무렵
③ 구멍을 중간쯤 뚫었을 때
④ 드릴 핸들에 약간의 힘을 주었을 때

74.
드릴의 끝작업에서는 회전수를 감소시키거나 힘을 감소시킨다.

정 답　71 ②　72 ①　73 ④　74 ②

75 기계 가공 후 일감에 생기는 거스러미를 가장 안전하게 제거하는 것은?

① 정　　　　　　　　② 바이트
③ 줄　　　　　　　　④ 스크레이퍼

76 다음은 다듬질 작업시 안전 사항이다. 잘못 설명한 것은?

① 줄 자루가 빠지지 않도록 한다.
② 공작물은 바이스 조(jaw)의 중심에 고정한다.
③ 손톱은 부러지지 않게 한다.
④ 절삭이 끝날 때 손톱을 힘껏 민다.

76.
절삭이 끝날 무렵에 힘을 주면 톱날이 부러진다.

77 드릴 머신 주축에서 드릴 소켓을 뺄 때 가장 적당한 것은?

① 드릴 렌치　　　　② 스패너
③ 파이프 렌치　　　④ 드릴 뽑기

78 다음 절삭 공구로 절삭깊이를 일정하게 절삭했을 때 칩이 가장 가늘고 예리한 것은?

① 앤드밀　　　　　② 플라이 커터
③ 플레인 커터　　　④ 메탈 소

79 다음 안전장치에 관한 사항 중에서 틀린 것은?

① 안전장치는 효과있게 사용한다.
② 안전장치는 작업 형편상 부득이한 경우는 일시 제거해도 좋다.
③ 안전장치는 반드시 적업 전에 점검한다.
④ 안전장치가 불량할 때는 즉시 수정한 다음 작업한다.

| 정 답 | 75 ③　76 ④　77 ④　78 ③　79 ② |

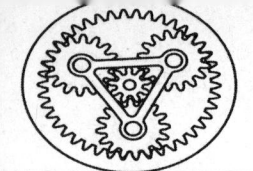

80 다음 작업 중 특히 주의해야 할 사항을 서로 짝지었다. 잘못된 것은?

① 드릴 작업 - 작업복이나 긴 머리가 감기기 쉽다.
② 선반 작업 - 척, 척 렌치는 반드시 기계에서 떼어 놓는다.
③ 밀링 작업 - 칩이나 절삭날에 의한 상처가 없도록 한다.
④ 플레이너 작업 - 커터의 회전에 의한 재해를 방지해야 한다.

81 스패너의 크기가 너트보다 클 때 끼움판을 사용하면?

① 좋다.
② 나쁘다.
③ 경우에 따라 좋다.
④ 작은 너트에 무방하다.

81.
크기가 너트보다 클때는 적당한 크기를 다시 선정한다.

82 다음 중 귀마개가 필요한 작업은?

① 전기 용접　② 연삭
③ 리벳팅　　④ 가스 용접

83 둥근 봉을 바이스에 고정할 때 필요한 공구는?

① V 블록　　② 평형대
③ 받침대　　④ 스퀘어 블록

84 정 작업시 정을 잡는 방법 중 옳은 것은?

① 꼭 잡는다.　　② 가볍게 잡는다.
③ 재질에 따라 다르다.　④ 두 손으로 잡는다.

84.
정작업시 안전 대책
① 작업의 처음과 끝에는 세게치지 말 것
② 정의 재료는 담금질할 재료를 사용하지 말 것
③ 철재를 절단시에는 철편 이튀는 방향에 주의할 것
④ 정의 머리는 항상 연마가 잘 되어 있을 것
⑤ 정은 공작물의 재질에 따라 날끝의 각도가 60~70°

정답　80 ④　81 ②　82 ③　83 ①　84 ②

85 정 작업을 하면 안되는 재료는?
① 연강　　　　　　　② 구리
③ 두랄루민　　　　　④ 담금질된 강

85.
담금질강 중 가장 경도가 큰 것은 마텐자이트로서 깨질 위험이 크다.

86 다음 사항 중 탭(tap)이 부러지는 원인이 아닌 것은?
① 탭의 구멍이 일정하지 않을 때
② 소재보다 경도가 높을 때
③ 핸들에 과도한 힘을 주었을 때
④ 구멍 밑바닥에 탭이 부딛혔을 때

87 공작 기계에서 주축의 회전을 정지시키는 방법 중 옳은 것은?
① 스스로 멈추게 한다.
② 역회전 시켜 멈추게 한다.
③ 손으로 잡아 정지시킨다.
④ 수공구를 사용하여 정지시킨다.

88 다음은 작업복이 갖추어야 할 조건이다. 해당 없는 것은?
① 바지는 반바지를 입도록 한다.
② 작업복의 단추는 잠그도록 한다.
③ 호주머니는 너무 많이 달지 않도록 한다.
④ 용해 작업시는 작업복은 면으로 만든 것을 착용 하도록 한다.

88.
반바지는 재해의 원인이 될 수 있다.

정 답　85 ④　86 ②　87 ①　88 ①

89 숫돌 바퀴를 교환할 때는 나무 해머로 숫돌의 무엇을 검사하는가?

① 기공 ② 크기
③ 균열 ④ 입도

89.
해머로 숫돌을 때렸을 시 탁한소리가 나면 균열이 있는 것으로 교환할 수 없다.

90 연삭 숫돌 바퀴에 부시를 끼울 때 주의해야 할 점 중 틀린 것은?

① 부시의 구멍과 숫돌의 바깥 둘레는 동심원이어야 한다.
② 부시의 구멍은 축지름보다 1mm 크게 하여야 한다.
③ 부시의 측면과 숫돌의 측면은 일치하여야 한다.
④ 부시의 필렛두께가 고른 것을 사용한다.

91 양 두 그라인더에서 숫돌과 받침대의 간격은 얼마로 하는 것이 좋은가?

① 3mm 이내 ② 5mm 이내
③ 8mm 이내 ④ 10mm 이내

92 숫돌 바퀴의 교환 적임자는?

① 관리자 ② 숙련자
③ 기계 구조를 잘 아는 자 ④ 지정된 자

93 숫돌은 연삭기에 장치한 후, 몇 분 동안 시운전을 해야 하는가?

① 1분 ② 3분
③ 5분 ④ 8분

| 정 답 | 89 ③ | 90 ② | 91 ① | 92 ② | 93 ② |

94 양 두 그라인딩 작업시 작업자로서 가장 위험한 곳은?

① 숫돌 바퀴의 왼쪽　　② 숫돌 바퀴의 오른쪽
③ 숫돌의 회전 방향　　④ 숫돌의 후면

95 바이트를 연삭할 때 숫돌의 어느 곳에서 갈아야 하는가?

① 우측면　　② 좌측면
③ 원주면　　④ 아무곳이나

96 회전 중 연삭 숫돌의 파괴 위험에 대비한 장치는?

① 받침대　　② 와셔
③ 플랜지　　④ 커버답

97 연삭 숫돌이 작업 중에 파손되는 원인은?

① 숫돌과 공작물의 재질이 맞지 않을 때
② 입도가 작을 때
③ 숫돌 커버가 없을 때
④ 숫돌 회전수가 규정 이상일 때

98 새 연삭 숫돌을 취급하는데 적합하지 않은 것은?

① 숫돌 양편의 종이를 떼지 말고 고정한다.
② 고정하기 전에 가볍게 때려 음향 검사를 한다.
③ 숫돌의 원주면에 공작물을 연삭한다.
④ 숫돌이 빠지는 것을 방지하기 위해 강하게 죄어 고정한다.

| 정 답 | 94 ③ | 95 ③ | 96 ③ | 97 ④ | 98 ④ |

99 연삭 숫돌 부시의 재질은 다음 중 어느 것이 좋은가?

① 연강
② 탄소강
③ 납
④ 인청동

100 연삭 작업에서 주의해야 할 사항 중 틀린 것은?

① 작업 중 반드시 보호 안경을 사용한다.
② 숫돌의 측면을 사용하면 좋은 가공면을 얻을 수 있다.
③ 회전 속도는 규정 이상으로 내지 않도록 한다.
④ 작업 중 진동이 심하면 즉시 중지해야 한다.

100.
숫돌의 원주면을 사용하여 연삭한다.

101 다음은 연삭 작업시 주의할 점이다. 틀린 것은?

① 숫돌 커버를 반드시 장치한다.
② 숫돌을 해머로 가볍게 두드려서 소리를 들어 균열을 확인한다.
③ 양 숫돌 바퀴의 입도는 같게 하여야 한다.
④ 작업 전에 몇분 동안 공회전시켜 이상 유무를 확인한다.

102 사용했던 숫돌의 재사용할 때 작업 개시 전 몇 분 정도 시운전 해야 하는가?

① 1분   ② 2분
③ 2분   ④ 4분

102.
시작전 1분이상이며 숫돌대체시 3분이상 시운전을 한다.

정답 99 ③   100 ②   101 ③   102 ①

103 기계의 점검 중 운전 상태에서 할 수 없는 것은?

① 기어의 물림 상태 　　② 급유 상태
③ 베어링부의 온도 상승 　　④ 이상음의 유무

104 기계를 운전하기 전에 해야 할 일이 아닌 것은?

① 급유 　　② 기계 점검
③ 공구준비 　　④ 정밀도 검사

104.
정밀도 검사는 제품가공 완료시 점건사항이다.

105 공구는 사용한 후 어느 곳에 보관하는 것이 좋은가?

① 공구 상자 　　② 재료 위
③ 기계 위 　　④ 관리실

106 앤빌의 운반작업 중 안전에 위배되는 행동은?

① 혼자서 든다
② 타인의 협조를 얻는다.
③ 운반차를 이용한다.
④ 조용히 내려놓는다.

107 해머 작업시 가장 안전한 장소는?

① 좁은 통로
② 기계 바로 옆
③ 행동에 불편이 없는 곳
④ 전동 장치가 있는 곳

정 답　103 ②　104 ④　105 ①　106 ①　107 ③

108 해머는 다음 어느 것을 사용해야 안전한가?

① 쐐기가 없는 것
② 타격면에 홈이 있는 것
③ 타격면이 평탄한 것
④ 머리가 깨어진 것

108.
타격면에 홈이 있는 해머가 미끄럼이 적다.

109 해머 작업시 장갑을 끼면 안되는 이유는?

① 미끄러지기 쉬우므로
② 주의력이 산만해지므로
③ 손에 상처를 적게 하기 위하여
④ 비산하는 파편에 상처를 입지 않기 위해서

110 바이스 조에 주물과 같은 거친 일감을 고정시킬 때 그사이에 두꺼운 종이를 놓는 이유는?

① 공작물을 확실히 고정하기 위하여
② 공작물의 진동을 방지하기 위하여
③ 바이스의 조를 보호하기 위하여
④ 가공할 면의 평면을 유지하기 위하여

111 다음 스패너나 렌치 사용시 적합지 않은 것은?

① 너트에 맞는 것을 사용할 것
② 가동 조에 힘이 걸리게 할 것
③ 해머 대용으로 사용치 말 것
④ 공작물을 확실히 고정할 것

| 정 답 | 108 ② | 109 ① | 110 ① | 111 ② |

112 드라이버 사용시 주의 사항이다. 잘못 설명한 것은?

① 홈의 폭과 같은 것을 사용할 것
② 공작물을 고정할 것
③ 자루에 대하여 축이 수직일 것
④ 날끝이 둥근 것을 사용할 것

113 스패너 작업 중 가장 옳은 것은?

① 스패너 자루에 파이프 등을 끼워서 사용한다.
② 가동 조에 가장 큰 힘이 걸리도록 한다.
③ 고정 조에 힘이 많이 걸리도록 한다.
④ 볼트 머리보다 약간 큰 스패너를 사용하도록 한다.

114 정의 머리에 거스러미가 생기면?

① 해머가 미끄러져 손을 상하기 쉽다.
② 해머로 타격할 때 정에 많은 힘이 작용한다.
③ 타격면적이 커진다.
④ 금긋기 선에 따라서 쉽게 정 작업을 할 수 있다.

정 답   112 ④   113 ③   114 ①

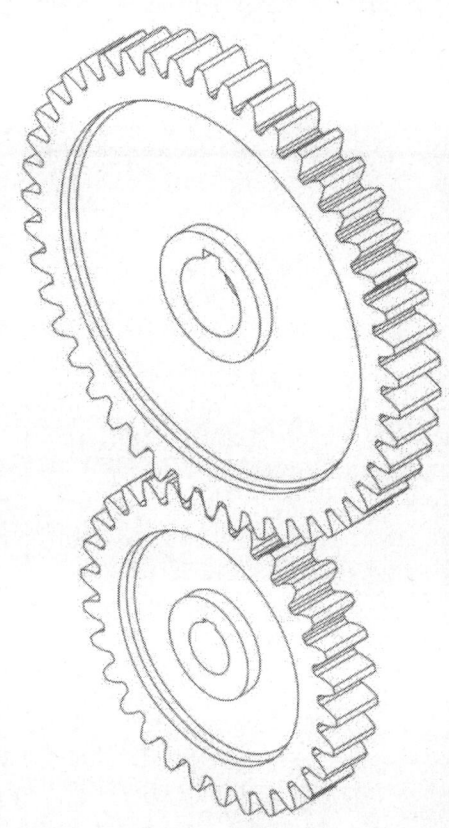

기계제도

제 1 장   제도의 기본
제 2 장   기초제도
제 3 장   기계제도의 설계
제 4 장   끼워맞춤 공차
제 5 장   기계 요소 제도

CHAPTER 01 제도의 기본

1 개요

(1) 정의
기계 또는 구조물의 모양 그리고 크기를 일정한 규격에 따라 점, 선, 문자, 숫자, 기호 등을 사용하여 도면으로 작성하는 과정

(2) 목적
설계자의 의도를 사용자에게 모양, 치수, 재료, 표면 정도로 정확하게 표시하여 전달하는 데 있다.

(3) 규격

① 국제표준화 규격:ISO(International Organization for Standardization)
   대한민국: KS, 미국: ANSI, 독일: DIN, 일본: JIS, 프랑스: NF

② KS의 분류

A: 기본(통칙)	B: 기계	C: 전기, 전자
D: 금속	E: 광산	I: 환경
Q: 품질경영	M: 화학	R: 수송기계
V: 조선	W: 항공우주	

2 도면의 분류

(1) 도면의 종류
① 원도(Original Drawing):최초의 도면
② 트레이스도(Traced Drawing):원도를 원본으로 하여 그린 도면
③ 복사도(Copy Drawing):트레이스도를 원본으로 복사한 도면
 (청사진, 백사진, 전자복사 도면)

(2) 사용 목적에 따른 분류
① 계획도:설계자가 제작하고자 하는 물품의 계획을 나타내는 도면
② 제작도:제작에 필요한 모든 정보를 전달하기 위한 도면(공정도, 시공도, 상세도)
③ 주문도:주문자의 요구에 맞는 정보를 제시한 도면
④ 견적도:주문자에게 제품의 내용, 가격 등을 제시한 도면
⑤ 승인도:주문자 또는 기타 관계자의 승인을 얻는 도면
⑥ 설명도:사용자에게 제품의 구조, 기능, 작동원리, 취급방법 등을 설명하기 위한 도면(카탈로그)

(3) 내용에 따른 분류
① 조립도:2개 이상의 부품을 조립한 상태로 나타내는 도면으로 물품의 구조를 알 수 있도록 그린 도면(전체 조립도, 부분 조립도)
② 부품도:개별적인 부품을 상세하게 그린 도면
③ 기초도:기계 또는 구조물을 설치하기 위한 기초도면
④ 배치도:기계 또는 구조물을 설치하기 위한 위치도면
⑤ 장치도:구조물의 장치, 배치, 제조공정 등의 관계를 나타내는 도면
⑥ 스케치도:도면 자체를 프리핸드(Free Hand)로 그린 도면

(4) 표현 형식에 따른 분류
① 외형도:구조물의 외형만을 나타내는 도면
② 전개도:대상을 구성하는 면을 평면으로 전개한 도면
③ 곡면선도:곡면을 이루는 구조물의 곡선으로 나타내는 도면
④ 계통도:배관, 전기장치의 결선 등 계통을 나타내는 도면
 (전기 접속도, 배선도, 배관도)
⑤ 구조선도:구조물의 골조를 나타내는 도면
⑥ 입체도:투상법을 입체적으로 표현한 도면

3 도면의 크기

(1) 도면의 크기

제도 용지의 세로와 가로의 비는 1:$\sqrt{2}$이고, A열 A0의 넓이는 1m^{2}이다. 큰 도면을 접을 때에는 A4의 크기로 접는 것을 원칙으로 한다.

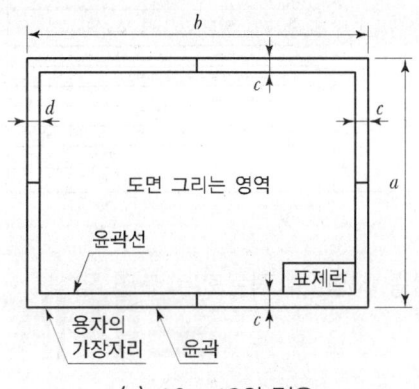
(a) A0 ~ A3의 경우

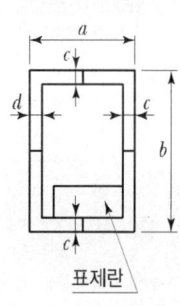
(b) A4의 경우

도면의 크기

▼ 도면의 윤곽 치수

크기의 호칭			A0	A1	A2	A3	A4
도면의 윤곽	a×b		841×1189	594×841	420×594	297×420	210×297
	c(최소)		20	20	10	10	10
	d (최소)	철하지 않을 때	20	20	10	10	10
		철할 때	25	25	25	25	25

※ 비고: d 부분은 도면을 철하기 위하여 접었을 때로, 표제란의 왼쪽이 되는 곳에 마련한다.

(2) 도면에 기입하는 내용

① 윤곽선:테두리선
② 표제란:도면 관리에 필요한 사항을 기입하는 것으로 도면의 우측 하단에 기입
③ 부품란:각 부품의 특징을 기입하는 사항으로 표제란과 연결(상단)하여 기입

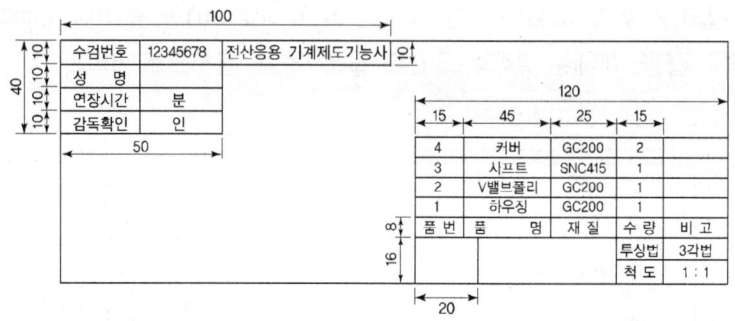

기사/산업기사 자격증 시험 시 적용되는 도면 양식

4 척도

(1) 종류

① 현척:도형을 실물과 같은 크기(1:1)로 그릴 경우
② 축척:도형을 실물보다 작게 그릴 경우
③ 배척:도형을 실물보다 크게 그릴 경우

(2) 표시방법

① A:B (A:도면에서의 치수, B:실물의 실제 치수)
② NS(No Scale):비례척이 아님
※ 척도 표시는 표제란에 기입을 원칙으로 하고 특별한 경우 부품도에 기입하는 경우도 있다.

5 문자와 선

(1) 선의 종류(KSA0109, KSB0001)

1) 모양에 따른 선의 종류

① 실선(Continuous Line):연속적으로 이어진 선(_____)

② 파선(Dashed Line): 짧은 선을 일정한 간격으로 나열한 선(....................)

③ 1점 쇄선(Chain Line): 길고 짧은 2종류의 선을 번갈아 나열한 선
(_.._.._.._)

④ 2점 쇄선(Chain Double-dashed Line): 긴 선과 2개의 짧은 선을 번갈아 나열한 선 (_...__...__.)

2) 굵기에 의한 분류

① 굵은 선: 굵기는 0.4~0.8mm로서 주로 물체의 외형선에 사용된다.

② 중간 굵기 선: 같은 도면에서 사용되는 굵은 선과 가는 선의 중간 굵기의 선으로
　　　　　　　은선에 사용된다.

③ 가는 선: 굵기는 0.2~0.3mm 이하로서 물체의 실형이 아닌 부분을 나타낼 때 사용된다.

3) 용도에 의한 선의 분류

용도에 따른 명칭	선의 종류	용도
외형선	굵은 실선	물체의 보이는 부분의 형상을 나타내는 선
은선	중간 굵기의 파선	물체의 보이지 않는 부분의 형상을 표시하는 선
중심선	가는 1점 쇄선 또는 가는 실선	도형의 중심을 표시하는 선
치수보조선	가는 실선	치수를 기입하기 위하여 쓰는 선
치수선	가는 실선	치수를 기입하기 위하여 쓰는 선
지시선	가는 실선	지시하기 위하여 쓰는 선

용도에 따른 명칭	선의 종류	용도
절단선	가는 1점 쇄선으로 하고 그 양끝 및 굴곡에는 굵은 선으로 한다.	단면을 그리는 경우, 그 절단 위치를 표시하는 선
파단선	가는 실선	물품 일부의 파단한 곳을 표시하는 선 또는 끊어낸 부분을 표시하는 선
가상선	가는 2점 쇄선	• 도시된 물체의 앞면을 표시하는 선 • 인접부분을 참고로 표시하는 선 • 가공 전이나 후의 모양을 표시하는 선 • 이동하는 부분의 이동위치를 표시하는 선 • 공구, 지그 등의 위치를 참고로 표시하는 선 • 반복을 표시하는 선 • 도면 내에 그 부분의 단면형을 회전하여 나타내는 선
중심선 기준선 피치선	가는 1점 쇄선	• 도형의 중심을 표시하는 선 • 기준이 되는 선 • 기어나 스프로킷 등의 이 부분에 기입하는 피치원의 피치선
해칭선	가는 실선	절단면 등을 명시하기 위하여 쓰는 선
특수한 용도의 선	가는 실선	• 외형선과 은선의 연장선 • 평면이라는 것을 표시하는 선
	굵은 1점 쇄선	• 특수한 가공을 실시하는 부분을 표시하는 선 • 기준선 중 특히 강조하는 부분의 선

(2) 겹치는 선의 우선 순위

외형선 → 숨은 선 → 절단선 → 중심선 → 무게중심선 → 치수보조선 → 해칭선
(굵은 선)　(파선)

6 도면 작성 시 주의사항

(1) 일반 부품도
① 척도는 가능한 한 현척을 사용한다.
② 치수는 알기 쉽고 완전하게 기입한다.
③ 부품은 동일한 척도로 그린다.
④ 부품도는 조립순서대로 배치한다.
⑤ 관련부품은 같은 용지에 그린다.
⑥ 작은 부품은 그룹별로 정리한다.
⑦ 표준품(규격품)은 부품 명세서에 기입한다.(키, 핀, 볼트, 너트)

(2) 부품번호 기입방법
① 조립순서대로 기입
② 부품의 중요도에 따라 기입
③ 기타 크기에 따라 기입

7 스케치 방법

(1) 프린트법
평면 형상의 복잡한 윤곽을 갖는 부품의 실제 모양을 뜨는 방법

(2) 판(모양)뜨기 법
불규칙한 형상을 한 부품을 스케치할 경우

(3) 프리 핸드법
자 또는 컴퍼스를 사용하지 않고 척도에 관계없이 프리핸드로 스케치하는 방법

(4) 사진법
복잡한 구조의 조립 상태를 여러 각도에서 촬영하여 제작도 작성 및 부품을 조립할 때 사용하는 방법

# 연/습/문/제

01 도면의 척도가 1:2 로 주어졌다. 도면의 투상도를 재어보니 50mm일 때, 실제 대상물의 길이는 몇 mm인가?

① 10　　　　　　　　② 20
③ 50　　　　　　　　④ 100

02 다음 중 가는 파선 또는 굵은 파선의 용도에 대한 설명으로 맞는 것은?

① 치수를 기입하는 데 사용된다.
② 도형의 중심을 표시하는 데 사용된다.
③ 대상물의 일부를 파단한 경계 또는 떼어낸 경계를 표시한다.
④ 대상물의 보이지 않는 부분의 모양을 표시한다.

03 한국산업규격(KS)에 제도규격으로 제도통칙이 제정되어 있으며 이 규격은 공업의 각 분야에서 사용하는 도면을 작성할 때 요구되는 사항을 규정하고 있는데 다음 내용 중 규정되어 있지 않은 것은?

① 제도에 있어서 치수의 허용한계 기입방법
② 회전축의 높이
③ 도면의 크기와 양식
④ 제도에 사용하는 척도

04 가는 1점 쇄선으로 표시하지 않는 선은?

① 가상선　　　　　　② 중심선
③ 기준선　　　　　　④ 피치선

4.
가상선은 가는 2점 쇄선이다.

| 정답 | 01 ④　02 ④　03 ②　04 ① |

05 기계제도에서 가공 전이나 후의 형상을 표시할 경우 사용되는 선의 종류는?

① 굵은 실선　　　　② 가는 실선
③ 가는 1점 쇄선　　④ 가는 2점 쇄선

06 선에 대한 설명 중 틀린 것은?

① 지시선은 가는 실선으로 기술, 기호 등을 표시하기 위하여 끌어내는 데 쓰인다.
② 수준면선은 수면, 유면의 위치를 표시하는 데 쓰인다.
③ 기준선은 특히 위치결정의 근거가 된다는 것을 명시할 때 쓰인다.
④ 아주 굵은 실선은 특수한 가공을 하는 부분에 쓰인다.

07 기계제도에 사용되는 선 중에서 선의 종류가 다른 것은?

① 지시선　　　　　② 회전 단면선
③ 치수 보조선　　　④ 피치선

08 도면에 사용하는 가는 1점 쇄선의 용도에 의한 명칭에 해당되지 않는 것은?

① 중심선　　　　　② 기준선
③ 피치선　　　　　④ 파단선

09 다음 중 실선으로 표시하지 않는 것은?

① 물체의 보이는 윤곽　② 치수
③ 해칭　　　　　　　　④ 표면 처리부분

6.
굵은 실선은 외형선으로 대상물의 보이는 부분을 나타내는 선이다.

7.
피치선은 가는 1점 쇄선이다.

8.
파단선은 파형의 가는 실선이나
지그재그선이다.

9.
표면처리부분은 굵은 1점 쇄선이다.

| 정 답 | 05 ④　06 ④　07 ④　08 ④　09 ④ |

10 도면의 A1 크기에서 철하지 않을 때 d의 치수는 최소 몇 mm인가?

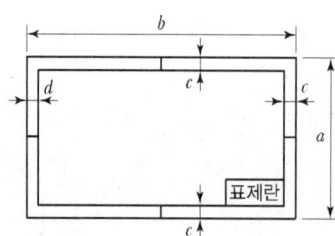

① 5 　　　　　　　　② 10
③ 20 　　　　　　　　④ 25

11 가는 2점 쇄선의 용도 중 틀린 것은?

① 되풀이하는 것을 나타내는 데 사용한다.
② 중심이 이동한 중심 궤적을 표시하는 데 쓰인다.
③ 인접부분을 참고로 표시하는 데 사용한다.
④ 가공 전 또는 가공 후의 모양을 표시하는 데 사용한다.

11.
중심이 이동한 중심궤적은 중심선으로서
가는 1점 쇄선이다.

12 물체의 일부분에 특수한 가공을 하는 경우 가공범위를 나타내는 표시방법은?

① 외형선에 가공방법을 명시한다.
② 외형선과 평행하게 그은 굵은 1점 쇄선으로 표시한다.
③ 가공하는 부분의 단면과 수직하게 2점 쇄선으로 표시한다.
④ 지시선을 표시하여 가공방법을 표시하고 굵은 실선으로 나타낸다.

13 리브(Rib), 암(Arm) 등의 회전도시 단면을 도형 내에 나타낼 때 사용하는 선은?

① 굵은 실선 　　　　　② 굵은 1점 쇄선
③ 가는 파선 　　　　　④ 가는 실선

13.
회전도시단면은 가는
실선으로 나타낸다.

정답　10 ③　11 ②　12 ②　13 ④

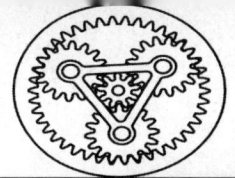

14 무게중심을 표시하는 데 사용되는 선은?

① 굵은 실선
② 가는 1점 쇄선
③ 가는 2점 쇄선
④ 가는 파선

15 가공 전·후의 모양을 표시하거나 인접부분을 참고로 표시하는 데 사용하는 선의 종류는?

① 굵은 실선
② 가는 실선
③ 가는 1점 쇄선
④ 가는 2점 쇄선

16 도면에서 부품란의 품번 순서는?
(단, 부품란은 도면의 우측 아래에 있다.)

① 위에서 아래로
② 아래에서 위로
③ 좌에서 우로
④ 우에서 좌로

| 정 답 | 14 ③ 15 ④ 16 ② |

CHAPTER 02 기 초 제 도

1 투상법

공간에 있는 입체물의 위치, 크기, 모양 등을 평면 위에 나타내는 것을 투상법이라고 하고, 투상된 면에서 투상된 물체의 모양을 투상도(Projection)라고 한다.

(1) 정투상법

대상물의 주요 면을 투상면에 평행한 상태로 놓고 투상하므로 투상선은 서로 나란하게, 투상면에 수직으로 닿게 한 것을 말한다. 다시 말해, 정투상법에 의하여 물체의 형상 및 특징이 가장 잘 나타나는 부분을 정면도로 선정하고 정면도를 기준으로 위에는 평면도, 우측에는 우측면도를 그린다. 이러한 3개의 그림을 조합하면 입체적인 물체의 형태를 완전히 평면적인 도면으로 나타낼 수 있다. 이것을 정투상도라 한다.

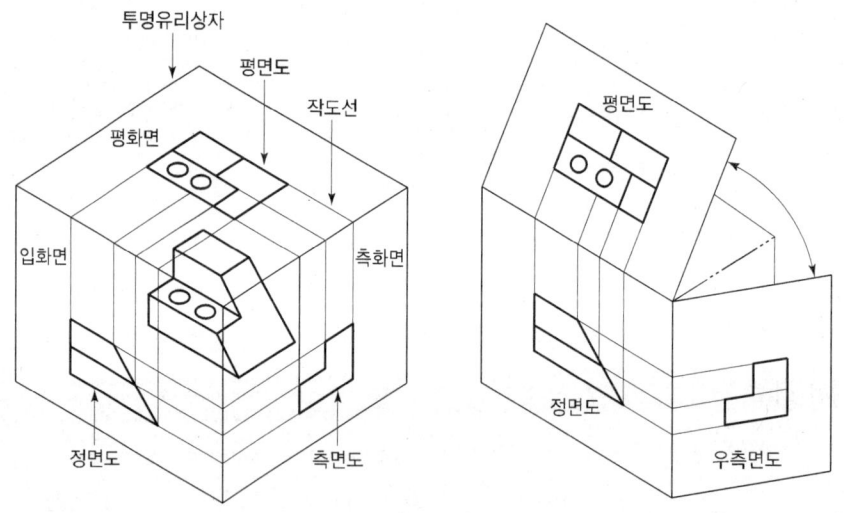

정투상도

(2) 투상법

다음 그림은 투상도의 명칭을 말한다.

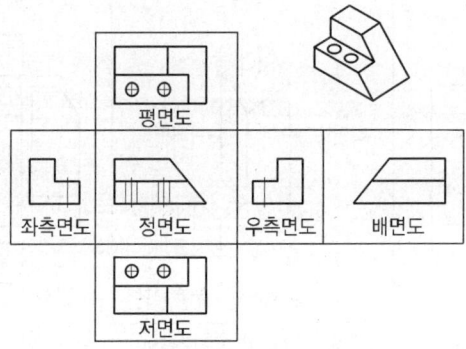

투상도의 명칭

1) 제1각법과 제3각법

다음과 같이 수직, 수평의 두 개의 평면이 직교할 때 한 공간을 4개로 구분한다. 오른쪽 수평한 면의 위쪽의 공간을 1상한이라 한다.
1상한을 기준으로 반시계방향으로 2상한, 3상한, 4상한이 된다.
이때 수직한 면과 수평한 면이 이루는 각을 투상각이라 한다.
1상한, 즉 대상물을 투상면의 앞쪽에 놓고 투상한 도면을 3각법이라 하고 (눈 → 투상면 → 물체),
대상물을 투상면 뒤쪽에 놓고 투상한 도면을 1각법(눈 → 물체 → 투상면)이라 한다.

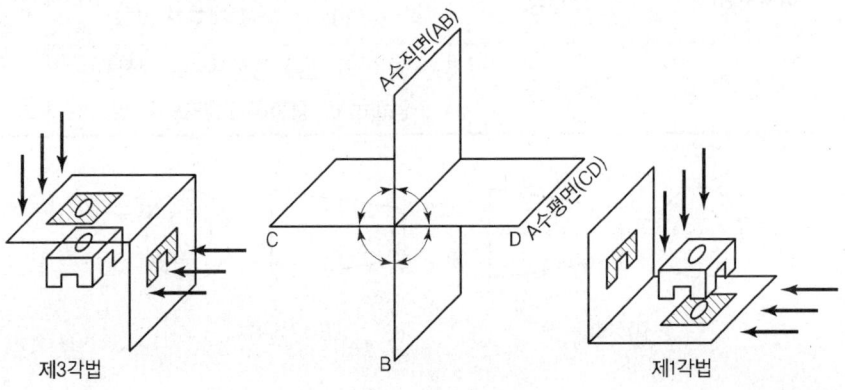

제1각법과 제3각법

다음 그림은 이러한 방법들을 투상면에 정투상하여 그리는 방법을 말한다.

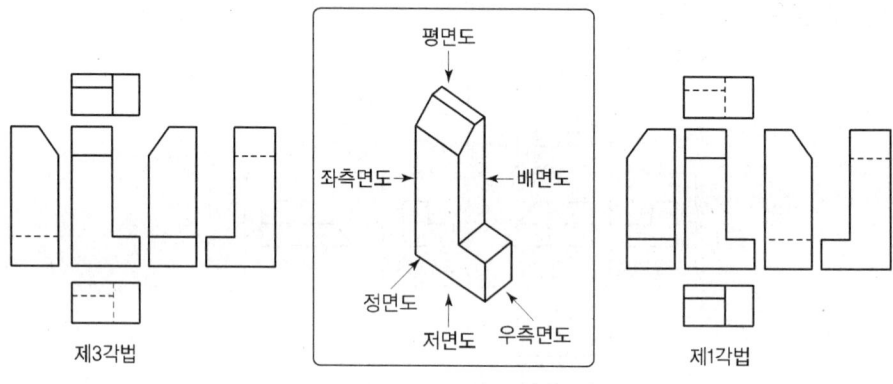

투상면에 정투상하여 그리는 방법

다음 표와 그림은 제도에 사용되는 투상법과 투상법의 기호이다.

투상법의 종류	사용하는 그림의 종류	특성	용도
정투상	정투상도	도형의 모양을 엄밀하고, 정확히 표현할 수 있다.(일반도면)	일반 도면
등각투상	등각도	세 면을 주된 면으로 선정해 그려진 도면의 세 면의 정도가 같다.	설명용 도면
사투상	캐비닛도	하나의 면을 중점적으로 선정해 엄밀하고, 정확히 표현할 수 있다.	

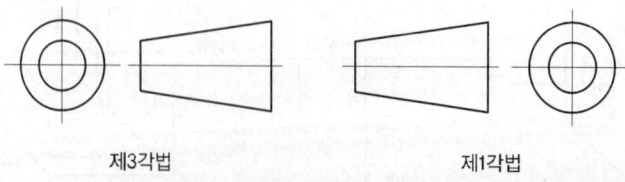

투상법의 기호

(3) 축측 투상도

정투상도로 나타낼 경우 물체의 선이 겹쳐서 이해하기 곤란할 경우 입체형상, 즉, 한 투상도(입체도)를 한 개의 투상면에 그리는 것으로 설명이 필요한 도면을 그릴 때 사용하며, 등각 투상, 이등각 투상, 부등각 투상이 있다.

(4) 사투상법

정투상법에서 정면도의 크기와 모양은 그대로 사용하고 평면도와 우측면도를 경사시켜 그리는 투상법으로 3면 중 1개의 면을 중점적으로 정확하게 표현할 경우에 사용된다.

1) 캐비닛도(Cabinet Projection Drawing)

투상선이 투상면에 대하여 60°의 경사를 갖는 사투상도로 Y, Z축은 실제 길이로, X축은 실제 길이의 1/2로 나타낸다.

2) 카발리에도(Cavalier Projection Drawing)

투상선이 투상면에 대하여 45°의 경사를 갖는 사투상도로 3축 모두 실제 길이로 나타낸다.

(5) 투시도법

시점과 물체의 각 점을 연결하는 방사선에 의하여 그리는 것으로 원근감이 있어 건축 조감도 등에 사용된다.

2 도형의 표시방법

(1) 투상도의 표시방법

외형선, 숨은선, 중심선의 3개의 선을 사용함을 원칙으로 한다.

① 3면도 : 3개의 투상도로 완전하게 표시할 수 있는 것으로 정면도, 평면도, 측면도로 도시할 수 있을 때 사용
② 2면도 : 원통형, 평면형인 간단한 물체는 정면도와 평면도, 정면도와 측면도로 도시할 수 있을 때 사용
③ 1면도 : 원통, 각주, 평판처럼 단면형이 똑같은 형의 물체는 기호를 기입하여 정면도 1면으로 충분히 도시할 수 있을 때 사용

(2) 투상도 그리는 방법

① 주 투상도(정면도)는 대상물의 모양, 기능을 가장 명확하게 표시하는 면을 선택하여 그린다.
② 조립도와 같이 기능을 표시하는 물체는 물체가 움직임을 확실하게 알 수 있는 상태를 선택하여 그린다.
③ 가공하기 위한 부품도에서는 가장 많이 이용하는 공정을 대상으로 선택한다.
④ 특별한 이유가 없는 한 대상물을 가로길이로 놓은 상태를 선택한다.

(3) 선과 면의 투상법칙

1) 직선

① 투상면에 평행한 직선은 진정한 길이로 나타낸다.
② 투상면에 수직인 직선은 점(點)이 된다.
③ 투상면에 경사진 직선은 진정한 길이보다 짧게 나타낸다.

2) 평면

① 투상면에 평행한 평면은 진정한 형태를 나타낸다.
② 투상면에 수직인 평면은 직선이 된다.
③ 투상면에 경사진 평면은 단축되어 나타낸다.

(4) 특수 투상법

도면을 알기 쉽게 하고 제도능률을 높이기 위해 간략한 약도로 그리거나 불필요한 선 또는 정규 투상법에 의하지 아니하고 특수하게 도시하여 도면을 쉽게 이해할 수 있도록 그리는 투상방법

1) 보조 투상도

물체의 평면이 투상면에 평행할 경우 길이가 실제길이로 나타나고 면의 형상은 실제형상으로 나타나지만 사면(斜面)일 경우에는 면이 단축되거나 변형되어 나타나므로 도면을 이해하기 곤란하여 사면에 수직으로 필요한 부분만을 투상하여 실제 형상과 실제길이로 나타내는 투상도

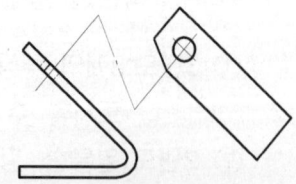

보조 투상도

2) 부분 투상도

그림의 일부 중 필요 부분만을 투상도로 표시하는 것으로 국부 투상도, 부분 확대도, 상세도 등이 있다.

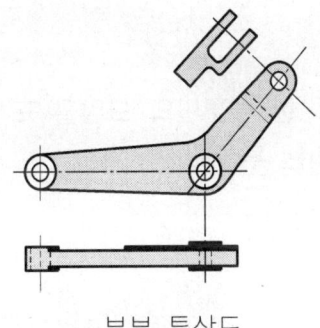

부분 투상도

3) 회전 투상도

일정한 각도를 가지고 있는 물체의 실제 형태를 표시하지 못할 때 물체의 일부를 회전시켜 투상하는 방법(작도선을 남긴다.)

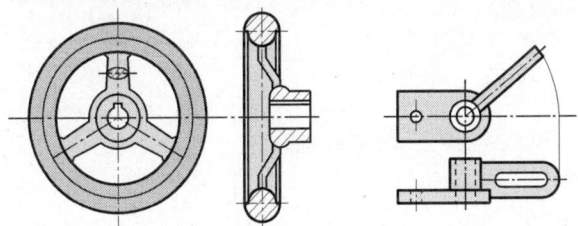

회전 투상도

4) 전개 투상도

구부러진 판재의 실물을 정면도에 그리고 평면도에 펼쳐놓은(전개도) 투상도

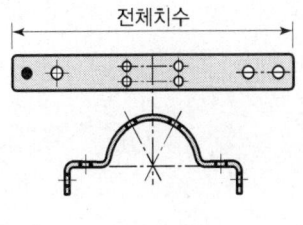

전개 투상도

5) 가상 투상도

도시된 물체의 인접부, 연결부, 운동범위, 가공변화 등을 도면에 가상선을 사용하여 그리는 투상도

6) 국부 투상도

대상물의 구멍, 홈 등 한 부분만의 모양을 도시하는 것으로 충분한 경우에는 그 필요 부분만을 그리는 투상도

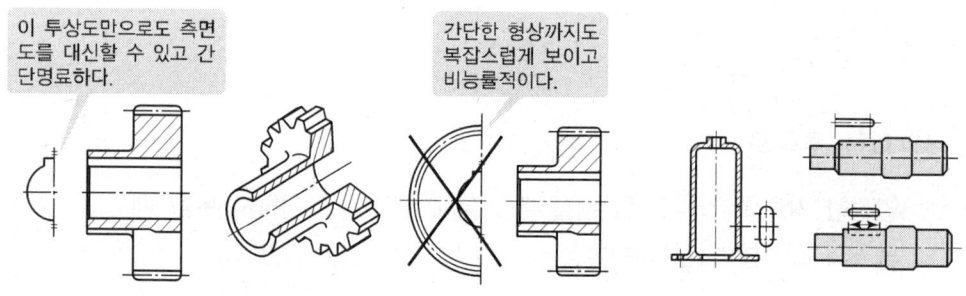

국부 투상도

7) 부분 확대도

특정 부분의 도형이 작아서 그 부분의 상세한 도시나 치수 기입을 할 수 없을 때에는 그 부분을 다른 장소에 확대하여 그리고, 표시하는 글자 및 척도를 기입한다.

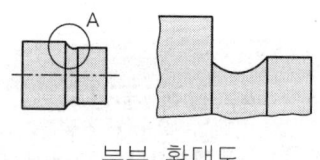

부분 확대도

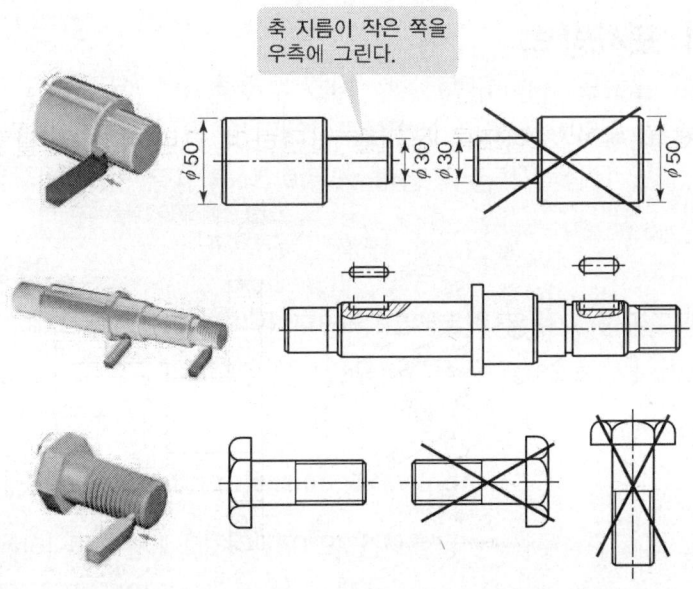

외경 절삭 시 투상방법

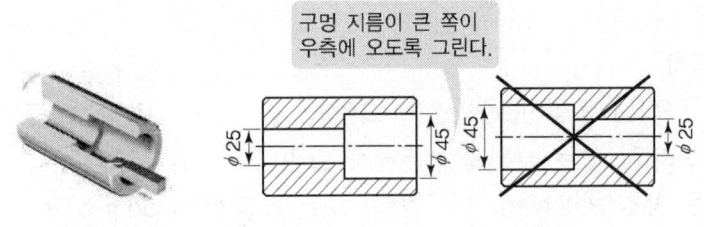

내경 절삭 시 투상방법

3 단면도의 표시방법

단면도란 물체 내부가 보이도록 물체를 절단하여 그린 도면을 말한다.

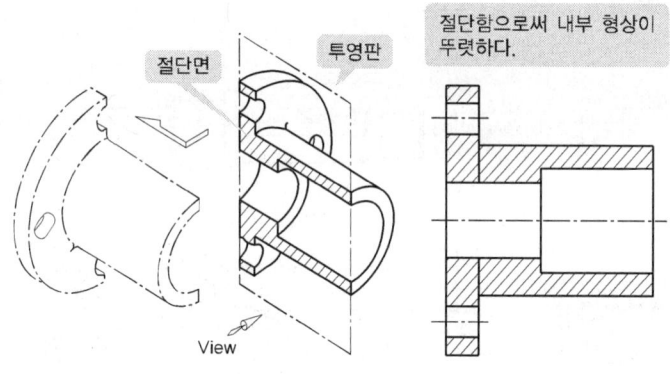

- **목적**

    - 외관도보다 명확히 알기 쉽게 할 것
    - 도형을 간단히 하여 그릴 것

- **단면 표시 법칙**
- 절단면 상에 나타난 외형선, 중심선을 그린다.
- 필요할 경우 보이지 않는 부분의 숨은선을 그린다.
- 절단면 부분은 해칭(Hatching, 45° 방향) 또는 스머징(Smudging)을 한다.
- 관계도에 절단선을 표시하고 단면보는 방향표시(화살표)와 기호를 기입한다.

• 단면도의 종류

- 온 단면도(전 단면도)
물체를 기본 중심선에서 전부 절단하여 도시하는 방법과 기본 중심이
아닌 곳에서 물체를 절단하여 필요부분을 단면으로 도시하는 방법이 있다.

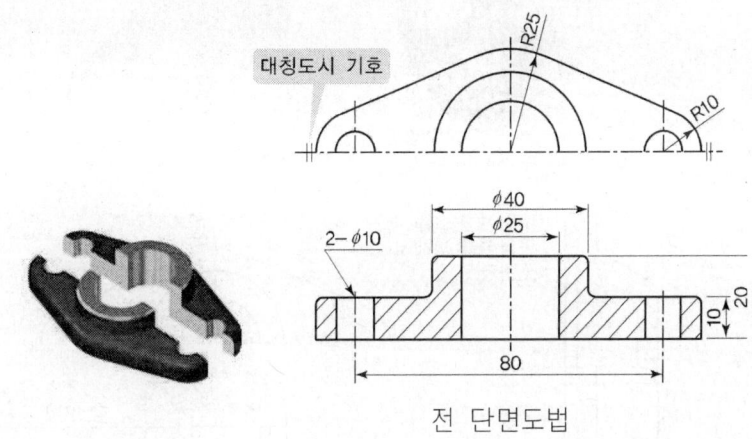

전 단면도법

- 한쪽 단면도(반 단면도)
기본 중심선에서 대칭인 물체의 1/4만 잘라내어 절반은 단면도,
절반은 외형도로 나타내는 방법

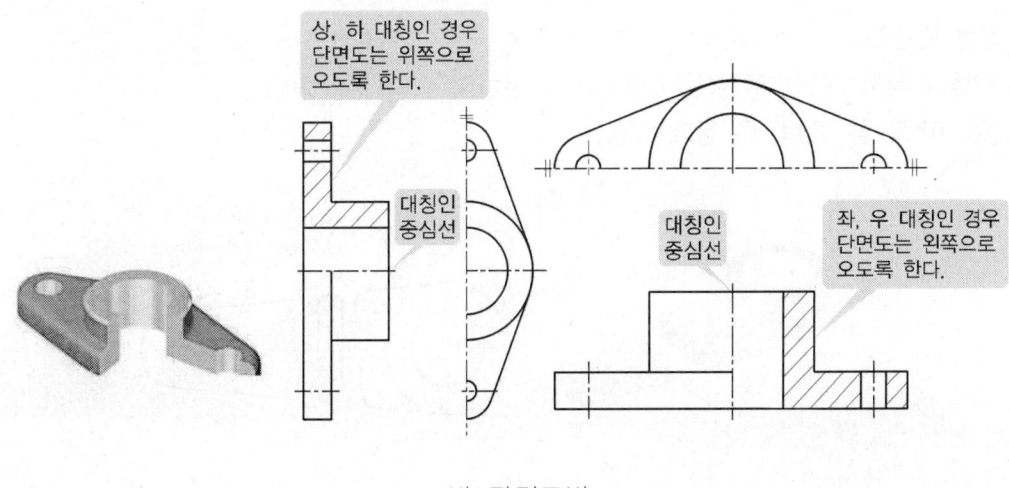

반 단면도법

- 부분 단면도

필요로 하는 요소의 일부만을 단면도로 나타내는 방법
(파단선으로 경계선을 표시한다.)

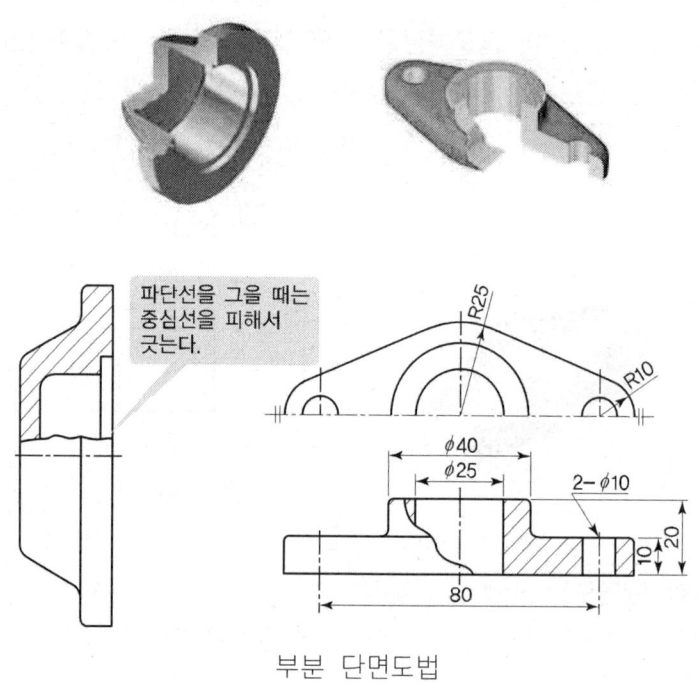

부분 단면도법

- 회전 단면도

물체를 수직한 단면으로 절단하여 90° 회전하여 나타내는 방법
(핸들, 바퀴, 암, 리브, 축 등에 적용)

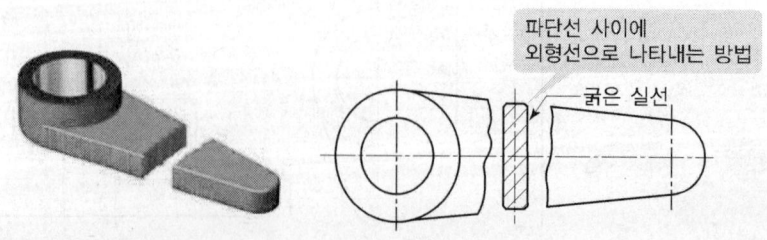

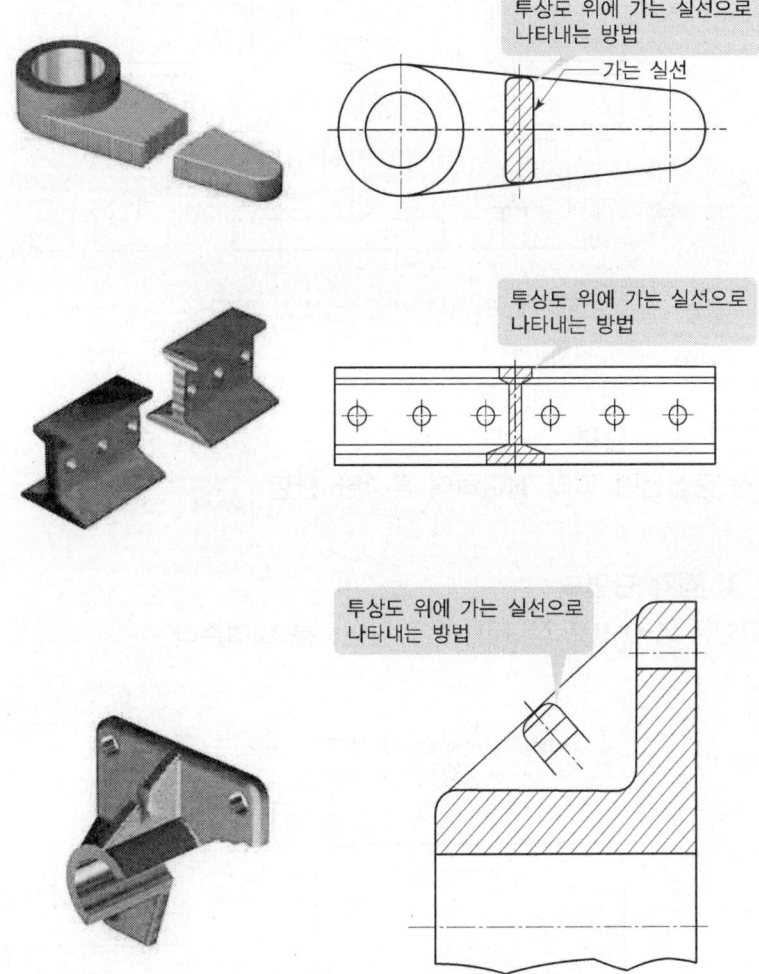

- 계단 단면도

2개 이상의 평면계단 모양으로 절단한 단면

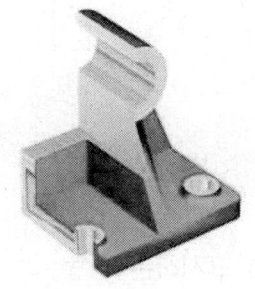 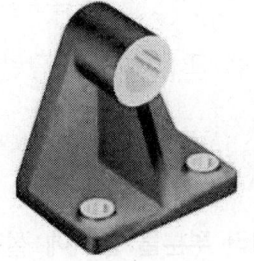

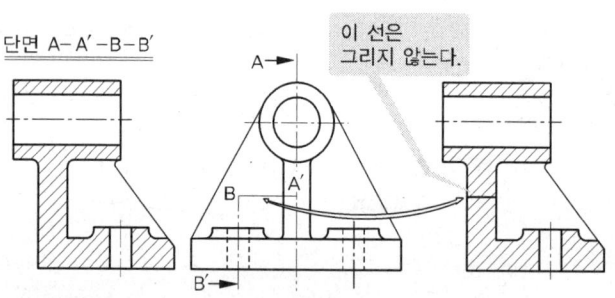

조합에 의한 단면도 중에서 계단 단면도의 예

- **구부러진 관의 단면**

구부러진 중심선에 따라 절단하여 투상한 단면

- **예각 및 직각 단면도**

아래 그림은 A-O-B로 절단한 예각 단면도를 보여준다.

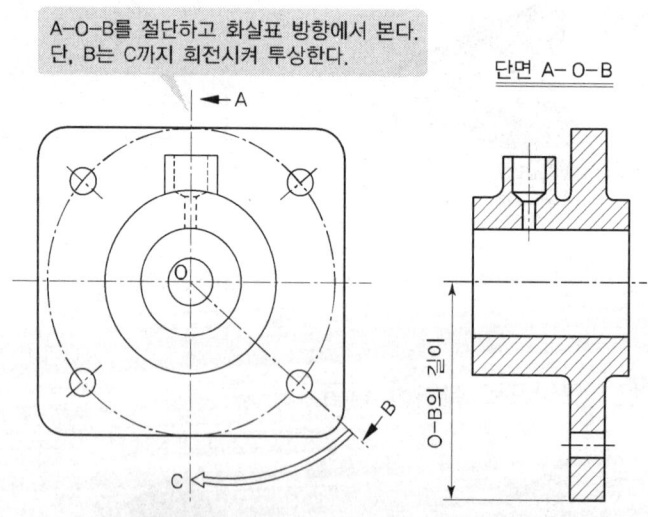

조합에 의한 단면도 중에서 예각 단면도의 예

- **다수의 단면도**

1개의 물체에 여러 부분을 동시에 절단하여 단면 표시하는 방법

- 단면 처리를 하지 않는 부품

축, 핀, 나사. 리벳, 키, 베어링의 볼, 리브, 기어, 벨트 풀리의 암

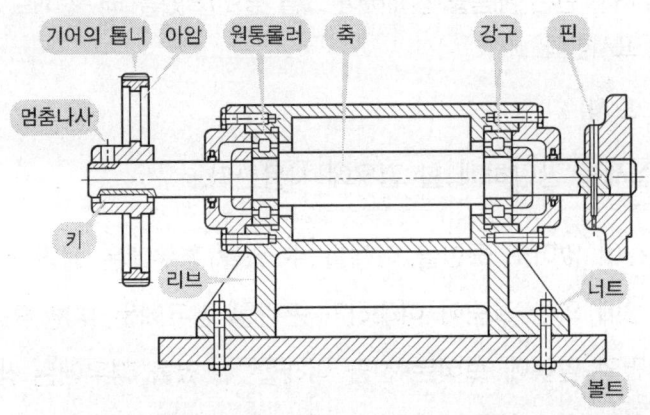

단면 처리를 하지 않는 기계요소

(1) 도형의 생략

도형의 일부를 생략하여도 도면을 이해할 수 있을 때 그리는 투상법

1) 대칭도형의 생략

① 대칭 중심선의 한쪽 도형만을 그리고 대칭 중심선의 양 끝부분에 짧은 2개의 대칭기호로 표시한다.

② 대칭 중심선을 조금 넘게 그릴 경우에는 대칭도시 기호를 생략한다.

2) 반복도형의 생략

같은 종류, 같은 크기의 모양이 다수 있을 경우 그 일부를 생략하여 주 요소만을 표시하고 다른 것은 중심선 또는 중심선의 교차점에 표시한다.

3) 도형의 중간부분 생략

① 지면을 여유있게 활용하기 위하여 중간 부분을 절단하여 도시한다.
   (치수는 실제 크기로 기입)

② 동일 단면형:축, 파이프, 형강

③ 같은 모양이 규칙적으로 된 제품:랙기어, 공작기계 어미 나사, 교량의 난간

④ 테이퍼가 있는 제품:테이퍼 축

(2) 특별한 도시방법

1) 전개도

판을 구부려서 만든 제품을 전개하여 그릴 필요가 있을 때 '전개도'라고 기입하여 표시한다.

2) 간략한 도시

도형의 실제를 간단하게 할 경우에 사용한다.

① 숨은선이 없어도 도형을 이해할 수 있을 경우에는 생략
② 정투상에 의한 그림이 이해하기 곤란할 경우에는 부분 투상도로 표시
③ 절단면의 앞쪽에 보이는 선을 이해할 수 있을 경우에는 생략
④ 특정한 모양의 일부는 투상면 위쪽으로 표시
   (키 홈이 있는 보스 구멍, 홈이 있는 실린더, 쪼개진 링)
⑤ 피치원 상에 동일 구멍이 있을 경우 측면 투상도(단면도 포함)에 피치원을 표시한 후 1개의 구멍으로 표시

3) 2개 면의 교차 부분 표시

① 2개 면의 교차 부분에 일정한 R 및 구부러짐이 있을 경우 평면도에 교차 부분을 굵은 실선으로 표시한다.
② 리브와 같이 끝나는 선의 끝 부분은 직선 또는 R(안쪽, 바깥쪽)로 표시한다.
③ 원주와 각주가 교차하는 부분은 직선 또는 정투상에 의한 원호로 표시한다.

4) 평면의 표시

도형 내의 특정한 부분이 평면일 경우(내·외부)에는 가는 실선으로 표시한다.

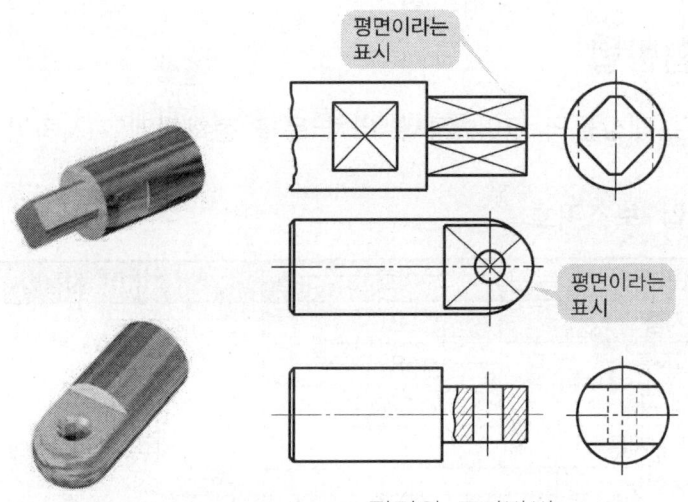

평면의 표시방법

5) 가상선을 이용한 도시

도형의 내용을 확실하게 표시할 경우 가는 2점 쇄선으로 표시한다.

① 가공 전·후 모양의 도시를 할 경우
② 절단면의 앞쪽에 있는 부분을 도시할 경우(가상투상도방법 이용)
③ 가공에 사용하는 공구, 지그의 표시를 할 경우
④ 인접 부분을 참고로 표시할 경우

6) 특수한 가공물의 표시

① 대상물의 일부에 특수한 가공을 표시할 경우 외형선과 평행하게 굵은 1점 쇄선으로 표시한다.
② 특정 범위를 지시할 경우 그 범위를 굵은 1점 쇄선으로 둘러싼다.

7) 조립도에서 용접된 상태 표시

① 용접의 비드 크기만을 표시할 경우(a)
② 용접의 종류와 크기를 표시할 경우(b)
③ 겹침의 관계를 표시할 경우(c)
④ 겹침 및 비드 관계를 표시하지 않을 경우(d)

8) 제품의 특징 표시

제품의 특징을 외형의 일부분에 표시하여 도시한다.

4 치수 기입방법

도면에 기입된 대상물의 크기, 자세, 위치 등을 정확하게 지시하기 위한 방법

(1) 치수 기입 보조기호

구분	기호	사용법
지름	φ	치수의 수치 앞에 붙인다.
반지름	R	
구의 지름	Sφ	
구의 반지름	SR	
정사각형	□	
판의 두께	t	
45°의 모떼기	C	
원호의 길이	⌒15	치수의 수치 위에 붙인다.
정확한 치수	15	수치를 박스로 둘러싼다.
참고치수	(15)	수치를 괄호로 한다.
비례척이 아님	15	수치 밑에 밑줄을 긋는다.

- **치수 기입의 원칙**
① 관련되는 치수는 가능한 한 주 투상도에 기입한다.
② 같은 조건을 만족하는 투상도에서는 중복치수를 피한다.
③ 치수는 계산하여 구할 필요가 없도록 기입한다.
④ 물체의 기준(점, 선, 면)을 정하여 순차적으로 치수를 기입한다.
⑤ 치수는 공정순서에 의하여 기입한다.

(2) 치수 기입방법

1) 치수선과 치수 보조선

① 치수는 치수선, 치수 보조선, 치수 보조기호 등을 사용하여 나타낸다.
② 치수선은 길이, 각도의 방향으로 평행하게 나타낸다.
③ 치수선 양 끝에는 끝부분을 표시하는 화살표, 사선 또는 점을 사용한다.
④ 기점을 중심으로 누진치수(계속되는 치수)를 기입할 때는 기점 기호를 표시한다.

2) 치수 기입 위치 및 방향

① 지시하는 모든 치수는 치수선 위쪽에 대상물 수직으로 기입한다.

② 지시하는 모든 치수는 수평 치수선일 때는 위쪽에, 수직치수선일 때는 중앙에 수직으로 기입한다.

3) 좁은 곳의 치수 기입

① 지시선을 대상물의 경사방향으로 끌어내어 기입한다.

② 치수 보조선 간격이 좁을 때는 확대도로 별도 표시하거나 끝 기호를 검은점 또는 경사선으로 표시한다.

4) 치수 배치

① 직렬치수기입법 : 치수의 공차가 누적되어도 관계가 없을 때 사용한다.

② 병렬치수기입법 : 다른 치수의 공차에 영향을 주지 않을 때 사용한다.

③ 누진치수기입법 : 한 개의 연속된 치수로 간편하게 표시할 때 사용하며, 반드시 기점 표시를 하여야 한다.

④ 좌표치수기입법 : 기준기점을 좌표점으로 하여 치수를 기입하는 방법

(3) 요소 치수 기입방법

1) 지름의 표시방법

치수 수치 앞에 ϕ를 기입하여 표시한다.

2) 반지름 표시방법

치수 수치 앞에 R을 기입하여 표시하고 화살표는 원호에만 표시

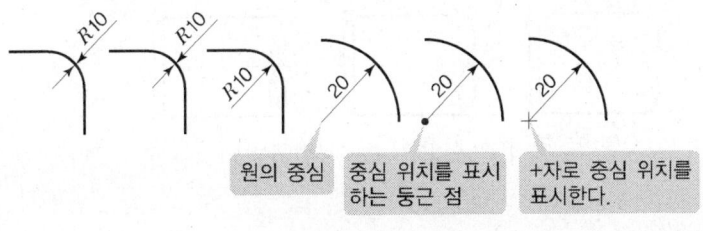

반지름 치수 기입방법

3) 구의 지름 또는 구의 반지름 표시방법

치수 수치 앞에 구의 지름 S∅, 구의 반지름 SR을 기입하여 표시한다.

4) 정사각형 변의 표시방법

치수 수치 앞에 □를 기입하고 사각형이 되는 면에 가는 실선으로 대각선을 표시한다.

5) 두께의 표시방법

1면도로서 투상을 나타내는 경우 판의 두께 치수는 주 투상도 안에 두께기호 t를 표시하고 치수를 기입한다.

6) 현·원호의 길이 표시방법

① 현의 길이 표시는 현에 직각으로 치수보조선을 긋고 표시한다.

② 원호의 길이 표시는 원호와 동심의 치수선을 긋고 치수 수치 위에 기호를 표시한다.

7) 곡선의 표시방법

반지름 표시방법 참고

8) 모떼기 표시방법

① 45°일 경우:모떼기각 45°를 표시하거나 치수 수치 앞에 C를 표시한다.

② 45°가 아닌 경우:모떼기 각을 표시한다.

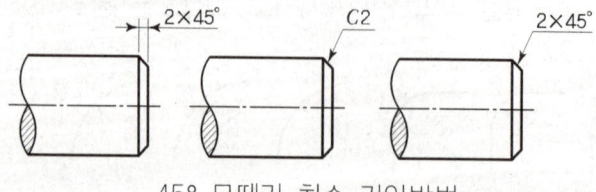

45° 모떼기 치수 기입방법

9) 가공구멍 표시방법

치수 수치 앞에 보조기호를 표시하고 치수를 기입한 후 가공방법을 표시한다.
(예: ∅28드릴)

10) 키 홈의 표시방법

키 홈의 표시는 키 홈의 너비×깊이×길이로 표시하고 주 투상도에는 키 홈이 위쪽을 향하게 그린다.

11) 테이퍼, 기울기의 표시방법

한쪽 면만 경사진 경우를 기울기(Slope)라 하고 양쪽 면이 중심선에 대하여 대칭으로 경사진 경우를 테이퍼(Taper)라 하며, 둘 다 $\frac{(a-b)}{l}$로서 그 비율을 나타낸다. 치수는 원칙적으로, 기울기는 변에 따라 기입하고 테이퍼는 중심선에 따라 기입한다.

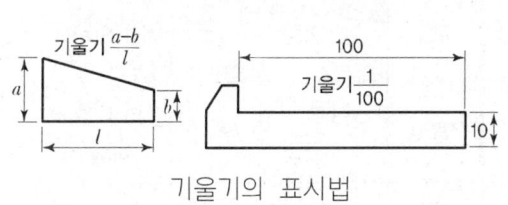

기울기의 표시법

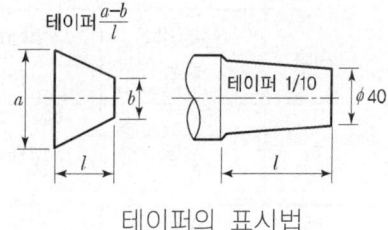

테이퍼의 표시법

(4) 치수 기입 시 주의사항

① 외형선과 겹쳐서 기입하면 안 된다.
② 치수선과 교차되는 장소에 기입하면 안 된다.
③ 치수 수치가 인접해서 연속되는 경우에는 병렬 또는 직렬 치수기입법을 택하여 기입한다.
④ 지름의 치수가 대칭 중심선의 방향에 여러 개 있을 경우 같은 간격으로 작은 치수는 안쪽에, 큰 치수는 바깥쪽으로 기입한다.
⑤ 대칭도형의 치수 기입에서는 한쪽에만 화살표를 붙이고 치수를 기입한다.
⑥ 치수 기입이 복잡할 경우에는 수치 대신 기호(글자)로 표시하고 수치를 별도로 표시한다.
⑦ 키 홈과 같은 반지름의 치수가 자연이 결정될 경우 반지름 기호 R만 표시하고 수치는 기입하지 않는다.
⑧ 기준으로 하여 가공 또는 조립할 경우 치수 기입은 기준점을 준하여 기입한다.
⑨ 공정을 달리하는 부분의 치수는 배열을 나누어서 기입한다.
⑩ 일부 도형이 치수 수치에 비례하지 않을 경우 수치 밑에 굵은 실선(─)을 긋는다.

5 KS에 의한 기계재료 표시방법

(1) 구성

① 제1부분 기호:재질 표시(영문 또는 원소기호)
② 제2부분 기호:규격 또는 제품명(모양 및 용도)
③ 제3부분 기호:재료의 종류(인장강도, 탄소 함유량)
④ 제4·5부분 기호:열처리 상태, 모양, 제조방법

▼ 제1부분의 기호

기호	재질	비고	기호	재질	비고
Al	알루미늄	Aluminium	F	철	Ferrum
AlBr	알루미늄 청동	Aluminium Bronze	MS	연강	Mild Steel
Br	청동	Bronze	NiCu	니켈 구리 합금	Nickel-Copper Alloy
Bs	황동	Bross	PB	인 청동	Phosphor Bronze
Cu	구리 구리합금	Copper	S	강	Steel
HBs	고강도 황동	Highstrenth Brass	SM	기계 구조 용강	Machine Structure Steel
HMn	고망간	High Manganese	WM	화이트 메탈	White Metal

▼ 제2부분의 기호

기호	제품명 또는 규격명	기호	제품명 또는 규격명
B	봉(Bar)	MC	가단 철주품(Malleable Ironcasting)
BC	청동 주물	NC	니켈 크롬강(Nickel Chromium)
BsC	황동 주물	NCM	니켈 크롬 몰리브덴강
C	주조품(Casting)	P	판(Plate)
CD	구상 흑연 주철	FS	일반 구조용강
CP	냉간 압연 연간판	PW	피아노선(Piano Wire)
Cr	크롬강(Chromium)	S	일반 구조용 압연재
CS	냉간 압연 강대	SW	강선(Steel Wire)
DC	다이캐스팅(Die Casting)	T	관(Tube)
F	단조품(Forging)	TB	고탄소 크롬 베어링관
G	고압 가스 용기	TC	탄소 공구강
HP	열간 압연 연강판	TKM	기계 구조용 탄소 강관
HR	열간 압연	THG	고압가스 용기에 이음매 없는 강관
HS	열간 압연 강대	W	선(Wire)
K	공구강	WR	선재(Wire Rod)
KH	고속도 공구강	WS	용접 구조용 압연강

▼ 제3부분의 기호

기호	기호의 의미	보기	기호	기호의 의미	보기
1	1종	SHP 1	5A	5종 A	SPS 5A
2	2종	SHP 2	34	최저 인장강도 또는 항복점	WMC 34
A	A종	SWS 41 A			SG 26
B	B종	SWS 41 B	C	탄소 함량(0.10~0.15%)	SM 12C

예 S F 34(탄소강 단강품)
→ S:강(steel), F:단조품(forging), 34:최저 인장강도(kg/mm²)

S M 20 C(기계구조용 탄소강재)
→ S M:기계구조용 탄소강(Steel for Machine),
20C:탄소 함유량(0.15~0.25C의 중간 값)

P W 1(피아노선)
→ P W:피아노 선(piano wire), 1:1종

TIP
- 냉간 압연 강판:SCP
- 고속도 공구강:SKH
- 스프링 강:SPS
- 기계 구조용 탄소강:SM
- 합금 공구강:STS
- 용접 구조용 압연강:SWS
- 피아노 선:PW
- 탄소 공구강:STC
- 탄소 주강품:SC
- 다이스 강:STD

연/습/문/제

01 기계제도에서 주로 사용되는 투상법은?

① 투시도
② 사투상도
③ 정투상도
④ 등각투상도

02 그림과 같이 두 부품이 교차하는 부분을 표시한 것 중 옳은 것은?

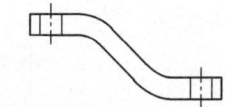

①
②
③
④

03 가상선의 용도로 맞지 않는 것은?

① 인접부분을 참고로 표시하는 데 사용
② 도형의 중심을 표시하는 데 사용
③ 가공 전·후의 모양을 표시하는 데 사용
④ 도시된 단면의 앞쪽에 있는 부분을 표시하는 데 사용

정 답   01 ③   02 ③   03 ②

04 다음 그림에 해당되는 좌표계는?

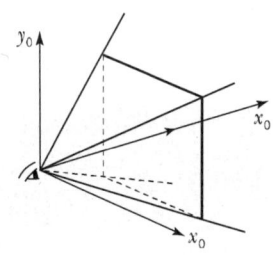

① 시점(視点) 좌표계
② 정규 투시 좌표계
③ 3차원 스크린 좌표계
④ 상대 좌표계

05 다음 투상의 정면도에 해당하는 것은?

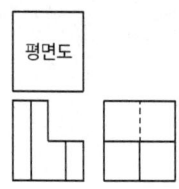

①   ②

③   ④

정답   04 ①   05 ③

06 주어진 평면도와 우측면도를 보고 정면도를 고르면?

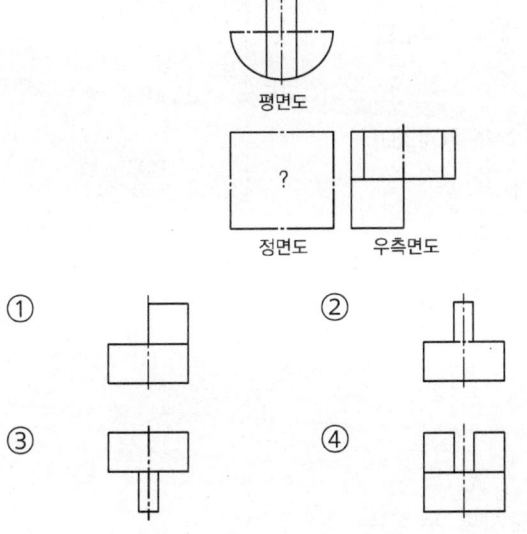

07 투상도에 대한 설명으로 틀린 것은?

① 주 투상도에는 대상물의 모양, 기능을 가장 명확하게 표현하는 면을 그린다.
② 주 투상도를 보충하는 다른 투상도는 되도록 적게 하고 주 투상도만으로 표시할 수 있는 것에 대하여는 다른 투상도는 그리지 않는다.
③ 주 투상도는 어떻게 놓더라도 괜찮다.
④ 서로 관련되는 그림의 배치에는 되도록 숨은선을 쓰지 않도록 한다.

| 정 답 | 06 ② 07 ③ |

08 단면을 해칭하는 방법과 가장 관계없는 사항은?

① 동일한 부품의 단면은 떨어져 있어도 해칭의 각도와 간격은 일정하게 그린다.
② 두께가 얇은 부분의 단면도는 실제 치수와 관계없이 한 개의 굵은 실선으로 도시할 수 있다.
③ 필요에 따라 해칭하지 않고 스머징할 수 있다.
④ 해칭한 곳에는 해칭선을 중단하고 글자, 기호 등을 기입할 수 없다.

09 다음 요소 중 길이방향으로 단면하여 도시할 수 있는 것은?

① 풀리
② 작은 나사
③ 볼트
④ 리벳

10 투상법상 도형에 나타나지 않으나 편의상 필요한 모양을 표시하는 데 쓰이는 선은?

① 숨은선
② 가상선
③ 수준면선
④ 특수 지정선

정 답   08 ④   09 ①   10 ②

11 다음 투상의 우측면도에 해당하는 것은?

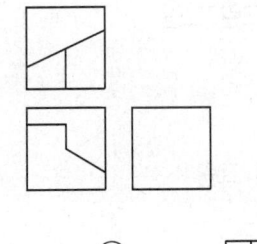

① ② ③ ④

12 그림은 어떤 형체를 정면도와 우측면도로 표현한 것이다. 평면도의 투상으로 옳지 않은 것은?

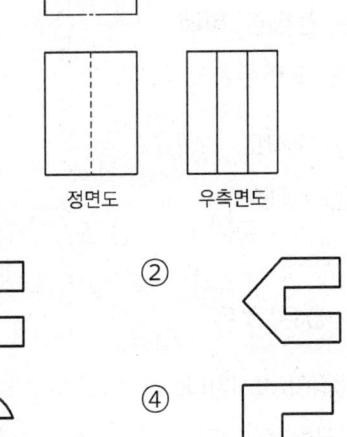

① ② ③ ④

정 답   11 ③   12 ②

연습문제 233

13 정면도의 정의로 옳은 것은?

① 물체의 각 면 중 가장 그리기 쉬운 면을 그린 그림
② 물체의 뒷면을 그린 그림
③ 물체를 위에서 보고 그린 그림
④ 물체 형태의 특징을 가장 뚜렷하게 나타낸 그림

14 다음 그림에서 ⓐ와 같은 투상도를 무엇이라고 부르는가?

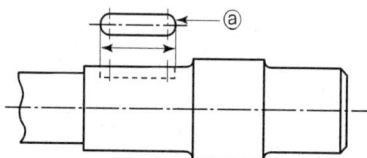

① 부분 확대도
② 국부 투상도
③ 보조 투상도
④ 부분 투상도

15 도면의 크기와 대상물의 크기 사이에는 정확한 비례 관계를 가져야 하나 예외로 할 수 있는 도면은?

① 부품도
② 제작도
③ 설명도
④ 확대도

16 다음 회전도시 단면도에 대한 설명 중 틀린 것은?

① 핸들, 림, 리브 등의 절단면은 45° 회전하여 표시한다.
② 절단한 곳의 전후를 끊어서 그 사이에 그릴 수 있다.
③ 절단선의 연장선 위에 그린다.
④ 도형 내의 절단한 곳에 겹쳐서 가는 실선으로 그린다.

정답 13 ④ 14 ② 15 ③ 16 ①

17 도형의 표시방법에 대한 설명 중 틀린 것은?

① 둥근 막대 모양은 세워서 나타낸다.
② 정면도는 대상물의 모양·기능을 가장 명확하게 표시하는 면을 그린다.
③ 그림의 일부를 도시하는 것으로 충분한 경우에는, 그 필요한 부분만을 부분 투상도로서 표시한다.
④ 특정 부분의 도형이 작은 까닭으로 그 부분의 상세한 도시나 치수 기입을 할 수 없을 때는 그 부분을 가는 실선으로 에워싸고, 영자의 대문자로 표시함과 동시에 그 해당 부분을 다른 장소에 확대하여 그린다.

18 부품도를 제도할 때 물체의 일부분만을 도시하여도 충분한 경우 그 필요한 부분만을 나타내는 투상도는?

① 국부 투상도　　　　② 부분 투상도
③ 보조 투상도　　　　④ 회전 투상도

19 다음 그림은 어느 단면도에 해당하는가?

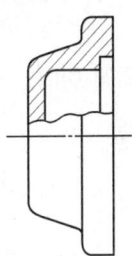

① 온 단면도　　　　② 한쪽 단면도
③ 회전 단면도　　　④ 부분 단면도

| 정 답 | 17 ① 18 ② 19 ④ |

20 그림과 같은 투상도의 명칭은?

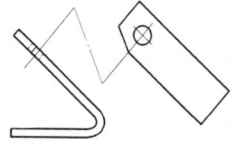

① 부분 투상도
② 보조 투상도
③ 국부 투상도
④ 회전 투상도

21 다음 투상도법에 대한 설명 중 옳은 것은?

① 제1각법은 물체와 눈 사이에 투상면이 있는 것이다.
② 제3각법은 평면도 아래에 정면도를 둔다.
③ 제1각법은 한국공업규격에서 채택하고 있는 투상법이다.
④ 제1각법은 정면도 아래에 저면도를 둔다.

22 도형의 표시방법 중 맞지 않는 것은?

① 가능한 한 자연, 안정, 사용의 상태로 표시한다.
② 물품의 주요 면이 가능한 한 투상면에 수직 또는 평행하게 한다.
③ 물품의 형상이나 기능을 가장 명료하게 나타내는 면을 평면도로 선정한다.
④ 서로 관련되는 도면의 배열에는 가능한 한 은선을 사용하지 않도록 한다.

정답 20 ② 21 ② 22 ③

23 아래의 입체도를 화살표 방향에서 본 정면도로 가장 적합한 것은?

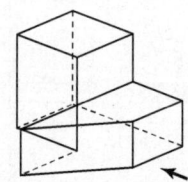

① 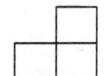   ②
③ 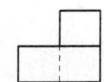   ④

24 다음 도면에서 S가 나타내는 의미는?

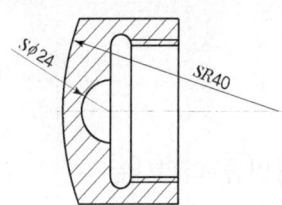

① 구　　　　　　② 반지름
③ 면　　　　　　④ 모서리면

25 가공 전·후의 모양을 표시하거나 인접부분을 참고로 표시하는데 사용하는 선의 종류는?

① 굵은 실선
② 가는 실선
③ 가는 1점 쇄선
④ 가는 2점 쇄선

> 정답　23 ①　24 ①　25 ④

26 다음과 같은 그림 기호에 대한 설명으로 틀린 것은?

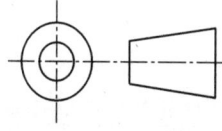

① 제3각법을 나타낸 것이다.
② 투상이 되는 원리는 눈 → 물체 → 투상면 순서대로 위치시켜 보는 눈을 기준으로 물체의 뒷면이 투상면에 비춰지는 모습을 정면도로하여 나타낸다.
③ KS에서는 이 각법에 따라 도면을 작성하는 것을 원칙으로 한다.
④ 정면도를 기준으로 평면도는 위에, 우측면도는 오른쪽, 좌측면도는 왼쪽에 위치한다.

26.
제3각법으로서 눈
→ 투상면
→ 물체순이다.

27 핸들이나 바퀴 암 및 리브, 훅, 축 등의 단면을 나타내는 도시법으로 가장 적합한 것은?

① 회전 도시 단면도
② 계단 단면도
③ 부분 단면도
④ 한쪽 단면도

정 답   26 ②   27 ①

238 기계제도

28 다음 설명 중 옳지 않은 것은?

① 부품의 모서리 부분을 각이 지도록 깎아내는 것을 모따기(Chamfering)라고 한다.
② 치수 기입 시 원호가 180°가 못 되는 것은 반지름으로 표시한다.
③ 호의 길이를 표시하는 치수선은 그 호와 같은 중심의 원호로 표시한다.
④ 치수 기입할 때 기록해야 하는 숫자가 많은 경우 3자리마다 콤마(,)를 찍어야 한다.

29 도면에 치수 기입 시 유의사항을 설명한 것 중 틀린 것은?

① 서로 관련이 되는 치수는 알아보기 쉽게 분산하여 기입한다.
② 참고 치수에 대하여는 괄호를 붙인다.
③ 각 투상도 간 비교, 대조가 용이하게 기입한다.
④ 치수는 되도록 주 투상도에 기입한다.

30 다음 중 1각법과 3각법을 비교 설명한 것으로 틀린 것은?

① 1각법은 평면도를 정면도의 바로 아래에 나타낸다.
② 3각법에서 측면도는 오른쪽에서 본 것을 정면도의 바로 오른쪽에 나타낸다.
③ 1각법에서는 정면도 아래에서 본 저면도를 정면도 아래에 나타낸다.
④ 3각법에서는 저면도는 정면도의 아래에 나타낸다.

| 정 답 | 28 ④ | 29 ① | 30 ③ |

31 도면에서 2종류 이상의 선이 같은 곳에 겹치는 경우 다음 선 중에서 우선 순위가 가장 높은 것은?

① 중심선
② 무게 중심선
③ 숨은선
④ 치수 보조선

31.
겹치는 선의 우선순위
외형선 → 숨은선 → 절단선 → 중심선 → 무게중심선 → 치수보조선 → 해칭선

32 다음 중 평면도에 해당하는 것은?

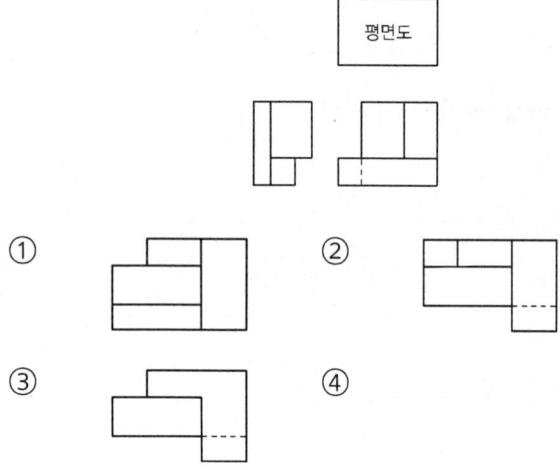

33 다음 중 단면도의 절단된 부분을 나타내는 해칭선은?

① 가는 2점 쇄선
② 가는 실선
③ 숨은선
④ 가는 1점 쇄선

| 정 답 | 31 ③ 32 ③ 33 ② |

34 축의 도시방법을 바르게 설명한 것은?

① 긴 축의 중간을 파단하여 짧게 그리되 치수는 실제의 길이를 기입한다.
② 축 끝의 모따기는 각도와 폭을 기입하되 60° 모따기인 경우에 한하여 치수 앞에 "C"를 기입한다.
③ 둥근 축이나 구멍 등의 일부 면이 평면임을 나타낼 경우에는 굵은 실선의 대각선을 그어 표시한다.
④ 축에 있는 널링(Knurling)의 도시는 빗줄인 경우 축선에 대하여 45°로 엇갈리게 그린다.

35 치수 기입의 원칙을 설명한 것이다. 바르지 못한 것은?

① 특별히 명시하지 않는 한 도시한 대상물의 마무리 치수를 기입
② 서로 관련되는 치수는 되도록이면 분산하여 기입
③ 기능상 필요한 경우 치수의 허용한계를 기입
④ 참고치수에 대해서는 수치에 괄호를 붙여 기입

36 치수 배치방법이 아닌 것은?

① 직렬 치수 기입법   ② 병렬 치수 기입법
③ 누진 치수 기입법   ④ 공간 치수 기입법

37 얇은 물체의 단면을 표시하는 방법 중 틀린 것은?

① 얇은 물체는 단면을 표시할 수 없다.
② 개스킷, 박판, 형강 등의 절단면이 얇은 경우에 널리 쓰인다.
③ 아주 굵은 실선 1개로 표시할 수 있다.
④ 두 개의 얇은 물체가 인접되어 있을 때는 0.7mm 이상의 간격을 두고 그어서 구별한다.

| 정 답 | 34 ① | 35 ② | 36 ④ | 37 ① |

38 다음 중 호의 길이치수 기입은 어느 것인가?

39 다음 그림의 정면도에 해당하는 것은?

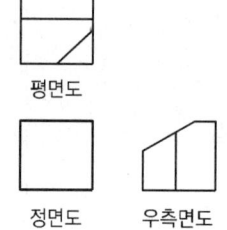

38.
② 호의 각도
④ 현의 길이

정 답   38 ①   39 ②

40 작도의 시간과 지면의 공간을 절약한다는 관점에서 중심선의 한쪽 도형만 그리고 중심선의 양 끝에 짧은 2개의 평행한 가는 선의 도시기호를 그려 넣는 경우는?
① 반복 도형의 생략
② 대칭 도형의 생략
③ 중간 부분 도형의 단축
④ 2개 면의 교차부분이 둥글 때 도시

41 치수를 나타내는 수치에 부가하여 그 치수의 의미를 명확히 나타내기 위하여 사용하는 치수 보조기호의 설명이 잘못된 것은?
① ϕ : 지름
② Sϕ : 작은 지름
③ ⌒ : 호의 길이
④ R : 반지름

정답 40 ② 41 ②

CHAPTER 03 기계제도의 설계

〈표 3.1〉

다듬질 기호 (종래의 기호)	표면거칠기 기호 (새로운 심벌)	가공방법 및 적용 부분
∼	∇ (♂)	• 절삭가공 및 기타 제거가공을 하지 않는 부분에 기입한다. • 주물의 표면부가 대표적이다.
∇	$\overset{w}{\nabla}$	• 밀링, 선반, 드릴 등 기타 여러 가지 공작기계로 일반 절삭가공만 하고, 끼워 맞춤은 없는 표면에 기입한다. • 드릴구멍, 흑피 등을 제거하는 황삭 가공부분이 대표적이다.
∇∇	$\overset{x}{\nabla}$	• 가공된 부분이 끼워 맞춤만 있고 마찰운동은 하지 않는 표면에 기입한다. • 커버와 몸체의 접촉부, 키홈 등
∇∇∇	$\overset{y}{\nabla}$	• 끼워 맞춤과 마찰이 있고 회전운동이나 직선왕복운동 등을 하는 표면에 표시한다. • 베어링과 조립부 및 연삭부위
∇∇∇∇	$\overset{z}{\nabla}$	• 정밀가공이 요구되는 가공 표면으로, 높은 정밀도를 요구하는 곳에 기입한다. • 오일실 접촉부, 피스톤, 실린더, 게이지류 등의 정밀입자가공에 기입한다.

1 표면 거칠기

일정한 거리에서 나타난 공작물의 표면에 발생된 요철(凹凸)면을 표면 거칠기라고 한다.

〈표 3.2〉

구분	기호	특기사항
최대높이	R_{max}	• 측정 구간(기준길이) 내의 모든 표면 요소를 포함하는, 측정 구간 평균선에 평행한 두 직선의 간격을 마이크로(micro) 단위로 표시 • 표면의 흠이라고 볼 수 있는 너무 높은 산이나 깊은 골은 제외
10점 평균	R_z	측정 구간(기준길이) 내의 모든 표면 요소 중, 측정 구간 평균선을 기준으로 가장 높은 산부터 순서대로 5개, 가장 깊은 골부터 순서대로 5개씩을 찾아, 각각의 5개 점의 평균선으로부터의 거리값 평균을 구하고 그 차이값을 마이크로(micro) 단위로 표시
중심선 평균 (가장 정밀)	R_a	• 측정 구간(기준길이)의 중심선에서 위쪽과 아래쪽 전체 면적의 합을 구하고, 그 값을 측정 구간의 길이로 나눈 값으로 표시 • 손으로 면적을 계산하기 어려우므로, 중심선 평균 거칠기 측정기로 측정기에서 계산한 결과치를 사용

(1) 최대높이(R_{max}, R_s)

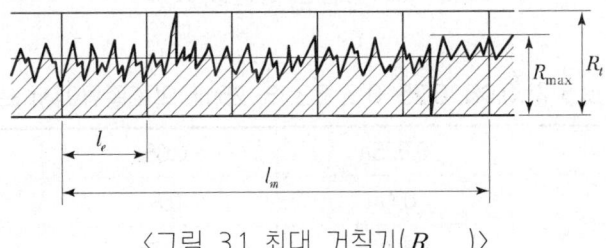

〈그림 3.1 최대 거칠기(R_{max})〉

• 기준길이:0.08, 0.25, 0.8, 2.5, 8, 25mm의 6종류
• 표준수열:허용할 수 있는 가장 큰 높이

0.05S	0.1S	0.2S	0.4S
0.8S	1.6S	3.2S	6.3S
12.5S	25S	50S	100S
200S	400S		

• R_{max}가 7μm일 때의 표시방법은 6.3S와 12.5S 사이에 있으므로 상한값 12.5S로 표시한다.

(2) 10점 평균 거칠기(R_z)

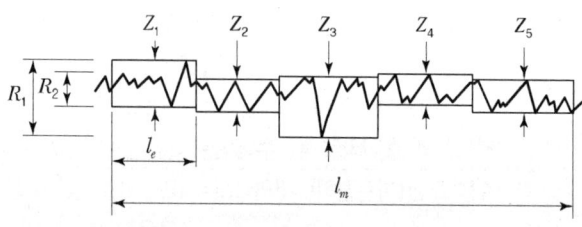

<그림 3.2 10점 평균 거칠기(R_z)>

- 기준길이:0.08, 0.25, 0.8, 2.5, 8, 25mm의 6종류
- 표준수열:허용할 수 있는 가장 큰 높이

(3) 중심선 평균 거칠기(R_a)

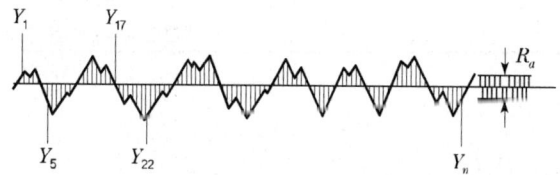

<그림 3.3 중심선 평균값(R_a)>

- 컷 오프(Cut off) 값:0.08, 0.25, 0.8, 5.3, 8, 25mm의 6종류에서 표준값 0.8mm로 한다.

0.013a	0.025a	0.05a	0.1a
0.2a	0.4a	0.8a	1.6a
3.2a	6.3a	12.5a	25a
50a	100a		

- 표준수열

0.05Z	0.1Z	0.2Z	0.4Z
0.8Z	1.6Z	3.2Z	6.3Z
12.5Z	25Z	50Z	100Z
200Z	400Z		

2 표면 거칠기 표시방법

표면 거칠기 표시는 중심선 평균 거칠기(R_a)로 나타내는 것이 가장 정밀하다.

1) 표면 거칠기 기호의 구성

2) 면의 지시기호

면의 지시기호를 표면거칠기에 기호로 나타낸다.

표면의 결표시에서 면의 지시기호에 대한 사항은 아래 그림 (a)에 표시하는 위치에 배치하여 표시하며, 도면에 지시하는 경우에는 그림 (b)에 따른다.

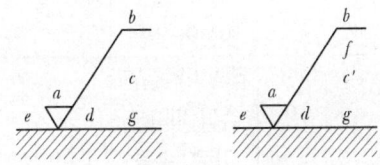

여기서, a:중심선 평균거칠기의 값
b:가공방법
c:컷 오프 값
c':기준길이
d:줄무늬 방향의 기호
e:다듬질 여유
f:중심선 평균거칠기 이외의 표면 거칠기의 값
g:표면 파상도[KS B 0610(표면 파상도)에 따른다.]

(a) 면의 지시기호의 위치

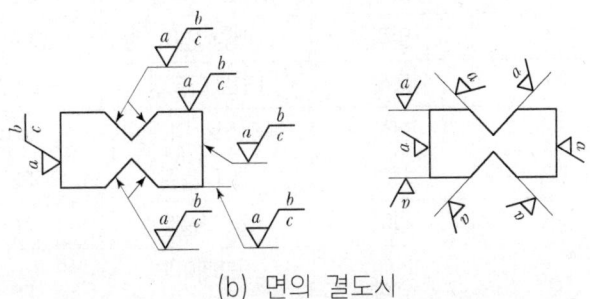

(b) 면의 결도시

▼ 줄무늬 방향의 기호

기호	=	⊥	X	M	C	R	P
설명도							
의미	가공으로 생긴 줄무늬 방향이 기호를 기입한 그림의 투상면에 평행	가공으로 생긴 줄무늬 방향이 기호를 기입한 그림의 투상면에 직각	가공으로 생긴 선이 2방향으로 교차	가공으로 생긴 선이 여러 방면으로 교차 또는 방향이 없음	가공으로 생긴 선이 거의 동심원	가공으로 생긴 선이 거의 방사선	미랍자 모양이 나무방향 또는 돌기 모양
보기	셰이핑면	셰이핑면 (옆으로 보는 상태) 선삭·원통 연삭면	호닝 다듬질면	래핑 다듬질면 슈퍼 피니싱 가로이송을 준 정면 밀링 또는 엔드밀 절삭면	끝면 절삭면 선반	밀링	

▼ 가공방법의 기호

가공방법	약호 I	약호 II	가공방법	약호 I	약호 II
선반 가공	L	선반	벨트 연마	SPBL	벨트샌드
드릴 가공	D	드릴	호닝 다듬질	GH	호닝
보링 가공	B	보링	액체호닝 다듬질	SPLH	액체호닝
밀링 가공	M	밀링	배럴 연마	SPBR	배럴
평삭반 가공	P	평삭	버프 다듬질	SPBF	버프
형삭반 가공	SH	형삭	블라스트 다듬질	SB	블라스트
브로치 가공	BR	브로치	랩 다듬질	FL	래프
리머 가공	FR	리머	줄 다듬질	FF	줄
연삭 가공	G	연삭	스크레이퍼 다듬질	FS	스크레이퍼
페이퍼 다듬질	FCA	페이퍼	주조	C	주조

표면 거칠기 기입방법이 잘못 설명된 것은?
① 부품 전체가 같은 다듬질 기호일 때는 부품번호 옆에 기입한다.
② 기어에 기입할 때는 피치선에 기입할 수도 있다.
③ 기어에 기입할 때는 측면도의 잇봉우리에 따라서 기입한다.
④ 부품 전체가 같은 다듬질 기호일 때는 표제란 곁에 기입한다.

답: ③

표면거칠기 기호의 기입을 그림과 같이 하였을 때 a 부분에 들어가야 하는 것으로 적당한 것은?

① X
② F
③ G
④ S

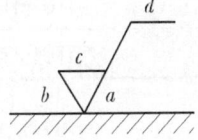

답: ①

4) 대상면 및 제거가공의 지시방법

표면의 결을 도시할 때에 대상면을 지시하는 면의 지시기호는 60°로 벌린 길이가 다른 절선으로 표시하며, 대상면을 나타내는 선에 바깥쪽에서 붙여서 쓴다. [그림 (a)~(c)] 또한, 특별히 가공방법 등을 지시할 필요가 있을 때에는 면의 지시기호의 긴 쪽 다리에 가로선을 부가한다.[그림 (d)]

(a) 제거가공을 문제 삼지 않을 경우   (b) 제거가공이 필요한 경우

(c) 제거가공을 허용하지 않는 경우   (d) 특별히 가공방법을 지시할 필요가 있을 경우

CHAPTER 04 끼워맞춤 공차

1 끼워맞춤 공차

(1) 공차(Tolerance)
제품을 가공하는 데 있어서 허용할 수 있는 오차의 범위

(2) 기본공차
ISO에서 정한 IT00-IT18급까지 20등급으로 규정
IT00-IT01급은 사용 빈도수가 적어 사용치 않음

용도	게이지 제작	끼워맞춤	기타
구멍	IT01-IT5급	IT6-IT10급	IT11-IT18급
축	IT01-IT4급	IT5-IT9급	IT10-IT18급

(3) 끼워맞춤
구멍과 축을 조립하기 위한 치수의 차이에서 생기는 관계

- 틈새(Clearance) : 구멍의 지름이 축의 지름보다 큰 경우 두 지름의 차
- 죔새(Interference) : 축의 지름이 구멍의 지름보다 큰 경우 두 지름의 차
- 최소틈새 : 구멍 최소허용치수-축 최대허용치수
- 최대틈새 : 구멍 최대허용치수-축 최소허용치수
- 최소죔새 : 축 최소허용치수-구멍 최대허용치수
- 최대죔새 : 축 최대허용치수-구멍 최소허용치수

1) 종류
① 구멍 기준식 : 아래 치수 허용차가 0인 H를 기준구멍으로 하여 축을 선정, 필요한 죔새나 틈새를 얻는 끼워맞춤(H6-H10을 기준구멍으로 사용)

② 축 기준식 : 위 치수 허용차가 0인 h를 기준축으로 하여 구멍을 선정, 필요한 죔새나 틈새를 얻는 끼워맞춤(h5-h9를 기준축으로 사용)

2) 끼워맞춤 상태에서의 분류

① 헐거운 끼워맞춤:구멍의 최소치수가 축의 최대치수보다 큰 경우

② 억지 끼워맞춤:구멍의 최대치수가 축의 최소치수보다 작은 경우

③ 중간 끼워맞춤:축 또는 구멍의 치수에 따라서 틈새 또는 죔새가 생기는 끼워맞춤

▼ 구멍 기준 끼워맞춤

기준 구멍	축의 공차역 클래스													
	헐거운 맞춤						중간 맞춤			억지 맞춤				
H6						g5	h5	js5	k5	m5				
					f6	g6	h6	js6	k6	m6	n6*	p6*			
H7					f6	g6	h6	js6	k6	m6	n6	p6*	r6*	s6	t6	u6	x6
				e7	f7		h7	js7						
H8					f7		h7							
			e8	f8		h8								
		d9	e9											
H9		d8	e8			h8								
	c9	d9	e9			h9								
H10	b9	c9	d9											

*는 치수의 구분에 따라 예외가 있다.

▼ 축 기준 끼워맞춤

기준축	구멍의 공차역 클래스													
	헐거운 맞춤						중간 맞춤			억지 맞춤				
h5						H6	JS6	K6	M6	N6*	P6			
h6				F6	G6	H6	JS6	K6	M6	N6	P6*			
				F7	G7	H7	JS7	K7	M7	N7	P7*	R7	S7	T7	U7	X7
h7			E7	F7		H7									
				F8		H8									
h8		D8	E8	F8		H8									
			D9	E9		H9									
			D8	E8		H8									
h9		C9	D9	E9											
	B10	C10	D10												

(4) 허용한계 치수 기입방법

1) 길이치수 허용한계 기입방법

① 외측, 내측 형체에 관계없이 위 치수 허용차는 위쪽에, 아래 치수 허용차는 아래쪽에 기입한다.

② 위, 아래 어느 한쪽의 허용차가 0인 경우 +, -의 기호를 붙이지 않는다.

③ 위, 아래 허용차가 같을 때는 ±의 기호를 붙인다.

④ 최대, 최소 허용차가 기준치수보다 클 때는 +, 작을 때는 -의 부호를 붙인다.

⑤ 허용한계 치수에 의해 표시할 경우 외측, 내측 형체에 관계없이 최대는 위쪽에 최소는 아래쪽에 기입한다.

⑥ 최대, 최소 중 어느 한쪽만 지정할 경우 치수 앞에 최대, 최소 또는 max, min을 기입한다.

⑦ 허용한계 기호에 의해 지시할 경우 공차기호를 기준치수 뒤에 붙인다.
  예 32H7, ϕ80js6, 100g6
    52H7/g6, 52H7-g6,
    30f7   30f7

⑧ 통신을 이용할 경우에는 기준치수 앞에 H, h(Hole), S(Shaft)를 붙인다.
    H50H5, S50h5

2) 끼워맞춤 상태에서의 기입방법

① 공차값에 의한 방법

② 공차기호에 의한 방법

3) 끼워맞춤

기계도면에서 50H7또는 50h7의 기호에서 50은 기준치수이고, 알파벳 대문자 H는 구멍, 소문자 h는 축을 뜻하는 구멍과 축의 치수공차 기호이다.

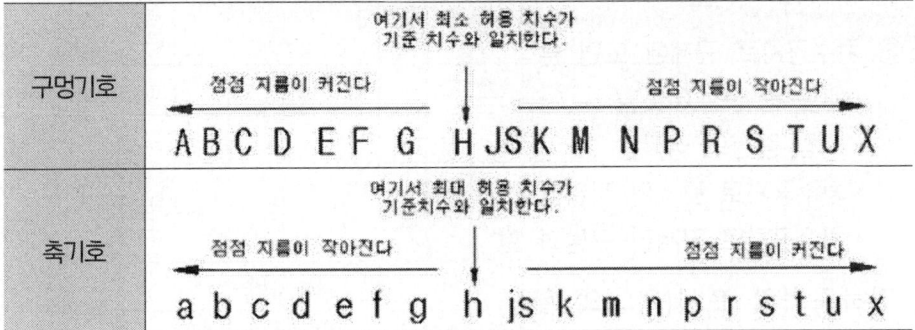

$\Phi 40\,H7$ $\Phi 40^{+0.025}_{0}$ $\Phi 40\,H6$ $\Phi 40^{+0.019}_{0}$ $\Phi 40\,G6$ $\Phi 40^{+0.025}_{+0.009}$

$\Phi 40\,h7$ $\Phi 40^{+0}_{-0.025}$ $\Phi 40\,h6$ $\Phi 40^{+0}_{-0.016}$ $\Phi 40\,g6$ $\Phi 40^{-0.009}_{-0.025}$

2 기하공차(형상공차 또는 자세공차)

(1) 특징

제품의 모양 및 위치에 따라 진직, 평면, 진원, 원통, 윤곽, 평행, 직각, 경사, 위치, 동축(동심), 대칭, 흔들림 등을 가하학적인 방법으로 정밀도를 부여하는 방법을 기하공차(GT;Geometrical Tolerance)라고 한다.

① 장점
- 효율적 생산성 증가
- 생산 원가 절감
- 부품 상호 간 호환성 증대
- 정밀도 증가
- 효율적 검사 및 측정 용이
- 설계의 획일화

② 치수공차로 규제된 도면 분석
- 원통 중심의 어긋남
- 대칭 중심의 어긋남
- 치수공차로 규제된 끼워맞춤의 불확실
- 치수공차로 규제된 구멍과 핀

(2) 기하공차의 표시(용어의 뜻)

① 데이텀(Datum):기하학적 기준이 되는 면 또는 선
② 데이텀 형체:데이텀을 설정하기 위하여 사용하는 대상물 실제의 형체
③ 실용 데이텀 형체:데이텀을 설정할 경우에 사용하는 실제의 표면 (정반, 맨드릴 등)
④ 데이텀 표적:데이텀을 설정하기 위한 가공, 측정, 검사기구 등에 접촉시키는 대상물의 점 또는 선의 영역

(3) 기하공차의 종류와 기호

적용하는 형체 공차의 종류 기호 뜻

적용하는 형체		공차의 종류	기호	뜻
단독 형체	모양 공차	진직도 (Straightness)	─	직선부분이 기하학적 이상직선으로부터 어긋남의 크기
		평면도 (Flatness)	▱	평면부분이 기하학적 이상평면으로부터 어긋남의 크기
		진원도 (Circularity, Roundness)	○	원형부분이 기하학적 이상원으로 어긋남의 크기
		원통 (Cylindricity)	⌭	원통부분이 기하학적 이상원통으로부터 어긋남의 크기
단독 형체 또는 관련 형체		선의 윤곽도 (Profile of a Line)	⌒	이론적으로 정확한 치수에 의하여 정해진 기하학적 윤곽으로부터 선의 윤곽이 어긋나는 크기
		면의 윤곽도 (Profile of a Surface)	⌓	이론적으로 정확한 치수에 의하여 정해진 기하학적 윤곽으로부터 면의 윤곽이 어긋나는 크기
관련 형체	자세 공차	평행도 (Parallelism)	∥	평행을 이루고 있는 직선부분과 직선부분, 직선부분과 평면부분, 평면부분과 평면부분의 조합에 있어서 그 가운데 하나를 기하학적 이상직선 또는 평면으로 생각하고 이를 기준으로 다른 직선 또는 평면이 어긋나는 크기
		직각도 (Squareness)	⊥	직각을 이루고 있는 직선부분과 직선부분, 직선부분과 평면부분, 평면부분과 평면부분의 조합에 있어서 그 가운데 하나를 기하학적 이상직선 또는 평면으로 생각하고 이를 기준으로 다른 직선 또는 평면이 어긋나는 크기
		경사도 (Angularity)	∠	이론적으로 정확한 각도를 이루고 있어야 할 직선부분, 직선부분과 평면부분, 평면부분과 평면부분이 짝지어 있을 때 그 가운데 하나를 기준으로 하고 이 기준직선 또는 기준평면에 대하여 이론적으로 정확한 각도를 이루고 있는 기하학적 직선 또는 기하학적 평면으로부터 다른 한쪽의 직선부분 또는 기하학적 평면부분이 벗어나는 어긋남의 크기
	위치 공차	위치도 (Position)	⌖	점, 선, 직선 또는 평면부분 중 기준이 되는 부분 또는 다른 부분과 관련이 되어 이론적으로 정확한 위치로부터 어긋나는 크기
		동심도 (Concentricity), 동축도 (Coaxiality)	◎	기분축선과 동일직선상에 있어야 할 축선의 기준축선으로부터 어긋남의 크기
		대칭도 (Symmetry)	⌰	기준축선 또는 기준평면에 대하여 서로 대칭이 있어야 할 부분의 대칭위로부터 어긋남의 크기
	흔들림 공차	원둘레, 흔들림	↗	기준축선 또는 기준평면에 대하여 서로 대칭이 있어야 할 부분의 대칭위치로부터 어긋남의 크기
		온 흔들림	↗↗	기준축선 또는 둘레로 기계부품을 회전시켰을 때 고정점에 대하여 그 표면이 지정된 방향으로 변화되는 크기

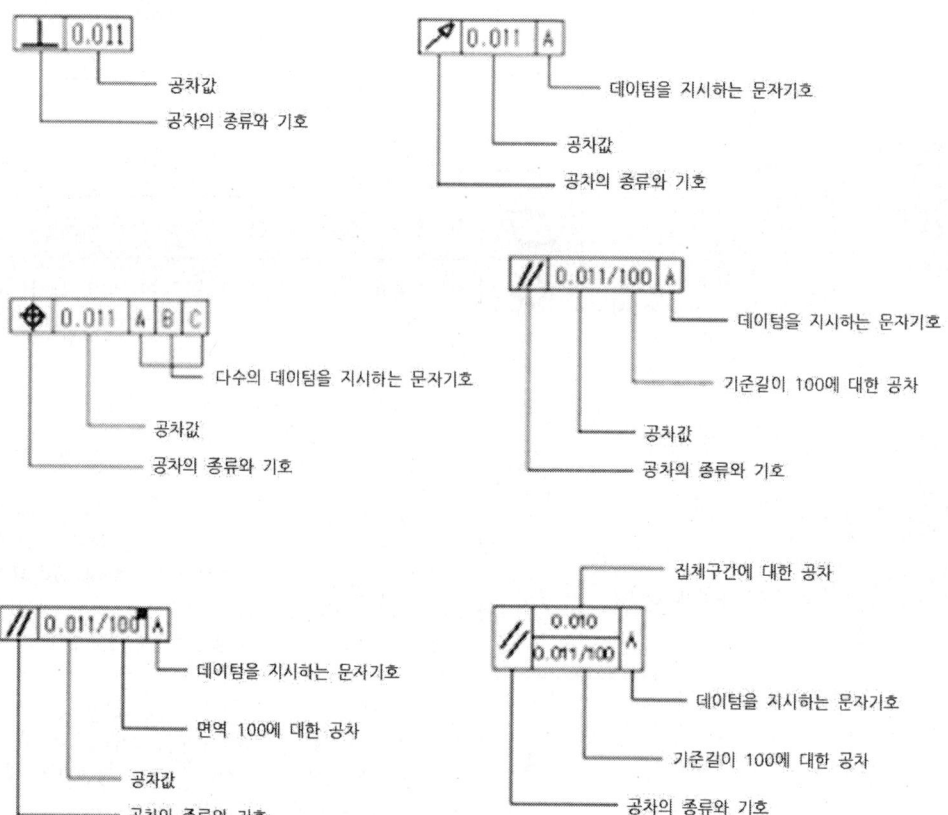

(4) 형상 공차 이해하기

다음 도면은 가공 제품의 도면이다. 도면에는 전장(410),내경(Φ70), 단차(60), 단차(30),내경(Φ80) 등으로 기준 치수에 치수공차가 부여되어 있고 치수 공차 이외의 기하공차가 표기되어 있다. 우선 데이텀 A는 직경이 Φ70이고 깊이 60인 원기둥의 축선을 기준으로 한다.

제일 처음의 기하공차는 형체의 가장 위쪽부분의 평면이다. 첫 번째 공차기호는 A(축선)를 기준으로 제일 윗부분의 평면부가 직각도 0.02mm 이내에 들어야 한다는 의미이다. 축선에 대하여 완벽한 직각 자세에 얼마나 접근시키는가를 규정하는 것이다. 다음 그림의 가장 아래 위치한 형상공차는 가장 아랫분분의 평면 부를 말한다. 하자만 데이텀 기준이 B로 설정되어 있기에 형상공차 중 동심도(동축도)를 이해하고 기입해야 한다. 동심도부분은 직경이 Φ80이고 깊이는 30인 원기둥의 축선을 기준으로 한다는 것이다. 기호의 의미는 윗면의 축선을 기준으로 아래쪽 부분의 축선에 대해 동축도가 0.012mm 이내에 들어와야 한다는

의미이며, 동심도라는 것은 평면도를 그리듯 윗면에서 바라보았을 때 윗면의 축선과 아랫면의 축선이 얼마나 일치 하였는가를 나타내는 것이다. 동심도가 서로 어긋나게 되면 반지름 방향으로 서로 멀어지게 된다. 축심의 변화이기에 Φ를 사용하는 것이 바람직하다. 공차 밑의 데이텀 기준 B는 아랫부분의 축선을 기준(데이텀)으로 지정한다는 것을 의미한다. 직각도는 축선 B를 기준(데이텀)으로 아래쪽 부분의 평면부분이 직각도 0.02mm 이내에 들어와야 한다는 의미이다.

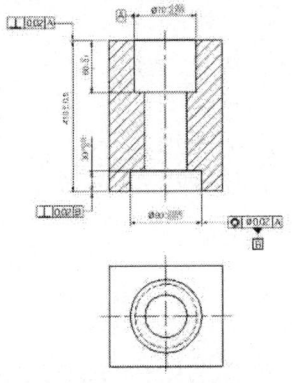

- **공차값의 비교**

  치수공차＞형상공차＞표면거칠기

연/습/문/제

01 억지 끼워 맞춤 시 축의 최소 허용치수에서 구멍의 최대허용치수를 뺀 값은?

① 최소 죔새 ② 최대 죔새
③ 최소 틈새 ④ 최대 틈새

02 기준치수가 30, 최대 허용치수가 29.96, 최소 허용치수가 29.94일 때 아래 치수 허용차는?

① -0.06 ② +0.06
③ -0.04 ④ +0.04

2.
29.94-30=-0.06

03 다음 끼워맞춤의 표시방법을 설명한 것 중 틀린 것은?

① ϕ20H7 : 직경이 20인 구멍으로 7등급의 IT 공차를 가짐
② ϕ20h6 : 직경이 20인 축으로 6등급의 IT 공차를 가짐
③ ϕ20H7/g6 : 직경이 20인 구멍으로 H7구멍과 g6급 축이 헐겁게 결합되어 있음
④ ϕ20H7/f6 : 직경이 20인 구멍으로 H7구멍과 f6급 축이 억지로 결합되어 있음

3.
H구멍과 ±축은 헐거운 끼워맞춤

04 40H7은 $40^{+0.025}_{0}$, 40G6은 $40^{+0.025}_{+0.009}$라고 할 때 40G7의 공차 범위는 얼마인가?

① $^{+0.009}_{0}$ ② $^{-0.009}_{-0.034}$
③ $^{+0.034}_{0}$ ④ $^{+0.034}_{+0.009}$

정답 01 ① 02 ① 03 ④ 04 ④

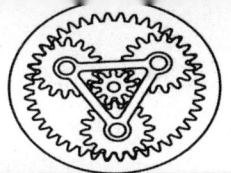

05 "구멍의 최대 허용치수-축의 최소 허용치수"가 나타내는 것은?

① 최소 틈새   ② 최대 틈새
③ 최소 죔새   ④ 최대 죔새

06 구멍 $50^{+0.025}_{0}$, 축 $50^{+0.050}_{+0.034}$로 기입된 끼워맞춤에서 최소 죔새는 얼마인가?

① 0.009   ② 0.025
③ 0.034   ④ 0.050

6.
0.034-0.025=0.009

07 최대허용치수가 100.004mm, 최소허용치수가 99.995mm이면 치수공차는 얼마인가?

① 0.001   ② 0.004
③ 0.005   ④ 0.009

7.
100.004-99.995=0.009

08 축의 지름이 $30^{+0.021}_{+0.012}$ 일 때 이 축의 치수공차는 얼마인가?

① 0.033   ② 0.021
③ 0.012   ④ 0.009

8.
0.021-0.012=0.009

09 구멍의 치수가 $\phi 30^{+0.025}_{-0}$, 축의 치수가 $\phi 30^{+0.020}_{-0.005}$일 때 최대 죔새는 얼마인가?

① 0.030   ② 0.025
③ 0.020   ④ 0.005

9.
0.02-0=0.02

| 정 답 | 05 ②   06 ①   07 ④   08 ④   09 ③ |

10 기하공차의 종류 중 모양 공차에 해당하지 않는 것은?

① 진직도 공차
② 평면도 공차
③ 평행도 공차
④ 원통도 공차

10.
자세공차:직각도, 평행도, 경사도

11 다음 기하공차의 부가기호 중 돌출 공차역을 나타내는 것은?

① Ⓟ
② Ⓜ
③ ⓠ
④ Ⓝ

12 다음 그림의 기하공차의 기호가 나타내는 것은?

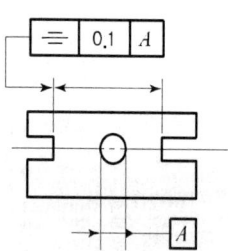

① 진직도
② 원통도
③ 동심도
④ 대칭도

정답 10 ③ 11 ① 12 ④

13 기준직선 A에 평행하고 지정길이 100mm에 대하여 0.01mm의 공차값을 지정할 경우 표시방법으로 옳은 것은?

① | A | 0.01 / 100 | // |
② | // | 100/ 0.01 | A |
③ | A | // | 100/ 0.01 |
④ | // | 0.01/ 100 | A |

14 기하공차의 기호 중 원통도를 나타내는 기호는?

① 　　②

③ ◯　　④ ◎

14.
② 위치도
③ 진원도
④ 동심도(동축도)

15 기하공차의 종류 중 모양 공차에 속하지 않는 기호는?

① ▱　　② ◯

③ ∠　　④

15.
① 평면도
② 진원도
③ 경사도(자세공차)
④ 선의 윤곽도

정답 13 ④ 14 ① 15 ③

CHAPTER 05 기계 요소 제도

1 나사(Screw)

(1) 규격
① 수나사(Bolt):외경
② 암나사(Nut):수나사의 외경

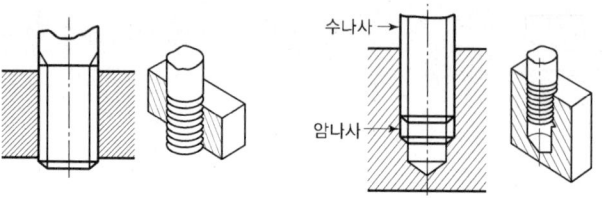

〈그림 5.1 수나사와 암나사의 조립도〉

(2) 나사 각부의 명칭
① 피치(Pitch):나사산과 산의 거리
② 리드(Lead):나사가 1회전할 때 나사산의 1점이 축방향으로 진행하는 거리
③ 유효경:나사산과 골의 폭이 같아지는 가상원의 직경

(3) 나사의 종류
① 미터 나사: 직경과 피치를 mm로 표시, 산의 각도는 60°, 크기는 피치로 나타낸다.
② 유니파이 나사: 나사의 직경을 inch로 표시, 산의 각도는 60°, 크기는 1inch 사이에 들어 있는 산의 수로 나타낸다.
③ 미니어처 나사: 정밀기계, 광학기계, 계측기, 시계, 전기기기 등에 사용되는 0.3~1.4mm 직경의 작은 나사로, 미터 나사에 따른다.
④ 관용 나사: 배관용 강관 나사로 1/16의 테이퍼로 되어 있고 산의 각도는 55°이다.
⑤ 사다리꼴 나사: 선반의 리드스크류 등 동력 전달용으로 사용된다. (30°:미터 나사, 29°:inch 나사)
⑥ 둥근 나사: 먼지, 모래 등이 들어가기 쉬운 접촉구에 사용된다.
⑦ 볼 나사: 축과 구멍에 볼을 넣어 마찰을 적게 한 나사로 수치 제어기계, 자동차에 사용된다.
⑧ 사각 나사: 프레스와 같은 큰 힘을 전달할 때 사용된다.
⑨ 톱니 나사: 바이스와 같이 축방향으로 힘을 전달할 경우에 사용된다.

구 분		나사의 종류		표시방법	나사의 호칭에 대한 표시방법의 보기
일반용	ISO 규격에 있는 것	미터 보통 나사		M	M8
		미터 가는 나사			M8 × 1
		미니어처 나사		S	S 05
		유니파이 보통 나사		UNC	3/8-16UNC
		유니파이 가는 나사		UNF	No. 8-36UNF
		미터 사다리꼴 나사		Tr	Tr10 × 2
		관용 테이퍼 나사	테이퍼 수나사	R	R3/4
			테이퍼 암나사	Rc	Rc3/4
			평행 암나사	Rp	Rp3/4
		관용 평행 나사		G	G1/2
	ISO 규격에 없는 것	30° 사다리꼴 나사		TM	TM18
		29° 사다리꼴 나사		TW	TW20
		관용 테이퍼 나사	테이퍼 나사	PT	PT7
			평행 암나사	PS	PS7
		관용 평행 나사		PF	PF7
특수 나사		후강 전선관 나사		CTG	CTG16
		박강 전선관 나사		CTC	CTC19
		자전거 나사	일반용	BC	BC3/4
			스포크용		BC2.6
		미싱 나사		SM	SM1/4산 40
		전구 나사		E	E10
		자동차용 타이어 밸브 나사		TV	TV8
		자동차용 타이어 밸브 나사		CTV	CTV8tks 30

(4) 나사의 호칭

① 미터나사:나사의 종류×수나사의 직경×피치

　　예 M 10×1.5

② 유나파이 나사:수나사의 직경×산의 수×나사의 종류

　　예 1/2-16 UNC

(5) 나사의 표시방법

① 나사산의 감긴 방향: 왼나사만 "왼, 좌, L"로 표시
② 나사산의 줄 수: 2줄 또는 3줄로 표시
③ 나사의 길이
　　㉠ 일반나사: 머리부분을 제외한 길이
　　㉡ 접시머리 나사: 머리부분을 포함한 전체 길이
④ 나사의 표면 정도 표시 및 리드 표시
⑤ 유효 나사부 길이 및 드릴직경, 깊이표시
⑥ 나사의 제도
　　㉠ 수나사의 외경, 암나사의 내경은 굵은 실선으로 그린다.
　　㉡ 수나사·암나사의 골지름은 가는 실선, 불완전 나사부의 경계선은 굵은 실선으로 그린다.
　　㉢ 암나사의 드릴구멍 끝부분은 120°가 되도록 굵은 실선으로 그린다.
　　㉣ 수나사와 암나사가 결합된 상태일 경우에는 수나사를 기준으로 그린다.
　　㉤ 단면으로 표시하고자 할 경우 수나사는 산 끝까지, 암나사는 나사의 내경까지 해칭한다.
　　㉥ 나사의 측면을 도시하고자 할 경우 골지름은 가는 실선으로 3/4의 원을 그린다.

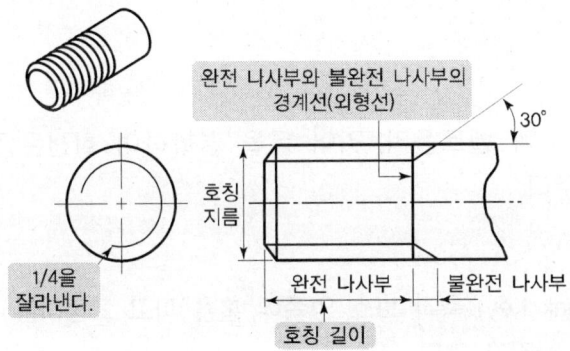

〈그림 5.2 수나사의 제도 방법〉

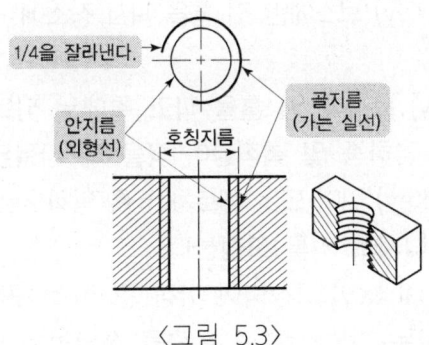

〈그림 5.3〉
암나사가 관통했을 때의 제도

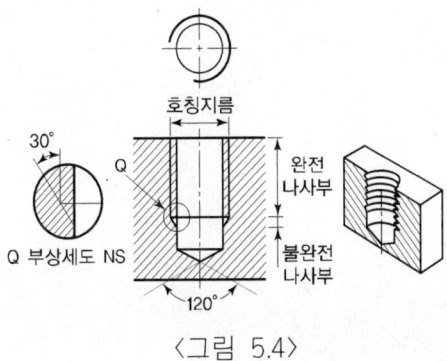

〈그림 5.4〉
암나사가 관통되지 않았을 때의 제도

2 키(Key)

동력을 전달하는 축에 벨트풀리, 기어 등을 결합하여 회전운동시키는 요소로, 1/100의 구배를 준다.

(1) 키의 종류

① 묻힘 키(Sunk Key):축과 보스 양쪽에 홈을 파고 고정하는 키로 평행키, 경사키, 머리붙이 경사키가 있다.

② 반달 키(Woodruff Key):반원 모양으로 축과 보스를 결합할 때 자동적으로 위치를 조정하는 키로 홈가공이 용이하고 작은 직경의 축과 경하중축에 사용된다.

③ 새들 키(Saddle Key):보스에만 키 홈을 파서 장소에 구애없이 마찰력으로 고정하는 키

④ 플랫 키(Flat Key):보스에 키 홈을 파고 축에는 키의 폭만큼 평편하게 깎아 고정하는 것으로 경하중 및 축직경이 작을 때 사용된다.

⑤ 페디키(Feather Key):기어 또는 벨트차가 축 방향으로 이동 가능할 때 사용하는 키로, 축에 작은 나사로 키를 고정한다.

⑥ 접선 키(Tangential Key):고정력이 가장 큰 키로 구배가 있는 2개의 키를 양쪽에서 고정 하는 방법으로 큰 동력을 전달하는 데 사용된다.

⑦ 스플라인 축(Spline Shaft):여러 개의 키를 만들어 붙인 형상의 축으로 큰 하중이 작용하는 곳에 사용된다.

(2) 키 홈 치수 기입법

키 홈은 국부 투상도를 사용하여 도시한다.

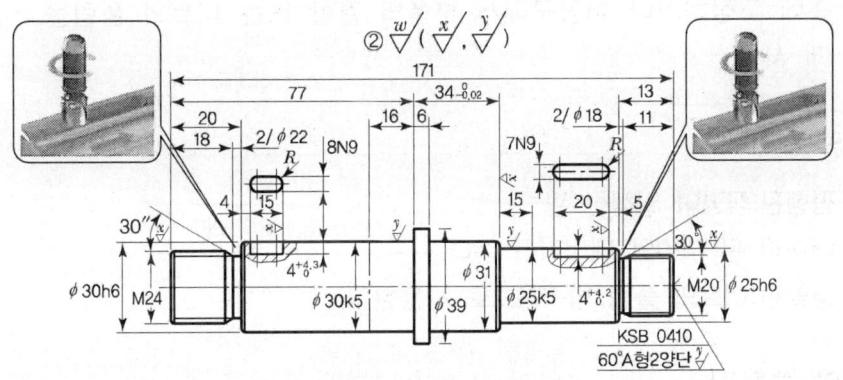

<그림 5.5>

<그림 5.6 엔드밀과 커터 공구를 사용한 묻힘키의 가공방법>

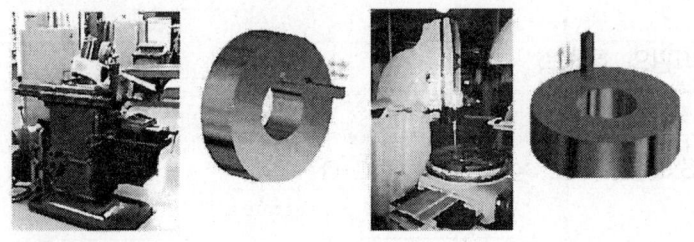

(a) 세이퍼 기계   (b) 슬로터 기계

(3) 키의 호칭법

종류, 폭×높이×길이, 재질
예) 평행키 25×14×80 SM20C

3 핀(Pin)

핸들을 축에 고정하거나 치공구에서 부품의 결합 또는 너트의 풀림을 방지할 때 사용

(1) 종류

① 평행핀:직경이 일정한 핀
② 테이퍼 핀:1/50의 테이퍼를 준다.
③ 분할핀:너트의 풀림 방지용으로 사용한다.

(2) 핀의 호칭법

종류, 직경×길이(분할핀은 핀 구멍의 직경으로 표시)
예) 평행핀 ϕ10m6×25 SM40C

① 평행핀의 호칭법

| 규격번호 또는 명칭 | 종류(끼워맞춤 기호) | 형식 | 호칭지름 × 길이 | 재료 |

예) 평행핀 h 7 B 8 × 50 STS 303 B

▶ 형식은 끝면의 모양이 납작한 것은 A, 둥근 것은 B로 한다.

② 테이퍼핀의 호칭법

| 규격번호 또는 명칭 | 등급 | 호칭지름 × 길이 | 재료 |

예) KS B 1322 2 × 20 SM 25C-Q

③ 분할핀의 호칭법

| 규격번호 또는 명칭 | 호칭지름 × 길이 | 재료 | 지정사항 |

4 베어링(Bearing)

(1) 베어링의 사용목적과 종류

회전하는 축의 마찰운동을 원활하게 하기 위하여 사용한다.

〈그림 5.7 베어링의 종류〉

▼ 베어링의 종류별 기호

니들 롤러 베어링		앵귤러 롤러 베어링	자동 조심 롤러 베어링	평면자리형 스러스트 볼 베어링		스러스트 자동 조심 롤러베어링
NA	RNA			NA	RNA	
吕	日	◇	吕	¦·¦	¦·¦·¦	◇

구름 베어링	깊은 홈 볼 베어링	앵귤러 볼 베어링	자동 조심 볼 베어링	원통 롤러 베어링				
				NJ	NU	NF	N	NN
+	。	゚。	◎	吕	吕	吕	吕	品

(2) 베어링 호칭번호의 구성 및 배열

① 베어링 계열기호:베어링 형식 및 치수계열
② 안지름 번호:안지름 번호가 04 이상인 것은 5배를 하여 안지름을 구한다.
③ 접촉각 기호:베어링 내·외륜의 접촉점을 연결하는 직선이 반지름 방향과 이루는 각도
④ 보조기호:형식 및 주요 치수 이외의 베어링 규격

  예 6205 ZZ
   62:단열 볼 베어링
   05:베어링 안지름 25mm(5×5=25mm)
   ZZ:보조기호로 양쪽 실드형

5 스프링(Spring)

(1) 종류
① 코일 스프링:인장, 압축
② 겹판 스프링
③ 원뿔 스프링
④ 볼류트 스프링

(2) 스프링 제도
① 일반적인 스프링 제도는 하중이 가해지지 않은 상태에서 그리며, 겹판 스프링은 스프링 판이 수평한 상태에서 그리는 것을 원칙으로 한다.
  하중이 가해진 상태에서 그려서 치수를 기입할 때는 하중을 명기한다.
② 하중과 높이(혹은 길이) 또는 휨과의 관계를 표시할 필요가 있을 때에는 선도 또는 표로 나타낸다. 이 선도는 사용상 지장이 없는 한 직선으로 표시한다.
  선도로 표시할 경우 하중과 높이(혹은 길이) 또는 휨을 나타내는 좌표축과 그 관계를 표시하는 선은 스프링을 표시하는 선과 같은 굵기의 선으로 그린다.
③ 도면에서 특별히 지시가 없는 스프링은 모두 오른쪽으로 감긴 것으로 표시하며, 왼쪽으로 감긴 경우에는 "감긴 방향 왼쪽"이라고 기입한다.
④ 도면에 기입하기 복잡한 것은 일괄하여 요목표에 기입한다.
⑤ 양 끝을 제외한 동일 모양 부분을 일부 생략하는 경우에는 생략한 부분을 가는 1점 쇄선으로 표시한다. 그러나 가는 2점 쇄선으로 표시하여도 좋다.
⑥ 스프링의 종류, 모양만을 도시할 경우에는 스프링 재료의 중심선을 굵은 실선으로 그린다. 단, 겹판 스프링에서는 스프링의 외형을 실선으로 그린다. 또 조립도, 설명도 등에서는 코일 스프링을 그 단면만 표시해도 좋다.

(3) 스프링 제도의 간략도

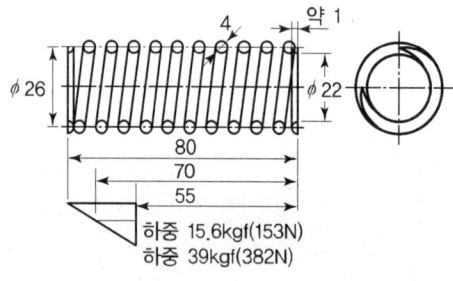

〈그림 5.8 압축 코일 스프링 제도〉

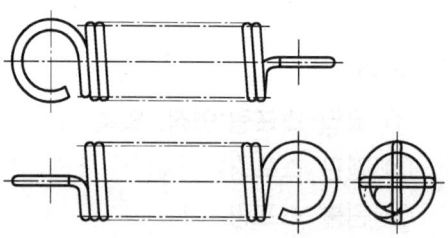

〈그림 5.9 인장 코일 스프링 제도〉

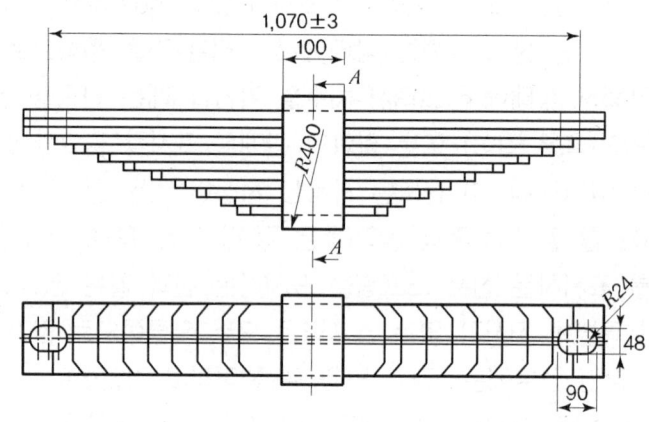

〈그림 5.10 겹판 스프링〉

6 벨트와 체인

축 간 거리가 먼 두 개의 축에 동력을 전달할 때는 벨트와 체인 및 로프를 사용한다.

(1) 벨트(Belt)

축 간 거리가 먼 두 개의 축에 동력을 전달하고자 할 때 사용되며, 평 벨트와 V형 벨트가 있으며 평 벨트는 단면이 직사각형 형태(b×h)로 되어 있고 V형 벨트는 단면이 사다리꼴의 형태로 각도는 40°±10′로, 일체형으로 되어 있다.

※ M형은 풀리의 홈이 1개일 때 사용

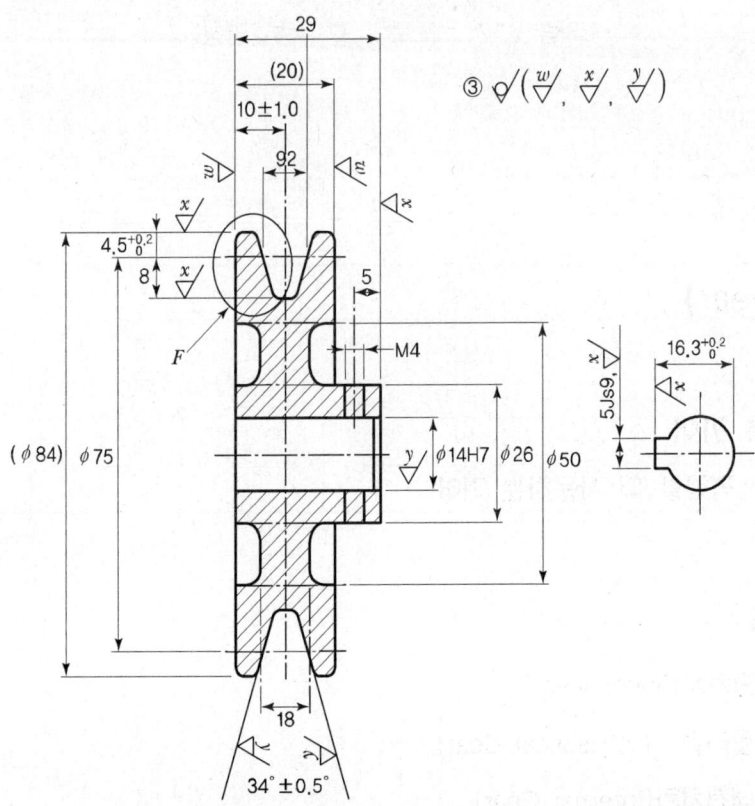

〈그림 5.11 V형 벨트〉

Ch 05 기계 요소 제도 273

(2) 체인

체인동력전달 장치는 벨트에 비해 미끄럼이 적은 기기에 사용한다.

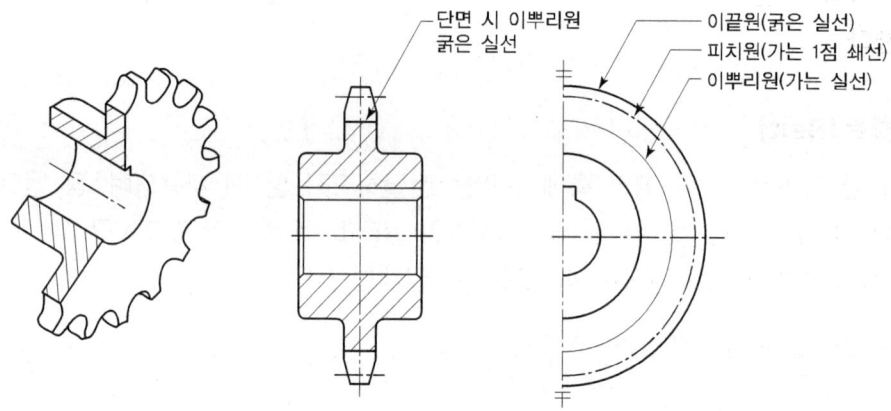

〈그림 5.12 스프로킷 휠 각부 명칭〉

7 기어(Gear)

(1) 평행축 기어

두 축이 평행할 때 사용하는 기어

1) 종류

① 평치차(Super Gear)

② 헬리컬 기어(Healical Gear)

③ 내접치차(Internal Gear)

④ 랙 기어(Rack Gear)

2) 기어 각부의 명칭

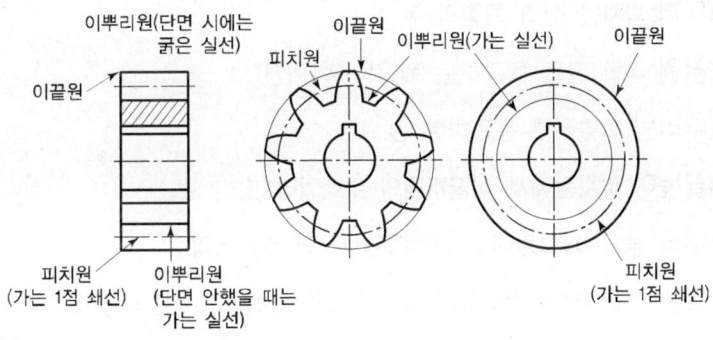

〈그림 5.13 평치차 각부 명칭〉

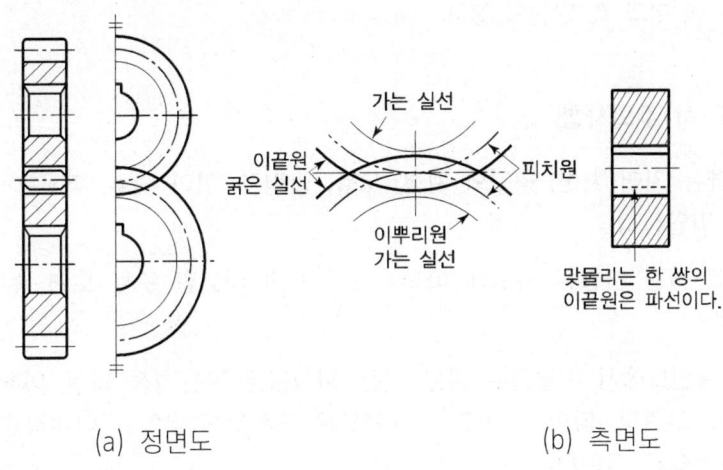

〈그림 5.14 결합된 평치차 각 부 명칭〉

① 피치원:축에 수직인 평면과 피치면이 교차하는 면
② 원주피치:피치원 상에서 하나의 치형면에 대응하는 상대 치형 간 원호의 길이
③ 이두께:피치원 상의 치형의 폭
④ 이끝원:이의 끝을 통과하는 원(기어의 외경)
⑤ 이뿌리원:이뿌리를 통과하는 원
⑥ 이끝높이:피치원에서 이끝까지의 수직거리
⑦ 이뿌리 높이:피치원에서 이뿌리원까지의 수직거리
⑧ 유효높이:한 쌍의 기어에서 물리고 있는 이높이 부분의 길이
⑨ 총 이높이:이의 전체 높이
⑩ 클리어런스:이뿌리원에서 상대기어의 이끝원까지의 거리
⑪ 뒤 틈:한 쌍의 기어가 물렸을 때 치형면 간의 간격
⑫ 이 폭:이의 축 단면의 길이

✔ 기어 제도 시 주의사항

- 요목표에는 기어 치형, 공구의 치형, 모듈, 압력각, 기어 잇수, 피치원 지름 등을 반드시 기입한다.
- 열처리에 관한 사항은 필요에 따라서 요목표의 비고란 또는 도면 속에 적당히 기입한다.
- 기어의 측면도에서 이끝원은 굵은 실선, 피치원은 가는 1점 쇄선, 이뿌리원은 가는 실선으로 그린다. 다만, 정면도를 단면으로 표시할 경우에는 이뿌리원은
  굵은 실선으로 그린다.
  특히, 베벨기어 및 웜 기어의 측면도에서는 이뿌리원은 생략한다.
- 헬리컬 치차의 잇줄 방향은 3개의 가는 실선으로 그리되, 스파이럴 베벨기어 및 하이포이드 기어에서는 1개의 굵은 실선으로 그린다.
- 맞물리는 한 쌍의 기어에서 측면도의 이끝원은 굵은 실선으로 그리고, 정면도를 단면했을 때는 한 쪽 기어의 이끝원을 파선(숨은선)으로 그린다.

3) 기어의 크기

① 원주피치($C \cdot P$): $C \cdot P = \dfrac{\pi \times 피치원\ 직경}{잇수} = \dfrac{\pi d}{z}$

② 모듈(m): $m = \dfrac{피치원직경}{잇수} = \dfrac{d}{z}$

③ 피치원 직경($D \cdot P$): $D \cdot P = \dfrac{잇수}{피치원직경} = \dfrac{z}{d('')} = \dfrac{25.4z}{d(\text{mm})}$

※ 모듈과 원주피치 및 피치원 직경과의 관계

$$m = \dfrac{C \cdot P}{\pi},\ D \cdot P = \dfrac{25.4}{m}$$

4) 치형

치형의 종류에는 인볼류트 치형과 사이크로이드 치형이 있으나 인볼류트 치형을 가장 많이 사용한다.

※ 표준치형의 압력각:14.5°, 15°, 20°

5) 평 치차(Super Gear)

평행한 두 축 사이에 회전운동을 전달할 때 사용되며 이끝은 직선이다.

① 외접기어:원통의 바깥쪽에 이를 만든 것으로 두 축의 회전방향이 서로 반대이다.

② 내접기어:원통의 안쪽에 이를 만든 것으로 두 축의 회전방향이 서로 같다.

③ 래크기어:피치원이 무한대로 된 직선형 이의 기어로 회전운동을 직선운동으로 변환시키는 데 사용

④ 피니언 기어:한 쌍의 기어에서 잇수가 적은 기어

6) 표준기어

피치원상의 이의 두께가 원주피치의 1/2이 되는 기어

7) 스퍼 기어의 제도

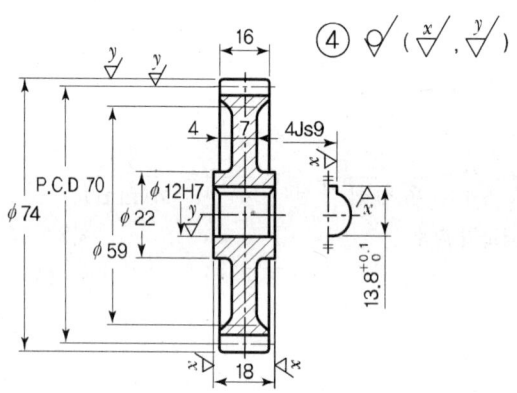

스퍼 기어 요목표	
품번	4
기어치형	표준
치형	보통이
모듈	2
압력각	20°
잇수	35
피치원지름	$\phi 70$
전체 이높이	4.5
다듬질방법	호브절삭
정밀도	KS B 1405.5급

치수 및 요목표 기입 내용
㉠ 기어치형:기어의 모양을 기입(표준기어 등)
㉡ 공구:치형, 모듈, 압력각을 기입
㉢ 잇수
㉣ 기준피치원 지름
㉤ 이 두께

8) 헬리컬 기어

기어의 이를 나선형으로 만들어 고속 중하중의 전동용으로 큰 감속을 얻을 때 사용한다.

① 치형의 크기

㉠ 축직각 방식:축의 직각방향에서 측정한 이의 크기로, 축직각 원주피치와 축직각 모듈로 이의 크기를 표시한다.

㉡ 치직각 방식:이의 직각 방향에서 측정한 이의 크기로, 치직각 원주피치와 축직각 모듈로 이의 크기를 표시한다.

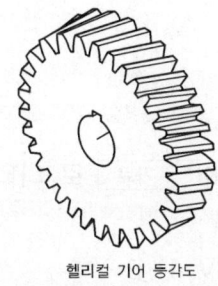
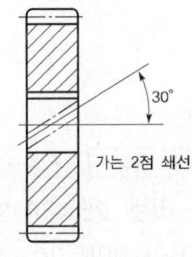

헬리컬 기어 등각도

(2) 베벨기어(Bevel Gear)

서로 교차하는 두 축 사이의 동력을 전달하고자 할 때 사용되며
일반적으로 90°가 많이 사용된다.

베벨기어 각부의 명칭
① 피치원 직경, 피치, 이높이 등 이부의 치수는 외단에서 측정한 최대치로 표시한다.
② 피치 원추각 : 피치 원추의 모선과 축이 이루는 각
③ 이끝 원추각 : 이끝 원추의 모선과 축이 이루는 각
④ 이뿌리 원추각 : 이끝 원추의 모선과 축이 이루는 각
⑤ 이끝각 : 이끝 원추의 모선과 피치 원추의 모선이 이루는 각
⑥ 이 뿌리각 : 이뿌리 원추의 모선과 피치 원추의 모선이 이루는 각
⑦ 원추거리 : 피치 원추의 모선을 따라 꼭지각까지의 거리

(3) 두 축이 평행하지도 교차하지도 않는 경우의 기어

1) 하이포이드 기어

스파이럴 베벨기어와 유사한 기어로서 자동차에 많이 사용된다.

2) 나사기어

이를 나선형으로 만든 기어

3) 웜(Worm) 기어

나사 형상을 한 기어에 물리는 상대기어 웜 휠(Worm Wheel)의 조합으로
운전이 원활하고 감속비가 커서 감속 장치에 사용된다.

• 웜 기어의 제도
요목표에 치직각식과 축직각식을 구별하여 기입하고 웜 및 웜 휠의 줄 수 및
방향을 기입한다.

8 리벳

(1) 리벳의 호칭방법

리벳의 호칭은 리벳의 종류 지름 × 길이 재료 로 나타낸다.

예) 열간 둥근 머리 리벳 25×36 SBV34
보일러용 둥근 머리 리벳 20×40 SBV 41 B

(2) 리벳 이음의 제도

① 리벳을 나타낼 때에는 기호로 표시한다.

▼ 리벳의 기호

구분		둥근 머리 리벳	접시머리 리벳					납작머리 리벳			둥근 접시머리 리벳		
종별													
기호 화살표 방향에서 봄	공장 리벳	○	◎	◉	⊘	◉	⊘	⊘	○	⊘	⊗	◎	⊗
	현장 리벳	●	⦿	⦿	⦿	⦿	⦿	⦿	⦿	⦿	⦿	⦿	⦿

② 같은 피치로 연속되는 같은 크기의 리벳구멍 표시는 구멍 개수, 구멍 크기, 피치, 처음 구멍과 마지막 구멍 사이의 총 길이를 기입한다. 처음 구멍과 마지막 구멍 간의 거리치수는 피치의 수×피치=전체 치수로 기입한다.

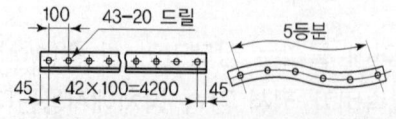

같은 간격의 구멍 배치

③ 리벳의 위치만을 표시할 때에는 중심선만을 그으면 된다.

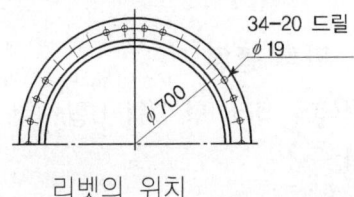

리벳의 위치

④ 리벳은 절단하여 표시하지 않는다.

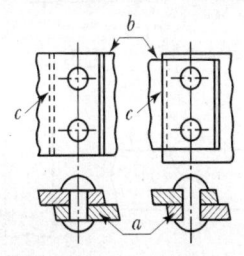

(a) 바름   (b) 틀림

리벳 이음의 단면

9 용접

(1) 용접의 장단점

리벳 이음과 비교했을 때 용접 이음의 장단점은 다음과 같다.

① 설계가 자유롭고, 무게를 가볍게 할 수 있다.
② 작업공정 수를 줄일 수 있다.
③ 작업이 능률적이어서 제작속도가 빠르다.
④ 이음효율이 높다.
⑤ 잔류응력이나 수축 변형을 수반한다.
⑥ 고도의 기술력을 필요로 한다.

(2) 용접 기호

1) 모재 이음의 형식에 따른 종류

용접할 재료의 이음 형식에 따라 I형, V형, U형, J형, K형, ∨형 등과 같은 여러 종류가 있다.

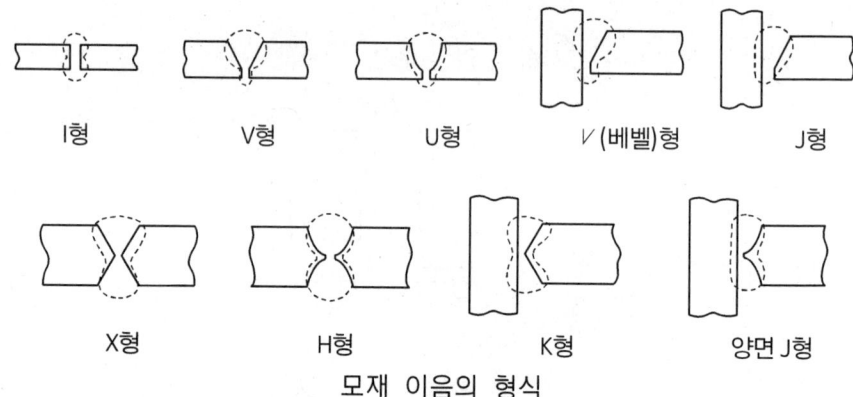

모재 이음의 형식

▼ 용접기호 및 기입보기(KS B 0052)

용접부		실제 모양	도면표시
I형 홈 용접	루트 간격 2mm		
V형 홈 용접	판의 두께 9mm 홈의 깊이 16mm 홈의 각도 60° 루트 간격 2mm		
X형 홈 용접	홈의 깊이 화살 쪽 16mm 화살 반대쪽 9mm 홈의 각도 화살 쪽 60° 화살 반대쪽 90° 루트 간격 3mm		

▼ 용접기호 및 보조기호

아크용접과 가스용접					보조기호			
용접의 종류		기호	용접의 종류	기호	구분		기호	비고
버트 용접 및 그루브	I형	||	필릿 용접	연속	용접부의 표면모양	평탄	—	기선에 대하여 평행
	V형			단속		볼록	⌒	기선의 바깥쪽을 향하여 볼록
	X형			연속(병렬)		오목	⌣	기선의 바깥쪽을 향하여 오목
	U형			단속(병렬)	용접부의 다듬질 방법	치핑	C	다듬질 방법을 특히 구별하지 않을 때는 F로 한다.
	H형					연삭	G	
	V(베벨)형			단속(지그재그)		절삭	M	
	K형							
	J형		플러그 용접		현장 용접			
	양면 J형		비드 용접		전둘레 용접			전 둘레 용접이 분명할 때는 생략하여도 좋다.
			덧살올림 용접		전둘레 현장 용접			
			스폿용접 심용접					

연/습/문/제

01 미터나사(Metric Thread)에서 사용하는 나사산의 각도는?

① 30°　　　　　　　　② 45°
③ 50°　　　　　　　　④ 60°

02 나사의 도시법에 대한 설명 중 틀린 것은?

① 수나사의 바깥지름과 암나사의 안지름은 굵은 실선으로 그린다.
② 불완전 나사부와 완전 나사부의 경계선은 굵은 실선으로 표시한다.
③ 수나사의 골지름과 암나사의 바깥지름은 굵은 실선으로 그린다.
④ 암나사 탭 구멍의 드릴 자리는 120°의 굵은 실선으로 그린다.

03 호칭 치수 3/8인치, 1인치 사이에 24산의 유니파이 가는 나사의 도시법은?

① $\frac{3}{8}$ UNC 24　　　　② $\frac{3}{8}$-24 UNF

③ $\frac{3}{8}$ UNF 24　　　　④ $\frac{3}{8}$-24 UNC

04 다음 나사의 도시법 중 옳은 것은?

① 수나사와 암나사의 골은 굵은 실선으로 그린다.
② 암나사 탭구멍의 드릴 자리는 60°의 굵은 실선으로 그린다.
③ 완전 나사부와 불완전 나사부의 경계선은 굵은 실선으로 그린다.
④ 가려서 보이지 않는 부분의 나사부는 가는 1점 쇄선으로 그린다.

정답　01 ④　02 ③　03 ②　04 ③

05 호칭지름 40mm, 피치가 6mm인 1줄 미터 사다리꼴 왼나사를 표시하는 방법은?

① Tr40×6L ② Tr40×6P
③ Tr40×6H ④ Tr40×6LH

06 나사 제도방법에 대한 설명 중 틀린 것은?

① 수나사의 바깥 지름은 굵은 실선으로 한다.
② 수나사와 암나사의 골은 가는 실선으로 한다.
③ 완전 나사부와 불완전 나사부와의 경계를 표시하는 선은 굵은 실선으로 한다.
④ 암나사의 안지름은 가는 실선으로 한다.

6.
암나사의 안지름은 굵은 실선으로 한다.

07 나사의 종류를 표시하는 기호이다. ISO 규격의 관용 평행나사를 나타내는 기호는?

① M ② R
③ G ④ E

7.
• M:미터 보통나사
• R:관용 테이퍼 수나사

08 용접부의 도시법에 대한 설명 중 틀린 것은?

① 설명선은 기선, 화살, 꼬리로 구성되고 기선은 필요 없으면 생략해도 좋다.
② 화살표는 필요하다면 기선의 한쪽 끝에 2개 이상을 붙일 수 있다.
③ 기선은 보통 수평선으로 하고, 기선의 한쪽 끝에는 화살표를 붙인다.
④ 화살표는 기선에 대하여 되도록 60°의 직선으로 한다.

8.
용접부의 설명에 기선은 반드시 포함되어야 한다.

| 정답 | 05 ④ | 06 ④ | 07 ③ | 08 ① |

09 롤링 베어링 호칭번호가 60 26 P6일 때 안지름의 값은 몇 mm인가?

① 100　　② 120
③ 130　　④ 140

9.
26×5=130

10 베어링 기호 NA4916V에 대한 설명 중 틀린 것은?

① NA:니들 베어링　　② 49:치수계열
③ 16:안지름 번호　　④ V:접촉각 기호

10.
V:유지기 없음

11 다음 그림은 구름베어링의 형식기호이다. 어떤 베어링을 나타내는가?

믐

① 니들 롤러 베어링
② 원뿔 롤러 베어링
③ 원통 롤러 베어링
④ 스러스트 롤러 베어링

12 아래 그림에서 앵귤러 볼 베어링을 나타내는 것은?

①　②
③　④

정답　09 ③　10 ④　11 ③　12 ④

13 구름 베어링 제도에서 상세한 간략도시방법 중 그림과 같은 베어링은?

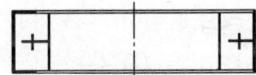

① 단열 롤러 베어링
② 단열 깊은 홈 볼 베어링
③ 스러스트 볼 베어링
④ 단열 원통 롤러 베어링

14 베어링의 호칭이 6026P6이다. P6이 가리키는 것은?

① 등급기호
② 안지름 번호
③ 계열번호
④ 치수계열

14.
베어링 등급
• 보통급:무기호
• 상급:H
• 정밀급:P
• 초정밀급:SP

15 베어링 호칭기호가 6310ZNR이다. 각부의 뜻을 틀리게 표시한 것은?

① 63:베어링 계열 기호
② 10:안지름 번호
③ Z:실드 기호
④ NR:틈 기호

15.
• Z:실드기호(한쪽 실드)
• NR:궤도륜 모양 기호 (스냅링붙이)

16 스프링 도시에 대한 설명 중 틀린 것은?

① 스프링은 원칙적으로 무하중 상태에서 도시한다.
② 스프링의 모양이나 종류만 도시하는 경우에는 스프링 재료의 중심선을 굵은 2점 쇄선으로 그린다.
③ 하중과 높이 또는 처짐과의 관계를 표시할 필요가 있는 경우에는 선도 또는 표로 표시한다.
④ 특별한 단서가 없는 한 모두 오른쪽 감기로 도시한다.

16.
스프링의 모양이나 종류만을 도시하는 경우에는 중심선을 굵은 실선으로 그린다.

정답   13 ③   14 ①   15 ④   16 ②

17 코일 스프링(Coil Spring)을 그리는 방법으로 옳은 것은?

① 원칙적으로 하중이 걸린 상태에서 그린다.
② 특별한 단서가 없는 한 모두 왼쪽 감기로 그린다.
③ 중간 부분을 생략할 때에는 생략한 부분을 가는 실선으로 그린다.
④ 스프링의 종류 및 모양만을 도시하는 경우에는 중심선을 굵은 실선으로 그린다.

17.
코일스프링은 특별한 단서가 없는 한 오른쪽 감기로 그린다.

18 스프링의 제도방법으로 틀린 것은?

① 코일스프링은 하중이 가해지지 않은 상태에서 그리는 것을 원칙으로 한다.
② 겹판스프링의 모양만을 도시할 때에는 스프링의 외형을 가는 1점 쇄선으로 그린다.
③ 도면에서 지시가 없는 코일스프링은 모두 오른쪽으로 감은 것을 나타낸다.
④ 코일 스프링의 간략도는 스프링 재료의 중심선을 굵은 실선으로 그린다.

18.
겹판스프링은 상용하중 시 스프링의 외형을 실선으로 나타내며,
무하중상태의 모양은 2점 쇄선으로 나타낸다.

19 코일 스프링의 도시방법으로 적합한 것은?

① 모양만을 도시할 때는 스프링의 외형을 가는 파선으로 그린다.
② 특별한 단서가 없는 한 모두 왼쪽 감기로 도시한다.
③ 중간 부분을 생략할 때는 생략한 부분을 가는 1점 쇄선 또는 가는 2점 쇄선으로 도시한다.
④ 원칙적으로 하중이 걸린 상태에서 도시한다.

정답 17 ④ 18 ② 19 ③

20 스프로킷 제도 시 바깥지름은 어떤 선으로 도시하는가?

① 굵은 실선　　　　② 가는 실선
③ 굵은 파선　　　　④ 가는 1점 쇄선

21 축방향에서 본 기어의 도시에서 원칙적으로 이뿌리원을 생략하여 그리는 기어는?

① 스퍼기어　　　　② 헬리컬기어
③ 베벨기어　　　　④ 나사기어

22 기어를 그릴 때 사용되는 선의 설명으로 틀린 것은?

① 잇봉우리원(이끝원)은 굵은 실선으로 그린다.
② 피치원은 가는 1점 쇄선으로 그린다.
③ 이골원(이뿌리원)은 가는 실선으로 그린다.
④ 잇줄 방향은 통상 3개의 굵은 실선으로 그린다.

22.
헬리컬 치차의 잇줄 방향은 3개의 가는 실선으로 나타낸다.

23 모듈 6, 잇수 $Z_1=45$, $Z_2=85$, 압력각 14.5°의 한 쌍의 표준기어를 그리려고 할 때, 기어의 바깥지름 D_1, D_2를 얼마로 그리면 되는가?

① 282mm, 522mm　　　② 270mm, 510mm
③ 382mm, 622mm　　　④ 280mm, 610mm

23.
$D_1=mZ_1=6\times45=270$
$D_2=mZ_2=6\times85=510$
$D_{k1}=m(Z+2)=6(45+2)$
　　$=282$
$D_{k2}=m(Z+2)=6(85+2)$
　　$=522$

24 축 방향으로 본 단면으로 도시할 때 기어의 이뿌리원을 그리는데 사용되는 선의 종류는?

① 가는 1점 쇄선　　　② 가는 파선
③ 가는 실선　　　　　④ 굵은 실선

24.
우측면도의 이뿌리원은 가는 실선으로 그린다.

정 답　20 ①　21 ③　22 ④　23 ①　24 ③

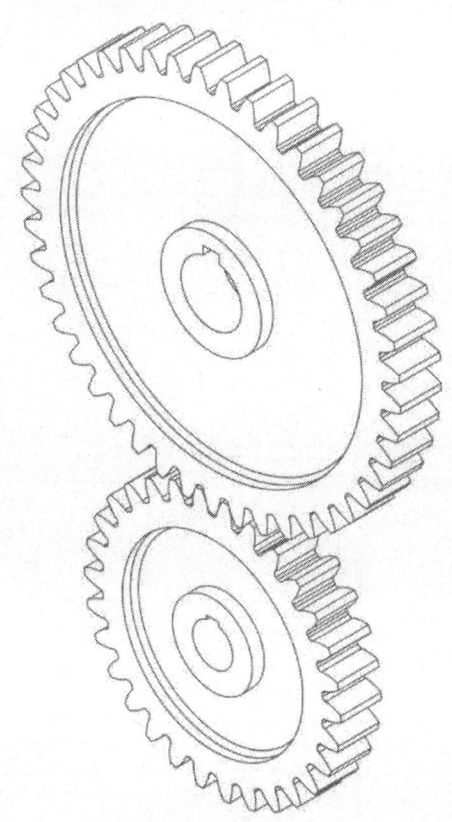

기계설계

제 1 장   재료의 강도와 성질
제 2 장   결합용 기계요소
제 3 장   축과 축이음
제 4 장   베어링
제 5 장   동력전달장치
제 6 장   스프링
제 7 장   브레이크
제 8 장   파이프와 밸브

CHAPTER 01 재료의 강도와 성질

1 하중의 구분

(1) 하중의 작용방식에 의한 분류
① **축하중**: 하중의 작용선이 축선에 일치하는 하중으로 인장하중과 압축하중이 있다.
② **전단하중**: 작용선이 축선에 직각으로 작용하는 하중
③ **비틀림하중**: 축심에서 떨어져 작용하여 모멘트를 발생하는 하중
④ **굽힘하중**: 하중의 작용선이 축선과 직각을 이루어 모멘트를 발생할 시의 하중

(2) 하중 변화상태에 의한 분류
① 정하중

시간에 대한 하중의 변화가 없거나 변화를 무시할 수 있는 하중

② 동하중

㉠ 반복하중: 두 종류의 힘이 변화 없이 반복적으로 작용하는 하중

㉡ 교번하중: 하중의 크기와 방향이 동시에 주기적으로 변하는 하중

㉢ 충격하중: 하중이 순간적으로 작용하는 하중

㉣ 이동하중: 하중이 이동하면서 작용하는 하중

(3) 하중의 분포상태에 따른 분류
① 집중 하중

하중이 한 곳에 집중하여 작용하는 하중

② 분포 하중

하중이 특정면적에 분포하여 작용하는 하중

㉠ 균일분포 하중

㉡ 불균일분포 하중

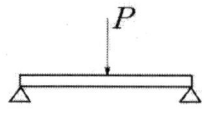 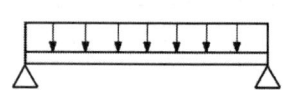 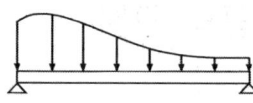

(a) 집중 하중   (b) 균일 분포 하중   (c) 불균일 분포 하중

〈그림 1.1 하중의 분포 상태에 따른 분류〉

2 응력(Stress)

물체에 하중이 작용하면 가상단면을 잘랐을 때 가상단면에는 그 물체를 구성하고 있는 분자 사이에 하중에 대한 저항력이 발생하는데 단위면적당의 저항력을 응력(Stress)이라 한다.

(1) 응력의 종류

① 수직응력: 단면에 수직하게 생기는 것. 인장, 압축 응력이 이에 속한다.
② 전단응력: 하중이 축선에 직각으로 작용하는 하중

3 변형률(Strain)

재료에 하중이 작용하면 응력이 발생하여 이에 따른 치수의변화도 발생한다. 이 변형과 원래 치수와의 비를 변형률이라 한다.

(1) 변형률의 종류

1) 종(세로) 변형률(ε)

$$\varepsilon = \frac{l' - l}{l} = \frac{\delta}{l}$$

l': 변형 후의 길이, l: 원래의 길이, δ: 종변화량

2) 횡(가로) 변형률(ε')

$$\varepsilon' = \frac{d-d'}{d} = \frac{\delta'}{d}$$

d: 원래의 지름, d': 변형후의 지름, δ': 횡변화량

3) 전단 변형률(γ)

$$\gamma = \frac{\delta}{l}[rad]$$

(2) 후크의 법칙과 탄성률

1) 후크의 법칙

비례한도 범위 내에서 응력과 변형은 비례하는 것을 말한다.

① 종탄성계수

$\sigma = E\varepsilon$

E = 종탄성계수

강의 종탄성 계수는 약 $2.1 \times 10^4 [kg/mm^2]$이다. 최초의 길이 l, 단면적 A, 재료의 종변형량을 δ라 하고 재료에 인장 또는 압축 하중 P를 가했다면,

$\sigma = E\varepsilon$

$\dfrac{P}{A} = E\dfrac{\delta}{l}$ 그러므로 $\delta = \dfrac{Pl}{AE}$

② 횡(가로) 탄성계수

$\tau = G\gamma$

비례상수 G를 가로탄성계수 또는 전단탄성계수라고 하며
강의 가로탄성계수는 약 $0.81 \times 10^4 [kg/mm^2]$이다.

(3) 재료의 성질

1) 열응력

온도의 변화에 따라 재료는 늘어나거나 줄어들거나 하는데 이러한 변형을 억제하면 재료 내부에는 응력이 발생한다. 이러한 응력을 열응력이라 한다.

① 온도를 $t[℃]$까지 올렸을 때, 만일 막대가 자유로이 늘어날 수 있다면 δ만큼 늘어나서 l'로 된다. 따라서 $\delta = l' - l = l\alpha \triangle T$이다.

② 강체를 고정하였을 때 온도가 내려갈 때는 인장 열응력이 생기고, 올라갈 때는 압축 열응력이 생긴다. 따라서 $\sigma = E\alpha \triangle T$이다.

2) 응력 집중

구멍이나 노치, 단이 있을 시 국부적으로 큰 응력이 생기는 현상

① 응력 집중의 정도는 최대 응력($\sigma_{\max}$)과 평균 응력(σ_{av})의 비로 나타내며 형상 계수(a_k)라 한다.

$$\sigma_{\max} = a_k \sigma_{av}$$

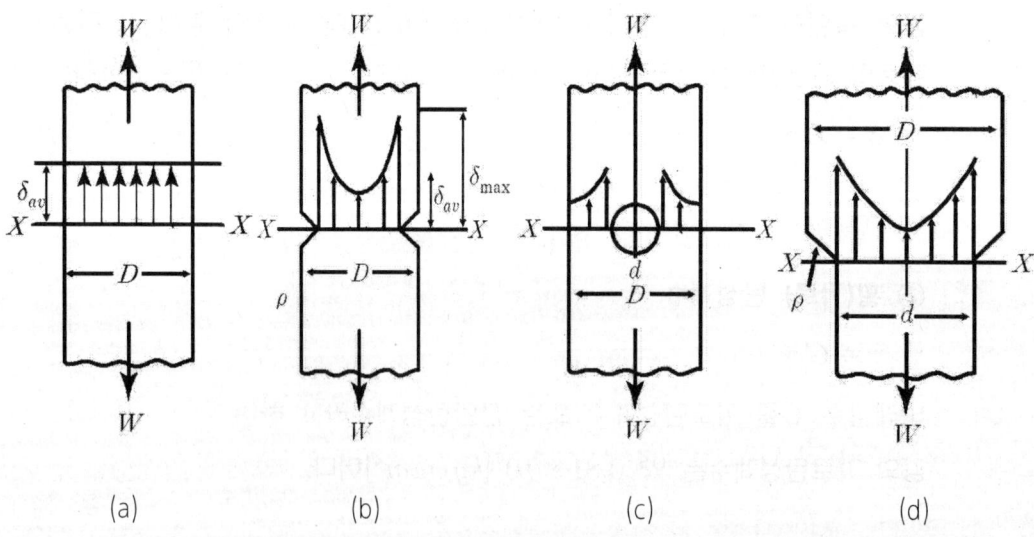

〈그림 1.2 응력 집중〉

(3) 피로 한도

① 피로 파괴: 피로에 의하여 파괴되는 것을 말한다.
② 피로 한도: 파괴를 일으키기까지의 반복횟수가 증가하면 피로한도는 감소하게 되는데, 응력이 일정한 값에 도달하면 곡선이 이미 수평으로 되어 반복 횟수를 아무리 늘려도 파괴되지 않게 된다(10^6).

(4) 크리프

금속이 고온에서 일정한 하중이 작용하는 시간에 따라 그 변형이 증가되는 현상이다.

● 크리프 한도

일정한 온도하에서 어떤 정해진 시간 내에 크리프 변형을 일으키는 일 없이 재료가 지탱할 수 있는 최대 응력

(5) 사용 응력과 허용 응력

기계나 구조물이 안전하기 위해서는 그것에 생기는 응력이 탄성 한도를
넘지 않아야 한다. 그러므로 탄성한도 이내의 응력이 작용하도록 하여야 한다.

① 사용 응력: 기계나 구조물을 실제로 사용할 때 각 부분에 생기는 응력
② 허용 응력: 기계나 구조물을 설계 시 각 부에서 생기는 응력이 허용 응력 이내라면 안전하다고 허용되는 최댓값
  ㉠ 허용 응력은 사용 재료와 그 치수 결정의 기초가 된다.
  ㉡ 극한 강도를 σ_u, 허용 응력을 σ_a, 사용 응력을 σ_w라 하면 다음이 성립된다.

$$\sigma_u > \sigma_a \geq \sigma_w$$

(6) 안전율(S)

허용응력과 극한강도 또는 사용응력과 극한강도의 비를 안전율이라 한다.

$$S(허용) = \frac{극한강도}{허용응력} \quad S(사용) = \frac{극한강도}{사용응력}$$

◉ 극한강도는 인장강도라고 하며 반복하중일 때는 극한강도, 피로강도가 크리프일 때는 크리프한도라 한다.

CHAPTER 02 결합용 기계 요소

기계 부품 중에서 볼트, 너트, 키, 핀, 코터 등과 같이 2개 이상의 부분을 결합하기 위하여 사용하는 기계부품을 결합용 기계 요소라 한다.

1 나사의 원리

(1) 나사곡선

- 산과 골
- **나사산** : 봉우리 부분
- **골** : 낮은 홈 부분

- 수나사 및 암나사
- **수나사**(볼트) : 원통 표면에 나사산이 있는 것
- **암나사**(너트) : 속이 빈 원통의 안쪽에 나사가 있는 것

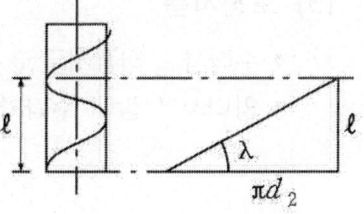

- 감긴 방향
- **오른나사** : 수나사(볼트)를 오른쪽으로 회전할 때 전진하는 나사(일반적인 나사)
- **왼나사** : 수나사(볼트)를 왼쪽으로 회전할 때 전진하는 나사
  (왼나사의 경우 좌 또는 L로 표기함)

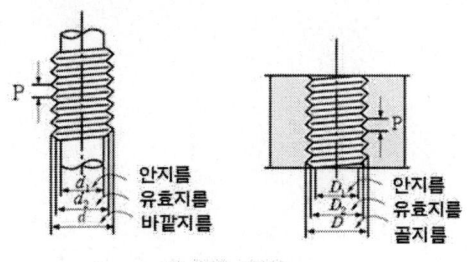

나사의 명칭

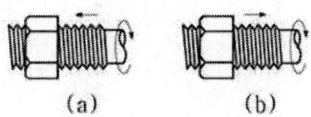

오른나사(a)와 왼나사(b)

(2) 피치와 줄수 및 리드

- 피치 : 나사산과 다음 나사산과의 거리를 피치라 한다.
- 리드(lead) : 나사가 1회전하여 축방향으로 이동한 거리
  $$\ell = np$$
  ℓ : 리드, n : 줄수, p : 피치
- 줄수 : 보통 나사는 한줄 나사가 많으나 회전수를 적게 하고, 빨리 풀거나 빨리 죌 때는 n중 나사를 사용한다.
  한줄 나사일 때는 리드가 피치와 같다.

(3) 호칭지름

- 수나사 : 바깥지름
- 암나사 : 상대 수나사의 바깥지름 (골지름)

(4) 유효지름

나사홈의 높이가 나사산의 높이와 같이 되도록 한 가상적인 원통 또는 원뿔의 지름이며 피치지름이라고도 한다.

2 나사의 종류

나사산의 종류는 체결용 나사와 운동용 나사로 구분하며, 체결용 나사는 삼각나사이다.

(1) 삼각 나사

단면 모양이 삼각형인 나사, 체결용으로 사용한다.

■ 미터 나사
나사산의 각도는 60°, 크기 표시는 피치를 [mm]로 나타낸다.
같은 지름이라도 미터 가는 나사와 미터 보통 나사로 나누어진다.
가는 나사는 지름에 대한 피치가 짧은 것으로서 호칭 지름은 같고 촘촘하므로 진동이 심한 부분의 체결용으로 사용한다.

■ 유니파이 나사(ABC 나사)
미국, 영국, 캐나다의 3국 협정에 의해 만들어진
나사로 나사산의 각도는 60°이며, 크기 표시는 인치당 나사산 수로 표시한다.

예 - 1 $\frac{1}{3}'' - 20\,UNF - 2A$를 설명하여라.

☞ 나사의 지름 $\frac{1}{3}$인치, 산의 수 20 유니파이 가는나사(UNF),
나사정밀도 2급 수나사(2A)

(2) 운동용 나사

■ 사각 나사
축방향에 큰 하중을 받아 운동을 전달한다.

■ 사다리꼴 나사(애크미 나사, 재형 나사)
나사산의 모양이 사다리꼴이다. 사각 나사에 비해 가공이 쉬워, 공작기계의
이송 나사로 사용된다.
나사산의 각도는 미터계인 TM의 경우 산각이 30°, 인치계인 TW의 경우
산각이 29°이다.

■ 톱니 나사
힘을 한 방향으로만 받는 부품에 사용하며, 나사산의 각도는 압력을 받는 쪽은 90°,
반대쪽은 30° 혹은 45°이다. 잭이나 압착기 등에 사용한다.

■ 볼 나사
나사산과 골에 홈을 만들고 강구를 집어넣은 나사이다. 마찰 계수가 작고
운동 전달이 가벼워 수치제어 공작 기계의 리드 스크루에 사용한다.

■ 둥근 나사(너클 나사, 원형 나사)
산마루와 골이 둥글다. 나사산의 각도는 30°이고, 전구나 소켓 등에 사용하며,
수밀을 유지하며 교체가 빈번한 곳에 사용한다.

■ 관용 나사
파이프와 같이 두께가 얇은 곳 또는 수밀, 기밀, 유밀을 필요로 할 때 사용한다.
- 관용 테이퍼 나사는 $\frac{1}{16}$의 테이퍼를 갖는다[수나사(R), 암나사(R_c)].
- 관용평행나사(R_p)
- 호칭 치수는 나사의 바깥지름과 1인치마다의 나사산 수로 나타낸다.

3 여러 가지 볼트

(1) 일반 볼트

- 관통 볼트 : 부품에 구멍을 뚫고, 여기에 볼트를 넣고 너트로 죈다.
- 탭 볼트 : 암나사 없이 부품에 암나사를 내어 조립하는 나사이다.
- 스텃 볼트 : 자주 분해 조립을 하는 경우 나사의 머리를 너트로 만든 것이다.

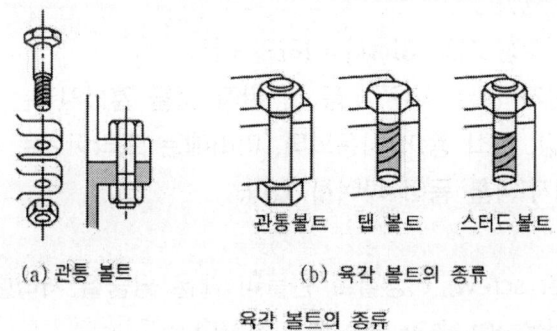

(a) 관통 볼트   (b) 육각 볼트의 종류

육각 볼트의 종류

(3) 특수 볼트

- 기초 볼트 : 기계 또는 구조물 장치시 콘크리트 기초 위에 고정되게 설치하는데 사용하며, 한 끝은 반드시 바닥에 묻히게 한다.
- 스테이 볼트 : 기계 부품의 간격을 유지할 때 사용한다.
- T 볼트 : 공작기계 테이블 T홈에 볼트의 머리 부분을 끼워서 적당한 위치에 일감 및 바이스를 고정시킬 때 사용한다.

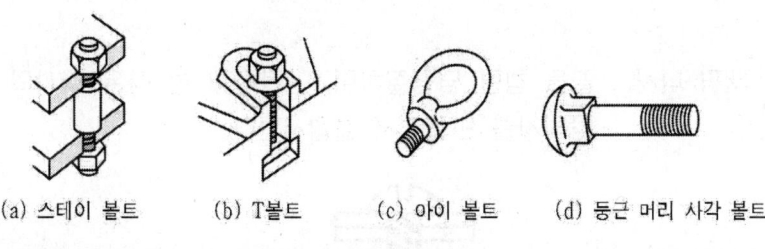

(a) 스테이 볼트   (b) T볼트   (c) 아이 볼트   (d) 둥근 머리 사각 볼트

특수 볼트의 종류

- 아이 볼트 : 무거운 물체를 달아 올릴 때 사용한다.
- 둥근 머리 사각 볼트 : 둥근 머리 바로 밑에 4각 목이 있어 목재 구조물에 주로 사용한다.
- 리머 볼트 : 리머로 다듬질한 구멍에 꼭 끼워 미끄럼을 방지하는 볼트
- 테이퍼 볼트 : 다듬질 구멍에 꼭 맞게 끼워 미끄럼을 방지할 수 있도록 원통부에 약간의 테이퍼를 주고 머리를 없앤 볼트이다.

(3) 기타 나사

- 작은 나사 : 호칭 지름 8[mm] 이하의 나사
- 힘을 많이 받지 않는 작은 부품 및 판자 등을 결합시키는 데 사용한다.
- 재료로는 연강, 놋쇠 등이 사용되며, 머리에는 드라이브로 죌 수 있도록 십자(+), 일자(-)홈 등이 파여져 있다.

- 멈춤 나사(set screw) : 강철로 만들며 끝은 담금질 처리한다.
- 나사 끝을 이용하여 축과 보스를 고정한다.
- 위치를 조절하거나 키의 대용으로 사용한다.

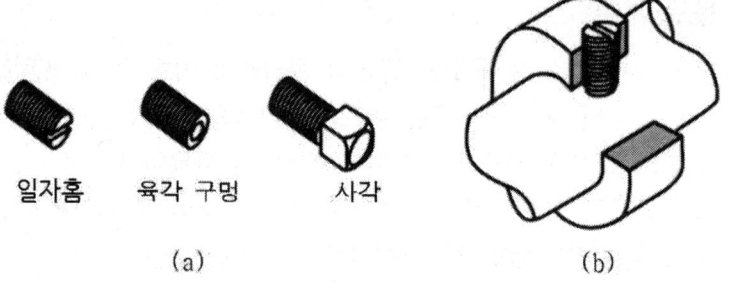

일자홈   육각 구멍   사각
(a)   (b)

- 기계, 태핑 나사 : 끝을 침탄 담금질하여, 단단하게 한 작은 나사의 일종으로 암나사를 만들면서 결합시킨다.

(4) 와셔

와셔는 볼트의 구멍이 볼트의 지름보다 너무 클 때, 표면이 거칠 때, 접촉면이 기울어져 있을 때, 또는 목재나 고무와 같이 압축에 대해서 약하여 너트가 내려앉는 것을 막을 필요가 있을 때에 볼트에 끼워 쓰는 부품이다.
재료로는 보통 연강판이 쓰이고, 경강이나 놋쇠, 인청동도 쓰인다.

(5) 나사의 풀림 방지

결합되어 있는 나사의 진동, 충격 등에 의한 너트 풀림 방지법은 다음과 같다.

- 로크 너트에 의한 방법 : 2개의 너트를 조인다.
- 와셔를 사용하는 방법 : 스프링 와셔, 이붙이 와셔 등을 사용한다.
- 자동 죔 너트에 의한 방법 : 볼트에 압축 하중이 작용하도록 만든 너트
- 핀이나 작은 나사에 의한 방법
- 철사에 의한 방법
- 세트 스크루에 의한 방법

4 나사의 역학

사각, 1줄, 오른나사를 기준으로 한다.

(1) 나사를 죌 때

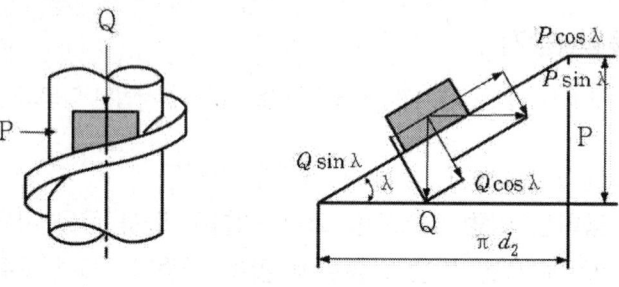

나사면의 힘

$\sum F_x = P\cos\lambda - Q\sin\lambda$

$\sum F_y = P\sin\lambda + Q\cos\lambda$

$\sum F_x = \mu \sum F_y$

$P(\cos\lambda - \mu\sin\lambda) = Q(\sin\lambda + \mu\cos\lambda)$

$P = Q\dfrac{\tan\lambda + \tan\rho}{1 - \tan\lambda\tan\rho} = Q\tan(\lambda + \rho) = Q\dfrac{\mu\pi d_2 + p}{\pi d_2 - \mu p}$

$\tan\rho$(마찰각) $= \mu$

$T = PR = Q\tan(\lambda + \rho) \times \dfrac{d_2}{2}$

$\quad = Q\dfrac{\mu\pi d_2 + p}{\pi d_2 - \mu p} \times \dfrac{d_2}{2}$

여기서, d_2 : 유효지름

※ 심화 내용

마찰의 기본 개념

$\mu = \dfrac{f}{N} = \tan\rho$

a) 나사를 조일 때

수평력 P 로서 너트를 조일 때 역학적 해석

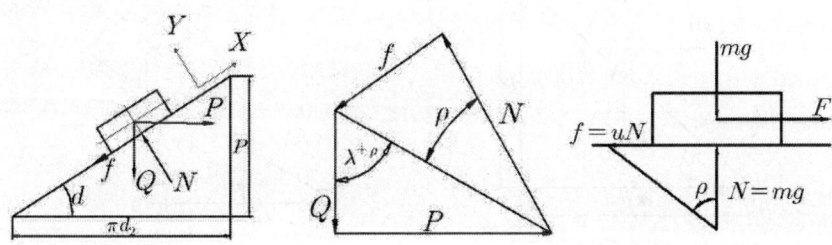

$\dfrac{P}{Q} = \tan(\lambda + \rho)$, $P = Q\tan(\lambda + \rho)$ 이므로 삼각함수 공식

$\tan(\alpha \pm \beta) = \dfrac{\tan\alpha \pm \tan\beta}{1 \mp \tan\alpha\tan\beta}$ 에 의하여

$P = Q\tan(\lambda + \rho) = Q\dfrac{\tan\rho + \tan\lambda}{1 - \tan\lambda\tan\rho} = Q\dfrac{\mu + \dfrac{P}{\pi d_2}}{1 - \dfrac{P}{\pi d_2}\mu} = Q\dfrac{\mu\pi d_2 + P}{\pi d_2 - \mu P}$ 가 된다.

그러므로 $P = = Q\dfrac{\mu\pi d_2 + P}{\pi d_2 - \mu P}$

체결시의 비틀림 모멘트는 $T = P\dfrac{d_2}{2} = = Q\,\dfrac{\mu\pi d_2 + P}{\pi d_2 - \mu P}\,\dfrac{d_2}{2}$ 가 된다.

b) 나사를 풀 때의 역학적 해석

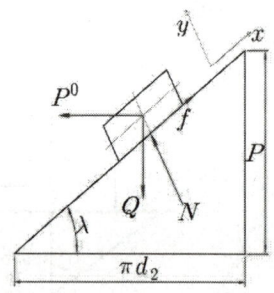 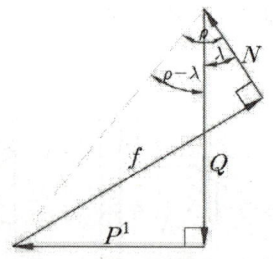

수평력 P' 로서 너트를 틀어 내릴 때 〈 죄는힘(P) 의 방향에 반대 〉

$$\frac{P'}{Q} = \tan(\rho-\lambda),\ P' = Q\tan(\rho-\lambda)$$ 이므로 삼각함수 공식

$$\tan(\alpha \pm \beta) = \frac{\tan\alpha \pm \tan\beta}{1 \mp \tan\alpha\tan\beta}$$ 에 의하여

$$P' = Q\tan(\rho-\lambda) = Q\frac{\tan\rho - \tan\lambda}{1+\tan\lambda\tan\rho} = Q\frac{\mu - \frac{P}{\pi d_2}}{1+\frac{P}{\pi d_2}\mu} = Q\frac{\mu\pi d_2 - P}{\pi d_2 + \mu P}$$ 가 된다.

(2) 나사가 외부 힘을 받아 이완시

$P' = Q\tan(\rho-\lambda)$

(P'는 (−)값이 나오면 안 된다)

- ρ > λ 안전 : $P' = +$
- ρ = λ 자립 : $P' = 0$
- ρ < λ 불완전 : $P' = -$
- ρ ≥ λ 자결상태

(3) 나사의 효율

■ 자립상태를 유지하는 나사의 효율은 반드시 50[%] 이하이다.

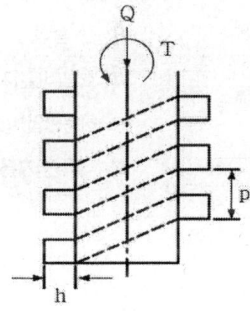

$$\eta = \frac{\text{마찰이 없는 경우 회전력}(P_0)}{\text{마찰이 있는 경우 회전력}(P)}$$

$$= \frac{Qp}{2\pi T} = \frac{\tan\lambda}{\tan(\lambda+\rho)} \leq 50[\%]$$

■ 나사의 효율이 최대가 되는 리드각

전도용 나사에 있어서 효율은 중요한 의미를 가지며, 나사의 효율을 최대로 하는 리드각이 존재한다.

$$\eta = \frac{\tan\lambda}{\tan(\lambda+\rho)}$$

$$\frac{d\eta}{d\lambda} = [\sec^2\lambda \tan(\lambda+\rho) - \tan\lambda \sec^2(\lambda+\rho)] / \tan^2(\lambda+\rho)$$

$$= \frac{\cos(\lambda+\rho)}{\cos^2\lambda \sin^2(\lambda+\rho)} - \frac{\sin\lambda}{\cos\lambda \sin^2(\lambda+\rho)}$$

$$= \frac{1}{\cos^2\lambda \sin^2(\lambda+\rho)} [\sin(\lambda+\rho)\cos(\lambda+\rho) - \sin\lambda\cos\lambda]$$

$\frac{d\lambda_\eta}{d\lambda} = 0$ 에서 $\sin 2(\lambda+\rho) = \sin 2\lambda$

$\therefore 2(\lambda+\rho) + 2\lambda = \pi$

$\therefore \lambda = \frac{\pi}{4} - \frac{\rho}{2}$

(4) 너트의 높이

$$H = np = \frac{4Qp}{\pi(d_2^2 - d_1^2)q}$$

$$= \frac{Qp}{\pi d_2 h q}$$

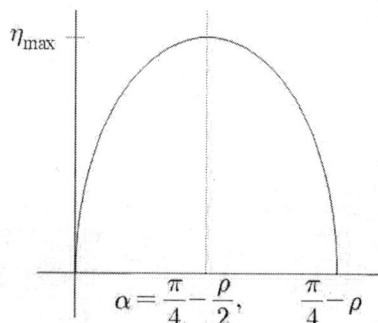

여기서,
h: 산 높이
d: 호칭(바깥)지름
q: 허용면압[kg/mm²]
d_1: 골(안)지름

5 볼트

(1) 축 하중만을 받는 경우 (eye bolt, hook)

$$\sigma = \frac{Q}{\frac{\pi d_1^2}{4}} = \frac{4Q}{\pi d_1^2}$$

여기서, d_1(안지름, 골지름, 내경) $= \sqrt{\dfrac{4Q}{\pi \sigma}}$

d(바깥(호칭)지름, 외경) $= \sqrt{\dfrac{2Q}{\sigma}}$

$d_1 = 0.8d$

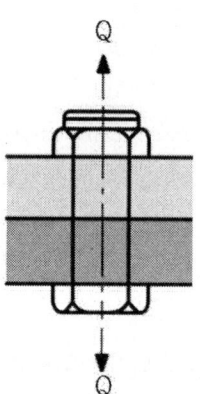

(2) 축하중과 비틀림을 동시에 받을 경우

$$d = \sqrt{\frac{8Q}{3\sigma}}$$

- 삼각나사의 경우

$$\alpha = \frac{\theta}{2} = 30°$$
$$\mu' = \frac{\mu}{\cos \alpha} = \tan \rho'$$
$$P = Q\tan(\lambda + \rho') = Q\frac{\mu'\pi d_2 + p}{\pi d_2 - \mu' p}$$
$$P' = Q\tan(\rho' - \lambda)$$

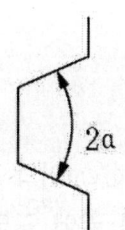

  M(미터 나사) $2\alpha = 60°$, $\alpha = 30°$

  UNF(유니파이 나사) $2\alpha = 60°$, $\alpha = 30°$

- 사다리꼴 나사의 경우

$$\alpha = \frac{\theta}{2} = 15° \text{ 여기서, } \theta : 산각$$

$$\mu' = \frac{\mu}{\cos \alpha} = \frac{\mu}{\cos 15°}$$

  TM(미터계) $2\alpha = 30°$, $\alpha = 15°$

  TW(인치계) $2\alpha = 29°$, $\alpha = 14.5°$

- 관용나사

  $2\alpha = 55°$, $\alpha = 27.5°$

연/습/문/제

01 태핑 나사는 무엇인가?

① 핸드탭을 만든 나사
② 태핑 머신으로 만든 나사
③ 기계탭으로 만든 나사
④ 얇은 판 또는 연한 재료에 구멍만 뚫고 여기에 끼우는 나사

1.
태핑나사는 얇은 판 또는 연한 재료에 구멍만 뚫고 여기에 끼우는 나사이다.

02 나사의 효율에서 효율이 가장 적은 것은 어느 것인가?

① 둥근나사　　② 사다리꼴나사
③ 톱니나사　　④ 삼각나사

03 압력의 100[kg/cm2]의 개스체를 통과시키는 내경 80[mm] 파이프의 한쪽 끝에 구멍으로 덮어 씌어서 4개의 볼트로서 조이고자 한다. 볼트의 지름을 다음 나사 중에서 고르면?
(단, 볼트의 허용인장응력을 8.4[kg/mm²]라 한다)

① 20　　② 16
③ 25　　④ 30

3.
$W = P\dfrac{\pi D^2}{4} = 5026.5$
$Q = \dfrac{W}{4} = 1256.6$
$d = \sqrt{\dfrac{2Q}{\sigma}} = 17.29 \fallingdotseq 20$

04 커버(cover) 등을 빈번히 분해하거나 또는 무거운 물건을 올리는 경우에 사용되는 볼트로써 알맞은 것은 무엇인가?

① 스텃 볼트(stud bolt)
② 탭 볼트(tab bolt)
③ 아이 볼트(eye bolt)
④ 나비 볼트(KS B 1005)

정답　01 ④　02 ④　03 ①　04 ③

05 다음 그림에서 3.14[ton]의 전단하중이 작용할 때 볼트에 생기는 전단 응력은 얼마인가?
(단, 볼트의 지름은 2[cm]이다)

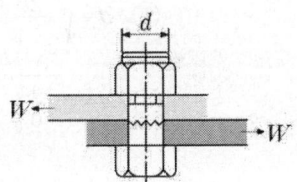

① 약 500[kg/cm²]
② 약 1,000[kg/cm²]
③ 약 1,500[kg/cm²]
④ 약 2,000[kg/cm²]

06 나사의 효율이 최대가 되는 리드 각 a는 다음 중 어느 것인가? (단, 마찰계수 $\mu = \tan\rho$ 이다)

① $a = 45° - \rho$
② $a = 45° + \dfrac{\rho}{2}$
③ $a = 45° - \dfrac{\rho}{2}$
④ $a = 90° - \dfrac{\rho}{2}$

07 아이 볼트(eye bolt)에 2[ton]의 하중이 걸릴 때 나사의 크기를 정하면 얼마가 알맞겠는가?
(단, 허용인장응력은 480[kg/cm²]이다)

① 28.8[mm]
② 32.5[mm]
③ 44.2[mm]
④ 45.3[mm]

08 한줄 나사에서 피치 p, 유효지름 d_2, 나선각 θ라 하면 $\tan\theta$ 의 값은?

① $\tan\theta = \dfrac{\pi p}{d_2}$
② $\tan\theta = \dfrac{p}{\pi d_2}$
③ $\tan\theta = \dfrac{d_2}{\pi p}$
④ $\tan\theta = \pi d_2 p$

---

5. $p = \tau \cdot A$

$\tau = \dfrac{4p}{\pi d^2} = \dfrac{4 \times 3{,}140}{\pi \times 4}$

$= 999.4$

$\Rightarrow 1{,}000 [kg/cm²]$

6. $\eta = \dfrac{\tan\lambda}{\tan(\lambda + \rho)}$ 의 효율식에서 최대 효율은 $\dfrac{d\eta}{d\lambda} = 0$ 에서 $\tan(\lambda + \dfrac{\rho}{2}) = 1$

$\lambda = 45° - \dfrac{\rho}{2}$ 로 된다.

$\eta_{\max} = \eta_\lambda = 45° - \dfrac{\rho}{2}$

$\dfrac{\tan(45° - \dfrac{\rho}{2})}{\tan(45° + \dfrac{\rho}{2})}$

$\therefore \eta_{\max} = \tan^2(45° - \dfrac{\rho}{2})$

7. $d = \sqrt{\dfrac{2Q}{\sigma}} = \sqrt{\dfrac{4{,}000}{4.8}}$

$= 28.8$

8. $\tan\theta = \dfrac{p}{\pi d_2}$

정답   05 ②   06 ③   07 ①   08 ②

09 나사가 축방향의 하중만을 받을 때 나사의 지름을 계산하는 식은 어느 것인가?

① $d=\sqrt{\dfrac{2\omega}{\pi\sigma_0}}$ [mm]　　② $d=\sqrt{\dfrac{2\omega}{\sigma_0}}$ [mm]

③ $d=\sqrt{\dfrac{4\omega}{\pi\sigma_0}}$ [mm]　　④ $d=\sqrt{\dfrac{4\omega}{\sigma_0}}$ [mm]

9. $d=\sqrt{\dfrac{2\omega}{\sigma}}$ [mm]

10 외경 36[mm], 피치 6[mm]의 사각 나사가 있다. 2.5[ton]의 하중을 적용시킬 때 나사를 돌리는 회전 모멘트는 몇 [kg/mm]인가?
(단, 마찰계수는 0.1, 유효지름은 32.5[mm]이다)

① 6,488　　② 6,588
③ 6,688　　④ 7,488

10.
$T = Q \dfrac{p + \mu\pi d_2}{\pi d_2 - \mu p} \cdot \dfrac{d_2}{2}$
$= 6,487.9$

11 2[ton]의 하중이 걸리는 아이 볼트 나사의 크기는 최소 몇 [mm]로 해야 하는가?
(단, 허용인장응력은 480[kg/cm²]이다)

① 28.8　　② 32.5
③ 41.2　　④ 43.3

11.
$d = \sqrt{\dfrac{2Q}{\sigma}} = \sqrt{\dfrac{4,000}{4.8}}$
$= 28.8$

12 볼트의 허용전단응력은 8.6[kg/mm2]이고, 지름은 4[cm]일 때 전단에 견딜 수 있는 볼트의 하중은 얼마인가?

① 11,807　　② 10,807
③ 12,807　　④ 13,807

12. $\tau = \dfrac{4p}{\pi d^2}$
$p = \dfrac{\pi d^2 \cdot \tau}{4} = 10,807$

정답　09 ②　10 ①　11 ①　12 ②

13 턴 버클에서 하중 $Q = 2,500[kg]$이 작용할 때 나사부의 치수를 구하면?

(단, 턴 버클의 사용응력은 $350[kg/cm^2]$)

① M30 ② M40
③ M45 ④ M60

13.
$$d = \sqrt{\frac{2Q}{\sigma}}$$
$$= \sqrt{\frac{2,500 \times 2}{3.5}}$$
$$= 37.7 = M40$$

14 두줄 나사의 피치가 0.75[mm]일 때 이 나사의 리드(lead)는 다음 중 어느 것인가?

① 0.75[mm] ② 3[mm]
③ 1.5[mm] ④ 3.75[mm]

14.
$l = np = 2 \times 0.75 = 1.5$

15 다음 설명 중 와셔를 쓰는 경우가 아닌 것은?

① 볼트 구멍이 볼트에 비하여 클 때
② 접촉면적을 크게 하고자 할 때
③ 너트의 접촉면이 거칠 때
④ 너트가 풀리는 것을 방지할 때

15.
특수와셔 사용 (스프링와셔)시에는 너트풀림방지도 가능하다.

16 유니파이 1-8UNC에서 피치는 얼마인가?

① 3.1750[mm] ② 3.6286[mm]
③ 4.327[mm] ④ 4.629[mm]

16. 1[inch]당 8산.
$$\frac{25.4}{8} = 3.175$$
UNC 보통나사
UNF 가는나사

17 진동이나 충격 때문에 이완되는 것을 방지하는 너트는 다음 중 어느 것인가?

① 육각캡너트 ② 로크너트
③ 나비너트 ④ 아이너트

17.
로크너트-너트를 2개 끼워 풀림을 방지한다.

정답 13 ② 14 ③ 15 ④ 16 ① 17 ②

18 작은 나사의 호칭지름은 몇 [mm]이하인가?

① 8[mm]　　② 10[mm]
③ 12[mm]　　④ 15[mm]

19 축 방향의 W와 비틀림을 동시에 받을 때 볼트의 지름 d를 구하는 식은 무엇인가?

① $d=\sqrt{\dfrac{2W}{\sigma}}$ [mm]　　② $d=\sqrt{\dfrac{2W}{\pi\sigma}}$ [mm]

③ $d=\sqrt{\dfrac{8W}{3\sigma}}$ [mm]　　④ $d=\sqrt{\dfrac{8W}{\sigma}}$ [mm]

19.
$d=\sqrt{\dfrac{8W}{3\sigma}}$ [mm]

20 볼나사의 장점을 설명한 것 중 맞지 않는 것은?

① 높은 정밀도를 오래 유지할 수 있다.
② 나사의 효율이 좋다.
③ 피치가 작게 된다.
④ 백 래시를 작게 할 수 있다.

20.
볼나사 ⇒ NC 기계 이송용, 수치제어

21 사각 나사에서 나사를 죄는데 필요한 토크의 식은 어느 것인가?
(단, Q:축하중, r:유효반지름, p:피치, μ:마찰계수이다)

① $T=Qr\dfrac{p+2\pi r\mu}{2\pi r-p\mu}$　　② $T=Qr\dfrac{p-2\pi r\mu}{2\pi r-p\mu}$

③ $T=Qr\dfrac{p+2\pi r\mu}{\pi r-2p\mu}$　　④ $T=Qr\dfrac{p\mu+2\pi r}{2\pi r-p\mu}$

정답　18 ①　19 ③　20 ③　21 ①

22 나사의 효율이 최대로 되는 리드각 λ는 어느 것인가?
(단, 마찰계수 μ = tan ρ 이다)

① $\lambda = 45° - \rho$
② $\lambda = 45° + \rho$
③ $\lambda = 45° - \dfrac{\rho}{2}$
④ $\lambda = 45° - \rho$

23 $UNC\dfrac{1}{4} - 20$ 유니파이드 보통나사의 피치는 몇 [mm]인가?

① 2.54[mm]
② 0.254[mm]
③ 25.4[mm]
④ 1.27[mm]

23. 바깥지름 $\dfrac{1}{4}$ [inch]
1inch당 산수 20
$\dfrac{25.4}{20} = 1.27$

24 나사의 마찰각을 ρ, 리드 각을 λ라 할 때 나사의 효율은 어느 것인가?

① $\eta = \dfrac{\tan \rho}{\tan(\rho + \lambda)}$
② $\eta = \dfrac{\tan \lambda}{\tan(\lambda + \rho)}$
③ $\eta = \dfrac{\tan(\rho + \lambda)}{\tan \rho}$
④ $\eta = \dfrac{\tan(\lambda + \rho)}{\tan \lambda}$

24.
$\eta = \dfrac{QP}{2\pi T} = \dfrac{P_0}{P}$
$= \dfrac{\tan \lambda}{\tan(\lambda + \rho)} < \dfrac{1}{2}$

25 풀림방지 나사는 어느 것인가?

① 육각 캡 너트
② 로크 너트
③ 나비 너트
④ 아이 너트

26 유니파이 가는 나사의 나사산의 각도는 얼마인가?

① 60°
② 55°
③ 30°
④ 50°

정답   22 ③   23 ④   24 ②   25 ②   26 ①

27 보스를 고정하거나 축의 위치를 조정하는 데 쓰이는 볼트는?

① 관통 볼트 ② 멈춤 나사
③ 작은 나사 ④ 랩 볼트

28 리드 각 λ, 마찰계수 $\mu = \tan\rho$인 나사의 자립조건은?

① $\lambda \leq 2\rho$ ② $2\lambda \leq \rho$
③ $\lambda \leq \rho$ ④ $\lambda \geq \rho$

29 삼각 나사에서 상당마찰계수 μ'를 나타내는 식은 무엇인가?
(단, 나사산의 각 2α, 마찰계수 μ이다)

① $\mu' = \tan\alpha$ ② $\mu' = \tan\mu$
③ $\mu' = \dfrac{\cos\alpha}{\mu}$ ④ $\mu' = \dfrac{\mu}{\cos\alpha}$

30 나사의 피치가 3[mm]인 두줄 나사가 1회전하면 리드는 몇 [mm]인가?

① 3[mm] ② 4[mm]
③ 5[mm] ④ 6[mm]

30.
$l = np = 2 \times 3 = 6$

31 왼나사를 사용하는 대표적인 예는 어느 것인가?

① 프레스 ② 턴 버클
③ 잭 ④ 호스(hose)

| 정 답 | 27 ② | 28 ③ | 29 ④ | 30 ④ | 31 ② |

2 키

키는 축에 풀리, 기어, 플라이 휠, 커플링 등의 회전체를 고정시켜서 축과 회전체의 회전수를 같게 하기 위한 기계요소로서 일반적으로 키의 재질은 축보다 약간 강한 재질을 사용한다.

1 키의 종류(일반적으로 1/100 기울기)

(1) 묻힘 키

묻힘 키(sunk key)는 가장 널리 이용되는 키이다.
축과 보스에 사각형의 홈을 파서 고정한다. 조립방식은 다음과 같이 분류한다.

- 드라이빙 키 : 머리가 달려 있어 축과 보스를 맞춘 뒤 키를 조립한다.
- 세트 키 : 축에 키를 끼운 다음 보스를 조립한다.

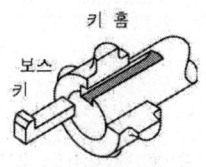

묻힘 키(sunk key)

(2) 미끄럼 키

미끄럼 키(feather key)는 키에 기울기가 없다.
회전력이 전달할 때 접선력이 생겨 키가 축방향으로 미끄러져서 동력을 전달한다. 회전수가 비교적 느린 축의 동력전달장치의 종동축에 설치한다.

(3) 안장 키

안장 키(saddle key)는 축과 키의 마찰력으로 동력을
전달한다. 보스에만 자리를 파고 축은 가공하지 않는다.
축의 강도를 감소시키지 않고 고정하는 데 편리하며,
비교적 적은 동력을 전달할 때 사용한다.

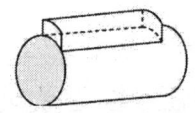

안장 키(saddle key)

(4) 평(납작) 키

평(납작) 키(flat key)는 축을 키의 폭만큼 편평하게 가공하여 사용한다.

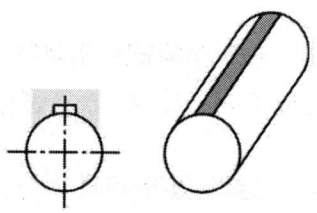

평(납작) 키(flat key)

(5) 접선 키

접선 키(tangential key)는 키에 추진하는 힘이 축 둘레의 접선 방향에 작용한다.
두 쌍을 120°로 배치 사용하므로 비교적 큰 힘을 전달하며 역전도
가능하다. 두쌍을 90°로 배치 사용하는 키는 케네디 키이다.

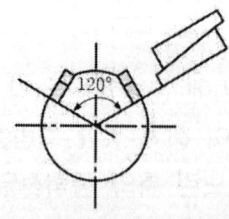

양쪽 방향 회전 접선 키(tangential key)

(6) 반달 키

반달 키 또는 우드러프 키(woodruff key)는 축에 반달 모양 홈을 파고, 축에 키를 넣고 보스를 밀어 넣는다. 자동차 또는 공작 기계에서 지름이 60[mm]이하의 축에 널리 사용하며 키가 자동적으로 자리를 잡을 수 있으나 축이 약해지는 결점이 있다.

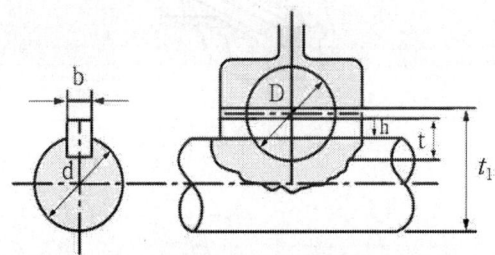

반달 키(woodruff key)

(7) 원뿔 키

원뿔 키(cone key)는 바퀴의 편심을 막고 축의 임의위치에 설치 가능하다.

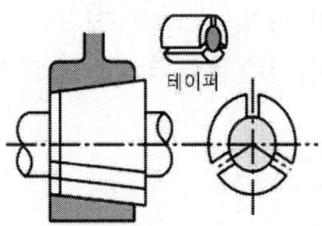

원뿔 키(cone key)

(8) 둥근(핀) 키

둥근(핀) 키는 가장 작은 토크에 사용하며 키를 뺄 때 곤란하지만 축의 끝부분을 고정시 편리하다.

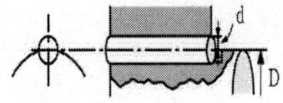

둥근 키(round key)

(9) 스플라인

스플라인(spline)은 축의 둘레에 4~20개의 키를 깎아 붙인 것이다.
축과 보스의 중심 축을 정확하게 맞출 수 있으며, 자동차·공작 기계·항공기·증기 터빈 등 전달 토크가 큰 축의 동력 전달에 사용한다.

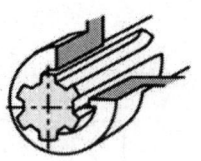

사각형 스플라인

(10) 세레이션

둥근 축, 원뿔 축의 둘레에 삼각형의 나사산의 모양으로 이를 깎아 만든 것이다. 높이가 낮고 잇수가 많으므로 축압 강도가 크며 스플라인 키보다 큰 회전력을 전달한다.

- 종류에 따른 동력 전달 크기는 다음과 같다.
  세레이션 > 스플라인 > 접선 키 > 묻힘 키 > 반달 키 > 평 키 > 안장 키 > 둥근 키

2 키의 강도

(1) 묻힘 키

- 키의 전단

$$T = PR = W \times \frac{d}{2}\left(W = \frac{2T}{d}\right)$$

$$\tau = \frac{W}{A} = \frac{W}{bl} = \frac{2T}{bld}(W = \tau \cdot A = \tau \cdot b \cdot l)$$

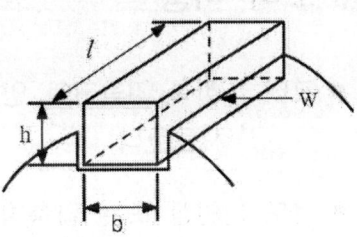

- 키와 축의 키에 대한 압축

$$\left(W = \frac{2T}{d}\right)$$

$$\sigma(q) = \frac{W}{A} = \frac{W}{tl} = \frac{2W}{hl} = \frac{4T}{hld}$$

여기서, q : 면압[kg/mm²]

$$(W = q \cdot A = q \cdot l \cdot t)$$

(2) 스플라인 키

축 둘레에 4~20개의 턱, 호칭지름은 키의 안지름(d_1)으로 한다.

$$T = PR = q \cdot A \cdot Z \cdot R$$
$$= \eta \cdot q \cdot (h - 2C) \cdot l \cdot Z \cdot \frac{d_1 + d_2}{4}$$

여기서, η : 전동 효율

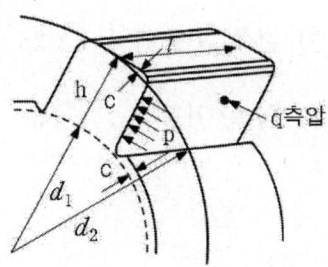

3 코터

1 코터 이용

- 코터 : 한쪽 기울기와 양쪽 기울기가 있으며, 일반적으로 한쪽 기울기를 사용한다.

- 용도 : 인장 또는 압축하는 두 축을 연결하는 곳이나 양쪽에 고정시 코터를 이용한다. 소켓과 로드가 딱 맞지 않을 때는 코터를 박을 때 소켓이 부서질 염려가 있으므로 지브를 사용한다.

- 코터의 기울기

① 자주 분해할 경우 : 1/5 ~ 1/10
② 반영구적인 경우 : 1/100
③ 일반적인 경우 : 1/20

- 코터의 자립상태 : 하중을 가할 때 마찰이 적으면 코터가 튀어나올 염려가 있으므로 마찰각을 경사각보다 크게 해야 한다.

① 한쪽 기울기 : $\alpha < 2\rho$

② 양쪽 기울기 : $\alpha < \rho$

2 코터의 이음 강도 계산

$W=$ 인장하중(kg), $b=$ 코터의 두께(mm), $d=$ 소켓의 안지름(mm)이다.

※ 전단 응력

$$\tau = \frac{W}{2 \times b \times h}[kgf/mm^2]$$

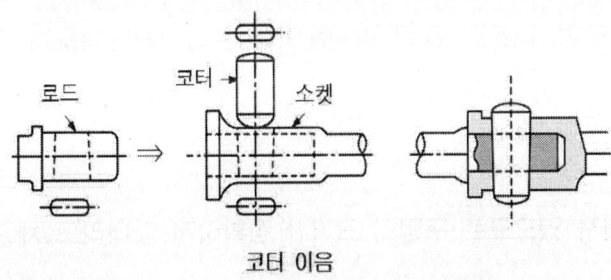

코터 이음

4 핀

1 용도

회전체 사이의 로드를 연결할 때 또는 부품의 위치를 결정할 때 사용한다.

2 종류

(1) 평행 핀, 노크 핀

부품의 위치를 결정하거나 일정하게 유지할 때 사용한다.

- 크기 : 가는 쪽 지름 × 길이

(2) 테이퍼 핀

1/50의 테이퍼를 준 핀으로 축에 보스를 고정할 때 사용

- 호칭 지름 : 작은 쪽의 지름을 사용한다.
- 크기 : 바깥지름 × 길이

(3) 분할 핀

두 갈래로 되어 있으며, 너트의 풀림 방지용이나 핀이 빠져 나오지 않게 하는데 사용한다.

(4) 스프링 핀

세로 방향으로 쪼개져 있으므로 구멍의 크기가 정확하지 않더라도 체결하기가 쉽다.

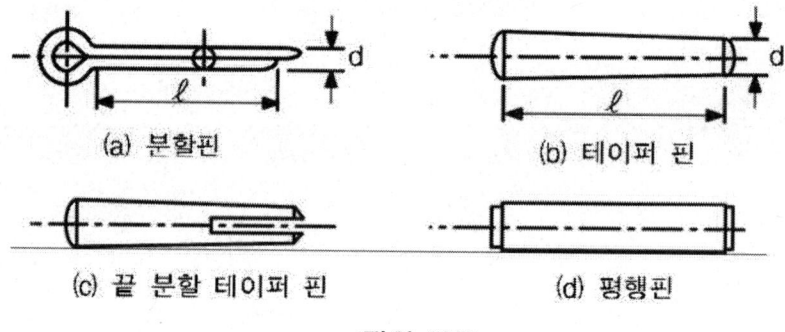

핀의 종류

연/습/문/제

01 $b \times h \times l$인 묻힘 키를 지름 d인 전동축에 사용할 때 키의 전단저항으로 토크를 전달한다고 하면 폭 b를 나타내는 식은 어느 것인가?
(단, 키와 축의 허용전단응력은 같고 길이 l은 $1.5d$로 한다)

① $b = \dfrac{\pi}{4} d$ ② $b = \dfrac{\pi}{6} d$

③ $b = \dfrac{\pi}{8} d$ ④ $b = \dfrac{\pi}{12} d$

1.
$T = \dfrac{\pi d^3}{16} \tau = \dfrac{bdl\tau}{2}$
$bl = \dfrac{\pi d^2}{8}$
$1.5bd = \dfrac{\pi d^2}{8}$
$b = \dfrac{\pi d}{12}$

02 키가 전달할 수 있는 토크의 크기가 큰 순서로 된 것은?

① 성크 키 > 스플라인 > 새들 키 > 평 키
② 평 키 > 새들 키 > 성크 키 > 스플라인
③ 스플라인 > 성크 키 > 평 키 > 새들 키
④ 새들 키 > 성크 키 > 스플라인 > 평 키

2. 세레이션 > 스플라인 > 접선 키 > 성크 키 > 반달 키 > 평 키 > 안장 키(새들 키)

· 케네디 키, 접선 키
  - 역전 가능
· 반달 키 - 자동 위치

03 축의 지름이 50[mm]이고, 키의 폭이 5[mm]라면 전단으로 파괴되지 않는 키의 길이를 구하면?
(단, 축의 재료와 키의 재료가 같다)

① 100[mm]   ② 200[mm]
③ 400[mm]   ④ 500[mm]

3.
$l = \dfrac{\pi d^2}{8b} = \dfrac{50^2 \times \pi}{8 \times 5}$
$= 196.3 \fallingdotseq 200 [\text{mm}]$

04 전달력이 가장 큰 키는?

① 원추 키   ② 접선 키
③ 페더 키   ④ 묻힘 키

| 정 답 | 01 ④   02 ③   03 ②   04 ② |

05 테이퍼 핀의 호칭 지름은 어느 것인가?

① 굵은쪽의 지름   ② 가는쪽의 지름
③ 중앙부의 지름   ④ 평균 지름

5.
테이퍼 핀의 호칭 지름은 작은쪽 지름이다.

06 테이퍼 축에 일반적으로 사용하는 키는 어느 것인가?

① 묻힘 키   ② 접선 키
③ 반달 키   ④ 원추 키

07 축에 키 홈을 파기 어려울 때 사용하는 키는 어느 것인가?

① 묻힘 키   ② 접선 키
③ 반달 키   ④ 원추 키

08 키 홈의 축면에 면압력을 나타낸 식은?

① $\sigma_c = \dfrac{4T}{bhd}$ ② $\sigma_c = \dfrac{4T}{dhl}$

③ $\sigma_c = \dfrac{4T}{bhl}$ ④ $\sigma_c = \dfrac{4T}{bhl}$

09 코터의 폭 b, 외력을 p라 할 때 코터내에 생기는 전단응력은?

① $\tau = \dfrac{p}{bh}$ ② $\tau = \dfrac{bh}{p}$

③ $\tau = \dfrac{p}{2bh}$ ④ $\tau = \dfrac{2bh}{p}$

정 답 05 ② 06 ③ 07 ④ 08 ② 09 ③

10 회전수 1,800[rpm]으로 3[ps]를 전달하는 지름이 18[mm]인 축의 묻힘 키의 전단강도를 계산하면?
(단, $b=6$[mm], $h=6$[mm], $\ell=27$[mm]이다)

① 1.194[kg/mm²]
② 0.81[kg/mm²]
③ 1.82[kg/mm²]
④ 2.19[kg/mm²]

10.
$$\tau = \frac{2T}{bdl} = \frac{2 \times 716200 \times H}{bdl \cdot N}$$
$$= \frac{2 \times 716,200 \times 3}{6 \times 18 \times 27 \times 1,800}$$
$$= 0.81$$

11 다음 중 제일 큰 토크를 전달 할 수 있는 것은?

① 세레이션
② 성크 키
③ 접선 키
④ 평 키

12 축의 지름이 50[mm]이고 키의 폭이 15[mm]라면 전단으로 파괴되지 않는 키의 길이는 약 몇 [mm]인가?
(단, 축의 재료와 키의 재료가 같다)

① 60　　② 70
③ 80　　④ 90

12.
$$l = \frac{\pi d^2}{8b} \quad \frac{50^2 \times \pi}{8 \times 15}$$
$$= 65.4 \Rightarrow 70[\text{mm}]$$

13 축과 보스를 맞추고 키를 때려 맞추는 키는 어느 것인가?

① 드라이빙 키　　② 스플라인
③ 접선 키　　　　④ 안장 키

13.
- 드라이빙 키 : 축과 보스를 맞추고 키를 때려 조립
- 세트 키 : 축에 키를 끼운 다음 보스 조립

| 정 답 | 10 ② 11 ① 12 ② 13 ① |

14 핀에 대한 설명 중 옳지 않은 것은 어느 것인가?

① 스플릿핀은 나사의 이완방지에도 쓰인다.
② 핀은 주로 인장력을 받아 파괴된다.
③ 핀에는 스플릿핀, 평행핀, 테이퍼핀의 3가지 종류가 있다.
④ 기계부품을 서로 연결하거나 고정시킬 때, 하중이 가볍게 걸리는 곳에 사용된다.

14.
핀의 파괴는 주로 전단에 의해 파괴된다.

15 축지름 55mm에 전동축이 회전수 150[rpm]으로 12[ps]를 전달시킬 때 키에 생기는 면압력은 몇 $[kg/mm^2]$인가?
(단, 키의 크기는 $b \times h \times l = 15 \times 10 \times 75 [mm]$, 허용압축응력은 $4[kg/mm^2]$이다)

① 3.67
② 4.85
③ 5.56
④ 7.32

15.
$$\sigma = \frac{4T}{dhl}$$
$$= \frac{4 \times 716,200 \times H}{d \cdot h \cdot l \cdot N}$$
$$= \frac{4 \times 176,200 \times 12}{55 \times 10 \times 75 \times 150}$$
$$= 5.555$$
$$= 5.56 [kg/mm^2]$$

16 키의 설계에 있어서 주로 강도상 검토해야 하는 것은 어느 것인가?

① 키의 전단과 인장
② 키의 인장과 압축
③ 키의 전단과 압괴
④ 키의 굽힘과 진단

17 핀 이음에서 핀에 작용하는 하중을 W, 핀과 링크와의 접촉 길이를 b, 면압력을 p라 할 때, 핀의 지름 d를 나타내는 식은? (단, m=b/d이다)

① $d = \sqrt{\dfrac{Wp}{m}}$
② $d = \sqrt{\dfrac{m}{p}}$
③ $d = \sqrt{\dfrac{W}{mp}}$
④ $d = \sqrt{\dfrac{mp}{W}}$

정답 14 ② 15 ③ 16 ③ 17 ③

18 키에서 전달토크를 T, 키의 폭 b, 키의 높이 h, 키의 길이 l, 축의 지름을 d라 할 때 키에 생기는 전단응력 τ를 계산하는 식은?

① $\tau = \dfrac{2T}{bld}$ ② $\tau = \dfrac{2Tb}{hld}$

③ $\tau = \dfrac{4T}{bld}$ ④ $\tau = \dfrac{dhl}{2Tb}$

19 지름이 60[mm], 회전수 N=400[rpm]으로 10[ps]를 전달시킬 때 키의 폭 18[mm], 높이 12[mm], 길이 100[mm]일 때 키에 생기는 압축응력은 얼마인가?

① 1.790[kg/mm²] ② 0.248[kg/mm²]
③ 0.994[kg/mm²] ④ 0.526[kg/mm²]

20 회전수 500[rpm], 마력 25[ps]를 지름이 35[mm]의 축으로 전달하는데 묻힘 키의 $b \times h = 10 \times 8$[mm] $\tau_a = 3.50$[kg/mm2], $\sigma_c = 10$[kg/mm2]이다. 키의 길이는 얼마인가?

① 38[mm] ② 45[mm]
③ 60[mm] ④ 65[mm]

21 폭과 높이가 같은 묻힘키에서 길이를 축의 지름 d의 1.5배로 하고 키의 전단저항과 축의 회전력을 같게 설계하면 키의 폭은 얼마인가?
(단, π는 3으로 하며, 축의 허용전단응력 = 1/2 × 키의 허용전단응력이다)

① d/2 ② d/4
③ d/8 ④ d/16

19.
$\sigma = \dfrac{4T}{dhl} = \dfrac{4 \times 716200 \times H}{dhl \cdot N}$
$= \dfrac{4 \times 716200 \times 10}{60 \times 12 \times 100 \times 400}$
$= 0.994$
$\therefore 0.994$[kg/mm²]

20.
$\tau = \dfrac{2T}{dbl}$
$l = \dfrac{2 \times 716200 \times 25}{10 \times 35 \times 500 \times 3.5}$
$= 58.4 \fallingdotseq 60$

21.
$\ell = 1.5d$
$W = \tau_{키} \cdot b\ell$
$T = \tau_{축} \dfrac{\pi d^3}{16} = W \cdot \dfrac{d}{2}$ 에서
$W = \dfrac{1}{8} \tau_{축} \pi d^2$
$\dfrac{1}{8} \tau_{축} \pi d^2 = \tau_{키} b \ell$
$\dfrac{1}{8} \times \dfrac{1}{2} \tau_{키} \pi d^2 = \tau_{키} b \times 1.5d$
$b = \dfrac{1}{8} \times \dfrac{1}{2} \pi d \times \dfrac{1}{1.5}$
$= \dfrac{1}{8} \times \dfrac{1}{2} \times 3d \times \dfrac{2}{3} = \dfrac{d}{8}$

정답 18 ① 19 ③ 20 ③ 21 ③

22 코터에서 로드에 칼라를 만드는 이유는?

① 로드에 굽힘하중을 받을 때
② 축이 압축하중을 받을 때
③ 소켓이 갈라질 염려가 있을 때
④ 코터에 전단하중이 걸릴 때

23 양쪽 테이퍼 코터에서 기울기를 α, 마찰각을 ρ라고 하면 자립조건은 다음 중 어느 것인가?

① $\alpha \leq 2\rho$ ② $\alpha \geq 2\rho$
③ $\alpha \geq \rho$ ④ $\alpha \leq \rho$

24 한 쪽 기울기의 코터이음에서 자립조건은 어느 것인가? (단, 마찰각을 ρ, 경사각을 α라 한다)

① $\alpha \leq 2\rho$ ② $\alpha \geq 2\rho$
③ $\alpha \geq \rho$ ④ $\alpha \leq \rho$

25 코터의 나비가 2[cm], 높이가 4[cm], 코터의 허용전단응력이 $100[kg/cm^2]$이라면 코터에 가할 수 있는 하중은 몇 [kg]인가?

① 200 ② 400
③ 1200 ④ 1600

25.
$P = \tau \cdot b \cdot t \cdot 2$
$= 100 \times 2 \times 4 \times 2$
$= 1600 [kg]$

정답 22 ② 23 ④ 24 ① 25 ④

26 내압 : P[kg/cm^2], 허용응력 : σ[kg/mm^2], 파이프 안지름 : D[mm], 이음매의 효율 : η, 부식에 대한 정수 : C 일 때 파이프의 두께 공식 t는 다음 중 어느 것인가?

① $t = \dfrac{PD}{200\sigma_\omega \eta} + C$

② $t = \dfrac{\sigma_\omega \eta}{200PD} + C$

③ $t = \dfrac{P\eta}{200\sigma_\omega D} + C$

④ $t = \dfrac{\eta D}{200P\sigma_\omega} + C$

27 코터이음에서 가끔 분해할 때 사용되는 코터의 경사각 α는 얼마로 하는가?

① $\dfrac{1}{50} \sim \dfrac{1}{100}$ ② $\dfrac{1}{40} \sim \dfrac{1}{80}$

③ $\dfrac{1}{20} \sim \dfrac{1}{30}$ ④ $\dfrac{1}{5} \sim \dfrac{1}{10}$

27.
코터의 가끔 분해시 경사각은
$\dfrac{1}{5} \sim \dfrac{1}{10}$

28 다음 중 보스(boss)를 축방향으로 이동시킬 수 있는 키(key)는?

① 새들 키(seddle key)

② 성크 키(sunk key)

③ 스플라인(spline)

④ 접선 키(tangential key)

정답   26 ①   27 ④   28 ③

29 안장 키라고도 하며 축에 홈을 파지 않고 보스에만 $\frac{1}{100}$ 정도 기울기의 홈을 파고 홈 속에 박는 키는?

① 둥근 키
② 성크 키
③ 새들 키
④ 드라이빙 키

30 축에 풀리, 기어, 플라이 휠, 커플링 등의 회전체를 고정시켜서 원주 방향의 상대적인 운동을 방지하면서 회전력을 전달시키는 기계 요소는?

① 키
② 코더
③ 리벳
④ 스테이 볼트

정답   29 ③   30 ①

5 리벳

1 리벳의 개요

(1) 리벳 이음
결합하려는 강판에 적당 크기의 구멍을 뚫고 리벳(rivet)을 끼워 결합시키는 이음법

(2) 장점
- 용접 이음과는 달리 용접 후 잔류변형이 생기지 않는다.
- 용접에 비해 기술력이 별로 필요없다.

2 리벳 이음의 종류

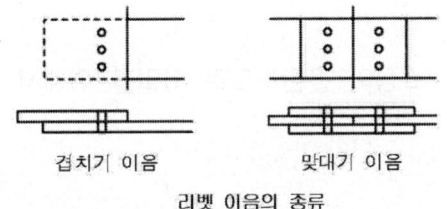

겹치기 이음 　　　　　맞대기 이음

리벳 이음의 종류

※ 제조방법에 의한 분류
- 냉간 성형 리벳 : 상온에서 제작(1~3[mm])
- 열간 성형 리벳 : 가열하여 제작(10[mm] 이상)

3 리벳팅

(1) 리벳팅(rivetting) 작업
- 리벳 구멍은 지름 20[mm]까지는 펀칭, 정밀 작업이나 연성이 없는 강판은 드릴링 또는 리머 다듬질을 한다.
- 리벳 구멍은 리벳 지름보다 1~1.5[mm] 정도 크게 작업한다.
- 리벳은 지름이 25[mm]까지는 손으로, 그 이상은 기계적으로 작업한다.

(2) 코킹
보일러, 물탱크 등과 같은 압력 용기의 리벳 체결에 있어서 기밀을 유지하기 위하여 정으로 강판의 가장자리를 때려 그 부분을 밀착시켜 틈을 없애는 작업이다.

- 강판의 가장자리는 75~85° 기울어지게 절단한다.
- 정은 날끝이 평편하게 되어 있다.

(3) 플러링
두께 5[mm] 이하는 코킹이 곤란하므로 기밀을 위해서 기름종이, 석면, 패킹 등을 끼워 리베팅한다.

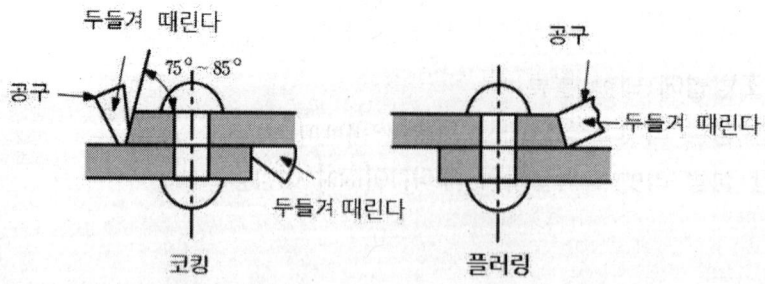

4 리벳 이음의 강도

(1) 리벳의 전단 (τ)

$$W = \frac{\pi d^2}{4} \cdot \tau \cdot n$$

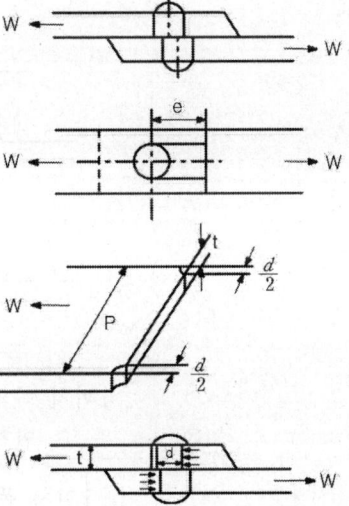

(2) 판의 가장자리의 전단 (τ)

$$W = 2 \cdot e \cdot t \cdot \tau$$

(3) 구멍 사이의 절단

$$W = (p-d)t \cdot \sigma$$

(4) 판 또는 리벳의 압궤 (σ)

$$W = \sigma \cdot d \cdot t \cdot n$$

여기서, $d \cdot t$: 투영면적, n : 개수

(5) 리벳의 지름

리벳이 전단되는 경우와 압축 파괴되는 경우 전단저항과 압축저항이 같다고 하면,

$$\frac{\pi}{4}d^2\tau = dt\sigma_c \qquad \therefore d = \frac{4t\sigma_c}{\pi\tau}$$

5 리벳의 효율

(1) 판의 효율

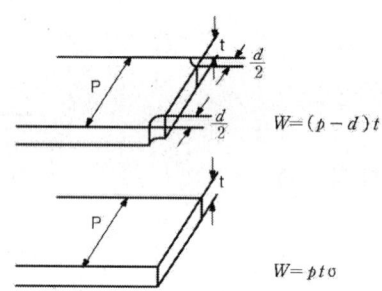

$$\eta_t = \frac{\text{1피치 폭의 구멍 뚫린 판의 인장 파괴하중}}{\text{1피치 폭 판의 인장 파괴하중}} = \frac{\sigma(p-d)t}{\sigma \cdot p \cdot t} = 1 - \frac{d}{p}$$

(2) 리벳의 효율

$$\eta_s = \frac{\tau \cdot \frac{\pi d^2}{4} \cdot n}{\sigma \cdot p \cdot t} = \frac{\tau \pi d^2 \cdot n}{\sigma \cdot p \cdot t \cdot 4}$$

$$W = \tau \frac{\pi d^2}{4} n$$

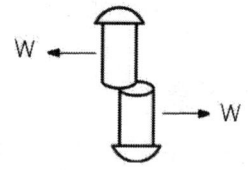

여기서, n : 전단면 수

(4) 압력용기 두께 계산 (D>10t)

$$\sigma_1 = \frac{PD}{4t}, \quad t = \frac{PD}{4\sigma_1}$$

$$\sigma_2 = \frac{PD}{2t}, \quad t = \frac{PD}{2\sigma_2}$$

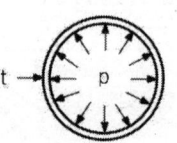
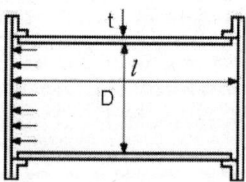

여기서, σ_1 : 원주이음(축방향)

σ_2 : 축이음(원주방향)

연/습/문/제

01 1열 겹치기 이음에서 피치가 45[mm], 리벳의 직경 19[mm], 하중 1,400[kg] 일 때 여기에 사용하는 판의 두께는 10[mm]이다. 이 판의 효율은?

① 58[%] ② 70[%]
③ 75[%] ④ 80[%]

1.
$$\eta = \frac{p-d}{p} \times 100$$
$$= (1 - \frac{d}{p}) \times 100$$
$$= 57.7 \fallingdotseq 58[\%]$$

02 지름이 800[mm], 압력 15기압인 보일러용 리벳 이음에서 판의 인장강도가 30[kg/mm^2]이고, 안전율이 5일 때 사용할 판의 두께는 얼마인가?

① 10[mm] ② 20[mm]
③ 30[mm] ④ 35[mm]

2.
$$t = \frac{PDS}{200\sigma}$$
$$= \frac{15 \times 800 \times 5}{200 \times 30}$$
$$= 10[mm]$$

03 판의 두께 10[mm], 리벳의 직경 $d=19$, 피치는 45[mm]인 1열 겹치기 이음에서 하중 1,400[kg]를 작용할 때 강판에 생기는 인장응력은?

① 3.25[kg/mm²]
② 4.75[kg/mm²]
③ 5.38[kg/mm²]
④ 6.45[kg/mm²]

3.
$$\sigma = \frac{W}{(P-d)t}$$
$$= \frac{1,400}{(45-19) \times 10}$$
$$= 5.38[kg/mm^2]$$

04 코킹 작업을 하려면 강판의 가장자리를 몇° 가량 경사지어 절단하는가?

① 75~85° ② 60~75°
③ 90~100° ④ 30~40°

정답 01 ① 02 ① 03 ③ 04 ①

05 맞대기 이음에 사용되는 덮개판의 두께 t_s는 한쪽 덮개판의 경우 강판의 두께를 t 라 하면, 다음 중 어느 것이 적당한가?

① 0.8 t ② 1.3 t
③ 1.6 t ④ 1.8 t

5.
맞대기 이음에 사용되는 덮개판의 두께는 양쪽 덮개판의 경우 0.8t 정도이며 한쪽 덮개판의 경우는 1.3t 정도이다.

06 판 두께 16[mm], 리벳의 지름 16[mm], 리벳의 구멍지름 17[mm], 피치 64[mm]인 1줄 리벳 겹치기 이음에서 판의 효율은 얼마인가?

① 68.5[%]
② 70[%]
③ 71.7[%]
④ 73.4[%]

6.
$$\eta = 1 - \frac{d}{p}$$
$$= (1 - \frac{17}{64}) \times 100$$
$$= 73.4$$

07 리벳 작업시 해머로 리베팅 할 수 없는 것은?

① 10[mm] 이하
② 15[mm] 이상
③ 25[mm] 이상
④ 30[mm] 이상

7.
25[mm] 이상은 기계로 작업한다.

08 리벳 이음 한 후 기밀을 유지하기 위하여 하는 작업은?

① 코킹   ② 리벳팅
③ 호닝   ④ 하드닝

8.
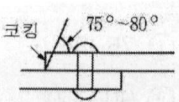

정 답   05 ②   06 ④   07 ③   08 ①

09 그림에서 리벳 이음은 몇 [kg]의 하중에 견디는가?
(단, τ=600kg/cm2, σ=1000kg/cm2, d=20mm, t=10mm)

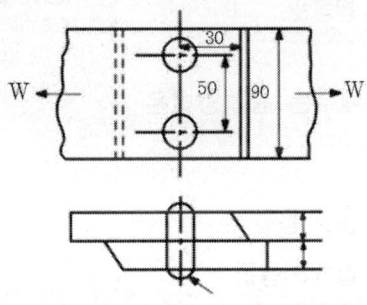

① 3,700　　　　② 3,750
③ 3,770　　　　④ 3.780

9.
$$\tau = \frac{P}{\frac{\pi d^2}{4} \times 2}$$
$$P = \tau \cdot \frac{\pi d^2}{4} \cdot 2$$
$$= 600 \cdot \frac{\pi \times 2^2}{4} \cdot 2$$
$$= 3,769$$

10 지름 $500[mm]$, 압력 10기압의 보일러용 리벳 이음에서 강판의 인장강도가 $35[kg/mm^2]$이고, 안전율은 5로 하면 여기에 사용될 판의 두께는 얼마인가? (단, η=0.6이다)

① 2[mm]　　　　② 4[mm]
③ 6[mm]　　　　④ 7[mm]

10.
$$t = \frac{PDS}{200\sigma\eta}$$
$$= \frac{10 \times 500 \times 5}{200 \times 35 \times 0.6}$$
$$= 5.9 ≒ 6$$

11 내경 $1,000[mm]$, 두께 10[mm]의 강판으로 원통을 만들면 얼마의 압력까지 사용할 수 있는가?
(단, 허용응력은 $7[kg/mm^2]$이고, 이음효율은 65[%]로 한다)

① 7.6 [kg/cm²]　　　　② 8.3[kg/cm²]
③ 9.1[kg/cm²]　　　　④ 10.5[kg/cm²]

11.
$$t = \frac{pd}{200\sigma\eta}$$
$$p = \frac{200\sigma\eta t}{d}$$
$$= \frac{200 \times 0.07 \times 65 \times 1}{100}$$
$$= 9.1[kg/cm²]$$

정답　09 ③　10 ③　11 ③

12 수도, 가스 등의 지하 매몰용 파이프로 적당한 것은?

① 강관　　　　　　　② 알루미늄판
③ 주철판　　　　　　④ 황동관

12.
지하매몰용 파이프는 부식에 강한 주철관이 적당하다.

13 모재의 밑면에 구멍을 뚫어 용착금속을 채우는 용접방법은 어떤 용접인가?

① 맞대기 용접　　　　② 필릿 용접
③ 플러그 용접　　　　④ 겹치기 용접

14 판두께 10[mm]의 강판을 두줄 지그재그 겹치기 이음을할 때 강판의 인장응력이 36[kg/mm^2], 압축응력이 27[kg/mm^2], 리벳의 전단응력이 24[kg/mm^2]이라면 리벳의 지름을 구하여라.

① 13[mm]　　　　　　② 15[mm]
③ 17[mm]　　　　　　④ 19[mm]

14.
$\sigma c \cdot d \cdot t \cdot 2$
$= \tau \cdot \dfrac{\pi d^2}{4} \cdot 2$
$d = \dfrac{\sigma c \cdot t \cdot 4}{\tau \cdot \pi}$
$= \dfrac{27 \times 10 \times 4}{24\pi}$
$= 14.3 \fallingdotseq 15$

15 판의 효율을 η_1, 리벳의 효율을 η_2이라 할 때 어느 것이 옳은가?

① $\eta_1 = \eta_2$　　　　　② $\eta_1 > \eta_2$
③ $\eta_1 \leqq \eta_2$　　　　　④ $\eta_1 \geqq \eta_2$

15.
이론적으로는 $\eta_1 = \eta_2$ 이나 실제적으로는
$\eta_1 > \eta_2$

16 리벳이음의 종류에 해당되지 않는 것은?

① 플러링 이음
② 평행형 리벳이음과 지그재그형 리벳이음
③ 맞대기 이음
④ 겹치기 이음

16.
코킹과 플러링은 기밀작업이다.

정 답　12 ③　13 ③　14 ②　15 ②　16 ①

17 리벳의 지름이 15mm일 때 리벳 구멍의 지름은 얼마로 뚫어야 적당한가?

① 15mm
② 16mm
③ 17mm
④ 18mm

17.
리벳구멍은 보통 리벳의 지름보다 1~1.5mm 크게 한다.

18 원통용기에서 원주방향의 인장응력 σ_1 (단위: kgf/mm^2)을 구하는 공식은?
(단, p:원통의 내압 (kgf/cm^2), D: 압력용기의 내경(mm), l: 관의 길이(mm))

① $\sigma_1 = \dfrac{D \cdot p}{2t}$

② $\sigma_1 = \dfrac{D \cdot p}{4t \times 100}$

③ $\sigma_1 = \dfrac{D \cdot p}{4t}$

④ $\sigma_1 = \dfrac{D \cdot p}{2t \times 100}$

정 답 17 ② 18 ④

6 용접

(1) 용접의 장단점

용접 이음의 장단점은 리벳 이음과 비교했을 때의 장단점이며 다음과 같다.

① 설계의 자유성과 무게를 가볍게 할 수 있다.
② 작업공정수를 줄일 수 있다.
③ 작업이 능률적이어서 제작속도가 빠르다.
④ 이음효율이 높다.
⑤ 잔류응력이나 수축 변형을 수반한다.
⑥ 고도의 기술력을 필요로 한다.

(2) 용접 기호

※ 모재 이음의 형식에 따른 종류

용접할 재료의 이음 형식에 따라 I형, V형(브이형), U형, J형, K형, V형(베벨형) 등과 같은 여러 종류가 있다.

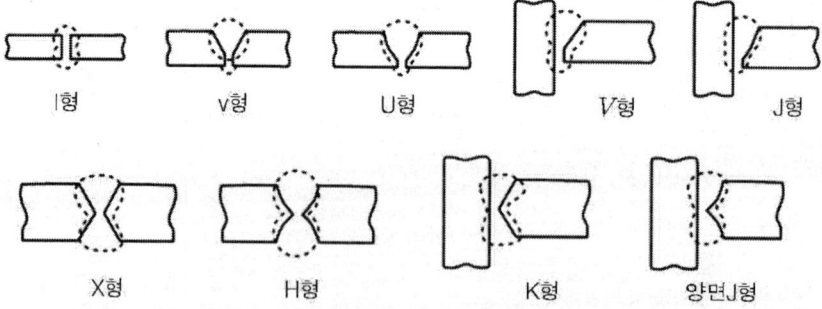

모재 이음의 형식

◆ 용접기호 및 기입보기(KS B 0052)

용접부		실제모양	도면표시
I형 홈 용접	루트 간격 2[mm]		
V형 홈 용접	판의 두께 19[mm] 홈의 깊이 16[mm] 홈의 각도 60° 루트 간격 2[mm]		
X형 홈 용접	홈의 깊이 화살쪽 16[mm] 화살 반대쪽 9[mm] 홈의 각도 화살쪽 60° 화살 반대쪽 90° 루트 간격 3[mm]		

▼ 용접기호 및 보조기호

아크용접과 가스용접				보조기호			
용접의 종류	기호	용접의 종류	기호	구분		기호	비고
버트용접 및 그루브 / I형		연속		용접부의 표면모양	평탄		기선에 대하여 평행
V형		단속			볼록		기선의 바깥쪽을 향하여 볼록
X형		연속 (병렬)			오목		기선의 바깥쪽을 향하여 오목
U형		필릿용접 / 단속 (병렬)		용접부의 다듬질 방법	치핑 연삭 절삭	C G M	다듬질 방법을 특히 구별하지 않을 때는 F로 한다.
H형							
V(베벨)형		단속 (지그재그)					
K형							
J형		플러그 용접		현장 용접			
양면J형		비드 용접		전 둘레 용접			전 둘레 용접이 분명할 때는 생략하여도 좋다.
		덧살올림 용접		전 둘레 현장 용접			
		스폿용접 심용접					

(3) 용접 이음의 강도

1) 맞대기 용접

- 판의 인장

$$\sigma = \frac{W}{A} = \frac{W}{a \cdot l}$$

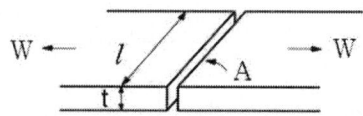

- 판의 굽힘

$$\sigma = \frac{M}{Z} = \frac{M}{\frac{a \cdot l^2}{6}}$$

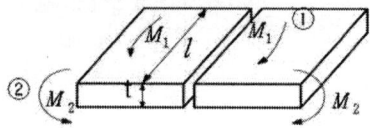

$$\sigma = \frac{M}{Z} = \frac{M}{\frac{l \cdot t^2}{6}}$$

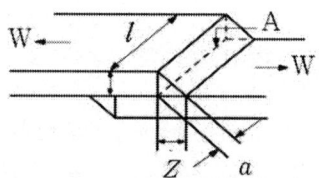

2) 필릿 용접

Z : 용접목 길이

a : 용접목 두께

$$a = Z\cos 45° = \frac{Z}{\sqrt{2}}$$

- 한면 필릿 용접

$$\sigma = \frac{W}{A} = \frac{W}{a \cdot \ell} = \frac{W}{Z\cos 45° \ell} = \frac{\sqrt{2}\,W}{Zl}$$

- 양면 필릿 용접

$$\sigma = \frac{W}{2 \cdot a \cdot l} = \frac{W}{2Z\cos 45° \ell} = \frac{0.707\,W}{Zl}$$

CHAPTER 03 축과 축 이음

1 축

(1) 축의 뜻

축(shaft)은 회전운동으로 동력을 전달시키는 요소이다. 단면 모양은 원형이나 특수 목적으로 일부분이 사각이나 육각 단면으로 하는 경우도 있으며, 중실축과 중공축으로 구분된다.

(2) 축의 종류

1) 작용하는 힘에 의한 분류

- 차축(axle)은 차량에 쓰이는 축으로 주로 굽힘하중을 받는 축이며 철도 차량의 차축, 자동차 앞바퀴 축이 이에 속한다.
- 스핀들(spindle)은 주로 비틀림을 받는 축이다. 공작기계의 주축에 주로 사용하며 길이가 짧으며 치수가 정밀하고 변형량이 적어야 한다.
- 전동축(shaft)은 비틀림과 굽힘 하중을 동시에 받으면서 동력을 전달하는 축이다. 전동을 주목적으로 하는 회전축으로 동력전달축에 사용한다. 동력을 전달하는 순서는 주축(main shaft), 선축(line shaft), 중간축(counter shaft)의 순이며 선축에서 동력을 받아 각각의 기계에 동력을 전달하는 축이 중간축이다.

(3) 축지름의 설계

1) 굽힘 모멘트만 받는 경우

$$\sigma = \frac{M}{Z} = \frac{M}{\frac{\pi d^3}{32}} (중실축)$$

$$= \frac{M}{\frac{\pi d_2^3}{32}(1-x^4)} (중공축) \qquad \therefore x = \frac{d_1}{d_2}$$

2) 비틀림 모멘트만 받는 경우

- $T = PR = \tau Z_p = 716200 \dfrac{H_{PS}}{N} = 974000 \dfrac{H_{kW}}{N} [\text{kg·mm}]$

  $= \tau \dfrac{\pi d^3}{16} (\text{중실축}) = \tau \dfrac{\pi d_2^3}{16}(1-x^4)(\text{중공축})$

- 강성도

  $\theta = \dfrac{Tl}{GI_P} \dfrac{180}{\pi} °$

- Bach의 축공식

  $d = 120 \sqrt[4]{\dfrac{H_{PS}}{N}} [\text{mm}], \ d = 130 \sqrt[4]{\dfrac{H_{kW}}{N}} [\text{mm}]$

3) 비틀림과 굽힘을 동시에 받을 경우

- 굽힘응력설 : $M_e = \dfrac{1}{2}(k_m M + \sqrt{(k_m M)^2 + (k_t T)^2})$

- 전단응력설 : $T_e = \sqrt{(k_m M)^2 + (k_t T)^2}$

  주 : $\sigma = \dfrac{M_e}{Z}, \ T_e = \tau \cdot z_p$

> **TiP**
> 동적효과계수 (축에서는 진동을 고려해야 함)
> 1. k_m : 모멘트의 동적효과계수
> 2. k_t : 비틀림의 동적효과계수

(4) 축의 위험속도

1) 축의 중앙에 1개의 회전질량을 가진 축

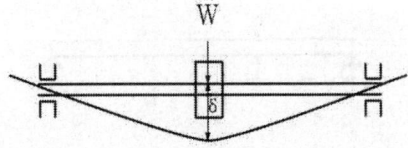

$$\left(\omega_c^2 = \frac{k}{m} = \frac{F/\delta}{W/g} = \frac{g}{\delta}\right)$$

$$Nc[rpm] = \frac{60}{2\pi}\omega_c = \frac{30}{\pi}\omega_c = \frac{30}{\pi}\sqrt{\frac{g}{\delta_c}} \fallingdotseq 300\sqrt{\frac{1}{\delta}}$$

여기서, N_c : 축의 위험속도[rpm],

ω_c : 위험각속도[rad/sec]

g : 중력가속도(980[cm/sec2]),

δ : 축의 처짐[cm]

$\delta = \dfrac{l}{3,000}$, $\delta \leq 0.3[\text{mm/m}]$

$\delta = \dfrac{pl^3}{48EI}[\text{cm}]$ (단순보 중앙집중하중)

$\delta = \dfrac{5\omega l^4}{384EI}[\text{cm}]$ (단순보 등분포하중)

2) 여러 개의 회전체를 갖는 축

■ Dunkerley의 실험공식

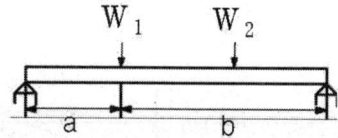

$$\frac{1}{N_{cr}^2} = \frac{1}{N_0^2} + \frac{1}{N_1^2} + \frac{1}{N_{2+\cdots}^2}$$

여기서, N_{cr} : 축 전체의 실제 위험속도[rpm],

N_0 : 축만의 위험속도[rpm]

$N_1, N_2, \cdots$: 각 회전체가 단독으로 축에 설치된 경우의 회전속도[rpm]

① $-N_0 = 654 \dfrac{d^2}{l^2} \sqrt{\dfrac{E}{\omega}}$, $\omega = rA$ [kg/cm]

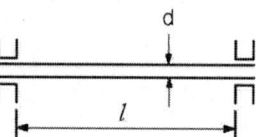

② $-N_{1.2} = 114.6 d^2 \sqrt{\dfrac{E(a+b)}{Wa^2 b^2}}$ [rpm]

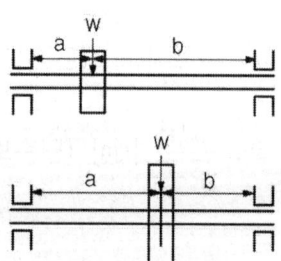

(3) 굽힘 강성에 의한 베어링 간격(스팬의 길이)

■ 굽힘 : $l \leq 100\sqrt{d}$ [cm] (양단지지)

$l \leq 125\sqrt{d}$ [cm] (중간지지)

■ 비틀림 : $l \leq 50\sqrt[3]{d^2}$ [cm]

$$l \leq 50 d^{\frac{2}{3}} = 50\sqrt[3]{d^2} \,[cm]$$

2 축 이음(coupling & clutch)

(1) 축 이음

축 이음(Shaft Coupling and Clutch)은 회전축을 연결하여 한쪽의 동력을 다른 쪽에 전달하는 데 사용하는 요소로서 커플링과 클러치로 구분되며, 동력을 연결하기만 하는 요소를 커플링이라 하고, 동력을 이었다 단락시킬 수 있는 축 이음을 클러치라 한다.

※ 두 축이 일직선상에 있는 커플링
- 원통 커플링 : 가장 간단한 구조로써 두 축의 끝을 맞대어 일직선으로 놓고 키 또는 마찰력으로 전동하는 커플링
- 플랜지 커플링 : 양 축단 끝에 플랜지를 설치키로 고정한 이음
- 플렉시블 커플링 : 두 축의 중심선이 약간 어긋나 있을 경우 탄성체를 플랜지에 끼워 진동을 완화시키는 이음
- 기어 커플링 : 한쌍의 내접 기어로 이루어진 커플링으로 두 축의 중심선이 다소 어긋나도 토크를 전달할 수 있어 고속회전 축 이음에 사용하는 이음
- 유체 커플링 : 원동축에 고정된 펌프 깃의 회력에 의해 동력을 전달하는 이음
- 올덤 커플링 : 두 축의 중심이 약간 떨어져 평행할 때 동력을 전달시키는 축으로 고속회전에는 적합하지 않다.
- 유니버설 조인트(자재 이음) : 축이 교차하며 만나는 각이 변화할 때 사용하는 축 이음으로 일반적으로 15° 이하를 권장하며, 속도변동을 없애기 위해 2개의 이음을 사용하여 원동축 및 종동축의 만나는 각을 같게 한다.

(2) 커플링의 강도계산

1) 원통 커플링

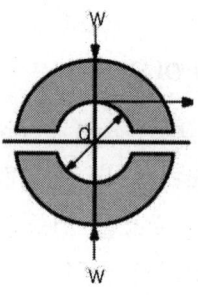

$$T = PR$$
$$= \pi\mu W\frac{d}{2}(W = gdL(\text{투상면적}))$$
$$= \pi\mu qdL\frac{d}{2} = \frac{\pi\mu qld^2}{2}$$
$$P = \int_0^{2\pi} \mu q\, L\, dA = \int_0^{2\pi} \mu q\, r d\theta\, L$$
$$= \mu q r L \int_0^{2\pi} d\theta$$
$$= 2\pi\mu q r L = \pi\mu q d L$$
$$T = Pr = \pi\mu q d L \frac{d}{2}$$

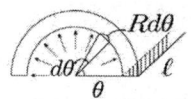

2) 클램프 커플링(분할 원통 커플링)

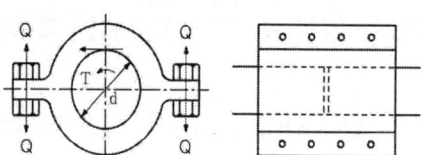

$$T = PR = \mu\pi qd\frac{L}{2} \times \frac{d}{2}(W = q \cdot d \cdot \frac{L}{2})$$
$$= \pi\mu Q\frac{Z}{2} \times \frac{d}{2}(W = Q \cdot \frac{Z}{2})$$

여기서, Q : 리벳 1개에 작용하는 힘

$$Q = \frac{4T}{\pi\mu Zd}$$

여기서, $T = 716200\frac{H_{HP}}{N} = 974000\frac{H_{kW}}{N}[kg \cdot mm]$

$$\sigma_B = \frac{4Q}{\pi\delta^2}$$

σ_B : 볼트 1개에 발생하는 응력, δ : 볼트의 지름

3) 플랜지 커플링

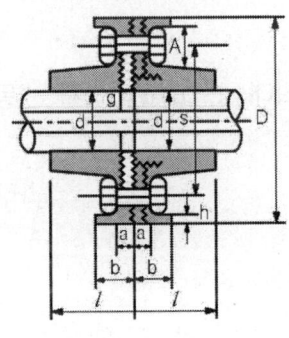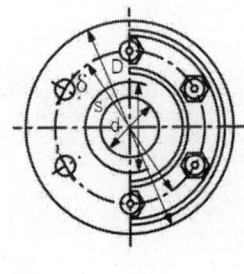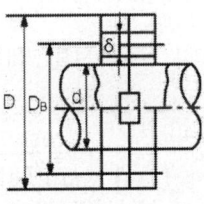

■ 마찰과 볼트 전단 고려

$$T_{축} = T_{마찰} + T_{볼트전단}$$

$$\tau \cdot Z_p{'} = \mu \cdot W \cdot \frac{D_f}{2} + \tau \cdot A \cdot Z \cdot \frac{D_b}{2}$$

$$\tau \cdot \frac{\pi d^3}{16} = \mu \cdot Q \cdot Z \cdot \frac{D_f}{2} + \tau \cdot \frac{\pi \delta^2}{4} \cdot Z \cdot \frac{D_b}{2}$$

일반적으로 $D_b = D_f$ (D_b : 볼트의 피치 원지름, D_f : 플랜지 마찰면 평균지름)

■ 상급 플랜지

- 볼트의 전단 위주의 설계

$$T = \tau \cdot \frac{\pi \delta^2}{4} \cdot Z \cdot \frac{D_B}{2}$$

- 마찰 위주로 설계

$$T = \mu \cdot Q \cdot Z \cdot \frac{D_f}{2} \left(\sigma = \frac{4Q}{\pi \delta^2}\right)$$

- 플랜지의 전단 위주로 설계

$$T = PR$$
$$= \tau \cdot A \cdot r \text{ (힘이 있는 곳에서 중심까지의 거리)}$$
$$= \tau \cdot 2\pi r t \cdot r = \tau \cdot 2\pi r^2 t$$

$$\tau_{축} \times \frac{\pi d_{축}^3}{16} = \tau \cdot 2\pi r^2 t$$

3 유니버설 이음

각속도는 축이 1/4회전할 때마다 최소 $\cos\alpha$ 배로부터 최대 $1/\cos\alpha$ 배까지 변동

$$\frac{\omega_B}{\omega_A} = \frac{\cos\alpha}{1 - \sin^2\theta \sin^2\alpha}$$

여기서, θ : 원동축의 회전각, α : 30° 이하

ω의 변동이 없도록 하기 위하여 유니버설 이음 2개를 이용한다.

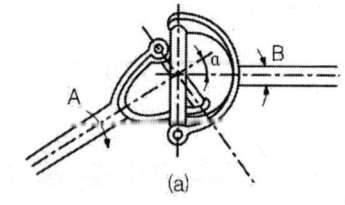

(a)

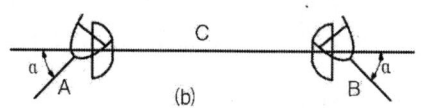

(b)

연/습/문/제

01 길이 $\ell = 5$[m], 지름 $d = 30$[mm]인 연강축이 $n = 300$[rpm]으로 회전하고 있으며, 축 끝에 비틀림각 $\theta = 1$[rad]이 생겼다. 이 때 전달동력은 얼마인가? (단, $G = 8,300[kg/mm^2]$이다)

① 45[PS] ② 65[PS]
③ 85[PS] ④ 55[PS]

1.
$$\theta = \frac{Tl}{GI_p}$$
$$= \frac{716,200\frac{HP}{N} \times 5,000}{8,300 \times \frac{\pi d^4}{32}}$$
$$= 1$$
$$HP = \frac{8,300 \times \pi \times 30^4 \times 300}{716,200 \times 5,000 \times 32}$$
$$= 55.29$$

02 길이 4[m], 지름 50[mm]의 연강축이 200[rpm]으로 진동할 때 축 끝에 1°의 비틀림이 생겼다. 얼마의 동력을 전달할 수 있는가? (단, $G = 0.81 \times 10^4 [kg/mm^2]$이다)

① 2.0[PS] ② 3.2[PS]
③ 5.8[PS] ④ 6.06[PS]

2.
$$\theta = \frac{Tl}{GI_p} \times \frac{180°}{\pi}$$
$$= \frac{716,200 \times \frac{HP}{N} 4,000 \times 180°}{0.81 \times 10^4 \times \frac{\pi d^4}{32} \times \pi}$$

$$HP = \frac{0.81 \times 10^4 \times \pi \times 50^4 \times 200 \times \pi}{716,200 \times 4,000 \times 32 \times 180°}$$
$$= 6.055$$

03 축의 지름을 d라 하고, 굽힘의 견지에서 축 길이를 계산할 때, 연속보로 될 때 중간구간의 길이 l을 구하는 식은 무엇인가?

① $l = 100\sqrt{d}$ ② $l = 125\sqrt{d}$
③ $l = 150\sqrt{d}$ ④ $l = 140\sqrt{d}$

04 바깥지름 $d_2 = 50$[mm], 안지름 $d_1 = 40$[mm]의 단면을 가진 중공축에 축방향으로 $W = 1,500$[kg]의 압축하중이 작용할 때 생기는 응력은 얼마인가?

① 112[kg/cm²] ② 212[kg/cm²]
③ 310[kg/cm²] ④ 323[kg/cm²]

4.
$$\sigma = \frac{4W}{\pi(d_2^2 - d_1^2)}$$
$$= \frac{4 \times 1,500}{\pi(25 - 16)}$$
$$= 212.2$$

정답 01 ④ 02 ④ 03 ② 04 ②

05 지름 $d=10[cm]$, 길이 $l=100[cm]$인 축에 $G=830,000[kg/cm^2]$, $T=500[kg \cdot cm]$가 작용할 때 비틀림각 θ는 몇 °인가?

① 0.35° ② 0.035°
③ 0.0035° ④ 3.5°

5.
$$\theta = \frac{Tl}{GI_p} \times \frac{180}{\pi}$$
$$= \frac{Tl \times 32}{G \times \pi d^4} \times \frac{180°}{\pi}$$
$$= \frac{500 \times 100 \times 32 \times 180°}{830,000 \times \pi \times 10^4 \times \pi}$$
$$= 0.0035°$$

06 지름 $d=10[mm]$인 둥근축에 $\tau=500[kg/cm^2]$의 응력이 생기려면 얼마의 토크가 필요한가?

① 9.817[kg·cm] ② 0.9817[kg·cm]
③ 98.17[kg·cm] ④ 981.7[kg·cm]

6.
$$T = \tau Z_p$$
$$= \frac{\pi d^3}{16}$$
$$= \frac{500 \times \pi \times 1^3}{16}$$
$$= 98.17[kg \cdot cm]$$

07 지름 $d=10[mm]$, 길이 $\ell=400[mm]$의 둥근연강봉에 $200[kg]$의 압축하중이 작용했다. 줄어든 길이는 얼마인가? (단, $E=2.1 \times 10^4[kg/mm^2]$이다)

① 0.945[mm] ② 0.397[mm]
③ 0.485[mm] ④ 0.0485[mm]

7.
$$\delta = \frac{Pl}{AE}$$
$$= \frac{4Pl}{\pi d^2 E}$$
$$= \frac{4 \times 200 \times 400}{\pi \times 100 \times 2.1 \times 10^4}$$
$$= 0.0485[mm]$$

08 전동축에서 회전수 N과 전동마력 H를 알고 있을 때 축의 지름을 구하는 공식은?

① $d = K\sqrt{\frac{H}{N}}$[cm] ② $d = K^3\sqrt{\frac{H}{N}}$[cm]
③ $d = T^2\sqrt{\frac{H}{N}}$[cm] ④ $d = T^4\sqrt{\frac{H}{N}}$[cm]

8.
$$716,200\frac{H}{N} = \tau\frac{\pi d^3}{16}$$
$$d = \sqrt[3]{\frac{716,200 H \times 16}{\pi \tau N}}$$
$$= K^3\sqrt{\frac{H}{N}}$$
$K \Rightarrow$ 상수

정답 05 ③ 06 ③ 07 ④ 08 ②

09 외경 80[mm], 내경 50[mm]의 중공원의 극단면 계수를 구하여라.

① 80,000[mm³] ② 82,190[mm³]
③ 84,190[mm³] ④ 85,190[mm³]

9.
$$Z_p = \frac{\pi d_2^3 (1-x^4)}{16}$$
$$= \frac{\pi \times 80^3 (1-(\frac{50}{80})^4)}{16}$$
$$= 85191$$

10 둥근축에서 굽힘 응력을 σ_0, 단면계수를 Z라 할 때, 굽힘 모멘트 M을 구하는 식은?

① $M = \sigma_0 Z$ ② $M = \dfrac{\sigma_0}{Z}$
③ $M = \pi \sigma_0 Z$ ④ $M = \dfrac{Z}{\pi \sigma_0}$

11 400[rpm]으로 2.5[KW]를 전달시키고 있는 축의 비틀림 모멘트는 몇 [kg·mm]인가?

① 4365.2 ② 4876.3
③ 5647.4 ④ 6087.5

11.
$$T = 974,000 \frac{H_{KW}}{N}$$
$$= 97400 \times \frac{2.5}{400}$$
$$= 6087.5$$

12 축의 위험속도를 N_c, 추 자체만의 위험속도를 N_0, 각 회전체를 단독으로 축에 설치하였을 때 위험속도를 N_1, N_2라 하면 던컬레이(Dunkerley) 실험 공식은 무엇인가?

① $\dfrac{1}{N_c^2} = \dfrac{1}{N_0^2} + \dfrac{1}{N_1^2} + \dfrac{1}{N_2^2} + \cdots$
② $N_c = N_0 + N_1 + N_2 + \cdots$
③ $\dfrac{1}{N_c^2} = N_0 + N_1 + N_2 + \cdots$
④ $\dfrac{W}{N_c} = \dfrac{W_0}{N_0} + \dfrac{W_1}{N_1} + \dfrac{W_2}{N_2} + \cdots$

정 답   09 ④   10 ①   11 ④   12 ①

13 지름 50[mm]의 둥근단면을 가질 축의 극단면계수를 구하여라.

① $34,500[mm^3]$ ② $9,440[mm^3]$
③ $34,700[mm^3]$ ④ $24,543[mm^3]$

13.
$$Z_P = \frac{\pi d^3}{16}$$
$$= \frac{\pi \times 50^3}{16}$$
$$= 24,543$$

14 지름 50[mm]의 실제 둥근축이 10,000[kg·cm]의 비틀림 모멘트와 5,000[kg·cm]의 굽힘 모멘트를 동시에 받을 때 생기는 최대 전단응력과 최대 수직응력은 각각 몇 $[kg/mm^2]$이겠는가?

① $\tau = 4.56, \sigma = 6.6$
② $\tau = 3.78, \sigma = 7.65$
③ $\tau = 3.96, \sigma = 7.21$
④ $\tau = 4.21, \sigma = 6.28$

14.
$$T_e = \tau \cdot Z_p$$
$$T_e = \sqrt{M^2 + T^2}$$
$$M_e = \sigma \cdot Z$$
$$M_e = \frac{1}{2}(M + \sqrt{M^2 + T^2})$$
$$T_e = \tau \cdot \frac{\pi d^3}{16}$$
$$\tau_{max} = 4.56 [kg/mm^2]$$
$$M_e = \sigma \cdot \frac{\pi d^3}{32}$$
$$\sigma_{max} = 6.59 [kg/mm^2]$$

15 지름이 4[cm]인 원기둥의 단면 2차 모멘트 값은?

① $16[cm^4]$ ② $12.57[cm^4]$
③ $14[cm^4]$ ④ $24[cm^4]$

15. $I = \dfrac{\pi d^4}{64} = 12.566$

16 축의 설계에서 축의 굽힘을 최대 얼마로 제한하는가?

① $1/2,000[cm/m]$ ② $1/3,000[cm/m]$
③ $1/5,000[cm/m]$ ④ $1/6,000[cm/m]$

17 50[rpm]으로 10[KW]를 전하는 축의 지름을 얼마로 하는 것이 좋은가? (단, 축의 허용전단응력을 $2[kg/mm^2]$로 한다)

① 80[mm]   ② 85[mm]
③ 95[mm]   ④ 98[mm]

17.
$$T = \tau Z_p = \tau \frac{\pi d^3}{16}$$
$$d = \sqrt[3]{\frac{16T}{\tau \pi}}$$
$$= 79.1 \fallingdotseq 80[mm]$$

정답   13 ④   14 ④   15 ②   16 ②   17 ①

18 주로 비틀림이 작용하는 둥근축의 지름을 구하는 식은?

① $d = \sqrt[3]{\dfrac{5.1T}{\tau_a}}$ ② $d = \sqrt[4]{\dfrac{5.1T}{\tau_a}}$

③ $d = \sqrt[3]{\dfrac{T}{5.1\tau_a}}$ ④ $d = \sqrt[4]{\dfrac{T}{16\tau_a}}$

18.
$$T = \tau Z_p = \tau \dfrac{\pi d^3}{16}$$
$$d = \sqrt[3]{\dfrac{16T}{\tau \pi}} = \sqrt[3]{\dfrac{5.1T}{\tau}}$$

19 250[rpm]으로 12마력을 전하는 전동축의 지름을 구하여라.

① 4.6[cm] ② 5[cm]
③ 5.6[cm] ④ 6.6[cm]

19.
$$d = 12\sqrt[4]{\dfrac{HP}{N}}$$
$$= 12\sqrt[4]{\dfrac{12}{250}}$$
$$= 5.6[cm]$$

20 240[rpm]으로 60[kW]의 동력을 전달하는 강제 둥근축의 허용 비틀림 응력이 2[kg/mm²]라 하면 축 지름은 얼마인가?

① 75[mm] ② 80[mm]
③ 85[mm] ④ 90[mm]

20.
$$T = \tau Z_p = \tau \dfrac{\pi d^3}{16}$$
$$d = \sqrt[3]{\dfrac{16T}{\tau \pi}}$$

21 지름 5[cm]인 전동축을 300[rpm]으로 운전할 때 몇 마력[PS]을 전달할 수 있는가?
(단, 축의 허용 비틀림 응력은 4[kg/mm²])

① 40[PS] ② 50[PS]
③ 60[PS] ④ 70[PS]

21.
$$716,200\dfrac{H}{N} = \tau \cdot \dfrac{\pi d^3}{16}$$
$$H = \dfrac{\tau \cdot \pi \cdot d^3 \cdot N}{716,200 \times 16}$$
$$= \dfrac{4 \times \pi \times 50^3 \times 300}{716,200 \times 16}$$
$$= 41.1$$

22 길이 4[m], 직경 50[mm]의 연강원축이 300[rpm]으로 축 끝에 1°의 비틀림각이 생겼다면 전달되는 동력은 얼마인가? (단, $G = 0.81 \times 10^4[kg/mm^2]$이다)

① 2.16[PS] ② 4.25[PS]
③ 7.35[PS] ④ 9.08[PS]

22.
$$1° = \dfrac{Tl}{GI_p} \times \dfrac{180°}{\pi}$$
$$= \dfrac{716,200H \times l \times 180° \times 32}{G \times \pi d^4 \times \pi \times N}$$
$$H = \dfrac{G \times \pi \times d^4 \times \pi \times N}{716,200 \times l \times 180° \times 32}$$
$$= 9.08$$

정답 18 ① 19 ③ 20 ③ 21 ① 22 ④

23 300[rpm]으로 10[PS]를 전달시키는 축에서 비틀림각을 0.25° 이내로 할 때 지름은 몇 [mm]인가?

① 40[mm]　　② 52[mm]
③ 56[mm]　　④ 60[mm]

23.
$$d = 120\sqrt[4]{\dfrac{H}{N}}$$
$$= 51.2 \fallingdotseq 52$$

24 전단응력 $\tau = 560[kg/cm^2]$을 갖는 중공축은 34,500 $[kg \cdot cm]$를 전달한다. 내경이 외경의 0.65배일 때 외경은 얼마인가?

① 10.25　　② 9.25
③ 8.25　　　④ 7.25

24.
$$\dfrac{d_1}{d_2} = 0.65 = x$$
$$d_2 \times 0.65 = d_1$$
$$T = \tau \cdot \dfrac{\pi d^3 (1-x^4)}{16}$$
$$d = \sqrt[3]{\dfrac{16 \times 34,500}{560 \times \pi \times (1-0.65^4)}}$$
$$= 7.25$$

25 유니버설 조인트 축선과 다른 축과 이루는 각은 최대로 몇 ° 이하로 하는 것이 좋은가?

① 10° 이하　　② 20° 이하
③ 30° 이하　　④ 40° 이하

26 다음 그림에서 표시한 차축이 $W=10,000[kg]$의 하중을 받는다. 허용굽회응력을 $4.7[kg/mm^2]$라고 할 때 축지름은?

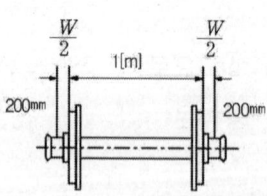

① 150　　② 130
③ 110　　④ 90

26.
$$\sigma = \dfrac{M}{Z}$$
$$= \dfrac{32 \cdot \dfrac{W}{2} \cdot 200}{\pi d^3}$$
$$d = \sqrt{\dfrac{32 \cdot 10,000 \times 200}{2\pi \times 4.7}}$$
$$= 129.4$$

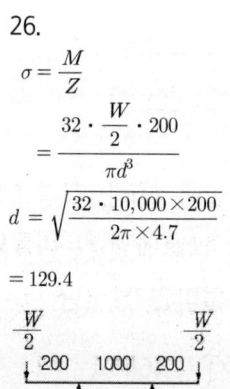

정 답　23 ②　24 ④　25 ③　26 ②

27 N[rpm]으로 회전하고, H마력으로 전달하는 축이 T[kg·mm]로 된 식 중 옳은 것은?

① $T = 71260 \dfrac{H}{N}$
② $T = 9740 \dfrac{H}{N}$
③ $T = 71620 \dfrac{N}{H}$
④ $T = 716200 \dfrac{H}{N}$

28 다음 중 축을 설계할 때 고려해야 할 사항이 아닌 것은?

① 가공방법
② 부식
③ 진동
④ 강도

28.
축설계시 고려사항은 강도, 강성도, 진동, 열응력, 부식 등이다.

29 속이 찬 축에서 축의 지름을 2배로 하면 전달 토크는 몇 배가 되는가?

① $\dfrac{1}{2}$배
② 4배
③ 8배
④ $\dfrac{1}{4}$배

29.
$T = \tau \dfrac{\pi d^3}{16}$

30 공작기계의 주축 등에 사용되는 스핀들(spindle)이 받는 힘은?

① 주로 비틀림만을 받는다.
② 주로 휨만을 받는다.
③ 주로 압축만을 받는다.
④ 비틀림과 휨을 동시에 받는다.

| 정답 | 27 ④ | 28 ① | 29 ③ | 30 ① |

4 클러치

(1) 클러치의 종류

1) 맞물림 클러치

두 축 양끝의 플랜지에 턱을 만들어 전동을 단속시키는 클러치이며 재료는 충격에 강한 강철을 사용하며 표면경화처리를 하여야 한다.

[맞물림 클러치]

2) 마찰 클러치

원동축과 종동축에 붙어 있는 접촉면을 강하게 접촉시켜서 생긴 마찰력에 의하여 동력을 전달하게 하며 원판클러치, 다판클러치, 원추클러치가 있다.

(2) 클러치의 강도계산

1) 원판 클러치와 다판 클러치

$T = PR$

$$= \mu \cdot W \cdot \frac{D}{2} = \mu \cdot q \cdot \frac{\pi(D_2{}^2 - D_1{}^2)}{4} \cdot \frac{D}{2}$$

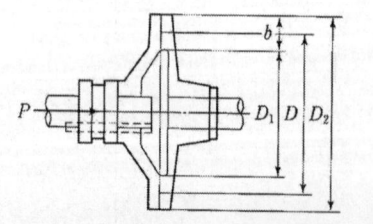 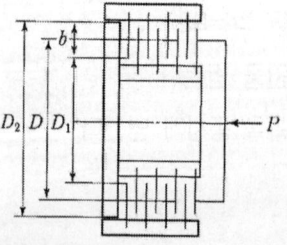

[단판 클러치와 다판 클러치]

2) 원추 클러치

$$Q = \frac{W}{\mu \cos \alpha + \sin \alpha}$$

$$\mu'(상당마찰계수) = \frac{\mu}{\mu \cos \alpha + \sin \alpha}$$

$$T = PR = \mu \cdot Q \cdot \frac{D}{2} = \mu \cdot \pi Dbq \cdot \frac{D}{2}$$

$$= \mu \cdot \frac{W}{\sin \alpha + \mu \cos \alpha} \cdot \frac{D}{2} = \mu' \cdot W \cdot \frac{D}{2}$$

$$W = P_1 + P_2 = Q \sin \alpha + \mu Q \cos \alpha$$

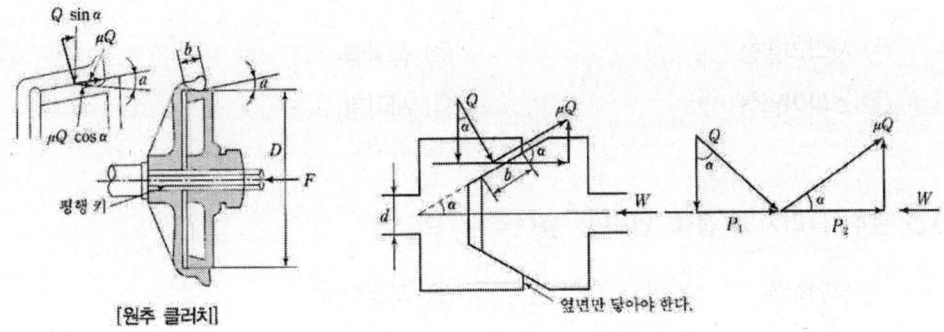

[원추 클러치]

# 연/습/문/제

01 올덤커플링은 어느 경우에 사용되는가?

① 2축이 어느 각도로서 교하고 있는 경우에 사용된다.
② 2축이 약간의 거리로서 평행하고 있을 경우에 사용된다.
③ 2축이 직각으로 교차하는 경우에 사용된다.
④ 2축이 정확하게 일직선상에 있을 경우

02 클로우클러치, 즉 맞물림 클러치에서 가장 큰 하중을 견딜 수 있는 형식은?

① 사다리꼴형　　② 삼각형
③ 스파이얼형　　④ 사각형

03 원추 클러치의 접촉 압력을 높여주는 요인은?

① 유압작용　　② 지레작용
③ 쐐기작용　　④ 물림작용

04 원추 클러치에서 접촉면의 폭 10[mm], 최대지름 125[mm], 최소지름 115[mm]이고 접촉면의 허용 압력을 12[kg/cm^2], 마찰계수 μ=0.1로 할 때, 전달할 수 있는 최대토크는 얼마인가?

① 1,750[kg·mm]
② 2,350[kg·mm]
③ 2,710[kg·mm]
④ 2,880[kg·mm]

4.
$$D = \frac{125+115}{2} = 120$$
$$q = 12[kg/cm^2]$$
$$\Rightarrow 0.12[kg/cm^2]$$
$$T = \mu Q \frac{D}{2}$$
$$= \mu q \pi D b \frac{D}{2}$$
$$= \frac{0.1 \times 12 \times \pi \times 120^2 \times 10}{2 \times 100}$$
$$= 2710[kg \cdot mm]$$

정 답　01 ②　02 ①　03 ③　04 ③

05 접촉면의 내경 100[mm], 외경 160[mm]의 단판 클러치의 마찰계수를 0.2, 접촉면 압력을 0.02[kg/mm^2]라 하면 230[rpm]으로 몇 마력을 전달할 수 있을까?

① 2.56[PS] ② 4.16[PS]
③ 1.02[PS] ④ 3.26[PS]

06 원통 커플링에서 원통이 축을 누르는 힘 200[kg], 축지름 40[mm], 마찰계수 0.2일 때, 이 커플링이 전달할 수 있는 토크는 얼마인가?

① 84.5[kg·cm]
② 96.8[kg·cm]
③ 251.3[kg·cm]
④ 125.6[kg·cm]

07 접촉면의 평균지름 380[mm], 원추각 20°의 원추 클러치를 20[PS], 800[rpm]으로 전달한다. 마찰계수 μ=0.3이라 하면 축방향으로 미는 힘은 얼마인가?

① 147[kg] ② 265[kg]
③ 98[kg]   ④ 326[kg]

08 30[KW]의 동력을 회전수 200[rpm]으로 전달하는 연강축에 쓰이는 플랜지 커플링 축의 지름을 계산하면?
(단, τ=2[kg/mm^2]이다)

① 72[mm] ② 75[mm]
③ 80[mm] ④ 85[mm]

정 답 05 ③ 06 ③ 07 ① 08 ①

5.
$$D = \frac{100+160}{2} = 130$$
$$b = \frac{160-100}{2} = 30$$
$$716{,}200\frac{HP}{N} = \mu \cdot \pi \cdot D \cdot b \cdot q \cdot \frac{D}{2}$$
$$HP = \frac{\mu \cdot \pi \cdot D^2 \cdot b \cdot q \cdot N}{2 \times 716{,}200}$$
$$= \frac{0.2 \times \pi \times 130^2 \times 0.02 \times 230}{2 \times 716{,}200}$$
$$= 1.02$$

6.
$$T = PR = \mu W \pi \frac{d}{2}$$
$$= \frac{0.2 \times 200 \times \pi \times 4}{2}$$
$$= 251.3$$

7.
$$T = \mu Q \frac{D}{2} \Rightarrow Q = \frac{2T}{\mu D}$$
$$= \frac{2 \times 716{,}200 \times \frac{20}{800}}{0.3 \times 380}$$
$$W = Q(\mu\cos\alpha + \sin\alpha)$$
$$= Q(0.3\cos 10° + \sin 10°)$$
$$= 147.34$$

8.
$$T = 974{,}000\frac{HkW}{N}$$
$$= \tau \times \frac{\pi d^3}{d}$$
$$d = \sqrt[3]{974{,}000\frac{H}{N} \times \frac{16}{\pi\tau}}$$
$$= \sqrt[3]{974{,}000 \times \frac{30}{200} \times \frac{16}{2\pi}}$$
$$= 71.9$$

09 축 이음 중 서로 평행한 두 축 사이에 회전을 전달하는 것은 어느 것인가?

① 플랜지 커플링 ② 물림 클러치
③ 올덤 커플링 ④ 후크의 만능 이음

10 다판 클러치의 판의 수 Z=8이고, 내경과 외경을 각각 255[mm], 205[mm]로 한다. 판 1개당 밀어붙이는 힘이 75[kg]일 때, 1,600[rpm]으로 전달할 수 있는 마력은 몇 [PS]인가? (단, $\mu=0.1$이다)

① 6.8 ② 26.4
③ 14.8 ④ 15.4

11 15[PS], 120[rpm]의 전동축에 사용하는 플랜지 커플링의 전달토크는 얼마인가?

① 80523[kg·mm]
② 82305[kg·mm]
③ 84605[kg·mm]
④ 89525[kg·mm]

12 n=300[rpm], $D_m=200$[mm], 축방향의 미는 힘 P=1,000 [kg], 마찰계수 $\mu=0.2$일 때 원판 클러치의 전달마력을 구하여라.

① 6.4[PS] ② 7.4[PS]
③ 8.4[PS] ④ 8.8[PS]

10.
$$T = \mu \cdot \pi \cdot D \cdot b \cdot Z \cdot q \cdot \frac{D}{2}$$
$$= 716,200 \frac{HP}{N}$$
$$= \mu\omega \times Z \times \frac{D_2+D_1}{4}$$
$$D = \frac{255+205}{2} = 230$$
$$b = \frac{255-205}{2} = 25$$
$$q = \frac{W}{\pi Db} = 0.004$$
$$HP = \frac{\mu \cdot \pi \cdot D^2 \cdot b \cdot Z \cdot q \cdot N}{716,200 \times 2}$$
$$= 14.8$$

11.
$$T = 716,200 \frac{HP}{N}$$
$$= \frac{716,200 \times 15}{120}$$
$$= 89525$$

12.
$$716,200 \frac{HP}{N} = \frac{\mu \cdot P \cdot D}{2}$$
$$HP = \frac{\mu \cdot P \cdot D \cdot N}{716,200 \times 2}$$
$$= 8.37$$

정답 09 ③ 10 ③ 11 ④ 12 ③

13 원판 클러치에서 클러치를 밀어붙이는 힘을 P, 평균지름을 D_m이라 하면, 회전 모멘트를 구하는 식은 어느 것인가? (단, μ =마찰계수이다)

① $T = \dfrac{\mu P D_m}{2}$ ② $T = \dfrac{2PD_m}{\mu}$

③ $T = \dfrac{2\mu P}{D_m}$ ④ $T = \dfrac{2\mu D_m}{P}$

14 플랜지 커플링을 사용시 볼트지름을 구하는 식은 무엇인가? (단, 볼트와 축의 전단강도는 같다)

① $0.7\sqrt{\dfrac{d^2}{ZD_B}}$ ② $0.5\sqrt{\dfrac{d^3}{ZD_B}}$

③ $0.7\sqrt{\dfrac{d^3}{ZD_B}}$ ④ $0.5\sqrt{\dfrac{d^2}{ZD_B}}$

15 접촉면의 내경 $100[mm]$, 외경 $160[mm]$의 단판 클러치마찰계수를 0.2, 접촉면압력을 $0.02[kg/mm^2]$라 하면, $230[rpm]$으로 몇 마력을 전달할 수 있는가?

① 0.01[PS]   ② 0.1[PS]
③ 10.2[PS]   ④ 1.02[PS]

16 접촉면의 평균지름이 $400[mm]$, 원추각 20°인 원추 클러치에서 $800[rpm]$, $20[PS]$를 전달한다. 마찰계수가 0.3일 때 필요한 축방향의 누르는 힘은 약 몇 $[kg]$인가?

① 140   ② 173
③ 230   ④ 235

| 정 답 | 13 ① | 14 ③ | 15 ④ | 16 ① |

13.
$T = P \cdot \dfrac{D}{2} = \mu W \dfrac{D}{2}$

14.
$T = \tau_B \dfrac{\pi \delta^2}{4} Z \dfrac{D_B}{2} = \tau \dfrac{\pi d^3}{16}$

$\delta^2 = \dfrac{d^3 \cdot 8}{16 \cdot Z \cdot D_B}$

$\delta = \sqrt{\dfrac{d^3}{2ZD_B}}$

$= \dfrac{1}{\sqrt{2}} \sqrt{\dfrac{d^3}{ZD_B}}$

$= 0.7 \sqrt{\dfrac{d^3}{ZD_B}}$

15.
$W = q \dfrac{\pi(D_2{}^2 - D_1{}^2)}{4}$

$= 0.02 \times \dfrac{\pi(160^2 - 100^2)}{4}$

$= 245[kg]$

$T = 716200 \dfrac{HP}{N} = \mu W \dfrac{d}{2}$

$HP = \dfrac{\mu W D N}{716200 \times 2}$

$= \dfrac{0.2 \times 245 \times 130 \times 230}{716200 \times 2}$

$= 1.02$

16.
$T = \mu Q \dfrac{D}{2} 3$

$Q = \dfrac{2T}{\mu D}$

$= \dfrac{2 \times 716,200 \times \dfrac{20}{800}}{0.3 \times 400}$

$W = Q(\mu\cos\alpha + \sin\alpha)$

$= Q(0.3\cos 10° + \sin 10°)$

$= 139.9 ≒ 140$

17 두 개의 축이 일직선에서 약간 평행하게 떨어져 있을 경우에 사용되는 축이음은?

① 머프 커플링
② 올덤 커플링
③ 플랜지 커플링
④ 플랙시블 커플링

18 플랜지 커플링에서 볼트의 지름을 δ, 볼트 구멍 피치원의 지름을 D라 할 때 Z개의 볼트로 전단시킬 수 있는 비틀림 모멘트 T를 구하는 식은 무엇인가?
(단, τ는 볼트의 허용전단응력이라 한다)

① $\dfrac{\pi\delta^2\tau DZ}{8}$

② $\dfrac{\pi\delta^2\tau DZ}{16}$

③ $\dfrac{Z\pi\delta\tau D}{8}$

④ $Z\pi\delta^2 ZD$

18.
$T = \tau \times \dfrac{\pi\delta^2}{4} \times Z \times \dfrac{D}{2}$
$= \dfrac{Z\pi\delta^2\tau D}{8}$

정답 17 ② 18 ①

CHAPTER 04 베어링

베어링은 축을 지지하면서 축을 회전하도록 하여 축에 연결된 기계요소가 회전하는 것을 지지하는 요소로, 크게 구름(rolling)베어링과 미끄럼(Sliding)베어링으로 구분된다.

1 베어링과 저널의 종류

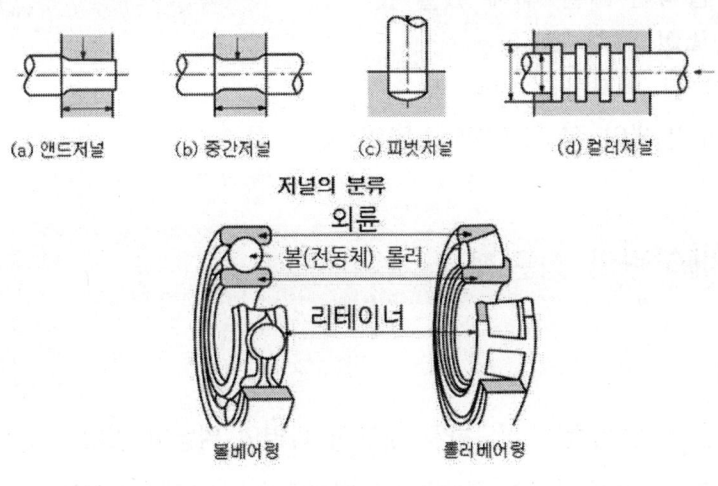

2 베어링의 형식

(1) 하중 방향에 따른 형식

- 레이디얼 베어링

레이디얼 베어링(radial bearing)은 축의 반지름 방향으로 하중을 받는 베어링이다.

- 스러스트 베어링

스러스트 베어링(thrust bearing)은 추력(축 방향의 힘)을 받는 베어링이다.

- 원뿔 베어링

원뿔 베어링(cone bearing)은 레이디얼 하중과 추력 방향을 동시에 받는 베어링이다.

3 베어링의 구비조건

① 하중에 대하여 충분한 강도를 가지고 있을 것
② 변형률이 제한 내에 있어서 과도한 변형률이 생기지 않도록 할 것
③ 베어링 압력이 제한 내에 있을 것
④ 마찰 마멸이 적을 것
⑤ 윤활유를 잘 유지하고 있을 것
⑥ 마찰열의 발생이 적고, 열의 소멸이 좋은 것

4 구름 베어링의 장단점

1) 장점

- 시동시 큰 동력이 필요하지 않으며 과열의 위험이 없다.
- 규격이 정해진 품종이 풍부하고 교환성도 풍부하므로, 베어링 교환과 선택이 쉽다.
- 베어링의 나비(길이)가 작아도 좋으므로 기계의 소형화가 가능하다.
- 윤활유가 적게 들고, 급유의 수고가 적다.
- 궤도(race)와 전동체의 틈새가 매우 작으므로 그 축심을 정확하게 맞출 수 있다.

2) 단점

- 값이 비싸다.
- 전문적인 제작 공장 이외에서는 제작이 곤란하다.
- 소음 및 진동이 생기기 쉽다.
- 중하중용으로서는 그 활성이 나쁘고, 충격 하중에 약하다.
- 하우징의 바깥지름이 크게 되고, 설치와 조립이 어렵다.
- 부분적 수리가 불가능하므로 베어링 전체를 바꾸어야 한다.

5 베어링의 종류 및 특징

(1) 구름 베어링
마찰력을 적게 하기 위하여, 마찰면 사이에 전동체인 롤러나 볼을 끼워 구름 접촉을 하는 베어링이다.

(2) 스러스트 미끄럼 베어링(추력 베어링)
수직으로 있는 축에 의하여 축 끝에 추력을 받을때 사용하는 베어링으로 축끝은 원추형으로 둥글게 제작한다.

(3) 레이디얼 롤러 베어링
축 방향으로 하중을 받는 베어링이다.

- 원통 베어링

반경방향으로 중하중이며, 충격하중이 작용시에도 적용할 수 있으며, 스러스트 하중을 받지 못하므로 축 방향 이동이 거의 없는 축에 사용한다.

- 니들 롤러 베어링

길이에 비하여 지름이 매우 작은 롤러(지름 2~5[mm])를 사용한 베어링으로 리테이너가 없으며 좁은 장소에서 비교적 큰 하중을 받는 내연기관의 피스톤 핀 등에 사용

- 테이퍼 롤러 베어링

테이퍼 각이 약 6~7°인 원뿔형의 롤러 베어링으로 레이디얼과 스러스트 하중을 동시에 받을 수 있어 자동차나 공작기계의 축에 널리 사용된다.

- 자동조심롤러베어링

회전체를 복렬로 배열하여 외륜이 축 중심에 맞도록 자동으로 조정되는 베어링으로 레이디얼 하중과 큰스터스트 하중 및 충격하중에도 잘 견디므로 산업기계의 주축에 널리 사용된다.

■ 미니어처 베어링
마찰저항이 적고 급유를 거의 필요치 않는 베어링으로 정밀측정기의 요동기구, 자동계측기, 소형전동기 등에 사용된다.

(4) 구름 베어링의 호칭

| 형식번호 | 치수기호(나비의 지름 기호) | 안지름 번호 | 등급기호 |

■ 베어링 호칭법
㉠ 첫 번째 숫자 - 형식 번호 → 1 : 복렬 자동 조심형, 2·3 : 복렬 자동 조심형(큰 너비 경우), 6 : 단열홈형, N : 원통 롤러형,
7 : 단열 앵귤러 콘택트형(경사 접촉형)
㉡ 두 번째 숫자 - 치수기호(폭 기호 + 직경 기호)
→ 0.1 : 특별 경하중, 2 : 경하중, 3 : 중간형, 4 : 중하중형
㉢ 세 번째 숫자와 네 번째 숫자 : 안 지름 기호
→ 00 : $\phi 10$, 01 : $\phi 12$, 02 : $\phi 15$, 03 : $\phi 17$, 04부터는 ×5 한다.
㉣ 다섯 번째 이후 기호 : 베어링 등급 기호
→ 무기호 : 보통급, H : 상급, P : 정밀급, SP : 초정밀급

◆ 구름 베어링의 부하용량

형식		단열 레이디얼 볼 베어링				복렬 자동조심형 볼 베어링			
형식번호		6200		6300		1200		1300	
번호	안지름(mm)	$C[kg_f]$	$C_0[kg_f]$	$C[kg_f]$	$C_0[kg_f]$	$C[kg_f]$	$C_0[kg_f]$	$C[kg_f]$	$C_0[kg_f]$
00	10	400	195	320	365	420	140	555	190
01	12	535	295	800	430	480	150	740	250
02	15	600	355	875	515	575	205	750	270
03	17	750	445	1050	600	600	245	980	375
04	20	995	650	1250	785	785	320	980	400
05	25	1090	710	1630	945	945	410	1410	600
06	30	1520	1000	2180	1220	1220	465	1630	770
07	35	2000	1358	2590	1230	1230	635	1950	960
08	40	2270	1565	3200	1470	1470	815	2310	1200
09	45	2540	1815	4150	1660	1660	910	2970	1550
10	50	2750	2110	4800	1720	1720	1015	3400	1700

(5) 한계속도지수

구름 베어링에서는 최대속도를 제한해야만 구름 접촉(rolling contact)을 유지한다. 그러므로 dN을 정하여 최대 회전수를 제한한다. 한계속도지수는 다음 표와 같다.

◆ 윤활법과 한계 dN 값

베어링 형식	그리스 윤활	윤활유				
		유욕 윤활	적하무상	강제	분무	제트
단열 고정형 레이디얼 베어링	200,000	300,000	400,000	600,000	700,000	1,000,000
복렬 자동조심 볼 베어링	150,000	250,000	400,000	—	—	—
단열 앵귤러 콘택트 볼 베어링	200,000	300,000	400,000	600,000	700,000	1,000,000
원통 롤러 베어링	150,000	300,000	400,000	600,000	700,000	1,000,000

6 베어링의 강도 계산

(1) 구름 베어링

1) 베어링 수명시간

- 정격수명(rating life)

계산수명이라고도 하며 동일조건에서 베어링 그룹의 90[%]가 피로 박리현상을 일으키지 않고 회전하는 총회전수

- 기본 정격하중(basic load rating)

기본 동부하 용량이라고도 하며 여러 개의 같은 베어링을 개별 운전할 때 정격수명이 100만 회전이 되는 방향과 크기가 변하지 않는 하중

$$L_h = \frac{L_n}{N \times 60} = 500\left(\frac{C}{f_g f_b f_w P}\right) \cdot \frac{33.3}{N} \, [\text{hr}]$$

2) 베어링 수명계산

$$L_n = \left(\frac{C}{P \cdot f_w}\right)^r \times 10^6 [\text{rev}]$$

여기서, C : 베어링이 받을 수 있는 하중(동정격하중)
P : 베어링에 받는 하중(사용하중)

3) 수명계수

$$f_h = \frac{C}{P \cdot f_w} \cdot f_n = \frac{C}{P \cdot f_w} \sqrt[r]{\frac{33.3}{N}}$$

4) 속도계수

$$f_n = \sqrt[r]{\frac{33.3}{N}}$$

(2) 미끄럼 베어링

1) 엔드 저널

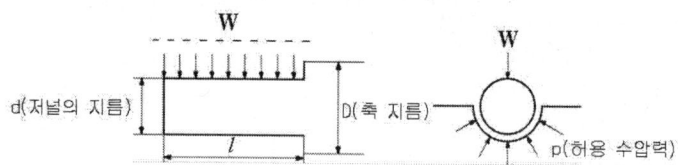

$$W = p \cdot A = p \cdot d \cdot l \, (\text{투상면적})$$

$$\sigma = \frac{M}{Z} = \frac{W \cdot \frac{1}{2}}{\frac{\pi d^3}{32}} = \frac{32 \cdot W \cdot \frac{l}{2}}{\pi d^3}$$

$$= \frac{16Wl}{\pi d^3} = \frac{16pdl \cdot l}{\pi d^3} = \frac{16pl^2}{\pi d^2}$$

■ 폭경비

$$\frac{l}{d} = \sqrt{\frac{\pi \sigma}{16p}}$$

2) 마찰열

$F \cdot V [kg \cdot m/s]$: 단위시간당 발생한 마찰일량

$$\mu \cdot W \cdot V = \mu \cdot p \cdot A \cdot V \cdot \mu \cdot p \cdot d \cdot l \cdot \frac{\pi dN}{60 \times 1,000}$$

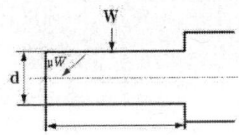

여기서, d : 평균지름

- 마찰일량

$$A_f = F \cdot V = \mu \cdot W \cdot V [kg \cdot m/s]$$

여기서 V : 평균속도

- 비마찰일량

$$A_f = \frac{\mu \cdot W \cdot V}{A} = \mu \cdot p \cdot V [kg/mm^2 \cdot m/s]$$

3) 추력 저널(trust jounal)

- 피벗 저널(pivot jounal)

$$A_f = \mu WV = \mu P \frac{\pi d^2}{4} \cdot \frac{\pi(\frac{d}{2})N}{60 \times 1000}$$

$$a_f = \mu pV = \mu p \frac{W4}{\pi d^2} \frac{\pi(\frac{d}{2})N}{60 \times 1000} = \mu \frac{WN}{30000d}$$

$$W = pA = p \cdot \frac{\pi(d_2^2 - d_1^2)}{4}$$

$$= \mu p \frac{\pi(d_2^2 - d_1^2)}{4} \cdot \frac{\pi(d_2 - d_1)N}{60 \times 1000 \times 2}$$

$$= \mu \frac{WN}{30000(d_2 - d_1)}$$

여기서, A_f : 단위시간당 마찰일량[kg·m/s]

a_f : 비마찰일량[kg/mm2·m/s]

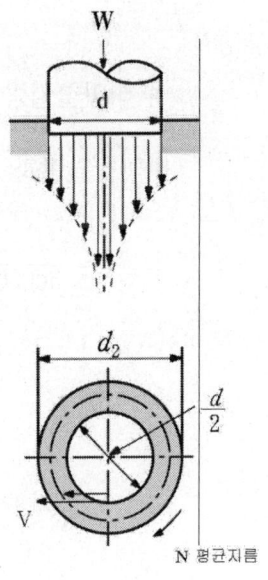

N 평균지름

- 칼라 피벗 저널

$$p = \frac{W4}{\pi(d_2^2 - d_1^2)Z}$$

$$A_f = \mu WV = \mu p \frac{\pi(d_2^2 - d_1^2)}{4} Z \frac{\pi\left(\frac{d_2 - d_1}{2}\right)N}{60 \times 1000}$$

$$a_f = \mu p V = \mu \frac{W4}{\pi(d-2^2 - d_1^2)Z} \frac{\pi\left(\frac{d_2 - d_1}{2}\right)N}{60 \times 1000}$$

$$= \frac{WN}{30000(d_2 - d_1)Z}$$

- 비마찰일량 (μpV)과 발열계수 (pV)

비마찰일량과 발열계수는 단위 $\left(\frac{\text{kg}}{\text{mm}^2} \cdot \frac{\text{m}}{\text{s}}\right)$가 같다.

$$pV = \frac{WN}{30000(d_2 - d_1)Z}$$

연/습/문/제

01 볼 베어링에서 베어링 하중을 1/2배로 하면 수명은 몇 배인가?

① 4배 ② 6배
③ 8배 ④ 10배

1.
$$Ln = 500(\frac{C}{P})^3 \frac{33.3}{N}$$
하중(P)가 $\frac{1}{2}$이면
$2^3 = 8$배

02 회전수 500[rpm]으로 베어링 하중 120[kg]을 받는 단열 레이디얼 볼 베어링을 선정할 C를 구하면?
(단, L_h=60,000[hr], f_m=1.5이다)

① 1800[kg]
② 180[kg]
③ 2190[kg]
④ 218.3[kg]

2.
$$L_h = 500(\frac{C}{f_w P})^r \frac{33.3}{N}$$
$$500(\frac{C}{1.5 \times 120})^3 \times \frac{33.3}{500}$$
$$= 60000$$
$$C = \sqrt[3]{\frac{60,000}{33.3} \times 1.5 \times 120}$$
$$= 2190$$

03 원통 롤러 베어링 N206이 500[rpm]의 베어링 하중을 받치고 있다. 이때의 수명시간을 계산하면? [hr]
(단, 보통의 운전 상태에 있고 베어링 하중은 180 [kg] C=1,450[kg], fw=1.5이다)

① 2,730 ② 5,030
③ 9,030 ④ 7,860

3.
$$L_h = 500(\frac{C}{fwp})^r \frac{33.3}{N}$$
$$= 500(\frac{1450}{1.5 \times 180})^{\frac{10}{3}}$$
$$\times \frac{33.3}{500}$$
$$= 9032$$

04 레이디얼 볼 베어링 #6311 안지름은 얼마인가?

① 11[mm] ② 22[mm]
③ 44[mm] ④ 55[mm]

4. $11 \times 5 = 55$[mm]

정답 01 ③ 02 ③ 03 ③ 04 ④

05 구름 베어링의 동적 기본 부하량에 관한 설명 중 틀린 것은 어느 것인가?

① 100만 회전의 계산수명을 주는 일정하중이다.
② 개개 베어링의 수명은 궤도륜 중 모두 최초의 피로가 생길 때까지 회전수로서 정의한다.
③ 같은 종류의 베어링들의 계산수명은 그들 베어링의 90 [%]가 피로되지 않은 총 회전수로 한다.
④ 500[hr], 33.3[rpm]의 계산수명을 주는 일정하중이다.

06 베어링을 설계할 때 유의하여야 할 구비조건이 아닌 것은 어느 것인가?

① 마찰저항이 크며 손실동력이 작아야 한다.
② 구조가 간단하며 수리나 유지비가 작아야 한다.
③ 내열성이 있어서 고열에도 강도가 낮아지지 않아야 한다.
④ 신축성이 좋아서 유동성이 있어야 한다.

6. 마찰저항이 작아야 한다.

07 단열 레이디얼 볼 베어링 #6308이 베어링 하중 320[kg]을 받으며 650[rpm]으로 회전할 때 수명은 얼마인가? (단, C=3200[kg]이다)

① 24600
② 25600
③ 26600
④ 27600

7.
$$L_h = 500(\frac{C}{p})^r \frac{33.3}{N}[hr]$$
$$= 500 \times (\frac{3,200}{320})^3 \times \frac{33.3}{650}$$
$$= 25615$$

정답 05 ② 06 ① 07 ②

08 내경 50[mm], 길이 80[mm]의 청동 베어링쇠를 가진 저널 베어링은 이것을 300[rpm]의 강제 전동축용으로 사용할 때 몇[kg]의 베어링 하중을 안전히 지탱할 수 있는가?
(단, 최대허용 $pv=0.1[\text{kg}/mm^2 \cdot m/s]$로 한다)

① 468[kg]　　② 478[kg]
③ 498[kg]　　④ 510[kg]

8.
$$W = \frac{0.1 \times 60000l}{\pi \cdot N}$$
$$pv = \frac{\pi WN}{60,000 l} = 0.1$$
$$= \frac{0.1 \times 60000 \times 80}{300\pi}$$
$$= 509.2$$

09 스러스트 저널 베어링에 3.3[ton]의 하중이 작용하고 있을 때, 저널의 지름을 구하면?
(단, 허용 베어링 압력은 $3.5[kg/cm^2]$이다)

① 346[cm]　　② 792[cm]
③ 79.2[cm]　　④ 34.6[cm]

9.
$$p = \frac{4W}{\pi d^2} \quad d = \sqrt{\frac{4W}{p \cdot \pi}}$$
$$= \sqrt{\frac{4 \times 3300}{3.5\pi}} = 34.6$$

10 지름 60[mm]인 저널 베어링이 1,500[rpm]으로 베어링 하중 300[kg]을 받고 회전한다. 허용 pv값을 $0.20[kg/mm^2 \cdot m/s]$라고 할 때, 이 베어링의 길이는 얼마인가?

① 80[mm]　　② 92[mm]
③ 105[mm]　　④ 118[mm]

10.
$$pv = \frac{\pi WN}{60000 l}$$
$$l = \frac{\pi WN}{60000 \times pv}$$
$$l = \frac{1500 \times 300 \times \pi}{60000 \times 0.2}$$
$$= 117.8 = 118$$

11 베어링 하중 800[kg]을 받고 회전하는 저널 베어링에서 마찰로 인하여 소비되는 손실동력은 얼마인가?
(단, 미끄럼속도 $v=0.75[m/s]$, 마찰계수 $\mu=0.03$이다)

① 0.12[PS]　　② 0.24[PS]
③ 0.50[PS]　　④ 0.75[PS]

11.
$$H = \frac{\mu Wv}{75}$$
$$= \frac{0.03 \times 800 \times 0.75}{75}$$
$$= 0.24$$

정 답　08 ④　09 ④　10 ④　11 ②

12 하중 500[kg]을 받는 엔드 저널 베어링에 생기는 굽힘응력은 얼마인가?

(단, 허용 베어링 압력의 $0.085[kg/mm^2]$, 지름(d)은 40[mm]이다)

① $10[kg/mm^2]$
② $8[kg/mm^2]$
③ $6.85[kg/mm^2]$
④ $5.85[kg/mm^2]$

12.
$$W = pdl$$
$$l = \frac{W}{pd}$$
$$= \frac{500}{0.085 \times 40}$$
$$= 147[\text{mm}]$$
$$\sigma = \frac{32Wl}{\pi d^3 2}$$
$$= \frac{16 \times 500 \times 147}{\pi \times 40^3}$$
$$= 5.85[\text{kg/mm}^2]$$

13 내경 55[mm], 길이 75[mm]의 청동 베어링 합금의 저널 베어링이 450[rpm]으로 강제 전동축용으로 사용될 때에 몇 [kg]의 베어링 하중을 안전하게 지지할 수 있는가?

(단, 최대허용 $pv=0.1$이다)

① 320[kg]
② 330[kg]
③ 340[kg]
④ 350[kg]

13.
$$pv = \frac{\pi wN}{60000l}$$
$$W = \frac{pv \times 60000l}{pN}$$
$$W = \frac{0.1 \times 60000 \times 75}{450\pi}$$
$$= 318.3$$

14 롤러 베어링이 슬라이드 베어링에 비해 좋은 점은 무엇인가?

① 충격에 강하다.
② 베어링 전체 지름이 짧게 된다.
③ 하중, 속도, 온도 등에 의한 영향이 적다.
④ 설치에 기능과 기술이 필요없다.

정답 12 ④ 13 ① 14 ②

15 베어링의 기본부하 용량은?

① 23.3[rpm]으로서 50시간 수명을 유지할 수 있는 하중이다.
② 33.3[rpm]으로서 500시간의 수명을 유지할 수 있는 하중이다.
③ 10^6 회전으로서 500시간의 수명을 유지할 수 있는 하중이다.
④ 33.3[rpm]으로서 10^5회전의 수명을 유지할 수 있는 하중이다.

15.
$$L_h = 500 \left(\frac{C}{p}\right)^r \frac{33.3}{N} \text{ [hr]}$$

16 슬라이딩 베어링을 옳게 설명한 것은 무엇인가?

① 축에 직각방향으로 하중이 작용할 때 사용되는 베어링
② 저널 부분과 베어링이 미끄럼 접촉을 하는 베어링
③ 저널 부분과 베어링이 선접촉을 하는 베어링
④ 미끄럼 회전을 하는 것으로 마찰저항이 적음

17 롤링 베어링을 틀리게 설명한 것은 무엇인가?

① 롤링 베어링에는 리테이너가 필요하다.
② 롤링 베어링에는 부시가 필요하다.
③ 롤링 베어링에는 마찰저항이 작으므로 윤활이 슬라이딩 베어링보다 중요하지 않다.
④ 볼의 수가 많을수록 큰 하중을 견뎌낼 수 있다.

17.
부시는 미끄럼 베어링의 부속품이다.

18 베어링 중 선접촉을 하는 베어링은 무엇인가?

① 볼 베어링
② 미끄럼 베어링
③ 스러스트 볼 베어링
④ 니들 베어링

정답   15 ②   16 ④   17 ②   18 ④

19 볼 베어링의 수명시간 L_h를 구하는 식은 무엇인가?

① $L_h = f_h \times 500$
② $L_h = 500 f_h^{\frac{10}{3}}$
③ $L_h = 500 f_h^3$
④ $L_h = 500 \left(\dfrac{C}{p}\right)^3$

19. 수명계수
$$f_h = \dfrac{C}{p^r}\sqrt{\dfrac{33.3}{N}}$$
$$L_h = 500\left(\dfrac{C}{p}\right)^r \dfrac{33.3}{N}$$
$$= 500 f_h^r$$

20 미끄럼 베어링에서 끝부분의 모서리를 따내는 이유는?

① 조립이 잘 되게 하기 위해서
② 재료를 절약하기 위해서
③ 유막이 끊기지 않도록 하기 위해서
④ 베어링 전면에 기름이 잘 분배되도록

21 롤러 베어링에서 수명계수 (f_h)를 옳게 나타낸 식은?
(단, P : 베어링 하중, C : 기본부하용량, f_n : 속도계수)

① $f_h = \dfrac{Cf_n}{p}$
② $f_h = C \cdot P$
③ $f_h = \dfrac{P}{C} \times \dfrac{10}{3}$
④ $f_h = Cf_h \times \dfrac{10}{3}$

21. 속도계수
$$f_n = \sqrt[r]{\dfrac{33.3}{N}}$$

22 원통 로울러 베어링 N206이 500[rpm]으로 180[kg]의 베어링 하중을 지탱하고 있다. 이때의 수명시간을 계산하면?
(단, 보통의 운전상태이며, fw=1.5 동정격하중은 1,450kg으로 한다)

① 200×10^6 회전
② 271×10^6 회전
③ 400×10^6 회전
④ 434×10^6 회전

22.
$$L_n = \left(\dfrac{C}{f_w p}\right)^r \times 10^6 \text{회전}$$
$$L_n = \left(\dfrac{C}{f_w p}\right)^r \times 10^6$$
$$= \left(\dfrac{1,450}{270}\right)^{\frac{10}{3}} \times 10^6$$
$$= 271 \times 10^6$$

정답 19 ③ 20 ③ 21 ① 22 ②

23 볼 베어링에서 수명 L(10^6 회전), 하중 P, 동적부하용량 C 사이의 관계를 나타낸 식은 무엇인가?

① $L=(\frac{C}{P})^3 \times 10^6$
② $L=(\frac{C}{P})^3 \times 10^{-3}$
③ $L=(\frac{C}{P})^3$
④ $C=(\frac{P}{L})^3 \times 10^6$

24 회전수 900[rpm]으로 베어링 하중 530[kg]을 받는 엔드 저널 베어링의 지름을 구하여라.
(단, 허용 베어링 압력 $p=0.085[kg/mm^2]$, 허용 $pv=0.2[kg/mm^2 \cdot m/s]$, 마찰계수 μ= 0.006으로 한다)

① 40[mm]
② 50[mm]
③ 70[mm]
④ 80[mm]

24.
$$pv = \frac{\pi WN}{60000 l}l$$
$$= \frac{\pi WN}{60000 pv} = 124.8$$
$$p = \frac{W}{dl}$$
$$d = \frac{W}{pl} = 49.9 = 50$$

25 지름 155[mm], 길이 240[mm]의 공기 압축기 베인 베어링이 270[rpm]으로 4100[kg]의 최대 베어링 하중을 받는다. 최대 베어링 압력 p 와 pv 값을 계산하면?

① $p=0.11, pv=0.242$
② $p=0.42, pv=0.341$
③ $p=0.32, pv=0.425$
④ $p=0.21, pv=0.125$

25.
$$p = \frac{W}{dl}$$
$$= \frac{4100}{155 \times 240} = 0.11$$
$$pv = \frac{\pi WN}{60000 l}$$
$$= \frac{4100 \times 270 \times \pi}{60000 \times 240}$$
$$= 0.241$$
$$p = 0.11 [kg/cm^2]$$
$$pv = 0.241 [kg/cm^2 \cdot m/s]$$

26 롤러베어링에 있어서 기본 부하중량을 C, 베어링에 걸리는 하중을 P라 할 때 관계식은?

① $C = \frac{속도계수}{수명계수} \times P$
② $C = \frac{수명계수}{속도계수} \times P$
③ $C = \frac{수명계수}{발열계수} \times P$
④ $C = \frac{발열계수}{수명계수} \times P$

26. 수명계수
$$= 속도계수 \times \frac{C}{P}$$
$$C = \frac{수명계수}{속도계수} \times P$$

정답   23 ③   24 ②   25 ①   26 ②

27 롤러 베어링의 호칭 번호가 EL 6304인 것은 어느 것인가?

① 단열 볼 베어링, 고하중 외경이 20[mm]
② 단열 니들 베어링, 고하중 내경이 20[mm]
③ 단열 롤러 베어링, 중하중 외경이 20[mm]
④ 단열 볼 베어링, 중하중 내경이 20[mm]

28 베어링 하중이 1,260[kg], 회전수 600[rpm]의 저널 베어링의 폭과 지름의 비가 2이고 허용 베어링 압력 0.1 [kg/mm^2]일 때 지름 d는 얼마인가?

① 약 80[mm]   ② 약 68[mm]
③ 약 72[mm]   ④ 약 75[mm]

28.
$\frac{1}{d} = 2,$
$P = \frac{W}{dl} = \frac{W}{2d^2}$
$d = \sqrt{\frac{W}{2p}} = \sqrt{\frac{1,260}{2 \times 0.1}}$
$= 79.3 \fallingdotseq 80$

29 용량 10[ton]의 윈치 후크에 사용하는 단열 스러스트 볼 베어링의 하중을 구하면? (단, $f_w = 2.5$이다)

① 25,000[kg]   ② 24,000[kg]
③ 22,000[kg]   ④ 21,000[kg]

29. $10000 \times 2.5 = 25000$

30 피벗 저널 베어링에서 미끄럼 속도에 대한 글 중 맞는 것은 어느 것인가?

① 미끄럼 속도는 중심부에서 가장 크고 반경에 비례하여 작아진다.
② 미끄럼 속도는 전부분에서 같다.
③ 미끄럼 속도는 중심부에서 가장 작고 반경의 제곱에 비례하여 증가한다.
④ 미끄럼 속도는 중심부에서 반경에 비례하여 커진다.

30.
$V = \frac{\pi \frac{d}{2} N}{60 \times 1000}$
$= \frac{\pi d N}{2 \times 60000}$

정 답   27 ④   28 ①   29 ①   30 ④

31 엔드 저널에 있어서 직경길이의 비는 $\left(\dfrac{l}{d}\right)$, 허용압력 P_a, 굽힘 응력을 σ_b라 하면 옳은 것은 무엇인가?

① $\dfrac{l}{d} = \dfrac{1}{5} \cdot \dfrac{\sigma_b}{p_a}$

② $\dfrac{l}{d} = \sqrt{\dfrac{1}{5} \cdot \dfrac{\sigma_b}{p_a}}$

③ $\dfrac{l}{d} = \dfrac{1}{10} \cdot \sqrt{\dfrac{p_a}{\sigma_a}}$

④ $\dfrac{l}{d} = \dfrac{1}{10} \cdot \sqrt{\dfrac{\sigma_a}{p_a}}$

31.
$\dfrac{l}{d} = \sqrt{\dfrac{\pi \sigma}{16 p}}$

32 공작 기계의 주축에 널리 사용되며 레이디얼(radial)하중과 스러스트(thrust)하중을 동시에 받을 수 있는 베어링은?

① 테이퍼 롤러 베어링
② 원통 롤러 베어링
③ 니들 롤러 베어링
④ 자동 조심 롤러 베어링

정 답   31 ②   32 ④

33 다음 중 구름 베어링의 기본 동정격 하중을 옳게 설명한 것은?

① 33.3rpm으로 1000시간 사용할 수 있는 하중
② 23.3rpm으로 1000시간 사용할 수 있는 하중
③ 33.3rpm으로 500시간 사용할 수 있는 하중
④ 23.3rpm으로 500시간 사용할 수 있는 하중

34 다음 중 레이디얼 저널에서 베어링 압력을 구하는 식은?

① $\dfrac{하중}{저널의\ 투상\ 면적 \times 저널의\ 지름}$

② $\dfrac{하중}{저널의\ 투상\ 면적 \times 저널의\ 높이}$

③ $\dfrac{하중}{저널의\ 길이 \times 저널의\ 높이}$

④ $\dfrac{하중}{저널의\ 길이 \times 저널의\ 지름}$

정답 33 ③ 34 ④

CHAPTER 05 동력 전달 장치

1 마찰차

(1) 마찰차(friction wheel)

1) 마찰전동

원동차와 종동차가 접촉하여 마찰을 이용 회전력을 전달하는 전동 요소이다.

2) 마찰차 적용 범위

- 속비가 중요하지 않을 경우
- 회전 속도가 커서 기어 사용이 곤란할 경우
- 회전력이 크지 않아도 되는 경우
- 두 축 사이를 단속할 필요가 있는 경우

(2) 마찰차의 종류

1) 원통 마찰차

두 축이 서로 평행한 경우로 외접 또는 내접하여 동력을 전달하는 원통형 바퀴

2) 홈붙이 마찰차

두 축이 평행한 경우로 마찰의 면에 V자 모양의 홈을 5~10개를 파서 큰 동력을 전달하게 만든 원통형 바퀴

3) 원뿔 마찰차

동일 평면 내의 서로 어긋나는 두 축 사이에서 동력을 전달하는 원뿔형 바퀴

4) 원판 마찰차

직각으로 만나는 두 축 사이에서 원판과 롤러의 접촉으로 동력을 전달하는 원판형 바퀴

5) 구면 마찰차

구면차와 원뿔차를 이용한 무단변속기구로서 원동축과 종동축에 서로 상대하여 설치한 마찰차로서 구면차의 축을 경사시켜 원뿔차의 속비를 변동시킨다.

(3) 마찰차의 역학적 해석

1) 외접 마찰차(반대 방향 회전)

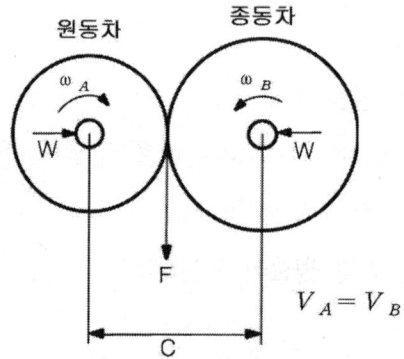

- 마찰을 크게하고 원동차의 고른 마모를 위해 가죽이나 고무피막을 씌우며 마찰차의 표면 조직은 시멘타이트이다.
- $V_A = V_B$, 즉 순간 중심에서 상대속도는 0(zero)이다(구름 접촉).
- 기어나 마찰차는 T로 푸는 것보다 H_{PS}, H_{KW}로 푸는 것이 좋다.

$$H_{PS} = \frac{FV}{75} = \frac{\mu WV}{75}$$

$$V_A = V_B = \frac{\pi D_A N_A}{60 \times 1000} = \frac{\pi D_B N_B}{60 \times 1000}$$

$$V_A = R_A \omega_A, \quad V_B = R_B \omega_B$$

$$i(속비) = \frac{\omega_B}{\omega_A} = \frac{R_A}{R_B} = \frac{D_A}{D_B} = \frac{N_B}{N_A}$$

- 측간거리

$$C = \frac{D_A + D_B}{2} = \frac{D_B(1+i)}{2}$$

$$D_A = \frac{2iC}{(1+i)}, \quad D_B = \frac{2C}{(1+i)}$$

$$H_{PS} = \frac{FV}{75} = \frac{\mu WV}{75} = \frac{\mu qbV}{75}$$

T 로 풀이하면,

$$T_A = PR = \mu W \frac{D_A}{2} = 716200 \frac{H_{PS}}{N_A}$$

$$T_B = PR = \mu W \frac{D_B}{2} = 716200 \frac{H_{PS}}{N_B}$$

• 마찰차의 폭

$$W = q \cdot b$$

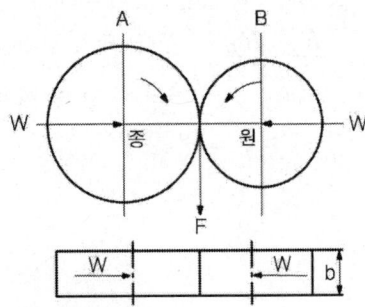

2) 내접 마찰차(같은 방향 회전)

$$C = \frac{D_A - D_B}{2} = \frac{iD_B - D_B}{2} = \frac{D_B(i-1)}{2}$$

$$D_B = \frac{2C}{i-1}$$

$$D_A = i \cdot D_B$$

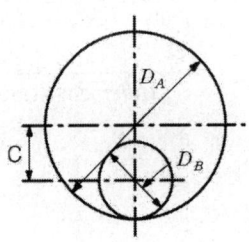

3) 원추 마찰차

상호 교차하는 두 축 사이에 동력을 전달하는 데는 그림과 같은 원추 마찰차(bevel friction wheel)가 쓰인다.

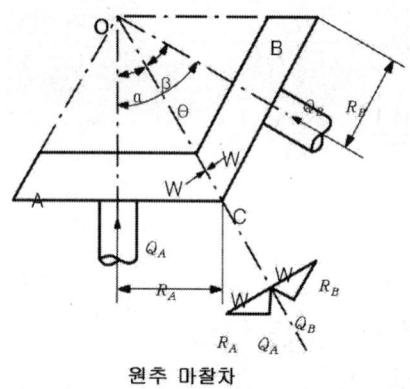

원추 마찰차

여기서, θ : 축각(두 축이 이루는 각)

$2\alpha, 2\beta$: 원추 마찰차 A, B의 꼭지각
N_A, N_B : 원추 마찰차 A, B의 회전수[rpm]
ω_A, ω_B : 원추 마찰차 A, B의 각속도[rad/s]
R_A, R_B : 원추 마찰차 A, B의 중앙 반지름[mm]라 하면 속도비 i는 다음과 같다.

■ 속도비

　㉠ 외접 원추 마찰차

　회전비 i는

$$i = \frac{\omega_1}{\omega_2} = \frac{N_B}{N_A} = \frac{D_A}{D_B} = \frac{\overline{R_1 C}}{\overline{R_2 C}} = \frac{2\overline{OC}\sin\alpha}{2\overline{OC}\sin\beta} = \frac{\sin\alpha}{\sin(\theta-\alpha)}$$

$$= \frac{\tan\alpha}{\sin\theta - \cos\theta\tan\alpha}$$

따라서,

$$\tan\alpha = \frac{\sin\theta}{\dfrac{N_A}{N_B} + \cos\theta}$$

$$\tan\beta = \frac{\sin\theta}{\dfrac{N_B}{N_A} + \cos\theta}$$

$\theta = 90°$ 이면

$$\tan\alpha = \frac{N_B}{N_A} \quad \tan\beta = \frac{N_A}{N_B}$$

ⓛ 내접 원추 마찰차

$$\tan\alpha = \frac{\sin\theta}{\dfrac{N_A}{N_B} - \cos\theta}, \quad \tan\beta = \frac{\sin\theta}{\cos\theta - \dfrac{N_B}{N_A}}$$

■ 전달마력

$$75HP = FV = \mu W V$$

$$W = \frac{Q_A}{\sin\alpha} = \frac{Q_B}{\sin\beta} \qquad \mu W = \frac{\mu Q_A}{\sin\alpha} = \frac{\mu Q_B}{\sin\beta}$$

$$\therefore H_{PS} = \frac{\mu W v}{75} = \frac{\mu Q_A v}{75\sin\alpha} = \frac{\mu Q_B v}{75\sin\beta} [\text{PS}]$$

$$H_{kW} = \frac{\mu W v}{102} = \frac{\mu Q_A v}{102\sin\alpha} = \frac{\mu Q_B v}{102\sin\beta} [\text{kW}]$$

■ 베어링에 걸리는 하중

$$Q_A = P\sin\alpha, \quad Q_B = P\sin\beta$$

분력 R_A 및 R_B는

$$R_A = \frac{Q_A}{\tan\alpha}, \quad R_B = \frac{Q_B}{\tan\beta}$$

$\theta = 90°$인 경우

$$R_A = Q_A, \quad R_B = Q_B$$

베어링에 작용하는 합성 가로하중 R은

$$R_1 = \sqrt{R^2_{+(\mu W)^2 A}} \text{ 또는 } R_2 = R^2_{+(\mu W)^2 B} \text{이다.}$$

■ 원추 마찰차의 너비

$$b = \frac{W}{f} \text{이므로}$$

$$\therefore b = \frac{Q_A}{f\sin\alpha} = \frac{Q_B}{f\sin\beta}$$

연/습/문/제

01 마찰전동 장치에 있어서 다음 중 옳지 않은 것을 골라라.

① 비금속 재료를 마찰 재료로서 원동차에 라이닝하는 것이 좋다.
② 마찰전동장치는 밀어붙여서 회전력을 발생시킨다.
③ 마찰전동의 효율은 그다지 좋지 못하다.
④ 구면마찰차는 무단변속장치에 잘 이용된다.

1. 마찰전동 효율은 80~90%이다.

02 원동차의 지름 125[mm], 종동차의 지름 375[mm]인 마찰차가 회전하고 있다. 마찰계수가 0.2이고 서로 밀어붙이는 힘은 200[kg]이라고 할 때 최대 토크는 몇 [kg·mm]인가?

① 750
② 7500
③ 75000
④ 750000

2. $T = PR$
$T_1 = \mu W \dfrac{D_1}{2}$
$= 0.2 \times 200 \times (375 \div 2)$
$= 7500 [kg \cdot mm]$

03 마찰차의 특성이 아닌 것은?

① 운전이 정숙하다.
② 전동의 단속이 무리없이 행해진다.
③ 정확한 운동전달이 가능하다.
④ 무단변속을 하기 쉬운 구조로 할 수 있다

3. 마찰차는 정확한 속비를 얻을 수 없다.

04 원주속도 5[m/s]로 3[PS]를 전달하는 원통마찰차에서 마찰차를 누르는 힘은 얼마인가?
(단, 마찰계수 μ=0.2이다)

① 225
② 22.5
③ 10
④ 10.5

4. $H = \dfrac{F \cdot V}{75} = \dfrac{\mu W V}{75}$
$\therefore W = \dfrac{75 H}{\mu V}$
$= \dfrac{75 \times 3}{5 \times 0.2}$
$= 225$

정답 01 ③ 02 ② 03 ③ 04 ①

05 원주차의 지름 200[mm], 종동차의 지름 350[mm]의 원동 마찰차가 있다. 원동차가 12분간에 630 회전할 때 종동차는 20분간에 몇 회전하는가?

① 52.5
② 60
③ 600
④ 300

06 마찰차 전동에서 원동차에만 비금속 마찰재료로서 라이닝하는 이유는 다음과 같다. 옳은 것은?

① 마찰계수를 크게 하기 위하여
② 베어링에 걸리는 하중을 적게 하기 위하여
③ 종동차 풀리가 고르게 마모하기 위하여
④ 미끄럼을 많이 받게 하려고 할 때

07 다음은 마찰 전동장치를 사용할 때 틀린 것은 어느 것인가?

① 종동차의 급격한 저항으로 인한 충격을 막아야 할 때
② 정확한 회전이 필요할 때
③ 전동이 조용해야 할 때
④ 장치가 간단하고 전동력이 작을 때

08 서로 직교하는 두 축 사이에 원추 마찰차로 운동을 전달한다. 회전수를 각각 N_A[rpm], N_B[rpm]이라고 할 때, 원추의 반꼭지각 α 를 나타내는 식은?

① $\tan α = \dfrac{N_B}{N_A}$
② $\cos α = \dfrac{N_B}{N_A}$
③ $\tan α = \dfrac{N_A}{N_B}$
④ $\sin α = \dfrac{N_B}{N_A}$

---

5. $630 \div 12 = 52.5$[rpm]
$= N_1$

$\dfrac{N_2}{N_1} = \dfrac{D_1}{D_2}$

• $N_2 = \dfrac{N_1 D_1}{D_2}$
$= \dfrac{52.5 \times 200}{350} \times 20$
$= 600$

6. 마찰차 전동에서 마찰에 비금속 마찰재료로서 라이닝하는 이유는 종동차 풀리가 고르게 마모하기 위하여

8. $\tan α = \dfrac{\sin θ}{\dfrac{D_B}{D_A} + \cos θ}$

→ 90° 이므로
$\tan α = \dfrac{N_B}{N_A}$

정 답 05 ③   06 ③   07 ②   08 ①

09 축간거리 250[mm], 속도비 3인 원통마찰차에서 각각의 지름은 얼마나 되는가? (단, 외접할 때이다)

① $D_A = 375[mm]$, $D_B = 125[mm]$
② $D_A = 125[mm]$, $D_B = 375[mm]$
③ $D_A = 250[mm]$, $D_B = 750[mm]$
④ $D_A = 750[mm]$, $D_B = 250[mm]$

10 축간거리 $C = 300[mm]$, $N_1 = 200$, $N_2 = 100$인 외접 마찰자에서 지름 D_1, D_2는?

① $D_1 = 400[mm]$, $D_2 = 200[mm]$
② $D_1 = 200[mm]$, $D_2 = 400[mm]$
③ $D_1 = 150[mm]$, $D_2 = 300[mm]$
④ $D_1 = 250[mm]$, $D_2 = 500[mm]$

10.
$C = \dfrac{D_1 + D_2}{2} = 300$
$D_1 + D_2 = 600$
$i = \dfrac{N_2}{N_1} = \dfrac{100}{200}$
$\dfrac{1}{2} = \dfrac{D_1}{D_2}$
$2D_1 = 2D_2 \quad 3D_1 = 600$
$D_1 = 200 \quad D_2 = 400$

11 원동차의 지름이 300[mm], 종동차의 지름이 450[mm], 폭 75[mm]인 원통마찰차가 있다. 원동차가 300[rpm]으로 회전할 때 전달동력은 몇 [KW]인가?
(단, 마찰계수 μ는 0.25이며, 전압은 1.6[kg/mm]이다)

① 1.385
② 6.296
③ 7.065
④ 4.710

11.
$H = \dfrac{\mu W V}{102}[kW]$
$= \dfrac{\mu \cdot q \cdot b \cdot \pi \cdot D_1 \cdot N_1}{102 \times 60 \times 1000}$
$= 1.385[kW]$

12 다음 중 마찰차의 전동마력과 가장 관계가 먼 것은?

① 축방향의 압력
② 축간거리
③ 원주속도
④ 마찰차의 크기

12.
전동 마력은 마찰계수, 원주속도 선압력이다. 마찰차의 크기로 원주속도가 결정된다.

정답 09 ① 10 ② 11 ① 12 ②

13 두 개의 같은 원뿔을 반대 방향으로 축을 평행하게 놓고 그 사이에 가죽제 링을 끼워서 이를 좌우로 이동시키면서 변속하는 마찰차는?

① 원뿔 마찰차 ② 에반스 마찰차
③ 원판 마찰차 ④ 크립 마찰차

14 어떤 마찰차의 지름이 200[mm], 회전수 300[rpm]으로 100[kg]을 전달할 때 전달 마력은?

① 4.18[HP] ② 4.56[HP]
③ 4.27[HP] ④ 5.1[HP]

14.
$$H = \frac{FV}{75}$$
$$= \frac{100 \times 200 \times 300 \times \pi}{75 \times 60 \times 1000}$$
$$= 4.18$$

15 원통 마찰차 지름이 300[mm], 누르는 힘 F=150[kg]일 때 나비는 몇 mm 이상으로 하여야 하는가?
(단, 허용압력은 2[kg/mm]이다)

① 50 ② 75
③ 100 ④ 150

15.
$F = fb$ 에서
$$b = \frac{F}{f}$$
$$= \frac{150}{2} = 75[mm]$$

16 마찰차 전동에서 비금속 마찰재료로서 라이닝하는 이유는 다음과 같다. 옳은 것은?

① 마찰계수를 크게 하기 위하여
② 베어링에 걸리는 하중을 적게 하기 위하여
③ 마모를 방지하기 위하여
④ 원동차 풀리가 고르게 마모하기 위하여

정답 13 ② 14 ① 15 ② 16 ①

17 다음 중 마찰 전동장치를 사용할 때 틀린 것은 어느 것인가?

① 종동차의 급격한 저항으로 인한 충격을 막아야 할 때
② 정확한 회전이 필요할 때
③ 전동이 조용해야 할 때
④ 장치가 간단하고 전동력이 작을 때

17.
마찰차는 미끄럼을 수반한다.

18 그림과 같이 서로 직교하는 두 축 사이에 원추 마찰차로 운동을 전달한다. 양차의 회전 속도를 각각 N_A[rpm], N_B[rpm]이라고 할 때 원추의 반꼭지각 α를 나타내는 식은?

① $\tan\alpha = \dfrac{N_B}{N_A}$

② $\cot\alpha = \dfrac{N_B}{N_A}$

③ $\tan\alpha = \dfrac{N_A}{N_B}$

④ $\sin\alpha = \dfrac{N_B}{N_A}$

18. $\tan\alpha = \dfrac{N_B}{N_A}$

19 마찰차의 전동 효율은 어느 정도인가?

① 80~90%
② 70~80%
③ 60~70%
④ 50~60%

정답   17 ②   18 ①   19 ①

20 원동차, 종동차의 지름이 125[mm], 375[mm]의 원통 마찰차에서 μ=0.2, 누르는 힘이 200[kg]일 때 최대 토크는 얼마인가?

① 750[kg·m]
② 750[kg·cm]
③ 7500[kg·mm]
④ 750[kg·mm]

21 마찰차에서 원뿔의 꼭지각이 같으며 축각이 직각인 것을 무엇이라 하는가?

① 원판차
② 변속 마찰차
③ 마이터 휘일
④ 원뿔 마찰차

22 마찰차에서는 접촉면에 마찰을 크게 하기 위하여 원동차에 마찰재를 쓰고, 또 축압력을 높여 주는데, 이렇게 하면 베어링에 무리가 생기게 된다. 이런 결점을 없애고 접촉면에 마찰력을 높인 마찰차는 어느 것인가?

① 홈붙이 마찰차
② 원뿔 마찰차
③ 에반스 마찰차
④ 크라운 마찰차

23 마찰차의 특성 중 틀린 것은?

① 운전이 정숙하다.
② 전동의 단속이 무리없이 행해진다.
③ 정확한 운동 전달이 가능하다.
④ 무단 변속을 하기 쉬운 구조로 할 수 있다.

정 답 20 ② 21 ③ 22 ① 23 ③

24 다음과 같은 마찰차에 관한 기술 중 옳지 않은 것은 어느 것인가?

① 마찰차는 직접 전동장치의 일종이다.
② 마찰차는 확실한 속도비로 운전된다.
③ 내접 마찰차에서는 회전 방향이 같다.
④ 마찰 계수가 큰 것일수록 큰 동력을 전달할 수 있다.

25 다음과 같은 원추 마찰차에서 속도비 ε를 나타내는 식을 골라라.

① $\varepsilon = \dfrac{N_B}{N_A} = \dfrac{\sin\alpha}{\sin\beta}$

② $\varepsilon = \dfrac{N_B}{N_A} = \dfrac{\sin\beta}{\sin\alpha}$

③ $\varepsilon = \dfrac{N_B}{N_A} = \dfrac{\cos\alpha}{\cos\beta}$

④ $\varepsilon = \dfrac{N_B}{N_A} = \dfrac{\cos\beta}{\cos\alpha}$

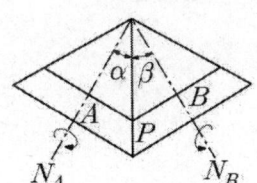

25.
$i = \dfrac{N_B}{N_A} = \dfrac{D_A}{D_B}$
$= \dfrac{R_A}{R_B} = \dfrac{OP\sin\alpha}{OP\sin\beta}$

26 무단변속 장치로 이용할 수 없는 마찰차는 어느 것인가?

① 원판 마찰차   ② 크라운 마찰차
③ 구면 마찰차   ④ 홈 마찰차

26.
홈 마찰차는
큰동력을 전달하는 목적이다.

27 마찰 전동장치의 특성 중 옳지 않은 것은 어느 것인가?

① 운전이 정숙하지 않다.
② 전동의 단속에 무리없이 행해진다.
③ 약간의 미끄럼이 생긴다.
④ 무단변속을 할 수 있다.

정 답   24 ②   25 ①   26 ④   27 ①

28 회전수 600[rpm], 4마력을 전달하는 지름이 D=125[mm]일 때 마찰차의 폭은 얼마인가?
(단, 허용면압 f=1.5[kg/mm], μ=0.2 외접한다)

① 225[mm]
② 250[mm]
③ 382[mm]
④ 400[mm]

29 다음 중 무단변속이 불가능한 마찰차는?

① 구면마찰차
② 원뿔마찰차
③ 원통마찰차
④ 원판마찰차

28.
$$H = \frac{\mu PV}{75}$$
$$= \frac{\mu \cdot b \cdot 5 \cdot \pi \cdot D \cdot N}{75 \times 60 \times 1000}$$
$$= 4$$
$$b = \frac{4 \times 75 \times 60 \times 1000}{\mu \cdot f \cdot \pi \cdot D \cdot N}$$
$$= \frac{4 \times 75 \times 60 \times 1000}{0.2 \times 1.5 \times \pi \times 125 \times 600}$$
$$= 254.6$$

정답 28 ② 29 ③

2 치차

(1) 치차의 특성과 종류

1) 치차 전동의 특성

- 전동이 확실하고 큰 동력을 전달할 수 있다.
- 축 압력이 작아 손실이 적다.
- 회전비가 정확한 감속을 얻을 수 있다.
- 소음과 진동이 발생한다.

2) 치차의 종류

2축의 상대위치	명 칭	이와 이와의 접촉	설 명
평 행	① 스피어 기어	직선	이 끝이 직선이며 축에 평행한 원통 기어를 스피어 기어라 한다.
	② 래크	직선	원통 기어의 피치 원통의 반지름을 무한대로 한 것을 래크라 한다.
	③ 헬리컬 기어		이 끝이 헬리컬선을 가지는 원통 기어를 말하고, 보통 평행한 2축 사이에 회전 운동을 전달한다.
	④ 헬리컬 래크	직선	헬리컬 기어의 피치 원통의 반지름을 무한대로 하여 얻어지는 래크를 헬리컬 래크라 한다.
	⑤ 헤링보운기어, 2중 헬리컬 기어	직선	양쪽으로 나선형으로 된 기어를 조합한 것을 "해링보운 기어"라 하고 평행 2축간에 운동을 전달한다.

2축의 상대위치	명 칭	이와 이와의 접촉	설 명
두축이 어느 각도로써 만날 때	⑥ 베벨기어	직선	교차되는 2축간에 운동을 전달하는 원뿔형의 기어를 베벨 기어라 말한다.
	⑦ 마이터 기어	직선	선각인 2축간에 운동을 전달하는 잇수가 같은 한 쌍의 베벨 기어를 말한다.
	⑧ 앵귤러 베벨 기어	직선	직각이 아닌 2축간에 운동을 전달하는 베벨 기어의 한쌍을 앵귤러 베벨 기어라 말한다.
	⑨ 크라운 기어	직선	피치면이 평면 베벨 기어를 말하고 스피어 기어에서 래크에 해당한다.
	⑩ 직선 베벨 기어	직선	이 끝이 피치원뿔의 모직선과 일치하는 경우의 베벨 기어를 직선 베벨 기어라 한다.
	⑪ 스파이럴 베벨 기어	곡선	이 기어는 이것과 물리는 크라운 기어의 이끝이 곡선으로 된 베벨 기어를 말한다.
	⑫ 제로울 베벨 기어	곡선	나선각이 0인 한 상의 스파이어럴 베벨 기어를 제로울 베벨 기어라 말한다.
	⑬ 스큐우 베벨 기어	직선	이 기어는 이것과 물리는 크라운 기어의 이끝이 직선이고, 꼭지점에 향하지 않은 베벨 기어를 말한다.
두 축이 만나지도 않고, 평행하지도 않은 경우	⑭ 스큐우 기어	직선	교차하지 않고, 또 평행하지도 않는 2축(스큐우 측)간에 운동을 전달하는 기어를 총칭하여 스큐우 기어라 한다.
	⑮ 나사 기어	점	헬리컬 기어의 한 쌍을 스큐우 축 사이의 운동 전달에 이용할 때에 이것을 나사 기어라 한다.
	⑯ 하이포이드 기어	곡선	스큐어 축간에 운동을 전달하는 원뿔형 기어의 한 쌍을 하이포이드 기어라 한다.
	⑰ 페이스 기어	점	스퍼어 기어 또는 헬리컬 기어와 서로 물리는 원판상의 기어의 한 쌍을 페이스 기어라 한다. 2축이 교차하는 것도 있고 스큐우하는 것도 있는데, 보통은 축각이 직각이다.
	⑱ 워엄 기어	곡선	워엄과 이와 물리는 워엄 휘일에 의한 기어의 한 쌍을 총칭하여 워엄 기어라 한다. 보통은 선 접촉을 하고 또 축각은 직각으로 된 것이 많다.
	⑲ 워엄	—	한줄 또는 그 이상의 줄 수를 가지는 나사 모양의 기어를 워엄이라 하고, 일반적으로 원통형이다.
	⑳ 워엄 휘일	—	워엄과 물리는 기어를 워엄 기어라 말한다.

(2) 치형곡선

1) 사이클로이드 곡선

한 개의 원 위에서 원판의 한 점이 그리는 곡선

㉠ 효율이 높고 소음이 작고 마멸이 적으나 이뿌리가 약하다.

㉡ 피치원이 완전히 일치하지 않으면 바르게 물리지 않는다.

㉢ 가공성과 호환성이 좋지 않다.

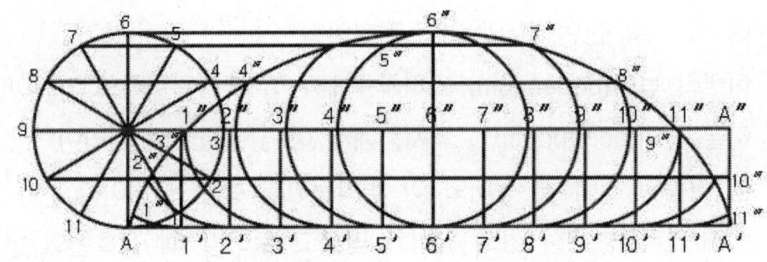

사이클로이드(Cycloid) 곡선

2) 인벌류트 곡선

원기둥에 감긴 실을 당기면서 풀 때 실에 한 점의 그리는 원의 일부를 곡선으로 한 것이다.

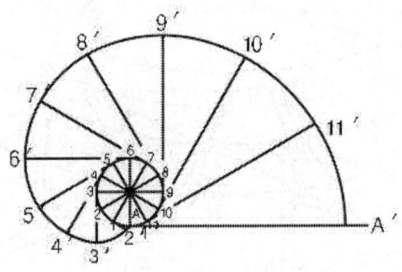

인벌류트(Involute) 곡선

㉠ 중심 거리가 약간 변하여도 속비가 일정하다.

㉡ 이뿌리 부분이 튼튼하고 강도가 크다.

㉢ 설계 제작이 쉽고, 호환성이 좋다.

(3) 기어의 각부 명칭

1) 기어의 각부 명칭

㉠ 피치점 : 접촉점의 상대 속도가 zero인 점으로 순간 중심이다.

㉡ 피치원 : 피치점을 반지름으로 하여 그린 가상적인 원이다.

㉢ 이뿌리원 : 기어의 밑을 연결하는 원이다.

㉣ 이끝원 : 기어의 이끝을 연결하는 원이다.

㉤ 원주 피치 : 한 이와 다음 이와의 피치원 위의 원호 길이이다.

㉥ 이두께 : 피치원에서 측정한 이의 두께이다.

㉦ 이 폭 : 축 단면에서의 이의 길이이다.

㉧ 이뿌리 높이(dedendum) : 피치원에서 이 뿌리원까지의 거리이다.

㉨ 이끝 높이(addendum) : 피치원에서 이 끝원까지의 거리이다.

㉩ 총 이높이 : 이 끝 높이와 이 뿌리높이를 합한 크기이다.

㉪ 백래시(뒤틈) : 한 쌍의 기어가 맞물고 돌아갈 때 접촉면의 반대쪽에 생기는 약간의 틈새를 말한다.

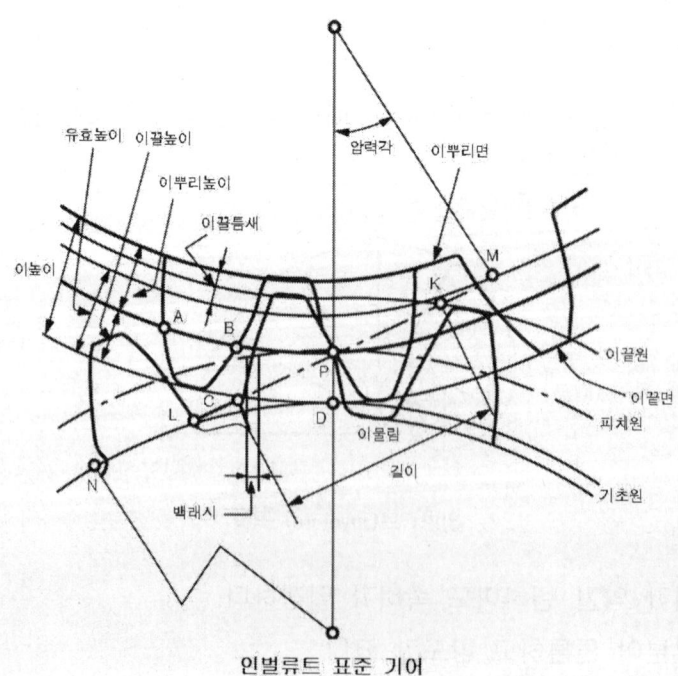

인벌류트 표준 기어

2) 이의 간섭과 전위 기어

■ 이의 물림률

한 쌍의 이가 맞물려 회전할 때, 동시에 물릴 수 있는 이의 수

㉠ 접촉호의 길이 : 이의 피치점 A와 물림이 끝날 때의 피치점 A_2의
피치원 위의 거리, 즉 한쌍의 이가 물렸다가 떨어지는
때까지의 서로 접촉하는 피치원의 길이

㉡ 법선 피치 : 기초원의 원주 길이를 이의 수로 나눈 값

$$물림률 = \frac{접촉호의\ 길이}{원주피치의\ 길이} = \frac{물림길이}{법선피치} = 1.2 \sim 1.5$$

물림률은 압력각이 작을수록 크며, 물림률이 클수록 회전이 매끄러우나 치형이 약해진다.

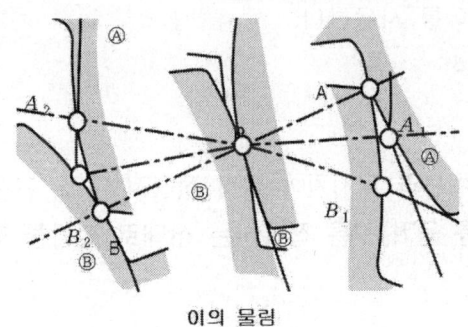

이의 물림

■ 이의 간섭과 언더컷

㉠ 이의 간섭 : 치차가 회전할 때에 한쪽 치차의 이끝이 상대쪽 기어의
이뿌리와 맞부딪쳐서 정상적으로 회전하지 못하는 경우

■ 이의 간섭이 발생하는 경우

· 잇수가 적을 경우   · 압력각이 작은 경우
· 속비가 클 경우   · 이 높이가 클 경우

㉡ 이의 언더컷 : 래크 공구로 잇수가 적은 피니언을 절삭하여 만들
경우에는 간섭이 일어나 피니언의 이 뿌리 부분이
파여 가늘게 되는 현상

· 언더컷이 일어나지 않는 보통 이의 한계 잇수

$$Z_g = \frac{2a}{m\sin^2\alpha} = \frac{2}{\sin^2\alpha}$$

압력각	한계 잇수	
	이론값	실용값
14.5°	32	26
20°	17	14

· 언더컷을 방지하는 방법
  ㉠ 저치(이끝 높이(adendum)가 모듈보다 낮은 이)를 사용한, 물림률을 저하시키는 결점이 있다.
  ㉡ 전위 기어를 사용한다.

■ 전위 기어

랙크의 기준 피치선과 피치원이 직접 접하지 않고, 기준 피치원의 모듈의 x배만큼 자리를 옮겨 구름 접촉하는 상태로 절삭한 기어이다.

(4) 치차의 강도

1) 평치차 강도 계산

■ 모듈

$$m = \frac{D}{Z}$$

■ 원주 피치

$$P = \frac{\pi D}{Z} = \pi m$$

■ 피치원 지름

$$D = mZ = \frac{P \cdot Z}{\pi}$$

- **이끝원 지름**

$$D_0 = D + 2a = mZ + 2m = m(Z+2)$$

- **기초원(α : 압력각(20°, 14.5°, 15°))**

  ㉠ 지름

  $$D_g = D \cos \alpha = Zm \cos \alpha$$

  ㉡ 기초원 피치(법선 피치)

  $$P_g = P_n = \frac{\pi D_g}{Z} = \frac{\pi D}{Z} \cos \alpha = P \cos \alpha$$

- **굽힘강도**

$$F = F' \cdot \cos \alpha$$

$$F_v = F \cdot \tan \alpha$$

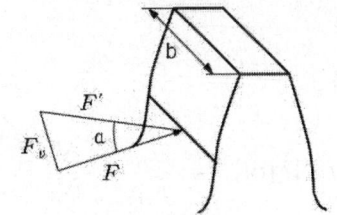

여기서 F : 회전력

F_v : 축에 수직으 **이의 강도** 로 작용하는 힘

F' : 치면에 수직으로 작용한 힘(축작용력) (α : 압력각)

· **피치 원주상의 회전력(전달력)**

  ㉠ 실용 계산 공식

  $$F = F' \cos \alpha$$
  $$= f_v \cdot f_w \cdot \sigma_b \cdot p \cdot b \cdot y \ (Y는 \ \pi포함)$$
  $$= f_v \cdot f_w \cdot \sigma_b \cdot b \cdot m \cdot Y$$

  ㉡ 면압강도

$$F_n = f_v \cdot k \cdot m \cdot b \cdot \frac{2Z_1 Z_2}{Z_1 + Z_2}$$

$$k = \frac{\delta_0^2 \sin 2a}{28} \left(\frac{1}{E_1} + \frac{1}{E_2} \right) \text{(재료에 따른 접촉면 응력계수)}$$

$$H = \frac{PV}{75}$$

전달력 (P)은 F, F', F_n 중에서 가장 작은 값을 선택한다.

> **TIP**
>
> $f_v = \dfrac{3.05}{3.05 + V}$ (V=10[m/sec] 이하)
>
> $f_v = \dfrac{6.1}{6.1 + V}$ (V=10[m/sec] 이상)
>
> $Y = \pi y$, $p = \pi m$ (여기서 f_ω : 하중계수, y : 치형계수, f_v : 속도계수)

■ 속비(i)

$$i(\text{회전비}) = \frac{\omega_B}{\omega_A} = \frac{N_B}{N_A} = \frac{D_1}{D_2} = \frac{Z_A}{Z_B}$$

$$C = \frac{D_1 + D_2}{2} = \frac{m(Z_A + Z_B)}{2}$$

$$Pd(DP) = \frac{Z}{D}[\text{inch}] = \frac{1}{\frac{m}{25.4}} = \frac{25.4}{m}$$

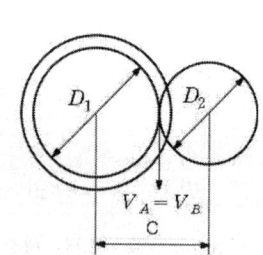

■ 치차열

기소 회전수	A	B	C
전체고정	N_C	N_C	N_C
암고정	$N_A - N_C$	$-(N_A - N_C)\dfrac{Z_A}{Z_B}$	0
실제	N_A	$N_C - (N_A - N_C)\dfrac{Z_A}{Z_B}$	N_C

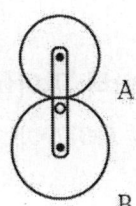

2) 베벨기어

$\theta = \alpha + \beta$ (축 사이각)

여기서, α, β : 피치 원추각(반원추각)

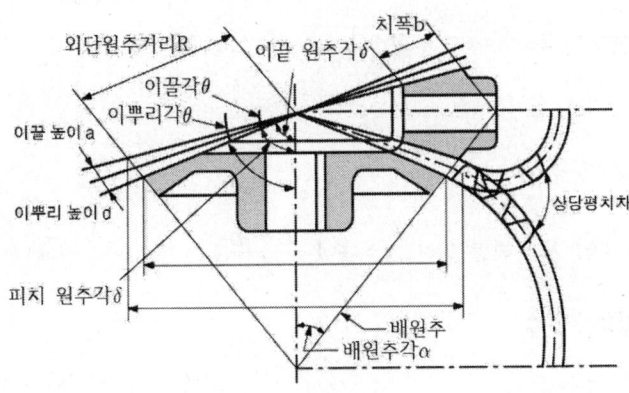

베벨 기어 각부의 명칭

- 속비

$$i = \frac{N_B}{N_A} = \frac{\omega_B}{\omega_A} = \frac{D_A}{D_B} = \frac{Z_A}{Z_B} = \frac{\sin\alpha}{\sin\beta}$$

- 마이터 기어(mighter gear)

  축 사이각이 90°이며 속비가 1인 베벨 기어

- 원추 모선의 길이

$$L = \frac{D_A}{2\sin\alpha} = \frac{D_B}{2\sin\beta}$$

- 피치 원추각

$$\tan\alpha = \frac{\sin\theta}{\frac{D_B}{D_A} + \cos\theta}, \quad \tan\beta = \frac{\sin\theta}{\frac{D_A}{D_B} + \cos\theta}$$

- 바깥지름

$$D_0 = D + 2a\cos\alpha = mZ + 2m\cos\alpha = m(Z + 2\cos\alpha)$$

- 회전력

$$F = f_v \cdot \sigma \cdot b \cdot p \cdot y \cdot \lambda$$

여기서, λ : 베벨 기어 계수 $= \left(\dfrac{L-b}{L}\right)$

- 상당 평치차 잇수

$$Z_e = \frac{Z}{\cos\delta}$$

3) 헬리컬 기어

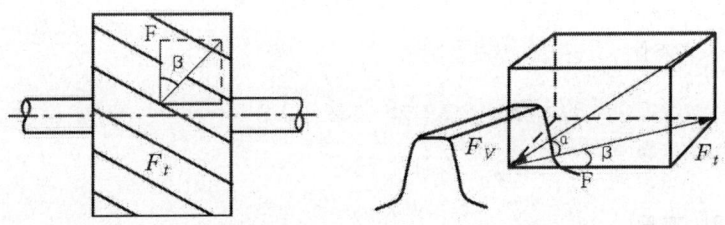

여기서, β : 비틀림각

$$F_n(\text{치면에 수직인 힘}) = \frac{F}{\cos\alpha \, \cos\beta}$$

$$F_v(\text{축에 수직인 힘}) = F_n \sin\alpha$$

$$F_t(\text{축에 수평한 힘, 베어링작용하는 스러스트 추력 하중} = F\tan\beta)$$

> **TIP**
> 문제에서는 m을 치직각 m으로 주기 때문에 $\cos\beta$로 나누어 축 위주로 풀어야 한다.

■ 축직각 모듈

$$m_s = \frac{m_n}{\cos\beta}$$

여기서, m_s : 축직각 모듈
m_n : 치직각 모듈

■ 피치원 지름

$$D = m_s \cdot Z = \frac{m_n}{\cos\beta} \cdot Z$$

■ 이끝원 지름 ($m_n = a$)

$$D_0 = m_s \cdot Z + 2m_n = \frac{m_n}{\cos\beta} \cdot Z + 2m_n = m_n\left(\frac{Z}{\cos\beta} + 2\right)$$

■ 중심거리

$$A = \frac{D_1 + D_2}{2} = \frac{m_s(Z_1 + Z_2)}{2} = \frac{m_n(Z_1 + Z_2)}{2\cos\beta}$$

■ 접선력

$$F = f_g \cdot f_v \cdot \sigma \cdot b \cdot p \cdot y = f_g \cdot f_v \cdot \sigma \cdot b \cdot m_n \cdot Y$$

$$H_{PS} = \frac{FV}{75} \ (F\text{는 작은 값이 들어가야 상대편 이가 부러지지 않는다})$$

■ 상당 평치차

상당 평치차 잇수 $Z_e = \dfrac{Z}{\cos^3\beta}$

$D_e = m_n \cdot Z_e$ (m_n:치직각 모듈)

4) 웜과 웜 기어(감속을 크게 할 때)

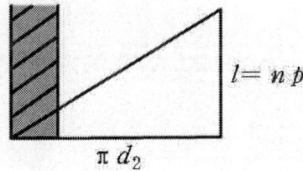

$$\tan\lambda = \frac{Z_w P}{\pi d_2} = \frac{l}{\pi d_2}$$

$$\eta = \frac{nQP}{2\pi T} = \frac{P_0}{P} = \frac{\tan\lambda}{\tan(\lambda + \rho')} \left(\tan\rho' = \mu' = \frac{\mu}{\cos\alpha}\right)$$

α는 일반적으로 30°가 많다.

$$i = \frac{N_2}{N_1} = \frac{Z_1}{Z_2} = \frac{\frac{1}{p}}{\frac{\pi D}{p}} = \frac{l}{\pi D}$$

여기서, N_1 : 웜

N_2 : 웜 휠

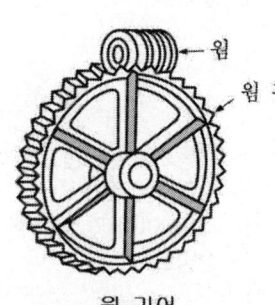
웜 기어

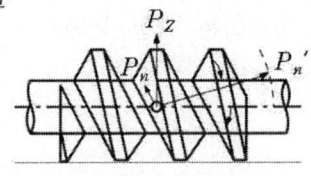
(a) 웜의 축 단면

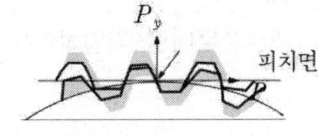
(b) 웜 휠의 중앙 단면

연/습/문/제

01 헬리컬 기어에서 실제의 잇수를 Z, 상당잇수를 Z_e, 비틀림각을 β라 할 때 상당치수를 구하는 식은?

① $Z_e = \dfrac{\cos \beta}{Z}$

② $Z_e = \dfrac{Z}{\cos^3 \beta}$

③ $Z_e = \dfrac{Z}{\cos^3 \beta}$

④ $Z_e = \dfrac{Z}{\tan^3 \beta}$

1. $Z_e = \dfrac{Z}{\cos^3 \beta}$

02 감속비가 1/10 ~ 1/100 까지 얻을 수 있으며 역전에 사용되지 않는 기어는 다음 중 어느 것인가?

① 스퍼 기어 ② 웜과 웜엄기어
③ 헤링본 기어 ④ 크라운 기어

2. 웜과 웜엄기어
(평균 1/40)

03 두 축이 만나며 이가 구부러져서 배치되어 있는 기어는?

① 하이포드 기어 ② 직선 베벨 기어
③ 스파이럴 베벨 기어 ④ 웜 기어

3. 스파이럴 베벨 기어

04 헬리컬 기어의 항목표(요목표)에 기입하는 사항 중에서 필요한 경우에만 기입하여도 되는 것은?

① 리드
② 치형기준 평면
③ 비틀림각
④ 전체 이높이

4.
요목표에 필요한 경우에만 기입하는 것 :
리드, 이 두께, 다듬질 방법, 정밀도

정 답   01 ②   02 ②   03 ③   04 ①

05 서로 직교하는 두 축 사이에 원추 마찰차로 운동을 전달한다. 양차의 회전속도를 각각 $N_A[\text{rpm}]$, $N_B[\text{rpm}]$이라고 할 때, 원추의 반꼭지각 α를 나타내는 식은?

① $\tan\alpha = \dfrac{N_B}{N_A}$ ② $\cot\alpha = \dfrac{N_B}{N_A}$

③ $\tan\alpha = \dfrac{N_A}{N_B}$ ④ $\sin\alpha = \dfrac{N_B}{N_A}$

06 래크 공구로 피니언을 절삭한 경우 이의 간섭이 생기면 이뿌리가 가늘어진다. 이런 현상을 무엇이라 하는가?

① 이절삭의 잘못 ② 이뿌리의 절삭
③ 이의 언더컷   ④ 이의 전위

6. 이의 언더컷

07 지름 피치가 8, 잇수가 $Z_A=28$, $Z_B=46$인 한 쌍의 스피어 기어에서 B기어의 외경을 구하여라.

① 128[mm]   ② 150[mm]
③ 152.4[mm] ④ 288[mm]

7.
$P_d = \dfrac{25.4}{m}$,
$m = \dfrac{25.4}{8} = 3.175$
$D_k = m(Z_B + 2)$
$\quad = 152.4$

08 기어의 회전력 $F=103[\text{kg}]$, $V=2.51[\text{m/s}]$일 때 전달동력은 얼마가 되는가?

① P=1.53[KW]
② P=2.53[KW]
③ P=4.53[KW]
④ P=4.65[KW]

8. $H = \dfrac{FV}{102} = 2.53$

| 정 답 | 05 ① | 06 ③ | 07 ③ | 08 ② |

09 잇수 80, 피치원 지름 508[mm]인 기어의 지름피치는 얼마인가?

① $P_d=4$ ② $P_d=6$
③ $P_d=10$ ④ $P_d=12$

9.
$$D=mZ$$
$$m=6.35$$
$$P_d=\frac{25.4}{m}=4$$

10 이론적으로 기어의 압력각이 14.5°일 때 언더컷의 한계잇수는 얼마인가?

① 26개 ② 25개
③ 32개 ④ 35개

10.
$$Z_g=\frac{2}{\sin^2 a}$$
$$=31.9 ≒ 32$$

11 중심거리 90[cm]인 한 쌍의 스퍼어 기어가 있다. 이들의 회전비가 1 : 3일 때 피니언 기어의 지름은 얼마인가?

① 450[mm] ② 600[mm]
③ 1350[mm] ④ 1420[mm]

11. $i=\frac{1}{3}=\frac{N_2}{N_1}=\frac{D_2}{D_1}$
$$D_2=3D_1$$
$$C=\frac{D_1+3D_1}{2}$$
$$D_1=\frac{C}{2}=450$$

12 잇수가 각각 44, 68, 모듈 2.5인 기어의 중심거리를 구하면?

① 100 ② 112
③ 130 ④ 140

12.
$$C=\frac{m(z_1+z_2)}{2}$$
$$=\frac{2.5(44+68)}{2}$$
$$=140$$

13 지름피치 5, 잇수 25인 기어의 피치원 지름 및 원주피치 각각 몇 [mm]인가?

① 127, 15.959 ② 146, 20.457
③ 152, 22.163 ④ 163, 23.142

13. $P_d=5=\frac{25.4}{m}$
$$m=5.08$$
$$D=mz=5.08\times25=127$$
$$p=\pi m=\pi\times5.08=15.959$$

정답 09 ① 10 ③ 11 ① 12 ④ 13 ①

14 모듈5, 잇수 47인 표준 스피어 기어의 바깥 지름은 얼마인가?

① 69[mm]   ② 96[mm]
③ 245[mm] ④ 150[mm]

14. $D_x = m(z+2)$
    $= 5(47+2)$
    $= 245$

15 유니버셜 조인트의 최대 사용각은 몇 도인가?

① 20°   ② 30°
③ 50°   ④ 60°

15. 최대 사용각은 30°이다.

16 인볼류트 기어에 있어서 물림률은 다음과 같다. 맞는 것을 골라라.

① $\dfrac{물음길이}{법선(法線)피치}$ ② $\dfrac{접촉호}{직경피치}$

③ $\dfrac{물음길이}{원주피치}$ ④ $\dfrac{접촉호}{법선피치}$

16. $\dfrac{물음길이}{법선(法線)피치}$

17 베벨 기어의 상당평치차 잇수 Z_e을 다음 중에서 고르면? (단, Z는 베벨 기어의 잇수 γ는 피치원추각이라 한다)

① $Z_e = \dfrac{Z}{\tan\gamma}$

② $Z_e = \dfrac{Z}{\cos\gamma}$

③ $Z_e = \dfrac{Z}{\cos^2\gamma}$

④ $Z_e = \dfrac{Z}{\sin^2\gamma}$

17. $Z_e = \dfrac{Z}{\cos\gamma}$

정답 14 ③ 15 ② 16 ① 17 ②

18 유니버설 조인트에서 2축의 각속비 (ε)는 원동축과 종동축의 교차각 (a)을 원동축의 회전각을 θ 라 할 때 맞는 식은?

① $\dfrac{\omega_B}{\omega_A} = \dfrac{\cos a}{1 - \cos^2\theta \sin a}$

② $\dfrac{\omega_B}{\omega_A} = \dfrac{\sin a}{1 - \cos^2\theta \sin a}$

③ $\dfrac{\omega_B}{\omega_A} = \dfrac{1 - \cos^2\theta \sin^2 a}{\sin a}$

④ $\dfrac{\omega_B}{\omega_A} = \dfrac{\cos a}{1 - \sin^2\theta \sin^2 a}$

18. $\dfrac{\omega_B}{\omega_A} = \dfrac{\cos a}{1 - \sin^2\theta \sin^2 a}$

19 다음은 치형의 간섭을 방지하는 방법을 열거한 것이다. 틀린 것을 고르면?

① 공구압력각을 작게 할 것
② 스터브 기어로 할 것
③ 이끝높이를 수정할 것
④ 치형을 전위시킬 것

19. 압력값이 작으면 간섭이 발생한다.

20 압력각을 a, 모듈을 m이라 할 때 언더컷을 일으키지 않는 한계잇수 Z_g을 구하는 식은 다음 중 어느 것인가?

① $Z_g = \dfrac{2}{\sin^2 a}$ ② $Z_g = \dfrac{2m}{\cos^2 a}$

③ $Z_g = \dfrac{m}{\sin^2 a}$ ④ $Z_g = \dfrac{a}{\cos^2 a}$

20. $Z_g = \dfrac{2}{\sin^2 a}$

정답   18 ④   19 ①   20 ①

21 지름의 비는 같을지라도 이의 나선각만 바꾸면 임의로 회전비를 바꿀 수 없는 기어는 다음 중 어느 것인가?

① 하이포이드 기어   ② 크라운 기어
③ 스큐 기어   ④ 워엄 기어

21.
크라운기어는 피치면이 평면인 베벨기어이다

22 원에 감아준 실을 늦추지 않고 잡아당길 때 실의 끝이 그리는 곡선을 기어의 치형으로 쓰이는 것을 무엇이라 하는가?

① 인벌류트 곡선
② 사이클로드 곡선
③ 포물선
④ 하이포이드 곡선

23 원주 피치를 P, 지름 피치를 D·P, 모듈을 M, 피치원의 지름을 D, 기어의 잇수를 T라 할 때 이들의 상호관계식이 틀린 것은 다음 중 어느 것인가?

① $P = \pi M$ ② $M = \dfrac{25.4}{D \cdot P}$

③ $D \cdot P = \dfrac{25.4}{P}$ ④ $M = \dfrac{D}{T}$

23. $D \cdot P = \dfrac{25.4\pi}{P}$

24 다음 그림과 같은 기어열에서 기어 A가 600[rpm]으로 회전할 때 기어 B의 회전수는 얼마인가?
(단, $Z_A = 35$, $Z_B = 50$, $Z_C = 27$, $Z_D = 20$ 이다)

① 300[rpm]
② 400[rpm]
③ 311[rpm]
④ 311[rpm]

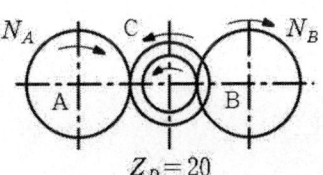

24.
$i = \dfrac{N_4}{N_i} = \dfrac{A \times D}{C \times B} = 0.518$

$N_4 = i \times 600 = 311\,rpm$

정답 21 ② 22 ① 23 ③ 24 ③

25 웜엄 기어에서 N_1 : 웜엄의 회전수[rpm], N_2 : 웜엄 휘일의 회전수[rpm], D : 웜엄 휘일의 피치원 지름, L : 웜엄의 리드라고 할 때 속도비 $i = N_1/N_2$을 나타내는 식은?

① $\dfrac{\pi L}{D}$

② $\dfrac{L}{\pi D}$

③ $\dfrac{\pi D}{L}$

④ $\dfrac{D}{\pi L}$

25.
$i = \dfrac{N_1}{N_2} = \dfrac{Z}{Z_\omega} = \dfrac{\pi D}{L}$

26 헬리컬 기어의 상당평치차의 잇수를 계산하는 공식을 다음에서 고르면?

① $Z_e = \dfrac{Z}{\cos a}$

② $Z_e = \dfrac{Z}{\cos^3 \beta}$

③ $Z_g = \dfrac{2}{\sin^2 a}$

④ $Z = \dfrac{(1-x)2}{\sin^2 a}$

26. $Z_e = \dfrac{Z}{\cos^3 \beta}$

27 헬리컬 기어에서 축직각치형의 치수는 치직각치형에 비하여 다음 것들이 크다. 맞는 것을 골라라.

① 총이높이, 피치, 이두께

② 이두께, 이끝높이, 압력각

③ 총이높이, 피치원직경, 압력각

④ 압력각, 피치, 이두께

27.
비틀림각에 의하여 압력각, 피치, 이두께, 모듈 등이 축직각이 크다.

정답 25 ③ 26 ② 27 ④

28 모듈이 3, 잇수가 60인 평기어에서 피치원지름, 바깥지름, 원주피치는?

① 피치원 지름 120[mm], 바깥지름 126[mm], 원주피치 1.7
② 피치원 지름 140[mm], 바깥지름 146[mm], 원주피치 5.8
③ 피치원 지름 160[mm], 바깥지름 166[mm], 원주피치 7.2
④ 피치원 지름 180[mm], 바깥지름 186[mm], 원주피치 9.42

28.
$D = m\,Z = 180$
$D_k = m(Z+2) = 186$
$P = \pi\,m = 9.42$

29 기어의 피치원을 전위시키는 목적이 아닌 것은 다음 중 어느 것인가?

① 이의 간섭과 언더컷을 방지하기 위하여
② 이의 강도를 증가시키기 위하여
③ 이의 뿌리를 굵게 하기 위하여
④ 이의 곡선을 원활하게 하기 위하여

29.
이의 곡선을 원활하게 하기 위하여 사이클로드 곡선을 이용하면 속비가 변한다.

30 두 축이 나란할 때 쓰이는 기어는?

① 웜엄 기어
② 베벨 기어
③ 하이포드 기어
④ 래크 기어

30.
두 축이 나란한 기어는 래크와 피니언이다.

31 다음 중 인벌류트 치형 곡선의 장점은 어느 것인가?

① 기어의 접촉효율이 좋다.
② 소음이 적다.
③ 공작이 쉽고 이뿌리가 튼튼하다.
④ 치형의 제작이 어렵다.

31. 공작이 쉽고 호환성이 좋으며 이뿌리 부분이 튼튼하다.

정 답   28 ④   29 ④   30 ④   31 ③

32 모듈(m)에 대한 설명 중 옳지 않은 것은?

① [mm] 단위의 지름을 잇수로 나눈 것이다.
② 잇수 한 개마다 지름을 표시한다.
③ 모듈이 클수록 같은 기어에서 잇수는 적어지고 이는 커진다.
④ 잇수와 모듈은 비례한다.

32.
잇수와 모듈은 반비례 한다.
$D = mZ$

33 마이터 기어에 대한 다음 중 맞는 것을 고르면?

① 2축이 어느 각도로 교차하고 속비는 2 : 1의 베벨 기어이다.
② 2축이 직각으로 마주치고, 양기어의 잇수가 같은 한쌍의 베벨기어이다.
③ 2축이 평행하고 속비가 같은 한 쌍의 스피어기어 이다.
④ 2축이 평행하고, 속비가 다른 헬리컬기어이다.

33.
2축의 사이각이 90°이며 잇수가 같은 한 쌍의 베벨기어이다.
그러므로 속비는 1이다.

34 다음은 세트 스크류에 대한 설명이다. 틀린 것은?

① 세트 스크류에 끝이 마찰이나 턱에 걸려 작용하도록 한다.
② 끝부분은 대부분 열처리한다.
③ 기어나 벨트 풀리와 같은 것을 축에 고정시키는 데 쓰인다.
④ 키의 대용으로 쓰지 못한다.

34.
세트 스크류는 키의 대용으로 쓸 수 있다.

35 기어의 이의 크기를 표시하는 직경피치에 대한 다음 중 맞는 것을 고르면?

① 직경피치는 피치원의 원주피치를 [mm]로 표시하여 π로 나눈 값이다.
② 직경피치는 피치원의 직경을 [in]로 표시하여 π로 나눈 값이다.
③ 직경피치는 π를 피치원의 직경을 [in]로 표시하여 나눈 값이다.
④ 직경피치는 π를 피치원의 원주피치를 [in]로 표시하여 이것으로서 나눈 값이다.

정 답   32 ④   33 ②   34 ④   35 ④

36 표준치차를 저치(스터브 기어)로 하면 다음과 같은 이점이 있다. 틀린 것을 골라라.

① 치형의 간섭을 방지할 수 있다.
② 이뿌리가 넓게 퍼지게 되어 강한 치형을 만들 수 있다.
③ 이뿌리높이와 이끝높이가 모두 낮게 되므로 물림률이 크게 된다.
④ 마모가 적다.

36.
이뿌리 높이가 낮은 치차를 저치라 하며 물림율이 나쁘게 된다.

37 지름 45[mm]의 축에 보스길이 50[mm]인 기어를 고정시킬 때, 축에 걸리는 최대 토크가 20,000[kg·mm]일 경우, 키(b=12[mm], h=8[mm])에 발생되는 압축응력은 약 몇 $[kg/mm^2]$인가?

① 1.5   ② 3.5
③ 4.5   ④ 5.5

37.
$$\sigma = \frac{4T}{dhl}$$
$$= \frac{4 \times 20000}{45 \times h \times 50}$$
$$= 4.44 \fallingdotseq 4.5 [kg/mm^2]$$

38 스퍼어 기어에서 허용 굽힘 응력이 10[kg/mm2], 이의 폭이 50[mm], 원주피치 6π [mm], 치형 계수가 $0.186/\pi$ 라 할 때 기어에 작용하는 회전력은 약 몇[kg]이 되겠는가?

① 300[kg]   ② 3000[kg]
③ 558[kg]   ④ 856[kg]

38.
$F = F_v \sigma bpy$
$= 10 \times 50 \times 6\pi \times 0.186/\pi$
$= 558$

39 두 축이 서로 일직선이거나 교차하며 그 거리가 먼 경우에 사용하는 축이음은 어느 것인가?

① 블렉시블 조인트   ② 유니버셜 조인트
③ 올덤 커플링   ④ 너클 커플링

39.
유니버셜 조인트는 교차각의 크기에 따라 각속도가 변하는 축이음이다.

정 답   37 ③   38 ③   39 ③

40 스퍼어 기어에서 피치원 지름이 800[mm], 잇수 40, 압력각 20°일 때 법선 피치는 얼마인가?

① 36.04[mm] ② 39.27[mm]
③ 59.04[mm] ④ 63.35[mm]

40.
$P = \dfrac{\pi D}{Z} = \dfrac{800\pi}{40} = 62.8$
$P_g = P\cos 20°$
$\quad = 59.04$

41 회전운동을 직선운동으로 바꿀 때 사용하는 기어는 어느 것인가?

① 베벨 기어 ② 래크와 피니언
③ 워엄과 워엄기어 ④ 헬리컬 기어

41.
래크와 피니언

42 치형곡선으로 가장 널리 많이 사용되는 것은?

① 트로코이드 곡선
② 하이포 사이클로이드 곡선
③ 에피사이클로이드 곡선
④ 인벌류트 곡선

42.
표준치형의 치형곡선은 속비의 변화가 없는 인볼류트 곡선이다.

43 스퍼어 기어에서 압력각을 증가시킬 때 나타나는 다음 사항 중 옳지 않은 것은 어느 것인가?

① 치면의 곡률반경이 커진다.
② 동시에 물리는 잇수가 감소한다.
③ 언더컷을 일으키는 최소 잇수가 감소한다.
④ 이에 작용시킬 수 있는 하중이 증가한다.

43.
$Z_g = \dfrac{2}{\sin^2\alpha}$
압력각 증가시에 치면의 곡률반경은 작아지며 물리는 잇수가 감소한다.

정답 40 ② 41 ③ 42 ② 43 ④

44 기어 절삭에서 언더컷이 생기지 않게 하려면?

① 압력각과 이끝 높이를 표준을 한다.
② 압력각을 크게 하고 이끝 높이를 표준으로 한다.
③ 압력각을 작게 하고 이끝 높이를 표준보다 낮게 한다.
④ 압력각을 크게 하고 이끝 높이를 표준보다 낮게 한다.

45 다음은 전위치차에 대하여 설명한 것이다. 옳게 설명한 것은 어느 것인가?

① 언더컷이 생기지 않도록 절삭공구의 이끝을 간섭점 보다 낮게, 래크공구의 치선을 기준위치보다 낮게 하여 절삭한 것
② 언더컷이 생기지 않도록 요령있게 기어를 절삭한 것
③ 언더컷이 생기지 않도록 래크공구의 날끝이 간섭점 위로 래크공구의 피치선을 기준위치보다 높은 것
④ 기어전동이 원활하게 되도록 이의 두께를 얇게 절삭한 것

46 인벌류트 스퍼기어에서 기초원 지름이 130[cm], 잇수 35일 때 법선 피치는 얼마인가?

① 1.16[mm] ② 11.66[mm]
③ 116.6[mm] ④ 116[mm]

46.
$$P_g = \frac{\pi D_g}{Z} = \frac{1300\pi}{35}$$
$$= 116.6$$

47 잇수 60, 피치원 지름 30[mm]인 스퍼어 기어의 피치는 얼마인가?

① 0.157[mm] ② 1.57[mm]
③ 0.314[mm] ④ 3.14[mm]

47.
$$P = \frac{\pi D}{Z} = \frac{30\pi}{60} = 1.57$$

정 답　44 ①　45 ④　46 ①　47 ③

48 잇수가 동일한 4개의 스퍼 기어가 있다. 이들의 이의 크기는 다음과 같다. 지름이 가장 큰 기어는 어느 것인가? (단, m은 모듈, P는 지름피치이다)

① $m=4$ ② $P=4$
③ $m=6$ ④ $P=6$

48.
① $D = mZ = 4Z$
② $P_d = \dfrac{25.4}{m} = 25.4\dfrac{Z}{D}$
$D = \dfrac{25.4Z}{Pd} = \dfrac{25.4Z}{4}$
$= 6.35Z$
③ $D = mZ = 6Z$
④ $D = \dfrac{25.4Z}{6} = 4.23Z$

49 웜 기어와 웜의 전동효율을 높이려면?

① 마찰각을 크게, 마찰계수를 작게, 진입각을 크게 한다.
② 마찰각과 마찰계수를 작게 하고 진입각을 크게 한다.
③ 마찰각은 작게, 마찰계수와 진입각을 크게 한다.
④ 마찰각과 마찰계수를 크게 하고, 진입각을 작게 한다.

49.
마찰각과 마찰계수를 작게 하고, 진입각을 크게 한다.

50 3중 웜이 120개의 이를 가진 웜 기어와 물려서 2회전 할 때의 속도비는?

① 1 : 40   ② 1 : 80
③ 1 : 160 ④ 1 : 180

50.
$n = 3$ 웜, $Z_\omega = 120$
$i = \dfrac{N_2}{N_1}$
$= \dfrac{Z_1}{Z_\omega} = \dfrac{L}{Z_\omega}$
$= \dfrac{n \cdot P}{120 \cdot P} = \dfrac{1}{40}$

51 베벨 기어에 대한 설명 중 옳지 않은 것은?

① 서로 물리는 한 쌍의 직선 베벨 기어의 원추거리는 기어쪽이 크다.
② 마이터 기어의 피치 원추각은 45이다.
③ 베벨기어의 모듈은 보통 외단부 치형의 것을 말한다.
④ 직선 베벨 기어에서 피이 원추의 모선과 뒷면 원추의 모선이 이루는 각은 90°이다.

51.
원추거리는 둘다 공통으로 같다.

정답 48 ② 49 ② 50 ② 51 ①

52 물림률이 클 때 기어가 갖는 이점이 아닌 것은?

① 한 개의 이에 걸리는 부담이 적게 된다.
② 진동과 폭음이 적다.
③ 압력각이 크게 된다.
④ 강도에 여유가 생겨 기어의 수명이 길어진다.

53 압력각이 커지면 다음과 같이 된다. 틀린 것은 어느 것인가?

① 언더컷을 방지할 수 있다.
② 물림율이 증대한다.
③ 잇면의 미끄럼률이 작아진다.
④ 이의 강도가 커진다.

54 인벌류트 기어에 있어서 압력각에 대한 설명 중 맞는 것은 어느 것인가?

① 접촉점은 압력선상을 이동하기 때문에 항상 일정하다.
② 물림의 처음에서 최대이고 피치점에서 0으로 된다.
③ 물림의 처음에서 압력각이 제일 작고 피치점에서 최대로 된다.
④ 압력각은 물림의 처음에서 피치점까지는 일정하나 피치점을 지나면 커진다.

55 지름 피치 10, 피치원지름3[in]인 스퍼어 기어의 잇수는 얼마인가?

① 30
② 43
③ 56
④ 62

55.
$$P_d = \frac{25.4}{m} = 10$$
$$m = 2.54 \quad D = mZ$$
$$Z = \frac{D}{m} = \frac{3 \times 25.4}{2.54}$$
$$= 30$$

| 정답 | 52 ① | 53 ③ | 54 ② | 55 ② |

56 중심거리 $C=160[mm]$이고 모듈 $m=4$이며, 속도비가 3/5인 한 쌍의 스퍼 기어의 잇수를 구한 것은?

① $Z_1=80, Z_2=30$
② $Z_1=80, Z_2=50$
③ $Z_1=30, Z_2=50$
④ $Z_1=30, Z_2=20$

56.
$$Z_2 = \frac{2C}{m(1+i)}$$
$$= \frac{2 \times 160}{4(1+\frac{3}{5})} = 50$$
$$Z_1 = \frac{3}{5}Z_2 = \frac{3}{5} \times 50 = 30$$

57 웜 기어에서 웜이 3줄, 웜 휘일의 잇수가 90개이면 감속비는?

① 1/30
② 1/60
③ 1/90
④ 1/10

57.
$$i = \frac{Z_\omega}{Z} = \frac{3}{90} = \frac{1}{30}$$

58 바깥지름 135[mm], 잇수가 25인 스퍼어 기어의 모듈은 얼마인가?

① 7
② 6
③ 5
④ 4

58. $D_k = m(Z+2)$
$$m = \frac{135}{27} = 5$$

59 모듈 6, 잇수 $Z_1=40$, $Z_2=80$, 압력각이 20°인 한 쌍의 표준 스퍼 기어가 있을 때 이끝원 지름 D_1, D_2는 각각 얼마인가?

① $D_1=140mm$, $D_2=480mm$
② $D_1=276mm$, $D_2=516mm$
③ $D_1=255mm$, $D_2=495mm$
④ $D_1=252mm$, $D_2=492mm$

59.
$$D_1 = m(z_1+2)$$
$$= 6(40+2)$$
$$= 252,$$
$$D_2 = 6(80+2) = 492$$

정답 56 ① 57 ③ 58 ① 59 ③

60 다음 중 두 축이 교차하지도, 나란하지도 않는 경우에 사용되는 기어는?

① 베벨 헬리컬 기어
② 웜 기어
③ 베벨 기어
④ 헬리컬 기어

61 모듈 2.5 잇수가 각각 40, 72인 두 개의 스퍼 기어가 외접하여 맞물려 있을 때 두 축간의 중심거리는 얼마인가?

① 140mm
② 145mm
③ 150mm
④ 155mm

61.
$$A = \frac{m(z_1 + z_2)}{2}$$
$$= \frac{2.5(40+72)}{2}$$
$$= 140$$

62 기어에서 이 사이의 간섭이 일어나는 경우가 아닌 것은?

① 잇수비가 아주 클 경우
② 유효 이높이가 클 경우
③ 압력각이 작은 경우
④ 잇수가 많을 경우

| 정 답 | 60 ④ 61 ② 62 ① |

3 벨트

(1) 벨트 전동장치의 특성

1) 벨트 전동

피혁, 면직물 또는 면직물에 고무를 함유한 것 등으로 만든 밴드로 양끝을 이은 벨트로 2개의 축에 고정된 풀리에 감아 마찰에 의해 전동하는 장치이다.

2) 벨트 전동 특징

㉠ 정확한 속비를 얻지는 못하나 충격 하중을 흡수한다.
㉡ 마찰력에 의해 동력을 전달하므로 부하가 커져 축의 베어링의 마모가 크다.
㉢ 비교적 정숙한 운동을 하며 전동효율이 높다.
㉣ 엇걸기의 경우 축간거리가 벨트폭의 20배 이상이며 고속에는 적합하지 않다.

(2) 평벨트와 풀리

1) 평벨트의 종류

㉠ 가죽벨트
㉡ 고무벨트
㉢ 직물벨트
㉣ 강벨트
㉤ 링크벨트 : 폭이 넓거나 두께가 두꺼운 벨트제작시 사용, 가죽 조각을 핀으로 연결하며 체인벨트라고도 함
㉥ 레이스벨트 : 가는 벨트를 둥글게 하여 끈으로 만든 것으로 소형 공작기계에 주로 사용
㉦ 조합벨트 : 다른 두 소재를 복합하여 강력하며 탄성이 풍부하게 만듦
㉧ 타이밍벨트 : 접촉면에 치형을 붙여 미끄럼 방지

2) 평벨트 풀리

풀리는 림(rim), 보스(boss), 아암(arm)의 3부분으로 구분되며 재료는
일반적으로 주철을 사용하며 일체형과 분리형이 있는데 일체형은
소형풀리에 사용, 솔리드 풀리(soild pulley)라고 하며 분리형은 대형에
사용한다. 바깥면에 형상에 따라 C형과 F형으로 분리하여 C형은 가운데가
높고 가장자리가 낮은 형으로 벨트가 풀리를 이탈하는
현상을 방지하기 위한 것이며 크라운 풀리(crown pulley)라 한다.

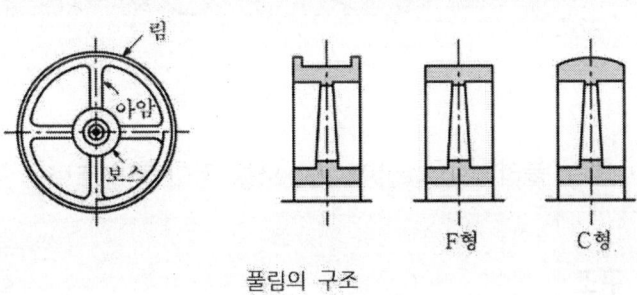

풀림의 구조

3) 접촉각과 동력전달

그림과 같이 벨트를 이용해서 전동할 때 벨트 풀리의 양쪽에 걸리는 벨트의
장력 T_t, T_s는 다르며 원동차로 인하여 인장력을 받는다.
이때 장력이 큰 쪽을 긴장측장력(T_t)이라 하고 작은 쪽을
이완측장역(T_s)이라 한다.
또한 접촉각이 커야만 전달동력이 커지므로 그림과 같은 이음을 한다.

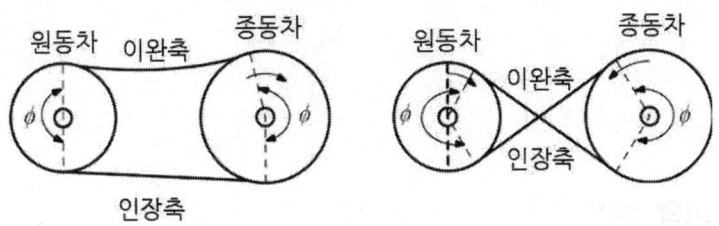

따라서 바로걸기 벨트의 경우에 큰 풀리와 작은 풀리의 지름 차가 크고
또 축간 거리 C가 적은 경우는 작은 풀리의 접촉각은 작아져서 벨트가
미끄러지기 쉽다. 이와 같은 경우는 다음 그림과 같이 긴장차(tension pulley)를

사용하여 작은 풀리의 접촉각을 크게 하여 준다. 그러므로 접촉각이 크면 전달동력이 크기 때문에 평행형 걸기보다 큰 동력을 전달하려면 엇걸이를 이용한다.

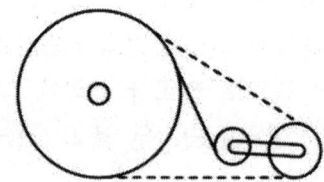

(3) V-belt

V형 홈이 파진 V 풀리(V-pulley)에 V-belt를 감아 평벨트보다 큰 동력을 전달한다.

1) V-belt 구조

㉠ 사다리꼴을 한 이음매 없는 벨트

㉡ belt의 각도는 40°이나 회전시 내측이 넓어지므로 풀리의 각도는 약간 작은 각도
(34°, 36°, 38°)로 만듦

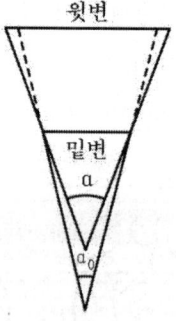

2) V-belt의 형식

㉠ belt의 형식 : M A B C D E

㉡ belt의 길이 : 단면의 중앙을 지나는 유효둘레를 호칭 번호로 [inch]로 나타낸다.

㉢ M형은 바깥 둘레를 유효 둘레로 함

(4) 벨트의 길이 및 역학적 해석

1) 평벨트

- 축간거리 및 벨트길이, 장력 : 전달동력

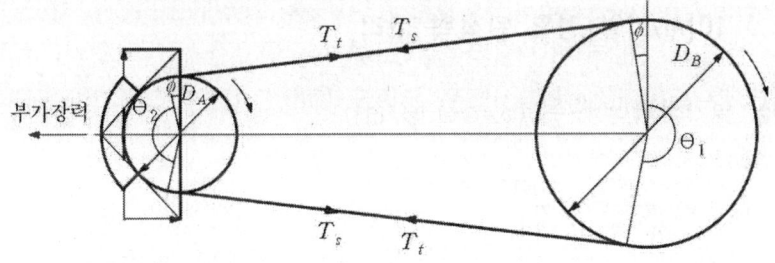

- L(벨트의 길이) $= 2C + \dfrac{\pi(D_A + D_B)}{2} + \dfrac{(D_B - D_A)^2}{4C}$

- $\sin\phi = \dfrac{D_B - D_A}{2C}$ 이므로(θ : 접촉각), $\theta_1 = 180 + 2\phi, \theta_2 = 180 - 2\phi$

- i(속비) $= \dfrac{\omega_B}{\omega_A} = \dfrac{N_B}{N_A} = \dfrac{D_A}{D_B}$

$$V_A = V_B = \dfrac{\pi D_A N_A}{60 \times 1000} = \dfrac{\pi D_B N_B}{60 \times 1000}$$

- $T_t = P_e \dfrac{e^{\mu\theta}}{e^{\mu\theta} - 1}$, $T_s = P_e \dfrac{1}{e^{\mu\theta} - 1}$

$$H_{PS} = \dfrac{P_e \cdot V}{75}$$

여기서, T_t : 긴장측 장력

P_e : 회전력

T_s : 이완측 장력

- 장력비 $\dfrac{T_t}{T_s} = e^{\mu\theta}$ (θ 는 rad 값으로 들어가야 한다)

> **TIP**
> $\mu = 0.25, \theta = 175°$에서 $e^{\mu\theta}$는 얼마인가?
> $$e^{\mu\theta} = e^{(0.25 \times 175 \times \frac{\pi}{180})} = 2.145$$

2) V > 10[m/s]일 경우 원심력 고려

$$\text{원심 부가장력} = \frac{\omega V^2}{g} \quad (\omega = rA[\text{kg/m}])$$

$$T_t = P_e \frac{e^{\mu\theta}}{e^{\mu\theta}-1} + \frac{wV^2}{g}$$

$$T_s = P_e \frac{1}{e^{\mu\theta}-1} + \frac{wV^2}{g}$$

3) 마력(벨트 1개의 마력)

$$H_{PS} = \frac{F \cdot V}{75} \text{에서} \quad V = \frac{\pi D_1 N_1}{60 \times 1000}$$

- 10[m/s] 이하일 때(평벨트)

$$\begin{aligned}
75 H_{PS} &= P_e \cdot V = (T_t - T_s) \cdot V \\
&= T_t \frac{e^{\mu\theta}-1}{e^{\mu\theta}} \cdot V \\
&= T_s (e^{\mu\theta}-1) \cdot V
\end{aligned}$$

- 10[m/s] 이상일 때(평벨트)

부가장력, 즉 원심력을 고려한다.

$$\begin{aligned}
75 H_{PS} &= P_e \cdot V \\
&= \left(T_t - \frac{\omega V^2}{g}\right) \frac{e^{\mu\theta}-1}{e^{\mu\theta}} \cdot V \\
&= \left(T_s - \frac{\omega V^2}{g}\right)(e^{\mu\theta}-1) \cdot V
\end{aligned}$$

4) 벨트 인장강도 (σ_t)

$$\sigma_t = \frac{T_t}{A\eta} = \frac{T_t}{bh\eta}$$

$$\sigma_t = \frac{T_t}{A} + E\epsilon = \frac{T_t}{bh} + \frac{Eh}{D_A} \text{(E : belt의 종탄성계수)}$$

5) 전달마력이 최소가 되는 벨트의 속도

$T_t - \frac{\omega V^2}{g} = 0$일 때 전달마력은 최소인 0이다.

$$T_t = \frac{\omega V^2}{g} \ , \ V = \sqrt{\frac{T_t \cdot g}{\omega}}$$

6) 전달마력이 최대가 되는 벨트의 속도

$T_t - \frac{3\omega V^2}{g} = 0$일 때, $T_t = \frac{3\omega V^2}{g}$

$$V_1 = \sqrt{\frac{T_t \cdot g}{3\omega}}$$

7) 단차

공비 $\phi = \dfrac{n_2}{n_1} = \dfrac{n_3}{n_2} = \cdots = \dfrac{n_{m+1}}{n_m} = \cdots = \dfrac{n_p}{n_{p-1}}$

$$\phi = {}^{p-1}\sqrt{\frac{n_p}{n_1}}$$

여기서,　n_1 ： 종동축의 최저 회전수
　　　　n_p ： 종동축의 최대 회전수
　　　　p ： 단수

8) V벨트

- 접선방향 마찰력(전달력)

$$P = 2\mu N = \frac{2\mu Q}{2(\sin\frac{\alpha}{2} + \mu\cos\frac{\alpha}{2})} = \mu' Q$$

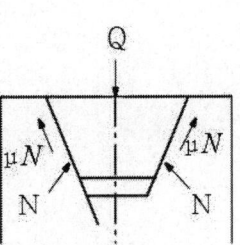

- V 벨트 한 개의 전달 마력

$$H_{PS_0} = \frac{e^{\mu'\theta}-1}{75e^{\mu'\theta}}(T_t - \frac{\omega V^2}{g}) \cdot V$$

- H_{PS}를 전달하기 위한 가닥수 (Z)

$$H_{PS} = Z \cdot k_2 \cdot H_{PS}$$

$$Z \geq \frac{H_{PS}}{k_1 \cdot k_2 \cdot H_1}$$

여기서, k_1 : 접촉각 수정계수

k_2 : 충격·동부하계수

연/습/문/제

01 벨트 전동에서 종동풀리는 미끄럼(slip)에 의해 몇[%] 늦어지는가?

① 0.5[%] 정도 ② 0.1[%] 정도
③ 2[%] 정도   ④ 5[%] 정도

1. 2[%] 정도

02 V 벨트는 평벨트에 비교하면 다음과 같다. 맞는 것을 고르면?

① V 벨트는 축간거리가 길 때 사용한다.
② V 벨트는 풀리의 지름비가 적을 때 사용한다.
③ V 벨트는 미끄럼이 많다.
④ V 벨트는 고속회전이 가능하고 운전이 원활 정숙하다.

2.
V 벨트는 고속회전이 가능하고 운전이 원활 정숙하다.

03 벨트 전동장치에서 벨트의 최대속도를 V_{max}[m/s], 원심장력이 이완측의 장력(T_t)에 같을 때의 속도를 V_2라 할 때 V_2는 V_{max}의 몇 배가 되는가?

① $\sqrt{3}$ ② $\sqrt{2}$
③ 2   ④ $\frac{1}{\sqrt{3}}$

3.
$$T_t = \frac{wV^2}{g}$$
$$V_2 = \sqrt{\frac{gT_A}{w}}$$
$$V_{max} = \sqrt{\frac{gT_t}{3w}}$$

04 V 벨트에서 A30이란 표시는?

① 단면이 A형이고 유효 둘레가 30[cm]이다.
② 단면이 A형이고 유효 둘레가 30[in]이다.
③ 재료가 A호이며 직경이 30[cm]이다.
④ A는 제작번호이고, 단면의 두께가 30[mm]이다.

4.
단면이 A형이고 유효 둘레가 30[in]이다.

정답 01 ③ 02 ④ 03 ④ 04 ②

05 벨트(십자형)의 길이는?

① $L = 2C + 1.57(D_A + D_B) + \dfrac{(D_A + D_B)^2}{4C}$

② $L = 2C + 1.57(D_A + D_B) + \dfrac{(D_A - D_B)^2}{4C}$

③ $L = 2C + 1.57(D_A - D_B) + \dfrac{(D_A + D_B)^2}{4C}$

④ $L = 2C + 1.57(D_A - D_B) + \dfrac{(D_A - D_B)^2}{4C}$

06 벨트 전동에 있어서 플래핑(flapping)의 현상은 다음 어느 때에 생기는가?

① 축간 거리가 짧은 경우
② 축간 거리가 짧고 속도가 빠른 경우
③ 속도가 늦을 때
④ 축간 거리가 길고 속도가 빠른 경우

07 포올과 한 쌍이 되어서 회전운동을 간헐적으로 하는 것은 어느 것인가?

① 크라운 기어
② 에반스 마찰차
③ 에스케이프
④ 레칫

5.
$L = 2C + \dfrac{\pi(D_A + D_B)}{2}$
$+ \dfrac{(D_A + D_B)^2}{4C}$
$= 2C + 1.57(D_A + D_B)$
$+ \dfrac{(D_A + D_B)^2}{4C}$

6.
축간 거리가 길고 속도가 빠른 경우이다.

7.
레칫과 포올은 비상 정지용이다.

정 답   05 ①   06 ④   07 ④

08 평벨트 전동장치에 대한 기술 중 옳지 않은 것은?

① 바로 걸기의 경우, 축간 거리가 짧고 속도비가 클수록 작은 풀리의 접촉각이 작아진다.
② 엇걸기의 경우, 속도비에 관계없이 양쪽 풀리의 접촉각은 같다.
③ 풀리의 접촉각은 바로걸기인 경우보다 엇걸기인 경우가 크다.
④ 벨트에 작용하는 원심력은 전달동력을 증가시킨다.

09 다음 중 V 벨트의 장점이 아닌 것은?

① 초기장력이 작아도 큰 동력을 전달할 수 있다.
② 작은 지름의 풀리에도 쓸 수 있다.
③ V 벨트는 크로스벨트에 아주 적합하다.
④ 축간 거리가 짧고 속도비가 큰 경우에 미끄럼없이 조용한 운전이 가능하다.

10 V 벨트 전동이 평벨트 전동보다 우수한 점이 아닌 것은 어느 것인가?

① 고속운전을 할 수 있다.
② 큰 속도비를 얻을 수 있다.
③ 양쪽(역회전) 회전이 가능하며 벨트의 길이를 조정하기 쉽다.
④ 정숙한 운전에 충격을 완화시킬 수 있다.

11 V 벨트의 밑부분의 각 α와 풀리 홈의 각 β는 각각 몇 도인가?

① α=40°, β=38°   ② α=38°, β=40°
③ α=40°, β=40°   ④ α=40°, β=42°

11. $\alpha = 40°$, $\beta = 38°$

정답 08 ④ 09 ③ 10 ③ 11 ①

12 속도 10[m/s]로 10[PS]를 전달하는 벨트 구동에서 긴장축의 장력 T_1을 이완축의 장력 T_2의 두 배로 하면 유효장력 T_e와 긴장축의 장력 T_1은 얼마인가?

① $T_e = 50[kg]$, $T_1 = 100[kg]$
② $T_e = 60[kg]$, $T_1 = 120[kg]$
③ $T_e = 70[kg]$, $T_1 = 140[kg]$
④ $T_e = 75[kg]$, $T_1 = 150[kg]$

12.
$$H = \frac{T_e \cdot V}{75}$$
$T_t = 2T_s = 150$
$T_e = 75$
$T_t = 2T_s = 150$
$T_e = 75[kg]$,
$T_1 = 150[kg]$

13 V벨트의 마찰계수 $\mu = 0.2, \theta = 40°$이면 유효마찰계수 μ'는 얼마인가?

① 0.326
② 0.378
③ 0.424
④ 0.542

13.
$$\mu' = \frac{\mu}{\sin\frac{\alpha}{2} + \mu\cos\frac{\alpha}{2}}$$
$$= \frac{0.2}{0.34 + (0.2 \times 0.94)}$$
$$= 0.378$$

14 평벨트 전동장치에 대한 다음 기술 중 옳지 않은 것은?

① 풀리의 벨트 접촉면은 되도록 매끈하게 다듬는 것이 좋다.
② 바로걸기에서 벨트를 수평으로 걸어서 전동하는 경우, 긴장축을 위쪽으로 하는 것이 좋다.
③ 운전 중에 벨트가 풀리에서 벗겨지는 것을 방지하기 위하여 풀리의 표면은 가운데를 약간 높게 한다.
④ 벨트 전동장치에서는 속도비를 일정하게 유지하기 곤란하다.

14.
바로걸기에서는 이완축이 위쪽 긴장축이 아래쪽으로 하여 접촉각을 크게 한다.

정 답   12 ④   13 ②   14 ②

15 8[m/s]의 속도로 8[PS]를 전달하는 벨트 전동장치에서 긴장측의 장력은 얼마인가?
(단, 긴장측의 장력은 이완측의 장력의 두 배이다)

① 75[kg] ② 100[kg]
③ 150[kg] ④ 175[kg]

15. $75HP = P_e \cdot V$
$P_e = 75$
$= T_t - T_s = T_s$
$T_t = 150[kg]$

16 4[m/s]의 속도로 전동하고 있는 평벨트의 긴장측의 장력이 125[kg], 이완측의 장력이 50[kg]이라고 하면 전달하고 있는 동력은 몇 [PS]인가?

① 2 ② 1
③ 4 ④ 3

16.
$P_e = T_t - T_s = 75$
$H = \dfrac{P_e \cdot V}{75} = \dfrac{75 \times 4}{75}$
$= 4$

17 10[m/s]의 속도로 8[PS]를 전달하는 벨트 전동장치가 있다. 긴장측 장력은 T_t가 이완측 장력 T_s의 두 배라 하면 유효장력 P_e는 얼마인가?

① 60[kg] ② 65[kg]
③ 75[kg] ④ 80[kg]

17. $T_t = 2T_s$
$P_e = T_t - T_s = T_s$
$P_e = \dfrac{75H}{V} = 60$

18 벨트의 속도가 10[m/s]이고, 긴장측의 장력 $T_t = 15[Kg]$일 때 V 벨트 한 개의 전달마력은 얼마인가?
(단, $\dfrac{e^{\mu\theta}-1}{e^{\mu\theta}} = 0.74$이다)

① 0.48[PS] ② 0.75[PS]
③ 1.48[PS] ④ 4.28[PS]

18.
$75H = T_t \cdot \dfrac{e^{\mu\theta}-1}{e^{\mu\theta}} \cdot V$
$H = \dfrac{15 \times 0.74 \times 10}{75}$
$= 1.48$

정 답   15 ③   16 ③   17 ①   18 ③

19 직경이 각각 1000[mm], 250[mm]의 풀리가 3000[mm] 떨어진 두 축에 설치되었을 때 오픈벨트인 경우 벨트 길이를 구하면?

① 8092
② 8052
③ 8032
④ 8010

19.
$$L = 2C + \frac{\pi(D_1 + D_2)}{2} + \frac{(D_2 - D_1)^2}{4C}$$
$$= 8010.3$$

20 벨트 전동에서 유효장력을 T_e, 긴장측 장력을 T_t, 마찰계수를 μ, 접촉각을 θ 라 할 때 T_t를 나타내는 식은?

① $T_t = T_e \dfrac{1}{e^{\mu\theta} - 1}$

② $T_t = T_e \dfrac{e^{\mu\theta}}{e^{\mu\theta} + 1}$

③ $T_t = T_e \dfrac{e^{\mu\theta}}{e^{\mu\theta} - 1}$

④ $T_t = T_e \dfrac{1}{e^{\mu\theta} + 1}$

20.
$$T_t = T_e \frac{e^{\mu\theta}}{e^{\mu\theta} - 1}$$

21 V 벨트의 속도가 30[m/s], 벨트 단위당의 무게 =0.15[kg/m], 긴장측장력 $T_t = 20$[kg]이라 할 때 회전력은 몇 [kg]인가? (단, $e^{\mu\theta} = 4$이다)

① 3.02[kg]
② 4.20[kg]
③ 4.66[kg]
④ 6.67[kg]

21.
$$(T_t - \frac{wv^2}{g})\frac{e^{\mu\theta} - 1}{e^{\mu\theta}}$$
$$(T_t - \frac{0.15 \times 30^2}{9.8})\frac{4-1}{4}$$
$$= 4.67 kg$$

정 답 19 ④   20 ③   21 ③

22 벨트 전동에서 풀리의 지름을 D[mm], 풀리의 회전수를 N[rpm]이라 할 때 벨트의 속도[m/s]를 계산하는 식은?

① $v = 0.00524DN$
② $v = 0.000524DN$
③ $v = 0.0000524DN$
④ $v = 0.000524\pi DN$

22.
$$v = \frac{\pi DN}{60 \times 1000}$$
$$= 0.0000524DN$$

23 축간거리 $C = 5$[m] 벨트차의 지름 $D_1 = 300$[mm], $D_2 = 750$[mm]일 때 평행걸이 할 때 벨트길이를 구하면?

① 11789[mm]
② 11659[mm]
③ 11559[mm]
④ 11450[mm]

23.
$$L = 2C + \frac{\pi(D_1 + D_2)}{2} + \frac{(D_2 - D_1)^2}{4C}$$
$$= 11659.4$$

24 어떤 벨트 풀리에서 긴장축의 장력이 120[kg]이고, 이완축의 장력이 70[kg]이라면 유효장력은 얼마인가?

① 120[kg]
② 50[kg]
③ 190[kg]
④ 100[kg]

24.
$$P_e = T_t - T_s$$
$$= 120 - 70 = 50$$

25 벨트의 긴장축 장력 T_t[kg], 이완측 장력을 T_s[kg], 벨트 풀리의 지름 D[mm], 회전수를 N[rpm]이라 할 때 전달마력 H_{PS}를 구하는 식은?

① $H = 0.7 \times 10^{-4}(T_t - T_s)D \cdot N$
② $H = 0.7 \times 10^{-4}(T_s - T_t)D \cdot N$
③ $H = 0.7 \times 10^{5}(T_t - T_s)D \cdot N$
④ $H = 0.7 \times 10^{-5}(T_t - T_s)D \cdot N$

25.
$$H = \frac{P_e \cdot \pi \cdot DN}{75 \times 60 \times 1,000}$$
$$= 0.7 \times 10^{-4}(T_t - T_s)D \cdot N$$

정답 22 ③   23 ②   24 ②   25 ①

26 V벨트의 규격 중에서 단면적이 가장 큰 벨트는?

① E형
② D형
③ C형
④ B형

27 다음 중 V벨트 전동 장치의 특성이 아닌 것은?

① 벨트가 끊어졌을 때 이어서 사용할 수 있다.
② 동력 전달상태가 원활하며 비충격적이다.
③ 전동 효율이 높다.
④ 속도비를 크게 할 수 있다.

28 벨트와 벨트 풀리에 대한 설명 중 옳지 않은 것은?

① 주로 고속회전용 평벨트 풀리에는 링면이 편평한 F형(flat type)이 쓰인다.
② V벨트의 종류에는 M, A, B, C, D, E의 여섯 가지가 있다.
③ V벨트 전동에서 회전 방향을 바꿀 때는 엇걸기를 한다.
④ V벨트의 각도는 보통 40°이다.

28.
벨트 전동에서는 엇걸기는 사용하지 않는다.

정답 26 ① 27 ① 28 ③

4 체인(chain)

벨트나 로프 대신에 금속의 링크를 연결 가용성(flexible)이 있게 하여 만든 체인을 스프로킷(sproket)휠의 이에 걸어 동력을 전달시키는 기구이다.

(1) 체인 전동의 특징

- 속비가 일정하며 미끄럼이 없다.
- 유지와 수리가 간단하며, 체인의 길이를 조정할 수 있다.
- 체인의 탄성에 의하여 어느 정도의 충격에 견딘다.
- 초기 장력이 필요가 없으므로 베어링에 무리가 없다.
- 큰 동력을 전달시킬 수 있고 효율도 95% 이상이다.
- 진동과 소음이 나기 쉽고 회전각의 전달정확도가 좋지 않으며 고속회전에 부적당하다.

(2) 체인 전동의 계산

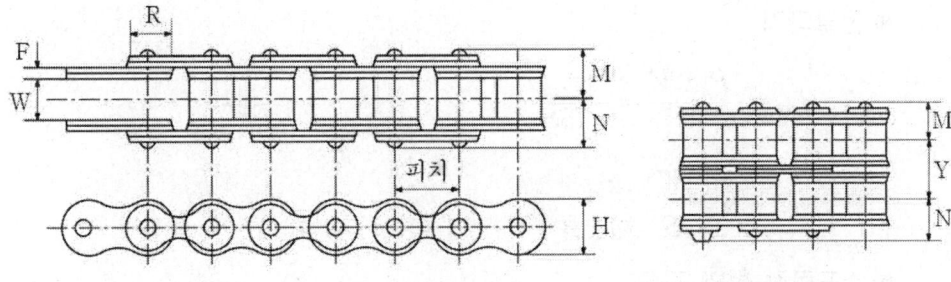

구분	롤러 체인	사일런트 체인
최대 속도	7[m/s]	10[m/s]
사용 속도	5[m/s]	7[m/s]
축간 거리	피치의 40~50배	피치의 40~50배

※ 체인은 코일 체인 · 로울러 체인 · 사일런트 체인으로 구분되며,
코일체인은 인양용, 로울러 체인은 전동용,
사일런트 체인은 소음이 적어 고속 운전시 적합하다.

1) 스프로킷 휠

- 링크의 수

$$L_n = \frac{L}{P} = \frac{2C}{P} + \frac{Z_A + Z_B}{2} + \frac{0.0257P(Z_B - Z_A)^2}{C}$$
$$= 정수(짝수)$$

- 체인 길이

$$L = L_n P$$

- 속비

$$i = \frac{w_B}{w_A} = \frac{N_B}{N_A} = \frac{Z_A}{Z_B}$$

- 체인의 속도

$$V = \frac{\pi \dfrac{PZ_A}{\pi} N_A}{60 \times 100} = \frac{PN_A Z_A}{60 \times 1000}$$

- 전달마력

$$H_{PS} = \frac{P_a \cdot V}{75} = \frac{W \cdot V}{75S}$$

여기서, W : 파단하중
S : 안전율

- 스프로킷 휠의 지름

$$D(\text{피치원 지름}) = \frac{P}{\sin \dfrac{180°}{Z}}$$

$$D_k(\text{이끝원 지름}) = 0.6P + \frac{P}{\tan \dfrac{180°}{Z}} = 0.6P + \cot \frac{180}{Z} \cdot P$$

㉠ 소수점 이하는 반올림하여 짝수 개로 한다.
㉡ 홀수 개일 때는 offset link를 사용해야 한다.

2) 사일런트 체인(silent chain)

- $\dfrac{\alpha}{2} = \dfrac{\beta}{2} + \dfrac{2\pi}{Z}$

  ㉠ $\alpha = \beta + \dfrac{4\pi}{Z}$ [rad], $\beta = \alpha - \dfrac{4\pi}{Z}$

  ㉡ $\alpha = \beta + \dfrac{4 \times 180}{Z}$ [°]

- 면각 α : 52°, 60°, 70°, 80°이다.

  ㉠ 피치가 클 때 α는 작은 것을 사용한다.
  ㉡ 링크의 수는 반드시 짝수이다.

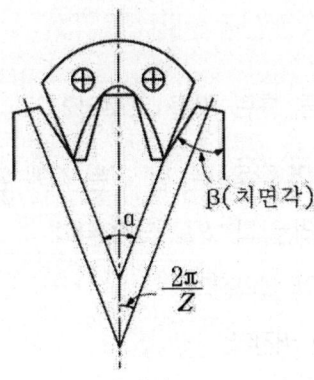

연/습/문/제

01 사이런트 체인의 면각 (β)는 다음과 같은 옳은 것을 고르면?

① 60°, 70°, 80°, 50°의 4종류가 있다.
② 35°, 60°, 80°, 52°의 4종류가 있으나 52°가 가장 널리 사용된다.
③ 60°, 70°, 80°, 62°의 4종류가 있으나 62°가 가장 널리 사용된다.
④ 52°, 60°, 70°, 80°의 4종류가 있으나 52°가 가장 널리 사용된다.

1.
52°, 60°, 70°, 80°의 4종류가 있으나 52°가 가장 널리 사용된다.

02 레칫휘일에 대한 다음 글 중 틀린 것을 고르면?

① 휘일의 직경 D를 크게 하면 작용하는 힘 F는 작게 된다.
② D를 크게 하면 포올에 걸리는 힘 F도 크게 된다.
③ D를 크게 하면 원주 속도가 빨라진다.
④ 힘 F는 작게 하면 충격이 커진다.

2.
D를 크게하면 포올에 걸리는 힘 F도 작게 된다.

03 체인전동에서 피치를 P, 중심거리를 C, 잇수를 Z_1, Z_2라 할 때 링크의 수 L_n을 구하는 식은?

① $L_n = \dfrac{C}{2p} + \dfrac{(Z_1+Z_2)}{2} + \dfrac{0.0253p}{C}(Z_1-Z_2)^2$

② $L_n = \dfrac{2C}{p} + \dfrac{(Z_1-Z_2)}{2} + \dfrac{0.0253p(Z_1+Z_2)^2}{C}$

③ $L_n = \dfrac{C}{2p} + \dfrac{0.0253p}{C}(Z_1+Z_2)^2$

④ $L_n = \dfrac{2C}{p} + \dfrac{(Z_1+Z_2)}{2} + \dfrac{0.0253p(Z_1-Z_2)^2}{C}$

3.
$L_n = \dfrac{2C}{p} + \dfrac{(Z_1+Z_2)}{2} + \dfrac{0.0253p(Z_1-Z_2)^2}{C}$

정답 01 ④ 02 ② 03 ④

04 사일런트 체인의 축간거리는 피치의 몇 배로 하는가?

① 30~50배 ② 40~50배
③ 20~30배 ④ 10~20배

05 롤러 체인의 스프라켓 휘일에서 피치원의 지름을 D, 잇수를 Z, 피치를 P라 하면 이끝원 지름 D_k를 계산하는 식은?

① $D_k = \dfrac{P}{\sin\dfrac{\pi}{Z}}$

② $D_k = P(0.6 + \tan\dfrac{180}{Z})$

③ $D_k = P\left(0.6 + \cot\dfrac{180}{Z}\right)$

④ $D_k = P\left(0.6 + \dfrac{P}{\tan\dfrac{180}{Z}}\right)$

06 롤러 체인으로서 잇수 20의 스프로킷 휘일을 사용하여 9[KW]를 전달시키려고 한다. 이 스프로킷 휘일의 회전수는 몇 [rpm]으로 되는가?
(단, 파단하중 2210[kg], 안전율 15, 피치 P=15.88[mm]이라 한다)

① 105 ② 1046
③ 1650 ④ 1800

07 피치 19.05[mm], 중심거리 750[mm], 잇수 16 및 48인 링크 수는 얼마인가?

① 119 ② 114
③ 112 ④ 100

정답 04 ② 05 ③ 06 ② 07 ③

5.
$$D = \dfrac{P}{\sin\dfrac{180°}{Z}}$$
$$D_k = 0.6P + \dfrac{P}{\tan\dfrac{180°}{Z}}$$

6.
$$102H = \dfrac{W}{S} \cdot \dfrac{P \cdot Z \cdot N}{60 \times 1000}$$
$$N = \dfrac{102H \cdot S \cdot 60000}{W \cdot P \cdot Z}$$
$$= \dfrac{102 \times 8 \times 15 \times 60000}{2210 \times 15.88 \times 20}$$
$$= 1046$$

7.
$$L_n = \dfrac{2C}{P} + \dfrac{Z_1 + Z_2}{2} + \dfrac{0.0257P(Z_2 - Z_1)^2}{C}$$
$$= \dfrac{2 \times 750}{19.05} + \dfrac{16 + 48}{2} + \dfrac{0.0257 \times 19.05(48 - 16)^2}{750}$$
$$= 111.4 ≒ 112$$

08 체인 휘일의 회전수가 600[rpm] 잇수가 25이며 피치는 16[mm]일 때 체인의 평균속도는 얼마인가?

① 3[m/s] ② 4[m/s]
③ 5[m/s] ④ 6[m/s]

8.
$$V = \frac{P \cdot Z \cdot N}{60,000}$$
$$= \frac{16 \times 25 \times 600}{60,000}$$
$$= 4[m/s]$$

09 롤러 체인의 스프라켓 휘일에서 피치원의 지름을 D, 잇수를 Z, 피치를 P라 하면 D를 계산하는 식은?

① $D = \dfrac{P}{\tan\dfrac{\pi}{Z}}$

② $D = \dfrac{Z}{\cos\dfrac{\pi}{P}}$

③ $D = \dfrac{P}{\sin\dfrac{\pi}{Z}}$

④ $D = \dfrac{Z}{\cos\dfrac{\pi}{P}}$

9.
$$D = \frac{P}{\sin\dfrac{\pi}{Z}}$$

10 사일런트 체인 전동장치에서 스프라켓 휘일의 이의 양면이 이루는 이의 측면각 ϕ는 다음 중 어느 것인가?
(단, 단면각 β, 치수는 Z이다)

① $\phi = \beta + \dfrac{4\pi}{Z}$

② $\phi = \beta + \dfrac{2\pi}{Z}$

③ $\phi = \beta - \dfrac{4\pi}{Z}$

④ $\phi = \beta - \dfrac{2\pi}{Z}$

10.
$$\phi = \beta - \frac{4\pi}{Z}$$

정 답 08 ② 09 ③ 10 ③

11 다음 체인 중 전동용이 아닌 것은 어느 것인가?

① 코일 체인
② 사일런트 체인
③ 블록 체인
④ 롤러 체인

11. 코일 체인은 인양용이다.

12 피치 11.2[mm], 잇수 28인 스프로켓에 휠의 피치원 직경은 얼마인가?

① 130[mm]
② 120[mm]
③ 110[mm]
④ 100[mm]

12.
$$D = \frac{P}{\sin\frac{180°}{Z}}$$
$$= \frac{11.20}{\sin\frac{180°}{28}}$$
$$= 100$$

13 잇수 25, 회전수 600[rpm]의 스프로켓에 걸쳐서 60[KW]를 전달시키려 한다. 몇 줄의 롤러 체인을 사용하여야되나? (단, 안전율은 15, P=19.05[mm], 파단하중은 3,200[kg]이다)

① 4
② 5
③ 6
④ 7

13.
$$102 H_{kw} = F \cdot V \cdot n$$
$$= \frac{W}{S} \cdot (\frac{Z \cdot P \cdot N}{60 \times 1000}) \cdot n$$
$$n = 6.02 = 7$$

정답 11 ① 12 ④ 13 ④

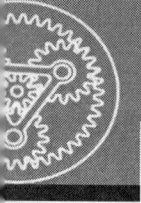

CHAPTER 06 스프링

1 스프링의 용도

스프링은 탄성에너지를 이용하는 것과 충격이나 공진이 발생시 완충이나 방진을 목적으로 사용한다. 즉, 시계용이나 완구용 스프링은 축적된 탄성 에너지를 이용하는 것이며 철도차량용이나 자동차의 현가스프링은 완충방지용이다.

2 스프링의 종류

스프링은 모양에 따라 분류하면 코일 스프링, 스파이럴 스프링, 겹판 스프링과 접시스프링으로 구분된다.

1) 코일 스프링

여러 가지 모양 중 원통 코일 스프링이 많이 사용되며 서징현상이 발생시는 이중 코일스프링을 사용한다.

2) 스파이럴 스프링

비교적 좁은 장소에서 큰 에너지를 축척할 수 있도록 테이프 모양으로 감은 스프링이다.

3) 판(겹판) 스프링

좁고 긴 강판을 겹쳐서 스프링 구실을 하도록 한 스프링이다.

3 코일 스프링의 각 부 명칭

1) 명칭

소선의 지름 (d), 코일의 안지름 (D_1), 코일의 바깥지름 (D_2), 코일의 평균지름 (D)

2) 피치

처음 시작에서 다음 시작하는 곳까지의 수직 길이 (P)

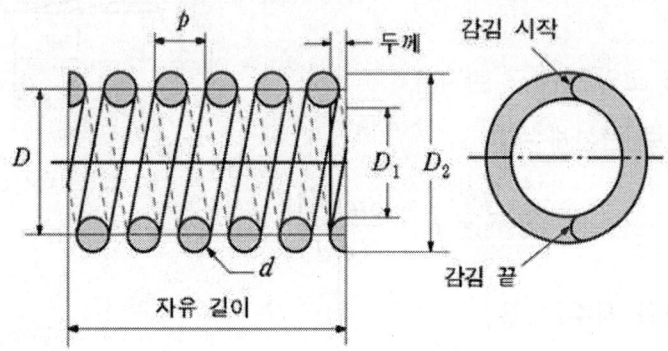

[그림 6.1 코일 스프링의 각부 명칭]

4 스프링의 강도 계산

(1) 코일 스프링

1) 스프링의 강도

τ를 소선의 비틀림에 의한 전단응력이라 하면

$$T = \tau Z_p = \tau \frac{\pi d^3}{16}$$ 이므로,

$$\tau = \frac{8WD}{\pi d^3}$$

또, R을 코일의 평균 반지름,
G를 가로 탄성계수라

하면 스프링의 처짐 δ는 $\delta = \dfrac{8nD^3W}{Gd^4}$

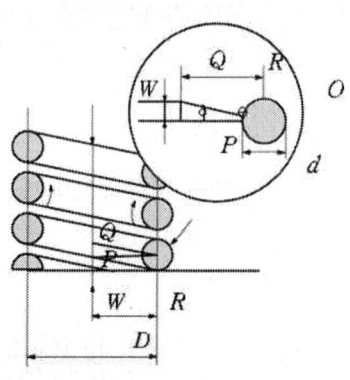

[그림 6.2 압축 코일 스프링]

2) 스프링의 지수(指數)

$$C = \frac{2R}{d} = \frac{D}{d}$$

C를 스프링 지수라 부르며 $12 > C > 5$의 범위에 있다.

스프링 지수(C)가 12이상일 때는 응력 수정 계수는 1로 한다.

(2) 스프링의 휨과 하중

스프링에 하중을 걸면 그림 6.3과 같이
하중에 비례하여 인장 또는
압축, 휨 등이 일어난다.

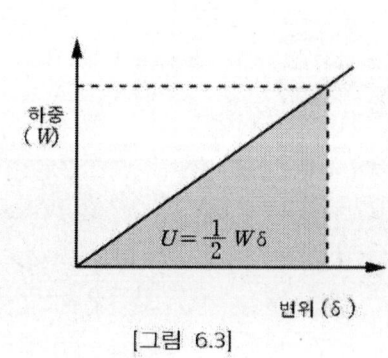

[그림 6.3]

지름 하중을 W[kg], 변위량을 δ[mm]라 하면,

$$W = k\delta$$

비례정수 k를 스프링 상수(spring constant)라 하고 스프링 강도를 나타낸다. 하중에 의하여 이루어지는 일 U[kg·m]는 $W = k\delta$의 직선과 가로축 사이의 면적으로 표시된다.

$$U = \frac{1}{2}W\delta = \frac{1}{2}k\delta^2$$

두 개 이상의 스프링을 조합할 때 전체적인 스프링 상수는 다음과 같다.

스프링 상수 k_1, k_2의 두 개를 접속시켰을 때 스프링 상수 k는 다음과 같다.

1) 병렬의 경우(그림 6.4(a), (b)의 경우)

$$k = k_1 + k_2$$

2) 직렬의 경우(그림 6.4(c)의 경우)

$$\frac{1}{k} = \frac{1}{k_1} + \frac{1}{k_2}$$

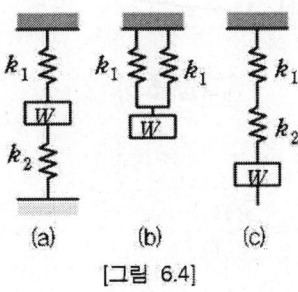

[그림 6.4]

3) 왈의 응력 수정계수

실제 전단응력은 스프링의 곡률 반지름과 기타의 영향을 받아 이론식과 일치하지 않으므로 왈의 수정계수(修正係數) K를 곱하여 수정한다.

$$\tau = K\frac{16RW}{\pi d^3} = K\frac{8WD}{\pi d^3} = K\frac{8CW}{\pi d^2} = K\frac{8C^3}{\pi D^2}$$

수정계수는 스프링 지수만의 함수이다.

$$K = \frac{4C-1}{4C-4} + \frac{0.615}{C}$$

4) 스프링 상수

$$k = \frac{W}{\delta} = \frac{Gd^4}{8D^3n} = \frac{Gd}{8nC^3} = \frac{GD}{8nC^4} = \frac{Gd^4}{64nR^3}$$

5) 에너지의 계산

$$U = \frac{W\delta}{2} = \frac{32nR^3W^2}{Gd^4} = \frac{V\tau^2}{4K^2G}$$

여기서, V는 스프링 재료의 부피를 말하며, $V = \frac{\pi d^2}{4} \cdot 2\pi rn$이 된다.

(3) 판 스프링의 설계

1) 삼각판 스프링

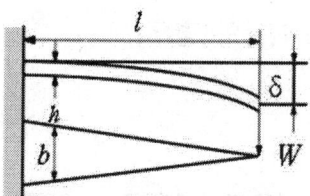

[그림 6.5]

굽힘응력 σ과 처짐 δ는,

$$\sigma = \frac{6Wl}{bh^2}, \quad \delta = \frac{6Wl^3}{Enbh^3}$$

2) 겹판 스프링

굽힘응력 σ과 처짐 δ는,

$$\sigma = \frac{3Wl}{2nbh^2}, \quad \delta = \frac{3}{8}\frac{Wl^3}{Enbh^3}$$

여기서, E : 판의 영계수

◎ 점쇠붙이(e)가 주어졌을 때는 σ, δ의 l 값 대신 l'가 들어가야 한다.
($l' = l - 0.6e$)

연/습/문/제

01 코일 스프링에서 셋팅작업의 목적은 어느 것인가?

① 표면강도를 높이기 위해서이다.
② 서징 현상을 피하기 위해서이다.
③ 스프링 충격 저항을 감소하기 위해서이다.
④ 응력을 작게 하여 강도를 강하게 하기 위해서이다.

02 계량기용 스프링으로서 다음 중 어느 것이 적당한가?

① 원형 인장 코일 스프링
② 볼류우트 스프링
③ 각형 압축 코일 스프링
④ 토션바

03 토션 바의 용도 중 가장 적당한 것은 어느 것인가?

① 안전 밸브 스프링　　② 현가용 스프링
③ 스프링 와셔　　　　④ 시계용 스프링

04 공기 스프링에 대한 글 중 맞는 것은 어느 것인가?

① 서징 현상이 없고 절연성이 좋다.
② 제작비가 적게 든다.
③ 파괴의 사고가 빈번하다.
④ 스프링 효과가 적다.

1.
스프링 재료내에 생기는 응력을 작게 해서 강도를 강하게 하기 위하여 윗면과 아랫면을 평면되게 하는 것을 셋팅이라 함.

코니칼 스프링, 이중코일- 스프링에 사이징 (공진) 현상이 일어나지 않기 위함.

4.
서징현상이 없고 고주파 진동의 절연성이 좋다.

정답　01 ④　02 ②　03 ②　04 ①

05 코일의 지름 D와 스프링 소재의 지름 d와의 비가 6인 코일 스프링이 축하중 500[kg]을 받을 때, 처짐이 20[mm]이었다. 소재의 지름은 얼마인가?
(단, 유효감긴수 n=12, 스프링 소재의 전단탄성계수 $G=8.0\times10^3[kg/mm^2]$이다)

① 6.48 ② 64.8
③ 648   ④ 0.64

5. $\dfrac{D}{d}=6$

$\delta = \dfrac{8nW(D)^3}{Gd^4} = \dfrac{8nW(6d)^3}{Gd^4}$

$d = \dfrac{8nW6^3}{G\delta}$

$= \dfrac{8\times12\times500\times6^3}{8,000\times20} = 64.8$

06 스프링 상수 6[kg/cm]인 코일 스프링에 30[kg]의 하중을 걸면 처짐은 얼마가 되는가?

① 5[mm]   ② 50[mm]
③ 3[mm]   ④ 30[mm]

07 옆의 그림과 같은 스프링 장치에서 하중방향으로 60[mm]의 처짐이 생겼다. 작용하중 p는 얼마였는가?
(단, 스프링 상수 $k_1 = 5[kg/cm]$, $k_2 = 6[kg/cm]$이다.)

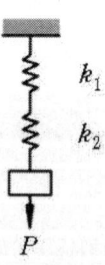

① 12.5[kg]   ② 16.3[kg]
③ 22.5[kg]   ④ 32.6[kg]

7. $\dfrac{1}{k} = \dfrac{1}{k_1} + \dfrac{1}{k_2}$

$= \dfrac{1}{5} + \dfrac{1}{6} = \dfrac{11}{30}$

$k = \dfrac{30}{11}$

$W = \dfrac{30}{11}\times 6 = 16.3[kg]$

정답   05 ②   06 ②   07 ②

08 압축 코일 스프링에 하중을 가할 때 소선 내부에는 다음 중 어느 응력이 주로 발생하는가?

① 전단응력
② 굽힘응력
③ 압축응력
④ 인장응력

8.
비틀림 응력은 전단 응력과 성질이 같다.

09 압축 코일 스프링에서 왈의 응력수정계수 k는 스프링 지수를 C라 할 때 옳은 식은 어느 것인가?

① $k = \dfrac{4C-4}{0.615} + \dfrac{C}{4C-1}$

② $k = \dfrac{4C-4}{4C+4} + \dfrac{0.615}{4C}$

③ $k = \dfrac{4C-1}{4C-4} + \dfrac{0.615}{C}$

④ $k = \dfrac{4C-1}{4C+4} + \dfrac{C}{0.615}$

10 압축 코일 스프링에서 단위체적마다의 에너지를 크게 하는 방법 중 맞지 않는 것은 어느 것인가?

① 좋은 재료를 사용하여 τ를 크게 취한다.
② 스프링 수정계수 k를 작게 한다.
③ 스프링 지수 C를 크게 한다.
④ 탄성계수 G를 크게 한다.

정 답   08 ①   09 ③   10 ④

11 스프링 상수 k는 다음과 같다. 맞지 않는 것은 어느 것인가?

① 감은수 n에 반비례한다.
② 스프링 지름 D의 제곱에 비례한다.
③ 탄성계수 G에 비례한다.
④ 소선의 지름 d의 4제곱에 비례한다.

11. $u = \dfrac{\tau^2}{4G}$ [kg·cm/cm³]
단위체적당의 최대탄성에너지는 전단응력 자승에 비례하며 탄성계수에 반비례한다.

12 압축 코일 스프링에서의 코일의 평균지름 40[mm], 소선의 지름 5[mm]에 하중 25[kg]이 작용하고, 왈의 수정계수를 1.17일 때 스프링에 작용하는 전단응력은 얼마인가?

① 1.46[kg/mm²]   ② 14.6[kg/mm²]
③ 23.8[kg/mm²]   ④ 53.1[kg/mm²]

12. $W = k\delta$

$k = \dfrac{Gd^4}{64nR^3} = \dfrac{Gd^4}{8nD^3}$

13 압축 코일 스프링의 종횡비 λ는 다음 중 어느 것으로 표시되는가?

① 스프링 지수/ 코일의 평균직경
② 소선직경/평균직경
③ 자유높이/평균직경
④ 평균직경/자유높이

13.
$\tau = k\dfrac{8wD}{\pi d^3}$
$= \dfrac{1.17 \times 8 \times 25 \times 40}{\pi \times 5^3}$
$= 23.8$

14 강제의 한 끝이 지지되는 겹판 스프링에서 스프링의 길이가 400[mm]이고 나비는 50[mm], 두께는 8[mm], 판의 매수는 6일 때 하중을 100[kg] 작용시키면 최대 휨응력은?

① 3.1[kg/mm²]   ② 4.1[kg/mm²]
③ 5.1[kg/mm²]   ④ 6.1[kg/mm²]

14.
$\sigma = \dfrac{2Wl}{2nbh^2}$
$= \dfrac{3 \times 100 \times 400}{2 \times 6 \times 50 \times 8^2}$
$= 3.125$

정답 11 ②   12 ②   13 ③   14 ①

15 탄성 변형이 큰 재료 및 형상을 선택하여 주로 에너지를 흡수저축시키기 위해 사용되는 기계요소는 무엇인가?

① 캠 ② 베어링
③ 축 ④ 스프링

16 주로 굽힘 하중을 받는 스프링은 무엇인가?

① 코일 스프링 ② 겹판 스프링
③ 링 스프링 ④ 접시 스프링

17 스프링 지수 C의 값은 다음 중 어느 것인가?

① $2 < C < 20$ ② $12 < C < 20$
③ $5 < C < 12$ ④ $1 < C < 8$

18 겹판 스프링에서 쇼트 피닝 작업의 목적은 무엇인가?

① 처짐을 작게 하기 위하여
② 진동을 완화하기 위하여
③ 표면을 경화시켜 피로한도를 높이기 위하여
④ 모양을 아름답게 하기 위하여

18.
겹판 스프링에서 쇼트 피닝 작업을 하는 것 표면을 경화시켜 피로한도를 높이기 위해서이다.

19 코일의 지름 60[mm], 유효권수 10, 소재의 지름 6[mm], 횡탄성계수 $G = 8 \times 10^3 [kg/mm^2]$인 압축코일 스프링에 50[$kg$]의 하중이 걸리면 몇 [$mm$]가 처지는가?

① 63.3 ② 73.3
③ 83.3 ④ 93.3

19. $\delta = \dfrac{64n\,WR^3}{Gd^4}$
$= \dfrac{64 \times 10 \times 50 \times 30^3}{8,000 \times 6^4}$
$= 83.3$

정답 15 ④ 16 ② 17 ③ 18 ③ 19 ③

20 코일 스프링에서 스프링 지수 C와 왈의 수정계수 k와의 사이에는 어떤 관계가 있는가?

① C의 값은 K의 값이 클수록 커진다.
② K의 값은 C의 값이 작을수록 커진다.
③ K는 C^2에 비례한다.
④ C는 K^2에 반비례한다.

21 그림과 같은 스프링 장치에서 W가 10[kg]일 때 이 스프링 장치에 하중 방향의 처짐은 얼마인가?
(단, $k_1=2$[kg/cm], $k_2=3$[kg/cm]이다)

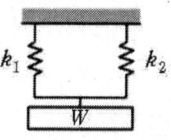

① 2[cm] ② 3[cm]
③ 5[cm] ④ 10[cm]

21. $k = k_1 + k_2$
$\delta = \dfrac{W}{k} = \dfrac{10}{5} = 2$

22 코일 스프링의 양쪽 끝부분을 연삭하는데 끝부분의 두께는 선재 지름의 얼마 정도인가?

① 약 $\dfrac{1}{3}$ ② 약 $\dfrac{1}{2}$
③ 약 $\dfrac{1}{4}$ ④ 약 $\dfrac{1}{5}$

22. 선단의 두께를 보통 소선 직경의 $\dfrac{1}{4}$로 하며, 소선의 직경이 16[mm]이하일 경우는 연삭 가공, 16[mm] 이상일 경우는 테이퍼 가공을 한다

정답 20 ② 21 ① 22 ③

23 압축 코일 스프링에서 스프링 지수는 C, 왈의 응력수정계수를 k라 할 때 이들의 관계식을 나타낸 것으로 맞는 것은 어느 것인가?

① $K = \dfrac{4C-1}{4C-4} + \dfrac{0.615}{C}$

② $K = \dfrac{4C-1}{4C-4}$

③ $K = \dfrac{4C-1}{4C-4} + \dfrac{C}{0.615}$

④ $K = \dfrac{4C-4}{4C-1}$

23.
$K = \dfrac{4C-1}{4C-4} + \dfrac{0.615}{C}$

정답 23 ①

CHAPTER 07 브레이크

1 블록 브레이크의 제동력

(1) 블록 브레이크의 풀이 순서

- 브레이크 드럼의 회전방향 파악
- 마찰력 ($f=\mu W$)의 방향은 반력으로 표시(드럼의 회전방향)
- 지점에 관한 모멘트의 평형조건 고찰 ($\sum M_i = 0$)
- ($\sum M = 0$)에서 제동력 (f)를 구한다.
- 제동토크와 제동 H_{PS}를 구한다.

$$T_b = f \times \frac{D}{2} = 716200 \frac{H_{PS}}{N} = P \times \frac{D}{2}$$

$$H_{PS} = \frac{fV}{75}$$

(2) 우회전일 때

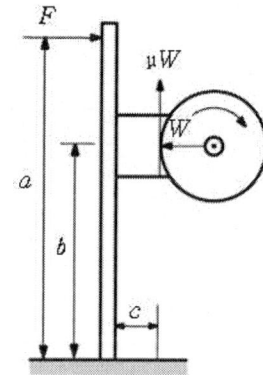

- 드럼회전 : 우회전
- f의 방향 : 우회전
- $\sum M_1 = 0$

$Fa - Wb - \mu WC = 0$ ·········· ①

$F = \dfrac{W(b+\mu C)}{a}$ ·········· ②

- 제동력(위의 식 ①에다 μ에 곱한다) $f = \dfrac{\mu a}{b+\mu c} F [\text{kg}]$

(3) 좌회전할 때

$F_a = Wb - \mu WC$ 에서, $F = \dfrac{W}{a}(b - \mu C)$

2 블록 브레이크의 용량

(1) 브레이크 압력

블록 브레이크 드럼 사이의 제동압력 q[kg/mm2]는,

$$q = \frac{W}{A} = \frac{W}{be}$$

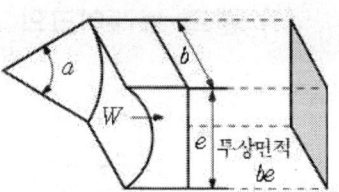

여기서, W : 블록을 브레이크 드럼에 밀어 붙이는 힘[kg]
  b : 브레이크 블록의 폭[mm]
  e : 브레이크 블록의 길이[mm]
  D : 브레이크 드럼의 지름[mm]
  A : 브레이크 블록의 마찰면적[mm]

(2) 브레이크 용량

$$75H = fv = \mu Wv = \mu qAv$$

$$\therefore H = \frac{fv}{75} = \frac{\mu qAv}{75} = \frac{\mu Wv}{75}$$

여기서, f : 브레이크의 제동력[kg]
  v : 브레이크 드럼의 원주속도[m/sec]
  H : 제동마력[PS]

따라서, 마찰면이 단위 면적마다의 일량은

$$\frac{75H}{A} = \frac{\mu Wv}{A} = \mu qv [kg/mm^2 \cdot m/s]$$

이 μqv는 마찰계수, 브레이크 압력, 속도의 상승적(相乘積)으로 브레이크 용량이라 한다. 즉 브레이크 블록의 접촉면적 1[mm2]마다 1초 간에 흡수하고, 또 열로서 방출되는 에너지이다.

3 밴드 브레이크

강철 밴드를 사용하여 레버를 이용하여 제동시키는 브레이크이다.

(1) 밴드 브레이크의 조작력

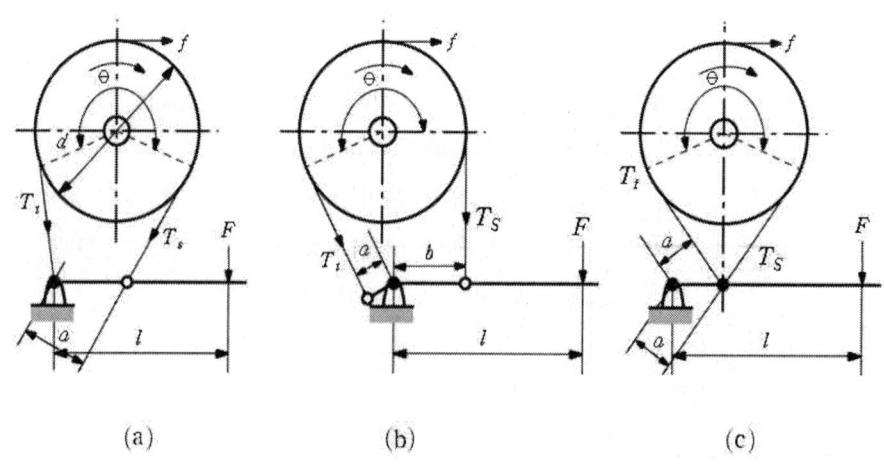

밴드 브레이크의 제동력

그림에서, T_t : 긴장측의 장력[kg]

T_s : 이완측의 장력[kg]

θ : 밴드와 브레이크 드럼 사이이의 접촉각[rad]

μ : 마찰계수

f : 브레이크 제동력[kg]

F : 레버에 가하는 힘

1) 단동식

- 우회전의 경우

$$Fl = T_s \cdot a$$

$$\therefore F = \frac{T_s \cdot a}{l} = f\frac{a}{l} \cdot \frac{1}{e^{\mu\theta}-1}$$

- 좌회전의 경우

$$Fl = T_t \cdot a$$

$$\therefore F = \frac{T_t \cdot a}{l} = f\frac{a}{l} \cdot \frac{e^{\mu\theta}}{e^{\mu\theta}-1}$$

2) 차동식

- 우회전의 경우

$$Fl = T_s b - T_t a$$

$$\therefore F = \frac{f}{l} \cdot \frac{b - ae^{\mu\theta}}{e^{\mu\theta}-1}$$

- 좌회전의 경우

$$Fl = T_t b - T_s a$$

$$\therefore F = \frac{f}{l} \cdot \frac{be^{\mu\theta} - a}{e^{\mu\theta}-1}$$

3) 합동식

$$Fl = T_t a + T_s a$$

$$\therefore F = \frac{a}{l}(T_t + T_s) = \frac{a}{l} f \frac{e^{\mu\theta}+1}{e^{\mu\theta}-1}$$

차동식 밴드 브레이크의 경우 $F \leqq 0$으로 되면 자동적으로 정지하게 되는데, 이런 작용을 자결작용(自結作用, self-locking action)이라 한다.

(2) 밴드 브레이크의 동력

여기서, H : 소요 동력 마력수[PS, kW]

q : 밴드와 브레이크 드럼 사이의 압력[kg/cm²]

A : 접촉면적[cm²]

V : 브레이크의 원주속도[m/sec]라 하며,

$$H_{PS} = \frac{\mu q A V}{75}, \quad H_{kW} = \frac{\mu q A V}{102}$$

4 브레이크 용량

1) 제동마력

$$HP_b = \frac{fV}{75} = \frac{\mu WV}{75}$$

2) 단위면적당 제동마력

$$\frac{HP}{A} = \frac{fV}{75A} = \frac{\mu WV}{75A} = \frac{\mu qV}{75}$$

3) 접촉단면

- 블록의 경우

    $A = b \cdot e$

    $a = 50 \sim 70°$

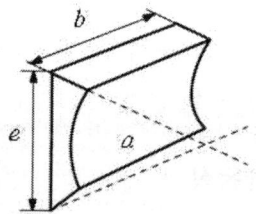

- 밴드의 경우

    $A = \dfrac{D}{2} \times \theta_r \times b$

    ($\theta_r = \dfrac{\pi}{180} \theta$ [rad])

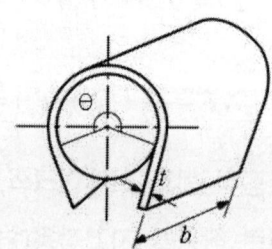

5 자동 하중 브레이크

하중의 작용방향이 반대로 되거나 하중이 작용을 하지 않을 시는 자동으로 브레이크가 제동되는 것으로 웜 브레이크, 캠 브레이크, 나사 브레이크 등이 있다.

연/습/문/제

01 철도차량의 브레이크로 많이 사용되는 것은 어느 것인가?

① 밴드 브레이크 ② 유압 브레이크
③ 블록 브레이크 ④ 원추 브레이크

1.
$F \cdot a = W \cdot b + \mu W \cdot c$
$F_1 = \dfrac{W}{a}(b+\mu c)$
$F_2 = \dfrac{W}{a}(b-\mu c)$
$F_1 - F_2 = \dfrac{W}{a}2\mu c$
$\qquad = \dfrac{2Tc}{a}$

02 다음 그림과 같은 블록 브레이크에서 드럼축이 좌회전할 때의 F를 F_1, 우회전할 때의 F를 F_2라고 하면 $(F_1 - F_2)$의 값은 다음 어떤 식으로 표시하는가?

① $\dfrac{W}{a}(b+\mu c)$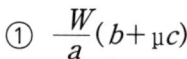

② $\dfrac{W}{a}(b-\mu c)$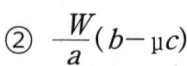

③ $\dfrac{W}{a}2C$

④ $\dfrac{2TC}{a}$

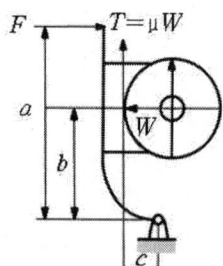

03 그림과 같은 밴드 브레이크에서 브레이크 드럼이 우회전할 때, 밴드의 긴장측이 F_1이 이완측의 장력 F_2의 4배이고, 제동력이 50[kg], 레버 끝에 작용한 힘을 12[kg], $l = 550$[mm]로 할 때 a는 얼마로 하면 되는가?
(단, $e^{\mu\theta} = 4$이다)

① 90[mm]
② 100[mm]
③ 110[mm]
④ 120[mm]

3.
$F \cdot l = T_t \cdot a$
$e^{\mu\theta} = 4$
12×550
$= Q\dfrac{e^{\mu\theta}}{e^{\mu\theta}-1} \cdot a$
$a = 99$

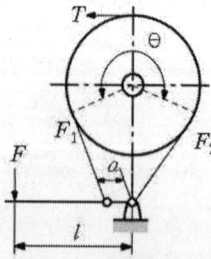

정 답 01 ③ 02 ④ 03 ②

04 마찰계수 0.4, 접촉각 270°인 밴드 브레이크가 있다. 제동력이 600[kg]일 때 긴 장측 및 이완측장력 T_t, T_s를 구하면 얼마인가? (단, $e^{\mu\theta}=6.59$ 이다)

① $T_t=707[kg]$, $T_s=107[kg]$
② $T_t=607[kg]$, $T_s=207[kg]$
③ $T_t=507[kg]$, $T_s=193[kg]$
④ $T_t=407[kg]$, $T_s=107[kg]$

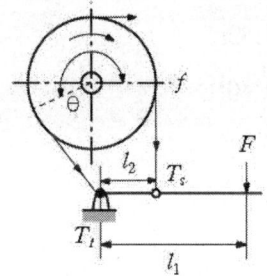

4.
$T_t = Q\dfrac{e^{\mu\theta}}{e^{\mu\theta}-1}$

$600\dfrac{6.59}{6.59-1}$
$=707.3[kg]$

$T_s = Q\dfrac{1}{e^{\mu\theta}-1}$

$600\dfrac{1}{6.59-1}$
$=107.3[kg]$

05 그림과 같은 브레이크로 13500[kg·mm]의 토크를 지탱하려면 지렛대 끝에 가하는 힘 F는 몇 [kg]이 필요한가? (단, 마찰계수 $\mu=0.25$이다)

① $F=25[kg]$
② $F=35[kg]$
③ $F=45[kg]$
④ $F=55[kg]$

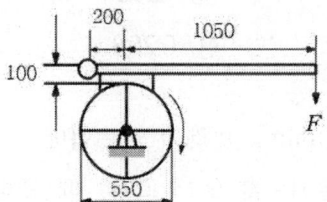

5.
$T=\mu W \cdot \dfrac{D}{2}$

$W=\dfrac{2T}{\mu D}$
$=\dfrac{2\times 13{,}500}{0.25\times 500}=216$

$F \cdot (1050+200)$
$= W\cdot 200 + \mu W 100$

$F=\dfrac{216\times 200\times 0.25\times 216\times 100}{1{,}250}$
$=34.88$

06 그림과 같은 브레이크에서 제동력을 55[kg]이라 하면 레버 끝에 가하는 힘 F는 몇 [kg]이 필요한가?
(단, 마찰계수는 0.2, 드럼의 회전방향은 시계바늘과 같고 $b=200[mm]$, $c=100[mm]$, $a=1,200[mm]$로 한다)

① 49[kg]
② 50.4[kg]
③ 52.5[kg]
④ 55[kg]

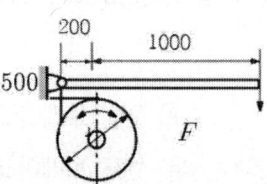

6.
$F \cdot 1200$
$\quad = \mu W 100 + W 200$
$\mu W = 55$
$W = \dfrac{55}{\mu} = \dfrac{5.5}{0.2} = 275$
$F = \dfrac{\mu W\times 100 + 200\times W}{1200}$
$= 50.4[kg]$

정답 04 ① 05 ② 06 ②

07 마찰계수 0.36, 접촉각 270°인 밴드 브레이크가 제동력 500[kg]일 때 긴장측 및 이완측의 장력 T_t, T_s는? (단, $e^{\mu\theta}=4.54$, 단동 우회전이다)

① $T_t=641[kg]$, $T_s=141[kg]$
② $T_t=72[kg]$, $T_s=221[kg]$
③ $T_t=500[kg]$, $T_s=100[kg]$
④ $T_t=761[kg]$, $T_s=261[kg]$

7.
$$T_t = Q\frac{e^{\mu\theta}}{e^{\mu\theta}-1}$$
$$= 500\frac{4.54}{4.54-1}$$
$$= 641[kg]$$
$$T_s = Q\frac{1}{e^{\mu\theta}-1}$$
$$= 500\frac{1}{4.54-1}$$
$$= 141[kg]$$

08 브레이크의 길이와 폭이 각각 120[mm], 18[mm] 일 때 제동동력이 6[PS]라면 이 브레이크의 용량은 얼마인가? ($kg/mm^2 \cdot m/s$)

① 0.175
② 1.208
③ 0.362
④ 0.208

8.
$$75H = \mu Wv = \mu qAv$$
$$\mu qv = \frac{75H}{bl} = \frac{75 \times 6}{120 \times 18}$$
$$= 0.208$$

09 브레이크 드럼의 지름이 500[mm], 브레이크 드럼에 작용하는 힘은 200[kg], 마찰계수를 0.2라고 할 때 드럼에 작용하는 비틀림 모멘트는 얼마인가?

① 1000[kg·mm]
② 10000[kg·mm]
③ 100000[kg·mm]
④ 1000000[kg·mm]

9.
$$T = \mu W\frac{D}{2}$$
$$= 0.2 \times 200 \times \frac{500}{2}$$
$$= 10000$$

10 축의 회전이 증대되며 원심력에 의하여 브레이크 바퀴가 바깥쪽으로 확대되면서 그 결과 바깥 원통의 내면에 밀어 붙여 제동되는 브레이크는?

① 원추 브레이크
② 원심 브레이크
③ 블록 브레이크
④ 밴드 브레이크

정답 07 ① 08 ④ 09 ② 10 ②

11 브레이크 드럼의 지름이 450[mm], 브레이크 드럼에 작용하는 힘 200[kg]인 경우 드럼에 작용하는 토크는 얼마인가? (단, μ=0.2 이다)

① 9000[kg·mm] ② 9000[kg·mm]
③ 900[kg·mm]   ④ 9000[kg·mm]

11.
$$T = \mu W \frac{D}{2}$$
$$= 0.2 \times 200 \times \frac{450}{2}$$
$$= 9000 [kg \cdot mm]$$

12 브레이크 블록의 길이 및 폭이 80[mm]×30[mm], 브레이크 블록을 미는 힘이 40[kg]일 때 브레이크 압력은 몇 [kg/mm²]인가?

① 0.0166 ② 0.166
③ 0.0246 ④ 0.00246

12.
$$q = \frac{W}{A} = \frac{W}{bl} = \frac{40}{80 \times 30}$$
$$= 0.0166$$

13 밴드 브레이크의 긴장축 장력이 814[kg], 두께를 2[mm], 허용 응력을 8[kg/mm²]라 하면 강 밴드의 폭은 얼마인가?

① 49.5[mm]   ② 50.9[mm]
③ 110.8[mm] ④ 75.8[mm]

13.
$$\sigma = \frac{T_t}{bt}$$
$$b = \frac{T_t}{\sigma t} = \frac{814}{8 \times 2} = 50.87$$

14 자동차용으로 가장 많이 사용되는 브레이크는 어느 것인가?

① 내확 브레이크 ② 자중 브레이크
③ 다판 브레이크 ④ 공기압 브레이크

15 축방향에서 힘이 작용하는 브레이크는 어느 것인가?

① 원추 브레이크   ② 단식블록 브레이크
③ 복식블록 브레이크 ④ 웜 브레이크

정 답   11 ①   12 ①   13 ②   14 ①   15 ①

16 브레이크 드럼에 작용하는 브레이크 블록의 미는 힘이 200[kg], 마찰계수가 0.2인 경우 브레이크의 제동력은 얼마인가?

① $f = 40[kg]$ ② $f = 200[kg]$
③ $f = 20[kg]$ ④ $f = 50[kg]$

16.
$f = \mu W = 0.2 \times 200 = 40$

17 단식블록 브레이크에서 중작용선형(c=0)의 경우 조작력 F와 브레이크 힘 f와의 관계를 나타낸 식은? (단, a, b는 레버의 치수이다)

① $F = \dfrac{f(b+\mu c)}{\mu a}$ ② $F = \dfrac{\mu a}{fb}$
③ $F = \dfrac{fb}{\mu a}$ ④ $F = \dfrac{f\mu a}{b+\mu c}$

17.
$F \cdot a = W \cdot b \qquad \mu\omega = f$
$F = \dfrac{Wb}{a} = \dfrac{\mu W \cdot b}{a \cdot \mu}$
$\therefore F = \dfrac{fb}{\mu a}$

18 드럼의 지름 500[mm]인 브레이크 드럼축에 1,000[kg·cm]의 토크가 작용하고 있는 블록 브레이크에서 제동력은 얼마가 필요한가? (단, 마찰계수는 0.2이다)

① 50[kg] ② 100[kg]
③ 40[kg] ④ 250[kg]

18.
$T = \mu W \dfrac{D}{2}$
$W = \dfrac{2T}{\mu D} = \dfrac{2,000}{0.2 \times 50}$
$\quad = 200$
$\mu W = 0.2 \times 200$
$\quad = 40$

19 원판 브레이크에서 접촉 평균지름이 100[mm], 밀어붙이는 힘은 800[kg], 회전수 120[rpm]일 때 제동마력은 얼마인가?(단, $\mu = 0.25$이다)

① 0.78[PS] ② 1.03[PS]
③ 1.68[PS] ④ 2.31[PS]

19.
$v = \dfrac{\pi DN}{60,000}$
$\quad = \dfrac{\pi \times 100 \times 120}{60,000} = 0.628$
$H = \dfrac{\mu W v}{75}$
$\quad = \dfrac{0.25 \times 800 \times v}{75} = 1.675$

정답 16 ① 17 ③ 18 ③ 19 ③

CHAPTER 08 파이프와 밸브

1 파이프 이음

파이프(pipe)란 물·기름·증기 등의 수송용으로 사용하며, 온도·유량·화학적 성질 등을 고려하여 관경의 크기 및 두께를 결정한다.

2 파이프의 종류

(1) 금속배관

  1) 강관

- 강관의 특징
  - 연관이나 주철관보다 가볍고 인장강도가 크다.
  - 충격에 강하고 굴요성이 풍부하다.
  - 관의 접합이 비교적 쉽다.
  - 주철관보다 내식성이 적으므로 사용연한이 비교적 짧다.
  - 조인트 제작이 곤란하므로 종류는 적은 편이다.
- 강관의 종류(용도상 분류)
  · 유제 수송용
  · 열교환용 : 보일러, 냉동기 등의 강관
  · 구조용 : 기계, 건축 등의 구조
- 제조법상 분류

- 이음매 없는 관
  · 만네스만식 : 저탄소강의 원형단면 빌렛을 가열 천공
  · 에르하르트식 : 사각의 강편을 가열 후 둥근 형에 넣고 회전축으로 압축
  ※ 일반적으로 정밀도가 요구되는 관이 아닌 것은 열간가공으로 제작

- 용접관
    - 전기저항 용접관
    - 단접관 : 소형(φ3~10[mm])은 맞대기 단접, φ30~750[mm]는 겹치기 단접
    - 아크 용접관
    - 가스 용접관 : φ50[mm] 이하의 가는 관
- 치수표시

    호칭지름(A 또는 B) × 두께

    예) φ20A×3

    호칭지름 20[mm], 두께 3[mm] B는 inch이다.
    외경 및 호칭두께로 표시하기도 한다.
    스케줄 번호는 SCH 10, 20, 30, 40, 60, 80 등이 있으며 스케줄 번호가 커질수록 외경이 같은 것이라도 관의 두께는 두꺼워지며 중량 및 수압시험 압력도 커진다.

    스케줄 번호(SCH) = 10 × P/S

    관두께(t) = (10 × P/S × D/1,750) + 2.54

    P: 사용압력(kg/cm^2)
    t: 관두께(mm)
    S: 허용압력(kg/mm^2)
    D: 관의경(mm)

2) 주철관

    주철관은 내식성, 내마모성 및 내압성이 강하므로 관용에서는 수도관, 급수 및 배수관, 케이블 매설관에 쓰이며 특히 내식성이 요구되는 곳에 쓰인다.

■ 주철관의 분류

- 용도상
    - 수도용
    - 배수용
    - 가스용
    - 광산용
- 재질상
    - 일반보통 주철관
    - 고급 주철관
    - 구상흑연 주철관

(2) 비금속판

1) 경질 염화비닐판(PVC : Poly Vinyl Chloride)

■ 특징

- 장점
  · 내산성·내알칼리성이 우수하다.
  · 관 내·외면이 매끈하여 관 내 마찰손실이 적고 물때의 부착이 적다.
  · 굴곡, 접합, 용접 등의 배관 가공이 용이하다.
  · 열에 대한 불량도체이다.
  · 난연성이며 가볍다.

- 단점
  · 저온 및 고온에서 강도가 약하다.
  · 충격 강도가 적고 외상을 받으면 강도가 현저히 저하된다
    (시공시 상처가 생기지 않도록 하고 저온에서 특히 취급 주의).
  · 열 팽창률이 크므로 온도 변화가 심한 곳은 직관 10~20[m]마다
    신축이음을 설치해야 한다.

■ 종류

- **수도용**
  정수두 75[m] 이하에 사용하는 수도용으로 압출 성형기 등으로 제조한다.
- **일반관**
  일반적으로 사용하며 사용범위는 30[℃]에서 8[kg/cm²] 이하에 사용
- **얇은 관**
  두께가 얇아 건축물의 배수·통기 전선관에서 사용하며
  사용범위는 30[℃]에서 4[kg/cm²] 이하에 사용

2) 폴리에틸렌 관

- 가볍다(비중 0.9~0.93으로 비닐관의 2/3 정도).
- 유연성이 풍부하다(적은 지름의 관은 코일 모양으로 감아서 운반 가능).
- 내열성과 보온성이 염화비닐관보다 우수하다.
- 내충격성과 내한성이 우수하다(-60[℃]에서도 취화 안됨).
- 시공이 용이하고 경제적이다.

3 배관 이음

(1) 강관의 접합법(steel pipe connections)

강관의 접합에는 주로 나사 접합이 사용되나 대구경관은 플랜지 접합, 용접접합 등도 많이 사용된다.

1) 나사 이음(screwed joint)

관 끝부분에 관용 테이퍼 나사(테이퍼 1/16, 나사산 각도 55°)를 내고 나사 이음의 관 이음쇠를 사용하여 접합하는 방식이다.

2) 용접 이음

용접부를 적당히 가공한 후에 전기 또는 가스 용접하여 접합하는 방식이다.

3) 플랜지 접합

관 끝에 플랜지를 달고 플랜지와 플랜지 사이에 패킹을 끼우고 볼트로 죄어서 접합하는 방식으로서 볼트·너트를 죌 때는 균일하게 대칭으로 조이며, 볼트의 길이는 조인 후 나사산이 1~2산 남게 하며 관을 여러 줄로 나란히 배관할 때에는 플랜지의 고정 부분이 서로 어긋나게 하는 것이 좋다. 플랜지 이음은 주로 기계 수리, 점검 등 배관을 분해할 필요가 있을 때나 구경이 큰 관의 접속에 사용된다.

(2) 주철관의 접합

주철은 용접이 어렵고 인장 강도가 낮으므로 접합 방식에는 소켓 및 플랜지 접합을 많이 사용하며, 이 외에 메커니컬 조인트나 빌토릭 조인트 등의 방법이 있다.

4 신축 이음(Expension Joint)

관은 온도변화에 따라 길이가 변화하여 열 응력이 생기므로 배관계에서의 열 팽창을 흡수하여 완충역할을 하기 위한 것이다.

(1) 신축이음의 종류 및 특성

1) 루프형(Loop type) 신축이음

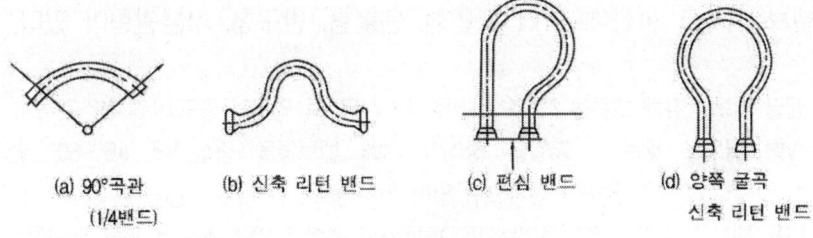

(a) 90°곡관 (1/4밴드) (b) 신축 리턴 밴드 (c) 편심 밴드 (d) 양쪽 굴곡 신축 리턴 밴드

루프형 신축이음

2) 슬립(Slip type) 신축이음

이음 본체와 슬리브 파이프로 구성되며 최고 압력 10[kg/cm²] 정도의 저압 증기 배관 또는 온도 변화가 심한 물, 기름, 중기 등의 배관에 사용하며 과열 증기 배관에는 부적합하다.

3) 벨로스형(Bellows type) 신축이음

온도 변화에 의한 관의 신축을 벨로스(파형 주름관)의 신축변형에 의해서 흡수시키는 방식으로 팩리스(Pack less) 신축이음이라고도 한다.

4) 스위블형(Swivel type) 신축이음

스윙 조인트 또는 지불이음이라고도 하며, 온수 또는 저압 증기의 분기점을 2개 이상의 엘보로 연결하여 관의 신축시에 비틀림을 일으켜 신축을 흡수하여 온수 급탕배관에 주로 사용한다.

● 신축 흡수량 및 강도 순서

　　루프형 > 슬립형 > 벨로스형

5 밸브 및 배관 지지

밸브는 밸브 본체(밸브시트, 밸브판)와 밸브실과 밸브봉의 세 부분으로 구성되는 것으로 유체의 유량 조절 및 유체의 단속과 유체의 방향전환 등에 사용된다.

(1) 밸브의 종류별 특징

1) 글로브 밸브(Glove valve)

옥형밸브 또는 구형밸브라 하며, 밸브의 형상이 둥글게 되어 있으며, 유체의 흐름이 S자모형으로 되므로 유체 흐름 저항은 크나 밸브의 양정은 작아 개폐가 용이하므로 유량 조절에 적합하고 소형 경량이며 가격이 싸다.
밸브 디스크 형상에 따라 평면형, 원뿔형, 반구형, 부분원형이 있다.

- **앵글 밸브** : 유체 흐름을 직각으로 바꿀 때 사용, 즉 입구와 출구가 직각인 것
- **y형 글로브 밸브** : 저항을 줄이기 위해 밸브통을 중심선에 45°~60° 경사시킨 것, 즉 유로가 예각으로 되어 있는 밸브
- **니들 밸브** : 유량제어에 쓰이는 15~16[mm]의 원뿔 모양의 침으로 극히 유량이 적거나 고압일 때 유량이 조금씩 가감하는데 사용

2) 슬루스 밸브(Sluice valve, Gate valve)

슬루스 밸브는 현재 많이 사용되는 밸브로 게이트 밸브라고도 한다.
밸브판이 유체의 흐름에 직각으로 움직여서 개폐하는 방식으로서 밸브를 완전히 열면 밸브 본체 속은 지름과 같은 단면적이 되므로 유체 저항이 적어 마찰 손실이 매우 적다. 양정이 커서 개폐에 시간이 걸리며,
밸브를 반 정도 열어 사용하면 와류가 생겨 유체의 저항이 커지고 밸브 마모 우려가 크므로 유량 조절에는 부적합하며 가격이 비싸다.
특히, 증기 배관의 횡주관에서 드레인이 고이는 곳은 슬루스 밸브가 적당하다.

- **비상승식**

밸브 본체를 상하시키기 위한 밸브 스켐의 나사가 밸브실 내에 있는 방식의 속나사식으로서 밸브 본체만 상하로 움직이며 밸브 시스템은 회전만 하고 상하로 움직이지 않는다. 65A 이상의 큰 지름에 많이 쓰며 설치 장소를 적게 차지하나 개폐 정도를 알 수 없으므로 개폐지시기가 필요하다.

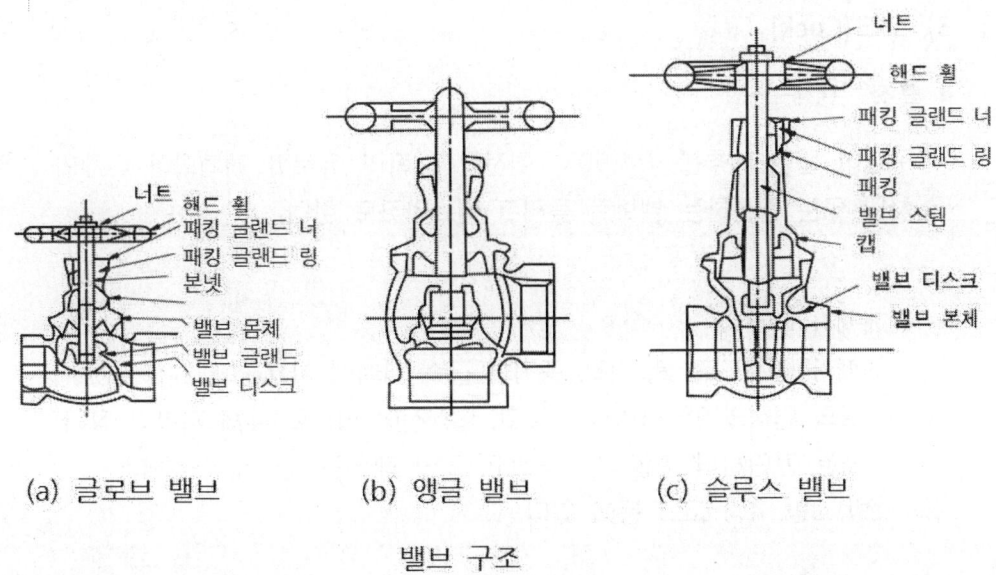

(a) 글로브 밸브   (b) 앵글 밸브   (c) 슬루스 밸브

밸브 구조

- **상승식**

밸브 스템의 나사가 밸브실 외에 있는 바깥 나사식으로 밸브 핸들의 회전시에 밸브 본체와 밸브 스템이 함께 상하로 움직이는 방식으로 50A 이하에서 주로 쓰며, 밸브 스템의 상하로 개폐를 쉽게 할 수 있기 때문에 고온 고압용에 널리 쓰이나 장소를 많이 차지한다.

3) 코크(Cock)

■ 특징

구멍이 뚫린 원추를 1/4(90°) 회전함에 따라 유로가 개폐되어 유체의 흐름을 차단 또는 조절하는 밸브로 플러그 밸브라고도 한다.

- 개폐가 빠르다.
- 개폐가 빠르므로 물, 기름, 공기의 급속 개폐에 사용된다.
- 유로의 면적과 관 단면적이 같고, 일직선이 되므로 유체 저항이 작다.
- 구조는 간단하나 기밀성이 나쁘고, 고압 대유량에는 부적당하다.
- 2방, 3방, 4방 코크 등이 있다.

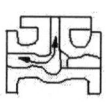 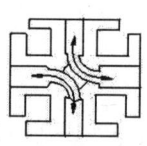 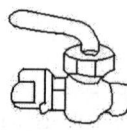 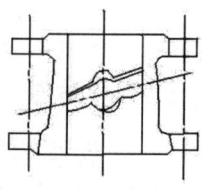

(a) 삼방 코크   (b) 사방 코크   (c) 핸들 코크

코크의 종류

연/습/문/제

01 강관에 대한 다음의 설명 중 잘못된 것은?

① 굴요성이 풍부하며 접합 작업도 쉽다.
② 연관, 주철관에 비해 무겁고 인장강도도 작다
③ 충격에 강인하다.
④ 연관, 주철관에 비해 값이 저렴하다.

1.
금속관 비중 순서는 연관 (11.37)>주철관>강관>동관(8.96)>알루미늄관 (2.7)이며, 강도는 금속관 중에서 강관이 제일 크고 용접 효과가 좋아 강관에서만 무이음새관과 이음새관(용접관)이 있다.

02 배관의 호칭법은 어떻게 되는가?

① 10인치 이상은 바깥지름을 기준으로 한다.
② 호칭 지름을 정하고 A, B를 추가한다.
③ 12인치 이하는 안지름을 기준으로 한다.
④ 호칭지름 (A, B)를 정하고 경우에 따라서 두께 번호를 부여한다.

2.
호칭에서는 A는 [mm], B는 [inch]를 뜻하며 관경의 수치 뒤에 사용하며 두께 표시는 스케줄(sch)번호를 사용한다.

03 배관용 탄소강 강관의 호칭법 중 틀린 것은 무엇인가?

SPP-B-100A-AKS

① B는 제조법 중 단접 강관이다.
② SPP는 배관용 탄소강 강관이다.
③ 100A는 안지름 100[mm]이다.
④ AKS는 제조자의 기호이다.

3.
100A는 호칭 지름이며 제조법 기호 중
B : 단접관,
A : 아크 용접관,
S : 열간가공,
C : 냉간가공이다.

04 스케줄 번호와 응력의 관계는?
(단, S는 허용응력, P는 사용압력[kg/cm^2]이다)

① $Sch = 100 \times \dfrac{P}{S}$ ② $Sch = 10 \times \dfrac{P}{S}$

③ $Sch = 100 \times \dfrac{S}{P}$ ④ $Sch = 10 \times \dfrac{S}{P}$

정답 01 ② 02 ④ 03 ③ 04 ②

05 압력배관용 탄소강 강관(SPPS)의 관 치수는?

① 호칭 지름 - 스케줄 번호
② 호칭 지름 × 스케줄 번호
③ 안지름(A 또는 B) × 스케줄 번호
④ 호칭 지름(A 또는 B) × 스케줄 번호

5.
스케줄(sch) 번호가 클수록 동일 외경이라도 관 두께는 두껍고 중량은 무겁다.

  예 : 50A × Sch 40
  또는 2B × Sch 40

06 강관을 제조할 때 킬드강으로만 제조하여야 할 강관은?

① 배관용 탄소 강관
② 압력배관용 탄소 강관
③ 고온 배관용 탄소 강관
④ 배관용 스테인리스 강관

6.
고온, 고압 배관용 탄소 강관은 킬드강이며, 배관용 탄소 강관은 림드강이고, 압력배관용 탄소 강관은 림드 또는 세미 킬드강이다.

07 자유로 굴곡되어 접속이 쉽고 내식성이 커서 내수용 및 내식용관에 쓰이는 것은 무엇인가?

① 강관   ② 연관
③ 주철관   ④ 동관

08 연관의 특징에 대한 설명 중 잘못된 것은 무엇인가?

① 전연성이 풍부하여 굴곡이 용이하다.
② 신축에 잘 견딘다.
③ 바닷물이나 수돗물에는 부식이 잘 되므로 라이닝이 필요하다.
④ 중량이 커서 긴 관은 구부러지기 쉽다.

8.
해수나 천연수에 접촉시 관 표면에 탄산 피막형성으로 납의 용해 및 부식이 방지된다.

정답   05 ④   06 ③   07 ②   08 ③

09 강관을 가열하여 구부릴 때 갈라지지 않게 하기 위하여 곡률 반지름은 관지름의 몇 배 이상이어야 하는가?

① 6배 이상
② 3배 이상
③ 2배 이상
④ 4배 이상

10 다음 용접 접합의 설명이 아닌 것은 무엇인가?

① 강관의 용접 접합에는 가스용접과 전기용접이 사용된다.
② 가스용접은 용접 속도가 빠르고 변형의 발생이 적고 비교적 얇고 가는 관의 접합에서 사용된다.
③ 전기용접은 용접 속도가 빠르고 변형의 발생이 적고 비교적 얇고 가는 관의 접합에 사용된다.
④ 용접 이음은 누설의 염려가 없다.

11 강관의 접합 방법이 아닌 것은 무엇인가?

① 나사 이음
② 압축 이음
③ 용접 이음
④ 플랜지 이음

12 호칭 지름 15A의 강관을 90R로 90°의 각도로 구부리고자 할 때 필요한 곡선 길이는 얼마인가?

① 130[mm] ② 280[mm]
③ 182[mm] ④ 142[mm]

12.
$$L = 1.5R + \frac{1.5R}{20}$$
$$= 1.5 \times 90 + \frac{1.5 \times 90}{20}$$
$$\fallingdotseq 142[mm]$$

또는
$$L = 2\pi r \times \frac{\theta}{360}$$
$$= 2\pi \times 90 \times \frac{90}{360}$$
$$\fallingdotseq 142[mm]$$

정답 09 ② 10 ② 11 ② 12 ④

13 주철관 접합시 누수 방지를 위해 접합부를 다지는 작업을 무엇이라 하는가?

① 블랭킹　　② 사상
③ 코킹　　　④ 탬핑

14 주철관 소켓 접합에서 납물을 접합부에 붓는 이유는 무엇인가?

① 안의 이탈 방지
② 누수 방지
③ 내식성 증가
④ 동파 방지

14.
한쪽 파이프의 끝을 넓혀 다른 파이프를 넣어 틈새에 대마, 솜 등의 패킹을 넣고 납으로 밀봉시키는 접합이다.

15 주철관 접합법에서 다소 굴곡이 있어도 누설되지 않으며, 진동·지진 등에서도 견딜 수 있는 접합법은 무엇인가?

① 빅토릭 커플링
② 메커니컬 조인트
③ 플랜지 접합
④ 소켓 접합

16 다음 중 고무링과 금속제 칼라를 사용하는 접합은 무엇인가?

① 플랜지 접합
② 기계적 접합
③ 빅토릭 접합
④ 동관 접합

16.
빅토릭 조인트는 빅토릭형 주철관을 사용한 가스 배관에 사용되며 압력이 높을수록 누설 방지되며 가용성이 있는 칼라를 2개 또는 4개 사용한다.

정답　13 ③　14 ①　15 ②　16 ③

17 연관 밴딩에 관한 설명 중 잘못된 것은 무엇인가?

① 밴딩 후 좌굴이 생겼을 때에는 밴드밴으로 수정한다.
② 가열 온도는 120[℃] 전후에는 물을 흩트리면 방울져 떨어질 정도로 한다.
③ 모형보다 조금 더 굽혀 놓는다.
④ 녹지 않도록 주의하며 급격한 가열은 피한다.

18 폴리에틸렌관의 접합법이 아닌 것은 무엇인가?

① 각볼트 접합
② 용착 슬리브 접합
③ 인서트 접합
④ 고무링 접합

19 PVC관의 여러 가지 접합법과 그 용도를 나열한 것이다. 적합하지 못한 것은 무엇인가?

① 용접 접합 : 대구경관의 분기 접합 및 부분적 수리시
② 나사 접합 : 소구경관 접합할 때
③ 플랜지 접합 : 배관 후 분해 조립의 필요성이 예상될 때
④ 테이퍼 코어 접합 : 50[mm] 이상의 관용으로 플랜지 접합의 강도를 보완하기 위해

20 폴리에틸렌관을 열풍 용접할 때 사용하는 가스는 무엇인가?

① 수소와 산소
② 질소와 공기
③ 산소와 아세틸렌
④ 산소와 질소

17. 연관밴딩
① 급수용 연관과 같이 직경이 작은 것은 토치램프로 100[℃] 정도 가열한다.
② 배수용 연관과 같이 직경이 큰 것은 모래를 채우거나 밴드밴으로 구부린다.

18.
· 폴리에틸렌관의 접합 : 용착 슬리브, 인서트 접합, 나사, 고무링, 플랜지, 테이프 조인트 등
· 석면 시멘트관의 접합 : 기볼트 접합, 칼러 접합, 심플렉스 조인트 접합 등
· 콘크리트관의 접합 : 소켓 접합, 코르타르 접합 등

19.
대구경관의 접합에는 플랜지, 테이퍼, 코어, 용접 테이퍼 조인트 나사 접합이 있다.

정답 17 ② 18 ① 19 ① 20 ②

21 밸브판이 흐름에 대하여 직각으로 놓여지며, 밸브 시트에 대하여 미끄러지는 운동을 하는 구조이며, 흐름에 대한 저항은 밸브 중에 가장 작고 유체를 자유로이 충분하게 흐르게 하거나 완전히 차단할 수 있는 밸브는?

① 글로브 밸브 ② 앵글 밸브
③ 슬루스 밸브 ④ 니들 밸브

21.
양정이 커서 밸브의 개폐에 시간이 걸리며 개폐에 따라 반 정도 열면 와류 현상으로 유체의 흐름저항이나 밸브 마모가 크므로 유량 조절용으로 부적합하다.

22 일반 급수배관에서 수격작용을 방지하기 위해서는 다음 중 어느 것을 설치하면 되는가?

① 에어 벤트 ② 체크 밸브
③ 공기실 ④ 감압 밸브

22.
수류에 의한 수격 작용은 유속이 14배가 되므로 유체의 긴급 차단이 필요한 곳은 공기실(Air chamber)을 설치한다.
  예 : 유속 5[m/sec] →
  수압 70[kg/cm²]의 발생

23 유로의 신속한 개폐에 사용되며, 주로 가스용으로 쓰이는 것은 무엇인가?

① 슬루스 밸브 ② 글로브 밸브
③ 스톱 밸브 ④ 코크

24.
슬루스(sluice valve)는 유체저항은 적으나 양정이 커서 개폐에는 시간이 걸리며 유량조절용으로는 부적합하다. 종류로는 상승식과 비상승식이 있다.

24 슬루스 밸브에 관한 다음 설명 중 틀린 것은 무엇인가?

① 찌꺼기가 체류해서는 안되는 배관 등에 적합하다.
② 유체의 흐름에 따른 마찰 저항 손실이 적어 저온 저압에 사용한다.
③ 유량 조절용에 적합하다.
④ 속 나사식과 바깥 나사식이 있다.

① 비상승식(속 나사식) : 65A 이상의 큰 지름에 쓰고 밸브 개폐 지시기가 필요하다.

② 상승식(바깥 나사식) : 50A 이하에 사용하며, 고온·고압에 쓰이나 개폐에 시간이 필요하다.

정 답   21 ③   22 ③   23 ④   24 ③

25 유체 자체의 압력으로 조작되며 역류 방지용으로 많이 사용되는 밸브는?

① 니들 밸브
② 슬루스 밸브
③ 격막 밸브
④ 체크 밸브

| 정 답 | 25 ④ |

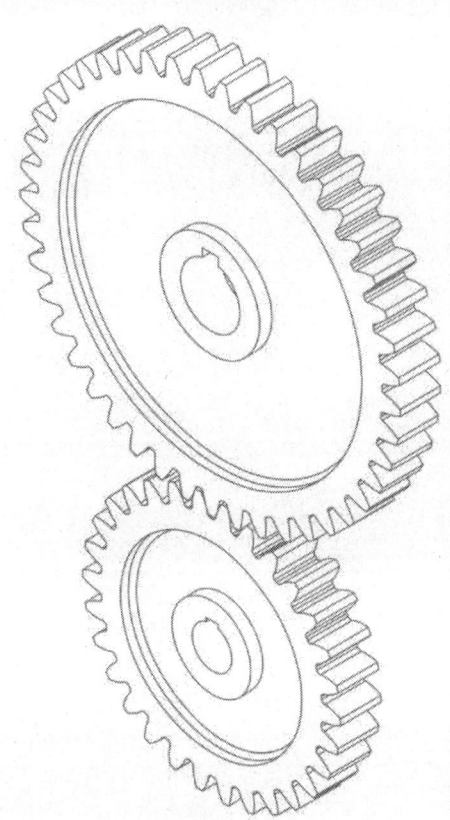

기계재료

제 1 장　　금속의 성질
제 2 장　　철과 강
제 3 장　　비철금속 재료
제 4 장　　비금속 재료

CHAPTER 01 금속의 성질

1 재료 분류 및 특성과 결정구조

(1) 재료 구분과 공통성질

기계 또는 구조물 또는 가공제품의 재료는 금속 재료와 비금속 재료로 구분된다. 재료의 일반적 분류는 표 1·1과 같다.

1) 순금속(pure metal)

순수한 1 원소의 금속. 실제로 100%의 순금속의 제작은 불가능하며 극소량의 불순물이 함유되었다. 그 영향이 미치지 않을 때는 순금속으로 취급한다.

2) 합금(alloy)

금속원소에 1종 이상의 금속원소 혹은 비금속원소를 첨가하여 금속적인 성질을 갖고 단상 혹은 2상 이상의 상으로 된 금속

[표 1·1 일반적인 금속 재료의 분류]

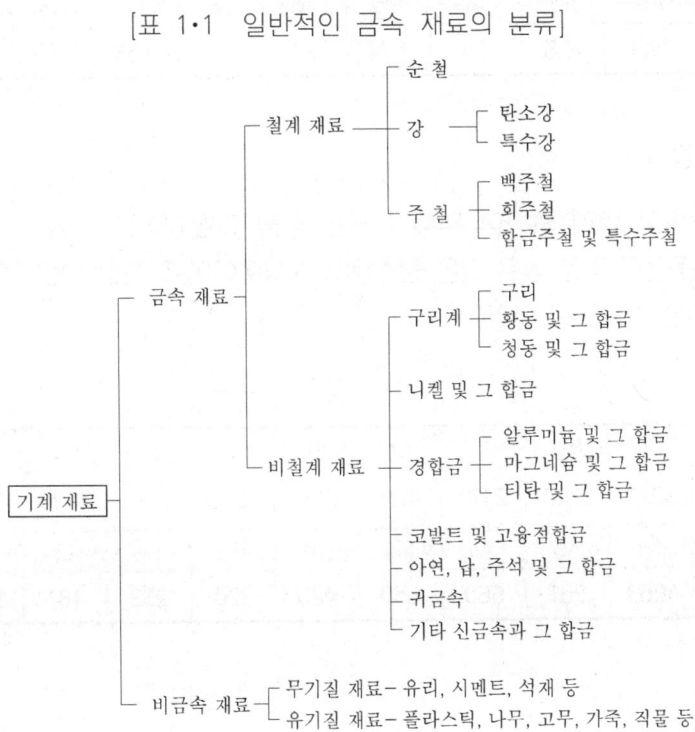

3) 준금속(아금속: metalloilid)

금속과 비금속을 구별하기 어려운 중간적인 금속 B, Si, Ge, As(비소, arsenic), Te(텔루르, tellurium), Po(폴로늄, polonium) 등

4) 신금속

과학기술의 발전과 더불어 새로 개발된 금속과 이전부터 사용된 금속 중에서 특수목적용으로 개발된 전자공업용 재료, 우주항공용 재료, 초내식용 재료 등

5) 비중에 의한 구분

① 경금속(light metal): 비중 4.5 이하. Al, Mg, Ti, Be 등
② 중금속(heavy metal): 비중 4.5 이상. Fe, Ni, Cu, Cr 등

[표 1·2 주요 금속의 비중]

원소	W	Os	Mo	Pb	Cr	Pt	Ti	Fe	Co	Ni	Be
(S)	19.1	22.57	10.2	11.34	7.0	21.4	4.6	7.8	8.90	8.90	1.85
원소	Cu	Au	Ag	Al	Mg	Zn	Sn	Li	Na	K	Hg
(S)	8.93	19.3	10.5	2.7	1.74	7.1	7.3	0.53	0.97	0.86	13.6

6) 용융점

① 금속이 열에 의하여 액체가 되는 점을 말한다.
② 용융점이 가장 높은 것은 텅스텐(W 3,410°C)이고, 가장 낮은 것은 수은(Hg -38.8°C)이다.

[표 1·3 주요 금속의 용융점]

원소	W	Os	Mo	Ir	Cr	Pt	Ti	Fe	Co	Ni	Be
(°C)	3410	3045	2610	2410	1875	1769	1668	1539	1495	1453	1277
원소	Cu	Au	Ag	Al	Mg	Zn	Pb	Sn	Li	Na	Hg
(°C)	1083	1063	961	660	650	420	320	232	181	97.5	-38.4

7) 전도율

전도율 (轉導率, COnductivity)은 고유저항의 역수인데, 고유저항은 공업적으로는 길이 1m, 단면적 1mm²의 선 저항을 Ω(Ohm)으로 나타낸다. 고유저항은 재료 및 온도에 따라 다르며, 고유저항이 작을수록 전기전도율이 좋은 것이 된다.
금속은 모두 열과 전기를 잘 전달하는 성질이 있으며, 일반적으로
열전도율이 큰 것은 전도율이 크다. 전도율이 큰 금속은 전기의 도선 또는 기타의 전기기구기계에 사용되며, 반대로 전도율이 작은 금속은 저항선으로 사용된다.

[표 1·4 순금속의 열전도율]

순금속 기호	20℃에서의 열전도율 (cal/cm²·SEC·℃)	고유저항 ($\Omega mm^2/m$)	Ag을 100으로 했을 때의 전도율 비(%)
Ag	1.0	0.0165	100
Cu	0.94	0.0178	92.8
Au	0.71	0.023	71.8
Al	0.53	0.029	57
Zn	0.27	0.063	26.2
Ni	0.22	01±0.01	16.7
Fe	0.18	0.1	16.5
Pt	0.17	0.1	16.5
Sn	0.16	0.12	13.8
Pb	0.083	0.208	7.94
Hg	0.0201	0.958	1.74

8) 금속의 일반적인 특성

① 고체 상태에서 결정구조를 갖는다.

② 전기의 양도체이다.

③ 열의 양도체이다.

④ 전성(展性) 및 연성(延性)이 좋다.

⑤ 금속 광택을 갖는다.

9) 합금의 성질

① 강도와 경도가 좋아진다.

② 주조성이 우수해진다.

③ 내산성, 내열성이 증가한다.

④ 색이 아름다워진다.

⑤ 용융점, 전기 및 열전도율이 일반적으로 낮아진다.

10) 순금속의 응고

순금속을 용융온도보다 높은 온도에서 용융 후 서서히 냉각하여 응고점에 도달하면 일정한 온도에서 고체화한다. 이러한 현상을 뉴턴(Newton)의 냉각 곡선으로 표시한다. 그림 1·1의 I은 구리의 냉각 곡선이며 II는 철강의 냉각 곡선이다.

그림 1·1의 I에서 구리는 1083°C에서 냉각되나 조건에 따라서 아래 온도에서 냉각이 일어나게 되어 냉각온도를 예상하기에 어려움을 느끼게 된다. 그러므로 냉각온도에서 거의 균일하게 냉각을 하기 위해서는 진동 및 접종(innoculation)을 해야 한다.

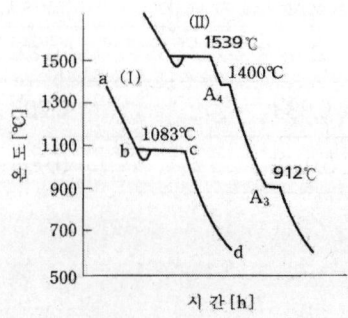

[그림 1.1 구리(I) 및 철(II)의 냉각 곡선]

11) 금속의 가공

금속의 외력에 대한 변형의 구분으로 탄성영역과 소성영역, 그리고 파괴로 구분하나 가공시에는 소성영역을 이용한다.

1. 소성가공법

금속에 힘을 가하여 판재, 봉재, 관재 등에서 여러 가지 모양으로 가공할 수 있는데, 이와 같이 변형되는 성질을 소성이라 하고 이 성질을 이용한 가공법을 소성가공이라 한다.

2. 종류

① 냉간가공
- 재결정 온도 이하에서 가공하는 방법
- 강도, 경도 증가, 탄성 한도 증가, 연신율 감소
- 정밀한 제품을 얻을 수 있다.

② 열간가공
- 재결정 온도 이상에서 가공하는 방법

③ 재결정 온도

냉간가공한 재료를 풀림하면 연하게 되는 과정 중에 새로운 결정핵이 생기고, 조직 전체가 새로운 결정으로 변하는 것을 재결정이라 한다.
일반적으로 재결정 온도는 가공도가 컸던 금속이 재결정 온도가 낮아진다.
다음은 일반적인 금속의 재결정 온도이다.

표 1·5 주요 금속의 재결정 온도

금속원소	재결정 온도(°C)	금속원소	재결정 온도(°C)
Au	200	Fe	350~450
Ag	200	Al	150~250
Cu	200~300	W	1000
Ni	530~600		

12) 원자의 결합

대부분의 물질은 고체상태에서 원자가 3차원적으로 규칙 정연하게 배열된 결정 구조 상태이나 결정을 구성하기 위해서는 원자는 서로 강한 힘으로 결합되어 있어야한다. 원자와 원자의 결합은 보통 힘의 크기에 따라 그 결합 양식이 다르다. 큰 원자력에 의한 강한 결합에는 공유 결합, 이온 결합, 금속 결합이 있으며 약한 결합에는 반데르 왈스 결합이 있다.

① 공유 결합(covalent bond)

공유 결합(公有結合, covalent bond)은 주기율표에서 서로 가까이에 원소의 원자들 사이에서 일어나는 결합으로 등극결합(等極結合, homopolar bond)이라고도 한다. 공유 결합은 몇 개의 원자가 전자를 공유함으로써 얻어지는 결합이다.

예) H_2, N_2, CH_4

② 이온 결합(ionic bond)

이온 결합이 큰 양전기를 띤 원자와 큰 음전기를 띤 원자(주기율표에서 서로 반대쪽에 있는 원소들) 사이에 일어나는 결합으로 원자가 서로 전자를 주고 받아 정(正)과 부(負)의 이온이 되었을 때 양 이온간에 작용하는 정전기적(靜電氣的)인 힘에 의한 이온 결합으로 금속과 비금속간에서 많이 볼 수 있다.

③ 금속 결합(metallic bond)

금속 결합(metallic bond)은 고체금속에 특유한 형식의 원자결합으로 규칙적으로 배열한 결정을 형성하고 있다. 금속 결합은 가전자를 인접 원자와 공유한다는 점에서 공유 결합에 비유할 수 있다. 또, 결합이 음전하인 전자와 양이온으로 이루어진다고 생각하면 금속 결합은 이온 결합에도 비유할 수 있다.

금속 안에서는 전자가 한정된 원자에 의해 공유되어 그 범위에 고정되는 것이 아니라 전체의 원자군을 공유하고 그 속에서 전자가 자유롭게 이동하게 된다. 이와 같은 전자를 자유 전자(free electron)라고 한다.

④ 반데르 왈스 결합(Van der Waales bond)

가전자(價電子)가 없는 분자의 결합형식이 있는데 이를 반데르 왈스 결합(Van der Waales bond) 또는 분자 결합(分子結合)이라 한다.
기체는 작으나 점성이 있고 압축시키면 액화하며 더 진전되면 응결되어진다. 이것은 기체 분자 사이에 약간의 인력(引力)이 작용함을 나타내는데, 이와 같은 분자간의 결합력을 반데르 왈스력(Van der Waales force)이라 부른다. 반데르 왈스의 힘에 의하여 결합된 물질은 결합력이 약하고 낮은 온도에서 용해되는 것이 많다. 예를 들면 산소나 수소 등의 비금속 무기화합물, 벤젠, 나프타린, 플라스틱 등이 탄소와 수소, 질소, 유황, 산소와 결합한 유기화합물의 상당수는 분자결합을 하고 있다.

(2) 결정의 구조(構造)

규칙정연하게 배열한 원자의 집합체이며 공간적인 원자배열을 생각할 경우에는 3차원의 좌표계를 생각할 수 있다.

1) 밀러지수

이 표시법은 결정면을 그 면에 의한 좌표축의 각 절편의 길이의 역수의 최소정수비로 나타내며, 또 결정방향은 방향을 나타내는 직선이 원점을 지난다고 생각할 때 그 직선상의 임의의 한 점의 좌표의 최소정수비로 나타낸다.
그리고 이와 같이해서 결정한 면의 지수가 h, k, l 방향의 지수가 u, v, w라고 하면, 면은 $(h\,k\,l)$ 방향은 $[u, v, w]$라고 쓴다. 또 지수가 음수일 경우에는 $(h\,k\,\bar{l})(u\,\bar{v}\,w)$와 같이 숫자 위에 -부호를 붙인다.

[표 1·6 결정계와 Bravais 격자]

결정계(結晶系)	축장(軸長)	축각(軸角)	대칭성	Bravais 격자
입방정계 (cubic system)	$a = b = c$	$\alpha = \beta = \gamma = 90°$	4회 대칭축 -3	단순, 체심, 면심
정방정계 (tetragonal system)	$a = b \neq c$	$\alpha = \beta = \gamma = 90°$	4회 대칭축 -1	단순, 체심
사방정계 (orthorhombic system)	$a \neq b \neq c$	$\alpha = \beta = \gamma = 90°$	2회 대칭축 -3	단순, 체심, 저심, 면심
삼방정계 (trigona system)	$a = b = c$	$\alpha = \beta = \gamma \neq 90°$	3회 대칭축 -1	단순(單純)
육방정계 (hexagonal system)	$a = b \neq c$	$\alpha = \beta = 90°$ $\gamma = 120°$	6회 대칭축 -1	단순
단사정계 (monoclinic system)	$a \neq b \neq c$	$\alpha = \beta = 90°$ $\gamma = 90°$	2회 대칭축 -1	단순, 저심(低心)
삼사정계 (triclinic system)	$a \neq b \neq c$	$\alpha \neq \beta \neq \gamma \neq 90°$	-	삼사

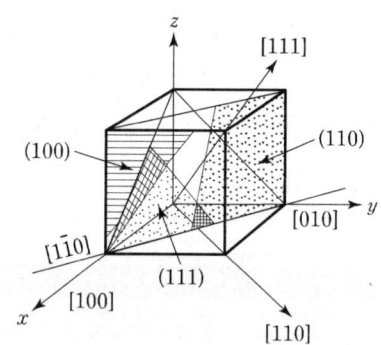

[그림 1.2 입방정계의 중요 밀러지수]

2) 순금속(純金屬)의 결정(結晶)

금속결정의 단위격자는 다음과 같은 3종류에 모두 속한다.

1. 체심입방격자(BCC)

그림 1·3과 같이 각 모서리와 입방체 중심에 각 1개의 원자가 배열된 결정구조이다.

① 근접원자간 거리 : $\dfrac{\sqrt{3}}{2}a$, a:격자상수

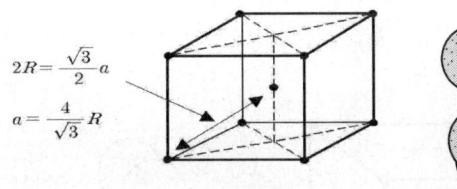

[그림 1.3 체심입방격자]

② 단위격자에 속하는 원자수 : $1/8 \times 8 + 1 = 2$ (개)

③ 단위격자 내에 속하는 원자가 차지하는 부피 : $\dfrac{4}{3}\pi\left(\dfrac{1}{2}\cdot\dfrac{\sqrt{3}}{2}a\right)^3 \times 2$

④ 원자 충진율 $\dfrac{\text{원자가 차지하는 부피}}{\text{단위격자의 부피}} = \dfrac{\dfrac{4}{3}\pi\left(\dfrac{1}{2}\cdot\dfrac{\sqrt{3}}{2}a\right)^3 \times 2}{a^3} = 0.6802$

⑤ 배위수 : 8

⑥ 종류 : δ-Fe, α-Fe, Cr, Mo, V, K, Ba, W 등

2. 면심입방격자(FCC)

그림 1·4와 같이 입방체의 각 모서리와 각 면의 중심에 1개씩의 각 모서리와 각 면의 중심에 1개씩의 원자가 배열된 결정구조이다.

① 근접원자간의 거리: $\left(\dfrac{1}{\sqrt{2}}a\right)$, a:격자정수

② 단위 격자에 속하는 원자수: $1/8 \times 8 + 1/2 \times 6 = 4$(개)

③ 원자 충진율: $\dfrac{4}{3}\pi\left(\dfrac{1}{2}\cdot\dfrac{1}{\sqrt{2}}a\right)^3 \times \dfrac{4}{a^3} \fallingdotseq 0.7405$

④ 배위수: 12

⑤ 종류: γ-Fe, Ag, Al, Au, Cu, Pt, Ni 등

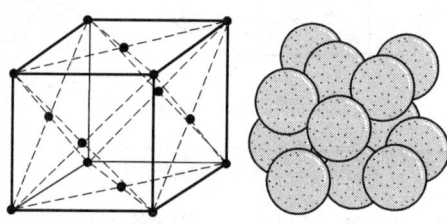

[그림 1.4 면심입방격자]

③ 조밀육방격자(HCP)

그림 1·5와 같이 6각주 상하면의 각 모서리와 그 중심에 1개씩의 원자가 있고, 또한 6각주를 구성하는 6개의 3각주 중 1개씩 띄워서 3각주의 중심에 1개씩의 원자가 배열된 결정구조이다.

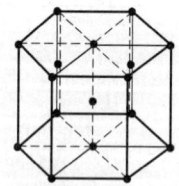 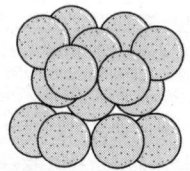

[그림 1.5 조밀육방격자]

① 근접 원자간 거리: $\sqrt{a^2/3 + c^2/4}$

② 원자 충진율: $\dfrac{\frac{4}{3}\pi\left(\frac{a}{2}\right)^3 \times 2}{\sqrt{2}\,a^3} = \dfrac{\sqrt{2}}{6}\pi \fallingdotseq 0.7405$

③ 격자의 $c/a = \sqrt{\dfrac{8}{3}} \fallingdotseq 1.663$

④ 배위수: 12

⑤ 종류: Be, Zn, Mg, Co 등

⑥ 사각 기둥 내의 귀속원자수: 1/6×6+1=2

3) 금속의 변태

1. 동소변태

결정구조가 외적 조건(압력, 온도)에 의해서 변하는 것을 변태 혹은 동소변태라 한다.

- 동소체(allotropy) : 같은 원소이지만 결정격자가 서로 다른 물질
  (탄소에는 흑연과 다이아 몬드의 2개의 동소체가 존재)

[표 1·7 순철의 변태점 및 결정구조]

종 류	변태점	결정구조
α-Fe	910°C	BCC
γ-Fe		FCC
δ-Fe	1400°C	BCC

2. 자기변태(동형변태)

원자배열의 변화없이 전자 spin의 방향성 변화에 의해서 강자성체로부터 상자성체로 변하는 것을 말하며, 일명 큐리점이라고 한다.

예 Fe:768°C에서 α-Fe에서 β-Fe로 변한다.
   Ni:360°C   Co:1120°C

3. 변태점 측정법

변태점 측정에서 원자배열의 변화를 측정시는 X선 회절법이 가장 좋으나 복잡하므로 다음의 방법을 사용한다.
① 열 분석법   ② 시차열 분석법   ③ 비열법
④ 전기저항법   ⑤ 열팽창법   ⑥ 자기 분석법
⑦ X선 분석법

4. 격자결함

① 점결함 : 공격자점, 격자간 원자
② 선결함 : 전위
③ 면결함 : 적층결함, 쌍정

4) 합금의 결정

1. 합금의 결정구조

고용체란 한 원자에 타원자가 들어가서 본래의 원자구조에 변화없이 성질만 바꾸어진 것을 말하며 고용체와 금속간 화합물로 구분되며 고용체에는 침입형 고용체, 치환형 고용체와 규칙격자형 고용체로 구분된다.

① 침입형 고용체

용질원자가 용매원자의 결정격자 사이의 공간에 들어간 것으로 원자반경이 작은 C, H, B, N, O 등에 한정되어 어느 것이나 반경이 1Å 이하이다 ($1 \text{ Å} = 10^{-8} \text{ cm}$).

② 치환형 고용체

용매원자의 결정의 격자점에 있는 원자가 용질원자에 의하여 치환된 것이다. 또 용매원자와 용질원자의 직경차가 5~15%까지가 적당하며 5%가 가장 좋다 (예 : Ag-Cu, Cu-Zn).

③ 규칙격자형 고용체

성분금속의 원자에 규칙적으로 치환된 배열을 가지는 고용체
(예 : Ni_3Fe, Cu_3Au, Fe_2Al)

④ 금속간 화합물

2종 이상의 금속원소가 간단한 원자비로 결합되어 본래의 물질과는 전혀 별개의 물질이 형성되며 원자도 규칙적으로 결정 격자점을 가지는 화합물로서 한 개의 독립된 원소와 같이 취급한다 (예 : Fe_3C, Cu_4Sn, $CuAl_2$).

2 금속 재료의 성질

금속 재료의 성질은 물리적 성질과 기계적 성질, 화학적 성질, 제작상 성질로 구분할 수 있다.

① **물리적 성질**: 비중, 용융점, 비열, 선팽창계수, 열전도율, 전기전도율

② **기계적 성질**: 항복점, 강도, 경도, 인성, 메짐성, 피로, 크리프, 연성, 전성, 연신율

③ **화학적 성질**: 내열성, 내식성

④ **제작상 성질**: 주조성, 단조성, 용접성, 절삭성, 합금성

(1) 물리적 성질

1) 비중
같은 체적을 갖는 물의 질량 또는 중량에 대한 어떤 물질의 질량 또는 중량의 비

2) 비강도
인장강도를 비중으로 나눈 값

3) 용융온도
금속을 가열하면 고상에서 액상으로 변하는 온도

4) 열전도율
단위길이에서 1시간 동안에 $1m^2$의 면적을 통해 1°C 올리는데 필요한 열량 ($kcal \cdot m/h \cdot m^2 °C$)

5) 전기전도율
일반적으로 합금의 전기전도율은 순금속보다 저하

6) 융해잠열

고상에서 액상으로 변할 때 열을 가하여도 온도 증가가 없는 구역의 열량

7) 비열

물질 1kg을 1°C 올리는 데 필요한 열량(물의 비열 1kcal/kg°C)

[표 1·8 순금속의 평균비열]

금속	비열(cal/g)	금속	비열(cal/g)	금속	비열(cal/g)
Mg	0.25	Ni	0.105	Sb	0.049
Al	0.215	Cu	0.092	W	0.034
Mn	0.115	Zn	0.0915	Hg	0.033
Cr	0.11	Ag	0.056	Pt	0.032
Fe	0.11	Sn	0.054	Au	0.031

8) 자성

자석에 끌리는 성질

① 강자성체:Fe, Ni, Co

② 상자성체:Cr, Pt, Mn, Al

③ 비자성체:Au, Hg, Cu

9) 선팽창 계수

온도가 증가하면 물체가 증가하는 현상이 발생

$\delta = l \alpha \Delta T$ (α:선팽창계수)

[표 1·9 금속재료의 선팽창계수]

재료	팽창계수(1/℃)	재료	팽창계수(1/℃)
Pb	29.3×10^{-6}	Ni	14.7×10^{-6}
Mg	26×10^{-6}	Au	14.2×10^{-6}
Al	29.3×10^{-6}	Pd	11.8×10^{-6}
Sn	23×10^{-6}	연강(0.2%C)	11.6×10^{-6}
Ag	19.7×10^{-6}	경강(0.5~0.8%C)	11.0×10^{-6}
황동	18.4×10^{-6}	주철	10.4×10^{-6}
청동	17.5×10^{-6}	Pt	8.9×10^{-6}
Cu	16.5×10^{-6}	Pt-Ir	8.3×10^{-6}
Zn	16.5×10^{-6}	엘린바아	8.0×10^{-6}
콘스탄탄	16.5×10^{-6}	인바아	1.2×10^{-6}

(2) 화학적 성질

화학적 성질에는 화학 작용에 의한 부식과 기계적 작용에 의한 침식으로 분리한다.

(3) 기계적 성질

기계적 성질에 관해서는 뒤의 재료시험법에서 자세히 언급하기로 하며,
여기서는 용어설명만 한다.

1. 강도(strength)

강도는 외력의 작용방법에 따라 인장강도, 굽힘강도, 전단강도, 압축강도, 비틀림강도로 구분되며, 각각의 성질은 재질에 따라 다르나 일반적으로 강도라 하면 인장강도를 일컫는다.

2. 경도(hardness)

경도는 일반적으로 인장강도에 비례한다.

3. 인성(toughness)

충격에 의한 저항을 인성이라 하며 충격시험은 강인한 재료가 충분한 인성을 가지고 있는가 없는가를 검사하는 것으로 너무 굳고 메진 재료에 대해서는 하지 않는다.

4. 피로(fatigue)

응력이 강도보다 훨씬 작다하여도 오랜시간 동안 연속적으로 되풀이하며 결국 파괴된다. 이러한 현상을 피로라 한다.

5. 취성(shortness)

메짐이라고도 하며 일반적인 금속은 경도나 인장강도가 증가할 시 연신율이나 충격값은 적어져서 약간의 충격에도 파괴되는 현상을 메짐 또는 취성이라 한다.

6. 크리프(creep)

금속 재료는 일반적으로 상온에서 시험을 하나 고온에서 오랜시간 외력을 가할 시 서서히 그 변형이 증가하는 현상을 말한다.

7. 연·전성 크기

① 가단 크기(금은 알구 백납 아철니)
② 가단 압연크기(납주금은 알구 백)
③ 전성 크기(금은 백알 철니구마)
④ 연성 크기(금백은 철구알아)

3 재료 시험 및 검사

1) 조직 및 결함검사법

조직의 검사법으로는 파괴 검사와 비파괴 검사가 있고 성질에 따라 분류하면 육안적 검사, 물리적 검사, 화학적 검사, 기계적 검사가 있다. 10배 이내의 확대경을 사용하면 매크로 시험, 10배 이상의 현미경을 사용하면 마이크로 시험이라 한다.

1. 시편의 채취

시편을 채취할 때는 4등분법으로 하면 좋다. 그리고 시편의 크기는 직경 2cm 정도, 두께는 1cm 정도로 하면 된다. 그러나 시편이 소편일 때는 specimen mounting press를 써서 만든다(mounting press-P.V.C 가루를 가지고 소시편을 넣고 압력(3t 정도) 가열(250~300°C)해서 만든다). 시편을 절단할 때는 쇠톱이나 절단글라인더를 사용한다.

2. 육안적 검사

① 산세법(picking)
비교적 큰 결함을 염산 혹은 황산으로 검출할 수 있는 방법으로, 억제제를 사용한다. 억제제로는 유기물이 사용되며, 산세할 때 수반되는 현상으로 산세취성과 산세 기포가 있다.
② 강산부식법(macro etching)
산세법으로 식별하기 어려운 미세균열, 편석 등을 확대검출함
③ 전해법
④ 파면검사법

3. 물리적 검사

① 타진법

피검재를 망치로 두들겨서 나오는 청탁음을 듣고 결함의 유무를 검사하는 방법으로 주로 주물의 공극, 파이프, 내부 균열 등의 검사에 사용한다.

② 가압사용법

주물의 공극, 수축, 파이프 등의 결함검사 혹은 압력을 받는 기계 부품의 내압검사에 널리 이용되고 있다.

③ 유중침지법

피검재를 장시간 담근 후 꺼내어 기름이 삼출하는 상태에 의하여 결함의 유무를 조사하는 방법이다. 단조품, 주조품, 완전제품 등에 널리 또는 비파괴적으로 적응할 수 있으므로 편리하다.

⑥ 현미경 검사법

반사관선을 이용한 금속 현미경, 편광 현미경, 위상차 현미경 등이 있다.

⑨ 전자회절법

전자회절에 의하여 결정구조, 조직, 내부응력 등을 알 수 있다.

4. 비파괴검사

① 비파괴 검사(Nondestructive Inspection)란 자료나 원형과 기능에 변화를 주지 않고 시행하는 검사를 말한다. 즉 재료나 제품을 물리적 현상을 이용한 특수방법으로 검사 대상물을 손상시키지 아니하고 결함의 유무와 상태 또는 성질 및 내부구조 등을 알아 내는 모든 검사를 말한다.

② 비파괴 검사의 목적
  ㉠ 신뢰성의 향상
  ㉡ 제조기술의 개선
  ㉢ 제조원가의 절감

③ 비파괴 검사의종류

㉠ **방사선 비파괴 검사(RT; Radiographic Testing)**
방사선(X-선 또는 γ-선)을 시험체에 조사하였을 때 투과 방사선의 강도의 변화 즉, 건전부와 결함부의 투과선량의 차에 의한 노동차를 기록하여 결함을 검출하는 방법으로 용접부, 주조품 등의 결함을 검출하는 방법이다.

㉡ **초음파 비파괴검사(UT; Ultrasonic Testing)**
시험체에 초음파를 전달하여 내부에 존재하는 불연속으로부터 반사한 초음파의 에너지량, 초음파의 진행시간 등을 분석하여 불연속의 위치 및 크기를 알아내는 검사방법으로 시험체 내부결함의검출에 주로 이용되며 균열 등 면상결함의 검출 능력이 방사선투과검사보다 우수하다.

㉢ **자기(磁氣) 비파괴검사(MT; Magnetic Particle Testing)**
강자성체의 표면 또는 표면하에 있는 불연속부를 검출하기 위하여 강자성체를 자화시키고 자분을 적용시켜 누설자장에 의해 자분이 모이거나 붙어서 불연속부의 윤곽을 형성, 그 위치, 크기 형태 및 넓이 등을 검사하는 방법이다.

㉣ **침투 비파괴검사(PT; Liquid Penetrant Testing)**
시험체 표면에 침투제를 적용시켜 침투제가 표면에 열려있는 불연속부에 침투할 수 있는 충분한 시간이 경과한 후 불연속부에 침투하지 못하고 시험체 표면에 남아있는 과잉의 침투제를 제거하고 그 위에 현상제를 도포하여 불연속부에 들어있는 침투제를 빨아올림으로써 불연속의 위치, 크기 및 지시 모양을 검출하는 검사방법이다.

㉤ **와전류(渦電流) 비파괴검사(ECT; Eddy current Testing)**
금속 등의 시험체에 가까이 가져가면 도체의 내부에는 와전류라는 교류전류가 발생하며, 이 와전류는 결함이나 재질 등의 영향에 의하여 그 크기와 분포가 변화량을 측정한 와전류가 검사체 표면 근방의 균열 등의 불연속에 의하여 변화하는 것을 관찰함으로써 검사체에 존재하는 결함을 찾아내는 검사 방법이다. 와류탐상검사는 검사체가 전도체일 경우 적용 가능하고, 비점촉식 방법이며, 고속으로 탐상할 수 있어 관, 봉 등의 비교적 단순한 형상의 제품 검사와 발전소, 화학 플랜트 배관의 보수검사에 널리 이용되고 있다.

㉥ **누설 비파괴검사(LT; Leak Testing)**
시험체 내부 및 외부의 압력차 등에 의해서 기체나 액체를 담고 있는 기밀 용기, 저장시설 및 배관 등에서 내용물의 유체가 누출되거나 다른 유체가 유입되는 것을 말하며, 시험체의 불연속부에 의해 발생된다.
이때 유체의 누출, 유입 여부를 검사하거나, 유출량의 검추하는 방법이다.

ⓢ 음향방출 비파괴검사(AET; Acoustic Emission Testing)
하중을 받고 있는 재료의 결함부에서 방출되는 응력파 분석하여 소성변형,
균열의 생성 및 진전감시 등 동적거동 파악하고 결함부의 취이판정 및
재료의 특성평가에 이용한다.

ⓞ 육안 비파괴검사(VT; Visual Testing)
재료, 제품 또는 구조물(시험체)을 직접 또는 간접적으로 관찰하여 시험체에
결함이 있는지 알아내는 비파괴검사 방법으로서 여러 재료 제품 또는 구조물
의 제작사양, 도면 설계사양 규격 등에 적합한지 허용한도 이내에 드는 지의
여부를 결정하는 것까지를 포함한 것으로 다른 비파괴검사 방법이 사용되기
전에 적용되어야 한다.

ⓩ 열화상(熱畵橡) 비파괴검사(IRT; Infrared Thermography Testing)
피사체의 실물을 보여주는 것이 아닌 피사체의 표면으로부터 복사(방사)되는
에너지(열에너지)를 전자파의 일종인 적외선 형태로 검출 피사체 표면의
복사열의 강도(양)를 측정하여 강도(양)에 따른 피사체 온도 차이의 분포를
열화상 장치를 이용하여 영상으로 재현한 후 영상을 평가하여 건전성을
검사하는 방법이다.

ⓩ 중성자 비파괴검사(NRT; Neutron Radiographic Testing)
중성자가 물질을 투과할 때 물질과 상호작용에 의해 그 세기가 감쇠되는
현상을 이용한 비파괴 검사 방법으로 X-선보다 훨씬 깊고 분해능도 뛰어나다.
금속과 같이 밀도가 높은 물질이나 3 폭약류, 수소 화합물과 같이 가벼운
원소로 구성된 복합 물질의 비파괴 검사에 유용하다.

ⓚ 응력측정 비파괴검사(SM; Stress Measurement Testing)
구조물의 안전성은 외력을 가한 상태에서 응력을 측정하여 평가하나 응력을
직접 측정할 수 없으므로 응력과 변형량이 비례함을 이용하여 구족물의
변형량을 측정하여 응력을 구하고 안전성을 평가한다.

5. 화학적 검사

① 해수시험법

피검재를 해수나 염수에 10~20시간 침지하여 재료 내의 편석, 균열 등의 결함을 판단하는 방법이다.

② 도금시험법

재료를 도금하면 도금상태에 따라 달라지는 것을 이용하는 방법으로, 철판과 같은 것은 저장 중의 발수를 방지하는 목적을 겸하여 이 시험을 하면 편리하다.

③ 아말감법

제 1 질산수은 100 g, 질산(비중 1.24) 1.3 cc를 물 1 *l*에 녹인 용액 중에 피검재를 담그면, 표면에 아말감을 만들어 재료를 대단히 취약하게 하므로 자연 균열을 일으킬 정도의 큰 내부응력이 남아 있기 때문에 자연 균열을 일으키는 재료를 적발할 수 있다.

④ 설퍼프린트(Sulfur print) 법

홈의 검출과 고스트 라인(ghost line) 검출 등에 이용된다. 유화물에 약산이 작용하면 브로마이드 인화지를 착색하는 성질이 있다. 이것을 이용해서 H_2S를 발생시켜 강 혹은 주물 등에 작용시켜 sulfur print를 검사할 수 있다.

sulfur print method를 이용하면 분석된 불순물의 분포 상태를 알 수 있다.

4 금속 재료의 기계적 시험

(1) 강 도

재료의 강도를 검사하는 방법에는 인장시험, 압축시험, 굽힘시험 등이 있다.

1) 인장시험

인장시험의 시험편의 표점거리는 $L = 4\sqrt{A_0}$ 로 나타내며 규격화되어 있다.
(A_0 : 시험편 원단면적).

시험 방법

각종 재료의 응력 변형률 선도를 시험편으로 시험한 결과는 그림 1·7과 같다.
위의 시험결과에서 연강은 항복점이 확실히 표시되나 황동과 기타의 재료에서 탄성한계를 구분하기 어려우므로 전신장량의 0.2%를 탄성한계로 하며 연강에 대해 자세한 응력 변형률 선도는 다음과 같다.

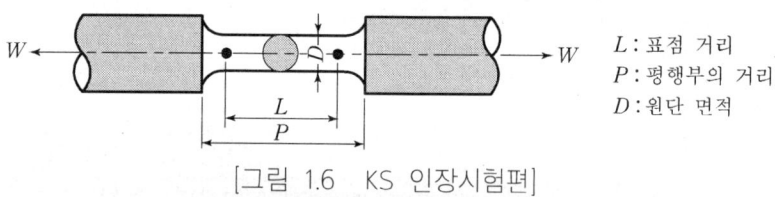

L : 표점 거리
P : 평행부의 거리
D : 원단 면적

[그림 1.6 KS 인장시험편]

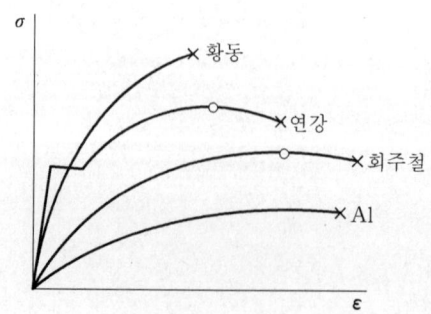

[그림 1.7 각종 재료의 응력 변형률 선도]

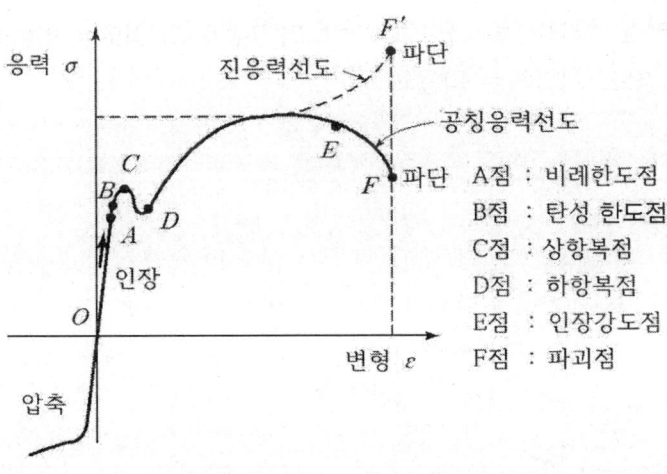

[그림 1.8 연강의 응력 변형률 선도]

2) 압축시험

압축시험은 압축강도를 구하기 위한 목적인데 하중의 방향이 다를 뿐 인장시험과 똑같다. 소성구역의 경우 원주상 길이와 지름비는 $L/D = 1 \sim 3$이 된다.
연성이 큰 재료는 최후까지 파괴하지 않으므로 파괴강도를 측정할 수 없다.

3) 굽힘시험

굽힘시험에는 재료의 굽힘에 대한 저항력을 조사하는 항곡시험 또는 항절시험과 심하게 굽힌 때의 파열 등이 생기는가의 여부를 조사하는 굴곡시험이 있다.

(2) 경 도

경도는 재료의 정적강도를 나타내는 하나의 기준이다. 경도는 일반적으로 인장강도에 비례한다. 경도표시법에는 다음과 같다.

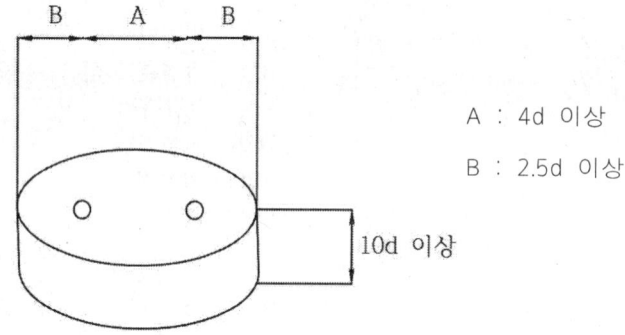

A : 4d 이상
B : 2.5d 이상

1) 압입경도

1. 브리넬 경도

H_B로 표시하고 브리넬(Brinell) 경도의 단위는 kg/mm² 이나, 경도수에는 단위를 붙이지 않는다(D:강철 볼의 지름, d:볼 자국 지름).

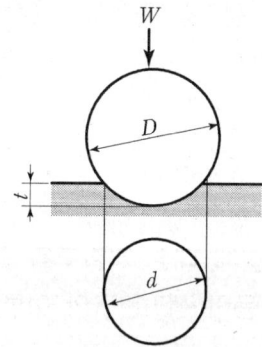

[그림 1.9 브리넬 경도 시험]

$$H_B = \frac{2W}{\pi D(D - \sqrt{D^2 - d^2})} = \frac{W}{\pi Dt}$$

2. 비커스 경도 및 누프 경도

비커스 경도는 일명 diamond pyramid hardness라고도 하며, 정각 136°의 다이아몬드 제4각추를 시험편에 압입할 때 생기는 압흔의 면적으로 압입에 요하는 하중을 나눈 값으로 나타내며 질화강이나 침탄강 경도 시험에 적합하다.

$$H_V = \frac{2W}{d^2} \cos 22° = 1.854 \frac{W}{d^2}$$

W:하중

d:압흔의 대각선의 길이

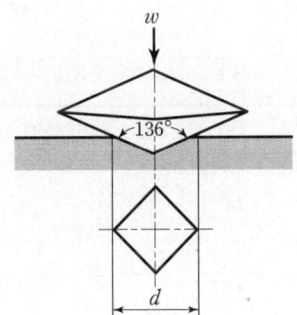

[그림 1.10 비커스 경도 시험]

3. 로크웰 경도

로크웰 경도는 강구 또는 120°의 다이아몬드 원추시험편에 압입할 때 생기는 압흔의 깊이를 나타낸다.

$H_R B - 1.588\,\mathrm{mm} \left(\frac{1}{16}''\right)$의 압입강구 이용. 연한 재료(연강, 황동)의 경도시험에 이용 $H_R C - 120°$의 원뿔 다이아몬드 이용. 굳은 재료의 경도시험에 이용(담금질강)

강구의 경도 $H_R = 130 - \dfrac{t}{0.002}$

다이아몬드 $H_R = 100 - \dfrac{t}{0.002}$

2) Scratch 경도

Scratch 경도의 대표적인 것이 모스(Mohs) 경도이며, 금속의 재료에는 별로 사용되지 않고 암석류나 광석을 긁어 흠을 주어서 대략의 경도측정에 적합하다 (활석 1, 금강석 10).

3) 반발경도(H_S)

반발경도의 대표적인 방법은 쇼어(Shore) 경도계이다. 선단에 다이아몬드를 붙인 일정한 하중의 추를 일정한 높이에서 떨어뜨려, 그 추가 시험면에 부딪혀 튀어 오르는 높이 h에 의하여 쇼어 경도 H_S를 정하는 방법으로 $H_S = (10,000/65) \times (h/h_0)$의 식으로 나타낸다.

[표 1.7 각종 경도의 상호 비교치]

브리넬(Brinell) 경도		쇼어 경도 (Shore)	로크웰(Rockwell) 경도		비커어스 경도 (Vicker's)
보올의 직경 10mm 하중 3000kg			B 스케일 (scale)	C 스케일 (scale)	
자국직경	경도수	경도수	하중 100kg	하중 150kg	경도수
3.25	352	51	(110.0)	37.9	372
3.30	341	50	(109.0)	36.6	360
3.35	331	48	(108.5)	35.5	350
3.40	321	47	(108.0)	34.3	339
3.45	311	46	(107.5)	33.1	328

(3) 충격강도

금속이 소형변형을 일으키지 않고 파괴하는 성질을 취성이라고 하고, 이에 반대의 의미로 연성과 인성이라는 용어가 있다. 인성이라는 용어는 충격적인 하중에 대한 재료의 저항을 말한다. 충격 시험에는 샤르피(Charpy) 시험과 아이조드(Izod) 시험이 있다.

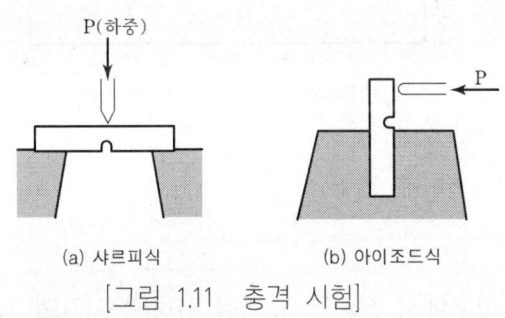

(a) 샤르피식   (b) 아이조드식

[그림 1.11 충격 시험]

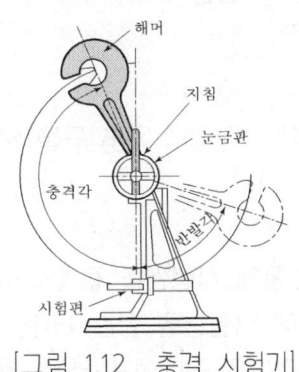

[그림 1.12 충격 시험기]

(4) 피 로

재료가 인장과 압축을 되풀이해서 받는 부분이 있는데 이러한 경우 그 응력이 인장 또는 압축 강도보다 훨씬 작다 하더라도 이것을 오랫동안 되풀이하여 작용시키면 파괴된다. 이와 같은 현상을 피로라고 하고, 그 파괴현상을 피로파괴라고 한다.

어느 응력에 대하여 되풀이 횟수가 무한대로 되는 한계가 있는데 이와 같은 능력의 최대한을 피로한도 또는 내구한도라고 한다. 그림에서 보는 바와 같이 강이나 Ti는 어느 응력 이하에서는 S-N 곡선이 수평이 되어 하중의 사이클을 무한히 반복하여도 전혀 파괴가 일어나지 않게 된다. 그러나 대부분의 비철 금속에서는 S·N 곡선이 피로한도를 나타내지 않고 계속 강하한다. 실용적인 입장에서 $10^6 \sim (10^7)$ 사이클의 반복에 상당하는 응력치를 피로한도로 하고 있다.

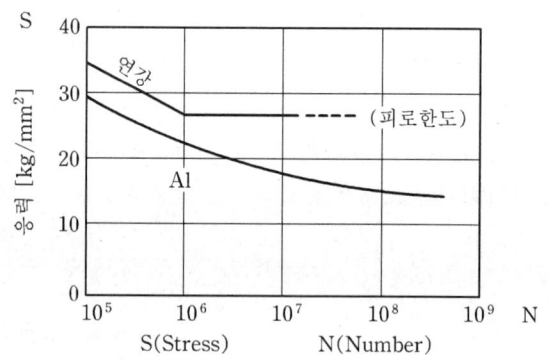

[그림 1.13 피로 시험의 S-N 곡선과 피로한도]

(5) 크리프

금속의 재료에 고온에서 장시간 외력을 가하면 시간의 경과에 따라 서서히 그 변형이 증가하는 현상을 creep라고 한다.

(6) 마 모

재료의 마모에 대한 저항이나 마모의 기구 등을 알기 위하여 마모 시험이 실시된다. 마모시험 방법에는,

① 회전하는 원판 또는 원통에 시험편을 접촉시키는 방법
② 왕복운동을 하는 평면에 시험편을 접촉시키는 방법
③ 같은 지름의 원주상 시험편을 끝내면서 접촉시키면서 회전시키는 방법 등이 있다.

(7) 에릭센 시험

에릭센 시험은 얇은 금속판의 딥드로잉성을 시험하는 방법이다.

(8) 부식 시험

부식 시험은 다음과 같은 부식제를 사용한다.

[표 1.8 현미경 조직 시험의 부식제]

재료	부 식 제	
철강	질산 알콜 용액 - 진한 질산 5[cc], 알콜 100[cc], 탄소강, 철강	
	피크린산 알콜 용액 -	피크린산, 탄소강, 철강 알콜
	피크린산+가성소오다(NaOH) : 페라이트와 시멘타이트 구분시 시멘타이트가 갈색 또는 흑색으로 나타남	
구리, 황동, 청동	염화제이철 용액 -	염화제이철 진한 염산 물
Ni 및 그 합금	질산 초산 용액 -	질산(70%) 초산(50%)
Sn 합금	질산 용액 및 나이탈 -	질산 알콜
Pb 합금	질산 용액 -	질산 물
Zn 합금	염산 용액 -	염산 물
Al 및 그 합금	수산화나트륨액 -	수산화나트륨 물
	불화수소산 - 10% 수용액	
	염산용액	
Au, Pt 등의 귀금속	왕수 -	진한 질산 진한 염산 물

5 평형상태도

(1) 상 률

1) 물질계

① 물질계: 한 물질 또는 몇 개의 집합이 외부와의 관계없이 독립해서 한 상태를 이룰 때

② 계: 독립성을 가진 원소

③ 상: unclesr 또는 atom의 집합모양

④ 성분: 한 개의 계를 구성하는 화학성분

T (Temperature)
P (Pressure)   3상을 변동시키는 원동력
V (Volume)
C (변수)

물의 3중점은 0°C, 4.58 mmHg이다(자유도 0)

2) 상률

① Gibbs의 상률(phase rule)

$$F = (np+2) - [p+n(p-1)] = n+2-p$$

F = 자유도

P = 상의 수

n = 성분

② $F = n+1-p$

- 응축계: 금속학에서는 압력은 대기압이므로 자유도는 항상 하나가 적다.

(2) 2성분계

1) 2성분계의 농도 표시법

농도란 1개의 계에서 성분 서로간의 관계량 또는 비율을 말하며 %로서 나타낸다. A, B 2성분계의 농도 표시법은 그림 1·14에 따라 다음과 같이 표시한다.

X% + Y% = 100

$$\frac{AP}{BP} = \frac{Y}{X}$$

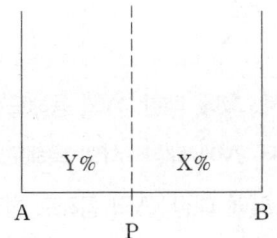

[그림 1.14 2성분계 농도]

A 성분에 대한 농도 X%, B 성분에 대한 농도 Y%라고 한다.

2) 전율 고용체의 상태도

전율 고용체란 고용체를 만드는 용매와 용질 원자간에 있어서 모든 비율에 걸쳐 고용체를 만드는 경우이며 전율 고용체의 조건은 두 성분이 같은 형의 결정격자를 갖고 원자지름의 차가 적으며 성분원자의 상호결합력이 작을 경우이며 Ag-Au, Cu-Ni, Bi-Sb의 경우이다.

A′pB′ → 액상선

A′qB′ → 고상선

합금의 액체의 농도와 고용체의 양적비율은 다음과 같다.

액체:고용체=mq:mp

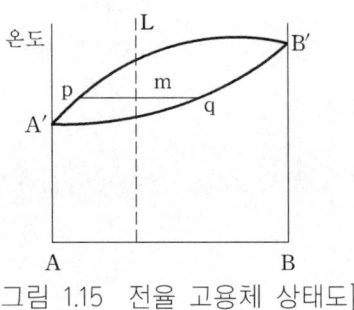

[그림 1.15 전율 고용체 상태도]

3) 부분 고용체 상태도

치환형공용체에서 원자지름의 차가 15% 이상시 변형이 큼

1. 공정형

① 그 성분이 전율 고용체를 만들지 않고 서로 어느 한도만 용해하여 M 이 N 을 품는 고용체와 N 이 M 을 품는 고용체가 서로 다른 상이 되어 그것이 생성분이 되어서 공정을 만들 때

② Cu-Au, Al-Si, Ag-Si, Bi-Sn, Ag-Cu, Au-Ni, A-Cd-Sn, Pb-Sn

    ⓐ A:성분 M의 융점
    ⓑ B:성분 N의 융점
    ⓒ E:공정점
    ⓓ F:이 온도에서 M에 대한 N의 용해도 한계점
    ⓔ G:이 온도에서 N에 대한 M의 용해도 한계점
    ⓕ H:상온에서 M에 대한 N의 용해도 한계점
    ⓖ K:상온에서 N에 대한 M의 용해도 한계점
    ⓗ AE: α 고용체의 액상선
    ⓘ BE: β 고용체의 액상선
    ⓙ AG: α 고용체의 고상선
    ⓚ FEG:공정 반응선

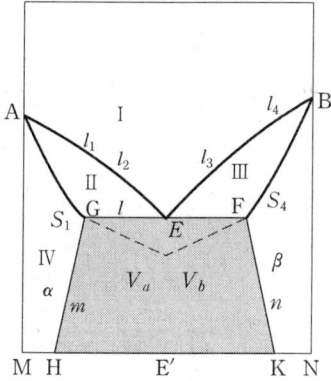

[그림 1.16 공정형 상태도]

$$L \underset{\text{가열}}{\overset{\text{냉각}}{\rightleftarrows}} \alpha\text{-고용체} + \beta\text{-고용체}$$

E점의 자유도
F=n+1-P=2+1-3=0

2. 포정형

㉮ CG : α정의 고상선
㉯ ED : β정의 액상선
㉰ GH : α정에 있어서의 β정의 용해도 곡선
㉱ FK : β정에 있어서의 α정의 용해도 곡선
㉲ 수평선 GFE : 포정반응선
㉳ I : 용체, II : α고용체 + 용체, III : β고용체 + 용체
㉴ IV : α고용체, V : α고용체 + β고용체
㉵ VI : β고용체

한 고상의 융체가 작용하여 다른 고상을 생성하는 반응을 포정반응이라고 한다. 즉,

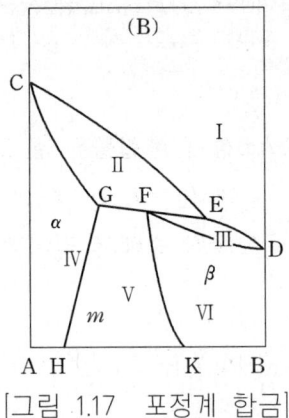

[그림 1.17 포정계 합금]

$$\alpha 고용체(G) + 용액(E) \underset{가열}{\overset{냉각}{\rightleftarrows}} \beta 고용체(F)로 된다.$$

4) 액상분리형 상태도(완전분리형과 편정형)

1. 완전분리형

물과 기름과 같이 액체에서나 고체에서 전연 용해하지 않는 때도 있다.
이 때는 각 성분이 따로 고유의 응고점에서 응고하므로 그림 1·18과 같이 단지 2개 수평선을 갖는 상태도가 된다.

Al-K, Cr-Bi, Pb-Si, Bi-Fe, Al-Pb

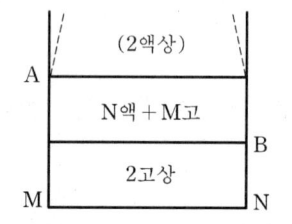

[그림 1.18 완전 분리형 상태도]

2. 편정 혹은 단정형

그림 1·19와 같이 k조성의 혼합물은 온도 t_1 이하 t_3 이상에서는 균일한 단상 용액이나 온도 t_2에서는 L_1과 L_2의 2상이 공액분리한다.
이러한 액상분리가 응고과정 중에서 일어날 때를 말한다.

Cu-Pb, Bi-Zn, Ag-Ni

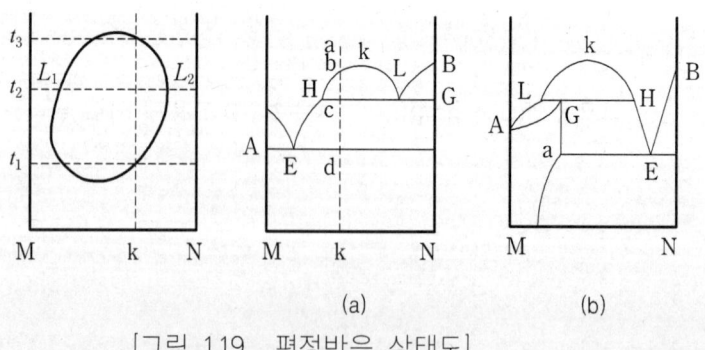

[그림 1.19 편정반응 상태도]

5) 고체 상태에서 변태하는 합금

공업적으로 사용되는 합금 중에는 고체 상태에서 상변화를 갖는 합금이 대단히 많다. 2개의 성분 금속 또는 금속간 화합물이 동소 변태를 가질 때에는 응고 후 이것을 냉각하면, 냉각 도중에 그 변태에 해당되는 온도에서 발열 작용을 하게 되므로 그 상태도 한 개의 직선 또는 곡선으로 변화가 나타난다.

액상과 고상의 변화를 비교하면 다음과 같이 상관성이 있다.

1. 액상 → 고상의 변화

① 공정(共晶, eutectic)
② 포정(包晶, peritectic)
③ 편정(偏晶, monotectic)
④ 초정(初晶, primary crystal)
⑤ 액상선(液相線)
⑥ 고상선(固相線)

2. 고체 → 고상의 변화

① 공석(共析, eutectoid)
② 포석(包析, peritectoid)
③ 편석(偏析, monotectoid)
④ 초석(初析, primary precipitate)
⑤ 초석선(初析線)
⑥ 완석선(完析線)

(3) 성분계 및 다성분계

1) 3성분계 상태도의 표현법

3성분계의 조성은 정삼각형내의 한 점으로 표시한다.

1. Gibbs의 방법

정삼각형의 높이를 100으로 하고 P점에서 각 변에 그은 수선의 길이로 표시 (그림 1·20(a))

2. Roozeboom의 방법

변 길이를 100으로 하여 P점에서 각 변에 평행하게 그은 선분의 길이 (그림 1·20(b))

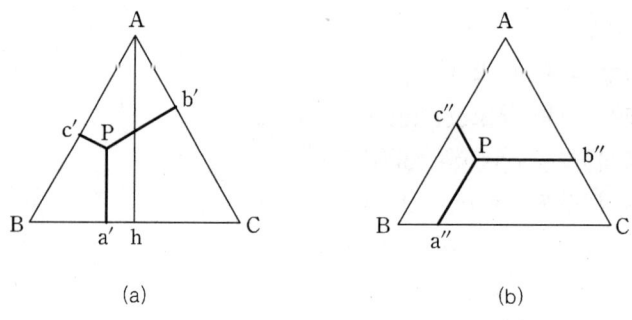

[그림 1.20 3성분 농도 표시법]

6 탄성과 소성, 회복과 재결성, 확산·석출·소결·산화와 부식

(1) 단결소성과 탄성

1) 응력-변형선도

탄성변형 후에 소성변형을 거의 일으키지 않거나 혹은 소성변형을 일으켜도 오목부(necking)가 생기지 않는 균일한 변형구역에서 파단하는 재료가 있다. 이와 같은 재료의 성질을 취성이라 하고, 그 파괴 방식을 취성파괴라 한다. 소성 변형구역을 가진 후에 파괴하는 재료의 성질을 연성이라 하고, 그 파괴방식을 연성파괴라 한다. 금속에 항복점을 넘는 소성변형을 주는 작업을 소성가공이라 한다. 소성 변형을 주는 작업에서 재결정 온도 이하에서 소성변형이 일어나면 금속은 경화한다. 이 현상을 가공경화 또는 변형격자라 부른다.

2) 소성(plastic)

금속 시편을 어느 한 방향으로 소성 변형을 가한 재료에 역방향의 하중을 가하면 전과 같은 방향으로 하중을 가한 경우보다는 소성변형에 대한 저항이 감소한다. 즉 가공경화가 적어진다. 이것을 바우싱거(Bauschinger) 효과라고 부른다. 바우싱거 효과는 비틀림 변형의 경우에 가장 명백하게 관찰된다. 변형을 반복하여 실행하면 같은 소성변형량이 대한 응력치는 조금씩 변하나, 수회의 cycle 후에는 거의 일정치가 되어 응력-변형곡선의 모양은 같은 모양의 반복이 된다. 이 곡선은 잘 알려져 있는 자기 히스테리시스(hysteresis)의 곡선과 비슷하므로, 이 현상을 소성 히스테리시스라 부르고 있다.
소성 히스테리시스 곡선의 면적을 흡수 에너지라고 하며 열 에너지 등으로 소비된다.

3) 슬립(slip)

결정격자가 외력에 의하여 변형할 경우 탄성한계를 넘어서 더욱 외력이 증가하면 원자간의 결합이 끊어져 결정이 분리되는 일은 쉽게 일어나지 않는다. 그러나 결정격자에 외력이 가하여지면 그 분력은 여러 원자면에 전단력을 일으켜 원자면에 따라서 변형을 일으키도록 작용한다. 슬립이 일어나는 원자면을 슬립면(slip plane), 그 방향을 슬립방향(slip direction)이라 한다.

4) 쌍정(twin)

소성변형에는 전술한 슬립 외에 쌍정이라는 또 하나의 용어가 있다. 쌍정이란 특정의 변형면을 경계로 하여 처음의 결정과 경면적(거울면) 대칭의 관계에 있는 원자 배열을 갖는 결정의 부분을 말한다.

그 경계가 되는 면을 쌍정면이라 부른다. 전단이 일어나는 방향을 쌍정방향이라 한다. 쌍정이 결정의 방향에 의하여 일어나는 것을 변형 쌍정 또는

기계 쌍정이라 하며, 외력을 받아 직접적으로 생기는 쌍정을 기계적 쌍정이라 하며, 가공과정 중 열을 받아 생긴 쌍정을 풀림쌍정 또는 소둔쌍정이라 한다.

(2) 전위(dislocation)

금속의 결정에 외력이 가하여지면 슬립 또는 쌍정을 일으켜 변형한다.
이때 슬립면의 위와 아래에서 하나의 원자면이 중단된 곳이 생긴다.
이것을 전위라고 한다.

● 전위와 용질 원자간에 작용하는 힘

금속결정 중에 이종의 원자가 치환형으로 고용되어 있을 때, 원자 반경이 달라서 용매원자보다 용질원자가 큰 경우는 주위의 압축 응력장이 생긴다. 전위가 안정되어 외력을 가하여도 용이하게 움직이지 않는다. 이것을 용질원자에 의한 전위의 고착작용이라 하며 가공경화의 원인이다. 용질원자와 칼날전위의 상호작용을 코텔(Cottel) 효과라 부른다.

(3) 회복과 재결정

1) 개론

냉간 가공한 금속을 가열하면 가공으로 변화한 성질이 가공 전에 가까운 상태로 돌아간다. 이 가열조작을 소둔이라한다. 풀림에 의하여 성질이 원상태로 돌아가는 과정은 크게 둘로 나눌 수 있다. (풀림에 관한 설명은 열처리에서 자세히 언급함)

1. 회복

결정립의 모양이나 결정의 방향에 변화를 일으키지 않고 물리적, 기계적 성질만이 변화하는 과정이다.

2. 재결정

결정립이 내부 변형이 없는 새로운 결정립으로 치환되어가는 과정이다.

2) 회복

1. polygonization
전위 사이의 부분은 슬립면이 직선화 하기 때문에 다각형화되므로 이 현상을 말한다.

2. sub-boundary
다각형화가 되려는 소경각 경계를 말한다.

3. sub-gain
sub-boundary로 경계된 결정을 말한다.

3) 재결정

1. 재결정
- 회복과 재결정은 근본적으로 상이한 현상이다.
- 재결정은 핵의 생성과 성장에 의해서 진행된다.
- 재결정은 풀림(annealing)이 시작되어 시간이 약간 경과한 후에 진행된다.
- 재결정은 1차 재결정, 2차 재결정, 3차 재결정이 있다.

2. 재결정 온도
- 냉간 가공을 받은 재료가 어떤 한정된 시간 내에 재결정이 완료되는 온도를 말한다.
- 온도 변화에 의한 재결정의 예민성은 금속 고유의 온도같이 생각되면 시간의 관념이 없어지는 것 같다. 핵성장률은 단위시간, 단위부피 중에 생성되는 결정핵의 수를 N으로 표시한 것을 말한다. 핵성장속도를 G로 나타내면 재결정의 진행은 N과 G의 크기 또는 그 비 N/G에 의하여 좌우된다. 적당한 조건을 조합하여 한 결정립만을 성장시켜 단결정화 할 수 있다. 방법을 변형 풀림법이라 한다.

(4) 확산·석출·소결

1) 확 산

확산은 용매 중에 용질이 용입하고 있는 상태에서 국부적으로 농도차가 있을 때 시간의 경과에 따라 농도의 균일화가 일어나는 현상이다. 기체나 액체 또는 고체에서도 일어난다. 고체에서는 특히 고온도에서 일어난다.

1. 확산의 작용

① 침탄

제품을 만들기 위하여 저탄소 재료도 손쉽게 절삭가공한 후 표면에서 C를 확산시켜서 표면에 고탄소의 합금층을 만드는 조작을 침탄이라고 한다.

침탄에는 다음 세 가지 방법이 있다.

ⓐ 고체침탄법: 침탄상 속에 제품과 침탄제를 채워서 밀폐하고 850~950°C로 가열하여 침탄시킨다. 침탄제료로서는 목탄 또는 골탄에 침탄촉진제로서 $BaCO_3$나 Na_2CO_3 등을 가한 것을 사용한다.

ⓑ 가스침탄법: 천연가스, 도시가스, 프로판, 부탄 등의 가스를 써서 제품을 넣은 노 중에서 공기를 적당히 혼합하여 불완전 연소시켜 850~900°C로 가열해서 침탄한다. 고체침탄법에 비하여 균일한 침탄층이 얻어지는 이점이 있다.

ⓒ 액체침탄법: NaCN을 주성분으로 하는 염욕 중에 제품을 넣어서 침탄시키는 방법이며, 가열온도는 750~900°C이다. 이 방법에서는 침탄과 함께 질화도 일어나므로 침탄질화법 이라고도 불린다.

② 질화

Al, Cr, Ti, Mo, V 등을 품은 강에 N을 확산시키면, N은 이러한 원소와 결합하여 견고한 질화물을 만드므로 강표면의 경도가 높아진다.
이런 강을 질화강이라 부른다.

③ 금속 침투법

이 방법은 금속 제품의 표면에 다른 금속을 확산시켜서 특수한 성질을 갖는 표면층을 만드는 처리법이다.

ⓐ 세라다이징:Zn의 표면층을 만드는 방법이며 주로 강제품에 이용된다.
ⓑ 컬러라이징:Al의 표면층을 만드는 방법이며 주로 강제품에 이용된다.
ⓒ 크로마이징:크롬 표면층을 만드는 방법이며 강제품, 특히 연강에 이용된다.
ⓓ 실리코나이징:강에 Si를 침투시키는 방법이다.
ⓔ 보로나이징:주로 철제품의 표면 경화를 목적으로 실시되는 방법으로
   B(붕소) 침투

2. 시효 및 석출

① 시효현상

균일한 고용체의 결정내부에 다른 성분의 결정이 분리하여 생기는 현상을 석출이라 한다. 온도의 저하에 따라 일어나는 상태변화를 급랭함으로써 저지하는 조작을 담금(quenching)이라 한다. 담금 전에 고온으로 유지하여 균일한 고용체로 만드는 조작을 용체처리라고 한다. 퀜칭한 합금 중에는 온도 T_1에서 B 금속은 과포화의 상태에 있다. 이 과포화 상태의 B 금속은 석출하려고 하는 경향을 가지므로 조금 가열하여 온도를 올려주면 B 금속의 원자는 확산을 일으켜서 석출한다. 이 과정의 진행에 따라서 합금의 여러 가지 성질이 변화한다. 이것을 시효현상이라 부른다.

② 소결과 분말야금

두 개의 금속 시편을 밀착시켜서 온도를 올리면, 그 사이에 확산이 일어나므로 2개의 시편은 정착된다. 괴상의 금속 대신에 금속 분말을 압축하여 뭉친 것을 가열하면 개개의 입자 사이에 확산이 일어나서 분말을 서로 융착하여 1개의 개체가 된다. 이 현상을 소결이라 한다.
분말 야금은 금속 분말을 원료로 하여 소결현상을 이용해서 기계제품을 만들거나 또는 특수한 성질의 재료를 만드는 법이다.

③ 분말 야금의 특징

ⓐ 절삭 공정을 생략할 수 있다.
ⓑ 제조 과정에서 융점까지 온도를 올릴 필요가 없다.
ⓒ 융해법으로는 만들 수 없는 합금을 만들 수 있다.
ⓓ 다공질의 금속 재료를 만들 수 있다.

(5) 파괴(fracture)

1) 연성파괴

연성이 있는 재료는 파괴되기까지의 소성변형이 크고 파괴 전에 극부적 단면수축이 생겨 그 위치에서 파단되는 파괴로 이를
연성파괴(延性破壞, ductile fracture)라 한다.

2) 취성파괴

파괴될 때까지 생기는 소성변형이 작은 금속은 단면수축이 거의 일어나지 않고 돌연 파괴되면서 분리된다. 이와 같은 파괴를 취성파괴(脆性破壞, brittle fracture)라 한다.

3) 피로파괴

금속재료에 정적인 하중이 반복해서 작용될 때, 단일 하중하의 파괴 응력보다 훨씬 작은 응력, 또는 상온에서 탄성한도보다 작은 응력이 작용해도 오랫동안 반복되면 파괴된다. 이러한 현상을 금속의 피로(疲勞, fatigue)라 하며,
이 파괴를 피로파괴(疲勞破壞, fatigue fracture)라 한다.

4) 크리프 파단

일정한 작은 응력을 받은 상태에서 재료가 고온에서 시간의 경과에 따라 서서히 변형이 증대되는 형상을 크리프(creep)라 하며, 재료가 크리프 변형에 의해 파단되는 현상을 크리프 파단(creep rapture)이라 한다.
여기에는 입계(粒界)에서 심한 미끄럼이 일어나는 점성입계파괴(粘性粒界破壞)와 입계에서 분리되는 취성입계파괴(脆性粒界破壞) 등이 포함된다.
크리프에 강한 재료에는 Cr-Mo강, Cr-Ni-Mo강, Ni-Mo강 등이 있다.

연/습/문/제

01 침입형 고형체와 관계가 없는 것은 어느 것인가?

① 원자 반경의 차이가 클 때 생긴다.
② 고용체의 원자 반경이 작을 때 생긴다.
③ 침입형 고형체가 고용될 수 있는 원소는 C, N, B, H, O이다.
④ 황동과 오스테나이트는 이에 속한다.

1.
치환형 고용체는 원자의 크기가 비슷할 때 (Ag-Cu, Cu-Zn), 침입형 고용체는 용질 원자의 크기가 작을 때 발생

02 금속이 열이나 전기전도도가 높은 이유는 무엇인가?

① 금속이 상온에서 고체이기 때문이다.
② 금속 광택을 갖고 있기 때문이다.
③ 비중이 크기 때문이다.
④ 자유 전자가 이동할 수 있기 때문이다.

03 원자의 배열이 불규칙 상태에서 규칙 상태로 변할 때 다음 중 옳은 것은?

① 연성이 좋아진다.
② 강도와 경도가 나빠진다.
③ 전기전도도가 커진다.
④ 강도는 커지나 경도는 저하된다.

3.
전기전도도는 전기저항의 역수이다.

04 금속을 용융상태에서 냉각시키면 응고온도에서 다소 그 온도보다 낮은 온도에서 응고한다. 이것은 어떤 원인에서인가?

① 과냉하기 때문이다.　　② 급냉하기 때문이다.
③ 서냉하기 때문이다.　　④ 초냉하기 때문이다.

정답　01 ④　02 ④　03 ③　04 ①

05 금속의 결정구조와 관계없는 것은 다음 중 어느 것인가?

① 단사입방격자 ② 면심입방격자
③ 체심입방격자 ④ 조밀육방격자

06 조밀육방격자는 다음 어느 경계에 속하는가?

① 입방정계 ② 육방정계
③ 정방정계 ④ 상방정계

07 다음 금속 중 전기전도도가 가장 큰 금속은 어느 것인가?

① Au ② Ag
③ Mg ④ Cu

08 금속의 응고 과정에서 결정 성장에 영향을 주는 요인이 아닌 것은 어느 것인가?

① 금속의 표면장력
② 결정 정계상에 작용하는 각종 힘
③ 점성 및 유동성
④ 금속의 용융성과 응고점

09 다음 금속 중 용융점이 가장 높은 것은 어느 것인가?

① Au ② Mo ③ Pt ④ W

9. 용융온도
Au:1063
Mo:2625
Pt:1773
W:3410

10 순철의 상온 결정구조는 어느 것인가?

① F.C.C ② B.C.C ③ H.C.P ④ T.C.C

정답 05 ① 06 ② 07 ② 08 ④ 09 ④ 10 ②

11 면심 입방격자 구조에서 귀속 원자수는 몇 개인가?

① 2개 　　　　　　　② 1개
③ 3개 　　　　　　　④ 4개

11. 귀속 원자수
　　BCC:2원자
　　FCC:4원자
　　HCP:2원자
　　(사각기둥)

12 다음 금속 중 비중이 가장 큰 금속은 어느 것인가?

① Al 　　　　　　　② Mg
③ Cu 　　　　　　　④ Os

12. 금속의 비중
　　Al:2.7
　　Mg:1.74
　　Cu:8.9
　　Os:22.57

13 금속의 가공성이 가장 좋은 결정격자는 어느 것인가?

① 체심입방격자　　　② 면심입방격자
③ 조밀육방격자　　　④ 사방입방격자

14 금속의 조직이 성장되면 불순물은 어느 곳에 많이 모이는가?

① 결정입계내에 모인다.
② 결정입계에 모인다.
③ 결정입계와 입내에 모인다.
④ 결정입계의 중심부에 모인다.

14. 불순물이 결정입계에 모이는 것을 편석현상이라 한다.

15 다음 금속 중 팽창계수가 가장 큰 것은 어느 것인가?

① Al 　　　　　　　② Cu
③ Mg 　　　　　　　④ Zn

15.
Al 2.38×10^{-5}
Cu 1.71×10^{-5}
Zn 2.97×10^{-5}
Mg 2.6×10^{-5}
Cr 0.84×10^{-5}

정답　　11 ④　12 ④　13 ②　14 ②　15 ④

16 일반적인 결정입계의 온도와 파단(fracture)에 관한 것이다. 옳은 것은?

① 저온에서는 결정립이 아주 강해 심한 변형을 주면 crack는 결정입계를 통하여 일어난다.
② 저온에서는 결정입계는 아주 강해 심한 변형을 주면 crack는 결정(crystal) 내를 통하여 일어난다.
③ 저온에서나 고온에서나 결정입계를 통해 일어난다.
④ 저온에서나 고온에서나 결정을 통해 일어난다.

17 같은 물질이 다른 상으로 된 것은 어느 것인가?

① 변화
② 변태
③ 결정 변화
④ 자기 변태

18 결정입도가 큰 재료가 결정입도가 작은 재료보다 일반적으로 성질이 어떠한가?

① 전성이 크며 강도는 작다.
② 전성은 작으나 강도는 크다.
③ 전성과 강도가 크다.
④ 전성과 강도가 작다.

19 금속에서 전위현상은 다음 어디에 속하는가?

① 전결함   ② 점결함
③ 면결함   ④ 선결함

19.
전위현상은 선결함이며 적층결함이나 쌍정은 면결함이다.

| 정 답 | 16 ② | 17 ② | 18 ① | 19 ④ |

20 다음 금속 중 자기변태를 갖지 않는 것은 어느 것인가?

① Ni ② Co
③ Fe ④ Sn

20. 자기변태 온도
Fe:768
Fe_3C:215
Ni:368
Co:1150

21 가공도가 크면 금속의 성질은 어떻게 변하는가?

① 경도는 감소 ② 충격치는 감소
③ 연신율은 증가 ④ 경도가 증가

22 금속의 냉각속도가 빠르면 조직은 어떻게 변하는가?

① 금속의 조직이 치밀해진다.
② 냉각속도와 금속의 조직과는 관계가 있다.
③ 금속의 조직이 조대해진다.
④ 불순물이 적어진다.

22.
냉각속도가 빠르면 결정핵이 많아져서 조직이 치밀해진다.

23 일반적으로 열분석 곡선을 설명할 때 사용하는 곡선은 어느 것인가?

① 냉각곡선
② 가열곡선
③ 냉각과 가열동시에
④ 아무렇게나 관계없다.

24 고용체 상태에서는 어떤 현상을 찾아 볼 수 없는가?

① 강도증가 ② 경도증가
③ 전연성의 증가 ④ 변형의 증가

| 정 답 | 20 ④ | 21 ④ | 22 ① | 23 ① | 24 ③ |

25 금속재료 중 일정 온도에서 갑자기 전기 저항이 0(zero)이 되는 현상은?

① 공유
② 초전도
③ 이온화
④ 형상기억

26 비정질합금의 특징을 설명한 것 중 틀린 것은?

① 전기저항이 크다.
② 가공경화를 매우 잘 일으킨다.
③ 균질한 재료이고 결정이방성이 없다.
④ 구조적으로 장거리의 규칙성이 없다.

27 다음 금속 재료 중 용융점이 가장 높은 것은?

① W
② Pb
③ Bi
④ Sn

28 금속 재료를 상온 가공해서 성질이 변했을 때 틀린 것은 어느 것인가?

① 경도는 증가한다.
② 인장강도는 증가한다.
③ 연신율은 증가한다.
④ 항복점이 높아진다.

26.
비정질 합금은 결정을 이루고 있지 않는 합금이며 주물제작을 하였을때 표면이 매끈하여 더 이상의 가공이 필요 없으며 일반적인 금속에 비해서 강도가 높다. 비정질 이므로 결정대로 쪼개지는 현상이 발생하지 않는다. 또한 결정질 금속의 경우 결정 격자의 독특한 공명으로 인하여 전파가 내부로 투과되지 못하지만, 비정질 합금의 경우에는 전파가 투과한다.

27.
① W : 3410 ℃
② Pb : 320 ℃
③ Bi : 271.5 ℃
④ Sn : 232 ℃

정 답   25 ②   26 ②   27 ①   28 ③

29 강괴 속에 생기는 가스가 수축관속에 들었다면 다음 중 어느 것인가?

① 산소 ② 질소 ③ 수소 ④ 없다.

30 변태점에서 무엇이 변하는가?

① 결정조직이 변한다.
② 온도가 변한다.
③ 함유되는 원소의 양의 변한다.
④ 원자량이 변한다.

30.
변태에는 동소변태와 동형변태가 있으며 동형변태는 자기변태라고도 하며 결정조직의 변화는 있으나 동소변태는 결정조직의 변화가 있다.

31 금속 재료를 현미경으로 조사해 보면 무수히 작은 알맹이의 모임으로 구성되어 있는 것을 알 수 있다. 이 알맹이를 무엇이라 하는가?

① 결정격자
② 단위포(unit cell)
③ 결자상수(lattice constant)
④ 결정립(crystal grain)

32 합금을 구성하는 성분 사이에 어느 종류의 금속을 성분금속의 원자수가 서로 일정한 비율, 즉 원자량의 정수비로 결합하고 있으며, 각 성분 그 속의 원자가 결정격자의 단위포 안에서 위치를 차지하고 있는 합금을 무엇이라 하는가?

① 금속간 화합물 ② 침입형 고용체
③ 치환형 고용체 ④ 규칙격자

| 정 답 | 29 ③ 30 ① 31 ④ 32 ① |

33 강괴(ingot)나 주물에선 금속의 용융 상태에서 응고할 때 그 응고 온도차에 따라 농도의 차를 일으킨다. 이런 현상을 무엇이라 하는가?

① 편정 ② 편석 ③ 포정 ④ 포석

34 금속을 용융 상태에서 냉각시키면 응고온도에서 응고하지 않고 다소 그 온도보다 낮은 온도에서 응고한다. 이런 현상을 무엇이라 하는가?

① 과냉 ② 초냉 ③ 급냉 ④ 심냉

35 용융 금속을 주형 등에 넣어 응고시키면 응고가 빠른 표면에 수직으로 가늘고 긴 기둥과 같은 조직이 생긴다. 이런 조직을 무슨 조직이라 하는가?

① 수지상정 ② 칠(chill:과냉) 조직
③ 주상정 ④ 주망조직

36 강괴를 주형에서 떼어 압연할 때 상부를 약간 잘라낸 다음 노(furnace)에 넣어 가열하게 된다. 이것을 갈라내는 이유는?

① 수축관의 제거
② 불순물의 제거
③ 기포의 제거
④ 강괴가 너무 커서

정답 33 ② 34 ① 35 ③ 36 ①

37 주철로 된 직사각형의 평판을 해머로 내려쳤더니, 그 주철판은 모서리 쪽으로 가는 금이 가서 깨지고 말았다. 이 원인은 무엇인가?

① 기포가 있기 때문에
② 수축공이 있어서
③ 라운딩이 되어 있지 않아 주상적 조직이 경계가 있기 때문에
④ 수지상정 조직으로 되어 있어 취약하기 때문에

37.
주철은 응고시 편석 현상이 생기지 않도록 라운딩을 해주어야 한다.

38 다음은 상(phase)을 설명한 것이다. 옳은 것을 골라라.

① 순철의 α-Fe, γ-Fe, δ-Fe는 동일상이다.
② 상태에서 전부 균일한 분자의 집합상태로 표시되어 있다.
③ 금속은 동일한 고체상태에서 이종의 원자배열을 갖는 경우가 있다.
④ 상태도에서 볼 수 있는 상은 고상, 액상, 기상의 단상이다.

39 응축계의 상률 중 옳은 것은?(단, F:자유도, n:성분수, p:상의수).

① $F = n + 2 - p$ ② $F = n + 1 - p$
③ $F = p + 1 - n$ ④ $F = p + 2 - n$

40 다음에서 불변계 반응이 아닌 것은?

① 초정정출반응   ② 공정반응
③ 포정반응   ④ 편정반응

41 침입형 고형체에 용해될 수 없는 원소는?

① C   ② H   ③ N   ④ P

41.
침입형 고용체의 원소는 C, H, B, N, O이다.

정답 37 ③   38 ③   39 ②   40 ①   41 ④

42 다음은 Fe_3C(cementite)를 설명한 것이다. 옳은 것은?

① 치환형 고형체로 α-Fe 일부가 C로 치환된 것이다.
② 침입형 고형체로 α-Fe 일부가 C로 침입된 것이다.
③ α-Fe에서 탄소, 유리탄소로 석출된 것이다.
④ 금속간 화합물의 일종이다.

42.
FeC는 침입형 고용체
Fe_3C는 금속간 화합물이다.

43 다음의 시효현상의 설명 중 틀린 것은?

① 시효경화현상은 비평형계에서 일어나는 상 변화이다.
② 합금의 상 변화 일부를 억제했을 때 나타난다.
③ 냉간 가공에 의한 격자결함에 의하여 나타난다.
④ 시효현상은 변태점이 있는 금속에서 일어나는 경도증가 현상이다.

44 시멘타이트(Cementite) 및 기타 탄화물의 부식제로서 가장 많이 사용하는 것은?

① 피크린산+알코올
② 질산+알코올
③ 염화제이철+염산
④ 피크린산+수산화나트륨

45 금속을 두들겨서 나오는 음향으로 결함을 검사하는 방법은?

① 타진법   ② 침지법   ③ 가압법   ④ 초음파법

46 시편을 석유에 침지시켜서 변색부를 보고 검사하는 법은?

① 유압법   ② 침지법   ③ 가압법   ④ 열기전력법

정 답   42 ④   43 ④   44 ③   45 ①   46 ②

47 다음 중 금속변태점 측정법이 아닌 것은?

① 열분석법　　　　　② 매크로 시험법
③ 비열법　　　　　　④ 자기 분석법

48 인장강도의 수치는 어떻게 나타내는가?

① kg/cm^3　　　　② kg/mm^2
③ kg/cm^2　　　　④ kg/mm^3

49 금속 재료의 성질을 말할 때 인장성질이라 하는 것 중 틀린 것은?

① 인장강도, 항복강도, 경도를 말한다.
② 인장강도, 항복강도, 연신율을 말한다.
③ 인장강도, 연신율, 단면 수축률을 말한다.
④ 인장강도, 항복강도, 연신율, 단면 수축률을 말한다.

50 금속 재료 시험의 목적이 아닌 것은?

① 기본적인 기계적인 성질을 알기 위해
② 화학약품에 의한 반응을 촉진시키기 위해
③ 각종 설계에 필요한 데이터를 구하고 사용목적에 적합한가를 알기 위해
④ 기계적 시험에서 특정한 반응을 촉진시켜 물리적 화학적 성질을 관찰하기 위해

51 충격 시험이란 어떤 성질을 알기 위함인가?

① 인장성질　　　　　② 경도
③ 인성　　　　　　　④ 변형성

47.
매크로 시험법은 10배 이내의 확대경이다.

정 답　47 ②　48 ②　49 ①　50 ②　51 ③

52 다음 경도기 중 압입체를 사용치 않는 경도기는?

① 브리넬 경도 ② 쇼어 경도
③ 비커스 경도 ④ 로크웰 경도

52.
쇼어 경도는 반발높이로서 경도를 측정하는 경도기이다.

53 다음 중 인장시험으로 알 수 없는 것은 어느 것인가?

① 항복점 ② 인장강도
③ 연신율 ④ 충격치

54 인장시험에서 시험편 표점거리 50mm의 시험편을 시험후, 표점거리는 측정하였더니 60mm였다. 이 시험편의 연신율은 얼마인가?

① 5% ② 15%
③ 20% ④ 30%

54. $\varepsilon = \dfrac{l'-l}{l}$

$= \dfrac{60-50}{50} \times 100$

$= 20\%$

55 충격 시험으로 측정할 수 있는 성질은?

① 경도 ② 인장강도
③ 인성과 취성 ④ 굽힘 강도

56 다음 중 압입경도 시험에 속하지 않는 것은?

① 브리넬 경도 ② 쇼어 경도
③ 누프 경도 ④ 비커스 경도

정답 52 ② 53 ④ 54 ③ 55 ③ 56 ②

57 압입체의 꼭지각이 120°인 다이아몬드콘의 로크웰 경도시험기로 사용하는 것이 적당한 것은?

① 연강 ② 경질합금
③ 납 및 합성수지 ④ 베어링 합금

58 로크웰 경도시험에서 B scale 압입체는 어느 것인가?

① 직경 1/2 인치의 강철봉
② 직경 1/16 인치의 강철봉
③ 강철봉 또는 원뿔형 다이아몬드
④ 꼭지각 120°의 원뿔형 다이아몬드

58.
C scale은 120° 원추각 다이아몬드 사용

59 비틀림 시험에서 토크와 비틀림각도가 갑자기 증가하는 것은?

① 항복점 ② 파단점
③ 최대 하중점 ④ 비례 한계점

59.
비틀림시험 중 항복점 부근에서 비틀림각도가 갑자기 증가하며 소성영역으로 들어간다.

60 쇼어 경도 시험결과 가장 크게 나타나는 재료는?

① 금속 ② 벽돌
③ 목재 ④ 경질고무

60.
경질고무는 딱딱한 고무이다.

61 냉간 가공을 하여 감소하는 성질은?

① 경도 ② 연신율
③ 강도 ④ 인장강도

정 답   57 ②   58 ②   59 ①   60 ①   61 ②

62 소성 변형의 원인이 아닌 것은?

① 편석　　　　　　　② 전위
③ 쌍정　　　　　　　④ 슬립

63 피로 시험에서 무한 반복에 견디기 위한 경우는?

① 상한응력은 작고, 하한응력은 클 때
② 상한응력은 크고, 하한응력이 작을 때
③ 상한응력과 하한응력이 차이가 커서 응력의 진폭이 클 때
④ 최대응력 및 응력이 변동범위가 한계치보다 작을 때

64 피로시험에서 S-N 곡선은 어느 것인가?

① 응력과 변형
② 응력과 반복횟수
③ 반복횟수와 시험기간
④ 반복횟수와 변형

65 크리프 장치에 속하지 않는 것은?

① 변형률 측정 장치
② 가열로 온도 측정 및 조정 장치
③ 시편 검사장치
④ 하중 장치

62.
편석은 주조시 발생하는 결함원인이다.

정답　62 ①　63 ④　64 ②　65 ③

66 다음 중 브리넬, 비커스 경도에 해당되는 것은?

① 하중을 압입자국의 깊이로 나눈 값
② 하중을 압입자국의 체적으로 나눈 값
③ 하중을 압입자국의 직경으로 나눈 값
④ 하중을 압입자국의 표면적으로 나눈 값

67 다음 금속 재료의 시험 설명으로 틀린 것은?

① 브리넬 경도시험은 정적시험이다.
② 충격시험은 동적시험이다.
③ 로크웰 경도 시험기는 C 스케일과 B 스케일이 있다.
④ 쇼어 경도 시험은 반발경도 시험이다.

68 비커스 경도계 압입체 피라미드의 꼭지각 각도는?

① 136° ② 146° ③ 138° ④ 128°

69 얇은 판재의 표면 강도를 측정하는 경도계는?

① 히아드 미터 ② 누프 경도계
③ 비커스 경도계 ④ 쇼어 경도계

69.
얇은 판재의 압입시험법은 적합치 못하다.

70 모스 경도계로 1인 것은?

① 형석 ② 방해석
③ 활석 ④ 황옥

| 정답 | 66 ④ | 67 ③ | 68 ① | 69 ④ | 70 ③ |

71 반복 작용하는 응력에 파괴되지 않고 견딜 수 있는 최대한도를 나타낸 것은?

① 탄성 한도
② 크리프
③ 충격 강도
④ 피로 한도

72 다음은 금속 재료의 가공도와 재결정 온도와 관계이다. 옳은 것은?

① 재결정 온도가 높은 금속은 가공도가 높다.
② 가공도가 큰 것은 재결정 온도가 높다.
③ 가공도가 큰 것은 재결정 온도가 낮아진다.
④ 가공도와 재결정 온도는 아무 관계없다.

73 전단 탄성계수는 어떤 시험으로 측정하는가?

① 인장시험　　　② 압축시험
③ 비틀림시험　　④ 크리프시험

73.
$\theta = \dfrac{Tl}{GI_p}$ (비틀림시험)

74 재료 시험기가 구비해야 할 조건이 아닌 것은?

① 연질이어야 한다.
② 안정성이 있어야 한다.
③ 내구성이 있어야 한다.
④ 정밀도와 감도가 우수해야 한다.

정 답　　71 ④　72 ③　73 ③　74 ①

75 굽힘시험은 다음 어떤 성질을 알기 위한 시험인가?

① 경도　　　　　　　② 강도
③ 주조성　　　　　　④ 소성가공성

76 비강도란?

① 인장강도/밀도　　　② 허용응력/밀도
③ 인장강도/면적　　　④ 허용응력/면적

76.
비강도는 항공기에서 사용

77 피로에 관계되는 설명 중 틀린 것은?

① S-N 곡선에서 응력의 종류에 따라 피로한도는 변한다.
② 초기파열은 응력변동 부분에서 일어나기 쉽다.
③ 피로한도는 탈탄에서 감소된다.
④ 침탄질화 및 냉간가공에 의해 피로한계는 감소된다.

77.
피로한도(철강)=$0.5X$
인장강도

78 에릭센 시험기는 다음 중 어느 것인지 하나만 골라라.

① 판의 강도를 시험하는 기계이며 구를 내려 눌러 파괴시켜 그 파괴가 시작하는 강도를 구한다.
② 축의 강도를 시험하는 기계이다.
③ 판의 강도를 시험하는 기계이며, 구를 내려 눌러 파괴시켜 그 파괴가 끝날 때의 강도를 조사하는 기계이다.
④ 축의 creep 한도를 재는 기계이다.

78.
딥드로잉성 시험법

정답　75 ④　76 ①　77 ④　78 ①

79 응력-연신율 곡선 중에 관계되는 말 중 틀린 것은?

① 일반적으로 공칭응력 곡선을 많이 쓴다.
② 어떤 금속이든지 나타내는 모양은 같다.
③ 실제 응력 곡선은 일반적으로 많이 쓰이지 않는다.
④ 수축 단면으로 파괴 하중을 나눈 것이 진응력이다.

80 회복이란?

① 내부 변형이 있는 결정립이 내부 변형이 없는 새로운 결정립으로 치환되는 과정
② 가공으로 경화된 금속이 가열로 물러지는 성질
③ 가공으로 내부 변형을 일으킨 결정립이 그 형태대로 내부변형을 해방해 가는 과정
④ 가공으로 전위가 집적된 상태에서 slip를 일으켜 강도가 낮아지게 되는 과정

80.
재결정 온도에 의해서는 회복과 재결정이 있으며 회복이란 모양은 바뀌지 않고 내부응력이 감소되는 과정이며 재결정이란 새로운 결정 입자로 치환되거나 조절되는 과정

81 다음 설명 중 틀린 것은?

① 재결정 온도 중심으로 냉간가공과 열간가공을 구별한다.
② 재결정은 핵생성 빈도와 성장 속도에 의해 좌우된다.
③ 금속의 순도가 높을수록 재결정 온도는 높다.
④ 금속의 순도가 높을수록 재결정 활성화 에너지는 낮다.

81.
재결정 온도는 상온가공에 의하여 가공경화된 재료를 그 재료 특유의 온도까지 가열 가공전의 상태로 돌아가는 과정의 온도이다.

정답   79 ②   80 ③   81 ③

82 다음은 결정립 성장시 변화이다. 틀린 것은?

① 입도이동은 곡률 반경이 작을수록 이동하기 쉽고, 이동은 곡률의 중심으로 향한다.
② 변수가 적은 즉 각도와 적은 결정립은 점차 작아진다.
③ 결정도입도 시간 경과에 따라 커진다.
④ 인장강도는 점차 증가하게 된다.

83 섬유조직(fiber texture)이란?

① 섬유상으로 가늘게 slip이 일어나는 조직
② 다각화(poly gonization)현상으로 소경각을 이룬 섬유조직
③ 일차원적인 가공 집합조직
④ 킹크 밴드(kink band) 형성으로 생긴 조직

84 주석 도철관(Fe-Sn)에 홈이 생길 경우는?

① 산성 용액에서 Fe이 Sn보다 이온화 경향이 커서 Fe이 부식된다.
② 산성 용액에서 Sn이 Fe보다 이온화 경향이 커서 Sn이 부식된다.
③ 산성 용액에서 Fe이 Sn보다 이온화 경향이 작아서 Fe이 부식된다.
④ 산성 용액에서 Sn이 Fe보다 이온화 경향이 작아서 Sn이 부식된다.

85 다음 금속의 성질 중 기계적 성질이 아닌 것은?

① 취성　　② 인성
③ 피로　　④ 합금성

82.
결정성장이란 재결정 온도 이상의 온도로 가열시 형성된 결정입자가 이웃하는 결정입자와 합쳐지는 현상이다.

83.
킹크 밴드(kink band)는 육방계 금속에서 볼 수 있는 특정적인 변형으로 Cd, Zn 같은 육방계 금속을 미끄럼 면에 수직으로 압축하면 미끄럼을 일으키기 어려우므로 꺾이는 면이 두 군데서 발생한다.

84.
부식방지로 철을 크롬(Cr), 주석(Sn), 아연(Zn) 같은 금속으로 도금한다. 아연 보호층은 보호층이 파괴되어도 아연이 먼저 부식되어 철을 보호한다. 그러나 주석 보호층은 파괴되면 철의 부식을 촉진한다.
아연 도금철을 galvanized이라 한다.

85.
금속의 가공적 성질에는 주조성, 피절삭성, 용접성, 합금성 등이 있다.

정 답　82 ④　83 ③　84 ③　85 ④

86 합금의 특성이 아닌 것은?

① 강도와 경도를 증가시킨다.
② 연성이 좋아진다.
③ 내열, 내산성, 응력을 증가시킨다.
④ 용융점이 저하된다.

86.
연성은 저하된다.

87 다음 중에서 자기 변태에 대한 설명 중 맞는 것은?

① 원자 내부에서만 변화하는 변태
② 순금속의 변태점에서 온도가 정지된다.
③ 변태점에서 열의 흡수나 방출이 있다.
④ 고체내부에서 일어나는 상변화이다.

87.
자기변태는 동형변태라고도 하며 결정격자의 변화를 일으키지 않고, 원자 내부에서만 변화하는 변태

88 다음 중 금속원소의 특징이 아닌 것은?

① 광택이 있다.
② 소성변형능력이 있다.
③ 열 및 전기의 부도체이다.
④ 고체상태에서는 결정조직을 갖는다.

89 다음 중 경금속에 속하는 것은?

① Cr, Ni
② Pt, Au
③ Cu, Fe
④ Mg, Al

89.
중금속과 경금속은 비중으로 구분하며, 4.5 이상이 중금속이다.

정답 86 ② 87 ① 88 ③ 89 ④

90 다음 중 뜻이 틀린 것은?

① 인성 : 질기고 강한 성질
② 소성 : 압연이나 인발같이 칩이 생기지 않는 성질
③ 연성 : 가늘고 길게 늘어나기 쉬운 성질
④ 취성 : 스프링과 같이 튀어나가기 쉬운 성질

90.
취성은 깨지는 성질이며 스프링은 탄성이다.

91 기계적 성질이 아닌 것은?

① 비중   ② 경도
③ 연신율   ④ 강도

92 다음 중 기계적 성질에 해당하는 것은?

① 전기저항   ② 탄성계수
③ 열팽창계수   ④ 비중

93 큐리점이란?

① 순철의 자기변태점   ② 공석점
③ 공정점   ④ 동소변태점

93.
큐리점은 동형변태로서 순철의 자기변태점이다.

94 순철의 자기변태점과 동소변태점의 온도를 적었다. 이 중 옳은 것은?

① $A_2 = 721°C$, $A_3 = 910°C$, $A_4 = 1290°C$
② $A_2 = 768°C$, $A_3 = 910°C$, $A_4 = 1400°C$
③ $A_2 = 723°C$, $A_3 = 900°C$, $A_4 = 1143°C$
④ $A_2 = 768°C$, $A_3 = 1000°C$, $A_4 = 1530°C$

정 답   90 ④   91 ①   92 ②   93 ①   94 ②

95 다음 중 동소변태를 설명한 것은 어느 것인가?

① 금속의 용융점을 말한다.
② 고체에서 기체로 변하는 것
③ 단지 원자의 배열만 변하는 변태
④ 고상에서 액상으로 변하는 것

96 금속의 가공성이 가장 좋은 격자는 무엇인가?

① 조밀육방격자　　② 면심입방격자
③ 정방격자　　　　④ 체심입방격자

97 금속의 냉각속도가 빠르면 조직의 변화는?

① 치밀해진다.　　② 조직과는 관계없다.
③ 조대해진다.　　④ 불순물이 적어진다.

98 다음 중 체심입방 격자로만 이루어진 항은?

① Cr, W　　② Al, Pb
③ Ni, Zn　　④ Cu, Mg

99 다음 중 Mg, Zn, Cd, Ti 등의 금속이 갖는 결정격자는?

① 체심입방격자
② 면심입방격자
③ 조밀육방격자
④ 정방격자

정답　95 ③　96 ②　97 ①　98 ①　99 ③

100 다음 중 가공성이 가장 좋은 금속의 결정격자는?

① 체심입방격자 ② 면심입방격자
③ 조밀육방격자 ④ 정방격자

101 다음 금속 중 용융점이 가장 높은 것은?

① 백금 ② 철
③ 텅스텐 ④ 수은

102 다음 중 기계적 성질로만 짝지어져 있는 것은?

① 비중, 용융점, 비열, 선팽창계수
② 인장강도, 연신율, 피로, 경도
③ 내열성, 내식성, 충격, 자성
④ 주조성, 단조성, 용접성, 절삭성

102.
연성:가느다란 선으로 늘릴 수 있는 성질

103 꼭지각 120°인 원뿔형 다이아몬드로 시험편의 표면에 0.01 mm 되는 홈을 만들어 경도를 측정하는 시험법은?

① 로크웰 경도 시험법
② 비커스 경도 시험법
③ 쇼어 경도 시험법
④ 굽힘 경도 시험법

정답 100 ② 101 ③ 102 ② 103 ①

104 C 스케일 로크웰 경도 시험기로 경도시험을 하였더니 시편에 압입된 압입길이가 0.083 mm로 나타났다. 이때의 경도값 (H_{RC})을 계산식에 의하여 구한 값은? (단, 시험하중은 150 kg이다.)

① 108.5   ② 88.5
③ 58.5   ④ 12.4

104. 로크웰 경도 시험기에서
 B 스케일은
  $H_{RB} = 130 - 500h$
 C 스케일은
  $H_{RC} = 100 - 500h$

  $= 100 - 500 \times 0.083$
  $= 58.5$

105 로크웰 경도 시험기로 시험하중 150 kg에서 시험한 결과 그 압입깊이가 0.078 mm로 나타났다면 C 스케일 (H_{RC})경도값은?

① 39   ② 89
③ 61   ④ 91

105.
$H_{RC} = 100 - 500h$
  $= 100 - 500 \times 0.078$
  $= 61$

106 다음 중 압입체를 사용하지 않고 낙하체를 이용하는 경도 시험방법은?

① 쇼어 경도   ② 로크웰 경도
③ 브리넬 경도   ④ 비커스 경도

107 충격시험은 주로 재료의 어떤 성질을 조사하기 위한 시험인가?

① 인성과 취성(=메짐성)
② 전성과 연성
③ 경도와 강도
④ 비중과 연신율

| 정답 | 104 ③ 105 ③ 106 ① 107 ① |

CHAPTER 02 철과 강

1 철강 재료의 분류 및 제조

공업용 철강 재료는 화학적으로 순수한 Fe가 아니고 Fe를 주성분으로 하여 각 종의 성분, 즉 C, Si, Mn, P, S 등을 품고 있으며 일반적으로 C의 함유량에 따라 다음과 같이 대별한다.

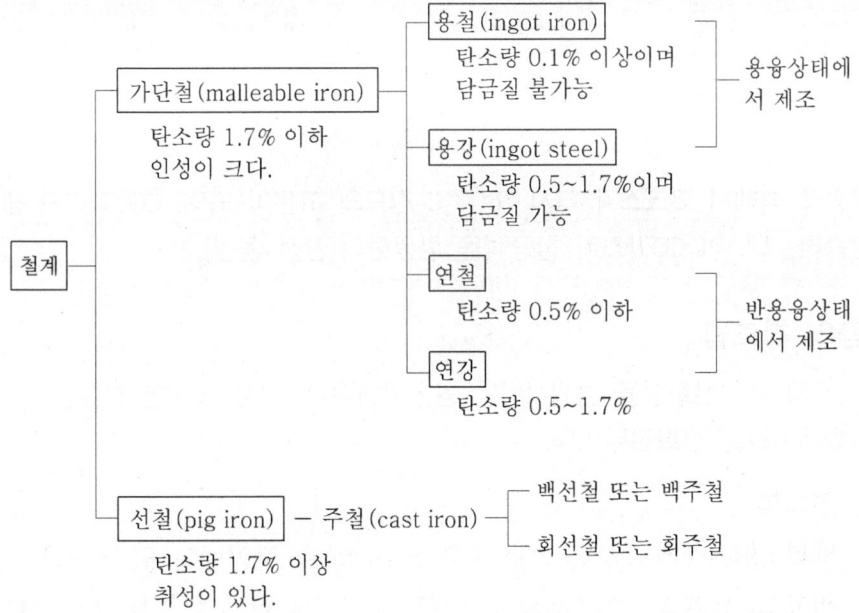

금속조직학상으로는 C2.0% 이하를 강, C2.0% 이상을 철로 규정하고 있다.
특수 성질을 얻기 위해서 특수 원소를 넣은 것을 특수강 또는 합금강이라 부른다.
이에 대해 보통의 강을 보통강이라 한다. 선철과 주철은 실질적으로 동일하나
주조 재료로서 쓰일 때 이것을 주철이라 하고, 철광석 제련의 산물, 제강
그 밖의 원소로서 쓰일 때 선철이라 한다.

(1) 선철의 제조법

선철은 전기로나 회전로 등의 특수 제선법에 의해서도 제조되나 현재 가장 널리 사용되고 있는 제선법은 코크스를 연료로 하는 용선로법이다.

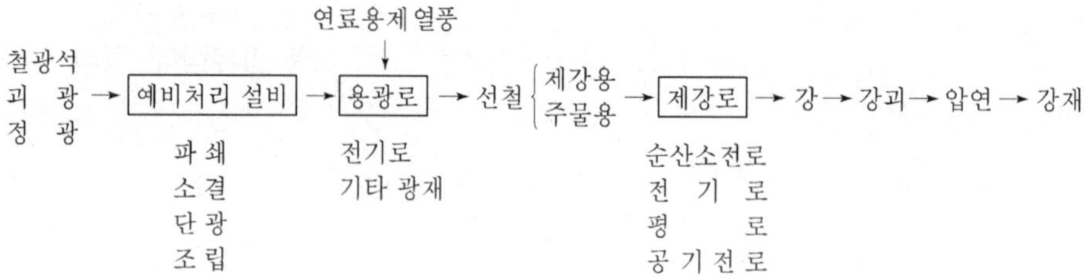

```
                        연료용제 열풍
                             ↓
철광석                                          제강용
괴 광 → 예비처리 설비 → 용광로 → 선철 ┤         → 제강로 → 강 → 강괴 → 압연 → 강재
정 광                                           주물용
         파 쇄         전기로              순산소전로
         소 결         기타 광재            전 기 로
         단 광                             평    로
         조 립                             공 기 전 로
```

[그림 2.1 철강제조 계통도]

용광로 속에서 코크스가 타서 1600°C 정도의 고온이 되며, CO 가스가 생겨 노내를 상승하는데, 이 CO가스가 철광석을 환원한다(간접 환원).

(2) 강의 제조법

제선 과정은 산화철을 환원시키는 환원제련이고, 제강 과정은 선철중의 불순물을 산화제거하는 산화정련이다.

1) 전로법

베세머(Bessemer) 제강법과 토마스(Thomas) 제강법이 있다. 공기를 산화제로 써서 그 발생열로 제강하므로 연료를 불필요로 하기 때문에 값싸게 대량 생산이 가능하였으나, 강 중에는 N, P, O 등의 함량이 많아서 강질이 나쁘고 또 값싼 고철을 이용할 수 없는 결점이 있어 현재는 특수한 경우 이외는 이용되지 않는다. 베세메법을 산성 전로법이라 하고 토마스법을 염기성 전로법이라 한다.

2) 평로 제강법

고철을 많이 사용하며 양질의 강을 얻을 수 있고 대량생산이 가능하다.

3) 전기로 제강법

고급강 및 특수강에 사용한다.

4) LD법(BOF법이라고도 함)

수냉한 산소 취입관을 통하여 순수한 산소를 용선 위에 고속으로 취입하여 제강한다.

(3) 강괴

정련이 끝난 용해된 강은 노내 또는 쇳물받이 속에서 탈산제를 첨가하여 탈산 후에 주형(mould)에 주입한다. 강괴는 탈산 정도에 따라 림드강, 킬드강, 세미킬드강이 있다.

1) 탈산제

Fe-Si(=규산철, 페로실리콘)

Al(알루미늄)

Fe-Mn(=망간철, 페로망간)

1. 킬드강(Killed Steel)
 ㉠ 탈산제로 충분히 탈산시킨 강
 ㉡ 성분이 균일하여 기계 구조용강으로 널리 이용
 ㉢ 기포나 편석은 없으나 H_2에 의해 헤어크랙이 발생하는 단점이 있다.
    이러한 나쁜 부분을 제거하기 위해 강괴의 10~20%는 잘라 버린다.
 ㉣ 평로, 전기로 등에서 주로 만들어진다.

2. 림드강(Rimmed Steel)
 ㉠ 평로나 전기로 등에서 정련된 용강을 Fe-Mn으로 가볍게 탈산시킨 강
 ㉡ 내부에 기포가 남아 있다.
 ㉢ 표면 부근에 순도가 높다.
 ㉣ 봉, 관, 파이프 재료로 널리 사용

3. 세미 킬드강(Seme-Killed Steel)
 ㉠ 림드강과 킬드강의 중간 성질을 가진 강(Steel)

4. 캡트강(Capped Steel)
 용강을 주입 후 뚜껑을 씌워 비등을 억제시켜 림드부분을 얇게 하여 편석을 적게 한 강

2 순철 및 탄소강

(1) 순철과 순철의 변태

일반적인 제련법은 zone 용해법이다. 종류로는 전해철, 암코철, 카아보닐철 등이 있다. 순철은 1539°C에서 응고하여 실온까지 냉각하는 동안 A_4, A_3, A_2라고 불리우는 변태가 일어난다. A_4변태는 1400°C에서 $\delta Fe \rightarrow \gamma Fe$, 즉 원자 배열이 B.C.C에서 F.C.C로 변화하는 변태이다. A_3 변태는 910°C에서 $\gamma Fe \rightarrow \alpha Fe$, 즉 원자 배열이 F.C.C에서 B.C.C로 변하는 변태이다. A_4와 A_3는 원자 배열의 변화를 수반하는 변태이므로 이러한 변태를 전술한 바와 같이 동소변태라고 한다. A_2 변태란 768°C에서 일어나는 변태이며, 이것은 원자 배열의 변화는 없고 다만 자기의 강도가 변화한다. 이러한 변태를 자기변태라고 부른다.

(2) Fe-C계 상태도

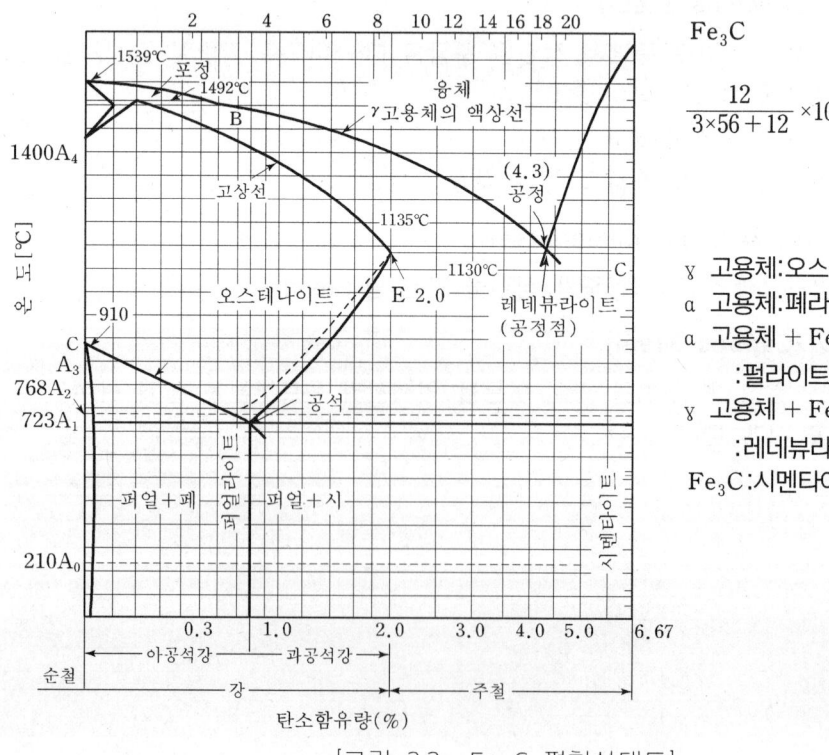

[그림 2.2 Fe-C 평형상태도]

1) 탄소강의 변태

강이란 Fe와 C로 된 합금이며, 탄소(C)0.025%에서 2.0%를 포함한 가단성을 지닌 합금을 말한다. 탄소량에 의해서 공석강(0.8%C), 아공석강(0.8%C 이하), 과공석강(0.8%C 이상)으로 구분한다.

1. 강의 A_1 변태

A_1 변태는 순철에서는 전혀 없으며 강의 특유한 변태이다. A_1점 이상의 온도에서 강은 γ상태이고, C가 용해되어 있으며, A_1점 이하의 온도에서는 강은 α상태이고 C를 유리 상태로 보유한다. 즉 α와 Fe_3C는 혼합상태인 공석 또는 펄라이트(pearlite)로 존재하게 된다.

2) 탄소강의 조직

1. 페라이트(ferrite)

α철과 β철은 탄소의 고용도가 적으나 723°C에서 최대의 고용도를 나타낸다(C0.03±0.02), 이러한 고용체를 ferrite라 하고 극히 연하고, 연성이 크며, 인장강도는 비교적 작고, 상온에서 강자성체이며, 전기 전도도가 높고, 담금질에 의하여 경화되지 않는다. 파면이 백색을 띠고 있으며, 순철에 가까운 조직이다.

2. 펄라이트(pearlite)

723°C 이상의 온도에서는 γ철(austenite) 상태이고 탄소가 용해되어 있으며, 이하의 온도에서는 α 상태이고, 유리 탄소이다. 즉 펄라이트(pearlite)는 페라이트(ferrite)와 시멘타이트(cementite)가 혼합한 상태로 존재한다.

3. 시멘타이트(cementite, Fe3C:탄화철)

대단히 경하고, 취약하며, 연성은 거의 없고, 상온에서 강자성이며 담금질하여도 경화하지 않는다.

4. 오스테나이트(austenite)

γ 고용체, 즉 강에서의 면심입방격자

5. 레데뷰라이트(ledeburite)

γ 고용체 + Fe_3C의 조직으로서 탄소 함유량 4.3%의 철, 즉 공정철을 말한다.

(3) 탄소강의 성질

1) 강의 물리적 성질

강 중의 탄소량에 의해서 물리적 성질은 직선적으로 변화한다. 탄소강의 비중, 팽창계수, 열전도는 C량의 증가에 따라 감소하며, 비열, 전기적 저항은 증가한다.

2) 강의 기계적 성질

1. 온도의 기계적 성질

충격치는 200~300°C에서 가장 적다. 따라서 철강은 200~300°C에서 가장 취약하다. 이를 청열취성이라고 한다. 그 원인은 강의 시효 경화 현상에 의한 것이라고 할 수 있다. C가 1%에 달할 때까지는 경도, 인장력은 직선적으로 증가하고, 연신율, 충격치는 반대로 감소한다. 1%가 초과되면 유리 Fe_3C가 석출하여 경도는 계속 증가하지만 인장력은 감소한다.
그러므로 공석강(0.85%C)에서 인장강도가 최대이다.

2. 탄소 이외의 원소와 기계적 성질

탄소강 중에 존재하는 원소 중에서 기계적 성질에 미치는 것은 Mn, Si, Cu, S, P 등이 있다.

㉠ 망간(Mn)
① 담금성을 현저하게 증가시킨다.
② 강에 경도, 강도, 점성을 증가시킨다.
③ 탈산 작용을 하여 강의 유동성을 좋게 한다.
④ 황(S)이 주는 해를 제거시키고 절삭성을 개선한다.
⑤ 고온에서 결정의 성장을 제거시켜 조직을 치밀하게 한다.
⑥ 1% 이상이면 주물에 수축이 생긴다.

㉡ 규소(Si)
① 강의 유동성을 개선한다.
② 연신율과 충격치 등을 감소시킨다.
③ 단접 및 냉간 가공성을 저하시킨다.
④ 탄성 한도 강도, 경도 등을 증가시킨다.
⑤ 결정립의 크기를 증가시키고, 소성을 감소시킨다.

ⓒ 인(P)

① 결정 입자를 거칠게 한다.
② 기포가 없는 주물을 만들 수 있다.
③ 경도와 인장강도를 증가시킨다.
④ 연신율 및 충격치를 감소시킨다.
⑤ 적당한 양은 용선의 유동성을 개선한다.
⑥ 균열을 일으키며, 상온 취성의 원인이 된다.

ⓔ 유황(S)

① 강의 유동성을 해치고, 기포가 발생한다.
② Mn과 화합하여, 절삭성을 개선한다(쾌삭강).
③ 강도, 연신율, 충격치 등을 감소시킨다(취성이 생긴다).
④ 단조, 압연 등의 작업에서 균열을 일으킨다(고온 취성을 발생).

ⓜ 구리(Cu)

① 내식성이 증가한다.
② 인장강도, 탄성 한도가 증가한다.
③ 고온취성의 원인

ⓗ 수소(H_2)

① 헤어크랙의 원인(내부균열)
② 강에 좋은 영향을 주지 못한다.

3) 탄소강의 가공

철의 가공에는 열간가공과 냉간가공(상온가공)의 두 가지 방법이 있다.

1. 열간가공

재결정 온도 이상의 온도에서 단련, 압연하는 조작을 말하며, 재결정 온도 이상이므로 연화도 성장도 속히 진행된다. 재결정 온도 이상이라 함은 강에서는 $\gamma-Fe$(austenite) 상태에서 행하는 것을 말한다. 탄소량에 의해서 1050~1250°C 정도에서 시작하며 850~900°C에서 완성시킨다. 이 완성시키는 온도를 마무리 온도라 한다.

2. 냉간가공(상온가공)

강을 상온 또는 연화하는 온도 이하에서 가공하면 경도 항복점, 인장강도가
대단히 증가된다. 그리고 신율은 감소된다.
강은 500°C 부근에서부터 재결정이 시작되므로 상온가공(냉간 가공) 때에
소둔할 때는 600°C 이하의 온도이어야 한다.

- 심냉처리: 잔류 오스테나이트를 마텐자이트화하기 위하여 담금질 직후 계속하여 M_f 온도 이하까지 냉각하는 처리

3 열처리 및 표면 경화법

(1) 일반 열처리

1) 담금질(燒入;quenching)

강재를 Ac_3 선 또는 Ac_1 온도 이상 20°C 높은 온도로 가열한 후 물이나 기름 중에서 급냉(무확산 변태)하여 마텐자이트(martensite) 조직을 얻음으로써 재질을 경화시키는 처리이다.

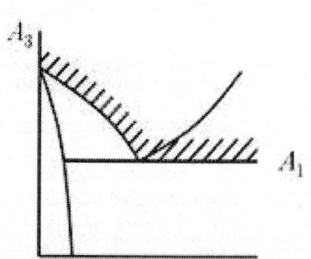

2) 뜨임(燒戾;tempering)

담금질한 강재에 연성, 인성을 부여하고
내부응력을 제거하기 위해서, 담금질 후
A_1 온도 이하의 적당한
범위에서 재가열하는 처리이다.

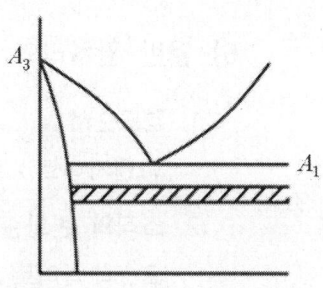

1. 구조용강
고온뜨임 550~700°C, 구상 펄라이트(pearlite) 조직, 연성·인성이 큼.

2. 공구강
저온뜨임 150~200°C, tempered martensite 조직, 내부응력 제거와 경도 증가

3) 풀림(燒鈍;annealing)

내부응력의 제거, 재질의 연화, 결정립 크기의 조절,
펄라이 구상화 등을 목적으로 그 목적에 알맞은
온도 범위로 가열한 후 서서히
냉각(주로 爐冷)하는 처리.
완전 풀림의 경우는 Ac_3 선 또는
Ac_1 온도 이상 30~50°C의 범위로 가열한다.

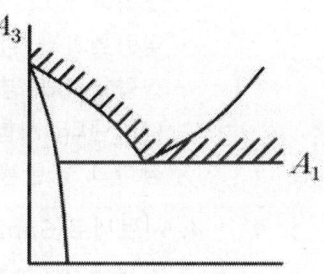

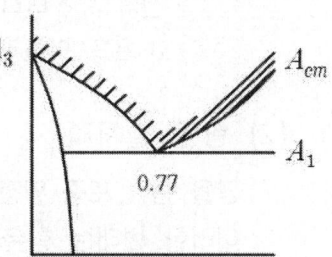

4) 불림(燒準;normalizing)

재질의 균일화 조직의 표준화 펄라이트의 미세화 등을 목적으로 Ac_3 또는
Ac_m 선 이상, 50~80°C의 온도 범위까지 가열한 후 공기 중에서 냉각하는 처리이다.
강도, 경도, 인성 등의 기계적 성질이 향상된다.

5) 조직변화에 의한 용적 변화

① 오스테나이트 → 마텐자이트(팽창)

② 마텐자이트 → 펄라이트(수축)

③ 투루스타이트 → 소르바이트(수축)

6) 일반 열처리의 경도 및 조직 변화

1. 경도순서

마텐자이트 > 트루스타이트 > 소르바이트 > 오스테나이트

2. 조직의 변화순서

오스테나이트 > 마텐자이트 > 트루스타이트 > 소르바이트

3. 질량효과

강을 급냉시키면 냉각액이 접촉하는 면은 냉각 속도가 커서 마텐자이트 조직이 되나 내부는 갈수록 냉각속도가 늦어져 트루스타이트 또는 소르바이트 조직이 된다. 이와 같이 냉각속도에 따라 경도의 차이가 생기는 현상을 질량효과라 한다.
질량효과와 경화능은 상반하는 성질로서 경화능은 급냉경화의 깊이로 나타낸다. 시험법에는 조미니 시험법(Jominy test)이 있고 담금질 특성곡선의 상한과 하한을 정한 영역을 경화능대 혹은 하드밴드(H-band)라 한다.

4. 서브제로(Subzero) 처리

점성이 큰 잔류 오스테나이트를 제거하는 방법으로 심냉처리라고 하며 잔류 오스테나이트를 마텐자이트화하기 위하여 담금질 직후 계속하여 M_f온도 이하까지 냉각하는 처리

(2) 항온 열처리

강을 냉각 도중 일정한 온도에서 냉각이 중지되면 이 온도에서 변태를 한다. 이러한 변태는 항온 변태라 하고 또 이 변태를 이용한 열처리를 항온 열처리라 하며 베이나이트 조직이 얻어지며 마텐자이트와 트루스타이트의 중간 조직이다.

1) 특성

일반 열처리보다 균열 및 변형이 적고, 인성이 좋다. Ni, Cr 등의 특수강 열처리에 적합하다.

2) 항온 변태 곡선(T.T.T 곡선, S곡선, C곡선)

항온 변태 곡선의 3대 요소는 시간, 온도, 변태이다.

1. 오스템퍼링(austempering)
① 코(P-P')와 M_s 사이에서 항온변태 후 열처리
② 점성이 큰 '베이나이트'를 얻을 수 있다.
③ 뜨임이 필요없다.
④ 담금질 균열이나 변형이 발생하지 않는다.

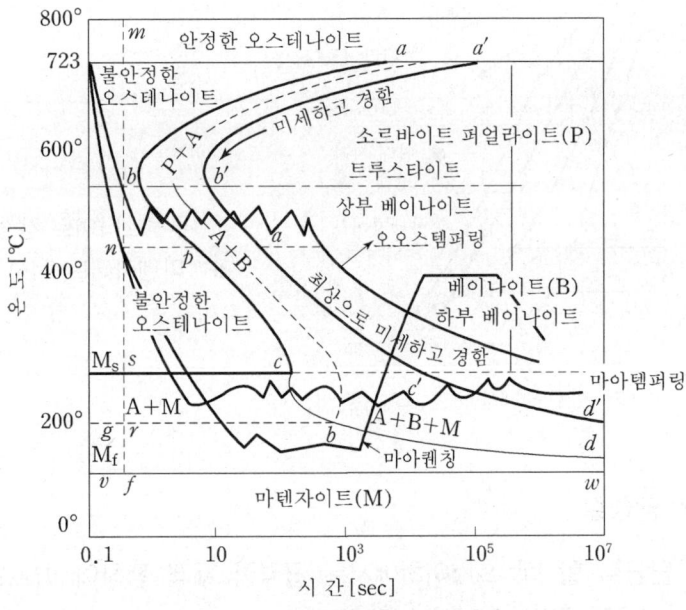

[그림 2.3 공석강의 항온 변태 곡선]

2. 마아템퍼링(martempering)
① M_s점과 M_f점 사이에서 항온 변태 후 열처리
② 마텐자이트와 베이나이트의 혼합조직
③ 항온 유지시간이 너무 길어서 공업적으로 거의 사용하지 않는다.

3. 마아퀜칭(marquenching)
   ① 코(P-P') 아래서 항온 열처리 후 뜨임
   ② 담금 균열과 변형이 적어 복잡한 부품 담금질에 사용

3) 연속냉각 변태 곡선(CCT)

강재를 오스테나이트 상태에서 급냉 또는 서냉할 때의 냉각 곡선을 연속냉각 변태 곡선(continuos cooling transformation curve)라고 하며 일반 열처리라고 생각하면 편리하다.

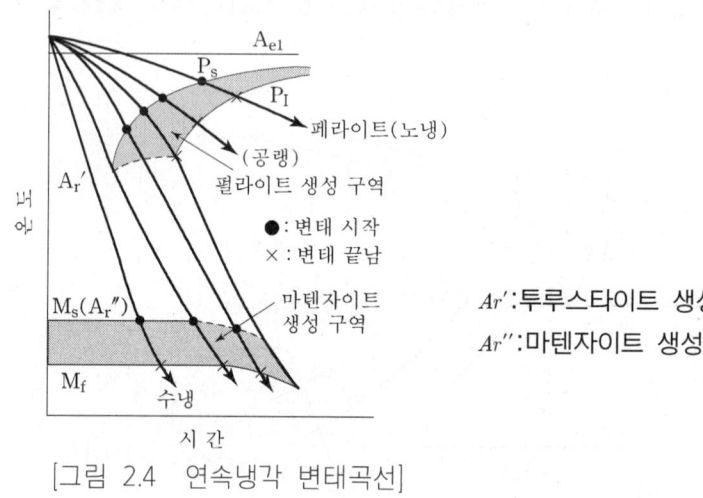

[그림 2.4 연속냉각 변태곡선]

4) 계단 담금질

강을 담금질 할 때 250℃ 이하에서는 급격한 체적 팽창이 따르므로 이 온도 범위 이하에서 급냉하면 균열이 발생하기 쉽다. 그러므로 페라이트나 펄라이트는 Ms점 보다 높은 온도에 있는 동안에 냉각제 속에서 끌어올려 대기 중에서 공냉하든가 또는 적절한 매체 내에서 냉각한다. 일반적으로 행해지는 계단 담금질은 수냉-끌어올림-공냉, 수냉-끌어올림-유냉 등이 대표적이다.

5) 파텐팅

계단 담금질의 응용적 방법으로 경강선의 신선인발 작업의 전처리로 실시되는 열처리법이다. 일반적으로 퍼얼라이트 조직은 소르바이트 조직에 비하여 강도가 낮고 불균일하며 거칠은 조직을 나타내므로 신선가공 시 가공이 균일하게 행해지지 않으며 선의 인성이나 내구성이 현저하게 나빠진다. 따라서 신선가공의 전처리로 소르바이트 조직화할 필요가 있다.

파텐팅은 담금질-탬퍼링의 2단계 조작으로 소르바이트 조직으로 만드는 방법 대신 오스 탬퍼 처리의 1단계법을 채용하여 소르바이트상 펄라이트로 하여 높은 강도와 경도크기 연성을 갖도록 하여 고도의 신선작업에 견디도록 하기 위한 것이다.

경도 크기(HB)

시멘타이트(820)>마텐자이트(720)>투루스타이트(400)>베이나이트(340)>
소르바이트(270)>펄라이트(225)>오스테나이트(155)>페라이트(90)

(3) 표면 경화법

기어나 크랭크축, 캠 등은 내마멸성과 강인성이 있어야 한다. 이때 강인성이 있는 재료의 표면을 열처리하여 경도를 크게 하는 것을 표면 경화법이라 한다.

1) 침탄법

침탄제와 침탄 촉진제를 침탄 상자 속에 넣고 가열하면 0.5~2[mm]의 침탄층이 생겨 표면만 단단하게 되는데 이러한 표면 경화법을 침탄법이라고 한다.

1. 종류

① 고체침탄법
- 침탄 촉진제(탄산바륨 ($BaCO_3$), 탄산소다 (Na_2CO_3))

② 액체침탄법
- 침탄제(시안화나트륨, 시안화칼륨):시안청화법(침탄질화법)
- 촉진제:탄산칼륨, 탄산나트륨(Na_2CO_3), 염화칼륨

③ 가스침탄법
- 메탄가스, 프로판가스

2. 특징
- 침탄 후 열처리가 필요하다.
- 침탄층이 질화법보다 깊다.
- 침탄 후 수정이 가능하다.
- 경도가 질화법보다 비교적 낮다(고온에서).

2) 질화법

1. NH_3 가스를 이용한 표면 경화법

NH_3 가스는 고온에서 분해하여 질소(N) 가스를 발생한다. 이 질소 가스가 철과 화합하여 굳은 질화층을 형성하는데 질화층은 경도가 대단히 크고 내마멸성과 내식성이 크다.

2. 특징

① 경도가 침탄법보다 높다. ② 질화 후 열처리가 필요없다.
③ 질화층이 여리다.   ④ 변형이 적다.
⑤ 질화 후 수정이 불가능하다. ⑥ 고온에서 경도유지

3) 기타 표면 경화법

1. 화염 경화법(flame hardening)
쇼터라이징(shoterizing)이라고도 하며 탄소강을 산소-아세틸렌화염으로 가열하여 물로 냉각하여 표면만 단단하게 열처리하는 방법 (선반의 베드안내면)이다.

2. 도금법(plating)
강이 내식성과 내마모성을 주기 위하여 Ni, Cr 등으로 도금하는 방법이다.

3. 금속 침투법
표면의 내식성과 내산성을 높이기 위하여 강재의 표면에 다른 금속을 침투 확산시키는 방법으로 종류는 다음과 같다.
① 세라다이징(sheradizing):Zn 침투
② 캘러라이징(calorizing):Al 침투
③ 크로마이징(chromizing):Cr 침투
④ 실리콘나이징(silliconizing):Si 침투
⑤ 보로나이징:B 침투

4. 고주파 경화법
고주파에 의한 열로 표면을 가열한 후 물에 급냉시켜 표면만을 경화시키는 방법으로 토코 방법(Tocco Process)이라 한다.

4 특수강

강의 기계적 성질과 물리적 성질을 개선하기 위하여 탄소강에 Ni, Cr, W 등의 금속원소를 합금시킨 강을 특수강(special steel) 또는 합금강(alloy steel)이라고 한다. 종류로는 구조용 특수강, 공구용 합금강, 특수용도용 특수강, 내열강, 전자기용 특수강, 불변강이 있다.

1) 특수강에 각 원소가 미치는 영향

1. Mn
① 내식성, 내마멸성, 강인성 부여
② 강괴에서 S에 대한 메짐성 방지
③ 강괴에서 탈산제로 사용
④ 쾌삭강에서 절삭성을 좋게 한다.
⑤ 주물에서 흑연화 억제

2. Ni
① 강인성, 내식성 증가
② 주물에서 흑연화 촉진

3. Mo
① 텅스텐(W)과 흡사하다. 효과는 2배
② 담금성, 크리프 저항성 증가
③ 주물에서 흑연화 억제

4. Cr
① 내열성, 내식성 증가
② 내열강의 주성분
③ 주물에서 흑연화 억제

5. Si
① 자기적 성질 증가
② 주물에서 흑연화 촉진
③ 스프링 강에 필히 첨가해야 할 원소
④ 변압기 철심 등에 이용

2) 구조용 특수강

1. 강인강
담금성 자경성을 좋게 하기 위하여 탄소강에 특수 원소를 첨가한 강이다.

① **Ni강**
조직이 균일하고 강도, 내식성, 내마모성이 우수하다. 인성이 높고 연성취성이 낮다. 저온용강 사용.

② **Cr강**
탄소강에 Cr를 첨가한 강으로써 담금성이 우수하다. 내열, 내식 우수

③ **Ni-Cr강**
점성이 크다(취성이 있다). 담금성이 극히 우수(SNC)

④ **Cr-Mo강**
경화에 대한 저항이 크며, 고온가공성, 용접성 양호(SCM)

⑤ **Ni-Cr-Mo**
Ni-Cr강에 Mo를 첨가하여 취성을 개선한 강(구조용강 중 가장 우수하다)(SNCM)

⑥ **Mn강**
- 저Mn강(Ducole강):0.17~0.45%C, 1.2~1.7%Mn, pearlite 조직, 고장력강의 원재료, 기계 구조용, 일반 구조용, 선박 교량, 레일 등
- 고Mn강(Hadfield강):1~1.2%, 11~13% Mn, 1000~1050°C로 가열한 후 물이나 기름 중에 급냉(수인법)하면, austenite 조직화됨 상자성체, 대단히 우수한 내충격성, 내마모재, 각종산업기계용 가공경화속도가 아주 크다.
  기차레일의 교차점

2. 표면 경화용강
내부는 강하고 질기며 외부는 경도가 요구되는 재료에 사용된다.
① 침탄강(cemented steel):Cr, Mo를 첨가하여 표면 침탄이 잘되게 한 강
② 질화강(nitriging steel):Cr, Mo, Al 등을 첨가한 강
③ 자경성:공기 중에서 스스로 경화되는 성질

3) 공구용 합금강
공작기계에서 사용하는 바이트, 커터, 드릴 등의 절삭공구 및 다이(Die), 펀치와 같은 소성가공용 공구에 사용되는 강

1. 구비조건
① 상온 및 고온경도가 클 것
② 강인성이 있을 것
③ 열처리 및 가공이 용이할 것
④ 가격이 저렴할 것
⑤ 내마멸성이 클 것

2. 종류
① 탄소 공구강(STC)
탄소 함유량 0.6~1.5% 사용온도 200°C 이상은 경도가 낮아지므로 고속절삭은 불가능하다.

② 합금 공구강(STS)
주성분:W, Cr, V, Mo

③ 고속도강(SKH, HSS)
　㉠ W계 1300°C 부근, Mo계 1220°C 부근에서 가열 후 급냉시킨 다음 550°C 정도에서 뜨임.
　㉡ 주성분:W, Cr, V(18-4-1)(Co, Mo도 함유)

④ 초경합금(소결합금)
　㉠ W 분말과 C 분말을 혼합시켜 WC로 만든 다음 점결제인 Co로 1400~1500°C에서 소결시킨 강
　㉡ 주성분:W-C-Co
　㉢ 고온 경도가 우수(위디아, 아리아, 카볼로이, 탕가로이)

⑤ 세라믹(소결합금)
주성분: Al_2O_3

⑥ 스텔라이트(주조합금)
　　㉠ 주조한 상태의 것을 연마하여 사용하는 공구이며, 열처리하지 않아도 충분한 경도를 가진다.
　　㉡ 주성분:W, Co, Cr, Mo
⑦ 입방정질화붕소(CBN) 공구
입방정 질화붕소(Cubic Boron Nitride; CBN)의 미세한 결정을 금속이나 특수한 세라믹스의 결합제를 사용하여 초경합금 기판에 밀착시킨 공구이며 경도는 다이아몬드 다음으로 경하다.

4) 특수용도용 특수강

1. 스테인리스강(STS, SUS)

Ni, Cr를 다량 첨가하면 대기중, 수중, 산 등에 잘 견디는 성질을 가지게 되는데, 이와 같이 Ni, Cr을 첨가하여 내식성을 좋게한 강을 스테인리스강이라고 한다.

① **Cr계 스테인리스강**
　　㉠ 페라이트(ferrite)계:STS 430, 440, 405, 0.12% 이하 C, 13% Cr, 18% Cr 페라이트 조직, 열처리 강화 안됨, 연성, 소성 가공성 우수
　　㉡ 마텐자이트(martensition):중·고탄소, 11.5~18% Cr 펄라이트 조직인 것을 담금질 및 뜨임하여 사용 강도, 경도 큼, 각종 기계 부품, 공구류,
　　　 내열재 STS 410, 416, 403, 420

② **Cr-Ni계 스테인리스강**
　　㉠ 오스테나이트(austenite계):STS 302, 304, 저탄소, 18-8계가
　　　 대표적 → 17~25% Cr, 6~22% Ni 오스테나이트 조직, 수인 처리 입체 부식을 방지, 비자성체, 내열재 내식성 우수, 의료 기구, 식품공업, 화학공업, 생체 재료,
　　　 내열재 장식품, 식기류.
　　㉡ 석출 경화형:석출 경화 초고장력강의 일종,
　　　 STS630(17-4PH) STS 631(17-7PH) 마텐자이트 또는
　　　 오스테나이트 조직 상태에서 석출 경화 처리. 초고장력강의 일종.

2. 초고장력강(超高張力鋼)

이 강은 로켓, 미사일 구조용재로서 개발된 것으로 $150 \sim 200\,kg_f/mm^2$ [$1470 \sim 1960\,MPa$]의 인장강도와 우수한 인성을 갖고 있다. 중탄소 저합금강의 마텐자이트(martensite)강, 중탄소 중합금강, 극저탄소 고합금의 maraging강 등이 있다. 또한 이 강은 ausforming용강으로도 적당하다. maraging강은 석출경화를 이용한 것으로 극저탄소(dir 0.01% C) 18% Ni-Co-Mo-Ti강이 중심이다.

3. 게이지강

① **주성분과 종류**
   Mn강, Cr강, Mn-Cr강, Ni강
② **구비조건**
   ㉠ 내마모성이 클 것
   ㉡ 담금질 균열이 적을 것
   ㉢ 오랜 시간이 경과하여도 치수 변화가 적을 것
   ㉣ 내식성 및 경도가 좋을 것

4. 쾌삭강

주성분 : C강에 절삭성을 향상시키기 위하여 S, P, Pb 등을 첨가한 강

5. 스프링강(Spring steel, SPS)

① 상온가공으로 경화시킨 경강선이나 피아노선 사용
② 일반 자동차용 : Si-Mn, Cr-Mn
③ 정밀한 고급 스프링 재료 : Cr-V
④ 내식·내열용 스프링 : 스테인리스강, 고Cr강
⑤ 겹판스프링 : Si-Mn
⑥ 대형겹판스프링 : Cr-Mo강

5) 내열강

1. 종류
Cr-Si, Cr-Ni

2. 내열강의 구비조건
- 고온에서 경도, 화학적으로 안정, 기계적 성질이 우수할 것
- 소성가공, 절삭가공, 용접이 쉬울 것
- 내열성이 우수할 것

6) 전자기용 특수강

1. 규소강
저탄소강에 Si를 첨가한 강으로 발전기, 전동기, 변압기 등의 철심 재료에 적합하다.
① Si 1.0% 이내:연속적인 운전을 하지 않는 발전기
② Si 2.0% 이내:발전기나 유도 전동기 모터
③ Si 3.0% 이내:전동기 및 발전기 철심
④ Si 4.0% 이내:변압기 철심, 전화기

2. 자석강
자석 재료로 사용
① 종류
 ㉠ KS자석강:Fe-Co-Cr-W 합금
 ㉡ MK자석강:Fe-Ni-al-Cu-Ti 합금
 ㉢ 쾌스테자석강:Fe-Co-Mo 합금
 ㉣ 큐니프:Fe-Ni-Co 합금
 ㉤ 알루니코:Fe-Al-Co 합금
 ㉥ 비칼로이:Fe-Co-C 합금

7) 불변강

Ni 36% 이상의 고니켈강으로 비자성체이며 강력한 내식성을 갖는 강

1. 종류

① 인바(invar)
  ㉠ 주성분:Fe-Ni
  ㉡ 줄자, 표준자 등에 재료에 사용
  ㉢ 내식성이 대단히 우수하다.
② 엘린바(elinvar)
  ㉠ 주성분:Fe, Ni, Cr
  ㉡ 정밀저울, 고급시계 스프링용으로 사용
③ 코엘린바(Co-elinvar)
  주성분:Fe-Ni-Cr-Co
④ 퍼멀로이
  주성분:Ni-Co
⑤ 플래티나이트(platinite)
  ㉠ 주성분:Fe-Ni
  ㉡ 유리와 금속의 봉착용 합금(전구의 도입선)

5 주 철

(1) 선철 및 주철의 조직

1) 선철

철광석을 용광로에서 용해하여 얻은 철을 선철(pig iron)이라 하고 탄소를 1.7~4.5% 함유하고 있다. 이것은 일반적으로 질이 여리고 단조할 수 없지만 다른 철합금보다 용융점이 낮고 유동성이 좋기 때문에 주물을 만들기에 적합하다. 이 선철 중 파단면이 회색인 것을 회선철(gray pigiron)이라 하고 입자가 거칠고 질이 연약하지만 주조에는 가장 적합하다. 또 백색인 것을 백선철(white pigiron)이라 하며 입자가 가늘고, 아주 여물어 유동성이 나쁘므로 주조는 곤란하다.

2) 주철

선철에 파쇠 외에 여러 가지 원소를 가해서 용융한 것을 주철(cast iron)이라 하고 일반적으로 2.5~4.5%C, 0.5~30% Si, 0.5~1.5% Mn, 0.05~1.0% P, 0.05~0.15% S를 함유하고 있다. 주철은 가단성, 강도, 인성 및 전성이 나쁜 반면에 유동성이 좋고 압축강도와 감쇄능이 커서 여러 가지 모양으로 주조할 수 있으며 또 철강보다 값이 싸다.

3) 주철의 종류

- **보통 주철**
  - 회주철 : 파단면이 회색이며 시멘타이트+펄라이트(인장강도 $20\,kg/mm^2$)
  - 백주철 : 펄라이트+페라이트+흑연

- **가단 주철**
  - 흑심 가단 주철(인장강도 $35\,kg/mm^2$)
  - 백심 가단 주철(인장강도 $36\,kg/mm^2$)

- **특수 주철**
  - 니켈 주철
  - 크롬 주철
  - 몰리브덴 주철
  - 칠드 주철

- 미하나이트 주철

1. 가단 주철

① 흑심 가단 주철(BMC)
백선주물 안의 화합탄소를 풀림에 의해서 흑연화시킨 것으로 파단의 심부는 흑연으로 주변만이 풀림이 되어서 백색이다.(인장강도 $35\,kg/mm^2$)

② 백심 가단 주철(WMC)
백선주물을 산화철로 싸고 900°C 정도의 고온에서 탈산시킨 것으로 파단면은 백색이다. (인장강도 $36\,kg/mm^2$)

③ 펄라이트 가단 주철
흑연화를 목적으로 하나 일부의 탄소를 Fe_3C로 잔류시킨 주철이다.

2. 특수 주철

① 니켈 주철
Ni을 2% 이하와 10% 이상을 함유한 것이고 10%의 것은 비산성으로 내열성이 크다.

② 크롬 주철
보통 크롬은 5% 이하에서 경도와 강도가 증가하지만 1% 이상 가한 것은 마모와 열과 부식에 대한 저항이 크다.

③ 니켈-크롬 주철
니켈-크롬의 비를 2.5:1 정도로 하면 인장강도가 크고 내마모성이 큰 주물이 된다.

④ 몰리브덴 주철
질이 치밀하고 인장강도가 크며 마모와 부식에 대한 저항이 크다.

⑤ 바나듐 주철
바나듐을 0.1~0.5% 첨가하여 인장강도와 내마모성을 증가시킨 주물

⑥ 알루미늄 주철
산과 열에 대한 저항이 크지만 여리고 또 주조성이 나쁘다.

⑦ 구상 흑연 주철(GCD)
주철에 세륨(Ce) 0.02%를 가하면 흑연이 구상화한 강인한 주물이 된다. 세륨 대신에 마그네슘(Mg) 또는 칼슘(Ca)을 가해도 같은 결과가 된다.
인장강도 55~80 kg/mm^2, 연신율 2~6%,
브리넬 경도 H_B= 280~320(연성 주철, 노듈러 주철이라고도 함)

⑧ 칠드 주철(Chilled cast iron)
주조할 때 주물사 내에 냉각쇠를 넣어 백선화(chill)시켜서 경도를 높이고 내마모성, 내압성을 크게 한 주철이고 백선화한 부분은 취성이 있으나 경도가 커서 내마모성이 있고 내부는 강하고 인성이 있는 회주철이므로 전체로서는 취약하지 않다.

3. 미히나이트 주철

① Ca-Si을 접종시켜 미세한 흑연을 균일하게 분포시킨 펄라이트 주철로서 조직이 균일하다.
② 용도:브레이크 드럼, 기어, 크랭크축
③ 인장강도:35~45 kg/mm^2

4. 고급 주철 제조법

① 란쯔법, 에멜법, 코오살리법, 피보와르스키법, 미히한법

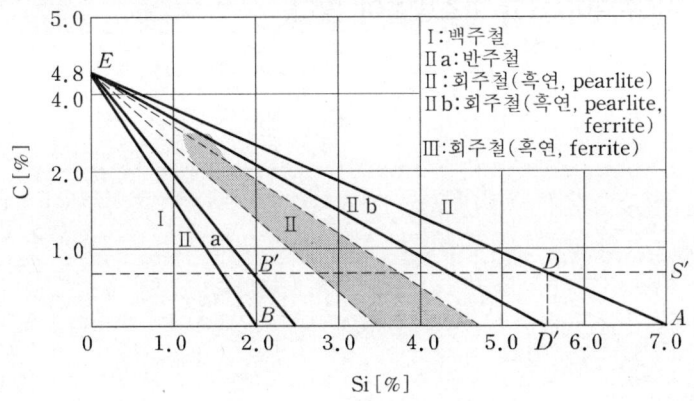

[그림 2.5 Maurer 조직도]

5. 마우러 조직도

마우러(Maurer)는 지름 75 mm의 원봉을 1250°C의 건조형틀에 주입 냉각 속도 일정시의 탄소와 규소의 조직도를 발표하였다.

6. 주철의 성장

주철은 600°C 이상의 온도로 가열, 냉각을 반복하면 그 체적이 점차 증가하여 나중에는 균열이 생기든지 강도가 저하된다. 이를 주철의 성장이라 한다.
주철의 성장 원인은 다음과 같다.

① Fe_3C의 흑연화에 의한 팽창
② 고용 원소인 Si의 산화에 의한 팽창
③ 불균일한 가열에 의해 생기는 파열 팽창
④ A_1 변태에서 체적 변화에 의한 팽창
⑤ 흡수한 가스에 의한 팽창

이와 같은 성장을 방지하는 방법은 다음과 같다.
㉠ 조직을 치밀하게 할 것
㉡ Cr, W. Mo 등의 시멘타이트 분해 방지원소를 첨가할 것
㉢ 산화원소인 Si를 적게 하거나 내산화성 원소인 Ni로 치환할 것

4) 주강

인장강도는 47~61 kg/mm^{2}으로 주철에 비해 용해나 주입온도가 높으므로 응고 시 수축이 크고 가스방출이 많다.

연/습/문/제

01 순철에 대한 설명 중 틀린 것은?

① 유동성이 나쁘다.
② 전기재료에 많이 쓰인다.
③ 기계 구조용으로 많이 사용된다.
④ 기계 구조용으로 많이 사용되지 않는다.

1.
순철은 전기재료로 많이 사용하며 기계구조용으로 사용할 수가 없다.

02 선철을 만드는데 철분과 불순물을 분리하는 것은?

① 코크스
② 석회석
③ 망간
④ 내화물

03 철을 제련할 때 직접 환원은 어느 것인가?

① Si에 의한 환원
② 가스에 의한 환원
③ C 가스에 의한 환원
④ CO 가스에 의한 환원

3.
용광로 내에서의 간접환원반응은 CO에 의해 이루어지며 직접환원은 C에 의해 이루어진다.

정 답   01 ③   02 ②   03 ③

04 다음 중 철강재료의 5대 원소(성분)을 나열하였다. 옳은 것은?

① C, P, Mn, Cu, S
② C, Si, P, Mn, O
③ C, Si, Mn, P, S
④ C, N, Mn, Si, P

04.
철강재료의 5대 원소는 C, Si, Mn, P, S이다.

05 킬드강(killed steel)이란?

① 탈산하지 않은 강
② 완전 탈산한 강
③ cap를 씌워 만든 강
④ 미완전 탄산강

05.
완전탈산한 강을 킬드강이라 하며 탈산제로는 Fe-Si, Al이다.

06 강철을 만드는 법 중 지멘스 마틴(Siemens-Martin)법을 다음 중 무슨 로를 사용하는가?

① 전로   ② 평로   ③ 용광로   ④ 전기로

06.
전로:베세메법
전기로:헤롤트식

07 림드강(rimmed steed)의 설명으로 옳지 않는 것은?

① 기공이 많다.
② 가스의 방출이 없다.
③ 탄소 0.3% 이하의 극연강
④ 탈산이 불충분한 강

07.
림드강은 탈산이 불충분하게 된 강으로 편석현상이 있으며 기공이 있다. 주입 후에도 계속하여 다량의 가스가 발생하여 용강은 계속해서 비등작용을 하게 된다.

08 순철의 자기변태 온도는?

① 560°C   ② 768°C   ③ 910°C   ④ 1400°C

08.
A_2 변태점으로 동형변태이다.

09 순철에는 몇 개의 변태점이 있는가?

① 1개   ② 2개   ③ 3개   ④ 4개

09. A_2, A_3, A_4 변태가 있다.

정답 04 ③ 05 ② 06 ② 07 ② 08 ② 09 ③

10 순철이란 무엇인가?

① 0.033%C 이하의 철을 말한다.
② 0.025%C 이하의 철을 말한다.
③ 0.18%C 이하의 철을 말한다.
④ 0.015%C 이하의 철을 말한다.

11 α-Fe에서 γ-Fe로 변할 때 격자 상수는?

① 길어진다.
② 짧아진다.
③ 변화가 없다.
④ 때에 따라 다르다.

12 철에는 몇 개의 동소체가 있는가?

① 3개
② 4개
③ 5개
④ 한 개도 없다.

13 오스테나이트(austenite)의 구조는?

① 체심 입방정
② 면심 입방정
③ 육방정
④ 정방전

14 용융 상태나 응고 상태나 두 금속이 융합되어 기계적 방법으로 구분이 불가능한 것은?

① 고정체
② 포정체
③ 고용체
④ 금속간 화합물

10.
응고점 1539°C이며 탄소 함유량은 0.025% 이하의 철이다. 암코철의 탄소 함유량은 0.015% C 강이다.

11.
α-Fe은 체심입방격자로서 2.86이고 γ-Fe는 면심입방격자로서 3.63이다. 주요 금속의 격자상수는 다음과 같다.

Ag:4.08 Al:4.04
Cu:3.16 Ni:3.52
W:3.16   Mg:3.22
Zn:2.66

12.
철의 동소체는
δ-Fe, γ-Fe, α-Fe이 있다.

14.
고용체에는 전율 가용고용체와 한율 가용고용체가 있으며 기계적 방법으로는 구분이 불가능하다.

정답   10 ②   11 ①   12 ①   13 ②   14 ③

15 다음은 강의 탄소 함유량에 따라 기계적 성질을 설명한 것이다. 관계없는 것은?

① 연율은 탄소 함유량 증가에 따라 감소한다.
② 탄소 함유량의 증가에 따라 경도도 증가한다.
③ 탄소 함유량이 증가에 따라 인장강도도 증가한다.
④ 페라이트(ferrite)의 양은 증가하고, 펄라이트(pearlite)의 양은 감소한다.

16 탄소강 중에서 망간을 합금시킬 때의 영향 중에서 틀린 것은?

① 점성은 증가한다.
② 인성이 증가한다.
③ 고온 가공성이 저하한다.
④ 연성은 감소되고 강도는 증가된다.

17 강을 A_3 또는 A_1 변태점에서 20~30°C 가열한 후 급냉처리하여 경도를 증가시키는 작업은?

① 노말라이징   ② 퀜칭
③ 어닐링   ④ 템퍼링

18 경도가 큰 가공 재료에 인성을 부여할 목적으로 A_1 변태점 이하에서 적당히 가열한 것은?

① 불림   ② 담금   ③ 풀림   ④ 뜨임

15.
망간(Mn)을 탄소강에 첨가 시 강도, 경도, 인성이 증가하며 탈산제로 사용한다.
고온가공성과 경화능, 점성은 증가한다.

정답 15 ④ 16 ③ 17 ② 18 ④

19 퀜칭(quenching)한 다음에 A_1 온도 이하로 가열하여 조직에 인성을 부여하는 열처리 작업은?

① 불림   ② 풀림   ③ 뜨임   ④ 담금

20 담금 조직에 있어서 마텐자이트(martensite)의 조직은?

① 그물 모양으로 펼쳐진 모양
② 삼 잎 모양을 한 조직
③ wire-rope 모양을 한 조직
④ 만곡상의 흑연조직

21 소성가공인 압연작업을 할 수 없는 조직은?

① 시멘타이트   ② 펄라이트
③ 페라이트   ④ 오스테나이트

21.
시멘타이트는 주철로서 경도가 커서 압연이 불가능하다.

22 0.01%C 탄소강의 700°C에서의 조직은?

① 페라이트   ② 오스테나이트
③ 시멘타이트   ④ 펄라이트

23 1.2%C 강을 불림열처리한 후의 현미경 조직은?

① 펄라이트+페라이트
② 펄라이트+시멘타이트
③ 펄라이트+오스테나이트
④ 오스테나이트+시멘타이트

정답   19 ③   20 ③   21 ①   22 ①   23 ②

24 펄라이트(pearite)의 설명으로 틀린 것은?

① 자성을 갖고 있지 않다.
② 경도는 낮고 강도는 크지 않다.
③ 강의 조직 중 가장 안정된 조직을 가지고 있다.
④ 비중은 오스테나이트와 마텐자이트의 중간 정도이다.

25 강의 담금 조직 중 경도가 가장 큰 것은?

① 시멘타이트   ② 오스테나이트
③ 마텐자이트   ④ 소르바이트

26 다음에서 구상 펄라이트(pealite)와 관계있는 것은?

① 마멸성의 증가   ② 페라이트가 구상화
③ 시멘타이트가 구상화   ④ 입상 펄라이트

27 액체 침탄법(cyaniding)의 특징과 관계없는 것은?

① 침탄층의 깊이가 깊다.
② 산화가 방지되며 시간이 절약된다.
③ 온도조절이 쉽고, 일정한시간 지속할 수 있다.
④ 균일한 가열이 가능하고, 제품, 변형을 방지할 수 있다.

28 강의 표면이 고온 산화에 견디게 하기 위하여 하는 방법은?

① 크로마이징   ② 실리코나이징
③ 캘러라이징   ④ 보로나이징

25.
경도의 순서는 마텐자이트>트루스타이트>소르바이트>펄라이트>페라이트이다. 경도는 시멘타이트가 마텐자이트보다 강하나 담금조직이 아니다.

26.
시멘타이트가 구상화한 펄라이트를 구상 펄라이트 또는 스피어어다이트라고 하며 고탄소강을 담금질하기 전에 반드시 시멘타이트를 구상화하여야 한다.

27.
액체 침탄법은 침탄 질화법 또는 시안청화법이라고 하며 장점은 가열이 균일하고 제품의 변형방지 온도 조절이 용이하고 산화가 방지되므로 가공시간이 절약된다. 단점으로는 침탄제의 값이 비싸며 침탄층이 얇고 발생가스가 유독하다.

정 답   24 ①   25 ③   26 ③   27 ①   28 ③

29 철사 5 m인 것을 50 cm씩 자르려고 손으로 여러 번 구부렸다 폈다 했더니 구부러진 부분이 점점 힘이 든 이유는?

① 금속의 입자간이 움직여서 성장하기 때문에
② 구부렸다 폈다 하는 것은 일종의 담금질 현상이기 때문에
③ 일종의 가공현상으로 그 부분이 가공 경화되었기 때문에
④ 철사는 미끄럼 변형과 쌍정 변형을 동시에 일으키는 재료이기 때문에

29.
구부렸다 폈다하면 굽힘 후 다시 굽힘을 가하면 인장곡선과 압축곡선의 변형율 차이를 바우싱거 변형이라 하며 일종의 가공경화 현상이 일어나서 힘이 많이 들고 경화후 절단이 일어난다.

30 철의 규리점은 몇 ℃인가?

① 1401℃
② 910℃
③ 1160℃
④ 770℃

30. A_2 자기변태점

31 강을 열처리하지 않고 강의 표면을 다른 금속으로 피복함으로써 표면의 강도를 높이고 표면의 광택을 증가시키며, 내식성을 부여하는 표면처리법을 무엇이라고 하는가?

① 전해연마
② 화학연마
③ 도금
④ 질화

31.
도금:강의 표면에 다른 금속을 피복하는 것

| 정 답 | 29 ③ 30 ④ 31 ③ |

32 다음은 침탄과 질화의 차이점이다. 맞는 것은?

① 침탄은 C가 Fe와 Fe_3C를 만들고, 질화는 FeN을 만들어 경화층을 이룬다.
② 침탄은 합금 상태에서도 할 수 있으나 질화는 되지 않는다.
③ 침탄과 질화는 고탄소 강에서만 적용될 수 있다.
④ 질화는 Fe_2N, FeN_4의 질화물을 만드나 주철, 탄소강에 Ni, Co 등을 함유하는 강철은 질화되어도 경화되지 않는다.

33 마텐자이트를 400°C 이하로 뜨임하면?

① 펄라이트가 된다.
② 트루스타이트가 된다.
③ 오스테나이트가 된다.
④ 소르바이트가 된다.

34 마텐자이트화에 대하여 옳은 설명은?

① 시간에 관계가 있다.
② 확산에 의한다.
③ 온도에 관계한다.
④ 온도와 시간에 관계한다.

35 강(steel)에 가장 유해한 불순물은?

① Mn　　② S
③ Si　　④ Cu

32.
질화법:암모니아 가스 중에 N의 반응으로 질화층을 만든다.

고주파경화법:고주파전압의 전류를 이용 극히 짧은 시간 가열하여 표면을 경화시키는 방법

침탄법:저탄소강의 표면에 탄소를 침입시켜 경화시키는 것

청화법:Nacl, Kel, Na2CO3을 강의 표면에 침투

정답　32 ④　33 ②　34 ④　35 ②

36 불꽃시험(spark test)은 무엇을 이용한 검사법인가?

① spark 수에 의해서
② spark의 탄소에 의해서
③ spark의 형에 의해서
④ spark의 색깔에 의해서

36.
불꽃 시험법은 시료와 유선각도 유선으로 구분하여 판단하며 불꽃의 형태로 강과 주철인가를 구분한다.

37 항온 변태와 관계 있는 것은?

① 베이나이트 구조
② 펄라이트 구조
③ 트루스타이트 구조
④ 소르바이트 구조

37.
항온 변태란 강을 $\gamma-Fe$ 상태에서 A_1 변태 이하의 항온 중에 담금한 그대로 유지시에 발생하는 변태로서 베이나이트 조직을 얻기 위함이다.

38 열처리란?

① 금속을 급냉하는 작용이다.
② 금속을 급열하는 작동
③ 금속의 조절을 목적으로 한 가열, 냉각 작용
④ 금속의 경도를 증가시키는 작용

39 침탄강에서 가장 중요한 것은?

① 고탄소강이어야 한다.
② 고온에도 결정립이 성장해서는 안 된다.
③ 저탄소강이어야 한다.
④ 강재가 결함이 없어야 한다.

39.
저탄소강이어야 침탄이 잘된다.

| 정 답 | 36 ③ 37 ① 38 ③ 39 ③ |

40 열간가공에서 가장 중요한 것은?

① 가공온도를 높게 해야 한다.
② 가공온도를 낮게 해야 한다.
③ 마지막 온도를 적당하게 해야 한다.
④ 마지막 온도를 높게 해야 한다.

41 고체침탄법에서 중요한 촉진제와 침탄제는 무엇인가?

① $NaCO_3$ 목탄
② $BaCO_3$ 목탄
③ K_2CO_2 목탄
④ Li_2CO_3 목탄

41.
고체침탄법의 침탄제는 목탄, 골탄, 코크스이며 촉진제로는 탄산바륨, 탄산소다, 염화나트륨 등이다.

42 TTT curve와 관계 깊은 것은?

① Bain
② Osmend
③ Sorby
④ Tamman

43 침탄 후 열처리의 제1차 퀜칭 목적은?

① 중심부의 미세화
② 표면의 강화
③ 표면의 연화
④ 표면의 미세화

43.
침탄은 900~1000°C의 고온에서 오랜시간 가열하는 처리로서 처리 후 중심부의 조직이 대단히 거칠어진다. 이러한 조직을 미세화하기 위해 가열 후 기름 중에 1차 담금질을 한다.

44 열간가공(hot working)의 결점은?

① 작업능률이 불량하다.
② 크기가 부정확하다.
③ 변형이 생긴다는 점이다.
④ 비경제적이라는 점이다.

정 답   40 ③   41 ②   42 ①   43 ①   44 ②

45 항온 변태에서 코(nose)가 생기는 점은?

① 원자의 이동이 빠르기 때문이다.
② 불안정한 상태가 온도의 강하에 의하여 존재되기 때문이다.
③ bay가 있기 때문이다.
④ 안전한 상태가 이동하기 때문이다.

46 침탄 후 열처리에 제 2 차 퀜칭 목적은?

① 중심부의 미세화   ② 표면의 경화
③ 표면의 미세화   ④ 중심부의 경화

46.
침탄 후 1차 담금질 후 표면의 침탄부를 경화하기 위해 2차 담금질을 한다.

47 가장 간단한 강의 검사법은?

① SUMP법   ② 화학 분석법
③ 마이크로 시험법   ④ 불꽃 시험법

48 펄라이트(pearlite)는 입계에서부터 발생하는데 무엇이 제일 먼저 발생하는가?

① α-Fe   ② Fe_3C
③ γ-Fe   ④ δ-Fe

49 강(steel)에서 경도에 가장 영향을 주는 것은?

① Cr   ② W
③ Si   ④ C

49.
강에서의 각종 성질은 탄소의 함유량에 의해 결정되며 탄소이외에 Mn, Si, P, S, Cu 등과 각종 가스와 비금속 물질들도 적지 않은 영향을 미친다.

| 정 답 | 45 ② | 46 ② | 47 ④ | 48 ② | 49 ④ |

50 보통 강이라고 하면?

① 특수강　　　　② 탄소강
③ 강　　　　　　④ Cr

50.
내외부의 온도차에 의해 외부는 경화되어도 내부는 경화되지 않는 현상으로서 담금질성이라고도 하며 보통 크로스맨 시험, 조미니 시험이 사용된다.

51 담금질 직경 효과에 대해 맞는 것은?

① 강편의 지름이 클수록 인장강도, 경도는 감소한다.
② 강편의 지름이 클수록 인장강도, 경도는 증가한다.
③ 강편의 지름에 관계없이 온도만 다를 뿐이다.
④ 질량이 무거운 재료가 담금질이 쉽게 된다는 것이다.

52 0.85%의 탄소를 함유한 펄라이트(pearlite) 조직으로 된 강은?

① 과공석강　　　② 공석강
③ 아공석강　　　④ 망간강

52.
100~200°C에서의 뜨임을 저온 뜨임이라 하며 담금질 조직인 α-마텐자이트가 분해되어 β-마텐자이트, 즉 페라이트 중에 과포화되어 있던 탄소나 탄화물이 석출된다.

53 담금질 조직에서 경도만 요구되는 경우 약 150°C 부근으로 뜨임하는 조작은?

① 고온뜨임　　　② 저온뜨임
③ 상온뜨임　　　④ 열간뜨임

54 질량의 대소에 의하여 담금질 효과가 다른 현상은?

① 풀림 효과　　　② 담금질 질량 효과
③ 뜨임 질량 효과　④ 서브제로 처리

정 답　50 ②　51 ①　52 ②　53 ②　54 ②

55 공구강에 고탄소의 강철이 쓰여지는데 이유로 맞는 것은?

① 탄화물이 많아 높은 경도를 주고, 고용이 많이 되어 뜨임에 대한 경화능을 주기 때문에
② 탄소는 미립 흑연 상태로 철 중에 존재해 절삭능을 향상시키기 때문에
③ C는 공구강의 표면에서 침탄 작용을 일으켜 경도를 높이기 때문에
④ 저탄소강은 공구강이 될 수 없기 때문에

56 공구강에 고탄소강이 주로 쓰이는 이유는?

① 경도를 필요로 하기 때문에
② 충격에 견디어야 하기 때문에
③ 인성을 필요로 하기 때문에
④ 표면 경화할 목적으로

56.
공구강의 구비조건
① 고온에서 경도와 강도유지
② 내마모성과 점성이 클 것
③ 열처리 용이
④ 가공이 용이하며 저렴할 것

57 탄소강을 담금질 처리하기 전에 꼭 해야 할 처리는?

① 풀림 처리　　　　② 소둔 처리
③ 구상화 처리　　　④ 서브제로 처리

58 탄소강을 소입하면 물리적 성질이 변한다. 틀린 것은?

① 비중은 약간 감소한다.
② 비열은 다소 증가한다.
③ 전기저항은 뚜렷이 커진다.
④ 항자력은 현저히 감소한다.

| 정 답 | 55 ① 56 ① 57 ③ 58 ④ |

59 CCT curve란?

① TTT curve와 동일하다.
② 연속냉각 변태곡선이다.
③ TTT curve 유사한 curve다.
④ 마텐자이트 생성기만 관계된 곡선이다.

60 강의 포정점의 탄소량은?

① 0.1%   ② 0.18%   ③ 0.3%   ④ 0.5%

61 펄라이트란?

① 고용체이다.
② 혼합물이다.
③ 금속간 화합물이다.
④ 순금속이다.

62 탄소강에서 고용체는?

① 치환형이다.
② 침입형이다.
③ 치환형일 때도 침입형일 때도 있다.
④ 금속간 화합물이다.

63 크랭크축, 롤러, 차축 등을 만드는 것은?

① 연강   ② 경강
③ 주강   ④ 단강

59.
CCT curve는
연속냉각 변태곡선이다.

61.
펄라이트는 페라이트와
시멘타이트의 혼합이다.
FeC는 한율 가용 고용체의
침입형이며 Fe3C는 금속간
화합물이다.

62.
침입형 고용체로서
C, H, B, N, O 등이 사용된다.

63.
단강은 forgings이다.

정 답   59 ②   60 ②   61 ②   62 ②   63 ④

64 열처리의 가열에서 가장 중요한 것은?

① 균일하게 가열하는 것
② 느리게 가열하는 것
③ 빠른 가열 후 일정상태에서 장시간 가열
④ 느린 가열 후 일정상태에서 급히 가열

65 탄소강에서 담금하면?

① 경화된다.
② 연화된다.
③ 인성이 증가한다.
④ 결함수가 증가한다.

66 탄소강에서 가장 팽창한 것은 무엇인가?

① 펄라이트
② 소르바이트
③ 마텐자이트
④ 오스테나이트

67 질화법에 사용되는 질화제는 어떤 것인가?

① 탄산소다
② 암모니아가스
③ 염화칼륨
④ 소금

67.
질화법은 암모니아(NH_3) 가스분위기에서 가열하여 표면을 경화시키는 방법이다.

정답 64 ① 65 ① 66 ③ 67 ②

68 소르바이트를 약간 뜨임하면 무엇이 되는가?

① 트루스타이트 ② 마텐자이트
③ 오스테나이트 ④ 펄라이트

69 고체 침탄법에서 가장 좋은 침탄제와 촉진제는?

① 60% 목탄, 40% Na_2CO_3
② 60% 목탄, 40% C_2CO_3
③ 60% 목탄, $BaCO_3$, 10% $NaCO_3$
④ 60% 목탄, 10% Na_2CO_3, 30% $BaCO_3$

69.
고체 침탄법에서 침탄제로는 목탄, 입상 고크스, 골탄 등을 사용하며 침탄촉진제로는 탄산바륨($BaCO_3$)나 탄산소다(Na_2CO_3)를 가용한다.

70 열점(hot shortness)의 원인이 되는 것은?

① Ca ② Mn ③ P ④ S

71 다음에서 3원 합금은 어느 것인가?

① 철 ② 흑연 ③ 황동 ④ 특수강

72 복원(reversion)이란?

① 시효경과 후에 시효온도보다 조금 낮은 온도로 긴 시간 가열함으로써 거의 시효 전의 상태로 돌아가는 연화현상
② 시효경과 후에 시효온도보다 조금 낮은 온도로 짧은 시간 가열함으로써 거의 시효 전의 상태로 돌아가는 연화현상
③ 시효경과 후에 시효온도보다 조금 높은 온도로 긴 시간 가열함으로써 거의 시효 전의 상태로 돌아가는 연화현상
④ 시효경과 후에 시효온도보다 조금 높은 온도로 짧은 시간 가열함으로써 거의 시효 전의 상태로 돌아가는 연화현상

71.
합금이란 어떤 필요한 성질을 얻기 위하여 금속에 다른 원소를 인공적으로 첨가한 금속이다.

정답 68 ④ 69 ④ 70 ④ 71 ④ 72 ④

73 질화법의 장점이 아닌 것은 어느 것인가?

① 경화층은 얇고, 경도는 침탄한 강철보다 더 단단하다.
② 마멸 및 부식에 대한 저항이 크다.
③ 600°C 이하에서는 경도가 감소되지 않고 산화도 잘 되지 않는다.
④ 침탄 후에도 수정이 가능하다.

74 저온 풀림과 고온풀림을 나누는 변태점은?

① A_1
② A_o
③ A_3
④ A_2

75 피아노선의 조직으로 적당한 것은?

① 오스테나이트
② 펄라이트
③ 마텐자이트
④ 소르바이트

76 숏피닝으로 개선되는 성질?

① 경화능
② 내식성
③ 인장강도
④ 휨이나 비틀림의 반복응력

73. 질화법
경도는 침탄층보다 높다.
질화 후의 열처리는
필요없다.
질화 후의 수정이
불가능하다.
질화층을 깊게 하려면
긴 시간이 걸린다.
경화에 의한 변형이 적다.
고온으로 가열되어도 경도는
낮아지지 않는다.
질화층을 여리다.
강철의 종류에 따라
많은 제한을 받는다.

74.
A_1 변태점 이하에서
실시하는 변태를 중간 풀림
또는 변태점하풀림이라고
한다.

75.
피아노선의 탄소 함유량은
0.6 ~0.9C이다.

정 답 73 ④ 74 ① 75 ④ 76 ④

77 하드 페이싱(hard facing)이란?

① 침탄, 질화법과 같은 표면 경화법
② 열처리에 의해 표면 경화시키고 내부는 강인하게 하는 특수 열처리법
③ 금속의 표면에 스텔라이트 초경합금, Ni-Cr-B 합금을 융착시켜서 표면 경화층을 만드는 법
④ 필요한 부분에 도금층을 입혀 경화시키는 법

78 다음은 탄소강에서 C량의 증가에 따라 증가하는 것을 들었다. 틀린 것은?

① 전기저항　　　　　　② 비중
③ 항장력　　　　　　　④ 비열

79 강철이 공업용 재료로 많이 사용되는 이유는?

① 탄소가 많이 들어있다.
② 열처리로 성질개선 가능
③ 가공경화가 잘된다.
④ 전연성이 풍부

80 다음에서 시안화법(cyaniding)에 있어서 침지법의 이점이 못되는 것은?

① 살 두께가 두껍거나 얇은 것의 차가 심하여도 지장이 없다.
② 균일한 가열이 가능하고 제품의 변형을 방지한다.
③ 온도조절이 쉽고 일정한 시간을 지속할 수 있다.
④ 산화가 방지되고 작업시간이 절약된다.

정답　77 ③　78 ②　79 ②　80 ①

81 함석판은 부식 때문에 철판의 표면을 금속으로 피복하여 만든 것이다. 피복하는 금속은 다음 중 어느 것인가?

① C_2 ② Pb ③ Zn ④ Sn

82 탄소강에서 탄소 이외에 P의 영향은 어떠한가?

① 상온에서 가단성, 전성이 감소한다.
② 담금성, 경도 인성을 감소한다.
③ 강의 결정립을 조대하게 한다.
④ 강의 용립성이 나빠진다.

82.
인(P)의 영향은 경도와 강도를 증가시키고, 가공시 균열을 일으키며, 상온 메짐성의 원인이 된다. 기포가 없는 주물을 만들 수 있고, 절삭성이 좋아진다.

83 스프링 강에서 반드시 첨가하여야 할 원소는?

① Mn ② Si ③ W ④ Mo

83.
강에서 기계적 성질을 개선하거나 특수한 성질을 부여하기 위해 금속을 첨가한 것을 특수강 또는 합금강이라 하며 다음의 일반 특성이 있다.

Ni:인성 증가, 저온 충격, 저항 증가
Cr:내식성, 내마모성 증가
Mo:뜨임 여림성 방지
Mo, W:고온에 있어서의 경도와 인장강도 증가
Cu:공기 중 내산화성 증가
Si:전자기 특성, 내열성 우수
V, To, Zr:결정 입자의 조절

84 다음 강 중의 텅스텐(W) 효과를 설명한 것이다. 틀린 것은?

① Fe 중에 용해되어 결정 입자를 미세화하여 강한 복탄화물을 석출한다.
② W은 강의 경도를 증가시켜 경화 효과는 Cr강보다 양호하다.
③ 저온 강도가 크므로 고온재로 사용하기 곤란하다.
④ W은 잔류자기 유지력이 크므로 영구 자석에 적당하다.

85 강에서 자경성을 주는 원소가 아닌 것은?

① Ni ② Mn ③ Cr ④ Ti

85.
Ni, Mn, Cr 등의 원소들을 함유한 강은 공랭으로도 경화하는 성질이 있다. 이러한 강을 자경강 또는 공기 경화강이라 한다.

정답 81 ③ 82 ③ 83 ② 84 ③ 85 ④

86 스프링강의 구조는?

① 펄라이트 ② 시멘타이트
③ 소르바이트 ④ 오스테나이트

86.
열간가공용의 스프링은 0.5~1.0%의 탄소강으로서 소르바이트 재질을 사용 Mn, Cr 등을 첨가한다.

87 베어링용 강으로 요구되는 사항은?

① 높은 경도와 높은 강인성을 가질 것
② 높은 마멸성과 낮은 경도를 갖을 것
③ 높은 자경성과 높은 인장력을 가질 것
④ 높은 탄성 한도와 높은 피로 한도를 가질 것

88 인바(invar)의 성질은?

① 선팽창률이 낮다.
② 백금과 같은 팽창계수를 갖는다.
③ 유리와 같은 팽창계수를 갖는다.
④ 상온에서 탄성율에 변하지 않는다.

88.
인바는 Ni 36% 함유 Fe-Ni 합금으로서 상온에서의 열팽창계수가 매우 적고 내식성이 좋아 줄자, 시계의 진자, 바이메탈 등에 쓰인다.

89 게이지강의 특징은?

① 심냉처리
② 열팽창계수 적다.
③ 중탄소강에 고Mn, Cr 등 첨가
④ 고속도강, 질화강, 탄소공구강 등으로 쓰인다.

89.
게이지강은 1%C의 강에 고망간, 크롬 등을 첨가하며 사용 중 치수변화를 일으키지 않기 위해서 담금질 후 오랜 뜨임 혹은 반복뜨임을 하거나 심냉처리를 한다.

90 스테인리스강에서 일어나는 결정의 현상은?

① 용접성이 난이 ② 내식성 불량
③ 입간부 발생 ④ 뜨임 취성 발생

90.
스테인리스를 고온으로부터 급랭한 것을 재가열시 고용되었던 탄소가 오스테나이트 결정입계로 이동 탄화크롬이 석출, 결정입계의 Cr량이 감소되어 쉽게 부식이 일어난다.

정답 86 ③ 87 ④ 88 ① 89 ③ 90 ②

91 강의 경화 능력을 높이고 임계 냉각 속도를 느리게 하기 위하여 여러 가지 특수원소를 첨가시킨다. 강의 변태 온도를 낮추고 변태 속도를 느리게 하는 원소는?

① Ni ② Cu ③ Si ④ W

92 강의 변태 온도 및 변태 속도에 영향이 없는 원소는?

① Mo ② P ③ Al ④ S

93 고속도강의 특징이다. 맞지 않는 것은?

① 열처리에 의하여 뚜렷하게 경화하는 성질이 있다.
② 마모저항이 크다.
③ 마텐자이트는 안정되어 600°C까지에는 고속도로 절삭가능하다.
④ 절삭성은 우수하나 경도, 강도는 탄소강만 못하다.

94 고속도강이 고온에서 경도가 떨어지지 않는 큰 이유는?

① 특수 원소가 Fe_3C가 형성되는데 촉매 역할을 하므로
② 탄화물이 마텐자이트에서 대단히 안정되어 있으므로
③ 잔류 오스테나이트가 전부 탄화물로 되어, 경화용을 이루므로
④ 고속도강은 단단하기 때문에

95 냉간가공이 열간가공보다 우수한 점은?

① 유동성이 좋아진다.
② 연신율이 증가한다.
③ 정밀한 제품을 얻는다.
④ 가공경화가 생기지 않는다.

95.
냉간가공의 장점
① 제품의 치수를 정확히 알 수 있다.
② 가공면에 아름답다.
③ 어느 정도 기계적 성질을 개선시킬 수 있다.

열간가공의 장점
① 작은 동력으로 커다란 변형을 줄 수 있다.
② 재질의 균일화가 이루어진다.

정 답   91 ①   92 ③   93 ④   94 ②   95 ③

96 냉간가공을 하면 증가하는 성질은?

① 연성
② 전성
③ 연신율
④ 탄성 한도

97 순철에는 α, γ, δ의 3개의 동소체가 있는데 γ철은 910~1400°C 사이에서는 다음 중 어떤 결정격자를 갖는가?

① 체심입방격자
② 면심입방격자
③ 조밀육방격자
④ 정방격자

98 순철의 동소변태점의 온도는?

① 723°C와 780°C
② 910°C와 780°C
③ 1400°C와 1528°C
④ 910°C와 1400°C

99 경도가 가장 높은 조직은?

① 시멘타이트
② 트루스타이트
③ 펄라이트
④ 페라이트

99.
마텐자이트보다 시멘타이트의 경도가 더 높다.

100 레데뷰라이트의 탄소 함유량은?

① 0.86%
② 1.7%
③ 4.3%
④ 6.67%

100.
레데뷰라이트는 공정철을 말하며 탄소함유량은 4.3%이다.

정 답   96 ④   97 ②   98 ④   99 ①   100 ③

101 레데뷰라이트를 옳게 설명한 것은?

① 시멘타이트의 용해 및 응고점
② γ 고용체로부터 α 고용체와 시멘타이트가 동시에 석출되는 점
③ δ 고용체와 석출을 끝내는 고상선
④ 포화되고 있는 1.7%C의 γ 고용체와의 6.67%의 Fe_3C와의 공정

102 순철의 용도는?

① 전기재료용
② 기계구조용
③ 주조용
④ 정밀기계재료용

103 다음에 열거한 변태점 중 순철이 없는 것은?

① A_1
② A_2
③ A_3
④ A_4

104 아공석강의 상온에서 표준조직은?

① 오스테나이트와 시멘타이트
② 펄라이트와 시멘타이트
③ 페라이트와 펄라이트
④ 페라이트와 시멘타이트

104.
아공석강은 탄소함유량 0.85% 이하의 강으로서 페라이트와 펄라이트의 혼합조직이다.

| 정 답 | 101 ④ 102 ① 103 ① 104 ③ |

105 탄소강의 표준조직에서 인장강도와 경도는 어느 조직 부근에서 최대가 되는가?

① 공석조직
② 공정조직
③ 주상정
④ 펄라이트

106 펄라이트에 대한 설명 중 옳은 것은?

① 1.7%C의 α 고용체와 6.67%C의 시멘타이트와의 공정조직이다.
② 0.85%C의 γ 고용체가 723°C에서 분열하여 생긴 페라이트와 시멘타이트의 공석정이다.
③ 탄소가 6.67%되는 철의 탄화물인 시멘타이트로서 시멘타이트로서 금속간 화합물이다.
④ 1.7%까지의 탄소가 고용된 고용체이며, 오스테나이트 라고도 한다.

107 탄소강에 함유된 구리의 영향이 아닌 것은?

① 인장강도, 탄성 한도를 높인다.
② 내식성을 증가시킨다.
③ 압연시 균열의 원인이 된다.
④ 헤어크랙의 원인이 된다.

107.
구리(Cu)의 영향은 인장강도, 탄성 한도를 증가시키고 내식성을 증가시킨다. 압연시 균열의 원인이 된다.

108 다음 중 자성을 갖고 있으며 연성과 전성이 큰 것은?

① 시멘타이트
② 페라이트
③ 오스테나이트
④ 펄라이트

108.
자석강은 자기이력곡선이 포함하는 면적인 넓은 0.8~1.2% C의 탄소강(페라이트)을 사용한다.

정 답   105 ④   106 ②   107 ④   108 ②

109 다음 중 전기용 강은?

① Mn강, Mn-Cr-Ni강
② Cr강, Cr-Ni강
③ Ni-Cr강, 질화강
④ 규소강, Ni강

109.
전자석이나 철심의 재료는 규소강을 사용하여 자석강은 페라이트강에 Co 등을 첨가하며 변압기, 차단기 등의 비자성강은 비자성재료인 18-8계 스테인리스강 및 고 Mn강, 오스테나이트 강을 사용한다.

110 A_0 변태점(215°C)은 무슨 변태점인가?

① 순철의 동소 변태점
② 순철의 자기 변태점
③ 시멘타이트의 자기 변태점
④ 시멘타이트의 동소 변태점

111 순철(pure iron) 중 α, γ, δ의 3개의 동소체가 있는 γ철은 910~1400°C 사이에서는 다음 중 어떤 결정격자를 갖는지 다음 중 알맞은 것은?

① 체심입방격자
② 면심입방격자
③ 조밀육방격자
④ 정방격자

112 토마스(Thomas process)전로 제강시 원료선으로 사용되는 것은?

① 고인, 고규소선
② 저인, 고규소선
③ 저인, 저규소선
④ 고인, 저규소선

112.
염기성법으로 저급재료 (고인, 저규소)사용, 선철 주입전 석회공급, 돌로마이트 내화물

정 답   109 ④   110 ③   111 ②   112 ④

113 용량을 매시간당 용해할 수 있는 무게로 표시하는 노는?

① 용선로   ② 용광로   ③ 도가니로   ④ 반사로

114 평로 또는 전로에서 정련된 용강을 페로 망간(Fe-Mn)으로 불완전 탈산시켜 주형에 주입한 것은?

① 탄소강   ② 킬드강   ③ 림드강   ④ 세미킬드강

115 순철에 관한 다음 사항 중 틀린 것은 어느 것인가?

① 공업적으로 가장 순수한 철은 카르보닐 철이다.
② 순철에는 α, γ, δ 철의 3개의 동소체가 있다.
③ 순철의 자기 변태점은 A_2 변태로서 강자성체이다.
④ 순철은 기계구조용으로 많이 사용된다.

116 다음 중 탈산도에 따라 분류한 강괴의 종류에 해당되지 않는 것은?

① 듀콜강   ② 림드강
③ 킬드강   ④ 세미킬드강

117 순철에서 γ철의 온도와 격자는?

① 912~1400°C에서 안정한 면심입방격자
② 912°C 이하에서 안정한 체심입방격자
③ 770~912°C에서 안정한 조밀육방격자
④ 1394°C 이상에서 안정한 체심입방격자

113.
각종 노의 용량
① 용광로:1일 산출 선철의 무게를 ton으로 표시
② 용선로:1시간당 용해항을 ton으로 표시
③ 전로, 평로, 전기로:1회에 용해, 산출무게를 kg 또는 ton으로 표시

114.
① 탄소강:탄소함량이 0.3% 이상 1.7% 이하의 강
② 킬드강
  · 완전탈산강
  · 가스처리충분→Fe-Mn, Fe-Si, 알루미늄 등의 탈산제 사용
  · 압연재로 사용
③ 세미킬드강
  · 약탈산강
  · 킬드강과 림드강의 중간적인 특성
④ 림드강
  · 불완전 탈산강
  · 가스처리 불충분
  · 용접봉의 선재로 사용

115.
① 순철의 성질:탄소의 함량 0.03% → 기계재료에 부적당, 항장력이 낮고 투자율이 높다. 변압기 발전용의 박철판으로 사용,

순철의 융점:1538°C
비중:7.86~7.88
열전도율:0.159

② 변태:종류에는 A_2(768), A_3(910), A_4(1400)이 있으며 A_2를 자기 변태라 한다.

정 답   113 ①   114 ③   115 ④   116 ①   117 ①

118 순철의 동소체는?

① 2개(α, β)
② 3개(α, γ, δ)
③ 4개($\alpha, \beta, \gamma, \delta$)
④ 5개($\alpha, \beta, \gamma, \delta, \rho$)

119 탄소강에서 탄소량이 증가되면 일어나는 현상을 바르게 설명한 것은 어느 것인가?

① 인장강도와 경도는 감소하고, 항복점은 증가한다.
② 인장강도와 단면수축률은 증가하고, 경도는 감소한다.
③ 인장강도와 경도는 증가하고, 연신율은 감소한다.
④ 인장강도와 경도, 연신율은 모두 증가한다.

120 탄소강 중에 함유되어 적열취성을 일으키게 하는 원소는?

① 황(S)
② 구리(Cu)
③ 망간(Mn)
④ 인(P)

121 4.3%C의 Fe_3C의 공정을 무슨 조직이라 하는가?

① 시멘타이트
② 오스테나이트
③ 레데뷰라이트
④ 펄라이트

120. 탄소강의 취성
① 적열취성(고온취성): 유황이 원인이 된다. 강이 고온(900°C 이상)이 되면 유화철이 되어 유황은 결정립계에 분포하여 취성을 갖게 되고 융점(900°C 이상)이 되면 유화절이 된다.
② 저온취성: 상온보다 낮아지면 강도, 경도가 증가하고, 연신율, 충격치가 감소한다.
③ 청열취성: 강은(200~300°C) 정도의 가열을 받으면 상온에서보다 오히려 전연성이 줄어들어 취성을 가지는 것으로 이때 강재표면 청색의 산화 피막이 생기어 청열취성이라 한다. 이 온도점 부근에서의 강의 가공시엔 주의해야 한다.

| 정답 | 118 ② | 119 ③ | 120 ① | 121 ③ |

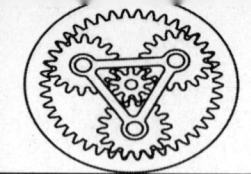

122 탄소강 중 과공석강의 조직을 올바르게 표시한 것은?

① 페라이트+오스테나이트
② 펄라이트+레데뷰라이트
③ 페라이트+펄라이트
④ 펄라이트+시멘타이트

122.
과공석강은 탄소 함유량 4.3% 이상의 강으로서 시멘타이트가 많은 부분이다.

123 시계용 스프링을 만드는 불변강은?

① 미하나이트
② 엘린바
③ 에드미럴트
④ 인코넬

123.
엘린바는 상온에서 실용상 탄성계수가 거의 변하지 않는 Fe-Ni-Cr의 합금이다.

124 고속도강의 성분은?

① W, Cr, V
② Ni, Cr, V
③ Cr, V, Co
④ Fe, Si, W

124.
고속도강은 절삭공구강의 대표적인 특수강으로 W, Cr, V 이외 Co, Mo을 함유하는 합금강이다.

125 W-C분말과 Co분말을 약 1400°C로 소결하여 만든 금속은?

① 화이트메탈
② 고속도강
③ 고탄소강
④ 초경질합금

126 다음 중 Co-Cr-W인 주조 합금은?

① 니크롬강
② 위디아
③ 당가로이
④ 스텔라이트

126.
주조경질합금으로 스텔라이트가 있으며 Co-Cr-W-C계의 합금으로 절삭용 공구, 다이스, 드릴의 재질로 사용된다.

정답 122 ④ 123 ② 124 ① 125 ④ 126 ④

127 피아노선의 조직은?

① 오스테나이트
② 트루스타이트
③ 마텐자이트
④ 소르바이트

127.
소르바이트의 경도와 강도는 트루스타이트보다 작으나 인성과 탄성을 동시에 요하는 와이어로프나 피아노선 등에 사용한다.

128 하드필드강(Hardfield steel)이란?

① 고Cr강　　② 고Mn강
③ 고Ni강　　④ 고W강

129 GC20에서 20은 무엇을 나타내는가?

① H_RC20　　② $20\,kg/mm^2$
③ 0.2%C　　④ 0.15~0.25%C

129.
SC:주강품
GC:회주철
GCD:구상 흑연 주철
BMC:흑심 가단 주철
20:최저인장강도
　　$20kg/mm^2$

130 강의 열처리시 조직의 변화순서는?

① 소르바이트 → 트루스타이트 → 오스테나이트 → 마텐자이트
② 오스테나이트 → 마텐자이트 → 트루스타이트 → 소르바이트
③ 트루스타이트 → 소르바이트 → 오스테나이트 → 마텐자이트
④ 마텐자이트 → 오스테나이트 → 소르바이트 → 트루스타이트

130.
A → M → T → S → P → F

131 T.T.T 곡선과 관계가 있는 곡선은?

① Fe_3-C 곡선　　② 항온 변태 곡선
③ 인장 곡선　　　④ 탄성 곡선

정답　127 ④　128 ②　129 ②　130 ②　131 ②

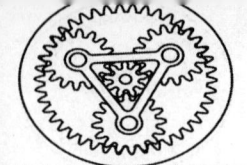

132 경도가 큰 재료에 인성을 부여할 목적으로 A_1 변태점 이하로 가열하여 서냉하는 열처리법은?

① 담금질 ② 고온풀림
③ 뜨임   ④ 저온풀림

132.
담금질한 강은 경도는 크나 반면 취성을 가지게 되므로 경도는 다소 저하되더라도 인성을 증가시키기 위해 A_1 변태점 이하에서 재가열하여 재료에 알맞은 속도로 냉각시켜 주는 처리를 뜨임이라 한다. 또한 400°C로 뜨임한 것은 가장 부식되기 쉬운 데 이 조직을 특히 오스몬타이트(osmon- dite)라 한다.

133 금속침투법 중 알루미늄을 침투시키는 것은?

① 실리코나이징 ② 세라다이징
③ 캘러라이징   ④ 크로마이징

134 표면은 굳고 마모에 견디며, 중심은 질기고 충격에 견디어야 할 재료의 열처리 방법은 어느 것인가?

① 뜨임   ② 표면 경화법
③ 항온처리 ④ 담금질

135 다음 중 담금질 조직이 아닌 것은?

① 마텐자이트 ② 트루스타이트
③ 레데뷰라이트 ④ 소르바이트

136 금속을 가열한 다음 급속히 냉각시켜 경화시키는 열처리 방법은 어느 것인가?

① 풀림   ② 뜨임
③ 담금질 ④ 불림

정 답 132 ③ 133 ③ 134 ② 135 ③ 136 ③

137 다음 중 침탄법에 관한 항 중 옳지 않는 것은?

① 고온으로 가열시 뜨임되고, 경도는 낮아진다.
② 침탄 후 열처리가 필요하지 않다.
③ 경화에 의한 변형이 생긴다.
④ 침탄 후 수정이 가능하다.

137.
열처리가 필요하지 않는 것은 질화법이다.

138 뜨임취성을 갖고 있는 강은?

① Ni강
② Ni-Cr강
③ Si강
④ Ni-Cr-Mo강

139 18-8 스테인리스강에서 18-8은 어떤 원소를 기준으로 하고 있는가?

① Cr 18%, Ni 8%
② Ni 18%, Cr 8%
③ Cr 18%, Mo 8%
④ Ni 18%, Mo 8%

140 다음 중 Hardfield steel이라 불리는 것은?

① Cr-W강
② 게이지강
③ 고망간강
④ 고속도강

141 단조작업을 할 수 없는 조직은?

① 시멘타이트
② 오스테나이트
③ 펄라이트
④ 페라이트

141.
시멘타이트 조직은 경도가 커서 단조작업을 할 수 없다.

정 답 137 ② 138 ② 139 ① 140 ③ 141 ①

142 강철 중에 펄라이트(pearlite)조직이란?

① α 고용체와의 Fe_3C의 혼합물
② α 고용체와 γ의 혼합물
③ γ 고용체와 Fe_3C의 혼합물
④ δ 고용체와 α 고용체의 혼합물

143 레데뷰라이트(ledeburite)란?

① α 고용체로부터 γ 고용체와 시멘타이트가 동시에 석출되는 점
② γ 고용체로부터 δ 고용체와 마텐자이트가 공동 석출되는 점
③ 포화되고 있는 1.7%C의 γ 고용체와 6.67%C의 Fe_3C와의 공정
④ 시멘타이트의 용해 및 응고점

144 BMC로 표시되는 금속 재료는?

① 흑심 가단 주철
② 회주철
③ 구상 흑연 주철
④ 백심 가단 주철

145 탄소 공구강을 표시하는 것은?

① SKH
② SF
③ STC
④ PWR

146 다음 재료 표시 기호 중 황동 주물을 나타내는 것은?

① BrC
② BsC
③ BsS
④ PBS

144.
PWR:피아노 선재,
SWS:용접구조용 압연강재,
SBB: 보일러용 압연강재,
SC:주강품,
GC:회주철,
GCD:구상 흑연 주철,
BMC:흑심 가단 주철,
WMC:백심 가단 주철

145.
SM:기계구조용 탄소강
STS:합금 공구강
PWR:피아노선
SF:탄소강 단조품
SC46:탄소 주강품
SCr415:표면강화용 크롬강재

정 답 142 ① 143 ③ 144 ① 145 ③ 146 ②

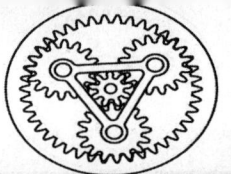

147 다음 금속 재료 중 니켈크롬 강재의 기호는?

① SCr ② SNC
③ STS ④ SCM

148 다음 재질 기호 중 백심 가단 주철을 표시하는 것은?

① BMC ② WMC
③ GC ④ DC

149 기계 구조용 탄소강의 재료 기호는?

① SM ② SP
③ SN ④ SC

150 강의 담금질 작업 중에서 냉각효과가 가장 큰 냉각제는 어느 것인가?

① 소금물 ② 비눗물
③ 보통물 ④ 기름

151 내부응력을 제거하고 인성을 개선하기 위한 열처리법은?

① 풀림 ② 뜨임
③ 담금질 ④ 불림

152 다음 열처리 중에서 재질을 경화시키는 열처리법은?

① 뜨임 ② 풀림
③ 담금질 ④ 불림

147.
SCr:표면강화용 크롬강재
STS:스테인리스강
SNC:니켈크롬강

151.
① 풀림:재료가 가공 경화나 내부응력이 생겼을 때 이를 제거하기 위하여 적정온도로 가열하여 서서히 냉각시키는 조작을 풀림(annealing)이라 하며, 완전풀림과 저온 풀림이 있다.

② 뜨임:담금질에서 저지한 A_1 변태변화를 적당히 진행시켜, 내부응력을 제거 또는 인성을 개선하기 위하여 조직을 재가열, 가열 온도는 뜨임색(tempercolor)으로 판정한다. 뜨임에는 저온뜨임과 고온뜨임이 있다.

③ 담금질:강의 경도 또는 강도를 증가시키기 위하여 A_3C가 Acm선 사이에서 적당한 온도로 가열하여 급냉하면 재료가 경화되는 조직

④ 온도:아공석강- A_3 변태보다 30~50°C 높게 가열 과공석강- A_1

정 답 147 ② 148 ② 149 ① 150 ① 151 ② 152 ③

153 강을 S곡선의 코와 Ms점 사이 온도의 항온 염욕에 급냉하고 그 온도에서 변태를 완성시킨 다음 염욕에서 꺼내어 공냉시켜 베이나이트 조직으로 만드는 열처리는?

① 타임퀜칭 ② 마퀜칭
③ 마아템퍼링 ④ 오스템퍼링

154 항온 변태에서 나타나는 조직은?

① 시멘타이트 ② 소르바이트
③ 베이나이트 ④ 레데뷰라이트

155 강을 담금질하였을 때 각 조직의 경도는 조직의 경도는 어떠한 관계를 갖게 되는가?

① 오스테나이트 > 마텐자이트 < 트루스타이트 > 소르바이트 > 펄라이트
② 오스테나이트 > 마텐자이트 > 트루스타이트 > 소르바이트 < 펄라이트
③ 오스테나이트 < 마텐자이트 > 트루스타이트 > 소르바이트 > 펄라이트
④ 오스테나이트 > 마텐자이트 > 트루스타이트 > 소르바이트 > 펄라이트

156 강도와 경도가 가장 높은 조직은 다음 중 어느 것인가?

① 소르바이트 ② 마텐자이트
③ 트루스타이트 ④ 오스테나이트

153.
오스템퍼링:항온 열처리 조직 중 뜨임이 필요 없으며 균열과 변형이 잘 생기지 않는다.

정 답 153 ④ 154 ③ 155 ③ 156 ②

157 다음 중 풀림(annealing) 열처리의 목적이라 할 수 없는 것은?

① 금속 결정 입자의 조절
② 가공 또는 공작에서 연화된 재료의 경화
③ 단조, 주조, 기계 가공에서 생긴 내부응력 제거
④ 열처리로 인하여 경화된 재료의 연화

158 내부응력을 제거하고 인성을 개선하기 위한 열처리 방법은?

① 풀림 ② 뜨임 ③ 담금질 ④ 불림

159 탄소가 0.9% 함유되어 있는 탄소강을 수중 냉각하였을 때 나타나는 조직은?

① 소르바이트 ② 펄라이트
③ 트루스타이트 ④ 마텐자이트

160 다음 중 니켈-크롬강에 나타나는 뜨임 메짐(tempering shortness)을 방지하기 위한 대표적인 첨가 원소는?

① 니켈 ② 크롬
③ 몰리브덴강 ④ 마그네슘

161 강인강에 해당하는 것은?

① Ni-Cr강 ② Cr-V강
③ Si-Cr강 ④ Mn-S강

161.
강인강(특수강)에는 니켈강(탄소강에 비하여 조직이 균열하며 강도, 내식성, 내마모성이 크다. 용도는 자동차, 비행기의 원동기 주요부분, 교량용 강재, 병기의 부품 등에 쓰인다), 크롬강(크롬 0.8~1.2%를 포함한 고경도의 특수강으로 내식성, 내마모성, 내열성이 좋다. 용도는 고급 절삭공구, 자동차부품, 볼베어링 등에 쓰인다), 니켈-크롬강(Ni 1.0~3.5%, Cr 0.5~2.0%를 포함한다. 고경도 특수강으로 인장강도, 내마모성, 내열성이 좋다. 용도는 기법, 축, 기계구조용으로 쓰인다), 니켈-크롬-몰리브덴강(니켈-크롬강에 소량의 Mo를 넣은 것으로 내열성, 담금질 효과가 좋아서 강인도가 매우 높다. 용도는 매우 우수한 구조용 강으로 쓰인다), 크롬-몰리브덴강(고온가공이 쉽고 고온강도가 크며 용접성도 우수하다. 보통 크롬 1.0%에 몰리브덴 0.15~0.4% 정도로 첨가한다. 용도는 기어, 축, 암, 레버 등에 쓰인다)이 있다.

정답 157 ② 158 ② 159 ④ 160 ③ 161 ①

162 주조한 상태로 연삭하여 사용하는 공구재료로 열처리하지 않아도 충분한 경도가 얻어지는 합금은 어느 것인가?

① 초경합금
② 스텔라이트
③ 세라믹(ceramics)
④ 소결경질합금

163 절삭공구 재료 사용하는 스텔라이트의 주성분은 무엇인가?

① W-C-Co-Cr
② W-C-Cu
③ Co-C-Mo-Cr
④ Co-Mo-C

164 다음 특수강 중 뜨임 취성이 있는 것은?

① Ni강
② Cr강
③ Ni-Cr강
④ Ni-Cr-Mo강

165 세라믹 바이트의 주성분은?

① 니켈
② 망간
③ 산화 알루미늄
④ 스테인리스강

166 다음 중 바이트 재료로 사용할 수 없는 것은?

① 스텔라이트
② 소르바이트
③ 다이아몬드
④ 세라믹

167 불변강의 종류가 아닌 것은?

① 인바
② 스텔라이트
③ 엘린바
④ 퍼멀로이

167.
불변강이란 Ni 26% 이상인 고니켈강으로 비자성체이며 강력한 내식성을 갖는 강을 말한다.

① 인바(invar):Ni36%, Cr 12%, 팽창계수가 0.1×10^{-6} 정밀기계부품에 사용(줄가)

② 엘린바(elinver):Ni40%, Cr12% 탄성률이 거의 변하지 않아 회중시계의 부품에 쓰인다.

③ 퍼멀로이(permally): Ni 75-80%, Cr0.5%, Co5%

④ 초인바:Ni40%, Co5% 이하 인바보다 열팽창율이 작다.

⑤ 코엘린바: 엘린바에 Co첨가

⑥ 플래티나이트(platinite): Ni 42-46%, Cr18%의 Fe-Ni-Co합금-전구 진공관 도선용(페르니코 코바르)

정 답 162 ② 163 ① 164 ③ 165 ③ 166 ② 167 ②

168 다음 중 용도별로 분류하였을 경우, 특수용도 특수강에 해당하지 않는 것은?

① 쾌삭강 ② 베어링강
③ 고속도강 ④ 내열용 특수강

169 다음 열처리 방법 중 표면 경화법에 속하는 것은?

① 항온 처리 ② 침탄법
③ 담금질 ④ 풀림

170 칼로라이징(calorizing) 표면강화는 강의 표면에 어떤 원소를 침투시키는 것인가?

① Al ② Cr ③ Si ④ B

171 서브제로 처리(=심냉처리)를 올바르게 설명한 것은 다음 중 어느 것인가?

① 담금질 후 계속 0°C 이하의 온도까지 냉각시켜 잔류 오스테나이트를 감소시키는 것
② 뜨임처리하기 전에 온도는 영하 10°C까지 냉각한 후 펄라이트 조직을 환원시킨 처리
③ 강철을 담금질하기 전에 표면에 붙은 불순물을 화학적으로 제거하는 열처리
④ 담금질 직후 바로 tempering하기 전에 얼마동안 0°C에 두었다가 템퍼링하는 것

168.
- 베어링강: 강도 및 경도와 내구성을 필요로 하므로 고탄소 크롬강이 쓰인다.
- 내열강: 강에 내열성을 증가시키기 위해서는 크롬을 첨가한다.
- 규소강: 자기 감응도가 크고 잔류 자기 및 항자격이 작으므로 변압기의 철심이나, 교류기계의 철심에 쓰인다.
- 게이지강: 담금질에 의한 균열이 적으며 영구적인 치수 변형이 적다.
- 고Ni강(불변강): 비자성이며 강력한 내식성을 가진다.

정답 168 ③ 169 ② 170 ① 171 ①

172 공구강의 성질 중 바르지 못한 것은?

① 내마멸성이 클 것
② 열처리가 잘 되지 않을 것
③ 강인성이 클 것
④ 제조 취급이 쉽고 가격이 쌀 것

173 보통 줄의 재질로 사용하는 것으로 옳은 것은 어느 것인가?

① 고속도강
② 초경질 합금강
③ 주강
④ 탄소 공구강

174 제강의 일관작업이 용이하여 정련 시간이 짧은 대신 원료선의 규격이 엄격하고 가스를 흡수하기 쉬운 결점을 갖고 있는 제강법은?

① 평로 제강법
② 전로 제강법
③ 전기로 제강법
④ 도가니로 제강법

175 다음 중 주철의 장점이 아닌 것은 어느 것인가?

① 압축강도가 크다.
② 담금성이 우수하다.
③ 주조성이 우수하다.
④ 마찰 저항이 우수하다.

174.
① 평로 제강법:바닥이 낮고 넓은 반사로를 이용하여 선철을 용해시키며 고철 철광석 등을 첨가하여 용강을 만드는 방법이다. 용량은 1회당 용해할 수 있는 쇳물의 무게로 표시한다. 종류는 산성법(규사를 주성분으로 하는 산성 내화 재료를 사용하므로 조업할 때 석회석 때문에 인과 황을 제거하지 못한다), 염기성법(돌로마이트 또는 마그네시아 등의 염기성 내화 재료를 사용하므로 인 또는 황을 제거할 수 있다)이 있다.

② 전로 제강법:용융선을 베세머 전로에 넣고 노의 밑에서 공기를 흡수시켜 제거하는 방법이다. 제조비가 저렴하며, 용량은 1회 용해가능 양을 표시한다. 종류는 산성법(저인-고규소를 베세머법의 원료선으로 사용한다)이다.

③ 전기로 제강법:전기로를 사용(전기의 열효과 이용, 200~300°C)하며, 종류는 저항로, 아크로, 유도전기로가 있고, 공구강, 특수강 제조에 적합하다. 전력 소비 많고, 탄소 소모가 많다. 용량은 1회의 용량으로 표시 (1~40 ton 범위)한다.

④ 도가니로 제강법:순도 높은 강괴를 만드는 방법이다. 불꽃이 직접 닿지 않아 금속의 성분이 불변하며 정확성이 필요한 것에 사용한다. 용량은 용해 가능한 구리의 중량(kg)을 번호로 표시한다.

정 답 172 ② 173 ④ 174 ② 175 ②

176 주철이 성장하면 다음 어떤 현상을 볼 수 있는가?

① 취성이 크게 되어 잘 깨진다.
② 흑연의 현상이 편상에서 구상으로 변한다.
③ Fe_3C가 흑연으로 분해된다.
④ 부피가 늘어난다.

177 주철 중에 함유되는 유리탄소(free carbon)란 무엇인가?

① Fe_3C(cementite)
② 전탄소(total carbon)
③ 흑연(graphite)
④ 화합탄소(combined carben)

178 주철 중에 존재하는 탄소의 상태에 따라 주철을 구분하는 것이 아닌 것은 어느 것인가?

① 냉경 주철은 백주철이다.
② 백주철은 화합탄소가 많다.
③ 회주철은 흑연탄소가 대부분이다.
④ 반주철은 화합탄소가 대부분이다.

179 Fe-C 상태도에서 점선으로 표시하는 것은 어느 것인가?

① 흑연 석출로 안전 평형을 표시한 것이다.
② 준안정 평형 상태도로 흑연의 석출을 표시한 것이다.
③ 안정 평형 상태로서의 Fe_3C의 석출의 표시이다.
④ 중안정 평형 상태도로서 Fe_3C의 정출을 표시한 것이다.

176.
Fe_3C가 흑연으로 분해되는 사항은 주철 성장의 원인이다.

179.
반주철은 백주철과 회주철의 합이다.

| 정답 | 176 ④ 177 ③ 178 ④ 179 ① |

180 주철에서 시멘타이트(cementite)의 분해를 방해하며 황을 제거하는 원소는 어느 것인가?

① Ni   ② Cr   ③ Mn   ④ Si

181 보통 주철의 브리넬 경도는 얼마인가?

① 120 H_B ② 220 H_B
③ 320 H_B ④ 420 H_B

182 주철의 백선 주물을 풀림 처리한 주철을 무엇이라 하는가?

① 구상 흑연 주철   ② 칠드 주철
③ 미하나이트 주철   ④ 가단 주철

183 주철의 용융온도를 낮게 하고 유동성을 좋게 하는 원소는 어느 것인가?

① S   ② P   ③ Cr   ④ Mn

184 주철에서 황의 역할에 대한 설명 중 틀린 것은 어느 것인가?

① 흑연의 생산을 방해한다.
② 주물의 표면을 아름답게 한다.
③ 유동성의 불량하여 기공을 만들기 쉽다.
④ 유동성을 해치며 정밀을 요하는 제품을 제조하기가 곤란하다.

185 구상흑연 주철은 어느 원소를 첨가해서 만든 것인가?

① Ni   ② Mg   ③ Si   ④ Mn

183.
주철에 P의 함유량이 많으면 용융 온도가 저하되어 유동성이 좋아지며, 주철이 아름답게 되고, Fe_3C의 분해를 방지하여 단단하고 취약하게 된다.

184.
주물의 표면을 아름답게 하려면 blacking을 한다.
blacking이란 주조시 흑연이나 코크스를 형에 바르는 작업이다.

정답 180 ③ 181 ④ 182 ④ 183 ② 184 ② 185 ②

186 주철제 난로나 잉곳 케이스(ingot case)에 균열이 생기는 원인은 무엇인가?

① 충격치가 낮기 때문이다.
② 주철이 성장하기 때문이다.
③ 주철은 압축강도가 낮기 때문이다.
④ 주철은 고온에서 Fe_3C가 분해하여 부피가 수축되기 때문이다.

187 주철에서 흑연의 모양을 미세화하고 균일하게 하기 위하여 3.3%의 Si나 Ca-Si를 가하여 탈산시킨 고급 주철은 무엇인가?

① 칠드 주철
② 미하나이트 주철
③ 구상화 주철
④ acicular 주철

188 다음 중 설명이 잘못된 것은 어느 것인가?

① 주철을 가열하여 단조하면 깨진다.
② 주철이 성장하면 주철의 기계적 성질이 양호해 진다.
③ 칠드 주철이란 금형에 주입하여 표면을 경화한 주철이다.
④ 백심 가단 주철은 얇은 주물에, 흑심 가단 주철은 두꺼운 주물에 이용한다.

189 칠드 주철의 표면 조직은 다음 중 어느 것인가?

① 시멘타이트
② 오스테나이트
③ 펄라이트
④ 레데뷰라이트

186.
주철은 600°C 이상의 온도로 가열, 냉각을 반복하면 그 체적이 점차 증가하여 나중에는 균열이 생기든지 강도가 저하된다. 이를 주철의 성장이라 한다.

주철의 성장 원인은
· Fe_3C의 흑연화에 의한 팽창
· 고용 원소인 Si의 산화에 의한 팽창
· 불균일한 가열에 의해 생기는 과열 팽창
· A_1 변태에서 체적 변화에 의한 팽창
· 흡수한 가스에 의한 팽창
이와 같은 성장을 방지하는 방법
· 조직을 치밀하게 할 것
· Cr, W, Mo 등의 시멘타이트 분해 방지원소를 첨가할 것
· 산화원소인 Si를 적게 하거나 내산화성 원소인 Ni로 치환하여야 한다.

187.
미하나이트 주철이란 접종을 이용해서 과냉되기 쉬운 저탄소 저규소의 용탕의 과냉을 저지하고 흑연을 적당히 발달시켜 균일 미세화시킨 주철이다.

정답 186 ② 187 ② 188 ② 189 ①

190 회주물을 650~950°C에서 가열과 냉각을 반복하면 그 속의 화합탄소가 흑연과 합해짐에 따라 체적이 커지면서 성장하는 현상을 무엇이라 하는가?

① 주철의 뜨임
② 주철의 성장
③ 템프 카본
④ 주물의 시즈닝

191 다이케스팅의 주조법은 어느 것인가?

① 진공 중에 용해하여 진공 중에서 주형 내에 주입
② 용융 금속에 압력을 주어 그 자중을 이용하여 주형 중에 주입
③ 주형태를 감안하여 대기압을 이용하여 용융 금속을 주입
④ 고속도로 회전하여 용융 금속을 원심력으로 이용

192 칠드 주물에 관계없는 것은 어느 것인가?

① 표면의 급냉되어 훨씬 단단하며, 이 부분을 칠이라 한다.
② 롤러와 차륜 등에 사용되며 내마모성이 큰 주물
③ 표피는 마멸에 내부는 충격에 견디도록 제조
④ 칠층의 조직은 구상 흑연으로 되어 있다.

192.
칠드 주철이란 표면은 시멘타이트인 백주철이며 내부는 연한 회주철로 구성된 주철이다.

193 구상 흑연 주철과 가단 주철의 공통점은 어느 것인가?

① 보통 주철에 비해 인성, 연성이 매우 크다.
② 보통 주철에 비해 퍽 여리고 취약하다.
③ 구상이나 가단이나 접종해야 한다.
④ 구상은 특수 주철, 가단은 고급 주철이다.

정 답 190 ② 191 ③ 192 ④ 193 ①

194 고급 주철의 바탕 조직은 무엇으로 되어 있는가?

① 페라이트 ② 펄라이트
③ 시멘타이트 ④ 마텐자이트

194.
고급 주철은 펄라이트의 미세한 흑연으로 된 조직이며 인장강도 $25\,kg/mm^2$ 이상의 것이다.

195 가단 주철을 만들 때의 원료선은 무엇인가?

① 백주철 ② 반주철
③ 회주철 ④ 고급 주철

195.
가단 주철은 주철의 취약성을 개량하기 위해 백주철을 열처리하여 인성을 부여한 주철이다.

196 백주철을 노내에서 고온으로 장기간 가열하여 시멘타이트를 분해하여 만든 주철은 무엇인가?

① 칠드 주철 ② 구상화 주철
③ 흑심 가단 주철 ④ 백심 가단 주철

196.
흑심 가단 주철이란 저탄소, 저규소의 백주철을 풀림, Fe_3C를 분해시켜 흑연을 입상으로 석출시킨 것이다.

197 백주철을 산화철 분말로 둘러싸서 고온으로 장시간 가열하여 탈탄시킨 주철은?

① 노듀리 주철 ② 흑심 가단 주철
③ 백심 가단 주철 ④ 펄라이트 가단 주철

197.
백심 가단 주철이란 백주철을 철광석 밑 스케일과 같은 산화철과 함께 풀림 상자 안에 넣고 약 950~1000°C로 가열하여 표면에서 상당한 깊이까지 탈탄시킨 것이다.

198 칠드 주물에서 칠의 깊이를 감소하는 원소는 어느 것인가?

① S ② Si ③ Mn ④ Cr

199 아공정 주철의 탄소강은 어느 것인가?

① 1.0~1.5% ② 1.8~2.5%
③ 2.0~4.3% ④ 4.3~6.67%

199.
탄소 함유량 4.3%의 철을 공정철이라 한다.

정 답 194 ② 195 ① 196 ③ 197 ③ 198 ② 199 ③

200 주철이 기계구조용에 널리 쓰이는 이유가 아닌 것은?

① 탄소 함유량에 따라 다른 금속의 첨가로 광범위한 성질을 얻을 수 있다.
② 충격에는 약하나 압축강도의 값이 크다.
③ 절삭성이 좋다.
④ 인장강도가 크다.

200.
주철은 강에 비해 인장강도가 작다.

201 구상 흑연 주철에서 페이딩(fading) 현상이란 무엇인가?

① 두께가 두꺼운 주물이 흑연 구상화 처리 후에도 냉각 속도가 늦어 편상흑연 조직으로 되는 것
② 구상화 처리 후 용탕 상태로 방치하면 흑연 구상화의 효과가 소실되는 것
③ 흑연 구화제가 너무 많아 소지가 백선화되는 것
④ 과공정 주철임에도 공동이 큰 것

202 백선철과 회선철은 어떻게 구분되나?

① C 함유량에 따라
② 강도에 따라
③ 조직상태에 따라
④ 냉각 속도에 따라

203 다음 중 취성이 제일 강한 것은?

① Cu
② 강철
③ 놋쇠
④ 주철

정답 200 ④ 201 ② 202 ③ 203 ④

204 다음 중 주철이 내마모성을 가지는 이유가 아닌 것은?

① 흑연을 함유한다.
② 적절한 경도를 가진다.
③ 탄성 계수가 낮다.
④ 열전도성이 없다.

205 주물의 살이 얇은 부분에서 바깥 부분은 흑연이 모이고, 안쪽이 백선 조직이 되는 것은 무엇이라 하는가?

① 편석
② 역 chill 현상
③ 주조변형
④ 주철의 성장

206 구상 흑연 주철을 다음과 같이 부르기도 하는데 관계가 없는 것은 어느 것인가?

① 덕타일(연성 주철)
② 노듈러 주철
③ 내산 주철
④ 강인 주철

207 다음 중 구상 흑연 주철과 관계가 깊은 원소는?

① Mn   ② Cu   ③ Zn   ④ Ce

208 가단 주철을 만드는데 사용되는 원료는 어떻게 만드는가?

① 철 주형에서 만든 백주철
② 모래 주형에서 만든 백주철
③ 철 주형에서 만든 회주철
④ 모래 주형에서 만든 회주철

정 답   204 ④   205 ②   206 ③   207 ④   208 ①

209 다음 중 주철의 수축원인에 해당되지 않는 것은?

① 융체의 수축
② 응고 구간 중의 수축
③ 응고 전 고체의 수축
④ 응고 후의 고체의 수축

209.
주철이 상온까지의 냉각원인은
① 주입온도에서 응고개시까지 융체수축
② 응고완료 후의 고체수축
③ 응고구역 사이의 수축

210 주철 중의 탄소를 흑연화하고 유동성을 좋게 하는 원소는 다음 중 어느 것인가?

① 망간
② 규소
③ 인
④ 황

211 주철에 함유된 다음 원소 중 유동성을 해치는 원소는?

① 탄소
② 망간
③ 규소
④ 황

212 주철의 표면을 급냉시켜 시멘타이트 조직으로 만들고 내마멸성과 압축강도를 증가시켜 기차의 바퀴, 분쇄기 등에 사용하는 주철은?

① 가단 주철
② 칠드 주철
③ 구상 흑연 주철
④ 미하나이트 주철

212.
① 가단 주철:백주철을 풀림처리하여 탈탄 또는 흑연화에 의하여 가단성을 주는 것
② 구상 흑연 주철:용융 상태에서 Mg, Ca, Ce 첨가 흑연편상 → 구상화로 석출시킴.
・조직:시멘타이트형, 페라이트형, 펄라이트형
・버즈아이조직:펄라이트를 풀림 처리하여 페라이트로 바뀔 때의 조직

정답 209 ③ 210 ③ 211 ④ 212 ②

213 바탕이 펄라이트로서 인장강도가 35~45 kg/mm²에 달하며, 담금질할 수 있어 내마멸성이 요구되는 공작기계 주철은?

① 구상 흑연 주철
② 칠드 주철
③ 백심 가단 주철
④ 미하나이트 주철

214 다음 주철에서 마그네슘, 세륨, 칼슘 등을 첨가시켜 만든 것은?

① 합금 주철
② 구상 흑연 주철
③ 칠드 주철
④ 가단 주철

213.
① 구상 흑연 주철:용융 상태에서 Mg, Ce, Ca 등을 첨가하여 흑연을 편상 → 구상화로 석출시킨다.
② 칠드 주철:용융상태에서 금형을 주입하여 접촉면을 백주철로 만든 것이다.
③ 백심 가단 주철(WMC): 탈탄이 주목적이고, 산하철(탈탄제)을 가하여 950°C에서 70~100시간 가열
④ 흑심 가단 주철(BMC): 흑연화가 주목적이고, 산화철을 가하여 2단계로 풀림(가열시간:각 30시간)한다.
⑤ 미하나이트 주철:흑연의 형상을 미세, 균일하게 하기 위하여을 첨가하여 흑연의 핵형성을 촉진시킨 주철
· 조직:펄라이트+흑연(미세)
· 용도:고강도, 내마멸, 내멸, 내식용 주철(내연기관 실린더) 다듬질 가능

정 답 213 ④ 214 ②

CHAPTER 03 비철금속 재료

1 동 및 그 합금

(1) 동광석의 종류
① 황화광:황동광($CuFeS_2$), 휘동광(Cu_2S)
② 산화강:적동광(Cu_2O)
③ 자연동:Cu 2~4%

(2) 동의 특징
① 전기, 열의 양도체이다.
② 유연하고 전연성이 좋으므로 가공이 용이하다.
③ 화학적으로 내식성이 크다.
④ Zn, Sn, Ni, Au, Ag 등과 용이하게 합금을 만든다.

(3) 동의 성질
① 물리적 성질:비중 8.93, 용융점 1083°C, 비등점 2600°C, 비열 0.092(20°C), 선팽창계수 16.5×10-6, 열전도율 0.94(20°C), 주조수축율 1.42%, 원자량 63.57 풀림온도 400~600°C(30분~1시간)
② 화학적 성질:순동이 CO_2, SO_2, 습기 등과 접촉하여 염기성탄산동[$CuCO_3 - Cu(OH)_2$] 염기성 황산동[$C_uSO_4 - C_u(OH)_2$]의 녹을 발생하여 보호피막을 형성한다.

(4) 황동(Cu+Zn)[Brass, 구기호 YB_sC1, 신기호 $CAC201$]

1) 물리적 및 기계적 성질

1. 저온소둔경화: α-황동냉간가공재를 풀림할 때 재결정 온도이하에서 경화하는 현상
2. 경년변화(Secular change):시간의 경과에 따라 경도 등 제성질이 악화하는 현상

2) 화학적 성질

1. 탈아연부식(Dezincification):불순물이나 부식성물질, 소금물 등에서 용존하는 수용액의 작용에 의해 황동의 표면 또는 내부까지 탈아연되는 현상
2. 자연균열(Season cracking):암모니아 (NH_3) 가스 중에서 황동가공제에서 잔류응력에 의해서 발생하는 균열
3. 고온탈 아연(Dezincing):고온에서 증발에 의해 황동표면으로부터 탈아연되는 현상

3) 실용합금

1. 톰백(Tombac):8~20% Zn을 함유한 α 황동으로 빛깔이 금에 가깝고 연성이 크므로 금박, 금분, 불상, 화폐제조 등에 사용(α 황동)
2. 7/3 황동(cartridge brass):63~72%에 25~35% Zn을 함유한 α 황동, 부드럽고 연성이 풍부 압연압출이 용이
3. 6/4 황동(Muntz brass):58~62% Cu에 35~45% Zn이 함유한 α+β 황동. 내식성이 좋고 가격이 싸고 강도가 요구되는 부분에 사용
4. YBsC:황동주물, HBsC:고강도 황동주물[$CAC301C$]

4) 특수 황동

1. 주석 황동(Tinned brass):황동(Tinned brass)+Sn으로 탈아연부식이 억제되어 내해수성이 요구되는 부품용으로 사용

    ① 어드미럴티(Admiralty) metal:7/3 황동+1% Sn

    ② 네이벌(Naval) brass:6/4 황동+1% Sn

2. 납 황동(leaded brass):황동+Pb, 피절삭성이 좋으므로 쾌삭 황동(hard brass)이라 한다.

3. 알루미늄 황동:7/3 황동에 2%까지의 Al 외에 As, Si를 소량 첨가한 것으로 강도, 경도, 내해수성이 증가(알브랙).

4. 규소 황동(Silzin bronze):10~16% Zn 황동에 4~5% Si 첨가 내해수성 염가이므로 선박부품에 사용

5. 고강도 황동(high tension brass):6/4 황동에 1~3% Mn의 합금이나 Fe, Mn, Ni, Al 등도 첨가하여 높은 강도와 내식성을 갖는 터빈 날개, 선박용 프로펠러 등 기계기구에 사용

6. 니켈 황동(양은:German silver):Cu-Zn-Ni계 합금으로 7/3 황동에 7~30% Ni를 첨가, 냉간가공에 의해 내력, 전연성, 내피로성, 내식성 등의 우수하다(은그릇 대용).

7. 황동납(Brass solder):42~54% Cu와 나머지는 Zn인 합금

8. 델타 메탈(Delta metal):54~58% Cu+40~43% Zn, 1%내와 Fe의 것으로 P 또는 Mn으로 탈산하고 Ni, Pb 등을 첨가, 압연단조성이 좋다.

(5) 청동(Bronze)(BC)[구기호 $BC1C$, 신기호 $CAC401C$]

1) 주석 청동의 성질

① 내식성이 크다.

② 인장강도와 연신율이 크다.

③ 내해수성이 좋다.

④ 황동보다 주조하기 쉽다.

2) 실용주석 청동

① 1~2% 주석청동 : 송전선에 사용.

② 3~8% Sn+1% Zn : 화폐, 메달에 사용.

③ 8~12% Sn+1~2% Zn : 포금(gun metal)

3) 알루미늄 청동[구기호 $ALBC1C$, 신기호 $CAC701C$]

약 12%의 Al을 함유, 강도, 경도, 내식성, 내마모성이 우수 공업기기, 항공기, 선박, 자동차 부품에 사용(Arms Bronze, Dynamo bronze)

(6) 기타 동 합금

① 규소청동 : 약 0.1~3% Si를 함유 내식성과 강도가 크므로 화학공업용재료에 사용
② 베릴륨동 : 2~3% Be를 함유하고 석출경화성이 있고 동합금 중에서 최고의 경도를 갖는다.
③ 망간동 : Mn 탈산제를 첨가, 저항은 높으나 온도계수가 작으므로
   전기 계측기 부품에 사용
   ㉠ 망가닌(Manganin) : 80~88% Cu, 10~15% Mn, 1~5% Ni로써 온도계수는
      거의 0이다.
   ㉡ 헤즐러(Heusler) : 61% Cu, 26% Mn, 13% Al이며 강자성을 띄는 합금
④ 동-니켈-규소합금 : 4~8% Ni에 1% Si 정도의 합금. 도전재료에 사용
⑤ 크롬동 : 0.5~0.8% Cr을 첨가, 내열성, 도진성이 양호. 용접용전극 재료
   (석출경화성 합금)
⑥ 티탄동 : 고강도합금, 내열성은 좋으나 도전율이 낮다.
⑦ 지르코늄동 : 고강도, 고도전성재료
⑧ 백동(Cupro nikel) : 15~25% Ni를 첨가. 압연성이 풍부, 상온가공을 계속 가능
⑨ Monel metal : 60% Ni를 함유하는 합금, 내식성이 좋고 고온에서 강도가
   저하하지 않는 공업용 펄프, 증기밸브, 프로펠러에 사용
⑩ 켈멧(Kelmet) : 30~40% Pb의 합금이며 내압하중을 받는 베어링 용합금이다.
⑪ 인청동 : 1% 이하의 인(P)을 첨가한 합금이며 내마멸성과 탄성이 개선되어
   큰 하중을 받는 베어링의 부시나 웜 치차의 웜의 재질로 사용되는 합금이다.

2 알루미늄과 그 합금

(1) 알루미늄의 성질

비중 2.7, 전기 및 열전도, 내식성이 우수 원료는 광석보크 사이트 (Boxite:주성분 $Al_2O_3 \cdot 2H_2O$).

1) 물리적 성질

결정은 면심입방격자(f.c.c), 용융점 660°C, 비등점 2494°C, 원자량 26.97

2) 기계적 성질

인장강도는 고순도인 경우 $4\sim5 kg/mm^2$, 가공재인 경우 $10 kg/mm^2$, 표면에 Al_2O_3의 산화피막을 형성하여 내식성이 우수

(2) 알루미늄 및 그 합금

1) 일반용 Al 주물합금

1. Al-Si계 합금(실루민)
  ㉠ 계는 단일공정계상태도, 공정온도 577°C, 공정은 Si의 약 11.6%
  ㉡ 개량처리(modification):실루민 합금을 서냉하면 공정조직이 거칠게 발달하여 기계적성질이 저하되므로 용체에 미량의 Na, NaF를 첨가하여 조직을 미세화시켜주는 처리
  ㉢ γ-Silumin, alpax(10~14%)

2. Al-Mg계 합금
  ㉠ 내해수성, 내식성이크므로 선박용, 화학공업 부품용
  ㉡ 실용합금:Magnalium(Al+약 10% Mg) 또는 하이드로날륨(Hydronalium)

3. 주조용 Al-Cu-Si계 합금
  ㉠ 시효경화성 합금
  ㉡ Lautal 합금(3.5~7.0% Cu+2.5~8.5% Si+Al)

2) 내열용 Al 합금

(1) Y 합금(Al+4% Cu+2% Ni+1.5% Mg):피스톤, 실린더용
(2) Lo-Ex 합금(Low expansion:12% Si+1% Cu+2% Ni+1% Mg+Al)
(3) 코비탈리움(cobitalium):Y 합금+Ti+Cu

3) 탄력용 강력 Al 합금

(1) 듀랄루민(Duralumin): Al+4% Cu+(0.5~1.0%) Mn+0.5% Mg:700~800°C의 주조에서 생긴 조직을 고온 가공으로 430~470°C에서 단련하여 주조조직을 없애 버린 후 500~510°C에 담금질하고 시효경화시킨다. 실용합금, Alcoa 175
(2) 초듀랄루민(super duralumin):인장강도 $50 kg/mm^2$ 이상, 실용합금 Alcoa 25S
(3) 초초듀랄루민(extra duralumin):인장강도 $54 kg/mm^2$ 이상, 실용합금 Alcoa 75S
(4) 단련용 라우탈(Lautal):(6% Cu+2~4% Si+Al) 실용합금 Alcoa 25S
(5) 피스톤용 합금:Y 합금은 Al-Cu-Ni계의 내열합금, Alcoa 18S, 32S, RR 합금(개량 Y 합금, Ti를 첨가 결정을 미세화)

4) 내식용 단련용 Al 합금

(1) 하이드로날리륨(Hydronalium): Al-Mg계 합금, Al+약 10% Mg, 내해수성이 좋다.
(2) 알민(Almin): Al-Mn계 합금, A3S로 내식성이 양호
(3) 알드리(Aldrey): Al-Mg-Si계 합금, A51S로 53S로서 강도가 우수 내식성이 좋다.
(4) 알클래드(Alclad): 강력 Al 합금 표면에 순 Al 또는 내식성 Al 합금을 피복 또는 접착시킨 합판재

5) Al 분말 소결체(Sintered aluminum Powder:SAP)

고도로 질화된 Al 분말을 가압성형 소결 후 압출, APM 제품(Hydonium 100)

6) Al 합금의 종류 및 열처리 기호

알류미늄 합금의 구분은 다음과 같으며 알루미늄 합금에서는 합금규격의 뒤에 열처리기호를 붙여 구분한다.

1. 일반용 주조 Al합금
① Al-Cu   ② Al-Si   ③ Al-Zn

2. 내열용 주조 Al합금
① Al-Cu-Ni   ② Al-Si-Ni

3. 내식용 주조 Al합금
① Al-Mg-Si

순수 알루미늄	1000	Alcoa(2S)	100%
	1000		99.5%
Al-Cu	2000		
Al-Mn	3000		

❂ 열처리 기호

F: 제품그대로(즉 압연, 주조한 그대로)
O: 풀림한 재질(압연한 것에만 사용)
H: 가공경화한 재질(여기서는 다음과 같은 보조 기호를 쓴다.
H_1: 가공경화를 받은 그대로
H_2: 가공경화 후 적당한 풀림처리를 받은 재질
H_3: 가공경화 후 안정화처리를 받은 재질
   n에는 다음과 같은 숫자를 기입한다.
   n=2($\frac{1}{4}$경질), 4($\frac{1}{2}$경질), 6($\frac{3}{4}$경질), 8(경질), 9(초경질)
W: 담금질처리 후 시효경화가 진행중인 재료
T: F, O, H 이외의 열처리를 받은 재질
T_2: 풀림한 재질(주물에만 사용)
T_3: 담금질처리 후 상온가공경화를 받은 재질
T_4: 담금질처리 후 상온시효가 완료된 재질
T_5: 담금질처리를 생략하고 뜨임처리만을 받은 재질
T_6: 담금질처리 후 뜨임된 재질

3 마그네슘, 티타늄 및 니켈

(1) 마그네슘(Mg)

1) 성질

비중 1.74, 조밀육방격자, 용융점 650°C, 원료는 Dolomite($MgCO_3 \cdot C_aCO_3$), 마그네사이트($MgCO_3$), 해수 중의 간수($MGCl_2$) 있다.

2) 용도 및 합금

Ti, Zr, 우라늄제련의 환원제, 자동차, 항공기, 전기기기, 광학기기 등의 재료로 이용. 구상 흑연 주철 첨가재이며, 일렉트론(Electron), 도우 메탈(dow metal) 90% 내외 Mg+Al+Zn+Mn의 합금이다.

(2) 티티늄(Ti)

1) 성질

비중 4.6, 조밀육방격자 883°C에서 α-Ti에서 β-Ti로 변환. 용융점이 높고 내식성 및 강도가 크다. 화학공업용재료, 항공기, 로케트재료로 이용. 원료는 금홍석 (TiO_2), 티타늄 철광($TiO_2 \cdot FeO$)이다.

2) 합금

① Ti-Mn 합금:공석, 시효경화형

② Ti-Al-합금:Al 첨가로 변태점, 내열성 증가

③ Ti-Al-V, Ti-Al-Sn 합금 : 고정안전내열합금

(3) 니켈(Ni)

1) 성질

면심입방격자이며 비중 8.9, 용융점 1455°C, 자기변태점 853°C, 재결정 온도 약 600°C

2) 합금

1. **Ni-Cu계 합금**
   ① 15% Ni(Beudict metal):총탄의 피복, 급수가열기
   ② 20% Ni(백동:Cuprous nickel):화폐, 열교환기
   ③ 40~50% Ni(Constantan, Eureka Advance):열전대, 정밀 교류측정기
   ④ 60~70% Ni:Monel metal 경도, 강도가 크고 내식성이 우수, 내열용합금, 증기밸브, 펌프, 디젤 엔진에 이용

2. **Ni-Fe계 합금**
   ① 34% 이하 Ni:Invar(36% Ni+0.2% C+0.4% Mn), Platinite(36% Ni+12% Cr+52% Fe), Permalloy(70~90% Ni+(10~30% Fe), Perminvar(20~75% Ni +5~40% Co+Fe) 등

3. **자성 재료용 Ni 합금**
   ① 고투자율합금(High permeability alloy):Hiperinick, Copernick, Nicalloy(=Nickalloy)
   ② 정투자율합금(Constant permecbility alloy):Perminvar
   ③ 정자합금(Shunt alloy):Shunt steel

4. **Ni-Cr계 합금**
   ① 전기저항, 내열성, 내식성이 크다.
   ② 니크롬(Nichrume):50~90% Ni+11~33% Cr+0~25% Fe, Bimetal
   ③ 열전대용(고온측정용):열전대에는 Ni-Cr, Ni-Cu계 합금을 사용하며 800°C 이하에는 Fe-constantan, 또는 Cu-constanta이고 1000~1200°C까지는 크로멜-알루멜, 1600°C에는(백금-백금-로듐)(Pt-Pt-Rh)이 사용된다.

5. 내식성 Ni 합금
   ① Ni-Mo합금:Hastaloy 58% Ni+20% Mo+2% Mn
   ② Ni-Cr 합금:Inconel 78~80% Ni+12~14% Cr+4~6% Fe
                +0.75~1.0% Mo+0.15~0.35% C

6. Ni-Cu-Mn계 합금
   ① 망가닌(Manganin):50~60% Cu+2~16% Ni+12~30% Mn 정밀계기용

4 아연, 납, 주석 및 베어링 합금

(1) 아연(Zn)

1) 성질 및 용도

비중 7.1, 용융점 420°C, 비등점 913°C, 원자량 65.4, 조밀육방격자의 백색금속으로 함석, 건전지재료, 도금용, 알칼리에 침식

2) 합금

Zn-Al, Zn-Al-Cu계 합금(Zamac)

(2) 납(Pb)

면심입방격자, 비중 11.35, 용융점 327°C, 비등점 1725°C, 무겁고 연하며 염가

(3) 주석(Sn)

원자량 118.7°C, 비중 1°C에서 α-Sn 5.8, 15°C에서 β-Sn은 7.3, 용융점 232°C, 변태점 13.2°C, 18°C 이상에서 안정한 β-Sn을 White Tin, 18°C 이하에서 α-Sn을 Gray Tin이라 하며 다이아몬드 격자로써 회색분말구리, 철의 부식방지 합금용으로 사용한다.

(4) 베어링 합금

1) 종류

1. 화이트 메탈(White metal)
Sn-Sb-Pb-Cu계합금, 백색, 용융점이 낮고 강도가 약하다. 베어링용 다이케스팅용재료

2. 배빗 메탈(Babit metal)
Sn-Sb-Cu의 합금, 내식성, 고속베어링용

3. 켈멧(Kelmet)
20~40% Pb+Cu의 합금, 마찰계수가 작고 열전도율이 우수, 발전기 모터, 철도차량용 베어링용

베어링의 구비조건은 다음과 같다.

① 하중에 대한 내구력이 있는 경도 및 내압력이 있어야 한다.
② 축에 적응이 되도록 충분한 점성과 인성이 있어야 한다.
③ 주조성, 피가공성이 좋으며 열전도성이 커야 한다.
④ 마찰계수가 적고 저항력이 커야 한다.
⑤ 내식성이 좋아야 한다.

CHAPTER 04 비금속 재료

기계를 구성하는 재료는 금속 재료가 주종을 이루고 있으나,
금속 재료가 모든 필요성을 만족시킬 수는 없으므로 비금속 재료의 특수한 성질을
이용한다. 여기서는 비금속 재료 중의 합성수지만을 취급한다. 합성수지는
경화현상으로 분류되며 열경화성 수지와 열가소성 수지로 나눌 수 있다.

① 열경화성 수지:한번 열을 받아 녹혀 성형을 하며 성형 후 다시 가열하여도 연하여지거나 용융되지 않고 오히려 분해되어 기체를 발생시킨다.

② 열가소성 수지:성형 후 가열하면 연하여지고 냉각하면 다시 본래상태로 굳어지는 성질

(1) 합성수지의 공통성질

① 가볍고 튼튼하다.(비중 1~1.5)
② 가공성이 크고 성형이 간단하다.
③ 전기절연성이 좋다.
④ 산, 알칼리, 유류 약품 등에 강하다.
⑤ 착색이 자유롭다.
⑥ 유리와 같이 빛을 투과시킬 수 있다.
⑦ 비강도가 비교적 높다.

(2) 합성수지의 분류

구 분	종 류	용 도
열가소성 플라스틱	폴리염화비닐 수지	가죽 대용품, 상·하수도관, 호스, 전선 피복, 화학 약품 저장 탱크 등
	폴리스틸렌 수지	단열재, 광학 제품, 1회용 용기, 자동차의 내부 장식, 냉장고 부품 등
	폴리에틸렌 수지	주방 용기, 전기 절연 재료, 장난감, 원예용 필름 등
	폴리프로필렌 수지	카드 파일, 수화물 상자, 주방 용기, 포장 재료, 화장품 용기, 자동차 가속 페달 등
	아크릴 수지	광고 표지판, 광학 렌즈, 콘택트 렌즈 등
	나일론	섬유, 플라스틱 베어링, 기어, 제도용 자 등
열경화성 플라스틱	페놀 수지	접착제, 전기 배전판, 회로 기판, 공구함, 전화기, 자동차 브레이크 등
	아미노 수지	식기류, 전기 스위치 덮개, 단추 등
	에폭시 수지	금속·유리 접착제, 건물 방수 재료, 도료 등

(3) 합성수지의 첨가제

① 가소제 : 합성수지를 부드럽고 유연하게 해준다.
② 활제 : 수지의 흐름을 좋게 한다.
③ 착색제 : 색깔을 아름답게 해준다.
④ 보강제 : 강도를 높여준다.

(4) 합성수지의 성형

합성수지의 성형방법에는 압축성형, 사출성형, 압출성형, 공기취입성형의 방법이 있다.

1. 압축성형

형틀에 성형재료를 넣고 가열한 다음 높은 압력으로 눌러 성형하는 방법

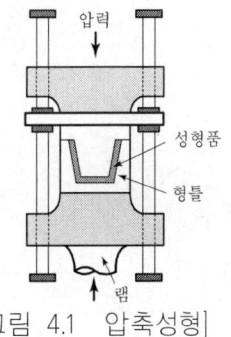

[그림 4.1 압축성형]

2. 사출성형

용융된 원료를 노즐을 통해 형틀에 부어 성형

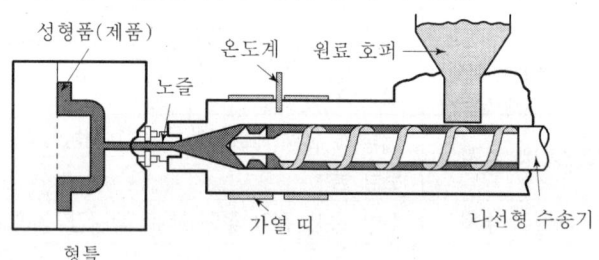

[그림 4.2 사출성형]

3. 공기취입성형

용융 직전의 부드러운 플라스틱관(플라스틱 패리슨)을 놓고 공기를 불어 모양을 만든 후 냉각시키는 성형방법으로 제조속도가 대단히 빠르다.

4. 압출성형

일정한 모양의 제품을 성형하거나 전선피복, 플라스틱 관 등을 만드는 방법으로 제품을 연속적으로 만들 수 있고 제품이 균일하다.

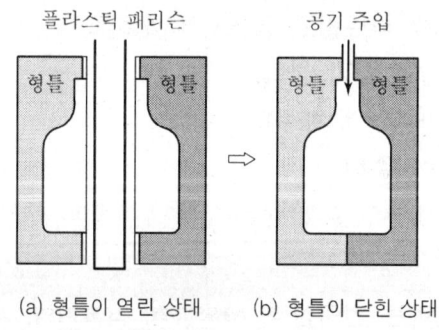

[그림 4.3 공기취입성형]

5. 세라믹스(ceramics)와 서멧(cermet) 세라믹 코팅(ceramic coating)

3000℃ 정도의 융점을 갖고 있는 탄화물(炭化物), 질화물, 산화물 등의 비금속 재료인 세라믹스와 세라믹스분말과 금속분말과의 결합체인 서멧(cermet)과 금속의 표면에 내열 피복을 하는 세라믹 코팅(ceramic coating) 등이 고온강도특성의 우수하다.
세라믹스는 성분에 따라 산화물계 (Al_2O_3, MgO, TiO_3), 탄화물계 ($SiCO_3$, TiC)와 질화물계 (Si_3N_4, BN)로 분류하며 다음과 같은 특징이 있다.

① 용융점이 높다.(이온결합+공유결합)
② 내열·내산화성이 좋고, 고온강도가 크다.
③ 화학적으로 안정하나, 열전도율이 낮다.
④ 전기절연성이 크고, 투과성(透過性)이 우수하다.
⑤ 유전성(遺傳性), 자성(磁性), 압전성(壓電性)이 우수하다.
⑥ 충격에 약하고, 성형성과 기계가공성이 나쁘다.

서멧(cermet)은 "ceramics+metal"로부터 연유된 복합어로 금속 조직(metal matrix)내에 세라믹 입자를 분산시킨 복합 재료이며, 세라믹스(ceramics)와 금속의 특성을 겸하고 있는 초고온 내열 재료이다. 제트기, 가스터빈의 날개 등에 사용되며, 특히 900℃ 이상 고온에서 사용하는 경우 그 우수성이 탁월하다.
세라믹스는 고융점에서 산화에 대한 저항성이 있고, 금속은 강인성과 열전도성이 좋다. 그러므로 금속과 세라믹스의 복합 재료인 서멧은 고온에서 안정되며 강도가 높고 열충격에 강하다. 세라믹 코팅은 고온, 급열과 고온고속의 가스유동 등에 의한 침식 및 산화 방지에 응용되며 물리적 화학적 성질 및 밀착성이 좋아야 한다.

6. FRP(유기질, 강화 플라스틱)

강화성 섬유와 모재용 합성수지의 결합으로 모재와 혼합된 섬유에 하중을 부담시키고 모재의 변형을 경감시키는 특징이 있다.

㉠ 성질
① 장점
ⓐ 성형이 용이하다.
ⓑ 진동에 강하다.
ⓒ 내식성이 크다.
ⓓ 열, 전기 부도체이다.
ⓔ 전파 투과성이 크다(비파괴 검사 기능)
② 단점
ⓐ 내열, 내구성이 작다.
ⓑ 크리프 발생이 크다.
ⓒ 경화시 수축이 크다.

㉡ 용도
항공, 자동차 선박에 이용한다.

㉢ FRM(섬유강화금속): 금속기 복합재료
PRM(입자강화금속)
FRC(섬유강화세라믹)

연/습/문/제

01 구리의 성질을 설명한 것으로 틀린 것은 어느 것인가?

① 비중이 8.9이다.
② 석출 경화로 강도를 안다.
③ 전성, 연성이 풍부하고 유연하다.
④ 전기와 열의 양도체이고 바자성체이다.

02 구리의 기계적 성질에서 인장강도는 얼마인가?

① $22 \sim 25 \, kg/mm^2$
② $32 \sim 35 \, kg/mm^2$
③ $42 \sim 45 \, kg/mm^2$
④ $52 \sim 55 \, kg/mm^2$

03 20°C에서 구리의 비중은 얼마인가?

① 7
② 9
③ 11
④ 13

04 구리의 전도도를 해치는 불순물은 무엇인가?

① S
② Bi
③ As
④ Pb

4.
- 비소(As) : 전기전도도 감소
- 안티몬(Sb) :
  소성을 해치며,
  전기전도도 감소
- 비스무스(Bi), 납(Pb) :
  고온여림을 일으켜
  고온가공곤란
- 유황(S) :
  냉간가공이 곤란하다.

| 정 답 | 01 ② 02 ① 03 ② 04 ③ |

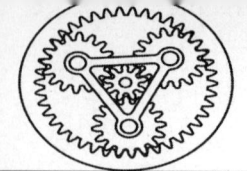

05 다음 설명 중에서 틀린 것은 어느 것인가?

① 청동은 해수에 대한 저항력이 크다.
② 양은의 주성분은 구리·주석니켈이다.
③ 구리의 제법에는 건식법과 습식법이 있다.
④ 황동에 Al을 참가하면 결정립이 미세하고 내식성이 커진다.

5.
양은은 양백 또는 니켈실버라고도 하며 황동에 니켈을 첨가하여 은그릇 대용으로 사용한다.

06 구리의 고온 가공도는 대략 얼마인가?

① 300°C
② 500°C
③ 800°C
④ 1000°C

6.
구리의 열간가공은 750~850°C에서 행하며 완전한 풀림은 600~650°C에서 이루어진다.

07 순동과 납을 주입한 베어링 합금은 어느 것인가?

① 켈멧(kelmet)
② 콜슨
③ 암즈 브론즈
④ 네이벌 브라스

7.
납계 베어링은 켈멧이다.

08 연동 어닐링 온도를 표시한 것이다. 옳은 것은?

① 400°C
② 600°C
③ 800°C
④ 200~300°C

8.
어닐링은 풀림열처리로서 600~650°C에서 완전풀림된다.

09 청동의 주요 성분은 무엇인가?

① Cu-Sn
② Cu-Zn
③ Cu-pb
④ Cu-Ni

정 답 05 ② 06 ③ 07 ① 08 ② 09 ①

10 화이트 메탈의 주요 성분은 무엇인가?

① Sn, Pb, Cu, Sb
② Sn, Zn, Pb
③ Sn, Pb, Zn, Sb, Cu
④ Sn, Al, Pb, Cu, Sb

10.
화이트 메탈은
Sn-Sb-Pb-Cu 계 합금이다.

11 황동의 인장강도와 연신율은 각각 아연(Zn) 몇 % 정도에서 최대가 되는가?

① 20%, 10%
② 30%, 20%
③ 40%, 30%
④ 50%, 40%

11.
인장강도는 아연(Zn) 40%일 때 최대가 되며, 30%일 때 연신율이 최대값을 갖는다.

12 자연 황동으로, 빛깔이 금에 가까우며 금박 및 금분의 대용품으로 사용되는 것은 어느 것인가?

① 톰백
② 고강도 황동
③ 문쯔 메탈
④ 델타메탈

12. 톰백:아연(Zn) 8~20%을 첨가한 합금으로 금박, 금모조품 등에 사용한다.

13 청동을 풀림(annealing)했을 때의 기계적 성질은 어느 것인가?

① 전성은 Sn의 증가에 따라 증가한다.
② 인성은 Sn의 증가에 따라 증가한다.
③ 인장도는 Sn의 첨가량이 많을수록 증가한다.
④ 인장강도는 α-고용체의 농도에 따라 증가함에 최대치는 Sn 19%가 있다.

13. Sn 19% 정도에서 인장강도가 최대이며 α-고용체가 공석조직을 포위하여 서로 보강하기 때문이다.

| 정 답 | 10 ① | 11 ③ | 12 ① | 13 ④ |

14 황동의 부식제는 어느 것인가?

① 피크린산
② 질산
③ 염화제이철
④ 알코올

15 인청동의 특징이 아닌 것은 어느 것인가?

① 탄성이 크다.
② 내산성이 크다.
③ 내식성이 크다.
④ 내마멸성이 크다.

15.
인청동은 인으로 탈산한 청동으로 탄성 내마모성, 내식성이 뛰어나며 유동성이 좋다. 얇은 주물에 적용된다.

16 델타 메탈(delta metal)이란 다음 중 어느 것인가?

① 7:3 황동에 Sn 첨가
② 7:3 황동에 Al 첨가
③ 6:4 황동에 Fe 첨가
④ 6:4 황동에 Mn 첨가

17 포금이란 무엇인가?

① Cu에 8~12% Sn과 소량이 Pb를 넣는 것
② Cu에 8~12% Zn과 소량이 Sn를 넣는 것
③ Cu에 Zn과 1% Al을 넣는 것
④ Cu에 8~12% Sn과 1~2% Zn을 넣은 것

정 답   14 ③   15 ②   16 ③   17 ④

18 인청동이란 무엇인가?

① 포금의 다른 말이다.
② 주석 청동이 용해 주조시의 탈산제로 사용하는 인의 첨가를 많게 하여 합금 중에 0.05~0.15% 정도 남게 한 것
③ 주석청 등 보다 경도, 강도, 내마모성, 탄성이 개선된 것
④ 선박부품, 기어 등에 사용된다.

19 다이캐스팅용 Al 합금이 아닌 것은?

① Y 합금
② 라우탈(lautal)
③ 알코아(alcoa) No12
④ 베네딕트 메탈(benedict metal)

19.
다이캐스팅용 Al 합금에는 알코아 NO12, 라우탈, 실루민, Y합금이 있으며, 베네딕트 메탈은 Ni-Cu 합금이다.

20 Y 합금에 해당하지 않는 것은?

① $Al_5Cu_2Mg_2$의 금속간 화합물이 석출할 때 경도가 향상된다.
② 고온강도가 크므로 내연기관의 피스톤, 실린더 헤드에 사용된다.
③ 주조할 때 사형에 주조하는 것이 좋고 가공이 발생하지 않는다.
④ Al에 Cu 4% Ni 2% Mg 1.5%의 조성으로 내열성이 좋고 시효 경화성 합금이다.

20.
Y 합금은 3원석출물이 열처리에서 경화되며 100~150°C에서 인공시효 처리하여 주조시 기공이 발생하기 쉽다.

21 활자합금(type alloy)의 조성을 표시하는 것은?

① Pb-Sb-Sn
② Pb-Sn
③ Pb-Cu
④ Pb-Al

21.
활자합금은 Pb-Sb-Sn계 합금이며 용융온도가 낮고 응고가 종료시 수축이 적어야 한다.

정답 18 ② 19 ④ 20 ③ 21 ①

22 Mg 합금에 첨가되는 원소가 아닌 것은?

① Al ② Mn
③ Zn ④ Ni

22. 마그네슘은 비중이 1.74로서 알루미늄보다 가벼우나 소성가공성이 좋지 않다.
합금으로는 Al, Pb, Mn, Zn 등을 첨가한다.

23 다음 설명 중 옳은 것은?

① Cu는 체심입방결정을 하고 있다.
② 양은은 청동에 Ni을 첨가한 것이다.
③ 알루미늄은 석출 경화성을 가지고 있다.
④ Ni은 360°C에서 동소변태를 일으킨다.

23. 구리는 면심입방격자이다. 양은은 니켈을 황동에 첨가한 금속이다. 니켈은 동소변태는 없고 353°C에서 자기변태점(동형변태)이다.

24 내식성 Al 합금의 대표적인 것은?

① 하이드로날륨
② 알코아
③ 실루민
④ Y 합금

24. 내식성 Al 합금에는 알민, 하이드로날륨, 알드레이 등이 있다.

25 연납과 경납의 구분 온도는?

① 400°C ② 450°C
③ 500°C ④ 550°C

25. 연납과 경납의 구분온도는 450°C이다.

26 알루미늄의 특징이 아닌 것은?

① Al의 변태점이 있다.
② Al의 담금질 효과는 시효 경과로 얻어진다.
③ Al의 기계적 성질의 개선은 석출 경화로 얻어진다.
④ 순금속상태에서는 강도가 적고, Cu, Si와 합금하면 증가한다.

26. 알루미늄에는 변태점이 없다.

정 답   22 ④   23 ③   24 ①   25 ②   26 ①

27 개량한 Al-Cu-Si계의 합금으로서, 규소 함유량이 높으므로 주조성이 좋은 열처리에 의하여 기계적 성질이 향상되는 주조용 알루미늄 합금은?

① 라우탈 ② 실루민
③ 로우엑스 ④ 하이드로날륨

28 구리, 주석, 흑연 분말을 가압 성형해서 700~750°C의 수소기류 중에서 소결해서 만든 합금이란?

① 오일리스 베어링 ② 실루민
③ 고속도강 ④ 초경질 합금

29 Al의 함유 원소로서 Mg을 넣으면 무엇이 향상되는가?

① 내식성 ② 내마모성
③ 인성 ④ 내열성

29.
Al-Mg 합금은
하이드로날륨이며
내식성 알루미늄 합금이다.

30 배빗 메탈(babbit metal)의 설명 중 틀린 것은?

① Sn 85%, Sb 10%, Cu 5% 합금이며 결정은 SnSb를 주체로 하는 고용체이고, 황 비즐과 같은 결정을 CuSn 베이스는 공정이다.
② 경도가 Pb을 주로 하는 합금보다 크며 큰 하중에 견디는 동시에 인성이 있어서 축(shaft)과 잘 어울리고 충격과 진동에 잘 견딘다.
③ 판베어링재에 비해서 축에 늘어붙는 성질이 없고, 비열이 작으며 열전도도가 크므로 고속도의 큰 하중기계에 사용하기 적합하다.
④ 유동성과 주조성이 나쁘다.

30.
배빗 메탈은 높은 온도에서 성능이 나쁘지 않으며 유동성과 주조성이 좋아 큰 베어링으로 만들기 쉽다.

정답   27 ①   28 ①   29 ①   30 ④

31 다음은 Zn의 성질에 대한 설명이다. 틀린 것은?

① Zn은 철강에 비하여 전기적 포텐셜(potential)이 높다.
② Zn은 Fe, Cu와 같은 전기적 음성 금속과 접촉하여 부식을 방지하는 힘이 있다.
③ Zn은 그 내질이 연하여 주물과 압연한 것과의 성질의 차가 적다.
④ Zn의 용해온도는 419°C이다.

31.
Zn은 주조상태에서 조대결정이므로 인장강도나 연신율이 낮고 취성이 커서 상온가공이 어려우므로 열간가공하여 가공한다.

32 내식용 단련 알루미늄 합금을 나열한 것이다. 틀린 것은 어느 것인가?

① 하이드로날륨
② 알크레드
③ 알민
④ 다우 메탈

32.
다우 메탈은 Mg-Al 합금이다.

33 다음 니켈의 설명 중 맞는 것은 어느 것인가?

① 대기 중에서 쉽게 부식된다.
② 원자량은 65.8이다.
③ 면심입방격자이다.
④ 열간가공은 용이하나 냉간가공은 어렵다.

33.
Ni은 대기 중에서는 부식되지 않으나 아황산가스를 품는 공기에는 심하게 부식되며 원자량은 58.71이다.

34 모넬 메탈(Monel Metal)의 주성분은?

① Al-Cu
② Si-Mo
③ Ni-Cu
④ Mo-Cu

34.
모넬 메탈은 60~70%의 니켈과 구리의 합금이다.

정답   31 ③   32 ④   33 ③   34 ③

35 다음 황동의 합금명 중 6-4 황동은 어느 것인가?

① 도우 메탈
② 톰백
③ 적황동
④ 문쯔 메탈

36 네이벌 황동의 주성분은?

① 7.3황동+규소
② 7.3황동+납
③ 6.4황동+아연
④ 6.4황동+주석

36.
어드미럴티 메탈은 7:3 황동에 Sn을 넣은 것이며 네이벌 황동은 6:4 황동에 Sn을 넣은 것이다.

37 델타 메탈(Delta metal)에 관하여 옳은 것은?

① 델타 메탈은 Cu 54~58%, Zn 40~43%, Fe 1% 내외의 합금이다.
② 델타 메탈의 연신율은 9~30%이다.
③ 델타 메탈의 인장강도는 23~27 kg/mm²이다.
④ 델타 메탈은 주물 및 단조재료로 부적당하다.

37.
델타 메탈은 연신율을 감소시키지 않고 강도를 증가시킨다.

38 우리가 보통 양은이라 부르는 것은 무엇과 무엇의 합금인가?

① Cu+Sn+Zn
② Cu+Zn
③ Cu+Zn+Ni
④ Cu+Ni

39 시계용 스프링을 만드는 재질은?

① Y 합금
② 미하나이트
③ 인청동
④ 엘린바

| 정답 | 35 ④ | 36 ④ | 37 ① | 38 ③ | 39 ④ |

40 일렉트론(electron)의 성분은?

① Al+Mg+Ni
② Mo+Mg+Sn
③ Al+Mg+Si
④ Mg+Al+Zn

41 듀랄루민과 같이 담금질한 후 오래 방치하거나 적당히 뜨임하면 경도가 증가한다. 이런 현상을 무엇이라 하는가?

① 시효경화
② 시즈닝
③ 질량 효과
④ 담금질 효과

42 내식성 알루미늄 합금의 대표적인 것은?

① 알드리
② 바이메탈
③ 하이드로날륨
④ 실루민

43 Y 합금이 개발되어 주로 쓰이는 곳은?

① 도금용
② 공구
③ 내연기관
④ 펌프

44 다음 중 Ni 합금을 나타낸 것은?

① 취성
② 알코아
③ 모넬 메탈
④ 문쯔 메탈

40.
일렉트론은 Mg-Al 합금에 Zn과 Mn을 첨가한 금속이다.

정 답 40 ④ 41 ① 42 ③ 43 ③ 44 ③

45 알루미늄(Al) 합금 중 510~530°C에서 더운 물로 냉각한 후 4일간 상온시효시키거나, 100~150°C에서 인공시효시켜 내연기관의 실린더 피스톤, 실린더 헤드로 사용되는 재료는?

① 실루민
② 라우탈
③ 하이드로날륨
④ Y 합금

46 Cu에 Pb을 30~40% 정도 첨가한 합금으로 고속, 고하중용 베어링용 합금은?

① 톰백
② 켈멧
③ 델타 메탈
④ 코오슨합금

47 베어링용 합금이 아닌 것은?

① 화이트 메탈 ② 배빗 메탈
③ 문쯔 메탈   ④ 켈멧

48 구리의 일반적인 성질을 설명한 것 중 잘못된 사항은?

① 전연성이 양호하다.
② 전기 전도도가 Ag 다음으로 양호하다.
③ 열전도율이 양호하다.
④ 해수에 대한 저항이 강하며, 황산, 염산에 용해가 안 된다.

정 답 45 ④ 46 ② 47 ③ 48 ④

45.
Y 합금 : 고온강도가 크므로 내열기관의 실린더, 피스톤, 실린더헤드에 사용

47.
베어링 메탈에는 화이트 메탈과 배빗 메탈, 켈멧이 있다.

48. 구리(Cu)
· 다른 금속과 합금하여 귀금속인 성질을 얻을 수 있다.
· 비중 8.96%, 용융점 1083°C, 비자성체이며 전기, 열의 양도체이며, 변태점이 없다.
· 아름다운 색깔을 가지고 있다. 유연하고 전연성이 좋으므로 가공이 쉽다.
· 표면에 녹색의 염기성, 탄산구리의 녹이 생겨 보호 피막의 역할을 하므로 내식성이 크다.
· 강 중에서 0.3% 함유하고 인장강도, 경도 등을 증가시키고 부식저항을 높인다.
· 압연 균열의 원인이 된다.

49 황금색으로 모양이 곱고 연성이 커서 장식용에 많이 쓰이는 아연이 8~20% 포함된 구리 합금은 어느 것인가?

① 문쯔 메탈
② 델타 메탈
③ 톰백
④ 도금

50 황동의 합금 성분은?

① Cu+Zn
② Cu+Al
③ Cu+Pb
④ Cu+Mn

51 7.3 황동에 주석 1% 정도 첨가한 동합금은?

① 망간 황동
② 쾌삭 황동
③ 에드미럴티 황동
④ 네이벌 황동

52 다음 중 델타 메탈(delta metal)의 성분을 옳게 적은 것은?

① 6.4황동에 철을 1~2% 첨가
② 7.3황동에 주석을 3% 내외 첨가
③ 6.4황동에 망간을 1~2% 첨가
④ 7.3황동에 니켈을 9% 내외 첨가

53 황동가공재를 상온에 방치하거나 또는 저온풀림 경화된 스프링재를 사용하는 도중 시간의 경과에 의해 경도 등 여러 가지 성질이 나빠지는 현상은 무엇인가?

① 시효변형
② 경년 변화
③ 탈아연 부식
④ 자연 균열

49.
① 톰백:Zn이 8~20% 함유, 연성이 커서 장식용에 쓰임, 모조금 대용

② 문쯔 메탈:6-4 황동으로 강도가 크다.

③ 델타 메탈:황동+1% 내외의 Fe 첨가 압연단조성이 좋다.

53.
① 자연균열(season crack): 냉간가공한 황동이 저장 중에 NH3에 의해 균열이 일어나는 현상으로 도금을 해서 표면을 보호하거나, 저온 풀림을 하면 방지된다.
② 탈아연 현상:황동이 바닷물에서 아연만 용해 부식되어 침식되는 현상으로 연판을 도선으로 연결해 놓든지 전류에 의해 방지한다.

정답 49 ③ 50 ① 51 ③ 52 ① 53 ②

54 6-4 황동에 주석을 1% 정도 첨가하여 스프링용 및 선박 기계용에 많이 사용하는 것은 다음 중 어느 것인가?

① 에드미럴티 황동
② 네이벌황동
③ 델타 메탈
④ 콜슨합금

55 다음 알루미늄(Al)합금 중 그 성분을 잘못 나타낸 것은?

① 실루민(Silumin):Al-Si계
② 라우탈(lautal):Al-Mg-Si계
③ 하이드로날륨(hydronalium):Al-Mg계
④ Y 합금(y-alloy):Al-Cu-Ni-Mg계

55.
라우탈은 Al-Cu-Si계 합금으로 압출재, 단조재, 주조용으로 사용

56 고온 강도가 크므로 내연기관의 실린더, 피스톤, 실린더 헤드 등에 사용되며, 표준 성분은 구리 4%, 니켈 2%, 마그네슘 1.5%와 알루미늄 92.5%로 이루어진 합금은?

① Y 합금(Y-alloy)
② 알민(almin)
③ 알드리(aldrey)
④ 듀랄루민(duralumin)

57 듀랄루민의 함유원소 중 시효 경화에 필요한 성분에 해당되지 않는 것은?

① Cu   ② Co
③ Mg   ④ Si

정답 54 ② 55 ② 56 ① 57 ②

58 다음 재료 중 주성분이 알루미늄이 아닌 합금은?

① 듀랄루민(duralumin)
② 양은(german silver)
③ Y 합금
④ 라우탈(lautal)

69 내식용 알루미늄에서 알루미늄-마그네슘계의 대표적인 것은?

① 하이드로날륨   ② 알민
③ 알드리   ④ 실루민

60 양은(german silver)에 대한 설명 중 잘못된 것은?

① Ni 15~20%, Zn 20~30%, 나머지는 구리를 함유하는 구리합금이다.
② 백동이라고도 한다.
③ 전류조정용 저항, 식기, 장식품 등에 사용된다.
④ 황동에 Ni 7~30% 함유된 것이다.

61 열가소성 플라스틱의 특성을 나타낸 것은?

① 열을 계속해서 가하면 분해된다.
② 열을 가할 때마다 녹거나 유연하게 된다.
③ 단단하고 강인한 기계적 성질을 갖고 있다.
④ 한번 굳으면 녹거나 부드러워지지 않는다.

| 정 답 | 58 ② | 59 ① | 60 ② | 61 ② |

62 빛을 통과하는 성질이 우수하고 기후 변화에 대한 저항성이 좋으며, 착색이 잘되어 광고 표지판, 광학 렌즈 등에 이용되는 플라스틱은?

① 페놀 수지
② 아크릴 수지
③ 멜라민 수지
④ 폴리아미드 수지

63 플라스틱의 일반적인 성질이라고 볼 수 없는 것은?

① 열과 전기를 잘 전달한다.
② 금속이나 유리에 비해 가볍다.
③ 빛을 잘 통과시키는 플라스틱도 있다.
④ 외부의 힘이나 충격을 흡수하는 성질이 있다.

64 플라스틱의 일반적인 특성을 다음에서 고르면?

┌─────────────────────────────────┐
│ ㉠ 비중이 크고 경도가 높다.
│ ㉡ 열을 차단하는 성질이 우수하다.
│ ㉢ 연성과 전성이 좋아 가공하기 쉽다.
│ ㉣ 유리와 같이 빛을 투과시킬 수 있다.
│ ㉤ 재질이 고르지 못하여 부분에 따라 강도의 차이가 있다.
└─────────────────────────────────┘

① ㉠, ㉢   ② ㉡, ㉣
③ ㉡, ㉣   ④ ㉢, ㉤

정답   62 ②   63 ①   64 ②

65 다음과 같은 특성을 가진 플라스틱만으로 짝지어진 것은?

> 열에 의하여 수지의 분자가 화학 반응을 일으켜서 모든 방향으로 연결되어 사다리 모양이나 수세미 모양을 갖는다.

① 페놀 수지, 아크릴 수지
② 페놀 수지, 멜라민 수지
③ 아크릴 수지, 아미노 수지
④ 폴리에틸렌 수지, 폴리스틸렌 수지

66 투명성과 성형성이 우수하며, 이것을 발포 제품으로 만들어 단열재로 널리 사용하는 플라스틱은?

① 페놀 수지
② 아크릴 수지
③ 폴리에틸렌 수지
④ 폴리스틸렌 수지

67 플라스틱이 전선 피복, 회로 기판 등에 쓰이는 것은 플라스틱의 어떤 성질 때문인가?

① 단단하고 질기다.
② 전기 절연성이 좋다.
③ 빛을 잘 통과시킨다.
④ 외부의 힘이나 충격을 잘 흡수한다.

정답 65 ② 66 ④ 67 ②

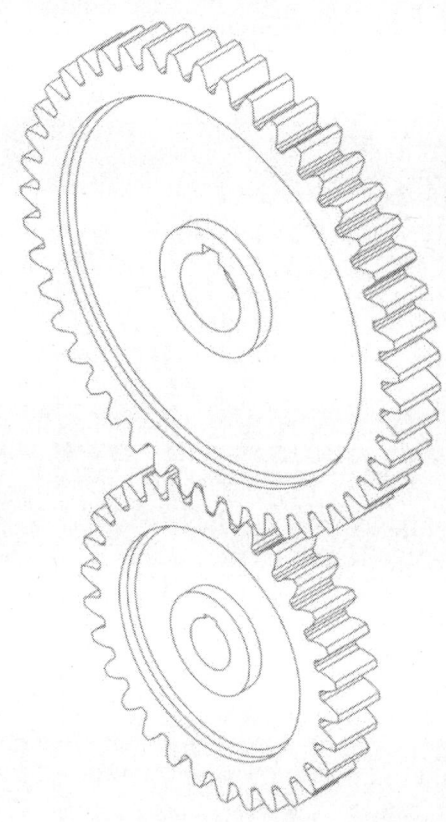

컴퓨터 응용설계

제 1 장   CAD/CAM/CAE의 개요
제 2 장   입출력장치
제 3 장   CAD 시스템 활용 방식
제 4 장   그래픽 소프트웨어의 구성 및 기능
제 5 장   수의 체계와 자료의 표현
제 6 장   곡선 및 곡면의 종류와 특징
제 7 장   형상모델링 (geometric modeling)

CHAPTER 01 CAD/CAM/CAE의 개요

computer의 발전에 따라서 단순작업의 정보화 및 설계와 생산 또는 설계의 효율성과 정밀도가 극도로 높아졌으며 이를 사용함으로써 CAD. CAM. CAE로 분류가 되나 현재에는 이세가지가 유기적으로 통합하여 활용되는 의미로 사용하며 서로의 영역이 구분하기가 애매하여 진다. 그러므로 궁극적으로는 생산 정보 처리의 자동화로 가게된다. 생산 정보 처리의 자동화란 CAD/CAM/CAP 등 소프트웨어로 이루어진 자동화를 말하며, 생산 정보 처리의 자동화가 되면 재료 처리의 자동화가 이루어질 수 있다. 재료 처리의 자동화는 각종 CNC 공작기계, 산업용 로봇, 반송차 및 3차원 측정기 등 고도의 메커니즘 하드웨어에 전자 기술을 응용한 제어 기능 소프트웨어 기술로 전형적인 메커트로닉스(Mechatronics)기술을 말한다.

1 컴퓨터의 시대별 분류

(1) 컴퓨터의 처리속도 단위

ms(밀리/초 : milli second) : 10^{-3} μs(마이크로/초 : micro second) : 10^{-6}
ns(나노/초 : nano second) : 10^{-9} ps(피코/초 : pico second) : 10^{-12}
fs(펨토/초 : femto second) : 10^{-15} as(아토/초 : atto second) : 10^{-18}

세대 내용	제1세대 (1951년-1959년)	제2세대 (1959년-1963년)	제3세대 (1963년-1975년)	제4세대 (1975년 이후)
기억 소자	진공관	트랜지스터	집적회로(IC)	고밀도 집적회로 (LSI), 초고밀도 집적회로(VLSI)
주기억 장치	천공카드	자기드럼 자기코어	집적회로(IC)	LSI, VLSI
처리 속도	$ms(10^{-3})$	$\mu s(10^{-6})$	$ns(10^{-9})$	$ps(10^{-12})$

특징	• 하드웨어 중심
	• 전력소무가 많고
	  신뢰성이 낮음
	• 대형화
	• 과학계산 및 통계
	  처리용으로 사용
		• 소프트웨어 중심
		• 운영체제
		  (OS)개발
		• 전력소모 감소
		• 신뢰성 향상, 소형화
		• 온라인 방식 도입
			• 기억용량 증대
			• 시분할 처리
			• 다중처리 방식
			• MIS 도입
			• OCR, OMR,
			  MICR를 사용
			• 마이크로프로
			  세서 탄생
				• 전문가 시스템
				• 인공 지능(AI)
				• 종합정보 통신망
				• 마이크로 컴퓨터

사용 언어	저급 언어(기계어)	고급 언어 (FORTRAN, ASSEMBLY,)	고급 언어(LISP, PASCAL, BASIC, COBOL)	MS-DOS, UNIX

2 CAD, CAE, CAM의 정의

(1) CAD(Computer Aided Design):

컴퓨터를 이용한 그래픽 기능, 계산 기능, 기억 및 해석 기능을 이용하여 제품의 기본설계에서부터 해석, 최적 설계, 제도 등의 기술로 컴퓨터를 이용한 제도(drafting), 설계(design)등을 할 수 있다.

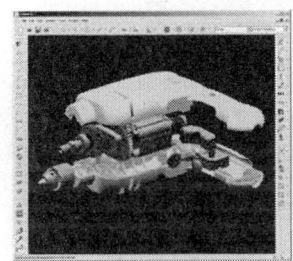

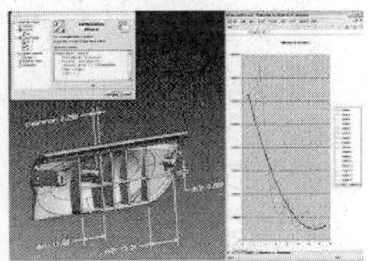

CAD / 제품 설계

(2) CAM (Computer Aided Manufacturing)

제품의 제조나 생산과정에서 컴퓨터로 작업하거나 제어하는 기술로 공정설계 및 프로그래밍 및 가공을 하는 작업이다.

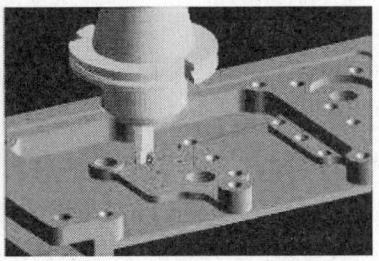

CAM / 가공조건에 따른 가공경로 생성 및 시뮬레이션

(3) CAE(Computer Aided Engineering)

컴퓨터를 이용하는 기술 전반을 가리키며 이것에는 CAD/CAM과 같은 제품의 설계 제작은 물론 제품의 성능 검사, 생산성의 최적화, 경제성의 분석 등에 관한 기술로 설계 이전 단계로 대상의 해석이나 예측을 컴퓨터를 사용해서 하는 것으로 기본 설계, 상세 설계에 대한 해석, 시뮬레이션 등을 하는 것이다.

CAE / 응력(Stress), 처짐(Deflection), 고유진동수((Natural Frequency)등의 분석

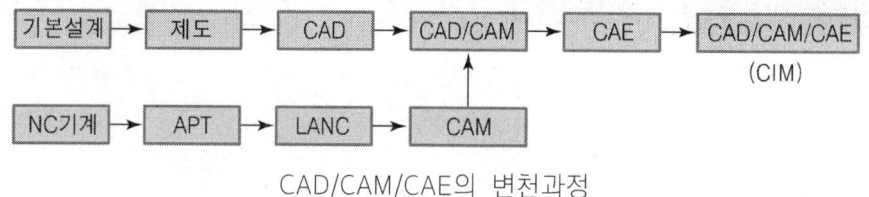

CAD/CAM/CAE의 변천과정

(4) APT (Automatically Programmed Tool)

NC기계를 잘 사용하기 위해서는 프로그램 생성 도구가 필요하게 되었는데 이것을 APT (Automatically Programmed Tool, 자동 프로그래밍 장치)라 하고 개발하기 시작하였다.

APT는 베이직(BASIC)이나 포트란(FORTRAN)과 같은 컴퓨터 언어인데 도형 정보를 쉽게 계산해 주고 NC 코드를 생성하여 주는 특수한 언어이다.
APT는 일괄 처리 방식으로 운용되므로 베이직과 같이 프로그램을 수행하라는 명령을 내리면 수행한다.

(5) ATC(Automatic tool change) :

머시닝센타에서 공구를 자동으로 교환하는 장치

(6) LANC (Language for NC) : 랑크

LANC(Language for NC)는 NC기계를 금형을 가공하는데 사용하기 시작되면서 자동 프로그래밍 시스템의 필요성이 더욱 증가하게 되었고 특히 3차원 곡면 형상을 손쉽게 가공할 순 있는 데이터를 계산해주는 시스템이다. APT와는 전혀 다른 아이디어로 출발한 언어이고 간편성이 뛰어나며, 금형 가공에 뛰어난 성능을 가진 언어이다.

3 컴퓨터의 특성 및 설계

(1) 컴퓨터의 특성
① 신속한 처리속도(speed)
② 정확성(Accuracy)
③ 신뢰성(reliability)
④ 대량자료의 보유성(retention)
⑤ 경제성(Economy)

(2) 컴퓨터를 이용한 CAD설계의 장점
① 설계의 생산성 향상(설계작업의 표준화와 정확도가 향상)
② 설계시간 단축(기존도면의 수정이나 반복부품의 설계시 시간 단축)
③ 설계작업의 정확성(복잡한 도면 등은 확대하여 설계가능)

4 컴퓨터의 시스템의 선정 요건

① 하드웨어적 요인: 처리능력. 저장능력. 확장가능성(융통성). 신뢰도.
② 경제적 요인: 설치 및 운용비용. 업그레이드(up grade) 비용.
③ Service 요인: 소프트웨어의 성능과 프로그래밍과의 호환성.
      업그레이드 적절성. 관리 등

5 컴퓨터의 분류

(1) 사용목적에 의한 분류

1) 전용 컴퓨터(special purpose computer)

한 분야에서 전문적으로 사용할 수 있도록 제작·설계된 컴퓨터를 말한다.

2) 범용 컴퓨터(general purpose computer)

여러 분야의 다양한 업무를 처리할 수 있도록 설계 제작된 컴퓨터를 말한다.

(2) 데이터 처리방법에 의한 분류(동작원리에 따른 분류)

1) 디지털 컴퓨터(계수형 컴퓨터: Digital computer)

디지털 컴퓨터는 일반사무 및 일반 계산용 컴퓨터이며 사칙연산의 계산으로 일반적으로 컴퓨터라고 하면 디지털 컴퓨터를 말한다.

2) 아날로그 컴퓨터(상사형 컴퓨터: Analog computer)

수치를 미적분방식을 사용 물리량으로 계산·처리하는 컴퓨터를 말하며. 연삭속도가 빨라서 주로 물리량의 측정에 사용되는 컴퓨터이다.

3) 하이브리드 컴퓨터(결합형, 혼합형 컴퓨터: Hybird computer)

아날로그와 디지털 컴퓨터의 장점을 취해서 제작된 것을 말한다.

6 컴퓨터의 구성

컴퓨터는 하드웨어(hardware)와 소프트웨어(software) 의 2가지 요소의 결합으로 이루어져 미리 짜여진 명령문에 의해 수학적이고 논리적으로 데이터를 처리 수행하는 전자기기이며 하드웨어를 구분하면 다음과 같이 구분할 수 있다.

① 중앙처리 장치(Central Processing unit: CPU)

② 보조기억 장치(auxiliary memory or file storage unit)
중앙처리 장치는 다시 제어장치(Control unit). 기억장치(memory unit). 연산논리 장치(arithmetic and logic unit)의 3가지로 구분된다.

(1) 컴퓨터의 5대 장치
컴퓨터를 구성하는 장치(Unit)는 크게 5대 장치로 나눌 수 있다.

① 입력장치(Input Unit)

② 제어장치(Control Unit)

③ 기억장치(Memory Unit)

④ 연산장치(ALU Unit)

⑤ 출력장치(Output Unit)

(2) 하드웨어의 구성
▶ 중앙처리장치(CPU: Central Processing Unit)

중앙처리장치는 컴퓨터시스템에서 가장 핵심부분이며 3가지로 구성되어 있다.

① 기억장치(memory unit)

② 연산논리장치(ALU: Arithmetic-Logic Unit)

③ 제어장치(control unit)

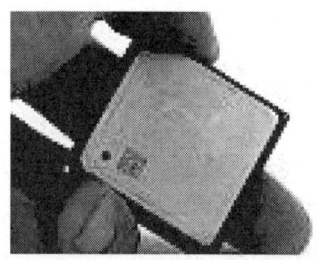
중앙처리장치

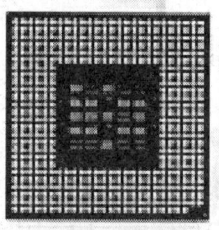
중앙처리장치 회로

1) 기억장치(Memory Unit)

입력장치를 통하여 받아들인 자료나 명령또는 컴퓨터 내부에서 계산처리된 결과를 기억하는 장치를 말하며 주기억장치와 보조기억장치로 나뉜다.

① 주기억장치(main storage)

주기억장치는 중앙연산처리(CPU)내에 존재하는 기억장치로서 모든 프로그램이나 데이터, 또는 컴퓨터 내부에서 처리된 결과 등을 기억한다.

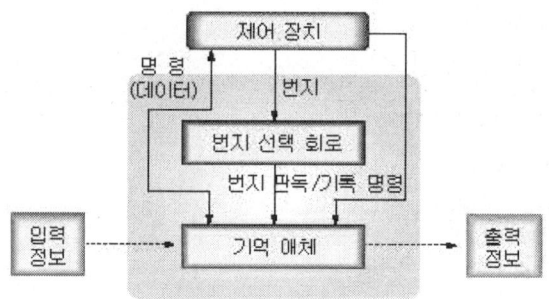
주기억장치의 자료 교환

㉠ ROM(Read Only Memory)

한번 기억된 내용은 영원히 기억되며 전원이 끊어져도 자료 및 결과가 소멸되지 않는 기억소자이다.

ⓐ Mask ROM: 제조단계에서 프로그램을 써넣으면 고치거나 바꿀 수 없는 메모리
ⓑ PROM(Programmable Rom) : 제조 후 사용자가 1회만 기록 가능한 메모리
ⓒ EPROM(Eraseble and Programmable Rom) : 제조 후 사용자가 여러번 기록 가능한 메모리

ⓛ **RAM(Random Access Memory)**

RWM(Read/Write Memory)이라고 하며 사용자가 마음대로 정보를 기록하거나 출력할 수 있는 장치이다.

RAM은 전원 ON시에만 사용가능하며 OFF시에는 기억내용이 소멸되는 메모리이다.

램 (RAM)

② **보조기억장치**

보조기억장치는 중앙처리장치 내에 있는 주기억장치의 기능을 확대 또는 보조하는 역할을 한다. 종류로는 하드디스크, 자기디스크장치. 자기드럼장치. 자기테이프장치 등이 있다.

 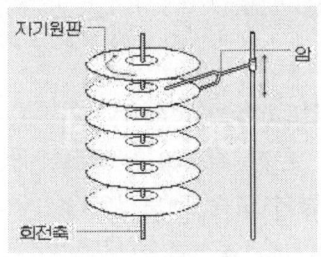 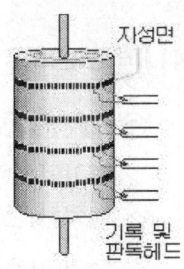

하드 디스크   자기 디스크 원리   자기 드럼 원리

2) **논리연산장치(Arithmetic & Logical Unit : ALU)**

논리연산장치는 연산을 담당하는 장치로서 연산부와 연산제어부로 구성되어 있다.

① 연산부: 사칙연산

② 연산제어부: 해야할 일을 제시

3) **제어장치(control unit)**

제어장치는 입력장치. 출력장치. 기억장치. 연산장치에게 동작을 명령하고, 통제하는 역할을 한다.

▶ 전기신호와 펄스

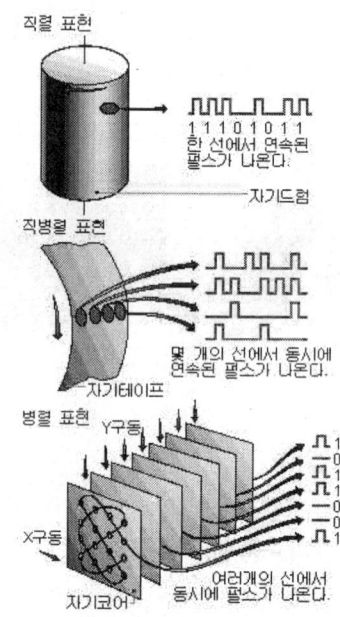

4) 메모리계통

① 캐시 메모리(Cache Memory)
주기억장치의 느린 속도를 보완하기 위해 중앙처리장치와 주기억장치 사이에 위치한 소용량의 고속 메모리이다.

② 주기억장치(Main Memory)
처리할 데이터나 처리할 프로그램 그리고, 처리된 데이터 등을 기억하는 메모리이다.

③ 주기억장치(Main Memory)
주기억장치를 보조하는 기억장치로 데이터나 프로그램을 저장했다가 필요시에는 주기억장치로 보내 처리할 수 있도록 한다.

▶ 컴퓨터에서 사용되는 약어

1. 레지스터(register) : CPU내부에 있는 작은 크기의 기억장치이며 일시적으로 데이터를 보관하는 특수용도의 임시 보관창고이고. 데이터를 받아 저장하고 CPU 사이에 전송하는 기능을 수행한다.
레지스터는 컴퓨터의 기종에 따라 종류의 차이는 있으나 대체적으로 다음과 같은 종류가 있다.

2. **인터럽트(interrupt)** : CPU가 현재 상태를 중단시키고 발생된 상태를 처리하는 것

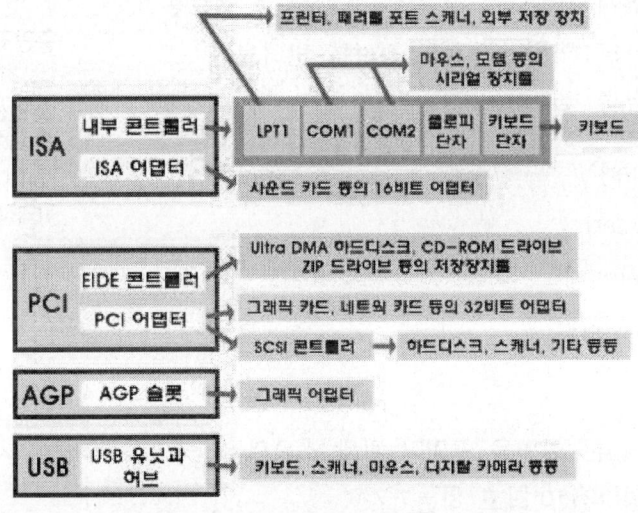

버스 종류 및 연결되는 주요 장치

3. **인터 페이스(interface)** : 주변 장치와 본체와 연결시키기 위한 장치

4. **버스(bus)** : 버스는 데이터를 이동시킨다. 그것들은 모든 입출력 장치를 CPU와 램에 연결해 준다. 입출력 장치들은 데이터를 보내고 받는 디스크 드라이브나 모니터, 키보드 등을 말한다.

5. 주기억장치에 데이터 읽기/쓰기 동작순서
- 읽기(read) 동작순서
  ① MAR에 읽고자 하는 데이터 주소를 놓는다.
  ② Read 신호를 보낸다.
  ③ MAR에 읽고자 하는 데이터 주소를 놓는다.

- 쓰기(write) 동작순서
  ① MAR에 기록하고자 하는 데이터 주소를 놓는다.
  ② MBR에 기록하고자 하는 데이터를 기억시킨다.
  ③ Write 신호를 보낸다.
  MAR : 주소레지스터   IR : 인스트럭션레지스터
  MBR : 자료레지스터

연/습/문/제

01 컴퓨터의 CPU에서 사용되는 고속의 기억장치로 정보를 이동하기 위해 대기하거나 이송된 정보를 받아들여 일시적으로 자료를 보관하는 장소는?

① 계수기(Counter)
② 디코더(Decoder)
③ 인터럽트(Interrupt)
④ 레지스터(Register)

02 그래픽 터미널의 한 화면을 꾸미기 위해 소요되는 메모리들을 일명 무엇이라고 하는가?

① Random access memory
② Bit plane
③ Basic memory
④ Memory address

03 주 기억 장치에서 사용되지 않는 프로그램을 보조 기억장치로 이동함으로써 메인 메모리를 개방하는 것은 어느 것인가?

① roll-out
② roll-in
③ load
④ reload

04 보조 기억 장치의 특정 위치를 선택 또는 위치시킴으로써 접근할 수 있도록 하는데 걸리는 시간을 무엇이라 하는가?

① seek time
② run time
③ turnaround time
④ idle time

1.
중앙처리장치
① 기억장치
② 연산논리장치
③ 제어장치 레지스터 :
cpu 내부에있는 작은 크기의 기억장치

정 답 01 ④ 02 ② 03 ① 04 ①

05 컴퓨터의 주변 장치와 CPU의 속도차 때문에 개발된것은 어느 것인가?

① buffer
② cache
③ channel
④ console

06 미국의 표준코드로 컴퓨터와 주변장치간의 데이타 입출력에 주로 사용하는 데이타 표현방식은?

① DECIMAL
② BCD
③ EBCDIC
④ ASCII

07 IGES 파일의 구성 section이 아닌 것은?

① directory entry section
② global section
③ local section
④ start section

08 컴퓨터간의 정보 교환을 보다 향상시키기 위해 사용하는 네트워크 기술에서의 통신규약을 무엇이라 하는가?

① PROTOCOL
② PARITY
③ PROGRAM
④ PROCESS

6.
ASCII 란 American Standard Code for Information Interchange의 약어로서 컴퓨터나 인터넷상에서 텍스트 파일을 위한 가장 일반적인 형식이다. 아스키 파일에서는 각각의 알파벳이나 숫자 그리고 특수문자들이 7 비트의 2 진수 (7개의 0 또는 1의 조합으로 이루어진 스트링)로 표현되며, 총 128개의 문자가 정의되어 있다.

7.
IGES(Initial Graphics Exchange Specification)는 서로 다른 시스템들간의 데이터 교환을 위해 ANSI에서 표준으로 채택한 중립 파일로서 이를 통해 기하학적 데이터, 치수 및 구조를 교환할 수 있다. IGES 파일은 ASCII 형태인 80자 길이의 문자열을 가지며 파일 구조는 start, Global, Directory Entry, Parameter Data, Terminate 모두 다섯 개의 섹터로 구성되어 있다.

정답 05 ③ 06 ④ 07 ③ 08 ①

09 ASCII 코드에서 한 문자를 표시하는데 몇 개의 데이터 비트를 사용하는가?

① 3 ② 5
③ 7 ④ 9

10 현재 실행중인 명령어를 기억하고 있는 제어장치내의 레지스터는 어느 것인가?

① 인덱스 레지스터
② 누산기
③ 메모리 레지스터
④ 명령 레지스터

11 다음은 컴퓨터의 기본구성을 나타낸 것이다. □ 안에 들어갈 것으로 옳은 것은?

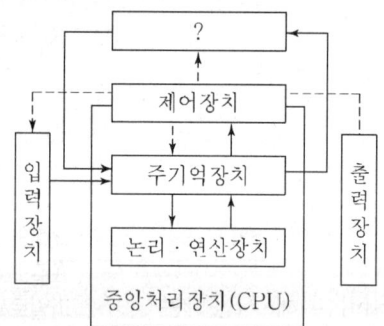

① 인터페이스 (interface)
② 보조 기억 장치 (auxiliary memory)
③ 부호기 (encoder)
④ 마이크로프로세서 (microprocessor)

정 답   09 ③   10 ④   11 ②

12 다음 중 CPU의 처리속도를 나타내는 것은?

① BPI ② MIPS
③ CPS ④ BPS

‖해설‖

약 어	해 석
baud	전신이나 통신에서 전송속도를 나타내는 단위
BPS	1초당에 전송하는 비트수 1200 bps, 2400 bps, 4800 bps, 9600 bps
BPI	기록 밀도 단위 1인치당 기억할 수 있는 바이트(문자)수
BOT	자료를 기억하거나 시작 지점을 알려 주는 곳
EOT	자료를 기억하거나 읽는 끝 지점을 알려 주는 곳
IPS	플로터가 그림을 그릴 때의 속도
CPS	프린터의 출력속도
IBG	블럭과 블럭사이에 데이터가 기록되지 않는 공백

13 CPU의 3가지 구성 요소가 아닌 것은 어느 것인가?

① memory unit ② control unit
③ ALU ④ I/O device

14 중앙 처리 장치에서 정보를 기억시키는 것을 무엇이라 하는가?

① store ② transfer
③ fetch ④ load

15 다음 중 데이터를 기억시켜 두는 방법이 다른 것은 어느 것인가?

① 레지스터 ② 버퍼
③ 1차 기억 장치 ④ 자기 디스크

12. MIPS 란 million instructions per second로서 컴퓨터의 연산 속도를 나타내는 단위로서 1초당 100만 개 단위의 명령어 연산이란 뜻이다. 즉 컴퓨터의 성능을 평가하는 정량적인 평가 단위의 하나로, 단위시간에 처리할 수 있는 명령어수로 나타내는 단위에는 MIPS와 FLOPS가 있다. MIPS는 명령어의 종류에 관계없이 1초당 실행되는 명령어 수만 계산하기 때문에 명령어별 특성을 고려하지 않아 그 신뢰성에 의문이 있으며 이에 반해 FLOPS는 부동 소수점 명령어가 1초에 몇번 실행될 수 있는가를 나타내는 단위 이다. 그러므로 슈퍼컴퓨터에서는 MIPS보다 FLOPS를 연산속도의 단위로 사용한다.

13. 컴퓨터의 가장 중요한 부분으로서 명령을 해독하고 산술논리연산이나 데이터 처리를 실행하는 장치로서 컴퓨터의 두뇌 부분에 해당하며 중앙처리장치의 성능을 좌우하게 된다. 프로그램 카운터, ALUC(산술논리연산부),각종 레지스터, 명령해독부, 제 어부, 타이밍 발생회로 등으로 구성된다. 대형 컴퓨터에서는 주기억장치나 각종 제어장치를 포함해 CPU라고 한다. 이에 대해 소형 컴퓨터나 퍼스널 컴퓨터에서는 연산을 한 1칩의 LSI자체를 CPU라고 부르는 일이 많다.

정답 12 ② 13 ④ 14 ① 15 ④

16 컴퓨터를 구성하고 자원을 효율적으로 관리하는 시스템 프로그램을 무엇이라 하는가?

① operating
② complier
③ linker
④ loader

17 컴퓨터 시스템의 기본 3요소는?

① input - output - process
② input - output - control
③ output - input - process
④ output - input - control

18 다음 메모리의 내용으로 어드레스할 수 있는 메모리는 어느 것인가?

① RAM
② ROM
③ virtual memory
④ associative memory

19 다음 중 CPU의 기능이라 할 수 없는 것은 어느 것인가?

① 정보의 기억
② 동작의 제어
③ 사용자와의 대화
④ 정보의 연산

정 답   16 ①   17 ①   18 ④   19 ③

20 다음 메모리 중에서 전원이 공급되지 않으면 그 내용을 증발시켜 버리는 메모리를 무엇이라 하는가?

① volatile memory
② destructive memory
③ static memory
④ dynamic memory

21 다음 중 CPU에 대한 설명으로 옳지 않은 것은?

① 컴퓨터를 사용하기 위해서는 CPU가 없어도 된다.
② CPU는 중앙처리장치라고도 한다.
③ CPU는 입력된 자료를 연산하는 기능을 갖고 있다.
④ CPU는 연산된 자료를 특정장소에 보내는 기능을 갖고 있다.

20.
전원이 꺼지면 저장된 정보가 순간적으로 지워지는 저장 장치를 휘발성 저장 장치 [揮發性貯藏裝置, volatile memory, volatile storage] 라고 한다. 중앙 처리 장치와 직접 자료를 교환할 수 있는 기억 장치를 주기억장치라고 하며 주기억 장치를 구성하는 각각의 기억 소자에는 외부와 직접 자료 교환을 할 수 있는 단자들이 있다. 이러한 기억 소자에는 정전이 되어도 그 상태를 유지하는 기억 소자(non-volatile memory)와 정전이 되면 기억 내용을 상실하는 기억 소자(volatile memory)가 있다.

정답 20 ① 21 ①

CHAPTER 02 입·출력 장치

1 CAD 시스템의 구성요소

CAD 시스템의 구성요소

2 입·출력 원리

1) 입력장치

   실제 데이터를 컴퓨터가 인식하고 처리할 수 있는 2 진수의 형태로 변환시켜 주는 장치

2) 출력장치

   컴퓨터가 수행한 결과를 사람이 쉽게 이해할 수 있는 문자나 숫자, 도형의 형태로 변환시켜주는 장치

(1) 시스템용 입력장치

1) 입력 장치의 분류

① 셀렉터(selector): 스크린 상의 특정 물체를 지시하는데 사용
예〉 라이트 펜(light pen)

② 로케이터(locator): 좌표를 지정하는 역할을 하는 장치
예〉 태블릿(tablet). 디지타이저(digitizer). 마우스(mouse) 등

③ 밸류에이터(valuator): 스크린 상에서 물체를 평행이동 또는 회전시킬 경우 그양을 조절하여 파라미터 값을 변화시키는 데 사용
예〉 potentionmeter

④ 버튼(button): 키보드와 조합된 형태로
각 버튼마다 프로그램된 기능에 의해 작동
예〉 function keyboard

2) 논리적인 입력 장치

여러 개의 물리적인 입력이 하나로 블록화 된 입력장치를 기능별로 분류하는 기준이다.

① 마우스(mouse)

GUI(Graphic User Interface) 환경에서 화면에 표시된 아이콘이나 메뉴 항목 등을 선택하는데 사용되는 입력장치이다. 볼의 터치로 입력되는 기계식과 빛을 인식하는 광학식으로 나눈다.

▶ 마우스의 주요 기능
- 도형의 인식
- 메뉴의 선택
- 그래픽적인 좌표입력

마우스

② 스캐너(scanner)
㉠ 플랫버드 스캐너
㉡ 핸드 스캐너(바코드 판독기)
㉢ 포토 스캐너
㉣ 페이지 스캐너

③ 트랙 볼(track ball)

볼을 손으로 굴려서 컴퓨터에 방향, 이동량 등의 그래픽 정보를 알리는 입력 장치이다. 마우스를 거꾸로 놓은 구조를 하고 있으며, 본체를 이동시킬 필요없이 도형을 확대, 축소하거나 이동, 회전 할 때 사용할 수 있지만 도형의 생성에는 사용할 수 없다.
공간이 절약되며 커서의 이동 거리가 긴 CAD/CAM 응용이나 속도가 요구되는 게임 등에 널리 이용되고 있다.

트랙 볼

④ 라이트 펜(light pen)

컴퓨터 화면에 대고 누르면 빛을 감지하여 그 점의 위치 정보를 컴퓨터에 입력하는 펜 모양의 장치이다.
그래픽 스크린 상에 접촉한 자리의 빛을 인식하는 장치로 광 다이오드나 광 트랜지스터 또는 광선 감지기(light sensor)를 사용한다.
랜덤 스캔(random scan)형과 래스터 스캔(raster scan)형 등의 리프레시(refresh)형에만 사용할 수 있다.

⑤ 태블릿 (tablet)

평면 판 위의 임의의 위치를 펜으로 접촉하여 그 점의 좌표를 컴퓨터에 입력할 수 있도록 한 장치이다. 도형의 좌표 입력이나 편집, 메뉴의 선택, 커서의 제어 등에 사용되는 일종의 디지타이저이다. 위치를 선택하는 커서는
연필 모양의 스타일러스 펜(stylus pen)을 사용하며 50cm 이하의 소형을 태블릿이라 하고, 50cm 이상의 대형을 디지타이저라 한다.

㉠ 스타일러스 펜(stylus pen)

그래픽 태블릿과 더불어 사용되는 펜 모양의 기구이다. 이것을 태블릿 표면에 대고 누르면 그 위치의 좌표 정보가 컴퓨터에 입력된다.

㉡ 디지타이저(degitizer)

컴퓨터 입력장치의 하나로 좌표를 읽는 장치라고도 한다. 좌표 지시기에서 지시한 입력 반상의 좌표를 검출해 컴퓨터 등에 입력하는 장치로 디지타이저 기능을 표현하고, 태블릿은 판 모양의 형상을 의미한다.

⑥ 디지털 카메라(digital camera)

⑦ 조이스틱(joystick)

컴퓨터 게임이나 컴퓨터 그래픽에서 막대 모양의 손잡이를 전후 좌우 여러 방향으로 움직여서 위치 정보를 컴퓨터에 입력하여 화면상의 도형이나 물체를 이동시키는 장치이다.

⑧ 컨트롤 다이얼(control dial)

도형을 확대, 축소하거나 이동, 회전할 때 사용할 수 있지만 도형의 생성에는 사용할 수 없다.

⑨ 터치 스크린(touch screen)

⑩ 터치 패드

3) 일반적인 입력장치(물리적 입력장치)

① 키보드

키보드는 입력장치의 가장 대표적인 장치이다. 자판의 배치는 영문 표준자판과 한글2벌식으로 구성되어 있으며 요즈음 대부분의 제품은 PS/2용 106키 키보드이다.

② 자기 잉크 문자 판독기(MICR)

③ 광학 마크 판독기(DMR)

④ 광학 문자 판독기(OCR)

키보드

(2) CAD 시스템의 출력 장치(output devices)

영상표현장치란 화면에 결과를 출력하는 것으로 인쇄용지가 필요 없으며 영상표현장치에 결과를 출력하는 것. 즉 기록으로 남기지 않는 출력을 말하며 일시적 출력장치(soft copy)라 한다.
소프트카피를 위한 장비는 또는 음극선관(CRT:Cathode Ray Tube) 디스플레이와 평판형 디스플레이(Flat pannel display)가 있다.

1) 음극선관 디스플레이(CRT:Cathode Ray Tube display)

브라운관은 전기신호를 전자빔의 작용에 의해 영상이나 동형. 문자 등의 광학적인 상으로 변환하여 표시하는 특수진공관으로 음극선관(CRT)이라고 말하며 그래픽 시스템은 다음과 같은 기능을 갖추어야 한다.

- CPU와 연결되어 사용할 수 있어야 한다.
- 사용자에게 안정된 그래픽을 제공하여야 한다.
- 화면에 나타난 형상을 digital 신호로 변환 할 수 있어야 한다.
- 컴퓨터에서 사용되는 명령어에 따라 실행하는 기능이 있어야 한다.
- 사용자와 시스템간에 정보교환이 되어야 한다.

① 스토리지 디스플레이 터미널 (storage display terminal)
DVST(Direct View Storage Tubes) 라고도 하며 리프레시(refresh)형으로서 CRT보다 가격이 저렴하고 형상을 한번에 화면에 생성시킨 후. 계속해서 형상이 남아 있게 하는 기법으로 형상을 한번 나타내면 2~3 시간 정도 유지할 수 있다.
즉 도형의 형상을 CRT 화면상에 저장(storage) 할 수가 있다.

㉠ 장점
ⓐ 표시할 수 있는 도형의 양에 제한이 없다.
ⓑ 깜박거림 플리커가 발생하지 않는다.
ⓒ 고정밀도이다.(해상도 우수)

㉡ 단점
ⓐ 디스플레이된 도형의 부분적인 삭제가 어렵다.
ⓑ 흑백이다.(단색이다)
ⓒ 애니메이션(animation)이 불가능하다.
ⓓ 라이트 펜을 사용할 수 없다.

② 랜덤 스캔 디스플레이 터미널(random scan display terminal)
벡터 스캔 디스플레이(vector scan display) 방식이라고하며 사용중인 리프레시(refresh) CRT중 가장 오래되고 널리 사용된 디스플레이 방식이다. 순서에 따라 영상이 그려지는 기법이다.

㉠ 장점
ⓐ 해상도가 우수하다.(고정밀도의 화면)
ⓑ 애니메이션(animation)을 처리할 수 있다.
ⓒ 형상을 부분 삭제 할 수 있으므로 편집이 가능하다.
ⓓ 라이트 펜을 사용할 수 있다.

㉠ 단점
ⓐ 가격이 비싸다.
ⓑ 도형의 표시량에 한계가 있다.
ⓒ 깜박거림(flicker)이 발생한다.

③ 래스터 스캔 디스플레이 터미널(raster scan display terminal)
디지털 TV형식으로 전자빔의 주사방법은 텔레비전과 같으며 도형의 유무에 관계 없이 항상 수평방향으로 주사시켜 상을 형성하는 방식으로 널리 사용된다.

㉠ 장점
ⓐ 깜박거림(flicker현상) 이 없다.
ⓑ 컬러 표시가 광범위 하다.
ⓒ 가격이 저렴하다.
ⓓ 표시할 수 있는 데이터의 양에 제한이 없다.

㉡ 단점
ⓐ 해상도가 랜덤스캔형보다 떨어진다.
ⓑ 표시속도가 랜덤 스캔형보다 느리다.

④ 컬러 디스플레이(color display)
㉠ 컬러 CRT에는 섀도 마스크(shadow mask)방식. 그리드 편향방식. 패니트레이션 방식의 세 가지가 있다.
㉡ 표현할 수 있는 색은 빨강(R). 초록(G). 파랑(B)색의 혼합비에 따라서 정해진다.
㉢ 색상을 표시하기 위해서 색상별로 1개로 bit와 intensity를 위한 1bit가 필요하므로 4bit가 소요된다.

2) 평판형 디스플레이(Flat Pannel display)

대형 CRT를 만들고자 할 때 부피가 커지고 무게가 무거워지는 단점을 없앤 가능한 가볍고 작은 부피를 갖는 디스플레이가 평판형 디스플레이이다.
평판형 디스플레이의 종류는 다음과 같다.

① 플라즈마 디스플레이(PDP : Plasma Display Panel)

② 전자 발광판형(EL : Electroluminescent)

③ 액정형 디스플레이(LCD : Liquid Crystal Display)

④ 진공 방전광 디스플레이(Vaccum Fluorescent Display)

⑤ 발광 다이오드(LED : Lighting Emitting Diode)

3) 프린터(printer)

프린터를 기구면에서 분류하면 임팩트(impact)방식과 논임팩트(non-impact) 방식으로 나눈다.

연/습/문/제

01 다음 캐시 메모리(cache memory)에 관한 설명 중 틀린 것은 어느 것인가?

① 메모리 액세스 시간을 감소시키기 위하여 사용한다.
② 프로그램의 실행 시간을 단축할 수 있다.
③ 캐시 메모리는 주 기억장치와 CPU 사이에서 정보 교환을 담당한다.
④ 캐시 메모리는 CPU와 주변장치에 위치하고 있다.

02 다음 중 CPU의 기능이라 할 수 없는 것은 어느 것인가?

① 정보의 기억
② 동작의 제어
③ 사용자와의 대화
④ 정보의 연산

03 캐시(cache) 메모리에서 정보의 주소를 찾는 방법을 매핑(mapping)이라 한다. 가장 빠른 방법은 어느 것인가?

① associative memory(연관 기억장치 방식)
② direct mapping(직접 매핑 방식)
③ program mapping(프로그램 매핑 방식)
④ harsh mapping(하시 매핑 방식)

04 OS(operating system)란 컴퓨터를 효율적으로 쓰기 위한 시스템 프로그램의 집합으로 이와 관련이 없는 것은 어느 것인가?

① supervisor
② executive
③ monitor
④ throughput

정답   01 ④   02 ③   03 ①   04 ③

05 CAD에 쓰이는 그래픽 터미널 중 전자빔의 주사 방법은 텔레비전과 같으며 도형의 유무에 관계없이 항상 수평 방향으로 주사시켜 상을 형성하는 방식은?

① Raster-Scan
② Direct-View Storage Tube
③ Reflesh-Scan
④ Random Scan

06 래스터 스캔 디스플레이 장치를 운영하기 위해서는 음극선을 브라운관 후면에 주사하여야 한다. 이러한 현상을 refresh 한다고 하는데, 이 refresh 현상으로 발생하는 또다른 현상은?

① Flicker 현상
② Shadow mask 현상
③ Frame 현상
④ Cache 현상

07 평판 디스플레이 장치중에서 전기장의 원리가 빛을 발생하는 데에 이용되지 않고 단지 투과되는 빛의 양 만을 조절하는 데에 이용되는 것은?

① Electroluminescent display
② Liquid crystal display
③ Plasma panel
④ Image scanner

정 답   05 ①   06 ①   07 ②

08 래스터 스캔 디스플레이에 관련된 용어가 아닌 것은?

① flicker ② Refresh
③ Frame buffer ④ RISC

09 다음 중 평판 디스플레이 장치 중 해상도가 가장 떨어져 주로 대형화면으로 사용되는 기술적인 한계를 갖는 장치는?

① 플라즈마 판(plasma panel)
② 전자 발광 디스플레이(Electroluminescent display)
③ 액정 디스플레이(Liquid crystal display: LCD)
④ 박판 필름 트랜지스터(Thin-Film Transistor:TFT)

10 다음 출력장치 중 래스터 스캔(raster scan) 방식이 아닌 것은?

① 잉크제트 프린트(inkjet print)
② 레이저 프린터(laser printer)
③ 펜 플로터(X-Y plotter)
④ 정전식 플로터(electrostatic plotter)

11 다음 중 고속 프린터로 널리 사용되는 프린터는 어느 것인가?

① 자동 프린터(automatic printer)
② 레이저 프린터(laser printer)
③ 문자 프린터(character printer)
④ 라인 프린터(line printer)

정 답 08 ④ 09 ① 10 ③ 11 ④

12 플랫 베드(flat bed)형 플로터의 설명 중 틀린 것은 어느 것인가?

① 고 정밀도의 작화가 곤란하다.
② 작화중의 모니터가 쉽다.
③ 설치 면적이 넓어야 한다.
④ 용지 선정이 비교적 자유롭다.

13 플로터에 대한 설명 중 틀린 것은 어느 것인가?

① flat bed 형식은 펜과 종이의 움직임으로 선을 그린다.
② drum 형식은 random방식의 플로터이다.
③ 정전식 플로터는 프린트의 기능도 갖추고 있다.
④ 정전식 플로터는 일반적으로 펜 플로터보다 속도가 빠르다.

14 디스플레이가 래스터 스캔 방식이어야 출력이 가능한 출력 장치는 어느 것인가?

① electro static plotter
② pen plotter
③ line printer
④ 3D plotter

15 다음 중 컴퓨터 그래픽 하드웨어 출력장치의 일종인 감열식(thermal) 플로터를 구성하는 부품에 해당되지 않는 것은?

① 액체잉크토너
② 프린터 헤드
③ 평면종이
④ 왁스형 리본

정 답   12 ①   13 ①   14 ①   15 ①

16 컬러 프린터를 이용하여 출력하고자 한다. 여기에서 사용되는 기본 색이 아닌 것은?

① BLACK ② CYAN
③ MAGENTA ④ BLUE

16.
CYAN : 청록색
MAGENTA : 자홍색

17 CAD시스템의 출력 장치 중 도면을 작성할 수 없는 것은 어느 것인가?

① 하드카피(hard copy)
② 플로터(plotter)
③ 프린터(printer)
④ 라이트 펜(light pen)

18 플로터를 크게 분류한 것이 아닌 것은?

① 펜식 ② 잉크제트식
③ 정전식 ④ 플랫 배드식

19 다음 중 일시적 출력장치는?

① COM 장치
② 플로터
③ 그래픽 디스플레이
④ 프린터

19.
COM장치 :
출력을 필름에 저장장치

20 래스터 스캔형의 장점이 아닌 것은?

① 공간성 ② 해상도
③ 동태성 ④ 컬러

정 답 16 ④ 17 ④ 18 ④ 19 ③ 20 ②

21 플리커(flicker)와 관계가 없는 것은 어느 것인가?

① 화상이 어른거리는 현상이다.
② 1초당 최저 30회 이상 리프레시해야 한다.
③ 표시 데이터의 길이 및 계산량이 너무 많으면 관계가 있다.
④ 해상도와 관계가 있다.

22 CRT 터미널에서 화면에 디스플레이되는 원리는 전자 빔이 인으로 코팅된 스크린과 부딪히면서 빛을 내게 된다. 이때 충돌에 사용되는 전자 빔이 방출되는 곳 을 무엇이라 하는가?

① grid
② deflector
③ cathode
④ generator

23 다음은 CRT에 관한 설명이다. 틀린 것은 어느 것인가?

① 밝고 풍부한 컬러 표시를 할 수 있으며 인텔리전트 기능이 뛰어난 것은 래스터 스캔형이다.
② 스토리지형은 화면이 어둡고 컬러 표시를 할 수 없는 단점이 있다.
③ 랜덤 스캔형은 리프레시를 할 수 있는 고화질과 높은 응답성을 가진다.
④ 래스터 스캔형은 잔광 기간이 길 때 플리커라 불리는 어지러운 형상이 나타난다.

정 답 21 ④ 22 ③ 23 ④

24 다음 중 프린터의 인자 속도를 나타내는 것은 어느 것인가?

① BPS
② IPS
③ CPS
④ BPI

25 현재 CAD를 활용하여 CAD/CAM/CAE를 디자인, 제품설계, 금형설계, 생산까지 모든 공정에서 CAD 데이터를 공유하여 업무를 추진하는 방법은?

① 가치공학(Value Engineering)
② 동시공학(Concurrent Engineering)
③ 가치분석(Value Analysis)
④ 총괄적 품질관리(Total Quality Control)

26 다음 중 분산처리형 시스템이 갖추어야 할 기본 성능이 아닌 것은?

① 여러 시스템 중에서 일부 시스템이 고장이 발생하더라도 나머지는 정상작동 되어야 한다.
② 자료처리 및 계산작업은 주(main) 시스템에서 이루어져야 한다.
③ 구성된 시스템별 자료는 다른 컴퓨터 시스템에 자료의 내용에 변화가 없어야 한다.
④ 사용자가 구성한 자료나 프로그램을 다른 사용자가 사용하고자 할 때는 정보 통신망을 통해서 언제라도 해당 자료를 사용하거나 보내줄 수 있어야 한다.

정답 24 ③ 25 ② 26 ③

27 CAD 소프트웨어의 가장 기본이 되는 그래픽 소프트웨어의 구성원칙에 맞지 않는 것은?

① 그래픽 패키지(Graphic Package)
② 응용프로그램(Application Program)
③ 턴키 시스템(Turnkey system)
④ 데이터 베이스(Data Base)

28 다음은 CAD 소프트웨어가 갖추어야 할 기능들이다. 가장 관계가 먼것은?

① 응용 프로그램 기능
② 데이터 변환 기능
③ 세그 먼트 기능
④ 그래픽 요소 생성 기능

29 컴퓨터그래픽에서 도형을 나타내는 그래픽 기본 요소가 아닌 것은?

① 점(dot)   ② 선(line)
③ 원(circle) ④ 구(sphere)

30 회전형 가변저항기를 X축과 Y축 방향으로 회전시켜 커서를 이동시키는 기구로 정확한 위치 선택이 용이 하며, 주로 키보드와 같이 부착되어 있는 입력장치는?

① 섬휠(thumb wheel)
② 라이트 펜(light pen)
③ 디지타이져(digitizer)
④ 푸시 버튼(push button)

정 답   27 ③   28 ①   29 ④   30 ①

31 일반적인 컴퓨터 그래픽 하드웨어의 대표적인 구성요소로 보기 어려운 것은?

① 입력 ② 탐색
③ 저장 ④ 출력

32 Serial COM port로 출력장치에 연결하여 사용할 때 data의 전송속도를 나타내는 단위는?

① cps ② ips
③ bps ④ Nps

33 다음 중 커서 콘트롤 장치가 아닌 것은?

① Thumb wheel ② Joystick
③ bTracker ball ④ Pen plotter

34 다음 중 누산기(accumulator)에 대하여 바르게 설명 한 것은 어느 것인가?

① 레지스터의 일종으로 산술연산, 논리연산의 결과를 일시적으로 기억하는 장치
② 연산 명령이 주어지면 연산 준비를 하는 장소
③ 연산 부호를 해독하는 장치
④ 연산 명령의 순서를 기억하는 장치

35 보조기억 장치 중 순차접근만 가능한 것은?

① 자기 디스크 ② 플로피 디스크
③ 자기 테이프 ④ 하드 디스크

정 답 31 ② 32 ③ 33 ④ 34 ① 35 ③

36 컴퓨터의 주변 장치와 CPU의 속도차 때문에 개발된 것은 어느 것인가?

① buffer
② cache
③ channel
④ console

37 인터럽트(interrupt)에 대한 설명으로 맞는 것은?

① 자기 디스크의 트랙에 문제가 발생한 경우
② 출력을 대기하고 있는 상태
③ CPU가 현재 상태를 중단시키고 발생된 상태를 처리하는 것
④ CPU가 고장난 상태

38 다음 중 색채 디스플레이를 구성하는 3가지 전자빔의 구현 색에 해당하지 않는 것은?

① Blue   ② Red
③ Yellow   ④ Green

정 답   36 ③   37 ③   38 ③

CHAPTER 03 CAD 시스템 활용 방식

CAD시스템은 활용하는 방식에 따라 다음 세 가지로 구분할 수 있다.

① 중앙통제형(호스트 집중형)
② 분산 처리형(인텔리전트 터미널형)시스템
③ 스탠드 얼론형(턴키(Turnkey) 시스템)

이와 같이 CAD 시스템은 사용하는 방법에 따라 구분하기도 하고 또 다른 구분 방식은 중앙통제형으로 구성하여 사용할 때 대형. 중형으로 나뉘어 질 수 있다.

1 활용하는 방식에 따른 CAD 시스템의 장점과 단점

(1) 턴키시스템(독립시스템)의 장점과 단점

1) 장점

① 확장성이 있는 소프트웨어이다.
② 하드웨어, 소프트웨어가 하나의 시스템 메이커에서 제공된다.
③ 최소의 애플리케이션은 싸다.
④ 시스템을 판매자가 관리해준다.
⑤ 모든 시스템이 한꺼번에 다운하지 않는다.

2) 단점

① 융통성이 적고 변형이 불가능하다.
② 데이터베이스의 관리가 빈약하다.
③ 시스템 메이커간의 교환이 어렵다.
④ 응답 속도가 느리다.
⑤ 메모리의 범위가 제한이 있다.
⑥ 대량의 기술분석에 부적합하다.
⑦ 데이터베이스를 전송하기 어렵다.

(2) 메인 프레임 시스템의 장점과 단점

1) 장점

① 필요에 따라 사용자가 쉽게 손댈 수 있다.

② 데이터베이스의 관리가 양호하다.

③ 자신의 소프트웨어를 개방할 수 있고 다른 소프트웨어도 사용 가능하다.

④ 큰 네트워크이므로 1대당의 터미널 코스트가 싸다.

⑤ 보다 많은 워크스테이션을 지원할 수 있다.

⑥ CPU의 파워가 크다.

⑦ 응답속도가 빠르다.

⑧ CAD의외의 기능과 CAD 인터페이스가 좋다.

2) 단점

① 불충분한 소프트웨어 및 서포트

② 초기설치비가 고가이다.

③ CPU가 다운되면 전체 시스템도 다운된다.

④ 판매자가 애플리케이션을 이용하지 못한다.

2 시스템의 형태에 따른 CAD 시스템의 장점과 단점

CAD/CAM 시스템의 형태에는 대형컴퓨터직결형, 분산처리형, 스탠드얼론형(독립형) 외부의 컴퓨터·서버를 이용하는 터미널형이 있으며 장점과 단점은 다음과 같다.

(1) 대형 컴퓨터 직결형

1) 장점

① 시스템 확장에 대하여 융통성이 있다.
② 많은 그래픽 디스플레이를 처리할 수 있고 데이터 베이스의 공용화를 할 수 있다.
③ 짧은 시간에 대형의 계산처리를 할 수 있다.
④ 소프트웨어의 축적을 많이 할 수 있다.

2) 단점

① 소프트웨어를 개발해야 하므로 시스템 개발에 비용이 든다.
② 하드웨어의 비용과 보수비가 비싸진다.

(2) 분산 처리형

1) 장점

① 각 작업마다 미니컴퓨터를 사용할 수 있으며 컴퓨터를 효율적으로 이용할 수 있다.
② 통신회선을 통하여 데이터베이스의 공용화를 꾀 할 수도 있다.

2) 단점

① 부하 분담을 고려하여 소프트웨어를 개발하여야 하므로 개발에 비용이 많이 든다.
② 트러블이 있는 경우 고장 부분을 발견하는데 시간이 걸린다.
③ 데이터베이스가 분산되어 있으므로 관리가 어렵다.

(3) 스탠드 얼론형

1) 장점

① 성능이 좋고 다른 시스템에 비해 저렴하다.

② 각 작업에 대응하여 전용 시스템으로 이용에 유리하다.

③ 유효한 소프트웨어 패키지가 준비되어 있다.

2) 단점

① 데이터베이스의 구조 등을 개조 하는 것이 곤란하다.

② 대형 계산을 하는 경우 처리 능력에 문제가 발생.

(4) 외부의 컴퓨터·서버를 이용하는 터미널형

1) 장점

① 외부의 컴퓨터 서비스회사에서 제공되고 있는 우수한 범용 소프트웨어를 이용 할 수 있다.

② 비용을 싸게 할 수 있다.

2) 단점

① 내용에 맞는 소프트웨어가 제공되지 않은 경우 사용할 수 없다.

② 통신회선을 이용하기 때문에 응답시간이 문제가 된다.

(5) 통신망 구성

1) 근거리 통신망(LAN : local area network)

근거리 내에 위치한 하나의 조직에서 업무를 효율적으로 수행하기 위해 구축한 통신망이다.

2) 부가 가치 통신망(VAN : value added network)

통신서비스업자가 통신업자로부터 통신 설비를 임차하여 통신서비스를 제공하는 통신망으로 주식시세, 예약 업무, 전자 우편이나 사서함, 학술 정보 데이터베이스 등 서비스를 제공한다.

3) 종합정보 통신망(ISDN : integrated services digital network)

전화, 전신, 텔렉스, 팩시밀리, 컴퓨터 등을 하나의 통신망으로 통합한 정보 통신망이다.

4) 광역정보 통신망(WAN : wide area network)

국가, 대륙, 전 세계를 하나로 연결한 통신망이다.

(6) 컴퓨터 통신망

1) 성(Star)형 네트워크

성형은 여러 개의 단말기가 중앙 컴퓨터와 직접 연결되어있는 중앙 집중식이며, 망 전체의 제어는 중앙 컴퓨터가 한다.

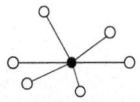
Star형

2) 링(Ring)형 네트워크

링형은 여러 종류의 컴퓨터가 서로 연결되어 링모양으로 이루며, 각각의 컴퓨터간의 통신을 할 수 있다.

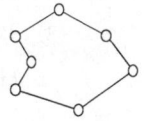
Ring형

3) 버스(Bus)형 네트워크

버스형은 하나의 통신 회선에 여러 개의 단말기가 연결된 통신망으로 네트워크 형태는 중앙 집중적인 성(star)형과 비슷하다.

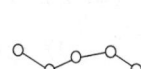
Bus형

4) 망(Mesh)형 네트워크

각 컴퓨터 또는 통신기기는 네트워어크에서 최소한 하나 이상의 다른 처리기와 연결된 형태의 통신망으로 주로 패키드(packet) 네트워크에서 사용된다.

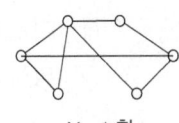
Mesh형

5) 계층(Tree)형 네트워크

중앙 컴퓨터에서 일정 지역의 노드까지는 통신 회선으로 연결하고, 그 노드와 서로 이웃하는 노드들이 서로 연결되는 형태의 통신망이다.

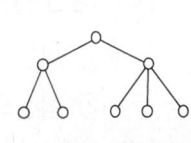
Tree형

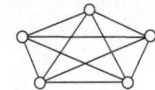

접속 Star형   완전 연결형(Fully connected)

CHAPTER 04 그래픽 소프트웨어의 구성과 기능

그래픽 소프트웨어는 사용자가 CAD/CAM을 편리하게 사용할 수 있도록 지원해 주는 프로그램들을 말하며 CRT상에 형상을 표현 또는 조작하고 시스템과 사용자간의 연결을 하는 프로그램들로 구성된다.

1 그래픽 소프트웨어의 기능

(1) 그래픽요소의 생성기능
① 컴퓨터 그래픽에서 그래픽 요소는 점, 선, 원, 원호, 곡선, 곡면과 같은 형상의 기본요소(element)와 알파벳 문자, 특수기호 등으로 구성한다.
② 기본요소의 조합으로 구(sphere), 관(tubu), 원통(cylinder), 박스(Box), 원추(Cone) 등 기본 모델(primitive)을 형성한다.
③ 3차원 모델링 방법은 와이어 프레임 모델링(wire frame modeling)과 서피스 모델링(surface modeling), 솔리드 모델링(solid modeling) 이 있다.

(2) 데이터 변화기능
① 스케일링(scaling) : 형상의 확대, 축소
② 이동(translation) : 위치 변환
③ 회전(rotation) : 회전 변환

(3) 디스플레이 제어와 윈도우 기능
① 디스플레이 제어 : 그리드 나 은선제거와 같은 기능
② 윈도우 기능 : 디스플레이 형상을 전체 또는 부분만 확대, 축소, 이동, 회전을 통해 표현할 수 있는 기능

(4) 세그먼트(segment)변환기능
① 세그먼트란 하나의 요소 혹은 몇 개의 요소들의 모임으로 형상이라 한다.
② 형상의 일부분을 수정, 삭제할 수 있도록 하는 기능

(5) 데이터 관리 기능
작성한 모델의 등록, 삭제, 복사, 검색 이름을 변경하는 등의 기능이다.

(6) 물리적 특성 해석 기능

작성한 모델의 면적, 길이 도심, 체적, 관성 모멘트 등을 계산하는 기능이다.

2 기하학적 도형정의

(1) 기하학적 도형정의

① 하나의 도면은 보통 점, 선, 원, 원호, 숫자 및 문자로 구성된다.
② 도형요소는 기본모델(primitive), 대상(object), 요소(element), 독립모델(entity)등으로 불린다.

1) 점의 정의

기준위치나 도형의 기준점으로 사용한다.

① 커서 제어 (cursor control)에 의해 만들어진 점
② 키보드를 이용해서 좌표값을 입력한 점
③ 지정된 점에서 일정한 거리의 점
④ 두선의 교점(intersection point) 에 의한 점

(2) 직선의 정의

① 광선(RAY) : 시작점을 가지며 한쪽으로만 무한 선을 그리는 방법
② 구성선(Construction line) : 양방향의 무한 선을 그리는 방법
③ 다중선(Multiline) : 다중 평행선을 그린다.
④ 폴리선(Polyline) : 선 전체가 하나로 연결된 2차원 폴리선을 그린다. 폴리선은 직선과 호가 연결된 하나의 선을 그릴 수 있으며 테이퍼 조절도 할 수 있다.
⑤ 스플라인(Spline) : 스플라인은 주어진 점들의 집합을 통과하는 부드러운 곡선이다.

- 호의 정의

    ① 3점을 지나는 호

    ② 시작점, 중심점 옵션 사용하기

    ③ 시작점, 끝점 옵션 사용하기

    ④ 중심점, 시작점 옵션 사용하기

    ⑤ 라운딩(Fillet)

    ⑥ 한 요소의 접선, 한 점, 반지름

- 원의 정의

    ① 중심점과 반지름 값

    ② 중심점과 지름 값

    ③ 두 점 지정

    ④ 세 점 지정

    ⑤ 두 접선과 반지름 값

    ⑥ 세 접선

    ⑦ 동심원

- 타원 정의

    ① 축과 끝점 : 두 끝점으로 첫 번째 축을 정의한다. 첫 번째 축의 각도는 타원의 각도를 결정하고 첫 번째 축은 타원의 장축과 단축 중의 하나를 정의할 수 있다.

    ② 회전 옵션을 선택할 경우 : 회전 첫 번째 축을 중심으로 원을 회전함으로써, 타원의 장축 대 단축의 비율을 정의한다. 값이 높을수록 단축 대 장축의 비율이 커지며, 0을 입력하면 원이 된다.

    ③ 중심점 : 지정된 중심점으로 타원을 그린다.

    ④ 호 : 타원형 호를 작성한다. 첫 번째 축의 각도는 타원형 호의 각도를 결정한다.

- **다각형 정의**

    변의 길이가 같은 닫힌 폴리 선을 작성한다.

    ① 내접원(Inscribed in circle) : 다각형의 모든 꼭지점들이 놓이는 원의 반지름을 지정한다.

    ② 외접원(Circumscribed about circle) : 다각형 중심의 중심으로부터 다각형 모서리들의 중간 점까지 거리를 지정한다.

    ③ 모서리(Edge) : 첫 번째 모서리의 양 끝점을 지정하여 다각형을 그린다.

- **직사각형 정의**

    ① 모따기(Chamfer) : 그려질 직사각형의 대각선 구석에 모따기를 한다.

    ② 고도(Elevation) : 그려질 직사각형의 고도를 지정한다.

    ③ 모깎기(Fillet) : 그려질 직사각형의 대각선 구석에 모깎기를 한다.

    ④ 두께(Thickness) : 그려질 직사각형의 두께를 지정한다.

    ⑤ 폭(Width) : 그려질 직사각형 폴리 선의 폭을 지정한다.

CHAPTER 05 수의 체제와 자료의 표현

1 자료의 표현

(1) 수의 체계(number system)

가장 널리 사용되는 수의 체계는 10진법이며 0에서9까지 10개의 숫자를 사용하여 모든 수를 표시한다. 컴퓨터에서는 10진법 이외에 2진법(binary number system)과 8진법(octal number system), 그리고 16진법(hexadecimal number system)등도 사용한다.

1) 수의 구성과 진법

2진법: 0,1의 2개의 숫자를 사용

8진법: 0,1~7까지의 8개의 숫자를 사용

16진법: 0,1~9까지와 A, B, C, D, E, F 까지의 16개의 숫자와 문자 사용

2) 각 진법의 변환

8진수는 3비트의 2진수(2^3)로 16진수는 4비트의 2진수(2^4)로 각각 소수점을 중심으로 변환한다.

각 진법을 10진법으로 표현방법

① 2진법을 10진법으로 표현:$(1101.11)_2$를 10진법으로 변환

$$1 \times 2^3 + 1 \times 2^2 + 0 \times 2^1 + 1 \times 2^0 + 1 \times 2^{-1} + 1 \times 2^{-2}$$
$$= 8 + 4 + 0 + 1 + 0.5 + 0.25 = 13.75)_{10}$$

② 8진법을 10진법으로 변환

$23.4)_8$

$$2 \times 8^1 + 3 \times 8^0 + 4 \times 8^{-1} = 16+3+0.5 = 19.5)_{10}$$

③ 16진법을 10진법으로 변환:16진수는 0에서 9까지의 숫자와 영문자 A(10), B(11), C(12), D(13), E(14), F(15)를 사용한다. 영문자의 ( )안의 숫자는 각각 해당하는 수이다.

$2 A E 5)_{16}$

$$2 \times 16^3 + 10 \times 16^2 + 14 \times 16^1 + 5 \times 16^0$$
$$= 8192 + 2560 + 224 + 5 = (10981)_{10}$$

🔸 10진법을 각 진법으로 표현

43.725)10을 2진법으로 표현

정수부분

```
2 | 43      (나머지)
2 | 21  →  1
2 | 10  →  1
2 |  5  →  0      43)₁₀ → 101011)₂
2 |  2  →  1
     1  →  0      검산 : 1×2⁵+1×2³+1×2¹+1×2⁰
                         =32+8+2+1=43
```

소수부분

```
        0.725
      ×     2
        1.450
  1     0.450
      ×     2
        0.90
  0      0.9       확인 : 0.1011)₂
      ×     2      1×2⁻¹+1×2⁻³+1×2⁻⁴
        1.8       =0.5+0.125+0.0625=0.6875
  1      0.8
      ×     2      답 : 43.725)₁₀ → 101011.1011)₂
        1.6
  1
```

다른 진법도 같은 방법으로 구하고 소수부분이 '0'이 안 되면 근삿값이 나온다.

(2) 각 진법의 변환

8진수는 3비트의 2진수(2^3)로, 16진수는 4비트의 2진수(2^4)로 각각 소수점을 중심으로 변환한다.

① 2진수를 8진수로 변환

예-1   2진수 1010111001110101을 8진수로 변환하여라.

풀이

```
8진수 →    1    2    7    1    6    5
2진수 →    1   010  111  001  110  101
127165)₈
```

(2) 자료의 표현

2비트 2^2=4가지
4비트 2^4=16가지
8비트 2^8=256가지 $\qquad$ (1[K]=1[kilo]= 2^{10})
16비트 2^{16}=65.536가지64[kilobit] $\qquad$ (1[G]=1[giga]= 2^{30})
32비트 2^{32}=4.295× 10^9=4[gigabit]

(3) 정보의 단위

bit → byte → word → field → record → block → file → volume → database

① 비트(bit) : 데이터의 최소 단위로써 0또는 1중의 어느 하나를 나타낸다.
② 바이트(Byte) : 8개의 비트가 모여 1바이트 되며, 문자 표현의 최소 단위
③ 워드(Word) : 바이트의 모임으로 크게 반워드, 전워드, 더블워드로 구성
  반워드(Half Word) : 2바이트로 구성
  전워드(Full Word) : 4바이트로 구성
  더블워드(Double Word) : 8바이트로 구성
④ 필드(Field) : 자료 처리의 최소단위
⑤ 레코드(Record) : 하나 이상의 필드들이 모여 구성
  논리레코드 : 데이터 처리의 기본단위
⑥ 블록(block) : 하나 이상의 논리레코드가 모여 물리레코드가 되며, 보조기억 장치와의 입출력 단위가 됨
⑦ 파일(file) : 관련된 레코드의 집합체로 동일한 레코드의 모임
⑧ 볼륨(bolune) : 파일들의 집합
⑨ 데이터베이스(data base) : 공통으로 사용하기 위하여 관련된 파일의 집합체이다.

2 문자 데이터의 표현

(1) BCD코드(binary coded decimal code : 2진화 10진 코드)

① 영문자 또는 특수문자를 표시하기 위해 6bit로 구성
② 64개의 문자를 표현 할 수 있다.
③ 상위 2bit=zone bit. 하위 4bit=digit bit

(2) EBCDIC코드
(Extended Binary Coded Decimal Interchange Code : 확장 2진화 10진 코드)
① 1개의 check bit. 4개의 zone bit. 4개의 digit bit로 구성되어 있다.
② 256개의 문자를 표현할 수 있으며 패리티 비트를 포함하여
9트랙 코드 라고도 한다.

(3) ASCII코드(American Standard Code Information Interchange)
① 미국 표준 코드로 데이터 통신에 널리 이용되는 정보교환용 코드이다.
② 한 문자를 표시하는데 7개의 데이터 비트와 1개의 패리티 비트를 사용하며
존 비트 3개와 디짓 비트 4개로 구성되어 있다.
128개의 문자를 표현 할 수 있다.

패리티비트(Parity bit)
스타트 비트와 스톱비트는 데이터의 단락을 표시하지만 패리티 비트는 데이터의 구조를 확인하며 송신 중에 누락을 체크하는 방법이다.
패리티에는 짝수 패리티(Enen Parity), 홀수 패리티(Odd Parity), 마크 패리티(Mark Parity), 스페이스 패리티(Space Parity) 혹은 패리티 없음(None at All)을 선택할 수 있다. 예를 들면 짝수 패리티를 이용하면 각 데이터 바이트 중 1의 개수를 검사하여, 그 수를 짝수 또는 홀수가 되도록 비트를 송신한다.
단점으로는 에러가 발생할 시 패리티 비트로 에러를 검출하는 것은 불가능하며 마크 패리티나 스페이스 패리티는 실용적으로 사용하지 않는다. 표로 나타내면 다음과 같다.

7 bit of data (number of 1s)	8 bit including parity	
	even	odd
0000000 (0)	00000000	10000000
1010001 (3)	11010001	01010001
1101001 (4)	01101001	11101001
1111111 (7)	11111111	01111111

3 도형의 좌표변환

(1) 방정식

1) 원의 방정식과 일반형

$x^2 + y^2 + Ax + By + c = 0$ 의 방정식은 중점: $(-\frac{A}{2}, -\frac{B}{2})$, 반지름 $\frac{\sqrt{A^2 + B^2 - 4C}}{2}$

2) 타원의 방정식 표준형

$\frac{x^2}{a^2} + \frac{y^2}{b^2} = 1 (a>0, b>0)$

3) 쌍곡선의 방정식

평면 위의 두 정점에서의 거리의 차가 일정한 점의 자취를 쌍곡선이라 하고, 이때 두 정점을 쌍곡선이 초점이라고 한다

① $\frac{x^2}{a^2} - \frac{y^2}{b^2} = 1 (a>0, b>0, k^2 = z^2 + b^2)$

- 주축의 길이 : 2a, 초점(k, 0), (-k, 0)

② $\frac{x^2}{a^2} - \frac{y^2}{b^2} = -1 (a>0, b>0, k^2 = z^2 + b^2)$

- 주축의 길이 : 2b, 초점(0, k), (0, -k)

③ 타원체면의 방정식

$\frac{x^2}{a^2} + \frac{y^2}{b^2} + \frac{z^2}{c^2} = 1$

a=b=c일 때 구면(spherical surface)이 된다.

즉, $x^2 + y^2 + z^2 = r^2$

∴ 구면 방정식의 일반형은

$x^2 + y^2 + z^2 + Ax + By + Cz + D = 0$

④ 포물선 방정식

$$y^2 = 4px$$

(2) 도형의 변환

도면이나 형상모델을 조작하기 위해서는 데이터를 이동, 회전, 스케일 등의 도형의 변환을 한다.

- 동차 좌표(HC): 변환 행렬이 x, y벡터에 대하여 3×2행렬이 되어 역행렬을 할 수 없으므로, n차원의 벡터를 $(n+1)$차원의 벡터 형태로 표현한 것이다.

1) 2차원 기본도형

2차원 형상의 기본 도형은 기본요소인 점(point), 선(line), 원호(arc)으로 구성되고 이 도형이 서로 연결되어 자유곡선이 정의된다.

① 동차 좌표에 의한 2차원에서의 변환 행렬

2차원에서 일반적인 변환 행렬은 3×3이며, 다음과 같이 나누어진다.

[풀이] 2차원 좌표계

$$[XY1] = [xy1] \begin{bmatrix} a & b & p \\ c & d & q \\ m & n & s \end{bmatrix}$$

㉠ a, b, c, d(2×2): 스케일링, 회전, 전단

㉡ m, n(1×2): 이동

㉢ p, q(2×1): 투사(투영)

㉣ s(1×1): 전체적인 스케일링

(3) 기하학적 형상 모델링

1) 3차원 도형 정의

공간상에서 존재하는 실체를 표현하기 위해서는 수학적 표현이 필요하며 이때 수학적 표현의 가장 기본적인 형상을 이용하는 것을 프리미티브(primitive)라고 하고 이들 형상들을 복합적으로 구성, 하나의 실존하는 물체를 표현하게 된다.

3차원 좌표계

$$[XYZ1] = [xyz1] \begin{bmatrix} a & b & c & p \\ d & e & f & q \\ g & h & i & r \\ l & m & n & s \end{bmatrix}$$

4 동차 좌표에 의한 3차원 좌표 변환 행렬

(1) 평행이동(translation) 변환

$$= [(x+1)\ (y+m)\ (z+n)\ 1]$$

$$T_H = \begin{bmatrix} a & b & p \\ d & d & q \\ m & n & s \end{bmatrix} \cong \begin{bmatrix} 2\times2 & 2\times1 \\ 1\times2 & 1\times1 \end{bmatrix}$$

(2) 스케일링(scaling) 변환

1) 국부적인 스케일링 변환

$$[XYZ1] = [xyz1]\begin{bmatrix} a & 0 & 0 & 0 \\ 0 & e & 0 & 0 \\ 0 & 0 & j & 0 \\ 0 & 0 & 0 & 1 \end{bmatrix}$$

$$= [ax\ ey\ jz\ 1]$$

2) 전체적인 스케일링 변환

$$[XYZ1] = [xyz1]\begin{bmatrix} 1 & 0 & 0 & 0 \\ 0 & 1 & 0 & 0 \\ 0 & 0 & 1 & 0 \\ 0 & 0 & 0 & S \end{bmatrix}$$

$$= [xyzS] = \left[\frac{x}{S}\ \frac{y}{S}\ \frac{z}{S}\ 1\right]$$

3) 전단(shearing) 변환

$$[XYZ1] = [xyz1]\begin{bmatrix} 1 & b & c & 0 \\ d & 1 & f & 0 \\ h & i & 1 & 0 \\ 0 & 0 & 0 & 1 \end{bmatrix}$$

4) 회전(rotation) 변환

회전각 θ는 양의 X축 상의 한 점에서 원점을 볼 때 반시계 방향을 +, 시계 방향을 -로 한다. X, Y, Z축에 대하여 θ만큼 회전한 경우의 변환 행렬은 다음과 같다.

$$T_x = \begin{bmatrix} 1 & 0 & 0 & 0 \\ 0 & \cos\theta & \sin\theta & 0 \\ 0 & -\sin\theta & \cos\theta & 0 \\ 0 & 0 & 0 & 1 \end{bmatrix}$$

$$T_z = \begin{bmatrix} \cos\theta & \sin\theta & 0 & 0 \\ -\sin\theta & \cos\theta & 0 & 0 \\ 0 & 0 & 1 & 0 \\ 0 & 0 & 0 & 1 \end{bmatrix}$$

$$T_y = \begin{bmatrix} \cos\theta & 0 & -\sin\theta & 0 \\ 0 & 1 & 0 & 0 \\ \sin\theta & 0 & \cos\theta & 0 \\ 0 & 0 & 0 & 1 \end{bmatrix}$$

연/습/문/제

01 8개의 비트로 표현 가능한 정보의 최대 가지수는?

① 256
② 257
③ 258
④ 512

01.
$2^8 = 256$

02 1비트(bit)로 표현할 수 있는 형태는 몇 가지인가?

① 8가지
② 1가지
③ 4가지
④ 2가지

03 다음 중 정보단위의 개념이 작은 단위에서 큰 단위로 바르게 나열된 것은 어느 것인가?

① file - record - field - word
② record - field - word - file
③ word - field - record - file
④ character - record - field - file

04 컴퓨터가 기억하는 정보의 최소단위는 무엇인가?

① bit
② byte
③ word
④ character

정답 01 ① 02 ④ 03 ③ 04 ①

05 한글 1글자를 기록하는데 2 바이트(byte)가 필요하다면 기억용량 600MB의 광디스크(CD) 1장에는 한글 몇 글자까지 기록할 수 있는가?

① 300,000,000 자
② 314,572,800 자
③ 600,000,000 자
④ 629,145,600 자

06 full word는 몇 바이트로 이루어 지는가?

① 4 byte
② 2 byte
③ 8 byte
④ 16 byte

07 널리 사용되는 원추 단면 곡선에는 원, 타원, 포물선 및 쌍곡선등이 있다. 포물선을 음함수 형태로 표시한 식은 ?

① $x^2 + y^2 - r^2 = 0$
② $y^2 - 4ax = 0$
③ $\dfrac{x^2}{a^2} - \dfrac{y^2}{b^2} - 1 = 0$
④ $\dfrac{x^2}{a^2} + \dfrac{y^2}{b^2} - 1 = 0$

정 답   05 ②   06 ①   07 ②

08 다음 중 $r(\theta) = 5\cos\theta i + 5\sin\theta j + (\theta/\pi)k$에 대하여 $\theta=0$에서의 접선의 방정식은 ?

① $t(u) = 5i + 5j + (u/\pi)k$
② $t(u) = 5i + 5uj + (u/\pi)k$
③ $t(u) = 5i + 5j + (\theta/\pi)k$
④ $t(u) = 5i + 5uj + (\theta/\pi)k$

09 그림과 같은 삼각형 OAB 를 원점을 중심으로 반시계방향으로 60° 회전시킬 때 점 B(1, 2)의 회전한 점의 좌표는?

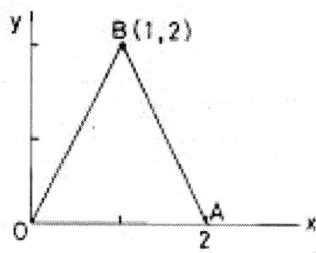

① $(\frac{1}{2} + \sqrt{3},\ 1+\frac{\sqrt{3}}{2})$
② $(\frac{1}{2} - \sqrt{3},\ 1+\frac{\sqrt{3}}{2})$
③ $(\frac{1}{2} + \sqrt{3},\ 1-\frac{\sqrt{3}}{2})$
④ $(1+\sqrt{3},\ 1-\sqrt{3})$

정 답 08 ② 09 ②

10 두 끝점이 P11(1,2)와 P12(3,3)인 직선을 좌표축의 원점(0,0)을 중심으로 60° 회전(Rotation)변환시킨 결과 직선의 두 끝점 P21, P22의 좌표 값으로 맞는 것은 ?

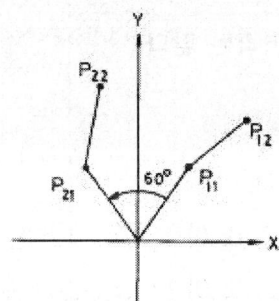

① P21=($-\sqrt{2}$, $\sqrt{3}$)
  P22=(-1, 4)
② P21=(-0.616, 1.866)
  P22=(-0.598, 4.098)
③ P21=(-0.134, 2.232)
  P22=(1.098, 4.098)
④ P21=(-1.232, 1.866)
  P22=(-1.098, 4.098)

11 다음 그림에서 점 P의 극좌표 값이 r=10, θ=30°일때 이것을 직교 좌표계로 변환한 P(x1, y1)를 구하면?

① P(8.66, 4.21)
② P(8.66, 5)
③ P(5, 8.66)
④ P(4.21, 8.66)

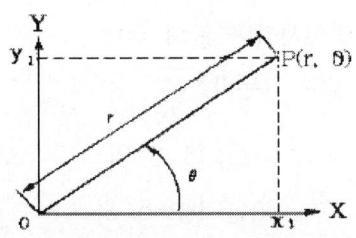

정답   10 ④   11 ②

12 3차원 직교좌표계에서 두점 A(1, 2, 3), B(3, 4, 1)가 있을 때 다음 조건을 만족하는 점 P(x, y, z)의 좌표값은 ?

    ⓐ 점 P는 X축 위에 존재한다.
    ⓑ 점 P와 점 A, 점 P와 점 B 사이의 거리는 같다
        ($\overline{PA} = \overline{PB}$)

① P (1.5, 0, 0)   ② P (2, 0, 0)
③ P (2.5, 0, 0)   ④ P (3, 0, 0)

13 벡터 i, j, k가 각각 x, y, z 축 방향으로의 단위 벡터인 경우, 두 벡터 p=pxi+pyj+pzk 와 q=qxi+qyj+qzk의 외적(cross-product) p×q는?

① $P \times q = (P_x q_y - P_y q_x)i + (P_y q_z - P_z q_y)j + (P_z q_x - P_x q_z)k$
② $P \times q = (P_y q_z - P_z q_y)i + (P_z q_x - P_x q_z)j + (P_x q_y - P_y q_x)k$
③ $P \times q = (P_y q_z - P_z q_y)i + (P_x q_z - P_z q_x)j + (P_x q_y - P_y q_x)k$
④ $P \times q = (P_y q_x - P_x q_y)i + (P_z q_y - P_y q_z)j + (P_x q_z - P_z q_x)k$

14 대상물체를 x축으로 90° 회전시킨 후 x축으로 3, y축으로 2, z축으로 5만큼 이동시키면 물체 위의 점 [2, 3, 4]는 어느 점으로 옮겨 가는가?

① [5, 5, 9]   ② [5, 6, 2]
③ [5, -2, 8]   ④ [5, -5, 2]

정답   12 ④   13 ②   14 ③

15 평면상의 한점 L = (2, 2)를 원점을 중심으로 30° 만큼 반시계 방향으로 회전시킬 때 변환된 좌표값은?

① (2.866 2.5)
② (1.732 1)
③ (0.732 2.732)
④ (0.433 0.25)

16 두 점(1, 1), (3, 4)를 연결하는 선분을 원점을 기준으로 반시계 방향으로 60도 회전한 도형의 양 끝점의 좌표를 구한 것은?

① (-0.366, 4.598), (-1.964, 1.366)
② (-0.366, 1.366), (-1.964, 4.598)
③ (-0.866, 0.5), (0.5, 0.866)
④ (-0.866, 0.5), (0.5, 0.866)

17 다음 중 곡률이 일정한 곡선들만의 쌍으로 묶은 것은?

① 포물선, 타원   ② 원, 포물선
③ 직선, 원   ④ 원, 타원

18 행렬 $[A] = \begin{bmatrix} 0 & 2 & 0 \\ 3 & 5 & 0 \end{bmatrix}$ 와 $[B] = \begin{bmatrix} 1 & 2 \\ 3 & 1 \\ 2 & 3 \end{bmatrix}$ 의 곱은?

① $\begin{bmatrix} 6 & 2 \\ 18 & 11 \end{bmatrix}$

② $\begin{bmatrix} 3 & 6 \\ 11 & 18 \\ 2 & 6 \end{bmatrix}$

③ $\begin{bmatrix} 3 & 2 & 6 \\ 18 & 11 & 10 \end{bmatrix}$

④ $\begin{bmatrix} 3 & 6 & 6 \\ 11 & 18 & 15 \\ 2 & 6 & 11 \end{bmatrix}$

정답 15 ③ 16 ② 17 ③ 18 ①

19 이차 곡면(quadric surface)의 일반적 표현 방식은
F(x, y, z)=ax2+by2+cz2+dxy+eyz+fzx+gx+ hy+kz+i=0로
나타내며 이를 VCV'=0의 행렬식으로 표현할 수 있다.

$$V = [\,x\,y\,z\,1\,]$$

$$C = \begin{bmatrix} a & d/2 & f/2 & g/2 \\ d/2 & b & e/2 & h/2 \\ f/2 & e/2 & c & k/2 \\ g/2 & h/2 & k/2 & g \end{bmatrix}$$

이때 행렬식 C의 특성에 따라 4가지 그룹으로 구분할 수 있는데 해당하지 않는 내용은?

① 일체형 쌍곡면
② 원 타원, 분리형 쌍곡면
③ C가 2행인 원통
④ C가 3행인 원통

20 도형 변환 행렬 $[x\ y]\begin{bmatrix} 1 & 0 \\ 0 & d \end{bmatrix} = [x'\ y']$에서 0<d<1 이면 어떤 변환을 하는가?

① x방향 확대
② y방향 확대
③ x방향 축소
④ y방향 축소

정답 19 ③ 20 ④

21 점 P1(25,50)을 △x=14, △y=6만큼 이동시킨 후 원래의 위치로 되돌리기 위한 Matrix에서 b31은 얼마인가?

(단, $[x'\ y'\ 1] = [x\ y\ 1]\begin{bmatrix} b_{11} & b_{12} & b_{13} \\ b_{21} & b_{22} & b_{23} \\ b_{31} & b_{32} & b_{33} \end{bmatrix}$)

① -25 ② -50
③ -14 ④ -6

22 행렬의 데이터 구조는 다음의 어느 구조에 속하는가?

① list 구조
② array 구조
③ sequential 구조
④ linked list 구조

23 3차원 공간상에서 Tyz 평면에 대한 반전 변환행렬은?

① $\begin{bmatrix} -1 & 0 & 0 & 0 \\ 0 & 1 & 0 & 0 \\ 0 & 0 & 1 & 0 \\ 0 & 0 & 0 & 1 \end{bmatrix}$
② $\begin{bmatrix} 1 & 0 & 0 & 0 \\ 0 & 1 & 0 & 0 \\ 0 & 0 & -1 & 0 \\ 0 & 0 & 0 & 1 \end{bmatrix}$

③ $\begin{bmatrix} 1 & 0 & 0 & 0 \\ 0 & -1 & 0 & 0 \\ 0 & 0 & -1 & 0 \\ 0 & 0 & 0 & 1 \end{bmatrix}$
④ $\begin{bmatrix} 1 & 0 & 0 & 0 \\ 0 & 1 & 0 & 0 \\ 0 & 0 & -1 & 0 \\ 0 & 0 & 0 & -1 \end{bmatrix}$

정답 21 ③ 22 ③ 23 ①

24 다음 A, B 행렬의 곱 AB의 결과는?

(단, $A = \begin{bmatrix} 1 & 2 & 3 \\ 4 & 5 & 6 \\ 7 & 8 & 9 \end{bmatrix}$, $B = \begin{bmatrix} 1 & 4 \\ 2 & 5 \\ 3 & 6 \end{bmatrix}$)

① 3행 3열 ② 2행 2열
③ 3행 2열 ④ 2행 3열

25 $\begin{bmatrix} 2 & 6 \\ 6 & 8 \end{bmatrix}$ 인 직선을 x 방향으로 -5, y 방향으로 3만큼 이동 시킬 때 결과는?

① $\begin{bmatrix} -3 & 1 \\ 1 & 10 \end{bmatrix}$ ② $\begin{bmatrix} -3 & 1 \\ 9 & 3 \end{bmatrix}$

③ $\begin{bmatrix} 8 & 11 \\ 1 & 9 \end{bmatrix}$ ④ $\begin{bmatrix} -3 & 9 \\ 1 & 11 \end{bmatrix}$

26 다음과 같은 2차원의 동차좌표에서 a, b, c, d와 관련이 없는 것은?

$$\begin{bmatrix} a & b & p \\ c & d & q \\ m & n & s \end{bmatrix}$$

① scaling ② rotation
③ shearing ④ projection

27 2차원 동차 좌표에서 A(2×2)와 관련이 없는 것은?

$$\begin{bmatrix} A(2\times 2) & B(2\times 1) \\ C(1\times 2) & D(1\times 1) \end{bmatrix}$$

① rotation ② shearing
③ translation ④ scaling

정답 24 ③ 25 ④ 26 ④ 27 ③

28 3차원 동차 좌표계에서 국부적 스케일링과 관계있는 원소는?

$$\begin{bmatrix} 3\times3 & 1\times3 \\ 3\times1 & 1\times1 \end{bmatrix}$$

① 1×1   ② 2×2
③ 3×3   ④ 1×3

29 변환 행렬(transformation matrix)과 관계가 없는 것은 어느 것인가?

① MIRROR
② ROTATE
③ COPY
④ SCALE

30 (4×4) 변환 행렬을 구성할 때 이동에 관한 내용이 위치하는 곳은?

① 1st row   ② 2nd row
③ 3rd row   ④ 4th row

31 임의의 점에 대하여 35° 회전시키고자 할 때 곱해야 할 좌표 변환 행렬의 수는?

① 1   ② 2
③ 3   ④ 4

정답   28 ③   29 ③   30 ④   31 ③

32 행렬법칙에서 틀린 것은?

① A+(-A)=0
② (A+B)+C=A+(B+C)
③ A×B=B×A
④ *k*(AB)=(*k*A)B

33 기하학적으로 곡선형상을 표현하기 위해서는 기본적으로 점과 벡터에 의해서 구성된다. 이러한 벡터를 구성하기 위한 기본 요소가 아닌 것은?

① 벡터의 시작점
② 벡터의 길이
③ 벡터의 방향
④ 벡터의 굴절

34 변환행렬(transformation matrix)이 필요 없는 작업은?

① COPY
② MIRROR
③ ROTATE
④ SCALE

35 형상 모델에서 원하는 모양과 크기의 모델을 만들기 위하여 꼭 필요한 기본 요소가 아닌 것은?

① 크기　　　　　　② 분석
③ 위치　　　　　　④ 방향

정 답　32 ③　33 ④　34 ①　35 ②

36 3차원 좌표를 [x, y, z, 1]의 row vector로 표기한다. 그림과 같은 좌표계에서 Y축에 대하여 반시계 방향으로 θ만큼 회전시키려할 때 사용할 변환행렬 T(4×4)에서 T(1, 3)의 요소는 어느 것인가?
[T(1, 3)은 첫번째 row의 세번째 요소를 의미한다.]

① T(1, 3) = sin θ
② T(1, 3) = cos θ
③ T(1, 3) = -sin θ
④ T(1, 3) = -cos θ

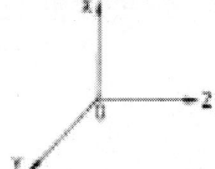

정답 36 ③

CHAPTER 06 곡선 및 곡면의 종류와 특징

(1) 곡선 및 곡면의 종류

1) 원추곡선(conic section curve)

음함수 형태의 곡선으로, 원추를 어느 방향에서 절단하느냐에 따라 생성되는 곡선이다.

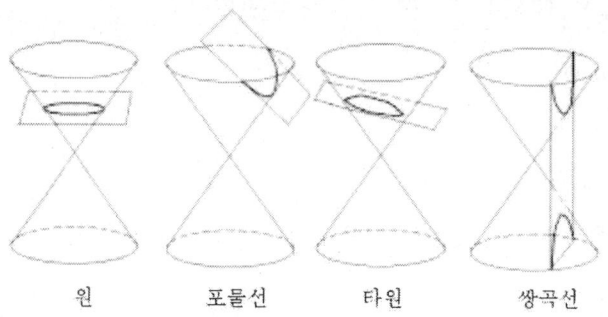

원   포물선   타원   쌍곡선

① 원(circle) : $x^2 + y^2 - r^2 = 0$

② 타원(ellipse) : $\dfrac{x^2}{a^2} + \dfrac{y^2}{b^2} - 1 = 0$

③ 포물선(parabola) : $y^2 - 4ax = 0$

④ 쌍곡선(hyperbola) : $\dfrac{x^2}{a^2} - \dfrac{y^2}{b^2} - 1 = 0$

(2) 퍼거슨(Ferguson)혹은 쿤스(Coons)곡선과 곡면

만일 5개의 점이 주어지면 그 사이를 4개의 단위 곡선(curve segment)으로 나누어 각각을 계산하여 전체적으로 부드러운 곡선을 만드는 방법이며 그 특징은 다음과 같다.

① 평면상에 곡선뿐만 아니라 3차원 공간에 있는 형상도 간단히 표현할 수 있다.
② 만일 곡선이나 곡면의 일부를 표현하려고 할 때는 매개변수의 범위를 두어 간단히 표현할 수 있다.
③ 곡선이나 곡면의 좌표 변환이 필요하면 단순히 주어진 벡터만을 좌표 변환하여 원하는 결과를 얻을 수 있다.

퍼거슨은 네 개 모서리의 위치 벡터와 접선 벡터를 이용하여 곡면을 형성하는 방법을 개발하였다. 또한 S.A 쿤스는 4개의 모서리 점과 4개의 경계 곡선을 부드럽게 연결한 곡면 표현방법을 개발하였다.

(3) 스플라인 곡선(Spline Curve)

퍼거슨 곡선 또는 곡면이나 쿤스 곡면은 이웃하는 단위 곡선 혹은 곡면과의 연결성에 문제가 있으나 스플라인 곡선은 지정된 모든점을 통과하면서 부드럽게 연결되어 기구 설계 또는 항공기 등에서 자유곡선이나 곡면을 설계할 때 부드러운 곡선을 의미한다.

(4) 베지어(Bezier) 곡선과 곡면

하나의 다각형에 의하여 곡선을 표현하는 방법이다. 이 곡선은 주어진 양 끝점만 통과하고 중간의 점은 조정점의 영향에 따라 근사하게 부드럽게 연결하는 곡선으로 곡선인 경우에는 다각형만에 의하며 곡면인 경우에는 다면체만에 의하여 표현 하였고 이 다각형의 한 점이 곡선과 가까울수록 곡선의 형상에 더 많은 영향력을 갖고 있다. 이러한 특성에 의해 다각형의 모양이 결정되면 곡선의 모양을 상상할 수가 있어서 곡면이나 곡선의 형상을 쉽게 바꿀 수 있다.

1) 베지어(Bezier)의 곡선의 성질

① 곡선은 양단의 끝점을 반드시 통과한다.
② 곡선은 조정점(control point)에 의해 형성된 볼록포(convex hull)의 안쪽에 위치한다.
③ 다각형 양끝의 선분은 시작점과 끝점의 접선벡터와 같은 방향이다.
④ 1개의 정점변화가 곡선전체에 영향을 미친다.
⑤ n개의 정점에 의해서 생성된 곡선은 (n-1)차 곡선이다.
⑥ 대칭성이 있으므로 다각형 꼭지점의 순서를 거꾸로 하여 곡선을 생성하여도 같은 곡선된다.

(5) B-스플라인(B-spline) 곡선과 곡면

B-스플라인은 베지어 곡선과 같이 다각형에 의하여 곡선을 정의하며 베지어 곡선의 우수성을 포함하고 스플라인 곡선의 연결성을 합한 우수한 곡선으로 평가받고 있다. 그러므로 B-스플라인 곡선의 다각형의 점을 특정한 위치에 놓으면 B-스플라인 곡선은 베지어 곡선과 동일하게 된다.

B-spline 곡선을 정의하기 위해 필요한 입력 요소

가. 곡선의 오더(order)

나. 조정점

다. 절점(knot) 벡터

(6) NURBS(Non-Uniform Rational B-Spline Curve)곡선과 곡면

NURBS는 Non-Uniform Rational B-Spline Curve의 약자이며 NURBS 곡선은 B-spline 곡선과 곡면에서 매듭값의 간격이 일정치 않을 때 유도되는 비균일 B-spline함수를 블렌딩 함수로 사용한다는 점에서
비균일 B-spline 곡선. 곡면과 유사하다.

1) NURBS(Non-Uniform Rational B-Spline Curve)곡선과 곡면의 성질

① B-spline은 각각의 조정점에서 3개의 자유도를 갖고 NURBS에서는 4개의 자유도를 갖는다.

② 곡선의 자유로운 변형이 가능하다.

③ 타원, 포물선, 쌍곡선 등 원추곡선을 정확하게 표시 할 수 있다.

④ 자유곡선, 원추곡선 등의 프로그램 개발시 작업량이 줄어든다.

CHAPTER 07 형상 모델링(geometric modeling)

컴퓨터 내에 설계등의 대상물을 내부 모델로서 표현하는 경우 그형상을 어떻게 정의하고 어떻게 표현하는가 하는 점에 맞추어서 해석이나 기술 계산 등을 시키는 것을 목적으로 한모델을 형상 모델링(geometric modeling), 기하 모델링 또는 기하학적 도형의 모델링이라고 하며, 2차원, 2.5차원, 3차원 모델링으로 구분된다.
각 모델링의 구별 즉 2.5차원 3차원의 구별 방법은 물체를 회전하여 나타내면 구별할 수 있다.

1 형상 모델리의 종류와 특징

형상모델링 중 3차원 모델링의 경우 와이어 프레임 모델링. 서피스 모델링. 솔리드 모델링이 있으며 각각의 특징은 다음과 같다.

(1) 와이어 프레임 모델링(Wire-frame Modeling)

3차원적인 형상을 공간상의 선(Wire)으로 표시하는 3차원의 기본적인 표현 방식이다. 형상의 점과 점을 연결하므로 정밀도가 떨어지고 형상의 내부의 성질 파악은 없으나 표현방법이 간단하고 계산량이 적어 조작이 간편한 장점도 있다.

특징 ① data의 구성이 단순하다.
   ② Model 작성을 쉽게 할 수 있다.
   ③ 처리속도가 빠르다.
   ④ 3면 투시도의 작성이 용이하다.
   ⑤ 은선제거(Hidden Line Removal)가 불가능하다.
   ⑥ 단면도(Section Drawing) 작성이 불가능하다.
   ⑦ 물리적 성질의 계산이 불가능하다.

(2) 서피스 모델링(Surface Modeling)

Wire-frame Modeling에서 모서리로 둘러싸인 면에 대한 정보가 추가한 모델링기법 Wire(Curve)와 둘러싸인 면(평면, 원통 등)의 종류를 입력함으로써 표현된다.

특징
① 은선제거가 가능하다.
② 단면도 작성이 가능하다.
③ 2개의 면의 교선을 구할 수 있다.
④ 복잡한 형상을 표현할 수 있다.
⑤ NC data를 생성할 수 있다.
⑥ 무게나 중심등의 물리적 성질을 구하기 어렵다.
⑦ 유한 요소법(FEM : Finite Element Method)의 적용을 위한 요소분할이 불가능하다.

(3) 솔리드 모델링(Solid Modeling)

3D 모델링 방법에서 가장 고급적인 기법으로 셀(cell) 혹은 기본형상모델 또는 기본요소(primitive)라고 불리는 직육면체, 구, 원추, 실린더, 삼각추 등의 입체요소들을 조합하여 모델을 구성하는 방식이다. 솔리드를 표현하는 방식에는 CSG, B-rep 등이 있다.

특징
① 은선제거가 가능하다.
② 간섭체크가 가능하다.
③ 형상을 절단하여 단면도 작성이 용이하다.
④ 불리언(Boolean) 연산(합, 차, 적)에 의하여 복잡한 형상도 표현할 수 있다.
⑤ 무게 중심 등의 물리적 성질의 계산이 가능하다.
⑧ 복잡한 data로 서피스 모델링 보다 대용량의 컴퓨터가 필요하고 처리시간이 많이 걸린다.

1) Constructive Solid Geometry(CSG 방식)

CSG는 복잡한 형상을 기본모델(primitive)의 조합으로 표현한다.
여기서는 불리언 연산자(합, 차, 적)를 사용하고 그 장단점은 다음과 같다.

- 장점
    ① 불리언 연산자(더하기(합), 빼기(차), 교차(적) 시키는 방법)를 통해 명확한 모델 생성이 쉽다.
    ② 데이터를 아주 간결한 파일로 저장할 수 있어 메모리가 적게 필요하다.
    ③ 형상 수정이 용이하고 중량을 계산할 수 있다.

- 단점
    ① 모델을 화면에 나타내기 위한 디스플레이에서 많은 계산 시간이 필요하다.
    ② 3면도, 투시도, 전개도, 표면적 계산이 곤란하다.

2) Boundary Representation(B-rep)방식

형상을 구성하고 있는 정점(vertex), 면(face), 모서리(edge)가 어떠한 관계를 가지냐에 따라 표현하는 방법이다.
관계식은 정점(V)+면(F)-모서리(E)=2이다.

- 장점
    ① CSG 방법으로 만들기 어려운 복잡한 곡면의 물체를 모델화시킬 때 편리하다.
    ② 화면의 재생시간이 적게 소요되며, 3면도, 투시도, 전개도, 표면적 계산이 편리하다.
    ③ 데이터의 상호 교환이 쉽다.

- 단점
    ① 모델의 외곽을 저장하므로 많은 메모리가 필요하다.
    ② 적분법을 사용하므로 중량 계산이 곤란하다.

솔리드 모델링에서 토폴로지 요소 간에는 오일러-포항카레 공식은 다음과 같다.

$$v - e + f - h = 2(s - p)$$

(단, v는 꼭짓점의 개수, e는 모서리 개수, f는 면 혹은 외부 루프의 개수, h는 면상에 구멍 루프의 개수, s는 독립된 셀의 개수, p는 입체를 관통하는 구멍의 개수이다.)

2 모델링 방법에 따른 곡면

(1) 회전(Revolve Surface) 곡면

하나의 곡선을 임의의 축이나 요소를 중심으로 회전시켜 모델링한 곡면

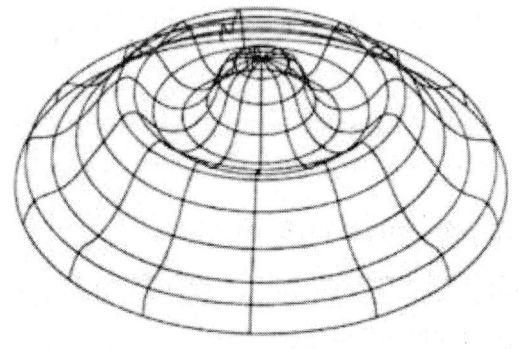

커브(CV0)를 Z축에 360° 회전시킨 곡면

(2) Sweep 곡면

두 개 이상의 곡선에서 안내곡선을 따라 이동곡선이 이동규칙에 따라 이동되면서 생성되는 곡면

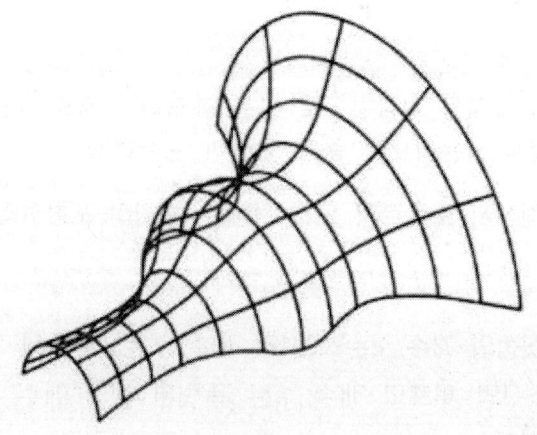

안내곡선을 따라 이동곡선이 이동되어 생성된 곡면

(3) 연결 곡면

여러 개의 단면곡선이 연결규칙에 따라 연결된 곡면

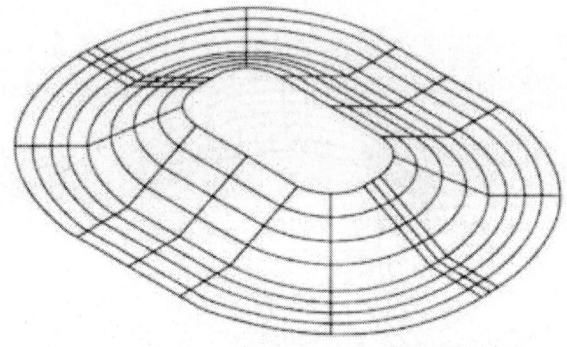

3개의 곡선을 직선으로 연결한 곡면

(4) Patch

경계곡선의 내부를 형성하는 곡면

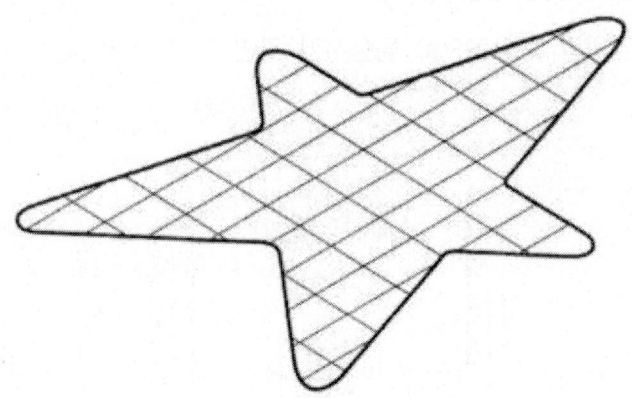

단일원 곡선(CVD)의 내부 곡면

(5) Blending 곡면

두 곡면이 만나는 부분을 부드럽게 만들 때 생성되는 곡면

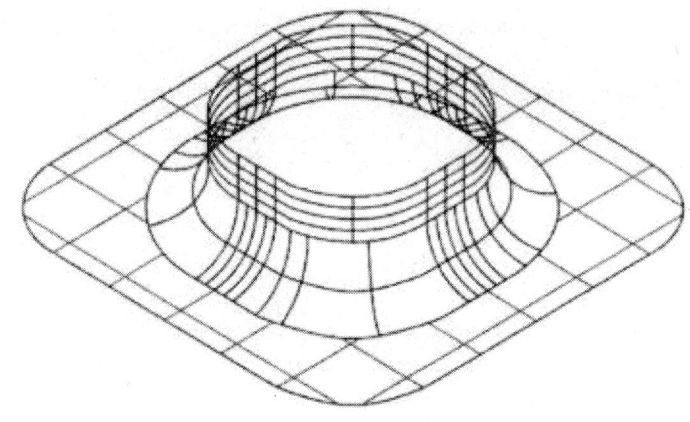

원형면과 원통면이 만나는 모서리 블랜딩 곡면

(6) 돌출곡면(Extrude Surface)

커브도형을 임의의 축방향으로 돌출시킨 곡면

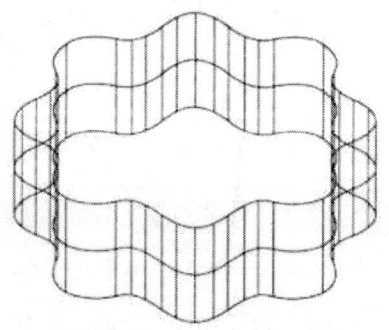

(7) 로프트 곡면

여러 개의 커브도형을 다수의 안내 커브를 따라 생성되는 곡면

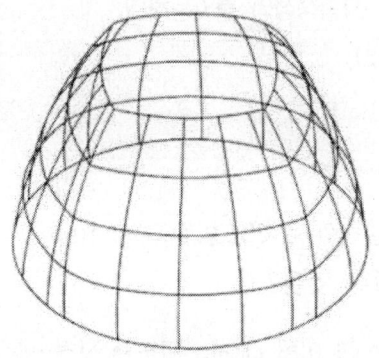

(8) 트위킹(tweaking)

곡면 모델링 시스템에 의해 만들어진 곡면을 불러들여 기존 모델의 평면을 바꾸는 명령어

(9) 디더링(dithering)

요구된 색상의 사용이 불가능할 때 다른 색상들을 섞어서 비슷한 색상을 내기 위해 컴퓨터 프로그램에 의해 시도되는 것

(10) 스위핑(sweeping)

하나의 2차원 단면형상을 입력하고 이를 안내곡선을 따라 이동시켜 입체를 생성

(11) 스키닝(skinning)

원하는 경로상에 여러 개의 단면 형상을 위치시키고 이를 덮어 싸는 입체를 생성

(12) 리프팅(lifting)

주어진 물체의 특정면의 전부 또는 일부를 원하는 방향으로 움직여서 물체가 그 방향으로 늘어난 효과를 갖도록 하는 것

연/습/문/제

01 와이어 프레임 모델의 특징이 아닌 것은?

① 3면 투시도 작성이 불가능하다.
② 해석을 위한 유한요소의 자동생성이 불가능하다.
③ 단면도 작성이 불가능하다.
④ 은선 제거가 불가능하다.

02 3차원 형상의 솔리드 모델링에서 CSG방식과 B-Rep 방식을 비교한 것이다. 틀린 것은?

① B-Rep 방식은 CSG 방식에 비해 테이터 구조가 상호 결합을 가진 복잡한 네트워크 구조이다.
② CSG 방식은 B-Rep 방식보다 메모리의 용량이 많이 필요하게 된다.
③ CSG 방식은 B-Rep 방식보다 유한 요소법(FEM)의 적용이 용이하다.
④ B-Rep 방식은 CSG 방식에 비해 전개도의 작성이 용이하다.

03 모델링에 대한 설명 중 틀린 것은 어느 것인가?

① 와이어 프레임 모델은 점과 선 등으로 은선을 지우거나 체적을 구할 수 없다.
② 솔리드 모델은 시스템이 대형이 되며 속이 차있는 물체로서의 개념이 도입된다.
③ 서피스 모델은 곡면을 기본으로 하여 3차원의 이형 가공용의 면 구축이 용이하다.
④ 3차원 형상 모델링 중 어느 것이나 기하학적 계산 이외에 구조해석, 시뮬레이션이 가능하다.

정답 01 ① 02 ② 03 ④

04 3차원적인 물체의 형상 표현 방법이 아닌 것은?

① 경계 표현에 의한 방법
② 프리미티브에 의한 방법
③ 스윕(Sweep)에 의한 방법
④ FEM에 의한 방법

05 CAD 시스템에서 서피스 모델을 할 수 있는 기능이 아닌 것은?

① boundary surface
② element surface
③ rulled surface
④ projected surface

06 렌더링의 한 기법인 음영법(shading)에서의 난반사(diffuse reflection)에 대한 설명 중 적당하지 않은 것은?

① 난반사에 의하면 빛이 표면에 흡수되었다가 모든 방향으로 다시 흩어진다.
② 난반사의 입사각이란 반사면의 법선벡터와 입사광 방향벡터의 사잇각을 의미한다.
③ 난반사는 물체의 표면상태의 묘사에 이용된다.
④ 난반사는 물체표면이 거울면과 같이 매끈한 면의 반사형태를 표현할 때 가장 적합하다.

정답 04 ④ 05 ② 06 ④

07 CAD 프로그램에서 주로 곡선을 표현할 때 많이 사용하는 방정식의 형태는?

① Explicit 형태 ② Implicit 형태
③ Hybrid 형태   ④ Parametric 형태

08 형상 모델에서 원하는 모양과 크기의 모델을 만들기 위하여 꼭 필요한 기본 요소가 아닌 것은?

① 크기 ② 분석
③ 위치 ④ 방향

09 CAD작업에서 도형을 인식(identify, select)하는 목적 과 직접적인 관련이 없는 사항은?

① 선이나 원 등 도형 요소를 삭제하고자 할 때
② 스크린상에 그리드를 작성하고자 할 때
③ 하나의 오브젝트를 변환시키고자 할 때
④ 하나의 오브젝트에 치수 기입을 하고자 할 때

10 음영기법(shading) 방법에는 여러 가지가 있는데 다음 중 가장 현실감이 뛰어난 음영기법은?

① 퐁(Phong) 음영기법
② 구로드(Gouraud) 음영기법
③ 평활(smooth) 음영기법
④ 단면별(faceted) 음영기법

정 답 07 ④ 08 ② 09 ② 10 ①

11 다음 그림과 같은 와이어 프레임 모델링(wire frame modeling)에서 윤곽선(contour line)은 몇 개인가?

① 18
② 20
③ 22
④ 24

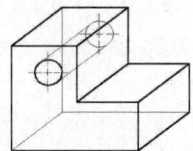

12 아래 그림과 같은 서피스 모델링(surface modeling)에서 닫혀진 면의 수는?

① 7
② 8
③ 9
④ 10

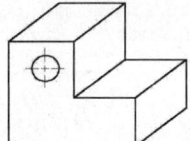

13 4면체를 와이어 프레임 모델(wire frame model)로 모델링하였을 때 능선(edges)의 개수는 몇 개인가?

① 3   ② 4
③ 5   ④ 6

14 서피스(surface) 모델링에서 곡면을 절단하였을 때 나타나는 요소는?

① 곡선(curve)   ② 곡면(surface)
③ 점(point)   ④ 면(plane)

정답   11 ③   12 ③   13 ④   14 ①

15 다음 중 B-Rep 방식에 의한 모델링에서 정점이 4개, 면이 4개이면 에지(edges)의 수는 몇 개인가?

① 4
② 6
③ 8
④ 8

16 각 꼭지점의 위치에서 벡터의 크기만으로 곡선 제어를 쉽게 할 수 있는 대화적인 곡면 설계에 적합한 것은 어느 것인가?

① B'ezier 곡면
② Coons 곡면
③ 퍼구 곡면
④ Elastic 곡면

17 CAD 시스템에서 낮은 차수의 곡선을 선호하는 이유는?

① 차수가 낮을수록 곡선의 불필요한 진동이 덜하다
② 차수가 낮을수록 곡선을 그리는데 계산시간이 많이든다
③ 차수가 낮을수록 곡선의 미(美)적인 효과가 크다
④ 차수가 낮을수록 곡선을 수정하기 용이하다

18 다음 중 곡면을 만드는 방법이 아닌 것은?

① 스위핑(sweeping)
② 로프팅(lofting)
③ Bezier 패치(patch)
④ 셀(shell)

정 답 15 ② 16 ① 17 ① 18 ④

19 CAD 프로그램에서 주로 곡선을 표현할 때 많이 사용하는 방정식의 형태는?

① Explicit 형태
② Implicit 형태
③ Hybrid 형태
④ Parametric 형태

20 Bezier 곡선방정식의 특성으로서 적당하지 않은 것은?

① 생성되는 곡선은 다각형의 시작점과 끝점을 반드시 통과해야 한다.
② 다각형의 첫째 선분은 시작점의 접선벡터와 같은 방향이고, 마지막 선분은 끝점의 접선벡터와 같은 방향이다.
③ 다각형의 꼭지점의 순서를 거꾸로 하여 곡선을 생성하여도 같은 곡선을 생성하여야 한다.
④ 곡선의 양 끝점에서는 연속성을 만족하여야 하며 두개의 꼭지점에 의해 결정되어야 한다.

정답   19 ④   20 ④

CHAPTER 08 CAD/CAM 시스템과 NC 공작기계

1 CAD/CAM 시스템의 소프트웨어

CAM용 소프트웨어로 모델링 데이터를 NC Code로 전환하는 파트 프로그램(Part Program)작업에 필요한 소프트웨어이다.

📌 파트 프로그램의 주요 작업순서

① 도면의 해독
② 공정계획(가공계획)
③ 프로그램 작성(수동/자동)
④ NC 데이터 검증

(1) 파트 프로그램

1) 도면 해독(Design interpretation)

각 부품의 용도 및 역할과 운동 등을 정확히 판단

2) 공정계획(가공계획)

도면을 해독한 후 생산효율성을 높이기 위해 장비 선정, 공구 선정, 가공순서, 절삭조건 등을 세우는 작업이다.

3) 프로그램 작성

도면 해독과 공정계획을 한 뒤에 기계제어부가 알 수 있는 NC 포맷으로 프로그램 하는 작업이다.

① 수동프로그램 작성
   공작기계에서 직접 NC코드를 작성하는 방법
② 자동 프로그램 작성
   컴퓨터를 이용하여 모델링을 한 후 공구위치(CL데이터)를 생성하여 기계제어부의 NC코드로 전환시키는 방법

📌 CL데이터 (Cutter Location Data)

4) NC데이터 검증

생성된 NC데이터를 CNC 공작기계에서 작업하기 전에 가공시뮬레이션을 하여 화면상으로 검증한 후 오류 부분을 수정하여 완벽한 NC데이터를 얻을 수 있도록 한다.

5) EOF(End of File)

파일의 마지막을 나타낸다.

(2) NC 프로그래밍 언어

NC 프로그램 언어는 기계의 작동순서를 지시하는 데 사용되는 프로그램 언어이다.

1) 범용 기계용 프로그램 언어

여러 가지 CNC 공작기계에서 널리 사용할 수 있는 프로그램 언어로서 범용 기계용 프로그램 언어를 다시 포스트 프로세서(Post processor)에 입력하여 가공기계에 맞는 NC코드로 전환시킨다.

2) 특정 기계용 프로그램 언어

전용 시스템 장치로서 하나의 기계에 국한하여 사용하는 언어로서, 포스트 프로세서를 거치지 않고 바로 NC코드를 출력한다.

(3) CAD/CAM 인터페이스

1) 그래픽 표준 규격(벡터 그래픽) 및 종류

CAD/CAM프로그램을 사용하여 도형을 작성한 경우, 작성된 도형 자료들에 대해서는 표준 규약이 있어야 서로 다른 프로그램에서 작성한 자료들을 상호 교환할 수가 있다. 그래픽 표준규격은 다음과 같다.

① DXF(Data eXchange File)

DXF는 ASCII문자로 구성되어 있어서 일반적으로 Text Editor에 의해 편집이 가능하고, 다른 컴퓨터 하드웨어에서도 처리가 가능하다. 구조는 Header Section, Tables Section, Blocks Section 및 Entities Section으로 구성되어 있다.

㉠ 헤더 섹션 (Header Section)

도면에 대한 일반적인 자료(버전, 치수선 등)와 각각의 변수 또는 사용된 변수명(Variable mme)과 사용된 값을 수록한다.

㉡ 테이블 섹션(Table Section)

이 섹션은 선의 종류 정의 테이블(L Type), 레이어 테이블(Layer), 문자의 종류 테이블(Style), 화면의 종류 테이블(View), 사용자 정의 좌표계 테이블(UCS; User Coordinate System), 뷰포트 구성 테이블(V Port), 치수 형태의 정의 테이블 (Dim Style), 응용부분 테이블(App ID)과 같은 종류를 수록하고 있다.

㉢ 블록섹션(Blocks Section)

이 섹션은 도면에서 사용된 Block에 대한 여러 개의 도형을 모아서 하나의 이름으로 수록하는 블록의 정의 부분이다.

㉣ 엔티티 섹션(Entities Section)

이 섹션은 실제의 도형에 대한 좌표 값, 명령어 및 Layer 이름 등이 구체적으로 기술되는 부분이다.

② IGES(Initial Graphics Exchange Specification)

IGES 는 제품 Data를 위한 수치표현의 문자(American National Standards Institute) 규격으로 제정되었으며, 기계, 전기, 전자, 유한요소해석(FEM), Solid Model 등의 표현 및 3차원 곡면 데이터를 포함하여 CAD/CAM Data를 교환하는 세계적인 표준이고, 3차원 모델링 기법인 CSG Modeling과 B-rep을 정의할 수 있으며, Modeling 파일의 구조는 Start, Global, Directory, Parameter, Terminate의 섹션(Section)으로 구성 된다.

③ STEP(STandard for Exchange Product model data)

④ STL(STereo Lithography)

⑤ GKS(Graphical Kernel System)

⑥ CGI (Computer Graphic Interface)

⑦ CGM(Computer Graphic Metafile)

⑧ NAPLPS(North American Presentation Level Protocol Syntax)

2) 데이터 전송방법(하드웨어 인터페이스)

CAD/CAM 시스템에서 두 개의 주변기기 사이의 자료전달방식이다.

① 데이터 전송방법

㉠ 직렬전송

복수의 Bit를 한 Bit씩 나열하여 전송하는 방식으로, 비용이 저렴하므로 장거리 전송에 주로 사용된다.

㉡ 병렬전송

복수의 Bit를 모아서 한 번에 전송하는 방식이다.

② 통신의 종류(Communication Type)

㉠ 단일 방식 (Simplex)

어느 한쪽에서만 일방적으로 데이터를 전송하는 방식이다.

2 NC의 구성

(1) NC의 구성

1) NC시스템

NC시스템은 크게 하드웨어(Hardware) 부분과 소프트웨어(Software) 부분으로 구성되어 있다. 하드웨어 부분은 공작기계 본체와 제어장치, 주변장치 등의 구성부품을 말하며 일반적으로 본체 서보(Servo)기구, 검출기구, 제어용 컴퓨터, 인터페이스(Interface)회로 등이 해당된다.

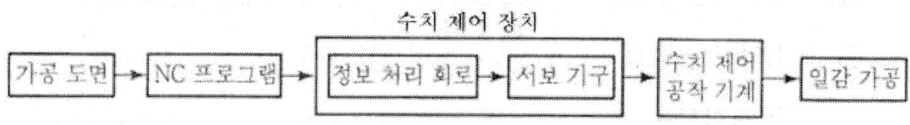

NC 공작기계의 정보 처리 과정

CNC에서는 각 작업물의 지시어를 담은 모든 프로그램이 컴퓨터 기억장치에 저장되어 일괄적으로 시행된다. 그러므로 일반적인 의미에서 CNC는 NC보다 많은 프로그램 저장 능력을 가지며 입력매체로서 NC에서 사용되는 천공 테이프에 반하여 디스켓 등의 저장 매체를 사용한다.
또한 CNC는 프로그래밍의 오류를 현장에서 확인 수정할 수 있으며 기능상의 오류나 고장의 가능성이 탐지된 경우에는 제어장치의 CRT모니터에 보여주는 메시지를 통하여 확인할 수 있다.

2) CNC

CNC(Computerized Numerical Control)는 컴퓨터를 내장한 NC를 말한다.

3) DNC

DNC(Direct Numerical Control)란 여러 대의 CNC공작기계를 한 대의 컴퓨터로 연결하여 전체 시스템의 생산성 향상을 위한 NC이다.
따라서 DNC는 NC공작기계의 작업성 및 생산성을 향상시킴과 동시에 이것을 NC공작기계 군으로 시스템화하여 그 운용을 제어 및 관리하는 시스템으로 군관리 시스템이라고도 한다.

4) FMS

FMS(Flexible Manufacturing System)는 CNC 공작기계를 비롯 모든 시설을 총괄하여 중앙의 컴퓨터로 제어하면서 공장 전체 시스템을 무인화하여 생산관리의 효율을 최대로 하여 다품종 소량생산을 가능케 한 유연성 있는 생산 시스템이다.

(2) 서보기구

1) 서보기구의 구성

서보기구란 인체에서 손과 발에 해당하는 것으로 머리에 비유하는 정보처리회로(CPU) 부터 보내진 명령에 의하여 공작기계의 테이블 등을 움직이게 하는 기구를 말한다.

2) 서보의 종류

서보기구의 종류에는 개방회로방식, 반폐쇄회로방식, 폐쇄회로방식, 하이브리드서보방식이 있다.

① 개방회로(Open-Loop) 방식

㉠ 피드백이 없으므로 시스템의 정밀도 모터의 성능에 좌우한다.

㉡ 제어반의 작동은 그것이 생산되는 신호의 결과에 대한 경보를 가지지 않는다.

㉢ 디지털 형이다.

㉣ 이송을 위해 스테핑 모터 (Stepping Motor)를 사용한다.

㉤ 정밀도가 낮아서 NC에는 거의 사용하지 않는다.

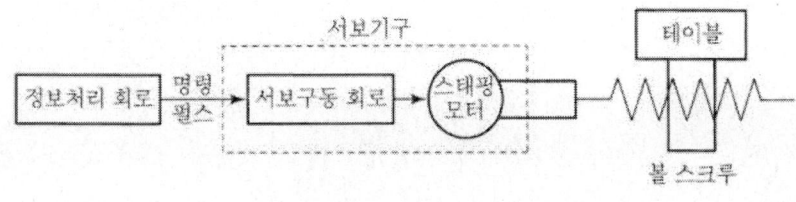

개방회로방식

② 반폐쇄회로방식

서보모터에서 속도검출과 위치 검출을 행하기 때문에 정밀도는 폐쇄회로방식보다 떨어지나 고정도의 볼 스크루(Ball Screw) 등에 의해 정밀도 문제가 거의 해결되므로 가장 널리 사용하고 있다.

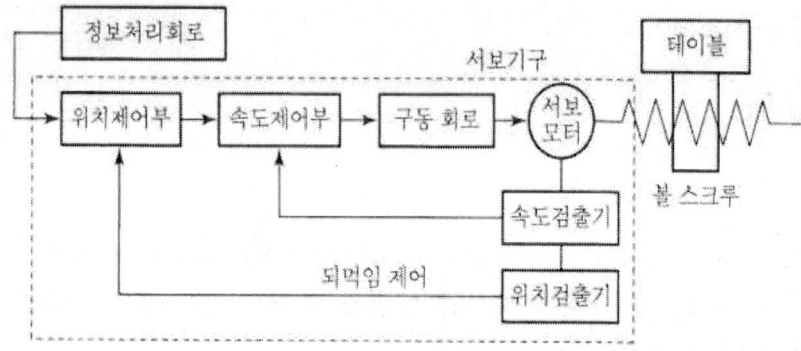

반폐쇄회로방식

③ 폐쇄회로방식

검출기를 기계 테이블에 직접 부착하여 되먹임제어(Feedback Control)를 행하는 고정 밀도 방식이다.

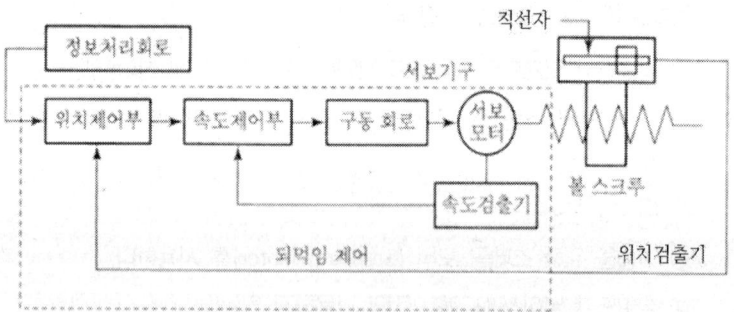

폐쇄회로 서보방식

④ 하이브리드방식

리졸버(Resolver)에 의한 반 폐쇄회로와 검출스케일에 의한 폐쇄회로를 합한 것으로 이 방식은 조건에 좋지 않은 기계에서 고정밀도를 필요로 할 때 사용한다.

리졸버(Resolver) : NC기계의 움직임을 전기적인 신호로 표시하는 회전 피드백 장치

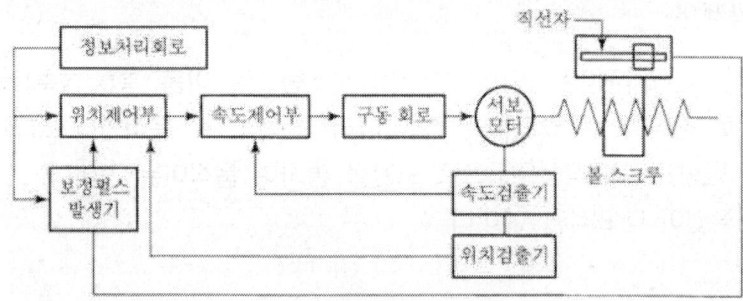

하이브리드 서보방식

3) DC 서보모터

NC에 사용되는 DC 서보모터는 공작기계의 제어를 위하여 특별한 토크(torque), 속도 특성을 가지고 있어야 한다.

① 큰 출력을 낼 수 있어야 한다.
② 가감속이 가능하며 응답성이 우수하여야 한다.
③ 규정된 속도 범위에서 안전한 속도제어가 이루어져야 한다.
④ 연속 운전으로는 빈번한 가감속이 가능해야 한다.
⑤ 신뢰도가 높아야 한다.
⑥ 진동이 적고 소형 이며 견고하여야 한다.
⑦ 온도상승이 적고 내열성이 좋아야 한다.

(3) NC의 제어방법

NC 제어방식에는 위치결정(PTP)제어와 윤곽(Contour)제어가 있다.

1) 위치결정제어

위치결정(Point to Point) 제어는 가장 간단한 제어방식으로 공구의 위치만을 제어하는 방법이다. 드릴링 머신, 스폿용접기 등이 대표적인 예이다.

2) 윤곽제어

윤곽(Contour)제어는 연속적인 이송시스템으로 이동 축(x, y축)들이 각기 다른 속도로 움직일 수 있도록 윤곽을 따라 연속적으로 움직인다. 그러나 실제적으로 x, y 방향으로의 직선운동으로 보간을 통하여 움직이는 것이다.
밀링작업이 대표적인 예이다.

예 - 1   NC에서 사용되는 서보기구의 위치 검출방식이 아닌 것은?

① 개방회로 방식   ② 리졸버 방식
③ 하이브리드 방식   ④ 폐쇄회로 서보방식

답 : ②

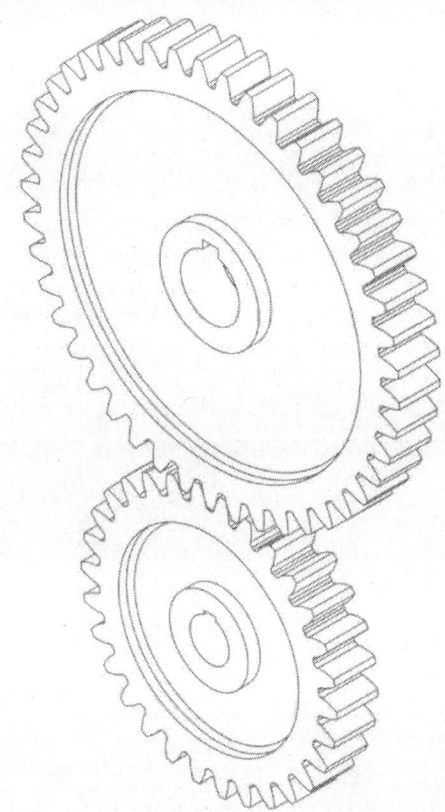

과년도 출제문제

제 1 회	2015년 제 1 회
제 2 회	2015년 제 2 회
제 3 회	2015년 제 3 회
제 4 회	2016년 제 1 회
제 5 회	2016년 제 2 회
제 6 회	2016년 제 3 회
제 7 회	2017년 제 1 회
제 8 회	2017년 제 2 회
제 9 회	2017년 제 3 회
제 10 회	2018년 제 1 회
제 11 회	2018년 제 2 회
제 12 회	2018년 제 3 회
제 13 회	2019년 제 1 회
제 14 회	2019년 제 2 회
제 15 회	2019년 제 3 회

2015년 제1회 과/년/도/문/제

제 1 과목 기계가공법 및 안전관리

01 공작기계에서 절삭을 위한 세 가지 기본운동에 속하지 않는 것은?

① 절삭운동　　　② 이송운동
③ 회전운동　　　④ 위치조정운동

1.
공작기계의 기본운동은 절삭운동, 이송운동, 위치조정운동이다.

02 중량 가공물을 가공하기 위한 대형 밀링머신으로 플레이너와 유사한 구조로 되어있는 것은?

① 수직 밀링머신　　　② 수평 밀링머신
③ 플래노 밀러　　　　④ 회전 밀러

2.
플래노 밀러는 플레이너형 밀링이다.

03 선반에서 나사가공을 위한 분할너트(half nut)는 어느 부분에 부착되어 사용하는가?

① 주축대　　　② 심압대
③ 왕복대　　　④ 베드

3.
분할너트는 왕복대의 부속장치로 나사절삭 시 사용한다.

04 게이지 종류에 대한 설명 중 틀린 것은?

① pitch 게이지 : 나사 피치 측정
② thickness 게이지 : 미세한 간격(두께) 측정
③ radius 게이지 : 기울기 측정
④ center 게이지 : 선반의 나사 바이트 각도 측정

4.
radius 게이지는 반지름 게이지라고 하며 곡면의 둥글기를 측정한다.

정답　01 ③　02 ③　03 ③　04 ③

05 중량물의 내면 연삭에 주로 사용되는 연삭방법은?

① 트래버스 연삭
② 플렌지 연삭
③ 만능 연삭
④ 플래내터리 연삭

5.
트래버스 연삭과 플랜지 컷 연삭은 외경 연삭방법이며 플래내터리 연삭기는 유성형 연삭기로 대형공작물 내면연삭기이다.

06 재해 원인별 분류에서 인적원인(불안전한 행동)에 의한 것으로 옳은 것은?

① 불충분한 지지 또는 방호
② 작업장소의 밀집
③ 가동 중인 장치를 정비
④ 결함이 있는 공구 및 장치

6.
인적 원인의 재해는 주로 작업자의 행동에 의한 재해이다.

07 특정한 제품을 대량 생산할 때 적합하지만, 사용범위가 한정되며 구조가 간단한 공작기계는?

① 범용 공작기계
② 전용 공작기계
③ 단능 공작기계
④ 만능 공작기계

7.
단능 공작기계는 한 가지 제품만을 가공할 수 있게 제작된 공작기계이다.

08 $-18\mu m$의 오차가 있는 블록 게이지에 다이얼 게이지를 영점 셋팅하여 공작물을 측정하였더니, 측정값이 46.78mm이었다면 참값(mm)은?

① 46.960
② 46.798
③ 46.762
④ 46.603

8.
참값: 측정값+오차
$= 46.78 + (-0.018)$
$= 46.762$

정답 05 ④ 06 ③ 07 ② 08 ③

09 표준 맨드릴(mandrel)의 테이퍼 값으로 적합한 것은?

① $\frac{1}{10} \sim \frac{1}{20}$ 정도

② $\frac{1}{50} \sim \frac{1}{100}$ 정도

③ $\frac{1}{100} \sim \frac{1}{1000}$ 정도

④ $\frac{1}{200} \sim \frac{1}{400}$ 정도

10 수준기에서 1눈금의 길이를 2mm로 하고, 1눈금이 각도 5″(초)를 나타내는 기포관의 곡률반경은?

① 7.26m
② 72.6m
③ 8.23m
④ 82.5m

10.
$\theta = \frac{5}{3600} \times \frac{\pi}{180} rad$

$R = \frac{S}{\theta}$

$= 2 \times 10^{-3} \times \frac{3600 \times 180}{5\pi}$

$= 82.5m$

11 분할대에서 분할 크랭크 핸들을 1회전하면 스핀들은 몇 도(°) 회전 하는가?

① 36°   ② 27°
③ 18°   ④ 9°

11.
각도 분할법은 분할대의 주축이 1회전하면 크랭크 핸들과 분할대 주축의 비는 40:1이다. 스핀들 회전각도는 $\frac{360}{40} = 9°$ 이다.

12 블록 게이지의 부속 부품이 아닌 것은?

① 홀더
② 스크레이퍼
③ 스크라이버 포인트
④ 베이스 블록

12.
스크레이퍼는 기계 가공한 면을 다시 정밀하게 수기가공하는 공구이다.

정답   09 ③   10 ④   11 ④   12 ②

13 드릴링 머신에서 회전수 160rpm, 절삭속도 15m/min일 때, 드릴 지름(mm)은 약 얼마인가?

① 29.8
② 35.1
③ 39.5
④ 15.4

13.
$$d = \frac{1000\,V}{\pi N}$$
$$= \frac{1000 \times 15}{\pi \times 160}$$
$$= 29.84$$

14 절삭온도와 절삭조건에 관한 내용으로 틀린 것은?

① 절삭속도를 증대하면 절삭온도는 상승한다.
② 칩의 두께를 크게 하면 절삭온도가 상승한다.
③ 절삭온도는 열팽창 때문에 공작물 가공치수에 영향을 준다.
④ 열전도율 및 비열 값이 작은 재료가 일반적으로 절삭이 용이하다.

14.
열전도율이 작은 공구는 절삭 시 절삭온도가 증가되어 날끝온도가 상승하여 공구는 빨리 마멸되고 공구수명이 짧아진다.

15 목재, 피혁, 직물 등 탄성이 있는 재료로 바퀴 표면에 부착시킨 미세한 연삭입자로써 버핑하기 전 가공물 표면을 다듬질하는 가공방법은?

① 폴리싱
② 롤러 가공
③ 버니싱
④ 숏 피닝

16 연삭숫돌바퀴의 구성 3요소에 속하지 않는 것은?

① 숫돌입자
② 결합제
③ 조직
④ 기공

16.
연삭숫돌의 3요소는 입자 결합제, 기공이며 조직은 숫돌의 5요소에 포함된다.

17 가공물을 절삭할 때 발생되는 칩의 형태에 미치는 영향이 가장 적은 것은?

① 공작물 재질
② 절삭속도
③ 윤활유
④ 공구의 모양

17.
칩의 형태에 영향을 주는 인자는 절삭공구의 모양, 공작물의 재질, 절삭속도, 절삭깊이, 이송 등이다.

정답 13 ① 14 ④ 15 ① 16 ③ 17 ③

18 선반가공에서 양 센터작업에 사용되는 부속품이 아닌 것은?

① 돌림판
② 돌리개
③ 맨드릴
④ 브로치

18.
브로치는
키홈 가공 공작기계이다.

19 지름이 100mm인 가공물에 리드 600mm의 오른나사 헬리컬 홈을 깎고자 한다. 테이블 이송나사의 피치가 10mm인 밀링머신에서, 테이블 선회각을 $\tan\alpha$로 나타낼 때 옳은 값은?

① 31.41
② 1.90
③ 0.03
④ 0.52

19.
$\tan\alpha = \dfrac{\pi D}{L}$

$= \dfrac{\pi \times 100}{600} = 0.52$

20 지름 50mm인 연삭숫돌을 7000rpm으로 회전시키는 연삭작업에서, 지름 100mm인 가공물을 연삭숫돌과 반대방향으로 100rpm으로 원통 연삭할 때 접촉점에서 연삭의 상대속도는 약 몇 m/min인가?

① 931
② 1099
③ 1131
④ 1161

20.
$V = \dfrac{\pi DN}{1000} + 원주속도$

$= \dfrac{\pi \times 50 \times 7000}{1000}$
$+ \dfrac{\pi \times 100 \times 100}{1000}$

$= 1131$

정답 18 ④ 19 ④ 20 ③

제 2 과목 기계제도

21 다음 도면에서 X 부분의 치수는 얼마인가?

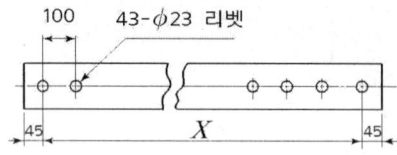

① 2200
② 2300
③ 4100
④ 4200

21.
$(43-1) \times 100 = 4200$

22 그림과 같이 우측의 입체도를 3각법으로 정투상한 도면(정면도, 평면도, 우측면도)에 대한 설명으로 옳은 것은?

① 정면도만 틀림
② 모두 맞음
③ 우측면도만 틀림
④ 평면도만 틀림

23 다음 치수 중 치수 공차가 0.1이 아닌 것은?

① $50^{+0.1}_{0}$
② 50 ± 0.05
③ $50^{+0.07}_{-0.03}$
④ 50 ± 0.1

23.
50 ± 0.1의 공차는
$0.1 + 0.1 = 0.2$이다.

정답   21 ④   22 ②   23 ④

24 재료기호 SS 400에 대한 설명 중 맞는 항을 모두 고른 것은? (단, KS D 3503 적용한다.)

> ㄱ. SS의 첫 번째 S는 재질을 나타내는 기호로 강을 의미한다.
> ㄴ. SS의 두 번째 S는 재료의 이름, 모양, 용도를 나타내며 일반구조용 압연재를 의미한다.
> ㄷ. 끝 부분의 400은 재료의 최저 인장강도이다.

① ㄱ
② ㄱ, ㄴ
③ ㄱ, ㄷ
④ ㄱ, ㄴ, ㄷ

25 다음 그림과 같은 평면도 A, B, C, D와 정면도 1, 2, 3, 4가 올바르게 짝지어진 것은? (단, 제3각법을 적용)

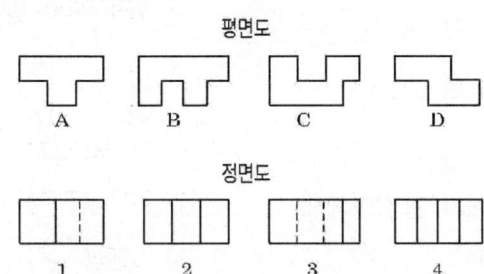

① A-2, B-4, C-3, D-1
② A-1, B-4, C-2, D-3
③ A-2, B-3, C-4, D-1
④ A-2, B-4, C-1, D-3

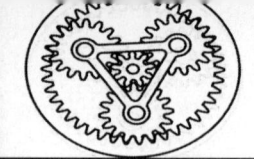

26 데이텀(datum)에 관한 설명으로 틀린 것은?

① 데이텀을 표시하는 방법은 영어의 소문자를 정사각형으로 둘러싸서 나타낸다.
② 지시선을 연결하여 사용하는 데이텀 삼각기호는 빈틈없이 칠해도 좋고, 칠하지 않아도 좋다.
③ 형체에 지정되는 공차가 데이텀과 관련되는 경우 데이텀은 원칙적으로 데이텀을 지시하는 문자기호에 의하여 나타낸다.
④ 관련 형체에 기하학적 공차를 지시할 때, 그 공차 영역을 규제하기 위하여 설정한 이론적으로 정확한 기하학적 기준을 데이텀이라 한다.

27 끼워맞춤 중에서 구멍과 축 사이에 가장 원활한 회전운동이 일어날 수 있는 것은?

① H_7/f_6 ② H_7/p_6
③ H_7/n_6 ④ H_7/t_6

28 KS에서 정의하는 기하공차 기호 중에서 관련형체의 위치공차 기호들만으로 짝지어진 것은?

26.
데이텀을 표시하는 방법은 영어의 대문자를 정사각형으로 둘러싸서 나타낸다.

27.
H_7/f_6는 헐거운 끼워맞춤으로 원활한 회전 운동이 일어날 수 있다.

28.
① 모양공차
진직도(━) 평면도(▱)
진원도(○) 원통도(⌭)
선 윤곽도(⌒)
면 윤곽도(⌓)
② 자세공차
평행도(∥) 직각도(⊥)
경사도(∠)
③ 위치공차
위치도(⌖) 진원도(◎)
대칭도(=)
원둘레 흔들림(↗)
온 흔들림(⌮)

정답 26 ① 27 ① 28 ③

29 나사의 제도방법을 설명한 것으로 틀린 것은?

① 수나사에서 골 지름은 가는 실선으로 도시한다.
② 불완전 나사부를 나타내는 골지름 선은 축선에 대해서 평행하게 표시한다.
③ 암나사의 측면도에서 호칭경에 해당하는 선은 가는 실선이다.
④ 완전나사부란 산봉우리와 골 밑 모양의 양쪽 모두 완전한 산형으로 이루어지는 나사부이다.

29.
불완전 나사부를 나타내는 골지름 선은 축선에 대해서 직각으로 굵은 실선으로 표시한다.

30 다음 도면과 같은 이음의 종류로 가장 적합한 설명은?

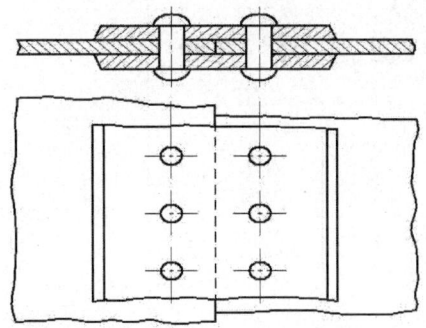

① 2열 겹치기 평행형 둥근머리 리벳이음
② 양쪽 덮개판 1열 맞대기 둥근머리 리벳이음
③ 양쪽 덮개판 2열 맞대기 둥근머리 리벳이음
④ 1열 겹치기 평행형 둥근머리 리벳이음

정답 29 ② 30 ②

31 그림과 같은 도면에서 치수 20부분의 "굵은 1점 쇄선 표시"가 의미하는 것으로 가장 적합한 설명은?

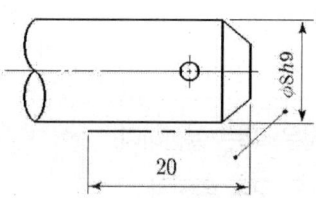

① 공차가 ⌀8h9보다 약간 적게 한다.
② 공차가 ⌀8h9 되게 축 전체 길이부분에 필요하다.
③ 공차 ⌀8h9 부분은 축 길이 20 되는 곳까지만 필요하다.
④ 치수 20 부분을 제외하고 나머지 부분은 공차가 ⌀8h9 되게 가공한다.

32 보기와 같은 입체도를 제 3각법으로 투상할 때 가장 적합한 투상도는?

(보기)

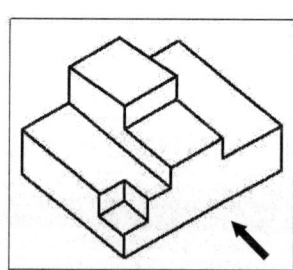

31.
20은 특수 지정선으로 특수한 가공을 하는 부분이다.

정답 31 ③ 32 ②

33 보기와 같이 지시된 표면의 결 기호의 해독으로 올바른 것은?

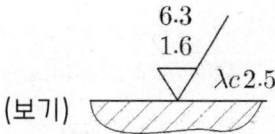
(보기)

① 제거 가공 여부를 문제 삼지 않을 경우이다.
② 최대높이 거칠기 하한값이 6.3μm이다.
③ 기준길이는 1.6μm이다.
④ 2.5는 컷오프 값이다.

33.
① 표면의 결 기호는 제거 가공을 하는 경우이다.
② 최대높이 거칠기 상한값이 $6.3\mu m$이다.
③ 최대높이 거칠기 하한값이 $1.6\mu m$이다.

34 베어링 호칭번호 NA 4916 V의 설명 중 틀린 것은?

① NA 49는 니들 로울러 베어링 치수계열 49
② V는 리테이너 기호로서 리테이너가 없음
③ 베어링 안지름은 80mm
④ A는 시일드 기호

34.
A는 내륜턱 없음 기호이다.

35 도면(위치도)에 치수가 다음과 같이 표시되어 있는 경우 치수의 외곽에 표시된 직사각형은 무엇을 뜻하는가?

30

① 다듬질전 소재 가공치수
② 완성 치수
③ 이론적으로 정확한 치수
④ 참고 치수

정답 33 ④ 34 ④ 35 ③

36 도면의 KS 용접기호를 가장 올바르게 설명한 것은?

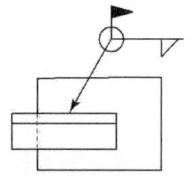

① 전체둘레 현장 연속 필릿 용접
② 현장 연속 필릿 용접(화살표 있는 한 변만 용접)
③ 전체둘레 현장 단속 필릿 용접
④ 현장 단속 필릿 용접(화살표 있는 한 변만 용접)

37 축을 가공하기 위한 센터구멍의 도시 방법 중 그림과 같은 도시 기호의 의미는?

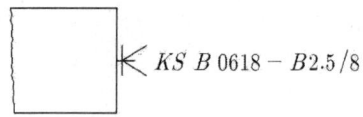

① 센터의 규격에 따라 다르다.
② 다듬질 부분에서 센터구멍이 남아 있어도 좋다.
③ 다듬질 부분에서 센터구멍이 남아 있어서는 안된다.
④ 다듬질 부분에서 반드시 센터구멍을 남겨둔다.

● 37 해설
센터 구멍의 도시 기호와 지시방법

센터 구멍 필요 여부 (도시된 상태로 다듬질 되었을 때)	도시기호	센터 구멍 규격 번호 및 호칭 방법을 지정하지 않는 경우
반드시 남겨둔다	<	
남아 있어도 좋다		
남아있어서는 안 된다	K	

정답 36 ① 37 ③

38 코일 스프링의 제도에 대한 설명 중 틀린 것은?

① 원칙적으로 하중이 걸리지 않은 상태로 그린다.
② 특별한 단서가 없는 한 모두 오른쪽 감기로 도시하고, 왼쪽 감기로 도시할 때에는 "감긴 방향 왼쪽"이라고 표시한다.
③ 그림 안에 기입하기 힘든 사항은 일괄하여 요목표에 표시한다.
④ 부품도 등에서 동일 모양 부분을 생략하는 경우에는 생략된 부분을 가는 파선 또는 굵은 파선으로 표시한다.

38.
부품도 등에서 동일 모양 부분을 생략하는 경우에는 생략된 부분을 가는 실선으로 표시한다.

39 그림과 같이 화살표 방향이 정면일 경우 우측면도로 가장 적합한 투상도는?

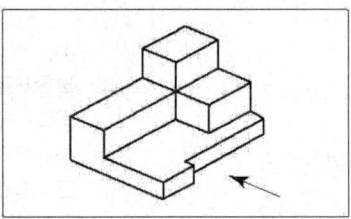

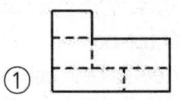 ①

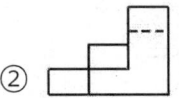 ②

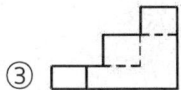 ③

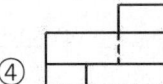 ④

정답 38 ④ 39 ③

40 다음 그림은 리벳이음 보일러의 간략도와 부분 상세도이다. ㉠판의 두께는?

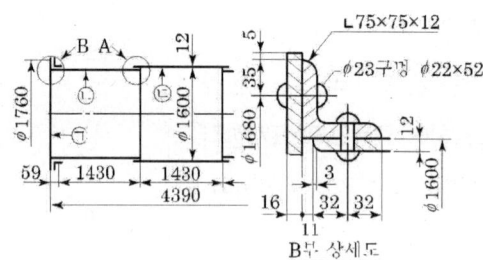

① 11mm ② 12mm
③ 16mm ④ 32mm

제 3 과목 기계설계 및 기계재료

41 복합재료에 널리 사용되는 강화재가 아닌 것은?

① 유리섬유   ② 붕소섬유
③ 구리섬유   ④ 탄소섬유

42 항온 열처리의 종류가 아닌 것은?

① 마퀜칭   ② 마템퍼링
③ 오스템퍼링 ④ 오스드로잉

43 담금질한 강의 잔류오스테나이트를 제거하고 마르텐자이트를 얻기 위하여 0℃ 이하에서 처리하는 열처리는?

① 심냉처리   ② 염욕처리
③ 오스템퍼링 ④ 항온변태처리

정 답   40 ③   41 ③   42 ④   43 ①

41.
복합재료라고 하는 것은 금속, 세라믹, 폴리머에 해당하는 재료들이 2가지 혹은 그 이상을 복합하여 구성하는 재료로서 인공적으로 합성된 재료로는 유리섬유, 탄소섬유강화 폴리머(carbon fiberreinforced polymer), 붕소섬유, 세라믹, 석영섬유 등이 있다.

42.
오스드로잉(ausdrawing)은 강을 오스테나이트 상태로 가열하고 항온 변태 곡선의 코의 밑의 온도까지 급랭하고 Ms점에 달할 때까지의 사이에 압연 등의 가공으로 담금질하여 열처리 하는 오스포밍(ausforming)을 적용한 선뽑기가공으로 조직이 치밀해지며 강력한 와이어가 생긴다.

44 켈멧(kelmet) 합금이 주로 쓰이는 곳은?

① 피스톤　　　　　② 베어링
③ 크랭크 축　　　　④ 전기저항용품

44.
켈밋(kelmet)은 고속 고하중용 미끄럼베어링으로 사용되는 구리와 납의 합금으로 열전도성이 좋고, 기계적 성질로서의 내마모성도 우수하기 때문에 플레인 베어링의 라이닝재로 사용된다.

45 α-Fe가 723℃에서 탄소를 고용하는 최대한도는 몇 %인가?

① 0.025　　　　　② 0.1
③ 0.85　　　　　　④ 4.3

46 구리의 성질을 설명한 것으로 틀린 것은?

① 전기 및 열전도도가 우수하다.
② 합금으로 제조하기 곤란하다.
③ 구리는 비자성체로 전기전도율이 크다.
④ 구리는 공기 중에서는 표면이 산화되어 암적색으로 된다.

46.
구리는 합금으로 제조하기 쉽다.

47 주철의 결점을 없애기 위하여 흑연의 형상을 미세화, 균일화하여 연성과 인성의 강도를 크게 하고, 강인한 펄라이트 주철을 제조한 고급주철은?

① 가단 주철　　　　② 칠드 주철
③ 미하나이트 주철　④ 구상 흑연 주철

48 고주파 경화법 시 나타나는 결함이 아닌 것은?

① 균열　　　　　　② 변형
③ 경화층 이탈　　　④ 결정 입자의 조대화

48.
고주파 경화법은 코일 속 또는 코일 곁에 철강의 피가열체를 두고 코일에 흘린 고주파 전류에 의하여 발생한 전자 유도 전류에 의해서 피가열체의 표면층만을 급속히 가열한 다음, 곧바로 물을 분사하여 급랭 시킴으로써 표면층의 결정입자는 미세한 조직으로 담글질하는 방법으로 피가열체의 내부 성질은 처리 전의 상태 그대로 유지되기 때문에 인성이 요구되는 부품의 처리법으로서 적합하다.

정답　44 ②　45 ①　46 ②　47 ③　48 ④

49 공석강을 오스템퍼링 하였을 때 나타나는 조직은?

① 베이나이트 ② 솔바이트
③ 오스테나이트 ④ 시멘타이트

49.
오스템퍼링은 과냉 오스테나이트를 항온으로 베이나이트로 변화시키는 처리이며, 오스템퍼링, 오스에이징이라고도 한다.

50 스테인리스강의 기호로 옳은 것은?

① STC3 ② STD11
③ SM20C ④ STS304

51 코일 스프링에서 유효 감김수를 2배로 하면 같은 축하중에 대하여 처짐량은 몇 배가 되는가?

① 0.5 ② 2
③ 4 ④ 8

51.
$$\delta = \frac{8n\,WD^3}{Gd^4}$$

52 커플링의 설명으로 옳은 것은?

① 플렌지커플링은 축심이 어긋나서 진동하기 쉬운데 사용한다.
② 플렉시블커플링은 양축의 중심선이 일치하는 경우에만 사용한다.
③ 올덤커플링은 두축이 평행으로 있으면서 축심이 어긋났을 때 사용한다.
④ 원통커플링의 지름은 축 중심선이 임의의 각도로 교차되었을 때 사용한다.

52.
㉠ 플랜지 커플링은 양축의 중심선이 일치하는 경우에만 사용한다.
㉡ 플렉시블 커플링은 축심이 어긋나서 진동하기 쉬운데 사용한다.
㉢ 올덤 커플링은 두 축이 평행해서 약간 편심되어 있는 경우에, 각속도를 변화시키지 않고 동력을 전달할 수 있는 축이음의 일종이다.
㉣ 원통 커플링은 양축의 중심선이 일치하는 경우에만 사용한다.
㉤ 자재이음은 축 중심선이 임의의 각도로 교차되었을 때 사용한다.

53 재료를 인장시험 할 때, 재료에 작용하는 하중을 변형전의 원래 단면적으로 나눈 응력은?

① 인장응력 ② 압축응력
③ 공칭응력 ④ 전단응력

정답 49 ① 50 ④ 51 ② 52 ③ 53 ③

54 3000kgf의 수직방향 하중이 작용하는 나사잭을 설계할 때, 나사잭 볼트의 바깥지름은 얼마인가?
(단, 허용응력은 $6\,kgf/mm^2$, 골지름은 바깥지름의 0.8배이다.)

① 12mm ② 32mm
③ 74mm ④ 126mm

54.
$$d_1 = \sqrt{\frac{4P}{\pi\sigma}}$$
$$= \sqrt{\frac{4 \times 3000}{\pi \times 6}} = 25.23$$
$$d = \frac{25.23}{0.8} = 31.54 ≒ 32$$

55 다음 중 축 중심선에 직각 방향과 축방향의 힘을 동시에 받는데 쓰이는 베어링으로 가장 적합한 것은?

① 앵귤러 볼 베어링
② 원통 롤러 베어링
③ 스러스트 볼 베어링
④ 레이디얼 볼 베어링

56 다음 중 브레이크 용량을 표시하는 식으로 옳은 것은?
(단, μ는 마찰계수, p는 브레이크 압력, v는 브레이크륜의 주속이다.)

① $Q = \mu p v$
② $Q = \mu p v^2$
③ $Q = \dfrac{\mu p}{v}$
④ $Q = \dfrac{\mu}{pv}$

57 다음 중 용접 이음의 장점으로 틀린 것은?

① 사용재료의 두께에 제한이 없다.
② 용접이음은 기밀유지가 불가능하다.
③ 이음 효율을 100%까지 할 수 있다.
④ 리벳, 볼트 등의 기계 결합 요소가 필요 없다.

57.
용접 이음은 이음 효율을 100%까지 할 수 있으므로 기밀유지가 가능하다.

정답 54 ② 55 ① 56 ① 57 ②

58 표준 스퍼기어에서 모듈 4, 잇수 21개, 압력각이 20°라고 할 때, 법선피치(p_n)은 약 몇 mm인가?

① 11.8
② 14.8
③ 15.6
④ 18.2

58.
$$p_n = P\cos\alpha = \pi m \cos 20°$$
$$= \pi \times 4 \times \cos 20°$$
$$= 11.8$$

59 평 벨트와 비교하여 V벨트의 특징으로 틀린 것은?

① 전동효율이 좋다.
② 고속운전이 가능하다.
③ 정숙한 운전이 가능하다.
④ 축간거리를 더 멀리 할 수 있다.

59.
V벨트는 일체형으로 제작되어 축간거리를 증가시키거나 감소시킬 수 없다.

60 지름 50mm의 연강축을 사용하여 350rpm으로 40kW를 전달할 수 있는 묻힘 키의 길이는 몇 mm 이상인가?
(단, 키의 허용전단응력은 49.05MPa, 키의 폭과 높이는 b×h=15mm×10mm이며, 전단저항만 고려한다.)

① 38
② 46
③ 60
④ 78

60.
$$T = \frac{1000\,kW}{w}$$
$$= \frac{60 \times 1000 \times 40}{2 \times \pi \times 350}$$
$$= 1091.34\,Nm$$

$\tau = \dfrac{2T}{dbl}$ 에서

$$l = \frac{2T}{db\tau} = \frac{2 \times 1091.34}{50 \times 15 \times 49.05}$$
$$= 59.3 ≒ 60$$

정답 58 ① 59 ④ 60 ③

제 4 과목 컴퓨터응용설계

61 다음 중 중앙처리장치(CPU)와 메인 메모리(RAM)사이에서 처리될 자료를 효율적으로 이송할 수 있도록 하는 기능을 수행하는 것은?

① BIOS
② 캐시 메모리
③ CISC
④ 코프로세서

62 일반적인 CAD시스템에서 원을 정의하는 방법으로 틀린 것은?

① 정점과 초점
② 중심과 반지름
③ 원주상의 3점
④ 중심과 원주상의 한 점

62.
원호 정의 방법
① 시작점, 중심점, 끝점
② 시작점, 중심점, 각도
③ 시작점, 중심점, 현의 길이
④ 시작점, 끝점, 반지름
⑤ 시작점, 끝점, 내부각

63 일반적으로 CAM은 생산계획과 통제에 컴퓨터 기술을 효과적으로 사용하는 것을 말한다. 다음 중 CAM의 응용영역과 가장 거리가 먼 것은?

① 컴퓨터 이용 공정계획
② 컴퓨터 이용 제품 공차 분석
③ 컴퓨터 이용 NC 프로그래밍
④ 컴퓨터 이용 자재소요계획

정답 61 ② 62 ① 63 ②

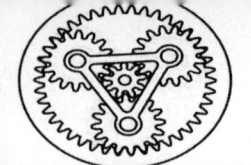

64 컴퓨터 그래픽 장치 중 입력장치가 아닌 것은?

① 음극관(CRT)
② 키보드(Keyboard)
③ 스캐너(Scanner)
④ 디지타이저(Digitizer)

64.
음극관은 X-선을 발생시키는 진공관이다.

65 2차원 평면에서 (1,1)과 (5,9)를 지나는 직선을 매개변수 t의 곡선식 r(t)로 표현한 것으로 알맞은 것은?
(단, $\hat{i}$, $\hat{j}$는 각각 x, y축 방향의 단위벡터임)

① $\vec{r}(t) = t\hat{i} + (2t+1)\hat{j}$
② $\vec{r}(t) = 2t\hat{i} + (4t+1)\hat{j}$
③ $\vec{r}(t) = \left(\dfrac{1}{\sqrt{2}}t+1\right)\hat{i} + (\dfrac{2}{\sqrt{2}}t-1)\hat{j}$
④ $\vec{r}(t) = \left(\dfrac{1}{\sqrt{5}}t+1\right)\hat{i} + (\dfrac{2}{\sqrt{5}}t+1)\hat{j}$

66 다음 중 형상 구속조건과 치수조건을 입력하여 모델링하는 기법으로 옳은 것은?

① 파라메트릭 모델링
② Wire frame 모델링
③ B-rep(Boundary Representation)
④ CSG(Constructive Solid Geometry)

66.
파라메트릭 모델링(parametric modeling)은 치수나 공식 같은 파라미터(매개변수)를 사용해 모델의 형상을 콘트롤하는 방식으로 CAD 분양에서는 모델의 형상 또는 각 단계에 종속 및 상호 관계를 부여함으로써 어떤 한 형상을 편집할 경우, 다른형상의 크기나 위치 등에 영향을 주게 하는 모델링 방식이다.

정답 64 ① 65 ④ 66 ①

67 모델링 기법 중에서 실루엣(silhouette)을 구할 수 없는 것은?

① CSG 방식
② Surface model 방식
③ B-rep 방식
④ Wire frame model 방식

68 "$y=3x^2$"으로 표시된 곡선에 대하여 점(1,3)에서 직선의 기울기는?

① 1
② 3
③ 6
④ 9

68.
$\frac{dy}{dx}=6x$

69 그림과 같이 평면상의 두 벡터($\vec{a}, \vec{b}$)로 이루어진 평행사변형의 넓이를 구한 식으로 옳은 것은?

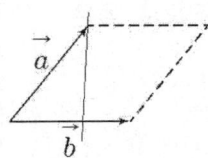

① $\vec{a}+\vec{b}$
② $|\vec{a}\times\vec{b}|$
③ $\vec{a}\cdot\vec{b}$
④ $|\vec{a}\cdot\vec{b}|$

69.
$|\vec{a}\times\vec{b}| = |(a\cos\theta\vec{i}+a\sin\theta\vec{j})\times(b\vec{i})|$
$= a\sin\theta b$

70 다음 중 일반적으로 3차원 CAD가 필요하지 않은 분야는?

① 금형 설계
② 건축 설계
③ 신발 설계
④ 전기회로 설계

정답   67 ④   68 ③   69 ②   70 ④

71 다음 중 하나의 타원을 구성하기 위한 설명으로 틀린 것은?

① 서로 대각선을 이루는 두 점에 의한 타원
② 타원의 중심, 장축 지정 점, 단축 지정 점을 알고 있는 경우
③ 타원의 중심, 장축 지정 점, 장축과 수직한 직선을 알고 있는 경우
④ 세 점 중 두 점은 일직선상에 존재하고 남은 한 점은 나머지 두 점에 의한 직선과 수직관계를 성립하는 경우

72 다음 중 3차원 형상을 표현하는 것으로 틀린 것은?

① 곡선 모델링
② 서피스 모델링
③ 솔리드 모델링
④ 와이어프레임 모델링

73 솔리드 모델링에서 CSG와 비교한 B-rep의 특징으로 옳은 것은?

① 표면적 계산이 곤란하다.
② 복잡한 Topology 구조를 가지고 있다.
③ Data Base의 Memory를 적게 차지한다.
④ Primitive를 이용하여 직접 형상을 구성한다.

74 플로터(plotter)의 일반적인 분류 방식으로 가장 거리가 먼 것은?

① 펜(pen)식
② 충격(impact)식
③ 래스터(raster)식
④ 포토(photo)식

71.
① 축과 끝점: 두 끝점으로 첫 번째 축을 정의한다. 첫 번째 축의 각도는 타원의 각도를 결정하고 첫 번째 축은 타원의 장축과 단축 중의 하나를 정의할 수 있다.
② 회전 옵션을 선택할 경우: 회전 첫 번째 축을 중심으로 원을 회전함으로써, 타원의 장축 대 단축의 비율을 정의한다. 값이 높을수록 단축 대 장축의 비율이 커지며, 0을 입력하면 원이 된다.
③ 중심점: 지정된 중심점으로 타원을 그린다.
④ 호: 타원형 호를 작성한다. 첫 번째 축의 각도는 타원형 호의 각도를 결정한다.

72.
3차원 모델링 방법에는 와이어 프레임 모델링(wire frame modeling)과 서피스 모델링(surface modeling), 솔리드 모델링(solid modeling)이 있다.

정답 71 ③ 72 ① 73 ② 74 ②

75 다음 모델링 기법 중에서 숨은선 제거가 불가능한 모델링 기법은?

① CSG 모델링
② B-rep 모델링
③ Surface 모델링
④ Wire Frame 모델링

76 형상을 구성하기 위해서 추출한 형상제어점들을 전부 통과하는 도형요소로 옳은 것은?

① 쿤스(coons) 곡면
② 베지어(bezier) 곡면
③ 스플라인(spline) 곡선
④ B-스플라인(B-spline) 곡선

77 기하학적 형상모델링에서 Bezier 곡선의 성질에 대한 설명으로 틀린 것은?

① 곡선은 양단의 끝점을 반드시 통과한다.
② 1개의 정점 변화가 곡선전체에 영향을 준다.
③ n개의 정점에 의해 생성된 곡선은 (n+1)차 곡선이다.
④ 곡선은 정점을 통과시킬 수 있는 다각형의 내측에만 존재한다.

76.
스플라인 곡선(Spline Curve)
퍼거슨 곡선 또는 곡면이나 쿤스 곡면은 이웃하는 단위 곡선 혹은 곡면과의 연결성에 문제가 있으나 스플라인 곡선은 지정된 모든 점을 통과하면서 부드럽게 연결되어 기구 설계 또는 항공기 등에서 자유곡선이나 곡면을 설계할 때 부드러운 곡선을 의미한다.

77.
베지어(Bezier) 곡선의 성질
① 곡선은 양단의 끝점을 반드시 통과한다.
② 곡선은 조정점(control point)에 의해 형성된 볼록포(convex hull)의 안쪽에 위치한다.
③ 다각형 양끝의 선분은 시작점과 끝점의 접선벡터와 같은 방향이다.
④ 1개의 정점 변화가 곡선 전체에 영향을 미친다.
⑤ n개의 정점에 의해서 생성된 곡선은 $(n-1)$차 곡선이다.
⑥ 대칭성이 있으므로 다각형 꼭짓점의 순서를 거꾸로 하여 곡선을 생성하여도 같은 곡선이 된다.

정답   75 ④   76 ③   77 ③

78 CAD시스템에서 이용되는 2차 곡선방정식에 대한 설명으로 거리가 먼 것은?

① 매개변수식으로 표현하는 것이 가능하기도 하다.
② 곡선식에 대한 계산시간이 3차, 4차식보다 적게 걸린다.
③ 연결된 여러 개의 곡선사이에서 곡률의 연속이 보장된다.
④ 여러 개 곡선을 하나의 곡선으로 연결하는 것이 가능하다.

79 IGES(Initial Graphics Exchange Specification)를 설명한 것으로 옳은 것은?

① 그래픽 정보 교환용 기계장치
② 초기 생성된 그래픽을 수정하기 위한 기능
③ 장비에서 그래픽 정보를 생성하기 위한 초기화 상태에 관한 규칙
④ 서로 다른 시스템간의 그래픽 정보를 상호교류하기 위한 파일 구조

80 그래픽 디스플레이 장치 중에서 랜덤주사형(random scan type)을 설명한 것 중 틀린 것은?

① 가격이 고가이다.
② 고밀도를 표시할 수 있어 화질이 좋다.
③ 동형의 동적 표현이 가능하여 애니메이션에 사용할 수 있다.
④ 컬러화에 제한 없이 자유로운 색상의 애니메이션이 가능하다.

80.
컬러화에 제한 없이 자유로운 색상의 애니메이션이 가능한 방식은 컬러 디스플레이이다.

정답   78 ③   79 ④   80 ④

제 1 과목 기계가공법 및 안전관리

01 마찰면이 넓은 부분 또는 시동횟수가 많을 때 사용하고 저속 및 중속 축의 급유에 사용되는 급유방법은?

① 담금 급유법　　② 패드 급유법
③ 적하 급유법　　④ 강제 급유법

02 척에 고정할 수 없으며 불규칙하거나 대형 또는 복잡한 가공물을 고정할 때 사용하는 선반 부속품은?

① 면판(face plate)
② 맨드릴(mandrel)
③ 방진구(work rest)
④ 돌리개(dog)

03 다음 센터구멍의 종류로 옳은 것은?

① A형　　② B형
③ C형　　④ D형

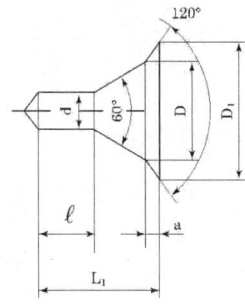

정답　01 ③　02 ①　03 ②

04 절삭 날 부분을 특정한 형상으로 만들어 복잡한 면을 갖는 공작물의 표면을 한 번에 가공하는데 적합한 밀링 커터는?

① 총형 커터
② 엔드 밀
③ 앵귤러 커터
④ 플레인 커터

05 일반적으로 직경(외경)을 측정하는 공구로써 가장 거리가 먼 것은?

① 강철자
② 그루브 마이크로미터
③ 버니어 캘리퍼스
④ 지시 마이크로미터

5.
그루브 마이크로미터
스핀들에 플랜지가 부착되어 홈의 너비, 깊이, 위치를 측정하는 기기

06 절삭제의 사용 목적과 거리가 먼 것은?

① 공구의 온도상승 저하
② 가공물의 정밀도 저하방지
③ 공구수명 연장
④ 절삭 저항의 증가

6.
절삭유를 사용하면 저항이 감소한다.

07 다음과 같이 표시된 연삭숫돌에 대한 설명으로 옳은 것은?

"WA 100 K 5 V"

① 녹색 탄화규소 입자이다.
② 고운눈 입도에 해당된다.
③ 결합도가 극히 경하다.
④ 메탈 결합제를 사용했다.

7.
WA: 백색 산화 알루미늄 입자
100: 고운 눈 메시
K: 연한 결합도
5: 중간 조직
V: 비트리파이드 결합재

정답   04 ①   05 ②   06 ④   07 ②

08 탁상 연삭기 덮개의 노출각도에서, 숫돌 주축 수평면 위로 이루는 원주의 최대 각은?

① 45° ② 65°
③ 90° ④ 120°

8.
탁상용 연삭기의 노출각도는 일반적으로 90°이며 수평 기준 이하 시 노출각도는 125°, 수평 기준 상부 시 노출각도는 65°이다.

09 사인 바 (Sine bar)의 호칭 치수는 무엇으로 표시하는가?

① 롤러 사이의 중심거리
② 사인 바의 전장
③ 사인 바의 중량
④ 롤러의 직경

9.
사인 바의 크기는 롤러 중심 간의 거리로 표시하며 $100mm$와 $200mm$가 있다.

10 절삭 공구를 연삭하는 공구연삭기의 종류가 아닌 것은?

① 센터리스 연삭기 ② 초경공구 연삭기
③ 드릴 연삭기   ④ 만능공구 연삭기

10.
센터리스 연삭기는 조정숫돌이 있는 연삭기로 자동이송 연삭기이다.

11 비교 측정에 사용되는 측정기가 아닌 것은?

① 다이얼 게이지   ② 버니어 캘리퍼스
③ 공기 마이크로미터 ④ 전기 마이크로미터

11.
버니어 캘리퍼스는 외경, 내경, 깊이 및 길이를 직접 측정하는 게이지이다.

12 선반가공에서 Ø100×400인 SM45C 소재를 절삭 깊이 3mm, 이송속도를 0.2mm/rev, 주축 회전수를 400rpm으로 1회 가공할 때, 가공 소요시간은 약 몇 분인가?

① 2 ② 3
③ 5 ④ 7

12.
1회 가공
회전수 $= \dfrac{400}{0.2} = 2000$

$\dfrac{2000}{400} = 5$분

정 답 08 ② 09 ① 10 ① 11 ② 12 ③

13 수공구를 사용할 때 안전수칙 중 거리가 먼 것은?

① 스패너를 너트에 완전히 끼워서 뒤쪽으로 민다.
② 멍키렌치는 아래턱(이동 jaw) 방향으로 돌린다.
③ 스패너를 연결하거나 파이프를 끼워서 사용하면 안 된다.
④ 멍키렌치는 웜과 랙의 마모에 유의하고 물림상태 확인 후 사용한다.

13.
스패너는 너트에 꼭 맞는 것을 사용하며 너트에 스패너를 깊이 물려서 앞으로 당기는 식으로 작업을 한다.

14 견고하고 금긋기에 적당하며, 비교적 대형으로 영점 조정이 불가능한 하이트 게이지로 옳은 것은?

① HT형
② HB형
③ HM형
④ HC형

15 기계가공법에서 리밍 작업시 가장 옳은 방법은?

① 드릴 작업과 같은 속도와 이송으로 한다.
② 드릴 작업보다 고속에서 작업하고 이송을 작게 한다.
③ 드릴 작업보다 저속에서 작업하고 이송을 크게 한다.
④ 드릴 작업보다 이송만 작게 하고 같은 속도로 작업한다.

16 호브(hob)를 사용하여 기어를 절삭하는 기계로써, 차동 기구를 갖고 있는 공작기계는?

① 레이디얼 드릴링 머신
② 호닝 머신
③ 자동 선반
④ 호빙 머신

16.
호빙 머신은 창성법으로 기어의 이를 절삭하는 기어 전용 절삭기이며 커터인 호브를 회전시키고, 동시에 공작물을 회전시키면서 축 방향으로 이송을 주어 기어를 절삭하는 공작기계로 테이블, 칼럼, 호브대, 아버지지대, 베드로 구성되어 있다.

정답 13 ① 14 ③ 15 ③ 16 ④

17 밀링 머신에서 절삭속도 20m/min, 페이스커터의 날수 8개, 직경 120mm, 1날당 이송 0.2mm일 때 테이블 이송속도는?

① 약 65mm/min   ② 약 75mm/min
③ 약 85mm/min   ④ 약 95mm/min

17.
$$n = \frac{1000\,V}{\pi d} = \frac{1000 \times 20}{\pi \times 120}$$
$$= 53.05$$
$$f = f_Z \cdot Z \cdot n$$
$$= 0.2 \times 8 \times 53.05$$
$$= 84.88 mm/min$$

18 선반의 주축을 중공축으로 한 이유로 틀린 것은?

① 굽힘과 비틀림 응력의 강화를 위하여
② 긴 가공물 고정이 편리하게 하기 위하여
③ 지름이 큰 재료의 테이퍼를 깎기 위하여
④ 무게를 감소하여 베어링에 작용하는 하중을 줄이기 위하여

19 연삭숫돌의 원통도 불량에 대한 주된 원인과 대책으로 옳게 짝지어진 것은?

① 연삭숫돌의 눈 메움 : 연삭숫돌의 교체
② 연삭숫돌의 흔들림 : 센터 구멍의 홈 조정
③ 연삭숫돌의 입도가 거침 : 굵은 입도의 연삭숫돌 사용
④ 테이블 운동의 정도 불량 : 정도검사, 수리, 미끄럼 면의 윤활을 양호하게 할 것

19.
① 연삭숫돌의 눈 메움: 드레싱 가공
② 연삭숫돌의 흔들림: 축의 흔들림 검사 및 진원도 검사

20 일반적으로 방전가공 작업시 사용되는 가공액의 종류 중 가장 거리가 먼 것은?

① 변압기유   ② 경유
③ 등유   ④ 휘발유

정답 17 ③ 18 ③ 19 ④ 20 ④

제 2 과목 기계제도

21 호칭번호가 "NA 4916 V"인 니들 롤러 베어링의 안지름 치수는 몇 mm인가?

① 16
② 49
③ 80
④ 96

21.
$16 \times 5 = 80$

22 그림과 같이 가공된 축의 테이퍼 값은 얼마인가?

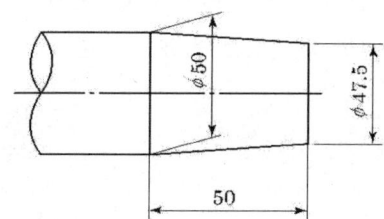

① $\dfrac{1}{5}$
② $\dfrac{1}{10}$
③ $\dfrac{1}{20}$
④ $\dfrac{1}{40}$

22.
테이퍼
$= \dfrac{50 - 47.5}{50} = \dfrac{2.5}{50} = \dfrac{1}{20}$

23 지름이 60mm, 공차가 +0.001~+0.015인 구멍의 최대 허용치수는?

① 59.85
② 59.985
③ 60.15
④ 60.015

23.
$60 + 0.015 = 60.015$

정 답   21 ③   22 ③   23 ④

24 지름이 10cm이고, 길이가 20cm인 알루미늄 봉이 있다. 비중량이 2.7일 때, 중량(kg)은?

① 0.4242kg ② 4.242kg
③ 42.42kg   ④ 4242kg

24.
$G = r \cdot V$
$= 1000 \times 2.7 \times \dfrac{\pi \times 0.1^2}{4} \times 0.2$
$= 4.24 kg$

25 이면 용접의 KS 기호로 옳은 것은?

① ② ③ ④

25.
① 비드, 살돋음 (이면용접에 사용)
② 필릿
③ 플러그

26 전개도를 그리는데 다음 중 가장 중요한 것은?

① 투시도   ② 축척도
③ 도형의 중량   ④ 각부의 실제 길이

27 그림은 필릿 용접 부위를 나타낸 것이다. 필릿 용접의 목 두께를 나타내는 치수는?

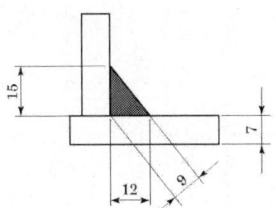

① 7   ② 9
③ 12 ④ 15

27.
9: 용접목 두께
12, 15: 용접목 길이

정답 24 ② 25 ① 26 ④ 27 ②

28 그림과 같은 단면도의 형태는?

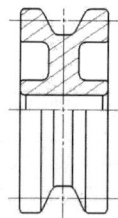

① 온 단면도　　　　② 한쪽 단면도
③ 부분 단면도　　　④ 회전 도시 단면도

29 핸들이나 바퀴 등의 암 및 리브, 훅, 축 등의 절단면을 나타내는 도시법으로 가장 적합한 것은?

① 계단 단면도　　　② 부분 단면도
③ 한쪽 단면도　　　④ 회전도시 단면도

30 제3각 투상법으로 정면도와 평면도를 그림과 같이 나타낼 경우 가장 적합한 우측면도는?

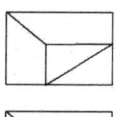
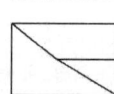

① 　　②
③ 　　④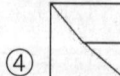

정답　28 ②　29 ④　30 ①

31 그림과 같은 기하공차 기입 틀에서 "A"에 들어갈 기하공차 기호는?

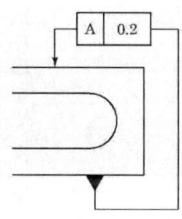

① ▱　　② //
③ ⊥　　④ =

31.
아랫면과의 평행을 나타낸다.

32 보기와 같은 공차기호에서 최대실체 공차방식을 표시하는 기호는?

(보기)

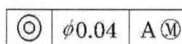

① ◎　　② A
③ Ⓜ　　④ ∅

33 KS 재료기호 중 합금 공구강 강재에 해당하는 것은?

① STS
② STC
③ SPS
④ SBS

정답 31 ② 32 ③ 33 ①

34 제3각법으로 투상한 보기의 도면에 가장 적합한 입체도는?

(보기)

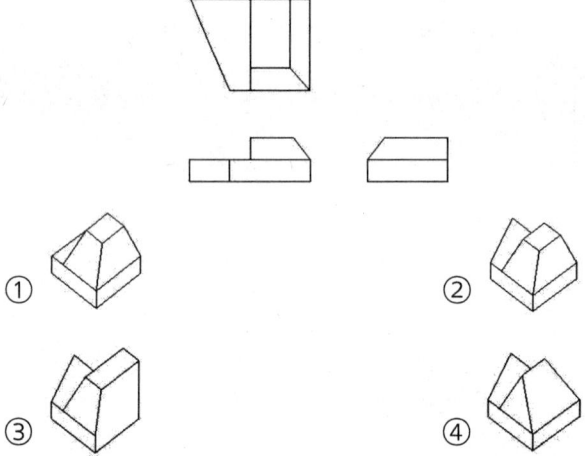

35 그림과 같은 기호에서 "1.6" 숫자가 의미하는 것은?

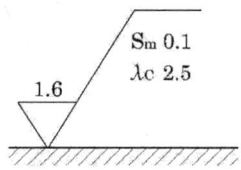

① 컷오프 값
② 기준길이 값
③ 평가길이 표준값
④ 평균 거칠기의 값

정답 34 ② 35 ④

36 그림과 같은 입체도에서 화살표 방향을 정면도로 할 경우에 우측면도로 가장 적절한 것은?

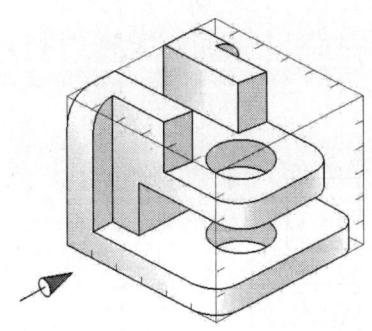

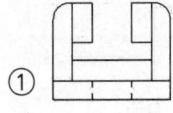
①

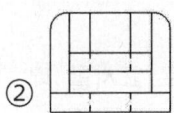
②

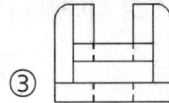
③

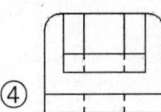
④

37 표준 스퍼 기어의 항목표에서는 기입되지 아니하나 헬리컬 기어 항목표에는 기입되는 것은?

① 모듈
② 비틀림 각
③ 잇수
④ 기준 피치원 지름

정답 36 ③ 37 ②

38 제3각 정투상법으로 그린 "(보기)"에 알맞은 우측면도는?

(보기)

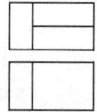

① 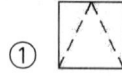 ②

③  ④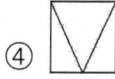

39 그림과 같이 암나사를 단면으로 표시할 때, 가는 실선으로 도시하는 부분은?

39.
A, B, D는
외형선으로 나타낸다.

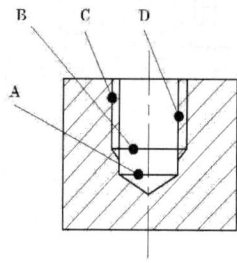

① A   ② B
③ C   ④ D

40 일반 구조용 압연강재의 KS 재료기호는?

① SPS   ② SBC
③ SS   ④ SM

40.
① SPS: 스프링강
④ SM: 기계구조용 탄소강

정답 38 ② 39 ③ 40 ③

제 3 과목 기계설계 및 기계재료

41 어떤 종류의 금속이나 합금을 절대영도 가까이 냉각하였을 때, 전기저항이 완전히 소멸되어 전류가 감소하지 않는 상태는?

① 초소성
② 초전도
③ 감수성
④ 고상 접합

42 풀림의 목적을 설명한 것 중 틀린 것은?

① 강의 경도가 낮아져서 연화된다.
② 담금질된 강의 취성을 부여한다.
③ 조직의 균일화, 미세화, 표준화 된다.
④ 가스 및 불순물의 방출과 확산을 일으키고, 내부 응력을 저하시킨다.

42.
풀림은 금속의 초기화를 위한 일반 열처리이며 가스 및 불순물의 방출과 확산을 일으키고 내부응력이나 잔류응력을 저하 시 사용한다.

43 전연성이 좋고 색깔이 아름다우므로 장식용 악기 등에 사용되는 5~20% Zn이 첨가된 구리합금은?

① 톰백(tombac)
② 백동
③ 6-4 황동(muntz metal)
④ 7-3 황동(cartridge brass)

정 답   41 ②   42 ②   43 ①

44 용광로의 용량으로 옳은 것은?

① 1회 선철의 총생산량
② 10시간 선철의 총생산량
③ 1일 선철의 총생산량
④ 1개월 선철의 총생산량

45 18-8형 스테인리스강의 설명으로 틀린 것은?

① 담금질에 의하여 경화되지 않는다.
② 1000℃~1100℃로 가열하여 급랭하면 가공성 및 내식성이 증가된다.
③ 고온으로부터 급랭한 것을 500℃~850℃로 재가열하면 탄화크롬이 석출된다.
④ 상온에서는 자성을 갖는다.

45.
18-8형 스테인리스강은 상온에서 비자성체이다.

46 탄소강의 상태도에서 공정점에서 발생하는 조직은?

① Pearlite, Cementite
② Cementite, Austenite
③ Ferrite, Cementite
④ Austenite, Pearlite

46.
공정점의 탄소강조직은 레데뷰라이트로서 시멘타이트와 오스테나이트의 혼합물이다.

47 뜨임의 목적이 아닌 것은?

① 탄화물의 고용강화
② 인성 부여
③ 담금질할 때 생긴 내부응력 감소
④ 내마모성의 향상

47.
뜨임은 템퍼링이라 하며 마텐자이트의 경도를 낮추고 인성을 부여하기 위해 하는 일반 열처리의 종류이다.

정답   44 ③   45 ④   46 ②   47 ①

48 내열용 알루미늄 합금이 아닌 것은?

① Y합금
② 로엑스(Lo-Ex)
③ 듀랄루민
④ 코비탈륨

49 담금질한 강을 재가열할 때 600℃ 부근에서의 조직은?

① 솔바이트
② 마텐자이트
③ 트루스타이트
④ 오스테나이트

50 주철용해용 고주파 유도 용해로(전기로)의 크기 표시는?

① 매 시간당 용해톤(ton)수
② 1일 총 용해톤(ton)수
③ 1회 최대 용해톤(ton)수
④ 8시간 조업 용해톤(ton)수

51 다음 나사산의 각도 중 틀린 것은?

① 미터보통나사 60°
② 관용평행나사 55°
③ 유니파이보통나사 60°
④ 미터사다리꼴나사 35°

51.
미터사다리꼴나사의 산각은 $30°$ 이다.

52 너클 핀 이음에서 인장력이 50kN인 핀의 허용전단응력을 50MPa이라고 할 때, 핀의 지름 d는 몇 mm인가?

① 22.8
② 25.2
③ 28.2
④ 35.7

52.
$\tau = \dfrac{4P}{\pi d^2 \times 2}$ 에서

$d = \sqrt{\dfrac{2P}{\pi \tau}} = \sqrt{\dfrac{2 \times 50000}{\pi \times 50}}$

$= 25.23$

정 답   48 ③   49 ①   50 ③   51 ④   52 ②

53 보통운전으로 회전수 300rpm, 베어링하중 110N을 받는 단열레디얼 볼 베어링의 기본 동정격하중은?
(단, 수명은 6만 시간이고, 하중계수는 1.5이다.)

① 1693N ② 169.3N
③ 1650N ④ 165.0N

53.
$$L_h = 500\left(\frac{C}{1.5 \times 110}\right)^3 \frac{33.3}{300}$$
$$= 60000$$
$$C = 1693.44 N$$

54 1줄 리벳 겹치기 이음에서 강판의 효율(η_1)을 나타내는 식은?
(단, p : 리벳의 피치, d : 리벳구멍의 지름, t : 강판의 두께, σ_t : 강판의 인장응력이다.)

① $\dfrac{d-p}{d}$

② $\dfrac{p-d}{p}$

③ $pt\sigma_t$

④ $(p-d)t\sigma_t$

55 어떤 축이 굽힘모멘트 M과 비틀림모멘트 T를 동시에 받고 있을 때, 최대 주응력설에 의한 상당 굽힘 모멘트 Me는?

① $Me = \dfrac{1}{2}(M + \sqrt{M+T})$

② $Me = \dfrac{1}{2}(M^2 + \sqrt{M+T})$

③ $Me = \dfrac{1}{2}(M + \sqrt{M^2+T^2})$

④ $Me = \dfrac{1}{2}(M^2 + \sqrt{M^2+T^2})$

정답 53 ① 54 ② 55 ③

56 V 벨트의 사다리꼴 단면의 각도(θ)는 몇 도인가?

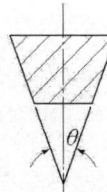

① 30°   ② 35°
③ 40°   ④ 45°

57 자전거의 래칫휠에 사용되는 클러치는?

① 맞물림 클러치
② 마찰클러치
③ 일방향 클러치
④ 원심클러치

58 축간거리 55cm인 평행한 두 축 사이에 회전을 전달하는 한 쌍의 스퍼기어에서 피니언이 124회전할 때, 기어를 96회전시키려면 피니언의 피치원 지름은?

① 48cm   ② 62cm
③ 96cm   ④ 124cm

58.
$$D_2 = D_1 \frac{N_1}{N_2} = \frac{124}{96} D_1$$
$$C = \frac{D_2 + D_1}{2} = \frac{D_1 + \frac{124}{96} D_1}{2}$$
$$D_1 = \frac{55 \times 2}{1 + \frac{124}{96}} = 48$$

59 각속도가 30rad/sec인 원운동을 rpm단위로 환산하면 얼마인가?

① 157.1rpm   ② 186.5rpm
③ 257.1rpm   ④ 286.5rpm

59.
$$N = \frac{60\omega}{2\pi} = \frac{60 \times 30}{2\pi}$$
$$= 286.5 \, rpm$$

정답 56 ③   57 ③   58 ①   59 ④

60 스프링의 자유높이 H와 코일의 평균지름 D의 비를 무엇이라 하는가?

① 스프링 지수
② 스프링 변위량
③ 스프링 상수
④ 스프링 종횡비

제 4 과목 컴퓨터응용설계

61 CAD 데이터 교환 규격인 IGES에 대한 설명으로 틀린 것은?

① CAD/CAM/CAE 시스템 사이의 데이터 교환을 위한 최초의 표준이다.
② 한 개의 IGES 파일은 여섯 개의 섹션(section)으로 구성되어 있다.
③ Directory Entry 섹션은 파일에서 정의한 모든 요소(entity)의 목록을 저장한다.
④ 제품 데이터 교환을 위한 표준으로서 CALS에서 채택되어 주목받고 있다.

62 잉크젯 프린터 등의 해상도를 나타내는 단위는?

① LPM
② PPM
③ DPI
④ CPM

61.
CALS
제품의 계획, 설계, 조달, 생산, 사후관리 및 폐기까지의 전 과정을 디지털화해 기업 간 공유하는 정보시스템

62.
DPI (Dot Per Inch)
1평방인치(1inch x 1inch) 안에 얼마나 많은 점이 모여있나 하는 단위로 많은 점이 모일수록 그만큼 더 세밀한 표현을 할수 있다.
LPM = L/min (체적 유량)
ppm(parts per million) 미량 함유 물질의 농도 단위 중에서 가장 널리 사용되는 것으로 중량 100만 분율로 나타내는 기호로서 1ppm=1mg/kg=1g/t로 나타내는 것을 원칙으로 한다.

CPM (cycle per minute)은 분당 진동수 이다.

정답   60 ④   61 ④   62 ③

63 솔리드 모델링에서 기본형상에 불리언 연산(boolean operation)을 적용하여 형상을 만드는 방법은?

① CSG
② Fairing
③ B-Rep
④ Remeshing

64 심미적 곡면 중 단면이 안내곡선을 따라 이동하여 형성하는 형태의 곡면은?

① Sweep 곡면
② Grid 곡면
③ Patch 곡면
④ Blending 곡면

65 반지름 3, 중심점(6,7)인 원을 반지름 6, 중심점(8,4)의 원으로 변환하는 변환행렬로 알맞은 것은?
(단, 변환 전, 후 원상의 점좌표는 동차좌표를 사용하여 각각 $\vec{r}=\begin{bmatrix}x\\y\\1\end{bmatrix}$, $\vec{r'}=\begin{bmatrix}x'\\y'\\1\end{bmatrix}$ 로 표시된다.)

① $\begin{bmatrix}x'\\y'\\1\end{bmatrix}=\begin{bmatrix}1&0&8\\0&1&4\\0&0&1\end{bmatrix}\begin{bmatrix}2&0&0\\0&2&0\\0&0&1\end{bmatrix}\begin{bmatrix}1&0&-6\\0&1&-7\\0&0&1\end{bmatrix}\begin{bmatrix}x\\y\\1\end{bmatrix}$

② $\begin{bmatrix}x'\\y'\\1\end{bmatrix}=\begin{bmatrix}1&0&-8\\0&1&-4\\0&0&1\end{bmatrix}\begin{bmatrix}2&0&0\\0&2&0\\0&0&1\end{bmatrix}\begin{bmatrix}1&0&6\\0&1&7\\0&0&1\end{bmatrix}\begin{bmatrix}x\\y\\1\end{bmatrix}$

③ $\begin{bmatrix}x'\\y'\\1\end{bmatrix}=\begin{bmatrix}1&0&6\\0&1&7\\0&0&1\end{bmatrix}\begin{bmatrix}2&0&0\\0&2&0\\0&0&1\end{bmatrix}\begin{bmatrix}1&0&-8\\0&1&-4\\0&0&1\end{bmatrix}\begin{bmatrix}x\\y\\1\end{bmatrix}$

④ $\begin{bmatrix}x'\\y'\\1\end{bmatrix}=\begin{bmatrix}1&0&-6\\0&1&-7\\0&0&1\end{bmatrix}\begin{bmatrix}2&0&0\\0&2&0\\0&0&1\end{bmatrix}\begin{bmatrix}1&0&8\\0&1&4\\0&0&1\end{bmatrix}\begin{bmatrix}x\\y\\1\end{bmatrix}$

정답 63 ① 64 ① 65 ①

66 CSG 트리 자료구조에 대한 설명으로 틀린 것은?

① 자료구조가 간단해서 데이터 관리가 용이하다.
② 특히 리프팅이나 라운딩과 같이 편리한 국부변형 기능들을 사용하기에 좋다.
③ CSG 표현은 항상 대응되는 B-Rep 모델로 치환이 가능하다.
④ 파라메트릭 모델링을 쉽게 구현할 수 있다.

67 다음이 설명하는 것은 어떤 모델링 방식을 말하는가?

> 어떤 축의 지름을 변경하였을 때 이와 조립된 구멍의 지름도 같이 변하게 하는 모델링 방식을 말한다.

① 복셀 모델링   ② 비 다양체 모델링
③ B-Rep 모델링   ④ 조립체 모델링

68 2차원 컴퓨터 그래픽스의 Window/Viewport 변환을 위해 반드시 필요한 것이 아닌 것은?

① Window 중심점의 좌표
② Viewport 중심점의 좌표
③ X 및 Y 방향의 변환각도
④ X 및 Y 방향의 축척

69 원점에 중심이 있는 타원이 있는데 이 타원위에 2개의 점 P(x, y)가 각각 P1(2, 0), P2(0, 1) 있다고 할 때 이 점들을 지나는 타원의 식으로 옳은 것은?

① $(x-2)^2 + y^2 = 1$ ② $x^2 + (y-1)^2 = 1$
③ $x^2 + \dfrac{y^2}{4} = 1$ ④ $\dfrac{x^2}{4} + y^2 = 1$

69.
타원 방정식
$\dfrac{x^2}{a^2} + \dfrac{y^2}{b^2} + \dfrac{z^2}{c^2} = 1$

$a = 2,\ b = 1,\ c = 0$

$\dfrac{x^2}{4} + y^2 = 1$

정답   66 ②   67 ④   68 ③   69 ④

70 CAD 시스템에서 많이 사용한 Hermite 곡선 방정식에서 일반적으로 몇 차식을 많이 사용하는가?

① 1차식 ② 2차식
③ 3차식 ④ 4차식

70.
Hermite 곡선 방정식은 양끝점의 위치와 양끝점에서의 도함수를 이용하여 구하는 3차원 곡선

71 다음 중 원추면을 하나의 평면으로 절단할 때 얻을 수 있는 곡선(원추곡선)을 모두 고른 것은?

| ㉠ 원 | ㉡ 타원 |
| ㉢ 포물선 | ㉣ 쌍곡선 |

① ㉡, ㉣ ② ㉠, ㉡, ㉣
③ ㉡, ㉢, ㉣ ④ ㉠, ㉡, ㉢, ㉣

72 비트(bit)에 대한 설명으로 틀린 것은?

① binary digit의 약자이다.
② 0과 1을 동시에 나타내는 정보 단위이다.
③ 2진수로 표시된 정보를 나타내기에 알맞다.
④ 컴퓨터에서 데이터를 나타내는 최소 단위이다.

72.
비트는 0과 1을 별도로 나타내는 2진수 표시이다.

73 다음 중 원호를 정의하는 방법으로 틀린 것은?

① 시작점, 중심점 각도를 지정
② 시작점, 중심점, 끝점을 지정
③ 시작점, 중심점, 현의 길이를 지정
④ 시작점, 끝점, 현의 길이를 지정

73.
원호 정의 방법
① 시작점, 중심점, 끝점
② 시작점, 중심점, 각도
③ 시작점, 중심점, 현의 길이
④ 시작점, 끝점, 반지름
⑤ 시작점, 끝점, 내부각

정답 70 ③ 71 ④ 72 ② 73 ④

74 솔리드 모델링의 특징에 관한 설명 중 틀린 것은?

① 은선 제거가 가능하다.
② 물리적 성질 등의 계산이 불가능하다.
③ 간섭 체크가 용이하다.
④ 와이어 프레임 모델링에 비해 데이터 처리량이 많다.

74.
솔리드 모델링은 물리적 성질의 계산이 가능하다.

75 3차 베지어 곡면을 정의하기 위하여 최소 몇 개의 점이 필요한가?

① 4
② 8
③ 12
④ 16

76 CAD 시스템으로 구축한 형상 모델에서 설계해석을 위한 각종 정보를 추출하거나, 추가로 필요로 하는 정보를 입력하고 편집하여 필요한 형식으로 재구성하는 소프트웨어 프로그램이나 처리절차를 뜻하는 용어는?

① Pre-processor
② Post-processor
③ Multi-processor
④ Multi-programming

정답 74 ② 75 ④ 76 ①

77 다음 중 B-Rep 모델링에서 토폴로지 요소간에 만족해야 하는 오일러-포앙카레 공식으로 옳은 것은?
(단, V는 꼭지점의 개수, E는 모서리의 개수, F는 면 또는 외부 루프의 개수, H는 면상에 구멍 루프의 개수, C는 독립된 셀의 개수, G는 입체를 관통하는 구멍의 개수이다.)

① V + F + E + H = 2(C + G)
② V + F − E + H = 2(C + G)
③ V + F − E − H = 2(C − G)
④ V − F + E − H = 2(C − G)

78 3차원 직교좌표계 상의 세 점 A(1,1,1), B(2,2,3), C(5,1,4)가 이루는 삼각형에서 변 AB, AC가 이루는 각은 얼마인가?

① $\cos^{-1}(\frac{2}{\sqrt{5}})$
② $\cos^{-1}(\frac{3}{\sqrt{5}})$
③ $\cos^{-1}(\frac{2}{\sqrt{6}})$
④ $\cos^{-1}(\frac{3}{\sqrt{6}})$

79 곡면 편집 기법 중 인접한 두 면을 둥근 모양으로 부드럽게 연결하도록 처리하는 것은?

① Fillet
② Smooth
③ Mesh
④ Trim

80 다음 중 변환 행렬과 관계가 없는 것은?

① 이동
② 확대
③ 회전
④ 복사

정답 77 ③ 78 ③ 79 ① 80 ④

2015년 제3회 과/년/도/문/제

제 1 과목 기계가공법 및 안전관리

01 전해연마에 이용되는 전해액으로 틀린 것은?

① 인산 ② 황산
③ 과염소산 ④ 초산

1.
전해액
과염소산, 황산, 인산, 질산, 청화알카리, 불산 등

02 정밀측정에서 아베의 원리에 대한 설명으로 옳은 것은?

① 내측 측정시는 최대값을 택한다.
② 눈금선의 간격은 일치되어야 한다.
③ 단도기의 지지는 양끝 단면이 평행하도록 한다.
④ 표준자와 피측정물은 동일 축선상에 있어야 한다.

2.
아베의 원리에 위배되는 측정기의 종류로는 버니어 캘리퍼스, 캘리퍼스형 내측 마이크로미터 등이 있다.

03 일반적인 선반작업의 안전수칙으로 틀린 것은?

① 회전하는 공작물을 공구로 정지시킨다.
② 장갑, 반지 등은 착용하지 않도록 한다.
③ 바이트는 가능한 짧고 단단하게 고정한다.
④ 선반에서 드릴작업시 구멍가공이 거의 끝날 때는 이송을 천천히 한다.

3.
회전하는 공작물을 정지시킬 때 공구 또는 손 등을 사용하여 강제로 정지시키면 안된다. 정상적으로 주축의 회전을 정지시키는 방법이어야 한다.

04 액체호닝에서 완성 가공면의 상태를 결정하는 일반적인 요인이 아닌 것은?

① 공기 압력 ② 가공 온도
③ 분출 각도 ④ 연마제의 혼합비

4.
연마제의 농도, 공기 압력, 분사시간, 노즐과 일감의 거리, 분사각 등에 따라 가공면이 다르다.

정 답 01 ④ 02 ④ 03 ① 04 ②

05 선반가공에서 이동 방진구에 대한 설명 중 틀린 것은?

① 베드의 상면에 고정하여 사용한다.
② 왕복대의 새들에 고정시켜 사용한다.
③ 두 개의 조(jaw)로 공작물을 지지한다.
④ 바이트와 함께 이동하면서 공작물을 지지한다.

5.
베드 위에 고정하는 방식은 고정식 방진구이다.

06 그림에서 X는 18mm, 핀의 지름이 ∅6mm이면 A 값은 약 몇 mm인가?

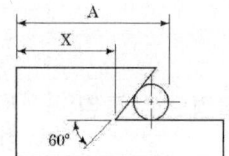

① 23.196
② 26.196
③ 31.392
④ 34.392

6.
$$A = X + \left(R + \frac{R}{\tan 30°}\right)$$
$$= 18 + \left(3 + \frac{3}{\tan 30°}\right)$$
$$= 26.196mm$$

07 스패너 작업의 안전수칙으로 거리가 먼 것은?

① 몸의 균형을 잡은 다음 작업을 한다.
② 스패너는 너트에 알맞은 것을 사용한다.
③ 스패너의 자루에 파이프를 끼워 사용한다.
④ 스패너를 해머 대용으로 사용하지 않는다.

7.
스패너에 파이프를 끼우거나 해머로 두드려서 작업하지 말 것

08 공작물을 절삭할 때 절삭온도의 측정방법으로 틀린 것은?

① 공구 현미경에 의한 측정
② 칩의 색깔에 의한 측정
③ 열량계에 의한 측정
④ 열전대에 의한 측정

8.
절삭온도의 측정방법
① 칩의 빛깔에 의한 방법
② 삽입된 열전대에 의한 방법
③ 복사고온계에 의한 방법
④ 열량계에 의한 방법

정답   05 ①   06 ②   07 ③   08 ①

09 측정 오차에 관한 설명으로 틀린 것은?

① 계통 오차는 측정 값에 일정한 영향을 주는 원인에 의해 생기는 오차이다.
② 우연 오차는 측정자와 관계없이 발생하고, 반복적이고 정확한 측정으로 오차 보정이 가능하다.
③ 개인 오차는 측정자의 부주의로 생기는 오차이며, 주의해서 측정하고 결과를 보정하면 줄일 수 있다.
④ 계기 오차는 측정압력, 측정온도, 측정기 마모 등으로 생기는 오차이다.

9.
우연 오차
① 기계에서 발생하는 소음이나 진동 등과 같은 주위 환경에서 오는 오차
② 자연현상의 급변 등으로 생기는 오차

10 일반적으로 한계 게이지 방식의 특징에 대한 설명으로 틀린 것은?

① 대량 측정에 적당하다.
② 합격, 불합격의 판정이 용이하다.
③ 조작이 복잡하므로 경험이 필요하다.
④ 측정 치수에 따라 각각의 게이지가 필요하다.

10.
한계 게이지
가공의 치수를 통과측과 정지측으로 두어 허용공차 이내에서 측정하는 게이지로 간단한 원리이다.

11 연삭작업에서 주의해야 할 사항으로 틀린 것은?

① 회전속도는 규정 이상으로 해서는 안 된다.
② 작업 중 숫돌의 진동이 있으면 즉시 작업을 멈춰야 한다.
③ 숫돌커버를 벗겨서 작업을 한다.
④ 작업 중에는 반드시 보안경을 착용하여야 한다.

11.
숫돌의 커버를 반드시 부착하여 사용한다.

정답 09 ② 10 ③ 11 ③

12 선반가공에서 지름 102mm인 환봉을 300rpm으로 가공할 때 절삭 저항력이 981N이었다. 이때 선반의 절삭효율을 75%라 하면 절삭동력은 약 몇 kW인가?

① 1.4   ② 2.1
③ 3.6   ④ 5.4

12.
$$H_{kW} = \frac{981 \times \pi \times 102 \times 300}{102 \times 9.8 \times 0.75 \times 60 \times 1000}$$
$$= 2.1 kW$$

13 절삭공구의 수명 판정방법으로 거리가 먼 것은?

① 날의 마멸이 일정량에 달했을 때
② 완성된 공작물의 치수 변화가 일정량에 달했을 때
③ 가공면 또는 절삭한 직후의 면에 광택이 있는 무늬 또는 점들이 생길 때
④ 절삭저항의 주분력, 배분력이나 이송방향 분력이 급격히 저하되었을 때

13.
절삭저항의 주분력에는 변화가 나타나지 않더라도 배분력 또는 이송분력이 급격히 증가하였을 때

14 압축공기를 이용하여, 가공액과 혼합된 연마재를 가공물 표면에 고압·고속으로 분사시켜 가공하는 방법은?

① 버핑   ② 초음파 가공
③ 액체 호닝   ④ 슈퍼 피니싱

15 다음 연삭숫돌의 표시 방법 중에서 "5"는 무엇을 나타내는가?

"WA 60 K 5 V"

① 조직   ② 입도
③ 결합도   ④ 결합제

15.
WA: 입자
60: 입도
K: 결합도
V: 결합제

정답   12 ②   13 ④   14 ③   15 ①

16 절삭가공을 할 때, 절삭조건 중 가장 영향을 적게 미치는 것은?

① 가공물의 재질
② 절삭 순서
③ 절삭 깊이
④ 절삭 속도

16.
절삭가공에 가장 큰 영향을 주는 조건은 절삭 속도이다.

17 밀링작업의 절삭속도 선정에 대한 설명 중 틀린 것은?

① 공작물의 경도가 높으면 저속으로 절삭한다.
② 커터날이 빠르게 마모되면 절삭속도를 낮추어 절삭한다.
③ 거친 절삭은 절삭속도를 빠르게 하고, 이송속도를 느리게 한다.
④ 다듬질 절삭에서는 절삭속도를 빠르게, 이송을 느리게, 절삭 깊이를 적게 한다.

17.
$V = \dfrac{\pi d N}{1000}(m/\min)$

$f = f_Z \cdot Z \cdot N (mm/\min)$

18 절삭저항의 3분력에 해당되지 않는 것은?

① 주분력
② 배분력
③ 이송분력
④ 칩분력

18.
절삭저항은 주분력, 배분력, 이송분력의 합이다.

19 볼트머리나 너트가 닿는 자리면을 만들기 위하여 구멍 축에 직각 방향으로 주위를 평면으로 깎는 작업은?

① 카운터 싱킹
② 카운터 보링
③ 스폿 페이싱
④ 보링

정답 16 ② 17 ③ 18 ④ 19 ③

20 트위스트 드릴의 각부에서 드릴 홈의 골 부위(웨브 두께)를 측정하기에 가장 적합한 것은?

① 나사 마이크로미터
② 포인트 마이크로미터
③ 그루브 마이크로미터
④ 다이얼 게이지 마이크로미터

제 2 과목 기계제도

21 그림과 같은 제3각 정투상도의 입체도로 가장 적합한 것은?

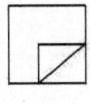

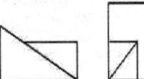

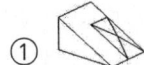 ①
 ②
 ③
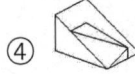 ④

22 그림에서 도시한 기어는?

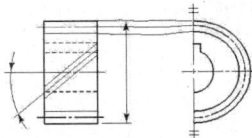

① 베벨 기어
② 웜 기어
③ 헬리컬 기어
④ 하이포이드 기어

22.
도면상에서 비틀림각이 표시된 것으로 보아 헬리컬 기어로 판단된다.

정답 20 ② 21 ④ 22 ③

23 그림과 같이 기입된 KS 용접기호의 해석으로 옳은 것은?

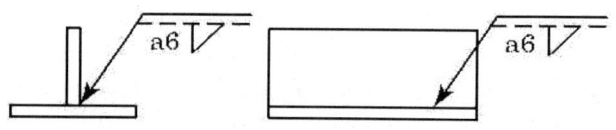

23.
a6: 목 두께 $6mm$의 표기이다.

① 화살표 쪽 필릿 용접 목 두께가 6mm
② 화살표 반대쪽 필릿 용접 목 두께가 6mm
③ 화살표 쪽 필릿 용접 목 길이가 6mm
④ 화살표 반대쪽 필릿 용접 목 길이가 6mm

24 그림과 같이 3각법으로 투상한 도면에 가장 적합한 입체도 형상은?

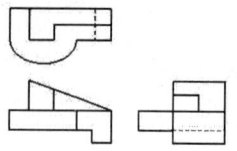

① 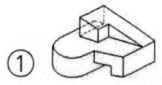   ②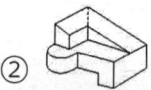

③ 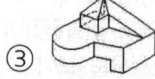   ④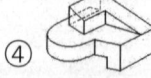

정답 23 ② 24 ④

25 3각법으로 투상한 그림과 같은 도면의 입체도는?

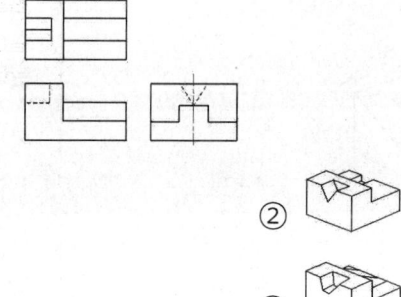

① ② ③ ④

26 그림과 같은 표면의 결 지시 기호에서 각 항목별 설명 중 옳지 않은 것은?

26.
c: 컷오프 값 표시이다.

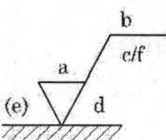

① a : 거칠기 값
② b : 가공 방법
③ c : 가공 여유
④ d : 표면의 줄무늬 방향

27 다음 기하 공차 기호 중 돌출 공차역을 나타내는 기호는?

① Ⓟ ② Ⓜ
③ Ⓐ ④ Ⓐ

27.
Ⓜ: 최대실체상태 기호

정답 25 ③ 26 ③ 27 ①

28 그림과 같은 입체도에서 화살표 방향이 정면일 때 정투상법으로 나타낸 투상도 중 잘못된 도면은?

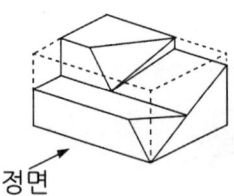

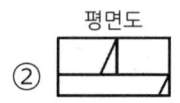

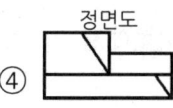

28.
우측면도는 ①의 좌측면도에서 은선을 실선으로 표기를 해주면 된다.

29 도면에서 가는 실선으로 표시된 대각선 부분의 의미는?

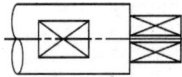

① 평면　　　② 곡면
③ 홈부분　　④ 라운드 부분

30 그림과 같은 기하공차 기호에 대한 설명으로 틀린 것은?

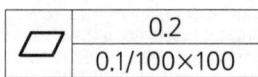

① 평면도 공차를 나타낸다.
② 전체부위에 대해 공차값 0.2mm를 만족해야 한다.
③ 지정넓이 100mm×100mm에 대해 공차값 0.1mm를 만족해야 한다.
④ 이 기하공차 기호에서는 두 가지 공차조건 중 하나만 만족하면 된다.

30.
공차조건 $0.1mm$와 $0.2mm$ 둘 다 만족하여야 한다.

정답　28 ③　29 ①　30 ④

31 체결품의 부품 조립 간략 표시에 있어서 양쪽 면에 카운터 싱크가 있고 현장에서 드릴 가공 및 끼워 맞춤을 나타내는 기호는?

①   ②

③ 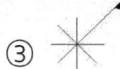   ④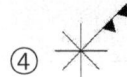

32 기계구조용 탄소 강재의 KS 재료 기호로 옳은 것은?

① SM40C
② SS330
③ AlDC1
④ GC100

32.
SS330:
일반구조용 압연 강재

33 구멍 $70\,H7\,(70^{+0.030}_{0})$, 축 $70\,g6\,(70^{+0.010}_{-0.029})$의 끼워 맞춤이 있다. 끼워 맞춤의 명칭과 최대 틈새를 바르게 설명한 것은?

① 중간 끼워 맞춤이며 최대 틈새는 0.01이다.
② 헐거운 끼워 맞춤이며 최대 틈새는 0.059이다.
③ 억지 끼워 맞춤이며 최대 틈새는 0.029이다.
④ 헐거운 끼워 맞춤이며 최대 틈새는 0.039이다.

33.
① 구멍기준식 헐거운 끼워 맞춤
② 최대틈새
  $= 0.030 - (-0.029)$
  $= 0.059$

정답   31 ④   32 ①   33 ②

34 보기와 같이 축 방향으로 인장력이나 압축력이 작용하는 두 축을 연결하거나 풀 필요가 있을 때 사용하는 기계 요소는 무엇인가?

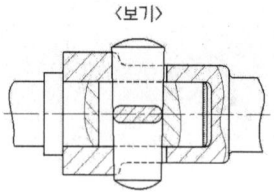

〈보기〉

① 핀   ② 키
③ 코터   ④ 플랜지

35 Tr 40×7-6H로 표시된 나사의 설명 중 틀린 것은?

① Tr : 미터 사다리꼴 나사
② 40 : 나사의 호칭지름
③ 7 : 나사산의 수
④ 6H : 나사의 등급

36 다음 용접 보조기호 중 전체 둘레 현장용접기호인 것은?

① ⌐▷   ② ●
③ ○   ④ ⌖

37 피아노 선재의 KS 재질 기호는?

① HSWR   ② STSY
③ MSWR   ④ SWRS

34.
코터(Cotter)
인장력 또는 압축력을 받는 축을 연결하는 요소이다.

35.
7: 피치

36.
○: 전둘레 용접

정답 34 ③ 35 ③ 36 ① 37 ④

38 다음 중 복렬 깊은 홈 볼 베어링의 약식 도시 기호가 바르게 표기된 것은?

① ② ③ ④

39 2개의 입체가 서로 만날 경우 두 입체 표면에 만나는 선이 생기는데 이 선을 무엇이라고 하나?

① 분할선　　② 입체선
③ 직립선　　④ 상관선

제 3 과목 기계설계 및 기계재료

40 금속 재료의 표시 기호 중 탄소 공구강 강재를 나타낸 것은?

① SPP　　② STC
③ SBHG　④ SWS

40.
SPP: 스프링강
SWS: 용접구조용 압연강

41 선팽창계수가 큰 순서로 올바르게 나열된 것은?

① 알루미늄 〉 구리 〉 철 〉 크롬
② 철 〉 크롬 〉 구리 〉 알루미늄
③ 크롬 〉 알루미늄 〉 철 〉 구리
④ 구리 〉 철 〉 알루미늄 〉 크롬

41.
금속의 용융점 온도
Al: 660℃
Cu: 1083℃
Fe: 1538℃
Cr: 1875℃

선팽창계수
Al: 23.1×10^{-6}
Cu: 16.5×10^{-6}
Fe: 11.6×10^{-6}
Cr: 8.4×10^{-6}

정답　38 ①　39 ④　40 ②　41 ①

42 탄소강에서 적열메짐을 방지하고, 주조성과 담금질 효과를 향상시키기 위하여 첨가하는 원소는?

① 황(S) ② 인(P)
③ 규소(Si) ④ 망간(Mn)

42.
Mn
적열취성 방지,
담금질 효과 상승,
고온가공 용이

43 철-탄소(Fe-C)평행상태도에 대한 설명으로 틀린 것은?

① 강의 A_2 변태점은 약 768℃이다.
② 탄소량이 0.8% 이하의 경우 아공석강이라고 한다.
③ 탄소량이 0.8% 이상의 경우 시멘타이트 양이 적어진다.
④ α-고용체와 시멘타이트의 혼합물을 펄라이트라고 한다.

44 다음 순금속 중 열전도율이 가장 높은 것은?
(단, 20℃에서의 열전도율이다.)

① Ag ② Au
③ Mg ④ Zn

44.
열 및 전기전도율
$Ag-Cu-Au(Pt)-Al$
$-Mg-Zn-\ni-Fe$
$-Pb-Sb$

45 다음 중 불변강이 아닌 것은?

① 인바 ② 엘린바
③ 인코넬 ④ 슈퍼인바

45.
인코넬
Ni 78~80%,
Cr 12~14% 합금

46 구리합금 중 6:4 황동에 약 0.8% 정도의 주석을 첨가하며 내해수성에 강하기 때문에 선박용 부품에 사용하는 특수 황동은?

① 네이벌 황동 ② 강력 황동
③ 납 황동 ④ 애드미럴티 황동

정답 42 ④ 43 ③ 44 ① 45 ③ 46 ①

47 한 변의 길이가 150mm~300mm로 분괴 압연된 각형 대강편은 무엇인가?

① bloom
② board
③ billet
④ slab

48 인청동의 적당한 인 함량(%)은?

① 0.05~0.5
② 6.0~10.0
③ 15.0~20.0
④ 20.5~25.5

49 풀림에 대한 설명으로 틀린 것은?

① 기계적 성질을 개선하기 위한 것이 구상화 풀림이다.
② 응력 제거 풀림은 재료 내부의 잔류응력을 제거하기 위한 것이다.
③ 강을 연하게 하여 기계 가공성을 향상시키기 위한 것은 완전 풀림이다.
④ 풀림온도는 과공석강인 경우에는 A_3변태점보다 30~50℃로 높게 가열하여 방랭한다.

49.
풀림은 A_1변태점 이상에서 가열 후 서냉한다.

50 강을 표준상대로 하고, 가공조직의 균일화, 결정립의 미세화 등을 목적으로 하는 열처리는?

① 풀림   ② 불림
③ 뜨임   ④ 담금질

50.
① 담금질: 강도·경도 증가 목적
② 뜨임: 인성 증가 목적
③ 풀림: 연성 증가 목적

정답   47 ①   48 ①   49 ④   50 ②

51 다음 중 두 축이 서로 교차하면서 회전력을 전달하는 기어는?

① 스퍼기어(spur gear)
② 헬리컬 기어(helical gear)
③ 래크와 피니언(rack and pinion)
④ 스파이럴 베벨기어(spiral bevel gear)

52 지름 5cm의 축이 300rpm으로 회전할 때, 최대로 전달할 수 있는 동력은 약 몇 kW인가?
(단, 축의 허용비틀림응력은 39.2MPa이다.)

① 8.59
② 16.84
③ 30.23
④ 181.38

52.
$$T = 974000 \times 9.8 \times \frac{H}{N}$$
$$= \tau \cdot Z_p$$
$$974000 \times 9.8 \times \frac{H}{300}$$
$$= 39.2 \times \frac{\pi \times 50^3}{16}$$
$$H = 30.24 kW$$

53 유니파이 보통나사 "$\frac{1}{4} - 20 UNC$"의 바깥지름은?

① 0.25mm
② 6.35mm
③ 12.7mm
④ 20mm

53.
$$\frac{1}{4} \times 25.4 = 6.35 mm$$

54 원형봉에 비틀림 모멘트를 가하면 비틀림 변형이 생기는 원리를 이용한 스프링은?

① 겹판 스프링
② 토션 바
③ 벌류트 스프링
④ 랫칫 휠

정답 51 ④ 52 ③ 53 ② 54 ②

55 판의 두께 15mm, 리벳의 지름 20mm, 피치 60mm인 1줄 겹치기 리벳 이음을 하고자 할 때, 강판의 인장응력과 리벳이음 판의 효율은 각각 얼마인가?
(단, 12.26kN의 인장하중이 작용한다.)

① 20.43MPa, 66%
② 20.43MPa, 76%
③ 32.96MPa, 66%
④ 32.96MPa, 76%

55.
$$\sigma_t = \frac{12.26 \times 10^3}{(60-20) \times 15}$$
$$= 20.43 MPa$$
$$\eta_p = \left(1 - \frac{20}{60}\right) \times 100$$
$$= 66.67\%$$

56 일반용 V 고무 벨트(표준 V-벨트)의 각도는?

① 30°   ② 40°
③ 60°   ④ 90°

57 지름 60mm의 강 축에 350rpm으로 50kW를 전달하려고 할 때, 허용전단응력을 고려하여 적용 가능한 묻힘 키(sunk key)의 최소 길이(ℓ)는 약 몇 mm인가?
(단, 키의 허용전단응력 τ=40N/mm², 키의 규격(폭×높이)=12mm×10mm이다.)

① 80   ② 85
③ 90   ④ 95

57.
$$\tau_k = \frac{2T}{bld}$$
$$40 = \frac{2 \times 974000 \times 9.8 \times 50}{12 \times l \times 60 \times 350}$$
$$l = 94.69mm$$

58 다음 중 자동 하중 브레이크의 종류로 틀린 것은?

① 웜 브레이크   ② 밴드 브레이크
③ 나사 브레이크   ④ 캠 브레이크

정답   55 ①   56 ②   57 ④   58 ②

59 재료의 기준강도(인장강도)가 $400\,N/mm^2$이고 허용응력이 $100\,N/mm^2$일 때, 안전율은?

① 0.25 ② 1.0
③ 4.0   ④ 16.0

59.
$$S = \frac{400}{100} = 4.0$$

60 반경방향 하중 6.5kN, 축방향 하중 3.5kN을 받고, 회전수 600rpm으로 지지하는 볼 베어링이 있다. 이 베어링에 30000시간의 수명을 주기 위한 기본 동정격하중으로 가장 적합한 것은?
(단, 반경방향 동하중계수(X)는 0.35, 축방향 동하중계수(Y)는 1.8로 한다.)

① 43.3kN ② 54.6kN
③ 65.7kN ④ 88.0kN

60.
$$P_r = 0.35 \times 6.5 + 1.8 \times 3.5$$
$$= 8.575\,kN$$
$$L_h = 500 \left(\frac{C}{P_r}\right)^r \cdot \frac{33.3}{N}$$
$$30,000 = 500 \times \left(\frac{C}{8.575}\right)^3 \times \frac{33.3}{600}$$
$$C = 88.01\,kN$$

제 4 과목 컴퓨터응용설계

61 좌표계의 원점이 중심이고 경도 u, 위도 v로 표시되는 구(sphere)의 매개변수식($\vec{r}(u,v)$)으로 옳은 것은?
(단, 구의 반경은 R로 가정하고, $\hat{i}$, $\hat{j}$, $\hat{k}$는 각각 x, y, z축 방향의 단위벡터이며, $0 \leq u \leq 2\pi$, $-\pi/2 \leq v \leq \pi/2$이다.)

① $R\cos(u)\cos(v)\hat{i} + R\cos(u)\sin(v)\hat{j} + R\sin(v)\hat{k}$
② $R\cos(v)\cos(u)\hat{i} + R\cos(v)\sin(u)\hat{j} + R\sin(v)\hat{k}$
③ $R\cos(u)\cos(v)\hat{i} + R\cos(u)\sin(v)\hat{j} + R\cos(v)\hat{k}$
④ $R\cos(v)\cos(u)\hat{i} + R\cos(v)\sin(u)\hat{j} + R\cos(v)\hat{k}$

61.
구의 방적식
$x^2 + y^2 + z^2 = R^2$을
만족하는 것은 ②번이다.

정답 59 ③ 60 ④ 61 ②

62 다음 중 솔리드 모델링의 특징에 속하지 않는 것은?

① 은선 제거가 가능하다.
② 물리적 성질 등의 계산이 가능하다.
③ 간섭체크가 불가능하다.
④ 와이어프레임 모델링에 비해서는 메모리 용량이 많이 요구된다.

62.
솔리드 모델링의 특징
① 간섭체크가 가능하다.
② 단면도 작성이 용이하다.
③ 불리언 연산에 의하여 복잡한 형상도 표현할 수 있다.

63 솔리드 모델링에 있어서 사각블럭, 정육면체, 구, 원통, 피라밋 등과 같은 기본 입체를 사용하여 이들 형상을 불연산에 따라 일정한 순서로 조합하는 방식은?

① CSG 방식
② B-rep 방식
③ NURBS 방식
④ Assembly 방식

63.
B-rep 방식
형상을 구성하고 있는 정점, 면, 모서리가 어떠한 관계를 가지느냐에 따라 표현하는 방법이다.

64 블렌딩 함수로 Bernstein 다항식을 사용한 곡선 방정식은?

① 퍼거슨(Ferguson) 곡선
② 베지어(Bezier) 곡선
③ B-스플라인(spline) 곡선
④ NURBS 곡선

64.
① 퍼거슨 곡선
  3차 매개변수 다항식으로 정의된 곡선
② 베지어 곡선
  번스타인 3차 다항식으로 정의된 곡선

65 CAD 시스템의 입력장치 중 좌표 정보를 찾아내는데 사용하는 로케이터(locator) 장치에 속하지 않는 것은?

① 조이스틱(joystick)
② 마우스(mouse)
③ 라이트 펜(light pen)
④ 트랙볼(track ball)

65.
라이트 펜은 셀렉터 장치로 분류된다.

정 답   62 ③   63 ①   64 ②   65 ③

66 디지털 목업(digital mock-up)에 관한 설명으로 거리가 먼 것은?

① 실물 mock-up의 사용빈도를 줄일 수 있는 대안이다.
② 간섭검사, 기구학적 검사 그리고 조립체 속을 걸어 다니는듯한 효과 등을 낼 수 있다.
③ 적어도 surface나 solid model로 제품이 모델링되어야 한다.
④ 조립체 모델링에는 아직 적용되지 않는다.

67 면과 면이 만나서 이루어지는 모서리(edge)만으로 모델을 표현하는 방법으로 점, 직선 그리고 곡선으로 구성되는 모델링은?

① 와이어 프레임 모델링
② 솔리드 모델링
③ 윈도우 모델링
④ 서피스 모델링

67.
① 서피스 모델링
 점, 선, 면만으로 모델을 표현
② 솔리드 모델링
 점, 선, 면과 다각형의 정보로 모델을 표현

68 평면에서 x축과 이루는 각도가 150°이며 원점으로부터 거리가 1인 직선의 방정식은?

① $\sqrt{3}\,x+y=2$
② $\sqrt{3}\,x+y=1$
③ $x+\sqrt{3}\,y=2$
④ $x+\sqrt{3}\,y=1$

69 CAD 시스템에서 점을 정의하기 위해 사용되는 좌표계가 아닌 것은?

① 직교 좌표계
② 원통 좌표계
③ 구면 좌표계
④ 벡터 좌표계

정답 66 ④ 67 ① 68 ③ 69 ④

70 Bezier 곡선의 특징에 관한 설명으로 옳지 않은 것은?

① 곡선은 첫 번째 조정점(control point)과 마지막 조정점을 통과한다.
② 곡선은 조정점(control point)을 연결하는 다각형의 외측에 존재한다.
③ 1개의 조정점(control point) 변화만으로도 곡선 전체의 형상에 영향을 미친다.
④ n개의 조정점(control point)에 의해 정의되는 곡선은 (n-1)차 곡선이다.

70.
곡선은 조정점에 의해 형성된 블록포의 안쪽에 위치한다.

71 솔리드 모델링(Solid Modeling)에서 면의 일부 혹은 전부를 원하는 방향으로 당겨서 물체를 늘어나도록 하는 모델링 기능은?

① 트위킹(Tweaking)   ② 리프팅(Lifting)
③ 스위핑(Sweeping)   ④ 스키닝(Skinning)

72 특징 형상 모델링(Feature-based Modeling)의 특징으로 거리가 먼 것은?

① 기본적인 형상 구성 요소와 형상 단위에 관한 정보를 함께 포함하고 있다.
② 전형적인 특징 형상으로 모떼기(chamfer), 구멍(hole), 슬롯(slot) 등이 있다.
③ 특징 형상 모델링 기법을 응용하여 모델로부터 공정 계획을 자동으로 생성시킬 수 있다.
④ 주로 트위킹(tweaking) 기능을 이용하여 모델링을 수행한다.

72.
트위킹
곡면 모델링 시스템에 의해 만들어진 곡면을 불러들여 기존 모델의 평면을 바꾸는 기능

정답   70 ②   71 ②   72 ④

73 B-Spline 곡선이 Bezier 곡선에 비해서 갖는 특징을 설명한 것으로 옳은 것은?

① 곡선을 국소적으로 변형할 수 있다.
② 한 조정점을 이동하면 모든 곡선의 형상에 영향을 준다.
③ 자유곡선을 표현할 수 있다.
④ 곡선은 반드시 첫 번째 조정점과 마지막 조정점을 통과한다.

73.
B-Spline 곡선의 치수는 조정점의 개수와 무관하며 곡선의 형상을 국부적으로 수정 할 수 있다.

74 CAD 용어에 관한 설명으로 틀린 것은?

① 표시하고자하는 화면상의 영역을 벗어나는 선들을 잘라버리는 것을 트리밍(trimming)이라고 한다.
② 물체를 완전히 관통하지 않는 홈을 형성하는 특징 형상을 포켓(pocket)이라고 한다.
③ 명령의 실행 또는 마우스 클릭시마다 On 또는 Off가 번갈아 나타나는 세팅을 토글(toggle)이라고 한다.
④ 모델을 명암이 포함된 색상으로 처리한 솔리드로 표시하는 작업을 셰이딩(shading)이라 한다.

74.
트리밍
교차하는 선 중 필요 없는 부분을 잘라내는 작업

75 좌표값(x, y)에서 x, y가 다음과 같은 식으로 주어질 때 그리는 궤적의 모양은? (단, r은 일정한 상수이다.)

$$x = r\cos\theta, \quad y = r\sin\theta$$

① 원　　　　　　　② 타원
③ 쌍곡선　　　　　④ 포물선

75.
주어진 식은 원의 매개변수 표현식이다.

정답　73 ①　74 ①　75 ①

76 행렬 $A = \begin{bmatrix} 1 & 2 \\ 0 & 1 \\ 1 & 1 \end{bmatrix}$ 와 $B = \begin{bmatrix} 0 & 1 & 2 \\ 1 & 0 & 3 \end{bmatrix}$ 의 곱 AB는?

① $\begin{bmatrix} 1 & 1 \\ 0 & 0 \\ 1 & 2 \end{bmatrix}$ ② $\begin{bmatrix} 1 & 2 & 0 \\ 3 & 1 & 1 \end{bmatrix}$

③ $\begin{bmatrix} 2 & 3 \\ 3 & 5 \end{bmatrix}$ ④ $\begin{bmatrix} 2 & 1 & 8 \\ 1 & 0 & 3 \\ 1 & 1 & 5 \end{bmatrix}$

● 76 해설
$A \times B$
$= \begin{bmatrix} 1\times0+2\times1 & 1\times1+2\times0 & 1\times2+2\times3 \\ 0\times0+1\times1 & 0\times1+1\times0 & 0\times2+1\times3 \\ 1\times0+1\times1 & 1\times1+1\times0 & 1\times2+1\times3 \end{bmatrix}$

77 설계해석 프로그램의 결과에 따라 응력, 온도 등의 분포도나 변형도를 작성하거나, CAD 시스템으로 만들어진 형상 모델을 바탕으로 NC공작기계의 가공 data를 생성하는 소프트웨어 프로그램이나 절차를 뜻하는 것은 무엇인가?

① Pre-processor
② Post-processor
③ Multi-processor
④ Co-processor

78 IGES 파일의 구조에 해당하지 않는 것은?

① Start Section
② Local Section
③ Directory Entry Section
④ Parameter Data Section

78.
IGES 파일 구조
Start, Global,
Directory Entry,
Parameter Data,
Terminate
모두 다섯 개 섹터로 구성

정 답 76 ④ 77 ② 78 ②

79 중앙처리장치(CPU)구성요소에서 컴퓨터 내부 장치 간의 상호신호교환과 입·출력 장치 간의 신호를 전달하고 명령어를 수행하는 장치는?

① 기억장치
② 입력장치
③ 제어장치
④ 출력장치

79.
제어장치(Control unit)
입력장치, 출력장치, 기억장치, 연상장치 등의 상관 동작을 명령하고, 통제하는 역할을 한다.

80 정전기식 플로터에 대한 설명으로 옳지 않은 것은?

① 래스터식으로 운영되는 대표적인 플로터이다.
② 도형의 복잡 유무와 관계없이 작화속도가 거의 일정하다.
③ 펜식 플로터와 비교하여 작화 속도가 빠르다.
④ 주로 마이크로 필름에 출력하는 장치로 사용된다.

80.
COM
(Computer out put microfilm)
도면이나 문자 등을 마이크로 필름으로 출력하는 장치이다.

2016년 제1회 과/년/도/문/제

제 1 과목 기계가공법 및 안전관리

01 공작물의 표면 거칠기와 치수 정밀도에 영향을 미치는 요소로 거리가 먼 것은?

① 절삭유
② 절삭 깊이
③ 절삭 속도
④ 칩 브레이커

02 총형커터에 의한 방법으로 치형을 절삭할 때 사용하는 밀링커터는?

① 베벨 밀링커터
② 헬리컬 밀링커터
③ 인벌류트 밀링커터
④ 하이포이드 밀링커터

03 밀링 작업 시의 안전 수칙으로 틀린 것은?

① 칩을 제거할 때 기계를 정지시킨 후 브러시로 털어낸다.
② 주축 회전 속도를 변환할 때에는 회전을 정지시키고 변환한다.
③ 칩가루가 날리기 쉬운 가공물의 공작 시에는 방진 안경을 착용한다.
④ 절삭유를 공급할 때 커터에 감겨들지 않도록 주의하고, 공작 중 다듬질 면은 손을 대어 거칠기를 점검한다.

1.
선반 절삭 가공에서 연속적으로 배출되는 유동형칩은 공구대, 홀더(Holder)등에 감기는 문제가 발생합니다. 또한, 네가형의 양면형 인써트를 사용시 경사각이 마이너스로 형성되어, 절삭 저항이 증가하여 공구수명 저하의 문제가 있습니다. 이러한점을 해소하기위해 칩브레이커를 사용하며 공작물의 표면 거칠기와 치수 정밀도와는 관계가 없다.

2.
총형커터는 일반적인 커터로 인벌류트 밀링커터를 사용한다.

3.
밀링 작업 시 절삭유를 공급할 때 커터에 닿아서 냉각 작용을 하도록 하며 공작 중 다듬질 면은 손을 대어 거칠기를 점검하는 것을 금한다.

정답 01 ④ 02 ③ 03 ④

04 크레이터 마모에 관한 설명 중 틀린 것은?

① 유동형 칩에서 가장 뚜렷이 나타난다.
② 절삭공구의 상면 경사각이 모고하게 파여지는 현상이다.
③ 크레이터 마모를 줄이려면 경사면 위의 마찰계수를 감소시킨다.
④ 처음에 빠른 속도로 성장하다가 어느 정도 크기에 도달하면 느려진다.

05 다듬질 면 상태의 평면 검사에 사용되는 수공구는?

① 트러멜
② 나이프 에지
③ 실린더 게이지
④ 앵글 플레이트

06 리머의 모양에 대한 설명 중 틀린 것은?

① 조정 리머 : 절삭 날을 조정할 수 있는 것
② 솔리드 리머 : 자루와 절삭 날이 다른 소재로 된 것
③ 셸 리머 : 자루와 절삭 날 부위가 별개로 되어 있는 것
④ 팽창 리머 : 가공물의 치수에 따라 조금 팽창할 수 있는 것

07 선반작업시 공구에 발생하는 절삭저항 중 가장 큰 것은?

① 배분력
② 주분력
③ 마찰분력
④ 이송분력

08 한계게이지의 종류에 해당되지 않는 것은?

① 봉 게이지
② 스냅 게이지
③ 다이얼 게이지
④ 플러그 게이지

4.
크레이터 마모는 절삭공구의 상면 경사각이 오목하게 파여지는 현상이며 처음에 느린 속도로 성장하다가 어느 정도 크기에 도달하면 빨라진다.

5.
트러멜:
큰원을 작도시 사용공구
실린더 게이지:
원통의 내경측정공구
앵글 플레이트 :
축의 진원도측정에 사용하며 다이얼게이지와함께 측정한다.

6.
솔리드 리머 :
자루와 절삭 날이 같은 소재로 된 일체형이다.

7.
선반작업시 공구에 발생하는 절삭저항
주분력> 배분력>이송분력

8.
다이얼 게이지는 비교측정기이다.

정답 04 ④ 05 ② 06 ② 07 ② 08 ③

09 절삭공구 재료 중 소결 초경합금에 대한 설명으로 옳은 것은?

① 진동과 충격에 강하며 내마모성이 크다.
② Co, W, Cr 등을 주조하여 만든 합금이다.
③ 충분한 경도를 얻기 위해 질화법을 사용한다.
④ W, Ti, Ta 등의 탄화물 분말을 Co를 결합제로 소결한 것이다.

9.
Co, W, Cr 등을 주조하여 만든 합금 : 스텔라이트

10 CNC 선반 프로그래밍에 사용되는 보조기능 코드와 기능이 옳게 짝지어진 것은?

① M01 : 주축 역회전
② M02 : 프로그램 종료
③ M03 : 프로그램 정지
④ M04 : 절삭유 모터 가동

10.
M01 : 선택적 프로그램 정지
M02 : 프로그램 종료
M03 : 주축 정회전
M04 : 주축 역회전

11 편심량이 2.2mm로 가공된 선반 가공물을 다이얼 게이지로 측정할 때, 다이얼 게이지 눈금의 변위량은 몇 mm인가?

① 1.1 ② 2.2
③ 4.4 ④ 6.6

11.
$2.2 \times 2 = 4.4\,mm$

12 1차로 가공된 가공물의 안지름보다 다소 큰 강구(steel ball)를 압입 통과시켜서 가공물의 표면을 소성변형으로 가공하는 방법은?

① 래핑(lapping) ② 호닝(honing)
③ 버니싱(burnishing) ④ 그라인딩(grinding)

정 답   09 ④   10 ②   11 ③   12 ③

13 직접 측정용 길이 측정기가 아닌 것은?

① 강철자 ② 사인 바
③ 마이크로미터 ④ 버니어캘리퍼스

13.
사인 바는 삼각함수를 사용하여 블록게이지와 함께 각도를 측정하는 계측기 이다.

14 연삭숫돌 입자의 종류가 아닌 것은?

① 에머리 ② 코런덤
③ 산화규소 ④ 탄화규소

15 다음 중 밀링작업에서 판캠을 절삭하기에 가장 적합한 밀링커터는?

① 엔드밀 ② 더브테일 커터
③ 메탈 슬리팅 소 ④ 사이드 밀링 커터

16 열경화성 합성수지인 베이크라이트(bakelite)를 주성분으로 하며 각종 용제, 기름 등에 안정된 숫돌로서 절단용 숫돌 및 정밀 연삭용으로 적합한 결합제는?

① 고무 결합제 ② 비닐 결합제
③ 셀락 결합제 ④ 레지노이드 결합제

17 지름 10mm, 원추 높이 3mm인 고속도강 드릴로 두께가 30mm인 연강판을 가공할 때 소요시간은 약 몇 분인가? (단, 이송은 0.3mm/rev, 드릴의 회전수는 667rpm이다.)

① 6 ② 2
③ 1.2 ④ 0.16

17.
$$T = \frac{t+h}{ns}$$
$$= \frac{3+30}{667 \times 0.3}$$
$$= 0.16 \min$$

정답 13 ② 14 ③ 15 ① 16 ④ 17 ④

18 밀링머신에서 원주를 단식 분할법으로 13등분하는 경우의 설명으로 옳은 것은?

① 13구멍 열에서 1회전에 3구멍씩 이동한다.
② 39구멍 열에서 3회전에 3구멍씩 이동한다.
③ 40구멍 열에서 1회전에 13구멍씩 이동한다.
④ 40구멍 열에서 3회전에 13구멍씩 이동한다.

18.
$$\frac{40}{N} = \frac{40}{13}$$
$$= 3\frac{1}{13}$$
$$= 3\frac{3}{39}$$

19 밀링머신에서 기어의 치형에 맞춘 기어 커터를 사용하여, 기어소재 원판을 같은 간격으로 분할 가공하는 방법은?

① 래크법
② 창성법
③ 총형법
④ 형판법

20 선반의 부속품 중에서 돌리개(dog)의 종류로 틀린 것은?

① 곧은 돌리개
② 브로치 돌리개
③ 굽은(곡형) 돌리개
④ 평행(클램프) 돌리개

정 답 18 ② 19 ③ 20 ②

제 2 과목 기계제도

21 다음 입체도의 화살표 방향 투상도로 가장 적합한 것은?

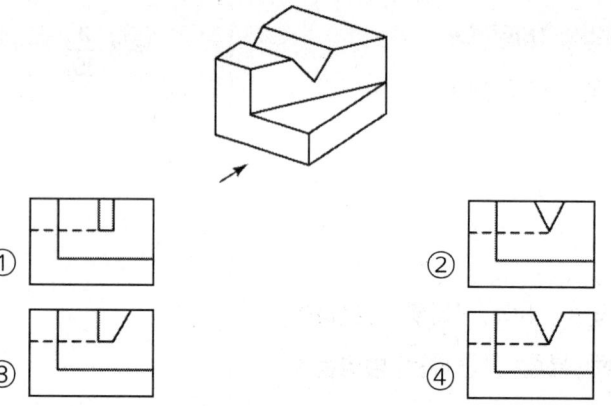

22 도면에 그림과 같은 기하공차가 도시되어 있을 때 이에 대한 설명으로 옳은 것은?

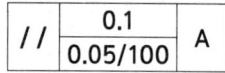

① 경사도 공차를 나타낸다.

② 전체 길이에 대한 허용값은 0.1이다.

③ 지정길이에 대한 허용값은 $\frac{0.05}{100}$ mm이다.

④ 이 기하공차는 데이텀 A를 기준으로 100mm 이내의 공간을 대상으로 한다.

정답 21 ② 22 ②

23 다음 중 호의 치수 기입을 나타낸 것은?

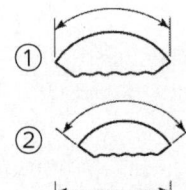

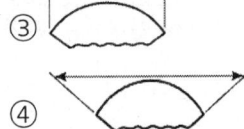

24 그림과 같은 입체도에서 화살표 방향을 정면으로 할 때 정투상도를 가장 옳게 나타낸 것은?

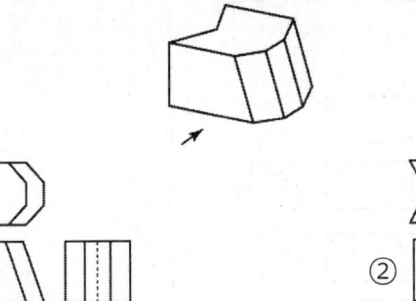

25 다음 구름 베어링 호칭 번호 중 안지름이 22mm인 것은?

① 622 ② 6222
③ 62/22 ④ 62-22

23.
③: 현의 길이

정답   23 ①   24 ①   25 ③

26 다음 나사의 도시법에 관한 설명 중 옳은 것은?

① 암나사의 골지름은 가는 실선으로 표현한다.
② 암나사의 안지름은 가는 실선으로 표현한다.
③ 수나사의 바깥지름은 가는 실선으로 표현한다.
④ 수나사의 골지름은 굵은 실선으로 표현한다.

27 크롬 몰리브덴강 단강품의 KS 재질 기호는?

① SCM ② SNC
③ SFCM ④ SNCM

28 다음 제3각법으로 투상된 도면 중 잘못된 투상도가 있는 것은?

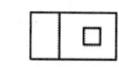

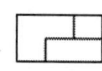
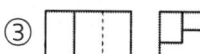

29 그림과 같은 KS 용접기호 해독으로 올바른 것은?

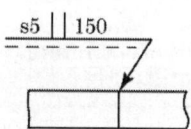

① 루트 간격은 5mm
② 홈 각도는 150°
③ 용접피치는 150mm
④ 화살표쪽 용접을 의미함

29.
맞대기 I 형용접이며

최대 틈새 :
0.025 + 0.05 = 0.075

정답 26 ① 27 ③ 28 ③ 29 ④

30 다음 그림에서 "C2"가 의미하는 것은?

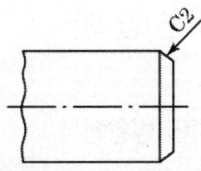

① 크기가 2인 15°모떼기
② 크기가 2인 30°모떼기
③ 크기가 2인 45°모떼기
④ 크기가 2인 60°모떼기

31 파단선에 대한 설명으로 옳은 것은?

① 대상물의 일부분을 가상으로 제외했을 경우의 경계를 나타내는 선
② 기술, 기호 등을 나타내기 위하여 끌어낸 선
③ 반복하여 도형의 피치를 잡는 기준이 되는 선
④ 대상물이 보이지 않는 부분의 형태를 나타낸 선

32 기준치수가 ⌀50인 구멍기준식 끼워 맞춤에서 구멍과 축의 공차 값이 다음과 같을 때 틀린 것은?

> 구멍 : 위 치수허용차 +0.025,
> 　　　아래 치수허용차 0.000
> 축 　: 위 치수허용차 -0.025,
> 　　　아래 치수허용차 -0.050

① 축의 최대 허용치수 : 49.975
② 구멍의 최소 허용치수 : 50.000
③ 최대 틈새 : 0.050
④ 최소 틈새 : 0.025

32.
최대 틈새 :
0.025 + 0.05 = 0.075

정답　30 ③　31 ①　32 ③

33 기어제도에 관한 설명으로 옳지 않은 것은?

① 잇봉우리원은 굵은 실선으로 표시하고 피치원은 가는 1점 쇄선으로 표시한다.
② 이골원은 가는 실선으로 표시한다. 다만 축에 직각인 방향에서 본 그림을 단면으로 도시할 때는 이골의 선은 굵은 실선으로 표시한다.
③ 잇줄 방향은 통상 3개의 가는 실선으로 표시한다. 다만 주 투영도를 단면으로 도시할 때 외접 헬리컬 기어의 잇줄 방향을 지면에서 앞의 이의 잇줄방향을 3개의 가는 2점 쇄선으로 표시한다.
④ 맞물리는 기어의 도시에서 주 투영도를 단면으로 도시할 때는 맞물림부의 한쪽 잇봉우리 원을 표시하는 선은 가는 1점 쇄선 또는 굵은 1점 쇄선으로 표시한다.

34 그림과 같은 입체도에서 화살표 방향에서 본 정면도를 가장 올바르게 나타낸 것은?

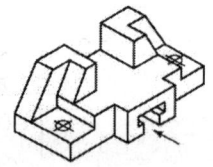

① 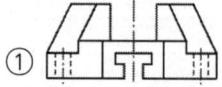   ②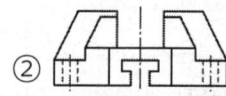

③    ④

정답 33 ④ 34 ①

35 아래 원뿔을 전개하면 오른쪽의 전개도와 같을 때 θ는 약 몇 도(°)인가? (단, r=20mm, h=100mm이다.)

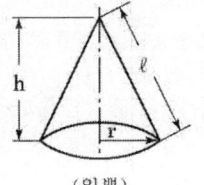

(원뿔)   (전개도)

① 약 130° ② 약 110°
③ 약 90°   ④ 약 70°

36 h6 공차인 축에 중간 끼워 맞춤이 적용되는 구멍의 공차는?

① R7   ② K7
③ G7   ④ F7

36.
- R7 : 억지 끼워맞춤
- Js, K, M, N : 중간 끼워맞춤
- F7, G7 : 헐거운 끼워맞춤

37 그림과 같은 I 형강의 표시법으로 옳은 것은? (단, 형강의 길이는 L이다.)

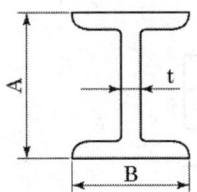

① I A×B×t-L   ② I t×B×A-L
③ I B×A×t-L   ④ I B×A×t×L

정답   35 ④   36 ②   37 ①

38 다음 도면에서 A의 길이는 얼마인가?

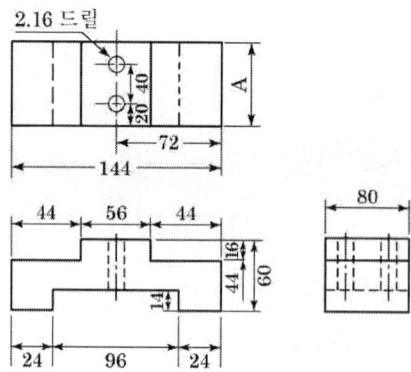

① 44
② 80
③ 96
④ 144

39 그림과 같은 정면도와 평면도에 가장 적합한 우측면도는?

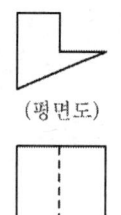

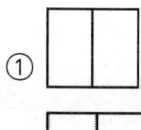
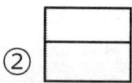
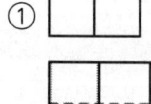
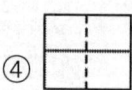

40 다음 중 평면도를 나타내는 기호는?

① ▱
② //
③ ○
④ ⊠

정답 38 ② 39 ① 40 ①

제 3 과목 기계설계 및 기계재료

41 스프링강이 갖추어야 할 특성으로 틀린 것은?

① 탄성한도가 커야 한다.
② 마텐자이트 조직으로 되어야 한다.
③ 충격 및 피로에 대한 저항력이 커야 한다.
④ 사용도 중 영구변형을 일으키지 않아야 한다.

42 탄소공구강의 재료 기호로 옳은 것은?

① SPS
② STC
③ STD
④ STS

43 초소성을 얻기 위한 조직의 조건으로 틀린 것은?

① 결정립은 미세화 되어야 한다.
② 결정립 모양은 등축이어야 한다.
③ 모상의 입계는 고경각인 것이 좋다.
④ 모상 입계가 인장 분리되기 쉬워야 한다.

43.
초소성은 재료가 길게 늘어나는 성질이므로 모상 입계가 인장 분리되기 어려워야 한다.

44 다음 중 원소가 강재에 미치는 영향으로 틀린 것은?

① S : 절삭성을 향상시킨다.
② Mn : 황의 해를 막는다.
③ H_2 : 유동성을 좋게 한다.
④ P : 결정립을 조대화 시킨다.

44.
H_2 : 강에 해로운 원소이므로 유동성을 나쁘게 한다

정답 41 ② 42 ② 43 ④ 44 ③

45 알루미늄 합금 중 주성분이 Al-Cu-Ni-Mg계 합금인 것은?

① Y합금
② 알민(almin)
③ 알드리(aldrey)
④ 알클래드(alclad)

46 백주철을 열처리로에 넣어 가열해서 탈탄 또는 흑연화하는 방법으로 제조된 것은?

① 회주철
② 반주철
③ 칠드 주철
④ 가단 주철

47 애드미럴티(admiralty)황동의 조성은?

① 7:3황동 + Sn(1% 정도)
② 7:3황동 + Pb(1% 정도)
③ 6:4황동 + Sn(1% 정도)
④ 6:4황동 + Pb(1% 정도)

47.
6:4 황동+Sn(1% 정도) : 네이벌 황동

48 탄성한도를 넘어서 소성 변형을 시킨 경우에도 하중을 제거하면 원래상태로 돌아가는 성질을 무엇이라 하는가?

① 신소재 효과
② 초탄성 효과
③ 초소성 효과
④ 시효경화 효과

49 자성재료를 연질과 경질로 나눌 때 경질 자석에 해당되는 것은?

① Si강판
② 퍼멀로이
③ 센더스트
④ 알니코 자석

정 답   45 ①   46 ④   47 ①   48 ②   49 ④

50 열처리의 목적을 설명한 것으로 옳은 것은?

① 담금질 : 강을 A_1 변태점까지 가열하여 연성을 증가시킨다.
② 뜨임 : 소성가공에 의한 내부응력을 증가시켜 절삭성을 향상시킨다.
③ 풀림 : 강의 강도, 경도를 증가시키고, 조직을 마텐자이트조직으로 변태시킨다.
④ 불림 : 재료의 결정조직을 미세화하고, 기계적 성질을 개량하여 조직을 표준화한다.

50.
① 담금질 : 강의 강도, 경도를 증가시키고, 조직을 마텐자이트조직으로 변태 시킨다.
② 뜨임 : 담금질된 강을 A1 변태점까지 가열하여 연성을 증가시킨다.
③ 풀림 : 소성가공에 의한 내부응력을 증가시켜 절삭성을 향상시킨다.

51 지름 20mm, 피치 2mm인 3줄 나사를 1/2 회전하였을 때 이 나사의 진행거리는 몇 mm인가?

① 1
② 3
③ 4
④ 6

51.
$$\frac{3 \times 2}{2} = 3mm$$

52 942N·m의 토크를 전달하는 지름 50mm인 축에 사용할 묻힘 키(폭×높이=12mm×8mm)의 길이는 최소 몇 mm 이상이어야 하는가?
(단, 키의 허용전단응력은 $78.48 N/mm^2$이다.)

① 30
② 40
③ 50
④ 60

52.
$$l = \frac{2T}{\tau db} = \frac{2 \times 942 \times 1000}{78.48 \times 50 \times 12}$$
$$= 40.01mm$$

정답 50 ④ 51 ② 52 ②

53 원통롤러 베어링 N206(기본 동정격하중 14.2kN)이 600rpm으로 1.96kN의 베어링 하중을 받치고 있다. 이 베어링의 수명은 약 몇 시간인가?
(단, 베어링 하중계수(f_w)는 1.5를 적용한다.)

① 4200 ② 4800
③ 5300 ④ 5900

53.
$$L_h = 500\left(\frac{C}{f_w P}\right)^{\frac{10}{3}} \times \frac{33.3}{N}$$
$$= 500\left(\frac{14.2}{1.5 \times 1.96}\right)^{\frac{10}{3}} \times \frac{33.3}{600}$$
$$= 5285.26\,hr$$

54 하중의 크기 및 방향이 주기적으로 변화하는 하중으로서 양진하중을 의미하는 것은?

① 변동하중(variable load)
② 반복하중(repeated load)
③ 교번하중(alternate load)
④ 충격하중(impact load)

55 다음 중 정숙하고 원활한 운전을 하고, 특히 고속회전이 필요할 때 적합한 체인은?

① 사일런트 체인(silent chain)
② 코일 체인(coil chain)
③ 롤러 체인(roller chain)
④ 블록 체인(block chain)

56 2.2kW의 동력을 1800rpm으로 전달시키는 표준 스퍼기어가 있다. 이 기어에 작용하는 회전력은 약 몇 N인가?
(단, 스퍼기어 모듈은 4이고, 잇수는 25이다.)

① 163 ② 195
③ 233 ④ 289

56.
$$V = \frac{\pi m z n}{60 \times 1000}$$
$$= \frac{\pi \times 4 \times 25 \times 1800}{60 \times 1000} = 9.43\,m/s$$
$$F = \frac{1000\,kW}{V}$$
$$= \frac{1000 \times 2.2}{9.43} = 233.3\,N$$

| 정답 | 53 ③ | 54 ③ | 55 ① | 56 ③ |

57 맞대기 용접이음에서 압축하중을 W, 용접부의 길이를 ℓ, 판 두께를 t라 할 때 용접부의 압축응력을 계산하는 식으로 옳은 것은?

① $\sigma = \dfrac{W\ell}{t}$

② $\sigma = \dfrac{W}{t\ell}$

③ $\sigma = Wt\ell$

④ $\sigma = \dfrac{t\ell}{W}$

58 밴드 브레이크에서 밴드에 생기는 인장응력과 관련하여 다음 중 옳은 관계식은?
(단, σ:밴드에 생기는 인장응력, F_1:밴드의 인장측 장력, t:밴드 두께, b:밴드의 너비이다.)

① $\sigma = \dfrac{b}{F_1 \times t}$

② $b = \dfrac{t \times \sigma}{F_1}$

③ $b = \dfrac{F_1}{t \times \sigma}$

④ $\sigma = \dfrac{F_1 \times t}{b}$

59 300rpm으로 2.5kW의 동력을 전달시키는 축에 발생하는 비틀림 모멘트는 약 몇 N·m인가?

① 80   ② 60
③ 45   ④ 35

59.
$$T = \dfrac{60 \times 1000 \times 2.5}{2\pi N}$$
$$= \dfrac{60 \times 1000 \times 2.5}{2\pi \times 300} = 79.57\,Nm$$

정답   57 ②   58 ③   59 ①

60 판 스프링(leaf spring)의 특징에 관한 설명으로 거리가 먼 것은?

① 판 사이의 마찰에 의해 진동을 감쇠한다.
② 내구성이 좋고, 유지보수가 용이하다.
③ 트럭 및 철도차량의 현가장치로 주로 이용된다.
④ 판 사이의 마찰작용으로 인해 미소진동의 흡수에 유리하다.

60.
판 스프링(leaf spring)은 미소진동의 흡수에 코일 스프링보다 불리하다.

제 4 과목 컴퓨터응용설계

61 다음 중 공학적 해석을 위한 물리적인 성질(부피 등)을 제공할 수 있는 모델링은?

① 2차원 모델링
② 서피스(surface) 모델링
③ 솔리드(solid) 모델링
④ 와이어 프레임(wire frame) 모델링

62 CAD/CAM 시스템의 데이터 교환을 위한 중간파일(Neutral File)의 형식이 아닌 것은?

① IGES
② DXF
③ STEP
④ CALS

63 CAD 시스템의 출력장치로 볼 수 없는 것은?

① 플로터
② 디지타이저
③ PDP
④ 프린터

63.
디지타이저는 CAD 시스템의 입력장치이다.

정답 60 ④ 61 ③ 62 ④ 63 ②

64 그림과 같이 곡면 모델링 시스템에 의해 만들어진 곡면을 불러들여 기존 모델의 평면을 바꿀 수 있는 모델링 기능은 무엇인가?

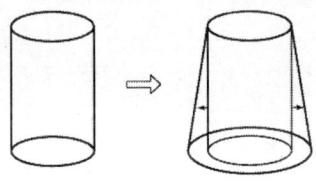

① 네스팅(nesting)
② 트위킹(tweaking)
③ 돌출하기(extruding)
④ 스위핑(sweeping)

65 다음 중 CAD 용 그래픽 터미널 스크린의 해상도를 결정하는 요소는?

① 칼라(color)의 표시 가능 수
② 픽셀(pixel)의 수
③ 스크린의 종류
④ 사용 전압

66 CRT 그래픽 디스플레이 종류가 아닌 것은?

① 액정형
② 스토리지형
③ 랜덤 스캔형
④ 래스터 스캔형

정답 64 ② 65 ② 66 ①

67 다음 중 숨은선 또는 숨은면을 제거하기 위한 방법에 속하지 않는 것은?

① x-버퍼에 의한 방법
② z-버퍼에 의한 방법
③ 후방향 제거 알고리즘
④ 깊이 분류 알고리즘

68 다음 중 CAD에서의 기하학적 데이터(점, 선 등)의 변환행렬과 관계가 먼 것은?

① 이동　　　　　② 회전
③ 복사　　　　　④ 반사

69 다음 중 CAD의 형상모델링에서 곡면을 나타낼 수 있는 방법이 아닌 것은?

① Coons-곡면(surface)
② Bezier-곡면(surface)
③ B-Spline-곡면(surface)
④ Repular-곡면(surface)

70 전자발광형 디스플레이 장치(혹은 EL 패널)에 대한 설명으로 틀린 것은?

① 스스로 빛을 내는 성질을 가지고 있다.
② 백라이트를 사용하여 보다 선명한 화질을 구현한다.
③ TFT-LCD보다 시야각에 제한이 없다.
④ 응답시간이 빨라 고화질 영상을 자연스럽게 처리할 수 있다.

정답　67 ①　68 ③　69 ④　70 ②

71 생성하고자하는 곡선을 근사하게 포함하는 다각형의 꼭짓점들을 이용하여 정의되는 베지어(Bezier) 곡선에 대한 설명으로 틀린 것은?

① 생성되는 곡선은 다각형의 양끝점을 반드시 통과한다.
② 다각형의 첫째 선분은 시작점에서의 접선벡터와 반드시 같은 방향이다.
③ 다각형의 마지막 선분은 끝점에서의 접선벡터와 반드시 같은 방향이다.
④ n개의 꼭짓점에 의해서 생성된 곡선은 n차 곡선이 된다.

72 다음 행렬의 곱(AB)을 옳게 구한 것은?

$$A = \begin{bmatrix} 2 & 4 \\ 1 & 3 \end{bmatrix} \quad B = \begin{bmatrix} 6 & -1 \\ 3 & 5 \end{bmatrix}$$

① $\begin{bmatrix} 24 & 18 \\ 14 & 15 \end{bmatrix}$

② $\begin{bmatrix} 18 & 24 \\ 15 & 14 \end{bmatrix}$

③ $\begin{bmatrix} 24 & 18 \\ 15 & 14 \end{bmatrix}$

④ $\begin{bmatrix} 18 & 24 \\ 14 & 15 \end{bmatrix}$

72.
$2 \times 6 + 4 \times 3 = 24$
$2 \times -1 + 4 \times 5 = 18$
$1 \times 6 + 3 \times 3 = 15$
$1 \times -1 + 3 \times 5 = 14$

73 각 도형요소를 하나씩 지정하거나 하나의 폐다각형을 지정하여 안쪽이나 바깥쪽에 있는 모든 도형요소를 하나의 단위로 묶어 한번에 조작할 수 있는 기능은?

① 그룹(group)화 기능
② 데이터베이스 기능
③ 다층구조(layer) 기능
④ 라이브러리(library) 기능

정답 71 ④ 72 ③ 73 ①

74 CSG 모델링 방식에서 불 연산(boolean operation)이 아닌 것은?

① Union(합)   ② Subtract(차)
③ Intersect(적)   ④ Project(투영)

74.
CSG 모델링 방식에서 불연산은 Union(합), Subtract(차), Intersect(적) 이다.

75 일반적인 CAD 시스템의 2차원 평면에서 정해진 하나의 원을 그리는 방법이 아닌 것은?

① 원주상의 세 점을 알 경우
② 원의 반지름과 중심점을 알 경우
③ 원주상의 한 점과 원의 반지름을 알 경우
④ 원의 반지름과 2개의 접선을 알 경우

75.
원주상의 한 점과 원의 반지름을 알 경우 중심이 없으므로 원을 작도할 수 없다.

76 3차원 변환에서 Z축을 기준으로 다음의 변환식에 따라 P 점을 P'으로 임의의 각도(θ)만큼 변환할 때 변환 행렬식(T)으로 옳은 것은?
(단, 반시계 방향으로 회전한 각을 양(+)의 각으로 한다.

$$P' = PT$$

① $\begin{bmatrix} \cos\theta & 0 & -\sin\theta & 0 \\ 0 & 1 & 0 & 0 \\ \sin\theta & 0 & \cos\theta & 0 \\ 0 & 0 & 0 & 1 \end{bmatrix}$
② $\begin{bmatrix} \cos\theta & \sin\theta & 0 & 0 \\ -\sin\theta & \cos\theta & 0 & 0 \\ 0 & 0 & 1 & 0 \\ 0 & 0 & 0 & 1 \end{bmatrix}$

③ $\begin{bmatrix} 1 & 0 & 0 & 0 \\ 0 & \cos\theta & \sin\theta & 0 \\ 0 & -\sin\theta & \cos\theta & 0 \\ 0 & 0 & 0 & 1 \end{bmatrix}$
④ $\begin{bmatrix} \cos\theta & 0 & -\sin\theta & 0 \\ \sin\theta & 0 & \cos\theta & 0 \\ 0 & 0 & 1 & 0 \\ 0 & 0 & 0 & 1 \end{bmatrix}$

정답   74 ④   75 ③   76 ②

77 정육면체 같은 간단한 입체의 집합으로 물체를 표현하는 분해 모델(Decomposition Model) 표현이 아닌 것은?

① 복셀(Voxel) 표현
② 옥트리(Octree) 표현
③ 세포(Cell) 표현
④ 셀(Shell) 표현

78 3차원 형상의 모델링 방식에서 B-rep 방식과 비교하여 CSG 방식의 장점으로 옳은 것은?

① 투시도 작성이 용이하다.
② 전개도의 작성이 용이하다.
③ B-Rep 방식보다는 복잡한 형상을 나타내는데 유리하다.
④ 중량을 계산하는데 용이하다.

79 임의의 4개의 점이 공간상에 구성되어 있다. 4개의 점으로 한 개의 베지어(Bezier) 곡선을 구성한다면, 베지어 곡선을 구성하기 위한 블렌딩 함수는 몇 차식인가?

① 2차식 ② 3차식
③ 4차식 ④ 5차식

80 원추를 평면으로 잘랐을 때 생기는 단면곡선(conic section curve)이 아닌 것은?

① 타원
② 포물선
③ 쌍곡선
④ 사이클로이드 곡선

정답   77 ④   78 ④   79 ②   80 ④

제 1 과목 기계가공법 및 안전관리

01 수기가공에 대한 설명으로 틀린 것은?

① 서피스 게이지는 공작물에 평행선을 긋거나 평행면의 검사용으로 사용된다.
② 스크레이퍼는 줄 가공 후 면을 정밀하게 다듬질 작업하기 위해 사용된다.
③ 카운터 보어는 드릴로 가공된 구멍에 대하여 정밀하게 다듬질하기 위해 사용된다.
④ 센터펀치는 펀치의 끝이 각도가 60~90도 원뿔로 되어 있고 위치를 표시하기 위해 사용된다.

1.
카운터 보어는 드릴로 가공된 구멍에 둥근머리나사의 자리를 가공하는데 사용된다.

02 다음 중 드릴의 파손 원인으로 가장 거리가 먼 것은?

① 이송이 너무 커서 절삭저항이 증가할 때
② 디닝(thinning)이 너무 커서 드릴이 약해졌을 때
③ 얇은 판의 구멍가공 시 보조판 나무를 사용할 때
④ 절삭칩의 원활한 배출되지 못하고 가득 차 있을 때

2.
얇은 판의 구멍가공 시 보조판 나무를 사용하여 공구의 손상을 방지해야한다.

03 밀링머신에서 육면체 소재를 이용하여 아래와 같이 원형기둥을 가공하기 위해 필요한 장치는?

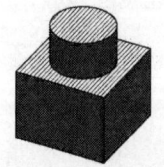

① 다이스
② 각도바이스
③ 회전테이블
④ 슬로팅 장치

정 답　01 ③　02 ③　03 ③

04 터릿 선반의 설명으로 틀린 것은?

① 공구를 교환하는 시간을 단축할 수 있다.
② 가공 실물이나 모형을 따라 윤곽을 깎아낼 수 있다.
③ 숙련되지 않은 사람이라도 좋은 제품을 만들 수 있다.
④ 보통선반의 심압대 대신 터릿대(turret carriage)를 놓는다.

4.
가공 실물이나 모형을 따라 윤곽을 깎아내는 선반은 모방절삭 선반이다.

05 연삭숫돌에 대한 설명으로 틀린 것은?

① 부드럽고 전연성이 큰 연삭에는 고운입자를 사용한다.
② 연삭숫돌에 사용되는 숫돌입자에는 천연산과 인조산이 있다.
③ 단단하고 치밀한 공작물의 연삭에는 고운 입자를 사용한다.
④ 숫돌과 공작물의 접촉면적이 작은 경우에는 고운 입자를 사용한다.

5.
부드럽고 전연성이 큰 연삭에는 거친입자를 사용한다.

06 다음 중 초음파 가공으로 가공하기 어려운 것은?

① 구리   ② 유리
③ 보석   ④ 세라믹

6.
경도가 낮은 재질은 초음파 가공으로 가공하기 어렵다.

07 나사를 측정할 때 삼침법으로 측정 가능한 것은?

① 골지름   ② 유효지름
③ 바깥지름   ④ 나사의 길이

08 피치 3mm의 3줄 나사가 2회전하였을 때 전진 거리는?

① 8mm   ② 9mm
③ 11mm   ④ 18mm

8.
$3 \times 3 \times 2 = 18mm$

정 답   04 ②   05 ①   06 ①   07 ②   08 ④

09 드릴로 구멍을 뚫은 이후에 사용되는 공구가 아닌 것은?

① 리머
② 센터 펀치
③ 카운터 보어
④ 카운터 싱크

9.
센터 펀치는 드릴로 구멍을 뚫기 전에 위치를 나타내는데 사용하는 공구이다.

10 선반가공에 영향을 주는 조건에 대한 설명으로 틀린 것은?

① 이송이 증가하면 가공변질층은 증가한다.
② 절삭각이 커지면 가공변질층은 증가한다.
③ 절삭속도가 증가하면 가공변질층은 감소한다.
④ 절삭온도가 상승하면 가공변질층은 증가한다.

10.
절삭온도는 가공변질층과 관계가 적다.

11 수기가공에 대한 설명 중 틀린 것은?

① 탭은 나사부와 자루 부분으로 되어 있다.
② 다이스는 수나사를 가공하기 위한 공구이다.
③ 다이스는 1번, 2번, 3번 순으로 나사가공을 수행한다.
④ 줄의 작업순서는 황목→중목→세목 순으로 한다.

11.
핸드탭은 1번, 2번, 3번 순으로 암나사가공을 수행한다.

12 밀링머신에서 테이블 백래쉬(back lash) 제거장치의 설치 위치는?

① 변속기어
② 자동 이송레버
③ 테이블 이송나사
④ 테이블 이송핸들

정답 09 ② 10 ④ 11 ③ 12 ③

13 칩 브레이커(chip breaker)에 대한 설명으로 옳은 것은?

① 칩의 한 종류로서 조각난 칩의 형태를 말한다.
② 드로우 어웨이(throw away) 바이트의 일종이다.
③ 연속적인 칩의 발생을 억제하기 위한 칩 절단장치이다.
④ 인서트 팁 모양의 일종으로서 가공 정밀도를 위한 장치이다.

14 연삭숫돌의 결합제에 따른 기호가 틀린 것은?

① 고무 – R
② 셸락 – E
③ 레지노이드 – G
④ 비트리파이드 – V

14.
레지노이드 결합제의 기호는 B 이다.

15 200rpm으로 회전하는 스핀들에서 6회전 휴지(dwell) NC 프로그램으로 옳은 것은?

① G01 P1800;
② G01 P2800;
③ G04 P1800;
④ G04 P2800;

15.
G04 : 일시정지 (휴지)
P1800; 1.8 초정지
$= \dfrac{6}{200} \times 60$

16 기어절삭에 사용되는 공구가 아닌 것은?

① 호브
② 래크 커터
③ 피니언 커터
④ 더브테일 커터

16.
더브테일 커터는 부재와 부재가 서로 맞춰지는 비둘기의 꼬리 모양으로 부등변4각형으로 된 모양을 가공하는 커터이다.

정답 13 ③ 14 ③ 15 ③ 16 ④

17 그림과 같이 더브테일 홈 가공을 하려고 할 때 X의 값은 약 얼마인가? (단, tan60°=1.7321, tan30°=0.5774이다.)

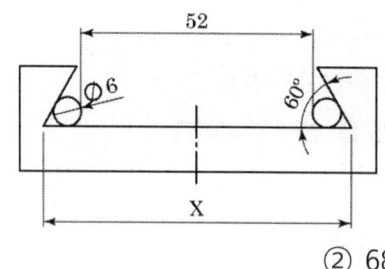

① 60.26　　　　　　② 68.39
③ 82.04　　　　　　④ 84.86

17.
$$X = 52 + \left(\frac{3}{\tan 30} + 3\right) \times 2$$
$$= 68.391$$

18 절삭속도 150m/min, 절삭깊이 8mm, 이송 0.25mm/rev로 75mm 지름의 원형 단면봉을 선삭 때의 주축 회전수(rpm)는?

① 160　　　　　　② 320
③ 640　　　　　　④ 1280

18.
$$N = \frac{1000\,V}{\pi D}$$
$$= \frac{1000 \times 150}{\pi \times 75}$$
$$= 636.32\,rpm$$

19 연삭작업 안전사항으로 틀린 것은?

① 연삭숫돌의 측면부위로 연삭 작업을 수행하지 않는다.
② 숫돌은 나무해머나 고무해머 등으로 음향 검사를 실시한다.
③ 연삭가공할 때, 안전을 위하여 원주 정면에서 작업을 한다.
④ 연삭작업할 때, 분진의 비산을 방지하기 위해 집진기를 가동한다.

19.
연삭가공할 때, 안전을 위하여 원주 옆면에서 작업을 한다.

20 피복 초경합금으로 만들어진 절삭공구의 피복 처리방법은?

① 탈탄법　　　　　② 경남땜법
③ 접용접법　　　　④ 화학증착법

20.
화학 증착법(chemical vapor deposition method)은 화학 기상 성장법이라고도 하며 기체상태의 원료 물질을 가열한 기판 위에 송급한뒤 표면에서의 화학 반응을 일으켜서 반도체나 금속간 화합물을 합성하는 방법으로 피복 초경합금으로 만들어진 절삭공구의 피복 처리방법에 이용한다.

정답　17 ②　18 ③　19 ③　20 ④

제 2 과목 기계제도

21 그림과 같이 제3각법으로 나타낸 정면도와 우측면도에 가장 적합한 평면도는?

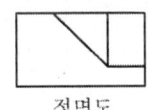

① 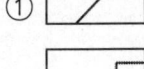   ②
③   ④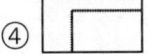

22 모듈이 2인 한 쌍의 외접하는 표준 스퍼기어 잇수가 각각 20과 40으로 맞물려 회전할 때 두 축 간의 중심거리는 척도 1:1 도면에는 몇 mm로 그려야 하는가?

① 30mm
② 40mm
③ 60mm
④ 120mm

22.
$$C = \frac{m(z_1 + z_2)}{2}$$
$$= \frac{2 \times (20 + 60)}{2}$$
$$= 60\,mm$$

23 KS 용접 기호표시와 용접부 명칭이 틀린 것은?

① ⊓ : 플러그 용접
② ○ : 점 용접
③ || : 가장자리 용접
④ ◸ : 필릿 용접

23.
|| : 맞대기 용접

정답   21 ②   22 ③   23 ③

24 나사의 표시가 "No.8-36UNF"로 나타날 때, 나사의 종류는?

① 유니파이 보통 나사
② 유니파이 가는 나사
③ 관용 테이퍼 수나사
④ 관용 테이퍼 암나사

24.
UNF : 유니파이 가는 나사

25 I-형강의 치수 기입이 옳은 것은?
(단, B:폭, H:높이, t:두께, L:길이)

① I B×H×t - L
② I H×B×t - L
③ I t×H×B - L
④ I L×H×B - t

26 그림과 같은 정면도와 우측면도에 가장 적합한 평면도는?

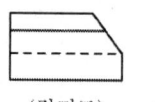
(정면도) (우측면도)

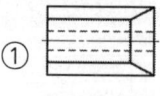 ①
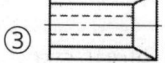 ③

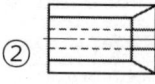 ②
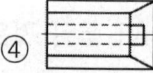 ④

26.
(정면도)
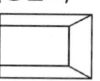 

(우측면도)
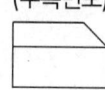 

정답 24 ② 25 ② 26 ①

27 다음 중 투상도법의 설명으로 올바른 것은?

① 제1각법은 물체와 눈 사이에 투상면이 있는 것이다.
② 제3각법은 평면도가 정면도 위에, 우측면도는 정면도 오른쪽에 있다.
③ 제1각법은 우측면도가 정면도 오른쪽에 있다.
④ 제3각법은 정면도 위에 배면도가 있고 우측면도는 왼쪽에 있다.

27.
제3각법은 물체와 눈 사이에 투상면이 있는 것이다.
제1각법은 우측면도가 정면도 왼쪽에 있다.
제3각법은 정면도 위에 평면도가 있고 우측면도는 오른쪽에 있다.

28 다음 정면도와 우측면도에 가장 적합한 평면도는?

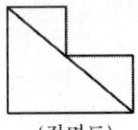
(정면도) (우측면도)

① 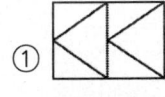 ②
③ 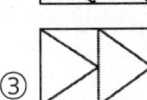 ④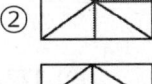

28.
평면도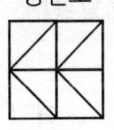
입체면도
정면도 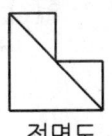 우측면도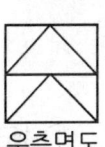

29 최대 틈새가 0.075mm이고, 축의 최소 허용 치수가 49.950mm일 때 구멍의 최대 허용 치수는?

① 50.075mm ② 49.875mm
③ 49.975mm ④ 50.025mm

29.
49.950+0.075=50.025

30 베어링 기호 608 C2 P6에서 P6가 뜻하는 것은?

① 정밀도 등급 기호 ② 계열 기호
③ 안지름 번호 ④ 내부 틈새 기호

30.
베어링 기호
60:계열 기호
8 : 안지름 번호
C2 :내부 틈새 기호
P6 :정밀도 등급 기호

정답 27 ② 28 ① 29 ④ 30 ①

31 다음 중 탄소 공구 강재에 해당하는 KS 재료 기호는?

① STS
② STF
③ STD
④ STC

31.
① STS : 합금공구
③ STD: 합금공

32 두께 5.5mm인 강판을 사용하여 그림과 같은 물탱크를 만들려고 할 때 필요한 강판의 질량은 약 몇 kg인가? (단, 강판의 비중은 7.85로 계산하고 탱크는 전체 6면의 두께가 동일함)

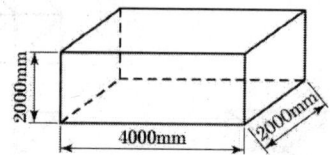

① 1638
③ 1836
② 1727
④ 1928

32.
$(4\times2\times2+2\times2\times2+4\times2\times2)$
$\times 5.5\times10^{-3}\times7.85$
$=1727\,kg$

33 재료의 제거 가공으로 이루어진 상태든 아니든 앞의 제조 공정에서의 결과로 나온 표면 상태가 그대로라는 것을 지시하는 것은?

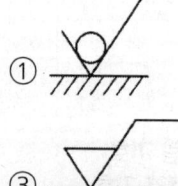
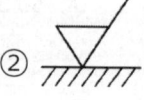
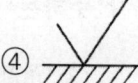

정답 31 ④ 32 ② 33 ①

34 제3각법으로 도시한 3면도 중 각 도면 간의 관계를 가장 옳게 나타낸 것은?

35 기하공차 기호 중 위치공차를 나타내는 기호가 아닌 것은?

① ⌖

② ◎

③ ⌭

④ ═

36 그림과 같은 도면의 기하공차 설명으로 가장 옳은 것은?

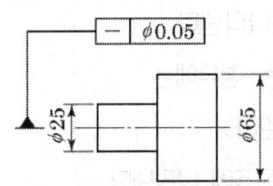

① ⌀25 부분만 중심축에 대한 평면도가 ⌀0.05 이내

② 중심축에 대한 전체의 평면도가 ⌀0.05 이내

③ ⌀25부분만 중심축에 대한 진직도가 ⌀0.05 이내

④ 중심축에 대한 전체의 진직도가 ⌀0.05 이내

34.
④ 입체도

35.
① ⌖ : 위치도
② ◎ : 동심도
③ ⌭ : 원통도
④ ═ : 대칭도

정답 34 ④ 35 ③ 36 ④

37 다음 KS 재료 기호 중 니켈 크로뮴 몰리브데넘강에 속하는 것은?

① SMn 420
② SCr 415
③ SNCM 420
④ SFCM 590S

38 그림에서 사용된 단면도의 명칭은?

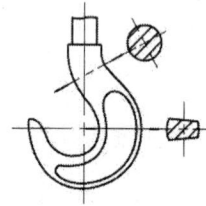

① 한쪽 단면도
② 부분 단면도
③ 회전 도시 단면도
④ 계단 단면도

39 코일 스프링 제도에 대한 설명으로 틀린 것은?

① 스프링은 원칙적으로 하중이 걸린 상태로 그린다.
② 특별한 단서가 없으면 오른쪽으로 감은 것을 나타낸다.
③ 스프링의 종류 및 모양만을 간략도로 나타내는 경우에는 스프링 재료의 중심선만을 굵은 실선으로 그린다.
④ 그림 안에 기입하기 힘든 사항은 일괄적으로 요목표에 나타낸다.

39.
코일 스프링 제도는 하중이 걸리지 않은 상태로 그린다.

40 가공에 의한 커터의 줄무늬가 여러 방향일 때 도시하는 기호는?

① =
② X
③ M
④ C

40.
① = : 수평방향
② X : 교차방향
③ M : 여러 방향
④ C : 동심원

정답 37 ③ 38 ③ 39 ① 40 ③

제 3 과목 기계설계 및 기계재료

41 강을 오스테나이트화 한 후, 공랭하여 표준화된 조직을 얻는 열처리는?

① 퀜칭(Quenching)
② 어닐링(Annealing)
③ 템퍼링(Tempering)
④ 노멀라이징(Normalizing)

42 금속간 화합물에 관하여 설명한 것 중 틀린 것은?

① 경하고 취약하다.
② Fe_3C는 금속간 화합물이다.
③ 일반적으로 복잡한 결정구조를 갖는다.
④ 전기저항이 작으며, 금속적 성질이 강하다.

42.
금속간 화합물은 일반적으로 전기저항이 크다.

43 담금질 조직 중 경도가 가장 높은 것은?

① 펄라이트
② 마텐자이트
③ 소르바이트
④ 트루스타이트

43.
경도의 크기 순서
마텐자이트>트루스타이트>소르바이트>펄라이트

44 다음 구조용 복합재료 중에서 섬유강화 금속은?

① SPF
② FRM
③ FRP
④ GFRP

44.
FRP: 섬유강화 플라스틱
GFRP: 유리섬유강화플라스틱
(glass fiber reinforced plastics)

정답 41 ④ 42 ④ 43 ② 44 ②

45 알루미늄 및 그 합금의 질별 기호 중 가공경화한 것을 나타내는 것은?

① O
② W
③ F^a
④ H^b

46 다음 원소 중 중금속이 아닌 것은?

① Fe
② Ni
③ Mg
④ Cr

47 금속침투법에서 Zn을 침투시키는 것은?

① 크로마이징
② 세러다이징
③ 칼로라이징
④ 실리코나이징

48 순철에서 나타나는 변태가 아닌 것은?

① A_1
② A_2
③ A_3
④ A_4

49 특수강에 들어가는 합금 원소 중 탄화물형성과 결정립을 미세화하는 것은?

① P
② Mn
③ Si
④ Ti

45.
① O : 열간가공후 풀림 열처리
② W : 용체화처리후 자연시효 진행 중
③ F : 열간가공상태 그대로
④ H : 냉간 가공경화 후 풀림상태

46.
Mg 는 비중이 1.74로서 경금속이다.

47.
① 크로마이징: Cr 을 침투
② 세러다이징:Zn을 침투
③ 칼로라이징 : Al 을 침투
④ 실리코나이징 : Si을 침투

48.
① A_1 : 은 공석변태이다

정답 45 ④ 46 ③ 47 ② 48 ① 49 ④

50 동합금에서 황동에 납을 1.5~3.7%까지 첨가한 합금은?

① 강력 황동　　② 쾌삭 황동
③ 배빗 메탈　　④ 델타 메탈

51 30° 미터 사다리꼴나사(1줄 나사)의 유효지름이 18mm이고, 피치는 4mm이며 나사 접촉부 마찰계수는 0.15일 때 이 나사의 효율은 약 몇 %인가?

① 24%　　② 27%
③ 31%　　④ 35%

52 두께 10mm 강판을 지름 20mm 리벳으로 한줄 겹치기 리벳이음을 할 때 리벳에 발생하는 전단력과 판에 작용하는 인장력이 같도록 할 수 있는 피치는 약 몇 mm인가?
(단, 리벳에 작용하는 전단응력과 판에 작용하는 인장응력은 동일하다고 본다.)

① 51.4　　② 73.6
③ 163.6　　④ 205.6

53 벨트의 접촉각을 변화시키고 벨트의 장력을 증가시키는 역할을 하는 풀리는?

① 원동 풀리
② 인장 풀리
③ 종동 풀리
④ 원추 풀리

51.
$$\mu' = \frac{\mu}{\cos 15}$$
$$= \frac{0.15}{\cos 15} = 0.155$$
$$\rho = \tan^{-1} \frac{p}{\pi d_2}$$
$$\tan^{-1} \frac{4}{\pi \times 18} = 4.046$$
$$\eta = \frac{\tan \lambda}{\tan(\lambda + \rho)}$$
$$= \frac{\tan 4.046}{\tan(4.046 + 8.81)} \times 100$$
$$= 30.99\%$$

52.
$$W = \tau \frac{\pi d^2}{4} = \sigma(p-d)t$$
$$p = \frac{\pi d^2}{4t} + d$$
$$= \frac{\pi \times 20^2}{4 \times 10} + 20 = 51.4$$

정답　50 ②　51 ③　52 ①　53 ②

54 블록 브레이크의 드럼이 20m/s의 속도로 회전하는데 블록을 500N의 힘으로 가압할 경우 제동 동력은 약 몇 kW인가? (단, 접촉부 마찰계수는 0.3이다.)

① 1.0　　② 1.7
③ 2.3　　④ 3.0

54.
$kW = \dfrac{0.3 \times 500}{1000} \times 20 = 3$

55 피치원 지름이 무한대인 기어는?

① 래크(rack) 기어
② 헬리컬(helical) 기어
③ 하이포이드(hypoid) 기어
④ 나사(screw) 기어

55.
래크(rack) 기어는 반지름 무한대의 치차로 가정한다.

56 구름 베어링에서 실링(sealing)의 주목적으로 가장 적합한 것은?

① 구름 베어링에 주유를 주입하는 것을 돕는다.
② 구름 베어링의 발열을 방지한다.
③ 윤활유의 유출 방지와 유해물의 침입을 방지한다.
④ 축에 구름 베어링을 끼울 때 삽입을 돕는다.

57 300rpm으로 3.1kW의 동력을 전달하고, 축 재료의 허용전단응력은 20.6MPa인 중실축의 지름은 약 몇 mm 이상이어야 하는가?

① 20　　② 29
③ 36　　④ 45

57.
$T = \dfrac{60 \times 1000\, kW}{2\pi N} \times 1000$
$\quad = \tau \dfrac{\pi d^3}{16}$
$d = \sqrt[3]{\dfrac{16 \times 60 \times 1000 \times kW \times 1000}{\pi \tau \times 2\pi N}}$
$\quad = \sqrt[3]{\dfrac{16 \times 60 \times 1000 \times 3.1 \times 1000}{\pi \times 20.6 \times 2\pi \times 300}}$
$\quad = 29\,mm$

정 답　54 ④　55 ①　56 ③　57 ②

58 다음 중 제동용 기계요소에 해당하는 것은?

① 웜
② 코터
③ 랫칫 휠
④ 스플라인

59 다음 중 축에는 가공을 하지 않고 보스 쪽에만 홈을 가공하여 조립하는 키는?

① 안장 키(saddle key)
② 납작 키(flat key)
③ 묻힘 키(sunk key)
④ 둥근 키(round key)

60 하중이 2.5kN 작용하였을 때 처짐이 100mm 발생하는 코일 스프링의 소선 지름은 10mm이다. 이 스프링의 유효 감김수는 약 몇 권인가?
(단, 스프링 지수(C)는 10이고, 스프링 선재의 전단탄성계수는 80GPa이다.)

① 3
② 4
③ 5
④ 6

60.
$D = Cd = 10 \times 10$
$\quad = 100\,mm$
$n = \dfrac{\delta G d^4}{8\,WD^3}$
$\quad = \dfrac{100 \times 80 \times 10^3 \times 10^4}{8 \times 2500 \times 100^3}$
$\quad = 4$

정답 58 ③ 59 ① 60 ②

제 4 과목 컴퓨터응용설계

61 2차원 스케치 평면에서 임의의 사각형을 정의하기 위해 필요한 형상 구속조건 및 치수조건을 합치면 총 몇 개인가? (단, 직사각형의 네 꼭지점 좌표를 (x_1, y_1), (x_2, y_2), (x_3, y_3), (x_4, y_4)으로 표시할 때, $x_1=3$으로 한다면 치수조건을 준 경우이고, $x_1=x_2$과 같이 표현한다면 형상 구속조건을 준 경우이다. 또한 각 조건은 x 방향과 y 방향을 별개로 한다.)

① 2개 ② 4개
③ 6개 ④ 8개

62 그림과 같이 여러 개의 단면형상을 생성하고 이들을 덮어 싸는 곡면을 생성하였다. 이는 어떤 모델링 방법인가?

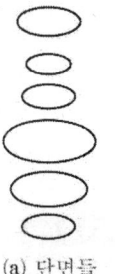 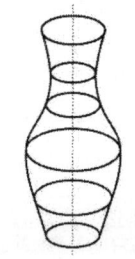

(a) 단면들   (b) 생성된 입체

① 스위핑 ② 리프팅
③ 블랜딩 ④ 스키닝

62.
스위핑(Sweeping) :
하나의 2차원 단면형상을 입력하고 이를 안내곡선을 따라 이동시켜 입체를 생성하는 것

스키닝(Skinning) :
원하는 경로상에 여러 개의 단면형상을 위치시키고 이를 덮는 입체를 생성하는 것

리프팅(Lifting) :
주어진 물체의 특정면의 전부 또는 일부를 원하는 방향으로 움직여서 물체가 그 방향으로 늘어난 효과를 갖도록 하는 것

정 답 61 ④ 62 ④

63. 솔리드 모델의 데이터 구조 중 CSG와 비교한 경계표현(Boundary representation)방식의 특징은?

① 파라메트릭 모델링을 쉽게 구현할 수 있다.
② 데이터 구조의 관리가 용이하다.
③ 경계면 형상을 화면에 빠르게 나타낼 수 있다.
④ 데이터 구조가 간단하고 기억용량이 적다.

63.
경계표현방식은 B - rep 방식으로 경계면 형상을 화면에 빠르게 나타낼 수 있으나 CSG방식에비해 데이터 구조가 복잡하고 기억용량을 많이 필요한다.

64. 3차원 변환에서 Y축을 중심으로 α의 각도만큼 회전한 경우의 변환행렬(T)은?
(단, 변환식은 $P' = PT$이고, P'는 회전 후 좌표, P는 회전하기 전 좌표이다.)

① $\begin{bmatrix} 1 & 0 & 0 & 0 \\ 0 & \cos\alpha & -\sin\alpha & 0 \\ 0 & \sin\alpha & \cos\alpha & 0 \\ 0 & 0 & 0 & 1 \end{bmatrix}$

② $\begin{bmatrix} \cos\alpha & 0 & -\sin\alpha & 0 \\ 0 & 1 & 0 & 0 \\ \sin\alpha & 1 & \cos\alpha & 0 \\ 0 & 0 & 0 & 1 \end{bmatrix}$

③ $\begin{bmatrix} \cos\alpha & -\sin\alpha & 0 & 0 \\ \sin\alpha & \cos\alpha & 0 & 0 \\ 0 & 0 & 1 & 0 \\ 0 & 0 & 0 & 1 \end{bmatrix}$

④ $\begin{bmatrix} 0 & \cos\alpha & \sin\alpha & 0 \\ 0 & 0 & 0 & 0 \\ \cos\alpha & \sin\alpha & 1 & 0 \\ 0 & 0 & 0 & 1 \end{bmatrix}$

정답   63 ③   64 ②

65 CAD 시스템에서 일반적인 선의 속성(attribute)으로 거리가 먼 것은?

① 선의 굵기(line thickness)
② 선의 색상(line color)
③ 선의 밝기(line brightness)
④ 선의 종류(line type)

65.
CAD 시스템에서 일반적인 선의 속성(attribute)은 선의 굵기, 색상, 종류 이다.

66 CAD 소프트웨어의 도입효과로 가장 거리가 먼 것은?

① 제품 개발기간 단축
② 설계 생산성 향상
③ 업무 표준화 촉진
④ 부서 간 의사소통 최소화

67 다음 중 기존의 제품에 대한 치수를 측정하여 도면을 만드는 작업을 부르는 말로 적절한 것은?

① RE(Reverse Engineering)
② FMS(Flexible Manufacturing System)
③ EDP(Electronic Data Processing)
④ ERP(Enterprise Resource Planning)

67.
역설계(Reverse Engineering)는 원래 설계 자료의 부족으로 현품에 정밀 측정과 이화학 시험을 실시하여 치수와 재질 등을 파악하여 기술 자료 묶음을 생성하는 공학이다.

68 CAD 용어 중 회전 특징 형상 모양으로 잘려나간 부분에 해당하는 특징 형상을 무엇이라고 하는가?

① 홀(hole)
② 그루브(groove)
③ 챔퍼(chamfer)
④ 라운드(round)

정답 65 ③ 66 ④ 67 ① 68 ②

69 (x, y) 좌표계에서 선의 방정식이 "ax+by+c=0"으로 나타났을 때의 선은? (단, a, b, c는 상수이다.)

① 직선(line)
② 스플라인 곡선(spline curve)
③ 원(circle)
④ 타원(ellipse)

70 3차원 좌표계를 표현하는 데 있어서 $P(r, \theta, z_1)$로 표현되는 좌표계는 무엇인가?
(단, r은 (x, y) 평면에서의 직선거리, θ는 (x, y) 평면에서의 각도, z_1은 z축 방향 거리이다.)

① 직교좌표계
② 극좌표계
③ 원통좌표계
④ 구면좌표계

71 CAD 소프트웨어와 가장 관계가 먼 것은?

① AutoCAD　　　② EXCEL
③ Solid Works　　④ CATIA

72 다음 중 주어진 조정점(기준점)을 모두 통과하는 곡선은?

① Bezier 곡선
② B-Spline 곡선
③ Spline 곡선
④ NURBS 곡선

정답　69 ①　70 ③　71 ②　72 ③

73 서로 만나는 2개의 평면 혹은 곡면에서 서로 만나는 모서리를 곡면으로 바꾸는 작업을 무엇이라고 하는가?

① blending ② sweeping
③ remeshing ④ trimming

74 CSG방식 모델링에서 기초형상(primitive)에 대한 가장 기본적인 조합 방식에 속하지 않는 것은?

① 합집합 ② 차집합
③ 교집합 ④ 여집합

75 래스터(Raster) 그래픽 장치의 Frame buffer에서 1화소당 24bit를 사용한다면 몇 가지의 색을 동시에 나타낼 수 있는가?

① 256 ② 65536
③ 1048576 ④ 16777216

76 제품 도면 정보가 컴퓨터에 저장되어 있는 경우에 공정계획을 컴퓨터를 이용하여 빠르고 정확하게 수행하고자 하는 기술은?

① CAPP(Computer-aided Process Planning)
② CAE(Computer-aided Engineering)
③ CAI(Computer-aided Inspection)
④ CAD(Computer-aided Design)

76.
컴퓨터 지원 공정 계획(CAPP: Computer Aided Process Planning)은 사람이 해오던 공정계획을 컴퓨터의 발달과 더불어 이를 이용하여 좀 더 빠르고 정확하게 공정계획을 세우고자 하는 학문 또는 기술이다

컴퓨터지원설계
(CAD: Computer Aided Design)
컴퓨터지원제조
(CAM:Computer Aided Manufacturing)

정답 73 ① 74 ④ 75 ④ 76 ①

77 경계표현방식(B-rep)에 의해서 물체 형상을 표현하고자 할 때 기본적인 구성요소라고 할 수 없는 것은?

① 꼭지점(vertice)
② 면(face)
③ 모서리(edge)
④ 벡터(vector)

78 B-Spline 곡선의 설명으로 옳은 것은?

① 각 조정점(control vertex)들이 전체 곡선의 형상에 영향을 준다.
② 곡선의 형상을 국부적으로 수정하기 어렵다.
③ 곡선의 차수는 조정점의 개수와 무관하다.
④ Hermite 곡선식을 사용한다.

78.
주어진 점군 중 한 점의 변화가 전체 곡선에 영향을 받지 않는 곡선이 B-spline 곡선이고 영향을 받는 곡선이 베지에 곡선이다.

79 다음 중 Bezier 곡선의 설명으로 틀린 것은?

① 곡선은 조정 다각형(control polygon)의 시작점과 끝점을 반드시 통과한다.
② n차 Bezier 곡선의 조정점(control vertex)들의 개수는 n-1개이다.
③ 조정 다각형의 첫 번째 선분은 시작점에서의 접선벡터와 같은 방향이다.
④ 조정 다각형의 꼭지점의 순서가 거꾸로 되어도 같은 Bezier 곡선이 만들어진다.

79.
베지에 곡선은 시점과 종점만 통과하고 나머지 점군들에 대해서는 점군들의 안쪽으로 위치하여 그려진다. 이것을 베지에 곡선의 내폭성이라 한다.

정답   77 ④   78 ③   79 ②

80 CAD에서 사용되는 모델링 방식에 대한 설명 중 잘못된 것은?

① wire frame model:음영 처리하기가 용이하다.
② surface model:NC data를 생성할 수 있다.
③ solid model:정의된 형상의 질량을 구할 수 있다.
④ surface model:tool path를 구할 수 있다.

80.
wire frame model:
음영 처리가 불가능하다.

정답 80 ①

2016년 제3회 과/년/도/문/제

제 1 과목 기계가공법 및 안전관리

01 호환성이 있는 제품을 대량으로 만들 수 있도록 가공위치를 쉽고 정확하게 결정하기 위한 보조용 기구는?

① 지그
② 센터
③ 바이스
④ 플랜지

1.
- 센터: 주추겡 끼우는 회전센터와 심압대에 사용하는 정지센터 등이 있다.
- 바이스: 일감을 고정하는 공구
- 플랜지: 부품의 보강을 위한 부분

02 다음 중 소재의 두께가 0.5mm인 얇은 박판에 가공된 구멍의 내경을 측정할 수 없는 측정기는?

① 투영기
② 공구 현미경
③ 옵티컬 플랫
④ 3차원 측정기

2.
옵티컬 플랫
평면도 측정 공구,
광선정반이라고도 한다.

03 밀링작업의 안전수칙에 대한 설명으로 틀린 것은?

① 공작물의 측정은 주축을 정지하여 놓고 실시한다.
② 급속이송은 백래쉬 제거장치가 작동하고 있을 때 실시한다.
③ 중절삭할 때에는 공작물을 가능한 바이스에 깊숙이 물려야 한다.
④ 공작물을 바이스에 고정할 때 공작물이 변형이 되지 않도록 주의한다.

3.
백래시 제거장치를 사용하는 이유는 하향 절삭 시 발생하는 물림틈새의 벌어짐을 없애기 위해서이다. 급속 이송 시 사용하기위한 것은 아니다.

정답 01 ① 02 ③ 03 ②

04 테이퍼 플러그 게이지(taper plug gage)의 측정에서 다음 그림과 같이 정반위에 놓고 핀을 이용해서 측정하려고 한다. M을 구하는 식으로 옳은 것은?

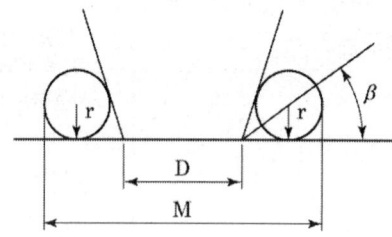

① $M = D + r + r \cdot \cot\beta$
② $M = D + r + r \cdot \tan\beta$
③ $M = D + 2r + 2r \cdot \cot\beta$
④ $M = D + 2r + 2r \cdot \tan\beta$

05 드릴의 자루(shank)를 테이퍼 자루와 곧은 자루로 구분할 때 곧은 자루의 기준이 되는 드릴 직경은 몇 mm 이하인가?

① 13　　　　　　② 18
③ 20　　　　　　④ 25

06 리밍(reaming)에 관한 설명으로 틀린 것은?

① 날 모양에는 평행 날과 비틀림 날이 있다.
② 구멍의 내면을 매끈하고 정밀하게 가공하는 것을 말한다.
③ 날 끝에 테이퍼를 주어 가공할 때 공작물에 잘 들어가도록 되어 있다.
④ 핸드리머와 기계리머는 자루부분이 테이퍼로 되어 있어서 가공이 편리하다.

6.
㉠ 핸드리머: 적당한 핸들을 자루에 꽂아 손으로 돌려 구멍을 다듬질 하는데 사용한다.
㉡ 기계리머: 선반이나 드릴 작업에 사용하는 리머로서 자루가 모스테이퍼로 되어 있다.

정답　　04 ③　05 ①　06 ④

07 축용으로 사용되는 한계 게이지는?

① 봉 게이지　　　　② 스냅 게이지
③ 블록 게이지　　　④ 플러그 게이지

7.
축용 한계 게이지의 종류로는 링 게이지와 스냅 게이지가 있다.

08 유막에 의해 마찰면이 완전히 분리되어 윤활의 정상적인 상태를 말하는 것은?

① 경계 윤활　　　　② 고체 윤활
③ 극압 윤활　　　　④ 유체 윤활

8.
고체 윤활은 고체와 고체 사이의 마찰에 의한 윤활이며 고체 사이에 유체가 있어서 유막이 형성되면 유체 윤활이라 하며 고체 윤활과 유체 윤활 사이의 윤활을 경계 윤활이라 한다.

09 선삭에서 지름 50mm, 회전수 900rpm, 이송 0.25mm/rev, 길이 50mm를 2회 가공할 때 소요되는 시간은 약 얼마인가?

① 13.4초　　　　　② 26.7초
③ 33.4초　　　　　④ 46.7초

9.
$$T = \frac{L}{N_S} = \frac{50}{900 \times 0.25} \times 60$$
$$= 13.33 \, sec,$$
$$2 \times 13.33 = 26.67 \, sec$$

10 밀링가공에서 공작물을 고정할 수 있는 장치가 아닌 것은?

① 면판　　　　　　② 바이스
③ 분할대　　　　　④ 회전 테이블

10.
면판은 선반의 부속장치이다.

11 선반가공에서 절삭저항의 3분력이 아닌 것은?

① 배분력
② 주분력
③ 이송분력
④ 절삭분력

11.
선반의 절삭정항의 3분력은 주분력, 배분력, 이송분력이다.

정답　07 ②　08 ④　09 ②　10 ①　11 ④

12 윤활제의 급유방법으로 틀린 것은?

① 강제 급유법　　② 적하 급유법
③ 진공 급유법　　④ 핸드 급유법

12.
윤활유 급유법으로는 핸드오일링, 적하급유법, 오일링 급유법, 분무 급유법 등이 있다.

13 보통형(conventional type)과 유성형(planetary type) 방식이 있는 연삭기는?

① 나사 연삭기　　② 내면 연삭기
③ 외면 연삭기　　④ 평면 연삭기

14 원하는 형상을 한 공구를 공작물의 표면에 눌러대고 이동시켜 표면에 소성변형을 주어 정도가 높은 면을 얻기 위한 가공법은?

① 래핑(lapping)
② 버니싱(burnishing)
③ 폴리싱(polishing)
④ 슈퍼 피니싱(super-finishing)

14.
버니싱
필요한 형상을 한 공구를 공작물의 표면을 누르며 이동시켜 표면에 소성변형을 일으키게 하여 매끈하고 정도가 높은 면을 얻는 가공법으로 주로 구멍 내면의 다듬질에 사용하는 가공법이다.

15 그림과 같은 공작물을 양 센터 작업에서 심압대를 편위시켜 가공할 때 편위량은? (단, 그림의 치수단위는 mm이다.)

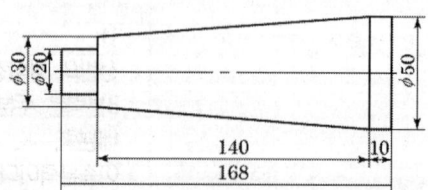

① 6mm　　② 8mm
③ 10mm　　④ 12mm

15.
$$x = \frac{(50-30) \times 168}{2 \times 140}$$
$$= 12mm$$

정답　12 ③　13 ②　14 ②　15 ④

16 창성식 기어절삭법에 대한 설명으로 옳은 것은?

① 밀링머신과 같이 총형 밀링커터를 이용하여 절삭하는 방법이다.
② 셰이퍼 등에서 바이트를 치형에 맞추어 절삭하여 완성하는 방법이다.
③ 셰이퍼의 테이블에 모형과 소재를 고정한 후 모형에 따라 절삭하는 방법이다.
④ 호빙 머신에서 절삭공구와 일감을 서로 적당한 상대운동을 시켜서 치형을 절삭하는 방법이다.

16.
창성법으로 기어를 가공하는 대표적인 공작기계로는 호빙머신, 펠로즈식 기어 셰이퍼, 마그식 기어 셰이퍼 등이 있다.

17 보링 머신의 크기를 표시하는 방법으로 틀린 것은?

① 주축의 지름
② 주축의 이송거리
③ 테이블의 이동거리
④ 보링 바이트의 크기

17.
보링 머신의 크기는 테이블의 크기, 주축의 지름, 주축의 이동거리, 주축머리의 상하 이동거리 및 테이블의 이동거리로 나타낸다.

18 평면도 측정과 관계없는 것은?

① 수준기
② 링 게이지
③ 옵티컬 플랫
④ 오토콜리메이터

18.
평면도 측정
옵티컬 플랫, 스트레이트 에지, 정반, 정밀 수준기, 오토 콜리메이터 등이 있다.

19 밀링머신 호칭번호를 분류하는 기준으로 옳은 것은?

① 기계의 높이
② 주축모터의 크기
③ 기계의 설치 면적
④ 테이블의 이동거리

19.
표준형 밀링머신 호칭번호는 테이블의 세로 방향 최대 이송, 새들의 최대 가로 이송 거리 및 니의 최대 상하 이송 거리로 하며, 이들의 크기에 따라 번호를 붙여 그 크기를 나타낸다.

정답   16 ④   17 ④   18 ②   19 ④

20 센터리스 연삭기의 특징으로 틀린 것은?

① 긴 홈이 있는 가공물이나 대형 또는 중량물의 연삭이 가능하다.
② 연삭숫돌 폭보다 넓은 가공물을 플랜지 컷 방식으로 연삭할 수 없다.
③ 연삭숫돌의 폭이 크므로, 연삭숫돌 지름의 마멸이 적고 수명이 길다.
④ 센터가 필요하지 않아 센터 구멍을 가공할 필요가 없고, 속이 빈 가공물을 연삭할 때 편리하다.

20.
센터리스 연삭기는 긴 홈이 있는 가공물이나 대형 중량물은 연삭할 수 없다.

제 2 과목 기계제도

21 그림과 같은 입체도의 제3각 정투상도로 가장 적합한 것은?

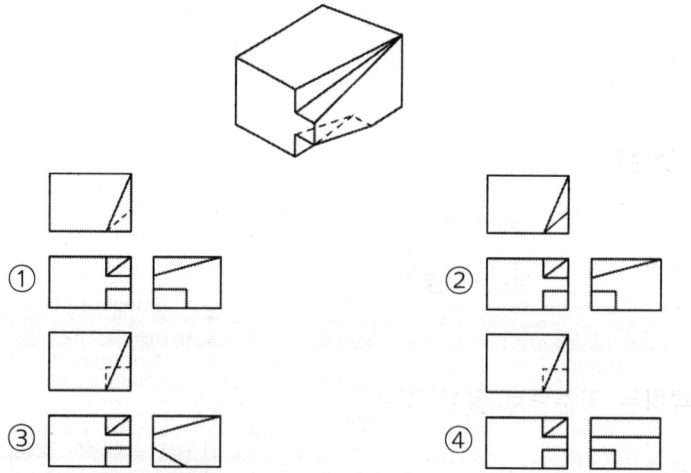

정답 20 ① 21 ③

22 베어링 호칭번호 "6308 Z NR"에서 "08"이 의미하는 것은?

① 실드 기호
② 안지름 번호
③ 베어링 계열 기호
④ 레이스 형상 기호

22.
· 63: 베어링 계열기호
· 08: 안지름 번호(40mm)
· Z: 실드기호
· NR: 레이스 형상 기호

23 표면의 결 지시방법에서 "제거 가공을 허용하지 않는다"를 나타내는 것은?

①
②
③
④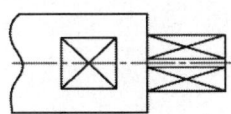

24 나사의 종류를 표시하는 기호 중 미터 사다리꼴 나사의 기호는?

① M
② SM
③ PT
④ Tr

24.
· M: 미터나사
· PT: 관용테이퍼나사
· SM: 미싱나사

25 그림에서 ⊠로 표시한 부분의 의미로 올바른 것은?

① 정밀 가공 부위를 지시
② 평면임을 지시
③ 가공을 금지함을 지시
④ 구멍임을 지시

정답 22 ② 23 ① 24 ④ 25 ②

26 다음 형상공차의 종류 별 기호 표시가 틀린 것은?

① 평면도: ▱　　② 위치도: ⌖
③ 진원도: ○　　④ 원통도: ◎

26.
동축도: ◎
원통도: ○

27 가공부에 표시하는 다듬질 기호 중 줄 다듬질의 기호는?

① FF　　② FL
③ FS　　④ FR

27.
· FL: 래핑
· FS: 스크레이퍼
· FR: 리머

28 도면에 표시된 재료기호가 "SF 390A"로 되었을 때 "390"이 뜻하는 것은?

① 재질 번호　　② 탄소 함유량
③ 최저 인장 강도　　④ 제품 번호

28.
SF: 탄소강 단강품

29 KS 나사가 다음과 같이 표시될 때 이에 대한 설명으로 옳은 것은?

"왼 2줄 M50×2 - 6H"

① 나사산의 감긴 방향은 왼쪽이고, 2줄나사이다.
② 미터 보통 나사로 피치가 6mm이다.
③ 수나사이고, 공차 등급은 6급, 공차위치는 H이다.
④ 이 기호만으로는 암나사인지 수나사인지를 알 수 없다.

29.
좌 2줄 미터가는 나사,
호칭지름 50,
피치 2,
암나사 등급 6,
공차 위치 H

30 단면도의 절단된 부분을 나타내는 해칭선을 그리는 선은?

① 가는 2점 쇄선　　② 가는 파선
③ 가는 실선　　④ 가는 1점 쇄선

정답 26 ④ 27 ① 28 ③ 29 ① 30 ③

31 그림과 같은 입체도를 제3각법으로 올바르게 나타낸 것은?

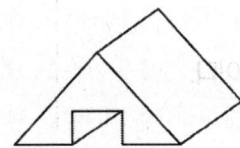

①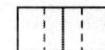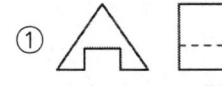

②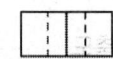

③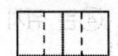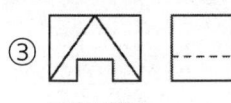

④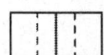

32 다음 중 니켈 크로뮴 강의 KS 기호는?

① SCM 415　　② SNC 415
③ SMn 420　　④ SNCM 420

33 구멍의 치수가 $\phi 50^{+0.05}_{0}$, 축의 치수가 $\phi 50^{0}_{-0.02}$일 때, 최대 틈새는 얼마인가?

① 0.02　　② 0.03
③ 0.05　　④ 0.07

33.
최대틈새
$= 50.05 - 49.98 = 0.07$

정답　31 ①　32 ②　33 ④

34 철골 구조물 도면에 2 - L75×75×6-1800으로 표시된 형강을 올바르게 설명한 것은?

① 부등변 부등두께 ㄱ 형강이며 길이는 1800mm이다.
② 형강의 개수는 6개이다.
③ 형강의 두께는 75mm이며 그 길이는 1800mm이다.
④ ㄱ 형강 양변의 길이는 75mm로 동일하며 두께는 6mm이다.

35 다음 중 위치 공차를 나타내는 기호가 아닌 것은?

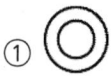 ①
 ②
 ③
 ④

35.
①은 동축도,
②는 대칭도,
④는 위치도,
③은 원주 흔들림 공차,
①, ②, ④는 위치 공차의 종류이다.

36 다음과 같이 투상된 정면도와 우측면도에 가장 적합한 평면도는?

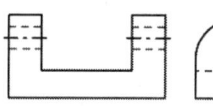
(정면도)

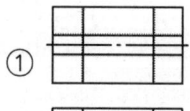 ①
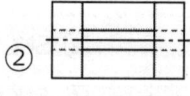 ②
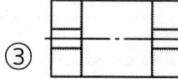 ③
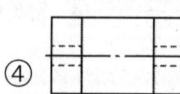 ④

정답 34 ④ 35 ③ 36 ④

37 그림과 같은 입체도의 제 3각 정투상도에서 누락된 우측면도로 가장 적합한 것은?

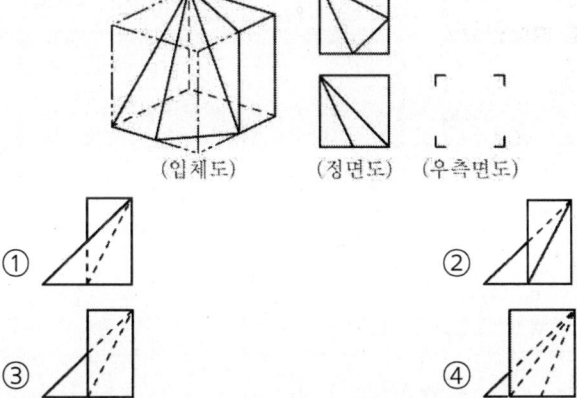

① ② ③ ④

38 그림과 같이 용접기호가 도시될 때 이에 대한 설명으로 잘못된 것은?

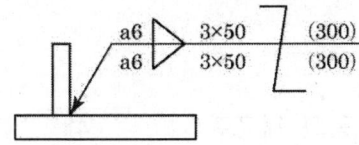

① 양쪽의 용접 목 두께는 모두 6mm이다.
② 용접부의 개수(용접수)는 양쪽에 3개씩이다.
③ 피치는 양쪽 모두 50mm이다.
④ 지그재그 단속 용접이다.

38.
1개소의 용접길이가
$50mm$ 이다.

39 다음 중 다이캐스팅용 알루미늄합금에 해당하는 기호는?

① WM 1
② ALDC 1
③ BC 1
④ ZDC 1

정답 37 ③ 38 ③ 39 ②

40 그림과 같은 물 탱크의 측면도에서 원통 부분을 6mm 두께의 강판을 사용하여 판금 작업하고자 전개도를 작성하려고 한다. 이 원통의 바깥지름이 600mm일 때 필요한 마름질 판의 길이는 약 몇 mm인가?
(단, 두께를 고려하여 구한다.)

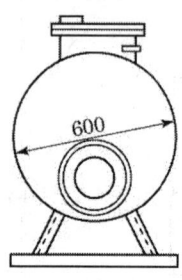

① 1903.8　　　　② 1875.5
③ 1885　　　　　④ 1866.1

40.
$\pi D = \pi \times (600 - 6)$
$\quad\quad = 1866.11$

제 3 과목 기계설계 및 기계재료

41 구리에 아연 5%를 첨가하여 화폐, 메달 등의 재료로 사용되는 것은?

① 델타메탈　　　② 길딩메탈
③ 문쯔메탈　　　④ 네이벌황동

41.
길딩 메탈
아연 5~10, 나머지 구리로 분말, 얇은 판형으로 붙여, 또는 형태 그대로 모조금, 미술, 공예품에 이용된다.

42 공구강에서 경도를 증가시키고 시효에 의한 치수변화를 방지하기 위한 열처리 순서로 가장 적합한 것은?

① 담금질 → 심냉처리 → 뜨임처리
② 담금질 → 불림 → 심냉처리
③ 불림 → 심냉처리 → 담금질
④ 풀림 → 심냉처리 → 담금질

정 답　　40 ④　41 ②　42 ①

43 금속의 이온화 경향이 큰 금속부터 나열한 것은?

① Al > Mg > Na > K > Ca
② Al > K > Ca > Mg > Na
③ K > Ca > Na > Mg > Al
④ K > Na > Al > Mg > Ca

43.
이온화 경향이 강한 순서
$K > Ca > Na > Mg > Zn$
$Fe > Co > Pb > Cu > Hg$
$Ag > Au$

44 분말 야금에 의하여 제조된 소결 베어링 합금으로 급유하기 어려운 경우에 사용되는 것은?

① Y 합금
② 켈밋(kelmet)
③ 화이트메탈(white metal)
④ 오일리스베어링(oilless bearing)

45 탄소강 및 합금강을 담금질(quenching)할 때 냉각 효과가 가장 빠른 냉각액은?

① 물
② 공기
③ 기름
④ 염수

45.
소금물 > 물 > 기름 > 공기

46 Ni-Cr강에 첨가하여 강인성을 증가시키고 담금질성을 향상시킬 뿐만 아니라 뜨임 메짐성을 완화시키기 위하여 첨가하는 원소는?

① 망간(Mn)
② 니켈(Ni)
③ 마그네슘(Mg)
④ 몰리브덴(Mo)

46.
Ni-Cr-Mo
구조용 합금강 중
가장 우수한 재료

정답 43 ③ 44 ④ 45 ④ 46 ④

47 Mn강 중 고온에서 취성이 생기므로 1000~1100℃에서 수중 담금질하는 수인법(water toughening)으로 인성을 부여한 오스테나이트 조직의 구조용강은?

① 붕소강
② 듀콜(ducol)강
③ 해드필드(hadfield)강
④ 크로만실(chromansil)강

47.
고망간강
하드필드강이라고도 하며 인장강도 및 점섬계수가 우수, 기차레일, 분쇄기 등의 용도로 사용된다.

48 다음 재료 중 기계구조용 탄소강재를 나타낸 것은?

① STS4
② STC4
③ SM45C
④ STD11

48.
· STC: 탄소공구강
· STS: 합금공구강 S종
· STD: 합금공구강 D종

49 탄소강에서 공석강의 현미경 조직은?

① 초석페라이트와 레데뷰라이트
② 초석시멘타이트와 레데뷰라이트
③ 레데뷰라이트와 주철의 혼합조직
④ 페라이트와 시멘타이트의 혼합조직

49.
펄라이트 조직
페라이트와 시멘타이트의 혼합조직

50 가스 질화법의 특징을 설명한 것 중 틀린 것은?

① 질화 경화층은 침탄층보다 경하다.
② 가스 질화는 NH_3의 분해를 이용한다.
③ 질화를 신속하게 하기 위하여 글로우 방전을 이용하기도 한다.
④ 질화용강은 질화 전에 담금질, 뜨임 등 조질열처리가 필요 없다.

정답 47 ③ 48 ③ 49 ④ 50 ④

51 벨트의 형상을 치형으로 하여 미끄럼이 거의 없고 정확한 회전비를 얻을 수 있는 벨트는?

① 직물 벨트 ② 강 벨트
③ 가죽 벨트 ④ 타이밍 벨트

52 잇수는 54, 바깥지름은 280mm인 표준 스퍼기어에서 원주피치는 약 몇 mm인가?

① 15.7 ② 31.4
③ 62.8 ④ 125.6

52.
$$p = \pi \times \frac{280}{54+2}$$
$$= 15.71$$

53 둥근 봉을 비틀 때 생기는 비틀림 변형을 이용하여 스프링으로 만든 것은?

① 코일 스프링 ② 토션 바
③ 판 스프링   ④ 접시 스프링

54 미끄럼 베어링의 재질로서 구비해야 할 성질이 아닌 것은?

① 눌러 붙지 않아야 한다.
② 마찰에 의한 마멸이 적어야 한다.
③ 마찰계수가 커야 한다.
④ 내식성이 커야 한다.

54.
고속회전 시 마찰계수가 작아야 열화가 발생하지 않는다.

55 피치가 2mm인 3줄 나사에서 90° 회전시키면 나사가 움직인 거리는 몇 mm인가?

① 0.5 ② 1
③ 1.5 ④ 2

55.
$$l = 2 \times 3 \times \frac{90}{360} = 1.5$$

정답 51 ④ 52 ① 53 ② 54 ③ 55 ③

56 1줄 겹치기 리벳 이음에서 리벳 구멍의 지름은 12mm이고, 리벳의 피치는 45mm일 때 판의 효율은 약 몇 %인가?

① 80
② 73
③ 55
④ 42

56.
$\eta = 1 - \dfrac{12}{45} = 0.733$

57 폴(pawl)과 결합하여 사용되며, 한쪽 방향으로는 간헐적인 회전운동을 주고 반대쪽으로는 회전을 방지하는 역할을 하는 장치는?

① 플라이 휠(fly wheel)
② 드럼 브레이크(drum brake)
③ 블록 브레이크(block brake)
④ 래칫 휠(rachet wheel)

58 400rpm으로 4kW의 동력을 전달하는 중실축의 최소 지름은 약 몇 mm인가? (단, 축의 허용전단응력은 20.60MPa이다.)

① 22
② 13
③ 29
④ 36

58.
$974000 \times 9.8 \times \dfrac{4}{400}$
$= 20.6 \times \dfrac{\pi \times d^3}{16}$,
$d = 28.68 mm$

59 지름이 4cm의 봉재에 인장하중이 1000N이 작용할 때 발생하는 인장응력은 약 얼마인가?

① 127.3 N/mm^2
② 127.3 N/mm^2
③ 80 N/cm^2
④ 80 N/mm^2

59.
$\sigma = \dfrac{4 \times 1000}{\pi \times 4^2}$
$= 79.58 N/cm^2$

| 정 답 | 56 ② | 57 ④ | 58 ③ | 59 ③ |

60 묻힘 키에서 키에 생기는 전단응력을 τ, 압축응력을 σ_c라 할 때, $\tau/\sigma_c = 1/4$이면, 키의 폭 b와 높이 h와의 관계식은? (단, 키 홈의 높이는 키 높이의 1/2라고 한다.)

① $b = h$
② $b = 2h$
③ $b = \dfrac{h}{2}$
④ $b = \dfrac{h}{4}$

60. $\tau/\sigma_c = \dfrac{1}{4} = \dfrac{h}{2b}$, $b = 2h$

제 4 과목 컴퓨터응용설계

61 21인치 1600×1200 픽셀 해상도 래스터모니터를 지원하는 그래픽보드가 트루칼라(24비트)를 지원하기 위해 다음과 같은 메모리를 검토하고자 한다. 이때 적용할 수 있는 가장 작은 메모리는 어느 것인가?

① 1MB
② 4MB
③ 8MB
④ 32MB

62 칼라 래스터 스캔 디스플레이에서 기본이 되는 3색이 아닌 것은?

① 적색(R)
② 황색(Y)
③ 청색(B)
④ 녹색(G)

62.
칼라의 기본 3색
빨강, 파랑, 초록

63 모든 유형의 곡선(직선, 스플라인, 원호 등) 사이를 경사지게 자른 코너를 말하는 것으로 각진 모서리나 꼭지점을 경사 있게 깎아 내리는 작업은?

① Hatch
② Fillet
③ Rounding
④ Chamfer

63.
모따기(chamfering)
날카로운 모서리 또는
구석을 비스듬하게 깎는 거

정 답   60 ②   61 ③   62 ②   63 ④

64 CAD 데이터의 교환 표준 중 하나로 국제표준화기구(ISO)가 국제표준으로 지정하고 있으며, CAD의 형상 데이터뿐만 아니라 NC 데이터나 부품표, 재료 등도 표준 대상이 되는 규격은?

① IGES
② DXF
③ STEP
④ GKS

65 곡면 모델링 시스템에서 일반적으로 요구되는 기능으로 거리가 먼 것은?

① 가공(machining) 기능
② 변환(transformation) 기능
③ 라운딩(rounding) 기능
④ 옵셋(offset) 기능

66 3차원 좌표를 변환할 때 4×4 동차 변환행렬을 사용한다. 그런데 다음과 같이 3×3 변환행렬을 사용할 경우 표현할 수 없는 것은?

$$[x'y'z'] = [xyz]\begin{bmatrix} a & b & c \\ d & e & f \\ g & h & i \end{bmatrix}$$

① 이동 변환
② 회전 변환
③ 스케일링 변환
④ 반사 변환

64.
· IGES
여러 종류의 CAD/CAM 시스템 간에 도면 및 기하학적 형상 데이터를 전달하는 것을 의미하는 데이터 교환 파일이다.
· DXF
캐드 시스템에서 구성된 자료에 대해 서로 다른 캐드 소프트웨어를 사용 하더라도 서로의 캐드 자료를 공통으로 사용하기 위한 가장 일반적인 데이터 교환방식이다.

65.
이동변환은 3×3에서는 행렬의 합으로 표현해야 한다.

정답 64 ③ 65 ① 66 ①

67 꼭지점 개수 v, 모서리 개수 e, 면 또는 외부 루프의 개수 f, 면상에 있는 구멍 루프의 개수 h, 독립된 셸의 개수 s, 입체를 관통하는 구멍(passage)의 개수 p인 B-rep 모델에서 이들 요소간의 관계를 나타내는 오일러-포앙카레 공식으로 옳은 것은?

① $v - e + f - h = (s - p)$
② $v - e + f - h = 2(s - p)$
③ $v - e + f - 2h = (s - p)$
④ $v - e + f - 2h = 2(s - p)$

68 PC가 빠르게 발전하고 성능이 강력해짐에 따라 1990년대 중반부터 윈도우 기반의 CAD 시스템의 사용이 시작되었다. 다음 중 윈도우 기반 CAD 시스템의 일반적인 특징에 관한 설명으로 틀린 것은?

① Windows XP, Windows 2000 등 윈도우의 기능들을 최대한 이용하며, 사용자 인터페이스(user interface)가 마이크로소프트사의 다른 프로그램들과 유사하다.
② 구성요소기술(component technology)라는 접근방식을 사용하여 사용자가 요소의 형상을 직접 변형시키지 않고, 구속조건(constraints)을 사용하여 형상을 정의 또는 수정한다.
③ 객체지향 기술(object-oriented technology)을 사용하여 다양한 기능에 따라 프로그램을 모듈화시켜 각 모듈을 독립된 단위로 재사용한다.
④ 엔지니어링 협업을 위한 인터넷 지원 기능을 가지고, 서로 떨어져 있는 설계자들끼리 의견을 교환할 수 있는 기능도 적용이 가능하다.

정답 67 ② 68 ②

69 3D CAD 데이터를 사용하여 레이아웃이나 조립성 등을 평가하기 위하여 컴퓨터 상에서 부품을 설계하고 조립체를 생성하는 것은?

① rapid prototyping
② part programming
③ reverse engineering
④ digital mock-up

70 (x, y) 평면에서 두 점 (-5, 0), (4, -3)을 지나는 직선의 방정식은?

① $y = -\dfrac{2}{3}x - \dfrac{5}{3}$
② $y = -\dfrac{1}{2}x - \dfrac{5}{2}$
③ $y = -\dfrac{1}{3}x - \dfrac{5}{3}$
④ $y = -\dfrac{3}{2}x - \dfrac{4}{3}$

70.
$y - 0 = \dfrac{-3-0}{4+5} \times (x+5)$,
$y = -\dfrac{1}{3}(x+5)$

71 다음 중 CAD 시스템의 입력장치가 아닌 것은?

① light pen
② joystick
③ track ball
④ electrostatic plotter

71.
정전식 플로터 (electrostatic plotter) 종이를 부착시켜 한 방향으로 움직이게 하고, 다른 한 방향으로의 이동은 $n \times n$개의 점으로 구성된 펜 헤드(pen head)로 하여금 전기적으로 감전되게 하여 특수 재질의 용지에 도형을 작도하는 기기이다.

정답 69 ④ 70 ③ 71 ④

72 CAD 시스템에서 곡선을 표시하는데 3차식을 사용하는 이유로 가장 적당한 것은?

① 곡면을 생성할 때 고차식에 비해 시간이 적게 걸린다.
② 4차로는 부드러운 곡선을 표현할 수 없기 때문이다.
③ CAD 시스템은 3차를 초과하는 차수의 곡선방정식을 지원할 수 없다.
④ 3차식이 아니면 곡선의 연속성이 보장되지 않는다.

73 다음과 같은 특징을 가진 곡선은?

1. 조정점의 양 끝점을 통과한다.
2. 국부적인 곡선 조정이 가능하다.
3. 원이나 타원 등의 원추곡선은 근사적으로만 나타낼 수 있다.

① Bezier 곡선　　② Ferguson 곡선
③ NURBS 곡선　　④ B-spline 곡선

74 폐쇄된 평면 영역이 단면이 되어 직진이동 혹은 회전이동 시켜 솔리드 모델을 만드는 모델링 기법은?

① 스키닝(skinning)
② 리프팅(lifting)
③ 스위핑(sweeping)
④ 트위킹(tweaking)

74.
스위프에 의한 모델링
평면상의 윤곽선을 제 3축 방향에 스위프함으로써 얻어지는 형상 또는 2차원의 선을 어느 축 둘레에 회전시킴으로써 얻어지는 형상 모델링법이다.

정답　72 ①　73 ④　74 ③

75 CAD(Computer-Aided Design) 소프트웨어의 가장 기본적인 역할은?

① 기하 형상의 정의
② 해석결과의 가시화
③ 유한요소 모델링
④ 설계물의 최적화

76 다음 중 Coon's patch에 대한 설명으로 가장 옳은 것은?

① 주어진 네 개의 점이 곡면의 네 개의 꼭지점이 되도록 선형 보간하여 얻어지는 곡면을 말한다.
② 조정다면체(control polyhedron)에 의해 정의되는 곡면을 말한다.
③ 네 개의 경계 곡선을 선형 보간하여 생성되는 곡면을 말한다.
④ B-spline 곡선을 확장하여 유도되는 곡면을 말한다.

76.
Coon's 곡면
곡면 패치의 4개의 점의 위치벡터와 4개의 경계곡선을 주어 그 경계 조건을 만족하는 곡면이다.

77 솔리드 모델링에서 모델을 구현하는 자료구조가 몇 가지 있는데, 복셀 표현(voxel representation)은 어느 자료구조에 속하는가?

① CGS 트리구조
② B-rep 자료구조
③ 날개 모서리(winged-edge) 자료구조
④ 분해모델을 저장하는 자료구조

정답 75 ① 76 ③ 77 ④

78 f(x, y)=ax²+bxy+cy²+dx+ey+g=0 식에 표시된 계수에 의해서 정의되는 도형으로 옳은 것은?

① 원:b=0, a=c
② 타원:b²-4ac > 0
③ 포물선:b²-4ac ≠ 0
④ 쌍곡선:b²-4ac < 0

78.
$x^2 + y^2 + ax + by + c = 0$

79 서피스 모델에 관한 설명 중 틀린 것은?

① 단면도를 작성할 수 있다.
② 2면의 교선을 구할 수 있다.
③ 질량과 같은 물리적 성질을 구하기 쉽다.
④ NC 데이터를 생성할 수 있다.

79.
질량을 표현하려면 도형의 체적을 알아야 하는데 서프스 모델은 체적에 대한 정보를 갖지 못하는 모델이다.

80 2차원 평면에서 두 개의 점이 정의되었을 때 이 두 점을 포함하는 원은 몇 개로 정의할 수 있는가?

① 1개   ② 2개
③ 3개   ④ 무수히 많다.

정답 78 ① 79 ③ 80 ④

제 1 과목 기계가공법 및 안전관리

01 기어 절삭기에서 창성법으로 치형을 가공하는 공구가 아닌 것은?

① 호브(hob)
② 브로치(broach)
③ 래크 커터(rack cutter)
④ 피니언 커터(pinion cutter)

1.
브로치 가공은 구멍에서 키홈 등의 내외면 홈을 절삭할 때 사용하는 공구이다.

02 드릴작업에 대한 설명으로 적절하지 않은 것은?

① 드릴작업은 항상 시작할 때보다 끝날 때 이송을 빠르게 한다.
② 지름이 큰 드릴을 사용할 때는 바이스를 테이블에 고정한다.
③ 드릴은 사용 전에 점검하고 마모나 균열이 있는 것은 사용하지 않는다.
④ 드릴이나 드릴 소켓을 뽑을 때는 전용공구를 사용하고 해머 등으로 두드리지 않는다.

2.
드릴작업은 항상 시작할 때보다 끝날 때 이송을 느리게 하여 마무리에 버가 생기지 않도록 한다.

03 절삭공구의 절삭면에 평행하게 마모되는 현상은?

① 치핑(chiping)
② 플랭크 마모(flank wear)
③ 크레이터 마모(creat wear)
④ 온도 파손(temperature failure)

3.
치핑과 온도 파손은 공구 끝이 파손되는 현상이며 크레이터 마모는 경사면에 마찰에 의해 옴폭하게 되는 현상이다.

정 답　01 ②　02 ①　03 ②

04 CNC기계의 움직임을 전기적인 신호로 속도와 위치를 피드백하는 장치는?

① 리졸버(resolver)
② 컨트롤러(controller)
③ 볼 스크루(ball screw)
④ 패리티 체크(parity-check)

05 연삭 숫돌의 표시에 대한 설명이 옳은 것은?

① 연삭입자 C는 갈색 알루미나를 의미한다.
② 결합제 R은 레지노이드 결합제를 의미한다.
③ 연삭 숫돌의 입도 #100이 #300보다 입자의 크기가 크다.
④ 결합도 K 이하는 경한 숫돌, L~O는 중간 정도 숫돌, P 이상은 연한 숫돌이다.

06 드릴 머신으로서 할 수 없는 작업은?

① 널링
② 스폿 페이싱
③ 카운터 보링
④ 카운터 싱킹

07 나사연삭기의 연삭방법이 아닌 것은?

① 다인 나사연삭 방법
② 단식 나사연삭 방법
③ 역식 나사연삭 방법
④ 센터리스 나사연삭 방법

4.
② 컨트롤러는 제어란 뜻으로 기계, 전기 등 모든 제어 기기에 사용하며 일반적으로는 전동기의 기동, 운전, 정지, 속도 조정을 하는 제어기이다.
③ 볼 스크루는 볼나사로서 이송을 정밀하게 하는 기구이다.
④ 패리티체크는 데이터의 메모리에 써넣기나 전송 시에 오류 발생의 가부를 체크하는 방법

5.
① 연삭입자 C는 암자색 탄화규소계를 의미한다.
② 결합제 R은 고무 결합제이며 레지노이드 결합제는 결합제 B를 의미한다.
④ 결합도 E,F,G 는 극연한 숫돌, H, I, J, K는 연한 정도 숫돌, L, M, N, O는 중간 정도 숫돌이다

6.
널링은 선반가공이며 비절삭 가공으로 원통 형상의 공작물의 외면에 미끄럼을 방지하기 위한 목적으로 만들어지는 방법이다

정답 04 ① 05 ③ 06 ① 07 ③

08 20℃에서 20mm인 게이지 블록이 손과 접촉 후 온도가 36℃가 되었을 때, 게이지 블록에 생긴 오차는 몇 mm인가? (단, 선팽창계수는 1.0×10^{-6}/℃이다.)

① 3.2×10^{-4}
② 3.2×10^{-3}
③ 6.4×10^{-4}
④ 6.4×10^{-3}

8.
$$\begin{aligned}\delta &= l\alpha\Delta T \\ &= 20 \times 1.0 \times 10^{-6} \times (36-20) \\ &= 3.2 \times 10^{-4} mm\end{aligned}$$

09 절삭공작기계가 아닌 것은?

① 선반
② 연삭기
③ 플레이너
④ 굽힘 프레스

9.
굽힘 프레스는 소성가공이다.

10 선반에서 맨드릴(mandrel)의 종류가 아닌 것은?

① 갱 맨드릴
② 나사 맨드릴
③ 이동식 맨드릴
④ 테이퍼 맨드릴

10.
맨드릴은 선반, 밀링 머신, 기어 커터 등에서 중앙에 구멍이 뚫려 있는 공작물을 가공할 때 그 구멍에 끼우는 심봉을 말한다. 그러므로 이동식 맨드릴은 없다.

11 구멍가공을 하기 위해서 가공물을 고정시키고 드릴이 가공 위치로 이동할 수 있도록 제작된 드릴링 머신은?

① 다두 드릴링 머신
② 다축 드릴링 머신
③ 탁상 드릴링 머신
④ 레이디얼 드릴링 머신

11.
탁상드릴링머신은 Head의 위치가 고정되어 있어서 구멍의 위치가 서로 다를 경우 에는 제품의 위치 경우에 따라서는 테이블의 위치를 옮겨서 작업하여야 하는 형식이며 레이디얼 드릴링머신은 제품의 위치를 고정시켜 놓고 드릴이 가공 위치로 이동할 수 있도록 제작된 드릴링 머신이다

정답 08 ① 09 ④ 10 ③ 11 ④

12 일감에 회전운동과 이송을 주며, 숫돌을 일감표면에 약한 압력으로 눌러 대고 다듬질 면에 따라 매우 작고 빠른 진동을 주어 가공하는 방법은?

① 래핑　　　　　　② 드레싱
③ 드릴링　　　　　　④ 슈퍼 피니싱

13 선반을 설계할 때 고려할 사항으로 틀린 것은?

① 고장이 적고 기계효율이 좋을 것
② 취급이 간단하고 수리가 용이할 것
③ 강력 절삭이 되고 절삭 능률이 클 것
④ 기계적 마모가 높고, 가격이 저렴할 것

13.
선반을 설계할 때의 재질은 기계적 마모가 작고, 가격이 저렴한재질을 선정한다.

14 선반의 주요 구조부가 아닌 것은?

① 베드　　　　　　② 심압대
③ 주축대　　　　　④ 회전 테이블

14.
선반의 주요 구조부는 베드, 심압, 주축, 왕복이다.

15 그림에서 플러그 게이지의 기울기가 0.05일 때, M_2의 길이[mm]는? (단, 그림의 치수단위는 mm이다.)

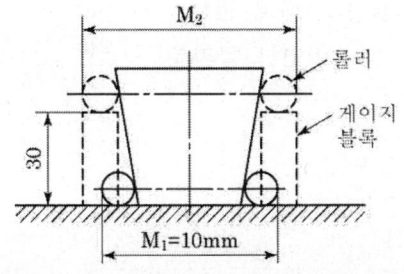

① 10.5　　　　　　② 11.5
③ 13　　　　　　　④ 16

15.
$10+2\times(30\times0.05)=13$

정답　12 ④　13 ④　14 ④　15 ③

16 삼각함수에 의하여 각도를 길이로 계산하여 간접적으로 각도를 구하는 방법으로, 블록 게이지와 함께 사용하는 측정기는?

① 사인 바
② 베벨 각도기
③ 오토 콜리메이터
④ 콤비네이션 세트

17 상향절삭과 하향절삭에 대한 설명으로 틀린 것은?

① 하향절삭은 상향절삭보다 표면거칠기가 우수하다.
② 상향절삭은 하향절삭에 비해 공구의 수명이 짧다.
③ 상향절삭은 하향절삭과는 달리 백래시 제거장치가 필요하다.
④ 상향절삭은 하향절삭할 때보다 가공물을 견고하게 고정하여야 한다.

17.
백래시 제거장치가 필요한 가공은 하향절삭이다.

18 주축의 회전운동을 직선 왕복운동으로 변화시킬 때 사용하는 밀링 부속장치는?

① 바이스
② 분할대
③ 슬로팅 장치
④ 래크 절삭 장치

19 밀링작업의 단식 분할법에서 원주를 15등분 하려고 한다. 이때 분할대 크랭크의 회전수를 구하고, 15구멍열 분할판을 몇 구멍씩 보내면 되는가?

① 1회전에 10구멍씩
② 2회전에 10구멍씩
③ 3회전에 10구멍씩
④ 4회전에 10구멍씩

19.
$\frac{40}{N} = \frac{40}{15} = 2\frac{10}{15}$
2회전에 10구멍씩 보낸다.

정답   16 ①   17 ③   18 ③   19 ②

20. 일반적인 손다듬질 작업 공정순서로 옳은 것은?

① 정 → 줄 → 스크레이퍼 → 쇠톱
② 줄 → 스크레이퍼 → 쇠톱 → 정
③ 쇠톱 → 정 → 줄 → 스크레이퍼
④ 스크레이퍼 → 정 → 쇠톱 → 줄

20.
스크레이퍼가 가장 나중에 하는 정밀 수기 작업이다.

제 2 과목 기계제도

21. 그림과 같이 수직 원통을 30° 정도 경사지게 일직선으로 자른 경우의 전개도로 가장 적합한 형상은?

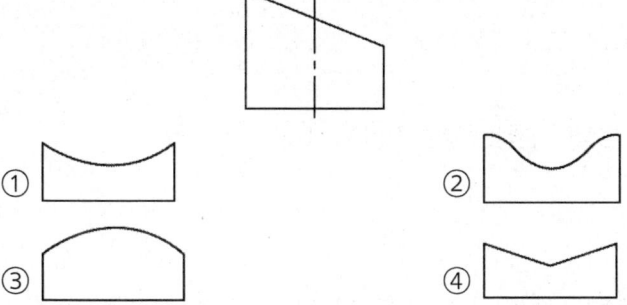

21.
높은 위치에서 잘라서 전개하면 ⌣의 형태가 된다.

22. SM20C의 재료기호에서 탄소 함유량은 몇 % 정도인가?

① 0.18~0.23%
② 0.2~0.3%
③ 2.0~3.0%
④ 18~23%

22.
SM20C의 평균 탄소함유량 0.15~0.25% 이다.

정답 20 ③ 21 ② 22 ①

23 다음 그림에서 "A"의 치수는 얼마인가?

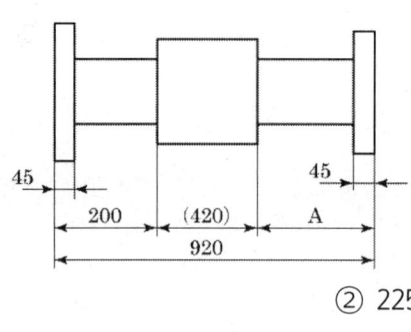

① 200
② 225
③ 250
④ 300

23.
$920 - 200 - 420 = 300$

24 대상물의 일부를 파단한 경계 또는 일부를 떼어낸 경계를 표시하는 선으로 옳은 것은?

① 가는 1점 쇄선
② 가는 2점 쇄선
③ 가는 1점 쇄선으로 끝부분 및 방향이 변하는 부분을 굵게 한 선
④ 불규칙한 파형의 가는 실선

25 보기는 제3각법 정투상도로 그린 그림이다. 정면도로 가장 적합한 투상도는?

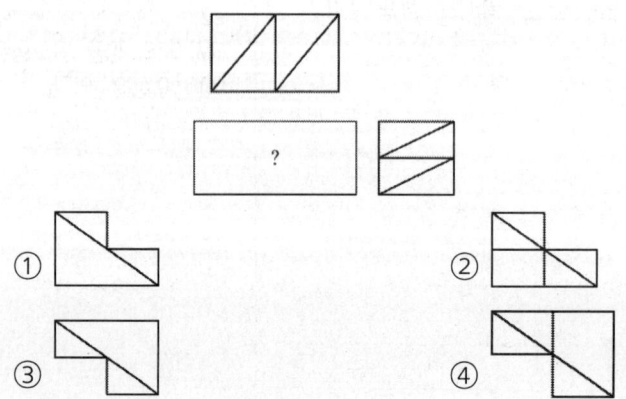

25.
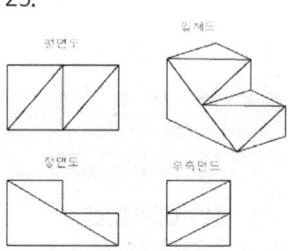

정 답   23 ④   24 ④   25 ①

26 도면 작성 시 가는 실선을 사용하는 경우가 아닌 것은?

① 특별히 범위나 영역을 나타내기 위한 틀의 선
② 반복되는 자세한 모양의 생략을 나타내는 선
③ 테이퍼가 진 모양을 설명하기 위해 표시하는 선
④ 소재의 굽은 부분이나 가공 공정을 표시하는 선

27 그림은 맞물리는 어떤 기어를 나타낸 간략도이다. 이 기어는 무엇인가?

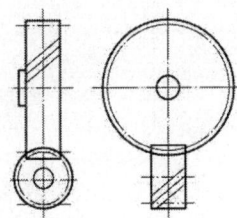

① 스퍼 기어
② 헬리컬 기어
③ 나사 기어
④ 스파이럴 베벨기어

28 최대 실체 공차방식을 적용할 때 공차붙이 형체와 그 데이텀 형체 두 곳에 함께 적용하는 경우로 옳게 표현한 것은?

① ⊕ ∅0.04Ⓜ A
② ⊕ ∅0.04 AⓂ
③ ⊕ ∅0.04 Ⓜ A
④ ⊕ ∅0.04Ⓜ AⓂ

정답 26 ① 27 ③ 28 ④

29 나사의 표시법 중 관용 평행나사 "A"급을 표시하는 방법으로 옳은 것은?

① Rc 1/2 A ② G 1/2 A
③ A Rc 1/2 ④ A G 1/2

30 보기와 같은 용접기호의 설명으로 옳은 것은?

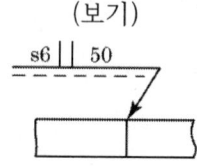

(보기)

① 화살표 쪽에서 50mm 용접길이의 맞대기 용접
② 화살표 반대쪽에서 50mm 용접길이의 맞대기 용접
③ 화살표 쪽에서 두께가 6mm인 필릿 용접
④ 화살표 반대쪽에서 두께가 6mm인 필릿 용접

31 가공방법의 표시 기호에서 "SPBR"은 무슨 가공인가?

① 기어 셰이빙 ② 액체 호닝
③ 배럴 연마 ④ 숏 블라스팅

32 "2줄 M20×2"와 같은 나사 표시 기호에서 리드는 얼마인가?

① 5mm ② 2mm
③ 3mm ④ 4mm

32.
$l = np$
$= 2 \times 2 = 4mm$

정답   29 ②   30 ①   31 ③   32 ④

33 바퀴의 암(arm), 형강 등과 같은 제품을 단면을 나타낼 때, 절단면을 90° 회전하거나 절단할 곳의 전후를 끊어서 그 사이에 단면도를 그리는 방법은?

① 전단면도 ② 부분 단면도
③ 계단 단면도 ④ 회전도시 단면도

34 다음 중 합금 공구강의 재질 기호가 아닌 것은?

① STC 60 ② STD 12
③ STF 6 ④ STS 21

34.
STC 는 탄소공구강 이다.

35 다음 중 가는 실선으로 나타내지 않는 선은?

① 지시선 ② 치수선
③ 해칭선 ④ 피치선

35.
피치선은 가는 일점 쇄선으로 나타낸다.

36 그림과 같은 입체도에서 화살표 방향 투상도로 가장 적합한 것은?

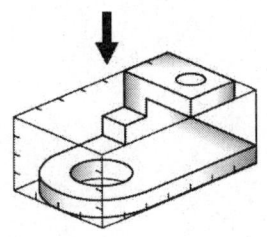

① 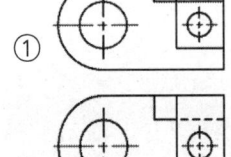 ②
③ ④

36.
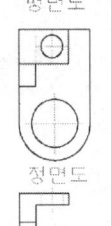 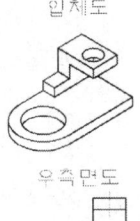

정답 33 ④ 34 ① 35 ④ 36 ③

37 보기는 제3각법 정투상도로 그린 그림이다. 우측면도로 가장 적합한 것은?

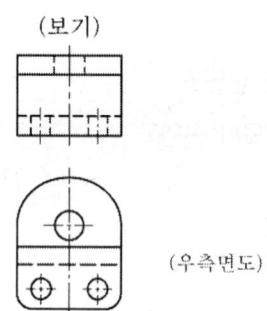

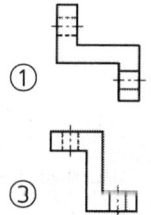

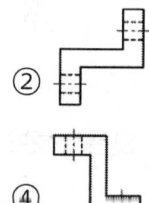

38 다음과 같은 I형강 재료의 표시법으로 옳은 것은?

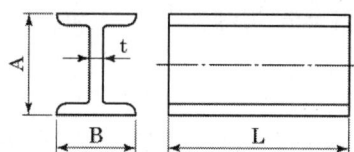

① I A×B×t - L

② t×I A×B - L

③ L - I×A×B×t

④ I B×A×t - L

39 체인 스프로킷 휠의 피치원 지름을 나타내는 선의 종류는?

① 가는 실선
② 가는 1점 쇄선
③ 가는 2점 쇄선
④ 굵은 1점 쇄선

정답   37 ②   38 ①   39 ②

40 구멍의 치수는 $\phi 35^{+0.003}_{-0.001}$, 축의 치수는 $\phi 35^{+0.001}_{-0.004}$일 때, 최대 틈새는?

① 0.004 ② 0.005
③ 0.007 ④ 0.009

40.
$0.003 + 0.004 = 0.007$

제 3 과목 기계설계 및 기계재료

41 담금질한 강재의 잔류 오스테나이트를 제거하며, 치수변화 등을 방지하는 목적으로 0℃ 이하에서 열처리하는 방법은?

① 저온뜨임 ② 심냉처리
③ 마템퍼링 ④ 용체화처리

42 열간 가공과 냉간 가공을 구별하는 온도는?

① 포정 온도 ② 공석 온도
③ 공정 온도 ④ 재결정 온도

43 소결합금으로 된 공구강은?

① 초경합금 ② 스프링강
③ 탄소공구강 ④ 기계구조용강

43.
초경합금은 분말소결 합금이다.

44 공구 재료가 갖추어야 할 일반적 성질 중 틀린 것은?

① 인성이 클 것 ② 취성이 클 것
③ 고온경도가 클 것 ④ 내마멸성이 클 것

44.
공구 재료는 인성이 크며 취성이 작을 것이다.

정답   40 ③   41 ②   42 ④   43 ①   44 ②

45 플라스틱 재료의 일반적인 성질을 설명한 것 중 틀린 것은?

① 열에 약하다.
② 성형성이 좋다.
③ 표면경도가 높다.
④ 대부분 전기 절연성이 좋다.

45.
플라스틱 재료의 표면경도는 금속과 비교 하면 일반적으로 작다.

46 주철에서 탄소강과 같이 강인성이 우수한 조직을 만들 수 있는 흑연 모양은?

① 편상흑연　　② 괴상흑연
③ 구상흑연　　④ 공정상흑연

47 구리합금 중 최고의 강도를 가진 석출 경화성 합금으로 내열성, 내식성이 우수하여 베어링 및 고급 스프링 재료로 이용되는 청동은?

① 납청동
② 인청동
③ 베릴륨 청동
④ 알루미늄 청동

48 다음 중 발전기, 전동기, 변압기 등의 철심 재료에 가장 적합한 특수강은?

① 규소강　　② 베어링강
③ 스프링강　　④ 고속도공구강

정 답　　45 ③　46 ③　47 ③　48 ①

49 알루미늄의 성질로 틀린 것은?

① 비중이 약 7.8이다.
② 면심입방격자 구조이다.
③ 용융점은 약 660℃이다.
④ 대기 중에서는 내식성이 좋다.

49.
알루미늄의 비중은 약 2.7이다.

50 담금질 조직 중에 냉각속도가 가장 빠를 때 나타나는 조직은?

① 소르바이트
② 마텐자이트
③ 오스테나이트
④ 트루스타이트

51 잇수 32, 피치 12.7mm, 회전수 500rpm의 스프로킷 휠에 50번 롤러 체인을 사용하였을 경우 전달동력은 약 몇 kW인가?
(단, 50번 롤러 체인의 파단하중은 22.10kN, 안전율은 15이다.)

① 7.8
② 6.4
③ 5.6
④ 5.0

51.
$$kW = \frac{W}{S} \times V$$
$$= \frac{22.10}{15} \times \frac{12.7 \times 32 \times 500}{60 \times 1000}$$
$$= 4.99\,kW$$

52 0.45t의 물체를 지지하는 아이 볼트에서 볼트의 허용인장응력이 48MPa라 할 때, 다음 미터나사 중 가장 적합한 것은? (단, 나사 바깥지름은 골지름의 1.25배로 가정하고, 적합한 사양 중 가장 작은 크기를 선정한다.)

① M14
② M16
③ M18
④ M20

정답 49 ① 50 ② 51 ④ 52 ①

53 원형 봉에 비틀림 모멘트를 가할 때 비틀림 변형이 생기는데, 이때 나타나는 탄성을 이용한 스프링은?

① 토션 바
② 벌류트 스프링
③ 와이어 스프링
④ 비틀림 코일스프링

54 용접이음의 단점에 속하지 않는 것은?

① 내부 결함이 생기기 쉽고 정확한 검사가 어렵다.
② 용접공의 기능에 따라 용접부의 강도가 좌우된다.
③ 다른 이음작업과 비교하여 작업 공정이 많은 편이다.
④ 잔류응력이 발생하기 쉬워서 이를 제거하는 작업이 필요하다.

54.
용접이음은 다른 이음작업과 비교하여 작업 공정이 작다.

55 볼 베어링에서 수명에 대한 설명으로 옳은 것은?

① 베어링에 작용하는 하중의 3승에 비례한다.
② 베어링에 작용하는 하중의 3승에 반비례한다.
③ 베어링에 작용하는 하중의 10/3승에 비례한다.
④ 베어링에 작용하는 하중의 10/3승에 반비례한다.

55.
볼 베어링의 수명공식
$L_h = 500 \times \left(\dfrac{C}{P}\right)^3 \times \dfrac{33.3}{N} hr$

56 전달동력 2.4kW, 회전수 1800rpm을 전달하는 축의 지름은 약 몇 mm 이상으로 해야 하는가?
(단, 축의 허용전단응력은 20MPa이다.)

① 20　　② 12
③ 15　　④ 17

56.
$T = \dfrac{1000 \times 2.4}{\omega}$

$= \dfrac{60 \times 1000 \times 2.4}{2\pi \times 1800} = 12.73 Nm$

$d = \sqrt[3]{\dfrac{16T}{\pi\tau}} = \sqrt[3]{\dfrac{16 \times 12.34 \times 1000}{\pi \times 20}}$

$= 14.65 mm$

정답　53 ①　54 ③　55 ②　56 ③

57 묻힘 키(sunk key)에 생기는 전단응력을 τ, 압축응력을 σ_c라고 할 때, $\dfrac{\tau}{\sigma_c} = \dfrac{1}{2}$이면 키 폭 b와 높이 h의 관계식으로 옳은 것은? (단, 키 홈의 높이는 키 높이의 1/2이다.)

① $b = h$
② $h = \dfrac{b}{4}$
③ $b = \dfrac{h}{2}$
④ $b = 2h$

57.
$\sigma = \dfrac{4T}{dhl}$ 이며
$\tau = \dfrac{2T}{dbl}$ 이므로
$2 \times \dfrac{2T}{dbl} = \dfrac{4T}{dhl}$ 이다.
그러므로 $b = h$ 이다.

58 기어의 피치원 지름이 무한대로 회전운동을 직선운동으로 바꿀 때 사용하는 기어는?

① 베벨 기어
② 헬리컬 기어
③ 래크와 피니언
④ 웜 기어

58.
지름이 무한인 치차는 래크 이다.

59 주로 회전운동을 왕복운동으로 변환시키는 데 사용하는 기계요소로서 내연기관의 밸브 개폐기구 등에 사용되는 것은?

① 마찰차(friction wheel)
② 클러치(clutch)
③ 기어(gear)
④ 캠(cam)

60 드럼의 지름 600mm인 브레이크 시스템에서 98.1N·m의 제동 토크를 발생시키고자 할 때 블록을 드럼에 밀어붙이는 힘은 약 몇 kN인가? (단, 접촉부 마찰계수는 0.3이다.)

① 0.54
② 1.09
③ 1.51
④ 1.96

60.
$W = \dfrac{2T}{\mu D} = \dfrac{2 \times 98.1}{0.3 \times 0.6}$
$= 1090 N = 1.09 kN$

정답   57 ①   58 ③   59 ④   60 ②

제 4 과목 컴퓨터응용설계

61 다음 중 기본적인 2차원 동차 좌표 변환으로 볼 수 없는 것은?

① extrusion
② translation
③ rotation
④ reflection

61.
extrusion은 돌출 명령어로서 3차원 동차 좌표 변환이다.

62 CAD 소프트웨어가 반드시 갖추고 있어야 할 기능으로 거리가 먼 것은?

① 화면 제어 기능
② 치수 기입 기능
③ 도형 편집 기능
④ 인터넷 기능

63 $x^2+y^2-25=0$인 원이 있다. 원 상의 점 (3,4)에서 접선의 방정식으로 옳은 것은?

① 3x+4y-25=0
② 3x+4y-50=0
③ 4x+3y-25=0
④ 4x+3y-50=0

64 $(x+7)^2+(y-4)^2=64$인 원의 중심좌표와 반지름을 구하면?

① 중심좌표 (-7, 4), 반지름 8
② 중심좌표 (7, -4), 반지름 8
③ 중심좌표 (-7, 4), 반지름 64
④ 중심좌표 (7, -4), 반지름 64

64.
$(x+7)^2+(y-4)^2=8^2$

정답　61 ①　62 ④　63 ①　64 ①

65 솔리드 모델링 방식 중 B-rep과 비교한 CSG의 특징이 아닌 것은?

① 불리언 연산자 사용으로 명확한 모델생성이 쉽다.
② 데이터가 간결하여 필요 메모리가 적다.
③ 형상수정이 용이하고 체적, 중량을 계산할 수 있다.
④ 투상도, 투시도, 전개도, 표면적 계산이 용이하다.

65.
투상도, 투시도, 전개도, 표면적 계산이 용이한 방법은 B-rep 방식이다.

66 서피스 모델에서 사용되는 기본곡면의 종류에 속하지 않는 것은?

① Revolved surface
② Topology surface
③ Sweep surface
④ Bezier surface

66.
위상수학(Topology)이란 공간속에서 위치 관계나 변하지 않는 성질을 연구하는 수학분야 학문으로서 Topology surface는 서피스 모델에서 사용되는 기본곡면이 아니다.

67 솔리드 모델링 기법의 일종인 특징형상 모델링 기법에 대한 설명으로 옳지 않은 것은?

① 모델링 입력을 설계자 또는 제작자에게 익숙한 형상 단위로 하자는 것이다.
② 각각의 형상단위는 주요 치수를 파라미터로 입력하도록 되어있다.
③ 전형적인 특징현상은 모떼기(chamfer), 구멍(hole), 필릿(fillet), 슬롯(slot) 등이 있다.
④ 사용 분야와 사용자에 관계없이 특징형상의 종류가 항상 일정하다는 것이 장점이다.

67.
특징형상 모델링은 모떼기(chamfer), 구멍(hole), 필릿(fillet) 등의 존재여부, 크기 및 위치에 한 정보가 있어 솔리드 모델로부터 공정계획을 자동으로 생성시키는 것이 용이한 모델링 방법이다.

정답 65 ④ 66 ② 67 ④

68 곡선들 중에서 원추단면 곡선(conic section curve)이 아닌 것은?

① 포물선(parabola)
② 타원(ellipse)
③ 대수곡선(algebraic curve)
④ 쌍곡선(hyperbola)

68.
원추단면 곡선에는 원, 포물선, 타원, 쌍 곡선이 있다.

69 동차좌표(Homogeneous coordinate)에 의한 표현을 바르게 설명한 것은?

① N차원의 벡터를 N-1차원의 벡터로 표현한 것이다.
② N차원의 벡터를 N+1차원의 벡터로 표현한 것이다.
③ N차원의 벡터를 $N^{(N-1)}$차원의 벡터로 표현한 것이다.
④ N차원의 벡터를 $N^{(N+1)}$차원의 벡터로 표현한 것이다.

70 플로터 형식에 있어서 펜(pen)식과 래스터(raster)식으로 구분할 때 다음 중 펜식 플로터에 속하는 것은?

① 정전식
② 잉크젯식
③ 리니어 모터식
④ 열전사식

71 3차원 형상을 표현하는데 있어서 사용하는 Z-buffer 방법은 무엇을 의미하는가?

① 음영을 나타내기 위한 방법
② 은선 또는 은면을 제거하기 위한 방법
③ view-port에 모델을 나타내기 위한 방법
④ 두 곡면을 부드럽게 연결하기 위한 방법

71.
 Z 버퍼법 (Z buffer algorithm)은 3차원 컴퓨터 그래픽스 (3DCG)에서 Z 버퍼라는 기억 장치 영역을 이용하여 은면 소거를 다각형면 (polygon)의 픽셀 단위로 행하는 방법.

정 답 68 ③ 69 ② 70 ③ 71 ②

72 공학적 해석(부피, 무게중심, 관성모멘트 등의 계산)을 적용할 때 쓰는 가장 적합한 모델은?

① 솔리드 모델 ② 서피스 모델
③ 와이어프레임 모델 ④ 데이터 모델

73 컬러 잉크젯 플로터에 사용되는 기본적인 색상이 아닌 것은?

① magenta ② black
③ cyan ④ green

73.
컬러 잉크젯 플로터에 사용되는 기본적인 색상
magenta(자홍색),
black(검정),
cyan(청록색)

74 반지름이 R이고 피치(pitch)가 p인 나사의 나선(helix)을 나선의 회전각(x축과 이루는 각) θ에 대한 매개변수식으로 나타낸 것으로 옳은 것은?
(단, $\hat{i}, \hat{j}, \hat{k}$는 각각 x, y, z축 방향의 단위벡터이다.)

① $\vec{r}(\theta) = R\sin\theta\,\hat{i} + R\tan\theta\,\hat{j} + \dfrac{p\theta}{\pi}\hat{k}$

② $\vec{r}(\theta) = R\sin\theta\,\hat{i} + R\tan\theta\,\hat{j} + \dfrac{p\theta}{2\pi}\hat{k}$

③ $\vec{r}(\theta) = R\cos\theta\,\hat{i} + R\sin\theta\,\hat{j} + \dfrac{p\theta}{\pi}\hat{k}$

④ $\vec{r}(\theta) = R\cos\theta\,\hat{i} + R\sin\theta\,\hat{j} + \dfrac{p\theta}{2\pi}\hat{k}$

75 지정된 점(정점 또는 조정점)을 모두 통과하도록 고안된 곡선은?

① Bezier curve ② B-spline curve
③ Spline curve ④ NIRBS curve

정답 72 ① 73 ④ 74 ④ 75 ③

76 CAD를 이용한 설계 과정이 종래의 제도판에서 제도기를 이용하여 2차원적으로 작업하는 설계과정과의 차이점에 해당하지 않는 것은?

① 개념 설계 단계를 거치는 점
② 전산화된 데이터베이스를 활용한다는 점
③ 컴퓨터에 의한 해석을 용이하게 할 수 있다는 점
④ 형상을 수치 데이터화하여 데이터베이스에 저장한다는 점

77 베지어(Bezier) 곡선에 관한 설명 중 옳지 않은 것은?

① 곡선은 양단의 끝점을 통과한다.
② 1개의 정점 변화는 곡선 전체에 영향을 미친다.
③ n개의 정점에 의해서 정의된 곡선은 (n+1)차 곡선이다.
④ 곡선은 정점을 연결하는 다각형의 내측에 존재한다.

76.
개념 설계 단계를 거치는 과정은 동일하다.

77.
n개의 정점에 의해서 정의된 곡선은 (n-1) 차 곡선이다.

정답 76 ① 77 ③

78 다음과 같은 특징을 가진 디스플레이는?

> · 빛을 편광시키는 특성을 가진 유기화합물을 사용한다.
> · 전자총이 없어서 두께가 얇은 모니터를 만들 수 있다.
> · 백라이트가 필요하고 시야각이 좁은 단점이 있다.

① PDP ② TFT-LCD
③ CRT ④ OLED

78 해설

· PDP(Plasma Display Panel): 플라즈마 현상을 이용한 것으로, TV의 화면 표시 기술로 주로 쓰인다. CRT(브라운관)에 비해 얇고 큰 화면을 구현하는데 용이해서 TV의 형화, 슬림화의 특징이 있다.

· TFT-LCD(Thin film Transistor Liquid Crystal Display, 초박막 액정표시장치): 액정의 변화와 편광판을 통과하는 빛의 양을 조절하는 방식으로 영상정보를 표시하는 디지털 디스플레이로써 장점은 전기소비량이 적을 뿐 아니라 가볍고 얇으면서도 해상도가 높다는 이점이 있다. 단점은 광학적 이방성 때문에 볼 수 있는 화면의 각도가 좁고 색깔을 바꾸기 어려우며 액정의 응답속도가 느려 자연스러운 동화상 재현이 어려우며 두께를 더 얇게 하면 소비전력을 줄이는데 한계가 있다.

· CRT(Cathode Ray Tube)는 음극선관을 말하며 일명 브라운관이라고도 한다.

· OLED (organic light emitting diode): OLED는 형광성 유기 화합물에 전류가 흐르면 빛을 내는 자체발광현상을 이용 하여 만든 디스플레이로, 화질 반응속도 가 초박막액정표시장치(TFT-LCD)에 비 해 1,000배 이상 빨라 동영상을 구현할 때 잔상이 거의 나타나지 않는 차세 평판 디스플레이다.

정답 78 ②

79 모델링과 관계된 용어의 설명으로 잘못된 것은?

① 스위핑(Sweeping) : 하나의 2차원 단면형상을 입력하고 이를 안내곡선을 따라 이동시켜 입체를 생성하는 것
② 스키닝(Skinning) : 원하는 경로상에 여러 개의 단면형상을 위치시키고 이를 덮는 입체를 생성하는 것
③ 리프팅(Lifting) : 주어진 물체 특정면의 전부 또는 일부를 원하는 방향으로 움직여서 물체가 그 방향으로 늘어난 효과를 갖도록 하는 것
④ 블랜딩(Blending) : 주어진 형상을 국부적으로 변화 시키는 방법으로 접하는 곡면을 예리한 모서리로 처리하는 것

80 다음 중 데이터의 전송속도를 나타내는 단위는?

① BPS
② MIPS
③ DPI
④ RPM

79.
• 스위핑(Sweeping): 하나의 2차원 단면 형상을 입력하고 이를 안내곡선을 따라 이동시켜 입체를 생성하는 것
• 스키닝(Skinning): 원하는 경로상에 여러 개의 단면형상을 위치시키고 이를 덮는 입체를 생성하는 것
• 리프팅(Lifting): 주어진 물체의 특정면의 전부 또는 일부를 원하는 방향으로 움직여서 물체가 그 방향으로 늘어난 효과를 갖도록 하는 것

80.
• BPS(bit per second): 1초 동안 전송할 수 있는 모든 비트(bit)의 수
• MIPS(million instructions per second): 1초당 100만 개 단위의 명령어 연산을 하는 프로세서의 처리 속도로, 컴퓨터의 성능을 나타내는 지표가 된다. 어떤 처리 장치(processor)의 처리속도가 18.5MIPS 이면 1초 동안에 1,850만 개의 명령을 실행할 수 있다.
• DPI(dots per inch) : 일반 모니터 등의 디스플레이 또는 프린터의 해상도 단위 이다. 즉, 화면 1인치당 몇 개의 도트(점) 이 들어가는지로 표현한다.

정답 79 ④ 80 ①

과/년/도/문/제

제 1 과목 기계가공법 및 안전관리

01 다이얼 게이지 기어의 백래시(back lash)로 인해 발생하는 오차는?

① 인접 오차
② 지시 오차
③ 진동 오차
④ 되돌림 오차

1.
되돌림 오차는 후퇴오차라고도하며 피측정 물을 길이 측정기를 사용해서 측정하는 경우, 주위의 상황이 변하지 않으나 동일한 측정량에 하여 지침의 측정량이 증가하는 상태에서 읽음값과 감소하는 상태에서 읽음값의 차이다.

02 트위스트 드릴은 절삭날의 각도가 중심에 가까울수록 절삭작용이 나쁘게 되기 때문에 이를 개선하기 위해 드릴의 웨브부분을 연삭하는 것은?

① 디닝(thinning)
② 트루잉(truing)
③ 드레싱(dressing)
④ 글레이징(glazing)

03 공기 마이크로미터에 대한 설명으로 틀린 것은?

① 압축 공기원이 필요하다.
② 비교 측정기로 1개의 마스터로 측정이 가능하다.
③ 타원, 테이퍼, 편심 등의 측정을 간단히 할 수 있다.
④ 확대 기구에 기계적 요소가 없기 때문에 장시간 고정도를 유지할 수 있다.

정답   01 ④   02 ①   03 ②

04 다음 그림과 같이 피측정물의 구면을 측정할 때 다이얼 게이지의 눈금이 0.5mm 움직이면 구면의 반지름[mm]은 얼마인가?
(단, 다이얼 게이지 측정자로부터 구면계의 다리까지의 거리는 20mm이다.)

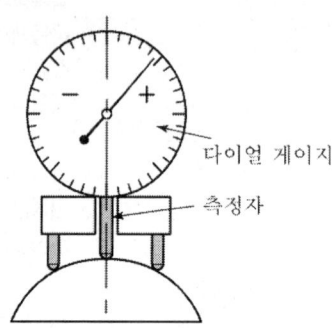

① 100.25 ② 200.25
③ 300.25 ④ 400.25

05 일반적으로 센터드릴에서 사용되는 각도가 아닌 것은?

① 45° ② 60°
③ 75° ④ 90°

06 산화알루미늄(Al_2O_3)분말을 주성분으로 마그네슘(Mg), 규소(Si) 등의 산화물과 소량의 다른 원소를 첨가하여 소결한 절삭공구의 재료는?

① CBN
② 서멧
③ 세라믹
④ 다이아몬드

5.
일반적으로 센터드릴은 선반 가공 등에서 센터링(중심잡기)을 하기 위한 중심구멍을 내는 경우에 사용된다. 앞쪽의 끝 부분이 2단으로 되어 있으며, 테이퍼 부의 각도는 60도, 75도 또는 90도로 되어 있다.

6.
새들, 컬럼 및 베이스, 니, 오버암, 주축은 밀링의 주요 부분이다.

정답 04 ④ 05 ① 06 ③

07 밀링 머신에서 절삭공구를 고정하는데 사용되는 부속장치가 아닌 것은?

① 아버(arbor)   ② 콜릿(collet)
③ 새들(saddle)   ④ 어댑터(adapter)

08 밀링 머신에서 테이블의 이송속도(f)를 구하는 식으로 옳은 것은?
(단, f_z : 1개의 날 당 이송[mm], z : 커터의 날 수, n : 커터의 회전수[rpm]이다.)

① $f = f_z \times z \times n$
② $f = f_z \times \pi \times z \times n$
③ $f = \dfrac{f_z \times z}{n}$
④ $f = \dfrac{(f_z \times z)^2}{n}$

09 풀리(pulley)의 보스(boss)에 키 홈을 가공하려 할 때 사용되는 공작기계는?

① 보링 머신   ② 호빙 머신
③ 드릴링 머신   ④ 브로칭 머신

10 범용 밀링 머신으로 할 수 없는 가공은?

① T홈 가공   ② 평면 가공
③ 수나사 가공   ④ 더브테일 가공

정답   07 ③   08 ①   09 ④   10 ③

11 박스 지그(box jig)의 사용처로 옳은 것은?

① 드릴로 대량 생산을 할 때
② 선반으로 크랭크 절삭을 할 때
③ 연삭기로 테이퍼 작업을 할 때
④ 밀링으로 평면 절삭작업을 할 때

12 선반에서 할 수 없는 작업은?

① 나사 가공   ② 널링 가공
③ 테이퍼 가공   ④ 스플라인 홈 가공

12.
스플라인 홈 가공은 브로칭머신을 사용한다.

13 수기가공 할 때 작업안전 수칙으로 옳은 것은?

① 바이스를 사용할 때는 조에 기름을 충분히 묻히고 사용한다.
② 드릴가공을 할 때에는 장갑을 착용하여 단단하고 위험한 칩으로부터 손을 보호한다.
③ 금긋기 작업을 하는 이유는 주로 절단을 할 때에 절삭성이 좋아지기 위함이다.
④ 탭 작업 시에는 칩이 원활하게 배출이 될 수 있도록 후퇴와 전진을 번갈아 가면서 점진적으로 수행한다.

13.
• 바이스를 사용할 때는 조에 기름을 묻히면 미끄러지므로 사용하지 않는다.
• 드릴가공을 할 때에는 장갑을 착용하지 않는다.
• 금긋기 작업은 정확한 절단을 하기 위해 서이다.

14 비교 측정하는 방식의 측정기는?

① 측장기
② 마이크로미터
③ 다이얼 게이지
④ 버니어 캘리퍼스

14.
측장기, 마이크로미터, 버니어 캘리퍼스는 직접 길이 계측기이다.

정 답   11 ①   12 ④   13 ④   14 ③

15 미끄러짐을 방지하기 위한 손잡이나 외관을 좋게 하기 위하여 사용되는 다음 그림과 같은 선반 가공법은?

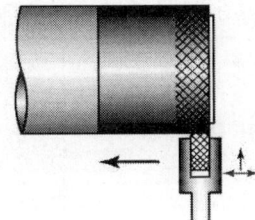

① 나사 가공 ② 널링 가공
③ 총형 가공 ④ 다듬질 가공

16 연삭작업에 대한 설명으로 적절하지 않은 것은?

① 거친 연삭을 할 때에는 연삭 깊이를 얕게 주도록 한다.
② 연질 가공물을 연삭할 때는 결합도가 높은 숫돌이 적합하다.
③ 다듬질 연삭을 할 때는 고운 입도의 연삭숫돌을 사용한다.
④ 강의 거친 연삭에서 공작물 1회전마다 숫돌바퀴 폭의 1/2~3/4으로 이송한다.

16.
거친 연삭을 할 때에는 연삭 깊이를 깊게 한다.

17 심압대의 편위량을 구하는 식으로 옳은 것은?
(단, X : 심압대 편위량이다.)

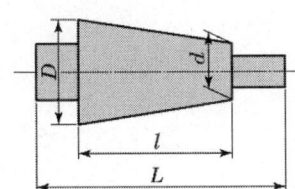

① $X = \dfrac{D-dL}{2l}$ ② $X = \dfrac{L(D-d)}{2l}$
③ $X = \dfrac{l(D-d)}{2L}$ ④ $X = \dfrac{2L}{(D-d)l}$

정답 15 ② 16 ① 17 ②

18 센터리스 연삭에 대한 설명으로 틀린 것은?

① 가늘고 긴 가공물의 연삭에 적합하다.
② 긴 홈이 있는 가공물의 연삭에 적합하다.
③ 다른 연삭기에 비해 연삭여유가 작아도 된다.
④ 센터가 필요치 않아 센터 구멍을 가공할 필요가 없다.

18.
센터리스 연삭은 자동연삭이 가능하므로 험가공은 불가능하다.

19 래핑작업에 사용하는 랩제의 종류가 아닌 것은?

① 흑연
② 산화크롬
③ 탄화규소
④ 산화알루미나

20 입자를 이용한 가공법이 아닌 것은?

① 래핑   ② 브로칭
③ 배럴가공   ④ 액체 호닝

20.
브로칭 머신은 각종 브로치를 사용하여 공 작물의 표면 또는 구멍의 내면에 여러 가지 형태의 절삭가공을 실시하는 공작기계로서 호환성을 요하는 부품의 양산에 사용한다.

제 2 과목 기계제도

21 KS 기계제도에서 특수한 용도의 선으로 아주 굵은 실선을 사용해야 하는 경우는?

① 나사, 리벳 등의 위치를 명시하는데 사용한다.
② 외형선 및 숨은선의 연장을 표시하는데 사용한다.
③ 평면이라는 것을 나타내는데 사용한다.
④ 얇은 부분의 단면도시를 명시하는데 사용한다.

정 답   18 ②   19 ①   20 ②   21 ④

22 KS 용접 기호 중 현장 용접을 뜻하는 기호가 포함된 것은?

① {width=0}
②
③
④

23 제 3각법으로 나타낸 그림에서 정면도와 우측면도를 고려하여 가장 적합한 평면도는?

23.
평면도

입체도

정면도

우측면도

24 스프링용 스테인리스 강선의 KS 재료 기호로 옳은 것은?

① STC
② STD
③ STF
④ STS

| 정답 | 22 ④ | 23 ③ | 24 ④ |

25 그림과 같은 물체(끝이 잘린 원추)를 전개하고자 할 때 방사선법을 사용하지 않는다면 다음 중 가장 적합한 방법은?

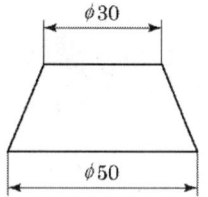

① 삼각형법
② 평행선법
③ 종합선법
④ 절단법

26 다음과 같이 치수가 도시되었을 경우 그 의미로 옳은 것은?

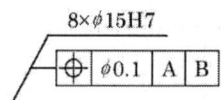

① 8개의 축이 Ø15에 공차등급이 H7이며, 원통도가 데이텀 A, B에 대하여 Ø0.1을 만족해야 한다.
② 8개의 구멍이 Ø15에 공차등급이 H7이며, 원통도가 데이텀 A, B에 대하여 Ø0.1을 만족해야 한다.
③ 8개의 축이 Ø15에 공차등급이 H7이며, 위치도가 데이텀 A, B에 대하여 Ø0.1을 만족해야 한다.
④ 8개의 구멍이 Ø15에 공차등급이 H7이며, 위치도가 데이텀 A, B에 대하여 Ø0.1을 만족해야 한다.

26.
형상공차가 위치도이며 H7이 문자이므로 구멍이다.

정답 25 ① 26 ④

27 다음의 그림에서 A, B, C, D를 보고 화살표 방향에서 본 투상도를 옳게 짝지은 것은?

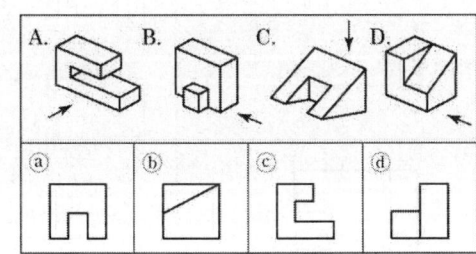

① A-ⓐ, B-ⓒ, C-ⓑ, D-ⓓ
② A-ⓒ, B-ⓓ, C-ⓐ, D-ⓑ
③ A-ⓐ, B-ⓑ, C-ⓓ, D-ⓒ
④ A-ⓓ, B-ⓒ, C-ⓐ, D-ⓑ

28 베어링의 호칭번호가 62/28일 때 베어링 안지름은 몇 mm인가?

① 28 ② 32
③ 120 ④ 140

29 다음 V벨트의 종류 중 단면의 크기가 가장 작은 것은?

① M형 ② A형
③ B형 ④ E형

30 치수 보조 기호의 설명으로 틀린 것은?

① R15 : 반지름 15
② t15 : 판의 두께 15
③ (15) : 비례척이 아닌 치수 15
④ SR15 : 구의 반지름 15

27.
A.
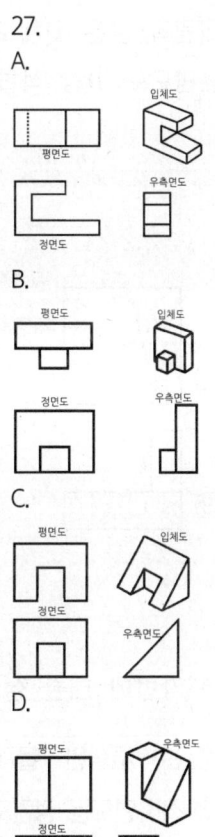

B.

C.

D.

28.
28×5 = 140 이 아니고 베어링 안지름이 22, 28, 32는 / 로 내경을 표시한다.

29.
단면의 크기가 가장 작은 것은 M형이고 단 면의 크기가 가장 큰 것은 E형이다.

30.
(15)는 참고치수이며 비례척이 아닌 치수는로 표기한다.

정답 27 ② 28 ① 29 ① 30 ③

31 그림과 같은 입체도에서 화살표 방향이 정면일 경우 평면도로 가장 적합한 투상도는?

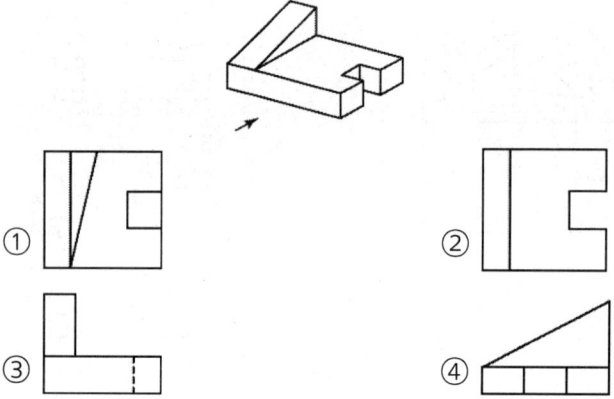

31.

32 제3각법에 대한 설명으로 틀린 것은?

① 눈→투상면→물체의 순으로 나타난다.
② 좌측면도는 정면도의 좌측에 그린다.
③ 저면도는 우측면도의 아래에 그린다.
④ 배면도는 우측면도의 우측에 그린다.

32.
제3각법에서 저면도는 정면도의 아래에 그린다.

33 가공방법의 약호 중 래핑가공을 나타낸 것은?

① FL
② FR
③ FS
④ FF

33.
- FR : 리머 작업
- FS : 스크레이퍼 작업
- FF : 줄 작업

정답 31 ② 32 ③ 33 ①

34 스프링 도시 방법에 대한 설명으로 틀린 것은?

① 코일 스프링, 벌류트 스프링은 일반적으로 무하중 상태에서 그린다.
② 겹판 스프링은 일반적으로 스프링 판이 수평인 상태에서 그린다.
③ 요목표에 단서가 없는 코일 스프링 및 벌류트 스프링은 모두 왼쪽으로 감긴 것을 나타낸다.
④ 스프링 종류 및 모양만을 간략도로 나타내는 경우에는 스프링 재료의 중심선만을 굵은 실선으로 그린다.

34.
요목표에 단서가 없는 코일 스프링 및 벌류트 스프링은 모두 오른쪽으로 감긴 것을 나타낸다.

35 기하공차를 나타내는데 있어서 대상면의 표면은 0.1mm만큼 떨어진 두 개의 평행한 평면 사이에 있어야 한다는 것을 나타내는 것은?

① ─ 0.1
② ▱ 0.1
③ ⌭ 0.1
④ ⊥ 0.1 A

35.
(▱를 //으로 바꿀 것)
//는 평행도이다.

36 배관 결합 방식의 표현으로 옳지 않은 것은?

① ──┼── 일반 결합
② ──✶── 용접식 결합
③ ──╫── 플랜지식 결합
④ ──╫── 유니언식 결합

36.
용접식 결합
──●──

정답 34 ③ 35 ② 36 ②

37 도면에 치수를 기입하는 방법을 설명한 것 중 옳지 않은 것은?

① 특별히 명시하지 않는 한, 그 도면에 도시된 대상물의 다듬질 치수를 기입한다.
② 길이의 단위는 mm이고, 도면에는 반드시 단위를 기입한다.
③ 각도의 단위로는 일반적으로 도(°)를 사용하고, 필요한 경우 분(′) 및 초(″)를 병용할 수 있다.
④ 치수는 될 수 있는 대로 주투상도에 집중해서 기입한다.

37.
도면에서 길이 단위는 기입하지 않으며 mm로 한다.

38 기준치수가 50mm이고, 최대허용치수 50.015mm이며, 최소 허용치수 49.990mm일 때 치수공차는 몇 mm인가?

① 0.025 ② 0.015
③ 0.005 ④ 0.010

38.
$50.015 - 49.990 = 0.025$

39 가는 1점 쇄선의 용도가 아닌 것은?

① 도형의 중심을 표시하는데 쓰인다.
② 수면, 유면 등의 위치를 표시하는데 쓰인다.
③ 중심이 이동한 중심궤적을 표시하는데 쓰인다.
④ 되풀이하는 도형의 피치를 취하는 기준을 표시하는데 쓰인다.

39.
수면, 유면 등의 위치를 나타내기 위한 선은 수준면 선으로 가는 실선으로 표시한다.

40 나사가 "M50×2 - 6H"로 표시되었을 때 이 나사에 대한 설명 중 틀린 것은?

① 미터 가는 나사이다.
② 암나사 등급 6이다.
③ 피치 2mm이다.
④ 왼 나사이다.

40.
나사규격에 왼 이나 좌 라는 기호가 없으면 오른나사이다.

정 답 37 ② 38 ① 39 ② 40 ④

제 3 과목 기계설계 및 기계재료

41 상온에서 순철(α철)의 격자구조는?

① FCC
② CPH
③ BCC
④ HCP

41.
순철(α철)의 격자구조는 BCC(체심입방격자)이다.

42 백주철을 고온에서 장시간 열처리하여 시멘타이트 조직을 분해하거나 소실시켜 인성 또는 연성을 개선한 주철은?

① 가단 주철
② 칠드 주철
③ 합금 주철
④ 구상흑연 주철

43 강의 표면에 붕소(B)를 침투시키는 처리 방법은?

① 세라다이징
② 칼로라이징
③ 크로마이징
④ 보로나이징

43.
① 세라다이징: Zn
② 칼로라이징: Al
③ 크로마이징: Cr

44 구리 및 구리합금에 관한 설명으로 틀린 것은?

① Cu의 용융점은 약 1083°C이다.
② 문쯔메탈은 60%Cu+40%Sn 합금이다.
③ 유연하고 전연성이 좋으므로 가공이 용이하다.
④ 부식성 물질이 용존하는 수용액 내에 있는 황동은 탈아연 현상이 나타난다.

44.
문쯔메탈은
$60\% Cu + 40\% Zn$ 합금이다.

정 답 41 ③ 42 ① 43 ④ 44 ②

45 고속도강을 담금질 한 후 뜨임하게 되면 일어나는 현상은?

① 경년현상이 일어난다.
② 자연균열이 일어난다.
③ 2차경화가 일어난다.
④ 응력부식균열이 일어난다.

46 플라스틱 성형재료 중 열가소성 수지는?

① 페놀 수지   ② 요소 수지
③ 아크릴 수지 ④ 멜라민 수지

46.
페놀 수지, 요소 수지, 멜라민 수지는 열 경화성 수지이다.

47 일반적으로 탄소강에서 탄소량이 증가할수록 증가하는 성질은?

① 비중   ② 열팽창계수
③ 전기저항   ④ 열전도도

47.
비중, 열팽창계수, 열전도도는 일반적으로 탄소강에서 탄소량이 증가할수록 감소한다.

48 다음 중 알루미늄합금이 아닌 것은?

① 라우탈   ② 실루민
③ 두랄루민   ④ 화이트메탈

48.
화이트메탈은 Pb-Sn-Sb-Cu 계 합금으로 융점이 낮고 부드러우며 마찰이 적어서 베어링 합금에 많이 사용된다.

49 금속의 일반적인 특성이 아닌 것은?

① 연성 및 전성이 좋다.
② 열과 전기의 부도체이다.
③ 금속적 광택을 가지고 있다.
④ 고체 상태에서 결정구조를 갖는다.

49.
금속은 자유전자가 있으므로 열과 전기의 양도체이다.

정 답 45 ③ 46 ③ 47 ③ 48 ④ 49 ②

50 오일리스 베어링(oilless bearing)의 특징을 설명한 것으로 틀린 것은?

① 단공질이므로 강인성이 높다.
② 무급유 베어링으로 사용한다.
③ 대부분 분말 야금법으로 제조한다.
④ 동계에는 Cu-Sn-C합금이 있다.

50.
오일리스 베어링은 분말소결 합금으로 다공 질이다.

51 지름 45mm의 축이 200rpm으로 회전하고 있다. 이 축은 길이 1m에 대하여 1/4°의 비틀림 각이 발생한다고 할 때 약 몇 kW의 동력을 전달하고 있는가?
(단, 축 재료의 가로탄성계수는 84GPa이다.)

① 2.1   ② 2.6
③ 3.1   ④ 3.6

🔵 51 해설

$$T = \frac{1000\,kW}{\omega} = \frac{60 \times 1000 \times kW}{2 \times \pi \times N}$$

$$= \frac{60 \times 1000 \times kW}{2 \times \pi \times N} \times 1000\,[Nmm]$$

$$\theta = \frac{TL \times 180}{GI_p \times \pi} = \frac{60 \times 1000 \times kW}{2 \times \pi \times N} \times 1000 \times \frac{L \times 180}{GI_p \times \pi}$$

$$kW = \frac{60 \times 1000 \times 1000 \times L \times 180}{\theta \times 2 \times \pi \times N \times GI_p \times \pi}$$

$$= \frac{60 \times 1000 \times 1000 \times L \times 32}{\theta \times 2 \times \pi \times N \times G \times \pi d^4 \times \pi}$$

$$= \frac{0.25 \times 84 \times 10^3 \times \pi^3 \times 45^4 \times 2 \times 200}{32 \times 60 \times 1000^3}$$

$$= 3.09\,kW$$

정답   50 ①   51 ③

52 어느 브레이크에서 제동동력이 3kW이고, 브레이크 용량(brake capacity)을 $0.8\,N/mm^2 \cdot m/s$라고 할 때, 브레이크 마찰면적의 크기는 약 몇 mm^2인가?

① 3200
② 2250
③ 5500
④ 3750

53 스프링에 150N의 하중을 가했을 때 발생하는 최대전단응력이 400MPa이었다. 스프링지수(C)는 10이라고 할 때 스프링 소선의 지름은 약 몇 mm인가?
(단, 응력수정계수 $K = \dfrac{4C-1}{4C-4} + \dfrac{0.615}{C}$를 적용한다.)

① 3.3
② 4.8
③ 7.5
④ 12.6

54 420rpm으로 16.20kN의 하중을 받고 있는 엔드 저널의 지름(d)과 길이(ℓ)는?
(단, 베어링 작용압력은 $1N/mm^2$, 폭 지름비 ℓ/d=2이다.)

① d = 90mm, ℓ = 180mm
② d = 85mm, ℓ = 170mm
③ d = 80mm, ℓ = 160mm
④ d = 75mm, ℓ = 150mm

52.
$$A = \dfrac{W}{\mu q v} = \dfrac{3000}{0.8}$$
$$= 3750\,mm^2$$

53.
$$K = \dfrac{4C-1}{4C-4} + \dfrac{0.615}{C}$$
$$= \dfrac{4 \times 10 - 1}{4 \times 10 - 4} + \dfrac{0.615}{10}$$
$$= 1.145$$
$$D = Cd = 10 \times d$$
$$\tau = K\dfrac{8WD}{\pi d^3} = K\dfrac{8W10d}{\pi d^3}$$
$$= K\dfrac{80W}{\pi d^2} \text{에서}$$
$$d = \sqrt{\dfrac{K80W}{\pi \tau}}$$
$$= \sqrt{\dfrac{1.145 \times 80 \times 150}{\pi \times 400}}$$
$$= 3.3\,mm$$

54.
$$p = \dfrac{W}{dl} = \dfrac{W}{2d^2} \text{에서}$$
$$d = \sqrt{\dfrac{W}{2p}} = \sqrt{\dfrac{16200}{2 \times 1}} = 90$$

정답 52 ④ 53 ① 54 ①

55 지름이 10mm인 시험편에 600N의 인장력이 작용한다고 할 때 이 시험편에 발생하는 인장응력은 약 몇 MPa인가?

① 95.2
② 76.4
③ 7.64
④ 9.52

55.
$$\sigma = \frac{4P}{\pi d^2} = \frac{4 \times 600}{\pi \times 10^2}$$
$$= 7.64 mm$$

56 정(Chisel) 등의 공구를 사용하여 리벳머리의 주위와 강판의 가장자리를 두드리는 작업을 코킹(caulking)이라 하는데, 이러한 작업을 실시하는 목적으로 적절한 것은?

① 리벳팅 작업에 있어서 강판의 강도를 크게 하기 위하여
② 리벳팅 작업에 있어서 기밀을 유지하기 위하여
③ 리벳팅 작업 중 파손된 부분을 수정하기 위하여
④ 리벳이 들어갈 구멍을 뚫기 위하여

56.
코킹은 압력 용기에 사용하는 리벳팅 작업에 있어서 기밀을 유지하기 위해 끝이 뭉툭한 정을 사용하여 리벳 머리, 판의 이음 부, 가장자리 등을 쪼아서 틈새를 없애는 작업이다.

57 축 방향으로 보스를 미끄럼 운동시킬 필요가 있을 때 사용하는 키는?

① 페더(feather) 키
② 반달(woodruff) 키
③ 성크(sunk) 키
④ 안장(saddle) 키

정답 55 ③ 56 ② 57 ①

58 맞물린 한 쌍의 인벌류트 기어에서 피치원의 공통접선과 맞물리는 부위에 힘이 작용하는 작용선이 이루는 각도를 무엇이라고 하는가?

① 중심각
② 접선각
③ 전위각
④ 압력각

59 M22볼트(골지름 19.294mm)가 그림과 같이 2장의 강판을 고정하고 있다. 체결 볼트의 허용전단응력이 36.15MPa라 하면 최대 몇 kN까지의 하중(P)을 견딜 수 있는가?

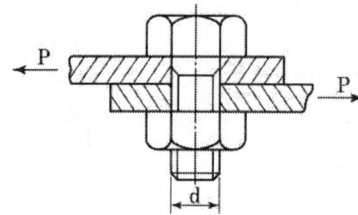

① 3.21
② 7.54
③ 10.57
④ 11.48

59.
$\tau = \dfrac{4P}{\pi d^2}$ 에서

$P = \tau \dfrac{\pi d^2}{4}$

$= 36.15 \times \dfrac{\pi \times 19.294^2}{4}$

$= 10569\,N = 10.569\,kN$

60 평벨트 전동장치와 비교하여 V-벨트 전동장치에 대한 설명으로 옳지 않은 것은?

① 접촉 면적이 넓으므로 비교적 큰 동력을 전달한다.
② 장력이 커서 베어링에 걸리는 하중이 큰 편이다.
③ 미끄럼이 작고 속도비가 크다.
④ 바로걸기로만 사용이 가능하다.

60.
V-벨트 전동장치는 마찰이 커서 평벨트보다 큰 동력을 전달하나 베어링에 걸리는 하중은 작다.

정답 58 ④ 59 ③ 60 ②

제 4 과목 컴퓨터응용설계

61 순서가 정해진 여러 개의 점들을 입력하면 이 모두를 지나는 곡선을 생성하는 것을 무엇이라고 하나?

① 보간(interpolation)
② 근사(approximation)
③ 스무딩(smoothing)
④ 리메싱(remeshing)

61.
- 보간곡선은 이미 알고 있는 점의 좌표값을 이용해 그 사이에 있는 값을 추정하여 곡선을 생성하는 기법으로 스플라인 곡선이 해당된다.
- 근사곡선은 설계변경에 따라 기존곡선을 변경할 수 있는 곡선으로 베지어 곡선과 B-스플라인 곡선이 포함된다.
- 스무딩(smoothing)은 표면을 날카로운 모서리로 렌더링할지 또는 부드러운 표면으로 렌더링할지 정의하는 명령어이다.
- 리메싱(Remeshing)은, 스토리지 상에 상당히 더 적은 저장 공간을 요구하면서 3D 오브젝트들을 저장하는데 사용될 수 있는 기법이다.

62 플로터(plotter)의 일반적인 분류 방식에 속하지 않는 것은?

① 펜(pen)식
② 충격(impact)식
③ 래스터(raster)식
④ 포토(photo)식

63 NURBS(Non-Uniform Rational B-Spline)에 관한 설명으로 가장 옳지 않은 것은?

① NURBS 곡선식은 B-Spline 곡선식을 포함하는 일반적인 형태라고 할 수 있다.
② B-Spline에 비하여 NURBS 곡선이 보다 자유로운 변형이 가능하다.
③ 곡선의 변형을 위하여 NURBS 곡선에서는 각각의 조정점에서 x, y, z 방향에 대한 3개의 자유도가 허용된다.
④ NURBS 곡선은 자유 곡선뿐만 아니라 원추곡선까지 하나의 방정식 형태로 표현이 가능하다.

63.
일반적인 B-spline 곡선에서는 곡선의 모양을 변화시키기 위해 각각의 조정점에서 x,y,z 세 좌표를 조절하는 세 개의 자유도가 허용되나 NURBS 곡선에서는 각각의 조정점에서 호모지니어스 좌표값까지 포함하여 네 개의 자유도가 허용된다. 그러므로 곡선형상을 보다 자유롭게 변형할 수있다. 호모지니어스 좌표값을 증가시키면 곡선을 해당 조정점 쪽으로 끌어 당기는 효과가 있다.

정답 61 ① 62 ② 63 ③

64 3차원 형상의 솔리드 모델링 방법에서 CSG 방식과 B-Rep 방식을 비교한 설명 중 틀린 것은?

① B-Rep 방식은 CSG 방식에 비해 보다 복잡한 형상의 물체(비행기 동체 등)를 모델링하는데 유리하다.
② B-Rep 방식은 CSG 방식에 비해 3면도, 투시도 작성이 용이하다.
③ B-Rep 방식은 CSG 방식에 비해 필요한 메모리의 양이 적다.
④ B-Rep 방식은 CSG 방식에 비해 표면적 계산이 용이하다.

64.
B-Rep 방식은 CSG 방식에 비해 메모리의 양이 많이 필요하다.

65 그림과 같이 중간에 원형 구멍이 관통되어 있는 모델에 대하여 토폴로지 요소를 분석하고자 한다. 여기서 면(face)은 몇 개로 구성되어 있는가?

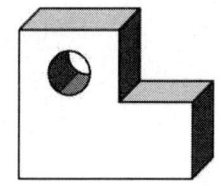

① 7
② 8
③ 9
④ 10

66 쾌속조형(Rapid Prototyping) 등에 사용되는 STL 파일의 특징에 대한 설명으로 틀린 것은?

① 평면 삼각형들의 목록만을 담고 있기 때문에 구조가 간단하다.
② 데이터 양이 많으며 데이터를 중복해서 가지고 있기도 하다.
③ 굴곡진 곡면도 실제와 같이 정확하게 표현할 수 있다.
④ 모델의 위상정보를 가지고 있지 않다.

66.
STL File (STereoLithography File)은 평면 삼각형들의메쉬로서 구성되며 3D 모델링된 데이타를 표준형식의 파일로 저장 하는데 제공되는 파일형식이다.

정답   64 ③   65 ③   66 ③

67 래스터 스캔 디스플레이에 직접적으로 관련된 용어가 아닌 것은?

① flicker
② Refresh
③ Frame buffer
④ RISC

67.
RISC(reduced instruction set computer)는 축소 명령 집합 컴퓨터로서 명령 세트를 간소화하여 고속 동작을 꾀하려는 컴퓨터이다.

68 CAD 시스템의 3차원 공간에서 평면을 정의할 때 입력 조건으로 충분치 않는 것은?

① 한 개의 직선과 이 직선의 연장선 위에 있지 않는 한 개의 점
② 일직선 상에 있지 않은 세 점
③ 평면의 수직 벡터와 그 평면위의 한 개의 점
④ 두 개의 직선

69 3차원에서 이미 구성된 도형자료의 확대 또는 축소를 나타내는 변환행렬로 옳은 것은?
(단, 행렬에서 S_x, S_y, S_z는 각각 x, y, z 방향으로의 확대 또는 축소되는 크기이다.)

① $T_y = \begin{bmatrix} S_x & 0 & 0 & 0 \\ 0 & 1 & 0 & 0 \\ 0 & 0 & S_y & 0 \\ S_z & 0 & 0 & 1 \end{bmatrix}$

② $T_y = \begin{bmatrix} 0 & 0 & 0 & S_x \\ 0 & 0 & S_y & 0 \\ 0 & S_z & 0 & 0 \\ 1 & 0 & 0 & 0 \end{bmatrix}$

③ $T_y = \begin{bmatrix} 0 & 0 & 0 & 1 \\ 0 & S_x & 0 & 0 \\ 0 & 0 & S_y & 0 \\ 0 & 0 & 0 & S_z \end{bmatrix}$

④ $T_y = \begin{bmatrix} S_x & 0 & 0 & 0 \\ 0 & S_y & 0 & 0 \\ 0 & 0 & S_z & 0 \\ 0 & 0 & 0 & 1 \end{bmatrix}$

정답   67 ④   68 ④   69 ④

70 다음 중 출력용 프린터의 해상도(resolution)를 나타내는 단위는?

① DPI
② BPC
③ LCD
④ CPS

70 해설
- BPS(bit per second): 1초 동안 전송할 수 있는 모든 비트(bit)의 수
- MIPS(million instructions per second): 1초당 100만 개 단위의 명령어 연산을 하는 프로세서의 처리 속도로, 컴퓨터의 성능을 나타내는 지표가 된다. 어떤 처리 장치(processor)의 처리속도가 18.5MIPS 이면 1초 동안에 1,850만 개의 명령을 실행할 수 있다.
- DPI(dots per inch): 일반 모니터 등의 디스플레이 또는 프린터의 해상도 단위 이다. 즉, 화면 1인치당 몇 개의 도트(점)이 들어가는지로 표현한다.
- LCD(Liquid Crystal Display): 액정표 시장치로서 인가전압에 따른 액정 투과 도의 변화를 이용하여 각종 장치에서 발 생하는 여러 가지 전기적인 정보를 시각 정보로 변환시켜 전달하는 전기소자이다. 자기발광성이 없어 후광이 필요하지만 소비전력이 적고 휴용으로 편리해 널리 사용하는 평판 디스플레이이다.
- CPS(Characters Per Second): 초당 문자수로서 1초에 인쇄할 수 있는 문자의 수

71 미리 정해진 연속된 단면을 덮는 표면 곡면을 생성시켜 닫혀진 부피영역 혹은 솔리드 모델을 만드는 모델링 방법은?

① 트위킹(tweaking)
② 리프닝(lifting)
③ 스위핑(sweeping)
④ 스키닝(skinning)

71.
- 트위킹(tweaking) : 수정하고자 하는 솔리드 모델 혹은 곡면의 모서리, 꼭지점의 위치를 변화시켜 모델을 수정하는 기법

- 스위핑(sweeping) : 폐쇄된 평면 영역이 단면이 되어 직진이동 혹은 회전이동 시켜 솔리드 모델을 만드는 모델링 기법

- 리프팅(Lifting) : 주어진 물체의 특정면의 전부 또는 일부를 원하는 방향으로 움직여서 물체가 그 방향으로 늘어난 효과를 갖도록 하는 것

정답 70 ① 71 ④

72 CAD시스템에서 두 개의 곡선을 연결하여 복잡한 형태의 곡선을 만들 때, 양쪽곡선의 연결점에서 2차 미분까지 연속하게 구속조건을 줄 수 있는 최소 차수의 곡선은?

① 2차 곡선 ② 3차 곡선
③ 4차 곡선 ④ 5차 곡선

73 그림과 같이 $P_1(2,1)$, $P_2(5,2)$ 점을 지나는 직선의 방정식은?

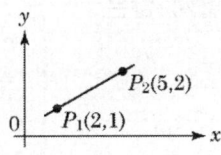

① $y = \dfrac{1}{3}x + \dfrac{1}{3}$ ② $y = -\dfrac{1}{3}x + \dfrac{1}{3}$
③ $y = \dfrac{1}{3}x - \dfrac{1}{3}$ ④ $y = -\dfrac{1}{3}x - \dfrac{1}{3}$

74 10진수로 표시된 11을 2진수로 옳게 나타낸 것은?

① 1011 ② 1100
③ 1110 ④ 1101

75 다음과 같은 원추곡선(conic curve) 방정식을 정의하기 위해 필요한 구속조건의 수는?

$$f(x,y) = ax^2 + bxy + cy^2 + dx + ey + g = 0$$

① 3개 ② 4개
③ 5개 ④ 6개

75.
x의 2차, y의 2차식이므로 구속조건은 5개 이다.

정답   72 ②   73 ①   74 ①   75 ③

76 CAD시스템에서 서로 다른 CAD시스템간의 데이터 교환을 위한 대표적인 표준파일 형식이 아닌 것은?

① IGES
② ASCII
③ DXF
④ STEP

76.
ASCII
(American Standard Code for Information Interchange):
1968년 제정된 미국 문자 표준코드체계

77 베지어(Bezier) 곡선의 특징에 대한 설명으로 옳지 않은 것은?

① 곡선은 첫 조정점과 마지막 조정점을 지난다.
② 곡선은 조정점들을 연결하는 다각형의 내측에 존재한다.
③ 1개의 조정점 변화는 곡선전체에 영향을 미친다.
④ n개의 조정점에 의해서 정의되는 곡선은 (n+1)차 곡선이다.

77.
n개의 정점에 의해서 정의된 곡선은 (n-1)차 곡선이다.

78 CAD 프로그램 내에서 3차원 공간상의 하나의 점을 화면상에 표시하기 위해 사용되는 3개의 기본 좌표계에 속하지 않는 것은?

① 세계 좌표계(world coordinate system)
② 벡터 좌표계(vector coordinate system)
③ 시각 좌표계(viewing coordinate system)
④ 모델 좌표계(model coordinate system)

정 답   76 ②   77 ④   78 ②

79 IGES 파일 포맷에서 엔티티들에 관한 실제데이터, 즉 예를 들어 직선 요소의 경우 두 끝점에 대한 6개의 좌표값이 기록되어 있는 부분(section)은?

① 스타트 섹션(start section)
② 글로벌 섹션(global section)
③ 디렉토리 엔트리 섹션(directory entry section)
④ 파라미터 데이터 섹션(parameter data section)

80 형상모델링 방법 중 솔리드 모델링(Solid Modeling)의 특징에 대한 설명으로 옳지 않은 것은?

① 은선 제거가 가능하다.
② 단면도 작성이 어렵다.
③ 불리언(Boolean) 연산에 의하여 복잡한 형상도 표현할 수 있다.
④ 명암, 컬러 기능 및 회전, 이동 등의 기능을 이용하여 사용자가 명확히 물체를 파악할 수 있다.

80.
솔리드 모델링은 단면도 작성이 가능하다.

2017년 제3회 과/년/도/문/제

제 1 과목 기계가공법 및 안전관리

01 선반의 가로 이송대에 4mm 리드로 100등분 눈금의 핸들이 달려 있을 때 지름 38mm의 환봉을 지름 32mm 절삭하려면 핸들의 눈금은 몇 눈금을 돌리면 되겠는가?

① 35 ② 70
③ 75 ④ 90

02 연삭가공에서 내면연삭에 대한 설명으로 틀린 것은?

① 외경 연삭에 비하여 숫돌의 마모가 많다.
② 외경 연삭보다 숫돌 축의 회전수가 느려야 한다.
③ 연삭숫돌의 지름은 가공물의 지름보다 작아야 한다.
④ 숫돌 축은 지름이 작기 때문에 가공물의 정밀도가 다소 떨어진다.

03 동일직경 3개의 핀을 이용하여 수나사의 유효지름을 측정하는 방법은?

① 광학법 ② 삼침법
③ 지름법 ④ 반지름법

04 비교 측정방법에 해당되는 것은?

① 사인 바에 의한 각도 측정
② 버니어캘리퍼스에 의한 길이 측정
③ 롤러와 게이지 블록에 의한 테이퍼 측정
④ 공기 마이크로미터를 이용한 제품의 치수 측정

1.
절삭 깊이
$= \dfrac{38-32}{2} = 3$
$4mm : 100 = 3mm : x$
$x = \dfrac{100 \times 3}{4} = 75$

3.
삼침법
나사용 마이크로미터 선단이 나사의 산과 골에 끼워지도록 되어 나사를 알맞게 끼웠을 때의 지시눈금이 유효지름이다.

4.
· 직접 측정
일정한 길이나 각도가 표시되어 있는 측정기를 사용하여 피측정물을 측정하는 방식
· 비교 측정
기준이 되는 일정한 치수와 피측정물을 비교하여 측정치의 차이를 읽는 방식
· 간접 측정
피측정물이 기하학적으로 간단하지 않아 치수를 수학적이나 기하학적인 관계에서 얻음
· ①, ③-간접측정
· ②-직접측정

정 답 01 ③ 02 ② 03 ② 04 ④

05 호닝 작업의 특징으로 틀린 것은?

① 정확한 치수가공을 할 수 있다.
② 표면정밀도를 향상 시킬 수 있다.
③ 호닝에 의하여 구멍의 위치를 자유롭게 변경하여 가공이 가능하다.
④ 전 가공에서 나타난 테이퍼, 진원도 등에 발생한 오차를 수정할 수 있다.

5.
호닝은 구멍의 내면을 정밀 가공하는 작업으로 구멍의 위치를 변경할 수 없다.

06 주축(spindle)의 정지를 수행하는 NC-code는?

① M02
② M03
③ M04
④ M05

6.
· M02
  Program End(Reset)
· M03
  주축 정회전
· M04
  주축 역회전

07 합금공구강에 대한 설명으로 틀린 것은?

① 탄소공구강에 비해 절삭성이 우수하다.
② 저속 절삭용, 총형 절삭용으로 사용된다.
③ 탄소공구강에 Ni, Co 등의 원소를 첨가한 강이다.
④ 경화능을 개선하기 위해 탄소공구강에 소량의 합금 원소를 첨가한 강이다.

7.
합금공구강은 탄소강에 Mn, Ni, Mo, W, V 등 합금원소를 1종 이상 첨가한 것이다.

08 측정자의 미소한 움직임을 광학적으로 확대하여 측정하는 장치는?

① 옵티미터(optimeter)
② 미니미터(minimeter)
③ 공기 마이크로미터(air micrometer)
④ 전기 마이크로미터(electrical micrometer)

8.
옵티미터
표준치수의 물체와 피측정물의 치수 차이를 광학적으로 확대해서 측정하는 장치

정답   05 ③   06 ④   07 ③   08 ①

09 TiC 입자를 Ni 혹은 Ni과 Mo를 결합제로 소결한 것으로 구성인선이 거의 발생하지 않아 공구수명이 긴 절삭공구 재료는?

① 서멧
② 고속도강
③ 초경합금
④ 합금공구강

10 연삭깊이를 깊게 하고 이송속도를 느리게 함으로써 재료 제거율을 대폭적으로 높인 연삭방법은?

① 경면(mirror) 연삭
② 자기(magnetic) 연삭
③ 고속(high speed) 연삭
④ 크립 피드(creep feed) 연삭

11 가연성 액체(알코올, 석유, 등유류)의 화재 등급은?

① A급 ② B급
③ C급 ④ D급

12 선반의 주축을 중공축으로 할 때의 특징으로 틀린 것은?

① 굽힘과 비틀림 응력에 강하다.
② 마찰열을 쉽게 발산시켜 준다.
③ 길이가 긴 가공물 고정이 편리하다.
④ 중량이 감소되어 베어링에 작용하는 하중을 줄여준다.

9.
서멧[cermet]
수소 속이나 진공 또는 기타 적당한 분위기에서 분말 소결하여 만들어진 금속과 세라믹스로 이루어지는 내열재료이며 세라믹스의 특성인 경도·내열성·내산화성·내약품성·내마모성과 금속의 강인성·가소성·기계적 강도 등을 함께 가진다.

11.
· A: 보통화재
· B: 유류화재
· C: 전기화재
· D: 가연성 금속화재

12.
선반의 주축은 중공축으로 하는데 그 이유는 다음과 같다.
① 무게를 감소하여 주축 베어링에 작용하는 줄여준다.
② 중공축은 실축보다 굽힘과 비틀림 응력이 강하다.
③ 긴 공작물을 고정하기 편리하다.
④ 고정된 센터를 쉽게 분리할 수 있으며, 콜릿 척을 사용할 수 있다.

정답 09 ① 10 ④ 11 ② 12 ②

13 기어 절삭법이 아닌 것은?

① 배럴에 의한 법(barrel system)
② 형판에 의한 법(templet system)
③ 창성에 의한 법(generated tool system)
④ 총형 공구에 의한 법(formed tool system)

13.
배럴에 의한 방법은, 배럴이라는 통 속에 가공물과 미디어, 컴파운드, 공작애 등을 넣고 이것에 회전 또는 진도을 주어 표면의 스케일을 제거하고 피로강도를 높이는 가공법이다.

14 지름이 75mm의 탄소강을 절삭속도 150m/min으로 가공하고자 한다. 가공 길이 300mm, 이송은 0.2mm/rev 할 때 1회 가공 시 가공시간은 약 얼마인가?

① 2.4분
② 4.4분
③ 6.4분
④ 8.4분

14.
$$V = \frac{\pi d n}{1000}$$

$$n = \frac{1000\,V}{\pi d} = \frac{1000 \times 150}{\pi \times 75}$$

$$= 636\,rpm$$

1분간 이송길이
$0.2 \times 636 = 127.2mm$
1회 가공 시 시간
$$\frac{300}{127.2} = 2.35$$

15 표면 거칠기의 측정법으로 틀린 것은?

① NPL식 측정
② 촉침식 측정
③ 광 절단식 측정
④ 현미 간접식 측정

15.
NPL식 측정은 각도 측정법이다.

16 수직 밀링머신의 주요 구조가 아닌 것은?

① 니
② 칼럼
③ 방진구
④ 테이블

16.
방진구는 부속장치이다.

정답 13 ① 14 ① 15 ① 16 ③

17 드릴을 가공할 때, 가공물과 접촉에 의한 마찰을 줄이기 위하여 절삭날 면에 주는 각은?

① 선단각
② 웨브각
③ 날 여유각
④ 홈 나선각

17.
날 여유각은 날 끝의 등이 공작물에 닿지 않게 하여 마찰, 마모를 감소시키나 날 끝의 강도는 약해진다.

18 밀링머신의 테이블 위에 설치하여 제품의 바깥부분을 원형이나 윤곽가공 할 수 있도록 사용되는 부속장치는?

① 더브테일
② 회전 테이블
③ 슬로팅 장치
④ 래크 절삭 장치

18.
회전 테이블
원형으로 밀링 가공할 때 공작물을 회전시키는 장치이며 분할판이 부착되어 있어 간단한 분할도 가능하다.

19 높은 정밀도를 요구하는 가공물, 각종 지그 등에 사용하며 온도 변화에 영향을 받지 않도록 항온항습실에 설치하여 사용하는 보링 머신은?

① 지그 보링 머신(jig boring machine)
② 정밀 코어 머신(fine boring machine)
③ 코어 보링 머신(core boring machine)
④ 수직 보링 머신(vertical boring machine)

정 답   17 ③   18 ②   19 ①

20 밀링머신 테이블의 이송속도 720mm/min, 커터의 날수 6개, 커터 회전수가 600rpm일 때, 1날 당 이송량은 몇 mm 인가?

① 0.1
② 0.2
③ 3.6
④ 7.2

20.
$f = f_z \times z \times N$

$f_z = \dfrac{f}{z \times N} = \dfrac{720}{6 \times 600}$

$\quad = 0.2$

제 2 과목 기계제도

21 강구조물(steel structure) 등의 치수 표시에 관한 KS 기계제도 규격에 관한 설명으로 틀린 것은?

① 구조선도에서 절점 사이의 치수를 표시할 수 있다.
② 형상, 강관 등의 치수를 각각의 도형에 연하여 기입할 때 길이의 치수도 반드시 나타내 야 한다.
③ 구조선도에서 치수는 부재를 나타내는 선에 연하여 직접 기입할 수 있다.
④ 등변 ㄱ형상 경우 "L 100×100×5-1500"과 같이 나타낼 수 있다.

21.
형강, 강관 등의 치수를 각각의 도형에 연하여 기입할 때 길이의 치수는 필요없는 경우 생략이 가능하다.

정답 20 ② 21 ②

22 그림에서 나타난 기하공차 도시에 대해 가장 올바르게 설명한 것은?

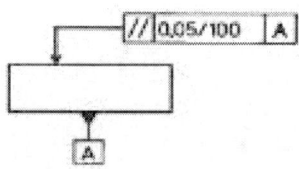

① 임의의 평면에서 평행도가 기준면 A에 대해 $\dfrac{0.05}{100}mm$ 이내에 있어야 한다.

② 임의의 평면 100mm×100mm에서 평행도가 기준면 A에 대해 $\dfrac{0.05}{100}mm$ 이내에 있어야 한다.

③ 지시하는 면 위에서 임의로 선택한 길이 100mm에서 평행도가 기준면 A에 대해 0.05mm이내에 있어야 한다.

④ 지시한 화살표를 중심으로 100mm 이내에서 평행도가 기준면 A에 대해 0.05mm 이내에 있어야 한다.

23 헬리컬 기어 제도에 대한 설명으로 틀린 것은?

① 잇봉우리원은 굵은 실선으로 그린다.
② 피치원은 가는 1점 쇄선으로 그린다.
③ 이골원은 단면 도시가 아닌 경우 가는 실선으로 그린다.
④ 축에 직각인 방향에서 본 정면도에서 단면 도시가 아닌 경우 잇줄 방향은 경사진 3개의 가는 2점 쇄선으로 나타낸다.

23.
헬리컬 기어의 잇줄 방향은 경사진 3개의 가는 실선으로 나타낸다.

정답 22 ③ 23 ④

24 그림과 같은 환봉의 "A" 면을 선반 가공할 때 생기는 표면의 줄무늬 방향 기호로 가장 적합한 것은?

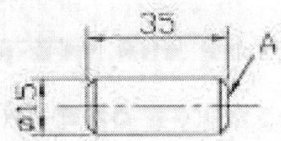

① C
② M
③ R
④ X

24.
· C: 동심원
· M: 여러 방향 교차 시
· R: 방사형
· X: 두 방향 교차 시

25 구름 베어링의 상세한 간략 도시방법에서 복렬 자동 조심 볼 베어링의 도시기호는?

①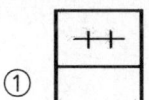
②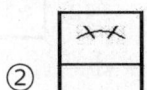
③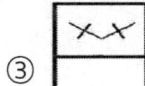
④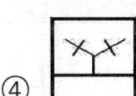

26 기하공차의 도시 방법에서 위치도를 나타내는 것은?

① ⌀
② ○
③ ◎
④ ⊕

26.
①: 원통도
②: 진원도
③: 동심도

정답 24 ① 25 ② 26 ④

27 그림과 같이 제 3각법으로 나타낸 정면도와 평면도에 가장 적합한 우측면도는?

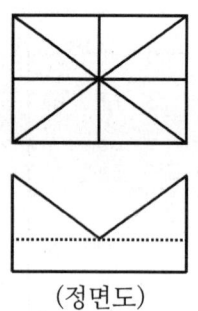
(정면도)

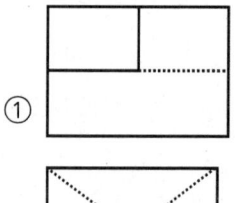　①　　　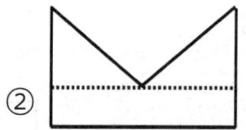　②

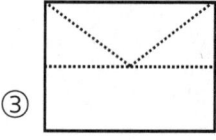　③　　　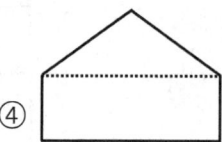　④

28 도면에 마련되는 양식의 종류 중 작성부서, 작성자, 승인자, 도면명칭, 도면번호 등을 나타내는 양식은?

① 표제란
② 부품란
③ 중심마크
④ 비교눈금

29 그림과 같은 정투상도(정면도와 평면도)에서 우측면도로 가장 적합한 것은?

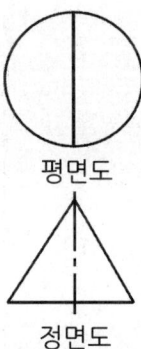

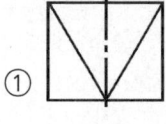
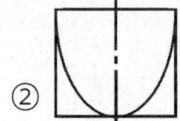
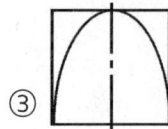
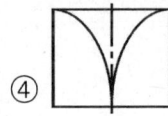

29.
정면도   입체도
정면도   우측면도

30 기하학적 형상의 특성을 나타내는 기호 중 자유상태 조건을 나타내는 기호는?

① Ⓟ
② Ⓜ
③ Ⓕ
④ Ⓛ

30.
①: 투영공차
②: 최대 재질 공차
④: 최소 재질 조건

정답   29 ②   30 ③

31 필릿 용접 기호 중 화살표 반대쪽에 필릿 용접을 지시하는 것은?

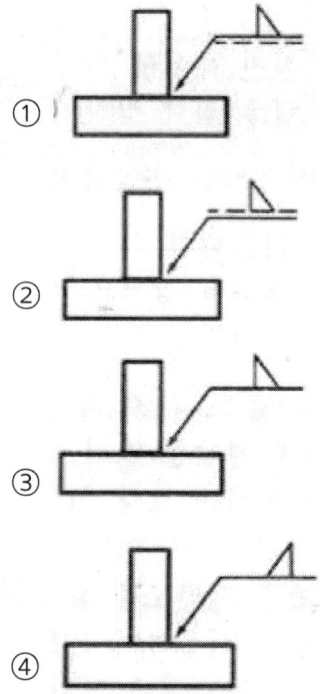

32 $\varnothing 40^{-0.021}_{-0.037}$ 의 구멍과 $\varnothing 40^{\ 0}_{-0.016}$ 축 사이의 최소 죔새는?

① 0.053
② 0.037
③ 0.021
④ 0.005

32.
축의 최솟값-구멍의 최댓값
$-0.016-(-0.021)=0.005$

정답 31 ② 32 ④

33 그림과 같은 도면에서 가는 실선이 교차하는 대각선 부분은 무엇을 의미하는가?

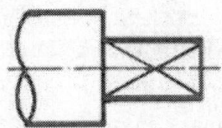

① 평면이라는 뜻
② 나사산 가공하는 뜻
③ 가공에서 제외하는 뜻
④ 대각선의 홈이 파여 있다는 뜻

34 V-블록을 3각법으로 정투상한 그림과 같은 도면에서 "A"부분의 치수는?

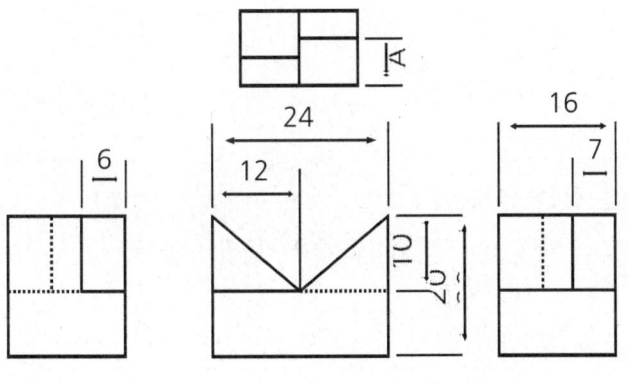

① 6
② 7
③ 9
④ 10

34.
16-7=9

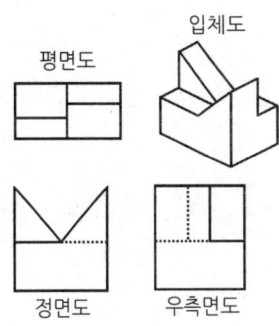

정답 33 ① 34 ③

35 재료 기호가 "SS 275"로 나타났을 때 이 재료의 명칭은?

① 탄소강 단강품
② 용접 구조용 주강품
③ 기계 구조용 탄소 강재
④ 일반 구조용 압연 강재

35.
· 탄소강 단강품: SF
· 용접 구조용 주강품: SCW
· 기계 구조용 탄소 강재: S10C

36 치수 기입의 원칙에 관한 설명으로 옳지 않은 것은?

① 치수는 되도록 주 투상도에 집중하여 기입한다.
② 치수는 되도록 공정마다 배열을 분리하여 기입한다.
③ 치수는 기능, 제작, 조립을 고려하여 명료하게 기입한다.
④ 중요치수는 확인하기 쉽도록 중복하여 기입한다.

36.
치수 기입은 중복을 피하는 것이 원칙이다.

37 다음 용접기호가 나타내는 용접 작업 명칭은?

① 가장자리 용접
② 표면 육성
③ 개선 각이 급격한 V형 맞대기 용접
④ 표면 접합부

정답   35 ④   36 ④   37 ②

38 도면에서 부분 확대도를 그리는 경우로 가장 적합한 것은?

① 특정한 부분의 도형이 작아서 그 부분의 상세한 도시나 치수기입이 어려울 때 사용한다.
② 도형의 크기가 클 경우에 사용한다.
③ 물체의 경사면을 실제 길이로 투상하고자 할 때 사용한다.
④ 대상물의 구멍, 홈 등과 같이 그 부분의 모양을 도시하는 것으로 충분한 경우에 사용한다.

39 그림과 같은 입체도의 정면도(화살표 방향)로 가장 적합한 것은?

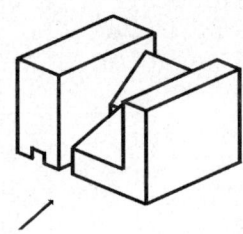

① 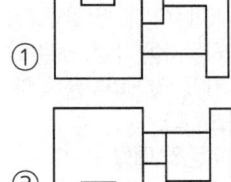 ②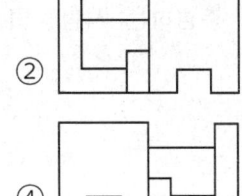

③ ④

39.
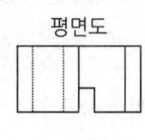
평면도   입체도

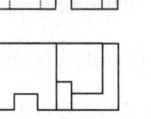
정면도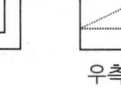
         우측면도

정답 38 ① 39 ④

40 다음 공·유압 장치의 조작 방식을 나타낸 그림 중에서 전기 조작에 의한 기호는?

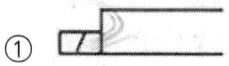 ①　　　　　　　　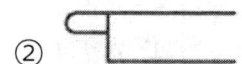 ②

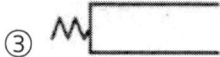 ③　　　　　　　　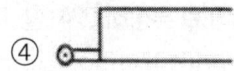 ④

40.
② 기계 조작
③ 스프링 조작
④ 기계 조작

제 3 과목 기계설계 및 기계재료

41 아연을 소량 첨가한 황동으로 빛깔이 금색에 가까워 모조금으로 사용되는 것은?

① 톰백(tombac)
② 델타 메탈(delta metal)
③ 하드 블라스(hard brass)
④ 문쯔 메탈(muntz metal)

41.
· 델타 메탈
아연을 주성분으로 하고 소량의 망간이나 철 따위를 함유한 특수 합금. 잘 늘어나며 부식에 견디는 힘이 강하여 기계의 부품이나 선박 기계를 만드는데 쓴다.
· 하드 브라스
연황동 또는 쾌삭황동으로 황동에 Pb을 합금하면 강도와 연신율은 감소하는 반면 쾌삭석, 절삭성이 좋아 가공면이 아름답고 강도를 요구하지 않는 볼트 너트, 시계용기에, 정밀세공용 자동차용 부품 스핀들, 밸브, 기어, 카메라부품 등에 쓰인다.
· 문쯔 메탈
구리와 아연이 60:40으로 상온에서 전연성은 낮으나 강도가 높다. 고온가공 후 상온에서 완성하여 판, 봉 등으로 만든다. 내식성이 적고 탈아연 부식을 일으키기 쉬우나 강력하기 때문에 강도를 요구하는 기계 부품으로 널리 사용하며 볼트, 너트, 열교환기용 판, 열간단조품, 대포, 탄피 등에 사용한다.

42 열가소성 재료의 유동성을 측정하는 시험방법은?

① 로크웰 시험법
② 브리넬 시험법
③ 멜트 인덱스법
④ 샤르피 시험법

● 42 해설
멜트 인덱스법
열가소성 수지의 용융 시에 유동성을 표시하는 척도이다. 오리피스에서 열가소성 수지 용융재료를 압출하여 그 중량을 재고 이것을 10분간당의 g수로 환산하여 나타내는 수치이다. 보통 멜트 인덱스의 수치가 클수록 용융 시의 유동성이나 가공성이 양호하다. 인장강도, 내스트레스 크래킹성 등은 저하된다.

정답　40 ①　41 ①　42 ③

43 금속의 결정 구조 중 체심입방격자(BCC)인 것은?

① Ni
② Cu
③ Al
④ Mo

43.
면심 입방격자
Ni, Cu, Al

44 담금질한 후 치수의 변형 등이 없도록 심냉처리 해야 하는 강은?

① 실루민
② 문쯔메탈
③ 두랄루민
④ 게이지강

45 탄소 함유량이 약 0.85%C~2.0%C에 해당하는 강은?

① 공석강
② 아공석강
③ 과공석강
④ 공정주철

46 진동에너지를 흡수하는 능력이 우수하여 공작기계의 베드 등에 가장 적합한 재료는?

① 회주철
② 저탄소강
③ 고속도공구강
④ 18-8스테인리스강

정답   43 ④   44 ④   45 ③   46 ①

47 비정질 합금에 관한 설명으로 틀린 것은?

① 전기 저항이 크다.
② 구조적으로 장거리의 규칙성이 있다.
③ 가공경화 현상이 나타나지 않는다.
④ 균질한 재료이며, 결정 이방성이 없다.

48 노 내에서 Fe-Si, Al 등의 강력한 탈산제를 첨가하여 완전히 탈산시킨 강은?

① 킬드강(killed steel)
② 림드강(rimmed steel)
③ 세미킬드강(semi-killed steel)
④ 세미림드강(semi-rimmed steel)

49 강 표면에 Al을 침투시키는 표면 경화법은?

① 크로마이징
② 칼로라이징
③ 실리콘나이징
④ 보로나이징

50 항공기 재료에 많이 사용되는 두랄루민의 강화 기구는?

① 용질강화
② 시효경화
③ 가공경화
④ 마텐자이트 변태

47.
비정질 합금은 원자가 제멋대로 흩어져 있는 상태의 합금이다. 원자가 주기적인 배열을 하고 있는 결정질 금속에 비해 강도와 내식성이 우수하고 전기 저항이 크다. 구조적으로 규칙성은 없다.

48.
세미림드강 → 림드강 → 세미킬드강 → 킬드강 순으로 탈산이 많이 된다.

49.
· 크로마이징: Cr 침투
· 실리콘나이징: Si 침투
· 보로나이징: B 침투

정답 47 ② 48 ① 49 ② 50 ②

51 폭(b)×높이(h)=10mm×8mm인 묻힘 키가 전동축에 고정되어 0.25 kN·m의 토크를 전달 할 때, 축지름은 약 몇 mm 이상이어야 하는가?
(단, 키의 허용 전단응력은 36MPa이며, 키의 길이는 47mm이다.)

① 29.6
② 35.3
③ 41.7
④ 50.2

● 51 해설
$\tau = \dfrac{2T}{bld}$ 이므로 $d = \dfrac{2T}{bl\tau}$
$= \dfrac{2 \times 0.25 \times 10^3}{10 \times 10^{-3} \times 47 \times 10^{-3} \times 36 \times 10^6} \times 10^3 = 29.6$

52 래크 공구로 모듈 5, 압력각은 20°, 잇수는 15인 인벌류트 치형의 전위 기어를 가공하려 한다. 이때 언더컷을 방지하기 위하여 필요한 이론 전위량은 약 mm 인가?

① 0.124
② 0.252
③ 0.510
④ 0.613

52.
$x = \dfrac{17-Z}{17} = \dfrac{17-15}{17}$
$= 0.1176$

이론 전위량
$= 5 \times 0.1176 = 0.588$이상
이여야 한다.

53 베어링 설치 시 고려해야 하는 예압(preload)에 관한 설명으로 옳지 않은 것은?

① 예압은 축의 흔들림을 적게 하고, 회전 정밀도를 향상시킨다.
② 베어링 내부 틈새를 줄이는 효과가 있다.
③ 예압량이 높을수록 예압 효과가 커지고, 베어링 수명에 유리하다.
④ 적절한 예압을 적용할 경우 베어링의 강성을 높일 수 있다.

53.
예압량을 필요 이상으로 크게 취하면, 이상발열, 마찰모멘트의 증대, 피로수명의 저하 등을 초래하므로, 사용 조건, 예압의 목적 등을 고려해서 예압량을 결정할 필요가 있다.

정답 51 ① 52 ④ 53 ③

54 평벨트 전동에서 유효장력이란 무엇인가?

① 벨트 긴장측 장력과 이완측 장력과의 차를 말한다.
② 벨트 긴장측 장력과 이완측 장력과의 비를 말한다.
③ 벨트 긴장측 장력과 이완측 장력의 평균값을 말한다.
④ 벨트 긴장측 장력과 이완측 장력의 합을 말한다.

55 두 축의 중심선이 어느 각도로 교차되고 그 사이의 각도가 운전 중 다소 변하여도 자유로이 운동을 전달 할 수 있는 축 이음은?

① 플랜지 이음
② 셀러 이음
③ 올덤 이음
④ 유니버설 이음

56 공업 제품에 대한 표준화를 시행 시 여러 장점이 있다. 다음 중 공업제품 표준화와 관련한 장점으로 거리가 먼 것은?

① 부품의 호환성이 유지된다.
② 능률적인 부품생산을 할 수 있다.
③ 부품의 품질향상이 용이하다.
④ 표준화 규격 제정 시에 소요되는 시간과 비용이 적다.

56.
표준화 규격 제정에는 다양한 이해관계를 조정하여야 하므로 많은 시간과 비용이 소요된다.

정답 54 ① 55 ④ 56 ④

57 두께 10mm의 강판에 지름 24mm의 리벳을 사용하여 1줄 겹치기 이음할 때 피치는 약 몇 mm 인가?
(단, 리벳에서 발생하는 전단응력은 35.5MPa이고, 강판에 발생하는 인장응력은 42.2MPa이다.)

① 43　　　　　② 62
③ 55　　　　　④ 74

● 57 해설
$$p = d + \frac{\pi d^2 \tau}{4t\sigma_c}$$
$$= \left\{24 \times 10^{-3} + \frac{\pi \times (24 \times 10^{-3})^2 \times 35.3 \times 10^6}{4 \times 10 \times 10^{-3} \times 42.2 \times 10^6}\right\} \times 10^3$$
$$= 62mm$$

58 10kN의 물체를 수직방향으로 들어올리기 위해서 아이볼트를 사용하려 할 때, 아이볼트 나사부의 최소 골지름은 약 몇 mm 인가?
(단, 볼트의 허용인장응력은 50MPa이다.)

① 14　　　　　② 16
③ 20　　　　　④ 22

58.
$$d = \sqrt{\frac{4W}{\pi \sigma_c}}$$
$$= \sqrt{\frac{4 \times 10 \times 10^3}{\pi \times 50 \times 10^6}} \times 10^3$$
$$= 16mm$$

59 드럼 지름이 300mm인 밴드 브레이크에서 1kN·m의 토크를 제동하려고 한다. 이 때 필요한 제동력은 약 몇 N 인가?

① 667
② 5500
③ 6667
④ 795

59.
$$f = \frac{2T}{D} = \frac{2 \times 1 \times 10^3}{300 \times 10^{-3}}$$
$$= 6667N$$

정답　57 ②　58 ②　59 ③

60 그림과 같은 스프링 장치에서 전체 스프링 상수 K 는?

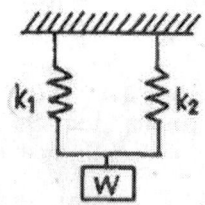

① $K = k_1 + k_2$

② $K = \dfrac{1}{k_{1_1}} + \dfrac{1}{k_2}$

③ $K = \dfrac{k_1 \times k_2}{k_1 + k_2}$

④ $K = k_1 \times k_2$

제 4 과목 컴퓨터 응용설계

61 매개변수 μ 방향으로 3차 곡선, ν 방향으로 2차 곡선으로 이루어진 Bezier 곡면을 정의하기 위해 필요한 조정점의 개수는?

① 6　　　　　　　　② 12
③ 24　　　　　　　 ④ 48

61.
- n차 Bezier 곡선
  조정점 개수 $= n + 1$
- u방향
  조정점 개수 $= 3 + 1$
- v방향
  조정점 개수 $= 2 + 1$
- Bezier 곡면의
  조정점 개수 $= 4 \times 3 = 12$

정 답　60 ①　61 ②

62 CAD 용어에 대한 설명 중 틀린 것은?

① Pan : 도면의 다른 영역을 보기 위해 디스플레이 원도를 이동시키는 행위

② Zoom : 대상물의 실제 크기(치수 포함)를 확대하거나 축소하는 행위

③ Clipping : 필요 없는 요소를 제거하는 방법, 주로 그래픽에서 클리핑 윈도로 정의된 영역 밖에 존재하는 요소들을 제거하는 것을 의미

④ Toggle : 명령의 실행 또는 마우스 클릭시마다 On 또는 Off가 번갈아 나타나는 세팅

62.
Zoom
특정부분을 더 자세히 보기 위해 확대하는 것으로 도면의 절대적인 크기가 변하는 것은 아니다.

63 다음 중 CAD 소프트웨어가 갖추어야 할 기능으로 가장 거리가 먼 것은?

① 제조 공정 제어
② 데이터 변환
③ 화면 제어
④ 그래픽 요소 생성

64 4개의 경계곡선이 주어진 경우, 그 경계곡선을 선형보간하여 만들어지는 곡선은?

① Coon's 곡면
② Bezier 곡면
③ Blending 곡면
④ Sweep 곡면

정답 62 ② 63 ① 64 ①

65 CAD 시스템을 활용하는 방식에 따라 크게 3가지로 구분한다고 할 때 이에 해당하는 않는 것은?

① 연결형 시스템(cnnected system)
② 독립형 시스템(stand alone system)
③ 중앙통제형 시스템(host based system)
④ 분산처리형 시스템(distributed based system)

65.
CAD 시스템은 활용하는 방식에 따라 세가지로 구분할 수 있다.

66 와이어 프레임 모델의 장점에 해당하지 않는 것은?

① 데이터의 구조가 간단하다.
② 모델 작성이 용이하다.
③ 투시도의 작성이 용이하다.
④ 물리적 성질(질량)의 계산이 가능하다.

66.
와이어 프레임 모델은 형상의점과 점을 연결하여 공간상의 선으로 표시하는 방식으로 물리적 성질의 계산은 불가능하다.

67 벡터의 성질과 관련하여 다음 중 틀린 것은?
(단, $\vec{a}, \vec{b}, \vec{c}$ 는 공간상의 벡터를 나타내고, λ, μ, ν 는 스칼라 양을 나타낸다.)

① $\vec{a} + (\vec{b} + \vec{c}) = (\vec{a} + \vec{b}) + \vec{c}$
② $\lambda(\mu\vec{a}) = \lambda\mu\vec{a}$
③ $\vec{a} \times \vec{b} = \vec{b} + \vec{a}$
④ $(\mu + \nu)\vec{a} = \mu\vec{a} + \nu\vec{a}$

67.
$\vec{a} \times \vec{b} = -\vec{b} \times \vec{a}$

정답 65 ① 66 ④ 67 ③

68 (x, y) 좌표 기반의 2차원 평면에서 다음 직선의 방정식 중 기울기의 절대값이 가장 큰 것은?

① 수평축에서 135도 기울어져 있는 직선
② 점 (10, 10), (25, 55)를 지나는 직선
③ 직선의 방정식이 4y = 2x+7인 직선
④ x축 절편이 3, y축 절편이 15인 직선

68.
① $\tan 135 = -1$
② $\dfrac{55-10}{25-10} = 3$
③ $\dfrac{2}{4} = 0.5$
④ $\dfrac{15}{3} = 5$

69 다음 중 CAD(Computer aided design) 시스템을 사용함으로써 얻을 수 있는 효과로 가장 거리가 먼 것은?

① 제품 설계 시간의 단축
② 구조해석, 응력해석 등이 가능
③ 제품 가공 시간의 단축
④ 설계 검증의 용이

70 빛을 편광시키는 특성을 가진 유기화합물을 이용하여 투과된 빛의 특성을 수정하여 디스플레이 하는 방식으로 CRT 모니터에 비해서는 두께가 얇은 모니터를 만들 수 있으나 시야각이 다소 좁고 백라이트가 필요하며 어느 정도의 두께 이상은 줄일 수 없다는 단점을 가진 이 디스플레이 장치는?

① 플라지마 패널(plasma panel)
② 액정 디스플레이(liquid crystal display)
③ 전자 발광 디스플레이(electroluminescent display)
④ 래스터 스캔 디스플레이(raster scan display)

정답   68 ④   69 ③   70 ②

71 다음 중 B-Rep 모델링에서 토폴로지 요소간에 만족해야 하는 오일러-포앙카레 공식으로 옳은 것은?
(단, V는 꼭지점의 개수, E는 모서리의 개수, F는 면 또는 외부 루프의 개수, H는 면상의 구멍 루프의 개수, C는 독립된 셀의 개수, G는 입체를 관통하는 구멍의 개수이다.)

① V + F + E + H = 2(C + G)
② V + F - E + H = 2(C + G)
③ V + F - E - H = 2(C - G)
④ V - F + E - H = 2(C - G)

72 다음 중 서로 다른 CAD 시스템간의 데이터 상호 교환을 위한 표준화 파일형식을 모두 고른 것은?

| (가) IGES (나) GKS (다) PRT (라) STL |

① 가, 나, 다
② 가, 다, 라
③ 가, 나, 라
④ 나, 다, 라

72.
가. Initial Graphics Exchange Specification
나. Graphical Kernel System
라. Stereo Lithography

73 서피스 모델링(surface modeling)의 일반적인 특징으로 거리가 먼 것은?

① NC 데이터를 생성 할 수 있다.
② 은선 제거가 불가능하다.
③ 질량 등 물리적 성질 계산이 곤란하다.
④ 복잡한 형상표현이 가능하다.

73.
서피스 모델링은 은선 제거가 가능하다.

정답 71 ③ 72 ③ 73 ②

74 공간상에서 곡면을 작성하고자 한다. 안내선(guide line)과 단면모양(section)으로 만들어지는 곡면은?

① Revolve 곡면
② Sweep 곡면
③ Blending 곡면
④ Grid 곡면

74.
Sweep 곡면은 두 개 이상의 곡선에서 안내 곡선을 따라 이동곡선이 이동규칙에 의해 이동되면서 생성되는 곡면이다.

75 래스터 그래픽 장치의 프레임 버퍼(frame buffer)에서 8bit plane을 사용한다면 몇 가지 색상을 동시에 낼 수 있는가?

① 32
② 64
③ 128
④ 256

75.
n개의 비트평면(bit plane)을 가진 프레임 버퍼는 2^n개의 색을 표현할 수 있다.
$2^8 = 256$

76 솔리드 모델링의 데이터 구조 중 CSG(constructive solid geometry) 트리구조의 특징에 대한 설명으로 틀린 것은?

① 데이터 구조가 간단하고 데이터의 양이 적어 데이터 구조의 관리가 용이하다.
② CSG 트리로 저장된 솔리드는 항상 구현이 가능한 입체를 나타낸다.
③ 화면에 입체의 형상을 나타내는 시간이 짧아 대화식 작업에 적합하다.
④ 기본형상(primitive)의 파라미터만 간단히 변경하여 입체 형상을 쉽게 바꿀 수 있다.

76.
CSG 방식은 모델을 화면에 나타내기 위한 디스플레이에서 많은 계산 시간이 필요하므로 대화식 작업에는 부적합하다.

정답 74 ② 75 ④ 76 ③

77 CAD 시스템에서 원호를 정의하고자 한다. 다음 중 하나의 원호를 정의내릴 수 없는 경우는?

① 중심점과 원호의 시작점과 끝점, 그리고 시작점에서 원호가 그려지는 방향이 주어질 때
② 중심점과 원호의 시작점, 현의 길이 그리고 시작점에서 원호가 그려지는 방향이 주어질 때
③ 원호를 이루는 각각의 시작점, 중간점, 끝점이 주어질 때
④ 중심점과 원호 반지름의 크기, 그리고 시작점에서 원호가 그려지는 방향이 주어질 때

77.
시작점이 주어지지 않으면 원호를 정의할 수 없다.

78 3차원 그래픽스 처리를 위한 ISO 국제표준의 하나로서 ISO-IEC TTC 1/SC 24에서 제정한 국제 표준으로 구조체 개념을 가지고 있는 것은?

① PHIGS ② DTD
③ SGML ④ SASIG

79 그림과 같은 꽃병 형상의 도형을 그리기에 가장 적합한 방법은?

① 오프셋 곡면 ② 원추 곡면
③ 회전 곡면   ④ 필릿 곡면

정답 77 ④ 78 ① 79 ③

80 벡터 $\vec{a} = (a_1, a_2, a_3)$ 가 존재한다. a_1, a_2, a_3는 x, y, z축 방향의 변위 일 때 벡터의 크기 $|\vec{a}|$는?

① $|\vec{a}| = \sqrt{a_1^2 + a_2^2 + a_3^2}$
② $|\vec{a}| = a_1^2 + a_2^2 + a_3^2$
③ $|\vec{a}| = \sqrt{a_1 + a_2 + a_3}$
④ $|\vec{a}| = \sqrt[3]{a_1^3 + a_2^3 + a_3^3}$

정답 80 ①

2018년 제1회 과/년/도/문/제

제 1 과목 기계가공법 및 안전관리

01 W, Cr, V, Co들의 원소를 함유하는 합금강으로 600℃까지 고온경도를 유지하는 공구재료는?

① 고속도강 ② 초경합금
③ 탄소공구강 ④ 합금공구강

02 기어절삭가공 방법에서 창성법에 해당하는 것은?

① 호브에 의한 기어가공
② 형판에 의한 기어가공
③ 브로칭에 의한 기어가공
④ 총형 바이트에 의한 기어가공

03 밀링 절삭 방법 중 상향절삭과 하향절삭에 대한 설명이 틀린 것은?

① 하향절삭은 상향절삭에 비하여 공구수명이 길다.
② 상향절삭은 가공면의 표면거칠기가 하향절삭보다 나쁘다.
③ 상향절삭은 절삭력이 상향으로 작용하여 가공물의 고정이 유리하다.
④ 커터의 회전방향과 가공물의 이송이 같은 방향의 가공방법을 하향절삭이라 한다.

04 테일러의 원리에 맞게 제작되지 않아도 되는 게이지는?

① 링 게이지 ② 스냅 게이지
③ 테이퍼 게이지 ④ 플러그 게이지

정답 01 ① 02 ① 03 ③ 04 ③

1.
① 탄소 공구강(STC)
탄소 함유량 0.6~1.5% 사용온도 200℃ 이상은 경도가 낮아지므로 고속절삭은 불가능하다.
② 합금 공구강(STS) 주성분: W, Cr, V, Mo
③ 고속도강(SKH)
㉠ W계 1300℃ 부근, Mo계 1220℃ 부근에서 가열 후 급냉시킨 다음 550℃ 정도에서 뜨임하여 600℃까지 고온경도를 유지하는 공구재료이다.
㉡ 주성분:W, Cr, V(18-4-1)(Co, Mo도 함유)
④ 초경합금(소결합금)
㉠ W 분말과 C 분말을 혼합시켜 WC로 만든 다음 점결제인 Co로 1400~1500℃에서 소결시킨 강
㉡ 주성분:W-C-Co
㉢ 고온 경도가 우수 (위디아, 아리아, 카볼로이, 탕가로이)

2.
창성에 의한 방법은 랙커터에 의한 기어 셰이핑과 호브를 이용하는 기어 호빙 방법이 있으며 치형모양의 공구를 구름접촉에 의해 공구에 축 방향 왕복운동을 시켜 치형을 깎는 방법으로 인볼류트 치형을 정확히 가공할 수 있다

3.
가공물의 고정이 유리한 절삭은 절삭력이 하향으로 작용하는 상향절삭이다.

4.
테일러의 원리는
"통과측에는 모든 치수 또는 결정량이 동시에 검사되며 정지측에는 각 치수가 따로 따로 검사되지 않으면 안된다"이므로 한계게이지에 적용되는 원리이므로 구멍용에는 원통형 플러그 게이지, 판 플러그 게이지, 봉 게이지가 있고, 축용으로는 링 게이지, 스냅 게이지가 있다.

05 터릿선반에 대한 설명으로 옳은 것은?

① 다수의 공구를 조합하여 동시에 순차적으로 작업이 가능한 선반이다.
② 지름이 큰 공작물을 정면가공하기 위하여 스윙을 크게 만든 선반이다.
③ 작업대 위에 설치하고 시계부속 등 작고 정밀한 가공물을 가공하기 위한 선반이다.
④ 가공하고자 하는 공작물과 같은 실물이나 모형을 따라 공구대가 자동으로 모형과 같은 윤곽을 깎아내는 선반이다.

5.
터릿선반은 터릿 공구대를 설치 여러 개의 바이트나 공구를 부착시켜 이것을 순서대로 회전시켜 절삭하는 선반이다.

06 연삭기의 이송방법이 아닌 것은?

① 테이블 왕복식
② 플랜지 컷 방식
③ 연삭 숫돌대 방식
④ 마그네틱 척 이동 방식

6.
마그네트 척은 공작기계에서 가공물을 자력으로 부착, 고정시켜 연삭(그라인딩) 또는 절삭(밀링,컷팅)등의 가공작업을 하는 경우에 이용되는 평면상의 자석이다.

07 선반에서 긴 가공물을 절삭할 경우 사용하는 방진구 중 이동식 방진구는 어느 부분에 설치하는가?

① 베드
② 새들
③ 심압대
④ 주축대

7.
고정식 방진구 :
베드 위에 고정하여 3개의 조로 공작물 고정한다.
이동식 방진구 :
왕복대 위의 새들에 방진구를 설치 공구의 좌우이송과 더불어 이송한다.

08 머시닝센터에서 드릴링 사이클에 사용되는 G-코드로만 짝지어진 것은?

① G24, G43
② G44, G65
③ G54, G92
④ G73, G83

8.
G54 공작물 좌표계1번 선택
G65 00 User macro 단순호출
G74 역 tapping cycle
G83 Peck drilling cycle

정답   05 ①   06 ④   07 ②   08 ④

09 탭으로 암나사 가공작업 시 탭의 파손원인으로 적절하지 않은 것은?

① 탭이 경사지게 들어간 경우
② 탭 재질의 경도가 높은 경우
③ 탭의 가공 속도가 빠른 경우
④ 탭이 구멍바닥에 부딪쳤을 경우

9.
탭 재질의 경도가 높은 경우는 암나사 가공작업을 할 수 있다.

10 다음 연삭숫돌 기호에 대한 설명이 틀린 것은?

WA 60 K m V

① WA : 연삭숫돌입자의 종류
② 60 : 입도
③ m : 결합도
④ V : 결합제

10.
m : 조직

11 래핑에 대한 설명으로 틀린 것은?

① 습식래핑은 주로 거친 래핑에 사용한다.
② 습식래핑은 연마입자를 혼합한 랩액을 공작물에 주입하면서 가공한다.
③ 건식래핑의 사용 용도는 초경질 합금, 보석 및 유리 등 특수재료에 널리 쓰인다.
④ 건식래핑은 랩제를 랩에 고르게 누른 다음 이를 충분히 닦아내고 주로 건조상태에서 래핑을 한다.

11.
랩이란 공구와 일감 사이에 랩제를 넣고 운동을 시킴으로써 매끈한 다듬질 면을 얻는 가공방법으로 다음과같은 특징이있다.

① 블록게이지, 각종 측정기의 평면, 광학렌즈 등의 다듬질 등에 쓰인다.
② 정밀도가 높은 제품을 만들 수 있으며 다량생산이 가능하다.
③ 가공면은 내식성 내마모성이 좋다.

정 답   09 ②   10 ③   11 ③

12 측정자의 직선 또는 원호운동을 기계적으로 확대하여 그 움직임을 지침의 회전변위로 변환시켜 눈금으로 읽을 수 있는 측정기는?

① 수준기
② 스냅 게이지
③ 게이지 블록
④ 다이얼 게이지

13 다음 중 금속의 구멍작업 시 칩의 배출이 용이하고 가공 정밀도가 가장 높은 드릴 날은?

① 평 드릴
② 센터 드릴
③ 직선홈 드릴
④ 트위스트 드릴

14 밀링머신에서 사용하는 바이스 중 회전과 상하로 경사시킬 수 있는 기능이 있는 것은?

① 만능 바이스
② 수평 바이스
③ 유압 바이스
④ 회전 바이스

15 연삭 작업에 관련된 안전사항 중 틀린 것은?

① 연삭숫돌을 정확하게 고정한다.
② 연삭숫돌 측면에 연삭을 하지 않는다.
③ 연삭가공 시 원주 정면에 서 있지 않는다.
④ 연삭숫돌 덮개 설치보다는 작업자의 보안경 착용을 권장한다.

15.
연삭 작업의 안전사항은 연삭숫돌 덮개 설치와 작업자의 보안경 착용이다. 그러나 연삭숫돌 덮개 설치가 더욱 중요하다.

정답 12 ④ 13 ④ 14 ① 15 ④

16 절삭공구 수명을 판정하는 방법으로 틀린 것은?

① 공구 인선의 마모가 일정량에 달했을 경우
② 완성가공된 치수의 변화가 일정량에 달했을 경우
③ 절삭저항의 주 분력이 절삭을 시작했을 때와 비교하여 동일할 경우
④ 완성 가공면 또는 절삭가공 한 직후에 가공표면에 광택이 있는 색조 또는 반점이 생길 경우

16.
바이트에서의 절삭공구 수명 판정

① 백휘대 현상 : 가공면이 둔한 광택 (크레이터링)
② 가공치수의 증대 : 플랭크 가공면의 마찰량 0.7mm
③ 절삭 저항 중 배분력과 주분력이 급격히 증가시

17 드릴의 속도가 V(m/min), 지름이 d(mm)일 때, 드릴의 회전수 n(rpm)을 구하는 식은?

① $n = \dfrac{1000}{\pi d V}$
② $n = \dfrac{1000 V}{\pi d}$
③ $n = \dfrac{\pi d V}{1000}$
④ $n = \dfrac{\pi d}{1000 V}$

18 절삭제의 사용 목적과 거리가 먼 것은?

① 공구수명 연장
② 절삭 저항의 증가
③ 공구의 온도상승 방지
④ 가공물의 정밀도 저하방지

18.
절삭제의 사용 목적
① 절삭저항 감소
② 공구수명 연장
③ 다듬질면 향상
④ 치수 및 정밀도 유지
⑤ 절삭칩의 흐름을 도움

19 다음 중 각도를 측정할 수 있는 측정기는?

① 사인 바
② 마이크로미터
③ 하이트 게이지
④ 버니어캘리퍼스

19.
사인 바:
정밀가공된 바를 2개의 로울러(steel pin) 위에 올려 놓고 측정물의 경사각도측정기
마이크로미터, 하이트 게이지, 버니어캘리퍼스는 길이 측정기 이다.

정 답   16 ③   17 ②   18 ②   19 ①

20 밀링가공에서 일반적인 절삭속도 선정에 관한 내용으로 틀린 것은?

① 거친 절삭에서는 절삭속도를 빠르게 한다.
② 다듬질 절삭에서는 이송속도를 느리게 한다.
③ 커터의 날이 빠르게 마모되면, 절삭 속도를 낮춘다.
④ 적정 절삭속도보다 약간 낮게 설정하는 것이 커터의 수명연장에 좋다.

제 2 과목 기계제도

21 기준치수가 ⌀50인 구멍기준식 끼워 맞춤에서 구멍과 축의 공차 값이 다음과 같을 때 옳지 않은 것은?

구멍	위치수허용차	+0.025
	아래치수허용차	0.000
축	위치수허용차	+0.050
	아래치수허용차	+0.034

① 최소 틈새는 0.009이다.
② 최대 죔새는 0.050이다.
③ 축의 최소 허용치수는 50.034이다.
④ 구멍과 축의 조립 상태는 억지 끼워 맞춤이다.

21.
억지 끼워 맞춤 이므로
최소 틈새는 없다.

22 호칭지름이 3/8인치이고, 1인치 사이에 나사산이 16개인 유니파이 보통나사의 표시로 옳은 것은?

① UNF 3/8 - 16
② 3/8 - 16 UNF
③ UNC 3/8 - 16
④ 3/8 - 16 UNC

정답   20 ①   21 ①   22 ④

23 도면 재질란에 "SPCC"로 표시된 재료기호의 명칭으로 옳은 것은?

① 기계구조용 탄소 강관
② 냉간압연 강판 및 강대
③ 일반구조용 탄소 강관
④ 열간압연 강판 및 강대

24 그림에서 오른쪽에 구멍을 나타낸 것과 같이 측면도의 일부분만을 그리는 투상도의 명칭은?

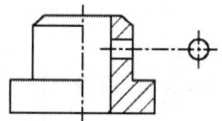

① 보조 투상도
② 부분 투상도
③ 국부 투상도
④ 회전 투상도

25 다음 도면과 같은 데이텀 표적 도시기호의 의미 설명으로 올바른 것은?

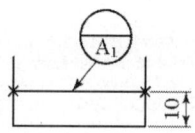

① 점의 데이텀 표적
② 선의 데이텀 표적
③ 면의 데이텀 표적
④ 구형의 데이텀 표적

정 답   23 ② 24 ③ 25 ②

26 현대 사회는 산업 구조의 거대화로 대량 생산체제가 이루어지고 있다. 이런 대량 생산화의 추세에서 기계 제도와 관계된 표준 규격의 방향으로 옳은 것은?

① 이익 집단 중심의 단체 규격화
② 민족 중심의 보수 규격화
③ 대기업 중심의 사내 규격화
④ 국제 교류를 위한 통용된 규격화

27 가공으로 생긴 커터의 줄무늬 방향이 기호를 기입한 그림의 투영면에 비슷하게 2방향으로 교차하는 것을 의미하는 기호는?

① ⊥
② ×
③ C
④ =

28 그림과 같이 제 3각 정투상도로 나타낸 정면도와 우측면도에 가장 적합한 평면도는?

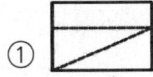

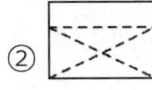
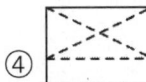

정답   26 ④   27 ②   28 ①, ③

29 그림과 같은 도면에서 참고 치수를 나타내는 것은?

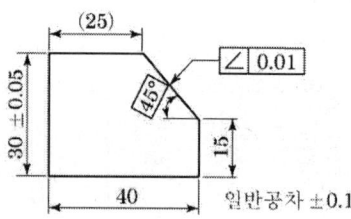

① (25)   ② ∠ 0.01

③ 45°   ④ 일반공차 ±0.1

29.
45° : 정확한 치수

30 다음 투상도 중 KS 제도 표준에 따라 가장 올바르게 작도된 투상도는?

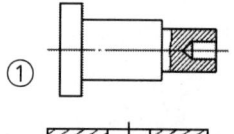 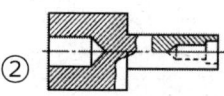
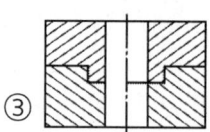 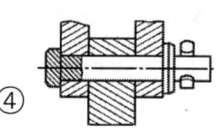

31 그림과 같은 도면에서 구멍 지름을 측정한 결과 10.1일 때 평행도 공차의 최대 허용치는?

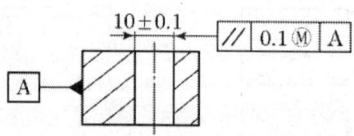

① 0   ② 0.1
③ 0.2   ④ 0.3

31.
$10.1 - (10 - 0.2) = 0.3$

정 답 29 ① 30 ① 31 ④

980 과년도 출제 문제

32 치수 기입에 있어서 누진 치수 기입 방법으로 올바르게 나타낸 것은?

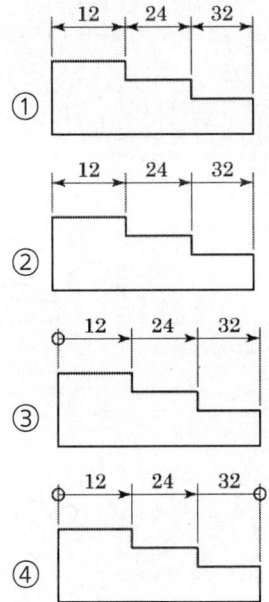

32.
① 직렬 치수 기입법 : 치수의 공차가 누적되어도 관계가 없을 때 사용
② 병렬 치수 기입법 : 다른 치수의 공차에 영향을 주지 않을 때 사용
③ 누진 치수 기입법 : 한 개의 연속된 치수로 간편하게 표시할 때 사용하며 반드시 기점 표시를 하여야 한다
④ 좌표 치수 기입법 : 기준기점을 좌표점으로 하여 치수를 기입하는 방법

33 그림과 같은 도면에서 'L' 치수는 몇 mm인가?

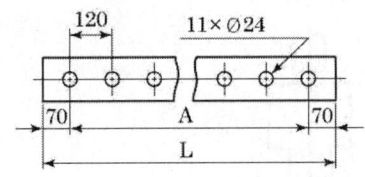

① 1200
② 1320
③ 1340
④ 1460

33.
$120 \times (11-1) + 70 \times 2 = 1340$

정답 32 ③ 33 ③

34 기어 제도에서 선의 사용법으로 틀린 것은?

① 피치원은 가는 1점 쇄선으로 표시한다.
② 축에 직각인 방향에서 본 그림을 단면도로 도시할 때는 이골(이뿌리)의 선은 굵은 실선으로 표시한다.
③ 잇봉우리원은 굵은 실선으로 표시한다.
④ 내접 헬리컬 기어의 잇줄 방향은 2개의 가는 실선으로 표시한다.

34.
잇줄 방향은 통상 3개의 가는 이점 쇄선으로 그린다

35 그림과 같은 등각투상도에서 화살표 방향이 정면일 경우 3각법으로 투상한 평면도로 가장 적합한 것은?

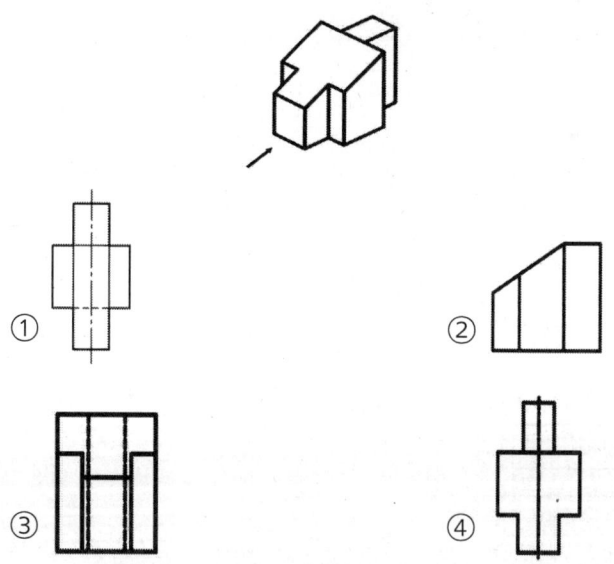

36 기계제도에서 특수한 가공을 하는 부분(범위)을 나타내고자 할 때 사용하는 선은?

① 굵은 실선
② 가는 1점 쇄선
③ 가는 실선
④ 굵은 1점 쇄선

정답 34 ④ 35 ④ 36 ④

37 다음 중 구멍 기준식 억지 끼워맞춤을 올바르게 표시한 것은?

① ∅50 X7/h6
② ∅50 H7/h6
③ ∅50 H7/s6
④ ∅50 F7/h6

37.
구멍공차 H 보다 축공차가 뒤에 있어야 구멍 기준식 억지 끼워맞춤이다.

38 구름베어링의 안지름 번호에 대하여 베어링의 안지름 치수를 잘못 나타낸 것은?

① 안지름번호 : 01 - 안지름 : 12mm
② 안지름번호 : 02 - 안지름 : 15mm
③ 안지름번호 : 03 - 안지름 : 18mm
④ 안지름번호 : 04 - 안지름 : 20mm

38.
안지름번호 : 03 -
안지름 : 17mm

39 그림과 같이 용접기호가 도시되었을 경우 그 의미로 옳은 것은?

① 양면 V형 맞대기 용접으로 표면 모두 평면 마감 처리
② 이면 용접이 있으며 표면 모두 평면 마감 처리한 V형 맞대기 용접
③ 토우를 매끄럽게 처리한 V형 용접으로 제거 가능한 이면 판재 사용
④ 넓은 루트면이 있고 이면 용접된 필릿 용접이며 윗면을 평면 처리

정답   37 ③   38 ③   39 ②

40 빗줄 널링(knurling)의 표시 방법으로 가장 올바른 것은?

① 축선에 대하여 일정한 간격으로 평행하게 도시한다.
② 축선에 대하여 일정한 간격으로 수직으로 도시한다.
③ 축선에 대하여 30°로 엇갈리게 일정한 간격으로 도시한다.
④ 축선에 대하여 80°가 되도록 일정한 간격으로 평행하게 도시한다.

제 3 과목 기계설계 및 기계재료

41 뜨임 취성(Temper brittleness)을 방지하는데 가장 효과적인 원소는?

① Mo
② Ni
③ Cr
④ Zr

41.
Ni: 인성 증가, 저온 충격, 저항 증가
Cr: 내식성, 내마모성 증가
Mo: 뜨임 여림성 방지
Mo, W: 고온에 있어서의 경도와 인장강도 증가
Cu: 공기 중 내산화성 증가
Si: 전자기 특성, 내열성 우수
V, To, Zr: 결정 입자의 조절

42 95%Cu-5%Zn 합금으로 연하고 코이닝(coining)하기 쉬우므로 동전, 메달 등에 사용되는 황동의 종류는?

① Naval brass
② Cartridge brass
③ Muntz metal
④ Gilding metal

43 Kelmet의 주요 합금조성으로 옳은 것은?

① Cu-Pb계 합금
② Zn-Pb계 합금
③ Cr-Pb계 합금
④ Mo-Pb계 합금

43.
켈멧(Kelmet): Cu-Pb계 합금이며 내압하중을 받는 베어링용합금이다.

정답 40 ③ 41 ① 42 ④ 43 ①

44 Fe-C 평행상태도에서 나타나지 않는 반응은?

① 공정반응　　② 편정반응
③ 포정반응　　④ 공석반응

45 쾌삭강에서 피삭성을 좋게 만들기 위해 첨가하는 원소로 가장 적합한 것은?

① Mn　　② Si
③ C　　④ S

45.
쾌삭강은 C강에 절삭성을 향상시키기 위하여 S, P, Pb 등을 첨가한 강이다.

46 반도체 재료에 사용되는 주요 성분 원소는?

① Co, Ni　　② Ge, Si
③ W, Pb　　④ Fe, Cu

46.
반도체는 4기원소인 Ge, Si를 이용한다.

47 다음 중 블랭킹 및 피어싱 펀치로 사용되는 금형재료가 아닌 것은?

① STD11　　② STS3
③ STC3　　④ SM15C

47.
SM15C는 기계구조용 탄소강으로 금형재료로는 사용할수 없다.

48 주조 시 주형에 냉금을 삽입하여 주물 표면을 급냉시킴으로써 백선화하고, 경도를 증가시킨 내마모성 주철은?

① 구상흑연주철
② 가단(malleable)주철
③ 칠드(chilled)주철
④ 미해나이트(meehanite)주철

정답　44 ②　45 ④　46 ②　47 ④　48 ③

49 불변강의 종류가 아닌 것은?

① 인바
② 엘린바
③ 코엘린바
④ 스프링강

49.
불변강이란 Ni 26% 이상인 고니켈강으로 비자성체이며 강력한 내식성을 갖는 강을 말한다.
종류에는 인바, 엘린바, 퍼멀로이, 코엘린바, 플래티나이트가 있다.

50 성형수축이 적고, 성형 가공성이 양호한 열가소성 수지는?

① 페놀 수지
② 멜라민 수지
③ 에폭시 수지
④ 폴리스티렌 수지

51 4kN·m의 비틀림 모멘트를 받는 전동축의 지름은 약 몇 mm인가? (단, 축에 작용하는 전단응력은 60MPa이다.)

① 70
② 80
③ 90
④ 100

51.
$T = \tau \dfrac{\pi d^3}{16}$ 에서
$d = \sqrt[3]{\dfrac{16T}{\pi \tau}} = \sqrt[3]{\dfrac{16 \times 4 \times 10^6}{\pi \times 60}}$
$= 69.76 ≒ 70 mm$

52 양쪽 기울기를 가진 코터에서 저절로 빠지지 않기 위한 자립조건으로 옳은 것은?
(단, α는 코터 중심에 대한 기울기 각도이고, ρ는 코터와 로드엔드와의 접촉부 마찰계수에 대응하는 마찰각이다.)

① $\alpha \leq \rho$
② $\alpha \geq \rho$
③ $\alpha \leq 2\rho$
④ $\alpha \geq 2\rho$

52.
한쪽 기울기: $\alpha < 2\rho$
양쪽 기울기: $\alpha < \rho$

53 용접 가공에 대한 일반적인 특징 설명으로 틀린 것은?

① 공정수를 줄일 수 있어서 제작비가 저렴하다.
② 기밀 및 수밀성이 양호하다.
③ 열 영향에 의한 재료의 변질이 거의 없다.
④ 잔류응력이 발생하기 쉽다.

53.
용접가공의 단점은 용접 후 변형과 열 영향에 의한 재료의 변질이다.

정답 49 ④ 50 ④ 51 ① 52 ① 53 ③

54 그림과 같은 스프링장치에서 각 스프링 상수 k_1=40N/cm, k_2=50N/cm, k_3=60N/cm이다. 하중 방향의 처짐이 150mm일 때 작용하는 하중 P는 약 몇 N인가?

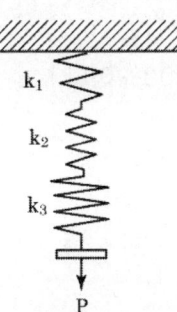

① 2250
② 964
③ 389
④ 243

54.
$$\frac{1}{k} = \frac{1}{40} + \frac{1}{50} + \frac{1}{60} = \frac{74}{1200}$$
$$P = k\delta = \frac{1200}{74} \times 15$$
$$= 243.24\,N$$

55 작용하중의 방향에 따른 베어링 분류 중에서 축선에 직각으로 작용하는 하중과 축선 방향으로 작용하는 하중이 동시에 작용하는데 사용하는 베어링은?

① 레이디얼 베어링(radial bearing)
② 스러스트 베어링(thrust bearing)
③ 테이퍼 베어링(taper bearing)
④ 칼라 베어링(collar bearing)

정답 54 ④ 55 ③

56 회전속도가 8m/s로 전동되는 평벨트 전동장치에서 가죽 벨트의 폭(b)×두께(t)=116mm×8mm인 경우, 최대전달동력은 약 몇 kW인가?
(단, 벨트의 허용인장응력은 2.35MPa, 장력비($e^{\mu\theta}$)는 2.5이며, 원심력은 무시하고 벨트의 이음효율은 100%이다.)

① 7.45　　　　② 10.47
③ 12.08　　　　④ 14.46

56.
$T_t = \sigma bh = 2.35 \times 116 \times 8$
$\quad = 2180.8 N$
$kW = T_t \dfrac{e^{\mu\theta} - 1}{e^{\mu\theta}} V$
$\quad = 2180.8 \dfrac{2.5 - 1}{2.5} \times 8 \times 10^{-3}$
$\quad = 10.466$

57 그림과 같은 블록 브레이크에서 막대 끝에 작용하는 조작력 F와 브레이크의 제동력 Q와의 관계식은?
(단, 드럼은 반시계방향 회전을 하고 마찰계수는 μ이다.)

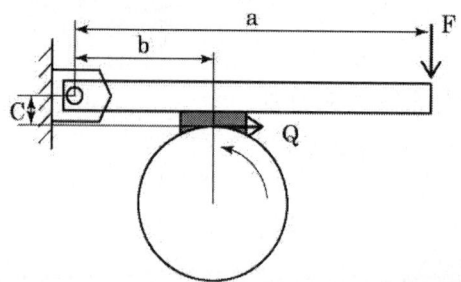

① $F = \dfrac{Q}{a}(b - \mu c)$

② $F = \dfrac{Q}{\mu a}(b - \mu c)$

③ $F = \dfrac{Q}{\mu a}(b + \mu c)$

④ $F = \dfrac{Q}{a}(b + \mu c)$

57.
$F \times a = Qb - \mu Qc$ 에서
$F = \dfrac{Q}{\mu a}(b - \mu c)$

정답　56 ②　57 ②

58 안지름 300mm, 내압 100N/cm²이 작용하고 있는 실린더 커버를 12개의 볼트로 체결하려고 한다. 볼트 1개에 작용하는 하중 W은 약 몇 N인가?

① 3257
② 5890
③ 8976
④ 11245

58.
$$W = \frac{P\pi d^2}{Z\,4}$$
$$= \frac{100 \times \pi \times 30^2}{12 \times 4}$$
$$= 5890\,N$$

59 응력-변형률 선도에서 재료가 저항할 수 있는 최대의 응력을 무엇이라 하는가? (단, 공칭응력을 기준으로 한다.)

① 비례한도(proportional limit)
② 탄성한도(elastic limit)
③ 항복점(yield point)
④ 극한강도(ultimate strength)

60 다음 중 기어에서 이의 크기를 나타내는 방법이 아닌 것은?

① 피치원지름
② 원주피치
③ 모듈
④ 지름피치

60.
① 피치원지름 : $D = mZ$
② 원주피치 : $P = \pi m$
③ 모듈 : m
④ 지름피치 : $P_d = \dfrac{25.4}{m}$

피치원지름은 모듈과 잇수의 함수이다.

정답 58 ② 59 ④ 60 ①

제 4 과목 컴퓨터응용설계

61 다음 중 OLED(유기발광다이오드) 디스플레이의 일반적인 장점으로 옳지 않은 것은?

① LCD와 달리 자체 발광이라 백라이트가 필요 없다.
② CRT와는 달리 발광 소자의 수명이 길어서 번인(burn-in) 현상과 같은 단점이 없다.
③ 박막화가 가능하고 무게를 가볍게 설계할 수 있다.
④ TFT-LCD보다도 시야각이 넓어서 어느 방향에서나 동일한 화질을 볼 수 있다.

62 IGES 파일 구조가 가지는 5가지 section이 아닌 것은?

① directory entry section
② global section
③ start section
④ local section

63 그림과 같이 $x^2+y^2-2=0$인 원이 있다. 원 위의 점 P(1,1)에서 접선의 방정식으로 옳은 것은?

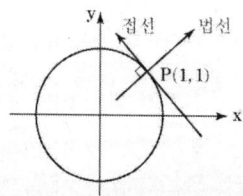

① $2(x-1)+2(y-1)=0$
② $(x-1)-(y-1)=0$
③ $2(x+1)+2(y-1)=0$
④ $(x+1)+(y+1)=0$

61.
번인(burn-in)현상이란 똑같은 화면이나 이미지를 장시간 켜놨을 때 디스플레이의 화상 표시 기능이 저하되어 화면을 꺼도 이미지가 사라지지 않는 현상으로 OLED의 가장 큰 단점이다.

62.
IGES(Initial Graphics Exchange Specification)는 서로 다른 시스템들간의 데이터 교환을 위해 ANSI에서 표준으로 채택한 중립 파일로서 이를 통해 기하학적 데이터, 치수 및 구조를 교환할 수 있다. IGES 파일은 ASCII 형태인 80자 길이의 문자열을 가지며 파일 구조는 start, Global, Directory Entry, Parameter Data, Terminate 모두 다섯 개의 섹터로 구성되어 있다.

63.
원의 방정식이 $x^2+y^2=r^2$인 경우 접선의 방정식은 $x_1 x + y_1 y = r^2$, 원의 방정식이 $(x-a)^2+(y-b)^2=r^2$인 경우는
$(x_1-a)(x-a)$
$+(y_1-b)(y-b)=r^2$ 이다.

그러므로 $x+y=2$인 식은 $2(x-1)+2(y-1)=0$ 이다.

정답 61 ② 62 ④ 63 ①

64 제시된 단면곡선을 안내곡선에 따라 이동하면서 생기는 궤적을 나타낸 곡면은?

① 룰드(ruled) 곡면
② 스윕(sweep) 곡면
③ 보간 곡면
④ 블랜딩(blending) 곡면

65 솔리드 모델링에서 모델링 결과 알 수 있는 물리적 성질(property)이 아닌 것은?

① 부피
② 표면적
③ 비틀림 모멘트
④ 부피중심

66 와이어프레임 모델의 특징을 잘못 설명한 것은?

① 데이터의 구성이 간단하다.
② 처리속도가 빠르다.
③ 물리적 성질의 계산이 불가능하다.
④ 은선 제거가 가능하다.

66.
와이어프레임 모델은 은선 제거가 불가능하다.

67 컴퓨터 그래픽스에서 3D 형상정보를 화면상에 표현하기 위해서는 필요한 부분의 3D 좌표가 2D 좌표정보로 변환되어야 한다. 이와 같이 3D 형상에 대한 좌표정보를 2D 평면좌표로 변환해 주는 것을 무엇이라 하는가?

① 점 변환
② 축척 변환
③ 투영 변환
④ 동차 변환

정답 64 ② 65 ③ 66 ④ 67 ③

68 다음 중 프린터의 해상도를 나타내는 단위인 "DPI"의 원어는?

① digit per increment
② digit per inch
③ dot per increment
④ dot per inch

68.
dpi (dots per inch)는 모니터 등의 디스플레이나, 프린터의 해상도 단위이다. 화면 1인치당 몇 개의 도트(점)이 들어가는지를 말한다.

69 2차원 평면에서 y=3x+4인 직선에 직교하면서 점(3, 1)인 지점을 지나는 직선의 방정식은?

① $y = -\frac{1}{3}x + 2$
② $y = -3x + 10$
③ $y = 3x - 8$
④ $y = -\frac{1}{3}x + 1$

69.
직교 곡선의 기울기는 $-\frac{1}{3}$ 이다.
$y = -\frac{1}{3}x$ 에 (3,1)을 넣어 계산하면 $y = -\frac{1}{3}x + 2$ 이다.

70 컴퓨터를 이용한 형상 모델링에 대한 일반적인 설명 중 틀린 것은?

① 형상 모델링(geometric modeling)은 물체의 모양을 완전히 수학적으로 표현하는 과정이라고 할 수 있다.
② 컴퓨터 그래픽스(computer graphics)는 시각적 디스플레이를 통하여 부품의 설계나 복잡한 형상을 표현하는데 이용될 수 있다.
③ 3차원 모델링 및 설계는 현실감 있는 3차원 모델링과 시뮬레이션을 가능하게 하지만, 물리적 모델(목업 등)에 비해 비용이 많이 소요되는 단점이 있다.
④ 구조물의 응력해석, 열전달, 변형 및 다른 특성들도 시각적 기법들로 잘 표현될 수 있다.

70.
3차원 모델링 및 설계는 목업(mock up) 등에 비해 비용이적게 든다.

정 답   68 ④   69 ①   70 ③

71 주어진 물체를 윈도우에 디스플레이할 때 윈도우 내에 포함되는 부분만을 추출하기 위하여 사용되는 2차원 절단 코헨-서더랜드 알고리즘은 윈도우를 포함한 2차원 평면을 9개의 영역으로 구분하여 각 영역을 비트 스트링(bit string)으로 표현한다. 모든 영역을 최소 비트 수로 표현하기 위하여 이 알고리즘에서 사용되는 코드의 길이는?

① 3-비트
② 4-비트
③ 5-비트
④ 6-비트

72 CAD 모델링 방법 중 형상 구속 조건과 치수 조건을 이용하여 형태를 모델링하는 방식은?

① Feature-based modeling
② Parametric modeling
③ Hybrid modeling
④ Non-manifold modeling

73 다음 중 베지어 곡면의 특징이 아닌 것은?

① 곡면을 부분적으로 수정할 수 있다.
② 곡면의 코너와 코너 조정점이 일치한다.
③ 곡면이 조정점들의 볼록포(convex hull) 내부에 포함된다.
④ 곡면이 일반적인 조정점의 형상에 따른다.

73.
베지어 곡면은 1개의 정점변화가 곡선전체에 영향을 미친다.

정답 71 ② 72 ② 73 ①

74 다음 모델링 기법 중 컴퓨터를 이용한 자동공정계획(CAPP)에 가장 적합한 모델링 기법은?

① 특징형상 모델링
② 경계 모델링
③ 와이어 프레임 모델링
④ 조립 모델링

75 솔리드모델링 방법 중 CSG 방식과 비교할 때 B-rep 방식의 특징에 해당하는 것은?

① 메모리 용량이 적다.
② 파라메트릭 모델링을 쉽게 구현할 수 있다.
③ 3면도, 투시도, 전개도의 작성이 용이하다.
④ 자료 구조가 단순하다.

76 다음 중 반지름이 3이고, 중심점이 (1,2)인 원의 방정식은?

① $(x-1)^2+(y-2)^2=3$
② $(x-3)^2+(y-1)^2=2$
③ $x^2-2x+y^2-4y+4=0$
④ $x^2-2x+y^2-4y-4=0$

77 일반적인 CAD 소프트웨어의 기본적인 기능으로 볼 수 없는 것은?

① 문자나 데이터의 편집 기능
② 디스플레이 제어기능
③ 도면 작성 기능
④ 가공정보 제어기능

75.
B-rep 방식의 장단점
• 장점
① CSG 방법으로 만들기 어려운 복잡한 곡면의 물체를 모델화시킬 때 편리하다.
② 화면의 재생시간이 적게 소요되며, 3면도, 투시도, 전개도, 표면적 계산이 편리하다.
③ 데이터의 상호 교환이 쉽다.
• 단점
① 모델의 외곽을 저장하므로 많은 메모리가 필요하다.
② 적분법을 사용하므로 중량 계산이 곤란하다.

76.
$(x-1)^2+(y-2)^2=3^2$은
$x^2-2x+y^2-4y-4=0$ 이다.

정답 74 ① 75 ③ 76 ④ 77 ④

78 일반적인 B-Spline 곡선의 특징을 설명한 것으로 틀린 것은?

① 곡선의 차수는 조정점의 개수와 무관하다.
② 곡선의 형상을 국부적으로 수정할 수 있다.
③ 원, 타원, 포물선과 같은 원추곡선을 정확하게 표현할 수 있다.
④ 조정점의 수가 오더(k)와 같은 비주기적 균일 B-Spline 곡선은 베지어 곡선과 같다.

79 2차원 평면에서 원(circle)을 정의하고자 할 때 필요한 조건으로 틀린 것은?

① 중심점과 원주상의 한 점으로 정의
② 원주상의 3개의 점으로 정의
③ 두 개의 접선으로 정의
④ 중심점과 하나의 접선으로 정의

80 누산기(accumulator)에 대하여 올바르게 설명한 것은?

① 레지스터의 일종으로 산술연산 혹은 논리연산의 결과를 일시적으로 기억하는 장치이다.
② 연산명령이 주어지면 연산준비를 하는 장소이다.
③ 연산명령의 순서를 기억하는 장소이다.
④ 연산부호를 해독하는 장치이다.

정답 78 ③ 79 ③ 80 ①

2018년 제2회 과/년/도/문/제

제 1 과목 기계가공법 및 안전관리

01 공작물을 센터에 지지하지 않고 연삭하며, 가늘고 긴 가공물의 연삭에 적합한 특징을 가진 연삭기는?

① 나사 연삭기
② 내경 연삭기
③ 외경 연삭기
④ 센터리스 연삭기

02 화재를 A급, B급, C급, D급으로 구분했을 때, 전기화재에 해당하는 것은?

① A급
② B급
③ C급
④ D급

03 절삭유의 사용목적으로 틀린 것은?

① 절삭열의 냉각
② 기계의 부식 방지
③ 공구의 마모 감소
④ 공구의 경도 저하 방지

04 원형 부분을 두 개의 동심의 기하학적 원으로 취했을 경우, 두 원의 간격이 최소가 되는 두 원의 반지름의 차로 나타내는 형상 정밀도는?

① 원통도
② 직각도
③ 진원도
④ 평행도

1.
센터리스 연삭기는 가공물을 다량 생산하기 위해 가공물의 외경을 조정하는 조정숫돌과 지지판을 이용 가공물에 회전운동과 이송운동을 동시에 실시하는 연삭기로서 가늘고 긴 가공물의 연삭에 적합하며 외경, 나사, 내면, 단면 연삭도 할 수 있다.

2.
화재의 종류
• A급-일반화재
• B급-유류
• C급-전기
• D급-금속분화제

3.
절삭유의 장점
① 절삭저항 감소
② 공구수명 연장
③ 다듬질면 향상
④ 치수 및 정밀도 유지
⑤ 절삭칩의 흐름을 도움

정 답 01 ④ 02 ③ 03 ② 04 ③

05 도금을 응용한 방법으로 모델을 음극에 전착시킨 금속을 양극에 설치하고, 전해액 속에서 전기를 통전하여 적당한 두께로 금속을 입히는 가공방법은?

① 전주가공 ② 전해연삭
③ 레이저가공 ④ 초음파가공

06 밀링가공에서 분할대를 사용하여 원주를 6°30′씩 분할하고자 할 때, 옳은 방법은?

① 분할크랭크를 18공열에서 13구멍씩 회전시킨다.
② 분할크랭크를 26공열에서 18구멍씩 회전시킨다.
③ 분할크랭크를 36공열에서 13구멍씩 회전시킨다.
④ 분할크랭크를 13공열에서 1회전하고 5구멍씩 회전시킨다.

07 윤활제의 구비조건으로 틀린 것은?

① 사용 상태에 따라 점도가 변할 것
② 산화나 열에 대하여 안정성이 높을 것
③ 화학적으로 불활성이며 깨끗하고 균질할 것
④ 한계 윤활 상태에서 견딜 수 있는 유성이 있을 것

08 드릴링 머신 작업 시 주의해야 할 사항 중 틀린 것은?

① 가공 시 면장갑을 착용하고 작업한다.
② 가공물이 회전하지 않도록 단단하게 고정한다.
③ 가공물을 손으로 지지하여 드릴링하지 않는다.
④ 얇은 가공물을 드릴링할 때에는 목편을 받친다.

5.
전주가공
전해연마에서 석출된 금속 이온이 음극의 공작물 표면에 붙은 전착 층을 이용하여 원형과 반대 형상의 제품을 만드는 가공법
전해연삭
전해연마에서 나타난 양극(+)의 생성물을 전해작용과 숫돌입자와 공작물이 접촉하여 제거하는 전해작용과 연삭작업을 복합시킨 가공방법
레이저 가공
레이저 광선을 이용한, 정교하며 미세한 가공 기술로서 재료의 절단, 용접, 표면 처리와 반도체 집적 회로의 프로세스 기술 따위에 응용된다.
초음파 가공
봉 또는 판상의 공구에 초음파 주파수의 진동을 주고 공작물과 공구사이에 연삭입자를 두어 공작물을 정밀하게 다듬는 방법

6.
$$\frac{D}{9} = \frac{6.5}{9} = \frac{13}{18}$$

7.
윤활제는 온도의 변화에 따른 점성의 변화가 작아야 한다
(점도지수가 커야 한다).

8.
선반이나 드릴링 머신 작업 시 장갑착용은 안전을 위해 금지한다.

정답 05 ① 06 ① 07 ① 08 ①

09 연삭 작업에서 숫돌 결합제의 구비조건으로 틀린 것은?

① 성형성이 우수해야 한다.
② 열이나 연삭액에 대하여 안전성이 있어야 한다.
③ 필요에 따라 결합 능력을 조절할 수 있어야 한다.
④ 충격에 견뎌야 하므로 기공 없이 치밀해야 한다.

9.
숫돌 바퀴의 3대 요소는 숫돌입자·기공·결합제이다.

10 선반작업에서 구성인선(built-up edge)의 발생 원인에 해당하는 것은?

① 절삭 깊이를 적게 할 때
② 절삭속도를 느리게 할 때
③ 바이트의 윗면 경사각이 클 때
④ 윤활성이 좋은 절삭유제를 사용할 때

10.
구성 날끝을 방지하려면 다음과 같은 것에 주의하여야 한다.
① 절삭깊이를 적게 하고 경사각의 윗면 경사각을 크게 한다.
② 절삭속도를 빠르게 한다.
③ 날 끝에 경질 크롬도금 등을 하여 윗면 경사각을 매끄럽게 한다.

11 CNC프로그램에서 보조기능에 해당하는 어드레스는?

① F   ② M
③ S   ④ T

11.
F 이송속도, 보조기능 M, 공구기능 T, 주축회전수 S

12 드릴작업 후 구멍의 내면을 다듬질하는 목적으로 사용하는 공구는?

① 탭
② 리머
③ 센터드릴
④ 카운터 보어

정 답   09 ④   10 ②   11 ②   12 ②

13 다음 3차원 측정기에서 사용되는 프로브 중 광학계를 이용하여 얇거나 연한 재질의 피측정물을 측정하기 위한 것으로 심출 현미경, CMM계측용 TV시스템 등에 사용되는 것은?

① 전자식 프로브
② 접촉식 프로브
③ 터치식 프로브
④ 비접촉식 프로브

14 4개의 조가 90° 간격으로 구성 배치되어 있으며, 보통 선반에서 편심가공을 할 때 사용되는 척은?

① 단동척
② 연동척
③ 유압척
④ 콜릿척

15 밀링머신에 포함되는 기계장치가 아닌 것은?

① 니
② 주축
③ 컬럼
④ 심압대

16 가늘고 긴 일정한 단면모양을 가진 공구를 사용하여 가공물의 내면에 키 홈, 스플라인 홈, 원형이나 다각형의 구멍 형상과 외면에 세그먼트 기어, 홈, 특수한 외면의 형상을 가공하는 공작기계는?

① 기어 셰이퍼(gear shaper)
② 호닝 머신(honing machine)
③ 호빙 머신(hobbing machine)
④ 브로칭 머신(broaching machine)

14.
단동척 : 4개의 조가 각각 별도로 움직여서 강한 체결력이 있다.
단동척의 크기는 척의 외경으로 표시한다.
연동척 : 스크롤 척이라고 하며 3개의 조(jaw)가 동시에 움직여서 체결력이 적다.
콜릿척 : 환봉이나 각봉재를 가공할 때 자동선반이나 터릿선반 등에서 사용하는 척으로 척이 원판 스프링의 힘에 의해 고정된다.

15.
심압대는 선반에 포함되는 기계장치이다.

정답 13 ④ 14 ① 15 ④ 16 ④

17 밀링작업에서 분할대를 사용하여 직접 분할할 수 없는 것은?

① 3등분　　② 4등분
③ 6등분　　④ 9등분

18 표면 프로파일 파라미터 정의의 연결이 틀린 것은?

① Rt - 프로파일의 전체 높이
② RSm - 평가 프로파일의 첨도
③ Rsk - 평가 프로파일의 비대칭도
④ Ra - 평가 프로파일의 산술 평균 높이

19 다음 나사의 유효지름 측정방법 중 정밀도가 가장 높은 방법은?

① 삼침법을 이용한 방법
② 피치 게이지를 이용한 방법
③ 버니어캘리퍼스를 이용한 방법
④ 나사 마이크로미터를 이용한 방법

20 일반적인 보통선반 가공에 관한 설명으로 틀린 것은?

① 바이트 절입량의 2배로 공작물의 지름이 작아진다.
② 이송속도가 빠를수록 표면거칠기는 좋아진다.
③ 절삭속도가 증가하면 바이트의 수명은 짧아진다.
④ 이송속도는 공작물의 1회전 당 공구의 이동거리이다.

17.
직접 분할법은 주축의 선단이 고정된 직접 분할판을 이용하는 방법으로 24등분의 구멍이 설치되어 있으므로 24의 약수 즉 2, 4, 6, 8, 12, 24등분만이 분할할 수 있다.

18.
거칠기 프로파일의 최대 높이 (Rz)
거칠기 프로파일의 최대 피크 높이 (Rp)
거칠기 프로파일의 최대 프로파일 계곡 깊이(Rv)
거칠기 프로파일 요소의 높이(Rc)
거칠기 프로파일의 총 높이 (Rt)
산술 평균 거칠기 (Ra)
제곱 평균 제곱근 거칠기 (Rq)
거칠기 프로파일의 왜도(Rsk)
거칠기의 첨도 (Rku)
거칠기 프로파일 요소의 평균 길이 (Rsm)

20.
이송속도는 공작물의 1회전 당 공구의 이동거리로서 이송속도가 빠를수록 표면거칠기는 거칠어져서 커슴이 증가한다.

정답　17 ④　18 ②　19 ①　20 ②

제 2 과목 기계제도

21 다음은 제 3각법으로 나타낸 정면도와 우측면도이다. 이에 대한 평면도를 가장 올바르게 나타낸 것은?

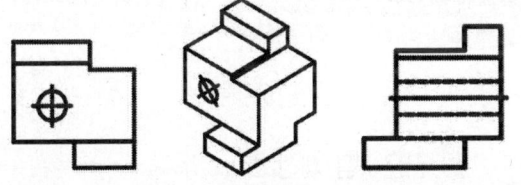

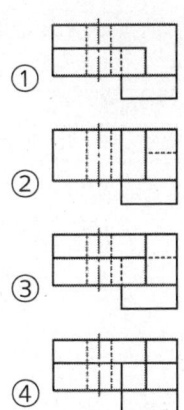

22 개스킷, 박판, 형강 등과 같이 절단면이 얇은 경우 이를 나타내는 방법으로 옳은 것은?

① 실제 치수와 관계없이 1개의 가는 1점 쇄선으로 나타낸다.
② 실제 치수와 관계없이 1개의 극히 굵은 실선으로 나타낸다.
③ 실제 치수와 관계없이 1개의 굵은 1점 쇄선으로 나타낸다.
④ 실제 치수와 관계없이 1개의 극히 굵은 2점 쇄선으로 나타낸다.

정답 21 ③ 22 ②

23 다음 그림에서 길이 ⌑23⌑ 부위만을 데이텀 A로 지정하고자 한다. 이때 특정한 선을 사용하여 데이텀 부위를 지정할 수 있는데 이 선은 무엇인가?

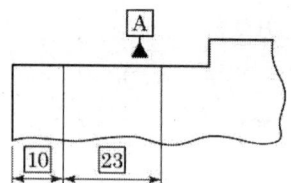

① 가는 1점 쇄선 ② 굵은 1점 쇄선
③ 가는 2점 쇄선 ④ 굵은 2점 쇄선

24 그림의 입체도에서 화살표 방향이 정면일 경우 정면도로 가장 적합한 것은?

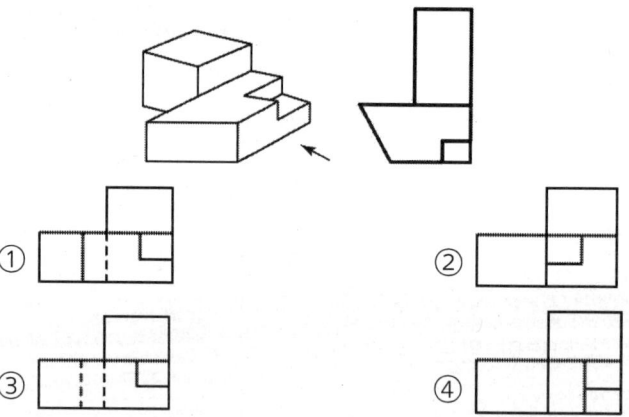

25 다음 중 H7 구멍과 가장 억지로 끼워지는 축의 공차는?

① f6 ② h6
③ p6 ④ g6

25.
가장 뒤의 알파벳 기호이다.

정답 23 ② 24 ① 25 ③

26 그림은 제 3각 정투상도로 나타낸 정면도와 우측면도이다. 이에 대한 평면도로 가장 적합한 것은?

① 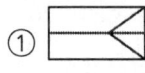 ②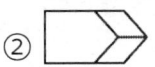

③ 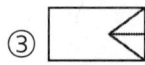 ④

27 구멍 기준식 끼워 맞춤에서 구멍은 $\phi 50^{+0.025}_{0}$, 축은 $\phi 50^{+0.050}_{+0.034}$일 때 최소 죔새 값은?

① 0.009 ② 0.034
③ 0.050 ④ 0.075

27.
$0.034 - 0.025 = 0.009$

28 수면, 유면 등의 위치를 표시하는 수준면선에 사용하는 선의 종류는?

① 가는 파선
② 가는 1점 쇄선
③ 굵은 파선
④ 가는 실선

29 베어링의 호칭번호가 6026일 때 이 베어링의 안지름은 몇 mm인가?

① 6   ② 60
③ 26 ④ 130

29.
$26 \times 5 = 130 mm$

정답 26 ② 27 ① 28 ④ 29 ④

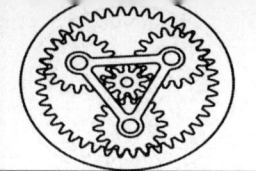

30 구멍의 최대 치수가 축의 최소 치수보다 작은 경우에 해당하는 끼워맞춤 종류는?

① 헐거운 끼워맞춤
② 억지 끼워맞춤
③ 틈새 끼워맞춤
④ 중간 끼워맞춤

30.
축의 크기가 항상 크므로 억지 끼워맞춤이다.

31 다음 용접기호에 대한 설명으로 틀린 것은?

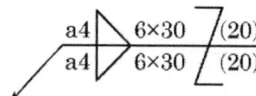

① 지그재그 필릿 용접이다.
② 목두께는 4mm이다.
③ 한쪽면의 용접부 개소는 30개이다.
④ 인접한 용접부 간격은 20mm이다.

31.
30mm씩 6번 지그재그 필릿 용접

32 표준 스퍼기어의 모듈이 2이고, 이끝원 지름이 84mm일 때 이 스퍼기어의 피치원지름(mm)은 얼마인가?

① 76
② 78
③ 80
④ 82

32.
$D_k = m(Z+2)$ 에서
$Z = \dfrac{D_k}{m} - 2 = \dfrac{84}{2} - 2 = 40$
이므로
$D = mZ = 2 \times 40 = 80$

정 답   30 ②   31 ③   32 ③

33 지름이 같은 원기둥이 그림과 같이 직교할 때의 상관선의 표현으로 가장 적합한 것은?

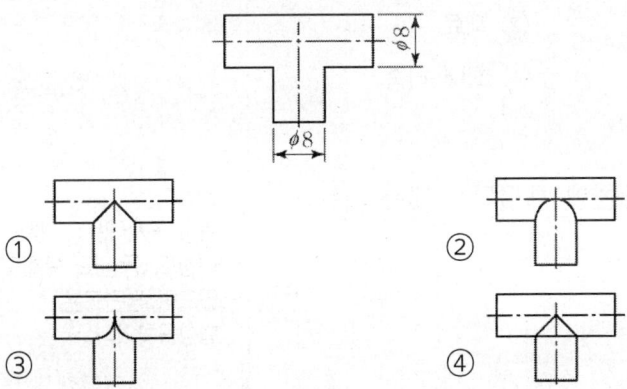

34 기계구조용 탄소 강재의 KS 재료 기호로 옳은 것은?

① SM 40 C
② SS 235
③ ALDC 1
④ GC 100

34.
- 냉간 압연 강판:SCP
- 용접 구조용 압연강:SWS
- 고속도 공구강:SKH
- 스프링 강:SPS
- 탄소 공구강:STC
- 기계 구조용 탄소강:SM
- 탄소 주강품:SC
- 합금 공구강:STS
- 다이스 강:STD

35 보기와 같이 축 방향으로 인장력이나 압축력이 작용하는 두 축을 연결하거나 풀 필요가 있을 때 사용하는 기계 요소는?

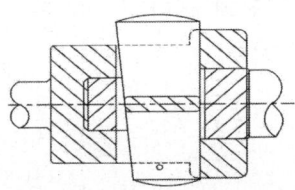

① 핀
② 키
③ 코터
④ 플랜지

정답 33 ① 34 ① 35 ③

36 다음 중 스파이럴 스프링의 치수나 요목표에 기입하지 않아도 되는 사항은?

① 판 두께
② 재료
③ 전체 길이
④ 최대 하중

37 기하 공차의 종류에서 위치 공차에 해당되지 않는 것은?

① 동축도 공차
② 위치도 공차
③ 평면도 공차
④ 대칭도 공차

37.
위치 공차에는 위치도, 대칭도, 동심도, 동축도가 있으며 평면도는 형상공차이다.

38 나사의 도시법을 설명한 것으로 틀린 것은?

① 수나사의 바깥지름과 암나사의 골지름은 굵은 실선으로 표시한다.
② 완전 나사부 및 불완전 나사부의 경계선은 굵은 실선으로 표시한다.
③ 보이지 않는 나사부분은 가는 파선으로 표시한다.
④ 수나사 및 암나사의 조립 부분은 수나사 기준으로 표시한다.

39 래핑 다듬질 면 등에 나타나는 줄무늬로서 가공에 의한 컷의 줄무늬가 여러 방향일 때 줄무늬 방향 기호는?

① R
② C
③ X
④ M

39.
① R: 가공으로 생긴 선이 방사선
② C: 가공으로 생긴 선이 동심원
③ X : 가공으로 생긴 선이 2방향으로 교차
④ M : 가공으로 생긴 선이 여러 방면으로 교차 또는 방향이 없음

정답 36 ④ 37 ③ 38 ① 39 ④

40 도면에서 2종류 이상의 선이 같은 장소에서 겹치게 될 경우 우선순위로 알맞은 것은?

① 외형선 > 숨은선 > 절단선 > 중심선
② 외형선 > 절단선 > 숨은선 > 중심선
③ 외형선 > 중심선 > 숨은선 > 절단선
④ 외형선 > 절단선 > 중심선 > 숨은선

40.
겹치는 선의 우선 순위
외형선(굵은 선)→숨은 선(파선)
→ 절단선 → 중심선
→ 무게중심선
→ 치수보조선 → 해칭선

제 3 과목 기계설계 및 기계재료

41 0.8%C 이하의 아공석강에서 탄소함유량 증가에 따라 감소하는 기계적 성질은?

① 경도
② 항복점
③ 인장강도
④ 연신율

41.
C가 1%에 달할 때까지는 경도, 인장력은 직선적으로 증가하고, 연신율, 충격치는 반대로 감소한다.

42 노에 들어가지 못하는 대형부품의 국부 담금질, 기어, 톱니나 선반의 베드면 등의 표면을 경화시키는데 가장 많이 사용하는 열처리 방법은?

① 화염경화법
② 침탄법
③ 질화법
④ 청화법

42.
고열로 단시간 동안 가열한 후 냉각시키는 화염경화법(가스 화염으로 가열)과 유도경화법(고주파 전류를 가열에 사용)은 보통 대형 부품의 열처리에 사용한다.

정답 40 ① 41 ④ 42 ①

43 주철의 접종(inoculation) 및 그 효과에 대한 설명으로 틀린 것은?

① Ca-Si 등을 첨가하여 접종을 한다.
② 핵생성을 용이하게 한다.
③ 흑연의 형상을 개량한다.
④ 칠(chill)화를 증가시킨다.

44 알루미늄합금인 Al-Mg-Si의 강도를 증가시키기 위한 가장 좋은 방법은?

① 시효경화(age-hardening) 처리한다.
② 냉간가공(cold work)을 실시한다.
③ 담금질(quenching) 처리한다.
④ 불림(normalizing) 처리한다.

44.
시효경화는 알루미늄합금을 담금질한 후 오래 방치하거나 적당히 뜨임하면 경도가 증가 현상이다.

45 황동계 실용 합금인 톰백에 관한 설명으로 틀린 것은?

① 전연성이 우수하다.
② 5~20%의 Sn을 함유하는 황동이다.
③ 코이닝하기 쉬워 메달, 동전 등에 사용된다.
④ 색깔이 금색에 가까워서 모조금으로 사용된다.

45.
톰백은 구리에 Zn이 8~20% 함유한 금속으로 연성이 커서 모조금 대용의 장식용에 사용한다.

46 마텐자이트(Martensite) 및 그 변태에 대한 설명으로 틀린 것은?

① 경도가 높고, 취성이 있다.
② 상온에서는 준안정상태이다.
③ 마텐자이트 변태는 확산변태를 한다.
④ 강을 수중에 담금질하였을 때 나타나는 조직이다.

46.
마텐자이트 변태는 확산금지 변태이다.

정답 43 ④ 44 ① 45 ② 46 ③

47 금속재료 중 일정 온도에서 갑자기 전기 저항이 0(zero)이 되는 현상은?

① 공유
② 초전도
③ 이온화
④ 형상기억

48 다음 중 고속도공구강(SKH 2)의 표준 조성으로 옳은 것은?

① 18%W-4%Cr-1%V
② 17%Cr-9%W-2%Mo
③ 18%Co-4%Cr-1%V
④ 18%W-4%V-1%Cr

49 플라스틱 재료의 특성을 설명한 것 중 틀린 것은?

① 대부분 열에 약하다.
② 대부분 내구성이 높다.
③ 대부분 전기 절연성이 우수하다.
④ 금속 재료보다 체적당 가격이 저렴하다.

50 섬유강화금속(FRM)의 특성을 설명한 것 중 틀린 것은?

① 비강도 및 비강성이 높다.
② 섬유축 방향의 강도가 작다.
③ 2차 성형성, 접합성이 있다.
④ 고온의 역학적 특성 및 열적안정성이 우수하다.

49.
플라스틱 재료의 공통성질
장점
① 가볍고 튼튼하다.(비중 1~1.5)
② 가공성이 크고 성형이 간단하다.
③ 전기절연성이 좋다.
④ 산, 알칼리, 유류 약품 등에 강하다.
⑤ 착색이 자유롭다.
⑥ 유리와 같이 빛을 투과시킬 수 있다.
⑦ 비강도가 비교적 높다

단점
① 플라스틱은 열에 약하므로 불 근처에 놓아두면, 형태가 변해버리는 수가 있다.
② 금속이나 도자기에 비해서 표면이 부드럽기 때문에 상처가 나기 쉽고, 먼지가 묻기 쉽다.
③ 내구성이 금속보다 낮다.

50.
섬유강화금속은 섬유 축 방향의 강도는 크고 가로방향은 강도가 작다.

정답 47 ② 48 ① 49 ② 50 ②

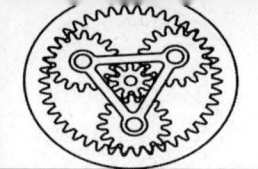

51 다음 중 일반적으로 안전율을 가장 크게 잡는 하중은?
(단, 동일 재질에서 극한강도 기준의 안전율을 대상으로 한다.)

① 충격하중　　② 편진 반복하중
③ 정하중　　　④ 양진 반복하중

51.
반복하중은 안전율보다는 진동을 고려해야한다.

52 축의 홈 속에서 자유로이 기울어 질 수 있어 키가 자동적으로 축과 보스에 조정되는 장점이 있지만, 키 홈의 깊이가 커서 축의 강도가 약해지는 단점이 있는 키는?

① 반달 키　　② 원뿔 키
③ 묻힘 키　　④ 평행 키

53 브레이크 드럼축에 754N·m의 토크가 작용하면 축을 정지하는데 필요한 제동력은 약 몇 N인가?
(단, 브레이크 드럼의 지름은 400mm이다.)

① 1920　　② 2770
③ 3310　　④ 3770

53.
$$F = \frac{2T}{D} = \frac{2 \times 754000}{400}$$
$$= 3770 N$$

54 리벳 이음의 특징에 대한 설명으로 옳은 것은?

① 용접 이음에 비해서 응력에 의한 잔류 변형이 많이 생긴다.
② 리벳 길이방향으로의 인장하중을 지지하는데 유리하다.
③ 경합금에서는 용접 이음보다 신뢰성이 높다.
④ 철골 구조물, 항공기 동체 등에는 적용하기 어렵다.

54.
리벳 이음의 특징
① 용접 이음에 비해서 응력에 의한 잔류변형이 거의 발생하지않는다
② 리벳 길이방향보다는 원주방향의 인장하중을 지지하는데 유리하다.
③ 경합금(알루미늄 합금)에서는 용접 이음보다 신뢰성이 높다.
④ 철골 구조물, 항공기 동체 등에는 적용한다.

정 답　51 ①　52 ①　53 ④　54 ③

55. 압축 코일 스프링의 소선 지름이 5mm, 코일의 평균 지름이 25mm이고, 200N의 하중이 작용할 때 스프링에 발생하는 최대전단응력은 약 몇 MPa인가?
(단, 스프링 소재의 가로탄성계수(G)는 80 GPa이고, Wahl의 응력수정계수 식 $[K = \frac{4C-1}{4C-4} + \frac{0.615}{C}$, C는 스프링 지수]을 적용한다.)

① 82
② 98
③ 133
④ 152

55.
$$C = \frac{D}{d} = \frac{25}{5} = 5$$
$$K = \frac{4C-1}{4C-4} + \frac{0.615}{C}$$
$$= \frac{4 \times 5 - 1}{4 \times 5 - 4} + \frac{0.615}{5} = 1.3105$$
$$\tau = K \frac{8WD}{\pi d^3}$$
$$= 1.3105 \frac{8 \times 200 \times 25}{\pi \times 5^3}$$
$$= 133.49\,MPa$$

56. 연강제 볼트가 축방향으로 8kN의 인장하중을 받고 있을 때, 이 볼트의 골지름은 약 몇 mm 이상이어야 하는가?
(단, 볼트의 허용인장응력은 100MPa이다.)

① 7.4
② 8.3
③ 9.2
④ 10.1

56.
$$d = \sqrt{\frac{4W}{\pi \sigma}}$$
$$= \sqrt{\frac{4 \times 8000}{\pi \times 100}} = 10.09\,mm$$

57. 긴장측의 장력이 3800N, 이완측의 장력이 1850N일 때 전달동력은 약 몇 kW인가?
(단, 벨트의 속도는 3.4m/s이다.)

① 2.3
② 4.2
③ 5.5
④ 6.6

57.
$$kW = (3800 - 1850) \times 3.4$$
$$= 6630\,W = 6.63\,kW$$

정답 55 ③ 56 ④ 57 ④

58 볼 베어링에서 작용 하중은 5kN, 회전수가 4000rpm이며, 이 베어링의 기본 동정격하중이 63kN이라면 수명은 약 몇 시간인가?

① 6300시간 ② 8300시간
③ 9500시간 ④ 10200시간

58.
$$L_h = 500 \times (\frac{c}{p})^3 \times \frac{33.3}{N}$$
$$= 500 \times (\frac{63}{5})^3 \times \frac{33.3}{4000}$$
$$= 8326\,hr$$

59 유체 클러치의 일종인 유체 토크 컨버터(fluid torque converter)의 특징을 설명한 것 중 틀린 것은?

① 부하에 의한 원동기의 정지가 없다.
② 장치 내에 스테이터가 있을 경우 작동 효율을 97% 수준까지 올릴 수 있다.
③ 무단변속이 가능하다.
④ 진동 및 충격을 완충하기 때문에 기계에 무리가 없다.

59.
1단의 유체 토크 컨버터의 효율은 80% 정도이며 90% 정도의 효율이 최대이며 토크의 비율을 높여야 한다.

60 헬리컬 기어에서 잇수가 50, 비틀림각이 20°일 경우 상당평기어 잇수는 약 몇 개인가?

① 40 ② 50
③ 60 ④ 70

60.
$$Z_e = \frac{Z}{\cos^3 \beta}$$
$$= \frac{50}{\cos^3 20} = 60.25$$
$$= 60$$

제 4 과목 컴퓨터응용설계

61 CAD 시스템에서 많이 사용한 Hermite 곡선 방정식에서 일반적으로 몇 차식을 많이 사용하는가?

① 1차식 ② 2차식
③ 3차식 ④ 4차식

정답 58 ② 59 ② 60 ③ 61 ③

62 원통 좌표계에서 표시된 점의 위치가 (r, θ, z)이다. 이를 직교 좌표계(x, y, z)로 나타내고자 할 때 x, y로 옳은 것은?

① x=r·cosθ, y=r·sinθ
② x=r·sinθ, y=r·cosθ
③ x=r·sinθ, y=-r·cosθ
④ x=-r·cosθ, y=r·sinθ

63 공간상에서 선을 이용하여 3차원 물체를 표시하는 와이어 프레임 모델의 특징을 설명한 것 중 틀린 것은?

① 3면 투시도 작성이 용이하다.
② 단면도 작성이 어렵다.
③ 물리적 성질의 계산이 가능하다.
④ 은선제거가 불가능하다.

63.
와이어 프레임 모델의 특징
① data의 구성이 단순하다.
② Model 작성을 쉽게 할 수 있다.
③ 처리속도가 빠르다.
④ 3면 투시도의 작성이 용이하다.
⑤ 은선제거 (Hidden Line Removal)가 불가능하다.
⑥ 단면도 (Section Drawing) 작성이 불가능하다.
⑦ 물리적 성질의 계산이 불가능하다.

정답 62 ① 63 ③

64 다음은 곡면 모델링에 관한 설명이다. 빈 칸에 알맞은 말로 짝지어진 것은?

> 주어진 점들이 곡면 상에 놓이도록 피팅(fitting)하는 것을 [가](이)라고 하며, 점들이 곡면으로부터 조금 떨어져 있는 것을 허용하는 경우를 [나](이)라고 부른다.

① 가 : 보간(interpolation)
　나 : 근사(approximation)
② 가 : 근사(approximation)
　나 : 보간(interpolation)
③ 가 : 블렌딩(blending)
　나 : 스무싱(smoothing)
④ 가 : 스무싱(smoothing)
　나 : 블렌딩(blending)

65 공간의 한 물체가 세계 좌표계의 x축에 평행하면서 세계좌표 (0, 2, 4)를 통과하는 축에 관하여 90° 회전된다. 그 물체의 한 점이 모델 좌표 (0, 1, 1)을 가지는 경우, 회전 후에 같은 점의 세계 좌표를 구하는 식으로 적절한 것은?

① $[X_w\, Y_w\, Z_w\, 1]^T$
$$= \begin{bmatrix} 1 & 0 & 0 & 0 \\ 0 & 1 & 0 & 2 \\ 0 & 0 & 1 & 4 \\ 0 & 0 & 0 & 1 \end{bmatrix} \begin{bmatrix} \cos 90° & 0 & \sin 90° & 0 \\ 0 & 1 & 0 & 0 \\ -\sin 90° & 0 & \cos 90° & 0 \\ 0 & 0 & 0 & 1 \end{bmatrix} \begin{bmatrix} 1 & 0 & 0 & 0 \\ 0 & 1 & 0 & -2 \\ 0 & 0 & 1 & -4 \\ 0 & 0 & 0 & 1 \end{bmatrix} \begin{bmatrix} 0 \\ 1 \\ 1 \\ 1 \end{bmatrix}$$

② $[X_w\, Y_w\, Z_w\, 1]^T$
$$= \begin{bmatrix} 1 & 0 & 0 & 0 \\ 0 & 1 & 0 & -2 \\ 0 & 0 & 1 & -4 \\ 0 & 0 & 0 & 1 \end{bmatrix} \begin{bmatrix} \cos 90° & 0 & \sin 90° & 0 \\ 0 & 1 & 0 & 0 \\ -\sin 90° & 0 & \cos 90° & 0 \\ 0 & 0 & 0 & 1 \end{bmatrix} \begin{bmatrix} 1 & 0 & 0 & 0 \\ 0 & 1 & 0 & 2 \\ 0 & 0 & 1 & 4 \\ 0 & 0 & 0 & 1 \end{bmatrix} \begin{bmatrix} 0 \\ 1 \\ 1 \\ 1 \end{bmatrix}$$

③ $[X_w\, Y_w\, Z_w\, 1]^T$
$$= \begin{bmatrix} 1 & 0 & 0 & 0 \\ 0 & 1 & 0 & 2 \\ 0 & 0 & 1 & 4 \\ 0 & 0 & 0 & 1 \end{bmatrix} \begin{bmatrix} 1 & 0 & 0 & 0 \\ 0 & \cos 90° & -\sin 90° & 0 \\ 0 & \sin 90° & \cos 90° & 0 \\ 0 & 0 & 0 & 1 \end{bmatrix} \begin{bmatrix} 1 & 0 & 0 & 0 \\ 0 & 1 & 0 & -2 \\ 0 & 0 & 1 & -4 \\ 0 & 0 & 0 & 1 \end{bmatrix} \begin{bmatrix} 0 \\ 1 \\ 1 \\ 1 \end{bmatrix}$$

④ $[X_w\, Y_w\, Z_w\, 1]^T$
$$= \begin{bmatrix} 1 & 0 & 0 & 0 \\ 0 & 1 & 0 & -2 \\ 0 & 0 & 1 & -4 \\ 0 & 0 & 0 & 1 \end{bmatrix} \begin{bmatrix} 1 & 0 & 0 & 0 \\ 0 & \cos 90° & -\sin 90° & 0 \\ 0 & \sin 90° & \cos 90° & 0 \\ 0 & 0 & 0 & 1 \end{bmatrix} \begin{bmatrix} 1 & 0 & 0 & 0 \\ 0 & 1 & 0 & 2 \\ 0 & 0 & 1 & 4 \\ 0 & 0 & 0 & 1 \end{bmatrix} \begin{bmatrix} 0 \\ 1 \\ 1 \\ 1 \end{bmatrix}$$

정답 65 ③

66 CAD 용어에 관한 설명으로 틀린 것은?

① 표시하고자 하는 화면상의 영역을 벗어나는 선들을 잘라버리는 것을 트리밍(trimming)이라고 한다.
② 물체를 완전히 관통하지 않는 홈을 형성하는 특징 형상을 포켓(pocket)이라고 한다.
③ 명령의 실행 또는 마우스 클릭 시마다 On 또는 Off가 번갈아 나타나는 세팅을 토글(toggle)이라고 한다.
④ 모델을 명암이 포함된 색상으로 처리한 솔리드로 표시하는 작업을 셰이딩(shading)이라 한다.

67 다음 중 3차원 뷰잉(viewing) 연산에서 투영중심이 투영면으로부터 유한한 거리에 위치한다고 가정하는 투영법은?

① 경사(oblique) 투영
② 원근(perspective) 투영
③ 직교(orthographic) 투영
④ 축측(axonometric) 투영

68 3차원 형상모델 중 B-rep과 비교한 CSG 방식의 특징을 설명한 것으로 옳은 것은?

① 데이터의 작성에 필요한 메모리가 많이 요구된다.
② 불 연산을 통한 모델링 기법을 적용하기 곤란하다.
③ 화면 재생에 필요한 연산과정이 적게 소요된다.
④ 3면도, 투시도, 전개도 등의 작성이 곤란하다.

정답 66 ① 67 ② 68 ④

68.
B-rep과 비교한 CSG 방식의 특징

• 장점
① 불리언 연산자 (더하기(합). 빼기(차). 교차(적) 시키는 방법)를 통해 명확한 모델 생성이 쉽다.
② 데이터를 아주 간결한 파일로 저장할 수 있어 메모리가 적게 필요하다.
③ 형상 수정이 용이하고 중량을 계산할 수 있다.

• 단점
① 모델을 화면에 나타내기 위한 디스플레이에서 많은 계산 시간이 필요하다.
② 3면도, 투시도, 전개도. 표면적 계산이 곤란하다.

69 LAN 시스템의 주요 특징으로 가장 거리가 먼 것은?

① 자료의 전송속도가 빠르다.
② 통신망의 결합이 용이하다.
③ 신규장비를 전송매체로 첨가하기가 용이하다.
④ 장거리 구역에서의 정보통신에 용이하다.

70 데이터 표시 방법 중 3개의 Zone Bit와 4개의 Digit Bit를 기본으로 하며, Parity Bit 적용 여부에 따라 총 7Bit 또는 8 Bit로 한 문자를 표현하는 코드 체계는?

① FPDF
② EBCDIC
③ ASCII
④ BCD

71 다음 중 솔리드 모델링에서 일반적으로 사용되는 기본 입체로 보기 어려운 것은?

① Block
② Sphere
③ Wedge
④ Swing

72 곡면(surface)으로 기하학적 형상을 정의하는 과정에서 곡면 구성 종류가 아닌 것은?

① 쿤스 곡면(Coons surface)
② 회전 곡면(Revolved surface)
③ 베지어 곡면(Bezier surface)
④ 트위스트 곡면(Twist surface)

69.
1) 근거리 통신망
   (LAN : local area network)
   근거리 내에 위치한 하나의 조직에서 업무를 효율적으로 수행하기 위해 구축한 통신망이다.
2) 부가 가치 통신망
   (VAN : value added network)
   통신서비스업자가 통신업자로부터 통신 설비를 임차하여 통신서비스를 제공하는 통신망으로 주식시세, 예약 업무, 전자 우편이나 사서함, 학술 정보 데이터베이스 등 서비스를 제공한다.
3) 종합정보 통신망
   (ISDN : integrated services digital network)
   전화, 전신, 텔렉스, 팩시밀리, 컴퓨터 등을 하나의 통신망으로 통합한 정보 통신망이다.
4) 광역정보 통신망
   (WAN : wide area network)
   국가, 대륙, 전 세계를 하나로 연결한 통신망이다.

70.
(1) BCD코드(2진화 10진 코드)
① 영문자 또는 특수문자를 표시하기 위해 6bit로 구성
② 64개의 문자를 표현 할 수 있다.
③ 상위 2bit=zone bit.
   하위 4bit=digit bit
(2) EBCDIC코드
    (확장 2진화 10진 코드)
① 1개의 check bit. 4개의 zone bit. 4개의 digit bit로 구성되어 있다.
② 256개의 문자를 표현할 수 있으며 패리티 비트를 포함하여 9트랙 코드 라고도 한다.
(3) ASCII코드
① 미국 표준 코드로 데이터 통신에 널리 이용되는 정보교환용 코드이다.
② 한 문자를 표시하는데 7개의 데이터 비트와 1개의 패리티 비트를 사용하며 존 비트 3개와 디짓 비트 4개로 구성되어 있다.
③ 128개의 문자를 표현 할 수 있다.

정답 69 ④ 70 ③ 71 ④ 72 ④

2018년 제 2 회 1017

73 솔리드 모델의 일반적인 특징을 설명한 것 중 틀린 것은?

① 질량 등 물리적 성질의 계산이 곤란하다.
② Boolean연산(더하기, 빼기, 교차)을 통하여 복잡한 형상 표현도 가능하다.
③ 와이어 프레임 모델에 비해 데이터의 처리 시간이 많아진다.
④ 은선 제거가 가능하다.

74 CAD 관련 용어 중 요구된 색상의 사용이 불가능할 때 다른 색상들을 섞어서 비슷한 색상을 내기 위해 컴퓨터 프로그램에 의해 시도되는 것을 의미하는 것은?

① 플리커(flicker)
② 디더링(dithering)
③ 새도우 마스크(shadow mask)
④ 라운딩(rounding)

75 2차원 평면에서 $x^2+y^2-25=0$인 원이 있다. 원 상의 점 (3, 4)를 지나는 원의 법선의 방정식으로 옳은 것은?

① $4x+3y=0$
② $3x+4y=0$
③ $4x-3y=0$
④ $3x-4y=0$

72.
솔리드 모델의 일반적인 특징
① 은선제거가 가능하다.
② 간섭체크가 가능하다.
③ 형상을 절단하여 단면도 작성이 용이하다.
④ 불리언(Boolean) 연산(합, 차. 적)에 의하여 복잡한 형상도 표현할 수 있다.
⑤ 무게 중심 등의 물리적 성질의 계산이 가능하다.
⑥ 복잡한 data로 서피스 모델링 보다 대용량의 컴퓨터가 필요하고 처리시간이 많이 걸린다.

75.
원의 방정식
$(x-a)^2 + (y-b)^2 = r^2$

위의 점 (x_1, y_1)에서의 법선의 기울기
$\dfrac{(y_1-b)}{(x_1-a)} = \dfrac{(4-0)}{(3-0)} = \dfrac{4}{3}$

$y = \dfrac{4}{3}x$는

$4x-3y=0$ 이다.

정답 73 ① 74 ② 75 ③

76 CAD 시스템으로 구축한 형상 모델에서 설계해석을 위한 각종 정보를 추출하거나, 추가로 필요로 하는 정보를 입력하고 편집하여 필요한 형식으로 재구성하는 소프트웨어 프로그램이나 처리절차를 뜻하는 용어는?

① Pre-processor
② Post-processor
③ Multi-processor
④ Multi-programming

77 3차 베지어 곡면을 정의하기 위하여 최소 몇 개의 점이 필요한가?

① 4
② 8
③ 12
④ 16

78 LCD 모니터에 대한 설명 중 틀린 것은?

① 일반 CRT 모니터에 비해 전력소모가 적다.
② 전자총으로 색상을 표현한다.
③ 액정의 전기적 성질을 광학적으로 응용한 것이다.
④ 액정의 배열 방법에 따라 TN(Twisted Nematic), IPS(In-Plane switching) 등으로 분류한다.

78.
LCD는 Liquid Crystal Display의 약자로서, 2개의 유리판 사이에 액정을 주입하고 전기적인 압력을 가해서 액정 분자의 배열을 변화시켜 영상화하는 모니터이다. 그러나 LCD는 검은색을 완벽하게 표현하지 못하나 OLED는 검은색을 구현할 수 있다. 따라서 LCD에 비해 OLED가 명암비가 뛰어나며 LCD TV가 수광형 디스플레이인 반면 OLED, AMOLED는 스스로 빛을 내는 자체발광형 디스플레이이다.

정답 76 ① 77 ④ 78 ②

79 다음 중 단면 곡선을 경로 곡선을 따라 이동시켜서 곡면을 만드는 기능을 의미하는 것은?

① sweep
② extrude
③ pattern
④ explode

80 CAD 소프트웨어에서 명령어를 아이콘으로 만들어 아이템별로 묶어 명령을 편리하게 이용할 수 있도록 한 것은?

① 스크롤바
② 툴바
③ 스크린메뉴
④ 상태(status)바

정답 79 ① 80 ②

과/년/도/문/제

제 1 과목 기계가공법 및 안전관리

01 측정오차에 관한 설명으로 틀린 것은?

① 기기 오차는 측정기의 구조상에서 일어나는 오차이다.
② 계통오차는 측정값에 일정한 영향을 주는 원인에 의해 생기는 오차이다.
③ 우연 오차는 측정자와 관계없이 발생하고 반복적이고 정확한 측정으로 오차 보정이 가능하다
④ 개인오차는 측정자의 부주의로 생기는 오차이며, 주의해서 측정하고 결과를 보정하면 줄일 수 있다.

1.
우연 오차는 갖가지 조건이 겹쳐서 일어나므로 원인 불명인 경우가 대부분이므로 정확한 측정으로 오차 보정은 불가능하다

02 선반 작업 시 절삭속도 결정조건으로 가장 거리가 먼 것은?

① 베드의 형상
② 가공물의 경도
③ 바이트의 경도
④ 절삭유의 사용유무

03 센터 펀치 작업에 관한 설명으로 틀린 것은?
(단, 공작물의 재질은 SM45C 이다.)

① 선단은 45도 이하로 한다.
② 드릴로 구멍을 뚫을 자리 표시에 사용한다.
③ 펀치의 선단을 목표물에 수직으로 펀칭한다.
④ 펀치의 재질을 공작물보다 경도가 높은 것을 사용한다.

3.
센터 펀치는 구멍뚫기 위치를 금긋기할 때 구멍의 중심에 표시하는 데 사용하는 철제공구로서 센터링 펀치 또는 펀치라고도 하며 선단은 60도 이다.

정답   01 ③   02 ①   03 ①

04 절삭공구 재료가 갖추어야 할 조건으로 틀린 것은?

① 조형성이 좋아야 한다.
② 내마모성이 커야 한다.
③ 고온경도가 높아야 한다.
④ 가공재료와 친화력이 커야 한다.

4.
절삭공구 재료는 가공재료와 친화력이 작아서 칩이 잘 떨어져야한다.

05 CNC선반에서 나사 절삭 사이클의 준비기능 코드는?

① G02
② G28
③ G70
④ G92

5.
① G02: 원호 절삭이송 (시계방향)
② G28: 자동원점 복귀
③ G70: 정삭 사이클
④ G92: 나사 절삭 사이클

06 다음 중 전해가공의 특징으로 틀린 것은?

① 전극을 양극 (+)에 가공물을 음극(-)으로 연결한다.
② 경도가 크고 인성이 큰 재료도 가공능률이 높다.
③ 열이나 힘의 작용이 없으므로 금속학적인 결함이 생기지 않는다.
④ 복잡한 3차원 가공도 공구자국이나 버(burr)가 없이 가공할 수 있다.

6.
전해가공은 전극을 음극(-)에 가공물을 양극(+)으로 연결한다.

07 바깥지름 원통 연삭에서 연삭숫돌이 숫돌의 반지름 방향으로 이송하면서 공작물을 연삭하는 방식은?

① 유성형
② 플런지컷형
③ 테이블 왕복형
④ 연삭숫돌 왕복형

7.
바깥지름 원통 연삭에서 숫돌의 이송과 절입을 동시에 하는 트래버스 연삭과 절입만을 하는 플런지 컷 연삭법이 있다

| 정답 | 04 ④ | 05 ④ | 06 ① | 07 ② |

08 나사를 1회전 시킬 때 나사산이 축 방향으로 움직인 거리를 무엇이라 하는가?

① 각도(angle)
② 리드(lead)
③ 피치(pitch)
④ 플랭크(flank)

09 리머에 관한 설명으로 틀린 것은?

① 드릴 가공에 비하여 절삭속도를 빠르게 하고 이송은 적게 한다.
② 드릴로 뚫은 구멍을 정확한 치수로 다듬질 하는데 사용한다.
③ 절삭속도가 느리면 리머의 수명은 길게 되나 작업능률이 떨어진다.
④ 절삭속도가 너무 빠르면 랜드(land)부가 쉽게 마모되어 수명이 단축된다.

9.
리머가공은 보링된 구멍을 다듬는 가공으로 드릴 가공에 비하여 절삭속도를 느리게 하고 이송은 빠르게 한다.

10 공작기계의 메인 전원 스위치 사용 시 유의사항으로 적합하지 않는 것은?

① 반드시 물기 없는 손으로 사용한다.
② 기계 운전 중 정전이 되면 즉시 스위치를 끈다.
③ 기계 시동 시에는 작업자에게 알리고 시동한다.
④ 스위치를 끌 때에는 반드시 부하를 크게 한다.

정답 08 ② 09 ① 10 ④

11 밀링가공에서 커터의 날 수는 6개, 1날 당 이송은 0.2mm, 커터의 외경은 40mm, 절삭속도는 30m/min일 때 테이블의 이송속도는 약 몇 mm/min인가?

① 274
② 286
③ 298
④ 312

11.
$$N = \frac{1000\,V}{\pi\,d}$$
$$= \frac{1000 \times 30}{\pi \times 40} = 238.73\,rpm$$

$$f = f_z\,ZN = 0.2 \times 6 \times 238.73$$
$$= 286.48\,mm/min$$

12 1대의 드릴링 머신에 다수의 스핀들이 설치되어 1회에 여러 개의 구멍을 동시에 가공할 수 있는 드릴링머신은?

① 다두 드릴링 머신
② 다축 드릴링 머신
③ 탁상 드릴링 머신
④ 레이디얼 드릴링 머신

12.
다두 드릴링 머신은 여러개의 스핀들이 나란히 있어 하나의 공작물에 치수가 다른 구멍을 뚫거나 리이밍, 카운터 보링 등의 기타의 작업을 연속 작업시 공정순서대로 작업하는 드릴링머신이다.

13 정밀입자 가공 중 래핑(lappint)에 대한 설명으로 틀린 것은?

① 가공면의 내마모성이 좋다.
② 정밀도가 높은 제품을 가공할 수 있다.
③ 작업 중 분진이 발생하지 않아 깨끗한 작업환경을 유지할 수 있다.
④ 가공면에 랩제가 잔류하기 쉽고, 제품을 사용할 때 잔류한 랩제가 마모를 촉진시킨다.

13.
래핑은 랩제를 사용하는 가공으로 작업 중 분진이 발생한다.

정 답   11 ②   12 ②   13 ③

14 절삭공구의 측면과 피삭재의 가공면과의 마찰에 의하여 절삭공구의 절삭면에 평행하게 마모되는 공구인선의 파손현상은?

① 치핑
② 크랙
③ 플랭크 마모
④ 크레이터 마모

15 밀링가공 할 때 하향적삭과 비교한 상향절삭의 특징으로 틀린 것은?

① 절삭 자취의 피치가 짧고, 가공 면이 깨끗하다.
② 절삭력이 상향으로 작용하여 가공물 고정이 불리하다.
③ 절삭 가공을 할 때 마찰열로 접촉면의 마모가 커서 공구의 수명이 짧다.
④ 커터의 회전방향과 가공물의 이송이 반대이므로 이송기구의 백래시(back lash)가 자연히 제거된다.

15.
하향절삭의 특징
절삭 자취의 피치가 짧고, 가공 면이 깨끗하다.

16 수직 밀링 머신에서 좌우 이송을 하는 부분의 명칭은?

① 니(knee)
② 새들(saddle)
③ 테이블(table)
④ 컬럼(column)

정답 14 ③ 15 ① 16 ③

17 나사의 유효지름을 측정하는 방법이 아닌 것은?

① 삼침법에 의한 측정
② 투영기에 의한 측정
③ 플러그 게이지에 의한 측정
④ 나사 마이크로미터에 의한 측정

17.
플러그 게이지는 구멍의 크기를 측정하는 한계 게이지이다.

18 선반에서 지름 100mm의 저탄소 강재를 이송0.25mm/rev, 길이 80mm를 2회 가공했을 때 소요된 시간이 80초라면 회전수는 약 몇 rpm인가?

① 450
② 480
③ 510
④ 540

18.
$\frac{80}{0.25} = 320$ 회전

$\frac{320}{40} \times 60 = 480\,rpm$

19 절삭유를 사용함으로써 얻을 수 있는 효과가 아닌 것은?

① 공구수명 연장효과
② 구성인선 억제효과
③ 가공물 및 공구의 냉각 효과
④ 가공물의 표면거칠기 값 상승 효과

19.
절삭유를 사용 효과
① 공구의 절삭면과 칩 사이의 마모감소, 공구수명 연장(윤활작용)
② 온도상승방지(냉각작용)
③ 칩의 용착방지(세척작용)

20 센터리스 연삭기에 필요하지 않은 부품은?

① 받침판
② 양센터
③ 연삭숫돌
④ 조정숫돌

20.
센터리스 연삭기는 공작물이 자동이송되므로 센터는 필요 없다.

정답 17 ③ 18 ② 19 ④ 20 ②

제 2 과목 기계제도

21 축의 치수가 ⌀20±0.1이고 그 축의 기하공차가 다음과 같다면 최대실체공차방식에서 실표치수는 얼마인가?

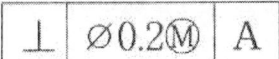

① 19.6
② 19.7
③ 20.3
④ 20.4

21.
$20 + 0.1 + 0.2 = 20.3$

22 앵글 구조물을 그림과 같이 한쪽 각도가 30도인 직각 삼각형으로 만들고자 한다. A의 길이가 1500mm일 때 B의 길이는 약 몇 mm인가?

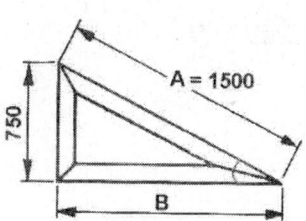

① 1299
② 1100
③ 1131
④ 1185

22.
$1500 \times \cos 30 = 1299$

정답 21 ③ 22 ①

23 다음과 같이 도면에 지시된 베어링 호칭번호의 설명으로 옳지 않은 것은?

6312 Z NR

① 단열 깊은 홈 볼베어링
② 한쪽 실드붙이
③ 베어링 안지름 312mm
④ 멈춤링 붙이

23.
베어링 안지름
$12 \times 5 = 60\,mm$

24 다음 기하공차 중 자세공차에 속하는 것은?

① 평면도 공차
② 평행도 공차
③ 원통도 공차
④ 진원도 공차

24.
자세공차에는 평행도 공차, 직각도 공차, 경사도 공차가 있다.

25 다음과 같은 입체도에서 화살표 방향 투상도로 가장 적합한 것은?

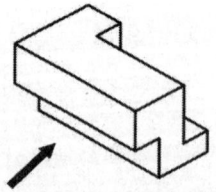

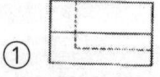

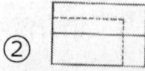
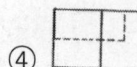

정답 23 ③ 24 ② 25 ①

26 끼워맞춤치수 ∅20 H6/g5는 어떤 끼워맞춤인가?

① 중간 끼워맞춤
② 헐거운 끼워맞춤
③ 억지 끼워맞춤
④ 중간 억지 끼워맞춤

26.
구멍기준으로 축공차가 h 앞의 g 이므로 헐거운 끼워맞춤이다.

27 금속 재료의 표시 기호 중 탄소 공구강 강재를 나타낸 것은?

① SPP
② STC
③ SBHG
④ SWS

27.
SPP: 배관용 탄소강 강관
SWS: 용접구조용 압연강재

28 금속재료의 표시 기호 중 탄소 공구강 강재를 나타낸 것은?

L2N M10 - 6H/6g

① 나사의 감김방향은 오른쪽이다.
② 나사의 종류는 미터나사이다.
③ 암나사 등급은 6H, 수나사 등급은 6g이다.
④ 2줄 나사이며 나사의 바깥지름은 10mm이다.

28.
나사의 감김방향은 왼쪽 (L)이다.

정답 26 ② 27 ② 28 ①

29 그림과 같은 입체도를 제 3각법으로 나타낸 정투상도로 가장 적합한 것은?

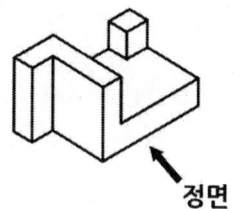

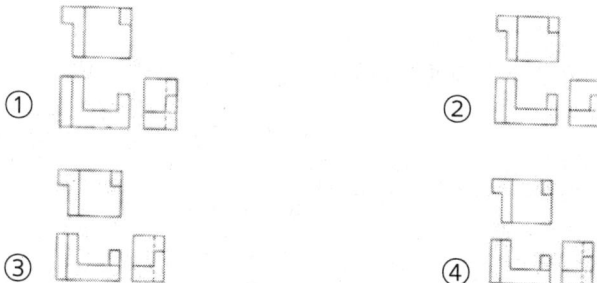

30 물체의 경사진 부분을 그대로 투상하며 이해가 곤란하여 경사면에 평행한 별도의 투상면을 설정하여 나타낸 투상도의 명칭을 무엇이라고 하는가?

① 회전 투상도
② 보조 투상도
③ 전개 투상도
④ 부분 투상도

30.
보조 투상도
물체의 평면이 투상면에 평행할 경우 길이가 실제길이로 나타나고 면의 형상은 실제형상으로 나타나지만 사면(斜面)일 경우에는 면이 단축되거나 변형되어 나타나므로 도면을 이해하기 곤란하여 사면에 수직으로 필요한 부분만을 투상하여 실제 형상과 실제길이로 나타내는 투상도

정답   29 ④   30 ②

31 그림과 같이 가공된 축의 테이퍼 값은 얼마인가?

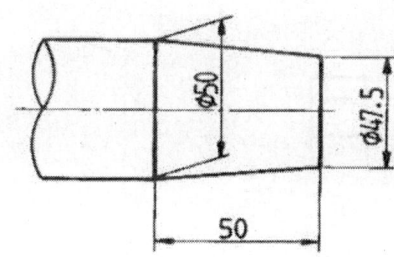

① $\frac{1}{5}$ ② $\frac{1}{10}$

③ $\frac{1}{20}$ ④ $\frac{1}{40}$

31.
$$\frac{50-47.5}{50} = \frac{2.5}{50} = \frac{1}{20}$$

32 그림과 같이 도면에 기입된 기하 공차에 관한 설명으로 옳지 않은 것은?

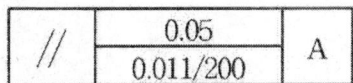

① 제한된 길이에 대한 공차값이 0.011이다.
② 전체 길이에 대한 공차값이 005이다.
③ 데이텀을 지시하는 문자기호는 A이다.
④ 공차의 종류는 평면도 공차이다.

32.
공차의 종류는 평행도 공차이다.

33 지름이 동일한 두 원통을 90도로 교차시킬 경우 상관선을 옳게 나타낸 것은?

33.
지름이 동일한 두 원통을 90도로 교차시킬 경우를 동경티라고 하며 정면도에서 "V" 모양으로 상관선이 직선화되어 나타납니다. 아래의 관 좌우 끝과 위의 관 끝은 실장이 아니라 원이다. 그러므로 원을 12등분하여 실장방향으로 투영시켜 만나는 만나는 점을 찍어서 그 점들을 이어보면 "V"모양의 상관선이 나오게 된다.

정답 31 ③ 32 ④ 33 ④

34 다음 중 복렬 깊은 홈 베어링의 약식 도시기호가 바르게 표시된 것은?

35 다음과 같은 입체도를 제 3각법으로 투상한 투상도로 가장 적합한 것은?

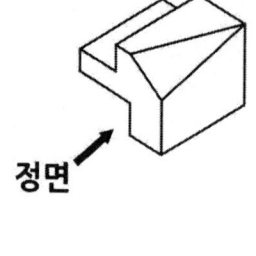

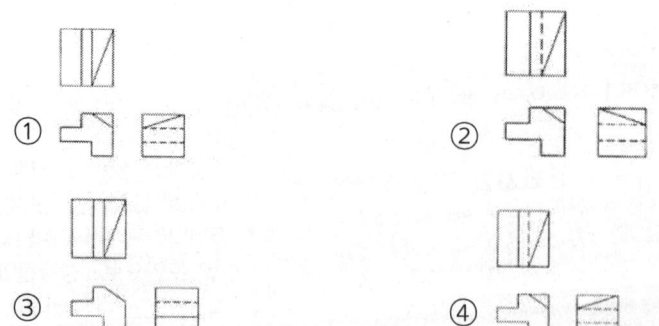

정답   34 ①   35 ④

36 다음 그림과 같이 도시된 용접기호의 설명이 옳은 것은?

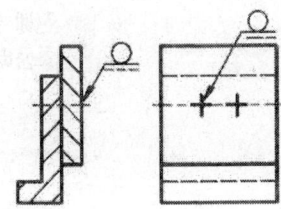

① 화살표 쪽 점의 용접
② 화살표 반대쪽의 점 용접
③ 화살표 쪽의 플러그 용접
④ 화살표 반대쪽의 플러그 용접

36.
실선에 용접기호표시는
화살표 쪽 점의 용접이다.

37 축에 센터구멍이 필요한 경우 그림 기호로 올바른 것은?

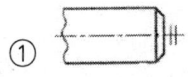   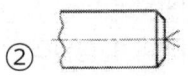

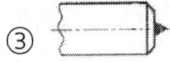   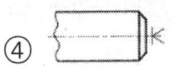

38 다음 나사 기호 중 관용 평행 나사를 나타내는 것은?

① Tr   ② E
③ R   ④ G

38.
① Tr : 30° 사다리꼴 나사
② E : 전구 나사
③ R : 관용 테이퍼 수나사

39 가상선의 용도에 해당되지 않는 것은?

① 가공 전 또는 가공 후의 모양을 표시하는데 사용
② 인접부분을 참고로 표시하는데 사용
③ 대상의 일부를 생략하고 그 경계를 나타내는데 사용
④ 되풀이 되는 것을 나타내는데 사용

39.
대상의 일부를 생략하고
그 경계를 나타내는데
사용하는 선은 파단선이다.

정답   36 ①   37 ②   38 ④   39 ③

40 가공방법에 따른 KS가공 방법 기호가 바르게 연결된 것은?

① 방전 가공 : SPED
② 전해 가공 : SPU
③ 전해 연삭 : SPEC
④ 초음파 가공 : SPLB

40.
전해 가공: E.C.M
전해 연삭: ECG
초음파 가공 : USM

제 3 과목 기계설계 및 기계재료

41 다음 중 철강에 합금 원소를 첨가하였을 때 일반적으로 나타나는 효과와 가장 거리가 먼 것은?

① 소성가공성이 개선된다.
② 순금속에 비해 용융점이 높아진다.
③ 결정립의 미세화에 따른 강인성이 향상된다.
④ 합금원소에 의한 기지의 고용강화가 일어난다.

41.
철강에 합금 원소를 첨가하면 순금속에 비해 용융점이 낮아진다.

42 다음 중 니켈-크롬강(Ni-Cr)에서 뜨임취성을 방지하기 위하여 첨가하는 원소는.?

① Mn   ② Si
③ Mo   ④ Cu

43 비정질합금의 특징을 설명한 것 중 틀린 것은?

① 전기저항이 크다.
② 가공경화를 매우 잘 일으킨다.
③ 균질한 재료이고 결정이방성이 없다.
④ 구조적으로 장거리의 규칙성이 없다.

43.
비정질 합금은 결정을 이루고 있지 않는 합금이며 주물제작을 하였을때 표면이 매끈하여 더 이상의 가공이 필요 없으며 일반적인 금속에 비해서 강도가 높다. 비정질 이므로 결정대로 쪼개지는 현상이 발생하지 않는다. 또한 결정질 금속의 경우 결정 격자의 독특한 공명으로 인하여 전파가 내부로 투과되지 못하지만, 비정질 합금의 경우에는 전파가 투과한다.

정답 40 ① 41 ② 42 ③ 43 ②

44 금속 침투법 중 철강 표면에 Al을 확산 침투시켜 표면처리 하는 방법은?

① 세라다이징
② 크로마이징
③ 칼로라이징
④ 실리코나이징

44.
① 세러다이징 : Zn을 침투
② 크로마이징 : Cr 을 침투
③ 칼로라이징 : Al 을 침투
④ 실리코나이징 : Si을 침투

45 다음 금속 재료 중 용융점이 가장 높은 것은?

① W
② Pb
③ Bi
④ Sn

45.
① W : 3410 ℃
② Pb : 320℃
③ Bi : 271.5℃
④ Sn : 232℃

46 다음 철강 조직 중 가장 경도가 높은 것은?

① 펄라이트
② 소르바이트
③ 마텐자이트
④ 트루스타이트

47 다음 중 Cu+Zn계 합금이 아닌 것은?

① 톰백
② 문쯔메탈
③ 길딩메탈
④ 하드로날륨

47.
하이드로날륨은 Al-Mg계합금으로 내해수성, 내식성이 크므로 선박용, 화학공업 부품용으로 사용한다.

정답 44 ③ 45 ① 46 ③ 47 ④

48 다음 중 세라믹 공구의 주성분으로 가장 적합한 것은?

① Cr_2O_3

② Al_2O_3

③ MnO_2

④ Cu_3O

49 다음 중 펄라이트의 구성조직으로 옳은 것은?

① $a-Fe+Fe_3S$

② $a-Fe+Fe_3C$

③ $a-Fe+Fe_3P$

④ $a-Fe+Fe_3Na$

50 복합재료 중 FRP는 무엇일까?

① 섬유 강화 목재

② 섬유 강화 금속

③ 섬유 강화 세라믹

④ 섬유 강화 플라스틱

51 다음 중 스프링의 용도로 거리가 먼 것은?

① 하중과 변형을 이용하여 스프링 저울에 사용

② 에너지를 축적하고 이것을 동력으로 이용

③ 진동이나 충격을 완화하는데 사용

④ 운전 중인 회전축의 속도조절이나 정지에 이용

| 정 답 | 48 ② | 49 ② | 50 ④ | 51 ④ |

52 리베팅 후 코킹(caulking)과 풀러링(fullering)을 하는 이유는 무엇인가?

① 기밀을 좋게 하기 위해
② 강도를 높이기 위해
③ 작업을 편리하게 하기 위해
④ 재료를 절약하기 위해

52.
코킹은 보일러, 물탱크 등과 같은 압력 용기의 리벳 체결에 있어서 기밀을 유지하기 위하여 정으로 강판의 가장자리를 때려 그 부분을 밀착시켜 틈을 없애는 작업이며 강판의 가장자리는 75~85° 기울어지게 절단한다.

53 다음 중 두 축이 평행하거나 교차하지 않으며 자동차 차동기어장치의 감속 기어로 주로 사용되는 것은?

① 스퍼 기어
② 래크와 피니언
③ 스파이럴 베벨 기어
④ 하이포이드 기어

54 그림과 같이 외접하는 A, B, C, 3개의 기어에 잇수는 각각 20, 10, 40이다. 기어 A가 매분 10회전하면 C는 매분 몇 회전 하는가?

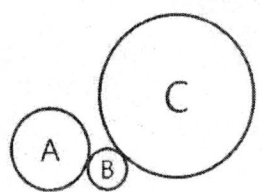

① 2.5
② 5
③ 10
④ 12.5

54.
$$N_c = N_a \frac{Z_a}{Z_c}$$
$$= 10 \frac{20}{40} = 5$$

정답 52 ① 53 ④ 54 ②

55 다음 주 체결용 기계요소로 거리가 먼 것은?

① 볼트, 너트
② 키, 핀, 코터
③ 클러치
④ 리벳

55.
클러치는
동력 전달용 기계요소이다.

56 다음 중 체인전동장치의 일반적인 특징이 아닌 것은?

① 미끄럼이 없는 일정한 속도비를 얻을 수 있다.
② 진동과 소음이 없고 회전각의 전달정확도가 높다.
③ 초기 장력이 필요 없으므로 베어링 마멸이 적다.
④ 전동 효율이 대략 95이상으로 좋은 편이다.

56.
체인전동장치는 진동과
소음이 크고 회전각의
전달정확도가 낮다.

57 2405N·m의 토크를 전달시키는 지름 85mm의 전동축이 있다. 이 축에 사용되는 묻힘키(sunk key)의 길이는 전단과 압축을 고려하여 최소 몇 mm이상 이어야 하는가?
(단, 키의 폭은 24mm, 높이는 16mm이고, 키재료의 허용전단응력은 68.7MPa, 허용압축응력은 147.2MPa이며, 키 홈의 깊이는 키 높이의 1/2로 한다.)

① 12.4
② 20.1
③ 28.1
④ 48.1

57.
$$l = \frac{2T}{\tau db} = \frac{2 \times 2405 \times 10^3}{68.7 \times 85 \times 24}$$
$$= 34.32 mm$$

$$l = \frac{4T}{\sigma dh} = \frac{4 \times 2405 \times 10^3}{147.2 \times 85 \times 16}$$
$$= 48.05 mm$$

키의 길이는 긴 것으로
선정해야 안전하다.

정답 55 ③ 56 ② 57 ④

58 4000rpm으로 회전하고 기본 동정격하중이 32kN인 볼 베어링에서 2kN의 레이디얼 하중이 작용할 때 이 베어링의 수명은 약 몇 시간 인가?

① 9048
② 17066
③ 34652
④ 54828

58.
$$L_h = 500 \left(\frac{C}{P}\right)^r \frac{33.3}{N}$$
$$= 500 \left(\frac{32}{2}\right)^3 \frac{33.3}{4000}$$
$$= 17050\, h_r$$

59 사각 나사의 유효지름이 63mm, 피치가 3mm인 나사잭으로 5t의 하중을 들어올릴려면 레버의 유효길이는 약 몇 mm이상이어야 하는가?
(단, 레버의 끝에 작용시키는 힘은 200N이며 나사 접촉부 마찰계수는 0.1이다.)

① 891
② 958
③ 1024
④ 1168

59.
$$L = \frac{Q}{P} \times \frac{p+\mu\pi d_2}{\pi d_2 - \mu p} \times \frac{d_2}{2}$$
$$= \frac{5\times 10^3 \times 9.8}{200}$$
$$\times \frac{3+0.1\times \pi \times d_2}{\pi \times 63 - 0.1\times 3}$$
$$\times \frac{63}{2}$$
$$= 890\, mm$$

정답 58 ② 59 ①

60 그림과 같은 단식 블록 브레이크에서 드럼을 제동하기 위해 레버(lever) 끝에 가할 힘(F)을 비교하고자 한다. 드럼이 좌회전 할 경우 필요한 힘을 F1, 우회전할 경우 필요한 힘을 F2라 할 때 이 두 힘 차이(F1-F2)는? (단, P 는 블록과 드럼사이에서 블록의 접촉면에 수직방향으로 작용하는 힘이며, μ 는 접촉부의 마찰계수이다.)

60.
좌회전
$$F_1 = \frac{P}{a}(b - \mu c)$$

우회전
$$F_2 = \frac{P}{a}(b + \mu c)$$
$$F_1 - F_2 = -\frac{2\mu Pc}{a}$$

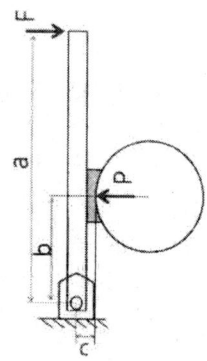

① F1-F2 $= -\dfrac{\mu Pc}{a}$

② F1-F2 $= \dfrac{\mu Pc}{a}$

③ F1-F2 $= -\dfrac{2\mu Pc}{a}$

④ F1-F2 $= \dfrac{2\mu Pc}{a}$

정답 60 ③

제 3 과목 컴퓨터응용설계

61 번스타인 다항식(Bernstein polynomial)을 근본으로 하여 만들어낸 표면은?

① 이차식 표면(Quadric surface)
② 베지어 표면(Bezier surface)
③ 스플라인 표면(Splin surface)
④ 헤르밋 표면(Hermite surface)

62 컴퓨터의 구성요소 중 중앙처리장치(CPU)의 3가지 주요 요소가 아닌 것은?

① 제어장치(control unit)
② 연산장치(ALU)
③ 기억장치(memory unit)
④ 입출력장치(input output unit)

62.
중앙처리장치는 컴퓨터시스템에서 가장 핵심부분이며 3가지로 구성되어 있다.

① 기억장치(memory unit)
② 연산논리장치
   (ALU: Arithmetic-Logic Unit)
③ 제어장치(control unit)

63 8비트 ASCII코드는 몇 개의 패리티비트를 사용하는가?

① 1개
② 2개
③ 3개
④ 4개

63.
패리티비트(Parity bit)
전송하고자 하는 자료의 각 문자에 1 비트를 더하여 전송하는 방법으로 짝수와 홀수의 두 가지가 있으며 정보전달 과정에서의 오류를 검사하는 데 사용된다. 패리티비트를 하나 추가하여 각 줄에 있는 수가 짝수가 되게 한다.
8 비트 ASCII코드는 1개의 패리티비트를 사용한다.

| 정답 | 61 ② | 62 ④ | 63 ① |

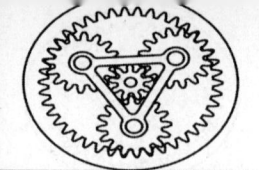

64 지구의 중심에 원점을 설정한 구면 좌표계(spherical coordinate system)에서 경도 30도(동경), 위도 60도(북위)에 있는 점을 직교좌표계 값으로 변환한 것으로 옳은 것은?
(단, 지구의 반경은 1로 가정하고, x축은 위도와 경도가 모두 0인 축으로 한다.)

① $(\frac{\sqrt{3}}{4}, \frac{1}{4}, \frac{\sqrt{3}}{2})$

② $(\frac{\sqrt{3}}{4}, -\frac{1}{4}, \frac{\sqrt{3}}{2})$

③ $(-\frac{\sqrt{3}}{4}, \frac{1}{4}, \frac{\sqrt{3}}{2})$

④ $(-\frac{\sqrt{3}}{4}, -\frac{1}{4}, \frac{\sqrt{3}}{2})$

65 CAD에서 사용하는 기하학적 형상의 3차원 모델링이 아닌 것은?

① 와이어 프레임(wire frame) 모델링
② 서피스(surface) 모델링
③ 솔리드(solid) 모델링
④ 윈도우(window) 모델링

65.
형상모델링 중 3차원 모델링의 경우 와이어 프레임 모델링. 서피스 모델링. 솔리드 모델링이 있다.

66 서피스 모델링의 특징으로 거리가 먼 것은?

① 관성모멘트값을 계산할 수 있다.
② 표면적 계산이 가능하다.
③ NC data를 생성할 수 있다.
④ 은성이 제거될 수 있고 면의 구분이 가능하다.

66.
서피스 모델링은 관성모멘트 값을 계산할 수 없으며 무게나 중심등의 물리적 성질을 구하기 어렵다.

정답 64 ① 65 ④ 66 ①

67 화면에 영상을 구성하기 위해서는 최소한 1픽셀(pixel)당 1비트가 소요된다. 이와 같이 하나의 화면을 구성하는데 소요되는 메모리를 무엇이라고 하는가?

① 룩업(look up) 테이블
② DAC
③ 비트 플레인(bit plane)
④ 버퍼(buffer)

68 자동차 차체 곡면과 같이 곡면 모델링 시스템을 활용하여 곡면을 생성하고자 한다. 이를 생성하기 위해 주로 사용하는 방법 3가지로 가장 거리가 먼 것은?

① 곡면상의 점들을 입력받아 보간 곡면을 생성한다.
② 곡면상의 곡선들을 그물 형태로 입력받아 보간 곡면을 생성한다.
③ 주어진 단면 곡선을 직선 또는 회전 이동하여 보간 곡면을 생성한다.
④ 곡면의 경계에 있는 꼭지점만을 입력받아 보간 곡면을 생성한다.

69 곡면을 모델링하는 여러 방법들 중에서 평면도, 정면도, 측면도상에 나타난 곡면의 경계곡선들로부터 비례적인 관계를 이용하여 곡면을 모델링(modeling)하는 방법은?

① 점 데이터에 의한 방식
② 쿤스(coons) 방식
③ 비례 전개법에 의한 방식
④ 스윕(sweep)에 의한 방식

정답   67 ③   68 ④   69 ③

70 PC가 빠르게 발전하고 성능이 발달됨에 따라 윈도우 기반 CAD시스템이 발달되었다. 다음 중 윈도우 기반 CAD 시스템의 일반적인 특징으로 보기 어려운 것은?

① 컴퓨터 장치의 발달에 따라 대형 컴퓨터가 중앙에서 관리하는 중앙 집중 관리 방식의 CAD 시스템이 발전되었다.
② 구성요소 기술(component technology)을 사용하여 이 검증된 구성요소들을 결합시켜 시스템을 개발할 수 있다.
③ 객체지향 기술(object-oriented technology)을 사용하여 다양한 기능에 따라 프로그램을 모듈화 시켜 각 모듈을 독립된 단위로 재사용한다.
④ 파라메트릭 모델링(parametric modeling) 기능을 제공하여 사용자가 요소의 형상을 직접 변형시키지 않고, 구속조건(constraints)을 사용하여 형상을 정의 또는 수정한다.

71 설계해석 프로그램의 결과에 따라 응력, 온도 등의 분포도나 변형도를 작성하거나, CAD시스템으로 만들어진 형상 모델을 바탕으로 NC공작기계의 가공 data를 생성하는 소프트웨어 프로그램이나 절차를 뜻하는 것은 무엇인가?

① Post-processor
② Pre-processor
③ Multi-processor
④ Co-processor

72 잉크젯 프린터 등의 해상도를 나타내는 단위는?

① LPM ② PPM
③ DPI ④ CPM

정답 70 ① 71 ① 72 ③

72.
DPI(dots per inch) : 일반 모니터 등의 디스플레이 또는 프린터의 해상도 단위 이다.
즉, 화면 1인치당 몇 개의 도트(점) 이 들어가는지로 표현한다.

73 점 P(x,y,z)가 xy평면에 직교 투영되는 경우 나타나는 투영 P*를 생성하는 변환행렬식으로 옳은 것은?

① $[x^* \ 0 \ z^* \ 1] = [x \ y \ z \ 1] \begin{bmatrix} 1 & 0 & 0 & 0 \\ 0 & 0 & 0 & 0 \\ 0 & 0 & 1 & 0 \\ 0 & 0 & 0 & 1 \end{bmatrix}$

② $[x^* \ y^* \ 0 \ 1] = [x \ y \ z \ 1] \begin{bmatrix} 1 & 0 & 0 & 0 \\ 0 & 1 & 0 & 0 \\ 0 & 0 & 0 & 0 \\ 0 & 0 & 0 & 1 \end{bmatrix}$

③ $[0 \ y^* \ z^* \ 1] = [x \ y \ z \ 1] \begin{bmatrix} 0 & 0 & 0 & 0 \\ 0 & 1 & 0 & 0 \\ 0 & 0 & 1 & 0 \\ 0 & 0 & 0 & 1 \end{bmatrix}$

④ $[x^* \ y^* \ z^* \ 1] = [x \ y \ z \ 1] \begin{bmatrix} 1 & 0 & 0 & 0 \\ 0 & 1 & 0 & 0 \\ 0 & 0 & 1 & 0 \\ 0 & 0 & 0 & 1 \end{bmatrix}$

74 산업현장에서 컴퓨터를 활용한 제품 설계(CAD)와 컴퓨터를 활용한 제품 생산(CAM)이 많이 활용되고 이다.
다음 중 CAD의 응용 분야에 속하는 것은?

① 컴퓨터 이용 공정 계획
② 컴퓨터 이용 제품 공차 해석
③ 컴퓨터 이용 NC 프로그래밍
④ 컴퓨터 이용 자재 소요 계획

정답 73 ② 74 ②

75 그림과 같은 선분 A의 양 끝점에 대한 행렬 값 $\begin{bmatrix} 1 & 1 \\ 2 & 4 \end{bmatrix}$ 를 원점을 기준으로 하여 x방향과 y방향으로 각각 3배만큼 스케일링(scaling)할 때 그 행렬과 결과 값으로 옳은 것은>?

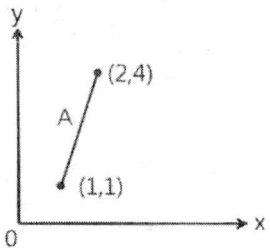

① $\begin{bmatrix} 3 & 3 \\ 3 & 6 \end{bmatrix}$ ② $\begin{bmatrix} 3 & 3 \\ 6 & 12 \end{bmatrix}$

③ $\begin{bmatrix} 4 & 1 \\ 2 & 7 \end{bmatrix}$ ④ $\begin{bmatrix} 3 & 12 \\ 6 & 3 \end{bmatrix}$

76 CAD시스템에서 이용되는 2차 곡선방정식에 대한 설명으로 거리가 먼 것은?

① 매개변수식으로 표현하는 것이 가능하기도 하다.
② 곡선식에 대한 계산시간이 3차,4차식보다 적게 걸린다.
③ 연결된 여러 개의 곡선사이에서 곡률의 연속이 보장된다.
④ 여러 개 곡선을 하나의 곡선으로 연결하는 것이 가능하다.

정 답   75 ②   76 ③

77 3차원 공간에서 y축을 중심으로 θ만큼 회전했을 때 변환행렬(4X4)로 옳은 것은?
(단, 변환행렬식은 다음과 같다.)

$$[x'y'z'1] = [xyz1] \times 변환행렬$$

① $\begin{bmatrix} \cos\theta & -\sin\theta & 0 & 0 \\ \sin\theta & \cos\theta & 0 & 0 \\ 0 & 0 & 1 & 0 \\ 0 & 0 & 0 & 1 \end{bmatrix}$

② $\begin{bmatrix} \cos\theta & 0 & -\sin\theta & 0 \\ 0 & 1 & 0 & 0 \\ \sin\theta & 0 & \cos\theta & 0 \\ 0 & 0 & 0 & 1 \end{bmatrix}$

③ $\begin{bmatrix} 1 & 0 & 0 & 0 \\ 0 & \cos\theta & \sin\theta & 0 \\ 0 & -\sin\theta & \cos\theta & 0 \\ 0 & 0 & 0 & 1 \end{bmatrix}$

④ $\begin{bmatrix} \cos\theta & 0 & \sin\theta & 0 \\ 0 & 1 & 0 & 0 \\ -\sin\theta & 0 & \cos\theta & 0 \\ 0 & 0 & 1 & 0 \end{bmatrix}$

78 2차원 도형을 임의의 선을 따라 이동시키거나 임의의 회전축을 중심으로 회전시켜 입체를 생성하는 것을 나타내는 용어는?

① 블랜딩
② 스위핑
③ 스키닝
④ 라운딩

78.
• 스위핑(Sweeping):
하나의 2차원 단면 형상을 입력하고 이를 안내곡선을 따라 이동시켜 입체를 생성하는 것

• 스키닝(Skinning):
원하는 경로상에 여러 개의 단면형상을 위치시키고 이를 덮는 입체를 생성하는 것

정답 77 ② 78 ②

79 공간상의 한 점을 표시하기 위해 사용되는 좌표계로 xy평면으로 한 점을 투영했을 때 원점으로부터 투영점까지의 거리(r), x축과의 원점과 투영점이 지나는 직선과 각도(θ), xy평면과 그 점의 높이 (z)로써 나타내어지는 좌표계는?

① 직교 좌표계
② 극 좌표계
③ 원통 좌표계
④ 구면 좌표계

80 CSG모델링 방식에서 불 연산(boolean operation)이 아닌 것은?

① Union(합)
② Subtract(차)
③ Intersect(적)
④ Project(투영)

80.
불리언 연산자는 더하기(합), 빼기(차), 교차(적) 시키는 방법이다.

정답 79 ③ 80 ④

제 1 과목 기계가공법 및 안전관리

01 주성분이 점토와 장석이고 균일한 가공을 나타내며 많이 사용하는 숫돌의 결합제는?

① 고무 결합제(R)
② 셀락 결합제(E)
③ 실리케이트 결합제(S)
④ 비트리파이드 결합제(V)

1번 해설
비트리파이드 본드 (자기질 결합제)
일반적으로는 비트리파이드 결합제라고 부르고 "V"라는 기호로 나타낸다. 장석이나 점토성과 같은 무기물을 1,300℃ 정도의 고온으로 굽고 굳혀서 숫돌립을 결합한다.

레지노이드 본드 (인조수지 결합제)
베이클라이트(삭탄산 포르말린계)를 200℃ 정도로 숙성하여 만들며, "B"라는 기호로 나타낸다.
비트리파이드 연삭숫돌에 비하여 인장강도나 굽힘강도가 크다.

실리케이트 본드
실리케이트 결합제는 'S'로 표시된다. 규산소다(물유리)를 주성분으로 하여 낮은 600~1000℃온도로 구어 굳힌 것이다.
비트리파이드법으로 제조하기 어려운 대형 숫돌제조에 이용된다.

셀락 본드
천연수지 결합제라고도 하며 'E'로 표시한다. 천연수지의 셀락을 원료로 170℃정도의 열로 형성한 것이다.
결합력이 가장 약한 결합제이므로 중(重)연삭에는 사용할 수 없고 다듬질면 정밀도가 높은 작업에 적당하다.

러버 본드
고무질 결합제라고 하며 기호는 'R'이다. 천연 또는 합성고무를 주체로 숫돌립을 이겨 180℃정도로 숙성하여 만든 것이다. 가장 탄성이 강하여 박물 숫돌에 적당하나 열 또는 오일에 약하므로 연삭액에 주의하지 않으면 안된다.

정 답 01 ④

02 밀링머신에서 커터 지름이 120mm, 한 날 당 이송이 0.1mm, 커터 날수가 4날, 회전수가 900rpm일 때, 절삭속도는 약 몇 m/min인가?

① 33.9　　　　② 113
③ 214　　　　④ 339

2.
$$V = \frac{\pi \times 120 \times 900}{1000}$$
$$= 339.29 \, m/min$$

03 가공능률에 따라 공작기계를 분류할 때 가공할 수 있는 기능이 다양하고, 절삭 및 이송속도의 범위도 크기 때문에 제품에 맞추어 절삭조건을 선정하여 가공할 수 있는 공작기계는?

① 단능 공작기계
② 만능 공작기계
③ 범용 공작기계
④ 전용 공작기계

04 게이지 블록 구조형상의 종류에 해당되지 않은 것은?

① 호크형　　　② 캐리형
③ 레버형　　　④ 요한슨형

4.
블록게이지 형상은 직사각형의 단면을 가진 요한슨형, 중앙에 구멍이 뚫린 정사각형의 단면을 가진 호크(Hoke)형과 원형으로 중앙에 구멍이 뚫린 캐리(Cary)형, 팔각형 단면으로서 2개의 구멍을 가진 것들이 있다.

05 절삭공구에서 칩 브레이커(chip breaker)의 설명으로 옳은 것은?

① 전단형이다.
② 칩의 한 종류이다.
③ 바이트 섕크의 종류이다.
④ 칩이 인위적으로 끊어지도록 바이트에 만든 것이다.

5.
칩 브레이커는 유동형 칩인 연속 칩에 사용되며 칩이 인위적으로 끊어지도록 바이트에 만든 것이다.

정답　02 ④　03 ③　04 ③　05 ④

06 윤활유의 사용 목적이 아닌 것은?

① 냉각
② 마찰
③ 방청
④ 윤활

07 마이크로미터의 나사 피치가 0.2mm 일 때 심블의 원주를 100 등분하였다면 심블 1눈금의 회전에 의한 스핀들의 이동량은 몇 mm인가?

① 0.005
② 0.002
③ 0.01
④ 0.02

7.
$$\frac{0.2}{100} = 0.002$$

08 드릴링 머신의 안전사항으로 틀린 것은?

① 장갑을 끼고 작업을 하지 않는다.
② 가공물을 손으로 잡고 드릴링 한다.
③ 구멍 뚫기가 끝날 무렵은 이송을 천천히 한다.
④ 얇은 판의 구멍가공에는 보조 판 나무를 사용하는 것이 좋다.

09 방전가공용 전극 재료의 구비 조건으로 틀린 것은?

① 가공정밀도가 높을 것
② 가공전극의 소모가 적을 것
③ 방전이 안전하고 가공속도가 빠를 것
④ 전극을 제작할 때 기계가공이 어려울 것

| 정답 | 06 ② | 07 ② | 08 ② | 09 ④ |

10 드릴가공에서 깊은 구멍을 가공하고자 할 때 다음 중 가장 좋은 드릴가공 조건은?

① 회전수와 이송을 느리게 한다.
② 회전수는 빠르게 이송을 느리게 한다.
③ 회전수는 느리게 이송은 빠르게 한다.
④ 회전수와 이송은 정밀도와는 관계없다.

10.
깊은 구멍을 가공하려면 심공 드릴을 사용 하며 회전수와 이송을 느리게 하여 구멍의 휨을 방지한다.

11 연삭숫돌의 입도(grain size) 선택의 일반적인 기준으로 가장 적합한 것은?

① 절삭 깊이와 이송량이 많고 거친 연삭은 거친 입도를 선택
② 다듬질 연삭 또는 공구를 연삭할 때는 거친 입도를 선택
③ 숫돌과 일감의 접촉 면적이 작을 때는 거친 입도를 선택
④ 연성이 있는 재료는 고운 입도를 선택

11번 해설

연삭조건 및 공작물에 따른 숫돌의 선정방법

	입도	결합도	조직
연질이고 연성이 큰 재료	거친 입도	높은(단단한) 숫돌	거친 조직
거친 연삭	거친 입도	무관	거친 조직
접촉면적이 클 때	거친 입도	낮은(연한) 숫돌	거친 조직
원주속도가 느릴 때	무관	높은(단단한) 숫돌	무관
재료표면이 거칠 때	무관	높은(단단한) 숫돌	무관
연삭깊이가 클 때	거친 입도	낮은(연한) 숫돌	무관

정 답   10 ①   11 ①

12 밀링 분할판의 브라운 샤프형 구멍열을 나열한 것으로 틀린 것은?

① No.1 - 15, 16, 17, 18, 19, 20
② No.2 - 21, 23, 27, 29, 31, 33
③ No.3 - 37, 39, 41, 43, 47, 49
④ No.4 - 12, 13, 15, 16, 17, 18

13 ∅13 이하의 작은 구멍 뚫기에 사용하며 작업대 위에 설치하여 사용하고, 드릴 이송은 수동으로 하는 소형의 드릴링머신은?

① 다두 드릴링머신
② 직립 드릴링머신
③ 탁상 드릴링머신
④ 레이디얼 드릴링머신

14 서보기구의 종류 중 구동 전동기로 펄스 전동기를 이용하며 제어장치로 입력된 펄스 수만큼 움직이고 검출기나 피드백 회로가 없으므로 구조가 간단하며, 펄스 전동기의 회전 정밀도와 볼 나사의 정밀도에 직접적인 영향을 받는 방식은?

① 개방 회로 방식
② 폐쇄 회로 방식
③ 반폐쇄 회로 방식
④ 하이브리드 서보 방식

정답 12 ④ 13 ③ 14 ①

15 일반적인 밀링작업에서 절삭속도와 이송에 관한 설명으로 틀린 것은?

① 밀링커터의 수명을 연장하기 위해서는 절삭속도는 느리게 이송을 작게 한다.
② 날 끝이 비교적 약한 밀링커터에 대해서는 절삭속도는 느리게 이송을 작게 한다.
③ 거친 절삭에서는 절삭 깊이를 얕게, 이송은 작게, 절삭속도를 빠르게 한다.
④ 일반적으로 나비와 지름이 작은 밀링커터에 대해서는 절삭속도를 빠르게 한다.

16 구성인선의 방지 대책으로 틀린 것은?

① 경사각을 작게 할 것
② 절삭 깊이를 적게 할 것
③ 절삭속도를 빠르게 할 것
④ 절삭공구의 인선을 날카롭게 할 것

17 측정에서 다음 설명에 해당하는 원리는?

> 표준자와 피측정물은 동일 축 선상에 있어야 한다.

① 아베의 원리
② 버니어의 원리
③ 에어리의 원리
④ 헤르쯔의 원리

15.
거친 절삭에서는 절삭 깊이를 깊게, 이송은 크게, 절삭속도를 빠르게 한다.

16.
경사각을 크게 할 것

정답   15 ③   16 ①   17 ①

18 호칭치수가 200mm인 사인 바로 21° 30′의 각도를 측정할 때 낮은 쪽 게이지 블록의 높이가 5mm 라면 높은 쪽은 얼마인가? (단, sin21° 30′ = 0.3665이다.)

① 73.3mm
② 78.3mm
③ 83.3mm
④ 88.3mm

18.
$H = 200 \times \sin 21.5 = 73.3$
$73.3 + 5 = 78.5$

19 슬로터(slotter)에 관한 설명으로 틀린 것은?

① 규격은 램의 최대행정과 테이블의 지름으로 표시된다.
② 주로 보스(boss)에 키 홈을 가공하기 위해 발달된 기계이다.
③ 구조가 셰이퍼(shaper)를 수직으로 세워놓은 것과 비슷하여 수직 셰이퍼(shaper)라고도 한다.
④ 테이블의 수평길이 방향 왕복운동과 공구의 테이블 가로방향 이송에 의해 비교적 넓은 평면을 가공하므로 평삭기라고도 한다.

20 절삭공구에서 크레이터 마모(crater wear)의 크기가 증가할 때 나타나는 현상이 아닌 것은?

① 구성인선(built up edge)이 증가한다.
② 공구의 윗면경사각이 증가한다.
③ 칩의 곡률반지름이 감소한다.
④ 날끝이 파괴되기 쉽다.

20.
공구의 윗면경사각이 증가하여 구성인선이 감소하는 경향이 있다.

정답 18 ② 19 ④ 20 ①

제 2 과목 기계제도

21 다음 중 표시해야할 선이 같은 장소에 중복될 경우 선의 우선순위가 가장 높은 것은?

① 무게 중심선
② 중심선
③ 치수 보조선
④ 절단선

21.
겹치는 선의 우선순위
외형선 → 숨은선 → 절단선 → 중심선 → 무게중심선 → 치수보조선 → 해칭선

22 그림과 같은 입체도를 제 3각법으로 투상할 때 가장 적합한 투상도는?

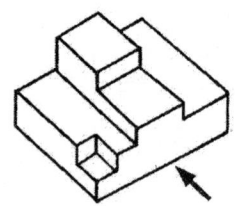

① 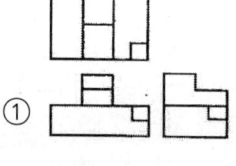   ②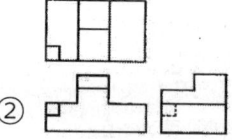

③ 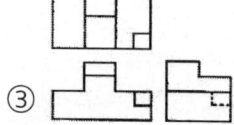   ④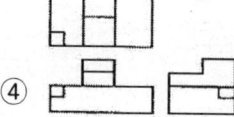

정답 21 ④ 22 ②

23 스퍼 기어의 도시 방법에 대한 설명으로 틀린 것은?

① 잇봉우리원은 굵은 실선으로 그린다.
② 피치원은 가는 2점 쇄선으로 그린다.
③ 이골원은 가는 실선으로 그린다.
④ 축에 직각 방향으로 단면 투상할 경우, 이골원은 굵은 실선으로 그린다.

23.
피치원은 가는 1점 쇄선으로 그린다.

24 그림은 축과 구멍의 끼워 맞춤을 나타낸 도면이다. 다음 중 중간 끼워 맞춤에 해당하는 것은?

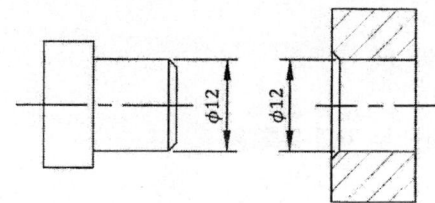

① 축-⌀12k6, 구멍-⌀12H7
② 축-⌀12h6, 구멍-⌀12G7
③ 축-⌀12e8, 구멍-⌀12H8
④ 축-⌀12h5, 구멍-⌀12N6

25 최대 실체 공차방식으로 규제된 축의 도면이 다음과 같다. 실제 제품을 측정한 결과 축 지름이 49.8mm일 경우 최대로 허용할 수 있는 직각도 공차는 몇 mm인가?

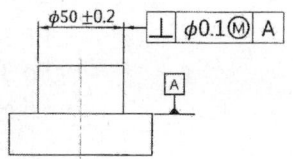

① ⌀0.3mm
② ⌀0.4mm
③ ⌀0.5mm
④ ⌀0.6mm

25.
$0.2 + 0.2 + 0.1 = 0.5$

정답 23 ② 24 ① 25 ③

26 다음 제3각법으로 그린 투상도 중 옳지 않은 것은?

27 다음 그림에 대한 설명으로 가장 올바른 것은?

① 대상으로 하고 있는 면은 0.1mm 만큼 떨어진 두 개의 동축 원통면 사이에 있어야 한다.
② 대상으로 하고 있는 원통의 축선은 ∅0.1mm의 원통 안에 있어야 한다.
③ 대상으로 하고 있는 원통의 축선은 0.1mm 만큼 떨어진 두 개의 평행한 평면 사이에 있어야 한다.
④ 대상으로 하고 있는 면은 0.1mm 만큼 떨어진 두 개의 평행한 평면 사이에 있어야 한다.

28 KS 나사에서 ISO 표준에 있는 관용 테이퍼 암나사에 해당하는 것은?

① R 3/4
② Rc 3/4
③ PT 3/4
④ Rp 3/4

28.
R 3/4 : 테이퍼 수나사
PT 3/4 : 관용 테이퍼나사
Rp 3/4 : 관용테이퍼 평행 암나사

정답 26 ① 27 ① 28 ②

29 그림과 같은 도시 기호에 대한 설명으로 틀린 것은?

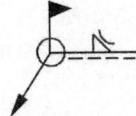

① 용접하는 곳이 화살표쪽이다.
② 온둘레 현장용접이다.
③ 필릿 용접을 오목하게 작업한다.
④ 한쪽 플랜지형으로 필릿 용접 작업한다.

30 다음 보기의 설명에 적합한 기하공차 기호는?

[보기]
구 형상의 중심은 데이텀 평면 A로부터 30mm, B로부터 25mm 떨어져 있고, 데이텀 C의 중심선 위에 있는 점의 위치를 기준으로 지름 0.3mm 구 안에 있어야 한다.

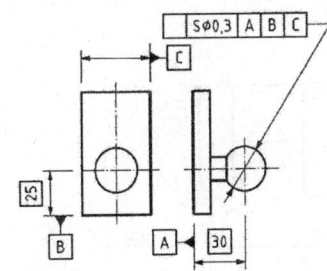

①  ②

③ 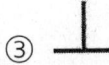 ④ ◎

정답 29 ④ 30 ①

31 암, 리브, 핸들 등의 전단면을 그림과 같이 나타내는 단면도를 무엇이라 하는가?

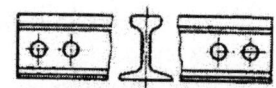

① 온 단면도
② 회전도시 단면도
③ 부분 단면도
④ 한쪽 단면도

32 그림과 같은 입체도를 화살표 방향에서 본 투상 도면으로 가장 적합한 것은?

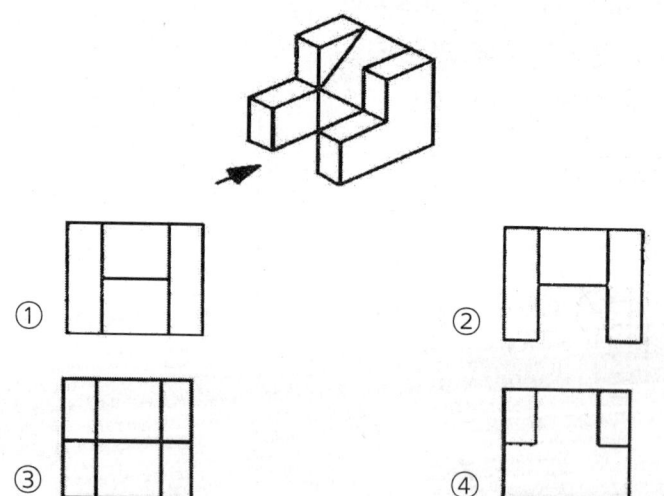

정답   31 ②   32 ③

33 다음 도면에 대한 설명으로 옳은 것은?

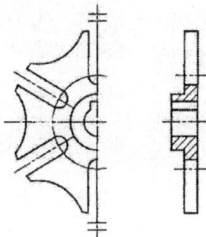

① 부분 확대하여 도시하였다.
② 반복되는 형상을 모두 나타냈다.
③ 대칭되는 도형을 생략하여 도시하였다.
④ 회전도시 단면도를 이용하여 키 홈을 표현하였다.

34 다음 끼워맞춤 중에서 헐거운 끼워맞춤인 것은?

① 25N6/h5
② 20P6/h5
③ 6JS7/h6
④ 50G7/h6

35 절단면 표시 방법인 해칭에 대한 설명으로 틀린 것은?

① 같은 절단면상에 나타나는 같은 부품의 단면에는 같은 해칭을 한다.
② 해칭은 주된 중심선에 대하여 45°로 하는 것이 좋다.
③ 인접한 단면의 해칭은 선의 방향 또는 각도를 변경하든지 그 간격을 변경하여 구별한다.
④ 해칭을 하는 부분에 글자 또는 기호를 기입할 경우에는 해칭선을 중단하지 말고 그 위에 기입해야 한다.

| 정답 | 33 ③ | 34 ④ | 35 ④ |

36 KS 용접 기호표시와 용접부 명칭이 틀린 것은?

① ⊓ : 플러그 용접

② ○ : 점 용접

③ ‖ : 가장자리 용접

④ △ : 필릿 용접

36.
‖ 는 I 형 맞대기 용접이다.

37 나사의 제도방법을 설명한 것으로 틀린 것은?

① 수나사에서 골 지름은 가는 실선으로 도시한다.

② 불완전 나사부를 나타내는 골지름 선은 축선에 대해서 평행하게 표시한다.

③ 암나사를 축방향으로 본 측면도에서 호칭지름에 해당하는 선은 가는 실선이다.

④ 완전 나사부란 산봉우리와 골 밑 모양의 양쪽 모두 완전한 산형으로 이루어지는 나사부이다.

37.
불완전 나사부를 나타내는 골지름 선은 축선에 대해서 수직하게 표시한다.

38 다음 치수 보조기호에 대한 설명으로 옳지 않은 것은?

① (50) : 데이텀 치수 50mm를 나타낸다.

② t=5 : 판재의 두께 5mm를 나타낸다.

③ ⌒20 : 원호의 길이 20mm를 나타낸다.

④ SR30 : 구의 반지름 30mm를 나타낸다.

38.
(50) 는 참고치수이다.

정답 36 ③ 37 ② 38 ①

39 가공 방법의 기호 중에서 다듬질 가공인 스크레이핑 가공 기호는?

① FS ② FSU
③ CS ④ FSD

40 도면에 나사의 표시가 "M50×2-6H"로 기입되어 있을 경우 이에 대한 올바른 설명은?

① 감김 방향은 왼나사이다.
② 나사의 피치는 알 수 없다.
③ M50×2의 2는 수량 2개를 의미한다.
④ 6H는 암나사의 등급 표시이다.

40.
감김 방향은 오른 나사이다.
② 나사의 피치는 2mm이다.
③ M50×2는 미터가는 나사이며 피치는 2 mm 이다.

제 3 과목 기계설계 및 기계재료

41 금속 표면에 스텔라이트, 초경합금 등을 용착시켜 표면 경화층을 만드는 방법은?

① 침탄처리법
② 금속침투법
③ 쇼트피닝
④ 하드페이싱

41.
하드페이싱은 내마모 육성용접(또는 용사)이라고하며 마모가 특히 심한 것들의 경우 그 표면에 용접 또는 용사(Thermal Spraying)에 의하여 내마모성이 우수한 특수합금의 피막을 생성시켜 줌으로써 수명의 연장을 꾀하는 방법이다.

42 다음 중 합금 공구강에 해당되는 것은?

① SUS 316 ② SC 40
③ STS 5   ④ GCD 550

42.
SUS 316 (일본규격 스테인리스강)
SC 40 (주강)
STS 5 (합금 공구강)
GCD 550 (구상흑연 주철)

정답 39 ① 40 ④ 41 ④ 42 ③

43 플라스틱의 일반적인 특성에 대한 설명으로 옳은 것은?

① 금속재료에 비해 강도가 높다.
② 전기절연성이 있다.
③ 내열성이 우수하다.
④ 비중이 크다.

44 철강 소재에서 일어나는 다음 반응은 무엇인가?

$$\gamma\text{고용체} \rightarrow \alpha\text{고용체} + Fe_3C$$

① 공석반응
② 포석반응
③ 공정반응
④ 포정반응

45 기계가공으로 소성 변형된 제품이 가열에 의하여 원래의 모양으로 돌아가는 것과 관련있는 것은?

① 초전도 효과
② 형상기억 효과
③ 연속주조 효과
④ 초소성 효과

46 다음 중 강자성체 금속에 해당되지 않는 것은?

① Fe
② Ni
③ Sb
④ Co

43.
합성수지의 공통성질
① 가볍고 튼튼하다.
   (비중 1~1.5)
② 가공성이 크고 성형이 간단하다.
③ 전기절연성이 좋다.
④ 산, 알칼리, 유류 약품 등에 강하다.
⑤ 착색이 자유롭다.
⑥ 유리와 같이 빛을 투과시킬 수 있다.
⑦ 비강도가 비교적 높다.

정답   43 ②   44 ①   45 ②   46 ③

47 다음 중 열처리 방법과 목적이 서로 맞게 연결된 것은?

① 담금질 - 서냉시켜 재질에 연성을 부여한다.
② 뜨임 - 담금질한 것에 취성을 부여한다.
③ 풀림 - 재질을 강하게 하고 불균일하게 한다.
④ 불림 - 재료의 결정 입자를 미세하게 하고 조직을 균일하게 한다.

48 Al을 침투시켜 내식성을 향상시키는 금속침투법은?

① 보로나이징
② 칼로라이징
③ 세라다이징
④ 실리코나이징

49 두랄루민의 구성 성분으로 가장 적절한 것은?

① Al + Cu + Mg + Mn
② Al + Fe + Mo + Mn
③ Al + Zn + Ni + Mn
④ Al + Pb + Sn + Mn

50 일반적인 청동합금의 주요 성분은?

① Cu-Sn
② Cu-Zn
③ Cu-Pb
④ Cu-Ni

47.
담금질 - 급냉시켜 재질에 경도을 부여한다.
뜨임 - 담금질한 것에 인성을 부여한다.
풀림 - 노냉하여 재질을 초기화 시킨다.

48.
금속 침투법은 금속 제품의 표면에 다른 금속을 확산시켜서 특수한 성질을 갖는 표면층을 만드는 처리법이다.

ⓐ 세라다이징:Zn의 표면층을 만드는 방법이며 주로 강제품에 이용된다.
ⓑ 컬러라이징:Al의 표면층을 만드는 방법이며 주로 강제품에 이용된다.
ⓒ 크로마이징:크롬 표면층을 만드는 방법이며 강제품, 특히 연강에 이용된다.
ⓓ 실리코나이징:강에 Si를 침투시키는 방법이다.
ⓔ 보로나이징:주로 철제품의 표면 경화를 목적으로 실시되는 방법으로 B(붕소) 침투

정답   47 ④   48 ②   49 ①   50 ①

51 체인 피치가 15.875mm, 잇수 40, 회전수가 500rpm이면 체인의 평균속도는 약 몇 m/s인가?

① 4.3　　② 5.3
③ 6.3　　④ 7.3

51.
$$V = \frac{pZN}{60 \times 1000}$$
$$= \frac{15.875 \times 40 \times 500}{60 \times 1000}$$
$$= 5.29 \, m/s$$

52 10kN의 인장하중을 받는 1줄 겹치기 이음이 있다. 리벳의 지름이 16mm라고 하면 몇 개 이상의 리벳을 사용해야 되는가? (단, 리벳의 허용전단응력은 6.5MPa이다.)

① 5　　② 6
③ 7　　④ 8

52.
$$z = \frac{4 \times W}{\tau \pi \times d^2}$$
$$= \frac{4 \times 10 \times 1000}{6.25 \times \pi \times 16^2}$$
$$= 7.958$$
$$= 8$$

53 응력-변형률 선도에서 재료가 파괴되지 않고 견딜 수 있는 최대 응력은? (단, 공칭응력을 기준으로 한다.)

① 탄성한도
② 비례한도
③ 극한강도
④ 상항복점

54 950N·m의 토크를 전달하는 지름 50mm인 축에 안전하게 사용할 키의 최소 길이는 약 몇 mm인가? (단, 묻힘 키의 폭과 높이는 모두 8mm이고, 키의 허용 전단응력은 80N/mm²이다.)

① 45　　② 50
③ 65　　④ 60

54.
$$l = \frac{2T}{\tau db}$$
$$= \frac{2 \times 950 \times 1000}{80 \times 50 \times 8}$$
$$= 59.375$$
$$= 60 \, mm$$

정답　51 ②　52 ④　53 ③　54 ④

55 다음 커플링의 종류 중 원통 커플링에 속하지 않는 것은?

① 머프 커플링   ② 올덤 커플링
③ 클램프 커플링   ④ 셀러 커플링

55.
올덤 커플링은 두 축의 중심이 일치하지 않는 경우에는 사용할 수 있는 커플링이다.

56 길이에 비하여 지름이 5mm 이하로 아주 작은 롤러를 사용하는 베어링으로, 일반적으로 리테이너가 없으며 단위 면적당 부하용량이 큰 베어링은?

① 니들 롤러 베어링
② 원통 롤러 베어링
③ 구면 롤러 베어링
④ 플렉시블 롤러 베어링

57 기어 감속기에서 소음이 심하여 분해해보니 이뿌리 부분이 깎여 나가 있음을 발견하였다. 이것을 방지하기 위한 대책으로 틀린 것은?

① 압력각이 작은 기어로 교체한다.
② 깎이는 부분의 치형을 수정한다.
③ 이끝을 깎아 이의 높이를 줄인다.
④ 전위기어를 만들어 교체한다.

58 다음 중 마찰력을 이용하는 브레이크가 아닌 것은?

① 블록 브레이크
② 밴드 브레이크
③ 폴 브레이크
④ 내부확장식 브레이크

정답   55 ②   56 ①   57 ①   58 ③

59 코일 스프링에서 코일의 평균 지름은 32mm, 소선의 지름은 4mm이다. 스프링 소재의 허용전단응력이 340MPa일 때 지지할 수 있는 최대 하중은 약 몇 N인가? (단, Whal의 응력수정계수(K)는 $K = \dfrac{4C-1}{4C-4} + \dfrac{0.615}{C}$ (C: 스프링지수)이다.)

① 174　　② 198
③ 225　　④ 246

59.
$C = \dfrac{32}{4} = 8$
$K = \dfrac{4C-1}{4C-4} + \dfrac{0.615}{C}$
$= \dfrac{4 \times 8 - 1}{4 \times 8 - 4} + \dfrac{0.615}{8} = 1.184$
$W = \dfrac{\tau \pi d^3}{K 8 D}$
$= \dfrac{340 \times \pi \times 4^3}{1.184 \times 8 \times 32} = 225.537$

60 축방향으로 32MPa의 인장응력과 21MPa의 전단응력이 동시에 작용하는 볼트에서 발생하는 최대전단응력은 약 몇 MPa인가?

① 23.8　　② 26.4
③ 29.2　　④ 31.4

60.
$\tau = \sqrt{\left(\dfrac{\sigma}{2}\right)^2 + \tau^2}$
$= \sqrt{\left(\dfrac{32}{2}\right)^2 + 21^2}$
$= 26.4\ MPa$

제 4 과목 컴퓨터응용설계

61 래스터 방식의 그래픽 모니터에서 수직, 수평선을 제외한 선분들이 계단모양으로 표시되는 현상을 무엇이라고 하나?

① 플리커　　② 언더컷
③ 클리핑　　④ 앨리어싱

62 컴퓨터에서 최소의 입출력 단위로 물리적으로 읽기를 할 수 있는 레코드에 해당하는 것은?

① block　　② field
③ word　　④ bit

62.
레코드(Record) : 하나 이상의 필드들이 모여 구성
논리레코드 : 데이터 처리의 기본단위
블록 (물리레코드) : 하나 이상의 논리레코드가 모여 물리레코드가 되며, 보조기억장치와의 입출력 단위가 됨

정답　59 ③　60 ②　61 ④　62 ①

63 일반적으로 3차원 기하학적 형상 모델링이 아닌 것은?

① 서피스 모델링
② 솔리드 모델링
③ 시스템 모델링
④ 와이어 프레임 모델링

63.
3차원 기하학적 형상 모델링에는 와이어 프레임 모델링, 서피스 모델링, 솔리드 모델링이 있다.

64 퍼거슨(Ferguson) 곡면의 방정식에는 경계조건으로 16개의 벡터가 필요하다. 그 중에서 곡면 내부의 볼록한 정도에 영향을 주는 것은 무엇인가?

① 꼭짓점 벡터
② U 방향 접선벡터
③ V 방향 접선벡터
④ 꼬임 벡터

65 Bezier 곡선을 이루기 위한 블렌딩 함수의 성질에 대한 설명으로 틀린 것은?

① 시작점이나 끝점에서 n번 미분한 값은 그 점을 포함하여 인접한 n-1개의 꼭짓점에 의해 결정된다
② 생성되는 곡선은 다각형의 시작점과 끝점을 반드시 통과해야 한다.
③ Bezier 곡선을 이루는 다각형의 첫번째 선분은 시작점에서의 접선벡터와 같은 방향이고, 마지막 선분은 끝점에서의 접선벡터와 같은 방향이어야 한다.
④ 다각형의 꼭짓점 순서가 거꾸로 되어도 같은 곡선이 생성되어야 한다.

정답 63 ③ 64 ④ 65 ①

66 화면에 나타난 데이터를 확대하여 데이터의 일부분만을 스크린에 나타낼 때 상당부분이 viewport를 벗어나는데 이와 같이 일정한 영역을 벗어나는 부분을 잘라버리는 것을 무엇이라고 하는가?

① 윈도잉(Windowing)
② 클리핑(Clipping)
③ 매핑(Mapping)
④ 패닝(Panning)

67 CAD에서 곡선을 표현하기 위한 방법 중 고전적인 보간법과 관계가 먼 것은?

① 선형보간
② 3차 스플라인 보간
③ Lagrange 다항식에 의한 보간
④ Bernstein 다항식에 의한 보간

66.
클리핑(Clipping) : 장비가 허용하는 한계 입력 또는 한계 출력을 넘어설 때 잘려나가는 등의 현상

매핑(mapping): 연관성을 관계하여 연결시켜주는 의미이며 하나의 값을 다른 값으로 대응시키는 것을 말한다.

패닝(Panning) : 편집하는 동안 마우스휠을 눌러서 메인 창 안으로 넣을수있으며 휠을 돌려서 확대 또는 축소하는 기능

정답 66 ② 67 ④

68 3차원 직교좌표계 상의 세 점 A(1,1,1), B(2,1,4), C(5,1,3)가 이루는 삼각형의 면적은 얼마인가?

① 4
② 5
③ 8
④ 10

68번 해설

$(x_1, y_1, z_1)(x_2, y_2, z_2) \quad (x_3, y_3, z_3)$ 에서
$(a_1, a_2, a_3) = (x_2 - x_1, y_2 - y_1, z_2 - z_1)$
$= (2-1, 1-1, 4-1) = (1, 0, 3)$,

$(b_1, b_2, b_3) = (x_3 - x_1, y_3 - y_1, z_3 - z_1)$
$= (5-1, 1-1, 3-1) = (4, 0, 2)$

$S = \dfrac{\sqrt{(a_2 b_3 - b_2 a_3)^2 + (a_1 b_3 - b_1 a_3)^2 + (a_1 b_2 - b_1 a_2)^2}}{2}$

$= \dfrac{\sqrt{(0-0)^2 + (1 \times 2 - 4 \times 3)^2 + (0-0)^2}}{2} = 5$

정답 68 ②

69 다음 중 형상 구속조건과 치수조건을 입력하여 모델링 하는 기법은?

① 파라메트릭 모델링
② Wire frame 모델링
③ B-rep(Boundary Representation)
④ CSG(Constructive Solid Geometry)

69.
B-rep과 CSG는 솔리드모델링 방식이다.

70 m 행과 n 열을 가진 행렬을 m×n 행렬이라고 한다. 3×2 행렬과 2×3 행렬을 서로 곱했을 때, 행(row)의 개수는?

① 2
② 3
③ 5
④ 6

70.
3×2 행렬과 2×3 행렬을 서로 곱하면 3×3이된다.

71 솔리드 모델을 정육면체와 같은 간단한 입체의 집합으로 대략 근사적으로 표현하는 모델을 분해 모델(decomposition model)이라고 하는데, 다음 중 이러한 분해 모델의 표현에 해당하지 않는 것은?

① 복셀(voxel) 표현
② 컴파운드(compound) 표현
③ 옥트리(octree) 표현
④ 세포(cell) 표현

71.
공간분할(Spatial Subdivision, Spatial Partition)
● 옥트리(8진트리)는 3차원 공간을 분할, 쿼드트리: 2차원 공간을 분할
● 물체를 포함하는 전체 장면표현은 옥트리이나 복셀은 3차원 물체를 작은 크기의 육면체(복셀)의 집합으로 표현
● 세포(cell) 표현은 균등 공간분할(Uniform Spatial Subdivision)로서 일정 크기의 셀(Cell)로 분할하며 셀 별로 물체정보를 저장하는 기법

정답 69 ① 70 ② 71 ②

72 공간상에 존재하는 2개의 곡면이 서로 교차하는 경우, 교차되는 부분에서 모서리(edge)가 발생하는데, 이 모서리(edge)를 주어진 반경으로 부드럽게 처리하는 기능을 무엇이라고 하는가?

① intersecting
② projecting
③ blending
④ stretching

72.
intersecting : 교차
projecting : 돌출
stretching : 늘어남

73 전자발광형 디스플레이 장치(혹은 EL 패널)에 대한 설명으로 틀린 것은?

① 스스로 빛을 내는 성질을 가지고 있다.
② TFT-LCD 보다 시야각에 제한이 없다.
③ 백라이트를 사용하여 보다 선명한 화질을 구현한다.
④ 응답시간이 빨라 고화질 영상을 자연스럽게 처리할 수 있다.

73.
유기EL은 발광형 제품이므로 색감을 떨어뜨리는 백라이트(후광장치)가 필요없다.

74 다음 모델링에 관한 설명 중 틀린 것은?

① 솔리드 모델링은 3차원의 형상정보를 명확하게 표현하는 표현방식이다.
② 솔리드 모델의 표현방식에는 CSG(Constructive Solid Geometry)방식과 B-rep (Boundary representation)방식 등이 있다.
③ B-rep방식은 경계가 잘 정의되는 단위형상(primitive)의 조합으로 솔리드를 표현하는 방식이다.
④ 모떼기(chamfer), 필릿(fillet), 포켓(pocket) 등 전형적인 특징형상을 시스템에 기억하고 있다가 불러내어 모델링 하는 방법도 있다.

74.
단위형상(primitive)의 조합으로 솔리드를 표현하는 방식은 CSG 방식 이다.

정답 72 ③ 73 ③ 74 ③

75 CAD 활용의 확장과 관련하여 공정의 계획, 운용, 공장 자원과의 직간접적인 인터페이스를 통한 생산운전 제어를 위해 컴퓨터를 활용하는 기술은?

① CAP(Computer-aided Planning)
② CAM(Computer-aided Manufacturing)
③ CAE(Computer-aided Engineering)
④ CAI(Computer-aided Inspection)

76 일반적인 CAD 시스템에서 2차원 평면에서 정해진 하나의 원을 그리는 방법이 아닌 것은?

① 원주상의 세 점을 알 경우
② 원의 반지름과 중심점을 알 경우
③ 원주상의 한 점과 원의 반지름을 알 경우
④ 원의 반지름과 2개의 접선을 알 경우(단, 2개의 접선은 만나는 점을 기준으로 한쪽으로만 무한히 연장되는 경우로 가정한다.)

77 CAD 시스템을 활용하기 위한 주변 장치 중 입력장치는 어느 것인가?

① 프린터(printer)
② LCD
③ 모니터(Monitor)
④ 마우스(Mouse)

75.
CAPP (Computer Aided Process Planning)은 컴퓨터 지원 공정 계획으로 공정계획을 컴퓨터의 발달과 더불어 이를 이용하여 좀 더 빠르고 정확하게 공정계획을 세우고자 하는 학문 또는 기술이다.

CAM(Computer-aided Manufacturing)은 컴퓨터지원제조

CAI(Computer-aided Inspection) 은 컴퓨터 이용 검사 로 컴퓨터로 제품을 검사하는 것으로 제품의 규격·성능 등을 측정하는 기기에 컴퓨터를 접속해서 제품을 검사하는 시스템.

CAT (computer aided testing)은 컴퓨터 이용 검사로 설계를 점검한다든지 분석한다든지 하는 시스템.

정답   75 ②   76 ③   77 ④

78. 다음 그림에서 벡터 a의 크기가 5, 벡터 b의 크기가 3이고 θ=30°라면 이 두 벡터의 내적은 얼마인가?

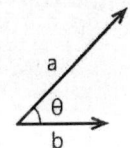

① 7.50
② 10.58
③ 12.99
④ 15.39

78.
$(5\cos 30 \vec{i} + 5\cos 30 \vec{j})$
$\cdot (3\vec{i})$
$= 5 \times 3 \cos 30 = 12.99$

79. 다음은 CAD 시스템에서 사용되고 있는 출력장치들이다. 이 중 래스터 방식을 이용한 장치가 아닌 것은?

① 펜 플로터
② 정전식 플로터
③ 열전사식 플로터
④ 잉크 제트식 플로터

80. 다음 설명에 해당하는 것은?

| 이미 제작된 제품에서 3차원 데이터를 측정하여 CAD 모델로 만드는 작업 |

① Reverse engineering
② Feature-based modeling
③ Digital Mock-up
④ Virtual Manufacturing

정답 78 ③ 79 ① 80 ①

과/년/도/문/제

2019년 제2회

제 1 과목 기계가공법 및 안전관리

01 다음 중 수용성 절삭유에 속하는 것은?

① 유화유
② 혼성유
③ 광유
④ 동식물유

1.
수용성 절삭유는 광물성유에 유화제를 넣어 물과 쉽게 혼합될 수 있게 만든 절삭유로서 유화유라고하며 특징은 다음과같다.

① 물에 희석하면 백색이 된다.
② 비교적 값이 싸다.
③ 윤활성이 좋다.

02 구성인선(built-up edge)이 생기는 것을 방지하기 위한 대책으로 틀린 것은?

① 절삭 속도를 높인다.
② 절삭 깊이를 깊게 한다.
③ 절삭유를 충분히 공급한다.
④ 공구의 윗면 경사각을 크게 한다.

2.
구성인선방지책
1. 윤활제를 사용
2. 절삭속도를 빠르게한다(임계속도 120 m/min)
3. 절삭깊이를 줄인다, 느린 이송
4. 큰 경사각(30°이상)

03 원주를 단식 분할법으로 32등분하고자 할 때, 다음 준비된 〈분할판〉을 사용하여 작업하는 방법으로 옳은 것은?

〈분할판〉
No. 1 : 20, 19, 18, 17, 16, 15
No. 2 : 33, 31, 29, 27, 23, 21
No. 3 : 49, 47, 43, 41, 39, 37

① 16구멍 열에서 1회전과 4구멍씩
② 20구멍 열에서 1회전과 10구멍씩
③ 27구멍 열에서 1회전과 18구멍씩
④ 33구멍 열에서 1회전과 18구멍씩

3.
$\dfrac{40}{n} = \dfrac{40}{32} = 1\dfrac{8}{32} = 1\dfrac{4}{16}$

정답   01 ①   02 ②   03 ①

04 다음 중 대형이며 중량의 공작물을 가공하기 위한 밀링머신으로 중절삭이 가능한 것은?

① 나사 밀링머신(thread milling machine)
② 만능 밀링머신(universal milling machine)
③ 생산형 밀링머신(production milling machine)
④ 플레이너형 밀링머신(planer type milling machine)

05 선반가공에 영향을 주는 절삭조건에 대한 설명으로 틀린 것은?

① 이송이 증가하면 가공변질층은 깊어진다.
② 절삭각이 커지면 가공변질층은 깊어진다.
③ 절삭속도가 증가하면 가공변질층은 얕아진다.
④ 절삭온도가 상승하면 가공변질층은 깊어진다.

06 드릴로 구멍 가공을 한 다음에 사용하는 공구가 아닌 것은?

① 리머
② 센터 펀치
③ 카운터 보어
④ 카운터 싱크

4.
- 밀링머신 종류
니형
· 수직형 : 주축이 테이블에 수평
· 수직형 : 주축이 테이블에 수직
· 만능 : 테이블 45° 이상 회전하며 주축 헤드 경사, 분할대
생산형
· 니가 없고, 테이블이 일정높이 고정
· 강력절삭, 대량생산, 자동작동
플레이너형
· 바이트대신 밀링커터 사용하는 플레이너
· 평삭형 밀링머신, 대형공작물 가공
특수형
· 공구, 나사, 모방, 키홈, 형조각, NC

5.
절삭온도가 상승하면 가공변질층은 작아진다.

6.
센터 펀치는 금속 재료에 마름질 작업을 할 때 시작과 끝 점을 표시하거나 드릴로 구멍을 뚫을 때 드릴의 중심을 정확히 하기 위해 원형이나 다각형 막대 모양의 한쪽 끝을 날카로운 바늘 모양으로 만든 공구이다.

정답 04 ④ 05 ④ 06 ②

07 CNC선반에 대한 설명으로 틀린 것은?

① 축은 공구대가 전후좌우의 2방향으로 이동하므로 2축을 사용한다.
② 휴지(dwell)기능은 지정한 시간 동안 이송이 정지되는 기능을 의미한다.
③ 좌표치의 지령방식에는 절대지령과 증분지령이 있고, 한 블록에 2가지를 혼합하여 지령할 수 없다.
④ 테이퍼나 원호를 절삭 시, 임의의 인선 반지름을 가지는 공구의 인선 반지름에 의한 가공 경로의 오차를 CNC장치에서 자동으로 보정하는 인선 반지름 보정 기능이 있다.

7.
좌표치의 지령방식에는 절대지령과 증분지령이 있고, 한 블록에 2가지를 혼합하여 지령할 수 있다.

08 다음 중 산화알루미늄(Al_2O_3) 분말을 주성분으로 소결한 절삭공구 재료는?

① 세라믹
② 고속도강
③ 다이아몬드
④ 주조경질합금

8.
세라믹은 3000℃ 정도의 융점을 갖고 있는 탄화물(炭化物), 질화물, 산화물 등의 비금속 재료이다.

09 탭(tap)이 부러지는 원인이 아닌 것은?

① 소재보다 경도가 높은 경우
② 구멍이 바르지 못하고 구부러진 경우
③ 탭 선단이 구멍바닥에 부딪혔을 경우
④ 탭의 지름에 적합한 핸들을 사용하지 않는 경우

9.
소재보다 경도가 높은 경우는 탭이 부러지지 않는다.

정답   07 ③   08 ①   09 ①

10 다음 중 기어 가공의 절삭법이 아닌 것은?

① 형판을 이용하는 절삭법
② 다인 공구를 이용하는 절삭법
③ 총형 공구를 이용하는 절삭법
④ 창성을 이용하는 절삭법

11 도면에 편심량이 3mm로 주어졌다. 이때 다이얼 게이지 눈금의 변위량이 얼마로 나타나도록 편심시켜야 하는가?

① 3mm ② 4.5mm
③ 6mm ④ 7.5mm

12 고속도강 절삭공구를 사용하여 저탄소강재를 절삭할 때 가장 일반적인 구성인선(built-up edge)의 임계속도(m/min)는?

① 50   ② 120
③ 150 ④ 170

13 일반적으로 니형 밀링머신의 크기 또는 호칭을 표시하는 방법으로 틀린 것은?

① 콜릿 척의 크기
② 테이블 작업면의 크기(길이×폭)
③ 테이블의 이동거리(좌우×전후×상하)
④ 테이블의 전·후 이송을 기준으로 한 호칭번호

10.
다인 공구를 이용하는 절삭법은 여러개의 공구를 사용하여 가공하는 절삭으로 기어가공에는 적합하지않다.

11.
다이얼 게이지 눈금의 변위량은 편심량의 2배이다.

12.
구성인선(Built up edge)
- 연강, 스테인리스강, Al처럼 바이트 재료와 친화성이 강한 재료의 절삭시 칩 일부가 날끝에 부착하여 단단하게 굳은 퇴적물이 되어 절삭날 구실을 하는 것
- 발생 -> 성장 -> 분열 -> 탈락 주기 1/10~1/200 초
- 영향
1. 치수불량, 다듬질면 불량, 표면 변질층이 깊어짐
2. 날끝의 마모가 커서 공구 수명 단축
3. 공구진동, 결손, 미소파괴 (초경공구)
- 방지책
1. 윤활제를 사용
2. 절삭속도를 빠르게한다(임계속도 120 m/min)
3. 절삭깊이를 줄인다, 느린 이송
4. 큰 경사각(30°이상)

13.
콜릿 척은 선반의 부속품이다.

정답 10 ② 11 ③ 12 ② 13 ①

14 연삭가공 중 가공표면의 표면 거칠기가 나빠지고 정밀도가 저하되는 떨림 현상이 나타나는 원인이 아닌 것은?

① 숫돌의 평형 상태가 불량할 경우
② 숫돌축이 편심되어 있을 경우
③ 숫돌의 결합도가 너무 작을 경우
④ 연삭기 자체에 진동이 있을 경우

15 연삭균열에 관한 설명으로 틀린 것은?

① 열팽창에 의해 발생된다.
② 공석강에 가까운 탄소강에서 자주 발생된다.
③ 연삭균열을 방지하기 위해서는 결합도가 연한 숫돌을 사용한다.
④ 이송을 느리게 하고 연삭액을 충분히 사용하여 방지할 수 있다.

16 밀링머신에 관한 안전사항으로 틀린 것은?

① 장갑을 끼지 않도록 한다.
② 가공 중에 손으로 가공면을 점검하지 않는다.
③ 칩 받이가 있기 때문에 보호안경은 필요없다.
④ 강력 절삭을 할 때에는 공작물을 바이스에 깊게 물린다.

17 게이지 블록 중 표준용(calibration grade)으로서 측정기류의 정도 검사 등에 사용되는 게이지의 등급은?

① 00(AA)급
② 0(A)급
③ 1(B)급
④ 2(C)급

14.
공작물이 거친조직일 때는 숫돌의 결합도가 작아야한다.

15.
연삭균열(Crack)
- 연삭에 의한 발열로 공작물 표면이 고온이 되어 열팽창 또는 재질변화에 의한 균열 발생
- 그물 모양으로 나타남
- 탄소강에 주로 나타남
- 담금질한 강에서도 발생하기 쉬움
- 질화, 탄화 표면경화 처리한 공작물, 합금강에서 균열 발생 경향 높음
- 방지: 연한 숫돌 사용하고 연삭깊이를 작게하고 이송을 크게하여 발열량을 적게 주거나 연삭액 사용하여 냉각 실리케이트 숫돌 사용 효과적임

16.
밀링머신 가공에서 는 반드시 보호안경을 착용한다.

17.
AA-참조용
A-표준용
B-검사용
C-공장용

정답 14 ③ 15 ④ 16 ③ 17 ②

18 가늘고 긴 일정한 단면 모양을 가진 공구에 많은 날을 가진 절삭 공구가 사용되며, 공작물의 홈을 빠르게 가공할 수 있어 대량생산에 적합한 가공 방법은?

① 보링(boring)
② 태핑(tapping)
③ 셰이핑(shaping)
④ 브로칭(broaching)

19 허용할 수 있는 부품의 오차 정도를 결정한 후 각각 최대 및 최소 치수를 설정하여 부품의 치수가 그 범위 내에 드는지를 검사하는 게이지는?

① 다이얼 게이지
② 게이지 블록
③ 간극 게이지
④ 한계 게이지

19.
한계 게이지는 가공의 치수를 통과측과 제지측을 두어 허용 공차 이내에서 측정하는 게이지로서 허용치수에는 최대 치수와 최소치수로 검사하는 계측기이다.

20 선반에서 테이퍼의 각이 크고 길이가 짧은 테이퍼를 가공하기에 가장 적합한 방법은?

① 백기어 사용 방법
② 심압대의 편위 방법
③ 복식 공구대를 경사시키는 방법
④ 테이퍼 절삭장치를 이용하는 방법

20.
일감의 길이가 짧고 경사각이 큰 테이퍼 가공시 적합한 방식은 복식공구대에 의한 방법이다.

정답 18 ④ 19 ④ 20 ③

제 2 과목 기계제도

21 그림과 같이 스퍼 기어의 주투상도를 부분 단면도로 나타낼 때, 'A'가 지시하는 곳의 선의 모양은?

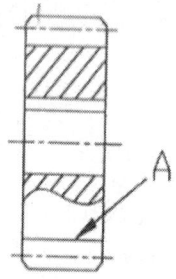

① 가는 실선
② 굵은 파선
③ 굵은 실선
④ 가는 파선

22 다음 중 가는 1점 쇄선으로 표시하지 않는 선은?

① 피치선
② 기준선
③ 중심선
④ 숨은선

23 다음과 같은 표면의 결 도시기호에서 C가 의미하는 것은?

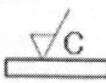

① 가공에 의한 컷의 줄무늬가 투상면에 평행
② 가공에 의한 컷의 줄무늬가 투상면에 경사지고 두 방향으로 교차
③ 가공에 의한 컷의 줄무늬가 투상면의 중심에 대하여 동심원 모양
④ 가공에 의한 컷의 줄무늬가 투상면에 대해 여러 방향

정답 21 ① 22 ④ 23 ③

24 그림과 같은 3각법으로 정투상한 정면도와 평면도에 대한 우측면도로 가장 적합한 것은?

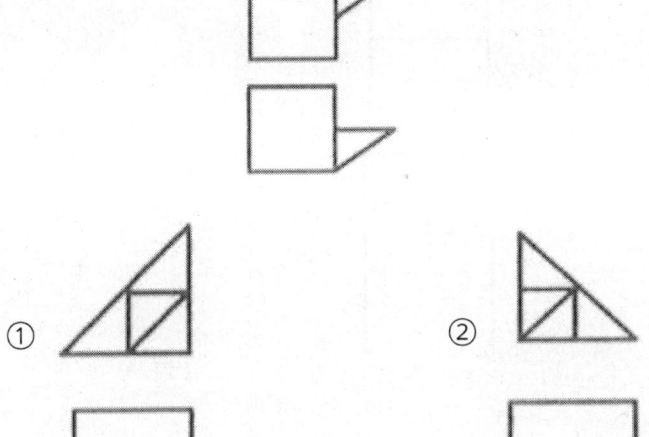

25 그림과 같은 용접기호의 명칭으로 맞는 것은?

① 개선 각이 급격한 V형 맞대기 용접
② 개선 각이 급격한 일면 개선형 맞대기 용접
③ 가장자리(edge) 용접
④ 표면 육성

정답   24 ①   25 ③

26 다음 중 단열 앵귤러 볼 베어링의 간략 도시 기호는?

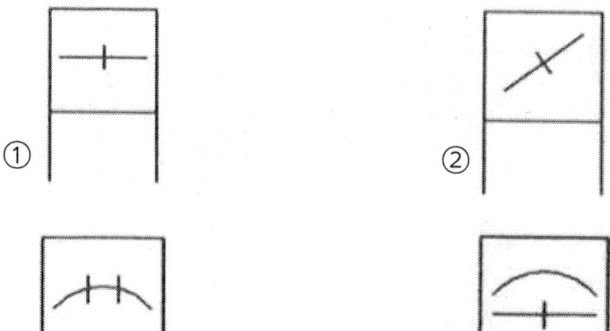

27 그림과 같은 치수 120 숫자 위의 기호가 뜻하는 것은?

① 원호의 길이
② 참고 치수
③ 현의 길이
④ 각도 치수

28 크롬 몰리브덴 강의 KS 재료 기호는?

① SMn
② SMnC
③ SCr
④ SCM

정답 26 ② 27 ① 28 ④

29 다음 도면의 크기 중 A1 용지의 크기를 나타내는 것은?
(단, 치수의 단위는 mm이다.)

① 841×1189
② 594×841
③ 420×594
④ 297×420

30 KS에서 정의하는 기하공차 기호 중에서 위치공차 기호들만으로 짝지어진 것은?

①

②

③

④

31 기계제도에서 도면이 구비해야 할 기본요건으로 거리가 먼 것은?

① 대상물의 도형과 함께 필요로 하는 크기, 모양, 자세 등의 정보를 포함하여야 하며, 필요에 따라 재료, 가공방법 등의 정보를 포함하여야 한다.
② 무역 및 기술의 국제 교류의 입장에서 국제성을 가져야 한다.
③ 도면 표현에 있어서 설계자의 독창성이 잘 나타나야 한다.
④ 마이크로 필름 촬영 등을 포함한 복사 및 도면의 보존, 검색, 이용이 확실히 되도록 내용과 양식이 구비되어야 한다.

31.
도면 표현에 있어서 설계자의 독창성은 불필요하며 규격에 따라야한다.

정답　29 ②　30 ③　31 ③

32 지름이 10cm이고, 길이가 20cm인 알루미늄 봉이 있다. 이 알루미늄의 비중이 2.7일 때 질량(kg)은?

① 0.424kg
② 4.24kg
③ 1.70kg
④ 17.0kg

32.
$$m = 1000 \times 2.7 \times \frac{\pi \times 0.1^2}{4} \times 0.2$$
$$= 4.24\,kg$$

33 아래 그림은 제3각법으로 투상한 정면도와 평면도를 나타낸 것이다. 여기에 가장 적합한 우측면도는?

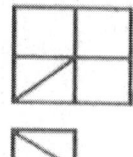
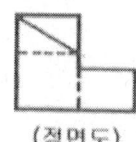
(정면도)

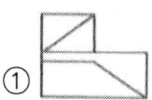 ①
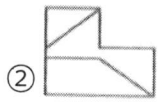 ②
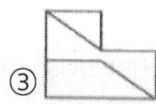 ③
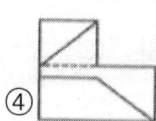 ④

34 구름 베어링 기호 중 안지름이 10mm인 것은?

① 7000
② 7001
③ 7002
④ 7010

정답 32 ② 33 ② 34 ①

35 그림과 같은 기하공차의 해석으로 가장 적합한 것은?

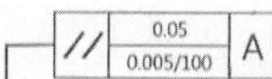

① 지정 길이 100mm에 대하여 0.05mm, 전체길이에 대해 0.005mm의 대칭도

② 지정 길이 100mm에 대하여 0.05mm, 전체길이에 대해 0.005mm의 평행도

③ 지정 길이 100mm에 대하여 0.005mm, 전체길이에 대해 0.05mm의 대칭도

④ 지정 길이 100mm에 대하여 0.005mm, 전체길이에 대해 0.05mm의 평행도

36 끼워맞춤 관계에 있어서 헐거운 끼워맞춤에 해당하는 것은?

① H7/$g6$
② H7/$n6$
③ P6/$h6$
④ N6/$h6$

37 다음 용접 기호에 대한 설명으로 옳지 않은 것은?

① : 매끄럽게 처리한 필릿 용접

② : 넓은 루트면이 있고 이면 용접된 V형 맞대기 용접

③ : 평면 마감 처리한 V형 맞대기 용접

④ : 볼록한 필릿 용접

정답 35 ④ 36 ① 37 ④

38 그림과 같은 제3각법 정투상도면의 입체도로 가장 적합한 것은?

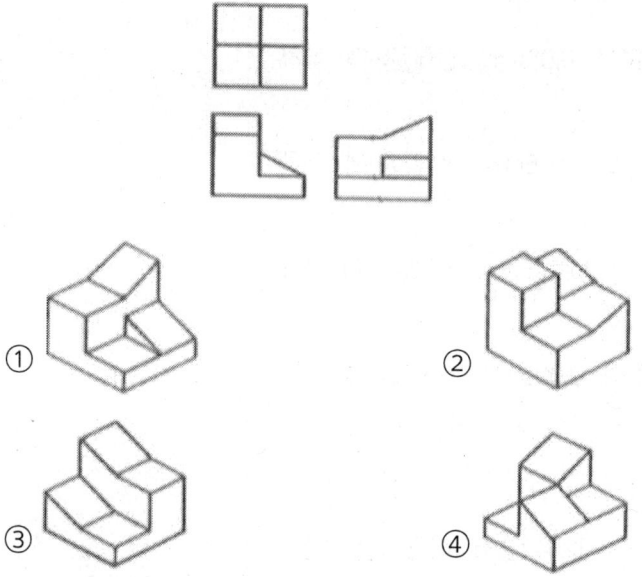

39 KS 나사의 표시기호에 대한 설명으로 잘못된 것은?

① 호칭 기호 M은 미터 나사이다.
② 호칭 기호 UNF는 유니파이 가는 나사이다.
③ 호칭 기호 PT는 관용 평행 나사이다.
④ 호칭 기호 TW는 29도 사다리꼴 나사이다.

39.
PT는 관용테이퍼나사이며 관용 평행 나사는 PF 이다.

정답 38 ① 39 ③

40 그림과 같이 크기와 간격이 같은 여러 구멍의 치수 기입에서 (A)에 들어갈 치수로 옳은 것은?

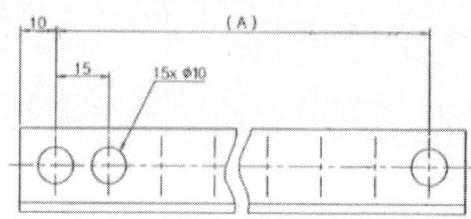

① 180
② 195
③ 210
④ 225

40.
$15 \times (15-1) = 210$

제 3 과목 기계설계 및 기계재료

41 강의 표면 경화법에 대한 설명으로 틀린 것은?

① 침탄법에는 고체침탄법, 액체침탄법, 가스침탄법 등이 있다.
② 질화법은 강 표면에 질소를 침투시켜 경화하는 방법이다.
③ 화염경화법은 일반 담금질법에 비해 담금질 변형이 적다.
④ 세라다이징은 철강 표면에 Cr을 확산 침투시키는 방법이다.

41.
세라다이징은 철강 표면에 Zn을 확산 침투시키는 방법이다.

42 아공석강에서 탄소함량이 증가함에 따른 기계적 성질 변화에 대한 설명으로 틀린 것은?

① 인장강도가 증가한다.
② 경도가 증가한다.
③ 항복강도가 증가한다.
④ 연신율이 증가한다.

42.
아공석강에서 탄소함량이 증가함에 따라 연신율이 감소한다.

정답   40 ③   41 ④   42 ④

43 다음 중 열가소성 수지로 나열된 것은?

① 페놀, 폴리에틸렌, 에폭시
② 알키드 수지, 아크릴, 페놀
③ 폴리에틸렌, 염화비닐, 폴리우레탄
④ 페놀, 에폭시, 멜라민

44 구리에 아연이 5~20% 정도 첨가되어 전연성이 좋고 색깔이 아름다워 장식용 악기 등에 사용되는 것은?

① 톰백
② 백동
③ 6-4 황동
④ 7-3 황동

45 다음 중 철-탄소상태도에서 나타나지 않는 불변점은?

① 공정점
② 포석점
③ 공석점
④ 포정점

46 공구재료가 구비해야 할 조건으로 틀린 것은?

① 내마멸성과 강인성이 클 것
② 가열에 의한 경도 변화가 클 것
③ 상온 및 고온에서 경도가 높을 것
④ 열처리와 공작이 용이할 것

46.
공구재료는 고온에서도 경도 변화가 작아야 한다.

정답 43 ③ 44 ① 45 ② 46 ②

47 다음 중 결정격자가 면심입방격자인 금속은?

① Al
② Cr
③ Mo
④ Zn

48 다음 중 구리에 대한 설명과 가장 거리가 먼 것은?

① 전기 및 열의 전도성이 우수하다.
② 전연성이 좋아 가공이 용이하다.
③ 건조한 공기 중에서는 산화하지 않는다.
④ 광택이 없으며 귀금속적 성질이 나쁘다.

49 금속재료와 비교한 세라믹의 일반적인 특징으로 옳은 것은?

① 인성이 크다.
② 내충격성이 높다.
③ 내산화성이 양호하다.
④ 성형성 및 기계가공성이 좋다.

50 다음 구조용 복합재료 중에서 섬유강화 금속은?

① SPF
② FRTP
③ FRM
④ GFRP

47.
② Cr(체심입방격자)
③ Mo(체심입방격자)
④ Zn(조밀 육방격자)

48.
구리(Cu)는 광택이 있으며 다른 금속과 합금하여 귀금속인 성질을 얻을 수 있다.

49.
세라믹스는 성분에 따라 산화물계 (Al_2O_3, MgO, TiO_3), 탄화물계 ($SiCO_3$, TiC)와 질화물계 (Si_3N_4, BN)로 분류하며 다음과 같은 특징이 있다.

① 용융점이 높다.(이온결합+공유결합)
② 내열·내산화성이 좋고, 고온강도가 크다.
③ 화학적으로 안정하나, 열전도율이 낮다.
④ 전기절연성이 크고, 투과성(透過性)이 우수하다.
⑤ 유전성(遺傳性), 자성(磁性), 압전성(壓電性)이 우수하다.
⑥ 충격에 약하고, 성형성과 기계가공성이 나쁘다.

50.
FRP(유기질, 강화 플라스틱), PRM(입자강화금속), FRC(섬유강화세라믹)

정답 47 ① 48 ④ 49 ③ 50 ③

51 재료의 파손이론 중 취성 재료에 잘 일치하는 것은?

① 최대주응력설
② 최대전단응력설
③ 최대주변형률설
④ 변형률 에너지설

52 그림과 같은 기어열에서 각각의 잇수가 Z_A는 16, Z_B는 60, Z_C는 12, Z_D는 64인 경우 A 기어가 있는 I축이 1500rpm으로 회전할 때, D 기어가 있는 III축의 회전수는 얼마인가?

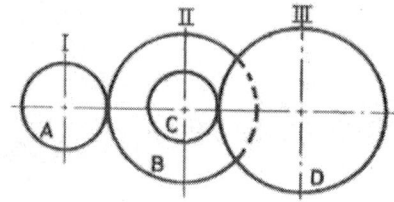

① 56rpm
② 60rpm
③ 75rpm
④ 85rpm

53 레이디얼 볼 베어링 '6304'에서 한계속도계수(dN, mm·rpm)값을 120000이라 하면, 이 베어링의 최고 사용 회전수는 약 몇 rpm인가?

① 4500
② 6000
③ 6500
④ 8000

51.
■ 최대주응력설(Rankine의 설)
최대주응력이 단순인장이 작용할 때의 파손응력에 이르렀을 때 파손이 발생한다는 이론으로 취성재료에 잘 일치하는 이론이다.

■ 최대전단응력설(트레스카, 게스트)
단순인장이나 단순압축이 적용할 때의 최대전단응력이 파손응력에 이르렀을 때 파손이 발생한다는 이론으로 연성재료의 강도설계에 이용되는 이론이다.
전단변형 에너지설보다는 부정확하다.

52.
$$N_3 = N_1 \frac{Z_A Z_C}{Z_B Z_D}$$
$$= 1500 \times \frac{16 \times 12}{60 \times 64}$$
$$= 75 rpm$$

53.
$$N = \frac{120000}{4 \times 5} = 6000$$

정답 51 ① 52 ③ 53 ②

54 다음 중 스프링의 용도와 거리가 먼 것은?

① 하중의 측정
② 진동 흡수
③ 동력 전달
④ 에너지 축적

55 원주속도 5m/s로 2.2kW의 동력을 전달하는 평벨트 전동장치에서 긴장측 장력은 약 몇 N인가? (단, 벨트의 장력비($e^{\mu\theta}$)는 2이다.)

① 450　　② 660
③ 750　　④ 880

56 기계의 운동에너지를 마찰에 따른 열에너지 등으로 변환·흡수하여 속도를 감소시키는 장치는?

① 기어　　② 브레이크
③ 베어링　　④ V-벨트

57 두 축을 주철 또는 주강제로 이루어진 2개의 반원통에 넣고 두 반원통의 양쪽을 볼트로 체결하며 조립이 용이한 커플링은?

① 클램프 커플링
② 셀러 커플링
③ 머프 커플링
④ 플랜지 커플링

54.
스프링은 탄성에너지를 이용하는 것과 충격이나 공진이 발생시 완충이나 방진을 목적으로 사용한다.

55.
$$T_t = \frac{1000\,kW \times e^{\mu\theta}}{(e^{\mu\theta}-1)\,V}$$
$$= \frac{1000 \times 2.2 \times 2}{(2-1) \times 5} = 880\,m/s$$

57.
클램프 커플링은 분할 원통 커플링이다.

정답　54 ③　55 ④　56 ②　57 ①

58 축방향으로 10000N의 인장하중이 작용하는 볼트에서 골지름은 약 몇 mm 이상이어야 하는가? (단, 볼트의 허용인장응력은 48N/mm^2이다.)

① 13.2
② 14.6
③ 15.4
④ 16.3

58.
$$d = \sqrt{\frac{4W}{\pi \sigma}}$$
$$= \sqrt{\frac{4 \times 10000}{\pi \times 48}}$$
$$= 16.286$$
$$= 16.3\,mm$$

59 접합을 모재의 한쪽에 구멍을 뚫고, 판재의 표면까지 용접하여 다른 쪽 모재와 접합하는 용접방법은?

① 그루브 용접
② 필릿 용접
③ 비드 용접
④ 플러그 용접

60 너클 핀이음에서 인장하중(P) 20kN을 지지하기 위한 핀의 지름(d_1)은 약 몇 mm 이상이어야 하는가? (단, 핀의 전단응력은 50N/mm^2이며, 전단응력만 고려한다.)

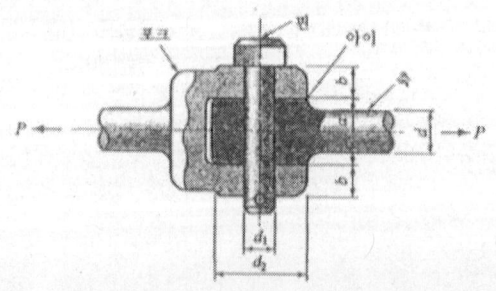

① 10
② 16
③ 20
④ 28

60.
$$d = \sqrt{\frac{4W}{\pi \sigma \times 2}}$$
$$= \sqrt{\frac{4 \times 20000}{\pi \times 50 \times 2}}$$
$$= 15.957 = 16\,mm$$

정답 58 ④ 59 ④ 60 ②

제 4 과목 컴퓨터응용설계

61 변환 행렬(Matrix)을 사용할 필요가 없는 작업은?

① Scaling
② Erasing
③ Rotation
④ Reflection

62 솔리드 모델을 구성하는 면의 일부 혹은 전부를 원하는 방향으로 당겨서 결과적으로 물체가 늘어나도록 하는 모델링 작업은?

① 스키닝(skinning)
② 리프팅(lifting)
③ 스위핑(sweeping)
④ 트위킹(tweaking)

63 CAD 용어 중 회전 특징 형상 모양으로 잘려나간 부분에 해당하는 특징 형상은?

① 그루브(groove)
② 챔퍼(chamfer)
③ 라운드(round)
④ 홀(hole)

61.
2×2 변환행렬
$\begin{bmatrix} a & b & p \\ c & d & q \\ n & m & s \end{bmatrix}$ 에서 (a,b,c,d 는 스케일링(Scaling) ,회전(Rotation) , 전단) (pq 는 투사 (Reflection) (m,n 은 이동) (s 는 전체스케일링)

62.
스키닝(skinning)은 원하는 경로상에 여러개의 형상을 위치시키고 이를 덮어 싸는 입체를 형성하는 명령어 스위핑(sweeping)은 하나의 2차원 단면형상을 입력하고 이를 안내곡선을 따라 이동시키면서 입체를 생성하는 명령어 트위킹(tweaking) 은 곡면 모델링 시스템으로 만들어진 곡면을 불러들여서 기존모델의 평면을 바꾸는 명령어

63.
3D cad 에서 스케치를 돌려서 모델링을 생성하는 기능은 샤프트 기능이며 반대로 스케치를 돌려서 파내는 기능은 그루브이다.

정답 61 ② 62 ② 63 ①

64 화면에 CAD 모델들을 현실감 있게 나타내기 위하여 채색이나 음영 등을 주는 작업은 무엇인가?

① Animation
② Simulation
③ Modelling
④ Rendering

65 분산처리형 CAD 시스템이 갖추어야 할 기본 성능에 해당하지 않는 것은?

① 사용자별로 단일 프로세서를 사용하거나 혹은 정보 통신망으로 각자의 시스템별로 상호 간에 연결되어 중앙에서 제어받는 것과 같은 방식으로도 사용할 수 있어야 한다.
② 어떤 시스템에서 작성된 자료나 프로그램을 다른 사용자가 사용하고자 할 때 언제라도 해당 자료를 사용하거나 보내 줄 수 있어야 한다.
③ 분산처리 시스템의 주 시스템과 부 시스템에서 각각 별도의 자료 처리 및 계산 작업이 이루어질 수 있어야 한다.
④ 자료의 정합성을 담보하기 위해 일부 시스템에 고장이 발생하면 다른 시스템에서도 자료의 이동 및 교환을 막아야 한다.

66 미국 표준협회에서 제정한 코드로서 기계와 기계 또는 시스템과 시스템 사이의 상호 정보교환을 목적으로 개발된 7비트 혹은 8비트로 한 문자를 표현하며 총 128가지의 문자를 표현할 수 있는 코드는?

① BCD
② EIA
③ EBCDIC
④ ASCII

67.
컴퓨터 그래픽에서 그래픽 요소는 점, 선, 원, 원호, 곡선, 곡면과 같은 형상의 기본요소(element)와 알파벳 문자, 특수기호 등으로 구성한다.

정답 64 ④ 65 ④ 66 ④

66번 해설
(1) BCD코드(binary coded decimal code : 2진화 10진 코드)
① 영문자 또는 특수문자를 표시하기 위해 6bit로 구성 ② 64개의 문자를 표현할 수 있다.
③ 상위 2bit=zone bit. 하위 4bit=digit bit

(2) EBCDIC코드
(Extended Binary Coded Decimal Interchange Code : 확장 2진화 10진 코드)
① 1개의 check bit. 4개의 zone bit. 4개의 digit bit로 구성되어 있다. ② 256개의 문자를 표현할 수 있으며 패리티 비트를 포함하여 9트랙 코드 라고도 한다.

(3) ASCII코드(American Standard Code Information Interchange)
① 미국 표준 코드로 데이터 통신에 널리 이용되는 정보교환용 코드이다.
② 한 문자를 표시하는데 7개의 데이터 비트와 1개의 패리티 비트를 사용하며 존 비트 3개와 디짓 비트 4개로 구성되어 있다. 128개의 문자를 표현 할 수 있다.

67 솔리드 모델링 기법에서 B-Rep 방식을 사용하는 경우 물체를 형성하는데 사용되는 기본요소로서 위상요소가 아닌 것은?

① 면(face) ② 공간(space)
③ 모서리(edge) ④ 꼭지점(vertex)

68 중심점이 (1, 2, 3)이고 반지름이 5인 구면(spherical surface)의 점(4, 2, 7)에서 단위 법선벡터 $\vec{n}$을 계산한 것으로 옳은 것은? (단, $\hat{i}$, $\hat{j}$, $\hat{k}$는 각각 x, y, z축 방향의 단위벡터이다.)

① $\vec{n} = 0.6\hat{i} + 0.8\hat{j}$
② $\vec{n} = 0.6\hat{i} + 0.8\hat{k}$
③ $\vec{n} = 0.8\hat{i} + 0.6\hat{j}$
④ $\vec{n} = 0.8\hat{i} + 0.6\hat{k}$

정답 67 ② 68 ②

69 컴퓨터 하드웨어의 기본적인 구성요소라고 할 수 없는 것은?

① 중앙처리장치(CPU)
② 기억장치(Memory Unit)
③ 운영체제(Operating System)
④ 입·출력장치(Input-Output Device)

70 다음 설명의 특징을 가진 곡면에 해당하는 것은?

- 평면상의 곡선뿐만 아니라 3차원 공간에 있는 형상도 간단히 표현할 수 있다.
- 곡면의 일부를 표현하고자 할 때는 매개변수의 범위를 두므로 간단히 표현할 수 있다.
- 곡면의 좌표변환이 필요하면 단순히 주어진 벡터만을 좌표변환하여 원하는 결과를 얻을 수 있다.

① 원추(Cone)곡면
② 퍼거슨(Ferguson)곡면
③ 베지어(Bezier)곡면
④ 스플라인(Spline)곡면

71 일반적으로 CAD 도면에서 형상정보로 분류될 수 있는 것은?

① 부품의 수량
② 부품의 재질
③ 부품 간의 위치
④ 부품의 제작방법

정답 69 ③ 70 ② 71 ③

72 다음 행렬의 곱(A×B)을 옳게 구한 것은?

$$A = \begin{bmatrix} 2 & 4 \\ 1 & 3 \end{bmatrix} \quad B = \begin{bmatrix} 6 & -1 \\ 3 & 5 \end{bmatrix}$$

① $\begin{bmatrix} 24 & 18 \\ 14 & 15 \end{bmatrix}$ ② $\begin{bmatrix} 18 & 24 \\ 15 & 14 \end{bmatrix}$

③ $\begin{bmatrix} 24 & 18 \\ 15 & 14 \end{bmatrix}$ ④ $\begin{bmatrix} 18 & 24 \\ 14 & 15 \end{bmatrix}$

72.
$\begin{bmatrix} 2\times6+4\times3, & 2\times-1+4\times5 \\ 1\times6+3\times3, & 1\times-1+3\times5 \end{bmatrix}$
$= \begin{bmatrix} 24 & 18 \\ 15 & 14 \end{bmatrix}$

73 국제표준화기구(ISO)에서 제정한 제품모델의 교환과 표준에 관한 줄인 이름으로 형상정보뿐 아니라 제품의 가공, 재료, 공정, 수리 등 수명주기 정보의 교환을 지원하는 것은?

① IGES
② DXF
③ SAT
④ STEP

74 기본 입체에 적용한 불리안(Boolean) 연산 과정을 트리구조로 저장하는 CSG 구조에 대한 설명으로 틀린 것은?

① 내부와 외부가 분명하게 구분되지 않는 입체라도 구현이 가능하다.
② 자료 구조가 간단하고 데이터의 양이 적어 데이터의 관리가 용이하다.
③ CGS 표현은 대응되는 B-rep 모델로 치환 가능하다.
④ 파라메트릭(Parametric) 모델링의 구현이 쉽다.

74.
불리언 연산자(더하기(합), 빼기(차), 교차(적) 시키는 방법)를 통해 명확한 모델 생성을 하는 방법으로 내부와 외부가 분명하게 구분되지 않는 입체라도 구현이 불가능하다.

정답   72 ③   73 ④   74 ①

75 다음은 3차원 모델링에 대한 설명으로 틀린 것은?

① 와이어 프레임 모델링은 구조가 간단하여 도형처리가 용이하다.
② 서피스 모델링은 은선 제거가 가능하다.
③ 솔리드 모델링은 데이터를 처리하는데 소요되는 시간이 상대적으로 짧다.
④ 서피스 모델링은 내부에 관한 정보가 없어 해석용 모델로는 사용하지 못한다.

76 평면 좌표값 (x, y)에서 x, y가 다음과 같은 식으로 주어질 때 그리는 궤적의 모양은?(단, r은 일정한 상수이다.)

$$x = r\cos\theta,\ y = r\sin\theta(-\pi \leq \theta \leq \pi)$$

① 원
② 타원
③ 쌍곡선
④ 포물선

77 CAD 시스템의 입력장치 중 미리 작성된 문자나 도형의 이미지 입력에 사용되는 장치는?

① 프린터
② 키보드
③ 스캐너
④ 썸 휠

75.
서피스 모델링은 복잡한 data로 서피스 모델링 보다 대용량의 컴퓨터가 필요하고 처리시간이 많이 걸린다.

78.
베지어(Bezier) 곡선다각형 양끝의 선분은 시작점과 끝점의 접선벡터와 같은 방향이다.

정답 75 ③ 76 ① 77 ③

78 베지어(Bezier) 곡선의 특징이 아닌 것은?

① 다각형의 양끝의 선분은 시작점과 끝점의 접선벡터와 다른 방향이다.
② 곡선은 정점을 통과시킬 수 있는 다각형의 내측에 존재한다.
③ 1개의 정점변화가 곡선전체에 영향을 미친다.
④ 곡선은 양단의 끝점을 반드시 통과한다.

79 제품 도면 정보가 컴퓨터에 저장되어 있는 경우에 공정계획을 컴퓨터를 이용하여 빠르고 정확하게 수행하고자 하는 기술은?

① CAPP(Computer-aided Process Planning)
② CAE(Computer-aided Engineering)
③ CAI(Computer-aided Inspection)
④ CAD(Computer-aided Design)

80 다음에서 설명하고 있는 모델링 방식은?

- CSG 등의 물체 표현 방식이 있다.
- 표면적, 부피, 관성모멘트 계산이 가능하다.

① 와이어 프레임 모델
② 서피스 모델
③ 솔리드 모델
④ 지오메트릭 모델

79.
CAPP (Computer Aided Process Planning)은 컴퓨터 지원 공정 계획으로 공정계획을 컴퓨터의 발달과 더불어 이를 이용하여 좀 더 빠르고 정확하게 공정계획을 세우고자 하는 학문 또는 기술이다.

CAM(Computer-aided Manufacturing)은 컴퓨터지원제조

CAI(Computer-aided Inspection) 은 컴퓨터 이용 검사 로 컴퓨터로 제품을 검사하는 것으로 제품의 규격·성능 등을 측정하는 기기에 컴퓨터를 접속해서 제품을 검사하는 시스템.

CAT (computer aided testing) 은 컴퓨터 이용 검사로 설계를 점검한다든지 분석한다든지 하는 시스템.

정답 78 ① 79 ① 80 ③

2019년 제3회 과/년/도/문/제

제 1 과목 기계가공법 및 안전관리

01 드릴 머신에서 공작물을 고정하는 방법으로 적합하지 않은 것은?

① 바이스 사용
② 드릴 척 사용
③ 박스 지그 사용
④ 플레이트 지그 사용

02 커터의 지름이 100mm이거, 커터의 날 수가 10개인 정면 밀링 커터로 200mm인 공작물을 1회 절삭할 때 가공시간은 약 몇 초인가? (단, 절삭속도는 100m/min, 1날 당 이송량은 0.1mm이다.)

① 48.4
② 56.4
③ 64.4
④ 75.4

03 CNC 선반에서 홈 가공 시 1.5초 동안 공구의 이송을 잠시 정지시키는 지령 방식은?

① G04 Q1500
② G04 P1500
③ G04 X1500
④ G04 U1500

04 절삭가공에서 절삭조건과 거리가 가장 먼 것은?

① 이송속도
② 절삭깊이
③ 절삭속도
④ 공작기계의 모양

---

1. 드릴 척은 선반 주축에 장착하여 공작물 고정하는 공구이다.

2.
$$V = \frac{\pi d N}{1000},$$
$$100 = \frac{\pi \times 100 \times N}{1000},$$
$$N = 318.31 rpm$$
$$T = \frac{L}{N \cdot S} = \frac{(200+100)}{318.31}$$
$$= 0.94 \min,$$
$$f = f_z \cdot Z \cdot N$$
$$= 0.1 \times 10 \times 318.31$$
$$= 318.31 mm/\min$$

3. G04 P1500 = G04 X1.5
   = G04 U1.5

정답 01 ② 02 ② 03 ② 04 ④

05 다음 공작기계 중 공작물이 직선왕복운동을 하는 것은?

① 선반 ② 드릴머신
③ 플레이너 ④ 호빙머신

5.
선반 : 회전운동,
드릴머신 : 고정,
호빙 머신 : 회전

06 드릴링 작업 시 안전사항으로 틀린 것은?

① 칩의 비산이 우려되므로 장갑을 착용하고 작업한다.
② 드릴이 회전하는 상태에서 테이블을 조정하지 않는다.
③ 드릴링의 시작부분에 드릴이 정확히 자리 잡힐 수 있도록 이송을 느리게 한다.
④ 드릴링이 끝나는 부분에서는 공작물과 드릴이 함께 돌지 않도록 이송을 느리게 한다.

07 옵티컬 패러렐을 이용하여 외측 마이크로미터의 평행도를 검사하였더니 백색광에 의한 적색 간섭무늬의 수가 앤빌에서 2개, 스핀들에서 4개였다. 평행도는 약 얼마인가? (단, 측정에 사용한 빛의 파장은 0.32μm이다.)

① 1μm ② 2μm
③ 4μm ④ 6μm

7.
(스핀들 간섭무늬수 + 엔빌 간섭무늬수) $\times \dfrac{\lambda}{2}$

$$\dfrac{(4+2)}{2} \times 0.32 = 0.96 \mu m$$

$$\fallingdotseq 1.0 \mu m$$

08 투영기에 의해 측정할 수 있는 것은?

① 각도 ② 진원도
③ 진직도 ④ 원주 흔들림

정답 05 ③ 06 ① 07 ① 08 ①

09 절삭조건에 대한 설명으로 틀린 것은?

① 칩의 두께가 두꺼워질수록 전단각이 작아진다.
② 구성인선을 방지하기 위해서는 절삭깊이를 적게 한다.
③ 절삭속도가 빠르고 경사각이 클 때 유동형 칩이 발생하기 쉽다.
④ 절삭비는 공작물을 절삭할 때 가공이 용이한 정도로 절삭비가 1에 가까울수록 절삭성이 나쁘다.

9.
절삭비 = 절삭깊이 / 칩 두께 로서 1보다 작다.

10 접시머리나사를 사용할 구멍에 나사머리가 들어갈 부분을 원추형으로 가공하기 위한 드릴가공 방법은?

① 리밍
② 보링
③ 카운터 싱킹
④ 스폿 페이싱

10.
스폿 페이싱 : 볼트와 너트 자리면을 평평하게 만드는 작업

11 연삭숫돌의 성능을 표시하는 5가지 요소에 포함되지 않는 것은?

① 기공
② 입도
③ 조직
④ 숫돌입자

11.
숫돌의 3요소는 입자, 기공, 결합제이다.

12 일반적인 손 다듬질 가공에 해당되지 않는 것은?

① 줄 가공
② 호닝 가공
③ 해머 작업
④ 스크레이퍼 작업

12.
호닝은 정밀입자 가공의 종류이다.

13 공작물의 단면절삭에 쓰이는 것으로 길이가 짧고 직경이 큰 공작물의 절삭에 사용되는 선반은?

① 모방 선반
② 수직 선반
③ 정면 선반
④ 터릿 선반

14.
실린더 게이지는 2점법으로 직경을 측정하는 측정기이다.

정 답 09 ④ 10 ③ 11 ① 12 ② 13 ③

14 삼점법에 의한 진원도 측정에 쓰이는 측정기기가 아닌 것은?

① V 블록
② 측미기
③ 3각 게이지
④ 실린더 게이지

15 연마제를 가공액과 혼합하여 짧은 시간에 매끈해지거나 광택이 적은 다듬질 면을 얻게 되며, 피닝(peening)효과가 있는 가공법은?

① 래핑
② 숏 피닝
③ 배럴가공
④ 액체호닝

16 선반의 심압대가 갖추어야 할 구비 조건으로 틀린 것은?

① 센터는 편위 시킬 수 있어야 한다.
② 베드의 안내면을 따라 이동할 수 있어야 한다.
③ 베드의 임의위치에서 고정할 수 있어야 한다.
④ 심압축은 중공으로 되어 있으며 끝부분은 내셔널 테이퍼로 되어 있어야 한다.

16.
심압대는 센터가 장착되며 모오스 테이퍼로 되어 있다.

17 브로칭 머신의 특징으로 틀린 것은?

① 복잡한 면의 형상도 쉽게 가공할 수 있다.
② 내면 또는 외면의 브로칭 가공도 가능하다.
③ 스플라인 기어, 내연기관 크랭크실의 크랭크 베어링부는 가공이 용이하지 않다.
④ 공구의 일회 통과로 거친 절삭과 다듬질 절삭을 완료할 수 있다.

정답 14 ④ 15 ④ 16 ④ 17 ③

18 연삭가공 중 발생하는 떨림의 원인으로 가장 관계가 먼 것은?

① 연삭기 자체의 진동이 없을 때
② 숫돌축이 편심 되어 있을 때
③ 숫돌의 결합도가 너무 클 때
④ 숫돌의 평행상태가 불량할 때

19 척을 선반에서 떼어내고 회전센터와 정지센터로 공작물을 양센터에 고정하면 고정력이 약해서 가공이 어렵다. 이 때 주축의 회전력을 공작물에 전달하기 위해 사용하는 부속품은?

① 면판
② 돌리개
③ 베어링 센터
④ 앵글 플레이트

20 지름이 150mm인 밀링커터를 사용하여 30m/min의 절삭속도로 절삭할 때 회전수는 약 몇 rpm인가?

① 14
② 38
③ 64
④ 72

20.
$$V = \frac{\pi d N}{1000}$$
$$30 = \frac{\pi \times 150 \times N}{1000},$$
$$N = 63.66 rpm$$

정답 18 ① 19 ② 20 ③

제 2 과목 기계제도

21 다음과 같이 3각법으로 나타낸 도면에서 정면도와 우측면도를 고려할 때 평면도로 가장 적합한 것은?

보기

① 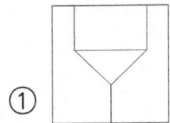   ②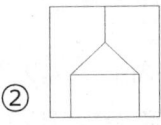

③ 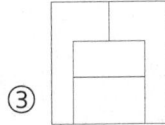   ④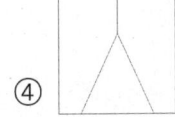

정답 21 ②

22 다음 도면에서 대상물의 형상과 비교하여 치수기입이 틀린 것은?

보기

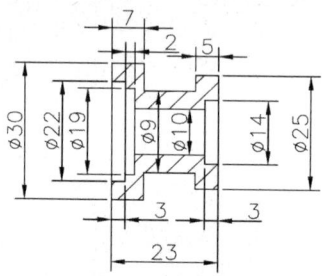

① 7
② ⌀9
③ ⌀14
④ ⌀30

23 그림과 같은 부등변 ㄱ 형강의 치수 표시방법은? (단, 형강의 길이는 L이고, 두께는 t로 동일하다.)

보기

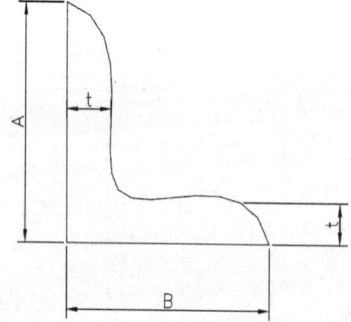

① $L\ A \times B \times t - L$
② $L\ t \times A \times B \times L$
③ $L\ B \times A + 2t - L$
④ $L\ A + B \times \dfrac{t}{2} - L$

정답   22 ②   23 ①

24 물체를 단면으로 나타낼 때 길이 방향으로 절단하여 나타내지 않는 부품으로만 짝지어진 것은?

① 핀, 커버
② 브래킷, 강구
③ O-링, 하우징
④ 원통 롤러, 기어의 이

25 표준 스퍼 기어의 모듈이 2이고, 잇수가 35일 때, 이끝원(잇봉우리원)의 지름은 몇 mm로 도시하는가?

① 65   ② 70
③ 72   ④ 74

26 <보기>와 같이 정면도와 평면도가 표시될 때 우측면도가 될 수 없는 것은?

보기

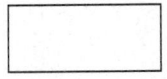
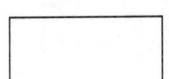

우측 면도

 ①    ②

 ③    ④

25.
$D = mz = 2 \times 35 = 70mm$
$D_c = D + 2m = 70 + (2 \times 2)$
   $= 74mm$

26.
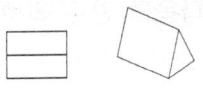

27.
GB : 벨트샌드가공

28.
리벳의 호칭법은 종류, 지름× 길이, 재질이다.

29.
③ / 는 원주 흔들림 공차 이다.

30.
SS : 일반구조용 압연 강판
235 : 최저 인장강도
$235\ N/mm^2$

정답   24 ④   25 ④   26 ②

27 가공 방법의 기호 중 호닝(Honing) 가공 기호는?

① GB
② GH
③ HG
④ GSP

28 다음과 같은 리벳의 호칭법으로 옳은 것은? (단, 재질은 SV330이다.)

보기

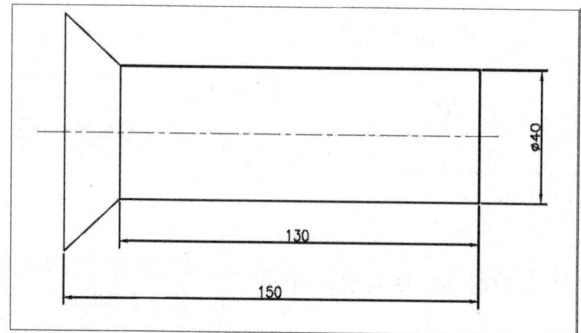

① 납작 머리 리벳 40×130 SV330
② 납작 머리 리벳 40×150 SV330
③ 접시 머리 리벳 40×130 SV330
④ 접시 머리 리벳 40×150 SV330

29 다음 중 온 흔들림 기하공차의 기호는?

30 KS 재료 표시기호 중 'SS235'에서 '235'의 의미는?

① 경도
② 종별 번호
③ 탄소 함유량
④ 최저 항복 강도

31 치수가 $80 ^{+0.008}_{+0.002}$일 경우 위치수 허용차는?

① 0.002
② 0.006
③ 0.008
④ 0.010

31.
0.002는 아래치수허용차이다.

32 나사 제도에 대한 설명으로 틀린 것은?

① 나사부의 길이 경계가 보이는 경우는 그 경계를 굵은 실선으로 나타낸다.
② 숨겨진 암나사를 표시할 경우 나사산의 봉우리와 골 밑은 모두 가는 파선으로 나타낸다.
③ 수나사를 측면에서 볼 경우 나사산의 봉우리는 굵은 실선, 나사의 골 밑은 가는 실선으로 표시한다.
④ 나사의 끝면에서 본 그림에서 나사의 골밑은 굵은 실선으로 그린 원주의 $\frac{3}{4}$에 거의 같은 원의 일부로 나타낸다.

32.
골밑(골지름)은 가는 실선으로 그린 원주의 $\frac{3}{4}$에 거의 같은 원의 일부로 나타낸다.

33 허용한계 치수기입이 틀린 것은?

①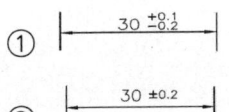
②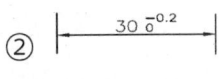
③
④

33.
위치수 공차는 아래치수 공차보다 크게 적용한다.

정답 30 ④ 31 ③ 32 ④ 33 ②

34 그림과 같은 용접기호의 의미는?

보기

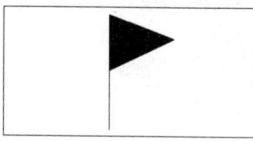

① 현장용접 표시이다.
② 양쪽용접 표시이다.
③ 용접 시작점 표시이다.
④ 전체둘레 용접 표시이다.

35 축의 중심에 센터구멍을 표현하는 방법으로 틀린 것은?

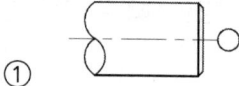 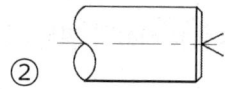

① ②

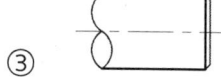 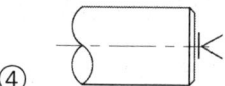

③ ④

36 다음 기계 재료 중 기계 구조용 탄소 강재에 해당하는 것은?

① SS 235
② SCr 410
③ SM 40C
④ SCS 55

정답   34 ①   35 ①   36 ③

37 다음 중 주어진 평면도와 우측면도를 보고 누락 된 정면도로 가장 적합한 것은?

보기

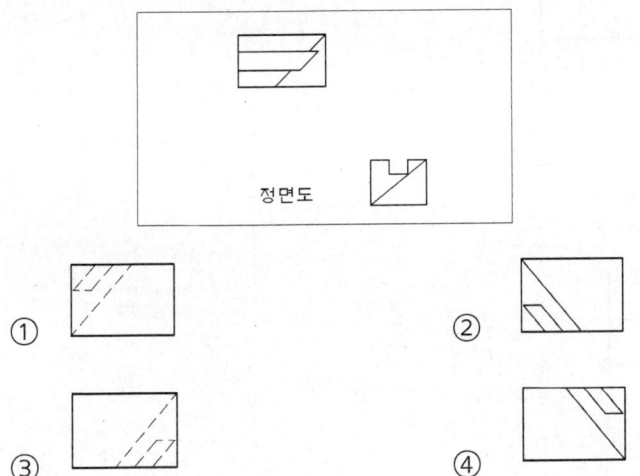

38 다음 그림과 같은 도형일 때 기하학적으로 정확한 도형을 기준으로 설정하고 여기에서 벗어나는 어긋남의 크기를 대상으로 하는 기하공차는?

보기

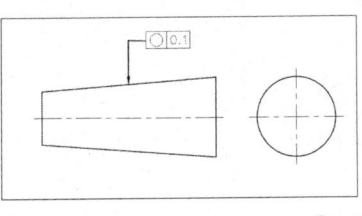

① 대칭도 ② 윤곽도
③ 진원도 ④ 평면도

정답   37 ④   38 ③

39 기하공차의 표현이 틀린 것은?

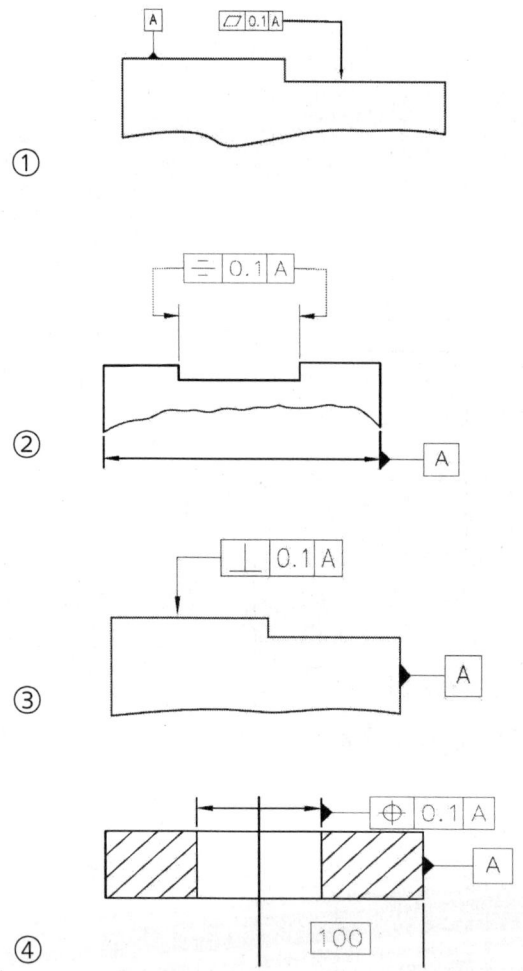

39.
평면도는 단독형체(모양공차)로서 데이텀 표시를 하지 않는다.

정답 39 ①

40 다음과 같이 도시된 도면에서 치수 A에 들어갈 치수 기입으로 옳은 것은?

보기

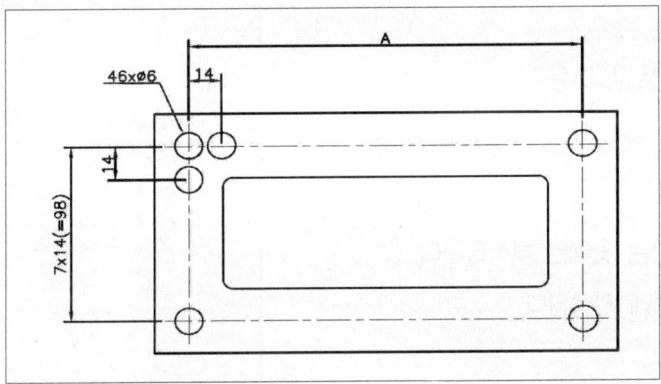

① $7 \times 7 (=49)$
② $15 \times 12 (=210)$
③ $16 \times 14 (=224)$
④ $17 \times 14 (=238)$

40.
$$\frac{46-(7\times 2)}{2} \times 14 = 224mm$$

제 3 과목 기계설계 및 기계재료

41 다음 조직 중 2상 혼합물은?

① 펄라이트
② 시멘타이트
③ 페라이트
④ 오스테나이트

41.
Fe_3C 상태도에서 2상 혼합물은 펄라이트와 레데뷰라이트 이다.

42 티타늄 합금의 일반적인 성질에 대한 설명으로 틀린 것은?

① 열팽창계수가 작다.
② 전기저항이 높다.
③ 비강도가 낮다.
④ 내식성이 우수하다.

42.
비강도는 인장강도/비중 으로서 티타늄 합금은 일반적으로 비강도가 크다.

정답 40 ③ 41 ① 42 ③

43 다음 금속재료 중 인장강도가 가장 낮은 것은?

① 백심가단주철　　② 구상흑연주철
③ 회주철　　　　　④ 주강

43.
회주철은 주철 중 가장 연한 주철로 인장 강도가 가장 낮다.

44 초경합금에 관한 사항으로 틀린 것은?

① WC분말에 Co분말을 890℃에서 가열 소결시킨 것이다.
② 내마모성이 아주 크다.
③ 인성, 내충격성 등을 요구하는 곳에는 부적합하다.
④ 전단, 인발, 압출 등의 금형에 사용된다.

44.
초경합금은 취성이 커 소성가공용 금형으로는 부적합하다.

45 표준상태의 탄소강에서 탄소의 함유량이 증가함에 따라 증가하는 성질로 짝지어진 것은?

① 비열, 전기저항, 항복점
② 비중, 열팽창계수, 열전도도
③ 내식성, 열팽창계수, 비열
④ 전기저항, 연신율, 열전도도

46 담금질한 강재의 잔류 오스테나이트를 제거하며, 치수변화 등을 방지하는 목적으로 0℃ 이하에서 열처리하는 방법은?

① 저온뜨임　　　　② 심랭처리
③ 마템퍼링　　　　④ 용체화처리

47 다음 중 온도변화에 따른 탄성계수의 변화가 미세하며 고급시계, 정밀저울의 스프링에 사용되는 것은?

① 인코넬　　　　　② 엘린바
③ 니크롬　　　　　④ 실리콘브론즈

47.
불변강은 인바, 엘린바, 코엘린바, 플래티나이트 등이있다.

정답　43 ③　44 ④　45 ①　46 ②　47 ②

48 Fe-Mn, Fe-Si으로 탈산시켜 상부에 작은 수축관과 소수의 기포만이 존재하며 탄소함유량이 0.15~0.3% 정도인 것은?

① 킬드강
② 캡드강
③ 림드강
④ 세미킬드강

48.
세미킬드강은 페로망강(Fe-Mn), 페로실리콘(Fe-Si), Al 등을 이용하여 약 탈산시켜 기포와 편석을 적게 한 강이다.

49 다음 중 뜨임의 목적과 가장 거리가 먼 것은?

① 인성 부여
② 내마모성의 향상
③ 탄화물의 고용강화
④ 담금질할 때 생긴 내부응력 감소

50 다음 중 피로 수명이 높으며 금속 스프링과 같은 탄성을 가지는 수지는?

① PE
② PC
③ PS
④ POM

51 스퍼 기어에서 이의 크기를 나타내는 방법이 아닌 것은?

① 모듈로서 나타낸다.
② 전위량으로 나타낸다.
③ 지름 피치로 나타낸다.
④ 원주 피치로 나타낸다.

51.
전위량은 전위기어의 가공량이다.

정답   48 ④   49 ③   50 ④   51 ②

52 회전수 600rpm, 베어링하중 18kN의 하중을 받는 레이디얼 저널 베어링의 지름은 약 몇 mm인가? (단, 이때 작용하는 베어링 압력은 1N/mm^2, 저널의 폭(l)과 지름(d)의 비 l/d=2.0으로 한다.)

① 80 ② 85
③ 90 ④ 95

52.
$$P = \frac{W}{l \cdot d} = \frac{W}{2d^2},$$
$$l = \frac{18 \times 10^3}{2 \times d^2}, \ d = 94.86mm$$

53 재료의 기준강도(인장강도)가 400N/mm^2이고 허용응력이 100N/mm^2일 때, 안전율은?

① 0.2 ② 1.0
③ 4.0 ④ 16.0

53.
$$S = \frac{400}{100} = 4$$

54 다음 중 용접법을 분류할 경우 용접부의 형상에 따라 구분한 것은?

① 가스 용접 ② 필릿 용접
③ 아크 용접 ④ 플라스마 용접

55 V벨트의 회전속도가 30m/s, 벨트의 단위 길이 당 질량이 0.15kg/m, 긴장측의 장력이 196N일 경우, 벨트의 회전력(유효장력)은 약 몇 N인가? (단, 벨트의 장력비는 $e^{\mu'\theta} = 4$이다.)

① 20.21 ② 34.84
③ 45.75 ④ 56.55

55.
$$T_i = Pe \cdot \frac{e^{\mu'\theta}}{e^{\mu'\theta}-1} + T_g \text{에서}$$
$$P_e = (T_t - T_g)\frac{e^{\mu'\theta}-1}{e^{\mu'\theta}}$$
$$= (196 - \frac{0.15 \times 30^2 \times 9.8}{9.8})\frac{4-1}{4}$$
$$= 45.75N$$

정답 52 ④ 53 ③ 54 ② 55 ③

56 핀 전체가 두 갈래로 되어 있어 너트의 풀림 방지나 핀이 빠져 나오지 않게 하는데 사용되는 핀은?

① 너클 핀 ② 분할 핀
③ 평행 핀 ④ 테이퍼 핀

57 150rpm으로 5kW의 동력으로 전달하는 중실축의 지름은 약 몇 mm 이상이어야 하는가? (단, 축 재료의 허용전단응력은 19MPa이다.)

① 36 ② 40
③ 44 ④ 48

57번 해설

$$T = \tau \frac{\pi d^3}{16} = \frac{60 \times 1000 \, kW}{2\pi N}$$

$$d = \sqrt[3]{\frac{2\pi N \times \pi \tau}{16 \times 60 \times 1000 \times kW \times 1000}}$$

$$= \sqrt[3]{\frac{2\pi \times 150 \times \pi \times 19}{16 \times 60 \times 1000 \times 5 \times 1000}} = 43.56 \, mm$$

58 하중이 W[N]일 때 변위량을 δ[mm]라 하면 스프링 상수 k[N/mm]는?

① $k = \dfrac{\delta}{W}$ ② $k = \dfrac{W}{\delta}$

③ $k = \delta \times W$ ④ $k = W - \delta$

정답 56 ② 57 ③ 58 ②

59 다음 ( )안에 들어갈 내용으로 옳은 것은?

보기

> 나사에서 나사가 저절로 풀리지 않고 체결되어 있는 상태를 자립상태(self-sustenance)라고 한다. 이 자립상태를 유지하기 위한 사각나사 효율은 (　　) 이어야 한다.

① 50% 이상
② 50% 미만
③ 25% 이상
④ 25% 미만

60 폴(pawl)과 결합하여 사용되며, 한쪽 방향으로는 간헐적인 회전운동을 주고 반대쪽으로는 회전을 방지하는 역할을 하는 장치는?

① 플라이 휠(fly wheel)
② 래칫 휠(rachet wheel)
③ 블록 브레이크(block brake)
④ 드럼 브레이크(drum brake)

정답　59 ②　60 ②

제 4 과목 컴퓨터응용설계

61 곡면(Surface) 모델링 기법에 관한 설명으로 틀린 것은?

① 곡면 모델링 시스템은 와이어프레임 모델에 면 정보를 추가하는 형태이다.
② 곡면을 이루는 각 면들의 곡면 방정식이 데이터베이스 내에 추가로 저장된다.
③ 곡면과 곡면의 인접한 정보는 Solid 모델에서는 다루는 정보이며 Surface 모델에서는 다루지 않는다.
④ 금형가공을 위한 NC 공구 경로를 계산 프로그램에서 가공곡면의 형상을 제공하는데 사용될 수 있다.

61.
곡면과 곡면의 인접한 정보는 Solid 모델과 Surface 모델에서 가능하다.

62 서로 다른 CAD/CAM 프로그램 간의 데이터를 상호 교환하기 위한 데이터 표준이 아닌 것은?

① PHIGS ② DIN
③ DXF ④ STEP

63 IGES 파일의 구분에 해당하지 않는 것은?

① Start Section
② Local Section
③ Directory Entry Section
④ Parameter Data Section

63.
Local Section은 DXF파일의 구조에 해당한다.

정답 61 ③ 62 ② 63 ②

64 CAD시스템의 출력장치로 볼 수 없는 것은

① 플로터(Plotter)
② 프린터(Printer)
③ 라이트 펜(Light Pen)
④ 래피드 프로토타이핑(Rapid Prototyping)

65 제품이 수정되어 최적화될 수 있도록, 제품이 어떻게 작동할지를 모의실험하고 연구하는데 컴퓨터를 활용하는 기술은?

① CAD(Computer-aided Design)
② CAM(Computer-aided Manufacturing)
③ CAI(Computer-aided Inspection)
④ CAE(Computer-aided Engineering)

66 그림과 같이 2개의 경계곡선(위 그림)에 의해서 하나의 곡면(아래 그림)을 구성하는 기능을 무엇이라 하는가?

보기

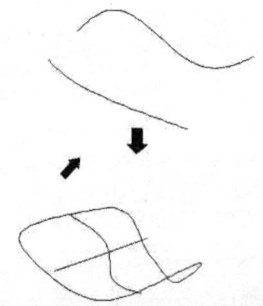

① revolution
② twist
③ loft
④ extrude

64.
CAI
[Computer Assisted Instruction]

65.
컴퓨터를 이용하여 많은 사람들을 동시에 교육하기에 편리하게 만든 자동교육 시스템

CAE [computer aided engineering]
(1) AutoCAD 및 FA 용어로는 컴퓨터 내부에 작성된 모델을 이용하여 각종 시뮬레이션, 기술해석, 응력해석 등 공학적인 검토를 하는 것.

(2) 시스템 기술 용어로서는 제품을 제조하기 위하여 필요한 정보를 컴퓨터를 사용하여 통합적으로 처리하여 제품성능, 제조공정 등을 사전 평가하는 일.

정답 64 ③ 65 ④ 66 ③

67 3차원 형상의 솔리드 모델링에서 B-rep(Boundary representation)과 비교한 CSG(Constructive Solid Geometry)의 상대적인 특징으로 틀린 것은?

① 데이터의 구조가 간단하다.
② 데이터의 수정이 용이하다.
③ 전개도의 작성이 용이하다.
④ 메모리의 용량이 소용량이다.

68 곡선의 양 끝점을 P_0과 P_1, 양 끝점에서의 접선 벡터를 P_0'과 P_1'이라고 할 때, 아래와 같은 식으로 표현되는 곡선($P(u)$)은?

보기

$$P(u) = [1 - 3u^2 + 2u^3 \quad 3u^2 - 2u^3 \quad u - 2u^2 + u^3 \quad -u^2 + u^3] \begin{matrix} P_0 \\ P_1 \\ P_0' \\ P_1' \end{matrix}$$

① Bezier 곡선
② B-spline 곡선
③ Hermite 곡선
④ NURBS 곡선

69 (x, y) 평면 좌표계에서 두 점 $P_1(x_1, y_1)$, $P_2(x_2, y_2)$를 알고 있을 때 두 점을 지나는 직선의 방정식을 바르게 표현한 것은?

① $(x_2 - x_1)(y - y_1) = (y_2 - y_1)(x - x_1)$
② $(y_2 - x_1)(y - y_2) = (x_2 - y_1)(x - x_1)$
③ $(x - y_2)(y_1 - x_2) = (x_2 - y_1)(y - x_1)$
④ $(x_2 - x_1)(x - x_1) = (y_2 - y_1)(y - y_1)$

69.
$y - y_1 = (\dfrac{y_2 - y_1}{x_2 - x_1}) \cdot (x - x_1)$

$y - y_2 = (\dfrac{y_2 - y_1}{x_2 - x_1})(x - x_2)$

정답 67 ③ 68 ③ 69 ①

70 B-spline 곡선의 특징으로 틀린 것은?

① 하나의 꼭지점을 움직여도 이웃하는 단위 곡선과의 연속성이 보장된다.
② 1개의 정점 변화는 곡선 전체에 영향을 준다.
③ 다각형에 따른 형상 예측이 가능하다.
④ 곡선상의 점 몇 개를 알고 있으면 B-spline 곡선을 쉽게 알 수 있다.

71 R(빨강), G(초록), B(파랑) 계열의 색상에 각각 4bit씩 할당된 총 12bit plane을 사용하는 그래픽 장치에서 동시에 표시할 수 있는 색깔의 개수는 얼마인가?

① 512
② 1024
③ 2048
④ 4096

72 다음 중 NURBS 곡선의 방정식으로 옳은 것은? (단, $\vec{V}$는 조정된, h_i는 동차 좌표, $N_{i,k}$는 블렌딩 함수를 각각 의미한다.)

① $\vec{r}(u) = \sum_{i=0}^{n} \vec{V} N_{i,k}(u)$

② $\vec{r}(u) = \dfrac{\sum_{i=0}^{n} \vec{V_i} N_{i,k}(u)}{\sum_{i=0}^{n} h_i N_{i,k}(u)}$

③ $\vec{r}(u) = \dfrac{\sum_{i=0}^{n} \vec{V_i} h_i N_{i,k}(u)}{\sum_{i=0}^{n} N_{i,k}(u)}$

④ $\vec{r}(u) = \dfrac{\sum_{i=0}^{n} \vec{V_i} h_i N_{i,k}(u)}{\sum_{i=0}^{n} h_i N_{i,k}(u)}$

70.
1개의 정점 변화가 곡선 전체에 영향을 주는 것은 Bezier 곡선이다.

71.
$2^4 = 16$, $16^3 = 4096$

정답 70 ② 71 ④ 72 ④

73 3차원 공간상에서 세 점 $r_0(x_0, y_0, z_0), r_1(x_1, y_1, z_1), r_2(x_2, y_2, z_2)$를 지나는 평면의 방정식($(r(x, y, z))$를 나타내는 식으로 옳은 것은?

① $r \cdot [(r_1 - r_0) \times (r_2 - r_0)] = r_1 \cdot [(r_1 - r_0) \times (r_2 - r_1)]$
② $r \cdot [(r_1 - r_0) \times (r_2 - r_0)] = r_0 \cdot [(r_1 - r_0) \times (r_2 - r_0)]$
③ $r \cdot [(r_1 - r_0) \times (r_2 - r_1)] = r_2 \cdot [(r_1 - r_0) \times (r_2 - r_0)]$
④ $r \cdot [(r_2 - r_1) \times (r_2 - r_0)] = r_0 \cdot [(r_2 - r_1) \times (r_2 - r_1)]$

74 특징 형상 모델링(Feature-based Modeling)의 특징으로 거리가 먼 것은?

① 기본적인 형상 구성 요소와 형상 단위에 관한 정보를 함께 포함하고 있다.
② 전형적인 특징 형상으로 모떼기(chamfer), 구멍(hole), 슬롯(slot), 등이 있다.
③ 특징 형상 모델링 기법을 응용하여 모델로부터 공정계획을 자동으로 생성시킬 수 있다.
④ 주로 트위킹(tweaking) 기능을 이용하여 모델링을 수행한다.

74.
트위킹은 곡면 모델링 시스템에의해 만들어진 곡면을 평면으로 치환하는 명령어이다.

75 CAD 소프트웨어에서 형상 모델러가 하는 가장 기본적인 역할은?

① 컴퓨터 내에 저장되어있는 형상정보를 인쇄하는 기능
② 물체의 기하학적인 형상을 컴퓨터 내에서 표현하는 기능
③ 물체의 3차원 위상정보를 컴퓨터에 입력하는 기능
④ 컴퓨터 내에 저장되어 있는 형상을 다른 소프트웨어로 보내는 기능

정답 73 ② 74 ④ 75 ②

76 다음 중 솔리드 모델링 시스템에서 사용하는 일반적인 기본형상(Primitive)이 아닌 것은?

① 곡면 ② 실린더
③ 구   ④ 원추

76.
곡면은 2차원 Primitive이다.

77 2차원 변환 행렬이 다음과 같을 때 좌표변환 H는 무엇을 의미하는가?

보기

$$H = \begin{bmatrix} 3 & 0 & 0 \\ 0 & 3 & 0 \\ 0 & 0 & 1 \end{bmatrix}$$

① 확대 ② 회전
③ 이동 ④ 반사

78 솔리드 모델을 나타내는데 있어서 분해모델(decomposition model)을 나타내는 표현 방법에 속하지 않는 것은?

① 복셀 표현(voxel representation)
② 옥트리 표현(Octree representation)
③ 날개 모서리 자료 표현(Winged-edge representation)
④ 세포 표현(cell representation)

79 이진법 1011을 십진법으로 계산하면 얼마인가?

① 2   ② 4
③ 8   ④ 11

79.
$1 \times 2^3 + 0 \times 2^2$
$\quad + 1 \times 2^1$
$\quad + 1 \times 2^0 = 11$

정답 76 ① 77 ① 78 ③ 79 ④

80 기존에 만들어진 제품의 도면이 없는 경우, 실제 제품의 크기와 형상 자료를 얻는데 편리한 입력 장치는?

① 3차원 측정기
② 비트 플레이
③ 태블릿(tablet)
④ 스타일러스 펜(stylus pen)

정답 80 ①

한홍걸
기계설계 산업기사 필기

	제 1 편	2018년 12월 7일
발행일	제 2 편	2020년 05월 28일
	제 3 편	2022년 10월 7일

저자 한홍걸
발행처 도서출판 한필
주소 강원도 원주시 배울로 27, 2층 202호
PH 0507-1308-8101
E-mail hanpil7304@gmail.com
Youtube 도서출판 한필
Web. www.hanpil.co.kr

저자와 동의하에 생략

· 이 책의 어느 부분도 저작권자나 발행인의 승인 없이 무단 복제하여 이용할 수 없습니다.
· 파본 및 낙장은 구입하신 서점에서 교환하여 드립니다.
· 도서출판 한필 홈페이지 : www.hanpil.co.kr

정가 : 36,000 원

ISBN 979-11-89374-72-3

이 도서의 국립중앙도서관 출판예정도서목록(CIP)은 서지정보유통지원시스템 홈페이지(http://seoji.nl.go.kr)와 국가자료 공동목록시스템(http://www.nl.go.kr/kolisnet)에서 이용하실 수 있습니다.